Heinrich Matuszewski

Handbuch Vorrichtungen

Heinrich Matuszewski

Handbuch Vorrichtungen

Konstruktion und Einsatz

Mit 1131 Abbildungen
(mit 1894 Einzeldarstellungen)
und 53 Richtlinien

Friedr. Vieweg & Sohn Braunschweig / Wiesbaden

CIP-Kurztitelaufnahme der Deutschen Bibliothek

Matuszewski, Heinrich:
Handbuch Vorrichtungen: Konstruktion u. Einsatz /
Heinrich Matuszewski. – Braunschweig; Wiesbaden:
Vieweg, 1986.
ISBN-13: 978-3-528-04005-5 e-ISBN-13: 978-3-322-89713-8
DOI: 10.1007/978-3-322-89713-8

Verlagsredaktion: *Alfred Schubert*

Umschlaggestaltung: Heinrich Matuszewski
Satz: Vieweg, Braunschweig

ISBN-13: 978-3-528-04005-5

Vorwort

Das Handbuch „VORRICHTUNGEN – Konstruktion und Einsatz“ ist einerseits als Nachschlagewerk für bereits in der Praxis stehende Techniker und Ingenieure, die als Vorrichtungskonstrukteure, Fertigungsplaner, Fertigungsmittelplaner, Fertigungsvorbereiter arbeiten, und andererseits als Lehrbuch für Studierende der Studienrichtungen Fertigungs-, Produktions- und Konstruktionstechnik des Maschinenbaues an Techniker- und Hochschulen konzipiert.

Alle Probleme der Vorrichtungskonstruktion, des Vorrichtungsbaues und des Einsatzes der Vorrichtungen in der modernen Fertigung werden systematisch besprochen und dargestellt. Wirtschaftlichkeit des Einsatzes der Vorrichtungen, Positionieren und Spannen des Werkstückes, Positionier- und Spannelemente, verschiedene Spannmöglichkeiten und ihre Vor- und Nachteile, kraftbetätigtes Spannen, Vorrichtungskörper-Ausführungsarten mit ihren Vor- und Nachteilen, Spannfutter und -dorne, Baukastensysteme und ihr wirtschaftlicher Einsatz, Einsatz von Vorrichtungen an numerisch gesteuerten Werkzeugmaschinen und flexiblen Fertigungssystemen, Konstruktionsmethodik mit der Festlegung der technisch und wirtschaftlich optimalen Konstruktionslösung, rechnerunterstützte Vorrichtungskonstruktion und fertigungsgerechte Gestaltung werden besprochen und an Beispielen erläutert.

Neue Tendenzen in der Vorrichtungskonstruktion und im Einsatz sowie neue Organisationsformen, wie ein vom Autor in der Praxis angewendetes Bildzeichensystem für Positionier- und Spannprinzipien als eine Kommunikationsmethode zwischen der Fertigungsvorbereitung und der Vorrichtungskonstruktion, Anwendung der Datenverarbeitungsanlagen in der Organisation, Vorrichtungen in der Luft- und Raumfahrtindustrie usw. sind weitere Themen, die mit Literaturquellen ergänzt werden.

Großer Wert wurde auf moderne, wirtschaftliche und auf dem Markt handelsübliche, die Vorrichtungskosten stark beeinflussende DIN- und werksgenormte Vorrichtungselemente gelegt, wobei auch die Hersteller bzw. Vertreiber dieser Bauelemente angegeben werden. Die Vorrichtungsfertigung sowie ihre besonderen Belange, wie die Werkzeugmaschinenausrüstung, Entlohnungssysteme u. a., werden ebenfalls erörtert.

Umfangreiche Werkstoffauswahl- (Kunststoffe einbezogen) sowie Vorrichtungs-DIN-Normverzeichnisse und ein umfangreiches Literaturverzeichnis wichtiger Werke und Beiträge über den Vorrichtungsbau, die Vorrichtungskonstruktion und angrenzende Gebiete, ergänzen dieses Handbuch.

Zum Abschluß eines jeden wichtigen Kapitels wird der Stoff in Form einer „Richtlinie“ nochmals kurz wiedergegeben, so daß der Studierende eine Zusammenfassung des betreffenden Stoffes erhält und der Praktiker eine Art „Checkliste“ des betreffenden Gebietes zur Verfügung hat. Auch an anderen Stellen werden Zusammenfassungen bzw. tabellarische Aufstellungen langen Texten vorgezogen.

Für Berechnungen wichtige Formeln, Erfahrungswerte bzw. Diagramme werden jeweils angegeben oder in Form von Berechnungsbeispielen aufgeführt. Auf die Herleitungen der Formeln wurde absichtlich verzichtet, da sie auf elementaren mathematischen Zusammenhängen beruhen. Nötigenfalls wird auf Quellen verwiesen. Dadurch gewonnener Platz konnte für umfangreiche Darstellungen von Vorrichtungen bzw. Vorrichtungsbaugruppen und -bauelemente, die sinngemäß umkonstruiert, auch für andere Werkstücke und Bearbeitungsverfahren Anwendung finden können, verwendet werden.

Um den Informationsinhalt der Abbildungen auf kleinster Fläche zu steigern, wurden verschiedene Zeichnungen nicht DIN-Normgerecht dargestellt. Der Leser wird um Verständnis in dieser Hinsicht mit dem Hinweis, daß es sich hierbei nicht um Zeichnungen sondern Abbildungen handelt, gebeten.

Besonderer Dank gilt allen Firmen, die mich durch Überlassung von Unterlagen bei der Erstellung dieses Werkes unterstützt haben. Herr Dipl.-Ing. Josef Feulner hat durch seine wertvollen Anregungen und Erfahrungen aus der Praxis geholfen, dieses Werk unter Berücksichtigung der Praxisbelange zu gestalten, wofür ich mich sehr bedanke.

Dem Verlagslektor Herrn Alfred Schubert, der meine Arbeit sehr sorgfältig betreute, möchte ich für die Weitergabe seiner langjährigen und umfangreichen verlagstechnischen Erfahrungen an mich sowie für die stets geduldige, verständnisvolle, hilfreiche und sehr fruchtbare Zusammenarbeit ganz besonders danken. Den Setzerinnen und Setzern gebührt Dank für die sehr sorgfältig ausgeführten und komplizierten – die vielen Sonderwünsche des Autors einbezogen – Reproduktions- und Setzarbeiten. Allen an dieser Stelle nicht genannten Mitarbeiterinnen und Mitarbeitern des Verlages, die mit mir und meiner Arbeit zu tun hatten, danke ich für ihre Bemühungen.

Dem Verlag schulde ich besten Dank dafür, daß alle meine vielfältigen und umfangreichen Wünsche erfüllt worden sind, für die große Geduld in der Zusammenarbeit, für die stets große Aufmerksamkeit und besondere Bemühungen bei der Ausstattung und Gestaltung des Handbuches. Auch dafür, daß das Handbuch im Jubiläumsjahr des 200jährigen Bestehens des Verlages in der vorliegenden vorzüglichen Form dem Leser und Benutzer übergeben werden kann.

Nicht zuletzt danke ich besonders herzlich meiner Frau, die durch ihr Verhalten und Verständnis für meine Arbeit die besten Voraussetzungen geschaffen hat, die mir erlaubt haben dieses umfangreiche Handbuch in der von mir erstrebten Form auszuführen.

Der Verfasser hofft, daß das Handbuch den Benutzern in der Ausbildung und Praxis eine wertvolle Hilfe sein wird. Gleichzeitig ist der Autor überzeugt, daß es nicht vollkommen ist und sicherlich Lücken aufweist, die verbessert werden können. Deshalb ist der Autor für kritische Hinweise, Anregungen und Vorschläge jederzeit sehr empfänglich und dankbar.

April 1985 *Heinrich Matuszewski*

In allen Bildern bedeuten: V Vorrichtung, W Werkstück

Inhaltsverzeichnis

1 Vorrichtungen – Allgemein

1.1 Einleitung

Wirtschaftliche und rationelle Fertigung ist für den Produktionsbetrieb Grundvoraussetzung, um auf den in- und ausländischen Märkten konkurrenzfähig zu bleiben. Infolge der geforderten Genauigkeit und Austauschbarkeit der Werkstücke und in der Zeit des immer stärker werdenden Konkurrenzkampfes, schärfster Kalkulation, steigender Preise und Löhne gewinnen die Vorrichtungen und ihr Einsatz in der Fertigung immer mehr an Bedeutung. Hinzu kommt, daß die Vorrichtungen sowohl in der Einzel- und Kleinserien-, als auch in der Serien- und Massenfertigung eine bedeutende Rolle spielen, da es immer Werkstücke geben wird, die ohne Vorrichtung überhaupt nicht oder aber sehr kostenaufwendig bearbeitet werden können, wobei unzureichende Genauigkeit hohe Kosten in Form von Ausschuß verursachen kann.

Die Fertigungsmittelplanung legt die Anzahl und Art der Vorrichtungen fest, die für die geplante Fertigung benötigt werden. Der Fertigungsmittelplaner muß erkennen können, welche Vorrichtung welche Aufgaben erfüllen soll und entsprechende Wirtschaftlichkeitsrechnungen durchführen, um die maximalen Kosten, die der Bau einer Vorrichtung verursachen kann, festzustellen. Der Werdegang einer Vorrichtung hat damit begonnen. Der Auftrag wird ausgestellt und die Vorrichtungskonstruktion mit der Konstruktion einer Vorrichtung beauftragt.

Kein Gebiet der technischen Fertigung ist so vielseitig, und unbegrenzt und gleichzeitig von anderen Gebieten so stark unabhängig, wie gerade das des Vorrichtungsbaues. Hat der Maschinenkonstrukteur meist nach strengen und bewährten Weisungen zu arbeiten, so wird der im Vorrichtungsbau einzuschlagende Weg durch Erfordernisse der modernen Fertigung bestimmt.

Der Vorrichtungskonstrukteur steht zwischen dem Produktkonstrukteur und dem Betriebsingenieur des Fertigungsbetriebes, in dem die Vorrichtung eingesetzt wird. Das bedeutet, daß der Vorrichtungskonstrukteur einerseits ein guter und vielseitiger Konstrukteur sein muß, andererseits auch den Fertigungsbetrieb und die Fertigungsverfahren genau kennen muß. Er muß in der Lage sein, in enger Zusammenarbeit mit der Produktkonstruktion, der Fertigungsplanung und -vorbereitung, sowie dem Fertigungsbetrieb alle Zusammenhänge zu erkennen und diese in seiner Konstruktion zu berücksichtigen, um zu einer technisch und wirtschaftlich optimalen Konstruktionslösung zu kommen.

Von der Erkennung der Zusammenhänge und der Erfüllung der wichtigen und begründeten Forderungen und Wünsche, die an die Vorrichtung gestellt werden, wird es abhängen, ob die Vorrichtung die an sie gestellten Aufgaben erfüllt. Durch eine entsprechend den Erfordernissen gestaltete Vorrichtung werden nicht nur die Qualität des Produkts, sondern auch die Herstellkosten wesentlich beeinflußt, bzw. zusätzliche Kosten, die durch Nacharbeit entstehen, vermieden oder in geringen Grenzen gehalten. Von den Kenntnissen und der Vorbereitung des Vorrichtungskonstrukteurs auf diese Aufgabe wird es abhängen, ob er sie zufriedenstellend erfüllt. Ähnliche Forderungen werden an die Fertigungsplaner und Fertigungsvorbereiter gestellt, da sie unmittelbar mit dem Einsatz von Vorrichtungen beschäftigt sind und über ihren Einsatz entscheiden.

Die wirtschaftliche Bedeutung der Vorrichtungen in der Fertigung wird noch deutlicher, wenn man die Kosten, die mit der Konstruktion, Fertigung und dem Einsatz von Vorrichtungen zusammenhängen, betrachtet. Die Vorrichtungskosten können bis zu 75 % der gesamten Fertigungsvorbereitungskosten betragen. Untersuchungen in verschiedenen Industrieunternehmen haben gezeigt, daß Vorrichtungsbestände bis zu 24 000 Stück und Vorrichtungskonstruktionen bis zu 28 000 Stück keine Seltenheit sind. Weiterhin wurde festgestellt, daß je Arbeitsplatz ein durch Vorrichtungen vorhandener Gesamtwert von 50 000 DM vorliegt. Diese Zahlen sprechen für sich und sind Anlaß genug um festzustellen, daß Vorrichtungen einen bedeutenden wirtschaftlichen Faktor in der Fertigung darstellen.

1.2 Der Begriff „Vorrichtung"

Der Begriff „Vorrichtung" wird in verschiedenen Industriezweigen recht vieldeutig und nicht immer im gleichen Sinne ausgelegt. In der metallbearbeitenden Industrie wird unter „Vorrichtung" eine bestimmte Fertigungsmittelart verstanden. Vorrichtungen sind also Fertigungsmittel und gehören zu den Betriebsmitteln (Bild 1-3). Sie werden hauptsächlich in Verbindung mit anderen Betriebsmitteln, wie Werkzeugmaschinen, Werkzeuge, Meßzeuge usw., in der Fertigung eingesetzt. Ihre Aufgabe ist es, in Zusammenwirkung mit diesen eine wirtschaftlich und technisch optimale Fertigung zu erzielen.

Vorrichtungen in der spanenden Fertigung dienen dazu, ein oder mehrere Werkstücke gleichzeitig oder nacheinander in die festgelegte Fertigungslage räumlich relativ zum Werkzeug, zur Werkzeugmaschine zu positionieren und diese Lage gegen jegliche Bewegung, die infolge Werkstückeigengewicht, Spannkräfte, aus der Bearbeitung resultierende Kräfte und andere Einflußfaktoren auftreten können, mit Hilfe entsprechender Positionier- und Spannelemente zu sichern. Oft werden mit Hilfe von Vorrichtungen z. B. die Werkstücke während oder nach beendetem Fertigungsvorgang geprüft (Prüfvorrichtungen), miteinander montiert (Montagevorrichtungen), Teile von Werkstücken verlötet, verschweißt (Schweißvorrichtungen), verklebt usw. Oft wird es so sein, daß ein Werkstück ohne Vorrichtung überhaupt nicht gefertigt werden kann, so daß eine Vorrichtung unerläßlich sein wird.

Der in verschiedenen Quellen benutzte Begriff „Werkstückspanner" beinhaltet nicht: Prüfvorrichtungen, Montagevorrichtungen, Wickelvorrichtungen und andere, die ebenfalls die genannten Aufgaben bzw. andere Funktionen in der Fertigung zu erfüllen haben, so daß damit nur ein Teil der Vorrichtungen gemeint ist.

Die Grenze zwischen Vorrichtungen und Mechanisierungs- und Automatisierungseinrichtungen ist nicht eindeutig festzulegen, da diese beiden Gebiete stark miteinander verknüpft sind und nahtlos ineinander übergehen. Eine Vorrichtung kann durch Zusatzeinrichtungen in eine selbsttätig (automatisch) arbeitende Einrichtung umgewandelt werden. Daraus geht hervor, daß der Begriff „Vorrichtung" zwar eindeutig definiert ist, aber eine Vielzahl von Vorrichtungsarten umfaßt, die in der Fertigung eingesetzt werden und ohne welche eine wirtschaftliche Fertigung unmöglich ist. Nachstehend werden die Definitionen der „Vorrichtung" nach DIN 6300 und VDI 2027 [18] aufgeführt.

1. *Definition nach DIN 6300:*
   Vorrichtungen sind Fertigungsmittel, die an Werkstücke gebunden sind und unmittelbar in Beziehung zum Arbeitsvorgang stehen. Sie dienen dazu, Werkstücke zu positionieren, zu halten oder zu spannen und gegebenenfalls ein oder mehrere Werkzeuge zu führen.
2. *Definition nach VDI 2027:*
   Vorrichtungen sind Fertigungsmittel und gehören als solche zu den Betriebsmitteln. Sie werden in der Regel in Verbindung mit anderen Fertigungsmitteln, wie Werkzeugmaschinen, Werkzeugen, Werkzeugspannern, Meßzeugen u. a. m., verwendet.
   Vorrichtungen dienen dazu:
   Werkstücke in die arbeitsgerechte Lage zu bringen, sie schnell, fehlerfrei und möglichst selbsttätig zu positionieren[1]); in dieser Lage zu halten oder festzuspannen und/oder zu führen (sowie auszuwechseln);
   Werkstücke in der arbeitsgerechten Lage oder nach beendetem Fertigungsvorgang zu prüfen;
   Bauteile, Baugruppen oder vollständige Erzeugnisse zusammenzufügen.
   Häufig führen Vorrichtungen außerdem Werkzeuge oder Meßzeuge.

1.3 Vorteile durch den Einsatz von Vorrichtungen in der Fertigung

Folgende Vorteile hat der Einsatz von Vorrichtungen in der Fertigung:

1. Vereinfachung schwieriger Arbeitsgänge macht es oft möglich, angelernte anstatt gelernte Arbeitskräfte zu beschäftigen.
2. Bessere und vielseitigere Nutzung der Werkzeugmaschinen erhöht deren Nutzungsgrad und senkt somit die Fertigungskosten.
3. Oft können einfache bzw. ältere Werkzeugmaschinen eingesetzt werden, da die Vorrichtung die verlangte Genauigkeit sichert (z. B. eine Bohrvorrichtung durch exakte Führung der Werkzeuge in den Bohrbuchsen). In manchen Fällen erübrigt sich sogar die Anschaffung einer teuren Sondermaschine. Durch eine Vorrichtung können teure Werkzeugmaschinen wirtschaftlich optimal genutzt werden.
4. Vollständiger oder teilweiser Fortfall von Nebenarbeiten wie Anreißen, Körnen, Anpassen usw.
5. Verkürzung oder Beseitigung von Nebenzeiten für das Spannen, Ausrichten und Messen des Werkstückes. Der Kontrollaufwand wird auf das Minimum beschränkt, weil in der Regel Stichproben genügen bzw. der Kontrollvorgang durch bestimmte Vorrichtungselemente vorgenommen wird.
6. Der Bedarf an Meßzeugen und Lehren wird verringert.
7. Fortfall der sonst unausbleiblichen und gegebenenfalls erheblichen Nacharbeit, die durch mangelhafte Arbeitsgüte, fehlende Werkzeugführung und Maßgenauigkeit entsteht. Die Ausschußkosten werden meist beachtlich verringert oder fallen ganz fort.
8. Einfacher und leichter Zusammenbau senkt die Montagelohnkosten.
9. Die Ersatzteile können auch nach langer Zeit in derselben Qualität geliefert werden wie die Originalteile, so daß die Austauschfähigkeit der Werkstücke garantiert ist.
10. Verbesserung der Qualität des Produktes führt dazu, daß es hochwertiger und somit marktfähiger wird.
11. Die Werkzeugeinstellzeit wird durch Werkzeugeinstellelemente (Abschnitt 6.1.5) verringert.
12. Durch sichere Werkstückspannung wird der Werkzeugverschleiß verringert und somit werden auch die Werkzeugkosten gesenkt.
13. Durch den Einsatz von Mehrstück-Spannvorrichtungen können mehrere Werkstücke gleichzeitig oder nacheinander bearbeitet werden (Abschnitt 15.9).
14. Während der Bearbeitung eines Werkstückes (bzw. mehrerer Werkstücke) können einerseits nachfolgende Werkstücke bereits gespannt und andererseits fertig bearbeitete Werkstücke entspannt und entnommen werden.
15. Verkürzung der Stückzeiten verringert die Lohnkosten. Das Erzeugnis wird konkurrenzfähiger, da der Verkaufspreis gesenkt werden kann.
16. Verkürzung der Durchlaufzeit des Werkstückes vermindert die Fertigungsgemeinkosten.
17. Die Kapitalbindung wird verringert.
18. Der Einsatz von Vorrichtungen ermöglicht Mehrmaschinenbedienung.
19. Verringerung der körperlichen Anstrengung führt zu Arbeitserleichterung und somit zu einem höheren Leistungsgrad des Arbeiters.
20. Viele Werkstücke können überhaupt nicht ohne Vorrichtung bearbeitet werden, bzw. ihre Bearbeitung ohne Vorrichtung wäre unwirtschaftlich oder ungenau.

Im Bild 1-1 sind die Stückzeiten der Fertigung eines Werkstückes ohne und mit Hilfe einer Vorrichtung dargestellt. Aus dieser Darstellung geht hervor, daß sehr hohe Einsparungen möglich sind, wenn mit Hilfe der Wirtschaftlichkeitsrechnung (Abschnitt 2.2) und der Methode zur Bewertung von Vorrichtungs-Konstruktionslösungsvarianten (Kap. 60) die wirtschaftlich und technisch optimale Lösung der Vorrichtung ermittelt wird.

Es ist selbstverständlich, daß nicht alle genannten Vorteile gleichzeitig und bei allen Vorrichtungen wirksam werden. Außerdem treten bei Anwendung von Vorrichtungen nicht immer direkt meßbare Vorteile auf, die in der Wirtschaftlichkeitsrechnung rechnerisch erfaßt werden können. Auf jeden Fall sollte aber versucht werden, alle Vorteile nutzbar zu machen, da erst dann von einer wirtschaftlichen Fertigung gesprochen werden kann (Bild 1-2).

[1]) Der Begriff „Bestimmen" wurde vom Autor durch „Positionieren" ersetzt (s. Abschnitt 4.1).

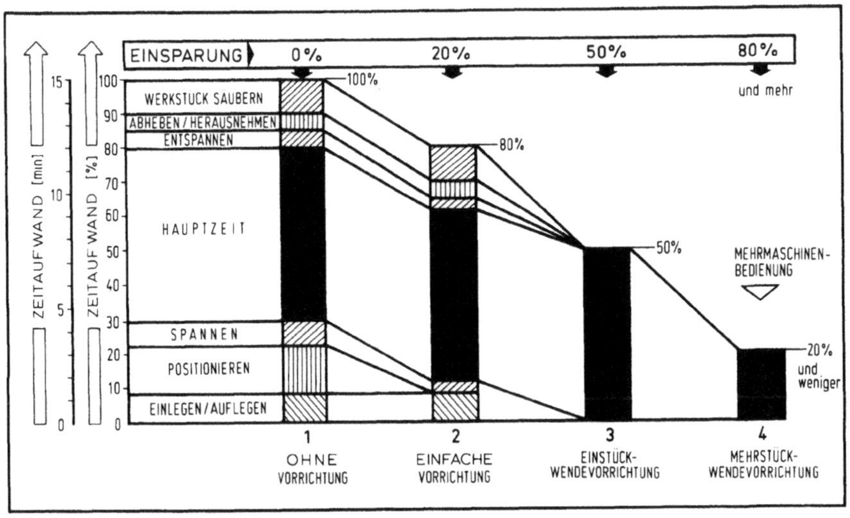

Bild 1-1 Einsparungen durch den Einsatz von Vorrichtungen (Beispiele von Wendevorrichtungen sind in den Bildern 23-34 bis 23-36 dargestellt).

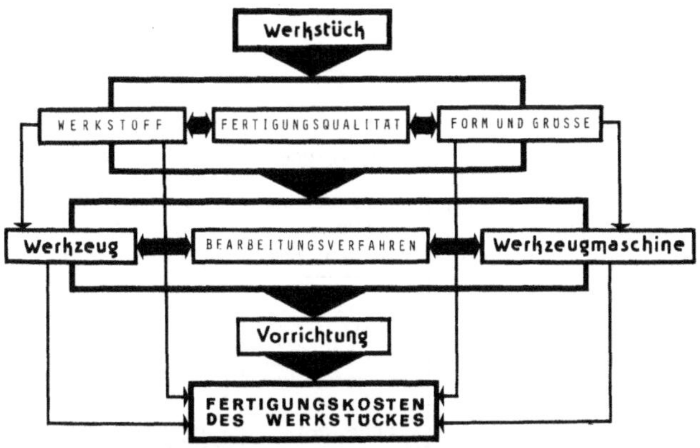

Bild 1-2 Fertigungskosten eines Werkstücks innerhalb des Wirksystems: „Werkstück – Werkzeug – Werkzeugmaschine" (s. a. Bild 4-1).

1.4 Arten von Vorrichtungen – Einteilung

Vorrichtungen stellen eine Untergruppe der Betriebsmittel (Bild 1-3) dar. Sie können nach ihrer Bauart sowie nach ihren besonderen Merkmalen in drei Hauptgruppen unterteilt werden:

1 *Standardvorrichtungen* (Kap. 23), die für verschiedene, meistens jedoch geometrisch ähnliche Werkstücke (Teilefamilien) verwendet werden. Ihr Anwendungsbereich ist z. B. auf wellenartige oder flanschartige Werkstücke und meistens auf eine bestimmte Bearbeitungsaufgabe (z. B. Bohren) begrenzt. Bei einigen ist der Raum, der für das Werkstück zur Verfügung stehen muß, durch DIN-Normen (Abschnitte 23.1 und 23.4, Bild 23-10) festgelegt. Diese Vorrichtungen werden jeweils dem Werkstück und der Aufgabe entsprechend angepaßt (Einstellung, Einbau zusätzlicher Bauelemente, z. B. Bohrbuchsen). Nach Beendigung der betreffenden Fertigungsaufgabe werden sie für ein anderes Werkstück und/oder andere Aufgabe umgerüstet. Sie sind handelsüblich, wobei ihre Bauelemente, die durch die DIN-Norm nicht berührt werden, durchaus verschiedene Ausführungen (Bilder 23-9 und 23-12 bis 23-16) aufweisen.

Diese Hauptgruppe kann in zwei weiteren Untergruppen unterteilt werden:

1.1 *Allgemeine Spannzeuge*, z. B. Maschinenschraubstöcke, Spanndorne, Spannfutter usw., die als Universalspannzeuge für Werkstücke eingesetzt werden, für die keine besondere Spannvorrichtung notwendig ist bzw. unwirtschaftlich wäre. Sie werden hauptsächlich in der Einzelfertigung oder für Werkstücke verwendet, die eine einfach zu spannende geometrische Form aufweisen.

1.2 *Normalvorrichtungen*, die eingeteilt werden können in:

1.2.1 *Schnellspann-Säulengestelle* (Abschnitt 24.3) mit dem Werkstückraum nach DIN 6348,

1.2.2 *Klappen-Bohrvorrichtungen* (Abschnitt 23.1) mit dem Werkstückraum nach DIN 6347,

1.2.3 *Andere Normalvorrichtungen*, z. B. Teil- und Wendevorrichtungen (Abschnitte 23.6 und 23.5), die für verschiedenartige Spannaufgaben eingesetzt werden.

2 *Baukastenvorrichtungen* (Kap. 40), die aus einer Anzahl verschiedener Bauelemente, die ohne jegliche Nacharbeit, der geometrischen Form des Werkstückes und der Fertigungsaufgabe entsprechend, zusammengesetzt werden. Im Rahmen des Kapitels 40 sind ihre Vor- und Nachteile sowie die Arten dieser Vorrichtungen eingehend besprochen.

3 *Sondervorrichtungen*, die speziell für ein bestimmtes Werkstück und in den meisten Fällen für eine bestimmte Aufgabe konstruiert und gefertigt werden. Zu dieser Vorrichtungsgruppe gehören:

3.1 *Vorrichtungen für spanende Bearbeitung*, die wiederum unterteilt werden können in:

3.1.1 *Sondervorrichtungen für die Langbearbeitung*. Dies sind Vorrichtungen, die zum Positionieren und Spannen von Werkstücken dienen, die auf Fräs-, Flächenschleif-, Hobel-, Stoßmaschinen usw. bearbeitet werden.

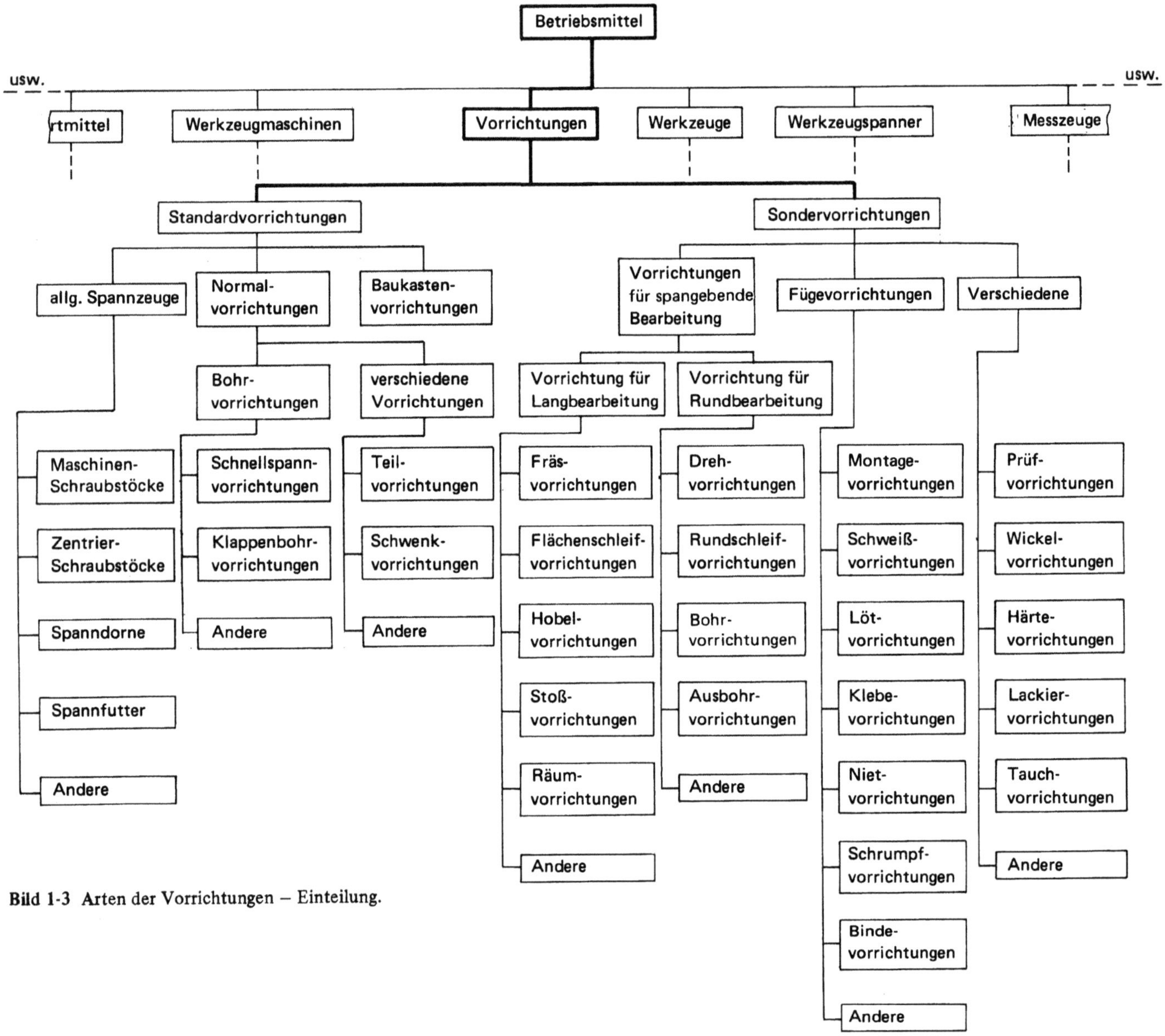

Bild 1-3 Arten der Vorrichtungen – Einteilung.

3.1.2 *Sondervorrichtungen für die Rundbearbeitung.* Dazu gehören Vorrichtungen für den Einsatz z. B. an Drehmaschinen, Rundschleifmaschinen usw.

3.1.3 *Andere Sondervorrichtungen* für den Einsatz an spanenden Werkzeugmaschinen zum Nachformen (kopieren), wie Nachformdrehmaschinen (Nachformschablonen), Nachformfräsmaschinen usw.

3.2 *Fügevorrichtungen*, z. B. Schweiß-, Löt- und Klebevorrichtungen, Nietvorrichtungen, Montagevorrichtungen usw.

3.3 *Andere Sondervorrichtungen*, wie Prüfvorrichtungen (Kap. 49), Wickelvorrichtungen, Härtevorrichtungen usw.

Vorrichtungen können außerdem nach wirtschaftlichen Gesichtspunkten eingeteilt werden:

1. Vorrichtungen, ohne die ein Fertigungsarbeitsgang überhaupt nicht durchgeführt werden kann. Zu dieser Gruppe gehören Vorrichtungen, die für die Durchführung eines Arbeitsganges z. B. aus Gründen der geometrischen Form des Werkstückes unerläßlich sind. Die Untersuchung der Wirtschaftlichkeit (Abschnitt 2.2) wird sich bei diesen Vorrichtungen lediglich auf die Ausführung und den Kompliziertheitsgrad, also auf die damit zusammenhängenden Kosten (maximale Kosten die aufgewendet werden dürfen) beschränken. Es kann aber auch vorkommen, daß durch eine Änderung des Werkstückes bzw. seiner Elemente eine Vorrichtung nicht mehr gebraucht wird.

2. Vorrichtungen, ohne deren Anwendung die Genauigkeit und vor allem die Austauschbarkeit in Frage gestellt bzw. hohe Fertigungskosten verursacht werden. Auch in diesem Fall wird sich die Wirtschaftlichkeitsrechnung auf die Festlegung der maximalen Kosten der Vorrichtung beschränken, damit die technisch und wirtschaftlich optimale Konstruktionslösung (Kap. 60) ermittelt wird.
3. Vorrichtungen, durch die die Fertigungskosten gesenkt werden sollen. Für diese Gruppe von Vorrichtungen ist das Ergebnis der Wirtschaftlichkeitsrechnung ausschlaggebend.
4. Vorrichtungen, die notwendig werden, weil mit bereits vorhandenen Vorrichtungen neue, zusätzlich gestellte Qualitätsforderungen nicht mehr erfüllt werden können. Auch in diesem Fall beschränkt sich die Wirtschaftlichkeitsrechnung auf die Ermittlung der wirtschaftlich und technisch optimalen Konstruktionslösung.

Eine weitere Einteilung der Vorrichtungen erfolgt nach der Art der sie betätigenden Kraft in:

1. muskelkraftbetätigte Vorrichtungen (Abschnitt 25.1) und
2. kraftbetätigte Vorrichtungen (Abschnitt 25.3), die pneumatisch, hydraulisch, elektrisch usw. betätigt werden.

Hinsichtlich der Anzahl der gleichzeitig oder laufend in einer Vorrichtung gespannten Werkstücke kann man die Vorrichtungen einteilen in:

1. Einstück-Spannvorrichtungen,
2. Mehrstück-Spannvorrichtungen (Abschnitt 15.9) und
3. Laufend-Spannvorrichtungen (Abschnitt 31.1).

Die Begriffe der beiden letzten Einteilungen können auch kombiniert werden, z. B.: „kraftbetätigte Mehrstück-Spannvorrichtung“ oder „muskelkraftbetätigte Einstück-Spannvorrichtung“ usw.

1.5 Vorrichtungsbenennung und Abkürzungen nach DIN 6300 (Juni 1970)

DIN 6300 vereinheitlicht Benennungen für Vorrichtungen und deren Abkürzungen, die so aufgebaut sind, daß sie sich für die EDVA-Verarbeitung eignen. Die Benennungen sind vom jeweiligen Fertigungsverfahren abgeleitet, für das die Vorrichtung angewendet wird. Alle Abkürzungen werden mit dem Buchstaben V (Vorrichtung) eingeleitet, dem – mit Abstand geschrieben – eine Abkürzung des Fertigungsverfahrens folgt, z. B. bedeutet die Abkürzung V BO eine Bohrvorrichtung. Im Bild 1-4 sind die Benennungen und Abkürzungen, alphabetisch geordnet, aufgeführt.

1.6 Vorrichtungsklassifizierung

Mit der Forderung nach optimaler Nutzung aller in einem Betrieb vorhandenen Vorrichtungen ergibt sich die Notwendigkeit eines Vorrichtungsklassifizierungssystems. Damit sind folgende Zielsetzungen verbunden:

1. Rückgriff auf vorhandene Vorrichtungen. Dadurch werden Kosteneinsparungen in der Betriebsmittelfertigung, Instand- und Lagerhaltung erzielt.
2. Möglichkeit der Anwendung vorhandener Vorrichtungen durch Umbau oder Anpassung an neue Werkstücke bzw. neue Aufgaben.
3. Rückgriff auf Zeichnungen ähnlicher Vorrichtungen und dadurch Ersparnisse in der Konstruktion.
4. Möglichkeit der Anpassung neuer Werkstücke an bereits vorhandene Vorrichtungen, so daß sich neue Vorrichtungen erübrigen.
5. Vereinheitlichung der Vorrichtungskonstruktionen bzw. Vorrichtungsbauelemente.
6. Bildung von Gruppenvorrichtungen (Kap. 39) für Werkstückfamilien.
7. Bildung von Werkstückgruppen und somit einer Vorrichtung für mehrere geometrisch ähnliche Werkstücke.
8. Verwendung von Vorrichtungsbaugruppen, d. h. zusammenlegbaren Vorrichtungsgruppen, die nach Bedarf zusammengestellt werden.
9. Statistische Überwachung des Vorrichtungseinsatzes.
10. Überwachung der Instandhaltungskosten und der Wirtschaftlichkeit (Abschnitt 2.2) des Einsatzes überhaupt.

Im Bild 1-5 ist der Einsatz des Vorrichtungs-Klassifizierungssystems in verschiedenen Bereichen, die sich mit Vorrichtungen befassen, dargestellt. Auch die mit dem Einsatz der Vorrichtungen zusammenhängenden Probleme sind dabei erfaßt.

Das Klassifizierungssystem besteht aus 11 Stellen. Die beiden ersten Stellen (Bild 1-6) sind einer Kennzahl vorbehalten, die zur Identifizierung des jeweils benutzten Schlüsselsystems im Rahmen eines übergeordneten Suchnummernsystems dient. Das System zur Vorrichtungsklassifizierung ist mit der Kennzahl 83 in ein Gesamtsystem eingeordnet. Die Ziffer 8 kennzeichnet den Bereich „BETRIEBSMITTEL“, der wiederum durch die Kombination 83 auf den Bereich „VORRICHTUNGEN“ eingeschränkt ist. In der dritten Stelle werden „KOMPLETTE VORRICHTUNGEN“, „SPEZIELLE VORRICHTUNGSEINZELTEILE“, „SPEZIELLE VORRICHTUNGSBAUGRUPPEN“ und „VORRICHTUNGSBAUGRUPPEN“ erfaßt. Diese Gliederung wird durch den Aufbau getrennter Teilsysteme auch in den weiteren Schlüsselstellen beibehalten. Die Ziffer 830 kennzeichnet das Teilsystem „VORRICHTUNGEN KOMPLETT“ (Bild 1-7).

Der Informationsinhalt der Stellen 4 und 5 entspricht in etwa den in der Vorrichtungskonstruktion allgemein gültigen Bezeichnungen, die z. T. im Bild 1-7 dargestellt sind. Im Bild 1-8 sind die Stellen 4 bis 7 des ersten Zweiges des Klassifizierungssystems aufgeführt. In der 6. Stelle wird die Positioniergeometrie am Werkstück beschrieben. Darunter werden die Werkstückkontur und andere Elemente verstanden, nach denen das Werkstück positioniert wird. Die Angaben in Schlüsselstelle 7 kennzeichnen die Anordnung der Werkstückaufnahme zur Vorrichtungsgrundfläche. Im Bild 1-9 sind die restlichen Stellen des ersten Zweiges wiedergegeben. Es handelt sich hierbei um die Spanngeometrie des Werkstückes (Stelle 8), das Spannsystem (Stelle 9), die Ausführung (Stelle 10) und die Größenordnung (Stelle 11).

Benennungen, alphabetisch geordnet					
Vorrichtung	Abkürzung	Vorrichtung	Abkürzung	Vorrichtung	Abkürzung
Abisolier-	V ABI	Gewindefräs-	V FR–G	Richt-	V RI
Abzieh-	V MON–AB	Gewindeschleif-	V SL–G	Säge-	V SAEG
Anreiß-[2])	V ANR	Gieß-	V GIS	Schleif-	V SL
Auspreß-	V MON–AU	Gravier-	V GRA	Schweiß-	V SW
Biege-	V BIG	Härte-[2])	V HAE	Senk-	V BO–S
Binde-	V BIN	Hobel-	V HOB	Spann-[1])	V SPA
Bohr-	V BO	Kitt-	V KIT	Stoß-	V STO
Bördel-	V BOER	Klebe-	V KLEB	Tauch-[2])	V TAU
Brennschneid-	V BRE	Lackier-	V LAK	Wälzfräs-	V FR–Z
Dreh-	V DRE	Leim-	V LEIM	Wälzstoß-	V STO–Z
Einpreß-	V MON–EI	Löt-	V LOET	Wickel-	V WIK
Feil-	V FEIL	Montier-	V MON	Wucht-[2])	V WU
Fräs-	V FR	Niet-	V NIT	Zentrier-	V ZEN
Füll-	V FUELL	Räum-	V RAEU	Zusammenbau- (Montier-)	V MON
Gewindebohr-	V BO–G	Reib-	V BO–R		
Gewindedreh-	V DRE–G				

Abkürzungen, alphabetisch geordnet					
Abkürzung	Vorrichtung	Abkürzung	Vorrichtung	Abkürzung	Vorrichtung
V ABI	Abisolier-	V FUELL	Füll-	V NIT	Niet-
V ANR	Anreiß-[2])	V GIS	Gieß-	V RAEU	Räum-
V BIG	Biege-	V GRA	Gravier-	V RI	Richt-
V BIN	Binde-	V HAE	Härte-[2])	V SAEG	Säge-
V BO	Bohr-	V HOB	Hobel-	V SL	Schleif-
V BO–G	Gewindebohr-	V KIT	Kitt-	V SL–G	Gewindeschleif-
V BO–R	Reib-	V KLEB	Klebe-	V SPA	Spann-[1])
V BO–S	Senk-	V LAK	Lackier-	V STO	Stoß-
V BOER	Bördel-	V LEIM	Leim-	V STO–Z	Wälzstoß-
V BRE	Brennschneid-	V LOET	Löt-	V SW	Schweiß-
V DRE	Dreh-	V MON	Montier- (Zusammenbau-)	V TAU	Tauch-[2])
V DRE–G	Gewindedreh-	V MON–AB	Abzieh-	V WIK	Wickel-
V FEIL	Feil-	V MON–AU	Auspreß-	V WU	Wucht-[2])
V FR	Fräs-	V MON–EI	Einpreß-	V ZEN	Zentrier-
V FR–G	Gewindefräs-				
V FR–Z	Wälzfräs-				

[1]) Nur anzuwenden, wenn Vorrichtung mehreren Fertigungsverfahren dient, z. B. bei Bohr- und Fräswerken oder Bearbeitungszentren.
[2]) Mit diesen Vorrichtungen werden keine formändernden Fertigungsverfahren, siehe Erläuterungen, durchgeführt.

Bild 1-4
Vorrichtungsbenennung und Abkürzungen nach DIN 6300.
Die Abkürzungen eignen sich für die elektronische Datenverarbeitung.

Bild 1-5 auf S. 7

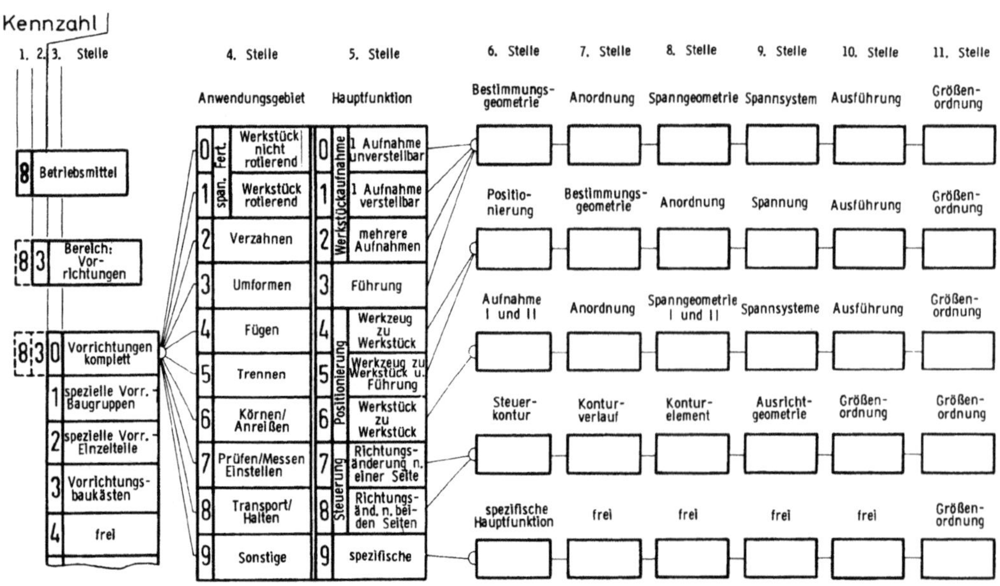

Bild 1-6
Gesamtübersicht über das Vorrichtungsklassifizierungssystem.

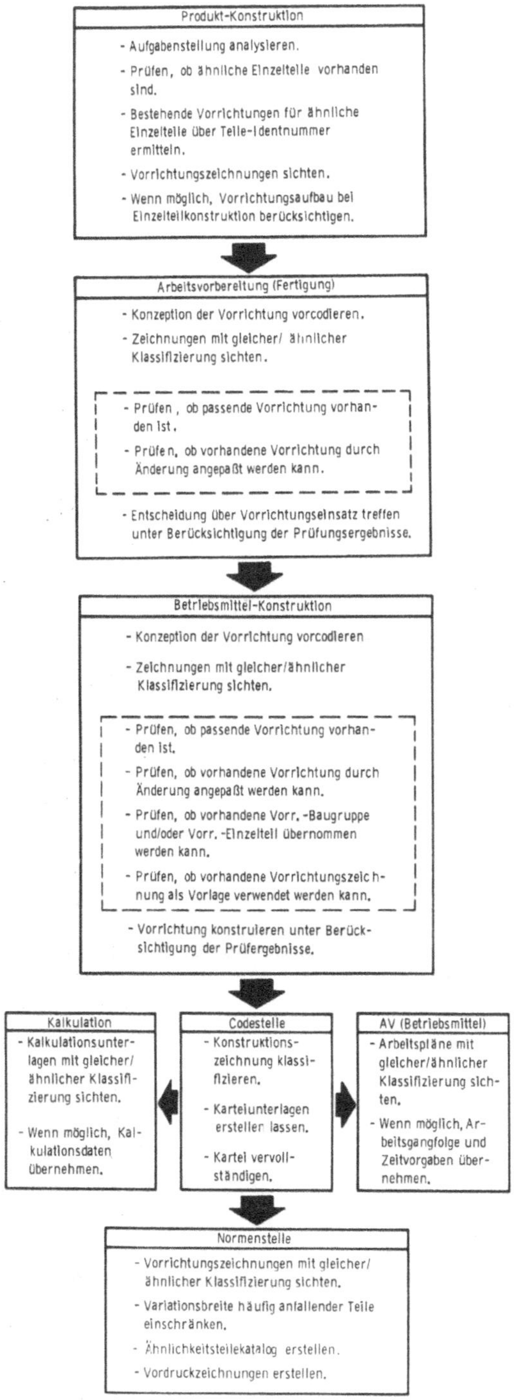

Bild 1-5 Einsatz der Vorrichtungsklassifizierung in den verschiedenen Bereichen eines Produktionsbetriebes.

Stellen 1 bis 5	Vorrichtungsart
830–00	Fräs- und Hobelvorrichtungen
830–05	Bohrvorrichtungen
830–07	Kopierschablonen (Drehmaschinen)
830–10	Drehvorrichtungen
830–17	Kopierschablonen (Fräsmaschinen)
830–46	Schweißvorrichtungen (Montage)
830–47	Brennschablonen
830–64	Körnerschablonen
830–67	Anreißschablonen
. . . –. .	. . . . usw.

Bild 1-7 Vorrichtungsklassifizierung, Schlüsselstellen 1 bis 5 mit Vorrichtungsbezeichnungen.

Hauptfunktion : Werkstückaufnahme, Führung

	4. Stelle: Anwendungsgebiet	5. Stelle: Hauptfunktion	6. Stelle: Bestimmungsgeometrie an Werkstück (Vorr.)	7. Stelle: Anordnung
0	spanende Fertigung: Werkstück nicht rotierend	Werkstückaufn.: eine Aufnahme unverstellbar	Fläche mit/ohne Anschlag	m. Grundfläche an Vorr.: parallel zu Aufnahme-Bezugsebene
1	Werkstück rotierend	eine Aufnahme verstellbar	ein Innen-zyl./-kegel: ohne Anschlag	winklig zu Aufnahme-Bezugsebene
2	Verzahnen	mehrere Aufnahmen	mit Anschlag	rechwinklig zu Aufn.-Bezugsebene
3	Umformen	Führung	mehr. Innen-zyl./-kegel: $D_{max} \leq 3 \cdot D_{min}$	frei
4	Fügen	Die Positionen 4-9 können nur in Verbindung mit anderen Schlüsselzweigen angesprochen werden.	$D_{max} > 3 \cdot D_{min}$	ohne Grundfläche an Vorrichtung, m. Masch.-anschluß: Hohlkontur in Vorrichtung
5	Trennen		Außenzyl./-kegel: ohne Anschlag	Hohlkontur in Maschine
6	Körnen/Anreißen		mit Anschlag	mehrere Anschlußkonturen
7	Prüfen/Messen Einstellen		regelmäßige Wölbung $\alpha < 180°$	ohne Maschinenanschluß
8	Transport/Halten		unregelmäßige Wölbung	frei
9	sonstige		sonstige	sonstige

Bild 1-8 Vorrichtungsklassifizierung, Schlüsselstellen 4 bis 7.

Hauptfunktion : Werkstückaufnahme, Führung

	8. Stelle: Spanngeometrie an Werkstück	9. Stelle: Spannsystem	10. Stelle: Ausführung	11. Stelle: Größenordnung in (mm)
0	ohne Spannung durch Vorrichtung	ohne Spannung durch Vorrichtung	ohne Überdeckung oder Zusatz	> 0
1	eine Spannrichtung: ohne Durchgang	Spannsyst. o. Übertragungsmechanism., Schraube/Mutter: ein Spannsystem	mit Überdeckung und/oder Zusatz	≥ 100
2	mit Durchgang	mehrere Spannsysteme, unsym.	mit Austausch-Einzelteil	≥ 200
3	mehrere Durchgänge	mehrere Spannsysteme, sym.	unselbständige Einheit: mit Maschineneinrichtung	≥ 300
4	beliebig m. Durchg. oder Gewinde	Keil, Konus, Exzenter	mit Kraftanschluß el. hydr. pneum.	≥ 400
5	mehrere Spannrichtungen: ohne Durchgang	Magnet, Vakuum	mit vorgeschalteter Vorrichtung	≥ 500
6	mit Durchgang	sonstige	m. nachgeschaltet. Vorrichtung	≥ 600
7	Innenzylinder/Innenkegel	mit Übertr. mech., geführtes Element: dezentral bedient	mit Allgemeinvorrichtung	≥ 800
8	Außenzylinder/Außenkegel	zentral bedient	Allgemeinvorrichtung	≥ 1000
9	sonstige	Verformungselement	Baukastenvorrichtung	≥ 1500

Bild 1-9 Vorrichtungsklassifizierung, Schlüsselstellen 8bis 11.

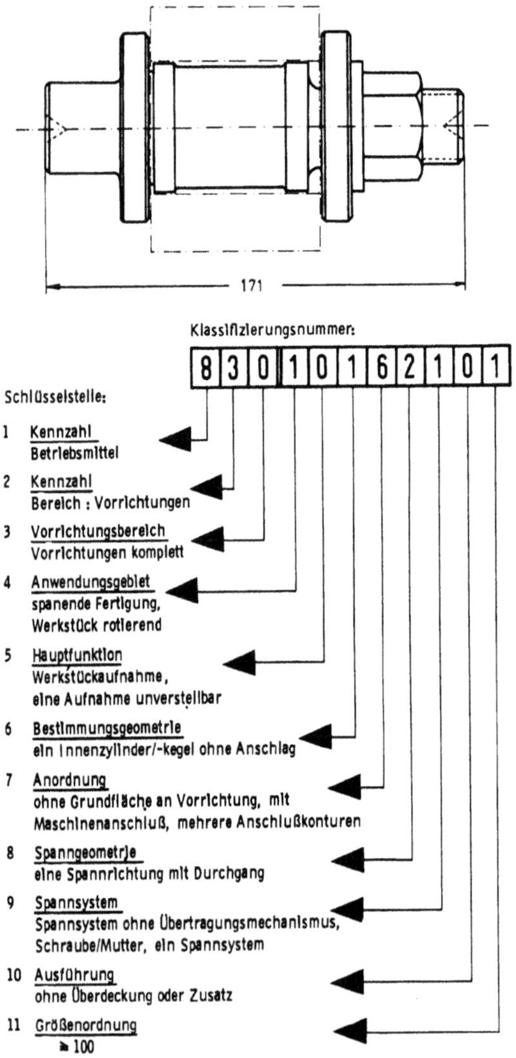

Bild 1-10 Vorrichtungsklassifizierung, Beispiel: Drehdorn.

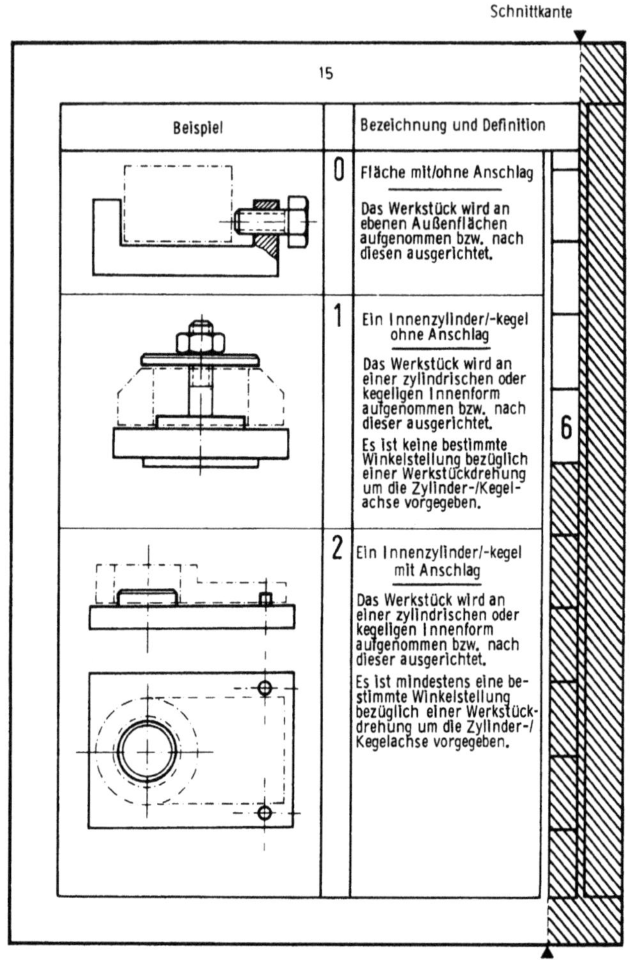

Bild 1-11 Beispiel einer Definitionskatalogseite für das Vorrichtungsklassifizierungssystem.

Der im Bild 1-10 dargestellte Drehdorn wird in der spangebenden Fertigung eingesetzt und ist speziell für Verfahren gedacht, bei denen das Werkstück allein oder zusammen mit dem Werkzeug eine rotierende Bewegung ausführt (Stelle 4, Pos. 1). Die Hauptfunktion der Vorrichtung ist: Aufnahme eines oder mehrerer Werkstücke mit gleicher Aufnahmegeometrie (Stelle 5, Pos. 0). Die Winkelstellung ist frei wählbar (Stelle 6, Pos. 1). Die Vorrichtung hat keine Grundfläche, ist jedoch mit der Maschine über zwei getrennte Konturen verbunden (Stelle 7, Pos. 6). Die erzeugten Spannkräfte wirken so, daß das Werkstück nicht radial, sondern von den Stirnflächen her gespannt wird. Dieses ist nur möglich, wenn das Werkstück eine durchgehende Bohrung aufweist (Stelle 8, Pos. 2). Das Werkstück wird ohne Zwischenschaltung anderer Elemente durch eine Schraubenmutter gespannt (Stelle 9, Pos. 1). Die besprochenen Merkmale weisen keine Überdeckung auf, so daß keine anderen Prioritäten zu berücksichtigen sind (Zusatzeinrichtung usw.), deren Klassifizierung im Schlüsselsystem nicht vorgesehen ist (Stelle 10, Pos. 0). Schließlich wird festgestellt, daß die größte Vorrichtungsabmessung in der Größenordnung zwischen 100 mm und 200 mm liegt (Stelle 11, Pos. 1).

Ein Rückgriff auf vorhandene Vorrichtungen ist nur möglich, wenn sichergestellt wird, daß der Informationsinhalt jeder Schlüsselposition eindeutig definiert ist. Diese Forderung wird mit dem Aufbau eines Definierungskataloges erfüllt, dessen eine Seite Bild 1-11 zeigt.

Für den betrieblichen Einsatz des Klassifizierungssystems müssen viele organisatorische Maßnahmen getroffen werden, die jedoch aus Platzmangel nicht erörtert werden können. Deshalb wird hier und auch bei anderen Problemen auf die entsprechende Literatur [1], [35], [65], [85], [86] verwiesen.

2 Kosten der Vorrichtung

2.1 Anteil der Vorrichtungskosten im Rahmen der Gesamtkosten für die Vorbereitung einer Fertigung

Die wirtschaftliche und technische Bedeutung der Vorrichtungen in der Fertigung wird in den Abschnitten 1.3 und 2.2 besprochen. Der Anteil der Vorrichtungskosten an den Gesamtkosten, die für die Vorbereitung einer Fertigung anfallen, dürften für alle, die für die Planung, Konstruktion, Ausführung und Einsatz der Vorrichtungen verantwortlich sind, interessant sein. In Bild 2-1 ist dieser Anteil dargestellt. Diese Aufstellung betrifft Kleinserienfertigung von Gleichstrommotoren (Sonderausführung, 250 Stück) ($N = 4$ kW, $n = 750\ \text{min}^{-1}$). Der Anteil der Vorrichtungskosten (Konstruktion + Ausführung) beträgt demnach 75 % der Gesamtkosten, die für die Vorbereitung der Fertigung einer Kleinserie von Gleichstrommotoren anfallen. Daraus können wichtige wirtschaftliche Rückschlüsse gezogen werden.

Kostenstelle		Kostenanteil in %	
1	• Fertigungsplanung + Fertigungsmittelplanung	6	
2	• Erarbeitung der Fertigungsunterlagen	9	
3	• *Vorrichtungskonstruktionskosten*	18	75
4	• *Vorrichtungsbaukosten + Werkstoffe*	57	
5	• Fertigung einer Probeserie	8	
6	• Andere kosten	2	
7	• *Gesamtkosten der Fertigungsvorbereitung*	100	

Bild 2-1 Durchschnittlicher Anteil der Vorrichtungskosten im Rahmen der Gesamtkosten der Fertigungsvorbereitung.

2.2 Wirtschaftlichkeitsrechnung[1)]

Die Fertigung mit einer oder mehreren Vorrichtungen ist immer mit einem, oft recht erheblichem, Kostenaufwand verbunden. Diese erhöhten Kosten müssen durch andere Vorteile zumindest wettgemacht werden, wenn der Grundsatz von der Wirtschaftlichkeit einer Fertigung nicht aufgegeben werden soll.

Bevor man sich für den Einsatz von Vorrichtungen entscheidet, ist daher stets zu prüfen, welche wirtschaftlichen Vorteile mit diesen Vorrichtungen erreicht werden und ob durch sie die erhöhten Aufwendungen gerechtfertigt werden. Es ist nicht immer einfach, rechnersich genau zu ermitteln, welche Konstruktionslösung die günstigere ist (Kap. 60). Dies darf jedoch nicht dazu verleiten, überhaupt keine Wirtschaftlichkeitsrechnungen durchzuführen, da sonst Fehlinvestitionen zu erwarten sind.

2.2.1 Verschiedene Fälle der Wirtschaftlichkeitsrechnung

a) Vergleich zwischen dem Anreißen und dem Einsatz einer oder mehrerer Vorrichtungen,

b) Vergleich zwischen einer oder mehreren vorhandenen Vorrichtungen und verschiedenen Neulösungen,

c) Vergleich zwischen einer komplizierten und mehreren einfachen Vorrichtungen.

1) Weiteres s. Literatur [36] und [86].

2.2.2 Verschiedene Arten der Wirtschaftlichkeitsrechnung

a) Ermittlung der *Grenzstückzahl* der Werkstücke, bei der für zwei Verfahren – z. B. Anreißen und Einsatz einer Vorrichtung – Kostengleichheit herrscht,

b) Ermittlung der *Maximalkosten*, die für eine oder mehrere Vorrichtungen als Funktion der Anzahl der Werkstücke aufgewendet werden dürfen.

c) Ermittlung der *Amortisationszeit*, nach der sich der Mehraufwand für eine oder mehrere Vorrichtungen gegenüber einer anderen Lösung bezahlt macht.

2.2.3 Ermittlung der Grenzstückzahl der Werkstücke

Die Grenzstückzahl für zwei Vergleichsfälle untereinander wird nach Formel (1) berechnet:

$$G_{St_{1,2}} = \frac{K_{V_1} - K_{V_2}}{K_{F_2} - K_{F_1}} = \frac{\text{Differenz der Vorrichtungskosten}}{\text{Differenz der Fertigungskosten je Stück}} \quad \text{(Stück)} \quad (1)$$

$G_{St,1,2}$ Grenzstückzahl für Vergleichsfälle 1 und 2 (Stück),
K_{V_1} Kosten des ersten Verfahrens bzw. Vorrichtung (DM),
K_{V_2} Kosten der Vorrichtung (DM),
K_{F_1} Fertigungskosten je Werkstück zu K_{v_1} (DM),
K_{F_2} Fertigungskosten je Werkstück zu K_{v_2} (DM).

Die Fertigungskosten K_F werden errechnet:

$$K_{F_1} = t_1 \cdot l_1 \left(1 + \frac{U_1}{100}\right) \quad \text{(DM)} \qquad (2a)$$

$$K_{F_2} = t_2 \cdot l_2 \left(1 + \frac{U_2}{100}\right) \quad \text{(DM)} \qquad (2b)$$

t_1 Vorgabezeit zu K_{V_1} (Std),
l_1 Stundenlohn zu t_1 (DM/Std),
t_2 Vorgabezeit zu K_{V_2} (Std),
l_2 Stundenlohn zu t_2 (DM/Std),
U_1 und U_2 Fertigungsgemeinkostenzuschläge (%).

Somit ergibt sich die Formel für die Grenzstückzahl der Werkstücke:

$$G_{St_{1,2}} = \frac{m \cdot (K_{V_1} - K_{V_2})}{(t_2 \cdot l_2) \cdot \left(1 + \frac{U_2}{100}\right) - (t_1 \cdot l_1)\left(1 + \frac{U_1}{100}\right)} \quad \text{(Stück)} \quad (3a)$$

in der zusätzlich ein Faktor m berücksichtigt wurde, der Instandhaltungskosten der Vorrichtungen, Steuer- und Versicherungskosten, Verzinsung des Kapitals und Abschreibungen beinhaltet. Diese Kosten werden von der Betriebswirtschaftsstelle ermittelt und in Form eines Faktors in die Formel eingesetzt (s. Beispiele). Die Formel (3a) gilt für den Vergleich zwischen zwei Vorrichtungsausführungen bzw. zwischen Anwendung einer komplizierten und mehreren einfachen Vorrichtungen.

Wird das Anreißen und das Arbeiten ohne Vorrichtung mit dem Arbeiten mit Vorrichtung verglichen, so entstehen beim

Anreißen keine K_V-Kosten. Die Formel (3a) wird daher in folgender Form angewendet:

$$G_{St_{A,2}} = \frac{m \cdot (K_V - 0)}{\left[(t_A \cdot l_A)(1 + \frac{U_A}{100}) + (t_1 \cdot l_1)(1 + \frac{U_{1,2}}{100})\right] - (t_2 \cdot l_2)(1 + \frac{U_{1,2}}{100})} \quad \text{(Stück)} \quad (3b)$$

t_A Vorgabezeit für das Anreißen (Std),
l_A Stundenlohn des Anreißers (DM/Std),
t_1 Vorgabezeit (arbeiten *ohne* Vorrichtung) (Std),
l_1 Stundenlohn des qualifizierten Arbeiters (DM/Std),
t_2 Vorgabezeit (arbeiten *mit* Vorrichtung) (Std),
l_2 Stundenlohn des angelernten Arbeiters (DM/Std),
$U_{1,2}$ Fertigungsgemeinkostenzuschläge (%),
K_V Kosten der Vorrichtung (DM).

Kommen für beide Fälle verschiedene Werkzeugmaschinen bzw. Arbeitsplätze in Frage, so müssen diese berücksichtigt werden (Formel (3b)). Es kann vorkommen, daß verschiedene Rüstzeiten zu berücksichtigen sind. Dann muß auch die Anzahl der Lose berücksichtigt werden, da die Rüstzeit pro Auflage anfällt.

Der Multiplikator m setzt sich zusammen aus:

$$m = 1 + i + s + z \cdot a$$

i Instandhaltungskosten z.B. 5 % (= 0,05),
s Steuer und Versicherungskosten z.B. 0,2 % (= 0,002),
z Verzinsung des Kapitals z.B. 8 % (= 0,08) und
a Abschreibung z.B. 2,5 Jahre.

Die Werte müssen von der Betriebswirtschaftsstelle ermittelt werden. Daraus ergibt sich der Multiplikator:

$$m = 1 + 0{,}05 + 0{,}002 + 0{,}08 \cdot 2{,}5 = 1{,}252.$$

Beispiel für die Ermittlung der Grenzstückzahl:

K_{V_1} Kosten der Vorrichtung 1723,00 DM,
K_{V_A} Anreißen (bei 0 Stück keine Kosten) 0,00 DM,
t_1 Vorgabezeit zu K_{V_1} pro Werkstück 0,2 Std,
t_2 Vorgabezeit für das Bohren ohne Vorrichtung 0,3 Std,
t_A Vorgabezeit für das Anreißen 0,1 Std,
l_1 Stundenlohn des angelernten Arbeiters 8,00 DM/Std,
l_2 Stundenlohn des Bohrers 10,00 DM/Std,
l_A Stundenlohn des Anreißers 10,00 DM/Std,
$U_{1,2,A}$ Fertigungsgemeinkostenzuschläge 220 %.

Da $U_1 = U_2 = U_A$, kann die Formel (3b) vereinfacht werden:

$$G_{St_{1,2,A}} = \frac{m \cdot (K_{V_1} - K_{V_A})}{(t_A \cdot l_A + t_2 \cdot l_2 - t_1 \cdot l_1)(1 + \frac{U}{100})} = \frac{1{,}252 \cdot (1723 - 0)}{(0{,}1 \cdot 10 + 0{,}3 \cdot 10 - 0{,}2 \cdot 8)(1 + \frac{220}{100})} = 281 \text{ Stück}$$

Die Grenzstückzahl für beide Fälle (Bild 2-2) beträgt 281 Stück. Dieses kann graphisch in Form der sog. Kostenschere (Bild 2-3) dargestellt werden. Der Schnittpunkt 3, in dem für beide Fälle Kostengleichheit herrscht und damit die Grenzstückzahl ergibt, wird auch „break even point" genannt. Die bisher angefallenen Kosten für die Vorrichtung sind gedeckt, ein Gewinn wird erzielt.

Die maximalen Kosten, die für eine Vorrichtung, bei bekannter Stückzahl der mit ihr zu fertigenden Werkstücke, aufgewendet werden dürfen, werden nach Formel

$$K_{V_{max.}} = \frac{K_{F_1} - K_{F_2}}{m} \cdot n \quad \text{(DM)} \quad (4)$$

und die Amortisationszeit nach Formel

$$T_A = \frac{m \cdot K_V}{n(K_{F_1} - K_{F_2})} \quad \text{(Jahre)} \quad (5)$$

sowie die Amortisationsstückzahl nach Formel

$$n_{min} = \frac{m \cdot K_V}{K_{F_1} - K_{F_2}} \quad \text{(Stück)} \quad (6)$$

ermittelt, wobei n die Stückzahl der Werkstücke bedeutet. Diese Werte sollten in ein Formblatt (Bild 2-2) eingetragen werden, damit die Berechnungsvorgänge reproduzierbar bleiben. Nach jedem Einsatz der Vorrichtung sollten auch Angaben über die jeweils mit der Vorrichtung gefertigte Stückzahl der Werkstücke eingetragen werden, um feststellen zu können, wann sich die Vorrichtung amortisiert hat und ob sich die im voraus rechnerisch ermittelten Daten bestätigen. Dabei sollten auch die anfallenden Reparaturen (Art) und ihre Kosten festgehalten werden. Dadurch wird verhindert, daß ähnliche Fehler bzw. Schwachstellen wiederholt entstehen.

2.2.4 Graphische Darstellung der rechnerischen Ergebnisse der Wirtschaftlichkeitsberechnung

Die Ergebnisse der durchgeführten Wirtschaftlichkeitsberechnungen lassen sich graphisch darstellen. Dies sei an folgendem Beispiel erläutert (Bild 2-3): Aus dem Formblatt (Bild 2-2) werden die entsprechenden Werte (in diesem Fall Fertigung *ohne* Vorrichtung mit Anreißen sowie Fertigung *mit* einer komplizierten Vorrichtung ohne Anreißen) entnommen:

1. Die Grenzstückzahl $G_{St} = 281$ ergibt den Punkt 1.
2. Die Fertigungskosten der Grenzstückzahl $K_{F_{GSt}}$ ergeben den Punkt 2. Man ermittelt diese Kosten:
   $K_{F_{GSt}} = K_{F_A} = K_{F_2} = 281 \cdot 12{,}80$ DM = 3596,00 DM,
   oder:
   $K_{F_1} = 281 \cdot 5{,}12 + 1723{,}00$ DM $\cdot\, m$ =
   $281 \cdot 5{,}12 + 1723{,}00$ DM $\cdot\, 1{,}25$ = 3596,00 DM.
3. Die Ordinate von Punkt 1 und die Abszisse von Punkt 2 schneiden sich im Punkt 3.
4. Die Vorrichtungskosten K_{V_1} = 1723,00 DM ergeben den Punkt 4, von dem aus eine Gerade durch den Punkt 3 gezogen wird.

FIRMA	VORRICHTUNGEN	WR 1
	WIRTSCHAFTLICHKEITSRECHNUNG	BLATT 672

WERKSTÜCK	VORRICHTUNG
Zeichnung: 352 - 871 - 723	Zeichnung: V - 37 - 521
Bezeichnung: LAGERSCHILD	Bezeichnung: BOHRVORRICHTUNG

KOSTEN bei 0-STÜCK WERKSTÜCKE				FERTIGUNGSKOSTEN K_F			
OHNE Vorrichtung		MIT Vorrichtung		OHNE Vorrichtung		MIT Vorrichtung	
Material	0,- DM	Material	250 DM	Lohn ANREISSEN	3,- DM	Lohn ⁄	⁄ DM
Lohn	0,- DM	Lohn	368 DM	Lohn BOHREN	1,- DM	Lohn BOHREN	1,60 DM
FGZ ⁄ %	0,- DM	FGZ 300 %	1105 DM	FGZ 220 %	8,80 DM	FGZ 220 %	3,52 DM
K_{V_2} ➧	0,- DM	K_{V_1} ➧	1723 DM	K_{F_2} ➧	12,80 DM	K_{F_1} ➧	5,12 DM

1 GRENZSTÜCKZAHL

m= 1,25

$$G_{st}=\frac{m(K_{V_1}-K_{V_2})}{K_{F_2}-K_{F_1}}=\frac{1{,}25\,(1723-0)}{12{,}80-5{,}12}=281 \text{ STÜCK}$$

2 MAXIMALE VORRICHTUNGSKOSTEN

m=1,25 n= 500 (s.Vermerke !)

$$K_{V_{max.}}=\frac{K_{F_2}-K_{F_1}}{m}\cdot n=\frac{(12{,}80-5{,}12)}{1{,}25}\,500=3072 \text{ DM}$$

3 AMORTISATIONSZEIT

m=1,25 n= 281

$$T_A=\frac{m\cdot K_{V_1}}{n(K_{F_2}-K_{F_1})}=\frac{1{,}25\cdot 1723}{281(12{,}80-5{,}12)}=0{,}99 \text{ JAHRE}$$

4 AMORTISATIONSSTÜCKZAHL

m= 1,25

$$n_{min.}=\frac{m\cdot K_{V_1}}{K_{F_2}-K_{F_1}}=\frac{1{,}25\cdot 1723}{12{,}80-5{,}12}=281 \text{ STÜCK}$$

VERMERKE

DIE UNTER Pkt. 2 VORAUSGESETZTE STÜCKZAHL VON 500 STÜCK IST AUF DEN GESCHÄTZTEN ABSATZ ZURÜCKZUFÜHREN !

DIE GRENZSTÜCKZAHL VON 281 STÜCK WURDE AM 13.1.82 ERREICHT !

AUFGABEN

BOHREN SÄMTLICHER BOHRUNGEN, AUSFÜHREN VON GEWINDEN, SOWIE ANSENKUNGEN.

FORDERUNGEN

ALLE BOHRUNGEN MÜSSEN IN EINER SPANNUNG GEBOHRT WERDEN !

GEFERTIGT:

Datum	Stück		Datum	Stück	
16.7.81		95			
20.8.81	62	157			
7.9.81	36	193			
13.10.81	32	225			
16.12.81	45	270			
Σ > $G_{st.}$!	31	▶ 301			
12.3.82	55	356			
16.6.82	40	396			

ERSTELLT: NAME Wolter	GEPRÜFT: NAME Müller	ERSETZT am:
Datum: 15.6.81 Wolter	Datum: 19.6.81 Müller	durch:

MATUSZEWSKI

Bild 2-2 Formular zur Aufstellung der Daten der Wirtschaftlichkeitsrechnung für den Einsatz von Vorrichtungen sowie zur Überwachung und Überprüfung der Ergebnisse wie: Grenzstückzahl der Werkstücke, wann diese Grenzstückzahl erreicht wurde usw.

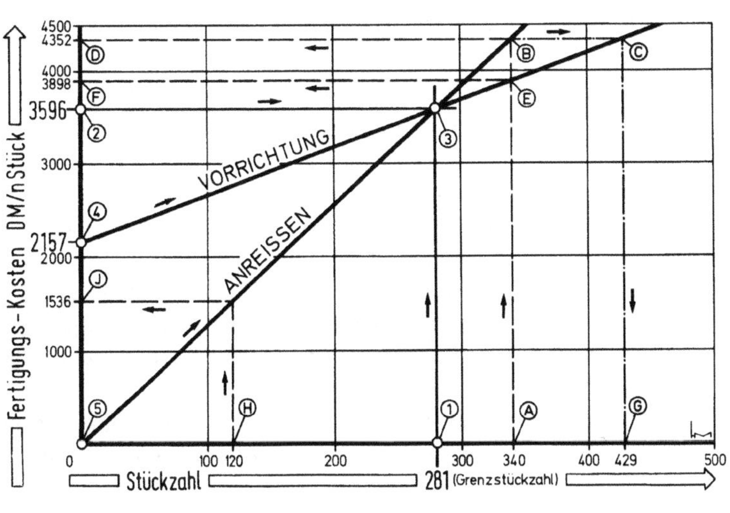

Bild 2-3 Graphische Darstellung der rechnerischen Ergebnisse (Abschnitt 2.2.3) der Wirtschaftlichkeitsrechnung.

Der Schnittpunkt „3", auch „break even point" genannt, der sog. „Kostenschere" ergibt die Grenzstückzahl der Werkstücke „1", bei der die „Fertigungskostengleichheit" (Pkt. „2") für die Fertigung mit und ohne Vorrichtung (Anreißen) herrscht. Weitere Erläuterungen zu der Aufzeichnung s. Abschnitt 2.2.4.

5. Da hier das Anreißen in Frage kommt, betragen die Kosten bei 0 Stück der Werkstücke $K_{V_A} = K_{V_2} = 0$ DM, so daß die Kostencharakteristik im Punkt 5, der sich im Nullpunkt befindet, anfangen muß. Da sich aber diese beiden Geraden im Punkt 3 kreuzen müssen, weil in diesem Punkt die Fertigungskosten gleich sind, wird eine Gerade vom Punkt 5 ausgehend durch den Punkt 3 verlaufen.

Die Vorteile der graphischen Darstellung (Bild 2-3) liegen darin, daß nicht nur die Fertigungskosten K_F als Funktion der Stückzahl der Werkstücke (H–J), (A–E–F) bzw. (A–B–D), sondern auch umgekehrt die Anzahl der Werkstücke bei vorgegebenen Fertigungskosten (D–C–G) ermittelbar ist. Den Gewinn bei einer bestimmten Stückzahl der Werkstücke (B–E) kann man ebenfalls ermitteln.

2.2.5 Der „Vorrichtungsanteilfaktor“[1])

Mit Hilfe eines „Vorrichtungsanteilfaktors“ kann die Wirtschaftlichkeit des Einsatzes von Vorrichtungen und vor allem der Anteil der Vorrichtungen in Hinsicht auf die Anzahl der Werkstücke eines Produktes überprüft werden. Dieser Faktor ist:

$$V_A = \frac{V_E}{E_w},$$

V_E Anzahl der Vorrichtungen, für die im eigenen Betrieb hergestellten Werkstücke eines Produktes,

E_w Anzahl der im eigenen Betrieb hergestellten Werkstücke des betreffenden Produktes.

Um beurteilen zu können, ob bei der Fertigung eines Produkts das Verhältnis der Anzahl der eingesetzten Vorrichtungen zu den im eigenen Betrieb hergestellten Werkstücken in wirtschaftlich vertretbaren Grenzen liegt, müssen statistische Werte vorliegen (Bild 2-4). Außerdem müssen die untersuchten Vorrichtungen und Werkstücke genau definiert sein, damit das Ergebnis der Untersuchung eindeutig interpretiert werden kann. Als Anhaltswerte für den allgemeinen Maschinenbau können die im Bild 2-4 angegebenen Werte gelten.

Art der Fertigung	Vorrichtungsanteilfaktor V_A
1. Einzelfertigung	0,03 bis 0,10
2. Kleinserienfertigung	0,10 bis 0,40
3. Mittelserienfertigung	0,40 bis 0,80
4. unterbrochene Großserienfertigung	0,80 bis 1,50
5. ununterbrochene Großserienfertigung	1,30 bis 1,50
6. Fertigungsstraßenfertigung	4,50 bis 6,00

Bild 2-4 Vorrichtungsanteilfaktor V_A verschiedener Arten der Fertigung. Weitere Erläuterungen s. Abschnitt 2.2.5.

[1]) Der Begriff „Vorrichtungsanteilfaktor“ stammt vom Autor

Beispiel:

Bei der Fertigung des Lagerschildes eines Gleichstrommotors beträgt der Vorrichtungsanteilfaktor bei Anwendung einfacher Vorrichtungen:

$$V_{A_1} = \frac{V_E}{E_w} = \frac{40}{112} = 0{,}357.$$

Werden bei diesem Erzeugnis jedoch 8 einfache Vorrichtungen durch 2 komplizierte Vorrichtungen ersetzt, beträgt der Vorrichtungsanteilfaktor:

$$V_{A_2} = \frac{40 - 8 + 2}{112} = 0{,}304.$$

Liegen Erfahrungswerte vor, so können aus den ermittelten Werten Rückschlüsse hinsichtlich des wirtschaftlichen Einsatzes der Vorrichtungen gezogen werden.

2.2.6 Einflußfaktoren auf die Fertigungs- und Vorrichtungskosten

Die Kosten, die für Vorrichtungen anfallen, stellen innerhalb der gesamten Fertigungs-Vorbereitungskosten einen sehr beachtlichen Anteil dar. Sie können durch folgende Betriebsstellen und deren Maßnahmen günstig beeinflußt werden:

1. *in der Fertigungs- und Betriebsmittelplanung sowie Fertigungsvorbereitung* durch:

1.1. Wirtschaftlichkeitsüberlegungen bei der Festlegung der Arbeitsabläufe und dem Vorrichtungseinsatz (Abschnitt 2.2),

1.2. die Wahl der wirtschaftlich und technisch optimalen Art der Vorrichtung und ihrer Ausführung (Abschnitt 1.4),

1.3. Rückgriff auf bereits vorhandene Vorrichtungen, verbunden mit Anpassung, Umbau usw. (Abschnitt 1.6),

1.4. Werkstück-Gruppentechnologie und Einsatz von Gruppenvorrichtungen (Kap. 39),

1.5. Planung von Vorrichtungen für ein Werkstück, aber mehrere Arbeitsgänge und/oder für mehrere Werkzeugmaschinen bzw. Arbeitsplätze mit Hilfe auswechselbarer Bauelemente,

1.6. Planung von Mehrstück-Spannvorrichtungen (Abschnitt 15.9),

1.7. Pendel- bzw. Laufend-Bearbeitung (Abschnitt 31.1),

1.8. Änderung der Werkstücksform, so daß anstelle komplizierter, einfache Vorrichtungen eingesetzt werden können (Abschnitt 4.2.1),

1.9. entsprechende Planung des Termins der Lieferung der Vorrichtung (Kap. 3) an die Fertigung, so daß nach Fertigstellung und vor dem Einsatz und *ohne Zeitdruck* die Abnahme der Vorrichtung (Abschnitt 68.1) vorgenommen werden kann; evtl. Änderungen können rechtzeitig durchgeführt werden,

1.10. enge Zusammenarbeit mit der Vorrichtungskonstruktion und gegenseitigen Erfahrungsaustausch sowie Beratung (Abschnitt 54.2),

1.11. lückenlosen Informationsfluß (Kap. 55) mit Hilfe moderner Kommunikationsmittel, die Rückfragen ausschalten bzw. stark reduzieren,

1.12. genaue Angaben über die in Auftrag gegebene Vorrichtung (Kap. 58),

1.13. genaue Angaben über das in der Vorrichtung zu bearbeitende Werkstück (Kap. 57),

1.14. genaue Angaben über Werkzeugmaschine, Werkzeuge usw., die im Zusammenhang mit der Vorrichtung stehen,

1.15. Teilnahme und Mitsprache der Vorrichtungskonstruktion bei der Planung von Vorrichtungen (Abschnitt 54.2),

2. *in der Vorrichtungskonstruktion* (Kap. 54) durch:

2.1. Einhaltung der für die Vorrichtung vorgegebenen Kosten (Abschnitt 2.2),

2.2. Einsatz entsprechend qualifizierter Vorrichtungskonstrukteure,

2.3. Ermittlung der technisch und wirtschaftlich optimalen Konstruktionslösung (Kap. 60),

2.4. weitgehende Verwendung von DIN- und Werksnorm-Bauelemente (Kap. 22), die entweder zu einer fertigen Vorrichtung zusammengestellt werden oder in Verbindung mit einfachen Zusatzelementen zu einer Vorrichtung führen, bzw. an Vorrichtungen verwendet werden, die hauptsächlich aus selbstgefertigten Elementen bestehen,

2.5. fertigungsgerechte Gestaltung der Bauelemente (Kap. 64),

2.6. werkstoffgerechte Gestaltung der Bauelemente (Kap. 64),

2.7. beanspruchungsgerechte Wahl der Werkstoffe und Bearbeitungsmethoden,

2.8. Berücksichtigung der Fertigungsmöglichkeiten des Vorrichtungsbaus und der Fertigungsbetriebe des Werkes (Schweißen, Brennschneiden, Gießen, größere Bohrwerke, freie Kapazitäten usw.) (Kap. 64),

2.9. Verwendung lagermäßig geführter Halbzeuge,

2.10. Änderungsvorschläge hinsichtlich vorrichtungsgerechter Gestaltung des Werkstücks an die Produktkonstruktion (Abschnitt 54.2),

2.11. Berücksichtigung der bereits vorliegenden Erfahrungen aus bisher verwendeten Vorrichtungen für geometrisch ähnliche Werkstücke (Erfahrungskartei),

2.12. enge Kontakte mit dem Anwender der Vorrichtungen (Abschnitt 54.2),

2.13. Informationsfluß mit der Fertigungskontrolle, die über den Einsatz und Funktion der Vorrichtungen bestens informiert ist (Kap. 55),

2.14. Vorabbestellungen der auf Lager nicht vorhandenen Bauelemente und Halbzeuge schon während der Konstruktion der Vorrichtung,

2.15. Verwendung der Kunstharze (Abschnitt 77.3),

2.16. Einhaltung der vorgegebenen Termine,

2.17. einwandfreie Konstruktionszeichnungen und -unterlagen (Kap. 62),

2.18. genaue Vorrichtungsklassifizierung (Abschnitt 1.6), die das Finden einer ähnlichen Vorrichtung erleichtert,

2.19. rechnerunterstützte Vorrichtungskonstruktion (Abschnitt 63);

3. *im Vorrichtungsbau* (Kap. 72) durch:

3.1. Einsatz hochqualifizierter und erfahrener Vorrichtungsschlosser,

3.2. organisatorische Maßnahmen hinsichtlich der Terminplanung und des Fertigungsablaufes der Vorrichtung und der Lieferung der bestellten Bauelemente (Kap. 3),

3.3. entsprechende Werkzeugmaschinen-, Werkzeug- und Sonderausrüstung (Kap. 73),

3.4. enge Zusammenarbeit mit anderen Betriebsabteilungen, die Halbzeuge liefern, Vorrichtungsbauelemente bearbeiten (s. Punkt 2.8), zusammenfügen usw.

3.5. Beschränkung der Bearbeitung auf Flächen, die unbedingt bearbeitet werden müssen,

3.6. Einhaltung des Ablieferungstermins der Vorrichtung,

3.7. Instandhaltung der Vorrichtungen nach dem Einsatz und vor der Ablieferung in das Vorrichtungslager,

3.8. schnelle Instandsetzung von Vorrichtungen, die während des Einsatzes repariert werden müssen,

3.9. Pflege der Vorrichtung während der Lagerung im Vorrichtungslager (Kap. 76),

4. *im Fertigungsbetrieb* (Anwender der Vorrichtung) durch:

4.1. richtige und schonende Handhabung der Vorrichtung während des Einsatzes,

4.2. Einhaltung der Reihenfolge der vorgesehenen Handhabung,

4.3. Schutz vor Beschädigung der Vorrichtung während des Transportes und Einsatzes, besonders bei großen und schweren Vorrichtungen,

4.4. sofortige Meldung an die Vorrichtungskonstruktion und den Vorrichtungsbau, falls unerwartete Verschleißerscheinungen an der Vorrichtung auftreten.

In vielen Betrieben ist es üblich, die Vorrichtungen mit Hilfe von Farbe oder auf eine andere Art, z. B. brünieren, zu kennzeichnen. Dadurch wird die Belegschaft aufmerksam gemacht, daß es sich dabei um eine Vorrichtung handelt, die entsprechend behandelt werden muß. Mit verschiedenen Farben bzw. Farbkombinationen lassen sich auch die Art der Vorrichtung oder aber die Fertigungsabteilung, in der die Vorrichtung eingesetzt wird, kennzeichnen. Die Vorrichtungen müssen in entsprechend temperierten Räumen (Kap. 76) gelagert werden.

3 Terminplanung, Bestellung und Verfolgen der Vorrichtungsaufträge[1)]

Von der Größe des Fertigungsbetriebes, der Größe des Vorrichtungsbaues und von der Anzahl der benötigten Vorrichtungen wird die Art und Form der Terminplanung und Auftragsverfolgung abhängen. In kleineren und mittelgroßen Betrieben kann dies mit Hilfe einfacher Mittel, z. B. Planungstafeln, erfolgreich durchgeführt werden. Größere Betriebe mit entsprechend großem Betriebsmittelbedarf, die über eine elektronische Datenverarbeitungsanlage verfügen, werden diese für den genannten Zweck anwenden. Nachstehend wird die Arbeitsweise und die von der EDVA erstellten Unterlagen erläutert.

Die Bestellung einer Vorrichtung erfolgt von der Fertigungsvorbereitung mit Hilfe eines Betriebsmittel-Bestellscheines (Bild 3-1). Dieser enthält alle Daten, die für die Bearbeitung und Abrechnung nötig sind. Als Planungsunterlagen werden die Serien-Planungslochkarte (Bild 3-2) und die Auftragslochkarte (Bild 3-3) erstellt. Die Serien-Planungslochkarte berücksichtigt die vorgegebene Kapazität, wobei die Vorplanung in Zusammenarbeit mit der Vorrichtungskonstruktion und dem Vorrichtungsbau abgestimmt wird. Der Ablieferungstermin an das Vorrichtungslager wird dabei berücksichtigt. In der Auftragseinzelliste (Bilder 3-4 und 3-5) sind die Daten der Auftragslochkarten (Auftragswoche, Auftragsnummer usw.) enthalten. Ein von Hand erstellter Auszug (Bild 3-6) ergibt einen klaren Überblick über Auftragsbestand, Rückstände, Anzahl der laufenden Aufträge usw. und somit den Belegungsstand und die Termintreue. Die „optische Belegungsübersicht" (Bild 3-7) ist so aufgebaut, daß in einem rechtwinkligen Koordinatensystem auf der Ordinate die Arbeitswochen im Jahr von oben nach unten aufgetragen sind und auf der Abszisse die Leistung aufgezeich-

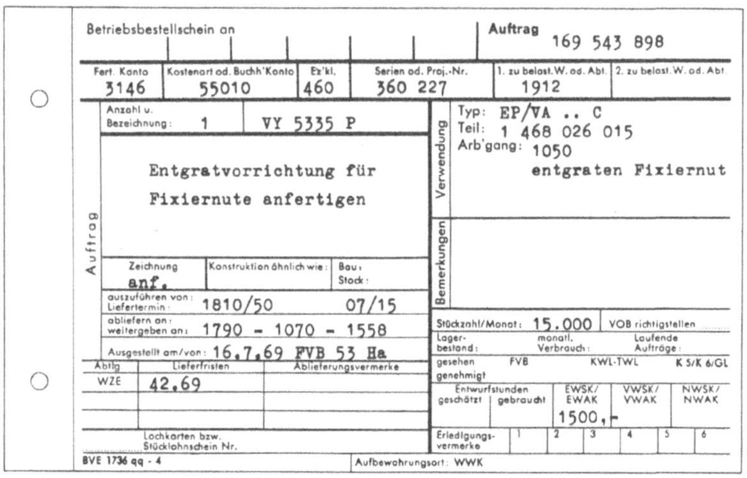
Betriebsbestellschein an
Auftrag 169 543 898
Fert. Konto 3146 | Kostenart od. Buchh'Konto 55010 | Ez'kl. 460 | Serien od. Proj.-Nr. 360 227 | 1. zu belast. W. od. Abt. 1912 | 2. zu belast. W. od. Abt.
Auftrag
Anzahl u. Bezeichnung: 1 VY 5335 P
Entgratvorrichtung für Fixiernute anfertigen
Zeichnung anf. | Konstruktion ähnlich wie: | Bau: Stock:
auszuführen von: Liefertermin: 1810/50 07/15
abliefern an: weitergeben an: 1790 - 1070 - 1558
Ausgestellt am/von: 16.7.69 FVB 53 Ha
Abtlg | Lieferfristen | Ablieferungsvermerke
WZE 42.69
Lochkarten bzw. Stücklohnschein Nr.
BVE 1736 qq - 4
Verwendung
Typ: EP/VA .. C
Teil: 1 468 026 015
Arb'gang: 1050
entgraten Fixiernut
Bemerkungen
Stückzahl/Monat: 15.000 | VOB richtigstellen
Lagerbestand: | monatl. Verbrauch: | Laufende Aufträge:
gesehen genehmigt | FVB | KWL-TWL | K 5/K 6/GL
Entwurfstunden geschätzt | gebraucht | EWSK/EWAK 1500,- | VWSK/VWAK | NWSK/NWAK
Erledigungsvermerke | 1 | 2 | 3 | 4 | 5 | 6
Aufbewahrungsort: WWK

Bild 3-1 Vorrichtungs-Auftragsschein.

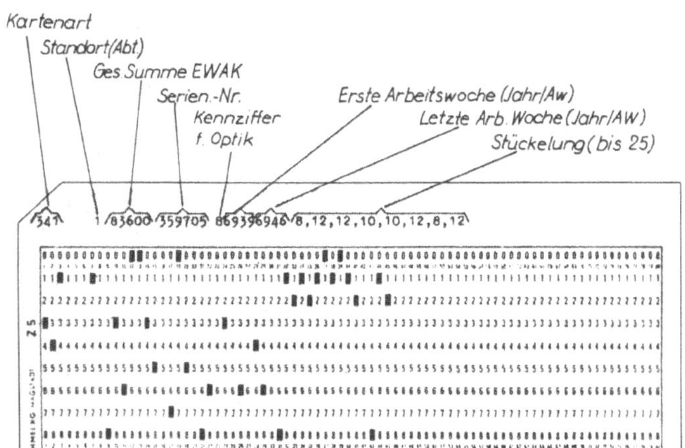

Bild 3-2 Serien-Planungslochkarte.

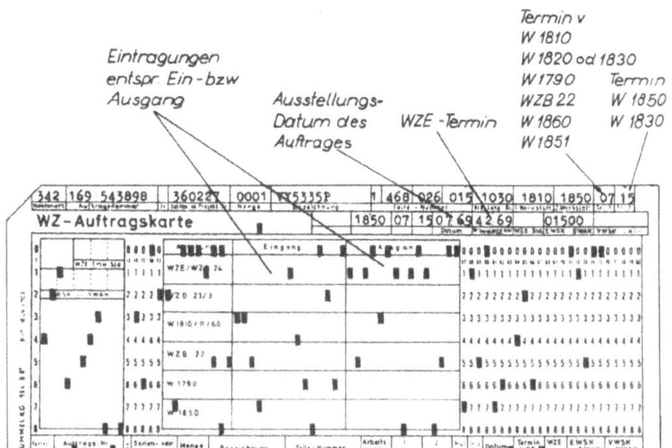

Bild 3-3 Auftragslochkarte.

1) Weiteres siehe Literatur [155].

net wird. Innerhalb einer Woche sind 2 Zeilen vorhanden, so daß auf der oberen die vorhandenen Aufträge, auf der unteren, anschließend an die obere Endstelle, die geplanten Aufträge eingetragen sind. Der somit gebildete Abszissenabschnitt zeigt klar und übersichtlich wieviel von der in dieser Woche vorhandenen Kapazität schon vergeben ist. Diese optische Aufzeichnung erfolgt mit Codezeichen, wobei alphanumerische Zeichen Verwendung finden.

Selbstverständlich kann mit Hilfe dieser Methode auch eine Terminplanung vorgenommen werden. Weitere Hinweise findet der Leser unter [56], [155] des Literaturverzeichnisses.

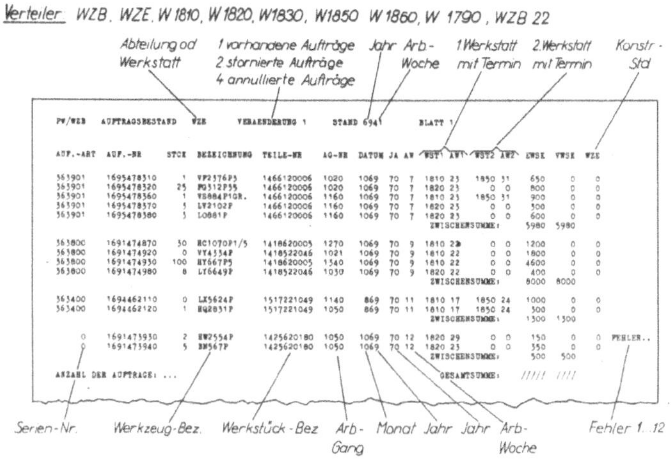

Bild 3-4 Auftragseinzelliste.

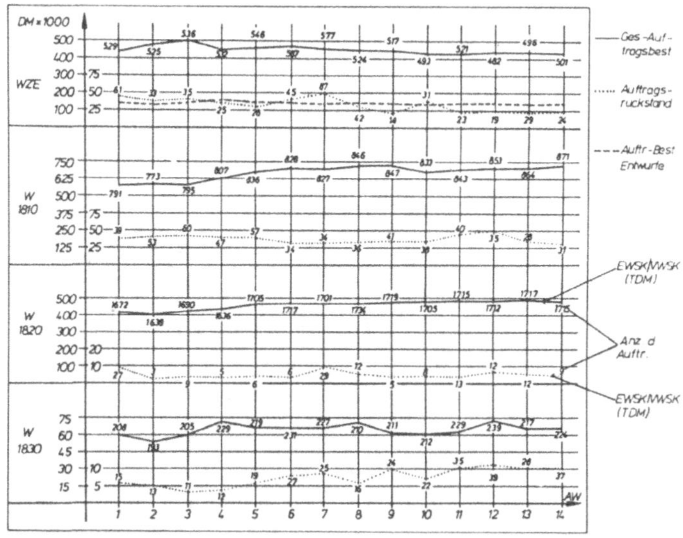

Bild 3-6 Aufzeichnung: Auftragsbestand, Belegung und Rückstand.

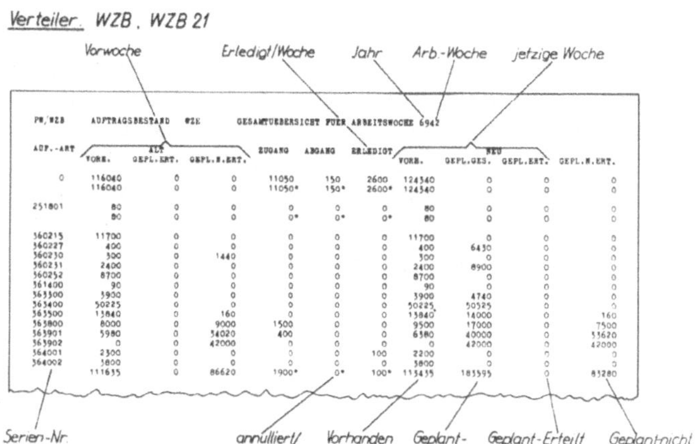

Bild 3-5 Summen- und Veränderungsliste.

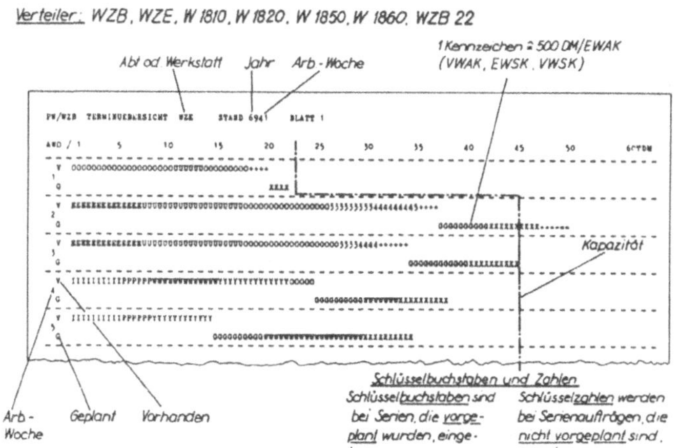

Bild 3-7 Übersichtsliste.

4 Vorrichtung im Wirksystem: Werkstück – Werkzeug – Werkzeugmaschine

Die Vorrichtung wird in das Wirksystem: Werkstück – Werkzeug – Werkzeugmaschine als bindendes Glied eingeordnet. Es ergeben sich folgende Zusammenhänge (Bild 4-1):

1. *Vorrichtung – Werkstück* (Abschnitt 4.2)
   Das Werkstück wird in der Vorrichtung positioniert, gespannt und bearbeitet. Handelt es sich um Vorrichtungen für andere Zwecke als für Metallbearbeitung, so erfüllt die Vorrichtung eine andere Aufgabe, die mit dem Werkstück zusammenhängt, z. B. Zusammenhalten von zwei Werkstückteilen beim Schweißen (Schweißvorrichtung), beim Zusammenbau (Montagevorrichtung) usw. In allen Fällen wird ein direkter Kontakt zwischen der Vorrichtung und dem Werkstück hergestellt.

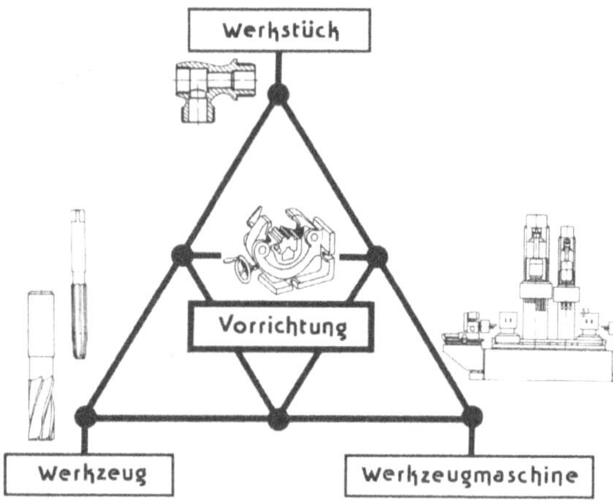

Bild 4-1 Vorrichtung im Wirksystem: „Werkstück – Werkzeug – Werkzeugmaschine.

2. *Vorrichtung – Werkzeug* (Kap. 6)
   Die Vorrichtung bringt das Werkstück in Zusammenhang mit dem Werkzeug, d. h., daß z. B. ein bestimmtes Werkstückmaß durch das Werkzeug hergestellt werden soll. Werkzeug-Einstellelemente (Abschnitt 6.1) an der Vorrichtung stellen diesen Zusammenhang her.
3. *Vorrichtung – Werkzeugmaschine* (Kap. 5)
   Die Vorrichtung ist ein direktes Bindeglied zwischen dem Werkstück und der Werkzeugmaschine. Die Vorrichtung, und damit das Werkstück, ist mit der Werkzeugmaschine fest verbunden, bzw. sie wird jeweils in die bestimmte Lage zu der Werkzeugmaschinenspindel oder anderen Elementen gebracht.

Zusammenfassend kann man innerhalb der Wirkkette Werkstück – Werkzeug – Werkzeugmaschine folgende Wirkungsbereiche der Vorrichtungen in der spanabhebenden Fertigung unterscheiden:

1. Vorrichtung als Verbindungsglied zwischen einem Werkstück und einem bzw. mehreren Werkzeugen und einer Werkzeugmaschine (Bild 4-2),
2. Vorrichtung als Verbindungsglied zwischen mehreren Werkstücken (Mehrstückspannen, Abschnitt 15.9) und einem oder mehreren Werkzeugen sowie einer Werkzeugmaschine,

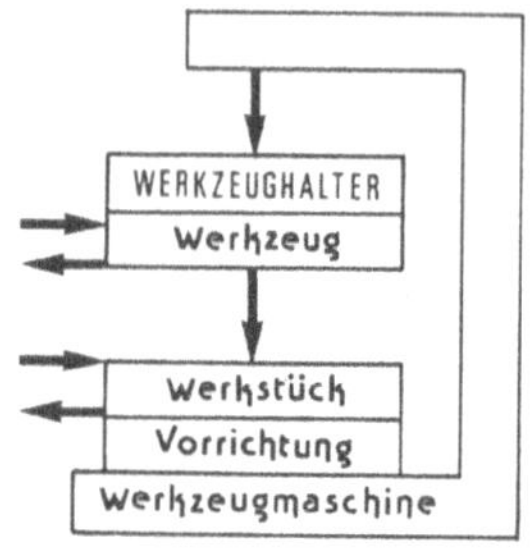

Bild 4-2 Vorrichtung als Verbindungsglied im Wirksystem: „Werkstück – Werkzeug – Werkzeugmaschine", z. B. in Verbindung mit einer Fräsmaschine bzw. Bohrmaschine.

3. Vorrichtung als Verbindungsglied zwischen einem Werkstück und mehreren Werkzeugen sowie mehreren Werkzeugmaschinen (flexible Fertigungssysteme, Kap. 42) (Bild 4-3),
4. Vorrichtung als Verbindungsglied zwischen mehreren Werkstücken, einem oder mehreren Werkzeugen sowie einer oder mehreren Werkzeugmaschinen (Werkstückhandhabung, Kap. 46).

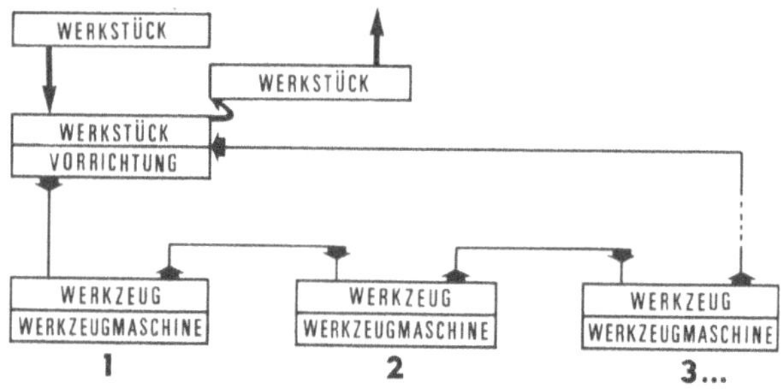

Bild 4-3 Vorrichtung als Verbindungsglied im Wirksystem: „Werkstück – Werkzeug – Werkzeugmaschine" z. B. zwischen einem Werkstück und mehreren Werkzeugmaschinen und Werkzeugen (Fertigungszelle) (s. a. Abschnitt 41.3).

Je nach der Aufgabe der Vorrichtung, kann diese nur an einer oder auch an mehreren Verbindungsstellen wirksam werden. Eine Bohrschablone (Abschnitt 30.2) ist in dem Bereich zwischen Werkzeug und Werkstück anzuordnen, während eine mit der Werkzeugmaschine fest verbundene Bohrvorrichtung auch eine Funktion zwischen Werkstück und Werkzeugmaschine übernimmt. Im Rahmen der vielfältigen Beziehungen der Systembestandteile und ihrer Faktoren untereinander, ergeben sich die im Bild 4-1 dargestellten Zusammenhänge.

4.1 Grundbegriffe des Vorrichtungsbaues und Einsatz der Vorrichtungen in der Fertigung

Die besonders im Rahmen des Wirksystems Werkstück – Vorrichtung – Werkzeug – Werkzeugmaschine wichtigen Begriffe wie „Positionieren" (bisher „Bestimmen" genannt und im Zusammenhang mit der NC-Technik sinngemäß umgewandelt), „Spannen", „Stützen", „Führen" und „Verbinden" werden wie nachstehend verstanden:

1. *Positionieren:* Unter dem Begriff Positionieren des Werkstücks in der Vorrichtung (aber auch der Vorrichtung auf der Werkzeugmaschine) werden alle Vorkehrungen verstanden, durch die die Lage des Werkstücks (bzw. der Vorrichtung) relativ zu einem oder mehreren Bezugselementen

(Basen, Abschnitt 11.1), wie Werkzeugschneide oder -achse, Werkzeugmaschinen-Spindelachse und andere, eindeutig festgelegt wird. Die Reproduzierbarkeit dieser Lage muß in verlangten Genauigkeitsgrenzen gewährleistet sein (Abschnitt 5.2 und Kap. 11).

2. *Spannen:* Mit dem Begriff Spannen des Werkstücks (auch der Vorrichtung auf dem Werkzeugmaschinentisch) werden alle Vorkehrungen bezeichnet, die zur Sicherung der durch Positionieren festgelegten Lage führen (Kap. 15).
3. *Stützen:* Unter dem Begriff Stützen des Werkstücks werden alle Vorkehrungen verstanden, die zur Sicherung eines funktionssicheren Kraftschlusses zwischen den Wirksystemgliedern (Kap. 4) führen, und/oder alle Schutzmaßnahmen gegen Deformation des Werkstücks, die infolge der resultierenden Kräfte auftreten können (Kap. 14).
4. *Führen:* Unter dem Begriff Führen werden Maßnahmen verstanden, die für die Führung von Werkzeugen relativ zum Werkstück (z. B. Bohrbuchsen, Abschnitt 30.9) oder von Werkstücken relativ zum Werkzeug dienen.
5. *Verbinden:* Der Begriff Verbinden bzw. Verbindung bedeutet eine form-, kraft- oder stoffschlüssige Verbindung, die beweglich oder unbeweglich sein kann und Elemente des Wirksystems (z. B. die Vorrichtung mit dem Werkzeugmaschinentisch, Abschnitt 5.2) lösbar oder unlösbar verbindet.

4.2 Vorrichtung – Werkstück

4.2.1 Vorrichtungsgerechte Gestaltung des Werkstücks

Unter dem Begriff „vorrichtungsgerecht" versteht man Eigenschaften des Werkstücks, die zwar mit der Aufgabe des Werkstücks nicht zusammenhängen, aber sich wesentlich auf das Einlegen, Positionieren, Spannen, Bearbeiten, Entspannen und Herausnehmen des Werkstücks in und aus der Vorrichtung kostengünstig (Zeitaufwand, Ausschuß, Genauigkeit usw.) auswirken. Es sind:

1. Verbesserung des Eingabe- und Herausnahmevorganges durch angegossene Griffflächen (Bild 4-4a), eingelassene Griffmulden (Bild 4-4b) oder Ausbrüche (Bild 4-4c). Dieses betrifft besonders größere und schwer zu handhabende Werkstücke.

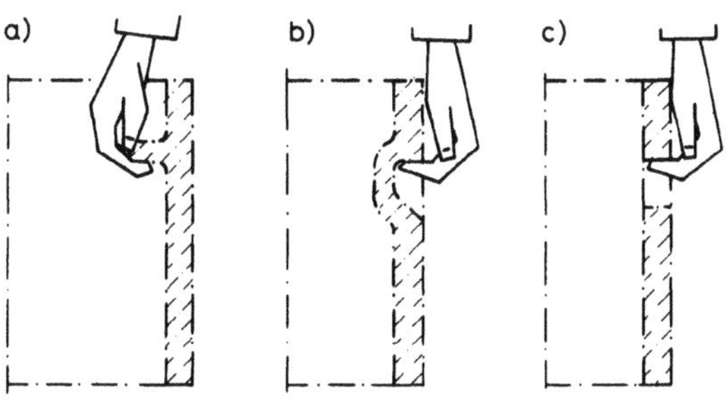

Bild 4-4 Vorrichtungsgerechte Gestaltung des Werkstücks hinsichtlich der Handhabung.

Am Werkstück vorgesehene Greif- und Handhabungselemente erleichtern die Handhabung und verkürzen die Handhabungszeiten, insbesondere bei größeren und schweren Werkstücken (s. a. Bilder 4-5 und 4-6).

a) Greif- und Handhabungselemente in das Werkstück vorstehend, b) Greiffmulde, c) Griffdurchbruch.

2. Entsprechende Werkstückform, z. B. dadurch, daß alle Flächen, die als Auflageflächen dienen, in einer Ebene liegen. So können einfache Positionierelemente (keine einstellbaren Stützen) eingesetzt werden.
3. Einsatz einfacher und billiger Spannelemente. Dieser wird durch angegossene Spannlappen (Bild 4-5a) oder Spanntaschen (Bild 4-5b) bzw. Aussparungen (Bild 4-5c) ermöglicht.

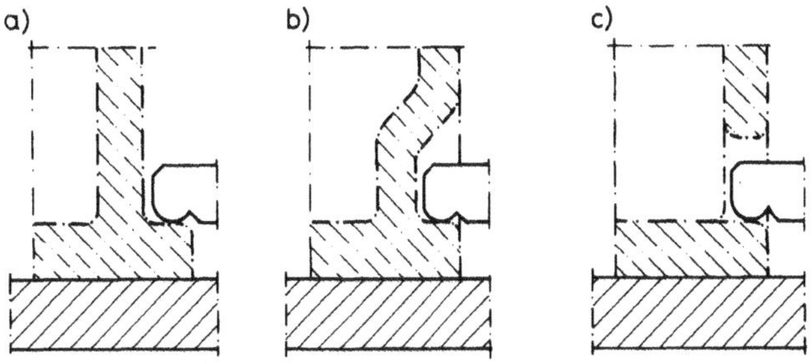

Bild 4-5 Vorrichtungsgerechte Gestaltung des Werkstücks hinsichtlich der Spannung in der Vorrichtung.

Am Werkstück vorhandene Spannelemente erleichtern und verkürzen den Spannvorgang des Werkstücks in der Vorrichtung (s. a. Bilder 4-4 und 4-6).

a) Spannlappen, b) Spanntasche, c) Spanndurchbruch.

4. Verbesserung der Bearbeitungsparameter infolge günstiger Spannmöglichkeit des Werkstückes, weil Vibrationen nicht entstehen bzw. in zulässigen Grenzen gehalten werden.
5. Vorgegossene Öffnungen oder Lageraugen (Bild 4-6). Sie erlauben die Positionierung des Werkstückes von innen und eventuelles Spannen von unten.

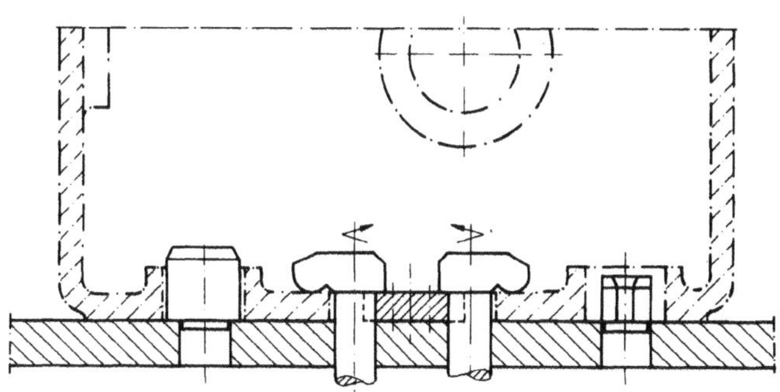

Bild 4-6 Vorrichtungsgerechte Gestaltung des Werkstücks hinsichtlich der Positionierung und Spannung in der Vorrichtung.

Am Werkstück vorhandene Positionier- und Spannelemente erleichtern und verkürzen den Positionier- und Spannvorgang in der Vorrichtung. Sie stellen Elemente des Werkstücks dar, die mit der Funktion des Werkstücks im Erzeugnis nicht zusammenhängen (s. a. Bilder 4-4 und 4-5).

6. Bei gegossenen Werkstücken Trennung des Modells, so daß Verschiebungen der Modellteile bzw. -kerne sich nicht auf die Positioniergenauigkeit auswirken.
7. Entsprechend gestaltete Rippen (Abschnitt 2.2), die als Positionierelemente dienen können.
8. Künstliche Basen (Abschnitt 11.1) mit deren Hilfe das Werkstück auf einfache Art positioniert und gespannt werden kann.

9. Entsprechende Ausbildung der Werkstückform, so daß eine Reihen-, Pendel- oder Parallelbearbeitung (Abschnitt 31.1) möglich wird.
10. Richtige Gestaltung von Bohrungen (von einer Seite aus abgestuft), so daß die Bearbeitung aller Bohrungen von einer Seite in einer Spannung und ohne Teileinrichtungen erfolgen kann.
11. Formorientiertes Klassifizierungssystem der Werkstücke, das die Bildung und den Bau von Gruppenvorrichtungen erlaubt (Kap. 39).
12. Vermeiden von schräg liegenden Flächen oder Bohrungen.
13. Falls notwendig, sind entsprechende Stützflächen am Werkstück (s. Abschnitt 14.1, Pkt 2 und 3) vorzusehen.

Für den Erzeugniskonstrukteur steht die Funktion im Vordergrund. Richtig artikulierte und begründete Wünsche des Vorrichtungskonstrukteurs wird er, sofern es möglich ist, berücksichtigen. Die Wünsche müssen jedoch rechtzeitig angemeldet werden.

4.2.2 Überprüfung der Werkstückzeichnung auf vorrichtungsgerechte Gestaltung des Werkstücks

Im Gegensatz zu dem Produktkonstrukteur, für den das Produkt und dessen Funktion im Vordergrund stehen, interessiert sich der Vorrichtungskonstrukteur für nur ein Werkstück des Erzeugnisses, für das er eine Vorrichtung konstruieren soll. In Fällen eines Funktionszusammenhanges verschiedener Werkstücke wird der Vorrichtungskonstrukteur natürlich auch andere Werkstücke in seine Überlegungen einbeziehen. Wenn er die Aufgabe des Werkstücks kennt, wird er in der Lage sein, entsprechende Änderungsvorschläge zu unterbreiten, die zur Folge haben können, daß eine Vorrichtung einfacher gebaut oder z. B. mehrere Werkstücke zu einer Gruppenvorrichtung (Kap. 39) zusammengefaßt werden und somit eine oder gar mehrere Vorrichtungen entfallen. Es ist bekannt, daß der Bedarf an Vorrichtungen mit der Großzügigkeit des Produktkonstrukteurs steigt. Es kann auch vorkommen, daß durch geringe Änderungen des Werkstücks die Möglichkeit geschaffen wird, dieses in einer bereits vorhandenen Vorrichtung zu bearbeiten.

Für den wirtschaftlichen Einsatz von Vorrichtungen ist die Stückzahl (Abschnitt 2.2) der zu fertigenden Werkstücke maßgebend. Größere Stückzahlen lassen sich erreichen, wenn schon der Entwurf des Objektes systematisch auf solche Teile – auch Teilefamilien – untersucht wird, die sich in einer Vorrichtung bearbeiten lassen.

Das Hauptinteresse des Vorrichtungskonstrukteurs gilt vornehmlich den Fertigungstoleranzen und Meßbasen (Abschnitt 11.1) sowie allen Maßen und Toleranzen, die mit der Vorrichtung zusammenhängen. Außerdem wird er die Werkstückzeichnung auf die vorrichtungsgerechte Gestaltung (Abschnitt 4.2.1) prüfen. Dies gilt z.B. dann, wenn zwei Augen eines Hebels in ihrer Höhe um 2 mm differieren, oder wenn ohne zwingende Gründe eine Paßbohrung 22 mm ϕ und die andere 25 mm ϕ erhalten soll usw. Werden solche Differenzen erst während der Vorrichtungskonstruktion entdeckt und eine Änderung vorgeschlagen, so ist mit einer Kettenreaktion von Änderungen zu rechnen, die jedoch in den meisten Fällen billiger sind als eine komplizierte Vorrichtung bzw. mehrere Vorrichtungen. Selbstverständlich wird die Werkstückzeichnung auf unbegründet zu enge Toleranzen bzw. Toleranz- und Maßfehler geprüft.

Als Grundsatz für die Vorrichtungskonstruktion sollte gelten: „nicht viele Vorrichtungen zu konstruieren, sondern viele Vorrichtungen *nicht* zu konstruieren"!

5 Vorrichtung – Werkzeugmaschine

5.1 Bewegen der Vorrichtung auf dem Werkzeugmaschinentisch

In den meisten Fällen werden Vorrichtungen mit der Werkzeugmaschine verbunden (Fräsmaschinentisch, Drehmaschinenspindel u.a.). Eine Ausnahme bilden Bohrvorrichtungen und andere in denen Arbeitsgänge wie Bohren, Senken, Reiben, Gewindeschneiden usw. ausgeführt werden, und die Vorrichtung auf dem Werkzeugmaschinentisch durch die Bedienperson festgehalten und bewegt wird. Bei diesen Arbeitsgängen wird sehr oft ein Werkzeugwechsel vorgenommen und die Vorrichtung aus dem Spindelbereich gebracht. Außerdem werden häufig mehrere Bohrungen in einer Ebene bearbeitet, so daß die Vorrichtung sehr oft verschoben werden muß. Das Verschieben der Vorrichtungen kann auf folgende Arten erfolgen:

1. Leichtere Vorrichtungen werden mit Hilfe der Muskelkraft verschoben und gewendet. Vorteilhaft ist es, wenn dabei eine Grundplatte (Bild 5-1), die es handelsüblich in runder oder rechteckiger Ausführung gibt, auf dem Maschinentisch unter der Arbeitsspindel befestigt wird. Dadurch werden die T-Nuten überbrückt und die Werkzeugmaschinentischfläche nicht beschädigt. Die Vorrichtungsfüße können nicht in die T-Nuten geraten und die Vorrichtung zum Kippen bringen. Vorrichtungen, die mit Hilfe der Muskelkraft gewendet werden, sollten mit Wendeabrundungen (Bilder 5-2 und 5-3) versehen werden, die das Kippen erleichtern.

2. Schwere Vorrichtungen können mit Hilfe von Laufrollen oder -rädern (Bild 5-4) verschoben werden. Je nach Bedarf können die Laufrollen bzw. -räder auf einer Exzenter- oder Kurbelwelle angebracht und so aus- und eingeschwenkt werden. Der Nachteil dieser Ausführung der Bewegungselemente liegt jedoch darin, daß die Vorrichtung nur in der Fahrrichtung der Räder oder Rollen bewegt werden kann.
3. Das Verschieben von schweren und sperrigen Vorrichtungen erfordert einerseits großen Kraftaufwand des Arbeiters, andererseits ist es nicht einfach, diese Vorrichtungen in die richtige Lage, z. B. in die Bohrbuchsenachse und gleichzeitig in die Arbeitsspindelachse, zu bringen. Die Folgen sind Werkzeugbruch, Bohrbuchsenbeschädigungen und Werkstückausschuß.

Bild 5-1 Auf dem Werkzeugmaschinentisch befestigte werksgenormte handelsübliche Grundplatte als Auflage für eine Klappen-Bohrvorrichtung DIN 6347. Dadurch wird die Tischfläche geschont und die Vorrichtungsfüße können nicht aus Versehen der die Vorrichtung handhabenden Person in die Nut geraten, so daß die Vorrichtung kippen kann (Unfallmöglichkeit!).

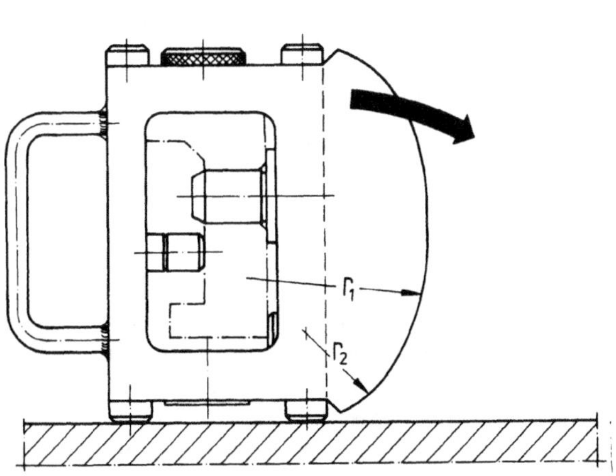

Bild 5-2 Abrundungen r_1 und r_2 an einer Seitenwand einer Kasten-Bohrvorrichtung als Wendeanbrollhilfe. Das Abrollen der Vorrichtung wird nicht nur leichter, sondern auch zügiger vollzogen.

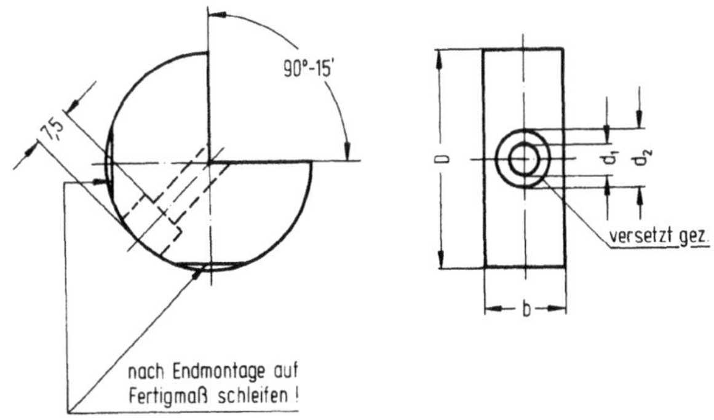

D	d_1	d_2	b
22	5,5	10	12
32	6,6	11	16
42	6,6	11	16
52	6,6	11	16
62	6,6	11	20

Werkstoff St 37K

Ausführung: sauber gefräst, Kanten gebrochen.

Bild 5-3 Handelsüblicher Abrollfuß für Vorrichtungen (Werksnorm) zum anschrauben.

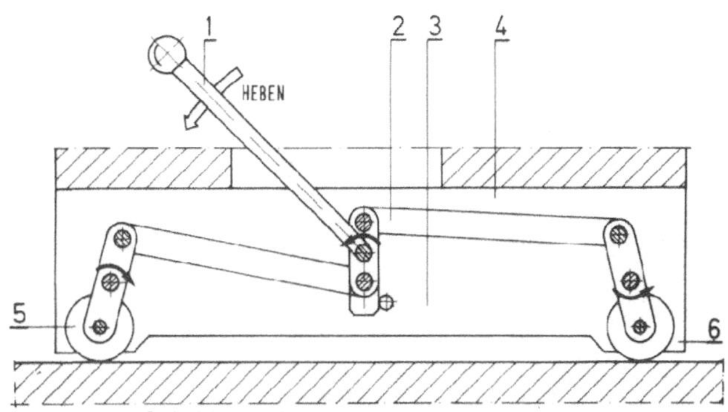

Bild 5-4 Ausschwenkbare Räder im Vorrichtungskörper als Bewegungshilfe.

1 Hebe- und Absenkhebel, 2 Gelenkmechanismus, 3 Vorrichtungkörperunterbau, 4 Grundplatte, 5 Rolle bzw. Rad, 6 Vorrichtungsfuß.

Eine luftgelagerte Schwimmplatte (Bild 5-5) als Träger eines Schnellspanngestells oder einer Vorrichtung gestattet leichtes Verschieben von schwersten Vorrichtungen unter geringem Kraftaufwand. Der besondere Vorteil der Schwimmplatte liegt darin, daß sich ein Luftpolster beim Zuschalten der Druckluft bildet, da auf der ganzen Fläche der Unterplatte Düsen angebracht sind (Bild 5-6). Diese Platten gleiten ohne weiteres über normale Tischnutensysteme (Bild 5-7).

4. In der Serien- und Massenfertigung bzw. bei einer Fertigung von geometrisch und größenmäßig ähnlichen Werkstücken kann die Anwendung einer pneumatisch betätigten Vorrichtungs-Verschiebeeinrichtung (Bild 5-8) wirtschaftlich begründet sein. Die Vorrichtung wird nach Beendigung des einen Arbeitsganges in die nächste Spindelachse verschoben. Die Rundführungen sind abgestützt, so daß eine Durchbiegung unmöglich ist.

Bild 5-5 Luftkissen-Verschiebeplatte als Vorrichtungs-Bewegungsträger (s. a. Bild 40-27).

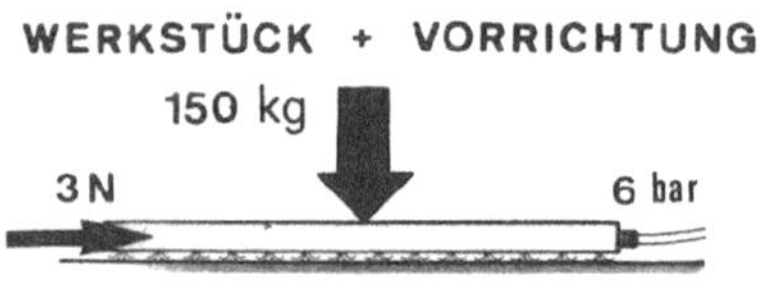

Bild 5-6 Notwendige Verschiebekraft zum Verschieben der Luftkissen-Verschiebeplatte (Bild 5-5) mit Werkstück und Vorrichtung.

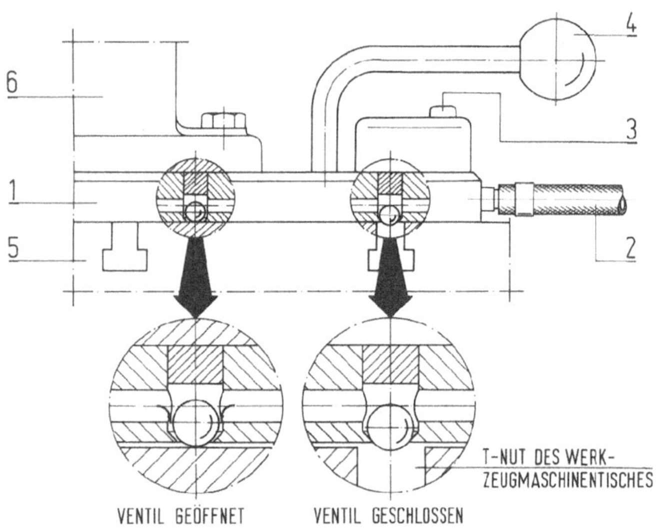

Bild 5-7 Luftkissen-Verschiebeplatte mit Ventilen, die sich über den T-Nuten des Werkzeugmaschinentisches selbsttätig schließen. Deutsche Patentschrift 2 035 189 – Patentinhaber: Herion-Werke KG, 7012 Fellbach.
1 Verschiebeplatte, 2 Druckluftzufuhr, 3 Ventil, 4 Handgriff, 5 Werkzeugmaschinentisch, 6 Vorrichtung.

5.2 Positionieren der Vorrichtung auf dem Werkzeugmaschinentisch

Es bestehen folgende Möglichkeiten der Positionierung der Vorrichtung auf dem Werkzeugmaschinentisch:

1. Die Vorrichtung ist nicht fest mit dem Werkzeugmaschinentisch verbunden (Bild 5-1). Sie wird in die Einsatzlage gebracht und mit Hilfe bestimmter Elemente, z. B. einer Bohrbuchse an einer Bohrvorrichtung, positioniert, indem das Werkzeug angepeilt und dann in die Bohrung eingeführt wird. Eine Korrektur der Lage der Vorrichtung relativ zum Werkzeug kann durchgeführt werden.

Bild 5-8 Pneumatisch betätigte Verschiebeeinrichtung für Vorrichtungen an zwei Bohrmaschinen (handelsüblich).

2. Die Vorrichtung wird mit Hilfe einer Positionier-Anschlagplatte (Bilder 5-9 und 5-10, Abschnitt 5.2.1) in die Einsatzlage gebracht.
3. Die Vorrichtung ist mit dem Werkzeugmaschinentisch fest verbunden, wobei die Positionierung mit Hilfe entsprechender Elemente (Bilder 5-11 bis 5-29, Abschnitt 5.2.2), die in die T-Nut des Tisches greifen, durchgeführt wird.
4. Die Vorrichtung kann auf einer Führungsbahn (Bild 5-8), die sich auf dem Werkzeugmaschinentisch befindet, bewegt und relativ zu den einzelnen Arbeitsspindeln positioniert werden.
5. Die Vorrichtung befindet sich auf einem Teiltisch (Abschnitt 23.6) bzw. an einem Wendespanner (Abschnitt 23.5).

Die Problematik des Positionierens, die unter Pkt. 2 und Pkt. 3 besprochen wurde, wird im folgenden Abschnitt erläutert.

5.2.1 Positionier-Anschlagplatte

Bei losen Vorrichtungen wird grundsätzlich zwischen der Vorrichtung (in den meisten Fällen Füße) und dem Werkzeugmaschinentisch eine Zwischenplatte benutzt, um die Tischfläche zu schonen. Auf die Zwischenplatte kann eine Positionier-Anschlagplatte (Bilder 5-9 und 5-10) aufgeschraubt werden, so daß die jeweilige Positionierlage der Vorrichtung durch Anschlagen einer Vorrichtungsgrundplatten-Seitenfläche an die entsprechende Anschlagfläche der Positionierplatte gewährleistet wird. Die Positionier-Anschlagplatte muß jedoch, wie nachstehend beschrieben (die Vorrichtungsgrundplatte), vor

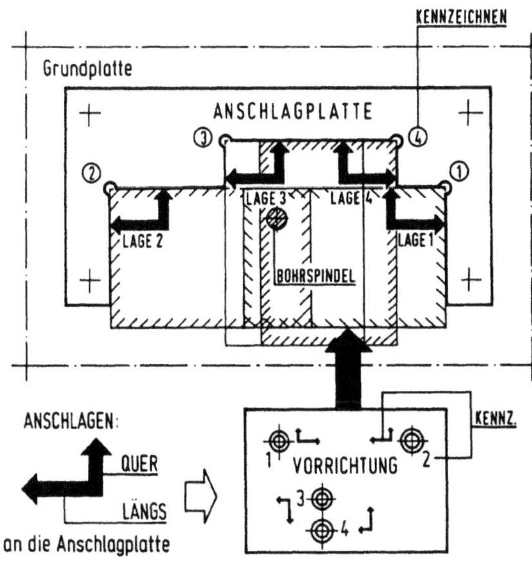

Bild 5-9 Mehrmaliges Positionieren einer Bohrvorrichtung mit Hilfe einer Positionier-Anschlagplatte.

ihrem Einsatz auf dem Werkzeugmaschinentisch entsprechend positioniert und gespannt werden.

5.2.2 Positionierelemente in Verbindung mit der T-Nut des Werkzeugmaschinentisches

Seitens der Werkzeugmaschine dienen die T-Nuten des Tisches als Positionierelemente. Seitens der Vorrichtungsgrundplatte müssen entsprechende Maßnahmen getroffen werden, um die Verbindung der Vorrichtung mit dem Werkzeugmaschinentisch mittels anderer Positionierelemente herzustellen. Folgende Positionierelemente können verwendet werden:

1. Ein Parallelanschlagpaar (handelsüblich, DIN 6346 P, Paar-Toleranz IT 5) (Bild 5-11) wird in die T-Nut gelegt und erlaubt das Anlegen der Vorrichtungsgrundplatten-Anschlagseite. Danach werden die Stiftschrauben DIN 6379 mit den Nutensteinen DIN 508, Scheiben DIN 6340 sowie Muttern DIN 6330 angezogen.

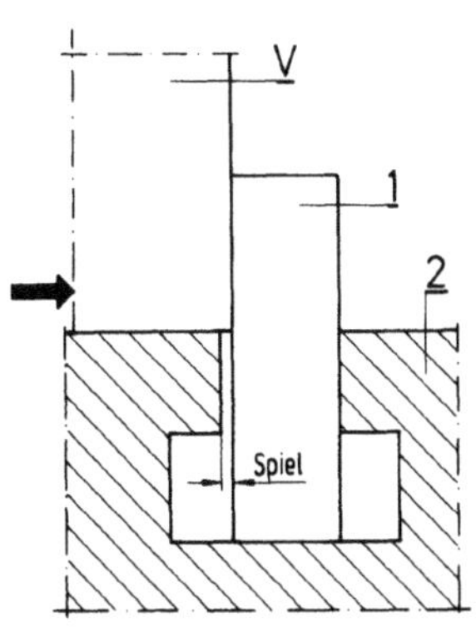

Bild 5-11 Positionieren einer Vorrichtung auf dem Werkzeugmaschinentisch mit Hilfe handelsüblicher Parallel-Anschlagpaare.

1 Parallel-Anschlagleiste,
2 Werkzeugmaschinentisch.

2. Zwei Keilleisten-Paare (handelsüblich) werden in die T-Nut eingekeilt (Bild 5-12) und die Vorrichtungsgrundplatten-Anschlagseite angelegt.

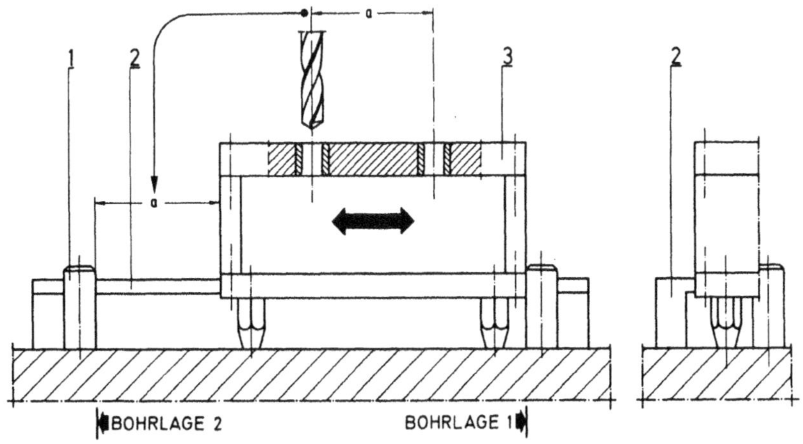

Bild 5-10 Zweimaliges Positionieren einer Bohrvorrichtung mit Hilfe einer Positionierschiene und zwei Anschlagelemente.

1 Anschlagstifte, 2 Positionierschiene, 3 Vorrichtung, a Bohrungsabstand im Werkstück.

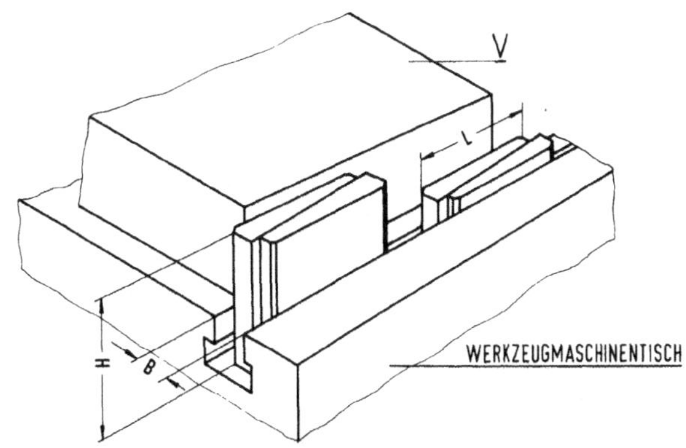

Bild 5-12 Positionieren einer Vorrichtung auf dem Werkzeugmaschinentisch mit Hilfe handelsüblicher Keilleisten-Anschlagpaare.

3. Zwei Parallelanschläge (Bild 5-13) werden mit Hilfe der Nutensteine DIN 508 auf dem Werkzeugmaschinentisch befestigt, danach wird die Vorrichtungsgrundplatte angelegt.

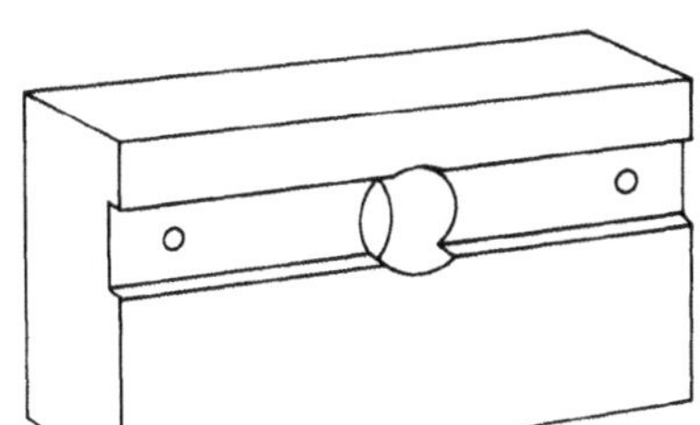

Bild 5-13 Handelsüblicher Parallelanschlag mit Längsnut für Paßfeder.

4. Zwei Paare von Universalanschlägen (Bilder 5-14 und 5-15) (handelsüblich) werden paarweise in Winkelform auf dem Tisch mit Hilfe der Nutensteine DIN 508 aufgeschraubt, wobei, nicht wie unter den Punkten 1 bis 3 die Vorrichtung nur in einer Richtung ausgerichtet wird, sondern auch quer zu den T-Nuten.

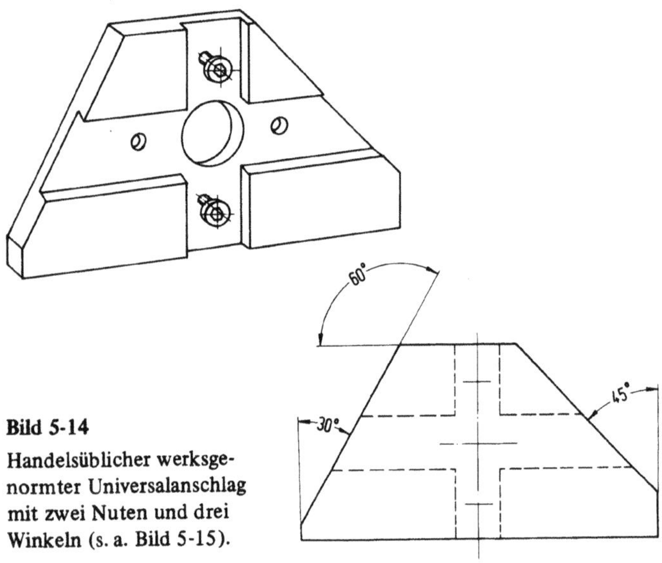

Bild 5-14
Handelsüblicher werksgenormter Universalanschlag mit zwei Nuten und drei Winkeln (s. a. Bild 5-15).

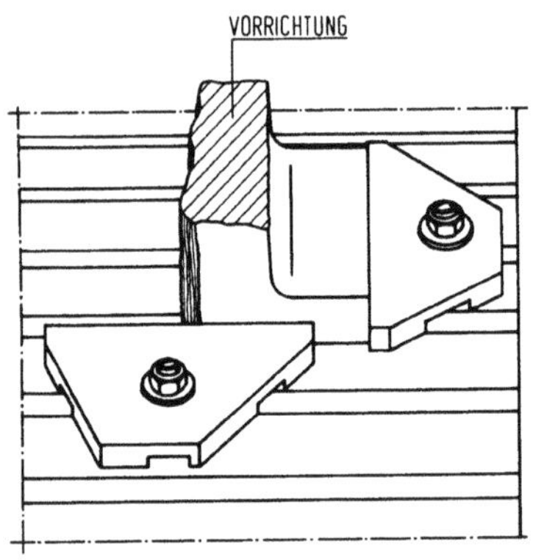

Bild 5-15
Zwei Universalanschläge (Bild 5-14) auf dem Werkzeugmaschinentisch aufgeschraubt. Die drei Winkel (30°, 45° und 60°) ermöglichen verschiedene Lagen der Anschlagflächen für die Vorrichtung.

5. In der Vorrichtungs-Grundplatte befinden sich zwei Zylinderstifte (Bild 5-16), die an die T-Nutwand angelegt werden. Sie müssen bei der Bearbeitung der Vorrichtung auch als Positionierelemente gedient haben.

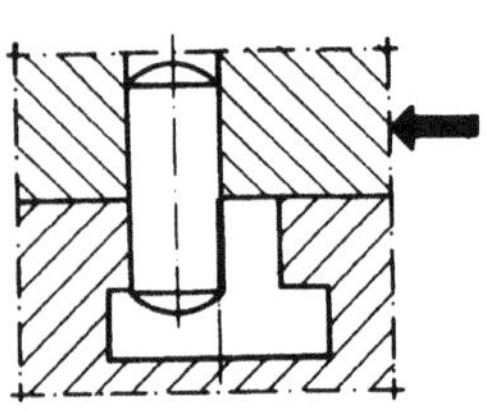

Bild 5-16 Zwei Zylinderstifte DIN 6325 als Vorrichtungs-Positionierelemente zum Positionieren der Vorrichtung auf dem Werkzeugmaschinentisch.

6. In die Vorrichtungs-Grundplatte werden zwei Nuten eingearbeitet (Bild 5-17), in die zwei Paßfedern eingelegt werden, so daß die Vorrichtung einseitig, wie auch bei den Zylinderstiften (Pkt. 5) an die T-Nutwand angelegt werden kann.

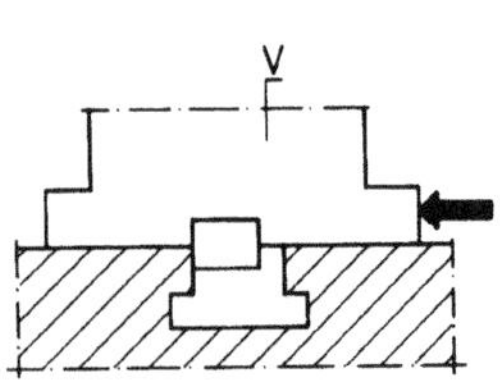

Bild 5-17 Einseitig an die T-Nut des Werkzeugmaschinentisches angelegte Paßfeder als Positionierelement der Vorrichtung (s. a. Bild 5-18).

7. Eine Fase an der Paßfeder (Bild 5-18) soll anzeigen, daß die Vorrichtung nur an die nichtangefaste Seite der Paßfedern angelegt werden darf.

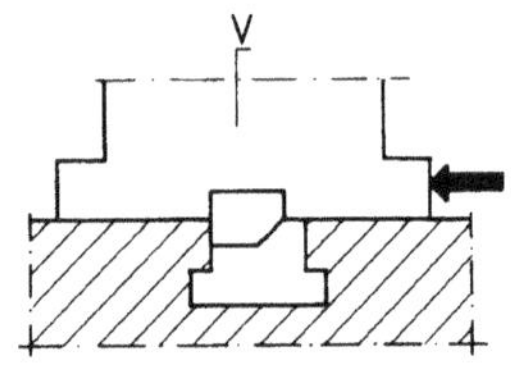

Bild 5-18 Kennzeichnung der nicht als Anschlag dienenden Seite der Paßfeder mit einer Fase.

8. Im Bild 5-19 ist ein aus der Vorrichtungs-Grundplatte ausgearbeiteter Nutenstein gezeigt. Diese Lösung eignet sich ausschließlich für kleine Vorrichtungen.

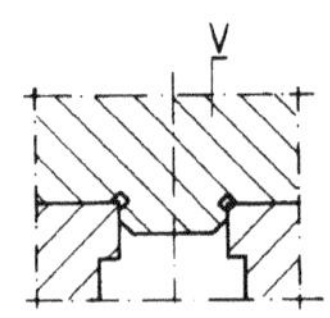

Bild 5-19 Fester, aus der Vorrichtungsgrundplatte bzw. aus dem Vorrichtungskörper herausragender Nutenstein in Form einer Paßfeder als Positionierelement der Vorrichtung. Diese Lösung eignet sich nur für kleine Vorrichtungen. Sie hat den Nachteil, daß bei Beschädigung des Nutensteins dieser nicht auswechselbar ist. Er kann sehr leicht beschädigt werden.

9. In der Vorrichtungs-Grundplatte wird eine Aufnahmenut (durchgehend bei kurzen Grundplatten) bzw. zwei kurze Aufnahmenuten (an beiden Enden längs der Grundplatte – in einer Spannung ausgearbeitet) ausgefräst, in die lose Nutensteine (Bilder 5-20 und 5-21) eingeführt werden.

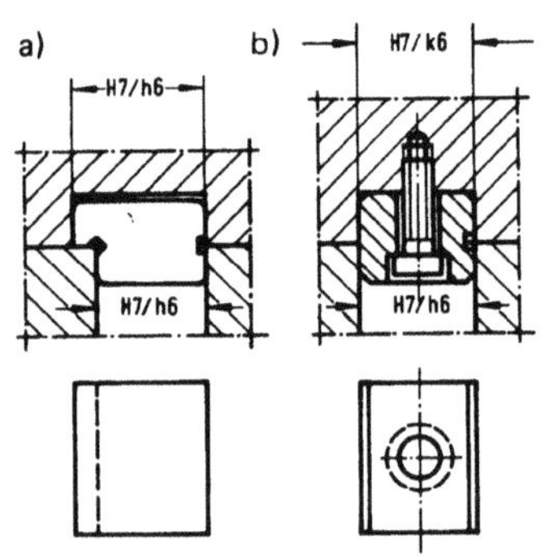

Bild 5-20 Positionier-Nutensteine an Vorrichtungen:
a) loser einseitig abgestufter, in die Vorrichtungsplatte eingelassener Nutenstein,
b) angeschraubter, nicht abgestufter, in die Vorrichtungsgrundplatte eingelassener Nutenstein.

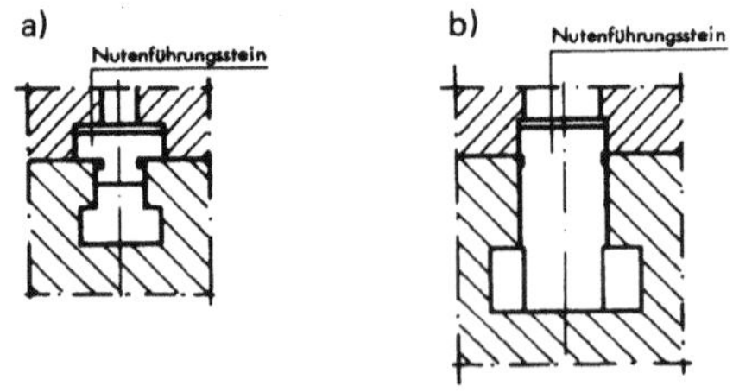

Bild 5-21 Positionier-Nutensteine an Vorrichtungen:
a) loser zweiseitig abgestufter, in die Vorrichtungsgrundplatte eingelassener Nutenstein,
b) loser nicht abgestufter Nutenstein DIN 6323, der in die T-Nut der Werkzeugmaschine eingelegt wird und mit dem oberen Teil in die Nut der Vorrichtungs-Grundplatte greift (s. a. Bild 5-26).

10. In der Vorrichtungs-Grundplatte wird eine durchgehende bzw. zwei kurze Nuten (wie in Pkt. 9) ausgearbeitet, in denen Nutensteine (Bild 5-22) befestigt werden. Die festen Nutensteine haben den Nachteil, daß sie aus der Vorrichtungs-Grundplatte herausragen und leicht beschädigt werden können (Transport). Dadurch wird ihre Genauigkeit beeinträchtigt. Beim Transport und für die Lagerung der Vorrichtung müssen unter die Grundplatte Holzleisten gelegt werden, um die ausstehenden Nutensteine vor Beschädigung zu schützen.

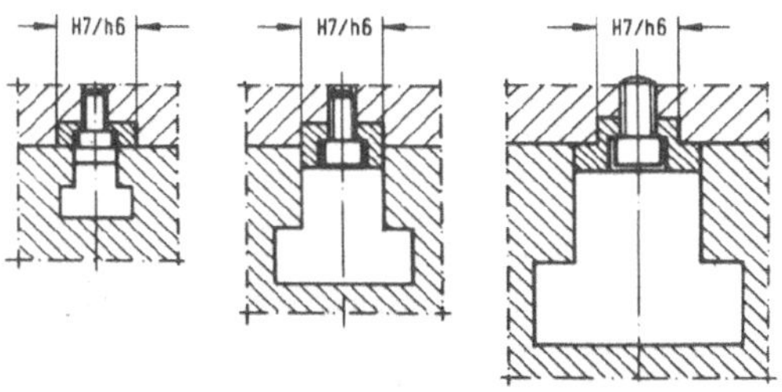

Bild 5-22 Feste in der Vorrichtungs-Grundplatte befestigte Nutensteine.

In der Mitte ist ein flacher Nutenstein dargestellt. Das Nennmaß der Vorrichtungsnut beträgt 20 mm. Feste Nutensteine werden paarweise in eine genormte Vorrichtungsnut eingeschraubt. Durch wechseln der Nutensteine kann die Vorrichtung auf Werkzeugmaschinentischen mit verschiedenen Nutenbreiten eingesetzt werden. Der unterschraubte vorstehende Nutenstein kann beim Transport besonders schwerer Vorrichtungen hinderlich sein und leicht beschädigt werden.

Bild 5-23 Einschieben des Nutensteins in die Nut der Vorrichtungs-Grundplatte und in die Nut des Werkzeugmaschinentisches beim Positionieren der Vorrichtung.

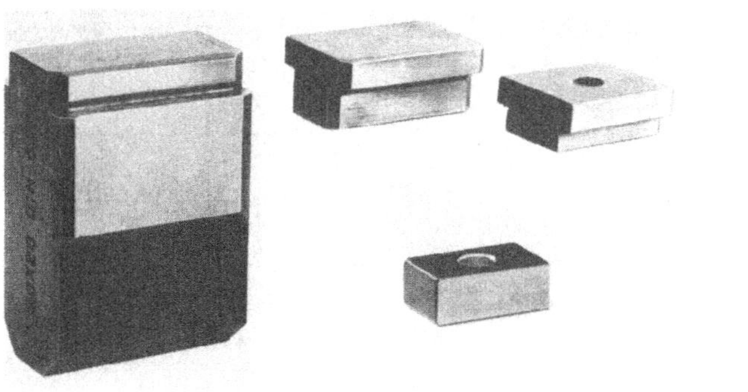

Bild 5-24 Verschiedene DIN- und werksgenormte handelsübliche Nutensteine.

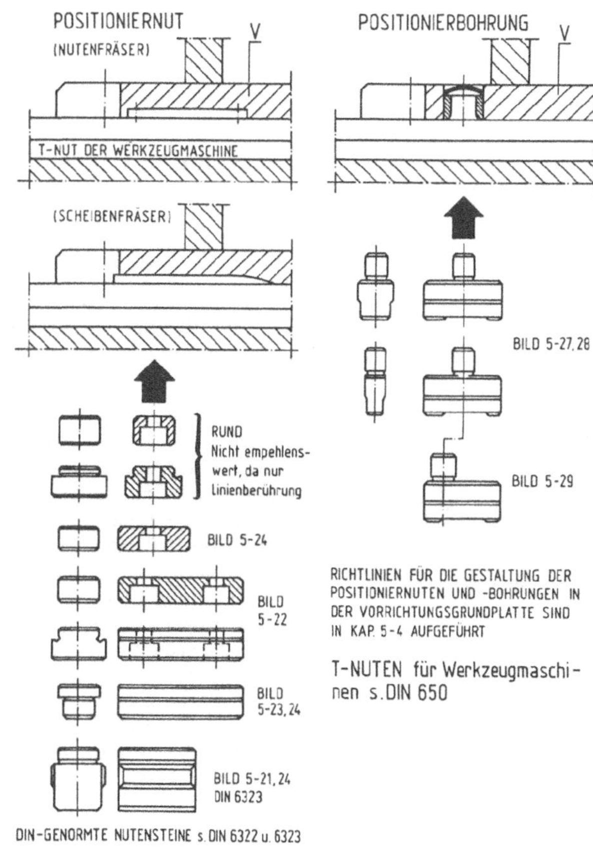

Bild 5-25 Aufstellung sämtlicher Ausführungen der Nutensteine zum Positionieren der Vorrichtung auf dem Werkzeugmaschinentisch sowie Arten und Nuten bzw. Ausführungen der Bohrung in der Vorrichtungs-Grundplatte (s. a. Bild 5-27).

11. Die Anwendung loser Nutensteine (Bilder 5-23 bis 5-26) beseitigt die genannten Nachteile, wobei auch als Vorteil die Möglichkeit der Anwendung von Nutensteinen mit verschiedenen Maßen für die Vorrichtungskörpernut und die Werkzeugmaschinen-T-Nut (Bilder 5-20 bis 5-22 und 5-26) angesehen werden muß. Dabei ist jedoch zu beachten, daß lose Nutensteine auch zwei Spiele aufweisen.

12. Nutensteine mit Zapfen (Bilder 5-27 bis 5-29) bieten die Möglichkeit vom Fräsen der Nut im Vorrichtungskörper abzusehen und eine Bohrung als Positionierelement zu verwenden. Teure Fräsbearbeitung wird dabei durch Bohren und Reiben ersetzt. Hinzu kommt, daß die Aufnahmebohrungen (jeweils 2) mit einer gehärteten Bohrbuchse versehen werden, so daß durch Einführen des Zapfens des Nutensteines kein Verschleiß verursacht wird.

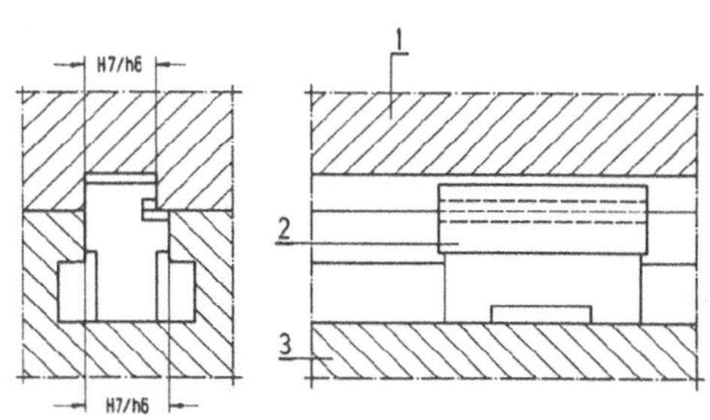

Bild 5-26 Loser abgestufter Nutenführungsstein mit Passungsangaben.
1 Vorrichtungsgrundplatte, 2 Nutenstein, 3 Werkzeugmaschinentisch.

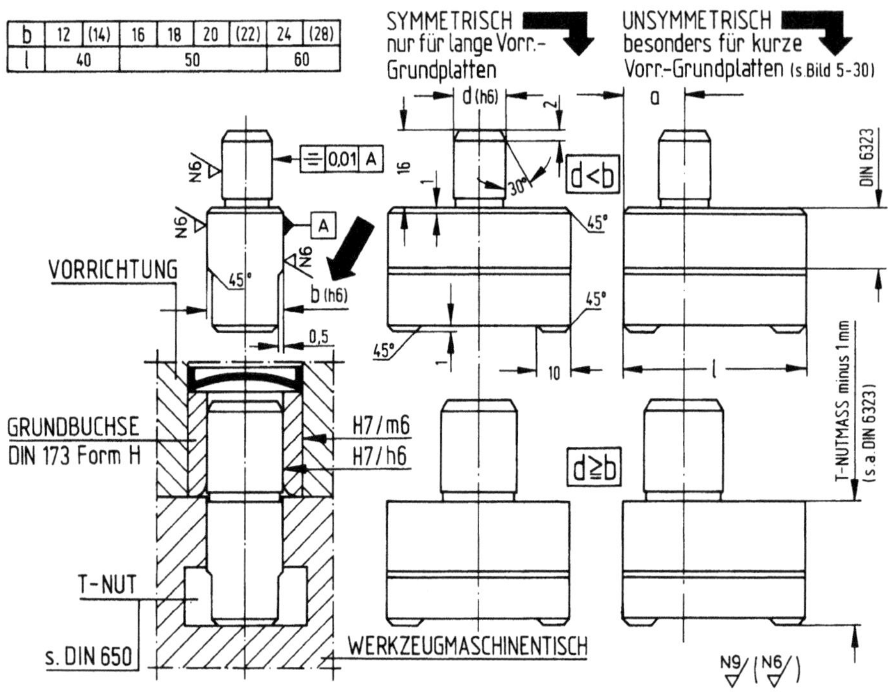

b	12	(14)	16	18	20	(22)	24	(28)
l	40		50				60	

Bild 5-27
Arten der Positionier-Nutensteine mit einem Vorrichtungspositionierzapfen mit Maß- und Toleranzangaben sowie Form- und Lagetoleranzen. Diese Positionier-Nutensteine sind nicht handelsüblich.

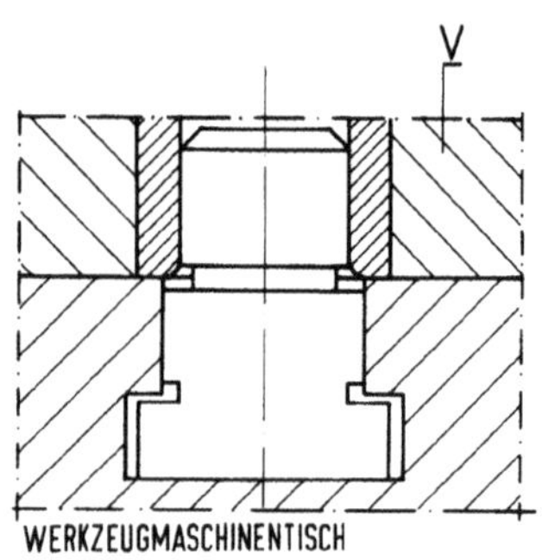

Bild 5-28 Positionier-Nutenstein mit einem Vorrichtungspositionierzapfen und einem Halteansatz seitens der T-Nut.

Dieser Nutenstein ist, im Gegensatz zu den im Bild 5-27 dargestellten Nutensteinen mit Vorrichtungspositionierzapfen, mit einem Halteansatz seitens der T-Nut versehen. Nachteilig dabei ist, daß dieser Nutenstein nicht an einer beliebigen Stelle senkrecht in die T-Nut eingeführt werden kann, sondern nur von der Seite in die T-Nut eingeschoben werden muß. Er eignet sich jedoch zum Positionieren der Vorrichtung z. B. an einem auf dem Werkzeugmaschinentisch (oder auf Palette – Bild 41-1b) befindlichen Winkel.

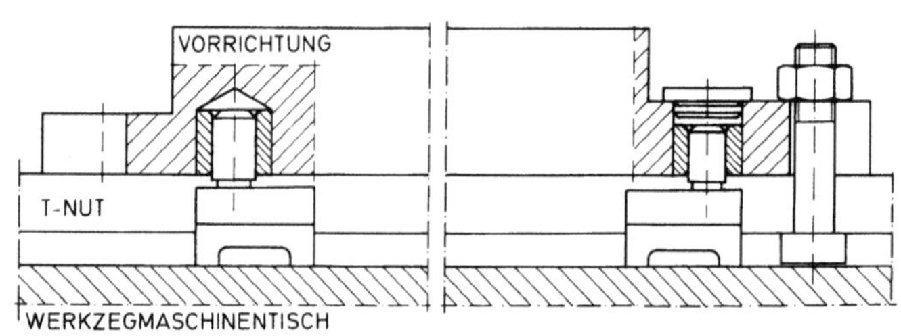

Bild 5-29 Blinde und durchgehende Bohrungen mit Buchsen für den Zapfen der Positionier-Nutensteine im Vorrichtungskörper.

Die durchgehende Bohrung (besser als blinde, da sie gerieben wird) sollte mit einem Verschlußelement (Kunststoffstopfen, Verschlußdeckel zum Eindrücken DIN 443, Verschlußscheibe DIN 470, Verschlußschraube mit Bund und Innensechskant DIN 908) gegen Späne und Schmutz abgedichtet werden (s. a. Bild 5-25 oben rechts).

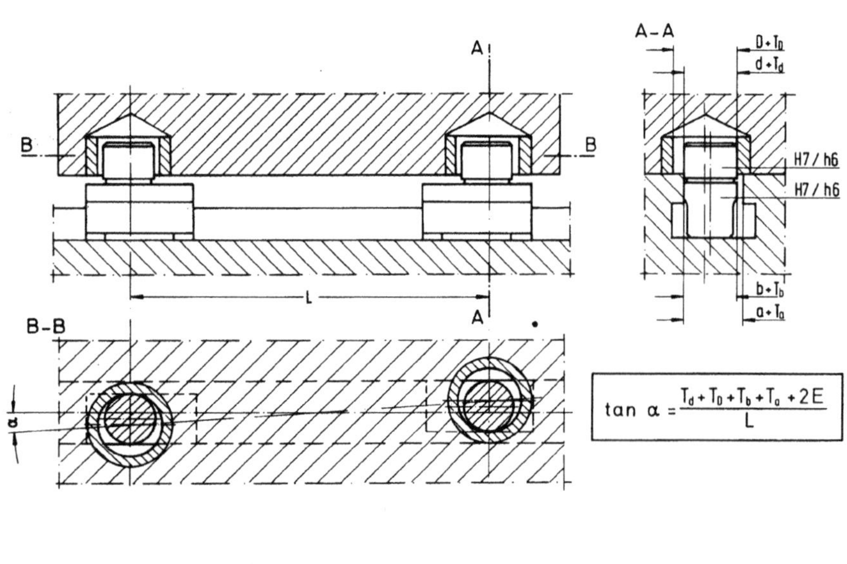

Bild 5-30 Positionier-Winkelfehler α beim Positionieren der Vorrichtung mit Hilfe der Positionier-Nutensteine mit Zapfen auf dem Werkzeugmaschinentisch – Erläuterungsdarstellung zum Abschnitt 5.2.3.

Bei dieser einfachen Art der Positionierung der Vorrichtung auf dem Werkzeugmaschinentisch ist es möglich, daß infolge des Winkels α (Bild 5-30) ein Positionier-Winkelfehler auftreten kann (Abschnitt 5.2.3), der sich jedoch auf einfache Art (Beispiel) ermitteln läßt.

13. Für Maschinentisch-Nutbreiten 6 mm, 8 mm, 10 mm und 12 mm sollte die Breite der Vorrichtungsnut (bzw. der Bohrungsdurchmesser für Nutensteine mit Positionierzapfen) 12 mm und für Maschinentischnuten 14 ... 54 mm 20 mm betragen. Dadurch wird die Anzahl der an den Werkzeugmaschinen notwendigen Nutensteinpaare auf zwei eingeschränkt.

5.2.3 Ermittlung der Positioniergenauigkeit der Vorrichtung auf dem Werkzeugmaschinentisch bei Anwendung der Nutensteine mit einem Positionierzapfen

Bei Verwendung der Nutensteine mit einem Positionierzapfen (Bild 5-30) tritt infolge der vorliegenden Spiele, sowie der Exzentrizität der Aufnahmebohrung der Buchse zum Außen-Zylindermantel, ein Positionierfehler auf, der sich in Form des Winkels α manifestiert. Seine Größe läßt sich anhand der Formel (Bild 5-30) ermitteln, was nachstehend dargestellt ist.

Es bedeuten:

- E Exzentrizität der Buchsenbohrung zum Außenzylindermantel = 0,0025 mm
- T_d Toleranz des Zapfendurchmessers in mm
- T_D Toleranz des Buchseninnendurchmessers in mm
- T_b Toleranz der T-Nut in mm
- T_a Toleranz des Nutensteines in mm
- L Abstand der Achsen der Nutensteinzapfen in mm

Bei einer Bohrung/Zapfen-Passung (T_D/T_d): z.B. 16H7/16h6 ergibt sich:

16 H7 max.:	16,0110 mm
16 h6 min.:	15,9890 mm
maximales Spiel:	0,0320 mm
+ 2 · Exzentrizität:	0,0050 mm
maximaler Wert:	0,0370 mm

und somit beträgt der maximale Positionier-Winkelfehler α:

$$\tan\alpha = \frac{T_a + T_b + 0{,}0370}{L}$$

5.3 Spannen der Vorrichtung auf dem Werkzeugmaschinentisch

In den Bildern 5-31 und 5-32 sind die Befestigungsschraubenschlitze für geschweißte und verschraubte (Bild 5-31) sowie gegossene Vorrichtungen (Bild 5-32) in Tabellenform aufgeführt. Das Maß g (Abstand der Vorrichtungsgrundplattenkante zum eigentlichen Vorrichtungskörper) sollte als Mindestmaß angesehen werden, da es sich hierbei um den Platz für den Maulschlüssel handelt. Dieser muß um den maximalen Winkel bewegt werden können

Befestigungsschraubenschlitze sind Befestigungsbohrungen vorzuziehen, da sonst die Vorrichtung auf die T-Nutenschrauben senkrecht von oben „aufgesteckt" werden muß. Dabei kann das Gewinde der T-Nutenschrauben beschädigt werden. Diese Gefahr besteht insbesondere bei schweren und großen Vorrichtungen. Als Befestigungsschrauben werden T-Nutenschrauben DIN 787 verwendet (s. a. Abschnitt 5.4).

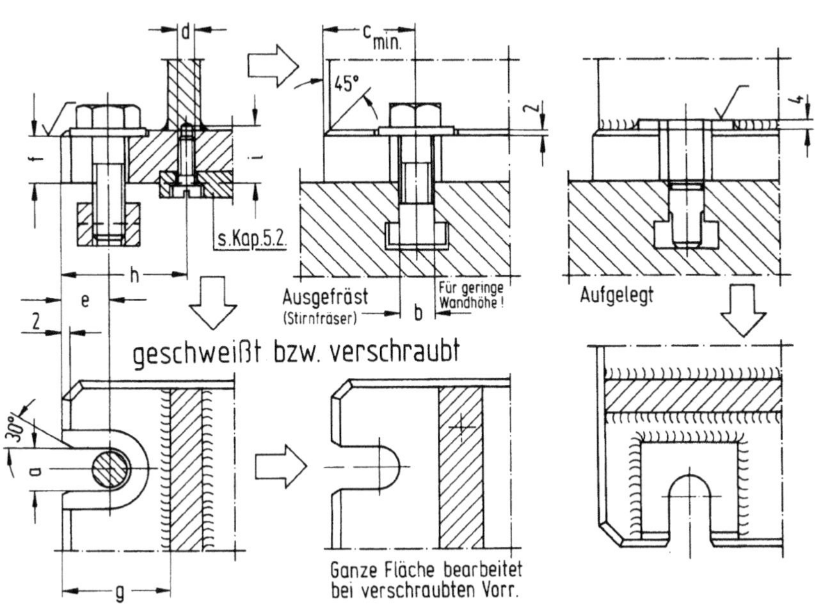

a	b	c	d	e	f	g	h	i
12	10	30	M5	14	12	35	40	20
14	12	32	M5	16	14	40	45	20
16	(14)	35	M6	18	16	45	50	22
18	16	38	M6	20	18	50	55	22
20	(18)	42	M6	22	20	55	60	22
23	20	46	M8	24	22	60	65	25
25	(22)	50	M8	26	25	65	70	25
27	24	55	M8	28	28	70	75	25

Eingeklammerte Größen möglichst vermeiden.
Feste Nutensteine nach DIN 6322.
Lose Nutensteine nach DIN 6323.
T-Nutensteine nach DIN 508.
Sechskantschrauben nach DIN 931.
Scheiben nach DIN 125.
T-Nuten nach DIN 650.

Bild 5-31 Befestigungsschraubenschlitze an geschweißten bzw. verschraubten Vorrichtungs-Grundplatten oder -Körpern (Abschnitte 19.1.2 und 19.1.3).

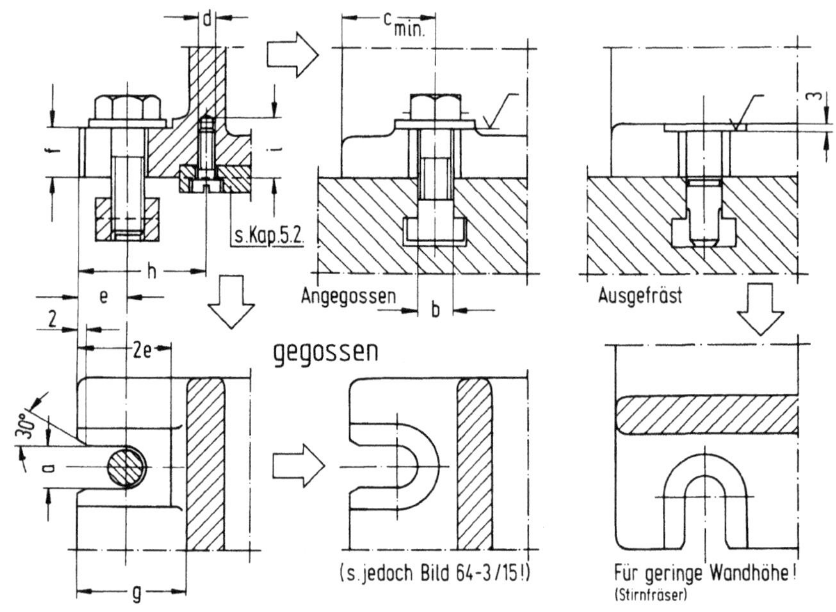

a	b	c	d	e	f	g	h	i	j
12	10	30	M 5	14	16	35	40	20	24
14	12	32	M 5	16	18	40	45	20	26
16	14	35	M 6	18	20	45	50	22	30
18	(16)	38	M 6	20	22	50	55	22	35
20	18	42	M 6	22	25	55	60	22	40
23	(20)	46	M 8	24	28	60	65	25	45
25	22	50	M 8	26	32	65	70	25	50
27	(24)	55	M 8	28	36	70	75	25	55

Eingeklammerte Größen möglichst vermeiden.
Feste Nutensteine nach DIN 6322.
Lose Nutensteine nach DIN 6323.
T-Nutensteine nach DIN 508.
Sechskantschrauben nach DIN 931.
Scheiben nach DIN 125.
T-Nuten nach DIN 650.

Bild 5-32 Befestigungsschraubenschlitze an gegossenen Vorrichtungs-Grundplatten oder -Körpern (Abschnitt 19.1.4).

5.4 Richtlinien für die Gestaltung der Positionierung und der Spannung der Vorrichtung auf dem Werkzeugmaschinentisch

1. Vorzugsweise sind lose Nutensteine nach DIN 6323 (Bild 5-21) bzw. Nutensteine mit einem Positionierzapfen (Bild 5-27) zu verwenden.
2. Jede Werkzeugmaschine sollte mit je einem Satz der losen Nutensteine ausgestattet werden.
3. Die Vorrichtung wird nach der Tisch-T-Nut ausgerichtet und danach die Nutensteine in die T-Nut der Vorrichtung (Bild 5-23) eingeschoben.
4. Nachteile der festen Nutensteine:
   - 4.1. Der mit der Vorrichtung verbundene Nutenstein paßt nur in Tischnuten gleicher Breite.
   - 4.2. Ist die Tischnutenbreite anders, so müssen die Nutensteine ausgewechselt werden.
   - 4.3. Während des Transportes können die Nutensteine beschädigt werden.
   - 4.4. Beim Aufsetzen der Vorrichtung auf den Werkzeugmaschinentisch besteht die Gefahr der Beschädigung der Maschinentischfläche und der T-Nutwände.
   - 4.5. Für den Transport und die Lagerung der Vorrichtung müssen stets Leisten untergelegt werden damit die Vorrichtung nicht auf den Nutensteinen liegt und verschoben wird.
   - 4.6. Die unter den Punkten 4.3 bis 4.5 genannten Gefahren wachsen mit der Größe und dem Gewicht der Vorrichtung.
5. Für die Positionierung der Vorrichtung auf dem Werkzeugmaschinentisch sind stets *zwei* Nutensteine einzusetzen.
6. Die Nuten bzw. Bohrungen sind genau fluchtend hintereinander anzuordnen, so daß die Vorrichtung jeweils nur nach einer Tischnut positioniert wird.
7. Der Abstand der beiden Positionier-Nutensteine ist so groß wie möglich zu wählen, um den als Funktion des Abstandes resultierenden Positionier-Winkelfehler (Bild 5-30) möglichst gering zu halten.
8. Die Nuten (eine durchgehende oder zwei kurze) oder Bohrungen in der Vorrichtung (Bild 5-29) müssen in einer Spannlage der Grundplatte gefräst bzw. gebohrt und ausgedreht werden.
9. Durch begrenzte Nuten (Bild 5-25, links oben) bzw. Bohrungen wird der Vorrichtungskörper (Grundplatte) weniger geschwächt als durch durchlaufende Nuten.
10. Parallel zum Verlauf der beiden Nuten bzw. der durchgehenden Nut oder zu der Achse der beiden Positionierbohrungen sollte eine Vorrichtungs-Grundplatten-Seitenfläche bearbeitet werden (in einer Spannung mit den Nuten oder Bohrungen). Dadurch wird eine Überprüfung der Lage der Vorrichtung auf dem Werkzeugmaschinentisch (Abfahren dieser Fläche mit der Meßuhr) ermöglicht. Diese Fläche sollte als Basis (Abschnitt 11.1) für alle anderen Elemente der Vorrichtung dienen.
11. Bei der Gestaltung der Befestigungselemente der Vorrichtung sollten die in den Bildern 5-31 und 5-32 aufgeführten Maße gelten. Besonders wichtig ist das Maß „g".
12. Befestigungsschraubenschlitze sind Bohrungen vorzuziehen, da sie eine einfache Spannung der Vorrichtung ermöglichen.
13. Die eingeklammerten Größen der Breite „b" der T-Nuten (Bilder 5-31 und 5-32) möglichst vermeiden.
14. Die Anzahl der Nutenbreiten (bzw. der Bohrungsdurchmesser) an Vorrichtungen sollte, z.B. auf zwei, begrenzt werden (s.a. Abschnitt 5.2.2, Pkt 12).

6 Vorrichtung – Werkzeug

6.1 Werkzeugeinstellelemente an Vorrichtungen[1]

An allen Vorrichtungen, soweit es erforderlich und möglich ist, sollten Werkzeugeinstellelemente vorgesehen werden. Sie ermöglichen in Verbindung mit einer Einstellehre bzw. einem Endmaß die Einstellung des Werkzeuges bzw. der Vorrichtung zum Werkzeug auf das gewünschte Maß. Dadurch wird die Werkzeugeinstellzeit wesentlich gesenkt und die Einstellgenauigkeit erhöht.

In den meisten Fällen wird es sich um die Einstellung eines oder mehrerer Fräser handeln. Es empfiehlt sich, die Einstellflächen um ein bestimmtes Maß, z. B. 3 mm, 5 mm oder 10 mm, niedriger zu halten und beim Einstellen eine lose flache oder runde Lehre (Bilder 6-1 und 6-2) zwischen Werkzeug und Einstellblock zu bringen (Bild 6-3). Die Lehre wird beim Auftreffen des Werkzeuges fortgeschoben, ohne daß das Werkzeug beschädigt wird. Dies ist ein Zeichen für den Arbeiter, daß die richtige Einstellhöhe (Breite, Tiefe) erreicht ist. Ebenso wird verfahren, wenn eine seitliche Einstellfläche vorhanden ist. Die Einstellflächen des Blockes und die Lehre sollten gehärtet und geschliffen sein.

Eine Werkzeug-Einstelleinrichtung besteht aus einem Einstellblock (Bild 6-14), der mit der Vorrichtung fest verbunden ist, einem Auflage- bzw. und/oder Anlagestück (Bilder 6-5 bis 6-11) und einer Einstellehre.

6.1.1 Vorteile durch die Werkzeugeinstellelemente an Vorrichtungen

1. Der Konstruktions- und Arbeitsaufwand, der zusätzlich durch den Einsatz der Werkzeugeinstellelemente entsteht, ist im Vergleich zu den dadurch entstehenden Einsparungen gering.
2. Das Werkzeug kann schnell, ohne Beschädigung und zusätzliche Maßnahmen, z. B. Anfräsen und Messen, auf das Sollmaß eingestellt werden.
3. Fehlerhafte Einstellung und Ausschuß werden vermieden.
4. Die Werkzeugeinstellung kann von angelernten Arbeitskräften vorgenommen werden.
5. Der Ausnutzungsgrad der Werkzeugmaschine wird durch kurze Werkzeugeinstellzeiten verbessert.

6.1.2 Der Werkzeugeinstellvorgang

Eine Einstellehre wird auf das Zwischenelement (Scheibe, Leiste, Platte)(Bilder 6-5 bis 6-10) auf- bzw. angelegt und danach das Werkzeug vorsichtig, bei gleichzeitigem Hin- und Herbewegen der Lehre, auf die Einstellehre herangefahren bzw. an- oder aufgelegt (Drehstahl Bild 6-3, Bohrer Bild 6-4, Fräser Bild 6-5). Sobald das Werkzeug die Einstellehre fast mitzunehmen beginnt, ist das Soll-Werkzeugeinstellmaß erreicht und die Lage des Werkzeugs zu der Vorrichtung kann fixiert werden. Die Anwendung der Einstellehre hat den Vorteil, daß die genau bearbeitete Einstellfläche des Einstellblocks nicht beschädigt wird. Hinzu kommt, daß nach der Einstellung ein Zwischenraum zwischen dem Werkzeug und dem Einstellblock entsteht.

[1] Weiteres s. Lit. [98].

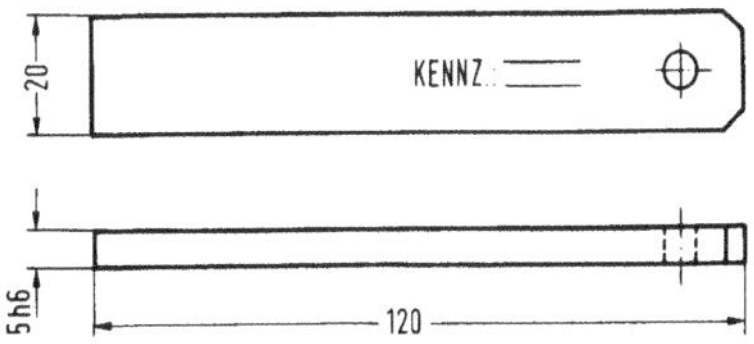

Bild 6-1 Flache Werkzeugeinstellehre.
Sie wird auf 60 ± 2 HRC gehärtet (Werkzeugstahl) und entsprechend gekennzeichnet (Werkstück-Zeichnungs-Nr., Arbeitsgang usw.).

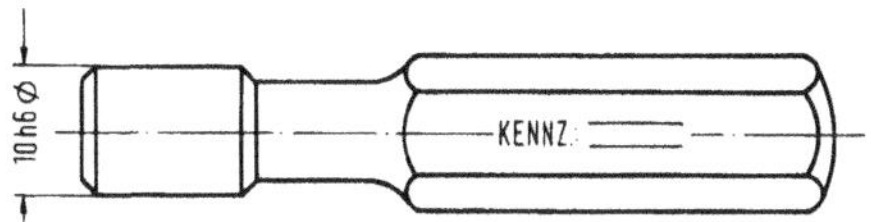

Bild 6-2 Runde Werkzeugeinstellehre.
Sie wird auf 60 ± 2 HRC gehärtet (Werkzeugstahl) und entsprechend gekennzeichnet (Werkstück-Zeichnungs-Nr., Arbeitsgang usw.). Sie kann im Vorrichtungskörper (Bild 6-12) zur Aufbewahrung untergebracht werden.

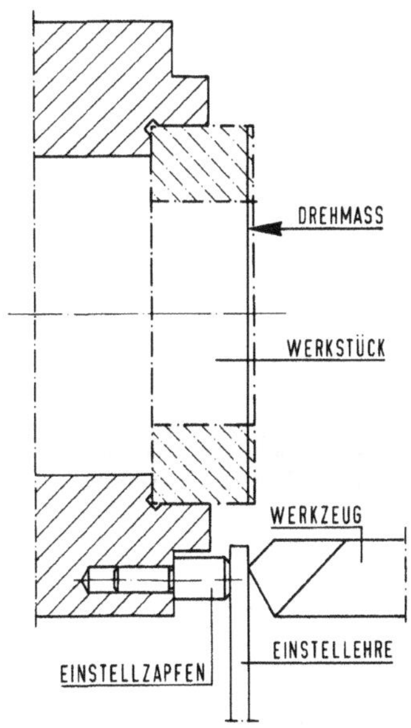

Bild 6-3
Einstellelemente zum Einstellen eines Drehstahls.

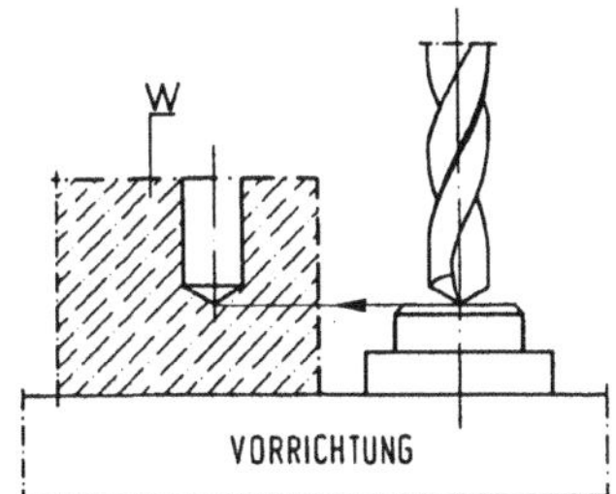

Bild 6-4
Einstellblock zum Einstellen eines Spiralbohrers auf die Bohrtiefe.

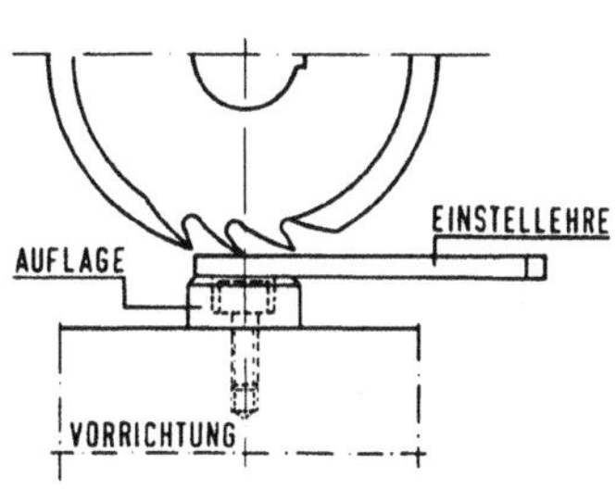

Bild 6-5
Einstellelemente zum Einstellen eines Walzenfräsers auf die Frästiefe.

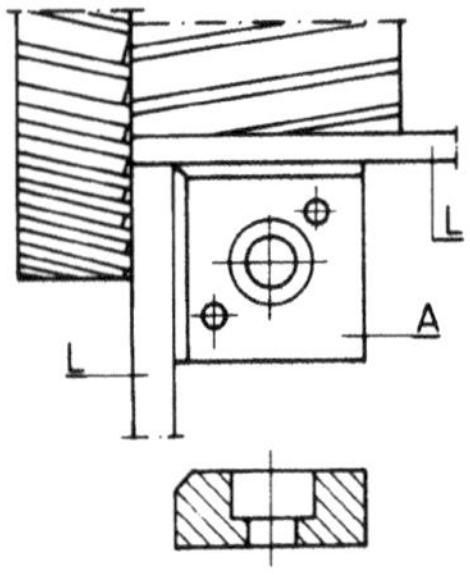

Bild 6-6

Werkzeug-Einstellplatte zum Anschrauben an den Vorrichtungskörper.

A Werkzeug-Einstellplatte (im Gegensatz zum Werkzeug-Einstellwinkel (Bild 6-7 – nur einseitig anschraubbar),
L flache Einstellehre (Bild 6-1).

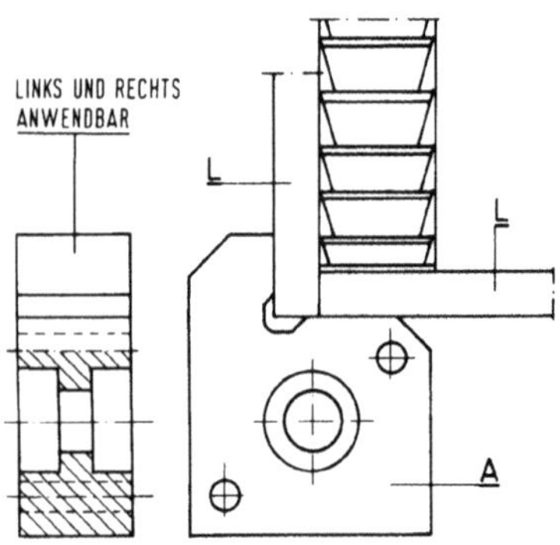

Bild 6-7

Werkzeug-Einstellwinkel beidseitig anschraubbar, da von beiden Seiten Schraubkopfansenkung vorhanden.

A Werkzeug-Einstellwinkel,
L flache Einstellehre (Bild 6-1).

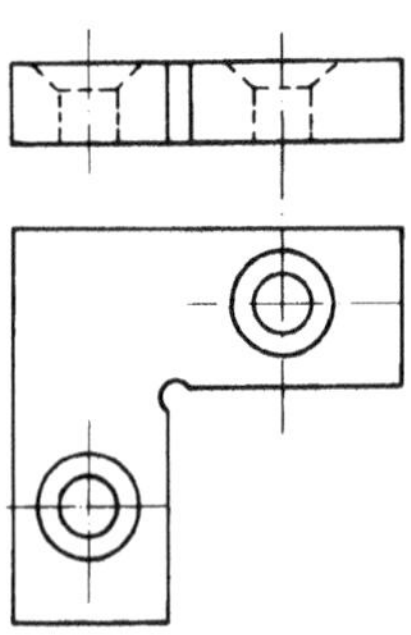

Bild 6-8

Flacher Werkzeug-Einstellwinkel zum Anschrauben an den Vorrichtungskörper.

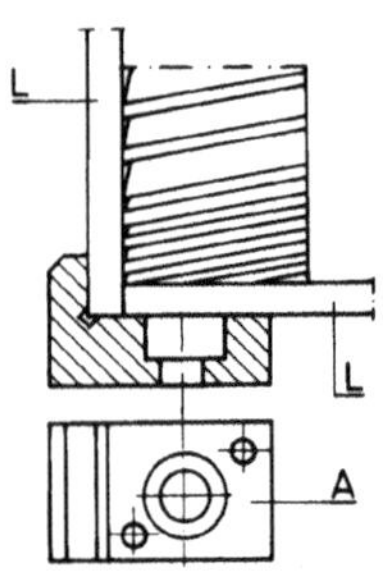

Bild 6-9

Werkzeug-Einstellwinkel zum Aufschrauben auf einen Werkzeug-Einstellblock bzw. auf den Vorrichtungskörper.

A Einstellwinkel, L flache Einstellehre (Bild 6-1).

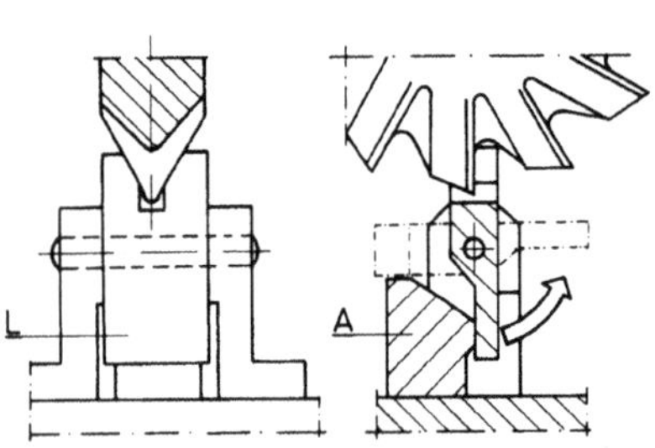

Bild 6-10 Werkzeug-Einstelleinrichtung mit einem ausschwenkbaren Einstellelement.

A Einstell-Grundelement und zugleich Anschlag, L Einstellehre (schwenkbar).

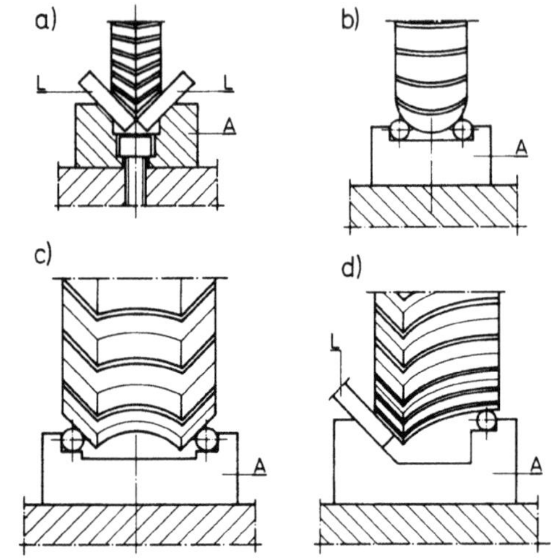

Bild 6-11 Einstellelemente zum Einstellen von Formfräsern:

a) mit Hilfe von zwei flachen Einstellehren (Bild 6-1) und eines prismenförmigen Grundelementes,
b) mit Hilfe eines U-förmigen Blocks und zwei Einstellwälzkörpern (z. B. Zylinderstifte DIN 6325),
c) mit Hilfe eines U-förmigen Blocks und zwei Einstellwälzkörpern (z. B. Zylinderstifte DIN 6325),
d) mit Hilfe eines Formblocks, einer flachen Einstellehre (Bild 6-1) und eines Einstellwälzkörpers (z. B. Zylinderstift (DIN 6325).

A Einstell-Grundelement, L flache Einstellehre (Bild 6-1).

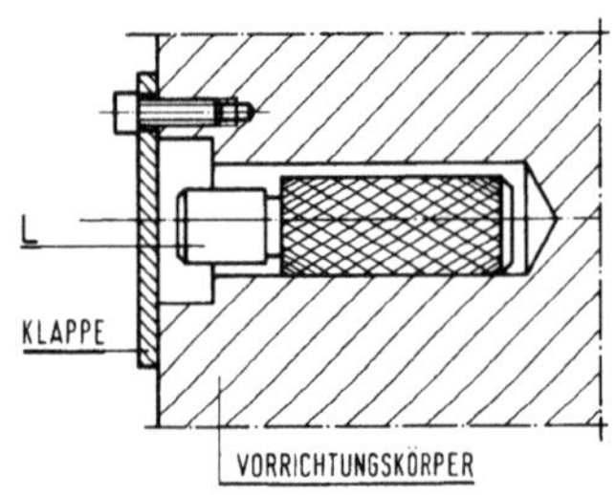

Bild 6-12

Aufbewahrung einer runden Einstellehre (Bild 6-2) im Vorrichtungskörper.

L runde Einstellehre (Bild 6-2).

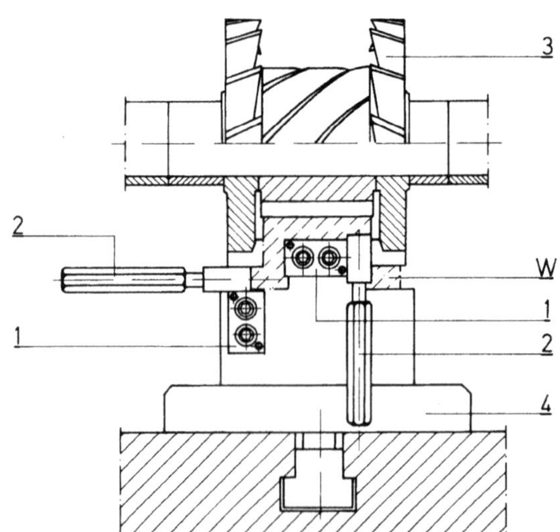

Bild 6-13 Einstellen eines Fräsersatzes.

1 angeschraubte Einstellplatte, 2 runde Einstellehre (Bild 6-2), 3 Werkzeug, 4 Einstellblock.

6.1.3 Arten der Werkzeugeinstellelemente

Die Bilder 6-5 bis 6-13 zeigen verschiedene Werkzeugeinstellelemente.

Sehr oft müssen Drehstähle in Bohrstangen auf das gewünschte Maß eingestellt werden. Verschiedene Ausführungen der Einstellehren für Bohrstangen zeigen die Bilder 6-15 bis 6-18 (Abschnitt 6.1.5).

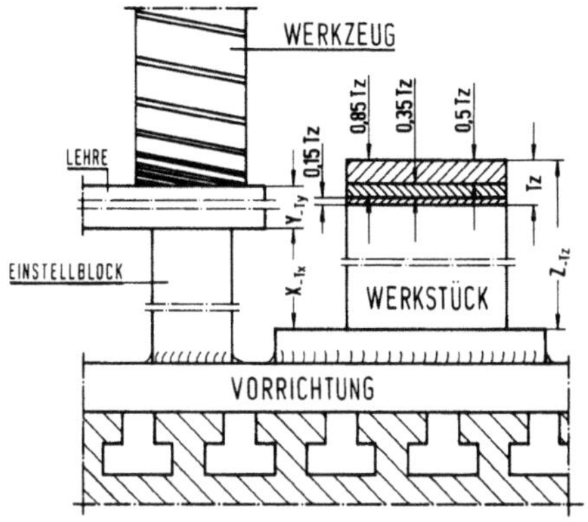

Bild 6-14 Erläuterungsdarstellung zur Ermittlung der Einstellblockhöhe X_{-Tx} als Funktion des Werkstückmaßes Z_{-Tz}, der Werkstücktoleranz Tz und des Dickenmaßes der Einstellehre Y_{-Ty} zum Berechnungsbeispiel – Abschnitt 6.1.4.

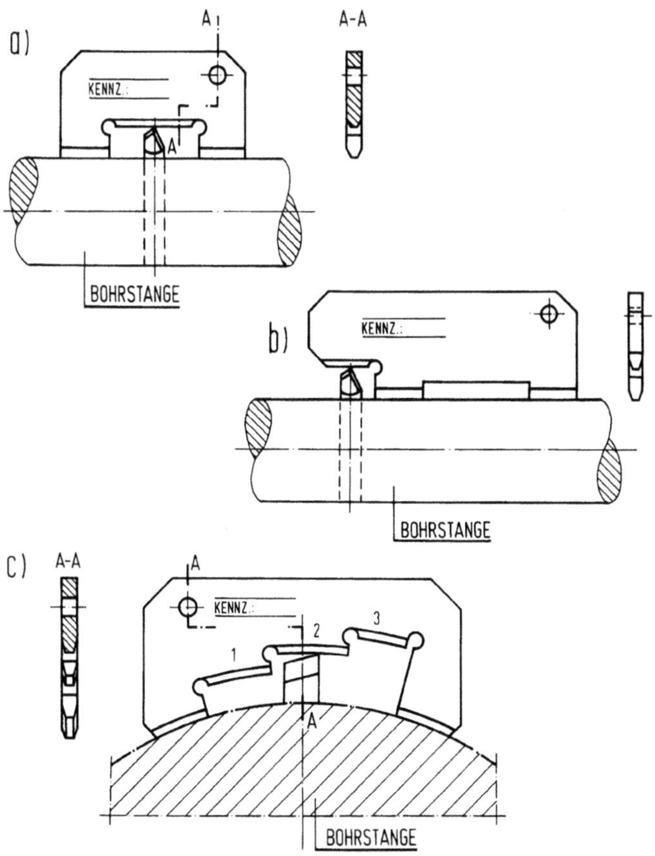

Bild 6-15 Einstellehre für Bohrstangenstähle:

a) Einstellehre mit zwei Auflageelementen zur Einstellung eines Drehstahls,

b) Einstellehre mit einseitigem Auflageelement zur Einstellung eines Drehstahls,

c) Einstellehre mit zwei Auflageelementen zur Einstellung von drei Drehstählen.

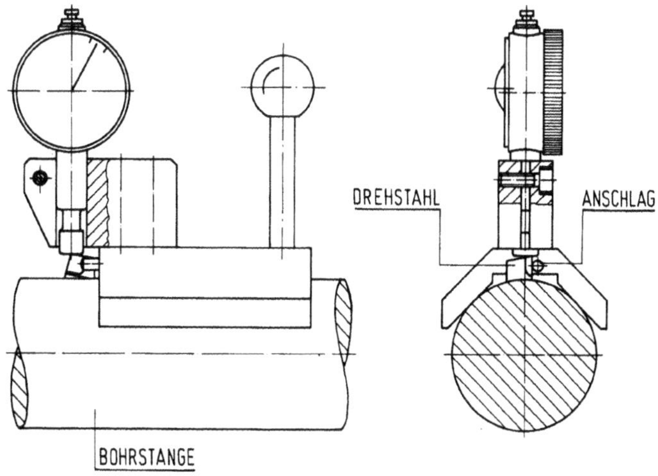

Bild 6-16 Einstellehre für Bohrstangenstahl mit einer Meßuhr.

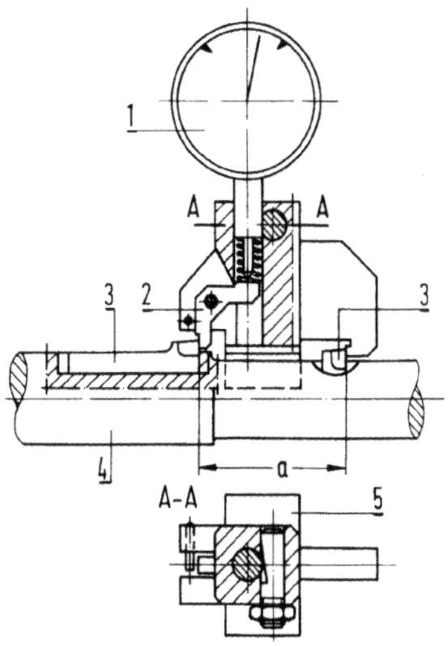

Bild 6-17

Einstellehre für Bohrstangenstähle mit einer Meßuhr.

a Einstellmaß, 1 Meßuhr, 2 Umlenkelement, 3 Drehstähle, 4 Bohrstange, 5 Prismen-Auflageelement.

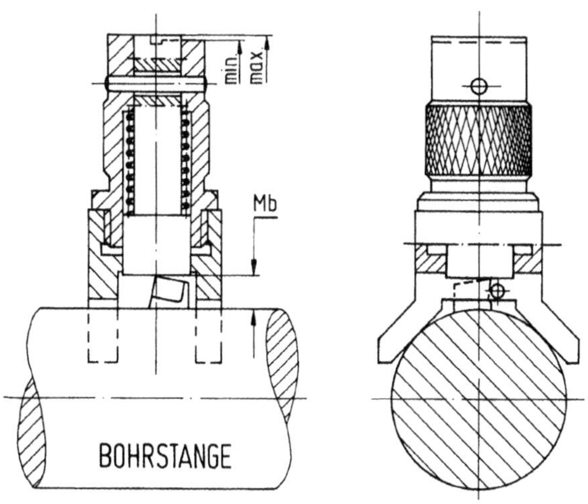

Bild 6-18 Einstellehre für Bohrstangenstähle mit einer Sichtanzeige.

Die ausgefräste Fläche ergibt eine Anzeige, die zwischen den beiden Marken: min. und max. liegen muß. Mb Einstellmaß.

6.1.4 Ermittlung des Höhenmaßes des Werkzeugeinstellblocks als Funktion der Werkstückhöhe (Bild 6-14)

Die vorgeschriebene Höhe Z des Werkstücks wird infolge der Abnutzung des Werkzeugs im Laufe der Bearbeitung immer größer werden. Es ist deshalb empfehlenswert, daß das Werkzeug vorerst unter der Toleranzsymmetrieachse des Werkstücks (Bild 6-14) eingestellt wird (das Toleranzfeld ist übertrieben groß eingezeichnet!). Gleichzeitig muß aber auch eine Sicherheitsgröße eingebaut werden, die erfahrungsgemäß 15 % des Toleranzfeldes des Werkstückmaßes betragen soll, also $0{,}15\,T_z$. Demnach bleiben 35 %, also $0{,}35\,T_z$, für die Einstellblocktoleranz übrig, von der aber noch die Toleranz der Einstelllehre abgezogen werden muß. So entsteht die Formel für die Berechnung des Höhenmaßes des Einstellblocks:

$$X_{-T_x} = (Z - 0{,}5 \cdot T_z - Y)_{-(0{,}35 \cdot T_z - T_y)} \quad \text{in mm.}$$

Berechnungsbeispiel:

Werkstückmaß $Z_{-T_z} = 100_{-0{,}2}$ mm,
Werkstücktoleranz $T_z = 0{,}2$ mm,
Dicke der Einstellehre $Y_{-T_y} = 3\text{h}6 = 3_{-0{,}007}$ mm,
somit die Höhe des Einstellblockes mit der Auflage:
$X_{-T_x} = (100 - 0{,}5 \cdot 0{,}2 - 3{,}0)_{-(0{,}35 \cdot 0{,}2 - 0{,}007)}$ mm =
$= 96{,}90_{-0{,}063}$ mm.

6.1.5 Voreinstellen von Werkzeugen außerhalb der Werkzeugmaschine

Durch den Einsatz leistungsfähigerer Werkzeugmaschinen und nicht zuletzt durch leistungsfähigere Schneidstoffe (beschichtete Hartmetalle, Schneidkeramik) wurde die Maschinenhauptzeit stetig verkürzt. Der Anteil der Nebenzeit konnte ebenfalls mit Hilfe maschinenseitiger NC- und CNC-Steuerungen und durch den Einsatz geeigneter Werkzeugsysteme wesentlich verringert werden. Nur durch Verringerung der Maschinenstillstandszeiten, hervorgerufen durch mangelhafte Werkzeugbereitstellung, konnte man weitere wirtschaftliche Effekte erreichen. Die Methode des mehrfachen Anschneidens und entsprechenden Korrigierens der Schneidenlage zum Werkstück direkt an der Werkzeugmaschine mußte durch das Voreinstellen der Werkzeuge außerhalb der Maschine ersetzt werden.

6.1.5.1 Voraussetzungen für die Werkzeugvoreinstellung

Um Werkzeuge voreinstellen zu können, müssen folgende Voraussetzungen erfüllt sein:

1. Für die Werkzeuge im oder am maschinenseitigen Werkzeugträger muß ein fester maßlicher Bezug der Werkzeuglage zum Werkstückträger der Werkzeugmaschine bestehen und auch reproduzierbar sein.
2. Der maßliche Bezug der Werkzeugschneide zum Werkzeugträger muß vorliegen.
3. Der Werkzeugträger muß außerhalb der Werkzeugmaschine in eine Lage gebracht werden, die maßlich mit der in der Maschine übereinstimmt.

6.1.5.2 Werkzeugeinstellehren

Große Werkstücke (Turbinengehäuse, Turboladergehäuse, Motorblöcke usw.) werden ohne Vorrichtungen in der Einzelfertigung bearbeitet. So besteht auch keine Möglichkeit die Werkzeugvoreinstellung mit Hilfe von Werkzeugeinstellelementen (Abschnitt 6.1.3) bzw. Werkzeugeinstellgeräten (Kap. 6.1.5.7) vorzunehmen. In solchen Fällen werden zur Einstellung der Werkzeuge (z.B. an Bohrstangen) Werkzeugeinstellehren (Bilder 6-15 bis 6-18) verwendet.

6.1.5.3 Werkzeugeinstellvorrichtungen

Neben den Werkzeugeinstellelementen an Vorrichtungen und den Werkzeugeinstelllehren (Abschnitt 6.1.5.2) werden auch Werkzeugeinstellvorrichtungen eingesetzt. Sehr oft werden neben den handelsüblichen und teuren optischen Werkzeugeinstellgeräten auch im eigenen Betrieb konstruierte und gebaute Einstellvorrichtungen angewendet.

6.1.5.4 Werkzeugeinstellvorrichtungen mit Anschlägen

Diese Art der Werkzeugeinstellvorrichtungen (Bild 6-19) arbeitet meistens mit Anschlägen (im Bild mit einer Anschlagtrommel), mit denen mehrere Arbeitslängen der Werkzeuge, die im Werkzeughalter befestigt werden, einstellbar sind. Die Aufnahme des Werkzeughalters entspricht der an der Maschine, so daß die Einstellung des Werkzeuges auf einfache Art vorgenommen werden kann.

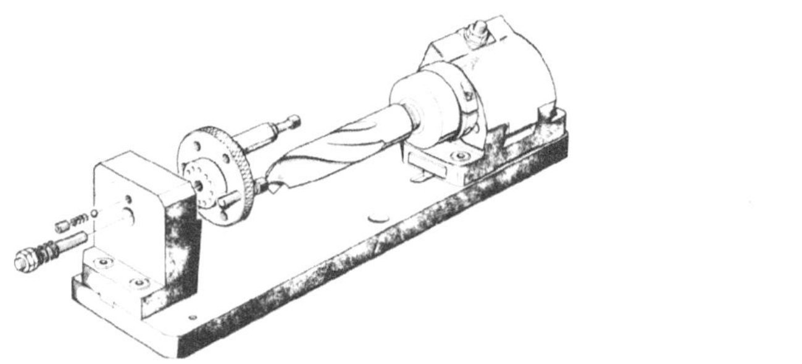

Bild 6-19 Spiralbohrer-Einstellvorrichtung mit einer Anschlagtrommel.

6.1.5.5 Werkzeugeinstellvorrichtungen mit Anlage- oder Sichtschablone

Diese Art von Einstellvorrichtungen (ohne Bild) wird besonders für voreinstellbare Paketdrehstähle eingesetzt. Die nachgeschliffenen Drehstähle werden gegen eine Schablone geschoben. Durch Beleuchtung des Sichtspaltes läßt sich der Einstellvorgang noch genauer beobachten.

6.1.5.6 Werkzeugeinstellvorrichtungen mit Meßuhren

Für höhere Einstellgenauigkeit empfiehlt sich der Einsatz der in den Bildern 6-20 bis 6-22 dargestellten Einstellvorrichtungen. Die Arbeitslänge des Werkzeuges wird über eine Meßhülse und mit Hilfe einer Meßuhr eingestellt. Auf ähnliche Art lassen sich Werkzeugeinstellvorrichtungen für andere Werkzeuge, z. B. für Drehstähle, konzipieren. Vorrichtungen dieser Art (Bilder 6-19 und 6-20) werden aus einem Vorrichtungsbaukasten zusammengestellt. Sie bestehen aus einer Grundplatte, auf die

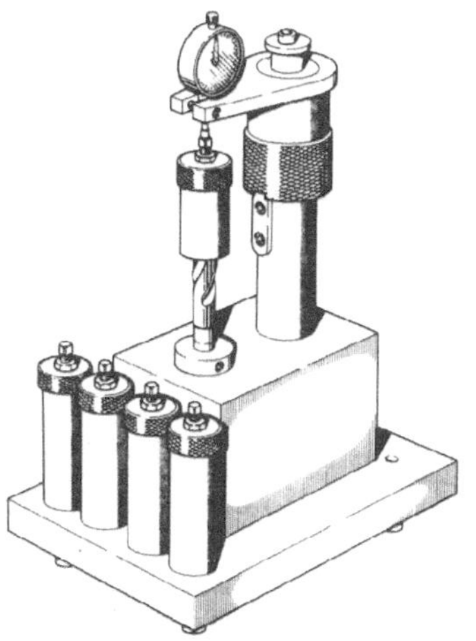

Bild 6-20
Spiralbohrer-Einstellvorrichtung mit einer Meßuhr.

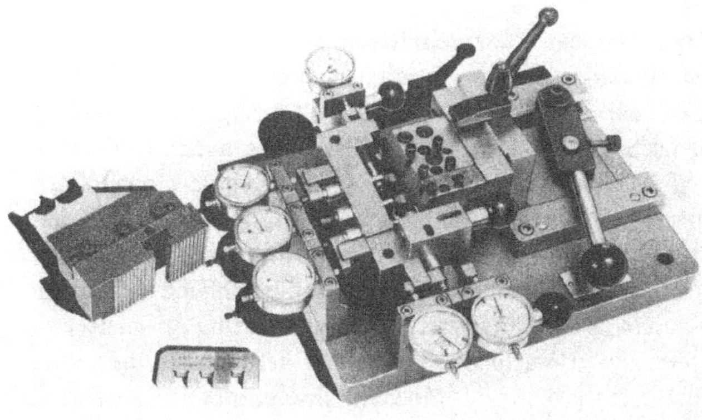

Bild 6-22 Vorrichtung zur Einstellung von Drehstählen in einem Drehstahlhalter (für Revolver-Drehmaschinen und Revolver-Drehautomaten).

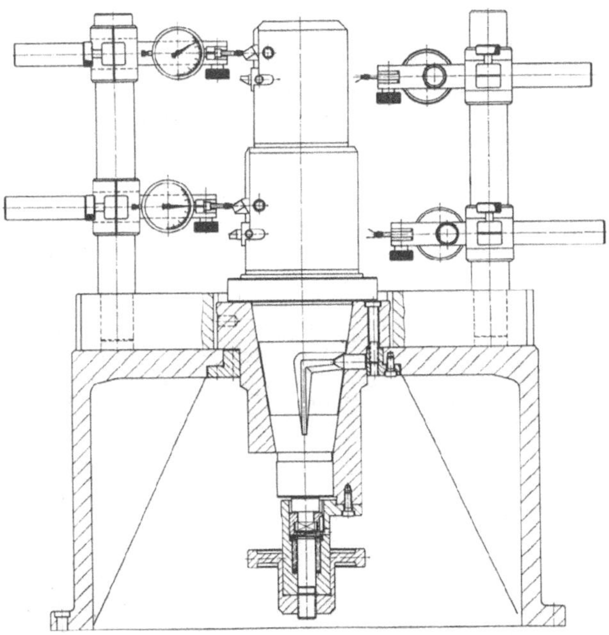

Bild 6-21 Vorrichtung mit Meßuhren zum Einstellen von mehreren Drehstählen einer Bohrstange.

verstellbare Anschläge und – entsprechend den Wechselhaltern – spitzverzahnte Adapter geschraubt sind. Die Meßuhren mit Halter sind in einer besonderen Kontrollstation auf der Grundplatte vor Gebrauch zu prüfen und zu nullen. Damit entfällt eine besondere Nullehre.

Der Vorteil dieser nach dem Prinzip der „Wandeluhr" konstruierten Einstellvorrichtungen gegenüber Einstellehren mit fest eingebauten Meßuhren und einem Meisterstück besteht darin, daß alle horizontalen Einstellungen an allen Adaptern der Vorrichtung mit maximal zwei Meßuhren möglich sind. Außerdem können die Meßuhren jederzeit, ohne den Schnellwechselhalter aus dem Adapter zu entfernen, geprüft und genullt werden, da die Einstellmaße nur durch die einstellbaren Anschläge dargestellt werden. Die Spitzenhöhe wird bei diesen Vorrichtungen mit einer entsprechend geschliffenen Höhenlehre, die zum Vorrichtungsbaukasten gehört, eingestellt.

6.1.5.7 Werkzeugeinstellgeräte[1]

Handelsübliche Werkzeugeinstellgeräte sind wahlweise mit Maßstab- oder Projektionseinrichtungen (Ableseoptiken), die über ein Auflösungsvermögen von 0,002 bzw. 0,005 mm verfügen, ausgerüstet.

Werkzeugführungselemente werden im Abschnitt 30.9 besprochen (Bohrbuchsen).

[1]) Weiteres s. Lit. [58], [154].

7 Vorrichtung-Bedienperson

7.1 Ergonomie im Vorrichtungsbau

Die Ergonomie als Wissenschaft von der Anpassung der Arbeit an den Menschen befaßt sich mit dem systematischen Studium des Menschen bei der Arbeit. Ihr Ziel ist die optimale Nutzung der menschlichen Fähigkeiten in Relation zu seinen Leistungsgrenzen. Die Ergonomie ist für den Vorrichtungsbau von größter Bedeutung, da bei der Arbeit mit Vorrichtungen der Anteil der vom Menschen durchzuführenden, repetitiven Arbeit sehr umfangreich ist, so daß nach wie vor die menschliche Arbeit im Mittelpunkt des Arbeitsprozesses steht. Um eine optimale Betriebsleistung zu erreichen, müssen bei der Konstruktion von Vorrichtungen arbeitsphysiologische Erkenntnisse angewendet werden, um die Vorrichtungen ergonomisch optimal dem sie bedienenden Menschen anzupassen.

In der Praxis werden die Vorrichtungen heute noch rein gefühlsmäßig gestaltet. Nur in wenigen Fällen, vor allem in der automatisierten Fertigung, werden die bisher auf diesem Gebiet gewonnenen Erkenntnisse angewendet. Es ist unbestritten, daß die außerordentliche Vielseitigkeit des Vorrichtungsbaues ein erhebliches Hindernis für das Festlegen gültiger Zahlenwerte und Beispiele bedeutet. Den Vorrichtungskonstrukteur interessieren hauptsächlich folgende Daten:

1. die menschlichen Höchstkräfte, die für die Handhabung zugrunde zu legen sind (Bilder 7-1, 7-6 und 7-7);
2. die Bedienkräfte, die optimale Nutzung der menschlichen Kräfte in Relation zu seinen Leistungsgrenzen erlauben (Bild 7-3);
3. welche anthropometrischen Grunddaten und weitere ergonomischen Kriterien und Wechselwirkungen zwischen Mensch und Vorrichtung sowie Umwelt zu berücksichtigen sind (Bilder 7-4 und 7-5);
4. welche Personen werden die Vorrichtung bedienen und wo liegen die Grenzen in bezug auf: Leistungsverhalten, Kraftaufwand, Aufmerksamkeit und Vorbildung (Bild 7-1);
5. welche physiologischen und psychischen Aspekte müssen berücksichtigt werden;
6. welche weiteren ergonomischen Eigenschaften soll die Vorrichtung aufweisen;
7. nach welcher Maßgabe müssen die Bedienelemente ausgewählt und geprüft werden;
8. welche Bedienelemente können Doppelfunktionen ausführen;
9. welche Verbindungen zu anderen Betriebsmitteln sind zu berücksichtigen;
10. welche schädlichen Einflüsse (Lärm, Schwingungen usw.) sind zu berücksichtigen;
11. können ergonomisch bessere Bauelemente verwendet werden als bisher?

	Erwachsene		Jugendliche	
	Männer	Frauen	männlich	weiblich
Sporadisch	50	20	20	15
Häufig bis dauernd	18	12	11–16	7–11

Bild 7-1 Höchstwerte (in kg) beim Tragen von Gewichten.
Dabei kann es sich um eine Vorrichtung + Werkstück handeln (z. B. Bohrvorrichtung mit der Werkzeugmaschine nicht verbunden) oder nur um ein Werkstück (z. B. wenn die Vorrichtung mit dem Werkzeugmaschinentisch verbunden ist).

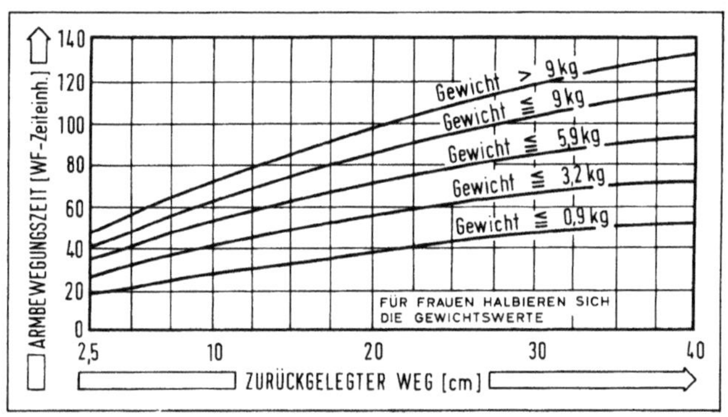

Bild 7-2 Einfluß des Gewichts auf die Zeit einer Armbewegung in Abhängigkeit vom zurückgelegten Weg nach Work-Factor.

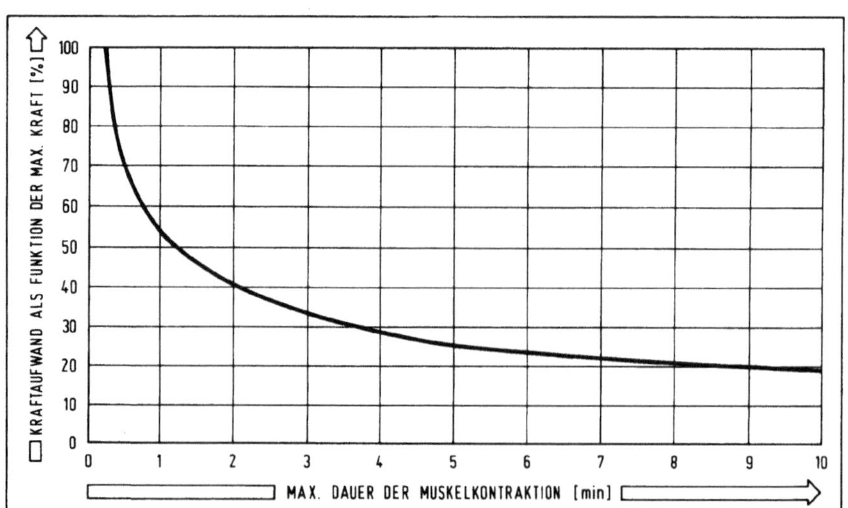

Bild 7-3
Maximale Dauer der Muskelkontraktion in Minuten als Funktion des Kraftaufwandes.

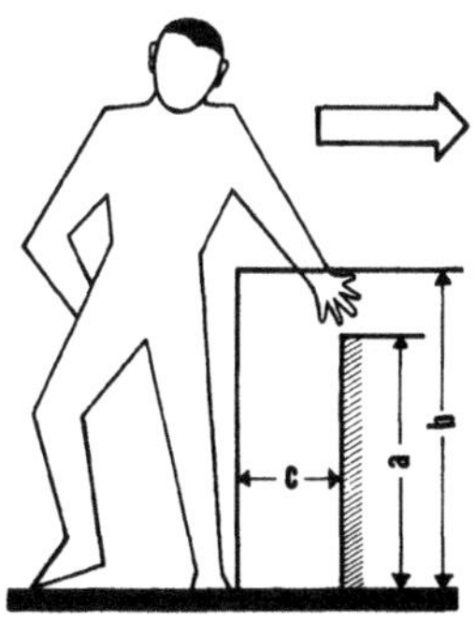

Beim Hinüberreichen über eine Kante, z. B. von Maschinengestellen oder Umwehrungen, ergibt sich der Sicherheitsabstand c aus:

a = Abstand der Gefahrenstelle vom Boden
b = Höhe der Kante
c = Waagerechter Abstand der Kante von der Gefahrenstelle

Waagerechter Abstand *c* von der Gefahrstelle								
Bodenabstand der Gefahrstelle *a*	Höhe der Kante *b*							
	2 400	2 200	2 000	1 800	1 600	1 400	1 200	1 000
2 400	–	100	100	100	100	100	100	100
2 200	–	250	350	400	500	500	600	600
2 000	–	–	350	500	600	700	900	1 100
1 800	–	–	–	600	900	900	1 000	1 100
1 600	–	–	–	500	900	900	1 000	1 300
1 400	–	–	–	100	800	900	1 000	1 300
1 200	–	–	–	–	500	900	1 000	1 400
1 000	–	–	–	–	300	900	1 000	1 400
800	–	–	–	–	–	600	900	1 300
600	–	–	–	–	–	–	500	1 200
400	–	–	–	–	–	–	300	1 200

Alle Abmessungen in mm

* Werte für die Kante *b* unter 1000 mm nicht aufgeführt, weil die Reichweite nicht mehr größer wird und außerdem die Gefahr des Hineinstürzens in den Gefahrenbereich besteht.

Bild 7-4 Sicherheitsabstand „c" beim Hinüberreichen über eine Kante, z. B. eines Maschinengestells [194].

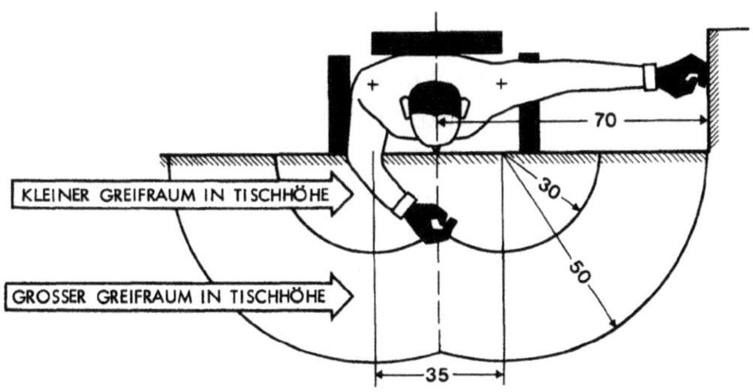

Bild 7-5 Maße für einen Sitz-Arbeitsplatz für Männer und Frauen [194].

Maximale zulässige Handspannkraft Fse für Vorrichtungs-Handspannvorgänge		
Geschlecht	Zeit zwischen zwei Handspannvorgängen	Handspannkraft Fse
	min	N
Männlich	länger als 1 min kürzer als 1 min	200 125
Weiblich	länger als 1 min kürzer als 1 min	125 75

Bild 7-6 Maximale zulässige Handspannkraft Fse für Handspannvorgänge an Vorrichtungen als Funktion der Zeit zwischen zwei Spannvorgängen und des Geschlechts der die Vorrichtung bedienenden Person.

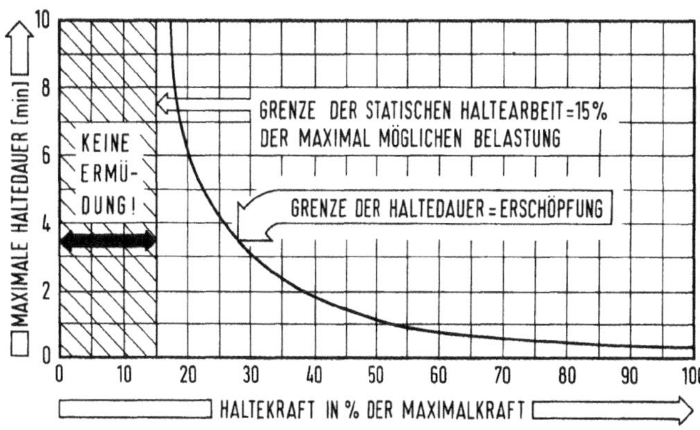

Bild 7-7 Muskelermüdung bei statischer Haltearbeit (nach Rohmert).

Die aufgeführten Punkte können als eine Checkliste für Ergonomie im Vorrichtungsbau dienen, nach der sich jeder Vorrichtungskonstrukteur richten sollte.

Die genannten Voraussetzungen, die aus der Sicht der ergonomischen Gestaltung der Vorrichtung zu berücksichtigen sind, können nur erfüllt werden, wenn die in den Bildern 7-1 bis 7-7 angegebenen Daten und Richtwerte bei der Konstruktion und Handhabung von Vorrichtungen, berücksichtigt werden. Weitere Daten können aus der Literatur [100], [194], [218], [238] entnommen werden.

7.2 Unfallverhütung bei der Gestaltung und beim Einsatz von Vorrichtungen

Der Schutz des in einem Betrieb arbeitenden Menschen muß als oberstes Gebot auch bei der Konstruktion und dem Einsatz von Vorrichtungen gelten. Neben den allgemein geltenden Unfallverhütungsvorschriften ist bei der Konstruktion, der Ausführung und dem Einsatz von Vorrichtungen auf folgendes zu achten:

7.2.1 Unfallverhütung hinsichtlich der Bedienung der Vorrichtung

1. Bedienelemente sind so auszulegen, daß sie bequem zugänglich sind und genügend Platz für die sie bedienende Hand bzw. Fuß (Abschnitt 16.9) vorhanden ist. Dadurch werden Hand- bzw. Fingerverletzungen vermieden.
2. Bedien- und Steuerelemente sind möglichst zentral anzuordnen.
3. Betätigungselemente sind in genügend großem Abstand zum Werkzeug, zu den Werkzeugmaschinenelementen sowie zu den Bauelementen der Vorrichtung anzuordnen.
4. Nach Möglichkeit ist eine sichere Zweihandbetätigung vorzusehen (Abschnitt 26.5.2).
5. Gegen ungewollte Betätigung der Bedienelemente, die nur zu einem bestimmten Zeitpunkt oder in einer bestimmten Reihenfolge bedient werden dürfen, sind entsprechende Sperren vorzusehen.
6. Aus der Bedien- bzw. Spannhebel- sowie Spannschalterstellung sollte ersichtlich sein, ob sich die Vorrichtung im gespannten oder entspannten Zustand befindet.

7. Die Bedienelemente sind so anzuordnen, daß sie nicht mit der Kühl- oder/und Schmierflüssigkeit überspült werden, da längere Berührung der Hände mit diesen Medien Hauterkrankungen verursachen kann. Überspülte Handgriffe stellen eine große Ausrutschgefahr dar.
8. Lose Bedienteile, besonders Schraubenschlüssel, die als Schlagzeuge an der Vorrichtung benutzt werden können, sind zu vermeiden. Falls unumgänglich, so sollten lose Teile nach Möglichkeit mit der Vorrichtung verbunden werden (z. B. Kette).
9. Es sollten möglichst wenig Bedienelemente mit leicht erlernbaren Handgriffen vorgesehen werden.
10. Die Bedienelemente müssen sinngemäß bedient werden können.

7.2.2 Unfallverhütung hinsichtlich der Handhabung der Vorrichtung

1. Die Handhabung der Vorrichtung soll nach ergonomischen Gesichtspunkten ausgelegt werden, so daß sie in bestmöglicher Körperhaltung mit geringsten Ermüdungserscheinungen und geringen Aufmerksamkeitsverlusten möglich ist (Abschnitt 7.1).
2. Bei handbewegten Vorrichtungen sind übermäßige Gewichte zu vermeiden. Gegebenenfalls sind Leichtbau (Werkstoff: Aluminium), Gewichtsausgleich, Kipprundungen (Abschnitt 5.1), luftgelagerte Schwimmplatten (Bilder 5-5 bis 5-7 und 40-27) anzuwenden.
3. Geschlecht, Alter und Körperkonstitution des die Vorrichtung bedienenden Menschen sind zu beachten.
4. Genügend Spanräume sowie Späneschutz und Spanabweiser vorsehen, um spontanes Greifen der Bedienperson nach Späneansammlungen und schleudernden Spänen unter arbeitenden Werkzeugen zu verhindern.
5. Verletzungen der Bedienperson müssen bei sachgemäßer Bedienung der Vorrichtung ausgeschlossen sein.

7.2.3 Unfallverhütung hinsichtlich der Ausführung der Vorrichtung

1. Scharfkantige Vorsprünge, vorstehende Teile, scharfe Kanten und Ecken sind zu vermeiden. Dieses betrifft besonders umlaufende Vorrichtungen (z. B. Drehvorrichtungen).
2. Umlaufende Vorrichtungen müssen mit dem zu bearbeitenden Werkstück ausgewuchtet werden.
3. Es sind Sicherungen loser Teile gegen Herausfallen, Herausschleudern und Verlieren, besonders bei umlaufenden Vorrichtungen, vorzusehen.
4. Es sind Sicherungen gegen Herausschleudern, Hochziehen, Kippen oder Wegdrücken der Vorrichtung einzubauen.
5. Große Vorrichtungen müssen gegen eine Kippmöglichkeit besonders verankert werden.
6. Selbsthemmende Spannung des Werkstückes, besonders bei Vorrichtungen an denen das Zustandekommen von Schwingungen zu erwarten ist, verhindert das Herausschleudern bzw. Lockern der Werkstücke, wobei als Folge Werkzeugbruch und Unfall entstehen können.
7. Umlaufende Vorrichtungen sollten am Umfang möglichst kreisförmig gestaltet oder durch feststehende Schutzflächen abgedeckt werden.
8. Vorrichtungen müssen transportgerecht gestaltet werden; Transport- und Lagermöglichkeiten sind zu berücksichtigen. Es sind Traggriffe, Transportösen, Tragbolzen und -schrauben oder Bohrungen zum Durchstecken einer Transportstange vorzusehen (Kap. 21).

7.2.4 Unfallverhütung bei kraftbetätigten Vorrichtungen

Bei kraftbetätigten Vorrichtungen (Abschnitt 25.3) sind besondere Maßnahmen, um Unfälle zu verhindern, zu treffen. Gegen folgende Fälle sind Sicherungen vorzusehen:

1. Bedienungselemente müssen so gestaltet oder angeordnet sein, daß ein unbeabsichtigtes Betätigen vermieden wird, was durch elektrische Verriegelung bzw. entsperrbare Raste erreicht wird.
2. Gegen ungleichmäßiges und zu kräftiges Spannen.
3. Ist ein ungefährliches Einspannen der Werkstücke nicht gewährleistet, sind besondere Vorkehrungen zu treffen (z. B. Zweihandeinrückung s. Abschnitt 26.5.2).
4. Maschinen mit kraftbetätigten Spannvorrichtungen müssen so gestaltet sein, daß der Antrieb der Arbeitsspindel oder des Vorschubes erst eingerückt werden kann, wenn der Spannvorgang abgeschlossen ist (Anlaufsicherung, deren Impuls über eine Spannwegkontrolle gegeben wird).
5. Das Ausbleiben der Antriebskraft darf nicht zum Öffnen oder Schließen der Spannvorrichtung führen (Sicherheitsventile in Verbindung mit entsprechender Steuerung).
6. Gegen abfallenden Spanndruck bei Stromausfall. Dabei muß die Spann- oder Entspannstellung unverändert bleiben (Impulsventil mit Feststeller).
7. Gegen Fehlschaltungen, wenn nach Stromausfall weitergearbeitet wird.
8. Gegen abfallenden Spanndruck bei Leckverlusten. Der minimale erforderliche Spanndruck muß kontrollierbar sein (Druckwächter).
9. Gegen Leitungsbruch.
10. Gegen falsches Einlegen des Werkstücks (Abschnitt 10.3).
11. Gegen unbeabsichtigtes Entspannen, während das Werkstück in Bewegung oder das Werkzeug im Schnitt steht. Vor dem Entspannen der kraftbetätigten Vorrichtungen muß die Arbeitsspindel bzw. der Vorschub der Werkzeugmaschine zwangsläufig stillgesetzt werden (Stillstandwächter)[1]).

Jeder Vorrichtungskonstrukteur muß die aufgeführten Punkte strengstens beachten. Die Sicherheitstechnik sollte unbedingt während der Konstruktion berücksichtigt werden, denn „Sicherheit entsteht am Reißbrett".

[1]) Bezugsquelle: G. Balluff KG., Gartenstraße 21, 7303 Neuhausen.

8 Bauelemente einer Vorrichtung

Eine Vorrichtung kann aus folgenden Bauelementen, die nach ihrer Hauptaufgabe benannt werden, bestehen (Bild 8-1):

1. *Positionierelemente* (Kap. 12), wie An- und Auflageelemente, Prismen, Aufnahmebolzen u. a., die die Aufgabe übernehmen, das Werkstück relativ zum Werkzeug, Werkzeugmaschine oder anderen Basen (Abschnitt 11.1) (z. B. im Falle einer Montagevorrichtung) räumlich festzulegen, zu positionieren (Kap. 11).
2. *Stützelemente* (Abschnitt 14.2), die einerseits dazu dienen, das Werkstück vor Deformation (Abschnitt 15.8) zu schützen (Spann-, Zerspankräfte, Eigengewicht) und andererseits ein Überpositionieren des Werkstückes (Abschnitt 1.3.2) verhindern.
3. *Spannelemente* (Kap. 16), deren Aufgabe es ist, die räumliche Lage des Werkstücks gegen Verschieben und Verdrehen zu sichern, bzw. die Sollage der Vorrichtung zum Werkstück (Bohrschablone) zu gewährleisten.
4. *Werkzeugführungselemente* (Abschnitt 30.9), die die Aufgabe haben, Werkzeuge zu führen.
5. *Werkzeugeinstellelemente* (Abschnitt 6.1), die die Möglichkeit bieten, die Vorrichtung relativ zum Werkzeug einzustellen.
6. *Bedien- und Handspannelemente* (Abschnitt 16.9) sind Bauelemente, die die manuelle Bedienung sowie Handhabung der Vorrichtung ermöglichen und/oder als muskelkraftbetätigte Hand- bzw. Fußspannelemente dienen.
7. *Krafterzeuger* (Abschnitt 25.3.2) sind: Druckluft- oder Druckölerzeuger, Kraftum- oder -übersetzer, Magnete, Vakuumerzeuger u. a.
8. *Kraftübertragelemente* (Abschnitt 16.2) sind Elemente, die die eingeleitete Kraft direkt oder indirekt auf die Spannelemente übertragen, wobei die eingeleitete Kraft vervielfältigt oder reduziert bzw. verteilt werden kann. Es sind: Hebel, Keile, Schrauben, Exzenter, Druckübertragungselemente u.a.
9. *Vorrichtungskörper* (Kap. 19), auch Verbindungs- und Leitelement genannt, der in Form einer Grundplatte, eines Kastens usw. alle Bauelemente der Vorrichtung verbindet, d.h. als Träger dieser Elemente dient – diese zu einer komplexen Vorrichtung integriert. Der Vorrichtungskörper ermöglicht die Positionierung (Abschnitt 5.2) und Spannung (Abschnitt 5.3) der Vorrichtung auf dem Werkzeugmaschinentisch.
10. *Verbindungselemente* sind Bauelemente, wie Schrauben, Stifte u. ä., die die festgelegte Lage der Vorrichtungsbauelemente untereinander fixieren (Kap. 20 und Kap. 65).

Außer den aufgeführten Bauelementen werden, je nach Bedarf, weitere Bauelemente eingesetzt:

- Elemente, die in Form von Füßen (Kap. 17) einerseits zur Überbrückung ausstehender Bauelemente und andererseits als Vorrichtungs-Auflageelemente dienen;
- Elemente, die die Bewegung der Vorrichtung mit dem Eingespannten Werkstück (Abschnitt 5.1) auf dem Werkzeugmaschinentisch ermöglichen oder erleichtern, z. B. Räder, Rollen, Luftkissen usw.;

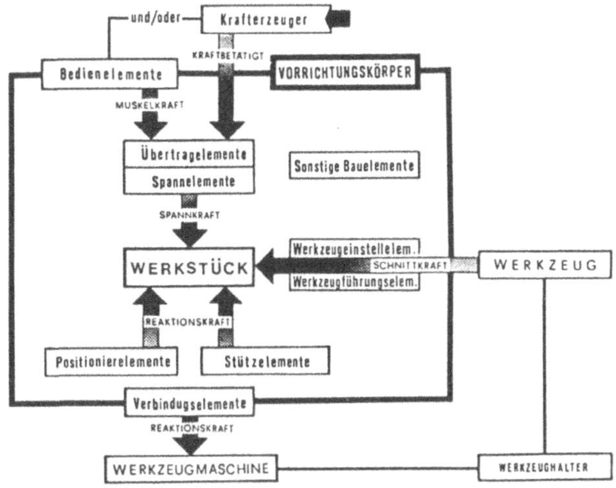

Bild 8-1 Bauelemente einer Vorrichtung.

- Elemente, die das Einlegen (Abschnitt 10.2) und Herausnehmen (Abschnitt 10.4) des Werkstückes in die bzw. aus der Vorrichtung erleichtern;
- Elemente, die verhindern, daß ein Werkstück falsch in die Vorrichtung (Abschnitt 10.3) eingelegt wird;
- Elemente, die als zusätzliche Werkstück-Positionierelemente- und -hilfen (Werkstückeinstellehren, Abschnitt 12.3), eingesetzt werden;
- Elemente, die eine Längs- oder Kreisteilung (Abschnitt 13.8) ermöglichen;
- Elemente, die eine Prüfung des Werkstückes ermöglichen;
- Elemente, die ein nicht mit der Vorrichtung verbundenes Element darstellen, aber die Vorrichtung in die richtige Lage bzw. in die richtigen Lagen auf dem Werkzeugmaschinentisch (Abschnitt 5.2.1) z. B. Anschlagleisten, bringen;
- spezielle Positionierelemente, die die Lage der Vorrichtung relativ zur Werkzeugmaschinenspindel (Abschnitt 6.1) positionieren;
- Bauelemente, die den Transport der Vorrichtung (Kap. 21) ermöglichen oder erleichtern und die Vorrichtung gegen Beschädigung während des Transportes schützen;
- andere Bauelemente.

Außerdem kann man die Vorrichtungselemente nach der Komplexität einteilen:

1. *Funktionselemente:* Elemente mit selbständigen Aufgaben wie z. B. Positionieren;
2. *Funktionsträger:* selbständige Elemente aus Funktionselementen bestehend, die bestimmte Aufgaben, z. B. Spannen, oder auch bereits eine komplette Vorrichtungsaufgabe, z. B. Positionieren und Spannen, erfüllen;
3. *Funktionsträgergruppe:* ein Gebilde aus mehreren Funktionsträgern, das z. B. mehrere Positionier- und Spannelemente zusammenfaßt;
4. *Funktionsträgeraufnahme:* eine Grundplatte oder ein Vorrichtungskörper, auf dem oder in dem der Funktionsträger oder die Funktionsträgergruppe aufgebaut sind und eine komplette Vorrichtung ergeben.

9 Bildzeichen für Positionier- und Spannprinzipien[1)]

Für jedes herzustellende Werkstück wird von der Fertigungsvorbereitung der Fertigungsplan aufgestellt. Mit der endgültigen Entwicklung des Arbeitsplanes werden die zur Durchführung der einzelnen Arbeitsgänge notwendigen Vorrichtungen festgelegt und schriftlich festgehalten. Der Vorrichtungskonstrukteur muß aus den vorliegenden Arbeitsunterlagen alle für ihn notwendigen und wichtigen Angaben entnehmen können. Nur so kann er bei der Konstruktion einer Vorrichtung alle Forderungen, die an die Vorrichtung gestellt werden, erfüllen. Dies ist jedoch nur dann möglich, wenn eine eindeutige Verständigungsmöglichkeit besteht, was jedoch dadurch erschwert wird, daß der Arbeitsvorbereiter infolge Platzmangel in den Arbeitsunterlagen mit Abkürzungen bzw. nur spärlichen Angaben operieren muß.

Jede Rückfrage, die zur Klärung offener Fragen bzw. von Mißverständnissen beitragen soll, verursacht aber Verzögerungen in der Fertigstellung der Vorrichtungszeichnung und somit auch Verzögerungen in der Vorrichtungsauslieferung. Diese führt wiederum zu Terminschwierigkeiten in der Fertigung des Werkstücks und wirkt einem reibungslosen Fertigungsablauf entgegen. Dadurch entstehen in den meisten Fällen nicht unerhebliche Kosten. Daher wurden spezielle Bildzeichen zur eindeutigen Verständigung entwickelt.

Bildzeichen für Positionier- und Spannprinzipien im Vorrichtungsbau haben den Zweck und die Vielfalt der Positionier- und Spannlösungen zu charakterisieren. Durch die Versinnbildlichung der Zusammenhänge, die Aufschluß über die Werkstückpositionierung, Werkstückspannung sowie über die Spannart geben, ergibt sich eine eindeutige Bildkurzspache zwischen dem Arbeitsvorbereiter und dem Vorrichtungskonstrukteur, die die Zusammenarbeit erleichtert und vereinfacht. Ferner sollen auch vorhandene Informations- und Kommunikationslücken, die zu zeitraubenden und somit auch kostspieligen Rückfragen führen, beseitigt werden. Die wirtschaftlichen Vorteile eines im Aufbau logischen und einheitlichen, dem Zweck und der Aussage entsprechend homogen aufgebauten Bildzeichensystems sind selbstverständlich.

9.1 Aufbau des Bildzeichensystems

Unter weitgehender Berücksichtigung der im Vorrichtungsbau auftretenden Zusammenhänge wurde die Tafel im Bild 9-1 aufgestellt. Die Ordnung der Bildzeichen erfolgt nach einem logischen System. In der Gruppe 1 sind Positionierelemente, in der Gruppe 2 Spannelemente und Spannarten und in der Gruppe 3 Bildzeichen für Zentrierungen und Körnerspitzenarten enthalten. Die Gruppen 4, 5 und 6 setzen sich aus Bildzeichen für Mitnehmer, Werkstückoberflächen und der Zeichenart des Werkstücks in der Vorrichtungs-Zusammenstellungszeichnung zusammen.

9.2 Anwendung der Bildzeichen

Im Bild 9-2 sind verschiedene Beispiele für die Anwendung der Bildzeichen aufgeführt. Dem Anwender bleibt es überlassen, bei Bedarf weitere Bildzeichen sinngemäß zusammenzustellen bzw. vorhandene durch Vermerke, z. B. „schwenkbar", zu ergänzen.

Im Teilbild 13 des Bildes 9-2 ist ein Zeichen dargestellt, das in der Aufstellung des Bildes 9-1 nicht enthalten ist. Zwei schräge Flächen ergeben eine Keilparallelspannung. Ebenso ist Teilbild 8 durch Kombination von verschiedenen Zeichen und durch sinnvolle Ergänzung eine Links- und Rechtsgewinde-Parallelprismenspannung entstanden. Aus diesen Beispielen geht hervor, daß die Bildzeichen das Prinzip, aber nicht die Lösung, die dem Vorrichtungskonstrukteur vorbehalten bleibt, aufzeigen.

Bild 9-4 zeigt das Werkstück des Bildes 9-3 mit den dazugehörigen Bildzeichen (am besten in Farbe eintragen). Im Bild 9-5 sind die Vorrichtungselemente, die den Bildzeichen (Bild 9-4) entsprechen, dargestellt. Eine nach diesen Gesichtspunkten entwickelte Vorrichtung ist im Bild 9-6 wiedergegeben.

[1)] Weiteres siehe Literatur [95].

Bild 9-1 auf S. 37

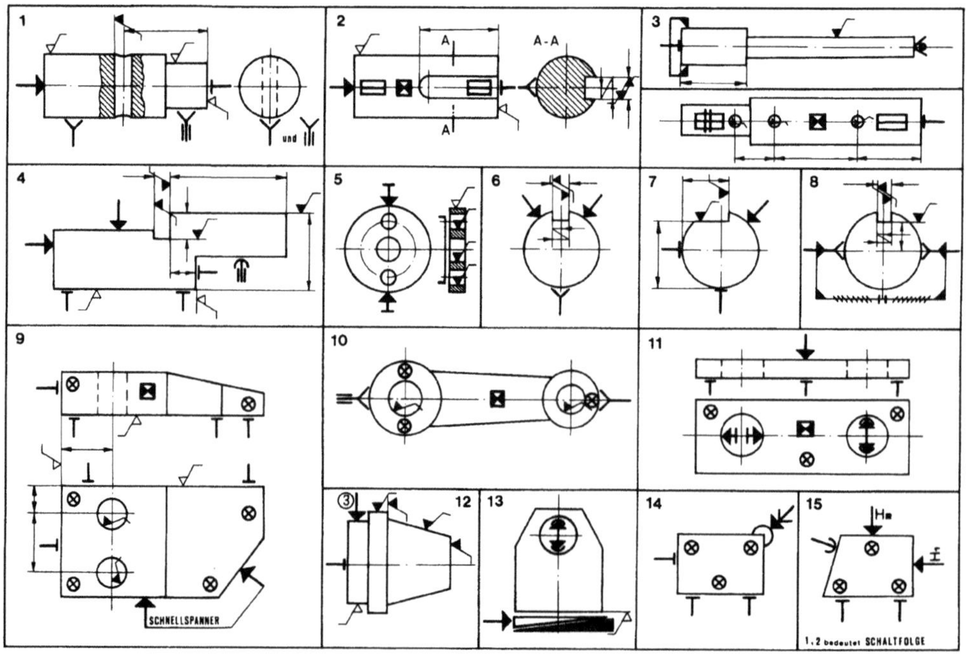

Bild 9-2
Beispiele für die Anwendung und Kombination der Bildzeichen für Positionier- und Spannprinzipien im Vorrichtungsbau (Bild 9-1).

Die Bildzeichen können miteinander kombiniert werden, so daß sich daraus neue Zeichen ergeben. Außerdem können notfalls neue Zeichen, die den Bedürfnissen entsprechen, der Aufstellung hinzugefügt werden.

Die eingezeichneten Maßpfeile deuten die Werkstückmaße an, die bei der Bearbeitung einzuhalten sind (Forderungen an das Werkstück).

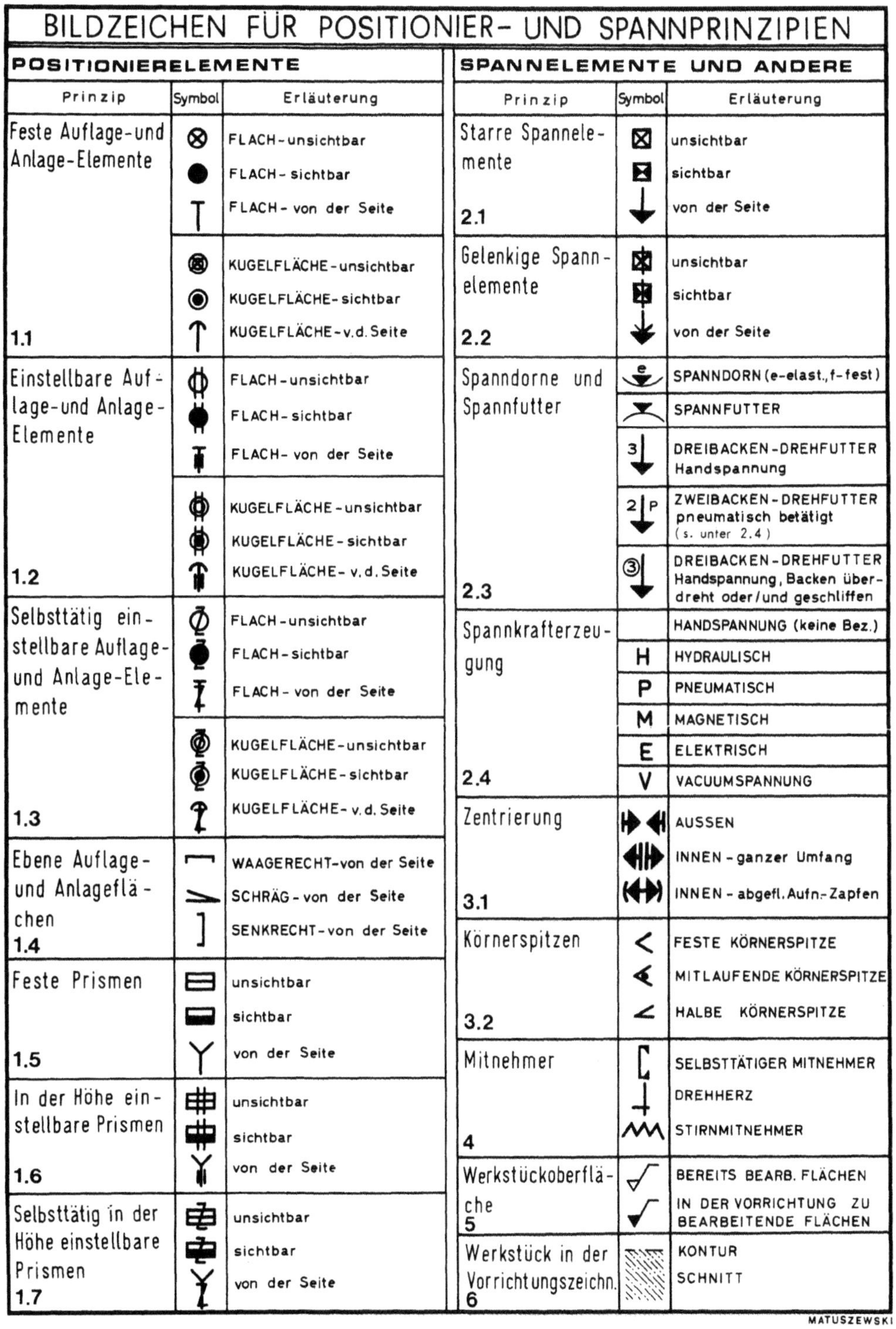

Bild 9-2 auf S. 36

Bild 9-1 Bildzeichen für Positionier- und Spannprinzipien im Vorrichtungsbau [95].
Gliederung der Aufstellung: 1.1 bis 1.7 Positionierelemente, 2.1 und 2.2 Spannelemente, 2.3 Spanndorne und Spannfutter, 2.4 Spannkrafterzeugung, 3.1 und 3.2 Zentrierung und Körnerspitzen, 4 Mitnehmer, 5 Werkstückoberfläche, 6 Kennzeichnung des Werkstücks in der Vorrichtungszeichnung.

9.3 Vorteile durch Anwendung der Bildzeichen

Folgende Vorteile ergeben sich durch die Anwendung der Bildzeichen im Vorrichtungsbau:

1. Wegfall bzw. Einschränkung von Rückfragen;
2. Wegfall von Verzögerungen in der Fertigstellung der Vorrichtungskonstruktionszeichnung durch Rückfragen;
3. Wegfall von Verzögerungen in der Fertigstellung der Vorrichtung;

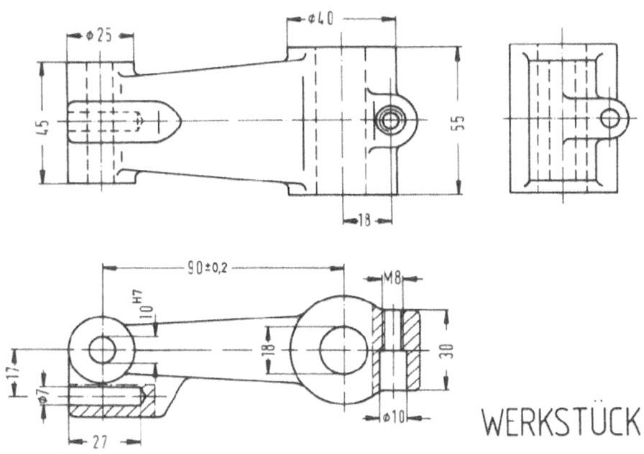

Bild 9-3 Zeichnung eines Werkstücks, für das eine Bohrvorrichtung zu konstruieren ist.

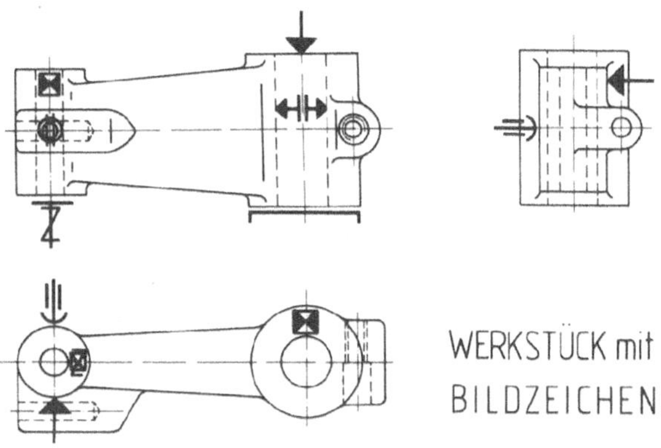

Bild 9-4 Werkstückzeichnung mit eingetragenen Bildzeichen für Positionier- und Spannprinzipien im Vorrichtungsbau (Bild 9-1).

Beim Konzipieren (Bild 59-3, Punkte 6 und 7) werden die Bildzeichen unter Berücksichtigung der Werkstückmaße, ihrer Zusammenhänge, der geometrischen Form des Werkstücks sowie der zu erwartenden Einwirkung der Spannkräfte Fs und der Zerspankräfte Fz (Abschnitte 15.4 und 15.5) in die Werkstückzeichnung eingezeichnet. Bei mehreren möglichen Lösungen (fast immer möglich) werden mehrere Zeichnungen benötigt. Aus mehreren Teilfunktionen können auch Kombinationen (Bild 59-1) entstehen. Auch der Kombination (Bild 59-3, Pkt. 8) und dem Erarbeiten von Konzeptvarianten für die Prinzipkombination (Bild 59-3, Pkt. 9) können die Bildzeichen sehr gute Dienste leisten. Dabei wird so vorgegangen, daß die Bildzeichen jeweils an der Stelle eingesetzt werden, an der tatsächlich ein Vorrichtungselement eingesetzt werden soll. Aus technischen Gründen mußte auf die sonst übliche und begründete farbliche Einzeichnung der Bildzeichen in der Werkstückzeichnung verzichtet werden.

4. Wegfall von Verzögerungen in der Fertigung des Werkstücks infolge verspäteter Anlieferung der Vorrichtung;
5. der Wiederholungsgrad des Positionier- und Spannprinzips vorhandener Vorrichtungen für ein bestimmtes Werkstücksortiment kann ermittelt werden. Dadurch können mehrere Vorrichtungen zusammengefaßt werden.
6. Es können auf eine einfache Art Teilefamilien gebildet werden.

In der Zeit der immer stärker werdenden Kooperation zwischen verschiedenen Betrieben untereinander gewinnt die Bildzeichensprache immer mehr an Bedeutung.

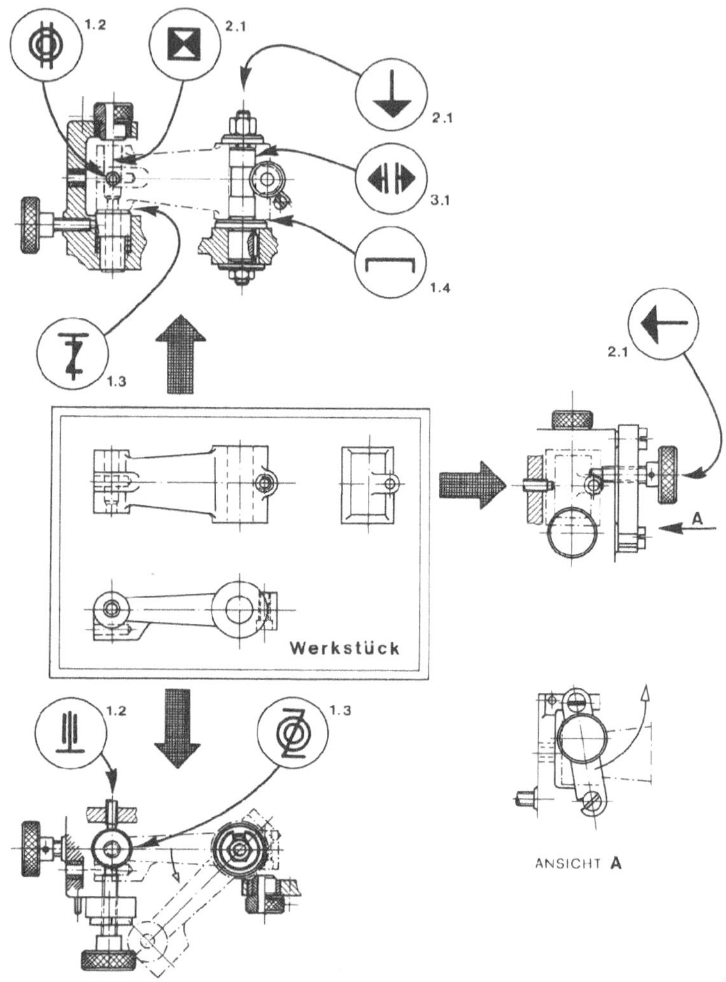

Bild 9-5 Werkstückzeichnung und Vorrichtungselemente mit den dazugehörigen Bildzeichen und Zeichennummern nach Bild 9-1.

Diese Darstellung soll nur als Erläuterung für die Anwendung der Bildzeichen für Positionier- und Spannprinzipien im Vorrichtungsbau dienen. Sie wird sonst nicht angefertigt.

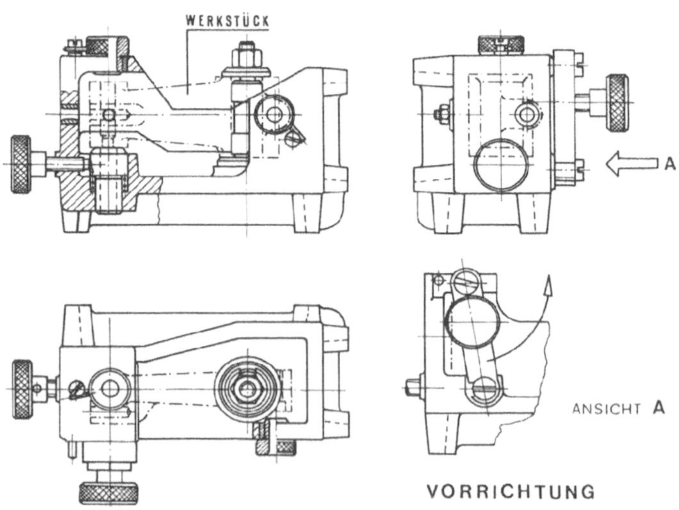

Bild 9-6 Bohrvorrichtung für das im Bild 9-3 dargestellte Werkstück. Andere Ausführungen dieser Bohrvorrichtung sind in den Bildern 19-11 bis 19-14 gezeigt.

10 Bewegen, Eingeben und Herausnehmen des Werkstücks

Das Eingeben und Herausnehmen des Werkstücks kann einen beachtlichen Zeitaufwand bedeuten. Bei der Konstruktion der Vorrichtung sollte daher auf die Gestaltung der Bauelemente, die die Eingabe und Herausnahme erleichtern und die Zeiten verkürzen, großer Wert gelegt werden. Dabei kann wichtig sein, daß die Werkstückoberflächen nicht beschädigt werden.

10.1 Bewegen des Werkstücks

Leichte und kleine Werkstücke lassen sich ohne Schwierigkeiten in die Vorrichtung einbringen und aus ihr (Kastenbohrvorrichtungen) herausnehmen. Um schwere und große Werkstücke zu bewegen, werden Hilfseinrichtungen eingesetzt. In den Bildern 10-1 und 10-2 sind Möglichkeiten der Werkstückbewegung in die Vorrichtung und aus ihr heraus gezeigt.

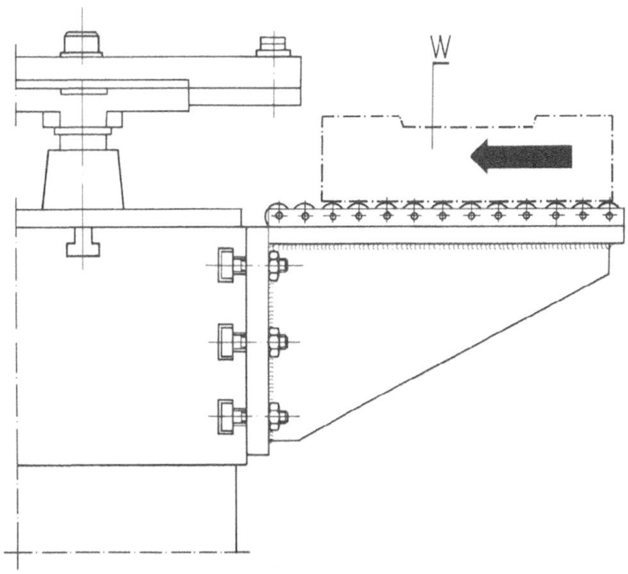

Bild 10-1 Einrichtung mit Rollen zur Bewegung des Werkstücks in die Vorrichtung bzw. aus der Vorrichtung.

10.2 Eingeben des Werkstücks in die Vorrichtung

Bei der Gestaltung der Eingabeelemente sollten folgende Hinweise berücksichtigt werden:

1. Das Eingeben ist günstiger, wenn leichte und geometrisch einfache Werkstücke nur mit einer Hand eingelegt werden können.
2. Größere und schwere Werkstücke sollten nach Möglichkeit auf einer waagerechten Fläche in die Vorrichtung (Bild 10-4) eingeführt werden.
3. Bei Vorrichtungen in Kastenform und Eingabe des Werkstückes von oben, sollten in den Vorrichtungswänden Greifaussparungen vorgesehen werden.
4. In größeren kastenförmigen Vorrichtungen sind in den Wänden Ausbrüche vorzusehen, die einerseits das Gewicht der Vorrichtung reduzieren und andererseits den Eingriff und die Kontrolle während des Eingebens des Werkstücks ermöglichen (Bild 30-13).
5. Das Spiel zwischen den Führungselementen und dem Werkstück sollte entsprechend groß, aber nicht zu groß (Klemmgefahr durch Verkanten) gestaltet werden.
6. Eingabe- und Führungselemente (Bilder 10-3 bis 10-10 sind vorzusehen.
7. Bei Anwendung abgeflachter Aufnahmebolzen (Bild 10-6) den runden Aufnahmebolzen zwecks leichterer Einführung länger gestalten (s. a. Abschnitt 13.10).
8. Bei der Positionierung des Werkstücks mit Hilfe runder Aufnahmebolzen (Bilder 10-3c, 10-7 und 13-91) zwecks leichterer Aufnahme entsprechend den Beispielen gestalten.

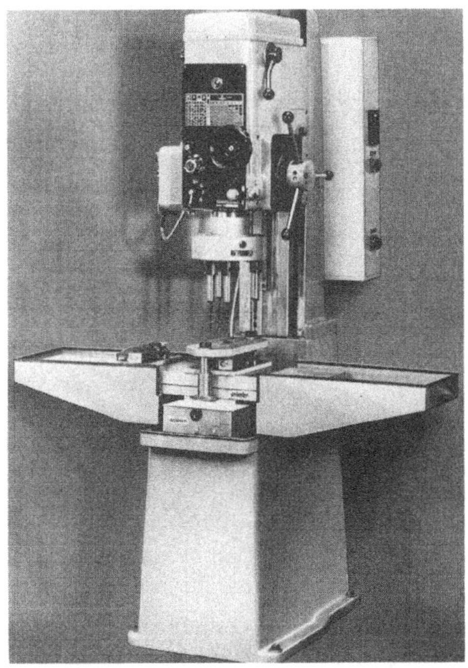

Bild 10-2 Handelsübliche Einrichtung zur Werkstückbewegung in und aus der Vorrichtung, z.B. in Verbindung mit einem Universal-Schnellspann-Säulengestell (Abschnitt 23.4).

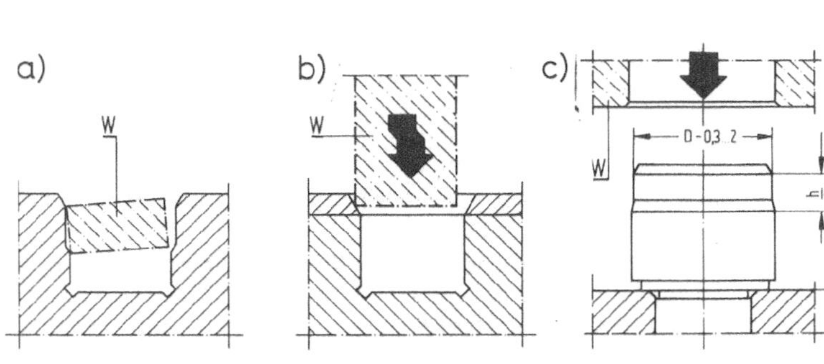

Bild 10-3

Erleichtertes Eingeben des Werkstücks in die Vorrichtung durch:

a) eine formschlüssige Aufnahme in Form verlängerter Aufnahmeflächen, die dem Werkstück eine „Vorführung" geben und ein Verklemmen verhindern,
b) schräge Einführflächen,
c) zylindrische Vorzentrierung an Aufnahmebolzen (Abschnitt 13.9).

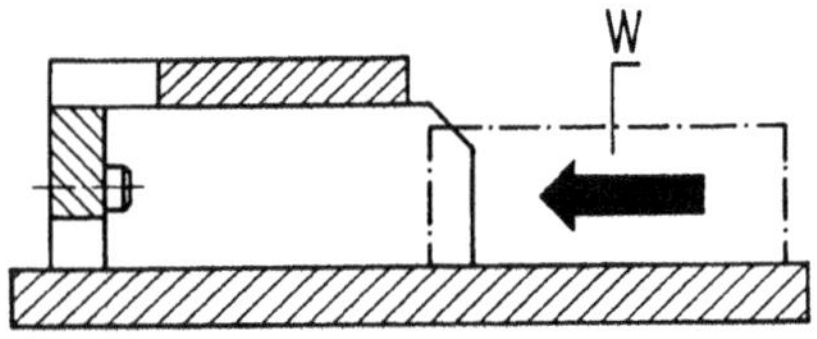

Bild 10-4 Erleichtertes Eingeben des Werkstücks durch offene Einführfläche bzw. in U-Form gestaltete Einführung.

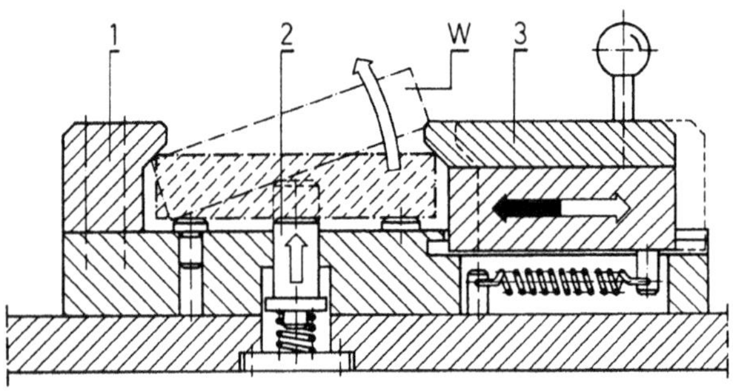

Bild 10-5 Erleichtertes Eingeben und Herausnehmen des Werkstücks (s. a. Abschnitt 10.4) mit Hilfe eines beweglichen Elementes (s. a. Bild 10-18).

1 festes Anlageelement, 2 Auswerfelement, 3 bewegliches Anlageelement.

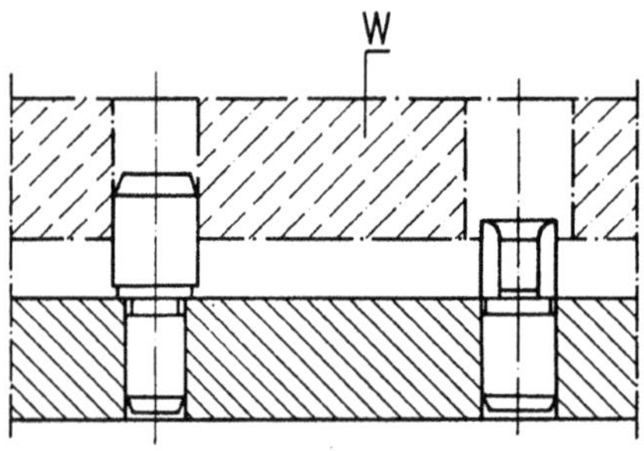

Bild 10-6 Verschiedene Längen der Aufnahmebolzen (Abschnitt 13.9) erleichtern das Aufstecken des Werkstücks (s. a. Abschnitt 13.10.3, insbesonsere Pkt. 4).

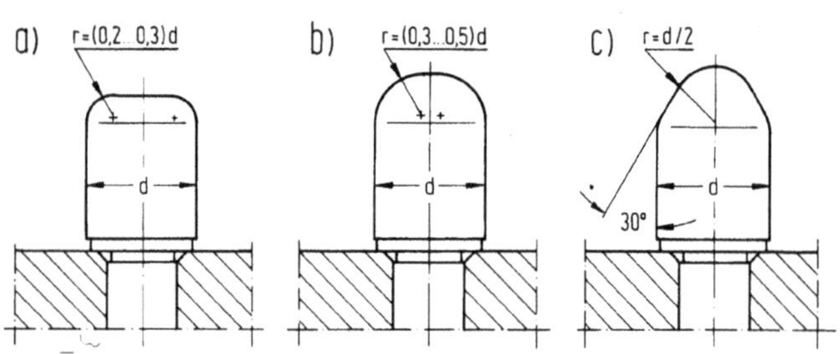

Bild 10-7 Erleichtertes Aufnehmen des Werkstücks mit Hilfe der Aufnahmebolzen (Abschnitt 13.9):

a) und b) durch abgerundete Kanten,

c) durch kegelige Form und abgerundete Spitze.

Weitere Beispiele s. Bild 13-91a bis f.

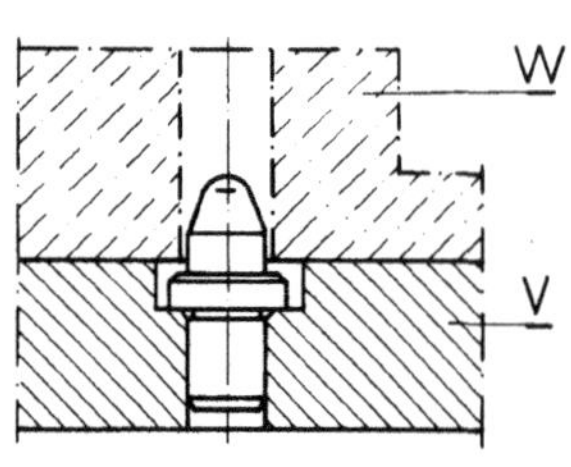

Bild 10-8
Aufnahmebolzen mit kegeliger und abgerundeter „Vorführung".

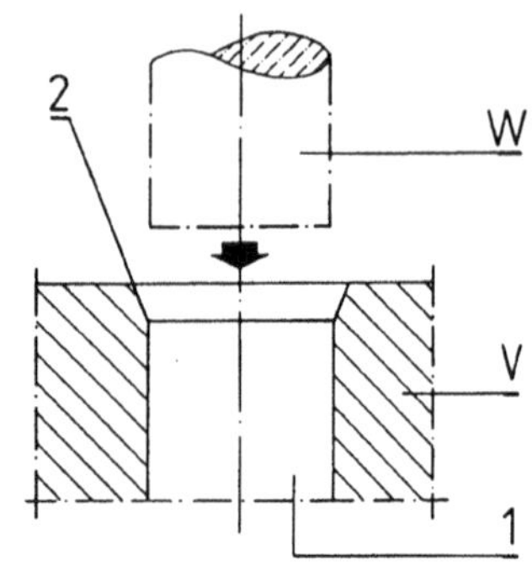

Bild 10-9
Erleichtertes Einführen des Werkstücks durch Einführkegel an Bohrungen und Öffnungen.
1 Einführbohrung, 2 Einführkegel.

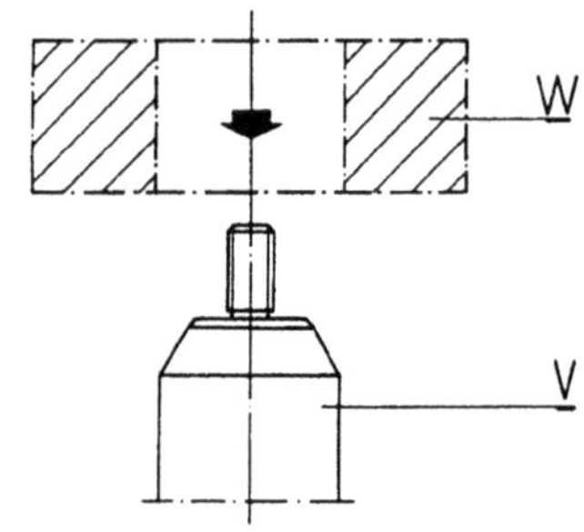

Bild 10-10
Erleichtertes Aufstecken des Werkstücks durch kegeligen Übergang vom kleinen zum großen Aufnahmebolzendurchmesser (s. a. Bild 10-3c).

10.3 Maßnahmen gegen falsches Eingeben des Werkstücks in die Vorrichtung

Nach Möglichkeit sollte verhindert werden, daß ein Werkstück in die Vorrichtung falsch eingegeben wird. Dieses ist dann besonders wichtig, wenn unqualifizierte Kräfte die Vorrichtung bedienen. In den Bildern 10-11 bis 10-14 ist an Beispielen gezeigt, wie ein falsches Eingeben unmöglich gemacht werden kann.

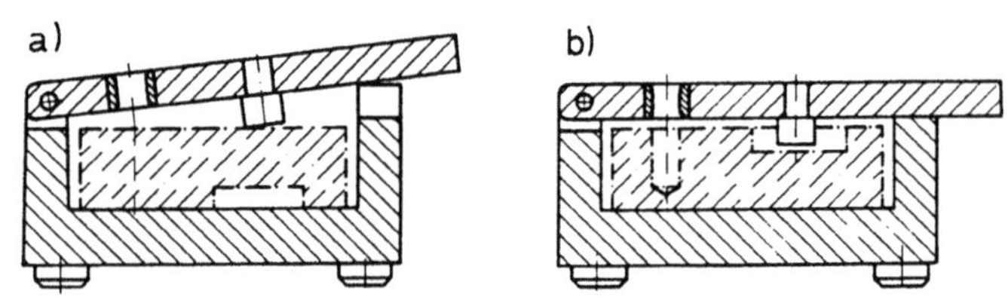

Bild 10-11 Sicherung gegen falsches Eingeben des Werkstücks in die Vorrichtung (s. a. Bild 10-12):

a) Werkstück falsch eingelegt – die Klappe der Vorrichtung kann nicht zugeklappt werden,

b) Werkstück richtig eingelegt.

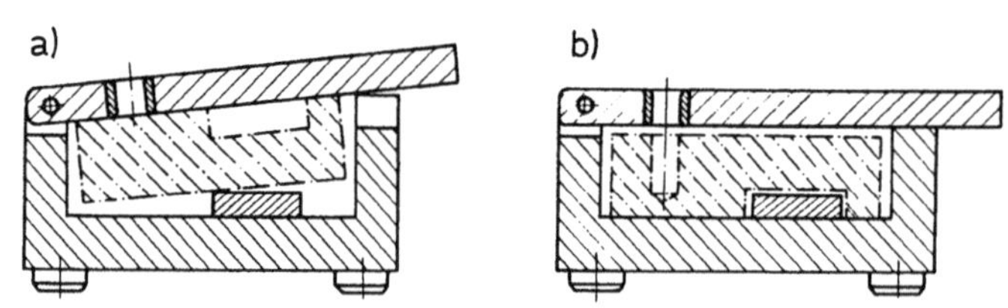

Bild 10-12 Sicherung gegen falsches Eingeben des Werkstücks in die Vorrichtung (s. a. Bild 10-11):

a) Werkstück falsch eingelegt – die Klappe der Vorrichtung kann nicht zugeklappt werden,

b) Werkstück richtig eingelegt.

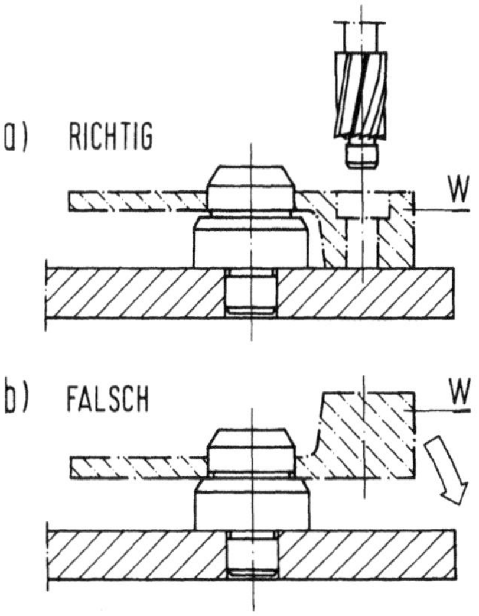

Bild 10-13 Sicherung gegen falsches Eingeben des Werkstücks in die Vorrichtung:

a) Werkstück richtig aufgenommen. Es liegt richtig auf der Auflagefläche der Vorrichtung,
b) Werkstück falsch aufgenommen. Es hat keine sichere Auflage, so daß beim versehentlichen Auftreffen des Werkzeugs auf das Werkstück dieses zum Kippen gebracht wird und so die falsche Aufnahme anzeigt (s. a. Bild 10-14).

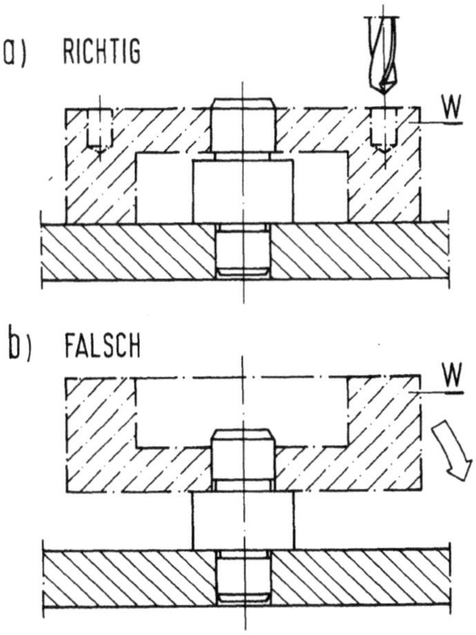

Bild 10-14 Sicherung gegen falsches Eingeben des Werkstücks in die Vorrichtung:

a) Werkstück richtig aufgenommen. Es liegt auf dem ganzen Umfang der Stirnfläche auf der Auflagefläche der Vorrichtung,
b) Werkstück falsch aufgenommen. Es hat keine sichere Auflage, so daß beim versehentlichen Auftreffen des Werkzeugs auf das Werkstück dieses zum Kippen gebracht wird und so die falsche Aufnahme anzeigt (s. a. Bild 10-13).

10.4 Herausnehmen des Werkstücks aus der Vorrichtung

Bei der Herausnahme des Werkstücks aus der Vorrichtung können sich die gleichen Schwierigkeiten wie beim Eingeben ergeben. Es kann sich dabei um die Beschädigung des Werkstücks, Verklemmung in der Vorrichtung u.a. handeln. Eine Verklemmung kann auftreten, wenn

1. beim Entspannen des Werkstücks Kräfte frei werden, die durch den Spannvorgang verursacht worden sind und das Werkstück verformen (Abschnitt 15.8.1),
2. durch den Zerspanvorgang, z.B. durch die Abnahme einer Schicht, insbesondere bei gewalzten und gezogenen Halbzeugen, eine Verformung des Werkstücks auftritt,
3. Späne zwischen Werkstück und Vorrichtungselemente geklemmt werden,
4. eine Erwärmung des Werkstücks und somit eine Verformung auftritt.

Um das Herausnehmen des Werkstücks zu erleichtern, werden Auswerfelemente (Bilder 10-5, 10-15 bis 10-19) angewendet, die die genannten Schwierigkeiten beseitigen und das Herausnehmen des Werkstücks erleichtern und beschleunigen.

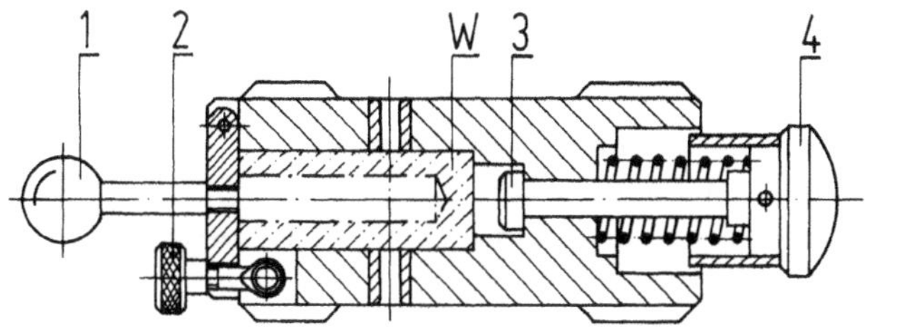

Bild 10-15 Auswerfer des Werkstücks an einer Bohrvorrichtung aus dem „Vollen" (Abschnitt 19.1.1).

Nach beendetem Bohrvorgang wird das Werkstück durch Druck auf den Auswerferkopf 4 aus der Vorrichtung hinausgeschoben und kann bequem entnommen werden.

1 Halte- und Wendegriff und zugleich Griff zum Öffnen und Schließen der Verschlußklappe, 2 Rändelmutter zum Verschließen der Klappe, 3 Auswerfer, 4 Auswerferknopf.

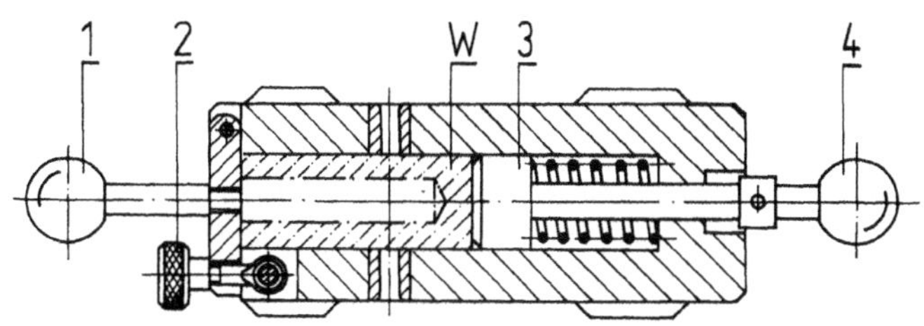

Bild 10-16 Federnder Auswerfer des Werkstücks an einer Bohrvorrichtung aus dem „Vollen" (Abschnitt 19.1.1).

Das Werkstück wird in die Vorrichtung eingegeben, wobei der unter Federkraft stehender Auswerfer 3 mit Hilfe des Griffes 4 abgezogen wird. Die Vorrichtungsklappe wird geschlossen und das Werkstück durch die Federkraft an die Klappe angedrückt. Nach vollzogenem Bohrvorgang wird die Klappe geöffnet und das Werkstück durch die Feder herausgeschoben. Es kann bequem aus der Vorrichtung entnommen werden. Mit Hilfe des Griffes 1 wird das Schließen der Klappe erleichtert. Dieser Griff dient auch zum Halten, Bewegen und Wenden der Vorrichtung.

1 Halte-, Wende- und Beweggriff und zugleich Griff zum Schließen der Verschlußklappe, 2 Rändelmutter zum Verschließen der Klappe, 3 selbsttätiger Auswerfer, 4 Auswerfer-Rückzugsgriff.

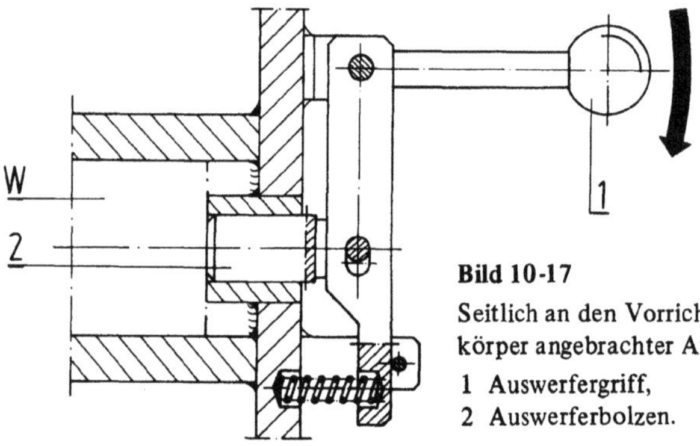

Bild 10-17
Seitlich an den Vorrichtungskörper angebrachter Auswerfer.
1 Auswerfergriff,
2 Auswerferbolzen.

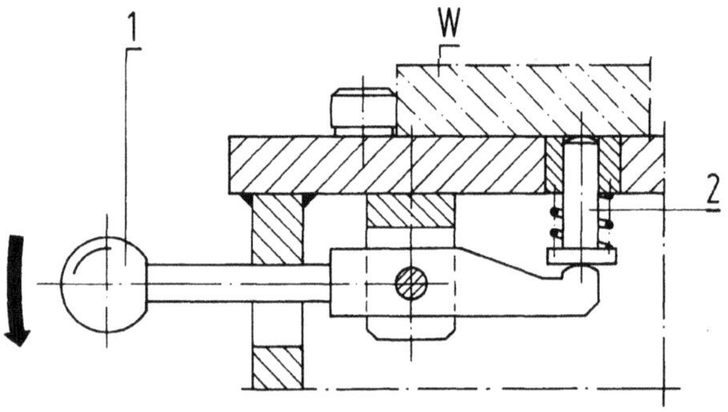

Bild 10-18 Auswerfer zum Anheben des Werkstücks.
1 Auswerfergriff, 2 Auswerferbolzen.
Eine ähnliche Ausführung des Auswerfers ist im Bild 10-5 gezeigt.

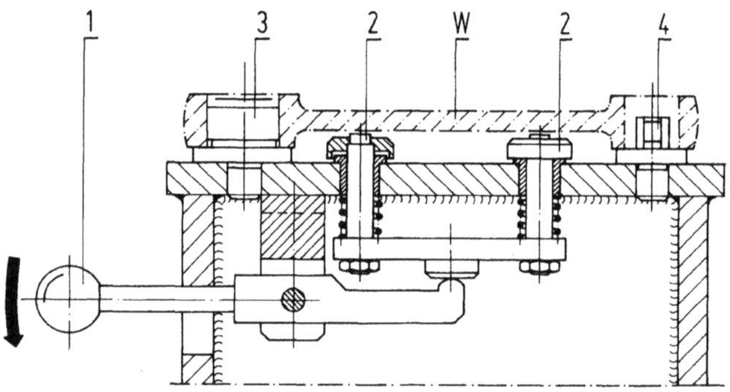

Bild 10-19 Zwei parallel wirkende Auswerfer von einer Stelle aus betätigt.
Um das Werkstück waagerecht anzuheben und es bequem zu entnehmen, müssen zwei Auswerferbolzen parallel und gleichzeitig betätigt werden.
1 Auswerfergriff, 2 Auswerferbolzen gegen Späne geschützt, 3 runder Aufnahmebolzen, 4 abgeflachter Aufnahmebolzen (Abschnitt 13.10).

10.5 Richtlinien für die Gestaltung der Werkstückhandhabung

Die Handhabung des Werkstücks muß schnell und sicher durchgeführt werden. Dabei muß folgendes beachtet werden:

1. Der Bedienungsraum in der Vorrichtung muß entsprechend groß gestaltet werden, damit genügend Platz für die Hand bzw. die Hände vorhanden ist.
2. Verletzungsgefahrquellen, wie scharfe Kanten usw.(Kap.7 insbesondere Abschnitte 7.2.1 und 7.2.2), verhindern.
3. Die Körperhaltung des die Vorrichtung Bedienenden sollte bereits bei der Konstruktion der Vorrichtung berücksichtigt werden, damit er sich nicht zu sehr in bzw. über der Vorrichtung vorbeugen muß (Abschnitt 7.1).
4. Das Werkstück ist in einer waagerechten Ebene leichter zu handhaben als in einer senkrechten.
5. Das Werkstück ist nach Möglichkeit nicht von unten nach oben zu heben.
6. Größere und/oder schwere Werkstücke müssen mit beiden Händen bequem angefaßt und gehandhabt werden können (Abschnitt 4.2.1).
7. Je größer und schwerer die Werkstücke sind, bzw. je kleiner das Spiel zwischen Werkstück- und Vorrichtungspositionierelementen ist, um so schwieriger ist auch die Werkstückhandhabung.
8. Bei Vorrichtungen, die auf dem Werkzeugmaschinentisch bewegt werden (z.B. Bohrvorrichtungen, Bilder 5-1 und 5-2), sollte es möglich sein, das Werkstück mit der einen Hand und die Vorrichtung mit der anderen Hand zu halten und zu handhaben.
9. Die Schwerpunktlagen, einerseits nur die des Werkstücks und andererseits die der Vorrichtung mit dem Werkstück (bei Vorrichtungen, die mit der Werkzeugmaschine nicht fest verbunden sind), sind zu beachten und gegebenenfalls an der Vorrichtung künstlich zu verlagern.
10. Für den Schutz der bereits bearbeiteten Flächen des gehandhabten Werkstücks ist zu sorgen.
11. Das Eingeben des Werkstücks in die Vorrichtung sollte erleichtert werden durch:
    - verlängerte Aufnahmeflächen (Bild 10-3/a),
    - schräge Einführflächen (Bild 10-3/b),
    - zylindrische Vorzentrierung (Bild 10-3/c),
    - offene Einführflächen (Bild 10-4),
    - bewegliche Elemente, die beim Eingeben des Werkstückes beseitigt werden (Bild 10-5),
    - verschiedene Höhen der Aufnahmebolzen (Bild 10-6),
    - kegelige oder abgerundete bzw. mit besonderen Formen versehene Aufnahmebolzen, die das Aufnehmen des Werkstückes erleichtern und vor Beschädigung schützen (Bilder 10-7, 13-91 und 13-92).
12. Die Eingabe und Herausnahme des Werkstücks in und aus der Vorrichtung kann durch den Einsatz von Einrichtungen zur Bewegung des Werkstücks außerhalb der Vorrichtung wesentlich erleichtert werden (Bilder 10-1 und 10-2).
13. Das Herausnehmen des Werkstücks aus der Vorrichtung kann durch den Einsatz von Auswerfern erleichtert werden (Abschnitt 10.4, Bilder 10-5 bis 10-19).
14. Nach Möglichkeit sind Maßnahmen gegen falsches Eingeben des Werkstücks in die Vorrichtung zu treffen (Abschnitt 10.3, Bilder 10-11 bis 10-14).

11 Positionieren des Werkstücks in der Vorrichtung – Allgemein

Ein oder mehrere Arbeitsgänge, die an einem Werkstück in einer Vorrichtung vorgenommen werden, müssen im Endergebnis bestimmte Forderungen, z.B. Maße, Toleranzen u.a., erfüllen. Anderenfalls entsteht Ausschuß, also fallen zusätzliche Kosten an. Um die an das Werkstück gestellten Forderungen zu erfüllen, wird man bei der Festlegung der Lage des Werkstücks in der Vorrichtung von bereits am Werkstück vorhandenen Elementen (Werkstückpositionierelemente), mit denen die Forderungen zusammenhängen, z.B. Flächen, Kanten, Bohrungen, Bohrungsachsen, Rippen usw. (Basen – Abschnitt 11.1) ausgehen. Mit Hilfe entsprechender Positionierlemente (Kap. 13) wird die Lage des Werkstückes in der Vorrichtung oder umgekehrt die Lage der Vorrichtung zum Werkstück (z.B. der Bohrschablone – Abschnitt 50.2) bestimmt, wobei diese Lage sich durch einwirkende Spann-, Zerspan- und Fliehkräfte (bei rotierenden Vorrichtungen, z.B. Drehvorrichtungen – Kap. 35) sowie durch das Gewicht des Werkstücks (bei schweren Werkstücken) nicht verändern darf.

Das Positionieren stellt neben dem Spannen (Kap. 15) die wichtigste Voraussetzung für die Erfüllung der an die Vorrichtung gestellten Aufgabe dar. Die Werkstücke weisen in rohem und auch in bereits teilweise bearbeitetem Zustand gewisse Maßabweichungen (innerhalb der zulässigen Toleranzen) auf. Trotz dieser Maßabweichungen muß jedes Werkstück mit Hilfe des Positionierens in die für die Bearbeitung (auch Montage, Schweißen usw.) richtige Lage gebracht und gehalten werden.

Das *Positionieren* bedeutet die eindeutige Festlegung der richtigen Lage des Werkstückes in der Vorrichtung (oder umgekehrt) und somit zum Werkzeug bzw. zur Werkzeugmaschine, wobei die Reproduzierbarkeit dieser Lage gewährleistet sein muß.

11.1 Bezugspunkt, Bezugslinie, ... = Basis

Die Begriffe „Bezugspunkt", „Bezugslinie", „Bezugsfläche" usw. sind sehr eng mit der Konstruktion, Fertigung, Montage, Kontrolle und im Endeffekt mit der Funktion eines Produktes verbunden. Sie werden als markante Bezugselemente des Werkstücks benutzt. Diese Begriffe betreffen auch die Beziehungen zwischen den einzelnen Gliedern des Wirksystems „Werkstück – Werkzeug – Werkzeugmaschine" und insbesondere die Zusammenhänge zwischen dem Werkstück und der Vorrichtung.

In der deutschen Sprache gibt es keinen Oberbegriff für die genannten Begriffe. Der Begriff: „Bezug" entspricht dem in anderen Sprachen angewendeten Synonym „Basis"[1]). Er kann also als Oberbegriff gelten und entsprechend angewendet werden. Als „Basis" versteht man einen Punkt, eine Linie bzw. eine Kante, eine Fläche oder aber auch eine Zylinder- oder Kegelmantelfläche usw., von der aus die Lage anderer Werkstückelemente, also anderer Punkte, Flächen, Achsen usw. eindeutig bestimmt wird, wobei die Basis in engem Zusammenhang mit der Bemaßung des Werkstückes steht.

11.1.1 Arten der Basen

Die Basen kann man in zwei Grundbasen, die Konstruktionsbasis „K" (Bild 11-1) und die Fertigungsbasis „F" einteilen. Damit sind die zwei Grundbasen festgelegt.

Die *Konstruktionsbasis* K ist eine Basis, nach der die Lage bestimmter Werkstückelemente zueinander festgelegt wird. Außerdem kann mit Hilfe der Konstruktionsbasis z.B. die Lage eines Werkstücks bzw. einer Baugruppe zu einer anderen oder zu einem anderen Werkstück bestimmt werden. Aus diesen Gründen betrifft die Konstruktionsbasis nicht nur das Werkstück allein, sondern einerseits die Bemaßung des Werkstückes und die daraus resultierende Vermaßungsbasis KV (hierfür wurde der Buchstabe V anstelle von B gewählt, da mit B die „Bearbeitungsbasis FB" bezeichnet wird) und andererseits die maßlichen Zusammenhänge zwischen den Werkstücken, z.B. den Zahnrädern eines Getriebekastens bzw. Baugruppen. Als zweite Konstruktionsbasis wird die „Funktions-

[1]) Basis – nach Duden-Fremdwörterbuch 5: Grundlage, Ausgangspunkt ...

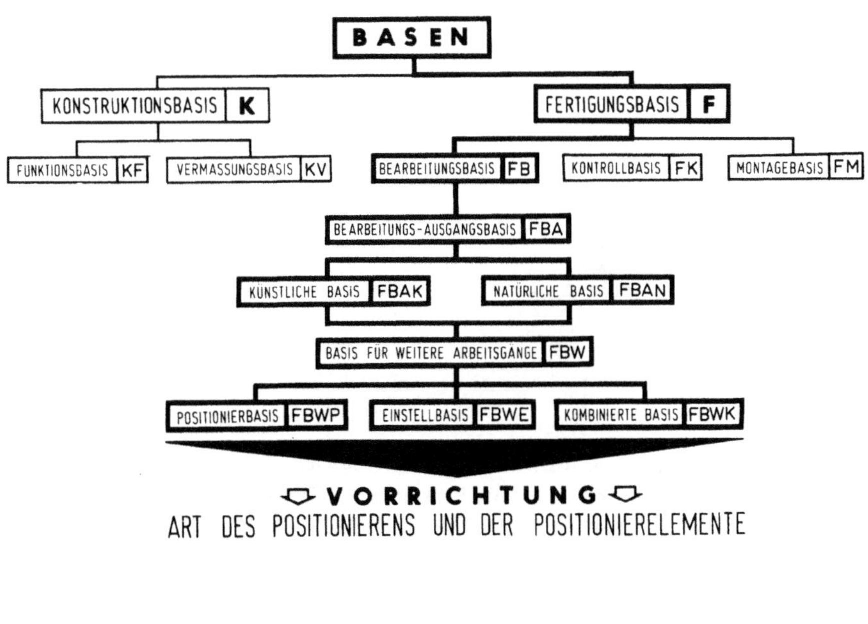

Bild 11-1
Arten der Basen am Werkstück – Einteilung.

basis KF" auftreten, die mit der Funktion des Werkstückes, der Werkstückgruppe usw. zusammenhängt.

Unter dem Begriff „*Fertigungsbasis* F"[2]) versteht man alle Basen, die mit der Fertigung zusammenhängen. Mit Hilfe der Fertigungsbasis F soll die Einhaltung aller für die Fertigung wichtigen Maße gesichert werden. Daher sollte nach Möglichkeit die Fertigungsbasis nicht, oder nur in begründeten Fällen, gewechselt werden. Bei Werkstücken mit komplizierten geometrischen Formen und mehreren zu bearbeitenden Flächen, also mit vielen Arbeitsgängen, läßt sich dieser Wechsel nicht vermeiden. Die Fertigungsbasis F kann durch Flächen, Achsen usw. des Werkstücks gebildet werden, die die Lage des Werkstücks zur Bearbeitung in der Vorrichtung festlegen (Positionierelemente des Werkstücks) und auf denen der Fertigungsablauf aufbaut. Durch die Fixierung der Fertigungsbasis müssen alle wichtigen Maße des Werkstücks, insbesondere die Funktionsmaße, gesichert werden. Die Festlegung der Fertigungsbasen sollte sehr sorgfältig vorgenommen werden, da sie ausschlaggebend für die Fertigungsgenauigkeit und -kosten sind. Die Fertigungsbasis soll nach Möglichkeit nicht bzw. nur in Sonderfällen (z.B. bei Maßketten) gewechselt werden. Es sollte stets die Basisgleichheit angestrebt werden, d.h. sie liegt dann vor, wenn die Konstruktionsbasis auch die Fertigungsbasis ist. Schwierigkeiten treten auf, wenn das Werkstück einerseits komplizierte geometrische Formen aufweist, und andererseits, wenn die Bemaßung des Werkstückes ohne Berücksichtigung der Funktion und der Fertigung vorgenommen wird. Bei einem Basiswechsel sind Fehler unvermeidbar. Deshalb sollte man, wenn das Prinzip der Basisgleichheit nicht eingehalten werden kann, die Anzahl der verschiedenen Basen möglichst gering halten. Alle im Bild 11-1 dick umrandeten Basen sind für den Vorrichtungskonstrukteur von größter Wichtigkeit, da sie für die Festlegung der Art und Lage der Positionier- und Spannelemente der Vorrichtung ausschlaggebend sind. Im Bild 11-2 sind die graphischen Bezeichnungen der Basen dargestellt.

[2]) In der DDR-Fachliteratur wird der Begriff „Technologische Basis" benutzt.

Unter den Fertigungsbasen F spielt, neben der Kontrollbasis FK und der Montagebasis FM, für den Vorrichtungskonstrukteur, die Bearbeitungsbasis FB die wichtigste Rolle, da sie direkt mit den Bearbeitungsmaßen des Werkstücks und somit auch mit der Vorrichtung und ihrer Aufgabe eng verbunden ist. Unter dem Begriff „Bearbeitungs-Ausgangsbasis FBA" versteht man die unbearbeiteten Ausgangsbasen (Werkstückelemente), die für den ersten Bearbeitungsvorgang dienen. Diese Basen können einerseits natürliche Form haben, also bereits in der Bearbeitungs-Ausgangsform des Werkstückes vorhanden sein, andererseits können sie künstlich (Bild 11-3/a-j) am Werkstück erzeugt werden. Somit wird die künstliche Bearbeitungs-Ausgangsbasis FBAK (Bild 11-1) von der natürlichen Bearbeitungs-Ausgangsbasis FBAN unterschieden und entsprechend bezeichnet. Die Basen für weitere Arbeitsgänge FBW können in Positionierbasis FBWP, Einstellbasis FBWE und kombinierte Basis FBWK unterteilt werden. Eine Positionierbasis FBWP ist die Basis des Werkstücks, nach der das Werkstück in der Vorrichtung positioniert wird. Es sind dies also alle Werkstück-Positionierelemente, die für den betreffenden Arbeitsgang als An- oder Auflageelemente dienen. Als Einstellbasis FBWE werden ein oder mehrere Elemente am Werkstück verstanden, nach denen das Werkstück mit Hilfe zusätzlicher Bauelemente der Vorrichtung, z.B. verstellbarer Stützen (Abschnitte 13.4.2 und 13.4.3), positioniert wird. Dabei wird ein Einstellmaß bzw. ein Element des Werkstücks festgelegt, nach dem das Werkstück in die festgelegte Position gebracht wird. Eine kombinierte Basis FBWK ist eine Basis, die mehrere Aufgaben zu erfüllen hat, z.B. Einstellen des Werkzeugs und Positionieren des Werkstücks in der Vorrichtung.

Bei geometrisch komplizierten Werkstücken und komplizierten Bearbeitungsvorgängen ist es notwendig, die Basen noch genauer zu kennzeichnen und zu unterscheiden in:

- H Hauptbasis,
- h Hilfsbasis, falls nur eine vorhanden,
- h1 Hilfsbasis ersten Ranges, falls mehrere Hilfsbasen vorhanden,
- h2 Hilfsbasis zweiten Ranges usw.,

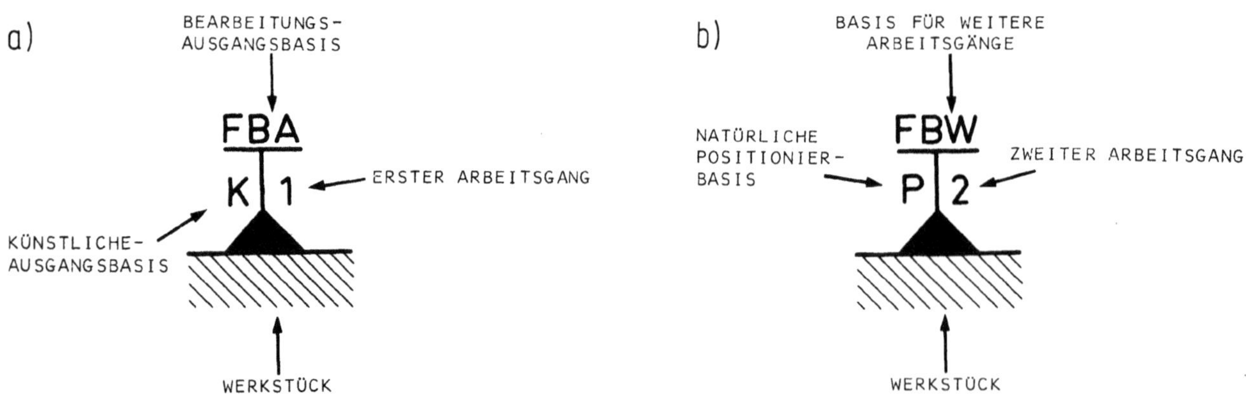

Bild 11-2 Kennzeichnung der Basen in der Werkstückzeichnung:
a) Bearbeitungs-Ausgangsbasis, künstliche Basis, erster Arbeitsgang (F Fertigungsbasis),
b) Basis für weitere Arbeitsgänge, natürliche Basis, zweiter Arbeitsgang (F Fertigungsbasis).

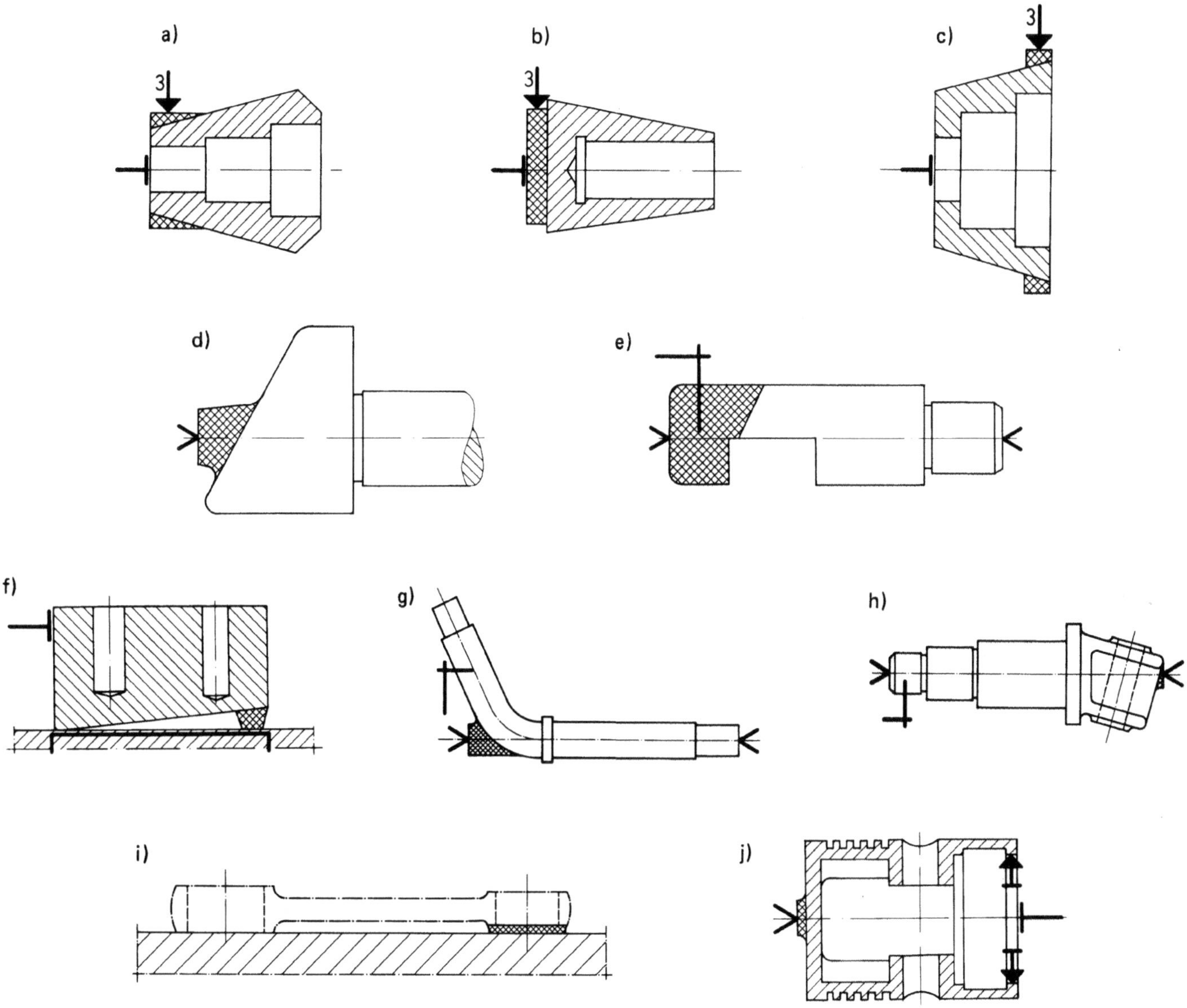

Bild 11-3 Künstliche Positionier- und Bearbeitungsbasen am Werkstück (Bildzeichen s. Kap. 9, Bild 9-1):

a) kegelige Außenfläche des Werkstücks wurde mit einer zusätzlichen künstlichen zylindrischen Fläche versehen; das Werkstück kann dadurch auf einfache Art für den ersten Arbeitsgang positioniert und gespannt werden; nach der Fertigstellung der Bohrung, wird von dieser ausgehend, die Kegelmantelfläche bearbeitet und so auch die künstliche zylindrische Fläche beseitigt;

b) eine zusätzliche angegossene Zylinderfläche erlaubt die Bearbeitung der Bohrung und der kegeligen Außenfläche in einer Spannung; nach deren Bearbeitung wird sie, von der Bohrung oder vom Kegel ausgehend, beseitigt;

c) s. Text unter a);

d) ein künstlicher Hilfszapfen erlaubt eine einwandfreie Positionierung des Werkstücks, da die schräge Fläche sich für die Anbringung einer Zentrierung nicht eignet;

e) künstliche Verlängerung des Werkstücks erlaubt einerseits gute Positionierung mit Hilfe einer zweiten Zentrierbohrung und andererseits gute Mitnahme mit Hilfe eines Drehherzens; nach der beendeten Dreh-, Fräs- und Schleifbearbeitung wird das künstlich angesetzte Ende abgefräst;

f) durch einen künstlichen unteren Ansatz wird eine ebene Auflagefläche am Werkstück geschaffen, die später beseitigt wird;

g) s. Text unter d);

h) s. Text unter d);

i) s. Text unter f);

j) mit Hilfe von drei künstlichen Elementen am Werkstück, die mit der Funktion des Werkstücks nicht zusammenhängen, wird das Werkstück für die Außenbearbeitung einwandfrei positioniert; die künstlichen Werkstückelemente sind: der Hilfszapfen, die innere Zentrierfläche und die rechte Stirnfläche.

so daß daraus die endgültige vollaussagefähige Kurzbezeichnung einer Basis entsteht, z.B. die Basisbezeichnung FBAK-H bedeutet eine künstliche Haupt-Bearbeitungs-Ausgangsbasis.

Die Bearbeitungs-Ausgangsbasen FBA und die Basen für weitere Arbeitsgänge sind die wichtigsten Basen, die für den Vorrichtungskonstrukteur und für die Funktion der Vorrichtung ausschlaggebend sind. Von diesen Basen ausgehend, wird der Fertigungsvorbereiter den Arbeitsablauf aufbauen und der Vorrichtungskonstrukteur die Konzeption der Vorrichtung erarbeiten, denn nur ein auf diese Art festgelegter Arbeitsablauf und die daraus resultierende Vorrichtungskonstruktion wird alle an sie gestellten Forderungen optimal erfüllen (Kap. 56).

11.1.2 Kennzeichnung der Basen in der Werkstückzeichnung

Um die Basen in der Werkstückzeichnung eindeutig zu kennzeichnen, kann man sich einer Bildzeichen-Buchstaben-Kombination bedienen, aus der Art und Lage der Basis eindeutig hervorgeht. Zwei Beispiele für Bezeichnungen sind im Bild 11-2 dargestellt. Aus der Buchstabenkombination gehen die Basisart und die Angabe, ob es sich um den ersten, zweiten oder n-ten Arbeitsgang handelt, hervor. Aus der Lage des schwarzen Dreiecks ergibt sich die Lage der Basis. Im Abschnitt 13.10.2 ist ein weiteres Beispiel aufgeführt, wobei es sich um die Festlegung der Lage des abgeflachten Aufnahmebolzens als Funktion der Werkstückbemaßung handelt (Bild 13-104).

11.2 Positionierflächen am Werkstück

Werkstück-Positionierflächen, also Flächen am Werkstück, die mit entsprechenden Positionierelementen der Vorrichtung in Berührung kommen und die Lage des Werkstücks in der Vorrichtung festlegen, kann man unterscheiden in:

1. *Werkstückauflage-Positionierflächen* – Flächen, die mit entsprechenden Positionierelementen der Vorrichtung in der Form in Berührung kommen, daß das Werkstück auf diese Elemente aufgelegt wird.
2. *Werkstückanlage-Positionierflächen* – Flächen, die mit entsprechenden Positionierelementen der Vorrichtung in der Form in Berührung kommen, daß das Werkstück an diese Elemente angelegt wird.

In der Regel werden die Positionierflächen am Werkstück mit den Bearbeitungsbasen (Abschnitt 11.1) übereinstimmen. Nur in folgenden Fällen wird dieses nicht möglich bzw. sehr schwierig sein:

- wenn die Bearbeitungsbasis durch eine Bohrungsachse dargestellt wird;
- wenn die Einheitlichkeit der Bearbeitungsbasen des Werkstücks mit den Positionierflächen der Positionierelemente der Vorrichtung zu einer teuren und komplizierten Vorrichtung führen würde;
- wenn dadurch ein erschwertes Spannen des Werkstückes notwendig wäre;
- wenn ein schwieriges und zeitraubendes Positionieren des Werkstückes voraussehbar ist (Kap. 11);
- wenn ein Verzug des Werkstückes (Abschnitt 15.8.2) oder
- wenn ein Verzug der Vorrichtung (Abschnitt 15.8.1) zu erwarten sind;
- wenn Schwingungen des Wirksystems auftreten können;
- wenn die Fläche am Werkstück, die eine Bearbeitungsbasis darstellt, gleichzeitig mit einer anderen Fläche bearbeitet (z.B. gefräst) wird.

In den aufgeführten Fällen wird man gezwungen sein, auf die angestrebte Einheitlichkeit der Positionierflächen der Vorrichtung mit den Bearbeitungsbasen des Werkstücks zu verzichten und andere Flächen am Werkstück, z.B. eine Bohrungszylinderfläche als Positionierfläche an Stelle der Bohrungsachse, zu wählen. Dabei muß jedoch mit einem Positionierfehler, der aus den Werkstück-Bohrungstoleranzen und den Vorrichtungs-Positionierbolzentoleranzen (Abschnitt 13.6.4) resultiert, gerechnet werden (Bild 13-101).

Außerdem wird man die Werkstückauflage- und Werkstückanlage-Positionierflächen unterscheiden in:

1. *Hauptpositionierflächen*, Flächen, durch die dem Werkstück mindestens drei Freiheitsgrade (s. Bild 11-4) entzogen werden. Als Hauptpositionierfläche kann z.B. eine Bohrungszylinderfläche angesehen werden, die mit Hilfe eines Positionierbolzens (Abschnitt 13.9.1) das Werkstück positioniert, wobei vier Freiheitsgrade entzogen werden. Die

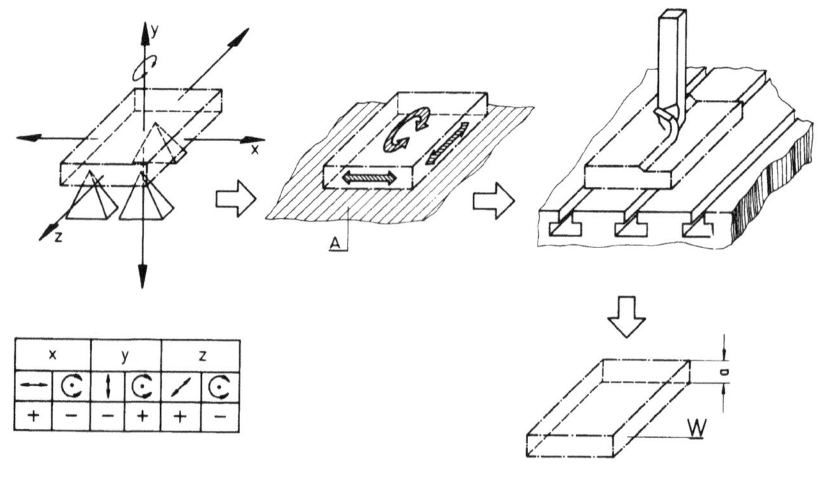

Bild 11-4

Ein Quader mit Bezugssystem.

In der Tabelle wird ein entzogener Freiheitsgrad mit „–" und ein noch vorhandener mit „+" bezeichnet. Das Werkstück ist in bezug auf drei Punkte, also auf eine Ebene „A" festgelegt, wobei im Vorrichtungsbau der Entzug eines Freiheitsgrades nur in einer Richtung einer Koordinatenachse als Entzug des Freiheitsgrades in beiden Richtungen der Koordinatenachse angesehen wird, da die Bindung des Werkstücks an den stützenden Punkt durch ein Spannelement und damit durch die Spannkraft Fs erfolgt. Drei Freiheitsgrade (s. Tabelle) sind dem Werkstück entzogen. Das Werkstückmaß „a" soll hergestellt werden. Es handelt sich hierbei um ein teilweises Positionieren, das auch mit dem Begriff „Halbpositionieren" bezeichnet wird.

Hauptpositionierfläche positioniert das Werkstück in der für die Bearbeitungsgenauigkeit wichtigsten Richtung.

2. *Hilfspositionierflächen*, Flächen, durch welche dem Werkstück ein oder zwei Freiheitsgrade entzogen werden.

Folgende weitere Einteilung der Positionierflächen am Werkstück ist möglich:

1. *Natürliche Positionierflächen*, Flächen, die unbearbeitet bzw. bearbeitet, aber nicht genauer bearbeitet als laut Zeichnung vorgesehen, als Positionierflächen dienen.
2. *Speziell bearbeitete natürliche Positionierflächen*, Flächen, die zwar als unbearbeitete Flächen am Werkstück vorgesehen waren, aber ausschließlich zum Zwecke des Positionierens bearbeitet werden.
3. *Genau bearbeitete natürliche Positionierflächen*, Flächen, die ausschließlich zum Zwecke des Positionierens, genauer als für die Funktionsfähigkeit des Werkstückes notwendig, bearbeitet werden.
4. *Künstliche Positionierflächen* (Bild 11-3), Flächen, die ausschließlich für Positionierzwecke (auch Spannzwecke) geschaffen werden und mit der späteren Funktion des Werkstücks nicht zusammenhängen. Den künstlichen Positionierflächen entsprechen künstliche Basen. Die künstlichen Positionierflächen können am Werkstück verbleiben, oder sie werden nach Erfüllung ihrer Positionier- und/oder Spannaufgabe beseitigt.

Die Einheitlichkeit der Positionierelemente des Werkstücks mit den Konstruktionsbasen (Abschnitt 11.2) sollte stets angestrebt werden (Konstruktionsbasis = Fertigungsbasis).

Weiteres siehe Literatur [87].

11.2.1 Kontur des Werkstücks als Positionierelement

Die Werkstückkontur kann als Positionierelement dienen (Abschnitt 13.2), wenn ein Abschnitt der Werkstückkontur mit einem entsprechenden Positionierlement der Vorrichtung erfaßt wird und das Werkstück in die vorgesehene Lage bringt. Als Positionierlement dieser Art kann z.B. eine Kühlrippe (Elektromotorgehäuse, Getriebekasten usw.) (Bild 13-9) und andere Werkstückkonturelemente (Bilder 13-10 bis 13-12) dienen.

11.2.2 Bohrung am Werkstück als Positionierlement

Zylindrische (Abschnitt 13.9.3) oder konische (Abschnitt 13.6) Bohrungen, d.h. die Bohrungsmantelflächen dieser Bohrungen können als Positionierlemente dienen. Es kann sich dabei um vorgegossene oder bereits bearbeitete Bohrungen handeln. Dabei ist jedoch zu beachten, daß die Exzentrizität sowie die Verlaufsabweichungen der Mantelflächen von der Achse sich auf die Positioniergenauigkeit auswirken werden, da die Achsen dieser Bohrungen als bemaßte Elemente dienen.

11.2.3 Andere Positionierelemente am Werkstück

Auch andere Werkstückelemente können als Positionierelemente dienen: Wellenende, Absatz an einer Welle, Kugelform (Abschnitt 13.7), Gewinde (Abschnitt 13.8) usw. Alle aufgeführten Werkstückelemente können auch miteinander kombiniert werden, so daß sich an einem Werkstück zwei Positionierelemente ergeben, z.B. Kontur und Bohrung (Bild 13-59), Gewinde und Stirnfläche (Bild 13-76) usw.

11.3 Grundlagen des Positionierens des Werkstücks in der Vorrichtung

11.3.1 Halbpositionieren, Positionieren, Vollpositionieren des Werkstücks in der Vorrichtung

Nach den Regeln der Physik hat jeder Körper im Raum die Möglichkeit, in bezug auf ein räumliches Koordinatensystem 6 Bewegungen auszuführen, davon 3 translatorische Bewegungen in Richtung der 3 Koordinaten x, y und z sowie 3 Rotationsbewegungen um jede dieser 3 genannten Koordinatenachsen.

Ein Quader ist mit seinem Bezugssystem im Bild 11-4 dargestellt. In der dazugehörigen Tabelle wird ein entzogener Freiheitsgrad mit dem Zeichen „–" und ein noch vorhandener mit „+" bezeichnet. Der Entzug eines Freiheitsgrades nur in einer Richtung einer Koordinatenachse wird im Vorrichtungsbau als der Entzug des Freiheitsgrades in beiden Richtungen der Koordinatenachse angesehen, da die Bindung des Werkstückes an den stützenden Punkt durch ein Spannelement und die Spannkraft erfolgt.

Das Werkstück im Bild 11-4 ist in bezug auf drei Punkte, also eine Ebene (A) festgelegt. Dabei werden dem Werkstück 3 Freiheitsgrade (s. Tabelle) entzogen. Die Ebene A wird als Bezugsebene bezeichnet. Diese Positionierart findet Anwendung, wenn z.B. das Maß a des Werkstücks herzustellen ist (z.B. Fräsen, Hobeln, Schleifen usw.), wobei jedoch kein Wert auf die Richtung der Bearbeitungsspuren auf der bearbeiteten Oberfläche gelegt wird. Diese Art des Positionierens wird als „teilweises Positionieren" oder auch als „Halbpositionieren" bezeichnet.

Wird ein Werkstück in bezug auf zwei Ebenen festgelegt (Bild 11-5, Ebenen A und B), wobei 5 Freiheitsgrade (s. Tabelle) entzogen werden, so kann es sich hierbei z.B. um die Maße a, b und c einer Nut handeln, die parallel zu einer Bezugsebene (B) (Maß a) gefräst werden soll. Dabei muß auch das Maß c (Bezugsebene A) eingehalten werden. Diese Art des Positionierens wird mit dem Begriff „Positionieren" bezeichnet.

Im Bild 11-6 ist ein Werkstück in bezug auf drei Ebenen (A, B und C) festgelegt, so daß dabei alle 6 Freiheitsgrade entzogen worden sind. Diese Art des Positionierens nennt man „Vollpositionieren", d.h., das Werkstück ist eindeutig in seiner Lage festgelegt. Ein Bearbeitungsbeispiel, bei dem diese Art des Positionierens notwendig ist, ist ebenfalls dargestellt.

In allen besprochenen Positionierbeispielen sind die Stützpunkte so kombiniert, daß sie eine statisch bestimmte Aufnahme zulassen, d.h., daß das Werkstück in Richtung der Stützpunkte, von seiner geometrischen Form ausgehend, frei beweglich sein muß. Überzählige Stützpunkte führen dazu, daß die Aufnahme meist statisch unbestimmt ist, wodurch die Positioniergenauigkeit nicht erhöht und das Werkstück

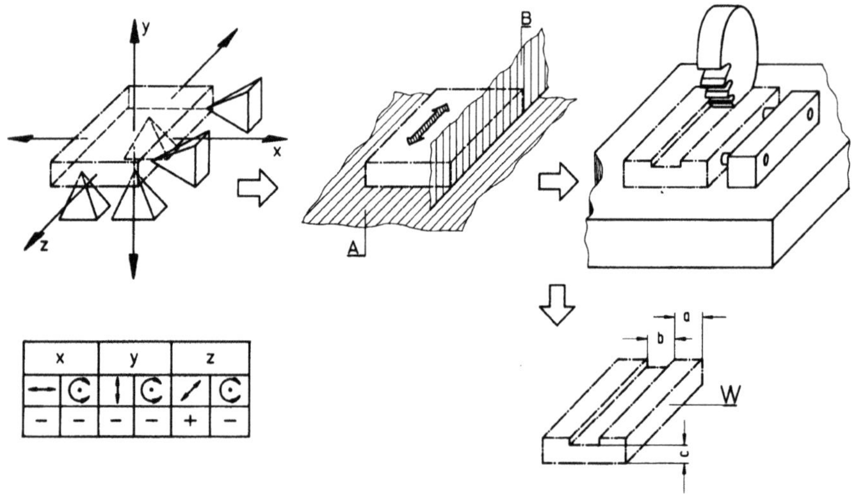

Bild 11-5
Das Werkstück ist in bezug auf fünf Punkte, also auf zwei Ebenen „A" und „B" festgelegt. Fünf Freiheitsgrade (s. Tabelle) sind entzogen. Die Werkstückmaße „a", „b" und „c" sind herzustellen. Das Werkstück ist „positioniert" im Gegensatz zum „halbpositionierten" Werkstück im Bild 11-4.

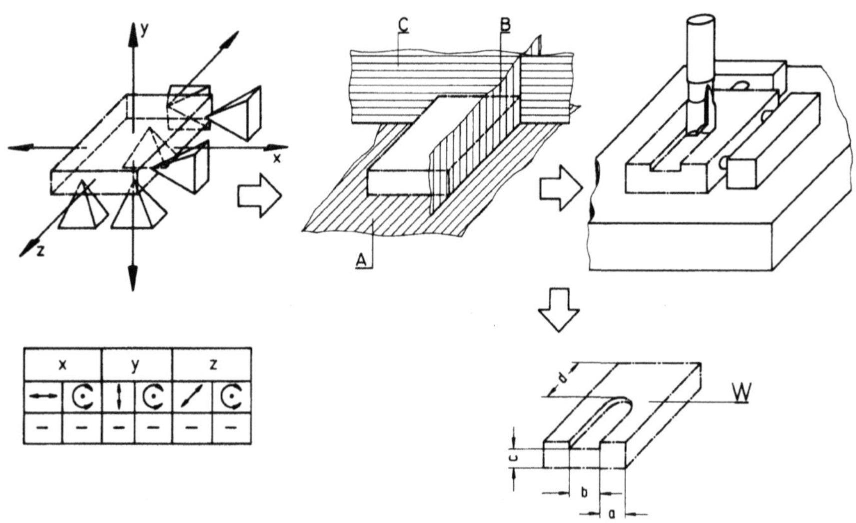

Bild 11-6
Das Werkstück ist in bezug auf sechs Punkte, also auf drei Ebenen „A", „B" und „C" festgelegt. Sechs Freiheitsgrade (s. Tabelle) sind entzogen. Die Werkstückmaße „a", „b", „c" und „d" sind herzustellen. Das Werkstück ist im Gegensatz zu den Beispielen in den Bildern 11-4 und 11-5 „vollpositioniert".

überpositioniert (Abschnitt 11.3.2) wird und verspannt werden kann.

Zusammenfassend kann gesagt werden, daß man im Vorrichtungsbau 4 Positioniermöglichkeiten des Werkstücks in der Vorrichtung unterscheidet:

1. Positionieren nach einer Ebene (Bild 11-4), Entzug von 3 Freiheitsgraden – *Halbpositionieren*;
2. Positionieren nach zwei Ebenen (Bild 11-5), Entzug von 5 Freiheitsgraden – *Positionieren*,
3. Positionieren nach drei Ebenen (Bild 11-6), Entzug von 6 Freiheitsgraden – *Vollpositionieren* und
4. *Überpositionieren*, das im Abschnitt 11.3.2 besprochen wird.

Das Positionieren von rotationskörperartigen Werkstücken wird im Abschnitt 11.3.5 besprochen.

11.3.2 Überpositionieren des Werkstücks in der Vorrichtung

Die Grundforderung für ein einwandfreies Positionieren ist, das Werkstück *nur* mit so vielen Flächen anliegen zu lassen, wie zur Sicherung der Lage *unbedingt* notwendig sind. Ein Werkstück ist überpositioniert, wenn es in einer Richtung durch *mehr* als eine Ebene festgelegt wird. Die nachstehenden Beispiele zeigen, wie ein Überpositionieren zustande kommen kann, welche Nachteile dabei entstehen und wie es vermieden werden kann.

Die Bilder 11-7a bis d zeigen verschiedene Möglichkeiten des Überpositionierens als Funktion der Fertigungstoleranz des Werkstücks und der Maße der Positionierelemente der Vorrichtung. Im Bild 11-7e sind die Positionierflächen der Vorrichtung so gestaltet, daß das Werkstück auf jeden Fall auf beiden Flächen aufliegt, da die Stufenhöhe $H^{+0,5\,T}$ (T Werkstücktoleranz) gewählt wurde. Diese Lösung ist nur dann zulässig, wenn eine Winkelabweichung in Kauf genommen werden kann. Bild 11-7f zeigt das richtige Positionieren mit Hilfe der Bildzeichen (Kap. 9), und die konstruktive Lösung ist im Bild 11-7g wiedergegeben. Weitere Beispiele für überpositionierte Werkstücke und die Lösungsmöglichkeiten zeigen die Bilder 11-8 bis 11-11.

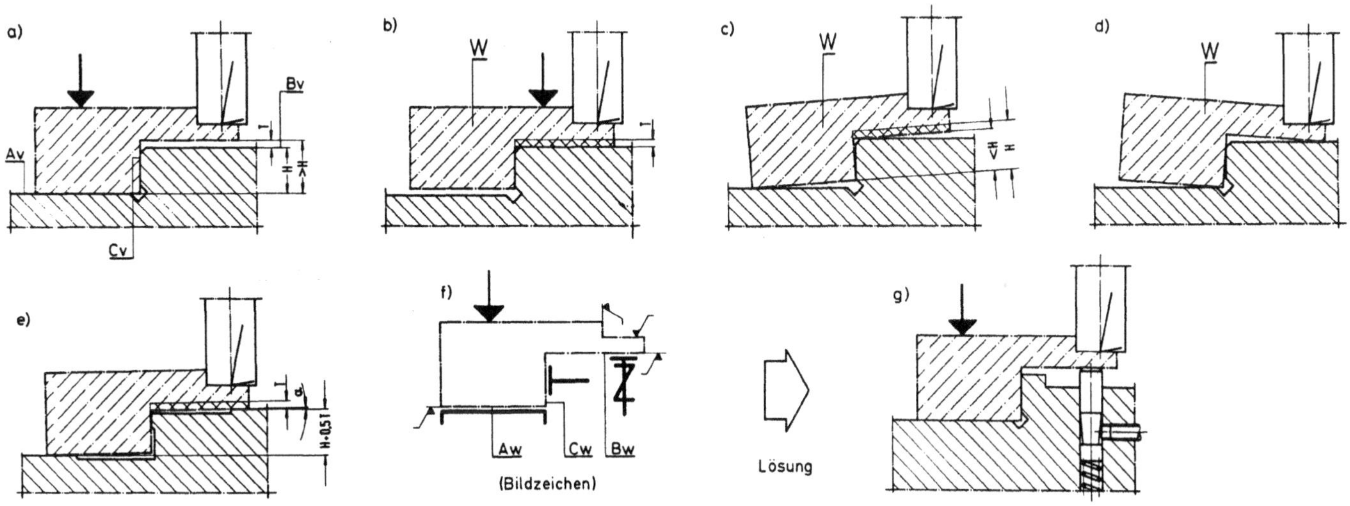

Bild 11-7 Verschiedene Möglichkeiten des Überpositionierens eines abgestuften Werkstücks:

a) in der Vorrichtung sind die Auf- und Anlageflächen Av, Bv, Cv vorhanden; wird die Werkstückstufe auf das Maß H + T im vorhergehenden Arbeitsgang ausgeführt, so liegt diese Werkstückfläche nicht auf der Auflagefläche Bv der Vorrichtung auf; das Werkstück biegt sich infolge der Zerspankraft Fz während der Bearbeitung durch;

b) ist das Werkstück auf das Minimalmaß H – T hinsichtlich der Höhe der Stufe ausgeführt, so wird es dort aufliegen (Bv) und die andere Werkstückfläche wird die Vorrichtungs-Auflagefläche Av (s. a. Bild a)) nicht berühren; die Spannkraft Fs muß in diesem Fall an der eingezeichneten Stelle wirken, damit das Werkstück nicht kippen kann (Bild c));

c) schräge Lage des Werkstücks infolge falsch gewählten Maße der Vorrichtungs-Positionierelemente;

d) wie im Bild c) sind die Maße der Vorrichtungselemente nicht als Funktion der Werkstückbemaßung gewählt worden;

e) die Positionierflächen der Vorrichtung sind so gestaltet, daß das Werkstück auf jeden Fall auf den beiden Vorrichtungs-Auflageflächen zur Auflage gebracht wird, da die Vorrichtungs-Stufenhöhe H + 0,5 T (T Werkstücktoleranz) gewählt wurde; diese Lösung ist nur dann zulässig, wenn eine Winkelabweichung der Lage des Werkstücks in der Vorrichtung, als Funktion des Werkstückmaßes, in Kauf genommen werden kann;

f) richtiges Positionieren des Werkstücks mit Hilfe der Bildzeichen (Kap. 9, Bild 9-1) dargestellt; die konstruktive Lösung dieser Positionierart ist im Bild g) dargestellt;

g) konstruktive Lösung des richtigen Positionierens nach f) des abgestuften Werkstücks. Die selbsttätig einstellbare Stütze ergibt die Auflagefläche „Bv".

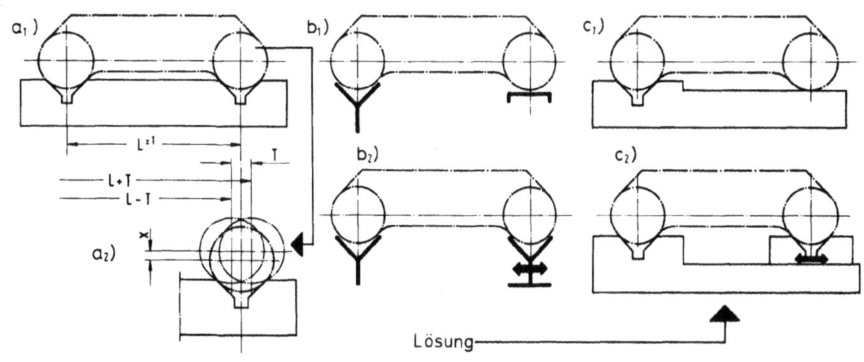

Bild 11-8 Beispiele eines überpositionierten und *richtig positionierten* Werkstücks in der Vorrichtung: a_1) Werkstück überpositioniert mit herzustellendem Maß L ± T, a_2) extreme Positionierlagen des Werkstücks bei L – T und L + T und die daraus resultierende Verlagerung der Werkstückachse „x", b_1) Werkstück *richtig positioniert* – mit Hilfe der Bildzeichen (Kap. 9, Bild 9-1) dargestellt, b_2) Werkstück *richtig positioniert* – mit Hilfe der Bildzeichen (Kap. 9, Bild 9-1) dargestellt, c_1) Werkstück *richtig* nach b_1) *positioniert*, c_2) Werkstück *richtig* nach b_2) *positioniert*.

11.3.3 Einfluß der Werkstücktoleranz auf die Positioniergenauigkeit des Werkstücks in der waagerechten Ebene

Die Positioniergenauigkeit des Werkstücks in der waagerechten Ebene wird grundsätzlich von der Toleranz T_w des Werkstücks und des Abstandes der Positionier-Auflageelemente L_v der Vorrichtung abhängen. Daraus resultiert der Winkel α (Bild 11-12):

$$\boxed{\alpha \leqslant \arcsin \frac{T_w}{L_v}}\ .$$

11.3.4 Einfluß der Temperatur auf die Positioniergenauigkeit des Werkstücks

Besonders bei der spanenden Bearbeitung ist stets mit einer Temperaturerhöhung des Werkzeugs, des Werkstücks und der Vorrichtung zu rechnen. Dadurch wird eine Verformung, besonders des Werkstücks und der Vorrichtung, hervorgerufen, die sich auf die Positioniergenauigkeit auswirkt. Diese Veränderung kann anhand der Formel:

$$\boxed{\Delta l = l \cdot \alpha \cdot \Delta T} \quad \text{in m}$$

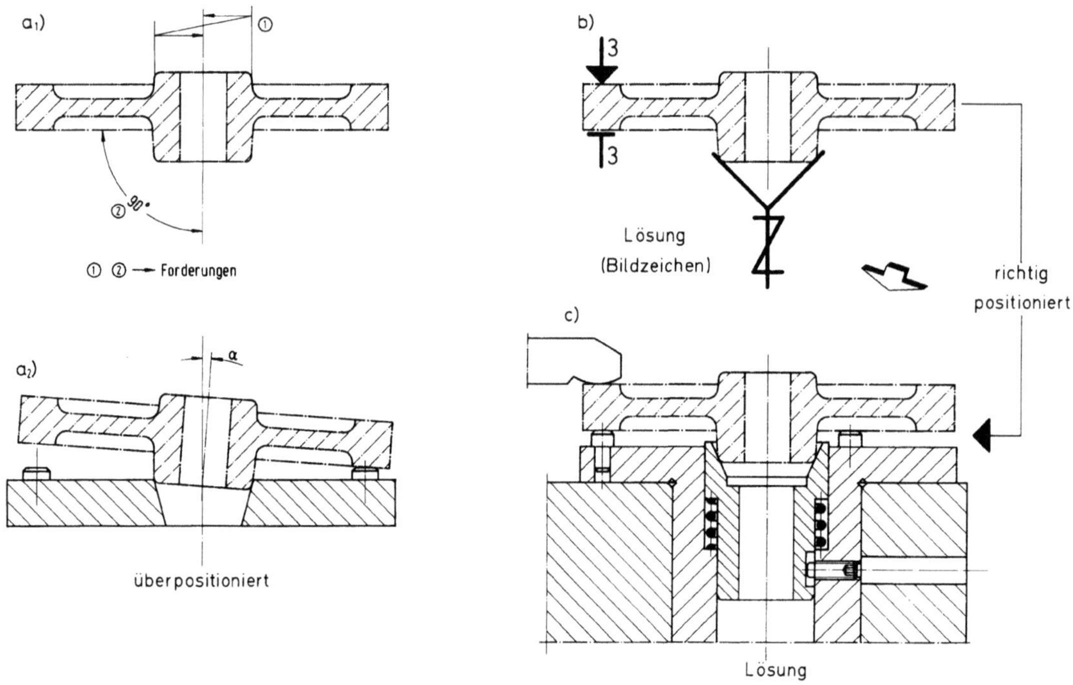

Bild 11-9 Beispiele eines überpositionierten und *richtig positionierten* Werkstücks in der Vorrichtung: a_1) Werkstück mit Bearbeitungsforderungen ① und ②, a_2) Bearbeitungs-Winkelfehler α infolge der Überpositionierung, b) Werkstück *richtig positioniert* – mit Hilfe der Bildzeichen (Kap. 9, Bild 9-1) dargestellt, c) Werkstück *richtig* nach b) *positioniert*.

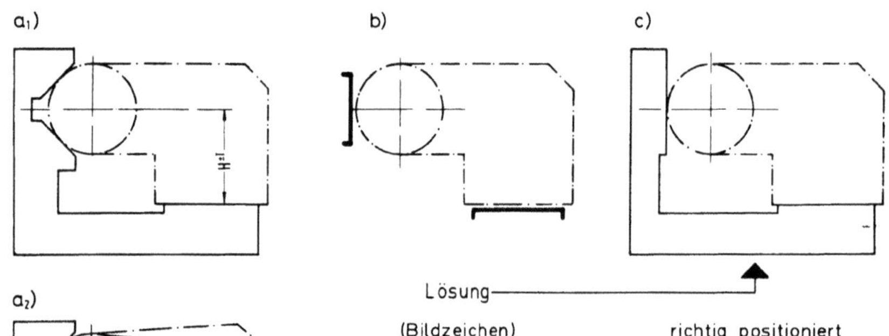

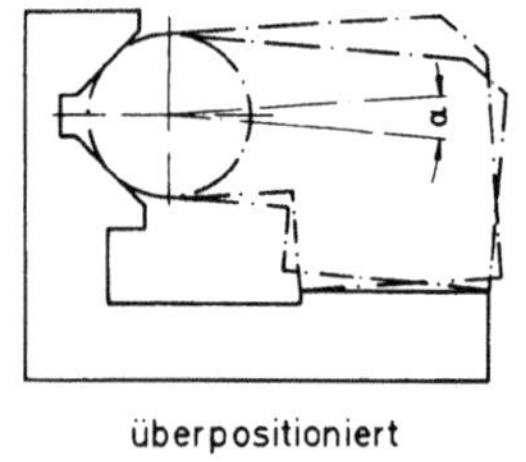

Bild 11-10 Beispiele eines überpositionierten und *richtig positionierten* Werkstücks in der Vorrichtung:
a_1) Werkstück überpositioniert mit herzustellendem Maß H ± T,
a_2) extreme Positionierlagen des Werkstücks und der daraus resultierenden Positionier-Winkelfehler α,
b) Werkstück *richtig positioniert* – mit Hilfe der Bildzeichen (Kap. 9, Bild 9-1) dargestellt,
c) Werkstück *richtig* nach b) *positioniert*.

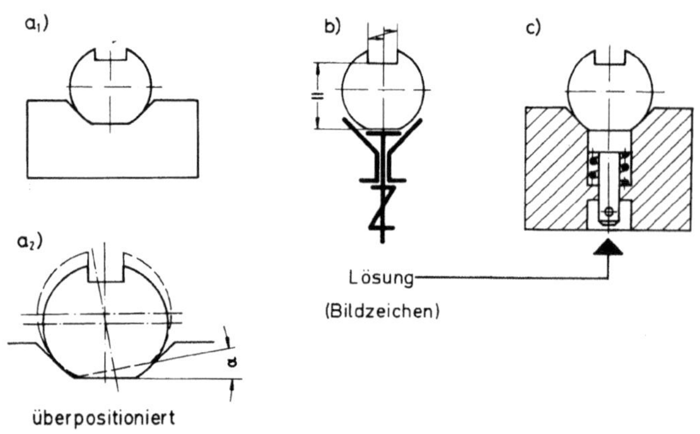

Bild 11-11 Beispiele eines überpositionierten und *richtig positionierten* Werkstücks in der Vorrichtung:
a_1) Werkstück überpositioniert,
a_2) extreme Positionierlagen des Werkstücks und der daraus resultierende Positionier-Winkelfehler α,
b) Werkstück mit den Bearbeitungsforderungen: „=“ Parallelität der Nutfläche zu der Werkstückauflage und mittige Lage der beiden senkrechten Nutflächen zu der Werkstückachse, *richtig positioniert* – mit Hilfe der Bildzeichen (Kap. 9, Bild 9-1) dargestellt,
c) Werkstück *richtig* nach b) *positioniert*.

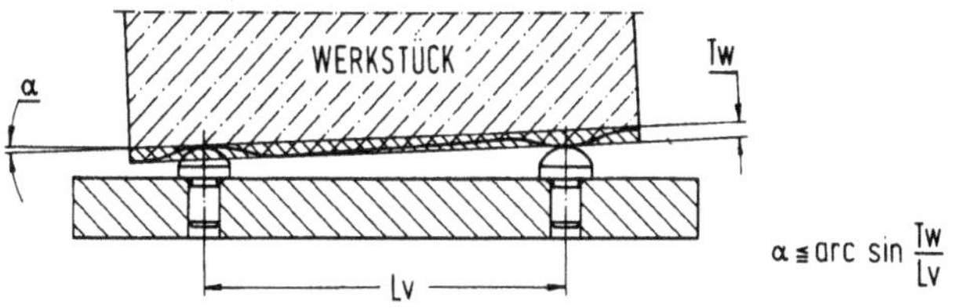

Bild 11-12 Positionier-Winkelfehler α als Funktion der Maßabweichungen innerhalb der Werkstücktoleranz T_W und des Abstandes der beiden Positionier-Auflageelemente der Vorrichtung L_V.

ermittelt werden, wobei l Länge des Werkstücks bzw. der Vorrichtung (in m), α Ausdehnungskoeffizient (in 1/°C) und ΔT Temperaturanstieg (in °C) bedeuten.

Ein Graugußwerkstück, z.B. 200 mm (= 0,02 m) lang, hat bei einer Temperaturerhöhung von $\Delta T = 30\,°C$ (von 20 °C auf 50 °C) eine Längenausdehnung:

$$\Delta l = 0{,}20\,\text{m} \cdot 0{,}000\,010\,\frac{1}{°\text{C}} \cdot 30\,°\text{C} = 0{,}00006\,\text{m} = 0{,}06\,\text{mm}\,.$$

Der Ausdehnungskoeffizient α kann aus dem unter Lit. [190] aufgeführten Werkes bzw. einer anderen Quelle für andere Werkstoffe entnommen werden.

11.3.5 Positionieren von rotationskörperartigen Werkstücken in der Vorrichtung

Durch den Entzug der Freiheitsgrade kann ein rotationskörperartiges Werkstück entsprechend der Bemaßung und der durchzuführenden Bearbeitung positioniert werden. Wie beim Positionieren von Nichtrotationskörpern (Abschnitt 11.3) wird auch in diesem Fall angenommen, daß der Entzug eines Freiheitsgrades in einer Richtung einer Koordinatenachse, den Entzug für die entgegengesetzte Richtung derselben Koordinatenachse bedeutet, da jeweils die Spannelemente die Lage des Werkstücks sichern. Bei rotationskörperartigen Werkstücken entsteht das Problem der Möglichkeit der Drehbewegung um die eigene Achse, die zusätzlich unterbunden werden muß. In den Bildern 11-13 bis 11-15 sind verschiedene Beispiele des Positionierens von rotationskörperartigen Werkstücken als Funktion der Bemaßung und der Bearbeitungsart gezeigt. Es handelt es dabei um das Positionieren des Werkstücks nach einer Ebene (A) (Bild 11-13), nach zwei Ebenen (A und B) (Bild 11-14) und nach drei Ebenen (A, B und C) (Bild 11-15). In den ersten beiden Fällen befinden sich eine oder zwei Mantellinien des Werkstücks mit den Ebenen in Berührung. Im dritten Fall kommt noch die Berührung der Werkstückstirnfläche mit der Ebene C hinzu.

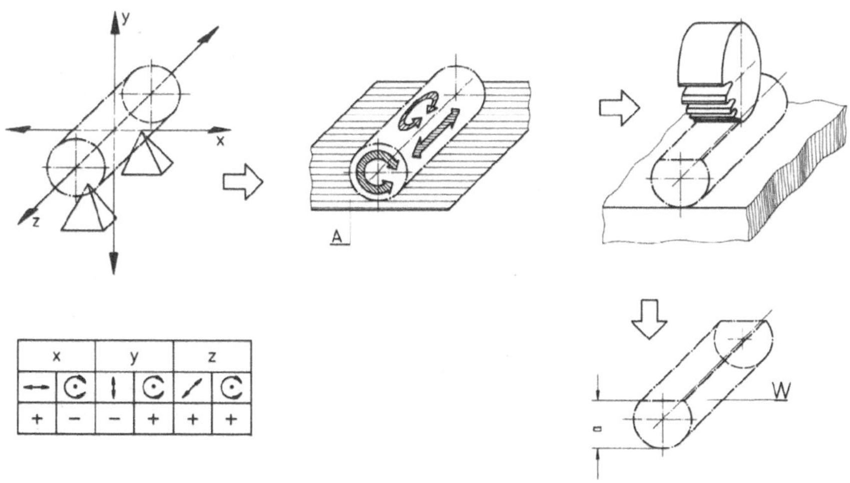

Bild 11-13

Ein Rotationskörper mit Bezugssystem.

In der Tabelle wird ein entzogener Freiheitsgrad mit „–“ und ein noch vorhandener mit „+“ bezeichnet. Das Werkstück ist in bezug auf zwei Punkte, also auf eine Ebene „A“ festgelegt. Zwei Freiheitsgrade sind entzogen (s. Tabelle). Das Werkstückmaß „a“ soll hergestellt werden.

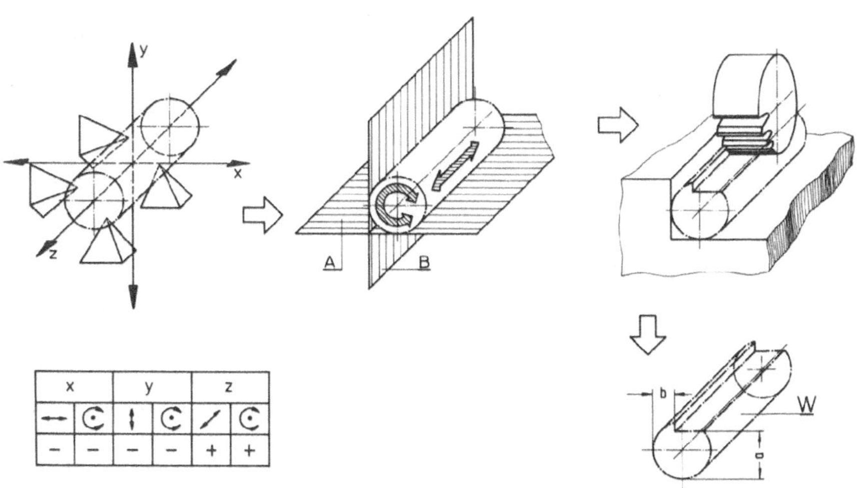

Bild 11-14

Das Werkstück ist in bezug auf vier Punkte, also auf zwei Ebenen „A“ und „B“ festgelegt. Vier Freiheitsgrade sind entzogen (s. Tabelle). Die Werkstückmaße „a“ und „b“ sollen eingehalten werden.

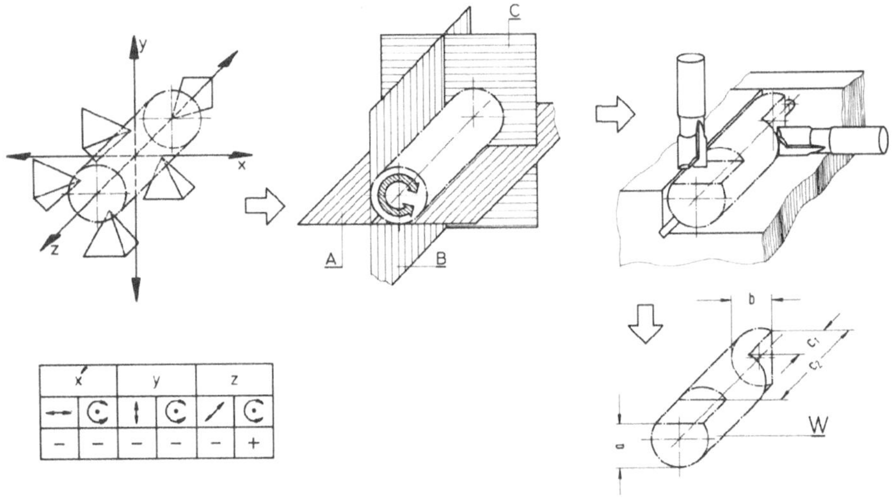

Bild 11-15
Das Werkstück ist in bezug auf fünf Punkte, also auf drei Ebenen „A", „B" und „C" festgelegt. Fünf Freiheitsgrade sind entzogen (s. Tabelle). Die Werkstückmaße „a", „b" und „c_1" sowie „c_2" sollen eingehalten werden.

Lfd. Nr.	Positionierfall	Mit Hilfe von Bildzeichen dargestellt	Herstellmaß	Positionierfehler
1	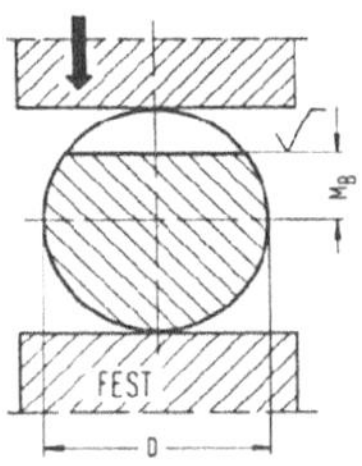		M_B	$f_{MB} = \frac{T_D}{2}$
2	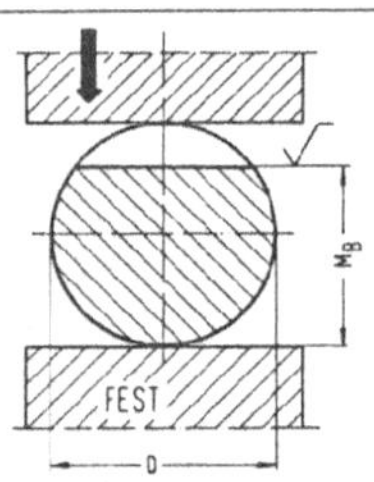	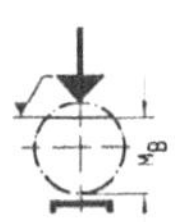	M_B	$f_{MB} = 0$
3	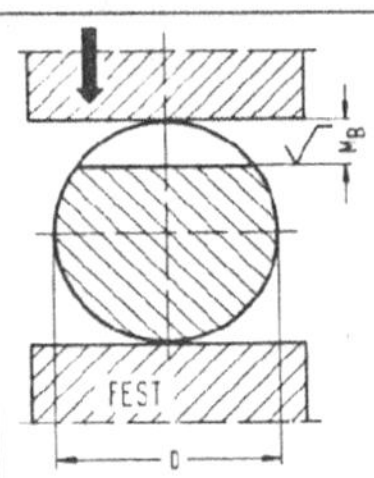		M_B	$f_{MB} = T_D$

Bild 11-16 Ermittlung der Größe des Positionierfehlers f_{MB} als Funktion der Positionierart des Werkstücks in der Vorrichtung und der Werkstückbemaßung, wenn das Maß MB (B Bearbeitung) einzuhalten ist.

T_D Werkstück-Durchmessertoleranz.

Im Bild 11-16 sind am meisten vorkommende Positionierfehler von rotationskörperartigen Werkstücken als Funktion der Werkstückbemaßung dargestellt. Der Positionierfehler f_{MB} des Werkstückmaßes MB kann ermittelt werden.

Bild 11-17
Positionieren des Werkstücks in bezug auf eine Mittenebene „A", auch „Halbzentrieren" genannt.
Die rechts dargestellte Forderung an das Werkstück kann mit Hilfe eines Prismenelementes (mit Hilfe der Bildzeichen, Kap. 9, Bild 9-1, dargestellt) erfüllt werden.

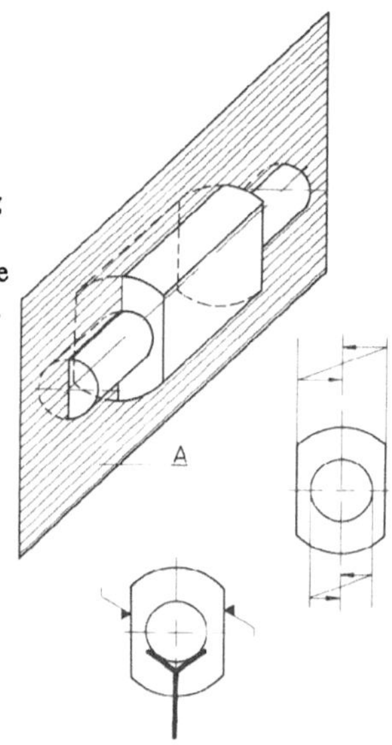

11.3.6 Positionieren des Werkstücks nach der Mittelachse – Zentrieren

Unter dem Begriff „Zentrieren" versteht man die Festlegung der Lage des Werkstücks in bezug auf eine, zwei oder drei Mittenebenen. Analog zum Abschnitt 11.3.1 unterscheidet man:

1. *Halbzentrieren*, Positionieren des Werkstücks in bezug auf nur eine Mittenebene (Ebene A, Bild 11-17),
2. *Zentrieren*, Positionieren des Werkstücks in bezug auf zwei Mittenebenen (Ebenen A und B, Bild 11-18) und
3. *Vollzentrieren*, Positionieren des Werkstücks in bezug auf drei Mittenebenen (Ebenen A, B und C, Bilder 11-19 und 11-20.

Halbzentrieren ist erforderlich, wenn z.B. zwei parallel und gleichzeitig mittig zur Werkstückachse liegende Flächen (Bild 11-17) bearbeitet werden sollen. Beim *Zentrieren* kann es sich z.B. um vier Flächen eines Werkstückes handeln (Bild 11-18), die paarweise parallel und gleichzeitig mittig und auch senkrecht zum zweiten Flächenpaar liegen müssen. Ein *Vollzentrieren* kommt in Frage, wenn an einem Werkstück z.B. eine

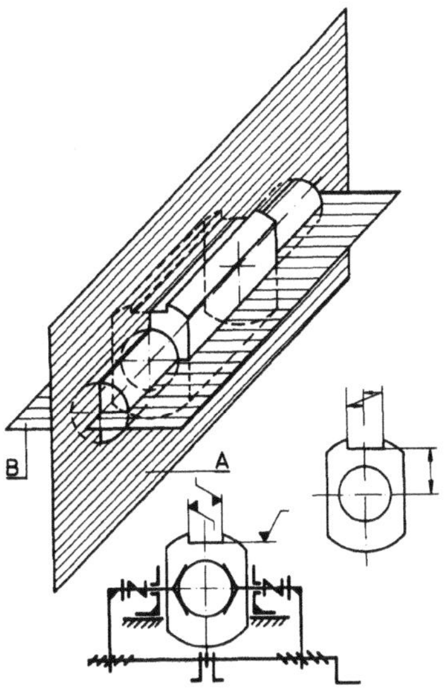

Bild 11-18 Positionieren des Werkstücks in bezug auf zwei Mittenebenen „A“ und „B“, auch „Zentrieren“ genannt.

Die rechts dargestellte Forderung an das Werkstück kann mit Hilfe einer Vorrichtung, die aus zwei Prismen, zwei federnden Anlageelementen sowie einer Links- und Rechts-Gewindespindel, mit der die beiden Prismen betätigt werden, besteht (mit Hilfe der Bildzeichen, Kap. 9, Bild 9-1, dargestellt), erfüllt werden.

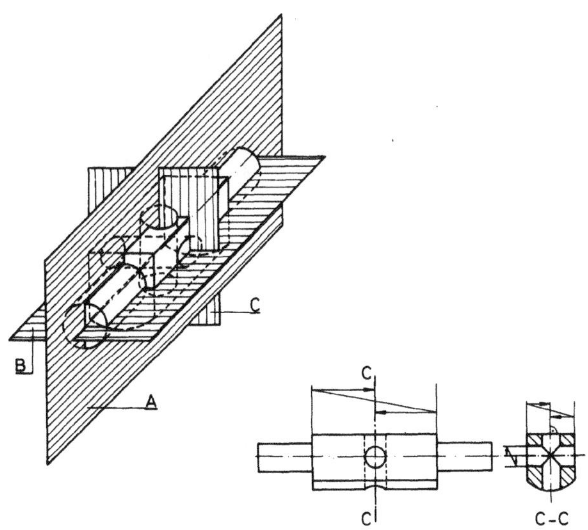

Bild 11-19 Positionieren des Werkstücks in bezug auf drei Mittenebenen „A“, „B“ und „C“, auch „Vollzentrieren“ genannt.

Drei dargestellte Forderungen an das Werkstück werden erfüllt (s. a. Bild 11-20).

Bohrung (Bild 11-19) mittig und gleichzeitig symmetrisch quer zur Werkstückachse auszuführen ist. Das Zentrieren eines rotationssymmetrischen Werkstücks mit Hilfe einer Bohrung (z.B. mit einem Spanndorn – Abschnitt 31.1, bzw. zwischen zwei Spitzen) wird im Bild 11-21 erläutert. Der Begriff „Zentrieren“ kann sinngemäß auch auf Nichtrotationskörper übertragen werden.

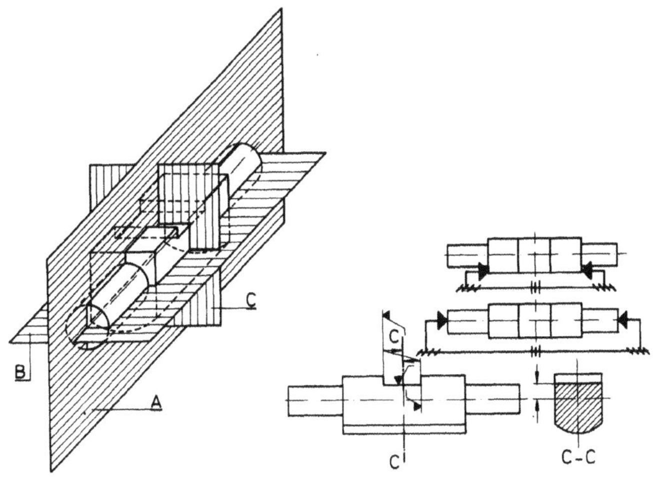

Bild 11-20 Positionieren des Werkstücks in bezug auf drei Mittenebenen „A“, „B“ und „C“, ähnlich wie im Bild 11-19 dargestellt.

Die Forderung an das Werkstück hinsichtlich der Lage der Nut in Abhängigkeit von der Werkstückbemaßung wird erfüllt.

11.3.7 Positionieren des Werkstücks mit Hilfe einer vorhandenen Bohrung am Werkstück

Das Positionieren eines Werkstücks mit Hilfe einer bereits vorhandenen Bohrung und eines runden Positionierbolzens (Abschnitt 13.9) an der Vorrichtung kommt in Frage, wenn:

1. die Bohrung als Bearbeitungs-Ausgangspositionierelement des Werkstücks gilt, z.B. bei gegossenen oder gepreßten Werkstücken;
2. das Werkstück nach der Bearbeitung, die von der Bohrung ausgehend vorgenommen wird, keine hohe Genauigkeit, z.B. die des Außendurchmessers, aufweisen soll;
3. das Werkstück eine Aufnahmebohrung aufweist, die hinsichtlich ihrer Lage und Maßgenauigkeit als Werkstückpositionierlement die verlangte Genauigkeit in Zusammenhang mit einem runden Positionierbolzen liefert;
4. die Aufnahmebohrung des Werkstücks bereits genau bearbeitet ist und mit einem verstellbaren Positionierbolzen an der Vorrichtung kombiniert wird.

Beim Positionieren des Werkstücks mit Hilfe einer Bohrung und eines Positionierbolzens können folgende Positionierfehler auftreten:

1. Bei Anwendung eines Positionierbolzens mit einstellbarem, dem Durchmesser der Werkstückbohrung anpaßbarem Durchmesser, so daß kein Spiel zwischen der Werkstückbohrung und dem Positionierbolzen vorhanden ist, können Positionierfehler nur infolge der Werkstückbemaßung und der herzustellenden Werkstückelemente entstehen. Im Bild 11-22 sind die Möglichkeiten der Ermittlung der Positionierfehler für die genannten Fälle, die sinngemäß auch auf andere Bearbeitungsfälle übertragbar sind, aufgeführt.
2. Positionierfehler ergeben sich infolge der Durchmessertoleranzen der Werkstückaufnahmebohrung und des Positionierbolzens (Bild 13-25) und des daraus resultierenden

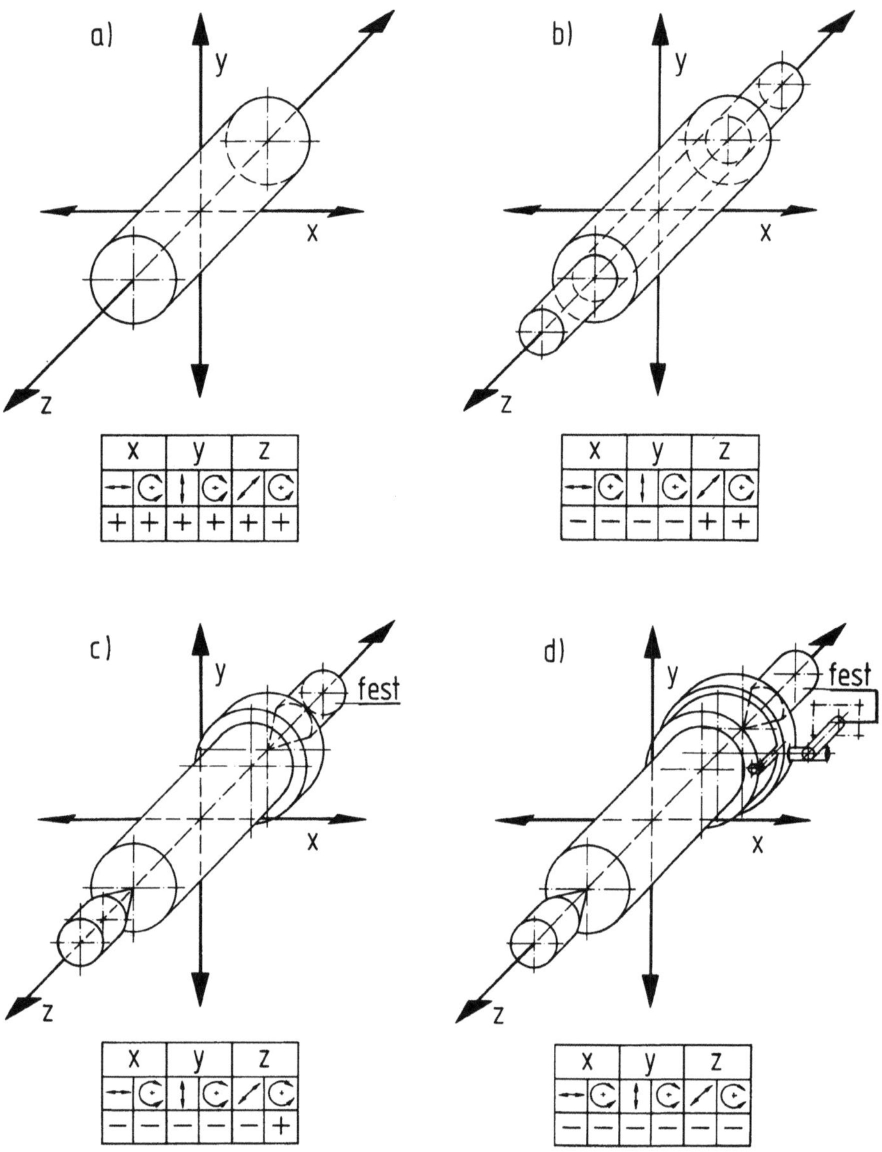

Bild 11-21 Ein Rotationskörper mit Bezugssystem.

In den Tabellen wird ein entzogener Freiheitsgrad mit „–" und ein noch vorhandener mit „+" (analog zu den Bildern 11-13 bis 11-15) bezeichnet.

a) Bezugssystem. Das Werkstück wird positioniert:
b) mit Hilfe eines Dornes (z.B. eines Dehndornes (Abschnitt 36.1.3), wobei dem Werkstück vier Freiheitsgrade entzogen werden,
c) zwischen zwei Spitzen, wobei eine Spitze fest positioniert und die andere längs ihrer Achse beweglich ist. Fünf Freiheitsgrade sind dem Werkstück entzogen,
d) zwischen zwei beweglichen Spitzen und einer festen Stirnanlage, die mit einem Stift versehen ist, so daß das Werkstück sich nicht längs und um seine Drehachse bewegen kann. Sechs Freiheitsgrade sind dem Werkstück entzogen.

Spiels zwischen diesen Elementen. Der Einfluß dieses Positionierfehlers auf die Genauigkeit der Bearbeitung einer Fläche, auch als Funktion der Werkstückbemaßung, ergibt sich aus den im Bild 11-22 aufgeführten Formeln.

3. Eine weitere Möglichkeit der Entstehung eines Positionierfehlers ergibt sich aus der nicht senkrechten Lage der Bohrungsachse zur Stirnseite des Werkstücks, die als Bezugsfläche dient (Bild 11-23) und an die das Werkstück, bei Vorhandensein eines Spiels zwischen den Durchmessern der Bohrung und des Positionierdornes, angelegt wird.
4. Die Länge der Werkstückbohrung, die als Werkstück-Positionierelement mit dem Positionierbolzen der Vorrichtung in Berührung kommt, spielt eine wichtige Rolle hinsichtlich des Positionier-Winkelfehlers (Bild 11-24). Dieser kann als Funktion des maximalen Spiels und der Bohrungslänge ermittelt werden.

11.3.8 Richtlinien für das Positionieren des Werkstücks in der Vorrichtung

1. Von der Positioniergenauigkeit des Werkstücks in der Vorrichtung hängt die Genauigkeit der Erfüllung der Aufgabe der Vorrichtung ab.
2. Die Bezugsflächen des Werkstücks (Basen, s. Abschnitt 11.1), die in die Bemaßung des Werkstückes einbezogen sind, sollen gleichzeitig als Hauptpositionierflächen (Abschnitt 11.2) dienen (Basisgleichheit). Dieses ist jedoch nicht immer möglich. Nötigenfalls müssen Hilfspositionierflächen festgelegt werden.
3. Bei der Positionierung sollen nur so viele Freiheitsgrade entzogen werden (Abschnitt 11.3.1), wie unbedingt notwendig sind, um die Positionieraufgabe einwandfrei zu erfüllen.

Nr.	Positionierfall	Mit Hilfe von Bildzeichen	Her-stell Maß	Positionier-fehler
1	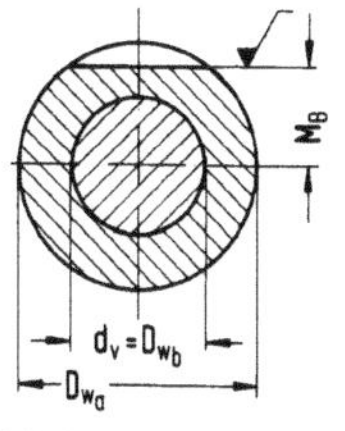	 Dehndorn $d_V = D_{W_b}$	M_B	$f_{M_B} = 0$
2	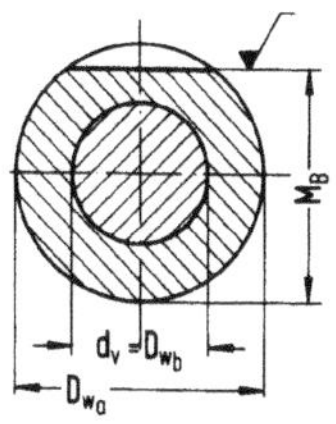	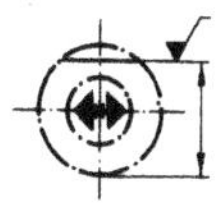 Dehndorn $d_V = D_{W_b}$	M_B	$f_{M_B} = \frac{T_{D_{W_a}}}{2}$
3	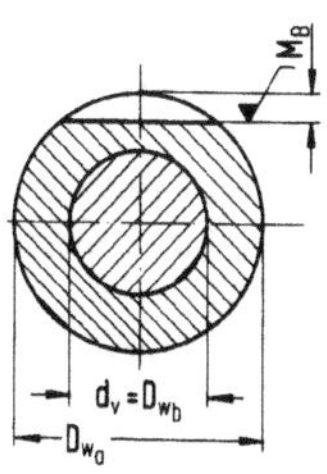	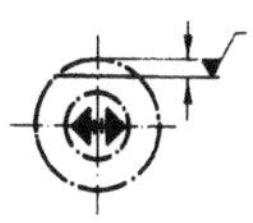 Dehndorn $d_V = D_{W_b}$	M_B	$f_{M_B} = \frac{T_{D_{W_a}}}{2}$
4	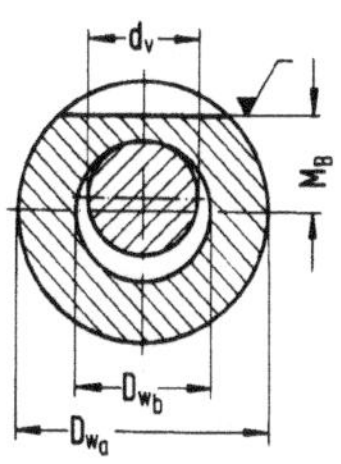	 fester Spann-dorn	M_B	$f_{M_B} = \frac{T_{d_V}}{2} + \frac{T_{D_{W_b}}}{2} + 2\left(\frac{T_{d_V}}{2} + \frac{T_{D_{W_b}}}{2}\right)$
5	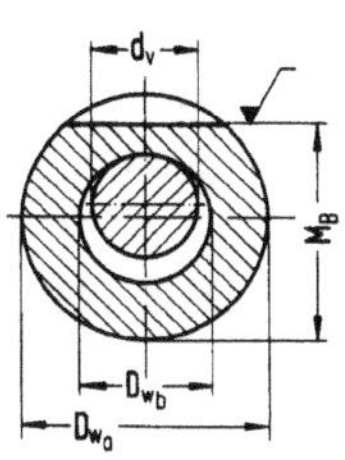	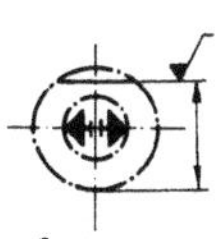 fester Spann-dorn	M_B	$f_{M_B} = \frac{T_{d_V}}{2} + \frac{T_{D_{W_a}}}{2} + 2\left(\frac{T_{d_V}}{2} + \frac{T_{D_{W_b}}}{2}\right)$
6	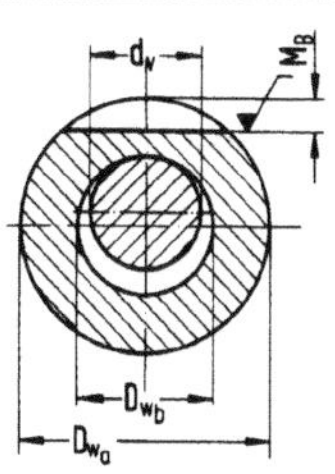	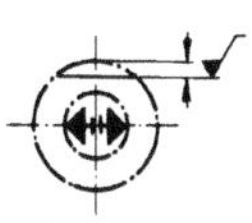 fester Spann-dorn	M_B	$f_{M_B} = \frac{T_{d_V}}{2} + \frac{T_{D_{W_a}}}{2} + 2\left(\frac{T_{d_V}}{2} + \frac{T_{D_{W_b}}}{2}\right)$

Bild 11-22 Ermittlung der Größe des Positionierfehlers f_{MB} und somit der größtmöglichen Abweichung des Herstellmaßes MB (B Bearbeitung) als Funktion der Positionierart der Vorrichtung und der Werkstückbemaßung.

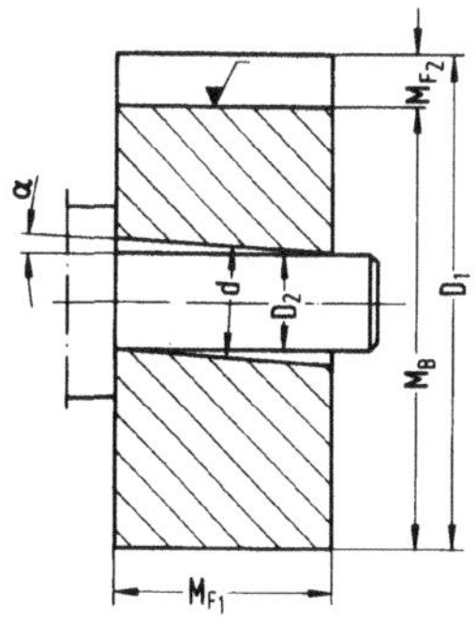

$$f_{paral.M_B} = \frac{T_{D_1}}{2} + \frac{T_{D_2}}{2} + M_{F_1} \cdot \tan\alpha + 2\left(\frac{T_{D_2}}{2} + \frac{T_d}{2}\right)$$

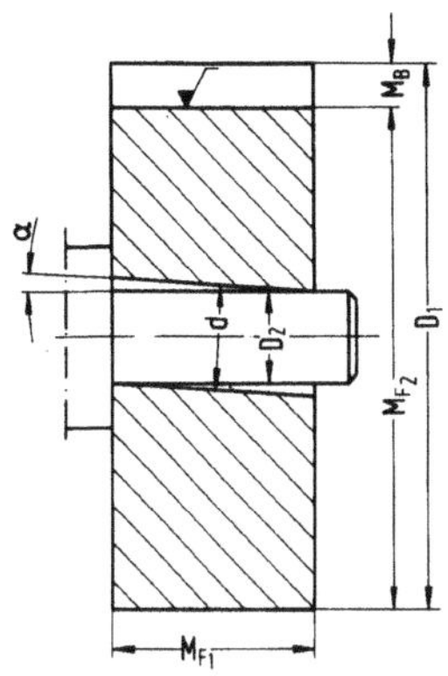

$$f_{paral.M_B} = \frac{T_{D_1}}{2} + \frac{T_{D_2}}{2} + M_{F_1} \cdot \tan\alpha + 2\left(\frac{T_{D_2}}{2} + \frac{T_d}{2}\right)$$

Bild 11-23 Ermittlung der Größe des Parallelitäts-Positionierfehlers $f_{paral.}$ der gefrästen Nut zu der Achse der Werkstückbohrung, die als Werkstück-Positionierelement gilt (Winkelfehler), beim Positionieren des Werkstücks mit Hilfe eines Positionierbolzens als Funktion der Werkstückbemaßung sowie der Toleranzen und der daraus resultierenden Winkelabweichung der Bohrung zu der Stirn, die ebenfalls als Positionierelement des Werkstücks gilt.

M_B Werkstück-Herstellmaß (B Bearbeitung), T_{D_1}, T_{D_2} Bohrungs- und Außendurchmesser-Toleranzen des Werkstücks, T_d Durchmessertoleranz des Positionierbolzens.

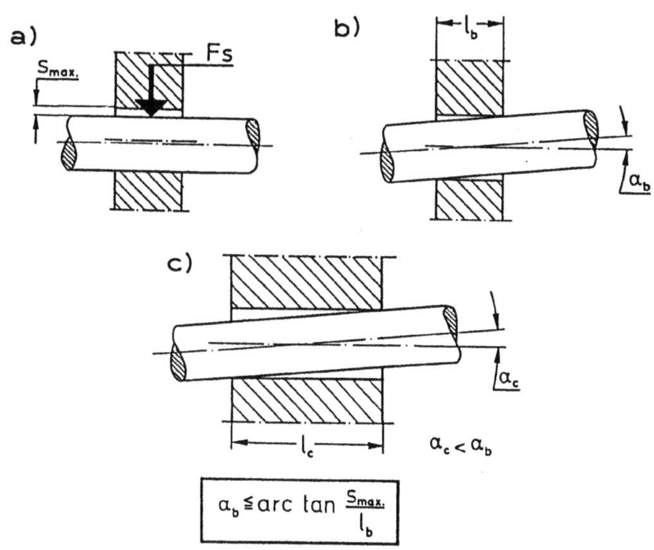

Bild 11-24 Positioniergenauigkeit des Werkstücks in einer Positionier-Aufnahmebohrung der Vorrichtung als Funktion des Spiels $S_{max.}$ und der Positionier-Aufnahmebohrungslänge l_a. Der Winkelfehler α_c wird analog zum α_b unter Einbeziehung der Länge l_c ermittelt.

4. Ein Überpositionieren des Werkstücks (Abschnitt 11.3.2) muß vermieden werden.
5. Sind am Werkstück keine geeigneten bzw. zu wenige Positionierflächen vorhanden, so sollte die Möglichkeit der Schaffung von künstlichen Positionierflächen (Abschnitt 11.2), die nach der Erfüllung ihrer Aufgabe beseitigt werden bzw. am Werkstück verbleiben, in Erwägung gezogen werden.
6. Der Positionierfehler kann als Funktion der Art der Positionierung, der Art der Positionierelemente des Werkstücks und der Vorrichtung, der Toleranzen dieser Elemente sowie der Werkstückbemaßung (Abschnitte 11.3.5, 11.3.7, 13.5.5 und 13.7.6) ermittelt werden.
7. Der infolge der Bearbeitung (auch beim Schweißen bzw. Heften) entstehende Temperaturanstieg (Abschnitt 11.3.4) kann sich wesentlich auf die Positioniergenauigkeit auswirken.
8. Beim Positionieren des Werkstücks nach der Mittelachse (Abschnitt 11.3.6) müssen die Zusammenhänge der Bemaßung und der Positionier- und Positionierelementeart besonders beachtet werden.
9. Beim Positionieren des Werkstücks muß der Einfluß der Werkstücktoleranz auf die Positioniergenauigkeit (Abschnitt 11.3.3) des Werkstücks beachtet werden und der maximale Positionsfehler kann ermittelt werden.
10. Beim Positionieren des Werkstücks mit Hilfe einer bereits vorhandenen Bohrung und eines runden Positionierbolzens muß mit folgenden Positionierfehlern gerechnet werden:

    10.1. Positionierfehler infolge des aus den Toleranzen der Werkstückbohrung und des Positionierbolzens resultierenden Spiels (Bild 11-22),

    10.2. Positionierfehler infolge der nicht senkrechten Lage der Bohrungsachse zu der Werkstückstirnfläche, die als Positionierfläche gilt (Bild 11-23),

    10.3. Positionier-Winkelfehler, verursacht durch die Länge der Werkstückbohrung, die mit dem Positionierbolzen in Berührung kommt sowie das vorliegende Spiel zwischen Bohrung und Positionierbolzen.

    Diese Positionierfehler können anhand der aufgeführten Formeln ermittelt werden.
11. Beim Positionieren von rotationskörperartigen Werkstücken mit Hilfe von Prismen, spielt der Prismenwinkel eine entscheidende Rolle hinsichtlich der Lage des Werkstücks und der Größe des Positionierfehlers als Funktion der Durchmessertoleranz (Abschnitt 13.2.5).
12. Der Positionierfehler bei Anwendung eines runden und eines abgeflachten Aufnahmebolzens, insbesondere der Positionier-Winkelfehler (Abschnitt 13.7) kann ermittelt werden.
13. Der Teilungsfehler beim Längs- und Kreisteilen (Abschnitt 13.11.3) kann als Funktion der Art der Feststellelemente sowie der vorhandenen Spiele zwischen den Teilelementen ermittelt werden.
14. Weitere Richtlinien, die die Positionierelemente und ihre Ausbildung betreffen (Abschnitte 13.1.6, 13.4.6, 13.6.6, 13.7.2 und 13.8.2.7), sind zu beachten.

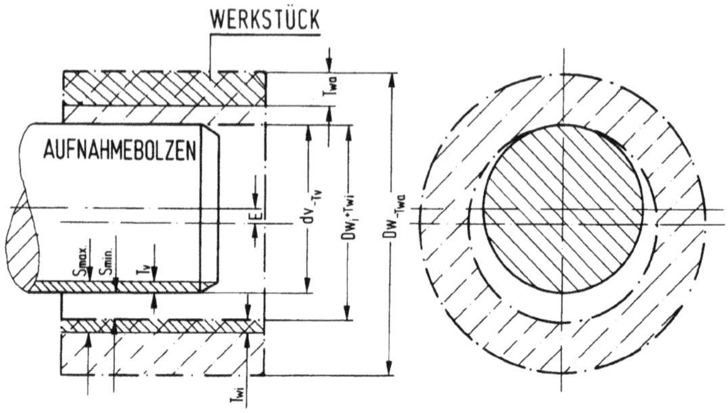

Bild 11-25 Wichtige Größen für die Ermittlung bzw. Überprüfung der Positioniergenauigkeit eines rotationsförmigen Werkstücks, das mit Hilfe eines runden Positionierelementes (z. B. eines Aufnahmebolzens – Abschnitt 13.9.3 oder eines festen Spanndornes – Abschnitt 36.1.1) positioniert wird, sind:

dv	Durchmesser des runden Positionierelementes,
Tv	Toleranz des Durchmessers dv des runden Positionierelementes,
Dw	Durchmesser der Positionierbohrung des Werkstücks,
Twi	Toleranz des Durchmessers Dw der Positionierbohrung des Werkstücks,
Smin	resultierendes minimales Spiel zwischen der Werkstück-Positionierbohrung Dw-Twi und dem maximalen Durchmesser dv des Positionierelementes,
Smax	resultierendes maximales Spiel zwischen der maximalen Werkstück-Positionierbohrung Dw und dem Durchmesser dv-Tv des Positionierelementes,
Twa	Toleranz des zu bearbeitenden Werkstückaußendurchmessers Dw,
E	resultierende Exzentrizität zwischen der Achse des Positionierelementes und der Achse des Werkstücks.

(s. a. Tabelle – Bild 36-15)

12 Werkstück-Positionierelemente an Vorrichtungen – Allgemein

Unter den Begriff „Werkstück-Positionierelemente der Vorrichtung" (Kap. 8) fallen alle Vorrichtungselemente, deren Aufgabe es ist, das Werkstück in die geforderte Lage zu bringen – in „Position bringen" –, also zu positionieren (Abschnitt 4.1, Pkt. 1). Bisher wurden diese Elemente „Bestimmelemente" genannt. Dieser Begriff ist aber nicht mit den „Vorrichtungs-Positionierelementen" (Abschnitt 5.2.1), die die Aufgabe haben, die Vorrichtung, z.B. auf dem Werkzeugmaschinentisch, zu positionieren, zu verwechseln.

Von der Art, Ausbildung, Ausführung, Genauigkeit, Lage und Lagegenauigkeit, auch der Elemente zueinander, der Werkstück-Positionierlemente in der Vorrichtung, ihrer Funktionsfähigkeit und Verschleißfestigkeit wird die Positioniergenauigkeit des Werkstücks in der Vorrichtung sowie die Qualität der am Werkstück in der Vorrichtung ausgeführten Bearbeitung abhängen. Daraus resultiert die Erkenntnis, wie wichtig die Aufgabe der Werkstück-Positionierelemente der Vorrichtung ist, und daß diesen Bauelementen größte Aufmerksamkeit bei der Konzeption und Ausführung sowie dem Einbau gewidmet werden muß.

Die Art, Form, Ausführung (Kap. 13), Lage usw. dieser Werkstück-Positionierelemente hängen von vielen Faktoren ab. Die wichtigsten sind:

1. geometrische Form des Werkstücks,
2. maßliche Zusammenhänge am Werkstück (Abschnitte 11.1 und 11.2),
3. Bemaßung und verlangte Genauigkeit des Werkstücks,
4. Art der Positionierelemente (Abschnitt 11.2) des Werkstücks,
5. Lage der Positionierlemente des Werkstücks und ihr Zusammenhang mit der Bemaßung,
6. Genauigkeit der Lage der Positionierlemente am Werkstück und die Maßzusammenhänge untereinander,
7. verlangte Positioniergenauigkeit des Werkstücks in der Vorrichtung,
8. Oberfläche und ihre Beschaffenheit der Positionierelemente des Werkstücks,
9. Werkstoff des Werkstücks, seine Beschaffenheit und Eigenschaften,
10. Art der Bearbeitung, die in der Vorrichtung vorgenommen wird bzw. Art der Aufgabe der Vorrichtung,
11. Bauart, Steifigkeit usw. der Vorrichtung,
12. Anzahl der zu fertigenden Werkstücke und verlangte Lebensdauer der Vorrichtung,
13. Anzahl der gleichzeitig positionierten und gespannten Werkstücke.

12.1 Forderungen an die Werkstück-Positionierelemente der Vorrichtung

Um ein Werkstück bzw. mehrere Werkstücke (Mehrstückspannen, Abschnitt 15.9) schnell, genau und auf einfache Art in der Vorrichtung zu positionieren, müssen die Werkstück-Positionierelemente der Vorrichtung folgende Forderungen erfüllen:

1. Die Form, Art, Ausführung und Lage der Werkstück-Positionierelemente der Vorrichtung müssen so gewählt und gestaltet werden, daß das Werkstück auf einfache Art, schnell, genau und räumlich eindeutig relativ zum Werkzeug, zur Werkzeugmaschine oder zu anderen Werkstückelementen (z.B. bei Schweiß- oder Heftvorrichtungen) positioniert wird. Dies gilt auch für das Mehrstückspannen.
2. Die festgelegte Lage des Werkstücks in der Vorrichtung muß reproduzierbar sein.
3. Das positionierte Werkstück darf seine festgelegte Lage in der Vorrichtung während des Spannens (Einfluß der Spannkräfte Fs, Abschnitt 15.5) und während der Bearbeitung (Einfluß der Zerspankräfte Fz, Abschnitt 15.4) nicht bzw. nur in zulässigen Grenzen verändern.
4. Die Werkstück-Positionierelemente der Vorrichtung müssen optimal den Positionierlementen des Werkstücks (Kap. 11, insbesondere die Abschnitte 11.1, 11.2, 11.2.1, 11.2.2 und 11.2.3), mit denen sie in Berührung kommen, hinsichtlich ihrer Ausbildung und ihrer Lage, angepaßt sein.
5. Die Werkstück-Positionierelemente der Vorrichtung und ihre Lage in der Vorrichtung müssen gewährleisten, daß das Werkstück, z.B. an den Oberflächen, nicht oder nur in zulässigen Grenzen beschädigt wird (Abschnitt 13.4.5).
6. Der Verschleiß der Kontaktflächen der Werkstück-Positionierelemente der Vorrichtung darf vorzeitig keinen Ausschuß verursachen. Notfalls müssen die Positionierelemente auswechselbar bzw. einstellbar (Abschnitt 13.4.3) ausgebildet werden.
7. Auswechselbare Positionierelemente müssen leicht und schnell ausgewechselt werden können, wobei ihre Positioniergenauigkeit darunter nicht leiden darf.
8. Bei Werkstücken, die große Maß- und/oder Formabweichungen aufweisen, müssen einstellbare Positionierelemente vorgesehen werden (Abschnitte 13.4.2 und 13.4.3).
9. Einstellbare Positionierelemente müssen leicht und schnell einzustellen sein, wobei sie so gestaltet werden müssen, daß sie für den Bedienenden leicht zugänglich sind und der Einstellvorgang nach Möglichkeit gut beobachtet werden kann.
10. Bei Vorrichtungen für größere Werkstück-Stückzahlen bzw. beim Dauereinsatz sollten Zeitpunkt bzw. Stückzahl der Werkstücke vorgeschrieben werden, nach denen die Vorrichtung, insbesondere die Positionierelemente, zu überprüfen bzw. auszuwechseln oder einzustellen sind.

12.2 Verschleiß der Positionierelemente an den Berührungsflächen mit dem Werkstück

Die Größe des Verschleißes der Flächen der Positionierelemente, die mit dem Werkstück in Berührung kommen, hat wesentlichen Einfluß auf die Positioniergenauigkeit des Werkstücks in der Vorrichtung und im Endeffekt auf die Bearbeitungsgenauigkeit und somit auf die Bearbeitungskosten sowie den anfallenden Ausschuß. Die Positionierelemente sollten deshalb verschleißfest gestaltet werden.

Die Verschleißgröße kann als Funktion der Anzahl der in der Vorrichtung positionierten Werkstücke angesehen werden:

$$\boxed{G_V = y \cdot i^{0,5}} \quad \text{in } \mu m,$$

wobei der Faktor y von vielen Einflußgrößen abhängig ist, z.B. von der Härte der Oberfläche der Positionierelemente der Vorrichtung, ihrer Form (Abschnitt 13.4), der Belastung durch das Werkstück, Oberfläche der Werkstückpositionierelemente, Handhabungsart usw. Die Erfahrungswerte für y betragen:

$y = 0{,}1$ bis $0{,}3$ – Ebene und glatte Flächen der Vorrichtungspositionierelemente,

$y = 0{,}15$ bis $0{,}3$ – Prismenartige Positionierelemente,

$y = 0{,}3$ bis $0{,}6$ – Kugelförmige Flächen der Positionierelemente.

i Anzahl der in der Vorrichtung positionierten Werkstücke.

Um Ausschuß zu vermeiden, sollte die Anzahl der Werkstücke ermittelt und angegeben werden, wann die Positionierelemente ausgewechselt werden müssen.

13 Arten der Werkstück-Positionierelemente an Vorrichtungen

Die Werkstück-Positionierelemente an den Vorrichtungen, also Elemente, die mit den Positionierelementen des Werkstücks in Berührung kommen, müssen die an sie gestellten Forderungen (Abschnitt 12.1) erfüllen. Daraus resultieren verschiedene Arten und Ausführungen dieser Bauelemente, da sie einerseits mit verschiedenen Positionierelementen seitens des Werkstücks funktionsmäßig verbunden sind und andererseits bestimmte Aufgaben mit geforderter Genauigkeit erfüllen müssen.

13.1 Positionierelemente zum Positionieren des Werkstücks nach Anriß

Das Anreißen des Werkstücks und die Bearbeitung ohne Vorrichtungen ist mit erheblichen Kosten (Kap. 2) und Nachteilen (Abschnitt 1.3) verbunden. Deshalb wird nach dieser Methode nur gearbeitet, wenn:

1. nur ein Werkstück zu bearbeiten ist (z.B. ein Turbinengehäuse) und die verlangte Bearbeitungsgenauigkeit auch bei Anwendung des Anreißens gewährleistet wird,
2. nur eine geringe Stückzahl von Werkstücken zu bearbeiten ist und eine Vorrichtung unwirtschaftlich (Kap. 2) wäre, wobei auch in diesem Fall die Voraussetzung, daß der Einsatz einer Vorrichtung nicht unbedingt notwendig ist, gelten muß,
3. der Einsatz einer Vorrichtung nur geringe wirtschaftliche Vorteile bringen würde und die Bearbeitung ohne Vorrichtung möglich ist, aber die Vorrichtungs-Konstruktion und/oder Vorrichtungsbau über nur geringe oder keine Kapazitäten verfügen.

In Sonderfällen wird das Anreißen und der Einsatz einer einfachen Vorrichtung in Frage kommen. Dieses betrifft jedoch nur Fälle, bei denen aus wirtschaftlichen Gründen das Anreißen in Verbindung mit einer Vorrichtung in Frage kommen kann, z.B. wenn dadurch die Positionierzeiten verkürzt werden und ein größerer Kostenaufwand hinsichtlich der Vorrichtung nicht wirtschaftlich vertretbar ist.

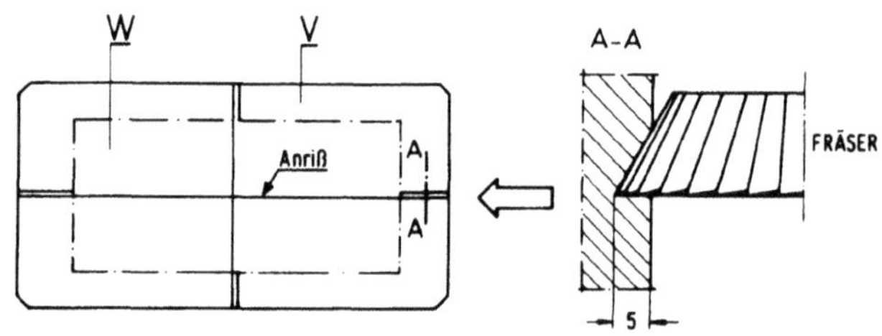

Bild 13-1 Positionieren des Werkstücks nach einem am Werkstück vorhandenen Anriß.

Das Werkstück wird nach dem Anreißen durch Anpeilen der in der Grundplatte befindlichen Einfräsungen mit dem Anriß auf der Vorrichtung positioniert.

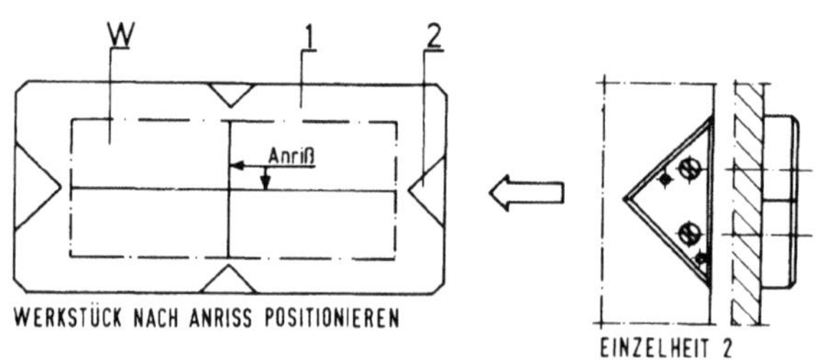

Bild 13-2 Positionieren des Werkstücks nach einem am Werkstück vorhandenen Anriß.

Das Werkstück wird durch Anpeilen der Spitzen der aufgeschraubten Positionierelemente mit dem Anriß auf der Vorrichtung positioniert. Dabei wird das jeweils zwischen den Werkstückkanten und den gegenüberliegenden Anpeilspitzen vorhandene Spiel halbiert.

In den Bildern 13-1 und 13-2 wird gezeigt, wie ein Werkstück nach Anriß positioniert wird und welche Positionierelemente dafür geeignet sind. In beiden Fällen wird eine Grundplatte benutzt, auf die das Werkstück aufgelegt wird. Die Positionierelemente der Vorrichtung dienen dabei als Anpeil- und Ausrichtelemente. Im Bild 13-1 ist es eine spitze Nut, die in die Grundplatte eingefräst wird. Im Bild 13-2 wird die Spitze einer auf die Grundplatte aufgeschraubten Platte zum Anpeilen benutzt. Durch Anpeilen wird also das Werkstück in die

Positionier-Sollage gebracht und danach gespannt. Notfalls muß das gesamte Spiel zwischen dem Werkstück und dem Spitzenabstand zweier gegenüberliegender Anpeilspitzen nach Möglichkeit genau halbiert werden.

13.2 Positionierelemente zum Positionieren des Werkstücks nach seinen Konturen

Das Werkstück kann mit Hilfe seiner Konturen in der Vorrichtung positioniert werden. Dieses betrifft besonders das Positionieren des Werkstücks für den ersten Arbeitsgang. Das Werkstück wird nicht mehr angerissen (Abschnitt 13.1), so daß dieser kostenaufwendige Arbeitsgang entfällt. Beim Positionieren nach den Werkstückkonturen kann man sich der Außen- und/oder Innenkontur des Werkstücks bedienen. Bild 13-3 zeigt verschiedene Möglichkeiten:

a) Es wird eine Platte, die die Kontur des Werkstücks darstellt und auf die das Werkstück aufgelegt wird, verwendet.
b) Auf die Grundplatte werden Leisten, die die markanten Linien und/oder Punkte der Werkstückkontur wiedergeben, befestigt.
c) Hier wird eine Platte verwendet, die zwar die Kontur des Werkstücks darstellt, diese jedoch um einen bestimmten Rand (2...4mm) größer ist als die Werkstückkontur. Diese Platte wird auf der Grundplatte befestigt.

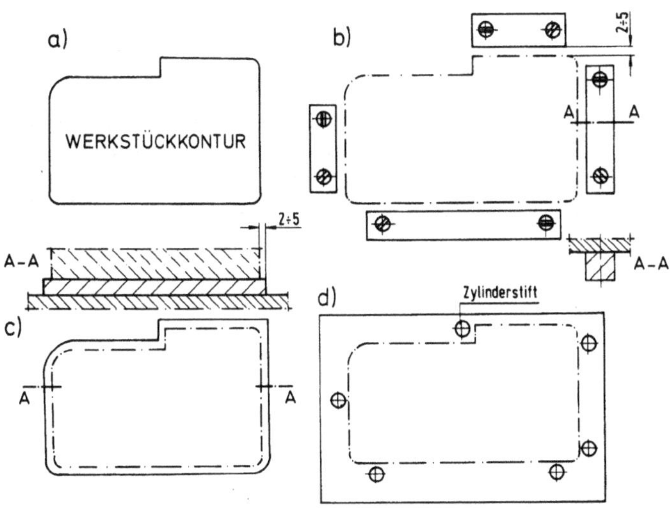

Bild 13-3 Positionieren des Werkstücks nach seiner Kontur.
a) Werkstückkontur stimmt mit der Positionier-Auflageplattenform der Vorrichtung überein.
b) Aufgeschraubte Leisten begrenzen markante Stellen der Werkstückkontur. Sie sind auf die betreffenden maximalen Maße des Werkstücks plus 2 ... 5 mm – je nach Werkstückgröße – aufgeschraubt. Das jeweils beim Positionieren vorliegende Spiel wird in allen Richtungen halbiert.
c) Werkstückkontur stimmt mit der Form der Positionier-Auflageplatte überein, wobei diese Platte allseitig 2 ... 5 mm – je nach Werkstückgröße – vorsteht. Das jeweils beim Positionieren vorliegende Spiel wird in allen Richtungen halbiert.
d) Zylinderstifte begrenzen markante Stellen des Werkstücks. Ihre Lage muß als Funktion der markanten Werkstückformelemente sowie der maximalen Werkstückmaße gewählt werden. Dabei wird an den das Werkstück begrenzenden Stellen ein Spiel von 2 ... 5 mm – je nach Werkstückgröße – vorgesehen und beim Positionieren halbiert.

d) In der Grundplatte werden mehrere Zylinderstifte befestigt, die die Kontur des Werkstücks an ihren markanten Punkten begrenzen.

Es ist selbstverständlich, daß der Abstand der Leisten (Bild 13-3b) und der Zylinderstifte (Bild 13-3c) so gewählt werden muß, daß auch Werkstücke mit maximalen Toleranzen positioniert werden können. In beiden anderen Fällen (Bild 13-3a und c) werden bestimmte Werkstückelemente in Form markanter Punkte der Kontur angepeilt und in Übereinstimmung mit der analogen Kontur, die in die Vorrichtung in

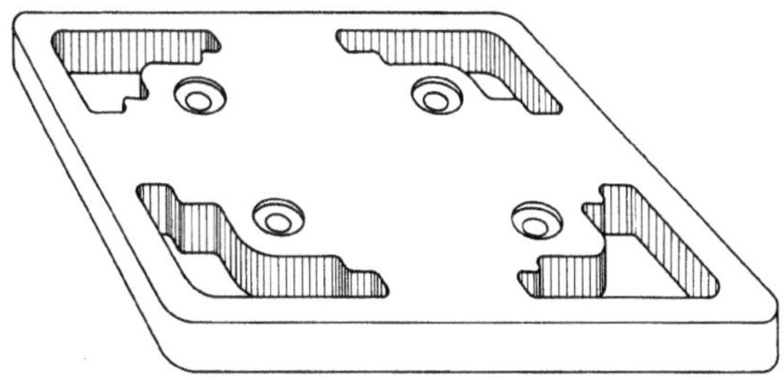

Bild 13-4 Positionieren des Werkstücks mit Hilfe einer teilweise ausgefrästen Werkstückkontur in der Auflageplatte der Vorrichtung.

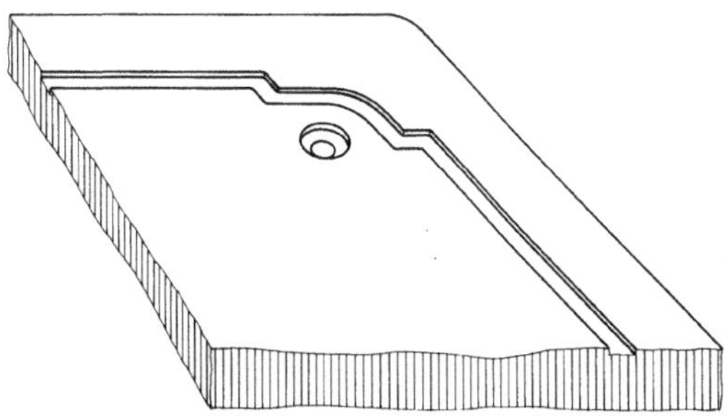

Bild 13-5 Eine in die Werkstückauflageplatte der Vorrichtung ausgefräste Werkstückkontur in Form einer Nut kann zum Positionieren des Werkstücks dienen. Dabei müssen die maximalen Werkstückmaße berücksichtigt werden. Andere Werkstücke werden positioniert, indem die jeweiligen Spiele halbiert werden.

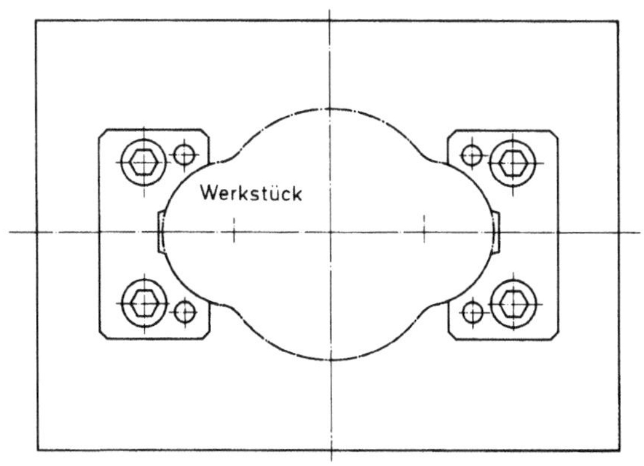

Bild 13-6 Positionieren des Werkstücks mit Hilfe von zwei Prismen (Abschnitt 13.5), die die Werkstückkontur an ihren markanten Stellen teilweise berühren, wobei das Maximalmaß des Werkstücks an diesen Stellen berücksichtigt werden muß. Bei anderen Werkstücken werden die jeweiligen Spiele halbiert.

Form von den Konturen genau übereinstimmende bzw. um bestimmte Randgrößen größer gestaltete Gegenelemente zum Werkstück gebracht werden. In den Bildern 13-4 bis 13-12 sind weitere Beispiele von Positionierelementen, die das Positionieren des Werkstücks nach seinen Konturen ermöglichen, gezeigt. Die Erläuterungen befinden sich in den Bildbeschreibungen.

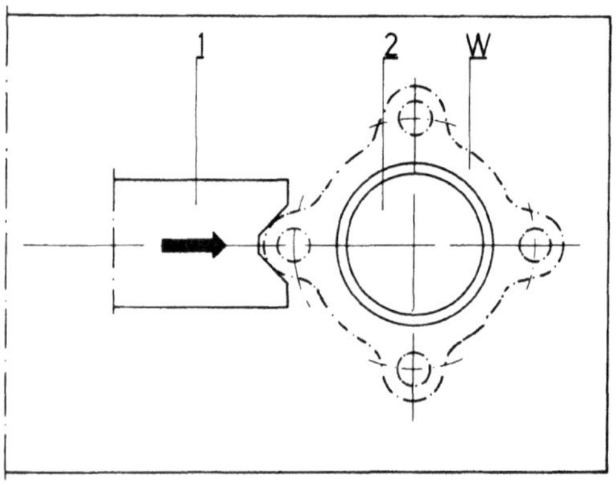

Bild 13-7 Positionieren des Werkstücks mit Hilfe einer markanten Stelle der Werkstückkontur und einer bereits am Werkstück vorhandenen (nach Möglichkeit bearbeiteten) Bohrung, die mit Hilfe eines runden Aufnahmebolzens (Abschnitt 13.9) positioniert wird (s. a. Bild 13-8).

1 bewegliches Prisma (Abschnitt 13.5), 2 runder Aufnahmebolzen.

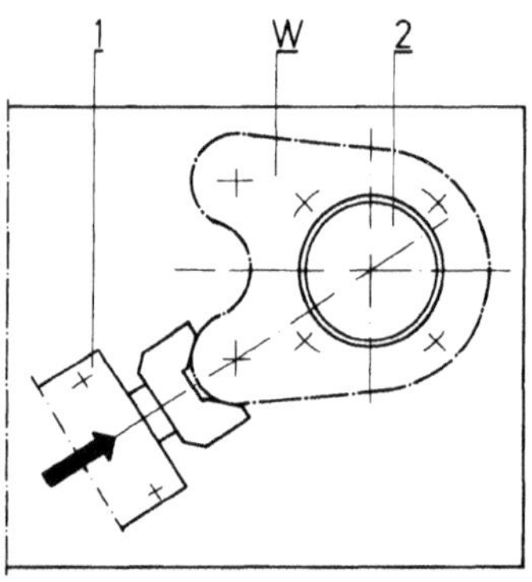

Bild 13-8 Positionieren des Werkstücks mit Hilfe einer markanten Stelle der Werkstückkontur und einer bereits am Werkstück vorhandenen (analog zum Bild 13-7) (nach Möglichkeit bearbeiteten) Bohrung, die mit Hilfe eines runden Aufnahmebolzens positioniert wird (s. a. Bild 13-10).

1 bewegliches Prisma (Abschnitt 13.5), 2 runder Aufnahmebolzen.

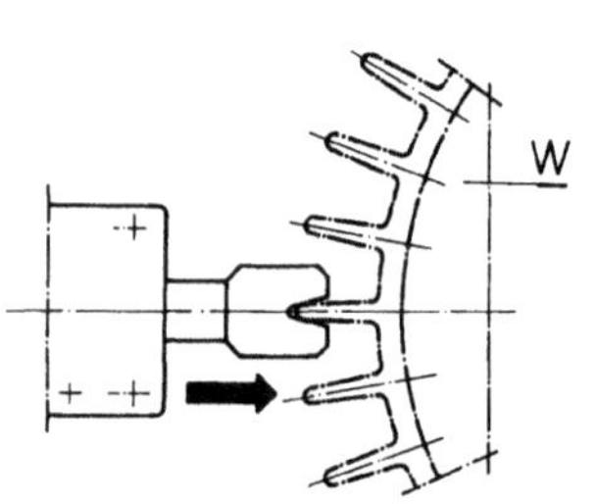

Bild 13-9 Positionieren des Werkstücks mit Hilfe eines Elementes der Werkstückkontur und einer bereits am Werkstück vorhandenen bearbeiteten Bohrung (Lager) analog zu den Bildern 13-7 und 13-8 sowie 13-10.

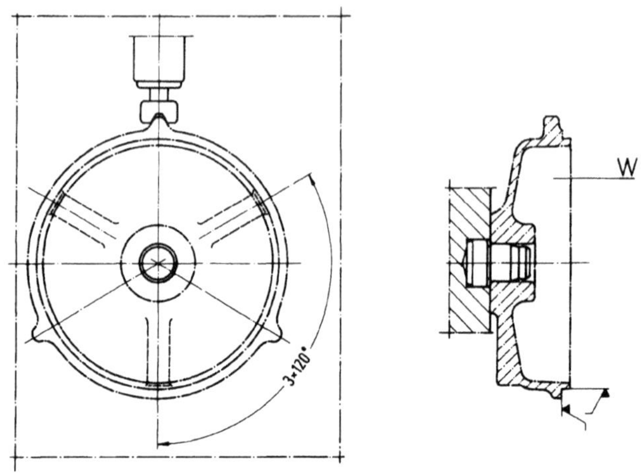

Bild 13-10 Positionieren des Werkstücks mit Hilfe eines Elementes der Werkstückkontur und einer bereits am Werkstück vorhandenen bearbeiteten Bohrung (Lager) analog zu den Bildern 13-7 bis 13-9.

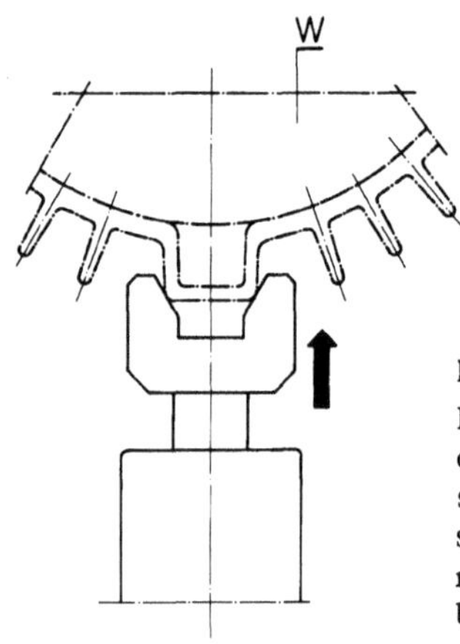

Bild 13-11

Positionieren des Werkstücks mit Hilfe eines markanten Elementes der Werkstückkontur und einer bereits am Werkstück vorhandenen bearbeiteten Bohrung (Lager) analog zu den Bildern 13-7 bis 13-10.

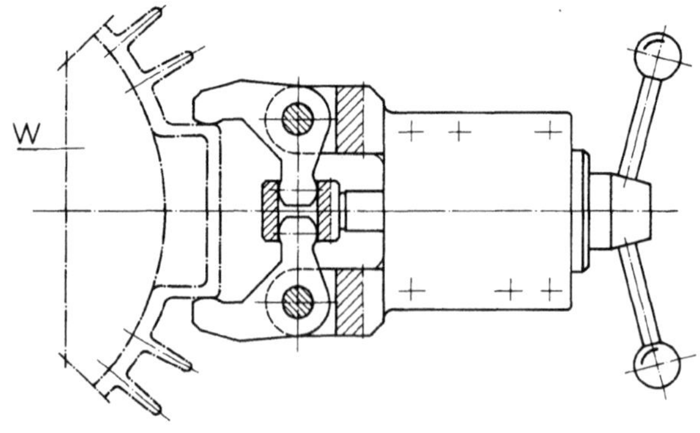

Bild 13-12 Positionieren eines Werkstücks mit Hilfe eines markanten Werkstückelements der Werkstückkontur und einer bereits am Werkstück vorhandenen bearbeiteten Bohrung. In die Werkstückbohrung greift ein runder Aufnahmebolzen (Abschnitt 13.9) ein und die Werkstückkontur wird mit Hilfe eines mittig positionierenden Spannelements (Abschnitt 15.10) positioniert.

13.3 Positionieren des Werkstücks mit Hilfe von Werkstückpositionierlehren

Es wird nicht immer möglich sein, ein Werkstück einwandfrei, vor allem für den ersten Arbeitsgang, zu positionieren, da in diesem Falle nur rohe und unbearbeitete Positionierelemente am Werkstück vorhanden sind. Es kann auch vorkommen, daß ein Werkstück nach bestimmten Flächen zwar positioniert werden muß, aber diese Flächen nicht auf oder gegen feste Positionierelemente der Vorrichtung an- oder/und aufgelegt werden können. Dieses kommt dann vor, wenn die Positionierelemente der Vorrichtung die Bearbeitung unmöglich machen, da sie z.B. den Werkzeugdurchgang nicht erlauben würden. In solchen Fällen, die jedoch nach Möglichkeit nur ausnahmsweise vorkommen sollten, werden Werkstückeinstellehren als Positionierelemente verwendet und nach Beendigung des Positioniervorganges und nach dem Spannen des Werkstücks, beseitigt. In den Bildern 13-13 bis 13-15 wird gezeigt, wie verschiedene Werkstücke mit Hilfe entsprechender Werkstückeinstellehren, die jeweils als integrierte Bestandselemente der Vorrichtung konzipiert werden, in der Vorrichtung positioniert werden. Nach dem Positioniervorgang wird das Werkstück gespannt und danach die Positionierlehre abgenommen.

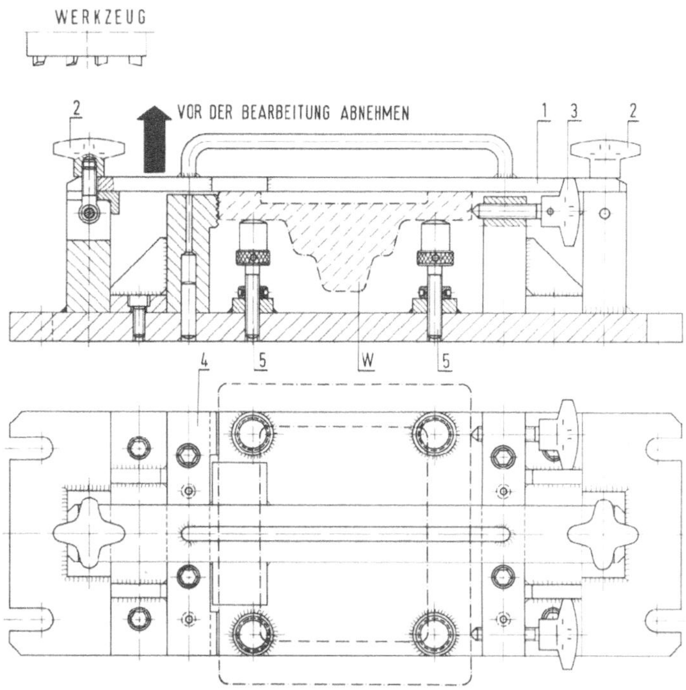

Bild 13-14 Positionieren des Werkstücks mit Hilfe einer Werkstück-Positionierlehre, die nach dem Positionier- und Spannvorgang zwecks Freigabe der bearbeiteten Fläche beseitigt wird.

1 Werkstück-Positionierlehre, 2 Spannelement der Positionierlehre, 3 Spannelement des Werkstücks in der Vorrichtung, 4 Anlageelement, 5 Stützelement.

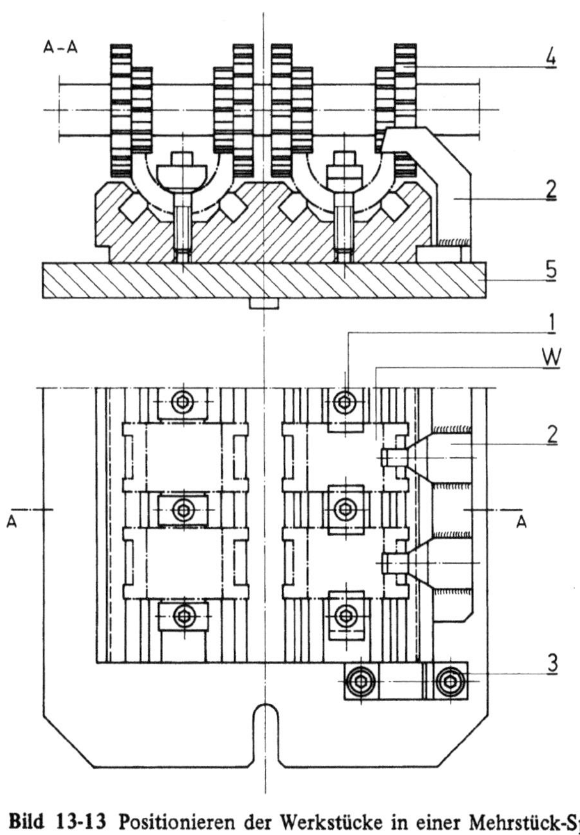

Bild 13-13 Positionieren der Werkstücke in einer Mehrstück-Spannvorrichtung (s. a. Abschnitt 15.9) mit Hilfe einer Werkstück-Positionierlehre, mit der jeweils zwei Werkstücke gleichzeitig positioniert werden (s. a. Bilder 13-14 und 13-15).

1 Spanneisen, 2 Positionierlehre, 3 Werkzeugeinstellblock (Abschnitt 6.1), 4 Werkzeug, 5 Vorrichtungsgrundplatte.

13.4 Positionier-An- und Auflageelemente

Die Positionier-An- und Auflageelemente der Vorrichtung, an bzw. auf die das Werkstück an oder/und aufgelegt wird und die mit den Positionierelementen des Werkstücks (Abschnitt 11.2) in Berührung kommen und das Werkstück in der Vorrichtung positionieren, kann man unterteilen in:

1. feste Positionier-An- und Auflageelemente (Abschnitt 13.4.1),
2. einstellbare Positionier-An- und Auflageelemente (Abschnitt 13.4.2),
3. einstellbare und verstellbare Positionier-An- und Auflageelemente (Abschnitt 13.4.3) und
4. bewegliche Positionier-An- und Auflageelemente (Abschnitt 13.4.4).

In den meisten Fällen werden die verschiedenen Arten dieser Positionierelemente bei einem Werkstück miteinander kombiniert, so daß in einer Vorrichtung verschiedene Arten gleichzeitig angewendet werden.

13.4.1 Feste Positionier-An- und Auflageelemente

Ein festes An- und Auflage-Positionierelement kann unlösbar oder lösbar mit der Vorrichtung verbunden sein. Der Begriff „fest" bezieht sich auf die Funktion und nicht auf die Befestigungsart des Elements in der Vorrichtung. Das bedeutet,

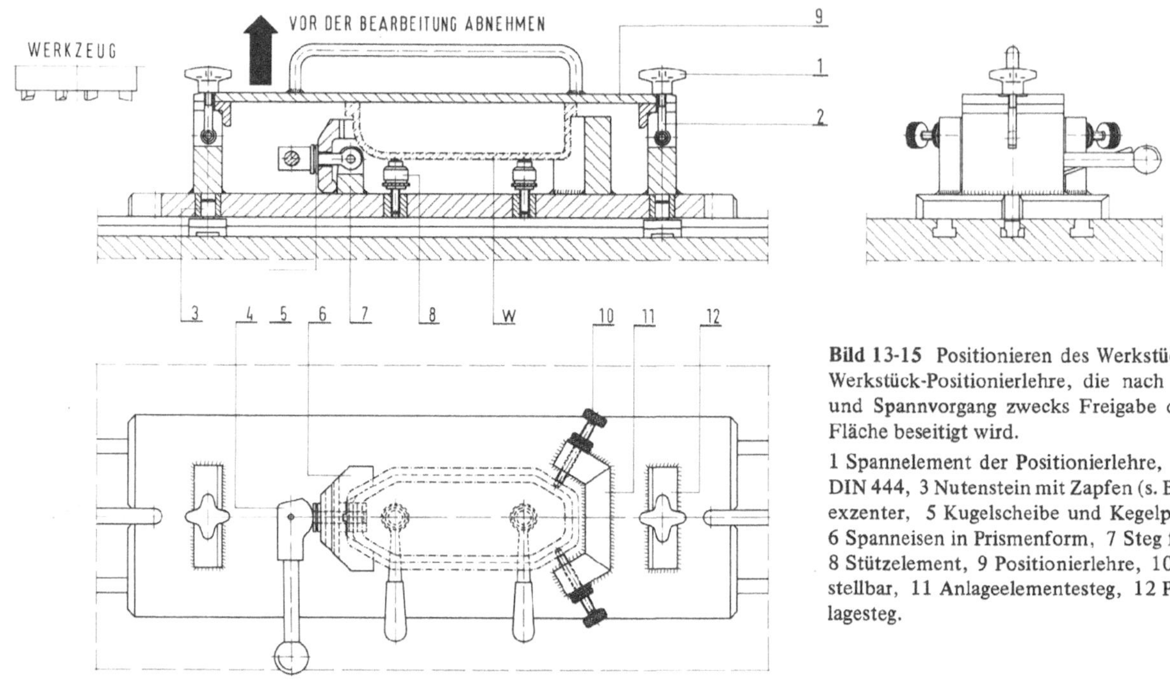

Bild 13-15 Positionieren des Werkstücks mit Hilfe einer Werkstück-Positionierlehre, die nach dem Positionier- und Spannvorgang zwecks Freigabe der bearbeiteten Fläche beseitigt wird.

1 Spannelement der Positionierlehre, 2 Augenschraube DIN 444, 3 Nutenstein mit Zapfen (s. Bild 5-27), 4 Spannexzenter, 5 Kugelscheibe und Kegelpfanne DIN 6319, 6 Spanneisen in Prismenform, 7 Steg für Spannelement, 8 Stützelement, 9 Positionierlehre, 10 Anlageelement verstellbar, 11 Anlageelementesteg, 12 Positionierlehre-Auflagesteg.

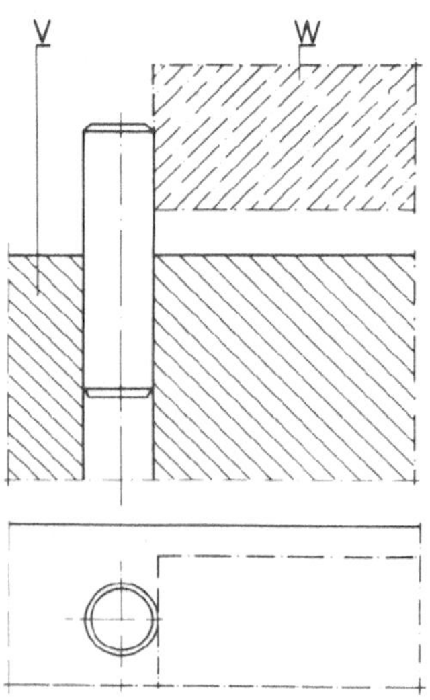

Bild 13-16

Zylinderstift DIN 6325 als Positionierelement.

Diese Zylinderstifte können als Anlage- oder Auflage-Positionierelemente dienen. Als Anlageelement besteht der Nachteil: Linienberührung des Positionierelements mit dem Werkstück und dadurch schneller Verschleiß.

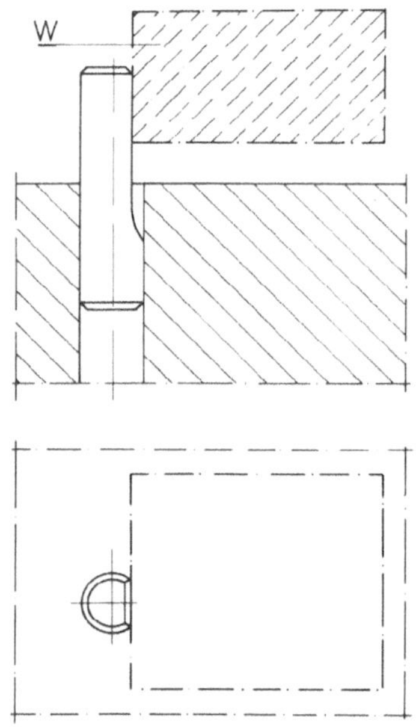

Bild 13-17

Teilweise abgeflachter Zylinderstift DIN 6325 als Positionier-Anlageelement.

Die Linienberührung (Bild 13-16) wurde in Flächenberührung mit dem Werkstück umgewandelt.

daß z.B. eingepreßte Stifte (Bilder 13-16 und 13-17) sowie Bolzen (Bild 13-18), aufgeschraubte Leisten (Bilder 13-21a und b), eingeschraubte Schrauben (Bild 13-22), deren Kopf als Positionierfläche dient, aufgeschraubte Winkel (Bild 13-31d) u.ä. als Positionierlemente dienen können. Außerdem lassen sich die An- und Auflageflächen in Form einer Fläche des Grundkörpers (Bild 13-31a), die in den Grundkörper eingearbeitet wird bzw. in Form von aufgeschweißten Flächen bei geschweißten Vorrichtungen ausgebildet wird (Bild 13-31b), herstellen. In den Bildern 13-16 bis 13-31 sind verschiedene Möglichkeiten der Ausbildung und Gestaltung der festen An- und Auflage-Positionierelemente der Vorrichtung dargestellt. Auch ein Prisma stellt ein Positionierelement dar. Diese Art

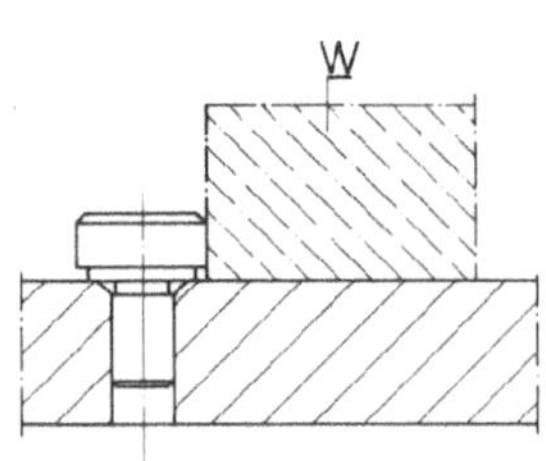

Bild 13-18

Anlagebolzen als Positionierelement.

wird im Abschnitt 13.5 gesondert besprochen, da mit diesen Positionierelementen besondere Probleme zusammenhängen.

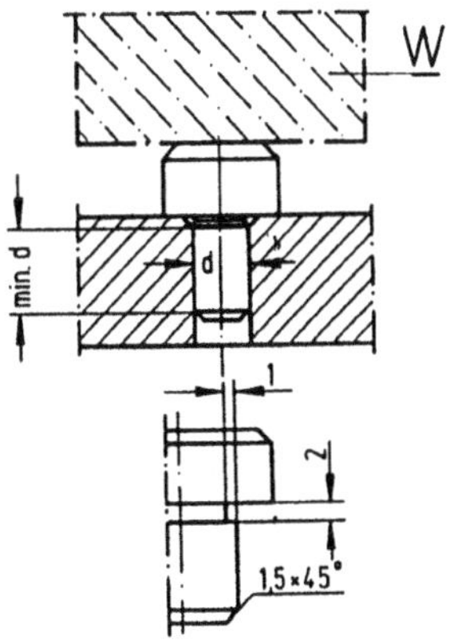

Bild 13-19
Auflagebolzen als Positionierelement.

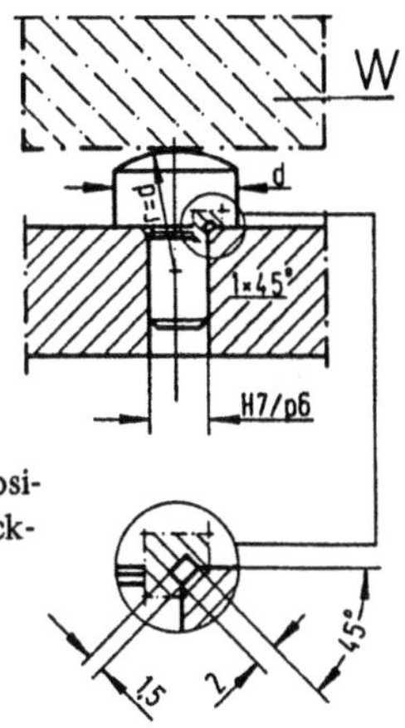

Bild 13-20
Auflagebolzen mit Kugelauflagefläche als Positionierelement; geeignet für rauhe Werkstück-Positionierflächen.

a)
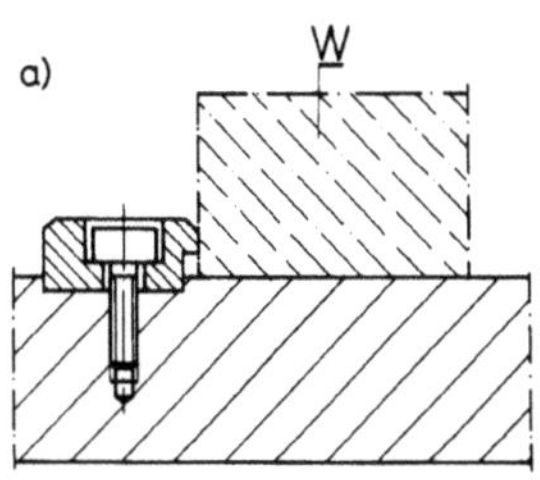

b)
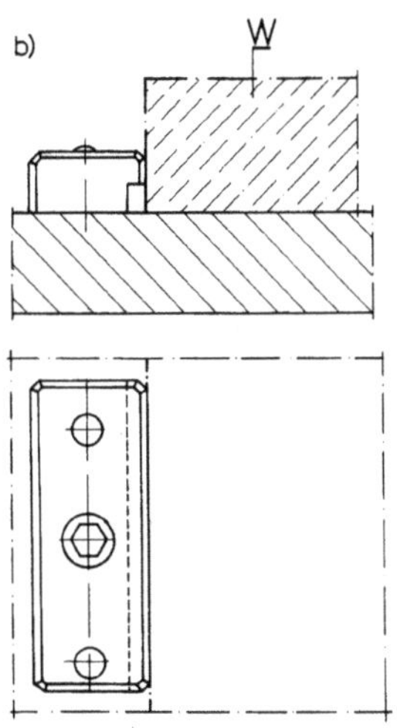

Bild 13-21
Anlage-Positionierleiste:
a) in die Vorrichtungs-Grundplatte eingelassen,
b) auf die Vorrichtungs-Grundplatte aufgelegt, verschraubt und verstiftet.

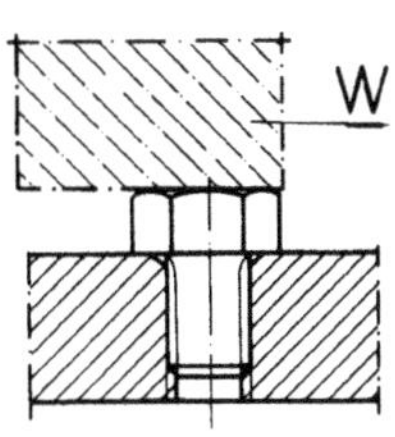

Bild 13-22
Sechskantkopfschraube DIN 931 als Auflage-Positionierelement bzw. analog auch als Anlage-Positionierelement – um 90° versetzt – einsetzbar.

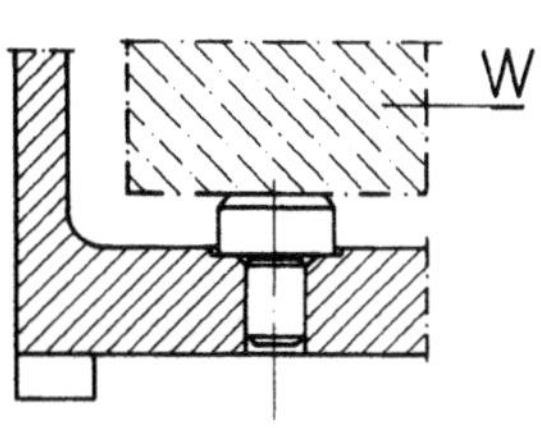

Bild 13-23
Auflagebolzen als Positionierelement an einem gegossenen Vorrichtungs-Grundkörper (angesenkte Fläche) bzw. analog auch als Anlage-Positionierelement – um 90° versetzt – einsetzbar.

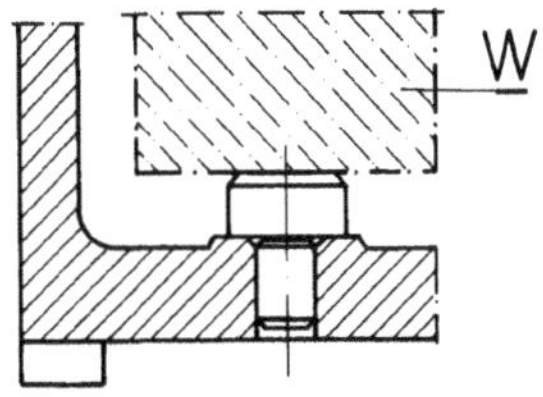

Bild 13-24 Auflagebolzen als Positionierelement an einem gegossenen Vorrichtungsgrundkörper (Abschnitt 19.1.3) in Form einer angegossenen Fläche im Gegensatz zu einer angesenkten, im Bild 13-23 dargestellten Fläche.

Diese Ausführung ist analog auch als Anlage-Positionierelement – um 90° versetzt – einsetzbar. Die Auflagefläche für den Positionierbolzen kann hierbei auf verschiedene Art bearbeitet werden; die Auflagefläche im Bild 13-23 kann nur mit Hilfe eines Stirnsenkers bearbeitet werden. Voraussetzung für die Ausführung im Bild 13-24 ist jedoch, daß für das Werkzeug (Stirn- oder Walzenfräser) der Zugang (auch im Hinblick auf den Fräsdorn) gewährleistet ist. In allen Fällen dieser Art sollte auch ein Überschleifen der bereits eingepreßten Auflagebolzen möglich sein, damit eine genaue Positionierebene für das Werkstück geschaffen werden kann. Dieses betrifft besonders Vorrichtungen mit hohen Wänden (z. B. Kastenbohrvorrichtungen – Abschnitt 30.4).

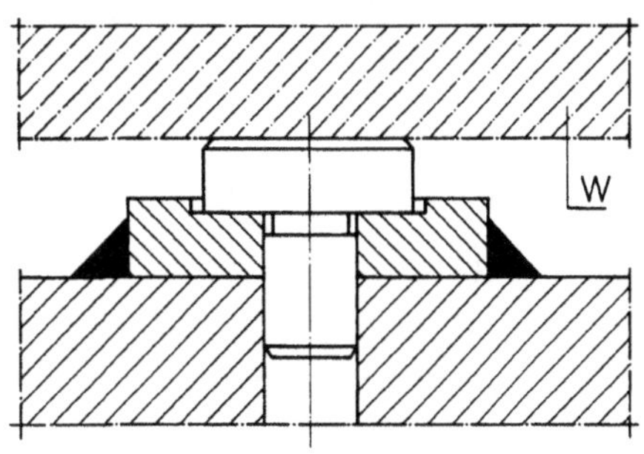

Bild 13-25 Auflagebolzen als Positionierelement an einem verschweißtem Vorrichtungs-Grundkörper mit einer Auflage, die angesenkt bzw. ganzflächig bearbeitet wird.

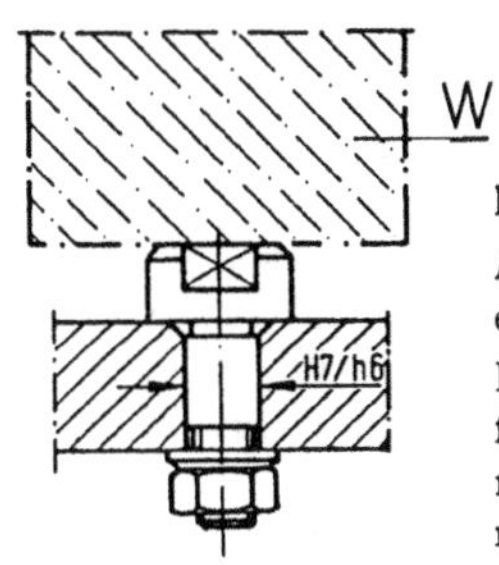

Bild 13-26
Auswechselbarer Auflagebolzen als Positionierelement.
Besonders bei großem Verschleiß, der z. B. infolge großer Stückzahl der Werkstücke vorkommen kann, geeignet. Die Mutter kann im Vorrichtungskörper versenkt werden.

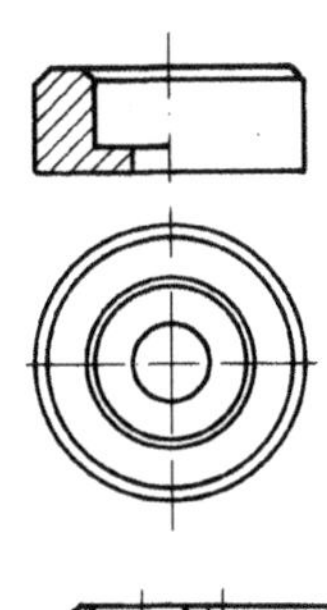

Bild 13-27
Gehärtete handelsübliche (Werksnorm) Auf- und Anlage-Positionierscheibe mit Ansenkung für den Befestigungsschraubenkopf.

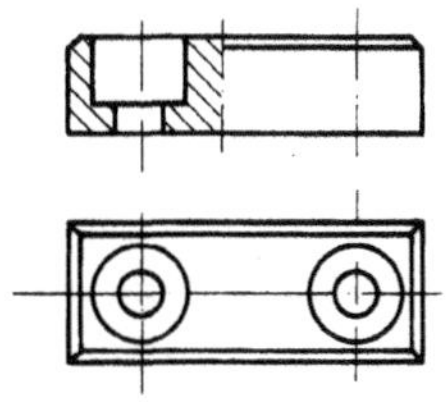

Bild 13-28
An- und Auflage-Positionierleiste (Werksnorm, handelsüblich) mit angesenkten Bohrungen für Befestigungsschraubenköpfe.

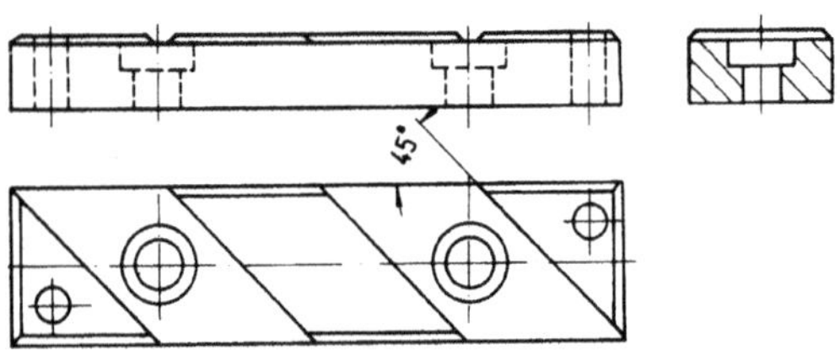

Bild 13-29 Auflage-Positionierleiste mit schrägverlaufenden Werkstückaufnahmeflächen, deren schräg zur Werkstückverschieberichtung verlaufenden Kanten als Abstreifer für Schmutz und Späne dienen.

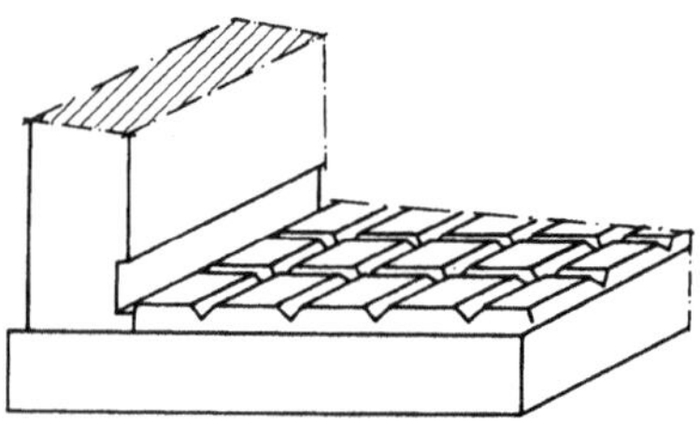

Bild 13-30 Unterbrochene und bearbeitete Auflage-Positionierfläche an einem gegossenen Vorrichtungs-Grundkörper. Diese Art der Positionierfläche eignet sich besonders für wenig steife Werkstücke.

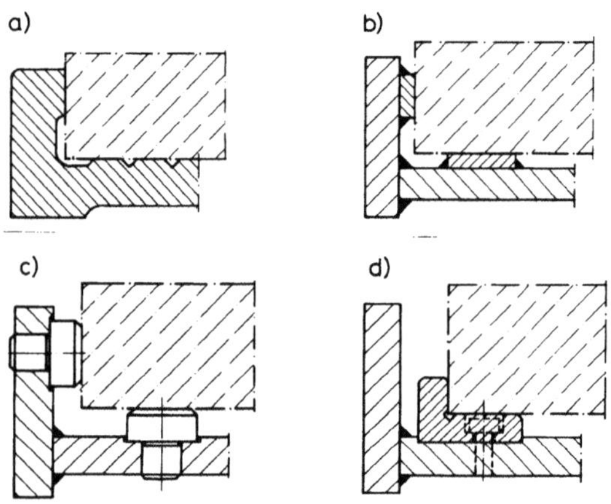

Bild 13-31 Verschiedene An- und Auflage-Positionierelemente an gegossenen und geschweißten (analog auch an verschraubten) Vorrichtungs-Grundkörpern (Vorrichtungsgrundkörper s. Kap. 19).

a) Gegossener Grundkörper mit gegossenen An- und Auflage-Positionierflächen,
b) Geschweißter Grundkörper mit angeschweißten An- und Auflage-Positionierflächen,
c) Geschweißter Grundkörper mit angesenkten Flächen und eingepreßten Auflagebolzen als An- und Auflage-Positionierelemente,
d) Geschweißter Grundkörper mit einer bearbeiteten Fläche und einem eingelassenen Positionier-Winkelelement.

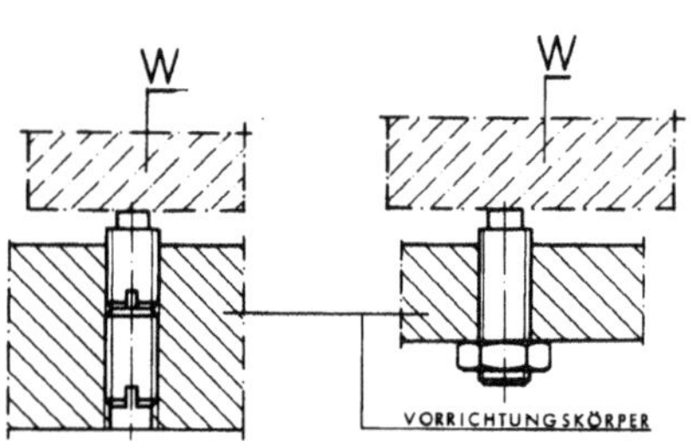

Bild 13-32 Aus DIN-Normelementen bestehende einstellbare An- und Auflage-Positionierelemente.

13.4.2 Einstellbare Positionier-An- und Auflageelemente

Für Werkstücke, deren An- und/oder Auflage-Positionierflächen maßlich sehr variieren (z.B. gegossene, geschmiedete oder gepreßte Werkstücke mit verhältnismäßig groben Maßtoleranzen infolge Kernverschiebung, Werkzeugverschleiß usw., Abschnitt 11.3.3) oder bei Veränderungen der Lage der Positionierflächen am Werkstück, z.B. infolge des Werkzeugverschleißes bei spanender Bearbeitung, muß man einstellbare An- und Auflage-Positionierelemente (Bilder 13-32 und 13-33) anwenden. Sie werden jeweils, sobald eine Veränderung der Positionierflächen am Werkstück auftritt (z.B. eine neue Lieferung von Gußwerkstücken), neu eingestellt.

13.4.3 Einstellbare und verstellbare Positionier-An- und Auflageelemente

Unter dem Begriff „einstellbare und verstellbare" Positionier-An- und Auflageelemente versteht man Positionierelemente, die sehr oft eingestellt und verstellt werden. Dieses tritt dann ein, wenn in einer Vorrichtung Werkstücke mit unterschiedlichen Maßunterschieden genau positioniert werden sollen.

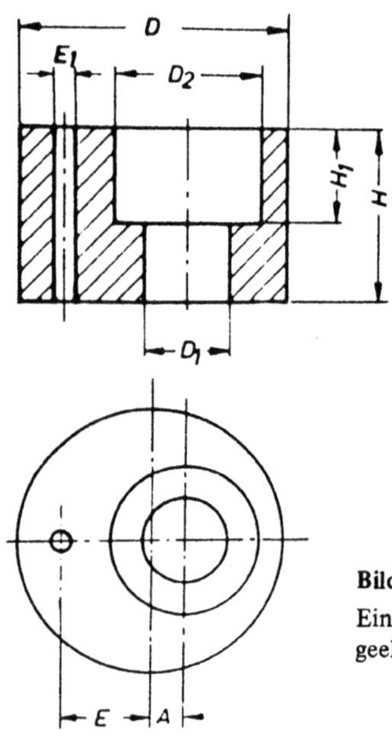

Bild 13-33

Einstellbares Exzenter-Positionier-Anlageelement (Werksnorm, handelsüblich).

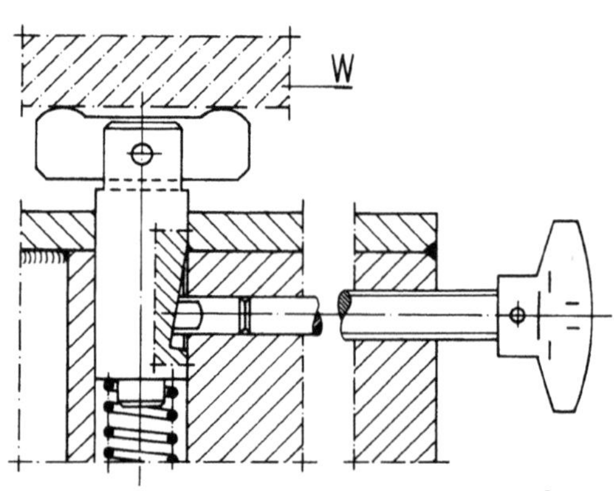

Bild 13-34 Einstellbares und verstellbares Positionier-Auflageelement mit einer Wippe und einem Feststellelement.

Der Einsatz dieser Elemente ist auch bei einer Vorrichtung mit einer Werkstückeinstellehre (Bilder 13-14 und 13-15) eindeutig. Diese Art der Positionierelemente ist ähnlich konzipiert (Bilder 13-34 bis 13-36) wie die Stützelemente (Abschnitt 14.2), so daß die Grenze hierbei sehr verwischt ist.

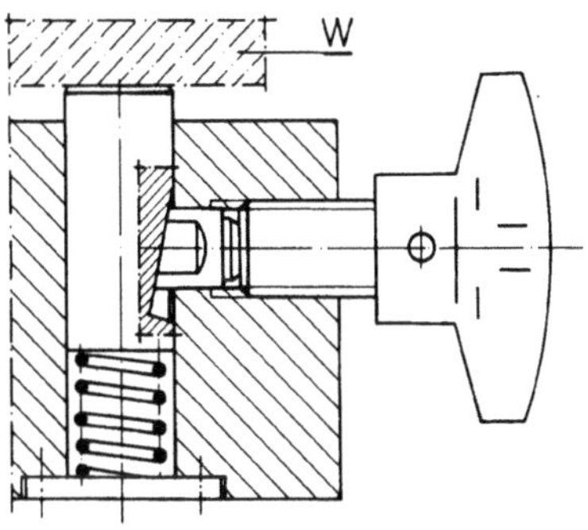

Bild 13-35
Einstellbares und verstellbares Positionier-Auflageelement mit einem Feststellelement.

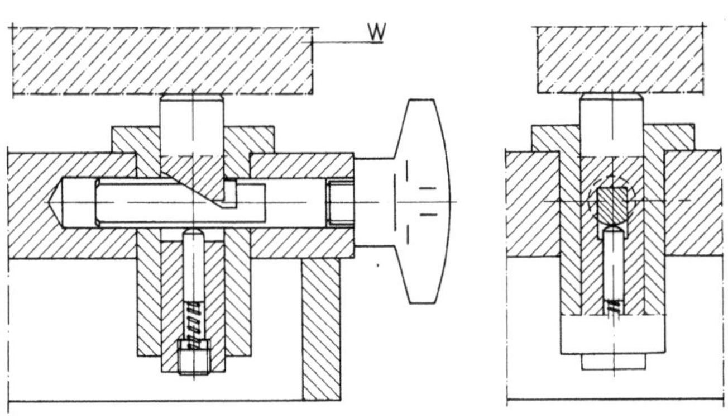

Bild 13-36 Einstellbares und verstellbares Positionier-Auflageelement mit einer Feststellzugwelle.

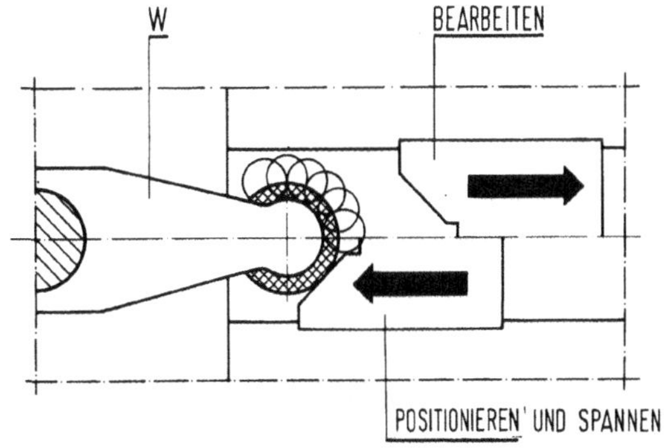

Bild 13-37 Bewegliches Positionier-An- und -Auflageelement in Prismenform.
Nach dem Spannen des Werkstücks wird das Positionierelement beseitigt und der für das Werkzeug bei der Bearbeitung notwendige Raum freigegeben.

13.4.4 Bewegliche Positionier-An- und Auflageelemente

Bewegliche An- und Auflage-Positionierelemente werden angewendet, wenn nach einem erfolgten Positioniervorgang die Positionierelemente entfernt werden müssen, um dem Werkzeug Bewegungsfreiheit zu geben. Dieses kommt z.B. vor, wenn eine Bohrung eines Werkstücks als Positionierelement dient und mit Hilfe eines Positionierbolzens (Abschnitt 12.9.1) seitens der Vorrichtung positioniert wird. Nach der Positionierung wird das Werkstück gespannt und die Bohrung für eine weitere Bohrungsbearbeitung durch Beseitigen des Positionierbolzens freigegeben, da sonst der Positionierbolzen im Wege wäre. Dieses kann auch für die Bearbeitung der Außenkontur eines Werkstücks (Bild 13-37) gelten, wenn die bearbeitete Fläche als Positionierfläche benutzt werden muß. Diese Art der Positionierelemente der Vorrichtung sollte nach Möglichkeit vermieden werden und nur dann in Frage kommen, wenn keine andere Lösung möglich ist.

13.4.5 Spannmarkenbildung am Werkstück durch Positionier-An- und Auflageelemente

Hinsichtlich der Spannmarkenbildung am Werkstück, die durch den Einfluß der Spannkraft Fs (Kap. 15) und bei schweren Werkstücken durch das Gewicht des Werkstücks über die Positionier-An- und Auflageelemente entstehen können, sollte stets überprüft werden, ob die dadurch entstehende Berührungsverformung zulässig ist. Die Größe dieser Verformung kann anhand der Formeln im Bild 13-38 ermittelt werden.

13.4.6 Richtlinien für die Gestaltung der Positionier-An- und Auflageelemente

Um die Positioniergenauigkeit der An- und Auflage-Positionierelemente zu gewährleisten und so lange wie möglich zu erhalten, ist folgendes bei der Gestaltung dieser Elemente zu beachten:

1. Bei der Wahl der Lage und der Festlegung der Art der Positionierelemente sind die in Kap. 12 aufgeführten Hinweise und die in Abschnitt 12.1 aufgezählten Forderungen zu berücksichtigen.
2. Die Flächen der An- und Auflage-Positionierelemente, die mit dem Werkstück in Berührung kommen und somit dem Verschleiß unterworfen sind, sollten gehärtet ausgeführt werden.
3. Dem Verschleiß besonders unterworfene An- und Auflageelemente sind auswechselbar (Bild 13-26) zu gestalten.
4. Für dünne und labile Werkstücke mit bearbeiteten Positionierflächen ist eine glatte ununterbrochene Auflagefläche zu wählen, damit die Werkstückflächen nicht beschädigt werden.
5. Für größere Werkstücke ist die Auflagefläche der Positionierelemente durch schräg verlaufende Nuten (Bild 13-29) zu unterbrechen, da dadurch Schmutz und Späne beim Verschieben des Werkstücks abgestreift werden und sich nicht auf die Positioniergenauigkeit auswirken können.
6. Besonders bei schweren Werkstücken ist die zulässige Berührungsverformung (Abschnitt 13.4.5) festzulegen und zu überprüfen.
7. Die maximale zulässige Flächenpressung des Werkstückwerkstoffes ist zu beachten.

<table>
<tr><th>Nr.</th><th>Fall</th><th>Formel</th><th>Erläuterungen, Formelzeichen, Einheiten usw.</th></tr>
<tr><td>1</td><td>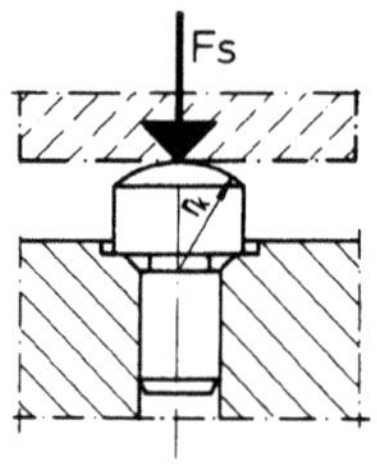</td><td>y Berührungs-Verformung (nach W. C. Korsakow)
$y = C \frac{F_s \cdot 0{,}75}{r_k}$ in μm</td><td>C Werkstückwerkstoff-Konstante
Stahl 45 : C = 5,2
Grauguß HB 180 ÷ 200 : C = 5,8
F_s Spannkraft in N × 9,81
r_k Kuppenradius in mm

F_s wirkt senkrecht auf die Kugelfläche</td></tr>
<tr><td>2</td><td>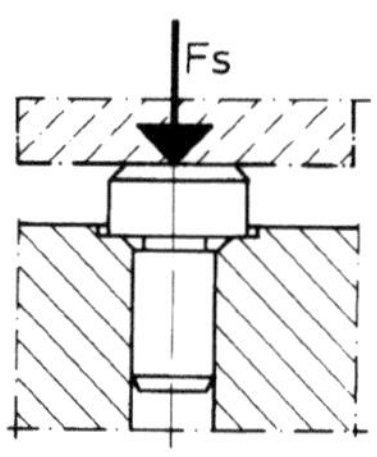</td><td>$y = C_1 \cdot q^{0,5}(C_2 + KR_a)$ in μm</td><td>C_1, C_2 Stahl: $C_1 = 0{,}03$, $C_2 = 20$
K = 1,
q Verhältnis der Kraft F_s zu der Bolzenauflagefläche in cm^2 (F_s in N × 9,81)

R_a Arithmetischer Mittelrauhwert in μm

F_s wirkt senkrecht auf die Auflagefläche</td></tr>
<tr><td>3</td><td>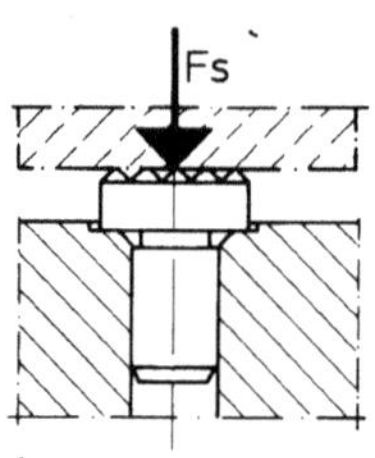</td><td>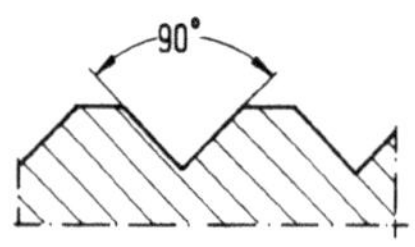
$y = A \cdot q^{0,5}$ [μm]
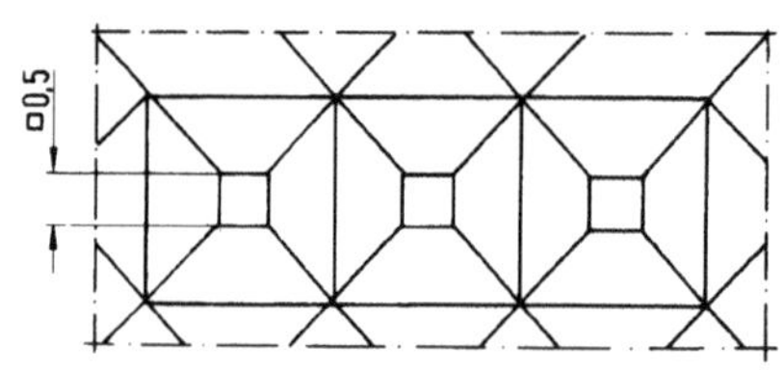</td><td>q Verhältnis der Kraft F_s zu der Bolzenauflagefläche in cm^2, für Gußeisen 180 ÷ 200 HRC (F_s in N × 9,81)
<table><tr><th>Bolzen-ϕ</th><th>Faktor A</th></tr><tr><td>6</td><td>4,7</td></tr><tr><td>12</td><td>4,7</td></tr><tr><td>20</td><td>4,9</td></tr><tr><td>25</td><td>5,1</td></tr><tr><td>30</td><td>5,3</td></tr><tr><td>40</td><td>6,1</td></tr></table>
F_s wirkt senkrecht auf die Auflagefläche</td></tr>
</table>

Bild 13-38 Ermittlung der Berührungsflächenverformung bei kugelförmigen, flachen und geriffelten Auflageflächen der Positionierelemente (nach Korsakow).

8. Nach Möglichkeit sind die Positionierelemente so anzuordnen bzw. zu gestalten, daß sie gegen Späne und Schmutz geschützt sind (Abschnitt 24.2).
9. Bei der Wahl der Lage und der Ausführung der Positionierelemente sind die im Abschnitt 11.3 aufgeführten Grundlagen des Positionierens zu beachten.
10. Die Positionierelemente sollen nach Möglichkeit sichtbar angeordnet werden und ihre Positionierflächen leicht zu reinigen sein.
11. Weitere Hinweise s. Abschnitt 13.12.

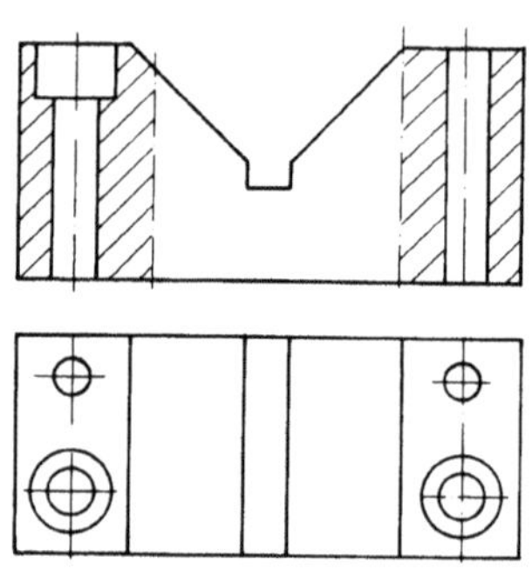

Bild 13-39
V-Prisma-Positionierelement zum Aufschrauben mit glatten Werkstück-Aufnahmeflächen.

13.5 Prismen als Positionierelemente

13.5.1 Arten, Ausführungen und Konstruktionsmaße der Prismen

Es werden zwei Arten von Prismen als Positionierelemente verwendet: das V-Prisma (mit 60°-, 90°- und 120°-Winkel) (Bild 13-39) und das L-Prisma[1]) mit 90°-Winkel (Bild 13-31).

[1]) Die Bezeichnungen des Autors: „V-Prisma“ und „L-Prisma“ entsprechen sinngemäß der Form und Lage der Prismen in der Vorrichtung.

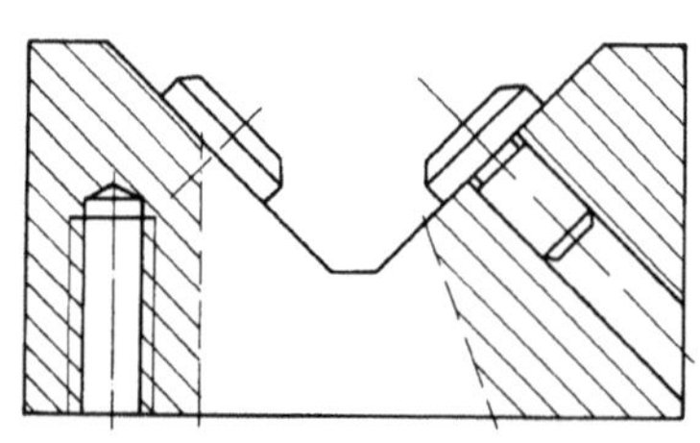

Bild 13-40
V-Prisma-Positionierelement zum Aufschrauben mit Auflagebolzen als Werkstück-Aufnahmeelemente.

Am Scheitelpunkt des Prismenwinkels wird eine Nut (Bild 13-43) eingearbeitet, die als Bearbeitungsauslauf für beide Flächen dient. Die Prismenflächen können auch in Form von eingepreßten Auflagebolzen DIN 6321 (Bilder 13-40 und 13-43) gehärtet ausgeführt und nach dem Einpressen überschliffen werden. Bei langen Prismen verwendet man 4 Auflagebolzen. Die Prismen werden mit dem Grundkörper der Vorrichtung verschraubt und mit Zylinderstiften gesichert.

Für die Fertigung eines Prismas müssen bestimmte Maße festgelegt werden. Das Maß H_3 (Bild 13-43) erlaubt, das Prisma mit Hilfe eines Meßdorns nach dem Einbau in die Vorrichtung nachzuprüfen. Andere Maße und Winkelzusammenhänge sind in Bild 13-44 aufgeführt.

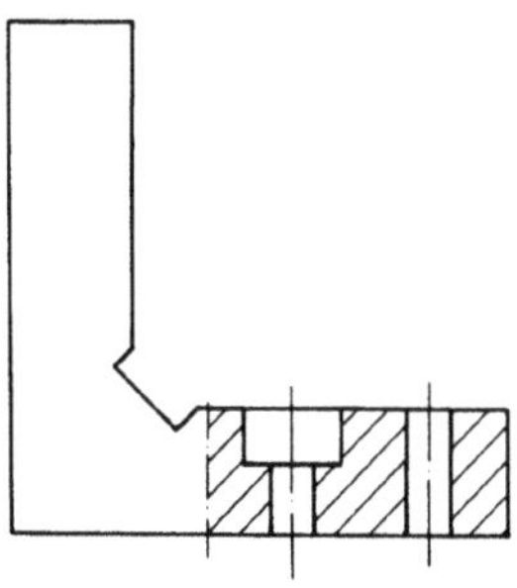

Bild 13-41
L-Prisma-Positionierelement zum Aufschrauben mit glatten Werkstück-Aufnahmeflächen als Werkstückauflage- und Werkstückanlage-Positionierelemente.

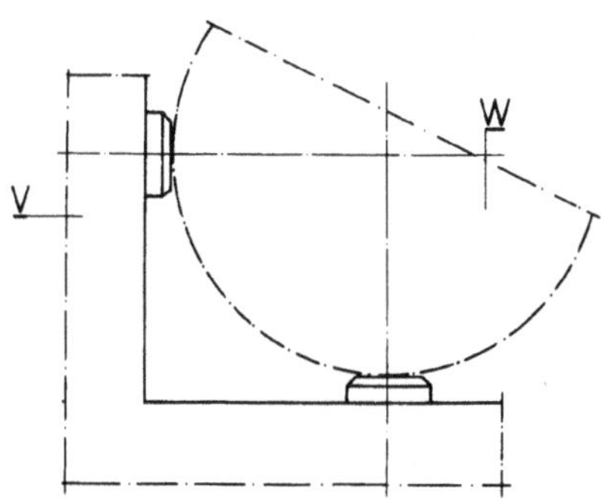

Bild 13-42 L-Prisma-Positionierelement mit Auflagebolzen als Werkstück-Auflage und Werkstückanlage-Positionierflächen.

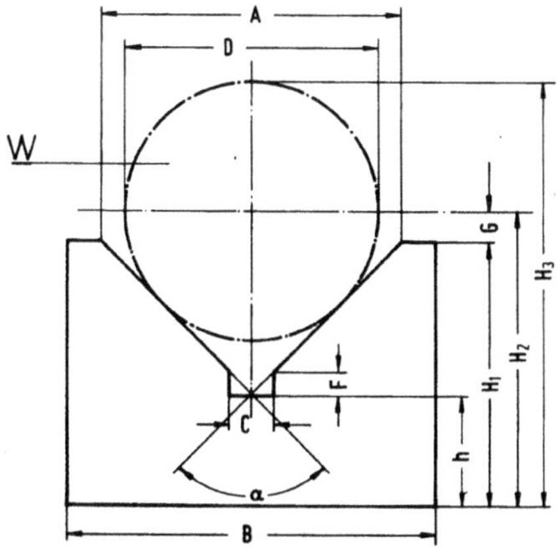

Bild 13-43 Konstruktionsgrößen für Prismen (s. a. Bild 13-44).

13.5.2 Größe des Prismenwinkels – Einfluß auf die Positioniergenauigkeit

Beim Positionieren in V-Prismen ist die Mittigkeit der Lage des Werkstücks immer gewährleistet. Infolge der Durchmessertoleranz des Werkstücks und als Funktion des Prismenwinkels α ändert sich die Lage der Werkstückachse, so daß sich die Werte „e", „E_1" und „E_2" verändern. Dieses ist in den Beispielen (Bilder 13-45 bis 13-47) gezeigt. Anhand der

$$A > D \qquad G = \frac{D}{2\sin\left(\frac{\alpha}{2}\right)} - \frac{A}{2\tan\left(\frac{\alpha}{2}\right)}$$

$$H_1 = H_2 - G \quad H_1 = H_2 - 0{,}5\left[\frac{D}{\sin\left(\frac{\alpha}{2}\right)} - \frac{A}{\tan\left(\frac{\alpha}{2}\right)}\right]$$

α	H_1	H_2	H_3
60°	h + A	h + D	h + 1,5D
90°	h + 0,5A	h + 0,707D	h + 1,207D
120°	h + 0,289A	h + 0,578D	h + 1,078D

Bild 13-44 Konstruktionsgrößen zu Bild 13-43.

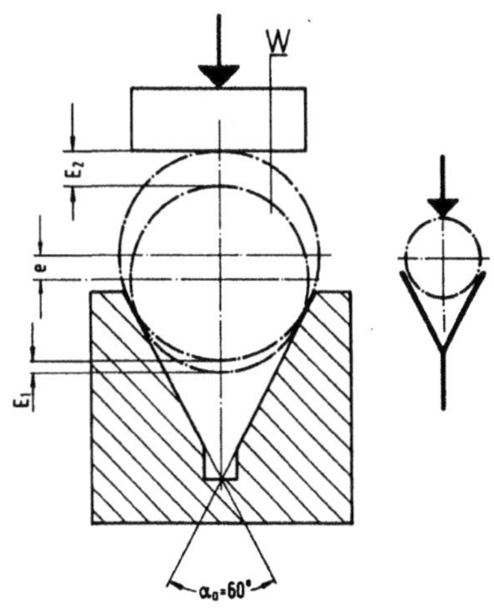

Bild 13-45 Einfluß der Größe des Prismenwinkels α auf die Positioniergenauigkeit von „e", „E_1" und „E_2" bei $\alpha_a = 60°$ (s. a. Bild 13-48). Rechts: Darstellung dieser Positionierart mit Hilfe der Bildzeichen (Kap. 9) (Prisma unbeweglich).

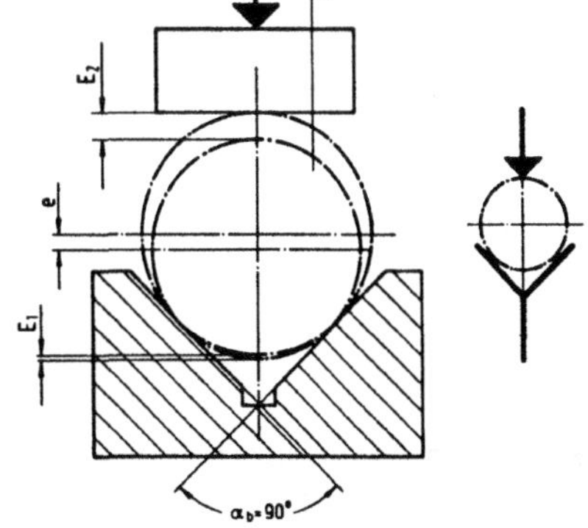

Bild 13-46 Einfluß der Größe des Prismenwinkels α auf die Positioniergenauigkeit von „e", „E_1" und „E_2" bei $\alpha_b = 90°$ (s. a. Bild 13-48) (Prisma unbeweglich).

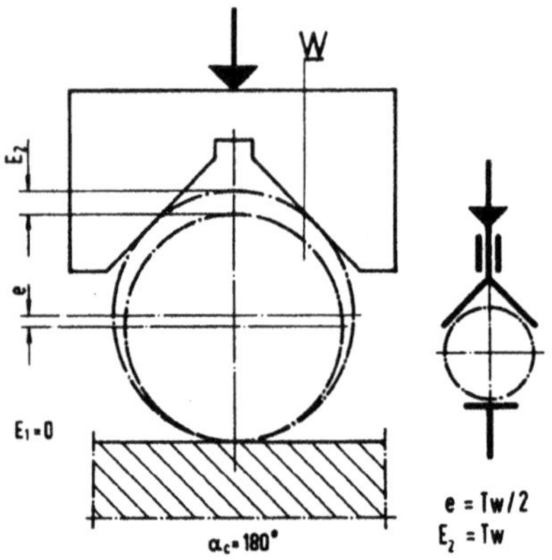

Bild 13-47 Einfluß der Größe des Prismenwinkels α auf die Positioniergenauigkeit von „e", „E_1" und „E_2" bei $\alpha_c = 180°$ (also kein Prisma!) (s. a. Bild 13-48) (Prisma beweglich, aber von oben gegen eine feste Auflage wirkend!).

$$e = \frac{T_W}{2} \cdot \frac{1}{\sin\frac{\alpha}{2}}$$ T_W – Werkstücktoleranz

$$E_1 = e\left(1 - \sin\frac{\alpha}{2}\right), \qquad E_2 = e\left(1 + \sin\frac{\alpha}{2}\right)$$

Bild	α	e	E_1	E_2
13-45	60°	T_W	$0{,}5T_W$	$1{,}5T_W$
13-46	90°	$0{,}707T_W$	$0{,}207T_W$	$1{,}208T_W$
–	120°	$0{,}577T_W$	$0{,}077T_W$	$1{,}078T_W$
13-47	180°	$0{,}5T_W$	0	T_W

Bild 13-48 Einfluß der Größe des Prismenwinkels α auf die Werte von „e", „E_1" und „E_2" (Bilder 13-45 bis 13-47) als Funktion der Werkstücktoleranz Tw.

Beim Prismenwinkel $\alpha = 120°$ sind die Größenunterschiede gering. Dieser Winkel sollte als Optimum betrachtet werden. Für sehr kleine Werkstückdurchmesser sollte jedoch $\alpha = 90°$ gewählt werden, um eine sichere Positionierung zu erreichen.

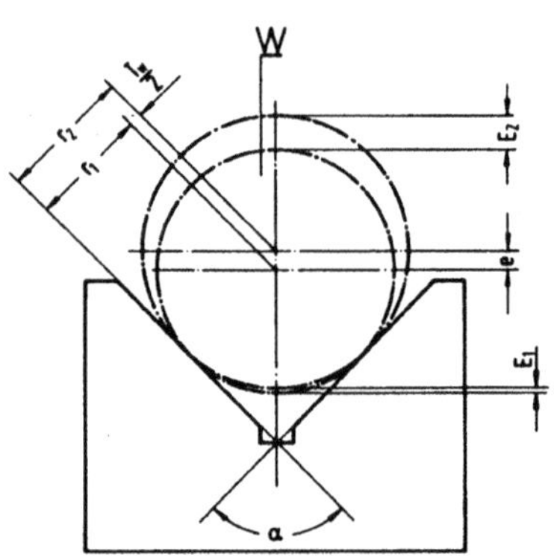

Bild 13-49 Größe von „e" als Funktion der Werkstücktoleranz $T_W/2 = r_2 - r_1$ bei einem Prismenwinkel $\alpha = 90°$. Ergebnisse s. Bild 13-48.

Werte, die im Bild 13-48 aufgeführt sind, lassen sich die genannten Werte ermitteln. In der Aufstellung (Bild 13-62) sind 12 Positionierfälle und die Ermittlung des jeweiligen Positionierfehlers aufgeführt. Weitere Beispiele zeigen die Bilder 13-49 bis 13-57.

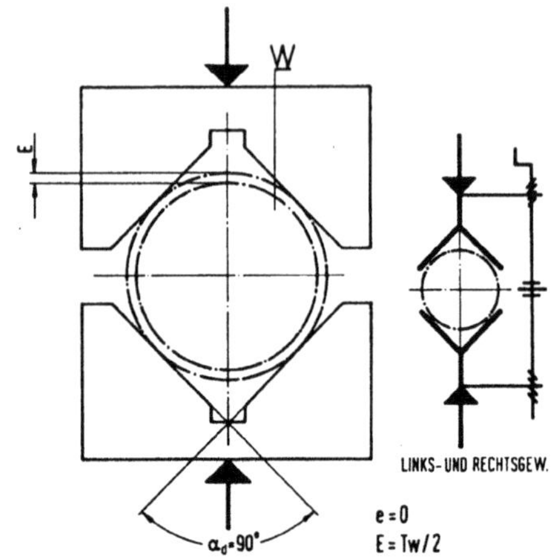

Bild 13-50 Anwendung von zwei Prismen als Positionier- und Spannelemente in Verbindung mit mittigem Spannen (Abschnitt 15.10) beim Einsatz von Links- und Rechtsgewinde. Dabei betragen: e = 0 und $E = T_W/2$, was für bestimmte Positionierfälle von großer Wichtigkeit sein kann.

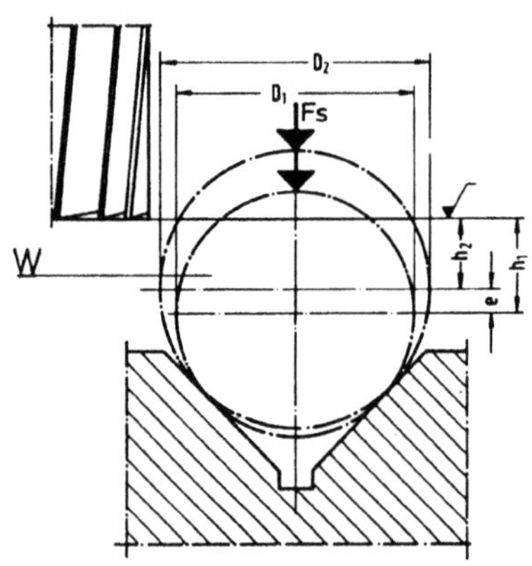

Bild 13-51 Beim Positionieren einer Welle mit $D_1 = D_{min.}$ und $D_2 = D_{max.}$ und somit $T_W = D_2 - D_1$ wird nach dem Fräsen der Fläche eine Differenz $e = h_1 - h_2$ entstehen. Diese Differenz entspricht der Größe des Fehlers f_{MB} des Bearbeitungsmaßes MB, wenn die gefräste Fläche von der waagerechten Mittellinie vermaßt ist (s. Bild 13-62, Fall 1). Um diesen Fehler auszuschalten muß eine Positionierung der Welle nach Bild 13-52 vorgenommen werden.

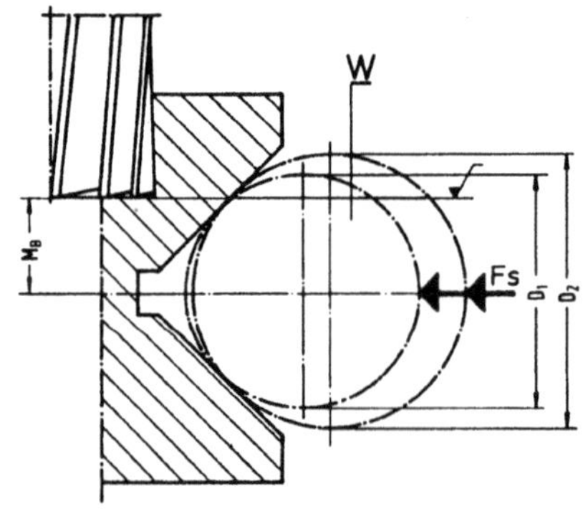

Bild 13-52 Der Bearbeitungsfehler f_{MB} des Bearbeitungsmaßes MB ist gleich Null, da die Positionierbasis FB (Abschnitt 11.1, Bild 11-1) mit der Konstruktionsbasis KV übereinstimmt.

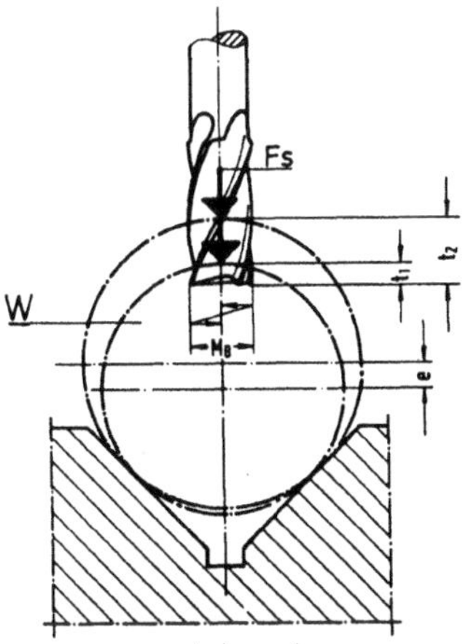

Bild 13-53 Die senkrechte Werkstückmittellinie fällt mit der Prismenwinkelhalbierenden zusammen. Verschiedene Werkstückabmaße verursachen in dieser Hinsicht keinen Positionierlagefehler. Die Nuttiefen t_1 und t_2 werden jedoch sehr unterschiedlich tief gefräst, so daß $t_2 > t_1$ wird. Der Fehler des Bearbeitungsmaßes MB ist gleich 0. Wird nicht auf die Mittigkeit und Nuttiefe, sondern auf den Abstand der Nut von der gegenüberliegenden Zylindermantelfläche Wert gelegt, so muß die Positionierung nach Bild 13-54 mit einem L-Prisma vorgenommen werden.

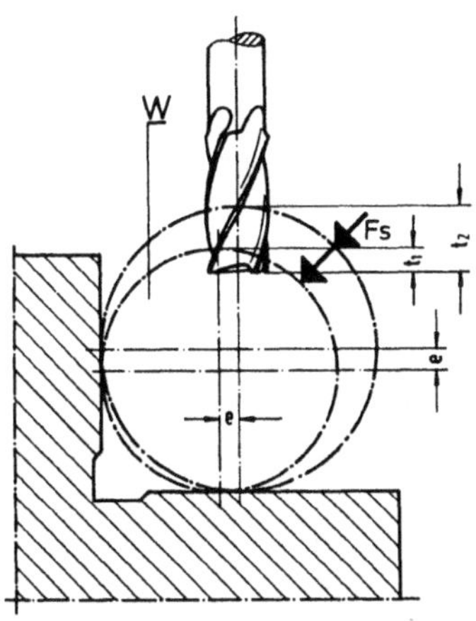

Bild 13-54 Die senkrechte Mittellinie ist für den minimalen Werkstückdurchmesser gegenüber dem maximalen Werkstückdurchmesser um den Wert „e" versetzt. Die Werkzeugachse ist nach der Mitte des maximalen Werkstückdurchmessers eingestellt. Bei Werkstücken mit minimalem Durchmesser ist die Nutmitte um den Wert von „e" außermittig versetzt.

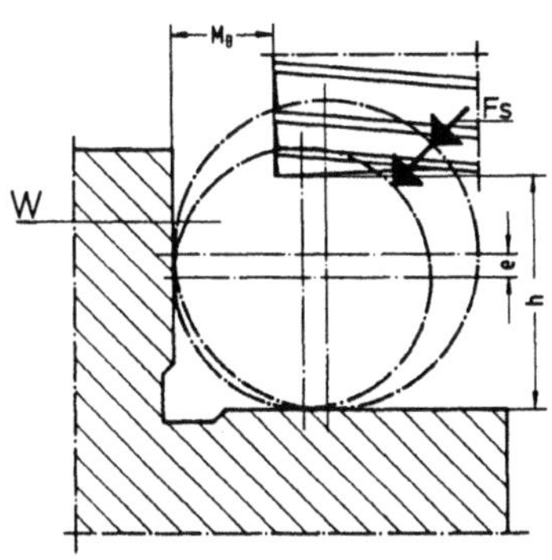

Bild 13-55 Wird bei dieser Welle auf die Maße MB und h Wert gelegt, so wird das Positionieren mit Hilfe eines L-Prismas dieser Forderung entsprechen. Das Werkstück wird gegen die Auf- und Anlagefläche positioniert und gespannt. So ergibt sich die Einheitlichkeit der Basen, der Fertigungsbasis FB mit der Konstruktionsbasis KV (Abschnitt 11.1, Bild 11-1).

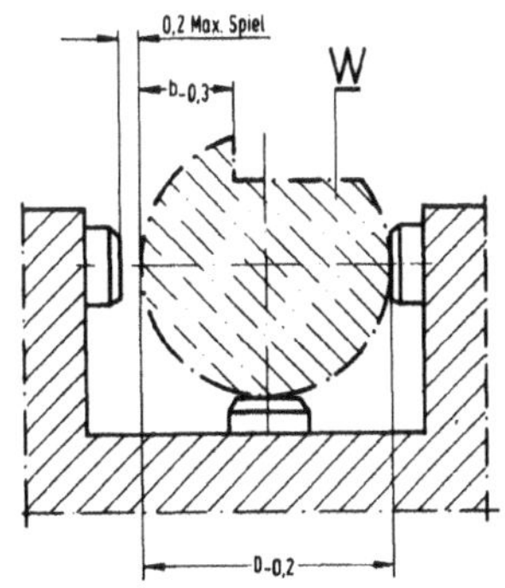

Bild 13-56
Eine formschlüssige Aufnahme ist nur dann zulässig, wenn das größtmögliche halbe Spiel zwischen Werkstück und den senkrechten parallelen Positionierflächen erheblich kleiner als die Toleranz für das Maß „b" ist.

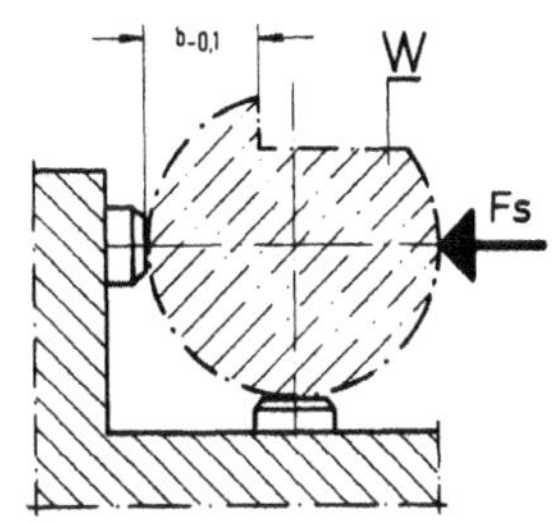

Bild 13-57
Bei einer verhältnismäßig geringen Toleranz für das Maß „b" muß das Werkstück gegen die senkrechte Anlage-Positionierfläche positioniert und gespannt werden.

13.5.3 Positionieren von rotationskörperartigen Werkstücken mit Hilfe von Prismen

Ist ein rotationssymmetrisches Werkstück entsprechend vermaßt, so ergibt sich die Möglichkeit einer Positionierung dieses Werkstücks mit Hilfe eines Prismas. Dabei sollte berücksichtigt werden:

1. bei einer Bemaßung des Werkstücks über die Mittelebene (Bilder 13-52 und 13-53) sind V-Prismen zur Positionierung der Werkstücklage zu verwenden (s. a. Bilder 11-17 und 11-18),
2. bei einer Bemaßung des Werkstücks nach der Mantelfläche (Bild 13-55) ist ein L-Prisma zu verwenden.

13.5.4 Positionieren anderer Werkstücke mit Hilfe von Prismen

Prismen können auch zum Positionieren von Werkstücken wie z. B. Pleuel (Bild 13-58) oder ähnlicher Werkstücke (Bilder 11-8 und 11-11) bzw. als Spannelemente (Bild 13-59) dienen. Damit erweitert sich der Anwendungsbereich der Prismen als Positionier- und Spannelemente. Weitere Beispiele zeigen die Bilder 13-60 und 13-61.

13.5.5 Positionierfehler beim Positionieren von rotationskörperartigen Werkstücken mit Hilfe von Prismen

Beim Positionieren von rotationskörperartigen Werkstücken mit Hilfe von Prismen sind Positionierfehler, die als Funktion der bereits aufgeführten Gründe (Prismenwinkel, Werkstücktoleranz usw.) auftreten, sind im Bild 13-62 zusammengestellt. Die Größe des Positionierfehlers f_{MB} kann anhand der Formeln, die dem jeweiligen Fall zugeordnet sind, ermittelt werden.

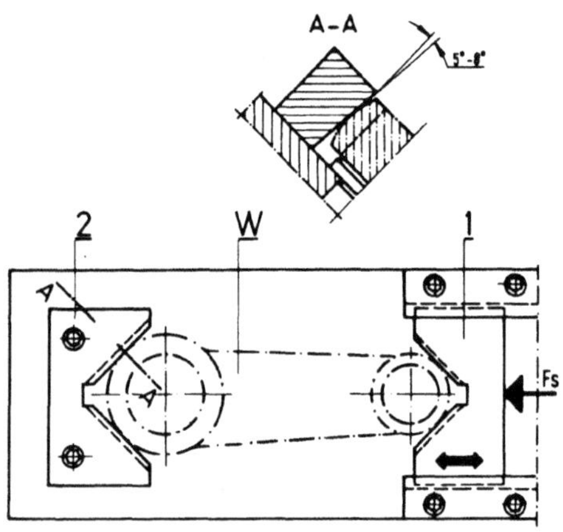

Bild 13-58 Bohrvorrichtung mit prismenartigen Positionierelementen (Bohrbuchsenträger abgenommen).

Beim Positionieren und Spannen mit Hilfe von Prismen sollte bei Werkstücken, die seitlich abgerundete Form haben und die sich mit den Prismenflächen berühren, die Prismen mit abgeschrägten Flächen versehen werden. Dadurch wird das Werkstück gegen die Auflagefläche angedrückt.

1 bewegliches Spannprisma, 2 festes Prisma mit schrägen Flächen (5° bis 8°).

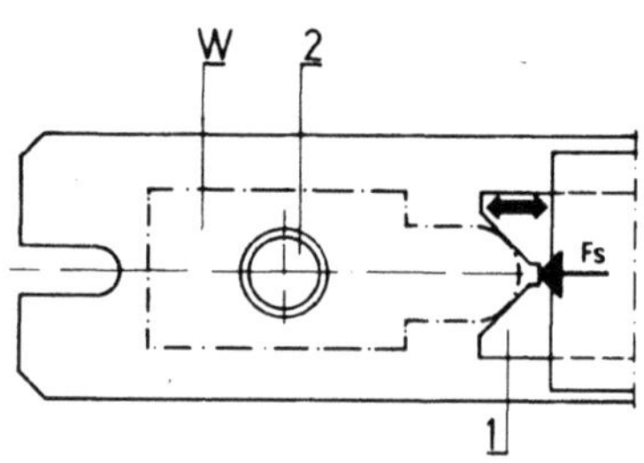

Bild 13-59

Beispiel des Positionierens eines Werkstücks mit einem Prisma 1 und einem runden Aufnahmebolzen 2 (Abschnitt 13.9).

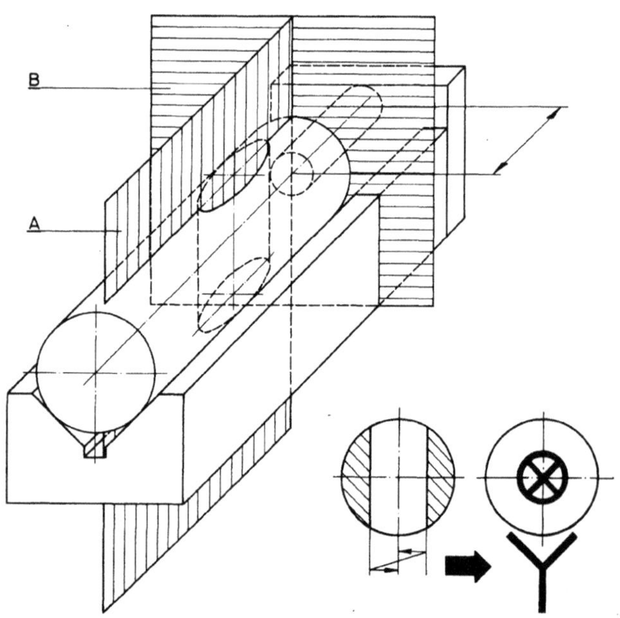

Bild 13-60 Auf Mittelebene A (Prisma als Positionierelement) und auf Positionierebene B positioniertes Werkstück. Positionierebene A stimmt mit der Bezugsebene überein (Bildzeichen s. Kap. 9, Bild 9-1).

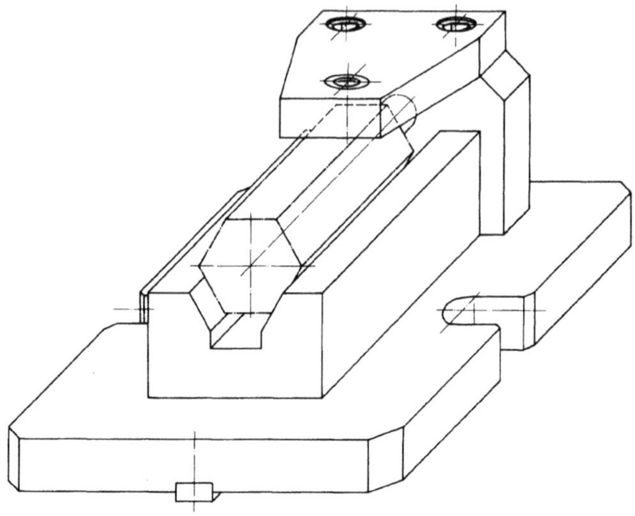

Bild 13-61 Beispiel einer Bohrvorrichtung zum Bohren eines Sechskantprofil-Werkstücks. Auch für diese Art der Werkstücksform sind Prismen als Positionierelemente sehr geeignet.

13.5.6 Richtlinien für den Einsatz und die Ausführung von Prismen als Positionierelemente

1. Die Größe des Prismenwinkels α hat wesentlichen Einfluß auf die Positioniergenauigkeit des Werkstücks (Abschnitt 13.5.5).
2. Die Werte e, E_1 und E_2 (Bild 13-48) lassen sich auf einfache Art ermitteln.
3. Für die Fertigung eines Prismas müssen bestimmte Maße festgelegt werden. Diese kann man aus Bild 13-44 entnehmen.
4. Das Maß H_3 erlaubt den Einbau und die Überprüfung der Lage des Prismas mit Hilfe eines Dorns.
5. Der Bearbeitungsauslauf sollte in Form einer Nut vorgesehen werden. Ihre Tiefe sollte mit der Kreuzung der verlängerten Prismenflächen (Bild 13-43, Größe F) übereinstimmen.
6. Die Prismenflächen können auch in Form von eingepreßten Auflagebolzen (Bilder 13-40 und 13-42) ausgebildet werden. Diese Bolzen sollten in gehärteter Ausführung verwendet werden. Ein Überschleifen der Bolzen nach dem Einpressen ist unerläßlich.
7. Bei einer Bemaßung der zu bearbeitenden Flächen eines rotationskörperartigen Werkstücks über die Mittelebene (Bilder 13-52 und 13-53) sind V-Prismen und bei einer Bemaßung nach der Mantelfläche (Bilder 13-54 und 13-55) L-Prismen zu verwenden, um die Positionierart mit der Bemaßung des Werkstücks in Übereinstimmung (Kap. 11) zu bringen.
8. Weitere Hinweise s. Abschnitt 13.12.

Fall Nr.	Positionierfall	Mit Hilfe von Bildzeichen dargestellt	Herstellmaß	Größe des Positionierfehlers f_{MB}
1	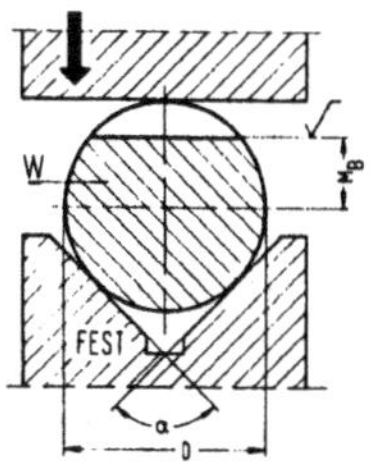	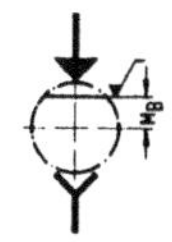	M_B	$f_{M_B} = \frac{T_D}{2 \sin \frac{\alpha}{2}}$
2	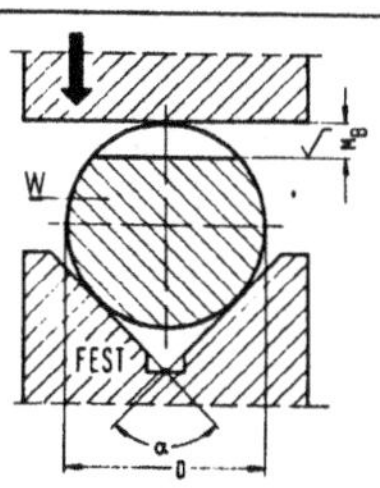	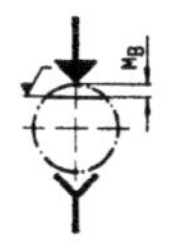	M_B	$f_{M_B} = \frac{T_D}{2}\left(\frac{1}{\sin \frac{\alpha}{2}} + 1\right)$
3	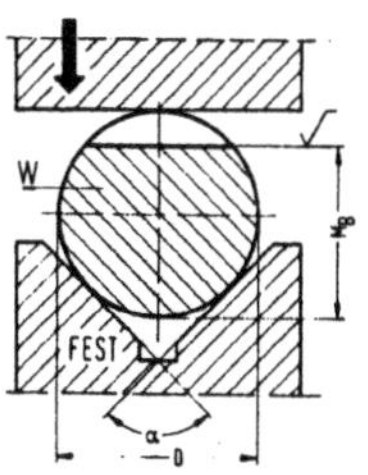	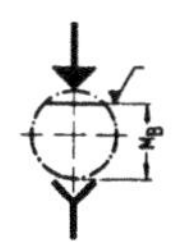	M_B	$f_{M_B} = \frac{T_D}{2}\left(\frac{1}{\sin \frac{\alpha}{2}} - 1\right)$
4	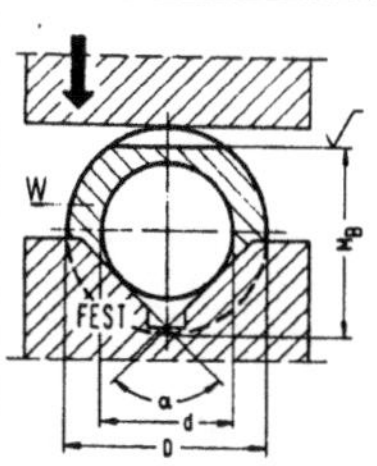		M_B	$f_{M_B} = \frac{T_d}{2 \sin \frac{\alpha}{2}} - \frac{T_D}{2}$
5	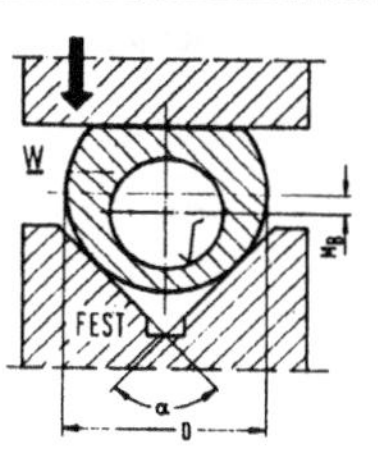		M_B	$f_{M_B} = \frac{T_D}{2 \sin \frac{\alpha}{2}}$
6	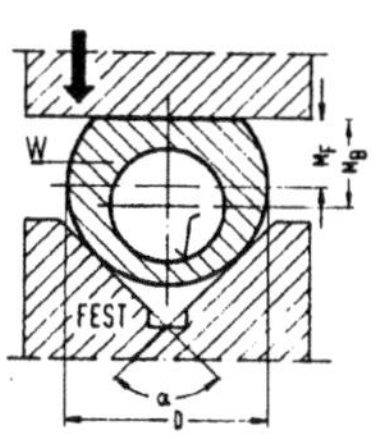	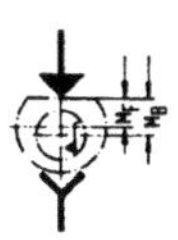	M_B	$f_{M_B} = T_{M_F}$
7	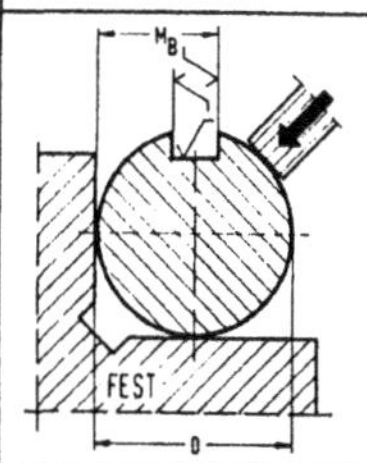		M_B	$f_{M_B} = \frac{T_D}{2}$
8	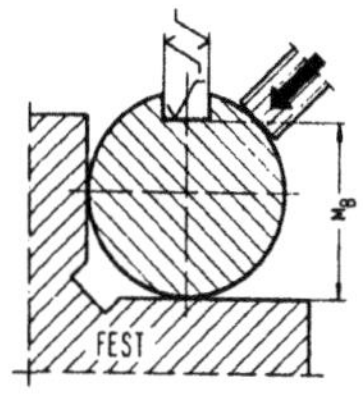	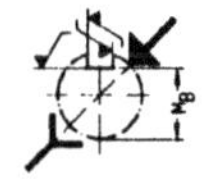	M_B	$f_{M_B} = 0$
9	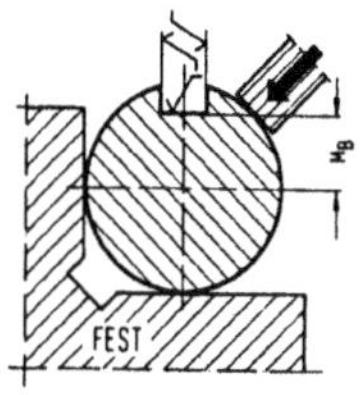	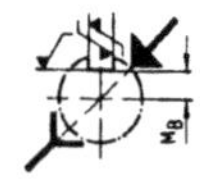	M_B	$f_{M_B} = \frac{T_D}{2}$

T_D Toleranz des Werkstückdurchmessers D
T_d Toleranz des Werkstückdurchmessers d
T_{M_F} Toleranz des Maßes M_F (vorhergehender Arbeitsgang)
α Prismenwinkel

Bild 13-62 Formeln zur Ermittlung des Positionierfehlers f_{MB} des Herstellmaßes MB (B Bearbeitung) beim Positionieren von rotationskörperartigen Werkstücken mit Hilfe von V-Prismen (Fälle 1 bis 6) und L-Prismen (Fälle 7 bis 9).

T_d Toleranz des Durchmessers d, T_D Toleranz des Durchmessers D, T_{MF} Toleranz des Maßes MF, α Prismenwinkel.

13.6 Positionieren des Werkstücks mit Hilfe von Kegelmantelflächen am Werkstück und/oder an Vorrichtungs-Positionierelementen

Beim Positionieren des Werkstücks mit Hilfe einer Kegelmantelfläche (Bilder 13-63 und 13-64) werden dem Werkstück bei Annahme, daß die Spannkraft Fs gegen die Kegelmantelfläche

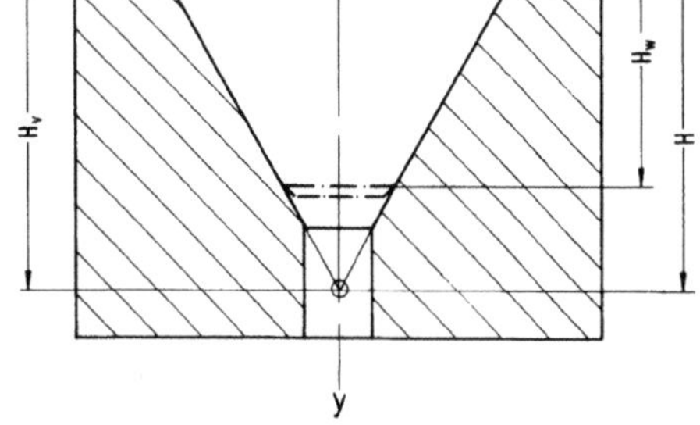

Bild 13-63 Ein Werkstück ist mit Hilfe seiner Kegelmantelfläche in der Vorrichtung positioniert. Das Werkstück kann um die y-Achse gedreht werden (ein Freiheitgrad ist nicht entzogen).

H Gesamtkegellänge, Hw Kegellänge am Werkstück, Hv Kegellänge in der Vorrichtung.

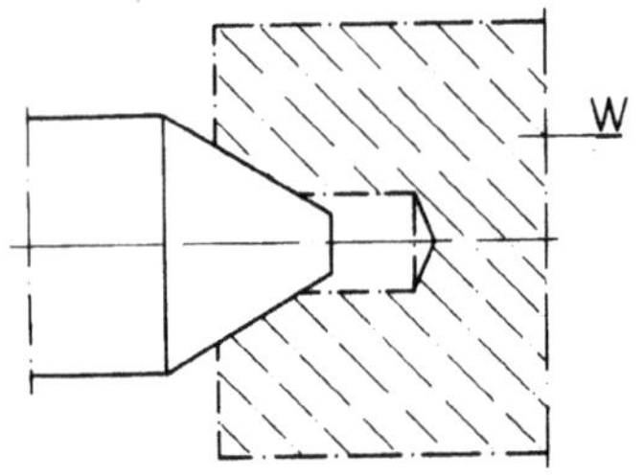

Bild 13-64
Werkstück mit einem Teil seiner Kegelmantelfläche in der Vorrichtung positioniert (s.a. Bild 13-63).

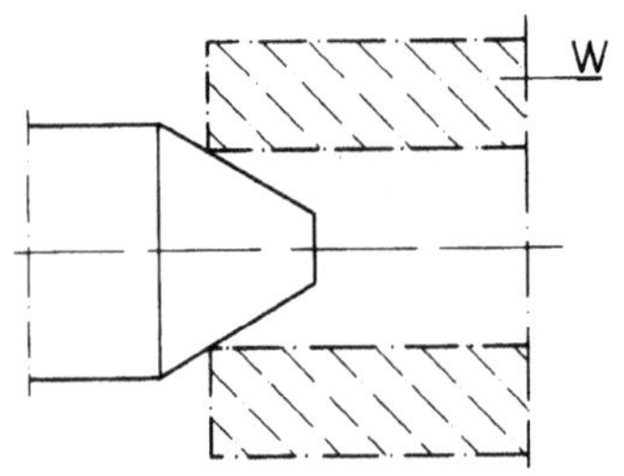

Bild 13-65
Ein Werkstück ist mit Hilfe seiner Kegelmantelfläche in einer zylindrischen Bohrung der Vorrichtung positioniert.

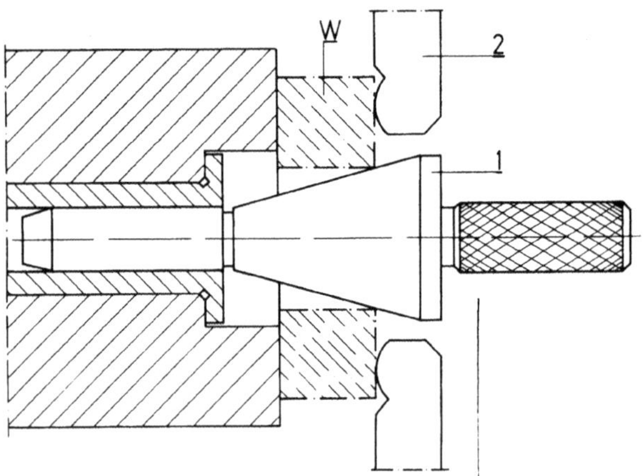

Bild 13-66 Positionieren eines Werkstücks mit einer Bohrung mit Hilfe eines Kegels der Vorrichtung (Kegeldorn).
1 Positionierkegel, 2 Spanneisen.

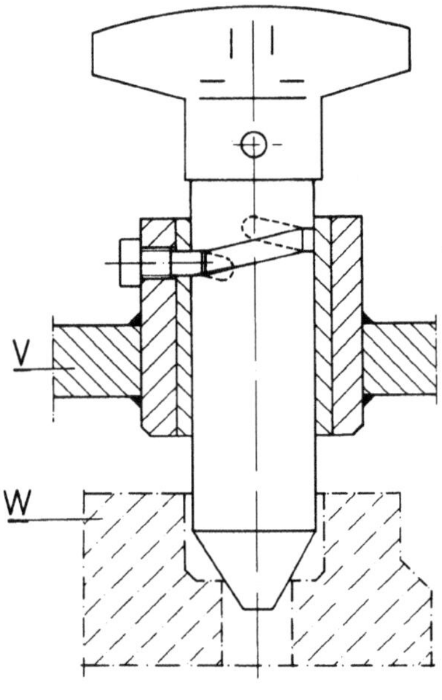

Bild 13-67
Positionieren eines Werkstücks mit einer Bohrung mit Hilfe eines Kegels.

wirkt, mit Ausnahme der Drehbewegung um die y-Achse, alle übrigen Freiheitsgrade entnommen. Diese Positionierart wird seltener als das Positionieren mit Hilfe zylindrischer Positionierelemente angewendet. Einerseits treten Kegelflächen seltener auf und andererseits muß bei dieser Positionierart mit einem Positionierfehler gerechnet werden, der aus dem nicht zu vermeidenden Kegelwinkelfehler α resultiert. Der Kegelwinkel α sollte mindestens 16° betragen, damit ein Festklemmen des Werkstücks verhindert wird.

Mit Hilfe eines Kegels als Positionierelement können auch Werkstücke mit zylindrischen Bohrungen positioniert werden (Bilder 13-65 bis 13-67). Dieses gilt auch für zwei gleichzeitig wirkende Kegel (Bilder 36-4, 36-5, 36-10 und 36-11). Für Werkstücke mit ungenauen Kegelbohrungen (z. B. gegossene Werkstücke) verwendet man kegelige Positionierelemente mit drei abgeschrägten Flächen (Bild 13-69). Ein weiteres Beispiel ist im Bild 36-12 dargestellt.

In den Bildern 13-68 und 13-70 sind Werkstücke mit Konus auf andere Art positioniert gezeigt.

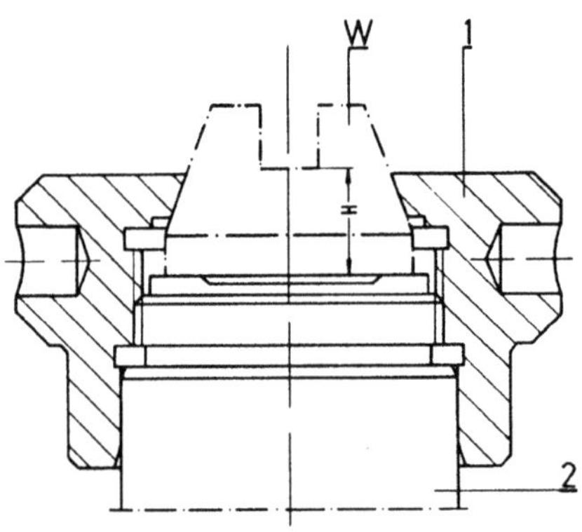

Bild 13-68 Positionieren eines Werkstücks mit einer Kegelmantelfläche und mit Hilfe einer mit einem Kegel versehenen Spannmutter 1.
H Herstellmaß der Nut, 1 Spannmutter, 2 Zentrierelement der Spannmutter.

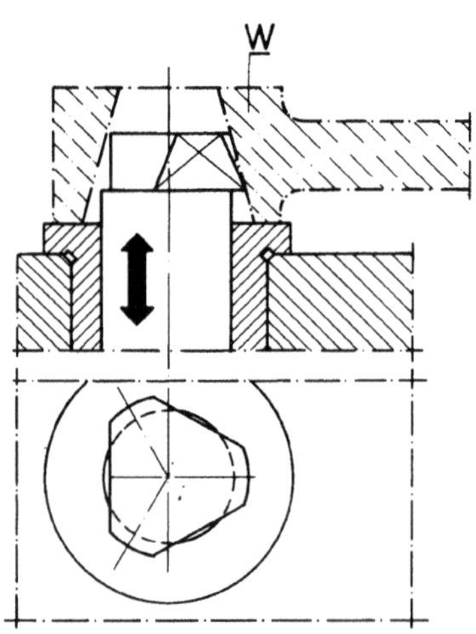

Bild 13-69 Positionieren des Werkstücks mit Hilfe einer Stirn- und einer Kegelmantelfläche der Bohrung.
Der bewegliche kegelige Dorn wird bei unbearbeiteten Kegelbohrungen des Werkstücks, z.B. bei gegossenen Werkstücken, mit drei Flächen versehen.

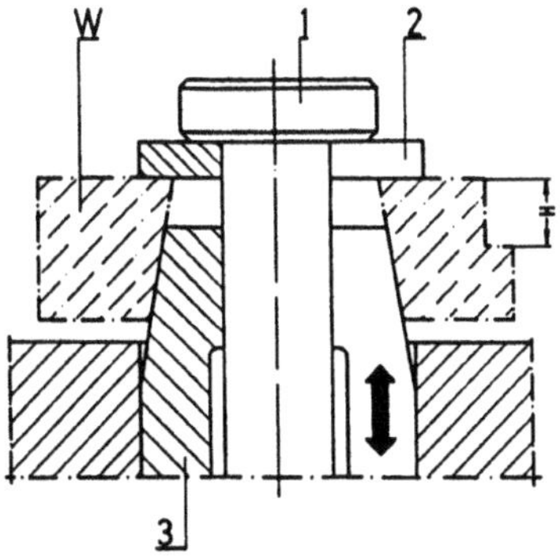

Bild 13-70 Positionieren des Werkstücks mit Hilfe einer Stirn- und einer Kegelmantelfläche.

Das Bearbeitungsmaß H ist einzuhalten. Das Werkstück wird mit der Stirnfläche an die Vorsteckscheibe 2 durch den beweglichen Kegel 3 angedrückt, da der Dorn 1 mit der Vorrichtung fest verbunden ist.

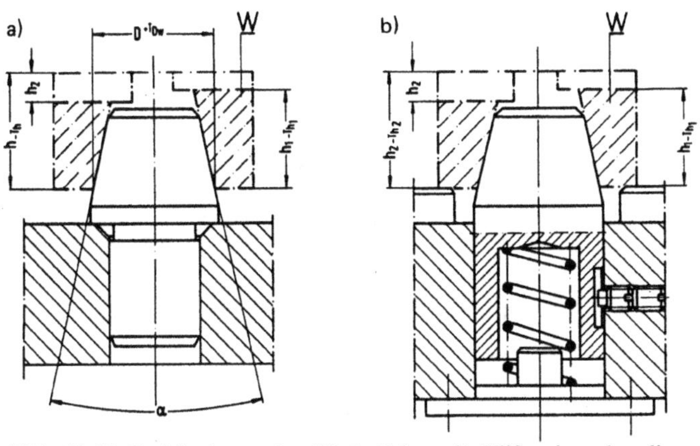

Bild 13-71 Positionieren des Werkstücks mit Hilfe einer kegeligen Bohrung.

a) falsche Positionierung, da das Maß $h_1 - T_{h_1}$ von $D + T_{D_W}$ abhängig ist.

b) richtige Positionierung, bei der der Einfluß von $D + T_{D_W}$ auf $h_1 - T_{h_1}$ ausgeschaltet ist.

Weiteres s. Abschnitt 13.6.1.

13.6.1 Positionierfehler bei Anwendung kegeliger Positionierelemente an Vorrichtung und Werkstück

Positionierfehler der Fertigungsmaße h_1 und h_2 eines Werkstücks mit kegeliger Aufnahmebohrung (Bild 13-71a) betragen:

$$F_{M_{h_1}} = \frac{T_{D_W}}{2\tan\frac{\alpha}{2}} \quad \text{und} \quad F_{M_{h_2}} = \frac{T_{D_W}}{2\tan\frac{\alpha}{2}} - T_h \qquad \text{in mm}$$

wobei: $2\tan\frac{\alpha}{2}$ die Konizität ist. Bei dieser Rechnung wurde der Konizitätsfehler nicht berücksichtigt.

Dasselbe Werkstück jedoch nach Bild 13-71b positioniert, wird die aufgezeigten Positionierfehler nicht, bzw. nur in geringem Maße aufweisen:

$$F_{M_{h_1}} = 0 \quad \text{und} \quad F_{M_{h_2}} = T_{h_2} \qquad \text{in mm}$$

Nr.	Positionierfall	Mit Hilfe von Bildzeichen dargestellt	Herstellmaß	Positionierfehler
1	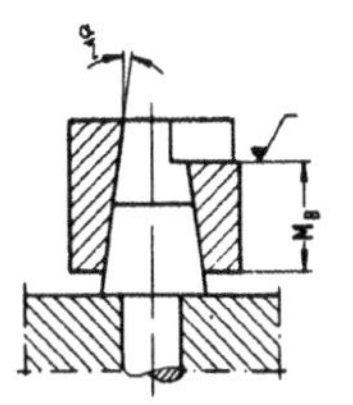		M_B	$f_{M_B} = \frac{T_d}{K_z}$ K_z-Konzentrizität $K_z = 2\tan\frac{\alpha}{2}$
2	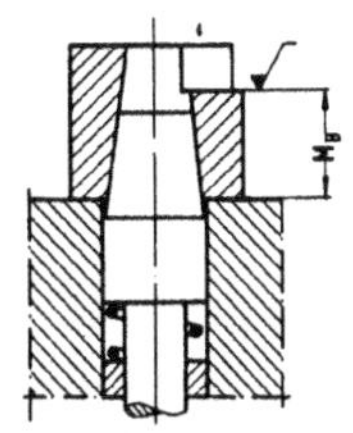	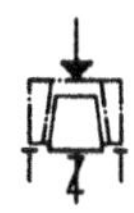	M_B	$f_{M_B} = 0$ $f_{sym} = 0$
3	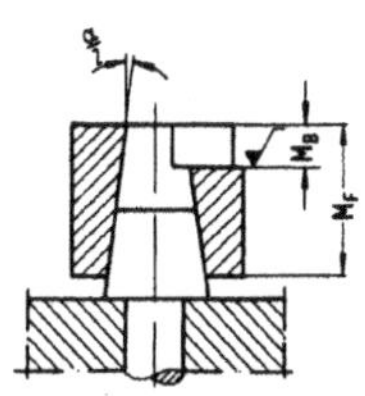	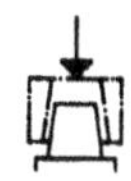	M_B	$f_{M_B} = T_d + T_{M_F}$ $f_{sym.} = 0$
4	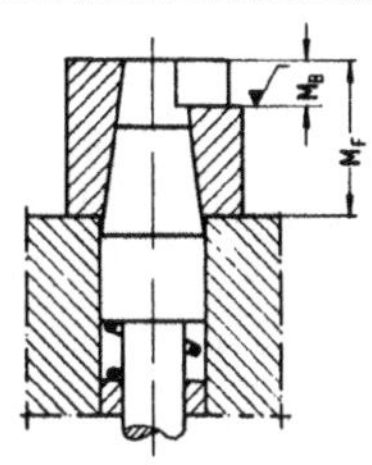	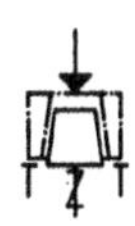	M_B	$f_{M_B} = T_{M_F}$ $f_{sym.} = 0$

Bild 13-72 Formeln zur Ermittlung des Positionierfehlers f_{MB} des Herstellmaßes M_B (B Bearbeitung) beim Positionieren der Werkstücke mit Hilfe einer Kegelbohrung und eines kegeligen Positionierelements seitens der Vorrichtung.

T_{M_F} Toleranz von M_F, T_d Toleranz der Werkstückbohrung.

Der Einfluß von T_{D_W} wurde durch den beweglichen Positionierkegel ausgeschaltet. Andere Beispiele von beweglichen Kegeln als Positionierelemente sind in den Bildern 13-69 bis 13-71 und 36-10 bis 36-112 dargestellt.

Positionierfehler können anhand der im Bild 13-72 aufgeführten Formeln für verschiedene Fälle ermittelt werden.

13.7 Positionieren des Werkstücks mit Hilfe von Kugelflächen am Werkstück

Werkstücke mit Kugelflächen, die als Positionierelemente am Werkstück vorhanden sind, können auf einfache Art mit Hilfe von Innenkegel-Mantelflächen der Vorrichtungs-Positionierelemente (Bild 13-73) positioniert werden. Wenn man das Spannen des Werkstücks gegen die Innenkegel-Mantelfläche der Positionierelemente berücksichtigt, so werden dem Werk-

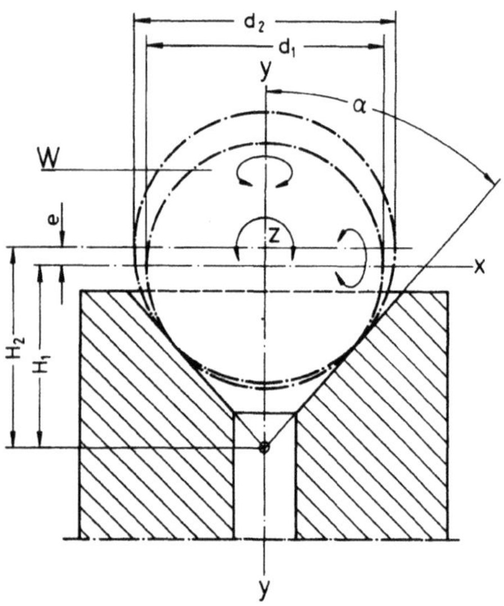

Bild 13-73 Positionieren eines kugelförmigen Werkstücks mit Hilfe seiner Kugelfläche und eines Kegel-Positionierelements der Vorrichtung.

Drei Rotationsbewegungen, nämlich um die x-, y- und z-Achsen, werden dem Werkstück bei Anwendung des gezeigten Positionierelements der Vorrichtung als Freiheitsgrade nicht entzogen. Die Lage der x-Achse wird sich zwischen H_1 und H_2, also um „e" als Funktion der Werkstücktoleranz ($T = d_2 - d_1$) bewegen.

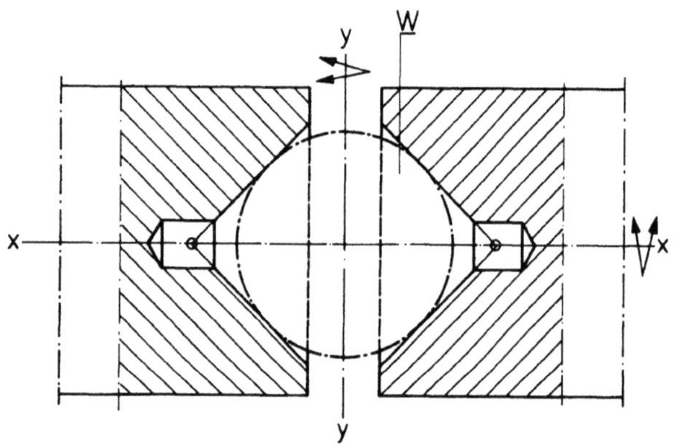

Bild 13-74 Positionieren eines kugelförmigen Werkstücks mit Hilfe seiner Kugelfläche und zweier mittig zueinander bewegten Kegel-Positionierelemente der Vorrichtung.

Dem Werkstück werden die drei Rotationsbewegungen um die x-, y- und z-Achsen als Freiheitsgrade nicht entzogen, aber der im Bild 13-73 vorhandene Einfluß der Werkstücktoleranz auf die Lage der x-Achse des Werkstücks ist beseitigt, daß sich die beiden Vorrichtungs-Positionierelemente mittig und gleichmäßig zueinander bewegen (z.B. Links- und Rechtsgewinde, s. a. Abschnitt 15.10 – Mittiges Spannen des Werkstücks).

stück auf diese Art 3 Freiheitsgrade entzogen. Nicht entzogen werden 3 Möglichkeiten der Rotationsbewegung um je eine der x-, y- und z-Achsen. Diese Positionierart wird mit einem Positionierfehler, der aus den Fertigungstoleranzen des Kugeldurchmessers des Werkstücks und des Kegelwinkels des Positionierelements der Vorrichtung resultiert, behaftet sein. Das Maß H wird dadurch stark variieren. Dieser Positionierfehler wird nicht auftreten, wenn als Positionierelemente der Vorrichtung zwei mittig zueinander bewegte Innenkegelmantelflächen (Bild 13-74) benutzt werden, deren x-y-Achsen übereinstimmen.

13.8 Positionieren des Werkstücks mit Hilfe eines am Werkstück vorhandenen Gewindes

Diese Art des Positionierens wird nur in Fällen angewendet, in denen dieses unumgänglich ist. Sie ist mit erheblichen Positionierfehlern behaftet, da eine Gewindeverbindung keine Garantie bietet, daß beide Gewindeachsen übereinstimmen. Um diesen Fehler so gering wie möglich zu halten kann man:

1. als Positionierelement seitens der Vorrichtung oder des Dornes eine Stirnanschlagfläche (Bilder 13-75 und 36-13) schaffen,
2. falls die Form des Werkstückes es zuläßt, eine zylindrische Fläche zusätzlich als Zentrierelement verwenden (Bild 13-76);
3. einen Spanndorn mit Spannhülse System Spieth (Bild 13-77) anwenden.

Die im Bild 13-76 gezeigte Ausführung hat den Nachteil, daß sich das Werkstück festklemmen und nur schwierig entnommen werden kann. Durch ein zusätzliches Element (Bilder 13-78 und 13-79) läßt sich dieser Nachteil beseitigen.

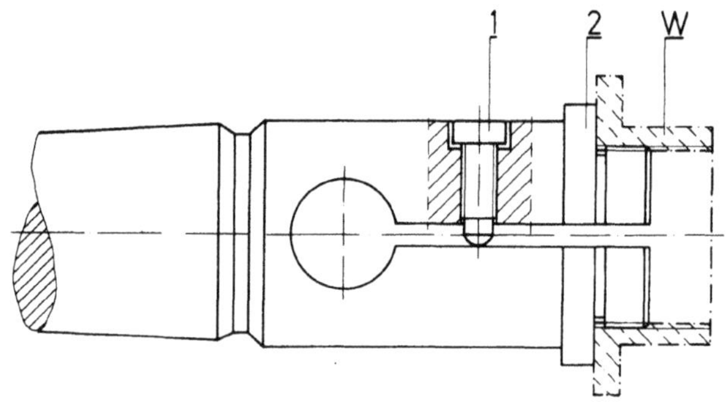

Bild 13-75 Positionieren eines Werkstücks mit Hilfe seines Gewindes und seiner Stirnfläche und eines Spanndorns.

Durch Aufweiten des Gewindeelements des Spanndorns wird das Spiel zwischen dem Werkstück- und dem Dornaufnahme-Gewinde beseitigt (s. a. Bild 13-76).

1 Spannschraube, 2 Spanndorn-Stirnelement.

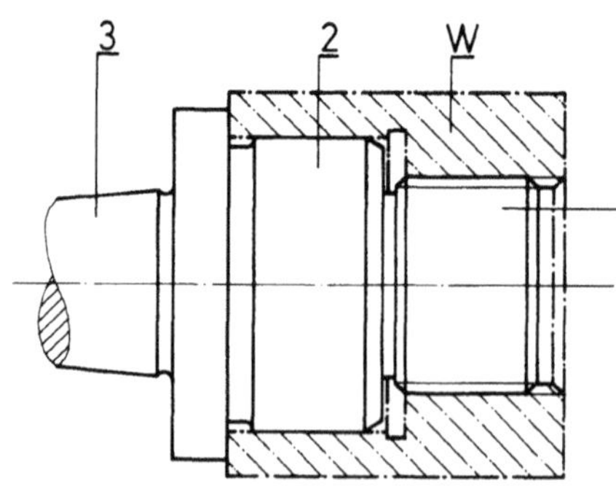

Bild 13-76 Positionieren eines Werkstücks mit Hilfe seines Gewindes und seiner Stirnfläche und eines Spanndorns.

Das Spiel zwischen dem Werkstück- und dem Dornaufnahme-Gewinde hat keinen Einfluß auf die Positioniergenauigkeit (Zentriergenauigkeit) des Werkstücks, da das Werkstück im Gegensatz zum Bild 13-75 mit Hilfe eines zylindrischen Teiles, entsprechende Genauigkeit vorausgesetzt, positioniert wird (s. a. Bild 36-13).

1 Gewindeaufnahme des Dorns, 2 zylindrisches Positionierelement des Dorns, 3 Morsekegel.

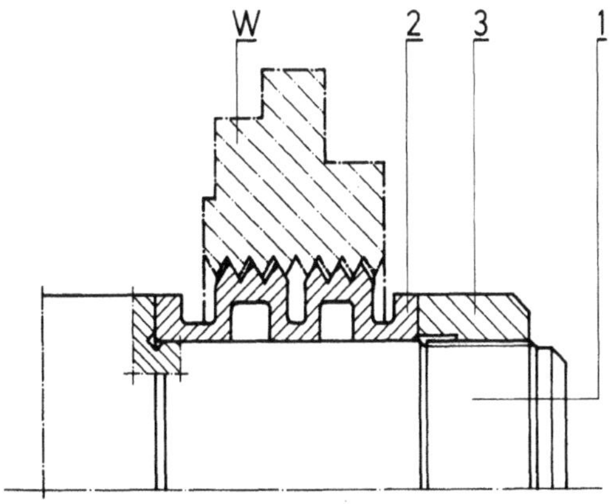

Bild 13-77 Positionieren des Werkstücks mit Hilfe seines Gewindes und eines Spanndorns mit Spannhülse System Spieth (s. a. Abschnitt 36.1.2.2).

Das Spiel zwischen dem Werkstück- und dem Spannhülsengewinde wird durch gleichmäßige Aufweitung der Spannhülse auf dem ganzen Gewindeumfang gleichmäßig beseitigt.

1 Spanndorn-Grundkörper, 2 Gewinde-Spannhülse System Spieth, 3 Spannmutter.

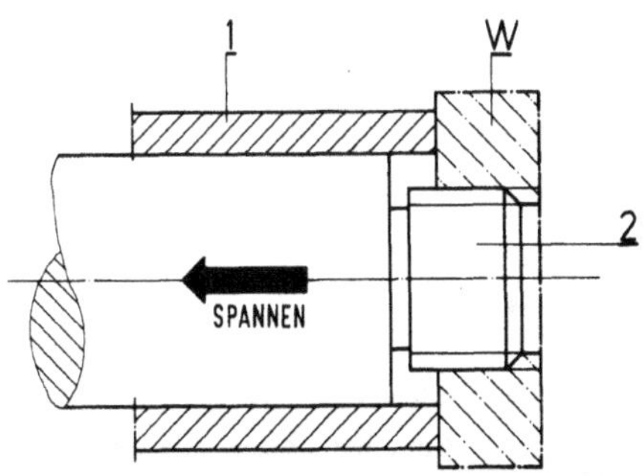

Bild 13-78 Positionieren eines Werkstücks mit Hilfe seines Gewindes und seiner Stirnfläche und einer verschiebbaren Hülse des Spanndorns.

Durch die Bewegung des Spanndorns 2 mit aufgeschraubtem Werkstück (nicht bis zur Dornstirn aufgeschraubt!) gegen die Stirn der festen (Positionierbasis!) Hülse 1 wird das Werkstück positioniert und gespannt. Dadurch wird die Parallelität der vorderen Werkstückstirn zu der als Anlage geltenden Werkstückstirn gewährleistet. Voraussetzung ist dabei eine genügend lange Hülse und geringes Spiel zwischen Hülse und Spanndorn.

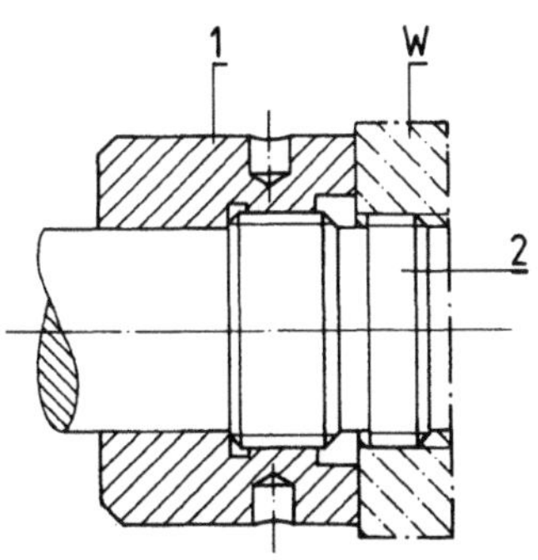

Bild 13-79 Die Möglichkeit des Festklemmens des Werkstücks auf dem Dorngewinde 2 wird durch die Anwendung der Gewindehülse 1 verhindert. Die Gewindehülse muß jedoch eine genügend lange Führung mit einer engen Passung haben, damit sie stirnseitig das Werkstück genau positioniert.

13.9 Aufnahmebolzen als Positionierelemente

Werkstücke, an welchen eine oder zwei Bohrungen vorhanden sind (nach Möglichkeit bearbeitet), die mit genügender Maßgenauigkeit sowie Lagegenauigkeit ausgeführt sind, können als Positionierelemente des Werkstücks für die Positionierung in der Vorrichtung dienen. Als Positionierelemente der Vorrichtung werden in solchen Fällen Aufnahmebolzen verwendet.

13.9.1 Positionieren des Werkstücks mit Hilfe von Positionierbolzen – Allgemein

Grundsätzlich bestehen zwei Möglichkeiten ein Werkstück mit Hilfe von Positionierbolzen in der Vorrichtung zu positionieren; ausgenommen sind Fälle, bei denen Positionierbolzen nur als An- oder Auflage-Positionierelemente dienen (Abschnitt 13.4.1, Bilder 13-16 bis 13-20):

1. Ein Werkstück ist bereits mit zwei entsprechend genauen und genau zueinander befindlichen Bohrungen versehen, in die zwei Positionierbolzen eingreifen können (Bilder 13-98, 13-99 und 13-110).
2. Am Werkstück sind eine entsprechend genaue Bohrung und ein anderes Werkstückpositionierelement, z. B. eine entsprechend genau bearbeitete und genau relativ zu der Bohrung befindliche Fläche, vorhanden (Bild 13-103).

Im Fall 1 werden zwei und im Fall 2 ein Positionierbolzen als Positionierelement eingesetzt. Bei Werkstücken mit zwei Bohrungen als Positionierelemente am Werkstück, wird man einen runden und einen abgeflachten Positionierbolzen verwenden (Abschnitte 13.9.2 und 13.10).

13.9.2 Arten der Aufnahmebolzen (Positionierbolzen)

Aufnahmebolzen, auch Positionierbolzen genannt, können in zwei Arten unterteilt werden:

1. runde Aufnahmebolzen, die bei Werkstücken mit einer Positionierbohrung und einem anderen Positionierelement, z. B. einem Prisma (Bilder 13-37 und 13-59), oder bei Werkstücken, die mit zwei Positionierbohrungen versehen sind, in Verbindung mit einem abgeflachten Aufnahmebolzen (s. Pkt. 2) angewendet werden;
2. abgeflachte Aufnahmebolzen (Abschnitt 13.10), die bei Werkstücken mit zwei Positionierbohrungen bzw. nur mit einer Positionierbohrung und einem anderen Positionierelement, z.B. einer Positionierfläche (Bild 13-103), Anwendung finden.

13.9.3 Ausführungen der Aufnahmebolzen

Runde und abgeflachte feste Aufnahmebolzen werden in den Vorrichtungskörper eingepreßt und gelten als nicht auswechselbar, Reparaturen ausgenommen. Auswechselbare Aufnahmebolzen können dagegen bei Verschleiß der Positionierflächen bzw. bei Änderung des Aufnahmedurchmessers des Werkstücks oder bei Gruppenvorrichtungen (Kap. 39) ausgetauscht werden (Bilder 13-85 bis 13-89).

Folgende Ausführungen der runden und abgeflachten Aufnahmebolzen können unterschieden werden:

1. feste Aufnahmebolzen zum Einpressen ohne Werkstück-Auf- oder Anlagefläche (Bilder 13-80 bis 13-84 und 13-91). Die Werkstück-Auf- und Anlagefläche wird bei diesen Aufnahmebolzen durch eine Fläche gebildet, die dem Vorrichtungskörper oder einem anderen Vorrichtungselement, in das er eingepreßt wird, angehört. Diese Fläche muß in einer Spannung mit der Aufnahmebohrung, in die der Aufnahmebolzen eingepreßt wird, bearbeitet werden. Das Werkstück wird auf diese Fläche aufgelegt, wenn der Aufnahmebolzen senkrecht, und das Werkstück wird angelegt, wenn der Aufnahmebolzen waagerecht in die Vorrichtung eingebaut ist. Diese Aufnahmebolzen sind in DIN 6321 genormt;
2. feste Aufnahmebolzen zum Einpressen mit einer kleinen festen Werkstück-Auf und Anlagefläche (Bilder 13-91f und 24-12);
3. feste Aufnahmebolzen zum Einpressen mit einer großen festen Werkstück-Auf- und Anlagefläche (wie in den Bildern 13-88a und b, jedoch eingepreßt);
4. feste Aufnahmebolzen zum Einpressen mit einer großen losen Werkstück-Auf- und Anlagefläche (Bilder 13-85 und 24-11);
5. auswechselbare Aufnahmebolzen ohne Werkstück-Auf- und Anlagefläche (Bilder 13-86 und 13-87);
6. auswechselbare Aufnahmebolzen mit einer kleinen festen Werkstück-Auf- und Anlagefläche (Bild 13-87, jedoch nicht eingesenkt);

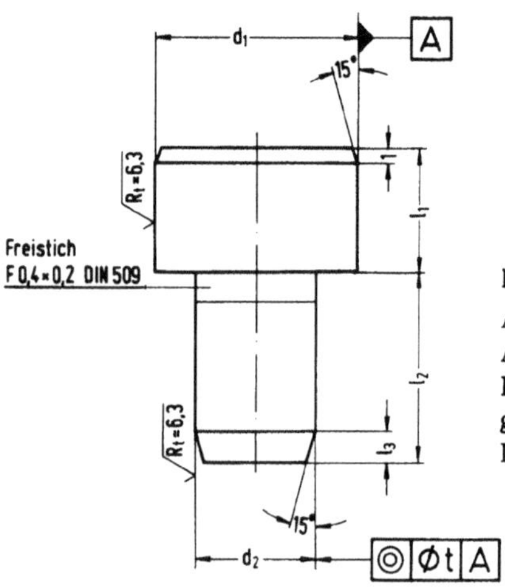

Bild 13-80
Aufnahmebolzen (auch Auflagebolzen DIN 6321, Form A, Form B – mit Kegel). Weitere Angaben s. DIN-Norm 6321.

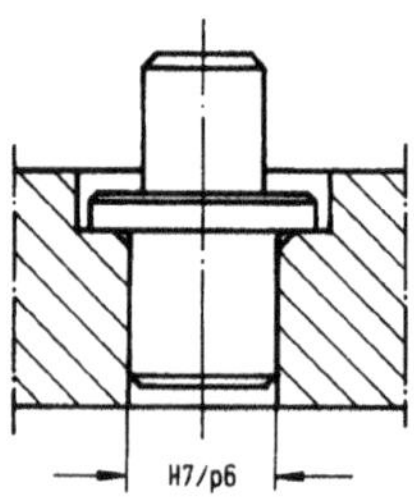

Bild 13-81
Aufnahmebolzen mit Anlagefläche, die in den Vorrichtungskörper eingelassen wird. Dadurch wird dem Gebot des Schutzes des Werkstücks (Späne s. Abschnitt 13.9.6 und Bild 13-87) entsprochen.

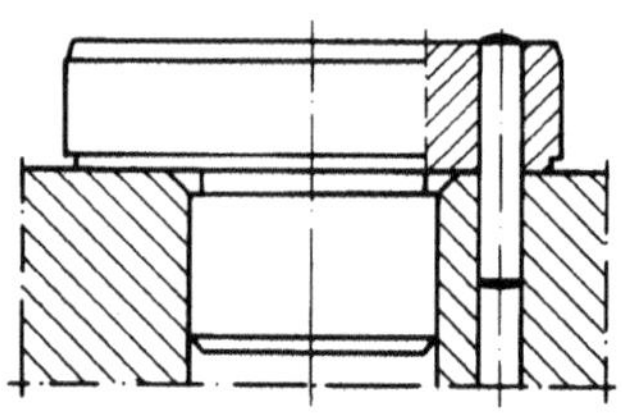

Bild 13-82
Aufnahmebolzen mit Zylinderstift gesichert.

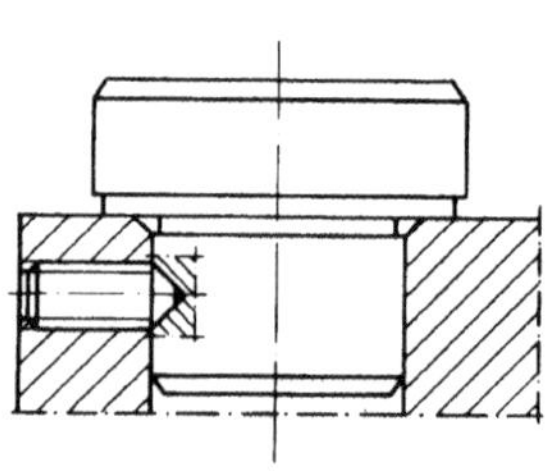

Bild 13-83
Aufnahmebolzen mit einer Stiftschraube von der Seite gesichert.

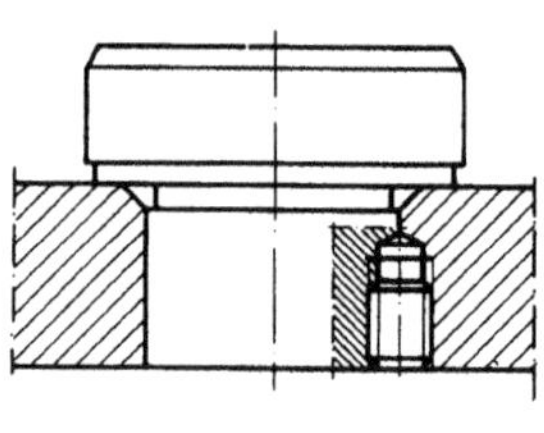

Bild 13-84
Aufnahmebolzen mit einer Stiftschraube von unten gesichert.

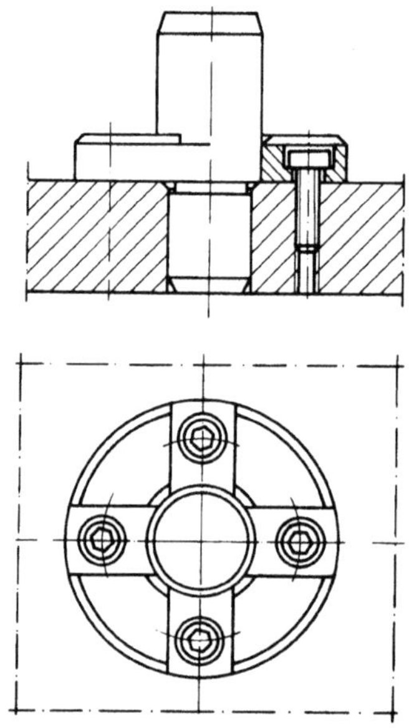

Bild 13-85
Aufnahmebolzen mit einer gesonderten, besonders großen Werkstückauflageplatte. Diese Art der Aufnahmebolzen eignet sich besonders für große und schwere Werkstücke.

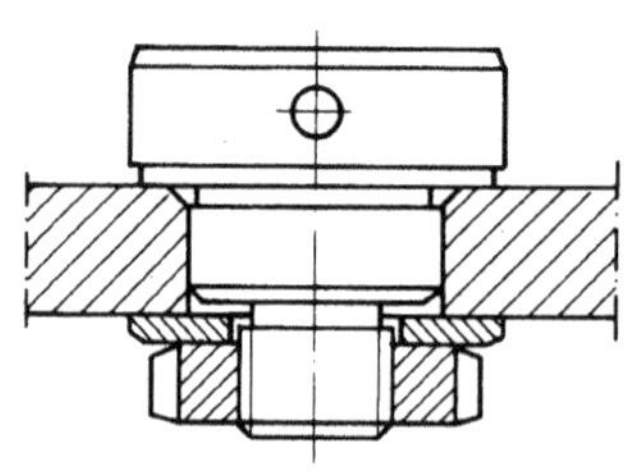

Bild 13-86
Austauschbarer Aufnahmebolzen. Besonders geeignet als Aufnahmebolzen, die z.B. infolge großer Stückzahlen der zu fertigenden Werkstücke großen Verschleiß unterworfen sind und oft ausgetauscht werden müssen (s.a. Bild 13-87).

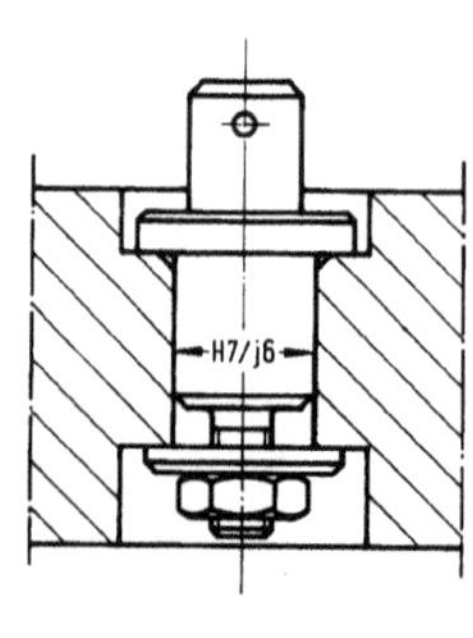

Bild 13-87
Austauschbarer Aufnahmebolzen (analog zum Bild 13-86) mit in den Vorrichtungskörper eingelassener Unterlegscheibe und Mutter.

7. auswechselbare Aufnahmebolzen mit einer großen festen Werkstück-Auf- und Anlagefläche (Bilder 13-88a und b);
8. auswechselbare Aufnahmebolzen mit einer großen losen Werkstück-Auf- und Anlagefläche (Bild 13-89);
9. feste oder auswechselbare Aufnahmebolzen mit konischem und teilweise ausgenommenem Werkstückaufnahmeteil (Bild 13-90).

Feste Aufnahmebolzen werden in Vorrichtungen eingebaut, die für kleinere Stückzahlen von Werkstücken vorgesehen sind. Auswechselbare Aufnahmebolzen werden dagegen bei zu erwartendem großen Verschleiß sowie für große Werkstückstückzahlen eingesetzt.

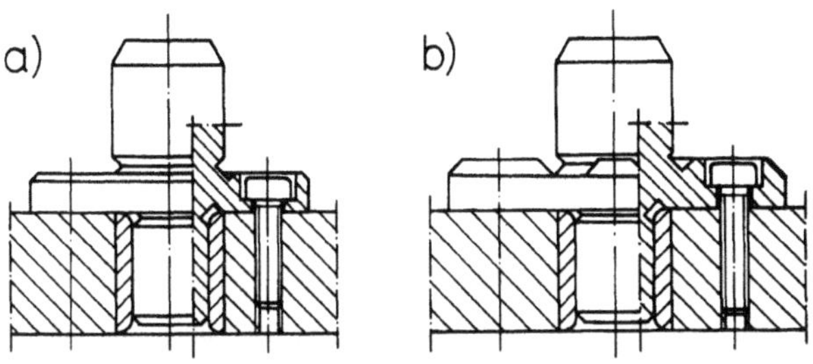

Bild 13-88 Austauschbare Aufnahmebolzen mit einer großen Werkstückauflagefläche:
a) in einem Stück mit der Aufnahmefläche gefertigt und mit einer ununterbrochenen Werkstückauflagefläche,
b) in einem Stück mit der Aufnahmefläche gefertigt und mit einer ununterbrochenen Werkstückaufnahmefläche.

Die in den Vorrichtungskörper eingepreßte Buchse (Bohrbuchse) ermöglicht gute Zentrierung des Bolzens und schnellen Austausch ohne Änderung der Passung.

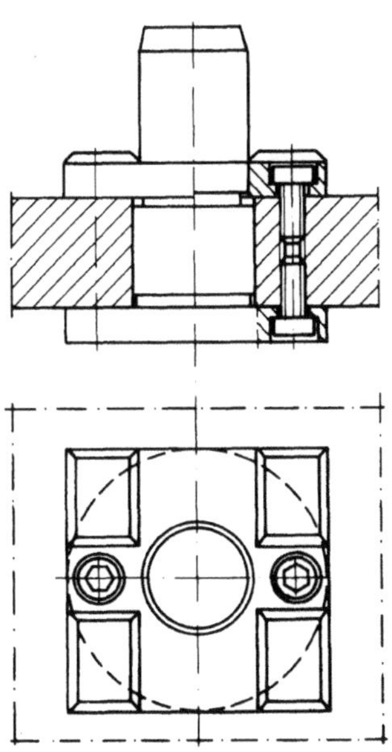

Bild 13-89
Aufnahmebolzen in schwerer Ausführung mit einer gesonderten Platte mit vier Werkstückaufnahmeflächen. Besonders für schwere Werkstücke geeignet.

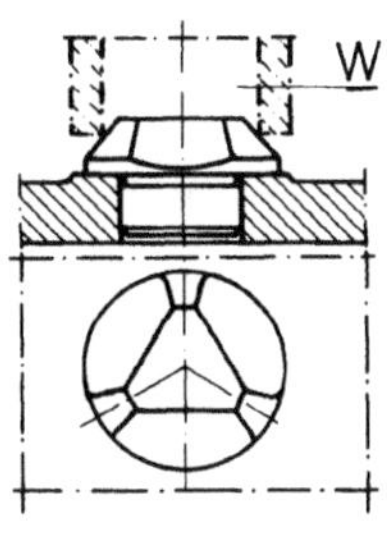

Bild 13-90
Kegeliger Aufnahmebolzen für Werkstücke mit ungenauen oder unbearbeiteten Positionierbohrungen, die große Maß- und/oder Formabweichungen aufweisen.

Eine besondere Art von Aufnahmebolzen stellt die Ausführung dar, die nach vollzogenem Positioniervorgang und durchgeführtem Spannvorgang am Werkstück, zwecks Freigabe der Positionierbohrung für weitere Bearbeitung, beseitigt wird.

Um das Werkstück ohne Beschädigung seiner Bohrungsfläche auf einfache Art aufzunehmen, werden Aufnahmebolzen angefast, mit Kegel versehen oder abgerundet (Bilder 13-91 und 10-7).

13.9.4 Ermittlung des Durchmessers und der Durchmessertoleranz des Aufnahmebolzens

Bei der Ermittlung des Durchmessers d_z (Bild 13-92) und der Toleranz T_{d_z} eines runden Aufnahmebolzens geht man von der Voraussetzung aus, daß zwischen der Werkstück-Aufnahmebohrung D_b und dem Aufnahmebolzen d_z eine Passung besteht, die einer Passung H7/g6 (enger Laufsitz) entspricht. Anhand eines Beispiels wird dieses erläutert.

Beispiel: Es ist der Durchmesser d_z und die Toleranz T_{d_z} eines runden Aufnahmebolzens zu ermitteln, wenn die Werkstück-Aufnahmebohrung D_b = 20 F7 (mm) ist, wobei enger Laufsitz (entspr. H7/g6) beibehalten werden soll.

$$D_b = 20\,F7 = 20^{+0{,}041}_{+0{,}020}\ \text{mm}.$$

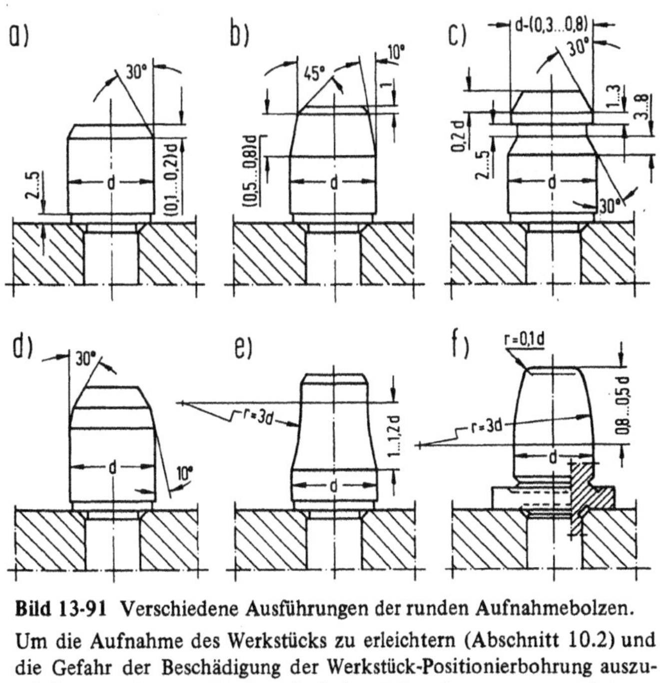

Bild 13-91 Verschiedene Ausführungen der runden Aufnahmebolzen.

Um die Aufnahme des Werkstücks zu erleichtern (Abschnitt 10.2) und die Gefahr der Beschädigung der Werkstück-Positionierbohrung auszuschalten, werden verschiedene Aufnahmebolzenformen angewendet:

a) mit einer 30°-Fase, b) mit einer 45°-Fase und einem Übergangskonus von 10°, c) mit einer 30°-Fase und einem 30°-Übergangskonus, d) mit zwei Übergangsfasen von 30° und 10°, e) mit einer 45°-Fase und einer konkav ausgebildeten Übergangszone, f) mit einem Radius von 0,1 · d und einer konvex ausgebildeten Übergangszone sowie mit einer Werkstückauflagefläche versehen.

Weitere Ausführungen der runden Aufnahmebolzen sind im Bild 10-7 gezeigt.

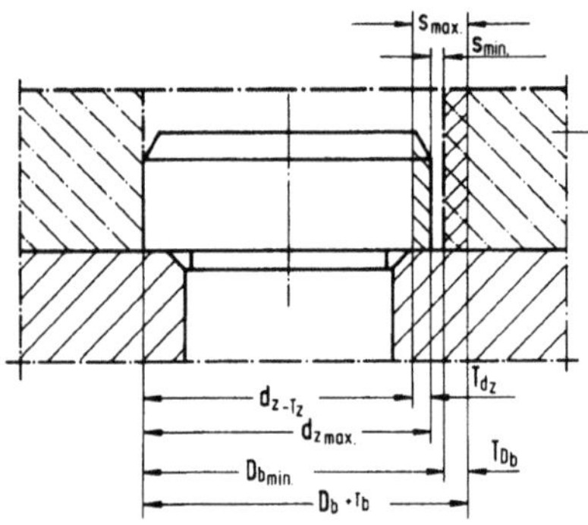

Bild 13-92 Ermittlung des Durchmessers und der Durchmessertoleranz des runden Aufnahmebolzens:

$D_{b\,min.}$	Mindestdurchmesser der Positionierbohrung des Werkstücks in die der Aufnahmebolzen greift,
$D_b + T_b$	maximaler Durchmesser der Positionierbohrung des Werkstücks in die der Aufnahmebolzen greift,
$T_b = T_{D_b}$	Toleranz der Positionierbohrung des Werkstücks,
$T_z = T_{d_z}$	Toleranz des Durchmessers des Aufnahmebolzens,
$d_{z\,max.}$	maximaler Durchmesser des Aufnahmebolzens,
$S_{max.}$	maximales Spiel zwischen der Werkstück-Positionierbohrung und dem Aufnahmebolzen,
$S_{min.}$	minimales Spiel zwischen der Werkstück-Positionierbohrung und dem Aufnahmebolzen.

Von der Passung 20 H7/g6 ausgehend:

$$20\text{ H7} = 20^{+0{,}021}_{\ \ 0{,}000}\text{ mm ergibt } D_{b_{min.}} = 20{,}000\text{ mm},$$

$$20\text{ g6} = 20^{-0{,}007}_{-0{,}020}\text{ mm ergibt } d_{z_{max.}} = 19{,}993\text{ mm}$$

und daraus für 20 H7/g6 das Kleinstspiel $S_k = 0{,}007$ mm somit:

$$d_{z_{max.}} = D_{b_{min.}} - S_{k_{H7/g6}} = 20{,}020 - 0{,}007 = 20{,}013\text{ mm}$$

und

$$d_{z_{min.}} = d_{z_{max.}} - T_{g6} = 20{,}013 - (0{,}020 - 0{,}007) = 20{,}013 - 0{,}013 = 20{,}000\text{ mm.}$$

Daraus folgt der Aufnahmebolzen-Durchmesser d_z und die Toleranz T_{d_z}:

$$d_z = 20{,}013_{-0{,}013}\text{ mm.}$$

Somit ist für die Werkstück-Aufnahmebohrung D_b = 20 F7 und den runden Aufnahmebolzen d_z eine Passung garantiert, die einer Passung von 20 H7/g6 (enger Laufsitz) entspricht.

13.9.5 Berechnung der maximalen Höhe des Positionierbolzens gegen Verklemmung des Werkstücks

Beim Positionieren kleiner und leichter Werkstücke mit Hilfe von zylindrischen Positionierbolzen, besteht keine Verklemmgefahr durch schräge Lage des Werkstücks zur Bolzenachse. Ein Verklemmen (Bild 13-93) ist bei größeren und schwereren Werkstücken möglich, so daß dieses zur Beschädigung des Positionierbolzens führen kann. Je höher der Positionierbolzen ist, desto größer ist die Verklemmgefahr; zu kurze Positionierbolzen unterliegen jedoch größerem Verschleiß. Die maximale

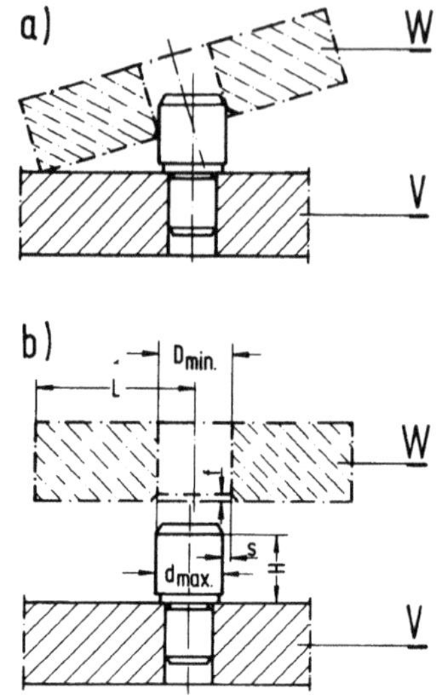

Bild 13-93
Ermittlung der maximalen Höhe des Positionierbolzens gegen Verklemmung des Werkstücks.
a) Werkstück verkantet (verklemmt)
b) Werkstück parallel zur Auflage.

Höhe $H_{max.}$ des zylindrischen Positionierbolzens kann anhand der Formel:

$$H_{max.} = f + \frac{L + 0{,}5\,D_{min.}}{D_{min.}} \cdot \sqrt{2 \cdot D_{min.} \cdot S_{min.}} \qquad \text{in mm}$$

ermittelt werden, wobei:

$H_{max.}$	maximale Positionierbolzenhöhe (mm),
L	Abstand: Werkstückkante – Bohrungsachse (mm),
$S_{min.}$	minimales Spiel zwischen Aufnahmebohrung und Positionierbolzen = $D_{min.} - d_{max.}$ (mm),
f	Fasenbreite am Werkstück (mm),
$D_{min.}$	minimaler Werkstück-Bohrungsdurchmesser (mm),
$d_{max.}$	maximaler Positionierbolzendurchmesser (mm).

Berechnungsbeispiel:

D_w = 30 H7, L = 200 mm und f = 2 mm, sowie $d_z = 29{,}90_{-0{,}1}$ mm

$D_{w_{min.}} = 30{,}000$ mm und $D_{w_{max.}} = 30{,}025$ mm für 30 H7
$d_z = 29{,}90_{-0{,}1}$ mm und daraus: $d_{z_{max.}} = 29{,}90$ mm
$S_{min.} = D_{w_{min.}} - d_{z_{max.}} = 30{,}000 - 29{,}90 = 0{,}10$ mm
demnach beträgt lt. Formel die maximale Höhe des Positionierbolzens gegen Verklemmung des Werkstücks:

$$H_{max.} = 2 + \frac{200 + 0{,}5 \cdot 30}{30} \cdot \sqrt{2 \cdot 30 \cdot 0{,}10} = \underline{\underline{22{,}45\text{ mm}}}$$

13.9.6 Richtlinien für die Ausführung und den Einsatz der Aufnahmebolzen als Positionierelemente

Damit die Aufnahmebolzen die ihnen zugedachten Aufgaben erfüllen, sollten nachstehende Richtlinien beachtet werden:

1. Werkstoff für Aufnahmebolzen: Werkzeugstahl.
2. Grundsätzlich werden Aufnahmebolzen gehärtet: 56 ± 2 HRC.
3. Nach dem Härten werden sie geschliffen. Alle Schleifarbeiten: Werkstückaufnahmeteil, Einpreßteil, Auflagestirn zum Vorrichtungskörper und, falls vorhanden, auch die

Werkstück-Auflagestirn müssen in einer Spannung geschliffen werden.

4. Nach DIN 6321 gefertigte Aufnahmebolzen werden mit einer Fase von 15° versehen. Auch selbstgefertigte Aufnahmebolzen erhalten Fasen von 15° bzw. 30° (Bild 13-80).
5. Bei leichten und kleinen Werkstücken genügen Aufnahmebolzen ohne Werkstückauflagefläche (Abschnitt 13.9.3 Pkt. 1).
6. Schwerere und größere Werkstücke bedürfen einer Werkstückauflagefläche (Abschnitt 13.9.3 Pkt. 2 bis 4), die auf verschiedene Art ausgeführt werden kann.
7. Um den Zerspanungsaufwand bei großen Werkstück-Auflageflächen gering zu halten, sollte die Auflagefläche als Einzelteil (Bilder 13-85, 13-89 und 24-11) gefertigt werden.
8. Vor der endgültigen Ausbildung der Aufnahmebolzenform, besonders bei abgestuften Werkstück-Aufnahmebohrungen, ist stets zu überlegen, welche Bohrung des Werkstücks als Aufnahmebohrung (Bild 13-94a bis d) zu wählen ist.
9. Der Werkstück-Aufnahmebolzendurchmesser d_z und seine Toleranz T_{d_z} (Abschnitt 13.9.4, Bild 13-92) müssen als Funktion des Werkstück-Aufnahmedurchmessers D_b und seiner Toleranz T_{D_b} ermittelt bzw. überprüft werden.
10. Auswechselbare Aufnahmebolzen (Bilder 13-86 bis 13-89) werden angewendet, wenn besonders großer Verschleiß der Werkstück-Aufnahmebolzen zu erwarten ist oder wenn eine Änderung des Aufnahmebolzendurchmessers vorgenommen werden muß (Gruppenvorrichtungen, Kap. 39).

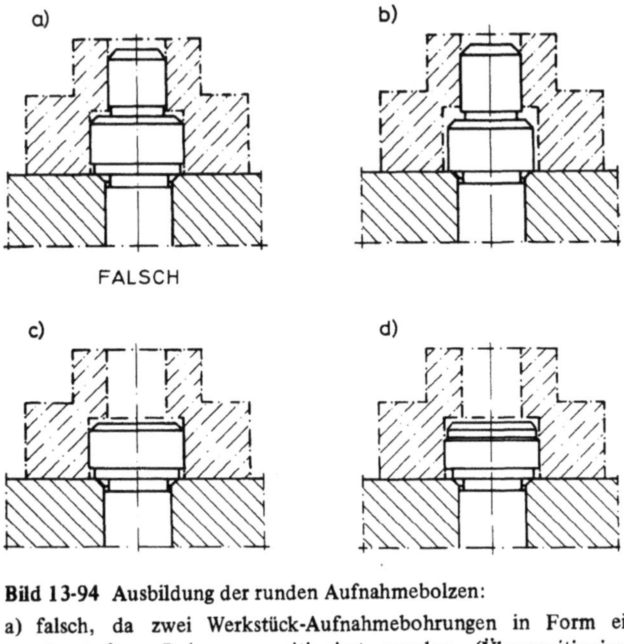

Bild 13-94 Ausbildung der runden Aufnahmebolzen:

a) falsch, da zwei Werkstück-Aufnahmebohrungen in Form einer abgestuften Bohrung positioniert werden (Überpositionierung – Abschnitt 11.3.2),
b) richtig positioniert, wenn die kleinere Bohrung mit einer geringen oder gleichen Toleranz wie die größere Bohrung ausgeführt ist,
c) richtig positioniert, wenn die größere Bohrung genauer ausgeführt ist als die kleinere Bohrung,
d) besser als c), da der Positionierbolzen zwecks besserer Aufnahme des Werkstücks abgestuft ist.

11. Bei auswechselbaren Aufnahmebolzen wird die Passung H7/j6 angewendet (Bild 13-87).
12. Soll der auswechselbare Aufnahmebolzen oft ausgewechselt werden, so sollten gehärtete Bohrbuchsen als Zwischenelemente (Bild 13-88) angewendet werden.
13. Es ist stets die maximale Höhe des vorstehenden Aufnahmebolzens zu ermitteln (Abschnitt 13.9.5, Bild 13-93), um die Verklemmgefahr auszuschalten.
14. Um das Aufstecken des Werkstücks zu erleichtern und das Werkstück vor Beschädigung zu schützen, sollten „Einführungselemente" am Aufnahmebolzen (Bilder 13-91a bis f und 10-7a bis c) vorgesehen werden.
15. Werkstücke mit großen Aufnahme-Bohrungstoleranzen können mit Hilfe kegeliger Aufnahmebolzen (Bild 13-90) positioniert werden.
16. Bei Werkstücken mit zwei Aufnahmebohrungen als Positionierelemente wird man einen runden und einen abgeflachten (Abschnitt 13.9.2) Positionierbolzen anwenden. Dadurch kann die Lagegenauigkeit des Abstandes der beiden Positionierbolzen-Aufnahmebohrungen in nicht so sehr engen Grenzen gehalten werden, als das der Fall bei zwei runden Aufnahmebolzen wäre (Bild 13-99).
17. Alle Aufnahmebolzen sind von der Werkstück-Aufnahmeseite mit einer Quernut zu versehen (Bilder 13-82 bis 13-84, 24-11, 24-12 und 64-4a bis d), damit einerseits fertigungsgerechte Gestaltung (Kap. 64) gewährleistet ist und andererseits Späne und Schmutz keinen Einfluß auf die Positioniergenauigkeit des Werkstücks haben (Kap. 24).
18. Die Ausführung der Aufnahmebolzen zum Einpressen, die Qualität der Oberflächen und andere geometrischen Zusammenhänge sind in DIN 6321 angegeben und können sinngemäß auch auf auswechselbare Aufnahmebolzen übertragen werden (Bild 13-80).
19. Die Aufnahmebolzen können in bestimmten Fällen so gestaltet werden, daß ein falsches Eingeben des Werkstücks in die Vorrichtung vermieden wird bzw. der Bedienperson auffallen muß (Bilder 10-13 und 10-14).
20. Werden Aufnahmebolzen, z.B. in C-Form-Vorrichtungen benutzt und arbeitet ein Werkzeug quer zu ihrer Achse (Bilder 24-19 und 24-20), so muß eine längs der Achse verlaufende Nut eingefräst bzw. gestoßen werden, damit das Werkstück trotz des vorstehenden Grates entnommen werden kann.
21. Eingepreßte Aufnahmebolzen sollten nach dem Einpressen gesichert werden (Bilder 13-82 bis 13-84).
22. Abgeflachte Aufnahmebolzen und die damit zusammenhängenden Probleme werden im Abschnitt 13.10 ausführlich besprochen. Richtlinien bezüglich der abgeflachten Aufnahmebolzen sind im Abschnitt 13.10.3 enthalten.

13.10 Abgeflachte Aufnahmebolzen als Positionierelemente

Abgeflachte Aufnahmebolzen nach DIN 6321 Form C (Bild 13-95) und andere selbstgefertigte Aufnahmebolzen dieser Art (Bild 13-96) bzw. werksgenormte (Bild 13-97) Ausführungen dienen zum Positionieren von Werkstücken mit Hilfe einer Bohrung (Bild 13-103) oder von Werkstücken mit zwei Bohrungen, deren Achsen als Positionierelemente seitens des Werkstücks dienen (Bild 13-99b).

Bei Werkstücken mit zwei Bohrungen kann die Toleranz des Werkstücks T_{L_w} auf einfache Weise ohne Einbuße an Positioniergenauigkeit hinsichtlich der Bohrungsachse überbrückt werden, wenn einer der beiden Aufnahmebolzen als abgeflachter Aufnahmebolzen ausgebildet wird. Dabei sollten bei der Wahl der Lage des Bolzens die in den Abschnitten 13.10.2 und 13.10.3 aufgeführten Überlegungen und Richtlinien beachtet werden.

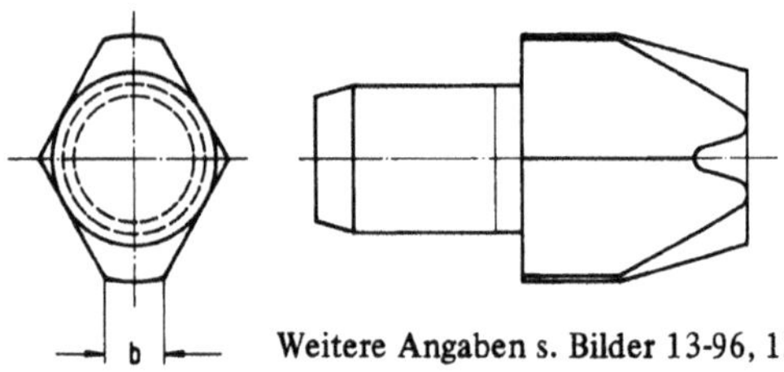

Bild 13-95 Abgeflachter Aufnahmebolzen DIN 6321, Form C.

Weitere Angaben s. Bilder 13-96, 13-97 und 13-80

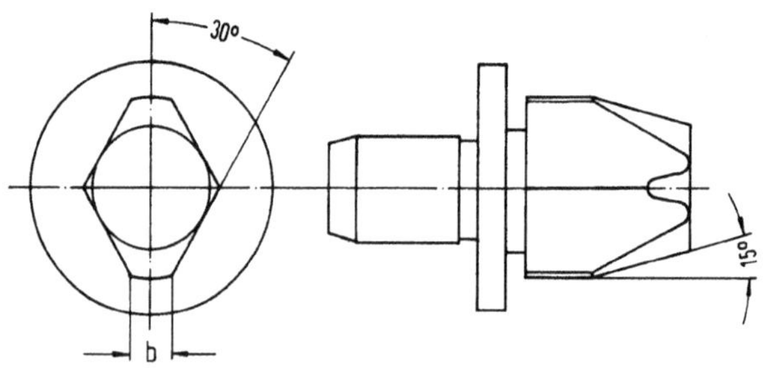

Bild 13-96 Abgeflachter Aufnahmebolzen mit einer Werkstück-Auf- bzw. Anlagefläche.

Der Neigungswinkel der abgeflachten Flächen beträgt 30° und die Breite „b" beträgt ca. 0,3 des Aufnahmedurchmessers. Weitere Angaben s. Bilder 13-97 und 13-80.

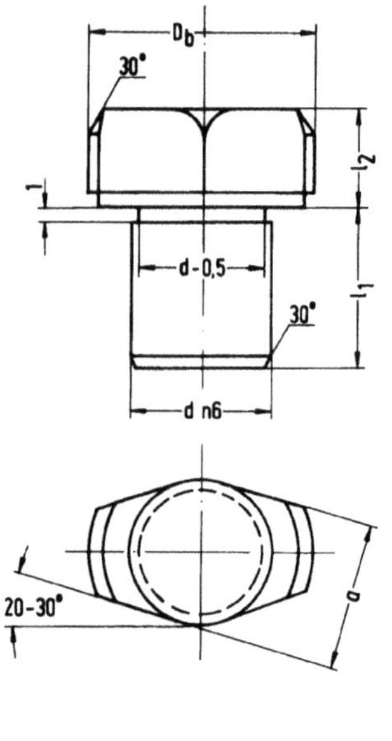

Bild 13-97

Abgeflachter Aufnahmebolzen.

Zulässige Abweichungen für Maße ohne Toleranzangabe: mittel, DIN 7168, Werkstoff: Werkzeugstahl, Ausführung: gehärtet, Härte: 56 ± 2 HRC; Kanten gebrochen. Der Wert für „b" liegt zwischen 1 ... 5 mm für einen Durchmesserbereich von 6 ... 25 mm. Weitere Angaben s. Bild 13-80.

Als Mindestdurchmesser der abgeflachten Aufnahmebolzen gilt $D_b = 6$ mm (DIN 6321). Das bedeutet, daß kleinere Bohrungsdurchmesser nur mit Hilfe runder Aufnahmebolzen aufgenommen werden können. In diesem Fall muß der maximale Durchmesser D_b der beiden Aufnahmebolzen so gewählt werden, daß die Ungleichung (1) bzw. (2) des Abschnitts 13.10.1 erfüllt ist.

13.10.1 Berechnungen bei Anwendung der abgeflachten Aufnahmebolzen als Positionierelemente

Um die Vorteile des Einsatzes der abgeflachten Aufnahmebolzen voll und fehlerfrei nutzen zu können, müssen bestimmte Berechnungen durchgeführt werden, die einerseits die Vorteile aufzeigen und andererseits bei der Konstruktion der Vorrichtung mit abgeflachten Aufnahmebolzen von großer Wichtigkeit sind. Diese Berechnungen betreffen besonders die resultierenden Spiele und Toleranzen des Abstandes der Bohrungen im Werkstück und in der Vorrichtung (Aufnahmebohrungen für die Aufnahmebolzen) sowie den Positionierfehler als Funktion der Spiele und des Bohrungsabstandes und der in Frage kommenden Toleranzen. Im Rahmen des nachstehenden Textes werden diese Probleme erläutert.

Ein Werkstück (Bild 13-98a) mit zwei Aufnahmebohrungen $D_{b_1} + T_{D_1}$ und $D_{b_2} + T_{D_2}$ sowie einem Achsabstand dieser Bohrungen $L_w \pm \frac{T_{L_w}}{2}$ kann mit Hilfe von zwei runden Aufnahmebolzen $d_{z_1} - T_{d_1}$ und $d_{z_2} - T_{d_2}$ sowie einem Bohrungsachsabstand $L_v \pm \frac{T_{L_v}}{2}$ nur dann in der Vorrichtung positioniert werden, wenn folgende Bedingungen vorliegen:

$$\boxed{\frac{T_{L_w}}{2} + \frac{T_{L_v}}{2} \leqq \frac{S_{1\,min.}}{2} + \frac{S_{2\,min.}}{2}} \qquad (1)$$

bzw.

$$\boxed{T_{L_v} \leqq S_{1\,min.} + S_{2\,min.} - T_{L_w}} \qquad (2)$$

ist, mit

T_{L_w} Toleranz des Werkstücks-Bohrungsabstandes in mm

T_{L_v} Toleranz der Aufnahmebohrungen für die Aufnahmebolzen in der Vorrichtung (Einpreßbohrungen) in mm

$S_{1\,min.}$ Minimales Spiel zwischen Aufnahmebolzen z_1 und seiner Aufnahmebohrung in mm

$S_{2\,min.}$ Minimales Spiel zwischen Aufnahmebolzen z_2 und seiner Aufnahmebohrung in mm

dabei ist:

$$S_{1\,min.} = D_{b_1\,min.} - d_{z_1\,max.} \qquad (3)$$

und

$$S_{2\,min.} = D_{b_2\,min.} - d_{z_2\,max.}. \qquad (4)$$

Damit die Ungleichung (2) erfüllt ist, müssen entweder die Achsabstandstoleranz T_{L_v} der Bohrungen zum Einpressen

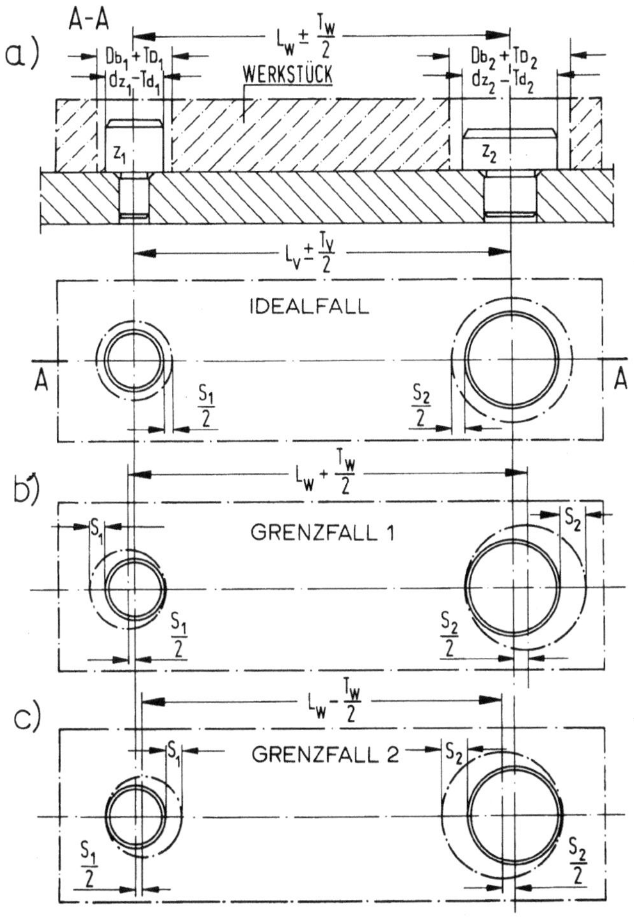

Bild 13-98 Grenzfälle bei Anwendung runder Aufnahmebolzen an einem Werkstück mit zwei Positionierbohrungen:

a) Idealfall, wenn das Vorrichtungsmaß $L_V \pm T_V/2$ (Abstand der beiden Aufnahmebolzen) genau mit dem Werkstückmaß der beiden Bohrungen $L_W \pm T_W/2$ übereinstimmt,

b) Grenzfall 1, wenn die beiden Aufnahmebolzen in der Vorrichtung auf das Mindestmaß, also auf $L_V - T_V/2$ und die beiden Bohrungen im Werkstück auf das Maximalmaß, also auf $L_W + T_W/2$, ausgeführt sind,

c) Grenzfall 2 – wenn die beiden Aufnahmebolzen in der Vorrichtung auf das Maximalmaß, also auf $L_V + T_V/2$, und die beiden Bohrungen im Werkstück auf das Minimalmaß, also auf $L_W - T_W/2$ ausgeführt sind.

der Aufnahmebolzen in der Vorrichtung sehr gering oder große Spiele S_1 und S_2 vorhanden sein, was selbstverständlich eine geringe Positioniergenauigkeit des Werkstückes in der Vorrichtung bedeuten würde.

Durch die Anwendung eines abgeschrägten Aufnahmebolzens z_a (Bild 13-99/b) wird das Spiel S_2 in der senkrechten Richtung zur Achse der beiden Bohrungen beibehalten, aber gleichzeitig eine Möglichkeit geschaffen, daß das Spiel S_{2_x} (s. auch Bilder 13-100 und 13-101) in der Achsrichtung bedeutend größer ist. Da

$$T_{L_W} + T_{L_{V_a}} \leqq S_{2_{x\,min.}} \tag{5}$$

oder

$$T_{L_{V_a}} \leqq S_{1_{min.}} + S_{2_x} - T_{L_W} \tag{6}$$

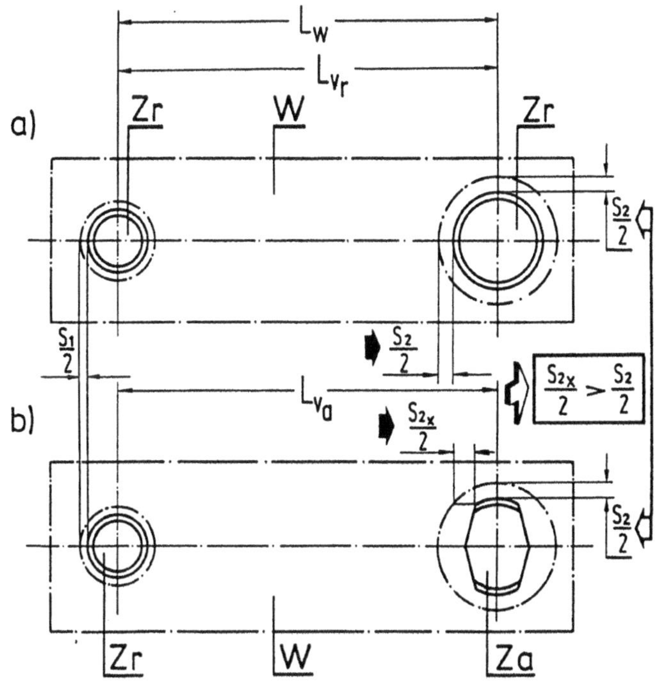

Bild 13-99 Vorteil der Anwendung des abgeflachten Aufnahmebolzens (Abschnitt 13.10) zum Positionieren von Werkstücken mit Hilfe von zwei im Werkstück vorhandenen bearbeiteten Bohrungen.

Aus der Darstellung geht hervor, daß $S_{2_x}/2 > S_2/2$ ist. Mit Hilfe des abgeflachten Aufnahmebolzens Za und eines runden Aufnahmebolzens Zr wird es keine Einbuße hinsichtlich der Positioniergenauigkeit in senkrechter Richtung zur Werkstückachse gegenüber der Anwendung von zwei runden Aufnahmebolzen (Bild 13-98) geben. Da jedoch auch daraus $T_{L_{V_a}} > T_{L_{V_r}}$ resultiert, ist die Anwendung des abgeflachten Bolzens sehr vorteilhaft. Dabei muß auch die Größe „b" berücksichtigt und nicht zu klein ausgelegt werden (s. Abschnitt 13.10.1).

und da

$$\boxed{\frac{S_{2_x}}{2} > \frac{S_2}{2}} \qquad \text{(Bild 13-99)}$$

so auch

$$\boxed{T_{L_{V_a}} > T_{L_{V_r}}}$$

(a abgeflachter Aufnahmebolzen, r runder Aufnahmebolzen). Daraus geht hervor, daß ohne jegliche Einbuße an Positioniergenauigkeit in senkrechter Richtung zur Bohrungsachse eine größere Toleranz $T_{L_{V_a}}$ bei einem abgeflachten und einem runden Aufnahmebolzen als die Toleranz $T_{L_{V_r}}$ bei zwei runden Aufnahmebolzen möglich ist.

Je kleiner der Wert für die Breite b des abgeflachten Aufnahmebolzen gewählt wird, desto größer wird $\frac{S_{2_x}}{2}$, was jedoch nicht dazu verleiten sollte, den Wert für b zu klein zu wählen, da sonst die Gefahr einer schnellen Abnutzung der verbleibenden zylindrischen Flächen besteht und eine geringere Positioniergenauigkeit auftritt. In der DIN-Norm 6321 sind Angaben über die zu wählenden Werte für b als Funktion des Durchmessers D_b des Aufnahmebolzens enthalten (Bild 13-100).

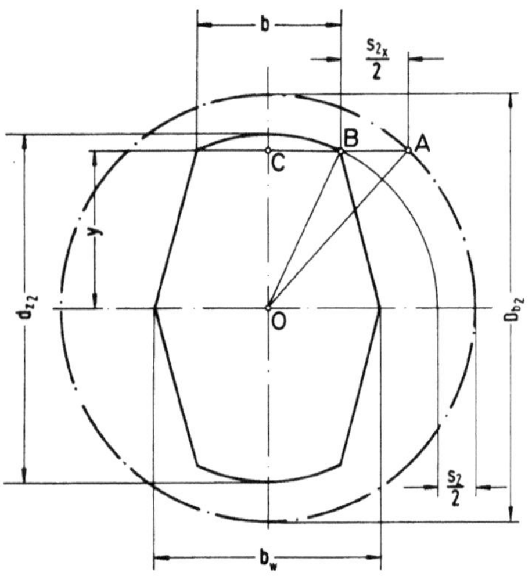

Bild 13-100 Darstellung für die Erläuterung der geometrischen Zusammenhänge (s. Formel 7).

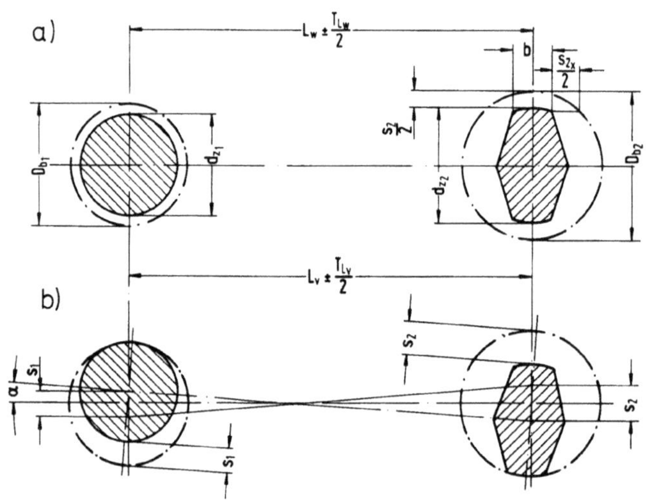

Bild 13-101 Darstellung zur Ermittlung des Positionier-Winkelfehlers α bei Anwendung eines abgeflachten Aufnahmebolzens als Funktion der Spiele S_1 und S_2 sowie des Aufnahmebolzenabstandes L_v (s. Formel 8).

a) gleiche Achslage, b) extreme Achslage (α Positionier-Winkelfehler)

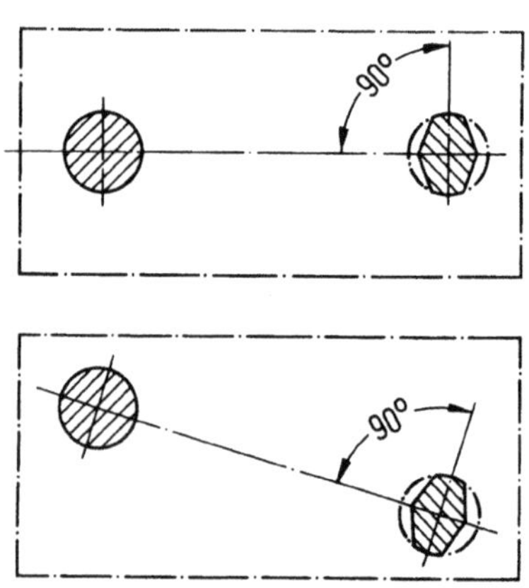

Bild 13-102
Richtige Lage des abgeflachten Aufnahmebolzens in der Vorrichtung.

Die Lage des abgeflachten Aufnahmebolzens muß so gewählt werden, daß die Mittellinie der verbleibenden zylindrischen Elemente des Bolzens senkrecht zur Achse der beiden Werkstück-Positionierbohrungen verläuft.

Der Wert von $\frac{S_{2_x}}{2} = \overline{BA}$ (Bild 13-100) kann anhand der Formel (7) ermittelt werden:

$$S_{2_x} = \sqrt{\left(\frac{b}{2}\right)^2 + \left(\frac{D_{b_2}}{2}\right)^2 - \left(\frac{d_{z_2}}{2}\right)^2} - \frac{b}{2} \quad \text{in mm} \qquad (7)$$

Der Positionier-Winkelfehler, der durch das Vorhandensein der Spiele S_1 und S_2 entsteht, kann mit Hilfe der Formel (8) errechnet werden (Bild 13-101):

$$\tan\alpha = \frac{S_1 + S_2}{2(L_v - 0{,}5\ T_{L_v})} \qquad (8)$$

Im Bild 13-103 ist die Anwendung des abgeflachten Bolzens mit einer Positionierbohrung des Werkstücks gezeigt.

13.10.2 Wahl der Lage des abgeflachten Aufnahmebolzens als Funktion der Werkstückbemaßung

Die Vorteile des abgeflachten Aufnahmebolzens als Positionierelement kommen nur dann zur Geltung, wenn seine Lage richtig gewählt wird. Die Lage muß unter Berücksichtigung der Richtlinien (Abschnitt 13.10.3) und als Funktion der Werkstückbemaßung (Abschnitt 11.1) festgelegt werden. Diese Aussage und die damit zusammenhängenden Probleme werden anhand des nachstehenden Beispiels erläutert.

Das in Bild 13.104 dargestellte Werkstück weist drei bearbeitete und mit „1", „2" und „3" bezeichnete Flächen auf. Außerdem enthält es vier ebenfalls bereits bearbeitete und

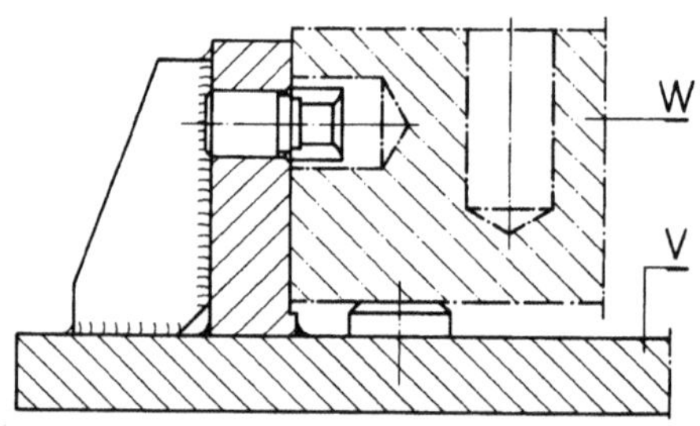

Bild 13-103 Beispiel des Positionierens eines Werkstücks mit Hilfe einer am Werkstück vorhandenen Bohrung und zwei bereits bearbeiteten Flächen am Werkstück als Werkstück-Positionierelemente.

Die waagerechte Bohrung ist bereits vorhanden und die beiden Flächen (Auflage- und Anlagefläche), die als Positionierflächen benutzt werden, ebenfalls bereits bearbeitet. Die senkrechte Bohrung soll in der Ebene der waagerechten Bohrung und gleichzeitig senkrecht zu der waagerechten Fläche und parallel zu der senkrechten Positionierfläche des Werkstücks gebohrt werden.

In die vorhandene waagerechte Bohrung greift ein abgeflachter Aufnahmebolzen (Abschnitt 13.10) als Positionierelement der Vorrichtung ein. Durch die Anwendung des abgeflachten Aufnahmebolzens wird erreicht, daß die Lage dieser Bohrung eine größere Toleranz des Höhenmaßes aufweisen kann als es bei Anwendung eines runden Aufnahmebolzens (Abschnitt 13.9.2) möglich wäre. Der abgeflachte Aufnahmebolzen positioniert das Werkstück in der senkrechten Bohrungsebene mit der gleichen Genauigkeit, als wenn ein runder Aufnahmebolzen zum Einsatz käme, wobei dieser dann die Einengung der Toleranz des Höhenmaßes der Bohrung im Werkstück bzw. des senkrechten Abstandes des Positionierbolzens in der Vorrichtung zur Folge hätte.

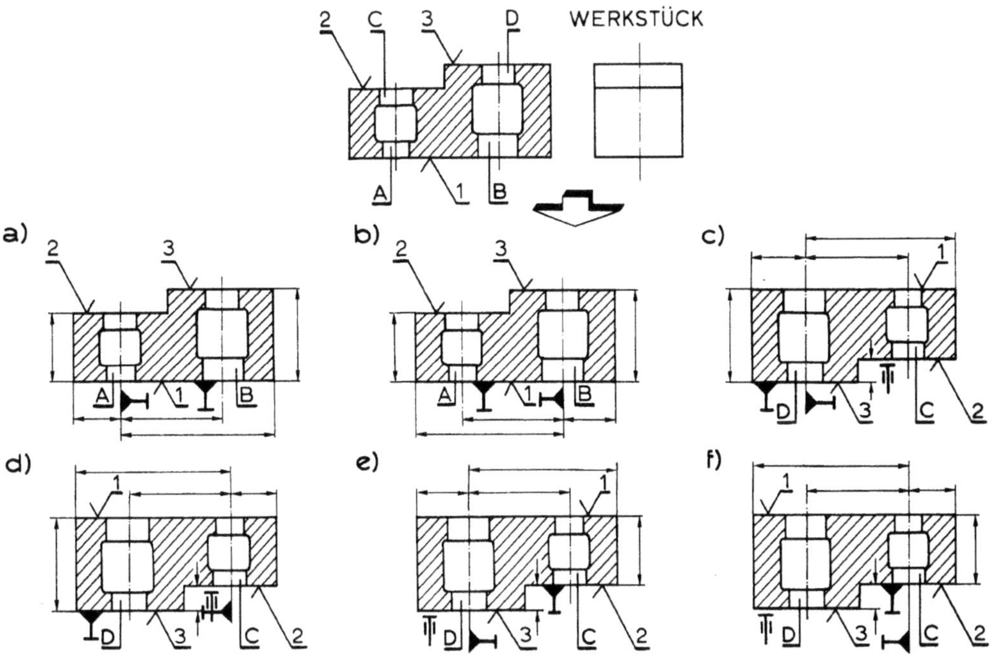

Bild 13-104 Verschiedene Positionierfälle als Funktion der Werkstückbemaßung an einem Werkstück dargestellt.

Das dargestellte Werkstück weist drei bearbeitete Flächen „1", „2" und „3" sowie vier Bohrungen „A", „B", „C" und „D" auf. In den dargestellten Fällen a) bis f) wird untersucht welche Fläche und welche Bohrung des Werkstücks jeweils als Hauptpositionierbasis (Abschnitt 11.1, Bild 11-1) FBWP-H und welche Bohrung als Hilfspositionierbasis FBWP-h aus der Werkstückbemaßung resultieren und welche Positionierelemente an welcher Stelle sinngemäß anzuwenden sind.

Die Kennzeichnung der festen Werkstückauflage der Vorrichtung mit Hilfe der Bildzeichen (Kap. 9, Bild 9-1) wurde nicht durchgeführt, da die Basen, die den Auflageflächen entsprechen, mit den „Basen-Bildzeichen" (Abschnitt 11.1, Bild 11-1) gekennzeichnet sind. Im Bild 13-105 sind die Ergebnisse aufgestellt.

mit „A", „B", „C" und „D" bezeichnete Bohrungen. Diese Flächen und Bohrungen können, je nach der Bemaßung des Werkstücks, als Fertigungsbasen F (Abschnitt 11.1) dienen. Die jeweils in Anspruch genommenen Werkstückelemente wird man als Positionierbasen FBWP für weitere Arbeitsgänge (Bild 11-2) bezeichnen.

Anhand der im Bild 13-104a bis f dargestellten 6 Werkstückbemaßungsfälle wird die Wahl der Lage des abgeflachten Aufnahmebolzens als Funktion der Werkstückbemaßung, im Endeffekt aber als Funktion der Lage und Art der Positionierbasen FBWP, durchgeführt. Alle für die Wahl der Positionierbasen wichtigen Maße sind jeweils für die einzelnen Fälle in Form von Maßpfeilen zum Ausdruck gebracht. Alle unwichtigen Maße wurden vernachlässigt.

Im Bild 13-104a sind alle Maße von der Fläche 1 und der Achse der Bohrung A ausgehend vermaßt. Diese beiden Werkstückelemente müssen deshalb als Haupt-Positionierbasen FBWP-H (Abschnitt 11.1) und die Bohrungsachse der Bohrung B als Hilfspositionierbasis FBWP-h festgelegt werden. Für die Fläche 1 wird in der Vorrichtung eine Positionierebene geschaffen (bzw. entsprechende Werkstück-Auflage-Positionierelemente, die eindeutig eine Ebene ergeben); es werden z. B. drei nach dem Einbau überschliffene Bolzen vorgesehen. Da die Achse der Bohrung A die zweite Haupt-Positionierbasis FBWP-H bildet, wird man als Positionierelement in der Vorrichtung einen runden Aufnahmebolzen (Abschnitt 13.9) vorgesehen. In die Bohrung B muß ein abgeflachter Aufnahmebolzen (Abschnitt 13.10) eingreifen, da sie eine Hilfspositionierbasis FBWP-h darstellt.

Im Bild 13-104b ist die Bemaßung des Werkstücks von der Fläche 1 beibehalten worden; geändert wurde jedoch die Bemaßung hinsichtlich der Bohrungsachse. In diesem Fall muß

Bild 13-104	Haupt-Positionierbasis FBWP-H	Haupt-Positionierbasis FBWP-H	Hilfs-Positionierbasis FBWP-h	Abstützende Fläche des Werkstücks
	Fläche	Bohrung	Bohrung	
	Positionierebene	runder Positionierbolzen	abgeflachter Positionierbolzen	verstellbare Stütze
a	1	A	B	–
b	1	B	A	–
c	3	D	C	2
d	3	C	D	2
e	2	D	C	3
f	2	C	D	3

Bild 13-105 Zusammenstellung der Positionierfälle und der aus der Werkstückbemaßung resultierenden Lagen der runden und abgeflachten Aufnahmebolzen sowie der verstellbaren Stützelemente in der Vorrichtung (s. a. Bild 13-104).

die Bohrungsachse der Bohrung B als zweite Haupt-Positionierbasis FBWP-H und die Achse der Bohrung A als Hilfs-Positionierbasis FBWP-h angesehen werden. Dementsprechend greift der runde Aufnahmebolzen in die Bohrung B und der abgeflachte in die Bohrung A ein. Die Ergebnisse dieser und der folgenden Überlegungen sind im Bild 13-105 zusammengestellt.

Bei der Bemaßung des Werkstücks nach Bild 13-104c sind die Fläche 3 und die Bohrungsachse der Bohrung D Haupt-Positionierbasen FBWP-H und die Achse der Bohrung C Hilfs-Positionierbasis FBWP-h. Für die Fläche 3 muß analog zum Beispiel im Bild 13-104a die Fläche 1 als Positionierebene angesehen werden. Der runde Aufnahmebolzen greift in die Bohrung D und der abgeflachte in die Bohrung C ein, da die Achse der letzten Bohrung die Hilfs-Positionierbasis FBWP-h bildet. Das Werkstück ist von der Auflageseite abgestuft und muß mit Hilfe einer verstellbaren Stütze (Kap. 14) (s. auch Bildzeichen in Kap. 9) an der Fläche 2 abgestützt werden.

Bei der Werkstückbemaßung nach Bild 13-104d wird nur die Haupt-Positionierbasis FBWP-H von der Bohrungsachse der Bohrung D in die Achse der Bohrung C verlagert, so daß auch die beiden Aufnahmebolzen ausgewechselt werden müssen. Der runde greift in die Bohrung C und der abgeflachte in die Bohrung D ein.

Die Haupt-Positionierbasen FBWP-H im Bild 13-104e sind die Fläche 2 und die Achse der Bohrung D. Die Hilfs-Positionierbasis FBWP-h ist die Bohrungsachse der Bohrung D. Die Werkstückfläche 2 wird auf die Positionierebene der Vorrichtung aufgelegt; der runde Aufnahmebolzen greift in die Bohrung D und der abgeflachte Aufnahmebolzen in die Bohrung C ein. Die Fläche 3 wird abgestützt.

Im Bild 13-104f ändert sich die Werkstückbemaßung so, daß die beiden Aufnahmebolzen lediglich ausgetauscht werden müssen.

13.10.3 Richtlinien für die Ausführung und den Einsatz der abgeflachten Aufnahmebolzen

Beim Einsatz abgeflachter Aufnahmebolzen sind folgende Richtlinien zu beachten:

1. Bei der Wahl der Bohrung, in die der abgeflachte Aufnahmebolzen eingreifen soll, sollte berücksichtigt werden:
   - 1.1 Wenn die Toleranzen der beiden Aufnahmebohrungen des Werkstücks gleich groß sind, sollte für den abgeflachten Aufnehmebolzen die größere Werkstückbohrung gewählt werden.
   - 1.2 Wenn aus funktionellen Gründen eine der beiden Werkstückbohrungen genauer in der Vorrichtung positioniert werden soll, so sollte der runde Aufnahmebolzen in diese Bohrung eingreifen.
   - 1.3 Wenn die Toleranz der kleineren Werkstückbohrung kleiner ist als die der größeren, so sollte der abgeflachte Aufnahmebolzen in die kleinere Werkstückbohrung eingreifen.
2. Bei der Wahl der Lage des abgeflachten Aufnahmebolzens als Funktion der Werkstückbemaßung, sollte so vorgegangen werden, wie in Abschnitt 13.10.2 beschrieben.
3. Bei der Festlegung der Passung zwischen dem Aufnahmebolzendurchmesser und dem Werkstück-Aufnahmebohrungsdurchmesser sollte eine Passung gewählt werden, die der Passung H7/g6 entspricht (Abschnitt 13.9.4).
4. Der abgeflachte Aufnahmebolzen sollte bedeutend kürzer als der runde sein, um das Werkstück leichter aufstecken zu können (Kap. 10, Bild 10-6).
5. Die Lage des abgeflachten Aufnahmebolzens ist stets so zu wählen, daß die Mittellinie der verbleibenden zylindrischen Elemente (Bild 13-102) senkrecht zur Achse der beiden Aufnahmebohrungen des Werkstückes verläuft (Wichtig!).
6. Der Abstand $S_{2x}/2$ (Bild 13-99) muß die in Frage kommenden Toleranzen überbrücken.
7. Werkstoff für den abgeflachten Aufnahmebolzen: Werkzeugstahl, gehärtet – Härte 56 ± 2 HRC.
8. Nach dem Härten werden beide Bolzenelemente, der verbliebene zylindrische Teil mit seinen vier abgefrästen Flächen und der zylindrische Einpreßbolzen, in einer Spannung geschliffen.
9. Weitere Hinweise s. Richtlinien im Abschnitt 13.9.6.

13.11 Positionierelemente für das mehrmalige Positionieren des Werkstücks

Unter dem Begriff „mehrmaliges Positionieren" eines Werkstücks versteht man eine mehrmalige Veränderung der Positionierlage in der Vorrichtung gegenüber dem Werkzeug. Diesen Vorgang nennt man auch „Teilen". Daraus resultieren Begriffe wie: „Teilelemente", „Teilungsfehler" (Abschnitt 13.11.3) und „Teilvorgang". Dieser Vorgang wird meistens mit Hilfe eines beweglichen Vorrichtungselements, mit dem das Werkstück fest verbunden ist, durchgeführt. Beim Längsteilen kann das z. B. ein zwischen Führung beweglicher Support und beim Kreisteilen eine in der Mitte gelagerte Scheibe sein. Dabei werden: das Lösen (der Verbindung: Grundelement – bewegliches Element), Bewegen des beweglichen Elements, Feststellen (Feststellelement, Abschnitt 13.11.2) und Spannen des beweglichen Werkstücktragelements in Frage kommen. Man wird also das Längs- und Kreisteilen unterscheiden, wobei in beiden Fällen die Teilung nicht unbedingt gleichmäßig, also gleiche Längen oder gleich große Winkel, vollzogen werden muß.

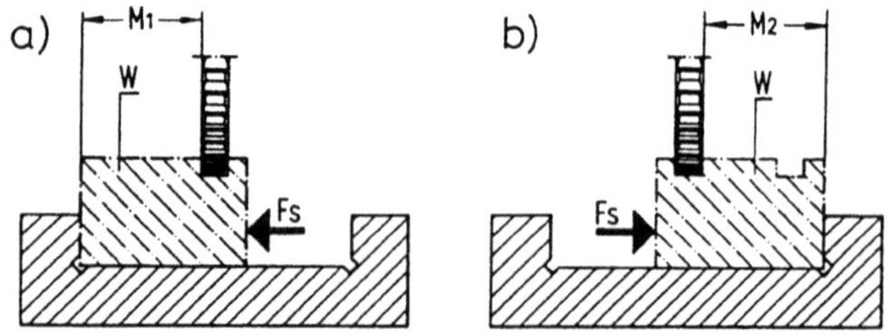

Bild 13-106 Längsteilen durch wechselseitiges Anlegen des Werkstücks an zwei Positionierelemente der Vorrichtung:
a) Lage für das Fräsen der ersten Nut,
b) Lage für das Fräsen der zweiten Nut.

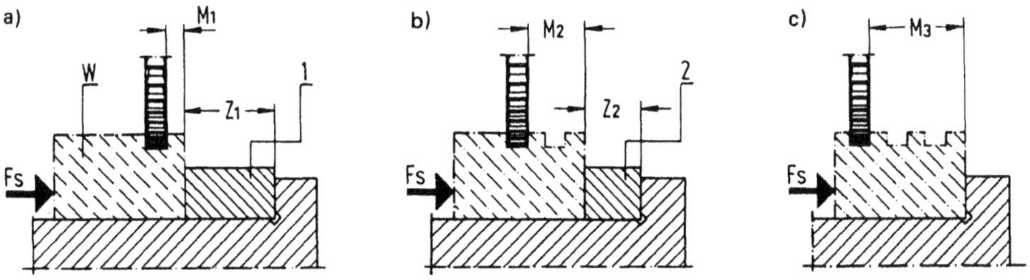

a) Lage für das Fräsen der ersten Nut durch Positionierung mit Hilfe des Zwischenblocks Z_1 (Maß M_1),
b) Lage für das Fräsen der zweiten Nut durch Positionierung mit Hilfe des Zwischenblocks Z_2 (Maß Z_2),
c) Lage für das Fräsen der dritten Nut durch Positionierung mit Hilfe des festen Positionierelementes der Vorrichtung (Maß M_3).

Bild 13-107 Längsteilen durch Anlegen des Werkstücks an zwei Zwischenblöcke und an ein festes Positionierelement der Vorrichtung:

13.11.1 Längs- und Kreisteilen – Allgemein

Längsteilungen, also ein mehrmaliges Längspositionieren, kommen an Werkstücken vor, die z. B. mit Bohrungen oder Nuten in einer oder mehreren Reihen parallel zueinander versehen werden sollen. Diese Art von Teilungen kann man vornehmen mit Hilfe von:

1. zwei gegenüber in der Vorrichtung liegenden Flächen (Bild 13-106), an die das Werkstück jeweils angelegt wird;
2. mehreren Maßblöcken oder Endmaßen, die zwischen die Anlagefläche der Vorrichtung und das Werkstück (Bild 13-107) gelegt werden;
3. einstellbaren Anschlägen, z. B. Schrauben und/oder feststellbaren Elementen (Bild 13-108), die als Anlageelemente dienen;
4. in ein längsgeführtes Element, z. B. Support, eingebauten Feststellbolzen (Bilder 13-108c und 13-113), die jeweils in eine Bohrung greifen;
5. Zahnstangen, in deren Zähne entsprechende Elemente (ähnlich Bild 13-124) greifen.

Sollen am Werkstück Arbeiten vorgenommen werden, die eine Kreisteilung notwendig machen, z. B. Bohrungen auf einem Kreisumfang oder von der Stirnseite auf einem Kreisdurchmesser gebohrt, bzw. Nuten ebenfalls auf dem Kreisumfang oder radial auf der Stirnseite eines Werkstücks gefräst werden, wobei eine bestimmte reproduzierbare Winkelteilung eingehalten werden soll, so ist eine Kreisteileinrichtung an der Vorrichtung notwendig.

Eine Kreisteilung, also ein mehrmaliges Kreisteilen, kann ausgeführt werden:

1. durch Einführen eines Feststellers in eine bereits im Werkstück vorhandene Bohrung (Bild 13-109), wobei der Feststeller um eine bestimmte Winkelgröße versetzt ist;
2. durch Umstecken des Werkstücks (Bild 13-110), wobei als Steckelemente, also Feststeller, zwei oder mehrere abgeflachte Aufnahmebolzen (Abschnitt 13.10) dienen;
3. durch wechselseitiges Anlegen des Werkstücks an zwei feste oder einstellbare Anlageelemente der Vorrichtung (Bild 13-111);

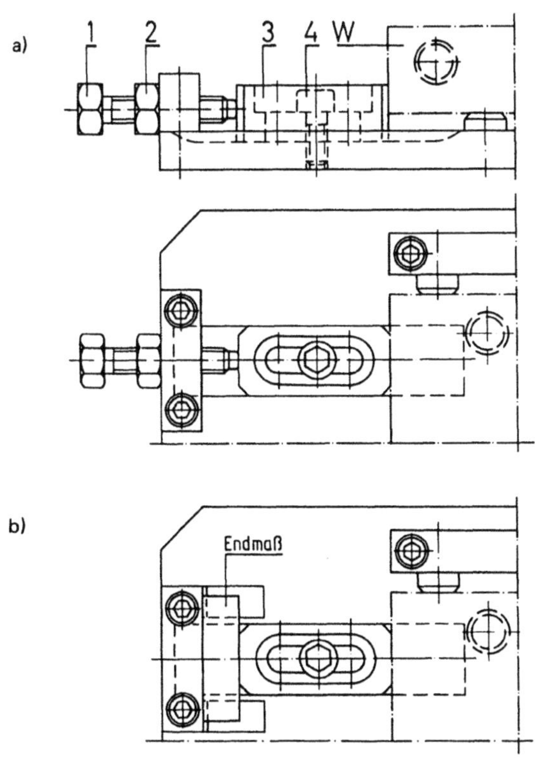

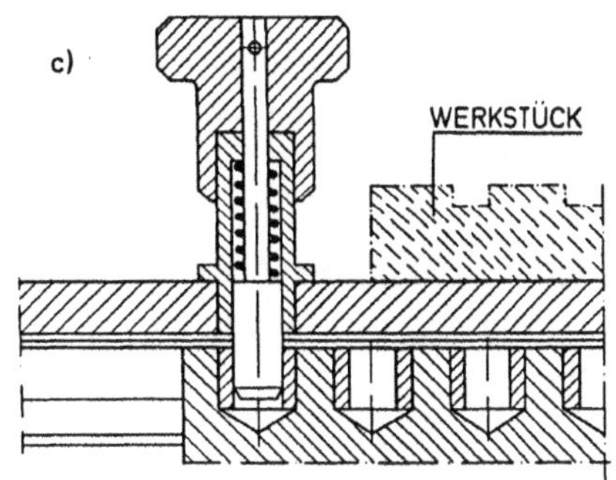

Bild 13-108 Längsteilen mit Hilfe verstellbarer Elemente der Vorrichtung:

a) Längsteilen mit Hilfe einer verstellbaren und feststellbaren Schraube als Anschlag und eines feststellbaren Zwischenanschlages,
b) Längsteilen mit Hilfe einlegbarer Endmaße, die zwischen eine feste Anlage und einen feststellbaren Zwischenanschlag (analog zum Bild 13-107) gelegt werden.
c) Die Darstellung zeigt eine weitere Lösung des Längsteilens. Diese Lösung besteht aus einem Steckfeststeller (s. a. Bilder 13-116 bis 13-119), der in einem beweglichen Element der Teileinrichtung, auf dem sich das Werkstück befindet, aufgebaut ist. Es greift in jeweils eine der Buchsen ein, die im festen Element der Teileinrichtung eingebaut sind. Der Abstand der Buchsen entspricht der jeweiligen Teilung.

1 Einstellschraube, 2 Feststellmutter, 3 Zwischen-Distanzelement, 4 Feststellschraube zu 3.

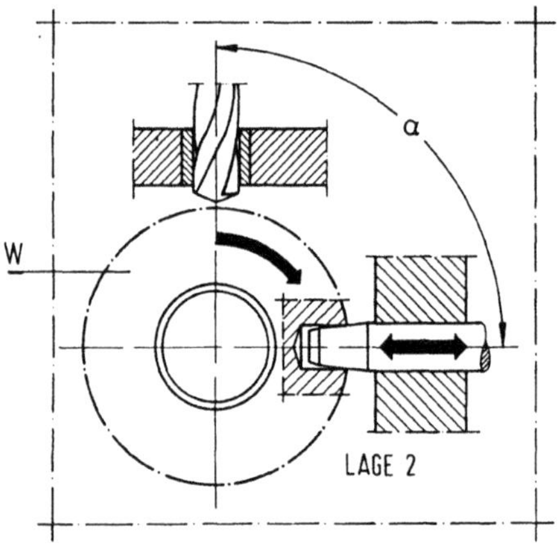

Bild 13-109 Kreisteilen durch Einführen eines kegeligen Feststellers in eine auf dem Werkstückumfang wahllos, ohne Einschaltung der Teileinrichtung, gebohrte Bohrung.

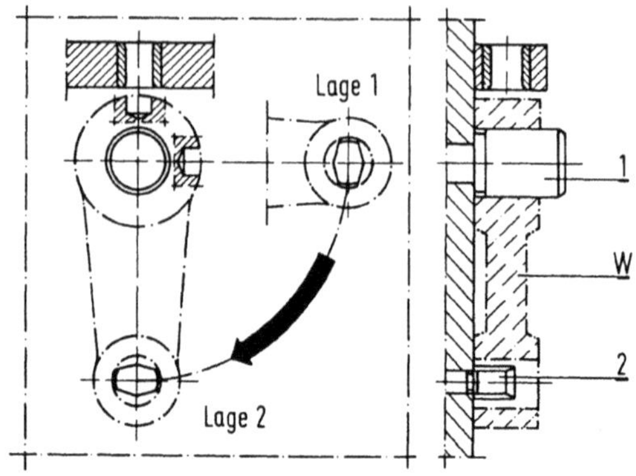

Bild 13-110 Kreisteilen durch Umstecken des Werkstücks abwechselnd auf einen der beiden abgeflachten Aufnahmebolzen (s. a. Abschnitt 23.10 und Bild 13-102).

Die Winkelteilgenauigkeit ist vom Abstand der beiden Bohrungen am Werkstück und von den vorhandenen Spielen zwischen den jeweils im Einsatz befindlichen Aufnahmebolzen und den beiden Bohrungen des Werkstücks, in die diese Aufnahmebolzen eingeführt werden, abhängig. Der runde Aufnahmebolzen sollte wesentlich länger als der abgeflachte sein. Dadurch kann das Werkstück nach leichtem Ausheben aus dem abgeflachten Aufnahmebolzen um den runden längeren Aufnahmebolzen in die neue Stellung bewegt werden.

1 runder Aufnahmebolzen, 2 abgeflachter Aufnahmebolzen (Abschnitte 13.9 und 13.10).

4. durch lose oder eingebaute Feststellelemente, die in Bohrungen greifen (Bilder 13-112 bis 13-114);
5. durch Einsatz von Zahnrädern, in die entsprechende Gegenelemente (Bild 13-124) greifen;
6. durch den Einsatz von handelsüblichen Wendespannern mit Hand- oder Elektroantrieb und Teileinrichtung (Bilder 23-34 bis 23-36);
7. durch den Einsatz von handelsüblichen Rundtischen (Bilder 23-39 bis 23-43), die ebenfalls über Hand- oder über Elektroantrieb und Teileinrichtung verfügen.

13.11.2 Feststellelemente für Längs- und Kreisteilungen

Bei der Festlegung der konstruktiven Art des Feststellelements sollte folgendes berücksichtigt werden:

1. die Genauigkeit, mit der die Teilung vorgenommen werden soll (Abschnitt 13.11.3),
2. Gesamtzahl der zu fertigenden Werkstücke und Anzahl der Serien, die mit der Teileinrichtung gefertigt werden sollen;
3. Anzahl der Teilungsvorgänge am Werkstück,
4. Anzahl der Teilungsvorgänge pro Zeiteinheit,
5. Größe und Richtung der Zerspankraft Fz (Abschnitt 15.4),
6. der für die Feststelleinrichtung in der Vorrichtung zur Verfügung stehender Raum,
7. Bedienperson und ihre Zuverlässigkeit (Kap. 7).

13.11.2.1 Feststellelemente mit zylindrischen Rastflächen

Der zylindrische Restbolzen wird einerseits in einer zylindrischen Führung geführt (Bilder 13-112 und 13-113 sowie 13-116 bis 13-119) und andererseits in eine zylindrische Bohrung geschoben. Die Vorteile dieser Ausführung der Feststellelemente sind:

1. sehr einfache Ausführung, insbesondere bei gleichen Durchmessern des Führungs- und Rastteils des Rastbolzens;
2. Späne und Schmutz, die sich auf die Teilungsgenauigkeit auswirken könnten, werden von der Stirn des Rastbolzens aus der Rastbohrung herausgeschoben;
3. als Rastbohrung kann eine DIN-genormte und gehärtete Bohrbuchse dienen (Abschnitt 30.9).

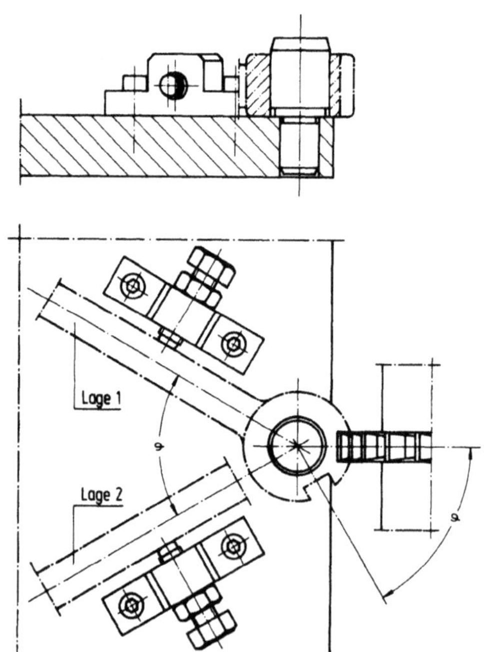

Bild 13-111 Kreisteilen durch wechselseitiges Anlegen des Werkstücks an zwei einstellbare und feststellbare Positionierelemente (Winkel φ).

Die Nachteile dieser Ausführung sind:

1. zwischen der zylindrischen Führung und dem Rastbolzen ist ein Spiel vorhanden. Es wirkt sich auf die Teilungsgenauigkeit aus (Abschnitt 13.11.3);
2. auch zwischen dem Rastbolzen und der Bohrung, in die er eingeschoben wird, ist ein Spiel vorhanden, so daß auch dieses Spiel (Abschnitt 13.11.3) sich auf die Teilungsgenauigkeit auswirkt.

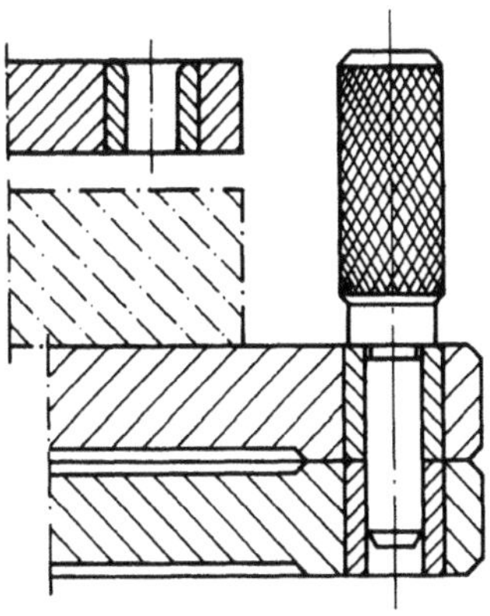

Bild 13-112 Zylindrischer loser Steckfeststeller.

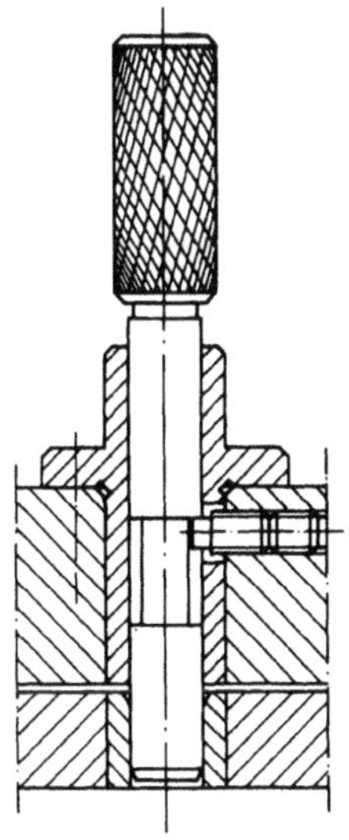

Bild 13-113 Zylindrischer Steckfeststeller mit Wegbegrenzung und gegen Herausziehen gesichert.

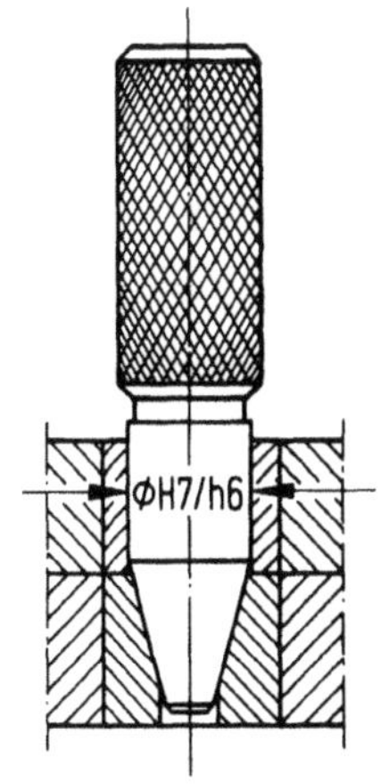

Bild 13-114 Kegeliger loser Steckfeststeller.

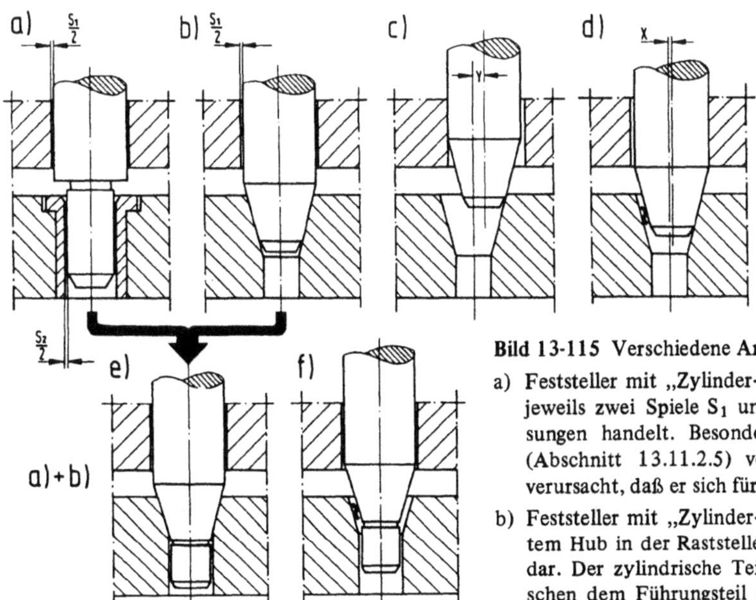

Bild 13-115 Verschiedene Arten und Kombinationen der Paßformen der Feststeller.

a) Feststeller mit „Zylinder-Zylinder"-Paßformen. Bei zwei Zylindern in einem Feststeller sind jeweils zwei Spiele S_1 und S_2 vorhanden, da es sich bei beiden Zylindern um Laufsitzpassungen handelt. Besonders bei zylindrischen Feststellern sollte jeweils ein Vorrastkegel (Abschnitt 13.11.2.5) vorgesehen werden. Die einfache Ausführung dieses Feststellers verursacht, daß er sich für einfache Teileinrichtungen und begrenzt genaue Teilungen eignet.

b) Feststeller mit „Zylinder-Kegel"-Paßformen. Der kegelige Rastbolzen weist nach ausgeführtem Hub in der Raststelle kein Spiel auf. Außerdem stellt er eine kraftschlüssige Verbindung dar. Der zylindrische Teil des Rastbolzens, mit dem Spiel S_1, das durch den Laufsitz zwischen dem Führungsteil des Schaftes und der Führungsbohrung vorhanden ist, stellt eine Teilungsfehlerquelle dar (Bilder 13-128 bis 13-130).

c) Die Kegelpaßform bietet den Vorteil, daß mit Hilfe des Kegels das Einrasten auf einfache Art vollzogen werden kann, da der Kegelbolzen den Hub bereits beginnt, bevor sich der Bolzen und die Raststelle überdecken (Abstand Y). Der Bolzen wird selbsttätig in die Endstellung geführt (Feder). Die Größe $Y = \frac{D-d}{2}$ (D großer Kegeldurchmesser, d kleiner Kegeldurchmesser) kann ermittelt werden.

d) Die Kegelpaßform weist jedoch eine wesentliche Fehlerquelle auf. Fremdkörper, z.B. Späne, können zwischen beide Kegelflächen (Innen- und Außenkegel) gelangen, so daß die Kegelverbindung nicht formschlüssig wird, weil der Kegelbolzen vor Erreichung der Endlage aufsitzt. Dadurch ist ein Teilungsfehler unvermeidbar. Er wird vom Bedienenden nicht bemerkt.

e) Die Kombination „Zylinder-Kegel-Zylinder" bietet die Vorteile der unter a) und b) besprochenen Arten ohne ihre Nachteile. Der kegelige Rastbolzen mit Vorzylinder hat eine Vorzentrierung durch die kegelige Rast und ist gegen das Eindringen von Fremdkörpern durch den zylindrischen Zapfen gesichert, da durch den Vorzylinder kein Teilungsfehler auftreten kann.

f) Sollte sich ein Fremdkörper zwischen die beiden Kegel (Innen- und Außenkegel) setzen, so wird die Genauigkeit der Teilung nicht beeinflußt; sie entspricht der Genauigkeit der im Bild a) gezeigten Kombination „Zylinder-Zylinder".

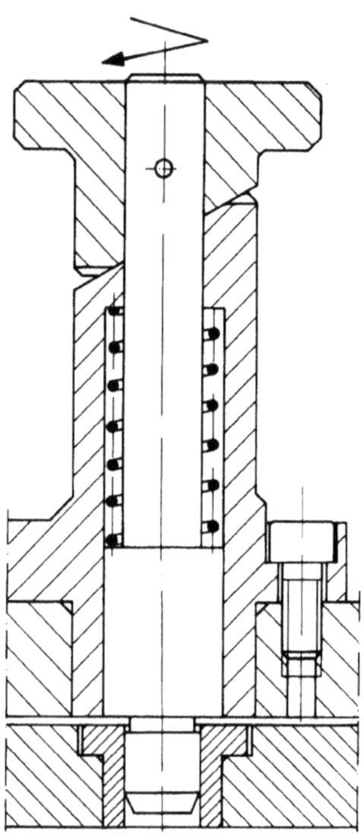

Bild 13-116
Zylindrischer Steckfeststeller mit Rückzug durch Schwenken einer Keilfläche.
Die Endlage wird durch Rast beibehalten (sichtbar: eingefräster Zahn und Lücke, die ineinander greifen).

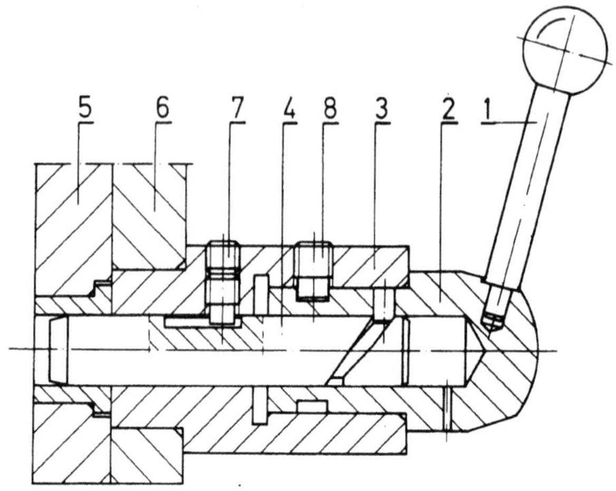

Bild 13-118 Zylindrischer Steckfeststeller mit Schraubbewegungselement.

1 Drehgriff, 2 Drehelement mit zylindrischem Stift, 3 Außenhülse, 4 Feststellerrastbolzen mit Nut, 5 bewegtes Teilelement (Werkstück oder Vorrichtungsträger), 6 Vorrichtungskörper, 7 gesicherte Verdrehsicherung, 8 Stiftschraube als Lagesicherung.

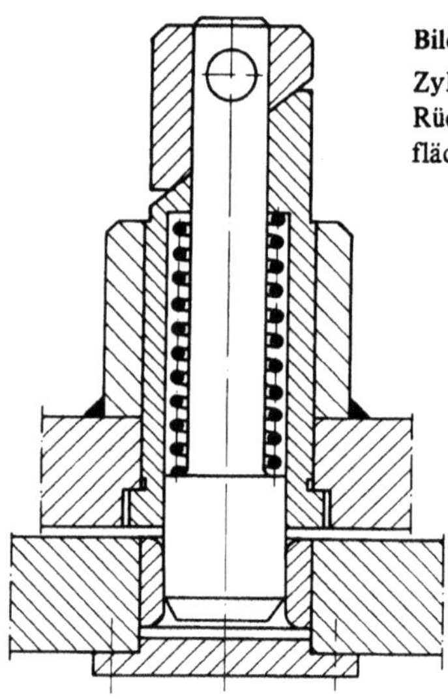

Bild 13-117
Zylindrischer Steckfeststeller mit Rückzug durch Schwenken einer Keilfläche ohne Endlagenraste.

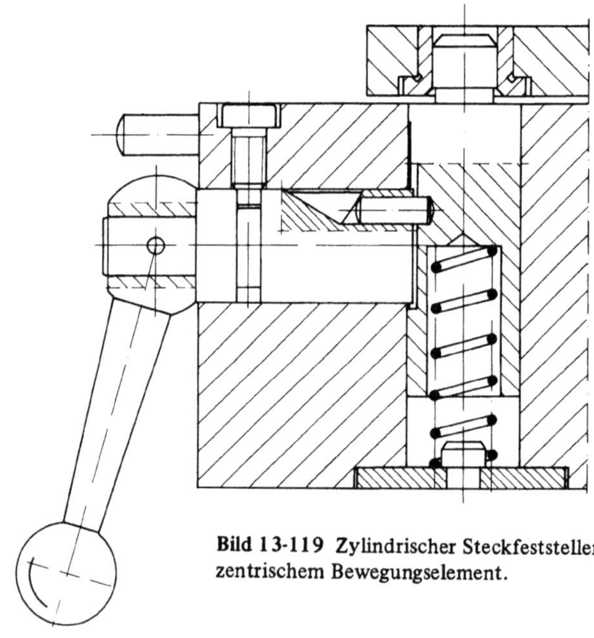

Bild 13-119 Zylindrischer Steckfeststeller mit exzentrischem Bewegungselement.

13.11.2.2 Feststellelemente mit kegeligen Rastflächen

Der Kegelrastbolzen (Bild 13-114) wird in einem Innenkegel so weit vorgeschoben, bis beide Kegelmantelflächen fest anliegen. Die Vorteile dieser Ausführung sind:

1. auf der Seite der Teilscheibe, also zwischen dem Rastbolzen und der kegeligen Bohrung liegt kein Spiel vor;
2. das Spiel, das durch Verschleiß entsteht, wird selbsttätig beseitigt;
3. im Gegensatz zu den zylindrischen Rastflächen (Abschnitt 13.11.2.1) ist ein Spiel nur in der einen Hälfte, also zwischen der zylindrischen Führung und dem Rastbolzen, vorhanden;
4. eine sichere Vorrastung ist vorhanden (Abschnitt 13.11.2.5);
5. der „Vorrastweg" beträgt die halbe Differenz zwischen dem minimalen und dem maximalen Kegeldurchmesser, ist also sehr groß. Eine Fase an der Stirn kann diesen noch vergrößern;
6. längere Lebensdauer als die des Feststellers mit zylindrischen Rastflächen;
7. aufgrund der Punkte 1, 2 und 6 besonders für genauere Teilungen geeignet.

Die Nachteile dieser Ausführung sind:

1. zwischen den Kegelflächen des Rastbolzens und der Bohrung können sich einseitig Fremdkörper (Späne) ansammeln, so daß Teilungsfehler (Bild 13-115) entstehen;

2. der unter Pkt. 1 genannte Teilungsfehler wird vom Bedienenden nicht bemerkt;
3. in der Ausführung teurer als Feststeller mit nur zylindrischen Rastflächen (Abschnitt 13.11.2.1);
4. es ist kaum möglich, beide Kegelmantelflächen passend zu fertigen, so daß sie auf der ganzen Länge anliegen.

13.11.2.3 Kombinierte Feststellelemente mit zylindrischen und kegeligen Rastflächen

Die Vorteile der in den Abschnitten 13.11.2.1 und 13.11.2.2 besprochenen Ausführungen der Feststeller lassen sich vorteilhaft in eine kombinierte Ausführung zusammenfassen (Bild 13-115), die die Nachteile der beiden Ausführungen nicht aufweist. Fremdkörper können bei dieser Lösung nur geringfügige Teilungsfehler, die nur durch Abnutzung der zylindrischen Fläche der Führung zustande kommen, verursachen. Dabei ist die Gewähr großer Genauigkeit der Teilung gegeben.

13.11.2.4 Feststellelemente mit Keilflächen

Feststellelemente mit einseitigem Keil (Bild 13-120) bzw. mit zweiseitigem Keil (Bild 13-121) werden für genauere Teilungen und schwere Werkstücke bevorzugt angewendet. Der einseitige Keil sollte mit der einen Fläche durch die Mittelebene des Werkstückträgers verlaufen. Dadurch wird eine höhere Genauigkeit bei der Fertigung, Prüfung und Funktion erreicht (Bild 13-127). In den Bildern 13-120 bis 13-123 sind verschiedene Ausführungen der Feststellelemente mit Keilflächen gezeigt. Im Bild 13-124 sind abgewandelte Arten von Feststellelementen mit Keilflächen in Form von Zahnrädern dargestellt. Feststellelemente mit Keilflächen werden grundsätzlich radial angeordnet, wobei eine Schwenkwinkelbegrenzung möglich ist (Bild 13-125).

13.11.2.5 Vorrastelemente

Besonders bei Feststellelementen ohne kegelige Zentrierung sollte ein Vorrasten mit Hilfe zusätzlicher Elemente vorgenom-

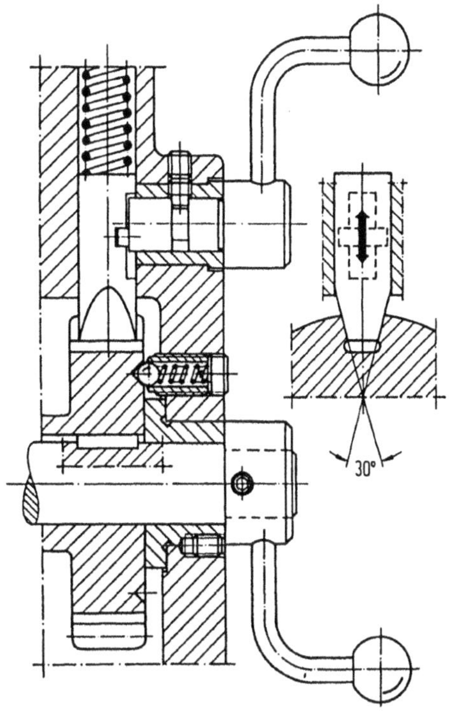

Bild 13-121 Doppelkeilfeststeller mit exzentrischem Bewegungselement und Verstellkurbel sowie Kugel-Vorrastelement. Geeignet für schwere und große Teilvorrichtungen (Bild 13-126).

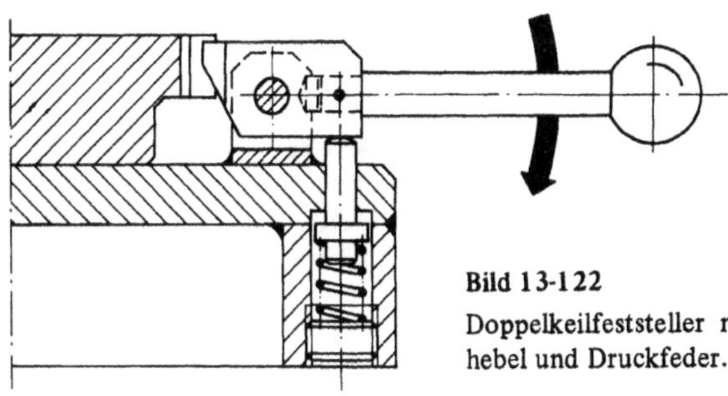

Bild 13-122
Doppelkeilfeststeller mit Handhebel und Druckfeder.

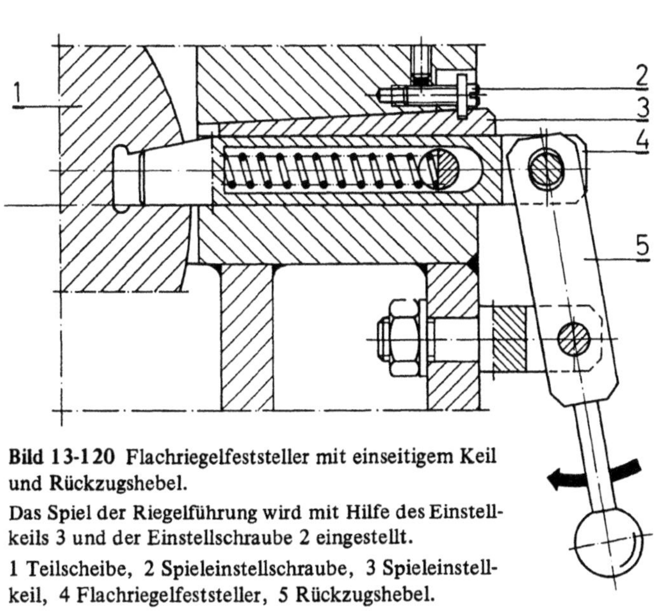

Bild 13-120 Flachriegelfeststeller mit einseitigem Keil und Rückzugshebel.

Das Spiel der Riegelführung wird mit Hilfe des Einstellkeils 3 und der Einstellschraube 2 eingestellt.

1 Teilscheibe, 2 Spieleinstellschraube, 3 Spieleinstellkeil, 4 Flachriegelfeststeller, 5 Rückzugshebel.

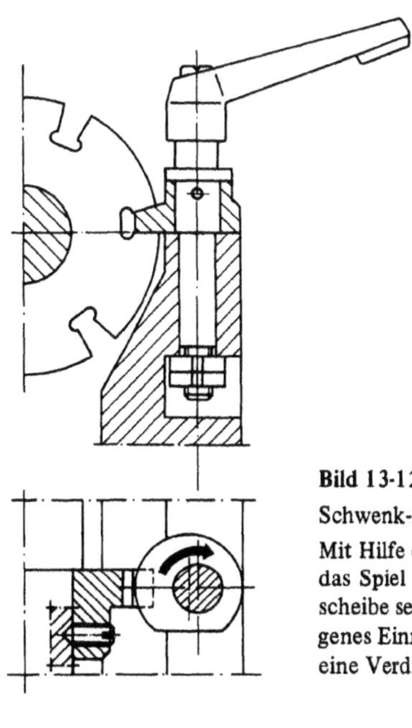

Bild 13-123

Schwenk-Keilriegel als Feststeller.

Mit Hilfe der Schraubenfläche wird auch das Spiel zwischen Feststeller und Teilscheibe selbsttätig beseitigt. Ein erzwungenes Einrasten kann nötigenfalls durch eine Verdrehungsfeder erreicht werden.

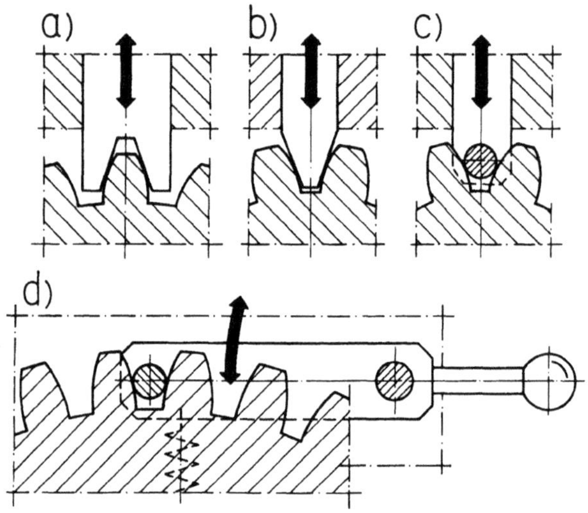

Bild 13-124 Zahnrad als Teilscheibe und verschiedene Feststellelemente:

a) Feststellelement in Form einer Gabel, die auf den Zahn greift,
b) Feststeller mit doppelseitigem Keil, der in die Zahnlücke greift,
c) Feststeller mit Querbolzen, der in die Zahnlücke greift,
d) Feststeller mit Querbolzen, um einen Drehpunkt schwenkbar, der in die Zahnlücke greift.

Die gezeigten Ausführungen der Feststellelemente eignen sich auch für den Einsatz an Zahnstangen, die für den Einsatz an Teilvorrichtungen für Längsteilungen sehr geeignet sind.

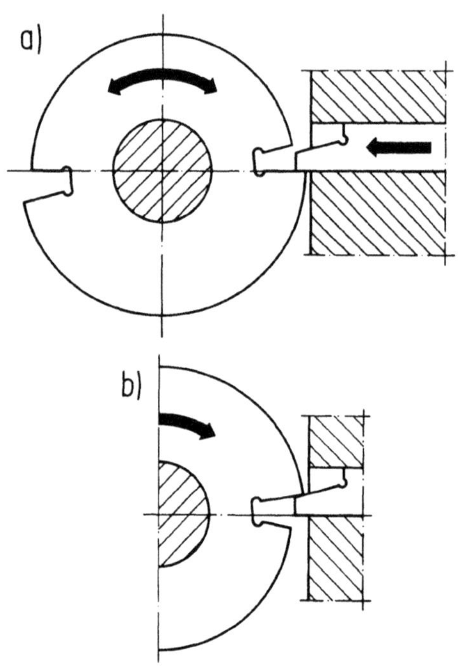

Bild 13-125 Begrenzung des Teilscheiben-Schwenkwinkels durch Anschlagflächen, die durch zwei verschiedene Durchmesser der Teilscheibe möglich sind. Geeignet jedoch nur für zwei Raststellungen.

men werden, um die Raststelle schneller zu finden und um ein Überspringen einer Raststelle zu vermeiden. Dazu eignen sich Kugelelemente, die einerseits als handelsübliche Elemente eingebaut werden können (Bild 13-126) und andererseits als selbstgefertigte (Bild 13-127) in Frage kommen.

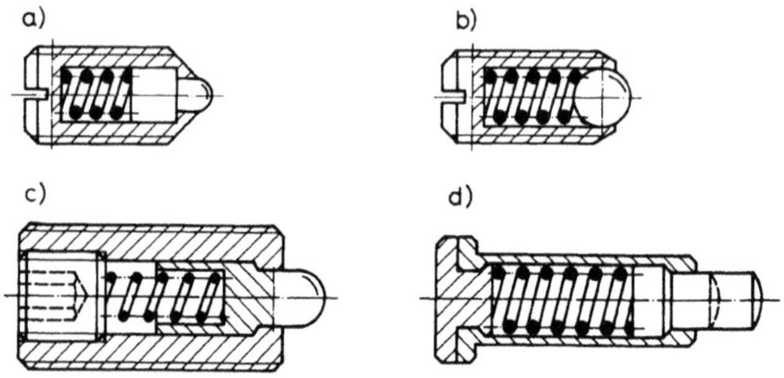

Bild 13-126 Handelsübliche Kugel- und Zylinder-Feststellelemente. Sie können als Feststeller nur für ungenaue Teilungen eingesetzt werden. Die Ausführungen a) und b) eignen sich besonders als Vorrastelemente (s. a. Bilder 13-121 und 13-127 sowie Abschnitt 13.11.2.5).

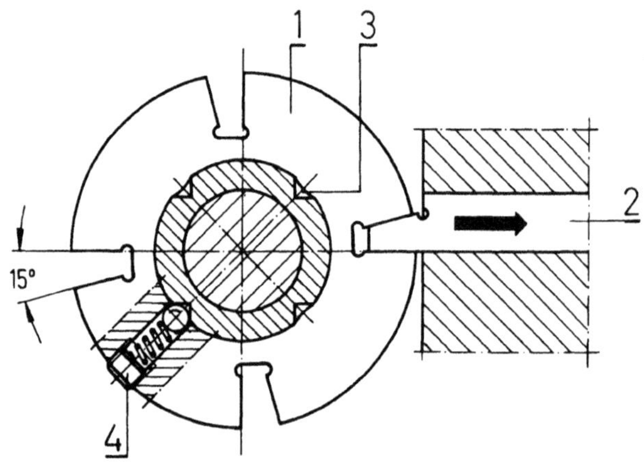

Bild 13-127 Teilscheibe mit Kugelvorrastelement.
1 Teilscheibe, 2 Flachriegelfeststeller, 3 Rastansenkung für die Kugel, 4 Vorrastelement-Kugel, Druckfeder und Stiftschraube.

13.11.3 Teilungsfehler beim Längs- und Kreisteilen

Von der Größe des Teilungsfehlers hängt die Qualität der mit der Teileinrichtung hergestellten Werkstücke ab. Dabei wird es sich bei der Längsteilung um Abstands- und bei der Kreisteilung um Winkelfehler handeln.

Grundsätzlich wird die Teilgenauigkeit abhängen:

1. von der Qualität der Verbindung der Teilleiste bzw. Teilscheibe mit dem Werkstückträger,
2. vom Führungsspiel des Feststellers,
3. vom Lagerspiel des Werkstückträgers,
4. von den Elementen, die den Werkstückträger gegen auftretende Kräfte schützen.

Die Größe der Haupt-Fehlerquellen, also der Fehler, die durch die vorhandenen Spiele zwischen den Feststellelementen vorhanden sind, kann man anhand der aufgeführten Formeln und als Funktion der Teilungs- und Elementart (Bilder 13-128 bis 13-130) ermitteln. Auch der Teilungsfehler, der infolge der Spannkraftrichtung entsteht, kann notfalls (Bilder 13-131 und 13-132) ermittelt werden.

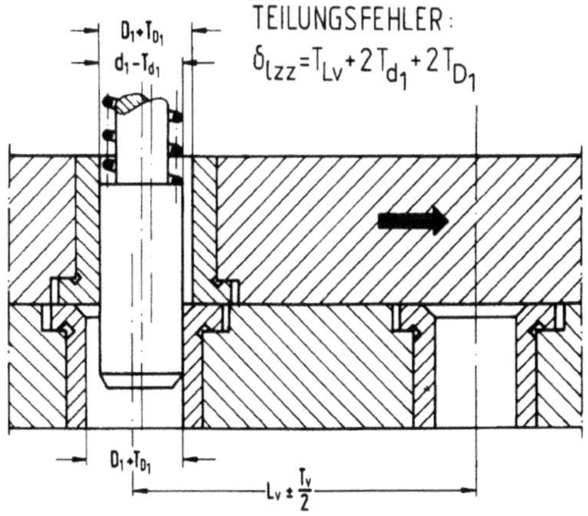

Bild 13-128 Teilungsfehler beim Längsteilen und Anwendung eines zylindrischen Feststellers in zylindrischer Führung.

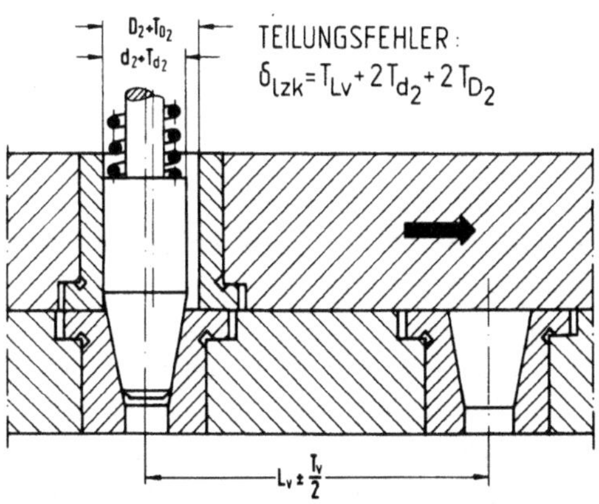

Bild 13-129 Teilungsfehler beim Längsteilen und Anwendung eines kegeligen Feststellers in zylindrischer Führung.

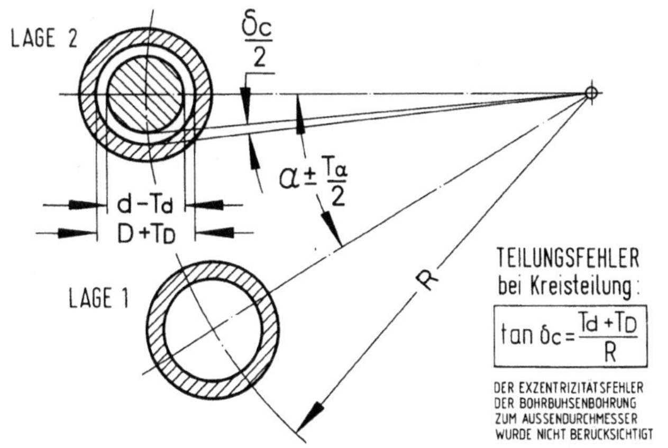

Bild 13-130 Teilungsfehler beim Kreisteilen und Anwendung eines kegeligen Feststellers in zylindrischer Führung.

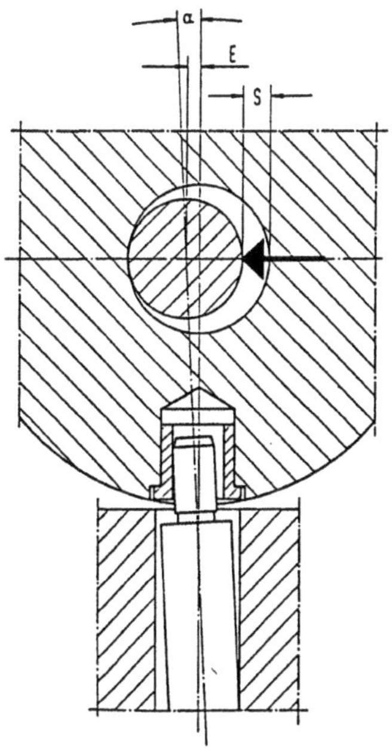

Bild 13-131 Teilungsfehler infolge der Spannkraftrichtung.

Die gezeigte Lage des Feststellers hinsichtlich der Spannkraftrichtung ist falsch, da sie einen Teilungs-Winkelfehler α verursachen wird, der infolge des vorliegenden Spiels S entsteht und die Exzentrizität E verursacht. Richtige Lage des Feststellers im Hinblick auf die Spannkraftrichtung ist im Bild 13-132 gezeigt.

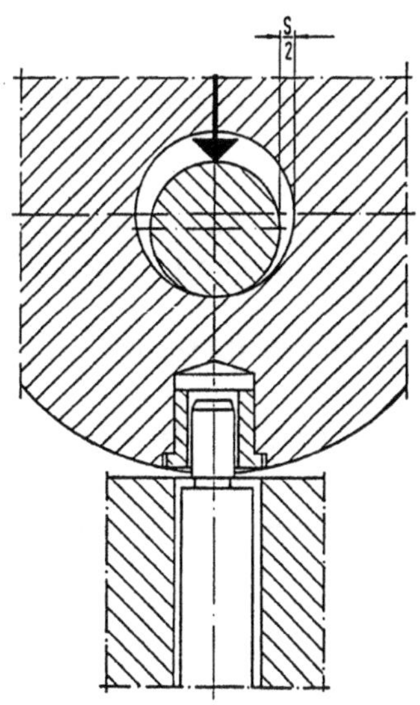

Bild 13-132 Richtige Lage des Feststellers hinsichtlich der Spannkraftrichtung.

Die Spannkraft wirkt entlang der Feststellerachse. Das vorhandene Spiel S wird dabei ausgemittet, so daß keine Exzentrizität E (Bild 13-131) und auch kein Teilungs-Winkelfehler α entsteht.

13.11.4 Richtlinien für den Einsatz von Feststellelementen

Beim Einsatz von Feststellelementen ist folgendes zu beachten:

1. Über die Art des Feststellelements und seine Ausführung entscheiden: Anzahl der zu fertigenden Werkstücke, Anzahl der vorzunehmenden Teilungsvorgänge pro Werkstück und Zeiteinheit, Größe und geometrische Form sowie Gewicht des Werkstücks u.a.
2. Für größere Stückzahlen von Werkstücken, insbesondere bei genauen Teilungen, sind handelsübliche Teileinrichtungen, Wendespanner und Teiltische (Abschnitte 23.5 und 23.6) vorzuziehen.
3. Feststeller mit zylindrischen Rastflächen (Abschnitt 13.11.2.1) weisen an zwei Stellen – Führungsteil und Rastteil – Spiele auf, die sich auf die Positioniergenauigkeit negativ auswirken (Abschnitt 13.11.3).
4. Für einfache und ungenaue Teilungen sind Feststellelemente mit zylindrischen Rastflächen durchaus brauchbar.
5. Bei Feststellelementen mit kegeliger Rastfläche (Abschnitt 13.11.2.2) können sich Fremdkörper, z. B. Späne, einklemmen und Teilungsfehler (Abschnitt 13.11.3), die nicht bemerkt werden, verursachen.
6. Auf der Seite der Teilscheibe ist bei Feststellern mit kegeliger Rastfläche kein Spiel vorhanden, so daß nur das Spiel zwischen Führungsbolzen und -hülse Einfluß auf die Genauigkeit der Teilung hat (Bild 13-129).
7. Kegelige Rastflächen haben, im Gegensatz zu den zylindrischen Rastflächen, eine Vorrastung.
8. Am genauesten sind kombinierte Feststellelemente mit einer zylindrischen und einer kegeligen Rastfläche (Bild 13-115).
9. Nach Möglichkeit sollten jeweils Vorrastelemente (Abschnitt 13.11.2.5, Bilder 13-126 und 13-127) vorgesehen werden.
10. Feststellelemente mit einseitigem oder zweiseitigem Keil (Bilder 13-120 und 13-121) sollten bevorzugt für schwere und große Werkstücke eingesetzt werden.
11. Feststellelemente mit einseitigem Keil sollten bevorzugt angewendet werden, da sie einfacher zu fertigen sind.
12. Der einseitige Keil muß mit der radialen Paßfläche auf die Werkstückträgermitte eingearbeitet werden. Dadurch lassen sich die Paßflächen genau herstellen (Bild 13-127).
13. Feststell- und Spannelemente müssen in einer Ebene liegen, um eine Verlagerung der Teilungsachse (Bilder 13-131 und 13-132) zu vermeiden.
14. Der Teilungsfehler (Abschnitt 13.11.3) kann auf einfache Art ermittelt werden (Bilder 13-128 bis 13-130).
15. Je größer der radiale Abstand der Rastfläche der Teilscheibe im Verhältnis zum radialen Abstand des bearbeiteten Werkstückelements ist, um so geringer wird der Teilungsfehler.
16. Die Sicherung der Teilscheibe sollte auf möglichst großem Radius erfolgen, um den auftretenden Kräften besser zu begegnen.
17. Feststeller mit zylindrischen Rastflächen sollen achsparallel angeordnet werden, da bei radialem Einbau die Teilscheibe in der Längslage Lageveränderungen unterliegen kann.
18. Bei zylindrischen Rastbolzen sollten der Führungs- und Rastteil gleiche Durchmesser haben.
19. Zylindrische Feststeller, die durch Handkraft betätigt werden, sollten drehbar betätigt werden können, denn Zylinder sind leichter drehend als geradlinig zu bewegen.
20. Um eine Drehbewegung zu erzwingen, können schraubenförmige Führungen in Form einer Nut, Anwendung finden (Bild 13-118).
21. Steck-Raststifte sollten gegen Herausziehen (Bild 13-113) durch einen Einstich und eine gesicherte Schraube gesichert werden. Damit wird auch der Rückzugsweg begrenzt.
22. Feststeller sollten auf der Rastseite angeschrägt werden, um die Einführung in die Bohrung zu erleichtern.
23. Die Bohrung für den zylindrischen Rastteil kann in Form einer gehärteten Bohrbuchse mit Radius gestaltet werden, um die Lebensdauer zu verlängern (Bilder 13-112 und 13-113).
24. Der Führungsteil kann als eine geschlossene Einheit gestaltet werden (Bild 13-113), so daß ein leichter Austausch bei Verschleiß möglich ist.
25. Wenn die Hände des Bedienenden während der Rückzugsstellung des Rastelements frei sein sollen, so muß es möglich sein, die Rückzugslage, z.B. durch Drehung, festzulegen (Bilder 13-116 und 13-117).
26. Oft von Hand bediente Feststeller sollten nicht mit Kordelgriff (Bild 13-112), sondern mit einem ergonomisch gestalteten Griff (s. Abschnitt 16.9) oder Knebel versehen werden, um Hautabschürfungen zu vermeiden.
27. Flachriegel als Feststeller (Bild 13-120) sind vorzugsweise radial zur Teilscheibenachse anzuordnen, denn Veränderungen der Teilscheibenlage in der Längsachse haben keinen Einfluß auf die Teilgenauigkeit.
28. Hebel mit Rastflächen (Bild 13-133) sind nur für untergeordnete Zwecke als Teileinrichtungen geeignet, da die Teilgenauigkeit vom Ausmaß der Kreisbewegung des Hebels und vom Lagerspiel stark beeinflußt wird.
29. Die Schwenkmitte (Bild 13-133) des Rasthebels ist auf die Tangente durch die Mitte der Rastflächen zu legen, um den Teilungsfehler so gering wie möglich zu halten.
30. Die Rastflächen sind vor Spänen, Schmutz sowie Kühl- und Schmiermittel zu schützen.
31. Der Rückzugsweg des Feststellers ist zu begrenzen, damit der Feststeller nicht aus seiner Führung herausgezogen werden kann (Bild 13-113).
32. Teilungsfehler infolge der Spannkraftrichtung (Bilder 13-131 und 13-132) sind zu vermeiden.

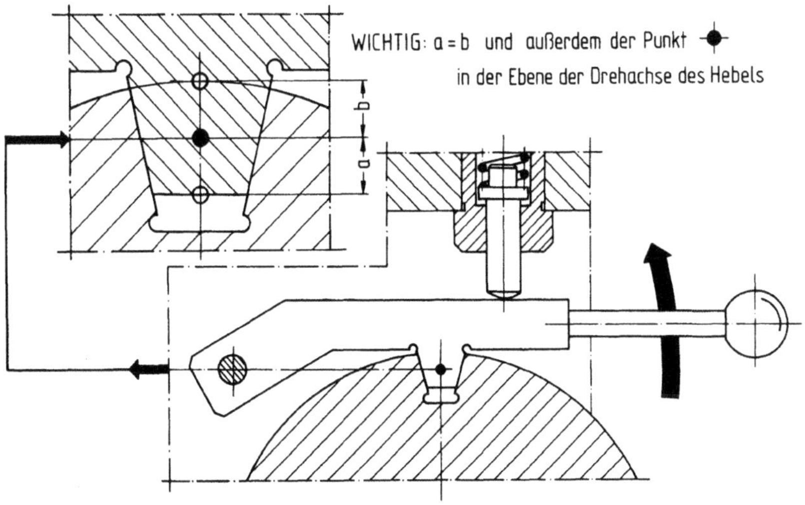

Bild 13-133

Doppelkeil-Flachfeststeller an einem Schwenkhebel. Die Schwenkmitte des Hebels muß auf die Tangente durch die Mitte der Rastflächen gelegt werden, um die Auswirkung der Hebelkreisbewegung auf die Teilgenauigkeit gering zu halten. Wegen dieses Mangels ist dieser Feststeller nur für ungenaue Teilungen geeignet.

13.12 Richtlinien für die Gestaltung der Werkstück-Positionierelemente der Vorrichtung – Allgemein

Um das Werkstück optimal in der Vorrichtung zu positionieren, müssen folgende Richtlinien beachtet werden.

1. Die Grundlagen des Positionierens des Werkstückes (Abschnitt 11.3) sind zu beachten.
2. Lage, Art und Zustand der Positionierelemente am Werkstück sowie dessen geometrische Form entscheiden über die Art, Anzahl und Lage der Positionierelemente in der Vorrichtung.
3. Die Anzahl der Positionierelemente in der Vorrichtung ist so gering wie möglich zu halten, um ein Überpositionieren des Werkstücks (Abschnitt 11.3.2) zu verhindern.
4. DIN- und werksgenormte Positionierelemente sind vorzuziehen.
5. Feste, nicht lösbare Positionierelemente werden für geringe Stückzahlen von Werkstücken, bei ungenau zu positionierenden oder Werkstücken aus weichen Werkstoffen, verwendet.
6. Grundsätzlich sollten alle Positionierelemente, sofern sie nicht feste, mit dem Vorrichtungskörper verbundene Elemente darstellen (angeschweißt, angegossen), gehärtet werden: 58–60 HRC.
7. Bei zu erwartetem schnellen Verschleiß, sollten leicht und schnell auswechselbare Positionierelemente (Bilder 13-26 bis 13-28) eingesetzt werden.
8. Der Verschleiß der Positionierelemente an den Berührungsflächen mit dem Werkstück kann ermittelt bzw. überprüft werden (Abschnitt 12.2).
9. Einstellbare Positionierelemente werden für Werkstücke verwendet, die hinsichtlich der Maße sowie der geometrischen Form wesentlich variieren (Abschnitte 13.4.2 und 13.4.3).
10. Bewegliche Positionierelemente werden eingesetzt, wenn nach dem Positionier- und Spannvorgang die Stelle, an der das Positionierelement am Werkstück wirkte, freigegeben werden muß, z.B. zwecks weiterer Bearbeitung (Abschnitt 13.4.4).
11. Eine flächenartige Berührung ist einer linienartigen Berührung der Positionierelemente (Bilder 13-16 und 13-17) vorzuziehen.
12. Die Berührungsfläche des Positionierelements, die mit dem Werkstück in Berührung kommt, sollte so gewählt werden, daß sie nicht zu klein ist, damit infolge der Flächenpressung und der Abdrückmöglichkeit (Bild 13-38) nicht eine Beschädigung der Werkstück-Positionierfläche auftritt. Gleichzeitig sollte aber die Positionierfläche nicht zu groß gewählt werden, da sonst einerseits Positionierungenauigkeit – besonders bei rohen Werkstückflächen – und andererseits Schmutz und Späne Positionierfehler verursachen können.
13. Richtlinien für die Gestaltung der Positionier-An- und Auflageelemente sind in Abschnitt 13.4.6 enthalten.
14. Bei der Anwendung der Prismen als Positionierelemente ist der Prismenwinkel von großer Bedeutung für die Positioniergenauigkeit (Abschnitt 13.5.2) des Werkstücks.
15. Die Positionierfehler beim Positionieren von rotationskörperartigen Werkstücken mit Hilfe von Prismen lassen sich ermitteln (Abschnitt 13.5.5).
16. Richtlinien für den Einsatz und die Ausführung von Prismen als Positionierelemente sind im Abschnitt 13.5.6 enthalten.
17. Werkstücke mit Kegelmantelflächen, Kugelflächen und Gewinde lassen sich mit Hilfe dieser Elemente positionieren, wenn dieses erforderlich ist (Abschnitte 13.6, 13.6.1 und 13.7 sowie 13.8).
18. Bei Verwendung der Aufnahmebolzen als Positionierelemente sind die Richtlinien im Abschnitt 13.9.6 zu beachten.
19. Bei zwei Bohrungen als Positionierelemente am Werkstück sollten jeweils ein runder (Abschnitt 13.9.3) und ein abgeflachter Aufnahmebolzen (Abschnitt 13.10) als Positionierelemente verwendet werden.

20. Der Durchmesser und die Toleranz der Aufnahmebolzen müssen als Funktion der Durchmesser und Toleranz der Werkstückbohrungen, in die sie greifen, ermittelt werden (Abschnitt 13.9.4).
21. Die Ausführungen der runden Aufnahmebolzen sind im Abschnitt 13.9.3 aufgeführt.
22. Berechnungen, die im Zusammenhang mit der Anwendung der abgeflachten Aufnahmebolzen in Frage kommen, sind im Abschnitt 13.10.1 enthalten.
23. Die Wahl der Lage des abgeflachten Aufnahmebolzens muß als Funktion der Bemessung des Werkstücks (Abschnitt 13.10.2) vorgenommen werden.
24. Richtlinien der Anwendung abgeflachter Aufnahmebolzen sind im Abschnitt 13.10.3 enthalten.
25. Bei der Anwendung der Längs- bzw. Kreisteil-Positionierelemente sollten die Vor- und Nachteile der einzelnen Ausführungen (Abschnitt 13.11.2) beachtet werden und als Funktion der Aufgabe, die sie zu erfüllen haben, gewählt werden.
26. Die Teilungsfehler bei Längs- und Kreisteilungen können auf einfache Art ermittelt werden (Abschnitt 13.11.3).
27. Bei der Konzeption der Feststellelemente sind die Richtlinien im Abschnitt 13.11.4 zu beachten.
28. Alle Positionierelemente sollten gesichert werden, damit sich ihre Lage nicht verändern kann (Bilder 13-6, 13-28, 13-29, 13-32, 13-33, 13-82 bis 13-85).

14 Stützen des Werkstücks in der Vorrichtung

Folgende Faktoren entscheiden, ob ein Werkstück in der Vorrichtung abgestützt werden muß:

1. geometrische Form und Größe des Werkstücks,
2. Lage der Stelle am Werkstück, die bearbeitet wird,
3. Lage der Spannstellen am Werkstück,
4. Art und Intensität der Bearbeitung,
5. Werkstückwerkstoff und seine Eigenschaften (z.B. Neigung zum Schwingen),
6. Art des Werkzeugs (z.B. ein- oder mehrschneidig),
7. Art der Vorrichtung.

14.1 Stützflächen am Werkstück

Unter dem Begriff „Stützfläche" am Werkstück versteht man Flächen, die zum Stützen des Werkstücks in der Vorrichtung geeignet sind und mit den Stützelementen der Vorrichtung (Abschnitt 14.2) in Berührung kommen. Man kann unterscheiden:

1. Stützflächen, die nach Erfüllung ihrer Aufgabe am Werkstück verbleiben und sich aus der geometrischen Form des Werkstücks ergeben;
2. Stützflächen, die speziell zum Stützen des Werkstücks vorgesehen sind und nach Erfüllung ihrer Aufgabe am Werkstück verbleiben und
3. Stützflächen, die nach Erfüllung ihrer Aufgabe beseitigt werden.

Die unter Pkt. 2 und Pkt. 3 genannten Flächen stellen „künstliche Stützflächen" dar (s. Vorrichtungsgerechte Gestaltung des Werkstücks Abschnitt 4.2.1).

14.2 Stützelemente an Vorrichtungen – Allgemein

Unter dem Begriff „Stützelement" werden verstellbare Stützelemente verstanden, die über eine 3-Punkt-Auflage hinaus eine weitere Auflage bilden bzw. an Stellen des Werkstücks eingesetzt werden, an denen eine Biegebeanspruchung des Werkstücks vermieden werden soll.

Das Werkstück in Bild 11-7a hat an der Unterseite zwei Flächen, die in verschiedenen Ebenen liegen. Infolge der Toleranz T der Stufe ist es nicht möglich, das Werkstück zusätzlich mit Hilfe eines festen Auflageelementes abzustützen, da ein Überpositionieren (Abschnitt 11.3.2) zustande käme. Nur mit Hilfe einer einstellbaren Stütze kann eine Abstützung des Werkstücks vorgenommen werden (Bild 11-7d).

14.2.1 Arten der Stützelemente

In den Bildern 14-1 bis 14-20 sind verschiedene Arten der Stützelemente gezeigt. Handelsübliche Stützelemente (Bilder 14-1 bis 14-5) sind vor allem für den Einsatz auf dem Werkzeugmaschinentisch vorgesehen. In den meisten Fällen werden die Stützelemente der jeweiligen Aufgabe, der Werkstückform und der Form ihrer Aufnahmestelle in der Vorrichtung angepaßt. Es wird nicht immer möglich sein, Stützelemente anzuwenden, die unter dem Werkstück Einstellelemente haben. Diese lassen sich auch von der Seite anbringen (Bilder 13-35, 13-36, 14-13 bis 14-16, 14-19 und 14-20). Weitere Beispiele der Ausbildung der Stützelemente sind in den Bildern 13-34 bis 13-36 dargestellt.

Sehr oft bediente und für größere Stützkräfte eingesetzte Stützelemente können mit Drucköl (Bild 14-18) beaufschlagt werden.

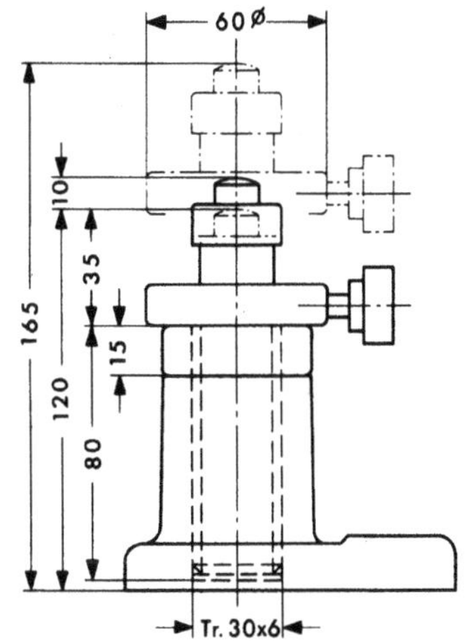

Bild 14-1
Handelsübliches (Werksnorm) Stützelement.

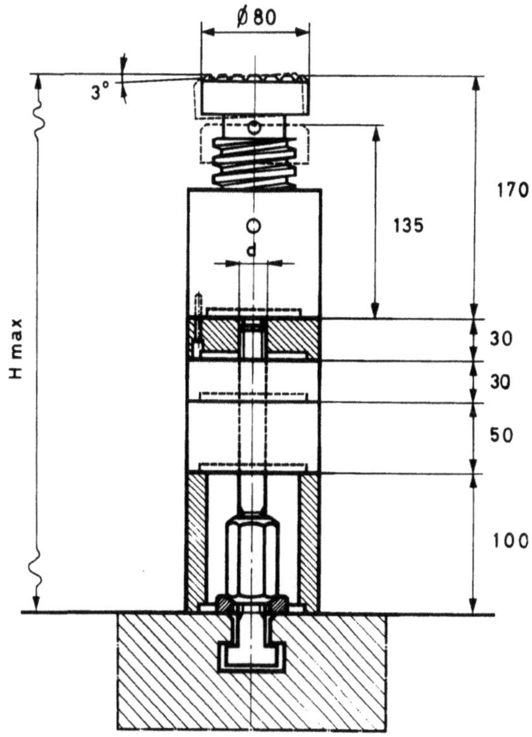

Bild 14-4 Handelsübliches (Werksnorm) Stützelement aus mehreren Zwischenelementen bestehend, die zur Einstellung verschiedener Abstützhöhen (ab 135 mm) dienen.

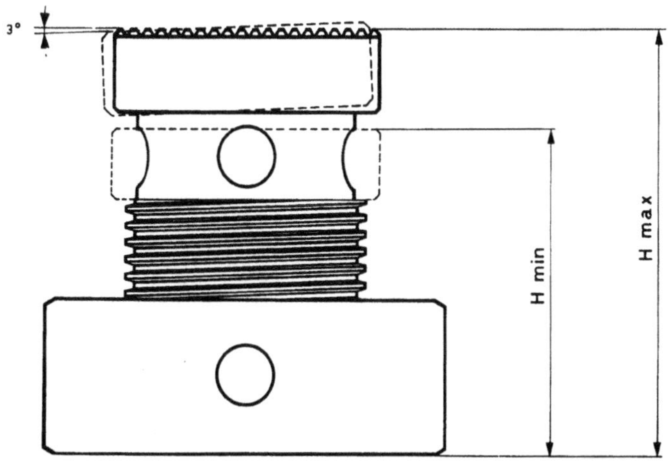

Bild 14-2 Handelsübliches (Werksnorm) Stützelement, schwere Ausführung.

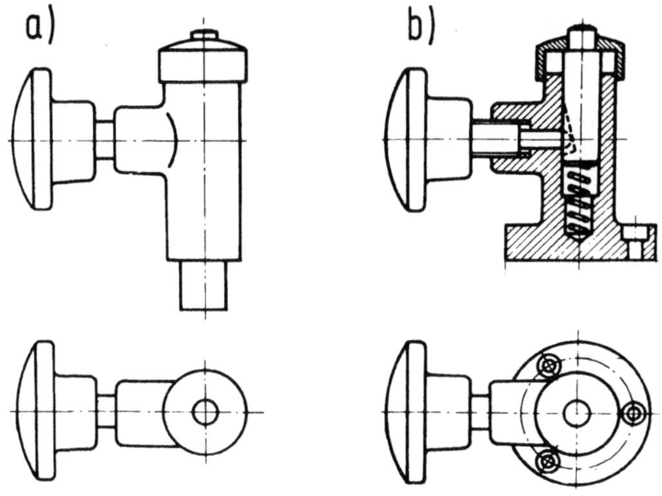

Bild 14-5 Handelsübliche (Werksnorm) verstellbare und feststellbare Stützelemente mit seitlichen Feststellelementen:

a) zum Einpressen in den Vorrichtungskörper bzw. -element,
b) zum Aufschrauben auf den Vorrichtungskörper bzw. -element.

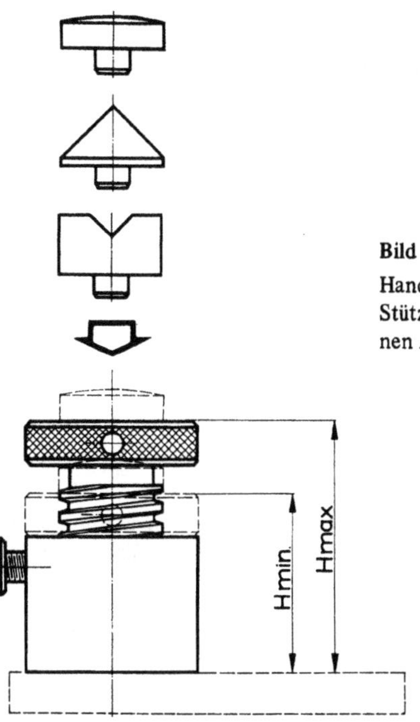

Bild 14-3
Handelsübliches (Werksnorm) Stützelement mit verschiedenen Aufsatzelementen.

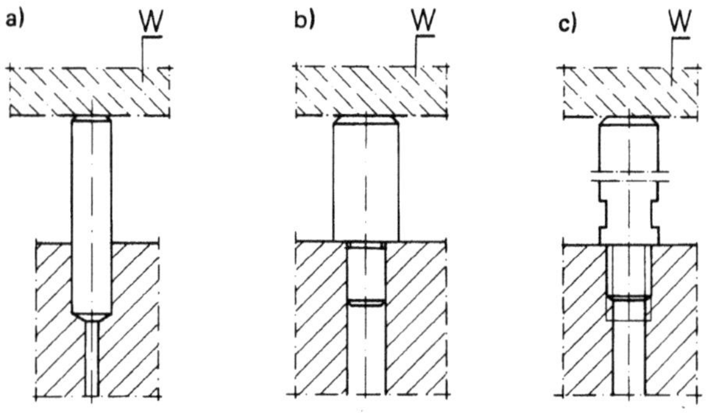

Bild 14-6 Verschiedene Ausführungen nicht verstellbarer Stützelemente:

a) Zylinderstift DIN 6325 als Stützelement in den Vorrichtungskörper eingepreßt. Eine Bohrung zum Ausschlagen des Stiftes sollte vorgesehen werden,
b) rundes abgestuftes Stützelement in den Vorrichtungskörper eingepreßt,
c) rundes abgestuftes Stützelement mit Gewinde und Schlüsselflächen (eine Querbohrung kann auch zum Einschrauben dienen).

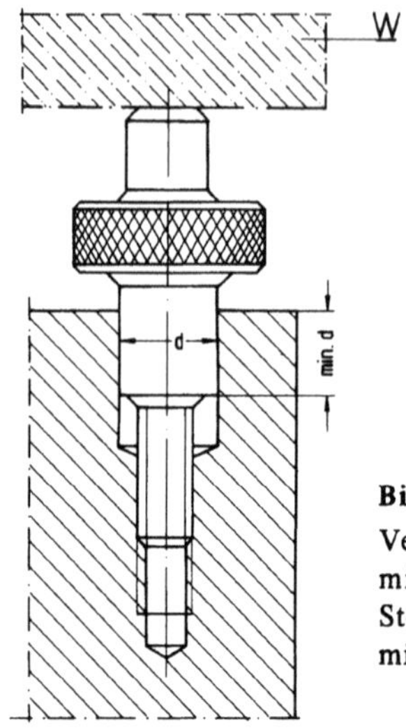

Bild 14-9

Verstellbares Stützelement, handverstellbar, mit zylindrischer Führung. In der höchsten Stellung der Stütze sollte die Führung mindestens d betragen.

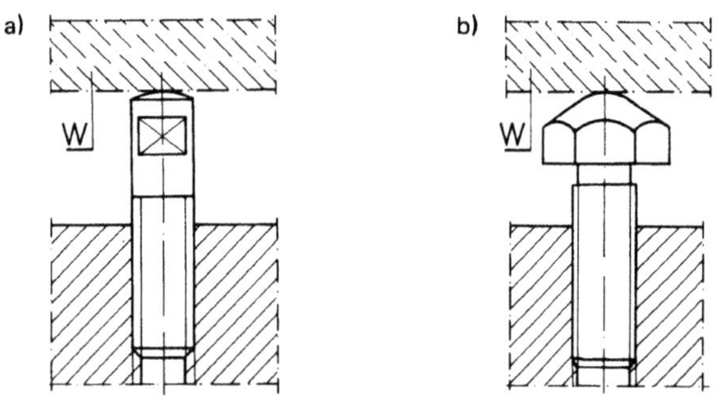

Bild 14-7 Verstellbare (jedoch nicht feststellbare) Stützelemente:

a) gekürzte Stiftschraube DIN 836 als verstellbare Stütze mit Schlüsselflächen,
b) Sechskantschraube DIN 933 mit abgerundetem Kopf als verstellbare Stütze.

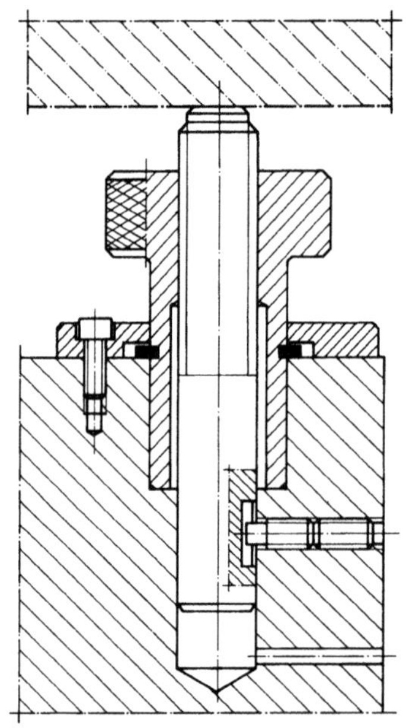

Bild 14-10

Verstellbares Stützelement, handverstellbar, gegen Herausschrauben gesichert.

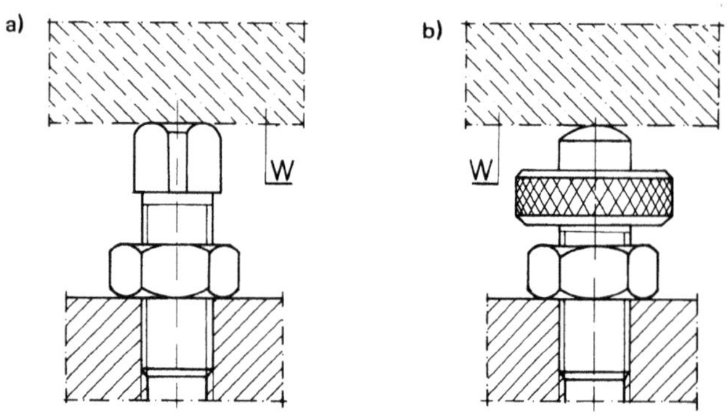

Bild 14-8 verstellbare und feststellbare Stützelemente:

a) Vierkantschraube DIN 479 mit Sechskantmutter DIN 439 als Feststellelement,
b) von Hand verstellbare Stütze mit Sechskantmutter DIN 439 als Feststellelement.

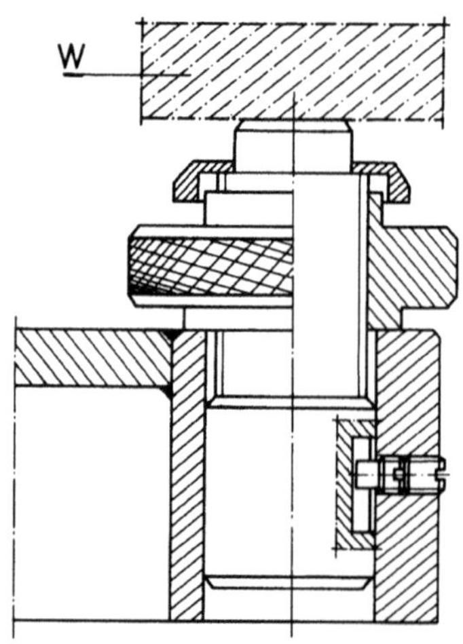

Bild 14-11

Verstellbares Stützelement, handverstellbar, gegen Herausschrauben gesichert und mit Späneschutz des Gewindes (Späneschutz s. Kap. 24) versehen.

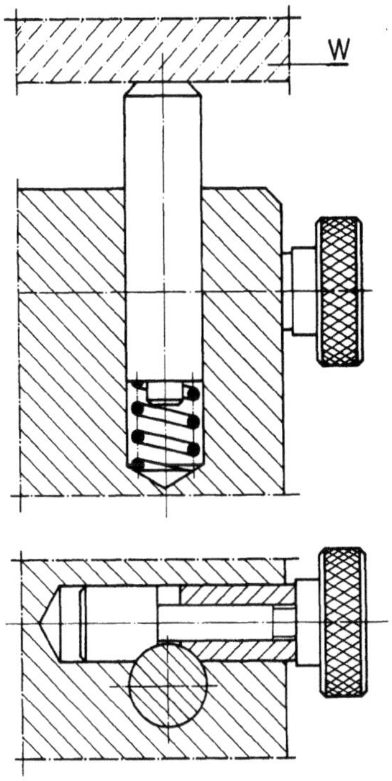

Bild 14-12 Verstellbares Stützelement mit Feststeller, von der Seite feststellbar.

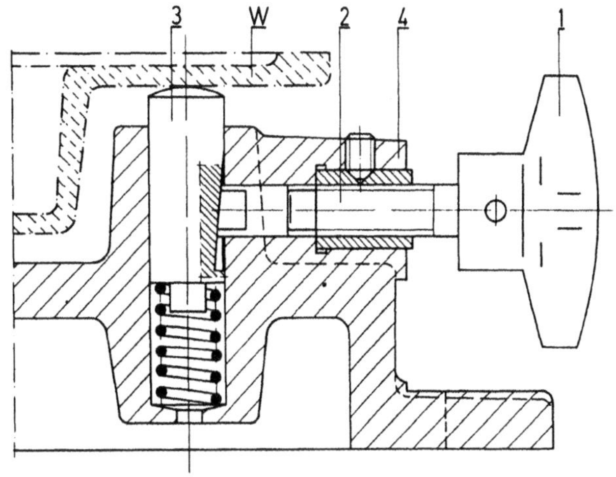

Bild 14-15 Verstellbares Stützelement in einem gegossenen Vorrichtungskörper, von der Seite feststellbar.

1 Kreuzgriff zum Feststellen des Stützbolzens, 2 Gewindebolzen, 3 Stützbolzen, 4 Vorrichtungskörper.

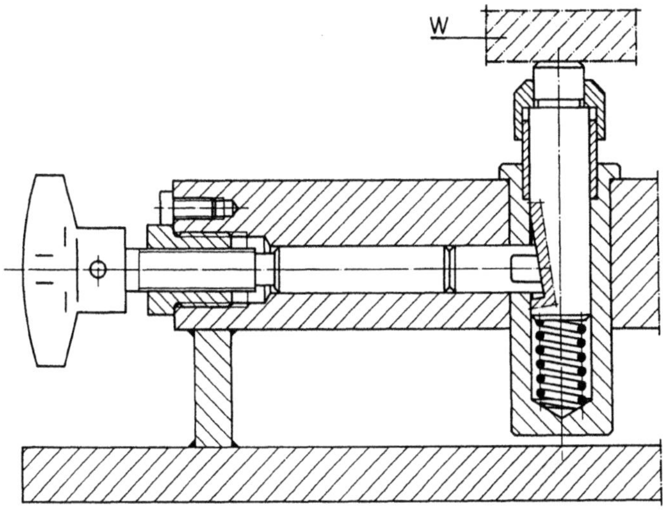

Bild 14-13 Verstellbares Stützelement, von der Seite feststellbar. Besonders für größere Entfernungen der Stützstelle von der Bedienstelle geeignet.

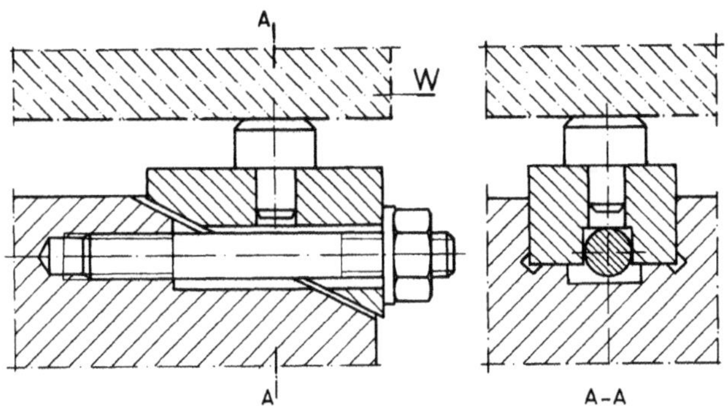

Bild 14-16 Verstellbares Stützelement mit Keilelementen. Besonders für schwere Werkstücke geeignet.

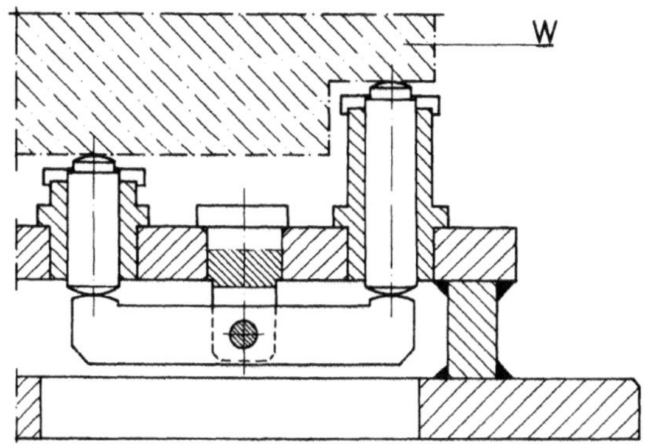

Bild 14-17 Zwei mit Hilfe einer Wippe selbsttätig einstellbare Stützelemente mit Späneschutzkappen (Kap. 24).

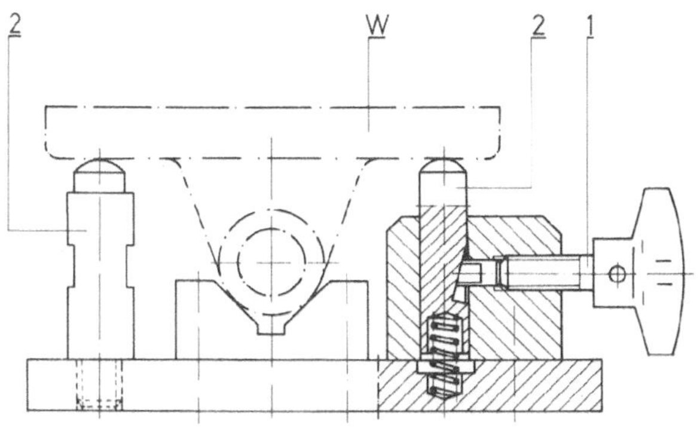

Bild 14-14 Vorrichtung mit zwei Stützelementen, einem festen sowie einem verstellbaren und feststellbaren.

1 Feststellschraube mit Kreuzgriff, 2 Stützelemente.

Bild 14-18 Mit Drucköl beaufschlagte Stützelemente (s.a. Bild 27-8).

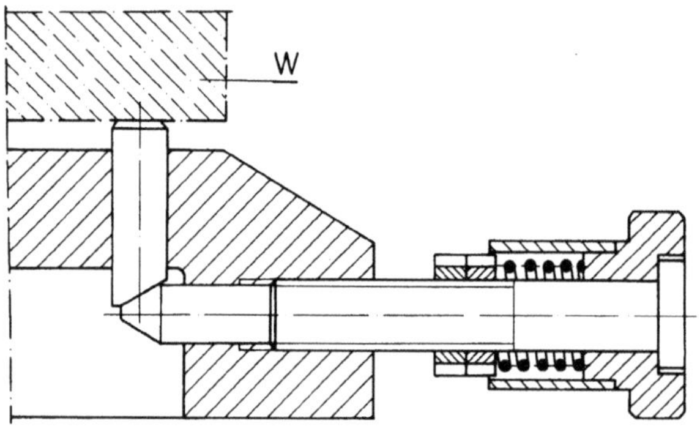

Bild 14-19 Handbedientes Stützelement mit regulierbarer Stützkraft.

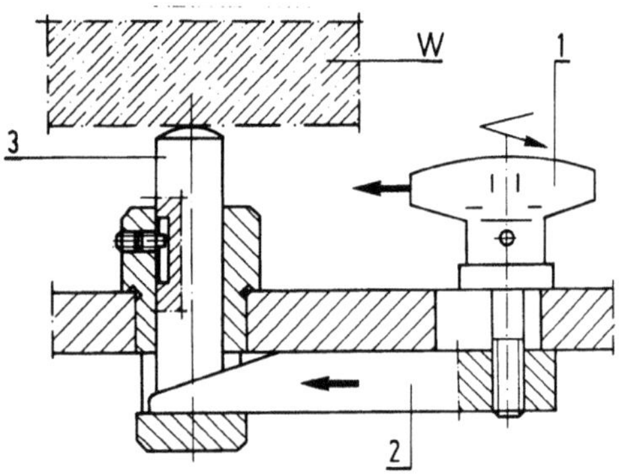

Bild 14-20 Verstellbares und feststellbares Stützelement außerhalb des Werkstücks bedienbar.

1 Verstell- und Spann-Kreuzgriff, 2 Führungshülse des Stützbolzens, 3 Verstellkeilelement, 4 Stützbolzen.

14.2.2 Richtlinien für die Konstruktion und den Einsatz der Stützelemente

1. Das Abstützen des Werkstücks an mehr als an 3 Punkten birgt die Gefahr des Überpositionierens (Abschnitt 11.3.2) in sich. Es muß deshalb sorgfältig geprüft werden, an welchen Stellen eine Biegebeanspruchung des Werkstücks vermieden werden soll.
2. Die Einstellelemente der Stützelemente müssen bequem zugänglich gestaltet werden (Bilder 14-8 bis 14-20).
3. Die geführten Elemente der Stützelemente (Bild 14-9) sind so auszubilden, daß beim Abstützen in der maximalen Länge eine minimale Führungslänge von 1 × Führungsdurchmesser vorhanden ist.
4. Bei der Auslegung der Stützelemente müssen die notwendigen Stützkräfte (einschließlich Zerspankraft Fz) beachtet werden.
5. Bei Werkstücken mit ungenauen Stützflächen müssen wippenartige Zwischenelemente (Bild 13-34) vorgesehen werden.
6. Bei in verschiedenen Höhen abzustützenden Werkstückflächen sollten Stützelemente mit einer Ausgleichmöglichkeit (Bild 14-17 bzw. hydraulisch – Bild 14-18) vorgesehen werden.
7. Für besonders schwere Werkstücke sollten besonders dafür geeignete Stützelemente (Bild 14-16 und 14-18) gewählt werden.
8. Für leichte und formempfindliche Werkstücke sollten Stützelemente mit regulierbarer bzw. begrenzter Stützkraft (Bild 14-19) verwendet werden.

15 Spannen des Werkstücks in der Vorrichtung

Neben der Aufgabe des Positionierens von Werkstücken (Kap. 11) ist das Spannen als zweite Hauptaufgabe, die die Vorrichtung zu erfüllen hat, anzusehen. Diese Aufgabe wird mit Hilfe der eingeleiteten Spannkraft Fse (Abschnitt 15.5), die über die Spannelemente (Kap. 16) wirkt, erreicht. Durch die Einwirkung der Spannkraft Fs auf das Werkstück über die Vorrichtungselemente kann einerseits die Vorrichtung (Abschnitt 15.8.1) und andererseits das Werkstück (Abschnitt 15.8.2) verformt werden. Dem Spannvorgang und den Spannelementen kommt also eine wichtige Aufgabe zu, die konstruktiv (Kap. 56) sehr sorgfältig gelöst werden muß.

15.1 Grundsätze des Spannens von Werkstücken

Bei der Gestaltung der Spannelemente, Wahl ihrer Art (Kap. 16) der Krafterzeugung, Wirkrichtung der Spannkraft Fs (Abschnitt 15.5.1), Lage der Spannelemente und ihre Anzahl (Abschnitt 16.1) usw. ist folgendes zu beachten:

1. Das Werkstück darf seine Lage während und nach dem Spannen nicht, bzw. nur in zulässigen Grenzen, verändern.
2. Das Spannen und Entspannen muß schnell und sicher vollzogen werden.
3. Die Größe der Spannkraft Fs ist so zu wählen, daß keine unzulässigen Verformungen des Werkstücks und/oder der Vorrichtung verursacht werden (Abschnitte 15.8.1 und 15.8.2).
4. Die Spannkräfte Fs sind auf das Werkstück gleichmäßig zu verteilen, so daß keine plastischen Verformungen auftreten bzw. diese so gering sind, daß nach dem Entspannen alle Forderungen, die an das Werkstück gestellt werden, erfüllt sind.
5. Durch die Einwirkung der Spannkraft Fs und anderer Faktoren, z.B. der bei der Zerspanung freiwerdenden Verformung des Werkstücks, der Wärme (Abschnitt 11.3.4) u.a., darf die Vorrichtung nicht verformt werden.

6. Die Spannkraft Fs soll nach Möglichkeit gegen feste bzw. verstell- und feststellbare An- und Auflageelemente der Vorrichtung (Abschnitt 13.4) wirken.
7. Die Spannkraft-Angriffsstellen müssen sich innerhalb des Werkstück-Auflageumrisses (in der positionierten Lage) befinden. damit keine Kippmomente entstehen können.
8. Anzahl und Lage der Spannstellen (Abschnitt 16.1) müssen als Funktion der Zerspankräfte Fz der Werkstückform, der Werkstückgröße und des Werkstückgewichts gewählt werden.
9. Die Größe der Spannkraft (Abschnitt 15.6) muß ebenfalls nach den unter Pkt. 8 genannten Kriterien ermittelt und gewählt werden.
10. Es muß gewährleistet sein, daß die eingeleitete Spannkraft Fse – insbesondere bei mit Muskelkraft betätigten Vorrichtungen (Abschnitt 25.1.1) – konstant ist.
11. Die Spannstellen am Werkstück, an denen die Spannelemente wirken, dürfen nicht beschädigt werden. Dieses betrifft besonders Werkstückelemente, die bereits bearbeitet worden sind bzw. nachträglich nicht bearbeitet werden.
12. Die bei der Zerspanung entstehende Wärme darf die Spannkräfte Fs nicht bzw. nur in zulässigen Grenzen beeinflussen.
13. Die Spannzeit wird am geringsten, wenn:
    13.1. die Anzahl der zu betätigenden Spannelemente gering ist,
    13.2. anstelle der Muskelkraftspannung (Abschnitt 25.1) das kraftbetätigte Spannen (Abschnitt 25.3) angewendet wird,
    13.3. die Spannelemente sich schnell und möglichst selbsttätig aus dem Werkstückbereich entfernen bzw. beim oder nach dem Entspannen, beseitigen lassen,
    13.4. durch die Anwendung von Übertragelementen (Abschnitt 16.2) bzw. der Pneumatik oder Hydraulik (Kap. 26 und 27) sich mehrere Spannstellen von einer Stelle aus gleichzeitig oder nacheinander, sogar in einer bestimmten Reihenfolge, betätigen lassen.
14. Durch Mehrstück-Spannvorrichtungen (Abschnitt 15.9) lassen sich die Spannzeiten beachtlich senken bzw. fallen fort, da sie in die Maschinenzeit, insbesondere bei Mehrmaschinenbedienung, fallen.
15. Falls wirtschaftlich begründet, sollte das kraftbetätigte Spannen angewendet werden (Abschnitt 25.3).

Im Rahmen des Abschnitts 15.1 – Grundsätze des Spannens von Werkstücken – wurden alle mit dem Spannen zusammenhängenden Probleme besprochen, so daß sich hierbei die sonst bei anderen Kapiteln übliche „Richtlinie" erübrigt.

15.2 Arten des Spannens

Wie sich nachstehend zeigen wird, gibt es mehrere Arten des Spannens, die ihre Vor- und Nachteile aufweisen. Sie werden in den Abschnitten 15.2.1 und 15.2.2 besprochen.

15.2.1 Unmittelbares und mittelbares Spannen

Beim Spannen kann die Spannkraft unmittelbar oder mittelbar auf das Werkstück einwirken. Beim unmittelbaren Spannen wirkt die eingeleitete Spannkraft Fse direkt auf das zu spannende Werkstück (Bild 15-1).

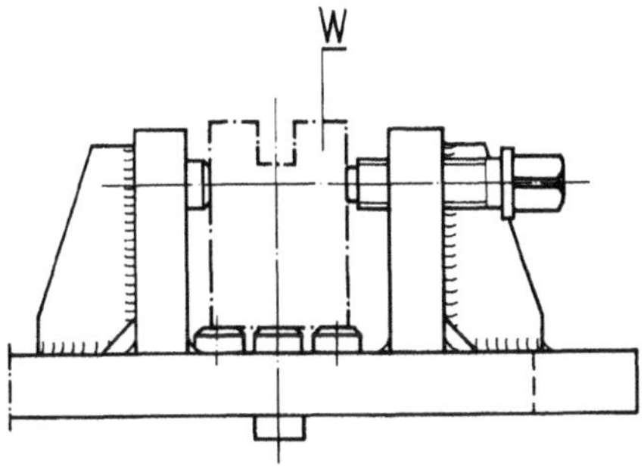

Bild 15-1 Beispiel des unmittelbaren Spannens des Werkstücks in der Vorrichtung.
Das Werkstück wird mit Hilfe des betätigten Spannelements direkt gespannt. Unter dem Begriff „mittelbares Spannen" versteht man die Zwischenschaltung von Spannkraftübertragung- und Spannkraftumlenkelementen (Abschnitt 16.2). Beispiele der Vorrichtungen mit Anwendung des mittelbaren Spannens sind u.a. in den Bildern 15-44, 16-14, 16-54 und 16-78 gezeigt.

Beim mittelbaren Spannen werden dagegen zur Kraftübertragung meist mehrere Bauelemente, z.B. Übertragelemente (Abschnitt 16.2), eingesetzt. In den meisten Fällen wird das unmittelbare Spannen, obwohl es konstruktiv einfacher zu lösen ist, nicht angewendet, da das mittelbare Spannen folgende Vorteile bietet:

1. Das Spannelement kann so gestaltet werden, daß es sich beim Spannen senkrecht auf die zu spannende Stelle des Werkstücks zubewegt. Dadurch wird vermieden, daß beim Spannen das Werkstück aus der bereits positionierten Lage verschoben wird. Dadurch werden Positionierfehler vermieden.
2. Durch Verwendung von Übertragelementen (Abschnitt 16.2) kann die Spannkraft Fs am Werkstück, gegenüber der eingeleiteten Spannkraft Fse, verstärkt oder reduziert, also den Erfordernissen entsprechend angepaßt, werden.
3. In den meisten Fällen lassen sich gleichzeitig, oder sogar in einer bestimmten Reihenfolge nacheinander, mehrere Spannelemente von einer Stelle aus bedienen.

Beim unmittelbaren Spannen wird meistens die Muskelkraft (Abschnitt 25.2), beim mittelbaren Spannen das kraftbetätigte Spannen (Abschnitt 25.3) eingesetzt.

15.2.2 Starres und elastisches Spannen

Unter dem Begriff „starres Spannen" versteht man eine Spannart, bei der die Spannelemente im gespannten Zustand mit dem Vorrichtungskörper eine starre Einheit (Bild 15-1) bilden. Nach dem vollzogenen Spannvorgang ist dieses System, abgesehen von der Federung des Vorrichtungskörpers bzw. der Grundplatte, starr. Jegliche Ungleichmäßigkeiten des Spannmaßes des Werkstücks können infolge der auftretenden Zerspankräfte Fz eine Verlagerung des Werkstücks (Bild 15-2) hervorrufen.

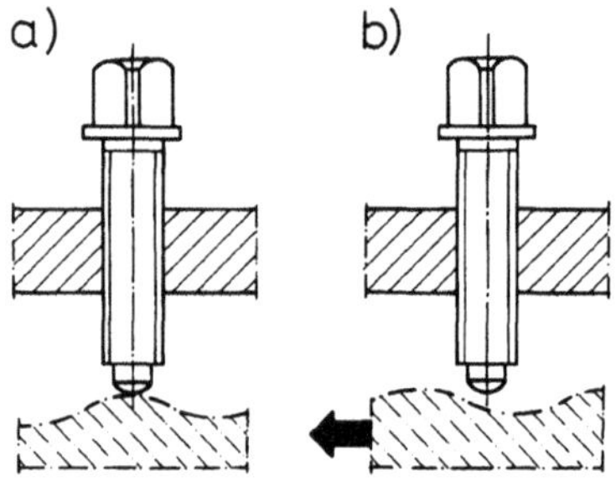

Bild 15-2 Starres Spannen des Werkstücks in der Vorrichtung:

a) das Spannelement berührt eine erhöhte, im Rahmen der Toleranz zulässige Stelle des gespannten Werkstücks,

b) obwohl sich das Werkstück nur geringfügig verschoben hat, z.B. infolge der Einwirkung der Zerspankraft Fz, ist es nicht mehr gespannt, da keine Berührung des Spannelements mit dem Werkstück besteht.

Dieses stellt eine sehr unerwünschte Erscheinung dar, da einerseits Unfallgefahr (Abschnitt 7.2.3) besteht und andererseits Ausschuß auftreten kann.

Zu den starr spannenden Bauelementen zählen: Keile (Abschnitt 16.6), Schrauben und Muttern (Abschnitt 16.7), Hebel, Exzenter (Abschnitt 16.8), Kniehebelspanner (Abschnitt 16.11) u.a. Diese Bauelemente können auch miteinander kombiniert werden, z.B. Hebel mit einem Kreisexzenter (Bild 16-10). Starr spanende Bauelemente werden bei einfachen Vorrichtungen angewendet, wobei die starre Art dieser Elemente durch Einbau eines federnden Elements zwischen Spannelement und Werkstück diese auf einfache Weise in eine elastische Art umwandelt.

Elastisch spannende Elemente oder Systeme ergeben sich durch die Anwendung des magnetischen (Abschnitt 25.5.2.1), elektromagnetischen (Abschnitt 25.5.2.2), pneumatischen (Kap. 26) (Bild 15-3) oder hydraulischen (Kap. 27) Spannens. Auch mit Hilfe der Fliehkraft (Abschnitt 25.6) betätigte Spannelemente ergeben ein elastisches Spannen.

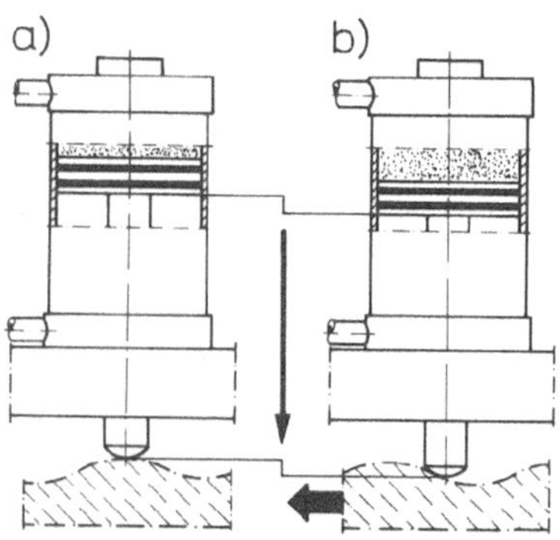

Bild 15-3 Elastisches Spannen des Werkstücks in der Vorrichtung:

a) das Spannelement berüht eine erhöhte, im Rahmen der Toleranz zulässige Stelle des gespannten Werkstücks,

b) obwohl sich das Werststück verschoben hat, z.B. infolge der Einwirkung der Zerspankraft Fz, ist es sicher gespannt, da die Spannkraft auch in dieser Lage des Werkstücks auf das Werkstück wirkt.

Die Spannkraft ist beim elastischen Spannen während der ganzen Spanndauer gleichmäßig wirksam, auch wenn geometrische Veränderungen des Werkstücks, z.B. infolge der Wärmeeinwirkung bei der Zerspanung (Abschnitt 11.3.4), auftreten. Aufgrund der konstanten Spannkraft genügt beim elastischen Spannen meist eine geringere Spannkraft als beim starren Spannen. Demzufolge ist auch die Belastung der Vorrichtungselemente geringer. Außerdem kann die Spannkraft den Erfordernissen jeweils angepaßt werden, so daß Werkstück- bzw. Vorrichtungsverformungen (Abschnitt 15.8) vermieden werden.

Das elastische Spannen weist also wesentliche Vorteile gegenüber dem starren Spannen auf. Dabei müssen jedoch die bedeutend höheren Kosten dieser Spannart in Kauf genommen werden. Hinzu kommt, daß diese Spannart mit dem Vorhandensein eines Krafterzeugers bzw. einer Druckluftleitung verbunden ist. Diese Nachteile hat das starre Spannen nicht. Vorrichtungen mit der starren Spannart können überall eingesetzt werden. Bei der Festlegung der Spannart müssen jeweils die Vor- und Nachteile, auch im Zusammenhang mit der Wirtschaftlichkeitsrechnung (Abschnitt 2.2), genauestens abgewogen werden.

15.3 Spannkraftrichtung und Anzahl der in der Vorrichtung gespannten Werkstücke

Hinsichtlich der Spannkraftrichtung und der Anzahl der gespannten Werkstücke kann man unterscheiden:

1. einseitiges Spannen, wenn die Spannkraft Fs unmittelbar bzw. mittelbar (Abschnitt 15.2.1) auf das Werkstück oder mehrere Werkstücke (Bild 15-4) wirkt;
2. doppelseitiges Spannen, wenn die Spannkraft Fs unmittelbar bzw. mittelbar auf Werkstücke wirkt, wobei zwischen den Werkstücken ein oder mehrere Vorrichtungselemente (Bild 15-5) vorhanden sind;
3. mittiges einseitiges Spannen, wenn ein Werkstück bzw. mehrere Werkstücke einseitig mittig, unmittelbar (Abschnitt 15.2.1) oder mittelbar (Bild 15-6) gespannt werden;
4. zentrisches Doppelspannen, wenn ein oder mehrere Werkstücke an zwei Stellen durch zwei Spannelemente zentrisch gespannt werden (Bild 15-7).

Daraus kann das Einstück- oder Mehrstückspannen (Abschnitt 15.9) abgeleitet werden. Alle oben genannten Spannarten können untereinander kombiniert werden. Zentrisches Spannen kann z.B. mit Hilfe eines Drehfutters, Spanndornes usw erfolgen. Weitere Spannbeispiele werden im Kap. 36 besprochen

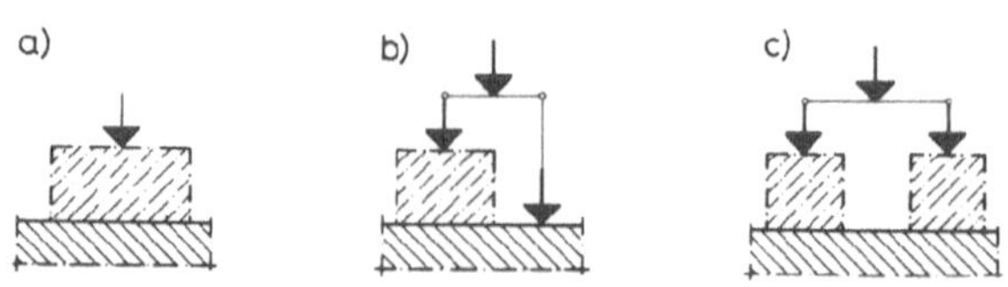

Bild 15-4 Einseitiges Spannen des Werkstücks in der Vorrichtung:

a) das Werkstück ist unmittelbar gespannt (s.a. Abschnitt 15.2, Bild 15-1),

b) das Werkstück ist mittelbar gespannt (s.a. Abschnitt 15.2),

c) zwei Werkstücke sind mittelbar gespannt.

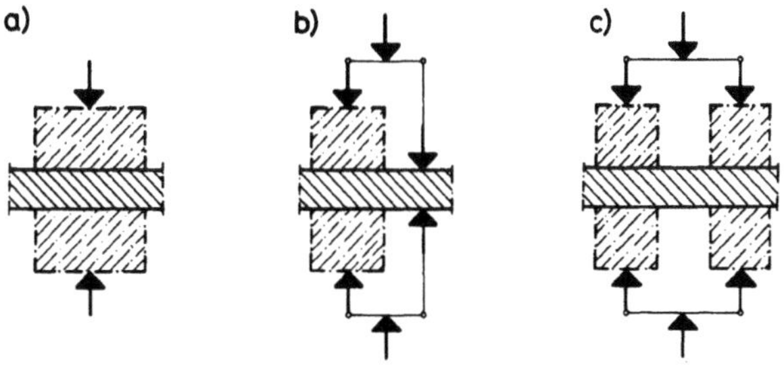

Bild 15-5 Doppelseitiges Spannen mehrerer Werkstücke in der Vorrichtung:

a) zwei Werkstücke sind unmittelbar gespannt,
b) zwei Werkstücke sind mittelbar gespannt,
c) vier Werkstücke sind mittelbar gespannt.

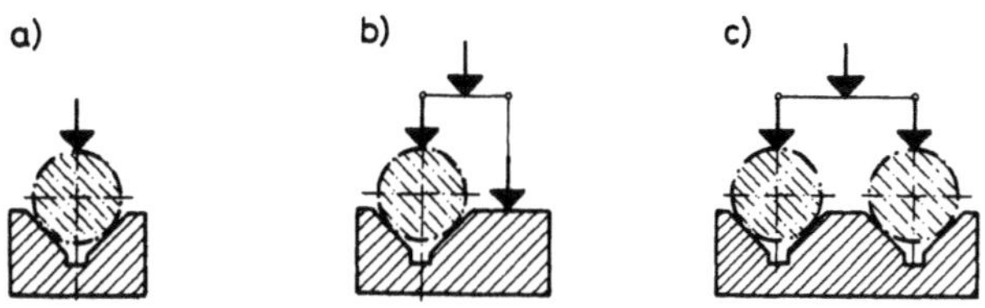

Bild 15-6 Mittiges einseitiges Spannen des Werkstücks in der Vorrichtung:

a) ein Werkstück ist mittig unmittelbar im Prisma gespannt,
b) ein Werkstück ist mittig mittelbar im Prisma gespannt,
c) zwei Werkstücke sind mittig mittelbar in Prismen gespannt.

Prismen als Positionierelemente sind im Abschnitt 13.5 beschrieben und gezeigt.

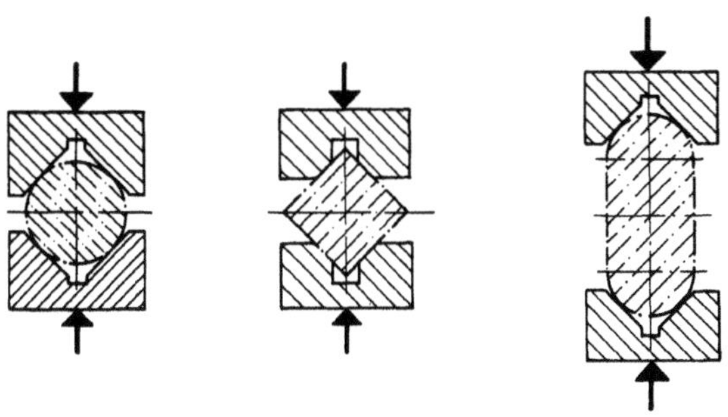

Bild 15-7 Beispiele für zentrisches Doppelspannen des Werkstücks.

15.4 Werkstückgewicht und Zerspankräfte[1]

Auf den Vorrichtungskörper und über diesen auf die Werkzeugmaschine wirken ein:

1. *Werkstückgewicht* G (Gewichtskraft)
   Das Werkstückgewicht G ist in Größe, Angriffspunkt sowie Richtung bekannt bzw. einfach zu ermitteln und wird nur bei besonders schweren und/oder geometrisch komplizierten (großen) Werkstücken berücksichtigt.

2. *Zerspankräfte* Fz[1])
   Ihre Größe und ihre Richtung sowie deren Resultierende sind nicht immer auf einfache Art zu ermitteln, da sie von vielen Parametern abhängen, wie Bearbeitungsverfahren, Werkzeuggeometrie, spezifische Schnittkraft u.a. Sie können annähernd mit Hilfe von Formeln (1), (2), (3) sowie (4) und der spezifischen Schnittkraft (Bild 15-8) errechnet werden, wobei die nachstehend aufgeführten Merkmale der einzelnen Bearbeitungsverfahren zu berücksichtigen sind:

a) *Drehen*: Beim Drehen wirkt die Kraft biegend und um die vordere Kante des Spannelementes kippend. Das Drehmoment muß von der Vorrichtung mit Hilfe einer festen Mitnahme aufgenommen werden. Dem Kippmoment muß durch entsprechende Länge der Spannelemente und dem Biegemoment erforderlicherweise durch ein Abstützen mit der Reitstockspitze begegnet werden. Hauptsächlich wirken auf die Drehvorrichtungen: die Hauptschnittkraft F_H und das Drehmoment M_t.

b) *Hobeln*: Die beim Hobeln mit spitzem Keilwinkel des Hobelwerkzeuges erzeugten Teilkräfte versuchen das Werkstück von der Auflage abzuheben. Ein stumpfer Keilwinkel dagegen drückt das Werkstück gegen die Auflage. Hauptsächlich wirken die Kräfte in drei Hauptrichtungen.

c) *Bohren*: Beim Bohren wirken Drehmoment und Axialkraft (Vorschubkraft). Zwischen Bohrungswand und Werkzeug ist jedoch Reibung vorhanden, die beim Zurückziehen des Werkzeuges das Werkstück abzuheben versucht. Hinzu kommt, daß, sobald die Bohrerspitze die untere Werkstückoberfläche durchbricht, die Axialkraft absinkt; durch den Spiralwinkel kommt eine Teilkraft zur Wirkung, die ebenfalls das Werkstück abzuheben versucht. Es genügt also nicht nur, das Werkstück gegen das Drehmoment und die Axialkraft zu sichern, sondern auch entgegen der Vorschubrichtung zu spannen.

d) *Senken* und *Reiben*: Bei diesen Verfahren herrschen die gleichen Bedingungen wie beim Bohren, mit der Ausnahme, daß das Werkstück nicht abgehoben wird.

e) *Fräsen* – Beim Fräsen im Gegenlauf wirkt die Teilkraft in senkrechter Richtung und hebt das Werkstück von der Auflage ab. Beim Fräsen im Gleichlauf dagegen drückt diese Kraft das Werkstück gegen die Auflage. Bei spiralverzahnten Fräsern ist auch die Axialkraft zu beachten. Beim linksschneidenden Walzenfräser mit Rechtsspirale drückt sie auf das Werkstück; der Fräsdorn wird dabei in Richtung Maschinenständer gedrückt. Die Axialkraft rechtsschneidender Schaftfräser mit Linksspirale wirkt gegen die Werkstückauflage; der Fräser wird in den Mitnahmekegel gedrückt. Bei einem rechtsschneidenden Schaftfräser mit Rechtsspirale versucht die Axialkraft das Werkstück von der Auflage abzuheben und den Fräser aus dem Aufnahmekegel herauszuziehen.

[1]) Um logische, voneinander sich unterscheidende Bezeichnungen und dementsprechende Kurzzeichen zu bekommen, wird die sonst mit „Schnittkraft" bezeichnete Kraft „Zerspankraft Fz" genannt. Somit wird die Möglichkeit der Verwechslung der Spannkraft Fs mit der eigentlichen Schnittkraft auch durch Übereinstimmung der Kurzzeichen beseitigt.

Werkstoff	Nr.	R_m N/mm²	HV10	$k_{c1.1}$ N/mm²	z	$k_{f1.1}$ N/mm²	x	$k_{p1.1}$ N/mm²	y	s.u.
C15G	1.0401	373	108	1481	0,28	333	1,0	266	0,8	1
C22	1.0402	500		1800	0,16					
C35N	1.0501	550	160	1516	0,27	321	0,80	259	0,54	1
Ck45N	1.1191	628	185	1573	0,19	332	0,71	272	0,41	1
Ck45V	1.1191	765	225	1584	0,25	364	0,73	282	0,43	1
Ck60N	1.1221	775	221	1686	0,22	285	0,72	259	0,41	1
St 50-2	1.0532	557	168	1500	0,29	351	0,70	274	0,50	1
St 60	1.0543	620		2110	0,17					
St 70-2	1.0632	824	239	1595	0,32	228	1,07	152	0,90	1
37 Mn Si 5 G	1.5122	676	196	1581	0,25	317	0,69	259	0,41	1
37 Mn Si 5 V	1.5122	892	268	1656	0,21	239	0,70	249	0,33	1
42 Cr Mo 4 G	1.7225	568	170	1563	0,26	374	0,77	271	0,48	1
55 Ni Cr Mo V 6	1.2713	1141	340	1595	0,21	269	0,79	198	0,66	1
100 Cr 6 G	1.3505	624	202	1726	0,28	318	0,86	362	0,53	1
18 Cr Ni 8 G	1.5920	578	181	1446	0,27	351	0,66	257	0,47	1
16 Mn Cr 5 N	1.7131	500	150	1411	0,30	406	0,63	312	0,50	1
X 6CrNiMoNb 18 10	1.4580	600		1270	0,27					
X10CrNiMoNb 18 10	1.4580	588		1397	0,24	181	0,74	173	0,59	2
GGL-14	0.6014		HB200	950	0,21					
GGL-18	0.6018	124		750	0,13					
GG-26	0.6026		HB200	1160	0,26					
GG-30	0.6030		HB206	899	0,41	170	0,91	164	0,70	1
Mehanite A		360		1270	0,26					
GTW, GTS		> 400		1200	0,21					
GS 45	1.0433	~ 400		1600	0,17					
GS 52	1.0551	~ 600		1800	0,16					
G-Al Mg 4 Si Mn		260	HB 90	487	0,20	20	1,08	32	0,75	2
G-Al Si 10 Mg		250		440	0,27					
G-Al Si 6 Cu 4		170		460	0,27					
GK-Mg Al 9		130		240	0,34					
X8NiCrMoTi55 20 20	2.4969	1275		1900	0,26	332	0,67	726	0,43	2, 3
Ni Cr 20 Ti Al	2.4952	1217	368	2211	0,22	341	0,71	561	0,41	2, 3
Messing DFB kaltg.				430	0,38					
Rg A				820	0,25					
Polyamid 6-6 Wassergeh. 0,1–0,5%				160	0,15					

1 abweichende Meßbedingungen: $\lambda = 0°$, $\kappa = 70°$, $R_s = 0{,}8$ mm, Hartmetall P10
2 abweichende Meßbedingungen: $\gamma = 15°$, $\lambda = 0°$, $\kappa = 70°$, $R_s = 0{,}8$ mm, K10
3 abweichende Meßbedingungen: $\lambda = -12°$, $v_c = 40$ m/min.

Bild 15-8 Grundwerte der spezifischen Zerspankraftkomponenten einiger Werkstoffe. Meßbedingungen nach Kienzle und Victor: $\alpha = 5°$, $\gamma = 6°$ (bei Guß 2°), $\kappa = 45°$, $\lambda = 4°$, $R_S = 1$ mm, $v_c = 100$ m/min, Hartmetall. Ergänzt durch Messungen von König und Essel [188] mit leicht veränderten Meßbedingungen. Lit. [206].

f) *Stoßen* und *Räumen*: Beim Stoßen und Räumen entsprechen die Verhältnisse im wesentlichen den Verhältnissen, die beim Hobeln – Pkt. b – herrschen.

Die Hauptschnittkraft F_H, die in den meisten Fällen die ausschlaggebende Rolle bei der Ermittlung der Spannkraft Fs (Abschnitt 15.5) spielen wird, kann anhand der Formel (1) ermittelt werden:

$$\boxed{F_H = b \cdot h \cdot k_c} \quad \text{in N,} \qquad (1)$$

wobei b Spanungsbreite in mm, h Spanungstiefe in mm, k_c Spezifische Schnittkraft in N/mm².

Daraus folgt:

$$\boxed{k_c = \frac{F_H}{b \cdot h}} \quad \text{in } \frac{N}{mm^2}. \qquad (2)$$

Wenn keine besonderen Angaben vorliegen, so gelten die k_c-Werte für einen Spanungsquerschnitt 1 · 1 mm²: $k_{c1 \cdot 1}$. Man kann die Werte auch für andere Spanungsdicken h ermitteln:

$$\boxed{k_c = \frac{k_{c1 \cdot 1}}{h^z}} \quad \text{in } \frac{N}{mm^2} \qquad (3)$$

und daraus:

$$F_H = b \cdot h \cdot k_c = b \cdot h^{1-z} \cdot k_{c1 \cdot 1} \quad \text{in N} \qquad (4)$$

und darin z = tan α (s. Bild 15-8 nach Prof. Kienzle). Weiteres s. Lit. [188], [206], [216], [221], [226], [227].

Falls die Istbedingungen den Tabellenbedingungen (Bild 15-8) nicht entsprechen, so kann man z.B. für andere Spanwinkel γ eine Umrechnung vornehmen:

$$k_{c(\gamma)} \approx \frac{k_c}{100} \cdot (106 - \gamma) \quad \text{in } \frac{N}{mm^2} \qquad (5)$$

Für andere Verfahren gelten Multiplikatoren:

Verfahren	Multiplikatoren	
	HM	HSS
Außendrehen	1.0	1.2
Innendrehen	1.2	1.44
Hobeln Stoßen	1.18	1.42
Räumen	–	1.3
Bohren	–	1.0
Senken	–	1.1
Fräsen	1.3	1.56
Schleifen	3.5	

Bild 15-9 Multiplikatoren für $k_{c\,1\cdot 1}$ für andere als im Bild 15-8 aufgeführte Bearbeitungsverfahren und Werkzeugwerkstoffe.

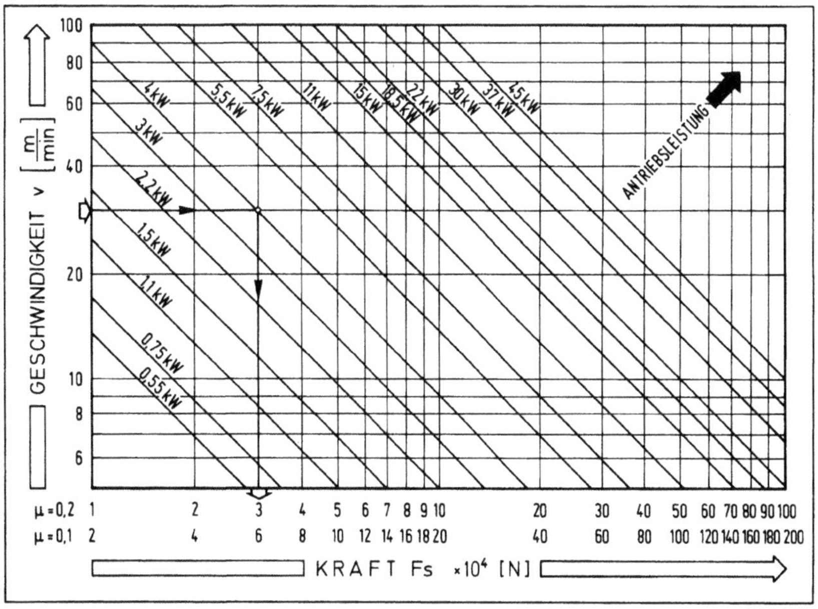

Bild 15-10 s. S. 104

Bild 15-11 Ermittlung der Spannkraft Fs als Funktion der Antriebsleistung der Werkzeugmaschine und der Schnittgeschwindigkeit.

Für andere Verfahren und Werkzeugwerkstoffe gelten Multiplikatoren, die in Bild 15-9 aufgeführt sind. Anhand des Diagramms im Bild 15-11 kann man die Spannkraft Fs als Funktion der Antriebsleistung und Schnittgeschwindigkeit für $\mu = 0{,}1$ und $\mu = 0{,}2$ auf einfache Weise ermitteln. Dabei kann davon ausgegangen werden, daß die Spannkraft Fs (Abschnitt 15.5) mindestens den Wert der Maschinenleistung, unter Berücksichtigung des Wirkungsgrades η aufweisen muß, da die volle Maschinenauslastung angenommen wird. Die Hauptschnittkraft F_H und die Maschinenantriebsleistung P für verschiedene Bearbeitungsverfahren sowie -parameter können anhand der Aufstellung (Bild 15-10) ermittelt werden. Wie im Abschnitt 15.5 aufgeführt wird, ist es nicht einfach, die tatsächlich notwendige Spannkraft Fs zu ermitteln.

15.5 Spannkräfte – Eingeleitete Spannkraft Fse und Spannkraft Fs am Werkstück

Richtung und Größe der Spannkräfte sind sehr wichtig, da die Vorrichtungselemente der Größe der Kräfte entsprechend ausgelegt werden müssen. Unter dem Begriff „eingeleitete Spannkraft Fse" versteht man die Spannkraft, die während des Spannvorganges des Werkstücks mit Muskelkraft, hydraulisch, pneumatisch usw. eingeleitet und der Spannstelle zugeführt wird. Durch entsprechende Auslegung der die eingeleitete Spannkraft Fse weiterleitenden Bauelemente der Vorrichtung kann diese Kraft verstärkt oder reduziert werden. So entsteht an der Spannstelle die Spannkraft Fs, die direkt auf das Werkstück wirkt. Hinsichtlich des Verlaufes der Spannkräfte unterscheidet man:

1. Das formschlüssige Spannen, wenn z.B. ein Werkstück zwischen zwei Backen eines Schraubstockes (Bilder 15-53 bis 15-55) gespannt wird, wobei das Längsspiel der Spindel großen Einfluß auf die Positionierlage des Werkstücks hat. Das Spannen in Spannzangen, Zweibackenfuttern mit einer Spindel, Dreibackenfuttern mit einer Spannspirale usw. ist formschlüssiges Spannen.
2. Das kraftschlüssige Spannen, wenn das Werkstück über die Vorrichtungselemente mit der Werkzeugmaschine direkt, also kraftschlüssig, verbunden ist (Bild 15-1). Diese Art des Spannens sollte angewendet werden, wenn nicht bestimmte Forderungen, wie z.B. unter Pkt. 1 aufgeführte Beispiele, das formschlüssige Spannen voraussetzen.

Die Größe der zum Spannen des Werkstückes in der Vorrichtung notwendigen Kraft Fs ist von folgenden Faktoren abhängig:

1. Werkstückwerkstoff,
2. geometrische Form des Werkstücks und seine Steifigkeit,
3. Bearbeitungsverfahren (Abschnitt 15.4),
4. Bearbeitungsparameter,
5. spezifische Schnittkraft k_c,
6. Zerspankräfte Fz (Schnittkraft F_H),
7. Werkzeug, Werkzeugwerkstoff, Werkzeugart, Zustand,
8. Steifigkeit der Vorrichtung,
9. Streifigkeit des Wirksystems (Kap. 4),
10. andere Faktoren.

Infolge der vielen Einflußgrößen ist eine exakte rechnerische Ermittlung der Spannkraft Fs mit vertretbarem Aufwand nicht möglich. Die Folge ist, daß in den meisten Fällen die Auslegung der Vorrichtung hinsichtlich der Größe der Spannkraft Fs „von der sicheren Seite" angegangen wird und so werden die Vorrichtung und ihre Bauelemente meist überdimensioniert und die Spannkraft Fs zu hoch gewählt. Dadurch können unzulässige Verformungen der Vorrichtung (Abschnitt 15.8.1) und des Werkstücks (Abschnitt 15.8.2)

	a	b	c'	d	e	f	g	h	i
	Bearbeitungs-verfahren	Allgemeine und spezifische Größen	Einheit	Spanungs-breite	Spanungs-dicke	Spannungs-querschnitt	Spezifische Schnittkraft	Hauptschnittkraft	Maschinenantriebsleistung
				b	h	A	k_c	F_H	P
				mm	mm	mm²	N/mm²	N	kW
1	**Drehen**	b – Spanungsbreite	mm						
		a – Schnittiefe	mm →	$b = \frac{a}{s \cdot \sin \kappa}$					
		κ – Einstellwinkel	°						
		h – Spanungsdicke	mm →		$h = s \cdot \sin \kappa$				
		s – Vorschub pro Umdrehung	mm						
1.1	Außendrehen	A – Spannungsquerschnitt	mm² →			$A = a \cdot s = b \cdot h$			
1.2	Innendrehen	k_c – Spez. Schnittkraft	N/mm² →				$k_c = \frac{(1\ \text{mm})^z}{h^2}$		
1.3	Ein- und Abstechen	$k_{c1.1}$ – Spez. Schnittkraft für h = 1 mm, b = 1 mm und v = 100 m/min	N/mm² →				$k_{c1.1} = K_\gamma \cdot K_v \cdot K_{st} \cdot K_{ver}$ (wobei Werte aus „b") und Korrekturfaktor:		
		z – Werkstoff-Exponent	–						
		γ_{tat} – Tatsächl. Spanwinkel	° →						
		γ_0 – Basispanwinkel 6° für Stahlbearbeitung 2° für Gußbearbeitung	° →				$K_\gamma = 1 - \frac{\gamma_{tat} - \gamma_0}{100}$		
		K_v – Geschwindigkeitsfaktor	–						
		K_v = 1,15 für v = 30–50 m/min (SS) 1,0 für v = 80–250 m/min (HM)	–						
		K_{ver} – Verschleißfaktor = 1,3	–						
		K_{st} – Stauchfaktor Außendrehen 1,0 Innendrehen 1,2 Ein- und Abstechen 1,3	–						
		F_H – Hauptschnittkraft	N →					$F_H = A \cdot k_c$	
		P – Maschinenantriebsleistung	kW →						$P = \frac{F_H \cdot v}{60\ \text{s/min} \cdot 10^3\ \text{W/kW} \cdot \eta_M}$
		v – Schnittgeschwindigkeit $= d \cdot \pi \cdot n$ wobei:	m/min						
		n – Drehzahl $= v \cdot 10^3\ \frac{\text{mm}}{\text{m}} / d \cdot \pi$	min⁻¹						
		d – Werkstückdurchmesser	m						
		η_M – Wirkungsgrad (0,7 ... 0,8)	–						
2	**Hobeln**	F_H – Hauptschnittkraft	N →					s. oben	
		z – Werkstoff-Exponent	–						
2.1	Kurzhobeln	b – Spanungsbreite	mm →	s. oben					
		h – Spanungsdicke	mm →		s. oben				
		K_γ – Korrekturfaktor für Spanwinkel (s. g – 1)	–						
		K_{ver}(s.o) = 1,1 bis 1,5	–						
		K_v (s.o) = 1,1 bis SS = 1,0 bei HM	–						
		K_{st} (s.o) = 1,1	–						
		P – Maschinenantriebsleistung	kW →						$P = \frac{F_H \cdot v}{60\ \text{s/min} \cdot 10^3 \cdot \text{W/kW} \cdot \eta_M}$
		η_M – Wirkungsgrad (0,6–0,7)	–						
2.2	Langhobeln	P_r – Leistung für Rücklauf	kW →						$P_r = \frac{v_r \cdot m_{ges}}{60\ \text{s/min}} \cdot \left(\mu \cdot g + \frac{v_r}{60\ \text{s/min} \cdot t_a}\right) \frac{1}{\eta_M} \cdot \frac{1}{10^3\ \text{W/kW}}$
		$m_{ges} - m_{Tisch} + m_{Werkstück}$	kg						
		m_{Tisch} – Tischmasse	kg						
		$m_{Werkst.}$ – Werkstückmasse	kg						
		μ – Reibungsbeiwert Tisch/Führung ≈ 0,1	–						
		g – Erdbeschleunigung = 9,81	m/s²						
		v_r – Rücklaufgeschwindigkeit	m/min						
		t_a – Beschleunigungszeit ≅ 1 s	s						

Bild 15-10 Ermittlung der erforderlichen Maschinen-Antriebsleistung für verschiedene Bearbeitungsverfahren (s.a. Bild 15-11).

Bild 15-11 auf S. 103

Nr.	Verfahren	Zeichen	Benennung	Einheit						
		P_v	Leistung für Vorlauf	kW						$P_v = [F_H + \mu(F_{Tisch} + F_{Werkst.})] \cdot \frac{v}{60\ s/min} \cdot \frac{1}{\eta_M} \cdot \frac{1}{10^3\ W/kW}$
		F_H	Hauptschnittkraft	N					s. oben	
		F_{Tisch}	Gewichtskraft des Tisches	N						
		$F_{Werkst.}$	Gewichtskraft des Werkstückes	N						
		η_M	Wirkungsgrad (0,6–0,65)	–						
3	**Bohren**	A	Spannungsquerschnitt	mm^2			$A = b \cdot h = \frac{d \cdot s_z}{2}$			
3.1	Bohren ins Volle	d	Bohrerdurchmesser	mm						
		s_z	Vorschub pro Schneide	mm						
		k_{ch}	Spezifische Schnittkraft bezogen auf h^{-z}	n/mm^2				$k_{ch} = \frac{(1\ mm)^z}{h^z} \cdot k_{c1.1} = \frac{(1\ mm)^z}{(s_z \cdot \sin\kappa)^z} \cdot k_{c1.1}$		
		$k_{c1.1}$	Spezifische Schnittkraft für h = b = 1 mm	N/mm^2				unter Berücksichtigung der Werte in „b":		
		s_z	Vorschub pro Schneide	mm						
		z	Exponent (Werkstoffkonstante)	–						
		K_v(s.1)	= 1,0 für HM = 1,15 für SS	–				$k_c = \frac{(1\ mm)^z}{(s_z \cdot \sin\kappa)^z} \cdot k_{c1.1} \cdot K_v \cdot K_{st} \cdot K_{ver}$		
		K_{st}(s.1)	= 1,2	–						
		K_{ver}(s.1)	= 1,3							
		F_{H_z}	Hauptschnittkraft pro Schneide	N					F_{H_z} pro Schneide: $F_{H_z} = \frac{d \cdot s_z}{2} \cdot k_c$	
		F_v	Vorschubkraft	N					$F_v = z_E \cdot F_{H_z} \cdot \sin\kappa$	Drehmoment:
		z_E	Anzahl der Schneiden	–						
		M	Drehmoment	Nm						$M = \frac{d^2}{8} \cdot s_z \cdot z_E \cdot k_c \cdot \frac{1}{10^3\ mm/m}$
		d	Bohrungsdurchmesser	mm						
		z_E	Anzahl der Schneiden	–					Vorschubkraft F_v: $F_v = z_E \cdot F_{H_z} \cdot \sin\kappa$	Maschinenantriebsleistung:
		s	Vorschub pro Umdrehung	mm						$P = \frac{M \cdot n}{9{,}554 \cdot 10^3 \cdot \eta_M}$
		k_c	Spezifische Schnittkraft	N/mm^2						
		n	Drehzahl	min^{-1}						
3.2	Aufbohren	b	Spanungsbreite	mm	$b = \frac{D-d}{2 \sin\kappa}$					
		a	Schnittiefe = D – d/2	mm						
		h	Spanungsdicke	mm		$h = s_z \cdot \sin\kappa$ $\kappa = \frac{\sigma}{2}$				
		F_{H_z}	Hauptschnittkraft pro Schneide	N					$F_{H_z} = \frac{D-d}{2} \cdot s_z \cdot k_c$	Drehmoment:
		M	Drehmoment	Nm						$M = \frac{D^2 - d^2}{8} \cdot s_z \cdot z_E \cdot k_c \cdot \frac{1}{10^3\ mm/m}$
		η_M	Wirkungsgrad (0,75–0,9)	–						Maschinenantriebsleistung:
		P	Maschinenantriebsleistung (a.f. 3.1)	kW						$P = \frac{M \cdot n}{9{,}554 \cdot 10^3\ \eta_M}$
4	**Gewindeschneiden mit Gewindebohrern**	P	Gewindesteigung	mm						
		d	Gewinde-Innendurchmesser	mm						
		C	Konstante C = 8	–						
		K	Werkzeugkonstante 1. Gewindebohrer = 1 2. Gewindebohrer = 0,8; 0,6 3. Gewindebohrer = 0,6; 0,3; 0,2	–						
		M	Drehmoment	Nm						$M = \frac{P^2 \cdot d \cdot k_c \cdot K}{C \cdot 10^3\ mm/m}$

Bild 15-10 (Fortsetzung)

	a	b	c	d	e	f	g	h	i
	Bearbeitungs-verfahren	Allgemeine und spezifische Größen	Einheit	Spanungs-breite	Spanungs-dicke	Spannungs querschnitt	Spezifische Schnittkraft	Hauptschnittkraft	Maschinenantriehsleistung
				b	h	A	k_c	F_H	P
				mm	mm	mm²	N/mm²	N	kW
5	**Fräsen**	φ_s – Eingriffswinkel	°						
		a – Schnittiefe	mm						
5.1	Walzfräsen	D – Fräserdurchmesser D ≈ B	mm						
		B – Fräserbreite	mm						
		n – Drehzahl des Fräsers	min^{-1}						
	Bild 15-10a	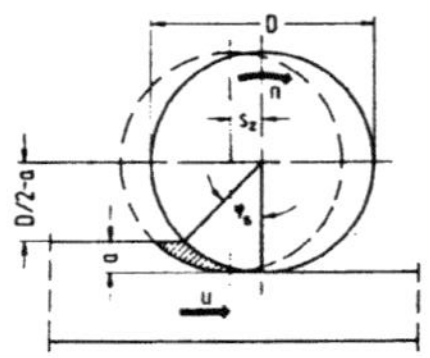							
		v – Schnittgeschwindigkeit $n = \frac{v \cdot 10^3\ mm/m}{D \cdot \pi}$	m/min						
		u – Vorschubgeschwindigkeit	mm/min						
		s_z – Vorschub pro Schneide	mm						
		z_w – Anzahl der Fräserschneiden $u = s_z \cdot z \cdot n$	–						
		b – Spanungsbreite	mm						
		b_g – Geradverzahnte Fräser		$b_g = B$					
		b_d – Fräser mit Drallwinkel		$b_d = \frac{B}{\cos\lambda}$					
		h_m – Mittenspandicke; Geradverzahnte Fräser ($\varphi_s/2$); Fräser mit Drallwinkel ($\kappa = 90 - \lambda$)	mm		$h_m = \frac{360°}{\pi \cdot \varphi_s} \cdot \frac{a}{D} \cdot s_z \cdot \sin\kappa$				
		Scheibenfräser ($\sin\kappa = 1$; und $360/\pi = 114{,}6°$)			$h_m = \frac{114{,}6°}{\varphi_s} \cdot \frac{a}{D} \cdot s_z$				
	Bild 15-10b	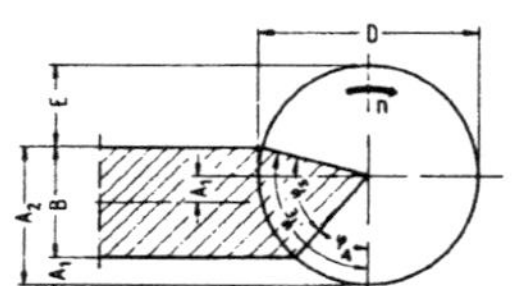							
		k_c – Spezifische Schnittkraft	N/mm²				$k_c = \frac{(1\ mm)^2}{h_m^z} \cdot k_{c1.1} \cdot K_\gamma \cdot K_v \cdot K_{ver} \cdot K_{st}$		
		K_γ – Spanwinkelkorrekturfaktor	–				$K_\gamma = 1 - \frac{\gamma_{tat} - \gamma_0}{100}$		
		γ_{tat} – Tatsächlicher Spanwinkel	–						
		γ_0 – Basisspanwinkel; $\gamma_0 = 6°$ für Stahlbearbeitung; $\gamma_0 = 2°$ für Gußbearbeitung	–						
		K_v – Geschwindigkeitsfaktor; SS — Werkzeuge: 1,2; HM – Werkzeuge: 1,0	–						
		K_{ver} – Verschleißfaktor; Allgemein: 1,3 (30 %)	–						
		K_{st} – Stauchfaktor = 1,2	–						
		z – Werkstoffexponent	–						
		F_{Hm} – Mittlere Hauptschnittkraft pro Schneide	N					$F_{Hm} = b \cdot h_m \cdot k_v$	

Bild 15-10 (Fortsetzung)

Nr.	Verfahren	Größen	Einheit	Formel
5.2	Stirnfräsen	z_E – Anzahl der im Eingriff befindlichen Schneiden	–	
		z_W – Zähnezahl des Fräsers	–	
		φ_s – Eingriffswinkel	°	
		$z_E = \frac{z_W \cdot \varphi_s}{360}$ (s. Bild 15-10b)		
		P – Maschinenantriebsleistung	kW	$P = \frac{F_{Hm} \cdot v \cdot z_E}{60\ s/min \cdot 10^3\ W/kW \cdot \eta_M}$
		η_M – Wirkungsgrad (0,6–0,8)		
	Bild 15-10c	Eingriffswinkel 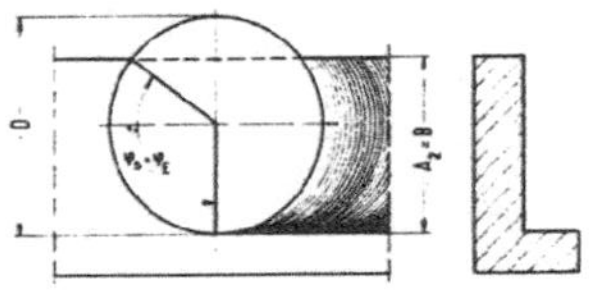		
		$\varphi_E < 90° \rightarrow$ Gegenlauffräsen; $\varphi_E \geq 90°–180° \rightarrow$ Gleichlauffräsen		
		$\cos\varphi_A = \frac{D/2 - A_1}{D/2}$; $\cos\varphi_E = 1 - \frac{2 A_2}{D}$; $\varphi_s = \varphi_E - \varphi_A$		
		$A_1 = 0$; $\varphi_A = 0$; $\cos\varphi_E = \frac{B - D/2}{D/2}$; $\cos\varphi_E = 1 - \frac{2B}{D}$		
		φ_A – Vorschubrichtungswinkel an Schnittanfang	°	
		φ_E – Vorschubrichtungswinkel am Schnittende	°	
		φ_s – Eingriffswinkel	°	
		A_1 – Abstandsmaß (s. Bild 15-10b)	mm	
		A_2 – Abstandsmaß (s. Bild 15-10b) und 15-10/c)	mm	
		E – Abstandsmaß (s. Bild 15-10b)	mm	
		D – Fräserdurchmesser	mm	
		B – Werkstückbreite	mm	
		Seitenversatz des Fräsers $\frac{A_1}{E} = \frac{1}{3}$ daraus		
		für GG: $D = 1{,}4 \cdot B$, $A_1 = 0{,}1 \cdot B$, $E = 0{,}3 \cdot B$; für Stahl: $D = 1{,}6 \cdot B$, $A_1 = 0{,}15 \cdot B$, $E = 0{,}45 \cdot B$		
		b – Spanungsbreite (s. Bild 15-10c)	mm	$b = \frac{a}{\sin\kappa}$
	Bild 15-10d	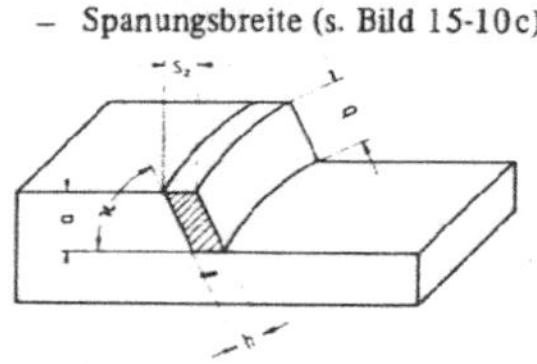		
		a – Schnittiefe	mm	
		κ – Einstellwinkel ($\kappa = 45° \div 90°$)	°	
		h_m – Spanungsdicke	mm	$h_m = \frac{114{,}6°}{\varphi_s} \cdot s_z \cdot \frac{B_F}{D} \sin\kappa$
		B_F – Fräserbreite (114,6 = 360°/π)	mm	
		k_c – Spezifische Schnittkraft K_γ, K_v, K_{ver} und K_{st} (s.o)	N/mm²	$k_c = \frac{(1\ mm)^2}{h_m^z} \cdot k_{c1.1} \cdot K_\gamma \cdot K_v \cdot K_{ver} \cdot K_{st}$

Bild 15-10 (Fortsetzung)

	a	b	c	d	e	f	g	h	i
	Bearbeitungs-verfahren	Allgemeine und spezifische Größen	Einheit	Spanungs-breite	Spanungs-dicke	Spannungs-querschnitt	Spezifische Schnittkraft	Hauptschnittkraft	Maschinenantriebsleistung
				b	h	A	k_c	F_H	P
				mm	mm	mm²	N/mm²	N	kW
		F_{Hm} – Mittlere Hauptschnittkraft pro Fräserschneide	N					$F_{Hm} = b \cdot h_m \cdot k_c$	
		z_E – Anzahl der im Eingriff befindlichen Schneiden $z_E = \frac{\varphi_s \cdot z}{360°}$							
		P – Maschinenantriebsleistung	kW						$P = \frac{F_{Hm} \cdot v \cdot z_E}{60\ s/min \cdot 10^3\ W/kW \cdot \eta_M}$
		η_M – Wirkungsgrad (0,6–0,8)							
6	**Räumen**	κ – Einstellwinkel Innenräumen: $\kappa = 90°$ Außenräumen: $\kappa = 90° - \lambda$							
		b – Spanungsbreite Innenräumen: b = a Außenräumen: b = a/cos λ	mm						
		h – Spanungsdicke $h = s_z$	mm						
		k_c – Spezifische Schnittkraft	N/mm²				$k_c = \frac{(1\ mm)^2}{s_z^z} \cdot k_{c1.1} \cdot K_\gamma \cdot K_v \cdot K_{ver} \cdot K_{st}$		
		K_γ, K_{st} (s.o.) $K_{ver} = 1{,}3$ $K_v = 1$ bei HM, $K_v = 1{,}15$ bei SS							
		F_{Hz} – Hauptschnittkraft pro	N					$F_{Hz} = a \cdot s_z \cdot k_c \cdot z_E$	
		z_E – Anzahl der im Eingriff befindlichen Zähne = l/t							
		P – Maschinenantriebsleistung	kW						$P = \frac{F_H \cdot v}{60\ s/min \cdot 10^3\ W/kW \cdot \eta_M}$
		η_M – Wirkungsgrad (0,6–0,8)							
7	**Schleifen**	h_m – Mittenspandicke	mm		$h_m = s_z \cdot \sqrt{\frac{e}{D}}$				
		s_z – Vorschub pro Schleifschneide = λ_{Ke}/q	mm mm						
		λ_{Ke} – Effektiver Kornabstand (aus Tabellen)	mm						
		q – Verhältniszahl = v_s/v_w	–						
		v_s – Umfangsgeschwindigkeit der Schleifscheibe	m/s						
		v_w – Umfangsgeschwindigkeit des Werkstückes	m/s						
		h_{mF} – Mittenspandicke für das Flachschleifen	mm		$h_{mF} = \frac{\lambda_{Ke}}{q} \sqrt{\frac{e}{D}}$				
		h_{mR} – Mittenspandicke für das Rundschleifen	mm		$h_{mR} = \frac{\lambda_{Ke}}{q} \sqrt{e\left(\frac{1}{D} \pm \frac{1}{d}\right)}$				
		e – Zustellung	mm						
		D – Schleifscheibendurchmesser	mm						
		d – Werkstückdurchmesser	mm						
		k_c – Spezifische Schnittkraft	N/mm²				$k_c = \frac{(1\ mm)^2}{h_m^z} \cdot k_{c1.1} \cdot K$		
		K – Korrekturfaktor für den Einfluß der Korngröße (aus Tabellen)	–						
		φ – Eingriffswinkel	°						
7.1	Flachschleifen	$\cos\varphi = 1 - \frac{2e}{D}$ (s. Bild 15-10e)							
		e – Zustellung	mm						
		D – Schleifscheibendurchmesser	mm						

Bild 15-10 (Fortsetzung)

	Bild 15-10e	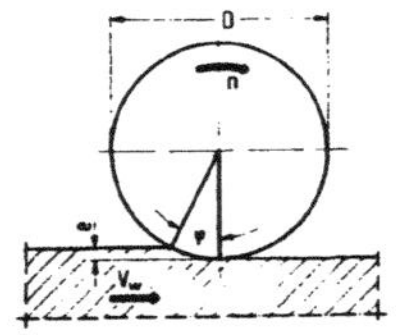							
7.2	Stirnschleifen	$\varphi = \varphi_E - \varphi_A$							
		φ_A – Anfangswinkel (s. Bild 15-10f)	°						
		φ_E – Endwinkel	°						
		$\cos \varphi_A = 1 - \frac{2e_1}{D}$							
		$\cos \varphi_E = 1 - \frac{2e_2}{D}$							
	Bild 15-10f	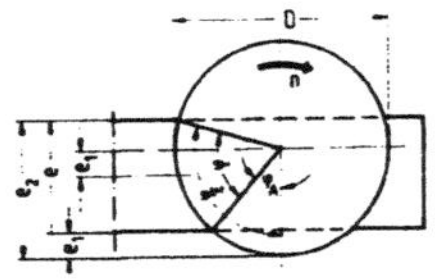							
7.3	Rundschleifen	$\varphi \approx \frac{360}{\pi} \sqrt{\frac{e}{D\left(1 \pm \frac{D}{d}\right)}}$	°						
		+ für Außenrundschleifen							
		– für Innenrundschleifen							
		z_E – Anzahl der im Eingriff befindlichen Schneiden	–						
		$z_E = \frac{D \cdot \pi \cdot \varphi}{\lambda_{Ke} \cdot 360}$							
		F_{HGm} – Mittlere Gesamthauptschnittkraft	N	→	→	→	→	$F_{HGm} = F_{sm} \cdot z_E$	
		F_{sm} – Mittlere Hauptschnittkraft pro Schneide	N						
		P – Maschinenantriebsleistung	kW	→	→	→	→	→	$P = \frac{F_{HGm} \cdot v_s}{10^3\ W/kW \cdot \eta_M}$
		v_s – Umfangsgeschwindigkeit der Schleifscheibe	m/s						
		η_M – Wirkungsgrad (0,5–0,7)	–						

Bild 15-10 (Fortsetzung)

Bild 15-11 auf S. 103

entstehen. In unkomplizierten Fällen können jedoch die notwendigen Spannkräfte Fs über die Schnittkraft F_H mit genügender Genauigkeit errechnet werden, wobei die im Abschnitt 15.6.2 aufgeführten Spannkraft-Korrekturfaktoren zu berücksichtigen sind.

15.5.1 Wirkrichtung der Spannkraft Fs

Die Wirkrichtung der Spannkraft Fs ist so zu wählen, daß das bereits positionierte Werkstück unter der Einwirkung der Spannkraft Fs nicht aus dieser Lage gebracht wird. Bei der Festlegung der Richtung der Spannkraft Fs sollte folgendes beachtet werden:

1. Die Spannkraft Fs soll nach Möglichkeit auf die Werkstück-Auflageelemente und gegen die Werkstück-Anlageelemente der Vorrichtung wirken (Abschnitt 13.4).
2. Bei mehreren Spannstellen sollen die Spannelemente so angeordnet sein, daß sie nach Möglichkeit alle in einer Richtung, auf jeden Fall nicht gegeneinander wirken.
3. Die Spannkraft Fs soll nach Möglichkeit in gleicher Richtung wirken, wie die resultierende Zerspankraft Fz (Bild 15-12a).
4. Die Wirkrichtung der Spannkraft Fs entgegen der Zerspankraft Fz sollte nur auf Sonderfälle (Bild 30-11) beschränkt werden.
5. Werkstück, Vorrichtung und Werkzeugmaschinenelemente sollten möglichst nicht auf Biegung beansprucht werden.
6 Die Anzahl und Anordnung der Spannstellen und somit die Richtung der Spannkraft Fs ist so zu wählen, daß das Werkstück möglichst in der Nähe der Bearbeitungsstelle gespannt wird.

In den Bildern 15-12 bis 15-16 sind verschiedene Fälle der Anordnung der Spannstellen gezeigt.

15.5.2 Reaktionskräfte Fr

Infolge der auf das Werkstück und die Vorrichtung wirkenden Kräfte sowie aufgrund des Werkstückgewichtes bei schweren Werkstücken ist mit den daraus resultierenden Reaktionskräften Fr zu rechnen. Diese Kräfte und ihre Größen sind jedoch nur dann von Bedeutung, wenn bestimmte Vorrichtungselemente, z.B. Anlagestifte (Abschnitt 13.4.1), besonders gefährdet sind, da sie abgeschert werden können. In diesen Fällen ist eine Überprüfung bzw. Ermittlung des notwendigen Querschnitts dieser Stifte oder Festigkeit anderer Bauelemente, unter Berücksichtigung der auf diese Bauelemente wirkenden Reaktionskräfte Fr, notwendig.

15.6 Faktoren zur Berechnung der Größe der Spannkraft Fs

Wie bereits im Abschnitt 15.5 erwähnt, ist es meistens sehr schwierig bzw. aufwendig, die Spann- und Zerspankräfte genau zu ermitteln, da zu viele Einflußgrößen (Abschnitte 15.3 und 15.4) in Frage kommen. Nachstehend, insbesondere im Bild 15-18 aufgeführte Formeln und Faktoren zur Berechnung der Spannkraft stellen Ableitungen dar und beinhalten Vereinfachungen, die bei einer exakten Berechnung nicht

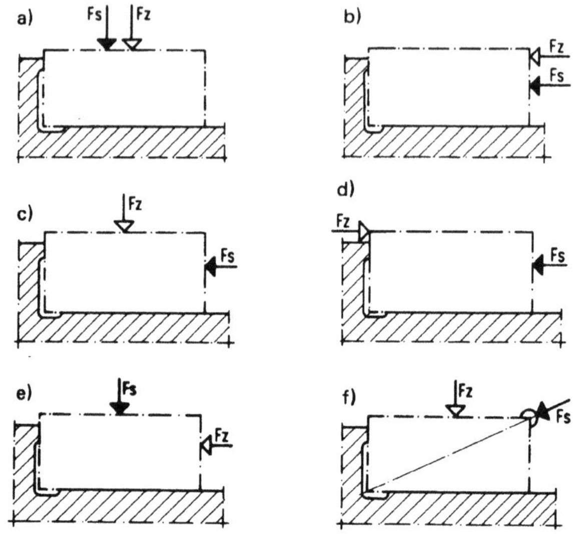

Bild 15-12 Verschiedene Möglichkeiten der Wirkrichtung der Spannkraft Fs und der Zerspankraft Fz:

a) die Spannkraft Fs und die Zerspankraft Fz wirken parallel gegen die Auflageelemente der Vorrichtung,
b) die Spannkraft Fs und die Zerspankraft Fz wirken parallel gegen die Anlageelemente der Vorrichtung,
c) die Spannkraft Fs wirkt gegen die Anlageelemente und die Zerspankraft Fz wirkt gegen die Auflageelemente der Vorrichtung,
d) die Spannkraft Fs wirkt gegen die Anlageelemente der Vorrichtung und die Zerspankraft Fz in entgegengesetzter Richtung,
e) die Spannkraft Fs wirkt gegen die Auflageelemente und die Zerspankraft Fz gegen die Anlageelemente der Vorrichtung,
f) die Spannkraft Fs wirkt diagonal gegen die Auf- und Anlageelemente und die Zerspankraft Fz gegen die Auflageelemente der Vorrichtung.

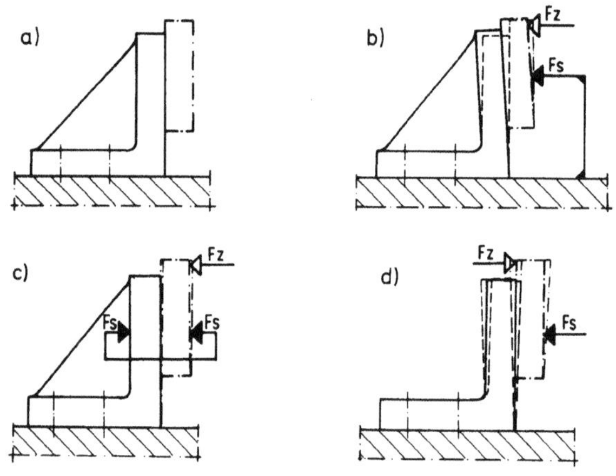

Bild 15-13 Einfluß der Spannkraft Fs und der Zerspankraft Fz auf die Lage des Werkstücks in der Vorrichtung:

a) das Werkstück vor dem Spannvorgang,
b) das Werkstück wird von der Vorrichtungs-Grundplatte aus gespannt (Fs). Die Zerspankraft Fz wirkt in derselben Richtung. Unter dem Einfluß der beiden Kräfte wird der Werkstückträger verformt; das Werkstück verändert seine Lage wesentlich.
c) Die Spannkraft Fs wirkt nur vom Werkstückträger aus. Die Lage des Werkstücks wird nur durch die Zerspankraft Fz beeinflußt.
d) Die Spannkraft Fs wirkt von der Grundplatte der Vorrichtung bzw. vom Werkzeugmaschinentisch aus. Die Zerspankraft Fz ist jedoch gegen die Spannkraft Fs gerichtet. Der Einfluß der Zerspankraft Fz auf die Werkstücklage ist geringer als im Fall c).

zulässig wären. Die infolge dieser Vereinfachungen entstehenden Fehler sind entweder so gering, daß sie vernachlässigt werden können, oder aber die Ergebnisse dieser Berechnungen liegen auf der sicheren Seite. Dadurch ist es möglich, auf komplizierte Berechnungen zu verzichten und das Ziel mit genügender Sicherheit mit einfachen Formeln zu erreichen. Das Be streben war, dem Vorrichtungskonstrukteur mit einfachen Formeln zu dienen, mit denen schnell, einfach und sicher die Größe der notwendigen Spannkräfte Fs ermittelt werden kann. Dieses wurde nur möglich, indem die mathematische Exaktheit vernachlässigt worden ist. Der Verfasser bittet an dieser Stelle um Verständnis für dieses Vorgehen.

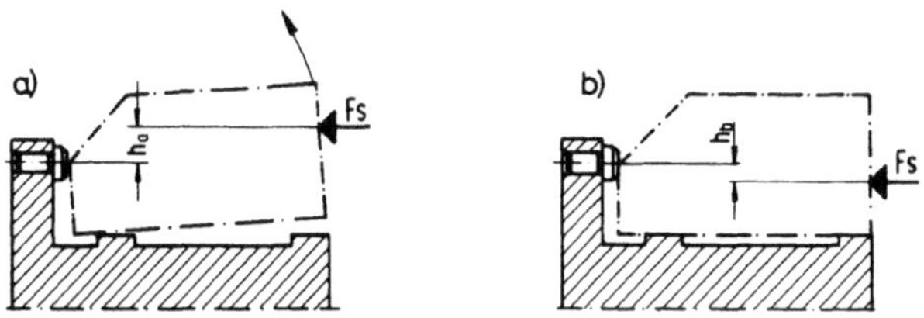

Bild 15-14 Lage des Angriffspunktes der Spannkraft Fs am Werkstück.

a) Der Angriffspunkt der Spannkraft Fs ist um h_a zu hoch gesetzt. Das Werkstück unterliegt einem Kippmoment und wird aus seiner ursprünglichen Lage gehoben.

b) Der Angriffspunkt der Spannkraft Fs ist um h_b unterhalb des Berührungspunktes des Positionier-Anlageelements der Vorrichtung mit dem Positionierelement des Werkstücks angesetzt. Die im Fall a) vorliegende Kippgefahr ist behoben.

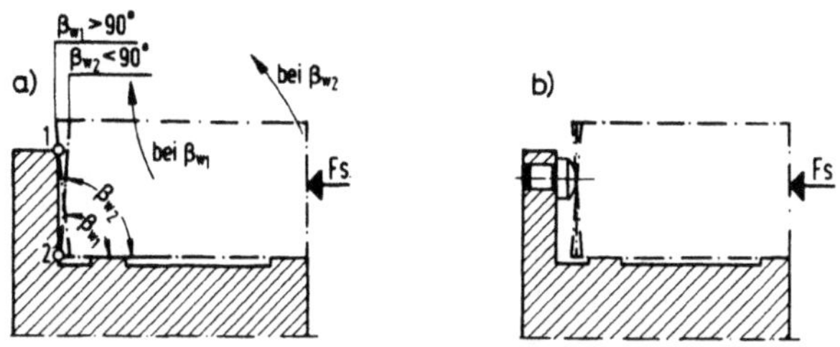

Bild 15-15 Tendenzen zur Veränderung der Lage des Werkstücks als Funktion des Angriffspunkts der Spannkraft Fs, der Werkstück-Winkelfehler β_{w1} und β_{w2} zwischen den Positionier-Anlageflächen und Positionier-Auflageflächen des Werkstücks und einer glatten, einwandfrei senkrechten Positionier-Anlagefläche sowie einer unterbrochenen Positionier-Auflagefläche der Vorrichtung.

a) Falsch, da durch Vorliegen der Werkstück-Winkelfehler β_{w1} bzw. β_{w2} im Rahmen der zulässigen Toleranzen Tendenzen zur Lageveränderung des Werkstücks entstehen werden.

b) Richtig, da die unter a) aufgeführten Tendenzen beseitigt sind.

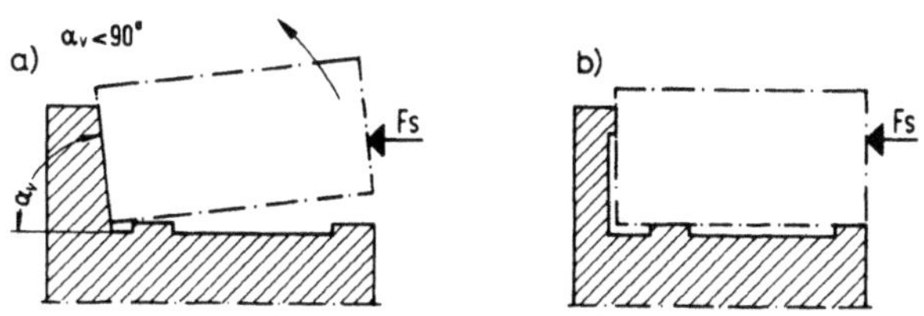

Bild 15-16 Falsche und richtige Gestaltung der Positionier-Anlageelemente der Vorrichtung.

a) Falsch, da das Werkstück durch die Spannkraft Fs angehoben wird.

b) Richtig, da die unter a) vorliegende Gefahr des Anhebens des Werkstücks beseitigt ist. Der Angriffspunkt der Spannkraft Fs liegt tiefer als der Berührungspunkt des Positionier-Anlageelements der Vorrichtung mit dem Positionierelement des Werkstücks (s.a. Bild 15-14b)).

Kurzz.	Kraftart	Einheit	Bildz.
Fs	Spannkraft am Werkstück	N	
Fse	Eingeleitete Spannkraft	N	
Fr	Reaktionskraft	N	
Fz	Zerspankraft	N	

Bild 15-17 Bildzeichen und Kurzzeichen für Spannkraft Fs, Reaktionskraft Fr und Zerspankraft Fz.

15.6.1 Kurzzeichen und Bildzeichen für Spann- und Zerspankräfte

Im Bild 15-17 sind Formelkurzzeichen und Bildzeichen für Spann- und Zerspankräfte aufgeführt. Andere Formelzeichen werden jeweils an der Stelle wiedergegeben und erläutert, an der sie in einer Formel auftreten. Die Bildzeichen (s.a. Kap. 9) sind in den Bilddarstellungen der Formelaufstellungen des Bildes 15-18 zu finden. Sie können in konstruktive Überlegungen, in denen sie erfahrungsgemäß sehr gute Dienste leisten, einbezogen werden.

15.6.2 Spannkraft-Korrekturfaktoren

Die nachstehend aufgeführten Spannkraft-Korrekturfaktoren sind entsprechend den dazugehörigen Erläuterungen in die jeweilige Spannkraft-Berechnungsformel einzufügen, wenn die für den betreffenden Faktor zutreffende Größe in Frage kommt.

1. *Sicherheitsfaktor* – Kurzzeichen x
   Dieser Faktor berücksichtigt, ob das Spannen starr oder elastisch (Abschnitt 15.2.2) durchgeführt wird:
   1.1 Starres Spannen $x_1 = 2{,}0$ bis $3{,}0$
   1.2 Elastisches Spannen $x_2 = 1{,}5$ bis $2{,}0$
2. *Reibungsfaktor* – auch Reibungskoeffizient genannt – *zwischen Vorrichtungselement und Werkstück* – Kurzzeichen μ
   Dieser Faktor berücksichtigt die Arten der gepaarten Werkstoffe der Vorrichtungselemente und des Werkstücks:
   2.1 an der Spannstelle – Berührung des Spannelements der Vorrichtung mit dem Werkstück $\mu_1 = 0{,}10$ bis $0{,}15$
   2.2 bei An- oder Auflagestelle und Berührung des Werkstücks mit flachen An- und Auflageelementen der Vorrichtung – allgemein $\mu_2 = 0{,}10$ bis $0{,}14$

2.3 bei An- oder Auflagestelle und Berührung des Werkstücks mit flachen An- und Auflageelementen der Vorrichtung, wenn Flächenpressung größer als 0,3 N/mm² $\mu_3 = 0{,}12$ bis $0{,}16$

2.4 bei Berührung des Werkstücks mit kugelförmigen An- und Auflageflächen der Vorrichtungselemente $\mu_4 = 0{,}15$ bis $0{,}25$

2.5 bei Berührung des Werkstücks mit An- und Auflageelementen der Vorrichtung, die mit harten und rauhen Flächen versehen sind, z.B. geriffelt $\mu_5 = 0{,}30$ bis $0{,}60$

3. *Werkzeugverschleißfaktor* – Kurzzeichen y
Dieser Faktor berücksichtigt den Anstieg der Zerspankräfte infolge des Werkzeugverschleißes. Er wird nur dann berücksichtigt, wenn diese Größe bei der Ermittlung der Zerspankraft Fz nicht berücksichtigt worden ist:

3.1 Werkzeugverschleißfaktor – allgemein y = 1,2 bis 2,0

4. *Bearbeitungsartfaktor* – Kurzzeichen z
Dieser Faktor berücksichtigt die beim Anschneiden des Werkstücks – nicht mit dem Stoßfaktor verwechseln, Pkt. 5 – durch das Werkzeug ansteigende Zerspankräfte Fz:

4.1 Drehen, Vorschub- und Rückkraft $z_1 = 1{,}1$ bis $2{,}0$
4.2 Drehen, Hauptschnittkraft F_H $z_2 = 1{,}1$
4.3 Bohren $z_3 = 1{,}1$ bis $1{,}3$
4.4 Senken $z_4 = 1{,}2$
4.5 Reiben $z_5 = 1{,}2$
4.6 Fräsen im Gegenlauf $z_6 = 1{,}7$ bis $2{,}0$
4.7 Fräsen im Gleichlauf $z_7 = 1{,}4$
4.8 Schleifen $z_8 = 1{,}3$
4.9 Hobeln $z_9 = 1{,}6$
4.10 Räumen $z_{10} = 1{,}8$
4.11 Stoßen $z_{11} = 1{,}2$

5. *Stoßfaktor* – Kurzzeichen w
Dieser Faktor berücksichtigt unterbrochene Bearbeitung und die damit zusammenhängenden besonderen Stöße, z.B. Längsnuten oder Querbohrung einer Welle beim Drehen.

5.1 Stoßfaktor – allgemein w = 1,2

6. *Handspannfaktor* – Kurzzeichen m
Dieser Faktor berücksichtigt die Ungleichmäßigkeit des Handspannens, sofern keine besonderen Maßnahmen, wie z.B. Spannkraftanzeige oder -begrenzung, vorhanden sind.

6.1 Handspannfaktor – allgemein m = 1,2

15.7 Berechnungsfälle der Spannkraft Fs

Im Bild 15-18 werden verschiedene Spannfälle aufgeführt und die entsprechenden Formeln mit Erläuterungen, Formelzeichen und Einheiten angegeben. Die in Abschnitt 15.6 aufgezählten Faktoren müssen bei den einzelnen Fällen berücksichtigt werden, falls sie nicht in den Formeln enthalten sind. Der Sicherheitsfaktor „x" wird zwar aufgeführt, aber dabei muß berücksichtigt werden, ob es sich um starres oder elastisches Spannen handelt (s. a. Abschnitt 15.6).

Nr.	Fall (Bildzeichen)	Formel	Erläuterungen, Formelzeichen usw.
1	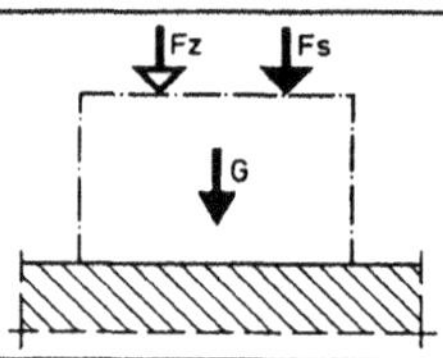	$Fs \geq Fz$ Bei schweren Werkstücken: $Fs \geq Fz - G$	Die Zerspankraft Fz und die Spannkraft Fs haben die gleiche Richtung und wirken über das Werkstück senkrecht auf die Auflageelemente der Vorrichtung. G Gewichtskraft (Werkstück)
2	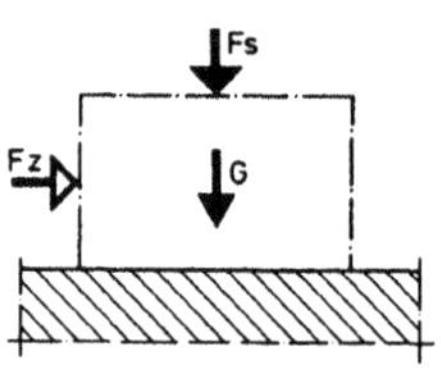	$Fs \geq \frac{x \cdot Fz}{\mu_1 + \mu_2}$ μ_1 und μ_2 s. Nr. 3 Bei schweren Werkstücken: $Fs \geq \frac{x \cdot Fz - G \cdot \mu_2}{\mu_1 + \mu_2}$	Die Zerspankraft Fz wirkt waagerecht, also parallel zu den Auflageelementen der Vorrichtung. Die Spannkraft Fs wirkt senkrecht zu der Zerspankraft Fz. G s. oben x Sicherheitsfaktor – s. Absch. 15.6.2
3	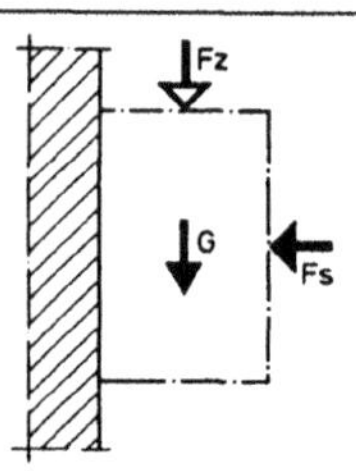	$Fs \geq \frac{x \cdot Fz + G}{\mu_1 + \mu_2}$ μ_1 Reibungsfaktor an der Spannstelle μ_2 Reibungsfaktor an der Berührungsstelle Werkstück – Vorrichtung	Die Zerspankraft Fz wirkt senkrecht zu der Spannkraft Fs. x Sicherheitsfaktor – s. Abschnitt 15.6.2 G Gewichtskraft (Werkstück)

Bild 15-18 Ermittlung der Spannkraft Fs. Berechnungsfälle 1 bis 23 ohne Berücksichtigung der Spannkraft-Korrekturfaktoren (s. Abschnitt 15.6.2).

Nr.	Fall (Bildzeichen)	Formel	Erläuterungen, Formelzeichen usw.
4	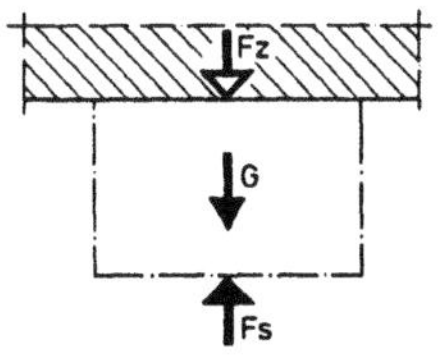	$Fs \geqq x \cdot Fz$ Bei schweren Werkstücken: $Fs \geqq x \cdot Fz + G$	Die Zerspankraft Fz wirkt in entgegengesetzter Richtung zu der Spannkraft Fs. x Sicherheitsfaktor – s. Abschnitt 15.6.2 G Gewichtskraft (Werkstück)
5	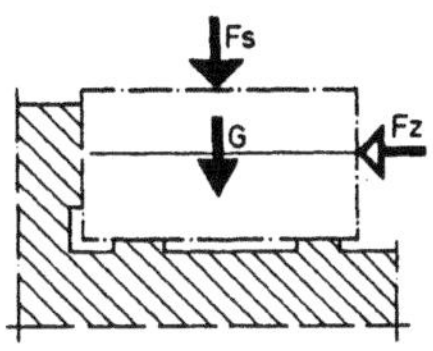	$Fs \geqq \frac{x \cdot Fz}{\mu_1 + \mu_2}$ μ_1, μ_2 s. Nr. 3	Die Zerspankraft Fz wirkt senkrecht auf das Werkstück und gegen die Auflageelemente der Vorrichtung; die Spannkraft Fs wirkt auf die Anlageelemente und senkrecht zu der Zerspankraft Fz. x s. oben
6	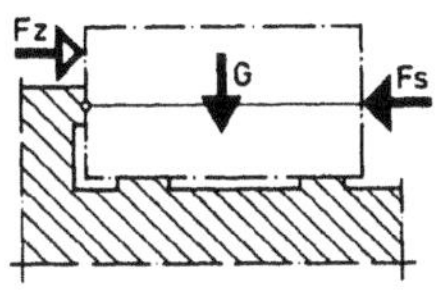	$Fs \geqq x \cdot Fz$	Wie im Fall 4, Werkstück jedoch aufgelegt. x Sicherheitsfaktor – s. Abschnitt 15.6.2
7	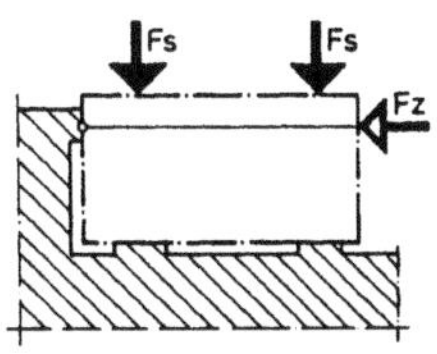	$\Sigma Fs \geqq Fz$	Das Werkstück wird an mehreren Stellen gespannt. Die Zerspankraft Fz wirkt gegen feste An- und Auflageelemente der Vorrichtung.
8	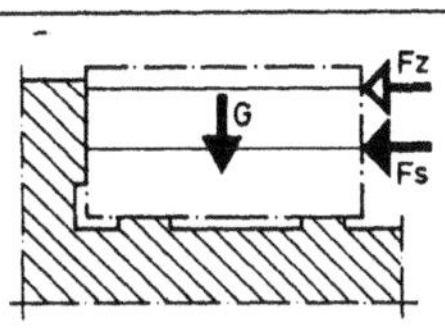	$Fs \geqq Fz$ s. a. Nr. 10	Die Zerspankraft Fz und die Spannkraft Fs wirken parallel gegen die Anlageelemente der Vorrichtung.
9	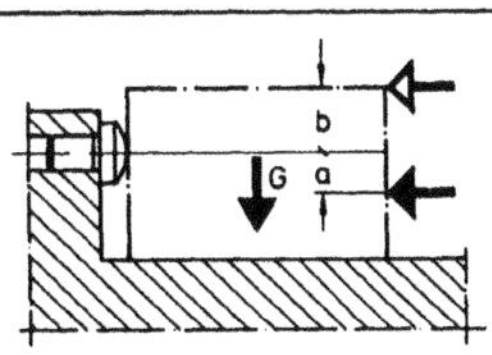	$Fs \geqq \frac{Fz \cdot b}{a}$	Die Zerspankraft Fz und die Spannkraft Fs wirken parallel gegen die Anlageelemente der Vorrichtung. Der Angriffspunkt der Zerspankraft Fz befindet sich jedoch über den (b) Auflageelementen der Vorrichtung.
10	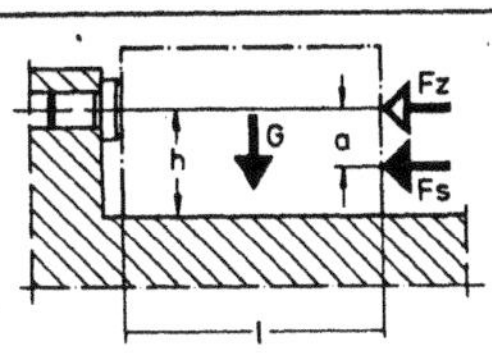	$Fs \geqq Fz$ Bei schweren Werkstücken: $a = \frac{l}{2} + \mu_2 (h + l)$ $a = \mu_2 \cdot l$	Die Zerspankraft Fz wirkt über der Spannkraft Fs um den Wert a gegen die Anlageelemente der Vorrichtung.
11	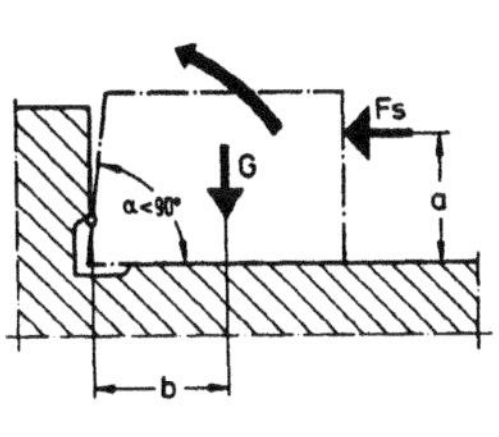	Die Zerspankraft Fz verursacht bei $\alpha < 90°$ ein $M_s = Fs \cdot a$; dagegen wirkt zwar $M_G = G \cdot b$, aber dies ist eine ungünstige Spannung.	T_1 und T_2 – Toleranzfelder 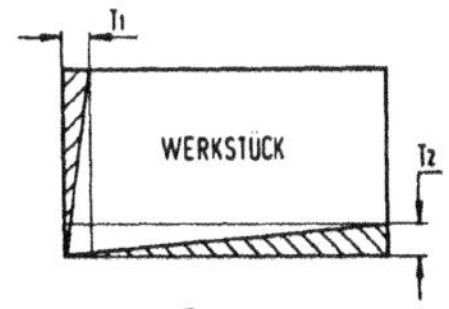 G Gewichtskraft (Werkstück)

Bild 15-18 (Fortsetzung)

Nr.	Fall (Bildzeichen)	Formel	Erläuterungen, Formelzeichen usw.
12	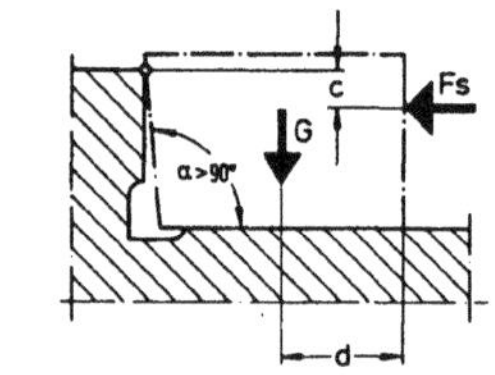	Die Zerspankraft Fz verursacht bei $\alpha > 90°$ ein $M_S = Fs \cdot c$, also ergibt eine sichere Spannung, da $c \geqq 0$ und $M_G = G \cdot d$	T_1 und T_2 – Toleranzfelder 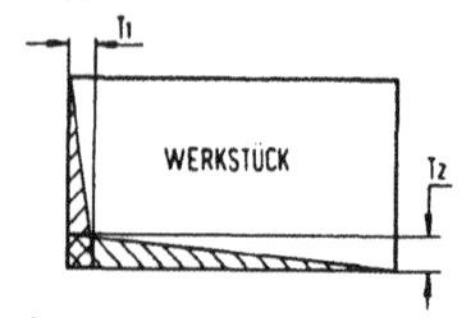 G s. oben
13	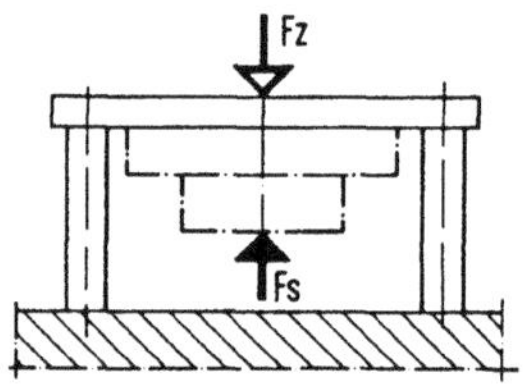	$Fs \geqq 1{,}5\ Fz$ Bei mehreren Spannelementen $\Sigma Fs \geqq 1{,}5\ Fz$	Die Zerspankraft Fz wirkt gegen das Spannelement, bzw. gegen mehrere Spannelemente.
14	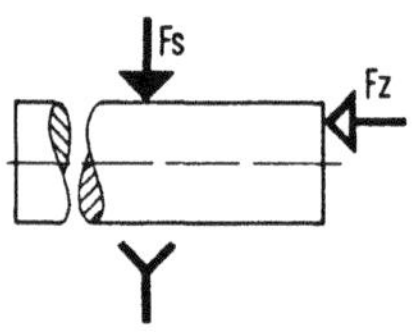	Überschlägig: $Fs \geqq 5 \cdot Fz$	Die Zerspankraft Fz wirkt senkrecht zur Spannrichtung des Spannelementes, wobei keine Auf- bzw. Anlage des Werkstückes vorhanden ist.
15	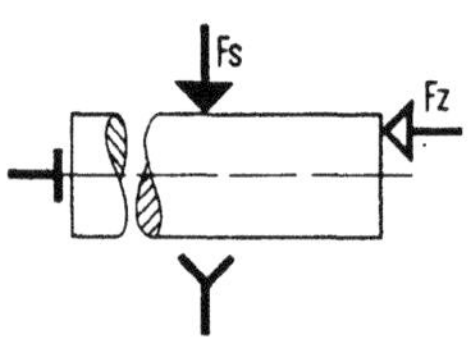	$Fs \geqq Fz$	Die Zerspankraft Fz wirkt senkrecht zur Spannrichtung des Spannelementes, gleichzeitig auch gegen feste Anlageelemente.
16	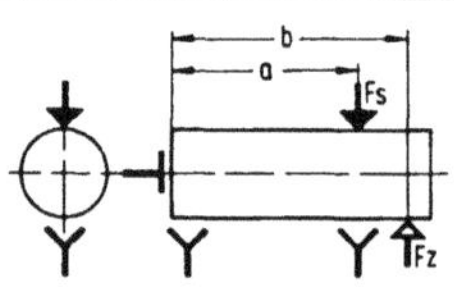	$Fs \geqq \frac{b}{a} \cdot Fz.$	Die Zerspankraft Fz wirkt gegen die Spannkraft Fs, wobei diese wiederum gegen die Prismenauflage wirkt. a s. Skizze b s. Skizze
17	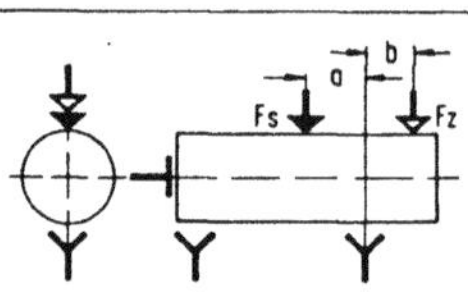	$Fs \geqq \frac{b}{a} \cdot Fz.$	Die Zerspankraft Fz und die Spannkraft Fs wirken parallel und gegen die Werkstückauflage. a s. Skizze b s. Skizze
18	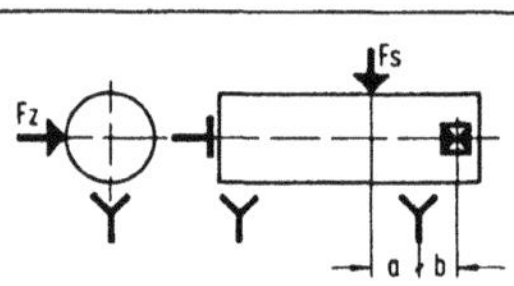	$Fs \geqq \frac{b}{a} \cdot Fz.$	Die Spannkraft Fs wirkt gegen die Auflage; die Zerspankraft Fz wirkt senkrecht zu der Spannkraft Fs. a s. Skizze b s. Skizze
19	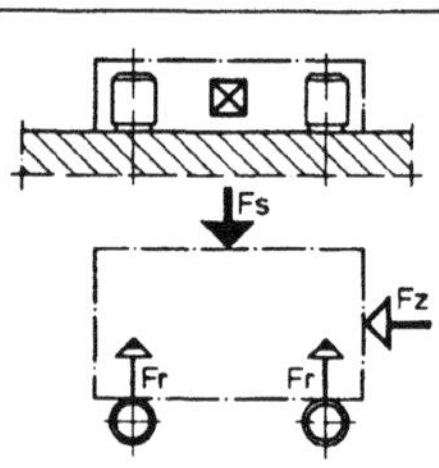	$Fs \geqq \frac{x \cdot Fz}{\mu_1 + \mu_2}$ Auf den Anlagebolzen wirkt Reaktionskraft Fr: $Fr = \frac{Fs}{2}$	Die Spannkraft Fs wirkt gegen die Anlageelemente, die Zerspankraft Fz wirkt senkrecht zu der Spannkraft Fs. x Sicherheitsfaktor – s. Abschnitt 15.6.2 μ_1, μ_2 s. Nr. 3
20	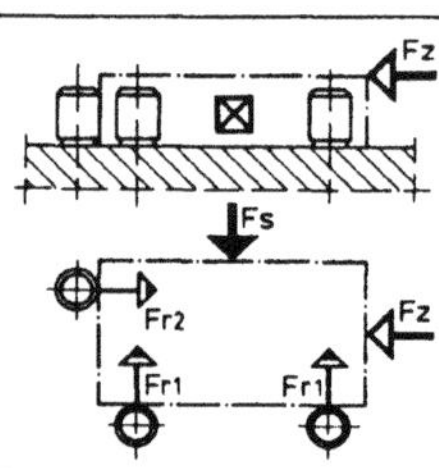	$Fs \geqq \frac{Fz(x-1)}{\mu_1 + \mu_2}$ Nötigenfalls Anlageelemente (Querschnitt) überprüfen.	Die Spannkraft Fs wirkt gegen die beiden Anlageelemente und die Zerspankraft Fz gegen das dritte Anlageelement. x Sicherheitsfaktor – s. Abschnitt 15.6.2 μ_1, μ_2 s. Nr. 3

Bild 15-18 (Fortsetzung)

Nr.	Fall (Bildzeichen)	Formel	Erläuterungen, Formelzeichen usw.
21	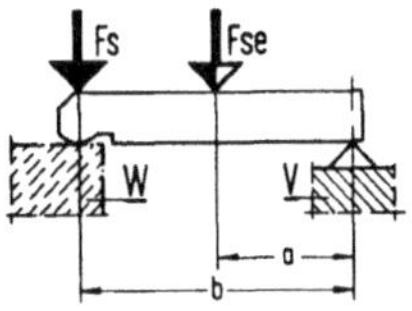	$Fs = Fse \cdot \frac{a}{b} \cdot \eta$	η Wirkungsgrad (η = 0,97) a s. Skizze b s. Skizze
22	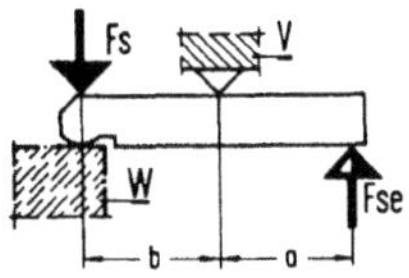	$Fs = Fse \cdot \frac{a}{b} \cdot \eta$	η Wirkungsgrad (η = 0,97) a s. Skizze b s. Skizze
23	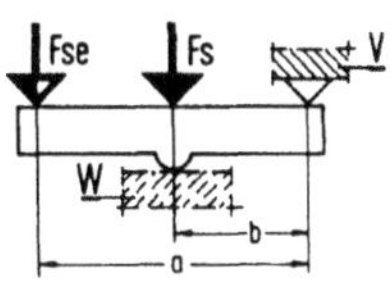	$Fs = Fse \cdot \frac{a}{b} \cdot \eta$	η Wirkungsgrad (η = 0,97) a s. Skizze b s. Skizze
Reibungsfaktor μ_2: bei Berührung des Werkstücks (Stahl bzw. Grauguß) a) mit Platten oder Bolzen mit flachem Kopf μ_2 = 0,1 b) mit Kugelflächen μ_2 = 0,15 ... 0,3 c) mit geriffelten Flächen μ_2 = 0,3 ... 0,7			

Bild 15-18 (Fortsetzung)

15.8 Auswirkung der Spannkraft auf Vorrichtung und Werkstück

Die auf das Werkstück, über die Vorrichtungselemente, wirkende Spannkraft Fs sowie die Zerspankraft Fz können nicht nur das Werkstück (Abschnitt 15.8.2), sondern auch die Vorrichtungselemente (Abschnitt 15.8.1) verformen. In beiden Fällen, bei der Deformation des Werkstücks und der Vorrichtungselemente, wird meistens durch die Deformation eines oder beider Elemente ein Bearbeitungsfehler entstehen. Von der Größe der Abweichungen hängt es ab, ob das Bearbeitungsergebnis in zulässigen Grenzen liegen wird. Dieses betrifft besonders das Muskelkraftspannen (Abschnitt 25.1), da die Muskelkraft sich nur in Ausnahmefällen (Abschnitt 25.1.1) genau begrenzen läßt.

Selbstverständlich kann auch beim kraftbetätigtem Spannen (Abschnitt 25.3) eine deformierende Wirkung, einerseits von der Größe der Spannkraft und andererseits von nicht der Größe und Richtung der Spannkraft entsprechend ausgelegten Bauelementen der Vorrichtung, vorliegen.

15.8.1 Deformation der Vorrichtung beim Spannen des Werkstücks

Je nach der Art, Ausbildung und Lage des Bauelements der Vorrichtung, auf das die Spannkraft Fs und die Zerspanungskraft Fz wirken, wird der Einfluß dieser Kräfte auf die Genauigkeit der Bearbeitung des Werkstücks (Bilder 15-19 und 15-20) unterschiedlich sein.

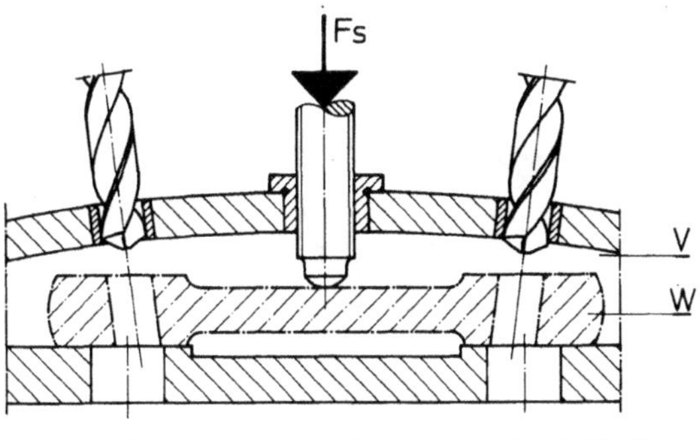

Bild 15-19 Verformung der Vorrichtung durch die Spannkraft Fs und ihre Folgen auf die Bearbeitungsgenauigkeit des Werkstücks.

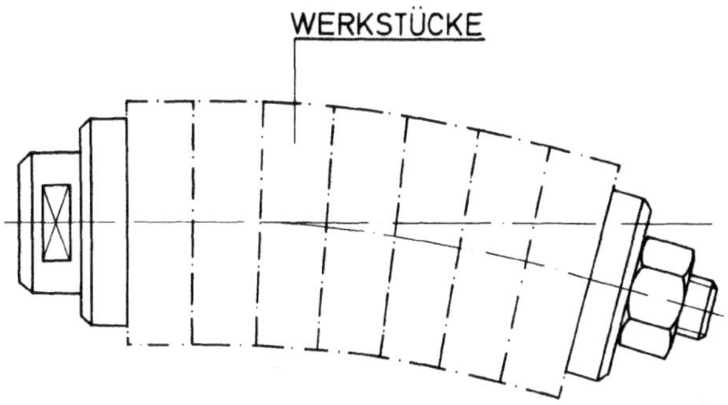

Bild 15-20 Verformung eines Spanndorns infolge von nicht parallel verlaufenden Stirnflächen der gespannten Werkstücke.

15.8.2 Deformation des Werkstücks beim Spannen

Für die kraftschlüssige Übertragung des Drehmoments der Arbeitsspindel auf das Werkstück, insbesondere aber zur Erzeugung ausreichender Stützkräfte gegen die Momente der Zerspankraftkomponenten sind relativ hohe Spannkräfte erforderlich, wenn keine positive Mitnahme bzw. Abstützung möglich sind.

Wird z.B. ein ringförmiges Werkstück (Bild 15-25) unter der Backenkraft eines Futters verformt, so erzeugt man beim Innenausdrehen (Bild 15-25a) zunächst eine fehlerfreie Bohrung. Beim Entspannen des Ringes federt dieser zurück (Bild 15-25c), die ursprüngliche Deformation des Außendurchmessers wird auf die bearbeitete Bohrung übertragen und somit wird diese unrund. Der umgekehrte Fall tritt ein, wenn der verformte Ring zuerst außen überdreht wird und die Bohrung unbearbeitet bleibt.

Die Polygonartige Verformung läßt sich allerdings nicht mit einem Zweipunkt-Innenmeßzeug (Bild 15-26) feststellen. Benötigt wird dazu ein Dreipunkt-Innenmeßgerät mit zwei um 120° versetzten Auflagen und einem dritten Meßuhrpunkt. Es ist daher zweckmäßig, ringförmige, verformungsempfindliche Werkstücke, die mit Hilfe von drei Backen gespannt werden, nur mit geringer Spantiefe und kleinem Vorschub zu bearbeiten, damit eine niedrige Spannkraft Fs ausreicht.

Weitere Beispiele der Deformation des Werkstücks beim Spannen sind in den Bildern 15-21 bis 15-29 dargestellt.

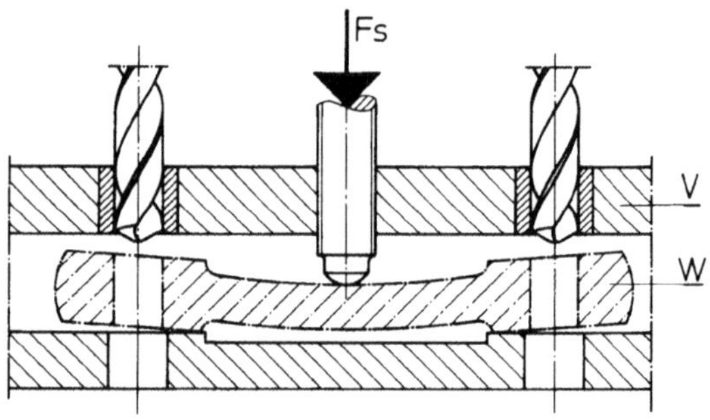

Bild 15-21 Verformung des Werkstücks durch die Spannkraft Fs.
Nach dem Entspannen des Werkstücks ist der Bohrungsachsverlauf nicht senkrecht zu den dazugehörigen Stirnflächen.

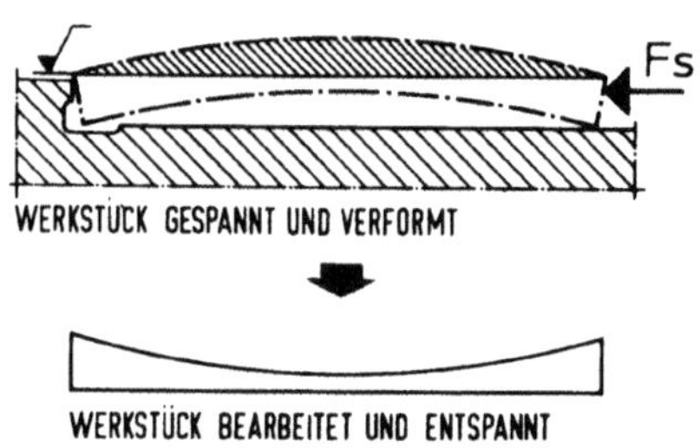

Bild 15-22 Verformung des Werkstücks durch die Spannkraft Fs.
Das dünne Werkstück wird unter dem Einfluß der Spannkraft Fs mittig nach oben durchgebogen. Nach der Bearbeitung (schraffiertes Feld) und Entspannung federt das Werkstück zurück und weist eine Mulde auf.

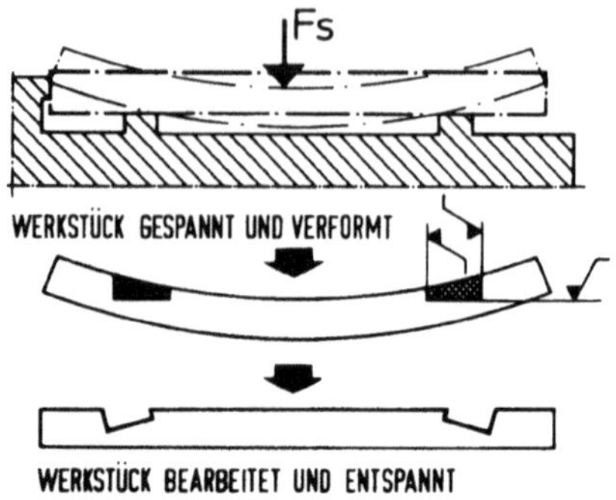

Bild 15-23 Verformung des Werkstücks durch die Spannkraft Fs.
Die zwischen den beiden Auflageelementen der Vorrichtung wirkende Spannkraft Fs verursacht eine Durchbiegung des Werkstücks. Nach der Bearbeitung und Entspannung federt das Werkstück zurück. Die Flächen der Nuten sind nicht senkrecht bzw. parallel zu der Werkstückauflage bearbeitet.

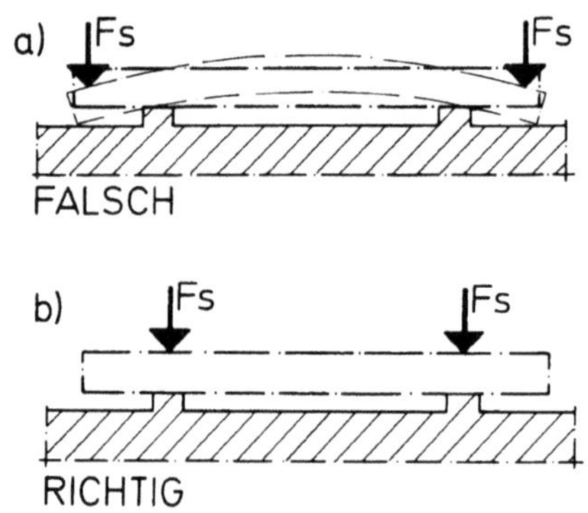

Bild 15-24 Falsch und richtig gespanntes dünnes Werkstück.
Die Spannkraft Fs sollte nach Möglichkeit senkrecht gegen feste Auflageelemente der Vorrichtung wirken.

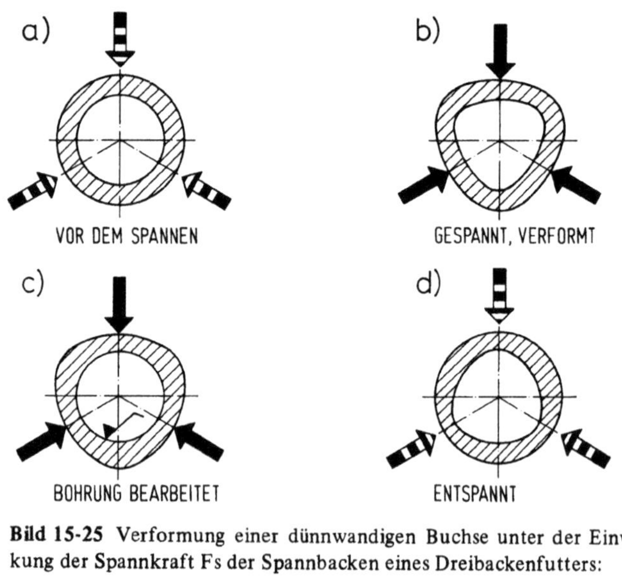

Bild 15-25 Verformung einer dünnwandigen Buchse unter der Einwirkung der Spannkraft Fs der Spannbacken eines Dreibackenfutters:

a) das Werkstück vor dem Spannen – außen und innen rund,
b) das Werkstück ist gespannt, die Außen- und Innenform sind verformt (verspannt),
c) die Bohrung wird bearbeitet,
d) nach dem Entspannen: das Werkstück ist außen rund, innen unrund.

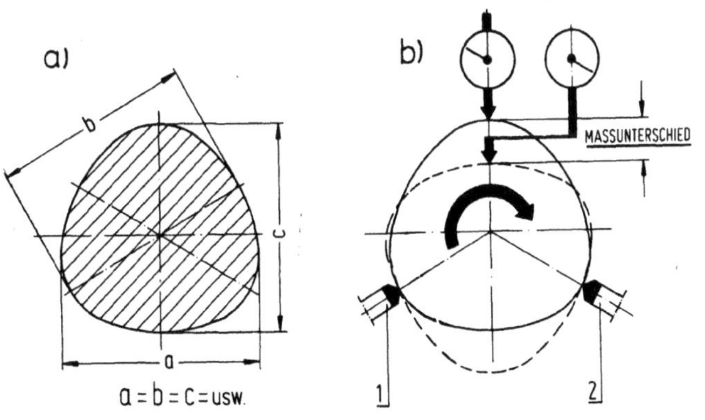

Bild 15-26 Werkstückform, die unter dem Begriff „Gleichdick" verstanden wird (s. Bild 15-25), kann nur mit Hilfe einer „Dreipunktmethode" gemessen werden.

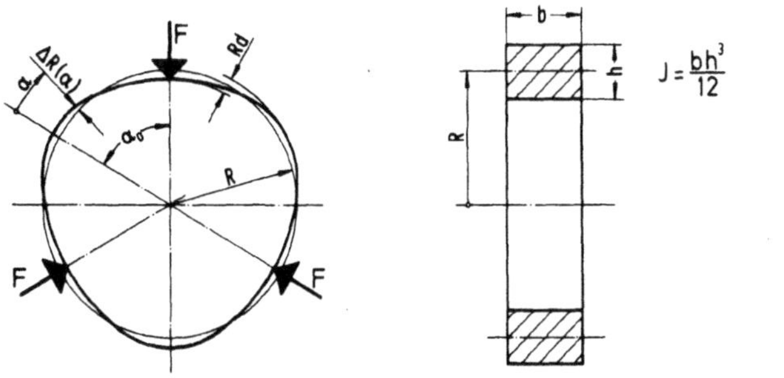

Bild 15-27 Verspannung Rd der neutralen Ringfaser unter dem Einfluß der Spannkraft bei einer Dreipunktspannung [30].

b Breite des Ringquerschnitts, h Höhe des Ringquerschnitts, F Spannkräfte, R Werkstückradius, Rd Unrundheit, ΔR Abweichung als Funktion des Winkels α.

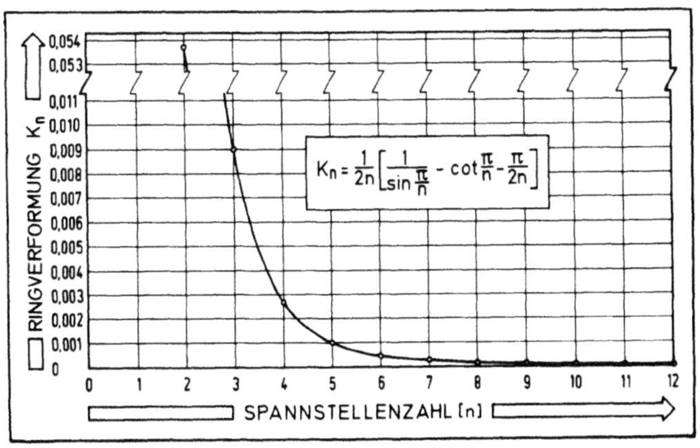

Bild 15-28 Abhängigkeit des Faktors K_n für die Ringverformung von der Spannstellenzahl n. Weiteres s. Lit. [21] und [30].

Anhand der im Bild 15-29 aufgeführten Formeln können die verschiedenen Verformungsgrößen eines hülsenartigen Werkstücks als Funktion der Anzahl der Spannbacken eines Drehfutters ermittelt werden.

15.9 Mehrstückspannen

In einer Vorrichtung können ein oder mehrere Werkstücke gespannt werden. Ebenso können ein oder gleichzeitig mehrere Werkzeuge zum Einsatz kommen. Diese Möglichkeiten sind auch miteinander kombinierbar, z.B. wenn bei einer Mehrstückspannung eine oder mehrere Werkstückreihen mit einem Werkzeugsatz bearbeitet werden. Man unterscheidet deshalb ein- oder mehrreihiges Spannen und auch aufeinanderfolgende oder parallele Arbeit der Werkzeuge. Das Mehrstückspannen kommt besonders für mehrere gleiche Werkstücke und den gleichen Arbeitsgang in Frage (Bilder 15-30 bis 15-33).

Neben dem Muskelkraftspannen eignet sich das kraftbetätigte Spannen für Mehrstückspannvorrichtungen. Pneumatisch (Kap. 26), hydraulisch (Kap. 27) bzw. pneumo-hydraulisch (Kap. 28) betätigte Vorrichtungen eignen sich besonders für das Mehrstückspannen. Vorrichtungen mit plastischer Masse als Druckübertragungsmittel (Kap. 29) haben die gleichen Eigenschaften (z.B. Bild 15-52), die sie auch für diese Zwecke besonders prädestinieren. Elektromagnetische Spannplatten (Abschnitt 25.5.2.2, z.B. Bild 25-18) sind ebenfalls für das Mehrstückspannen sehr geeignet.

15.9.1 Vorteile des Mehrstückspannens

Das Mehrstückspannen bietet folgende Vorteile:

1. Die Spann- und Entspannzeit pro Werkstück wird wesentlich verringert (Abschnitt 16.3.1),
2. Von einer Stelle aus werden alle Werkstücke gleichzeitig und gleichmäßig gespannt.
3. Die Bearbeitungszeit wird wesentlich reduziert, da z.B. beim Auslaufen des Fräsers bereits ein zweites Werkstück angefräst wird,
4. Durch mehrreihige Anordnung der Werkstücke und z.B. Anwendung von Satzfräsern, werden mehrere Werkstücke gleichzeitig bearbeitet.
5. Beim Mehrstückspannen und Einsatz von Mehrspindelbohrköpfen lassen sich mehrere Werkstücke gleichzeitig bohren.
6. Die Möglichkeit der Mehrmaschinenbedienung verursacht niedrigere Lohnkosten pro Werkstück.
7. Die Durchlaufzeiten der Werkstücke werden wesentlich verkürzt.

15.9.2 Nachteile des Mehrstückspannens

Bei der Überlegung, ob das Mehrstückspannen in Frage kommen kann, sollten auch die Nachteile dieser Spannart überprüft werden. Es sind:

1. eine Mehrstückspannvorrichtung ist teurer als eine Einstückspannvorrichtung (Wirtschaftlichkeitsrechnung, Abschnitt 2.2),

Spannart und Anzahl der Backen		2 (Bild a)	3 (Bild b)	4 (Bild c)	8 (Bild d)
Darstellung des Spannfalles und der Werkstückverformung / Bildzeichen sowie Verformungsgrößen Δ1, Δ2 und Δr		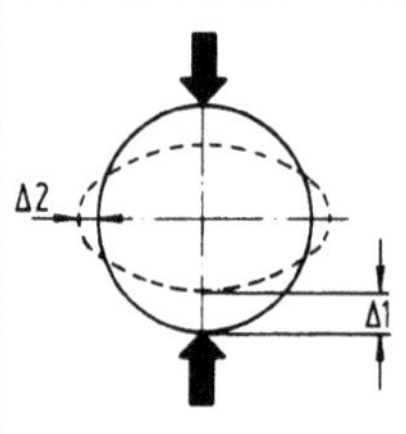	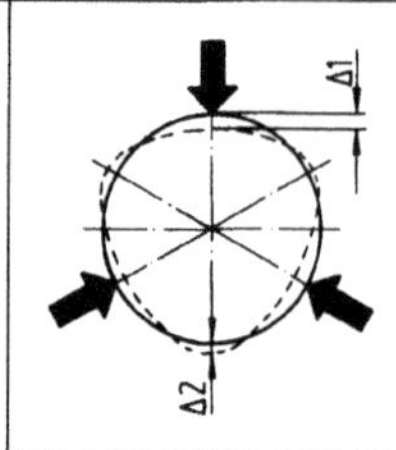	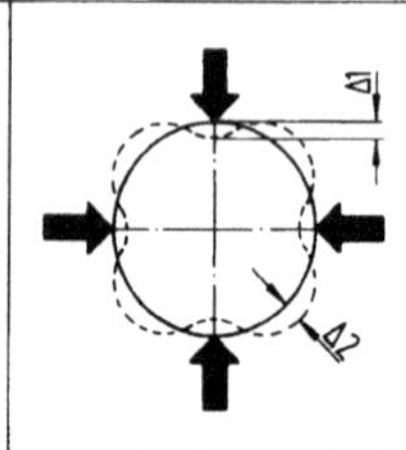	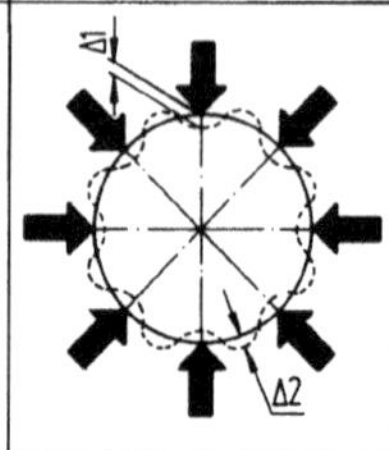
Darstellung des Spannfalles mit Hilfe der Bildzeichen (Kap. 9, Bild 9-1)			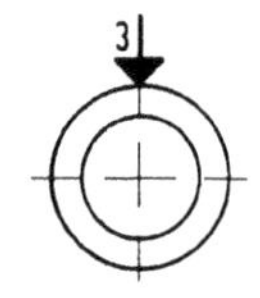	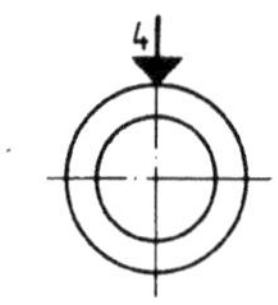	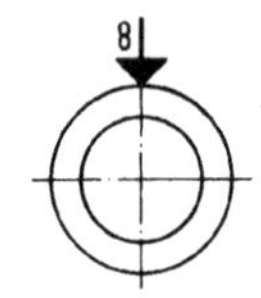
Durchbiegung in Wirkrichtung der Spannkraft F einer Spannbacke	Δ1	0,0740 c	0,0160 c	0,0060 c	0,0017 c
Ausbauchung zwischen den Kraftangriffsstellen von zwei benachbarten Spannbacken	Δ2	0,0680 c	0,0140 c	0,0050 c	0,0016 c
Differenz zwischen r_{max} und r_{min} der Verformung des Werkstückes	Δr	0,1420 c	0,0300 c	0,0110 c	0,0033 c
F Spannkraft einer Backe r Radius der Hülse (Werkstück)		J Äqatoriales Trägheitsmoment E Elastizitätsmodul (Werkstück)		Konstante „c" $c = \frac{F \cdot r^3}{E \cdot J}$	

Bild 15-29 Ermittlung der Durchbiegung, Ausbauchung und der Differenz zwischen $r_{max.}$ und $r_{min.}$ der Ringverformung als Funktion der Anzahl der Spannstellen (Backen) nach Korsakow.

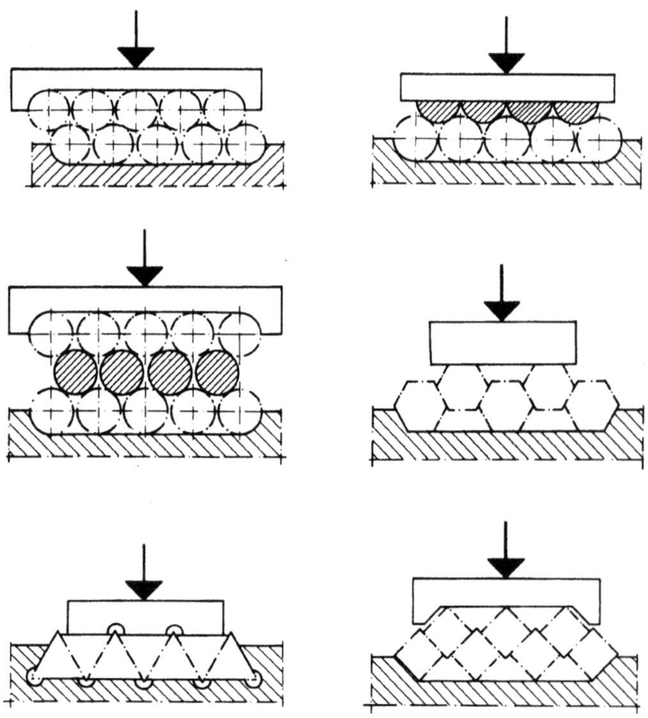

Bild 15-30 Beispiele der Möglichkeiten des Mehrstückspannens.

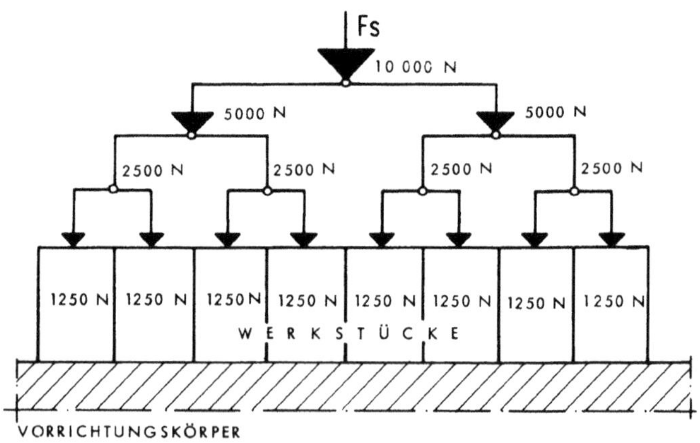

Bild 15-31 Die Spannkraft Fs wird bei einer mechanischen Kraftübertragung beim Mehrstückspannen durch die Anzahl der gespannten Werkstücke dividiert.

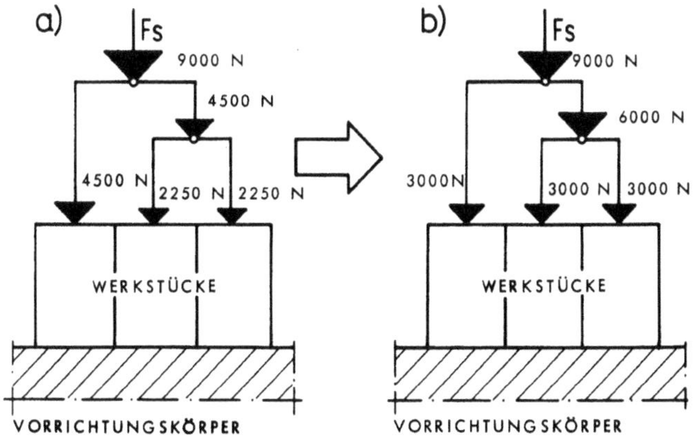

Bild 15-32 Spannen von drei Werkstücken in einer Vorrichtung:

a) ungleichmäßige Spannkräfte am Werkstück,

b) gleichmäßige Spannkräfte am Werkstück, da durch entsprechende Armlänge ausgeglichen.

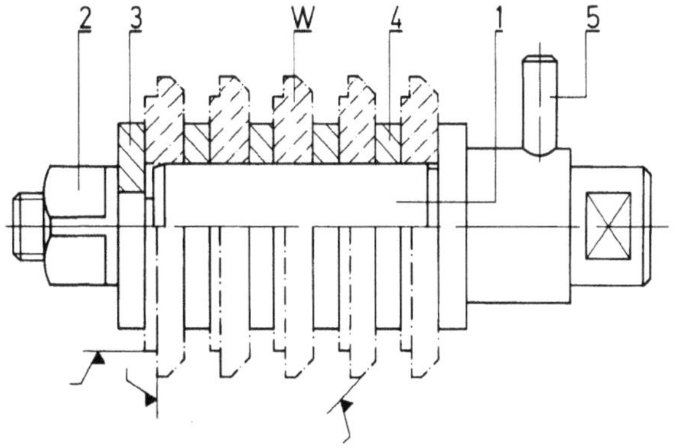

Bild 15-35 Mehrstückspanndorn.

1 Aufnahmedorn, 2 Spannmutter, 3 Vorsteckscheibe (Abschnitt 16.10.2), 4 Zwischenscheiben, 5 Mitnehmer.

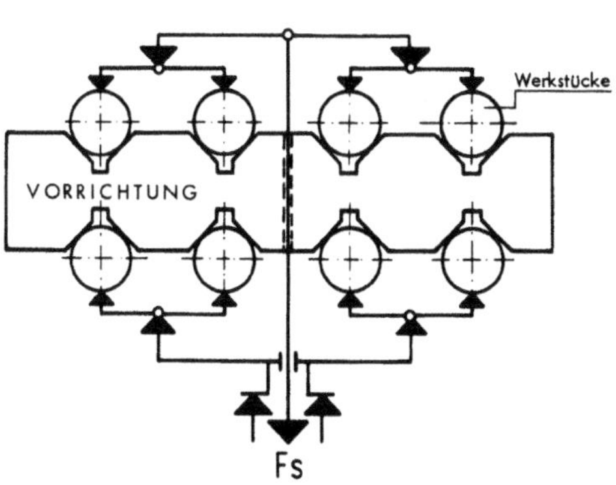

Bild 15-33 Beidseitiges Spannen mehrerer Werkstücke von einer Stelle aus betätigt.

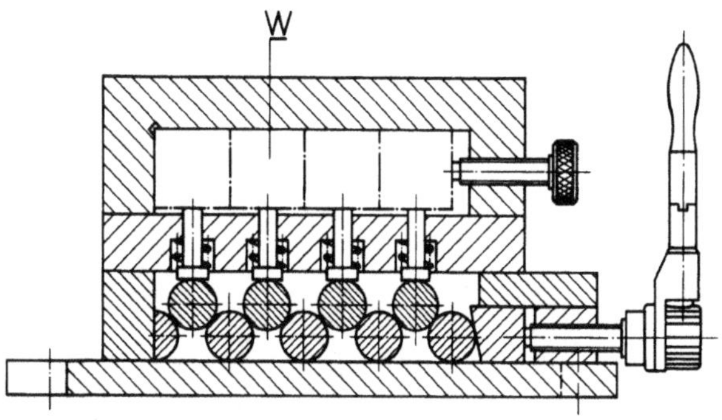

Bild 15-36 Mehrstückspann-Fräsvorrichtung mit Wälzkörpern als Ausgleichelemente.

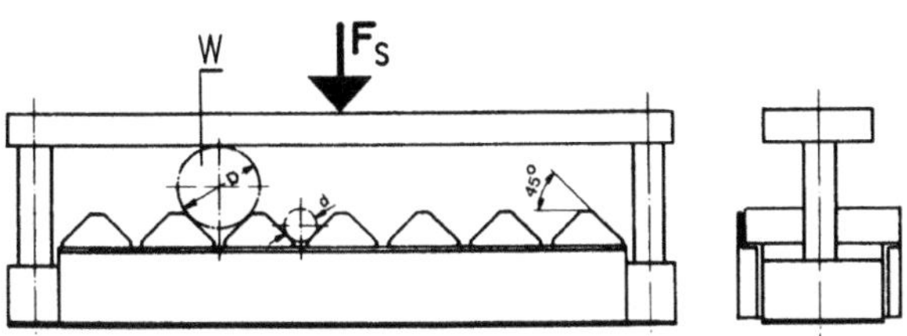

Bild 15-34 Handelsübliche Mehrstückspannvorrichtung für kreisrunde Werkstücke.

Die Prismenelemente sind verschiebbar angeordnet, so daß die Werkstück-Durchmesserunterschiede ausgeglichen werden.

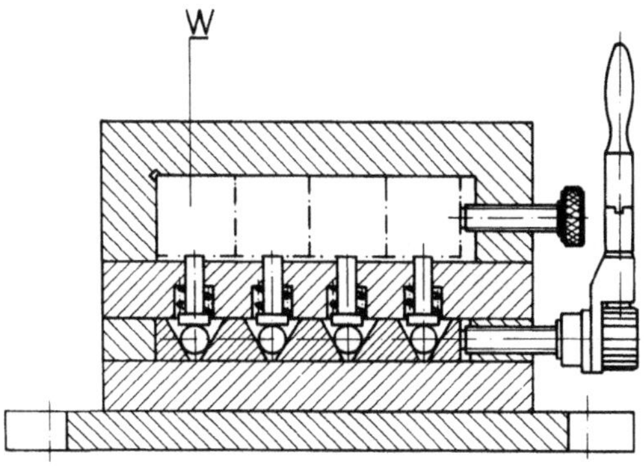

Bild 15-37 Mehrstückspann-Fräsvorrichtung mit Prismenelementen als Ausgleichelemente.

2. größerer Aufwand für das Einrichten der Vorrichtung, der Werkzeuge und der Werkzeugmaschine,
3. höhere Anforderungen an die Genauigkeit, Maße, Toleranzen usw. sowie an die „Gleichmäßigkeit" der Werkstücke,
4. Beim unmittelbaren Hintereinanderspannen mehrerer Werkstücke ohne Zwischenräume besteht die Gefahr, daß die sich in der Mitte befindlichen Werkstücke von der Auflage abheben, aufbäumen bzw. bei nicht genügender Planparallelität, (Bild 15-20) z.B. ein Spanndorn, verbiegen.
5. Bei Anwendung mechanischer Spannelemente wird die eingeleitete Spannkraft Fse durch die Anzahl der gespannten Werkstücke dividiert, so daß das einzelne Werkstück nur mit einem Bruchteil der eingeleiteten Spannkraft Fse gespannt wird (Bild 15-31).

15.9.3 Beispiele von Mehrstückspannmöglichkeiten und -vorrichtungen

In den Bildern 15-34 bis 15-52 sind die Mehrstückspannmöglichkeiten und Mehrstück-Spannvorrichtungen gezeigt.

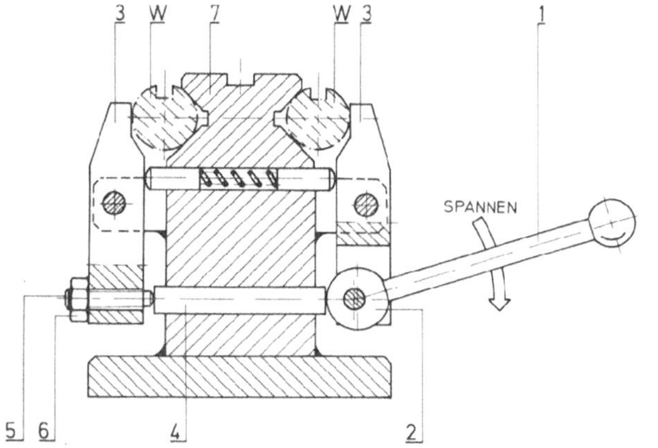

Bild 15-38 Fräsvorrichtung für zwei Wellen mit Exzenterspannung, die von einer Stelle aus betätigt wird.

1 Spannhebel, 2 Spannexzenter, 3 Spannelemente, 4 Übertragelement, 5 Einstellschraube, 6 Feststellmutter, 7 Positionier-Prismenkörper.

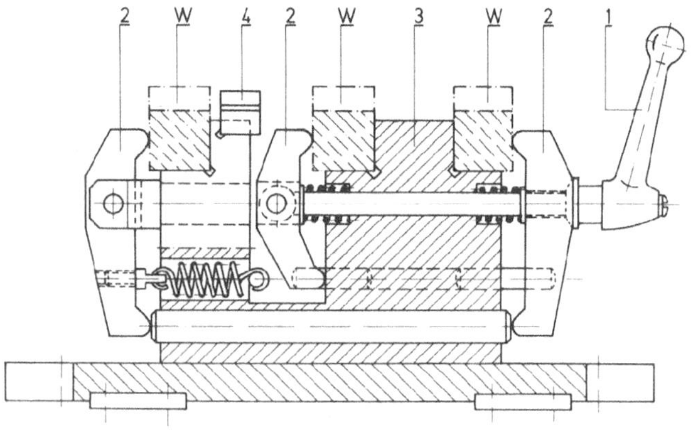

Bild 15-39 Fräsvorrichtung für drei Werkstücke, die von einer Stelle aus gespannt werden.

1 Spannhebel, 2 Spannelemente, 3 Vorrichtungskörper, 4 Werkzeugeinstellehrenauflage (Abschnitt 6.1).

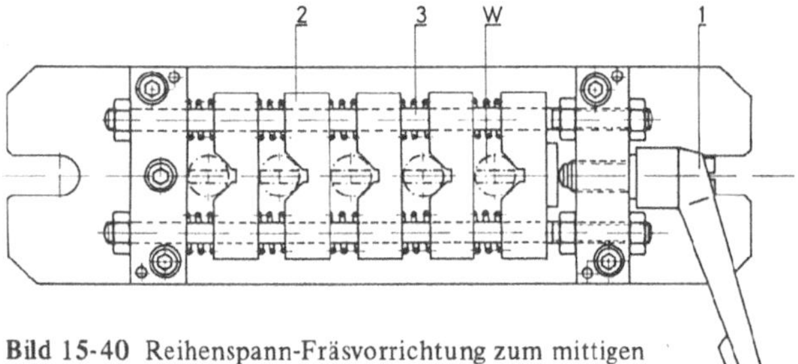

Bild 15-40 Reihenspann-Fräsvorrichtung zum mittigen Fräsen einer Nut in fünf runden Werkstücken.

1 Spannhebel, 2 Prismenelement, 3 Führungsstange.

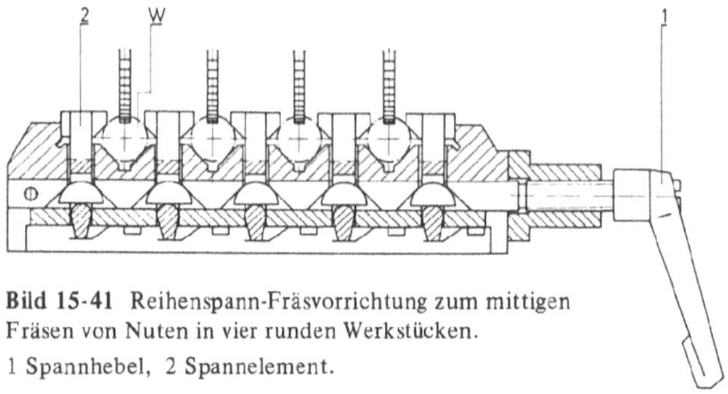

Bild 15-41 Reihenspann-Fräsvorrichtung zum mittigen Fräsen von Nuten in vier runden Werkstücken.

1 Spannhebel, 2 Spannelement.

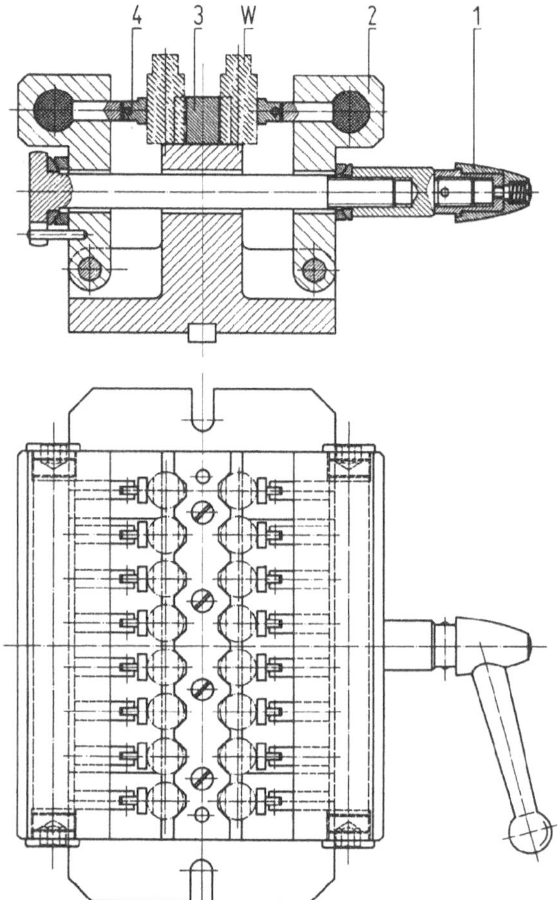

Bild 15-42 Reihenspann-Fräsvorrichtung mit plastischer Masse als Druckübertragungsmittel (Kap. 29).

1 Spannhebel, 2 Schwenkspannleiste mit plastischer Masse, 3 Doppelprismenleiste, 4 Gelenkelement (Druckstück).

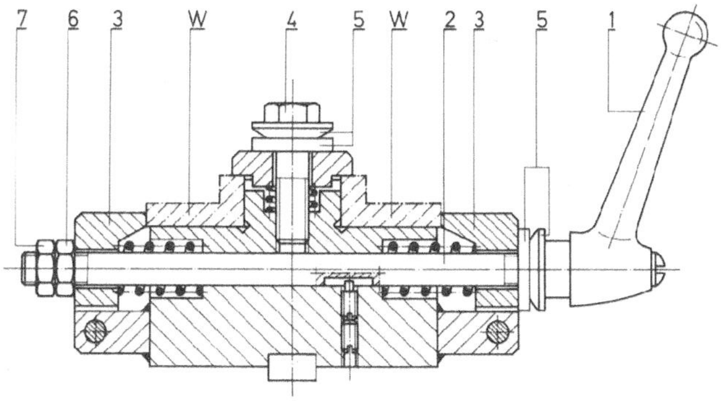

Bild 15-43 Spannvorrichtung für zwei winkelartige Werkstücke.

1 Spannhebel, 2 Spannbolzen, 3 Spannelemente, 4 Spannschraube, 5 Kugelscheibe und Kegelpfanne DIN 6319, 6 Einstellmutter, 7 Feststellmutter.

Bild 15-46 Pneumatisch betätigte Mehrstückspannvorrichtung mit 6 Spannzylindern.

Während sich 3 Zylinder im gespannten Zustand befinden und 3 Werkstücke (Aluminiumgehäuse) gefräst werden, sind 3 weitere Zylinder entspannt, so daß 3 Werkstücke während der Hauptzeit positioniert und gespannt werden.

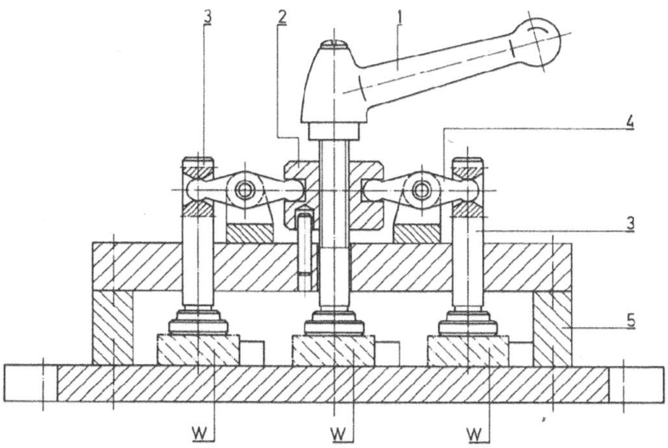

Bild 15-44 Mehrstückspannvorrichtung.

1 Spannhebel, 2 Spannmutter, 3 Spanndorn, 4 Übertragelement, 5 Vorrichtungskörper.

Bild 15-47 Handelsüblicher (Werksnorm) hydraulischer Mehrfachspanner (links) und Prismenbacke (rechts) für 7 Werkstücke – Spannbereich: 20 ... 65 mm (s. a. Bild 15-48).

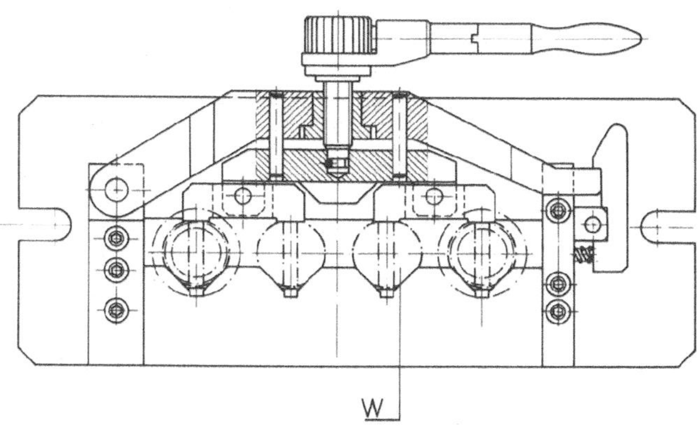

Bild 15-45 Mehrstückspannvorrichtung mit Spannkraftübertragung durch Hebel (ähnlich Bild 15-31, linke Bildhälfte).

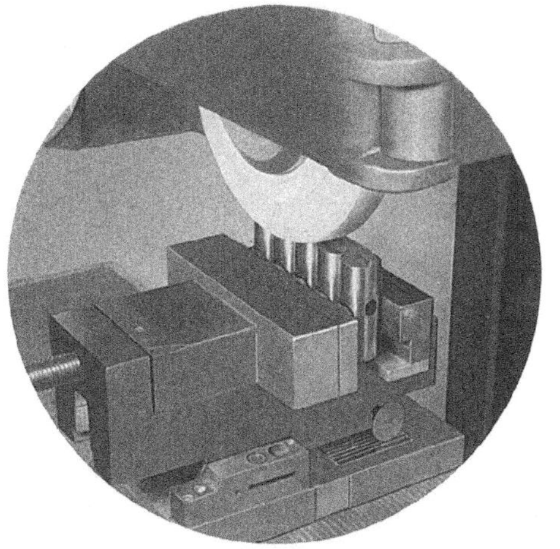

Bild 15-48 Zwei hydraulische Prismenbacken im Einsatz (s. a. Bild 15-47) in Verbindung mit einem Maschinenschraubstock.

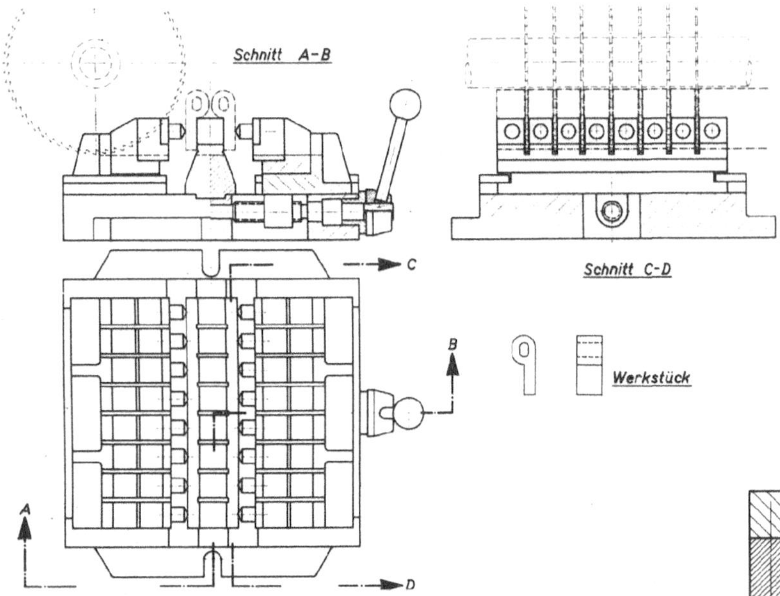

Bild 15-49
Hydraulische Mehrstückspannvorrichtung.
Mit Hilfe von zwei Hydrospannern und einem Mittelsteg werden Werkstücke (Leisten) gespannt und in 16 Teile gefräst. Um Fräserbeschädigung zu vermeiden, müssen die Teilstücke während und nach dem Fräsvorgang einwandfrei und sicher gespannt sein.

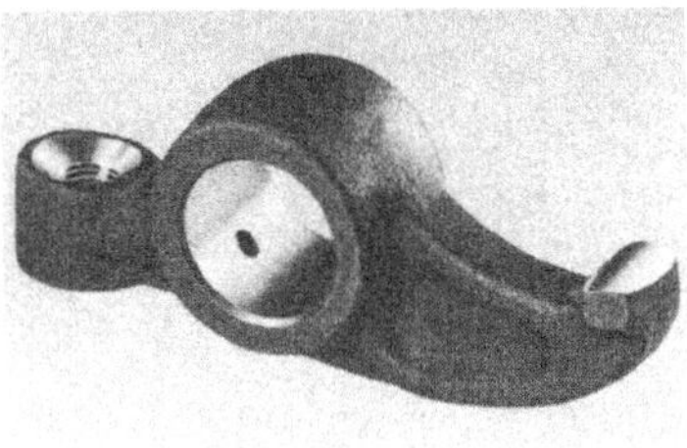

Bild 15-50 Werkstück das in der im Bild 15-51 gezeigten Vorrichtung gespannt wird.

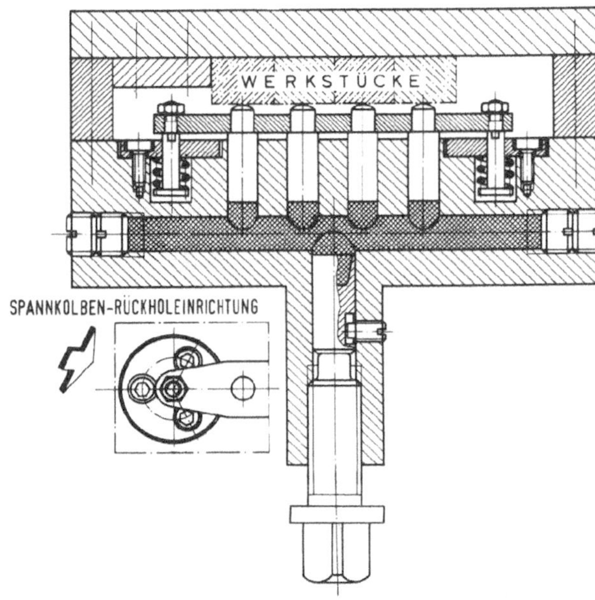

Bild 15-52 Mehrstückspannvorrichtung mit plastischer Masse als Druckübertragungsmittel (Kap. 29).

Bild 15-51 Mit einer Handpumpe (Abschnitt 27.4.2) betätigte Mehrstückspannvorrichtung zum Profilschleifen des Ballus an Kipphebeln (Bild 15-50) im Vollschnittverfahren. Die Werkstücke sind mit Hilfe eines Dorns positioniert.

15.9.4 Richtlinien für die Anwendung des Mehrstückspannens und den Einsatz von Mehrstück-Spannvorrichtungen

Folgende Punkte sind zu beachten bzw. zu überprüfen:

1. Die geometrische Form und Genauigkeit des Werkstücks sind entscheidend, ob das Mehrstückspannen angewendet werden kann.
2. Die Wirtschaftlichkeitsrechnung (Abschnitt 2.2) entscheidet darüber, ob eine Mehrstückspannvorrichtung (Grenzstückzahl im Vergleich zu einer Einstückspannvorrichtung) eingesetzt werden kann.
3. Bei der Festlegung der Art der Mehrstückspannvorrichtung sind sämtliche Mehrstückspannmöglichkeiten (Abschnitt 15.9) zu überprüfen und die optimale zu ermitteln.
4. In den meisten Fällen des Mehrstückspannens wird das Ausgleichspannen (Abschnitt 15.11) in Frage kommen, da nur auf diese Art die Maßtoleranzen der Werkstücke ausgeglichen werden können.
5. An die Werkstücke werden höhere Anforderungen hinsichtlich der geometrischen Form und der Maßgenauigkeit gestellt bzw. gestellt werden müssen, um die Forderungen, die das Werkstück nach der Bearbeitung in einer Mehrstückspannvorrichtung einhalten muß, zu erfüllen.

6. Die Nachteile des Mehrstückspannens sind im Abschnitt 15.9.2. besprochen.
7. Es ist zu überprüfen, ob die Leistung und die Werkzeugausstattung der Werkzeugmaschine, an der eine Mehrstückspannvorrichtung eingesetzt werden soll, ausreichen und für diesen Zweck geeignet sind.
8. Nach Möglichkeit sind zwischen den Werkstücken Zwischenräume vorzusehen (Abschnitt 15.9.2 Pkt. 4), um dem Abheben bzw. Aufbäumen der Werkstücke vorzubeugen.
9. Bei der Aufnahme mehrerer Werkstücke auf einem Spanndorn ist auf Planparallelität der Werkstücke zu achten, da die Gefahr des Verbiegens des Dorns besteht (Bild 15-35).
10. Bei Anwendung mechanischer Spannelemente wird die eingeleitete Spannkraft Fse durch die Anzahl der gleichzeitig gespannten Werkstücke dividiert (Bild 15-31).
11. Es ist das kraftbetätigte Spannen in Erwägung zu ziehen.

15.10 Mittiges Spannen des Werkstücks

Wenn die Forderung gestellt wird, daß ein Werkstück unabhängig von der Breiten-, Längen-, Durchmessertoleranz usw. mittig positioniert und gespannt werden soll, so muß dieses mit Hilfe entsprechender Bauelemente sichergestellt werden. Dafür eignen sich besonders:

1. Links- und Rechtsgewindespindeln (Bilder 15-53 bis 15-55),
2. prismenartige Bauelemente (Bild 15-54), die mit Links- und Rechtsgewinde kombinierbar sind,
3. keilartige Bauelemente,
4. Federn (Bild 25-6) sowie
5. von außen zur Mitte oder auseinanderbewegte Hebel z.B. in Verbindung mit Links- und Rechtsgewinde (s. Pkt. 2) (Bild 15-55) oder andere Ausführungen (Bilder 13-11 und 13-12 – jedoch als Spannelemente eingesetzt).

Bei diesen Beispielen handelt es sich um gleichzeitiges Positionieren und Spannen des Werkstücks bei gleichzeitiger mittiger Positionierung, unabhängig von der Maßtoleranz des Werkstücks. Spannzangen und Spannfutter (Kap. 36) sind ebenfalls mittig spannende Spannzeuge.

15.11 Ausgleichspannen

Unter dem Begriff „Ausgleichspannen" versteht man die Möglichkeit, eine Vielzahl von Werkstücken gleichmäßig oder ein Werkstück an mehreren Stellen, unabhängig von den Maßtoleranzen, mit gleichmäßiger Spannkraft Fs von einer Stelle aus zu spannen.

Das Spannen mit Druckluft (Kap. 26) bzw. Drucköl (Kap. 27) sowie mit Hilfe der plastischen Masse (Kap. 29) als Druckübertragungsmittel, sind ebenfalls Ausgleichsspannmethoden.

In den Bildern 15-56 bis 15-58 sind verschiedene Ausgleichspannvorrichtungen und in Bild 15-59 eine Vorrichtung mit plastischer Masse als Druckübertragungsmittel gezeigt. Weitere Vorrichtungen sind in den Bildern 15-46, 15-47, 15-48, 15-49, 15-51 und 15-52 dargestellt.

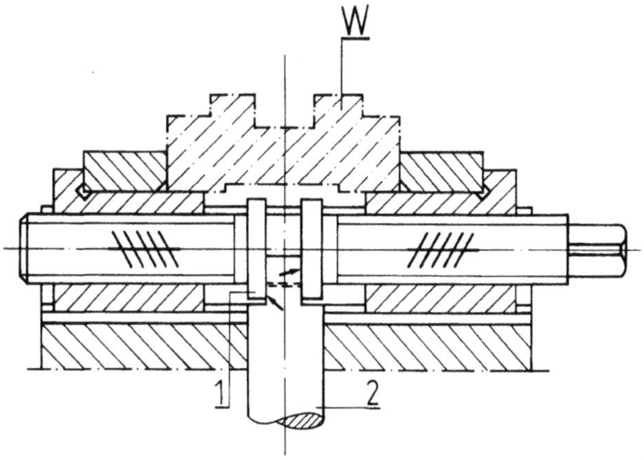

Bild 15-53 Mittiges Spannen mit Hilfe von Links- und Rechtsgewinde.

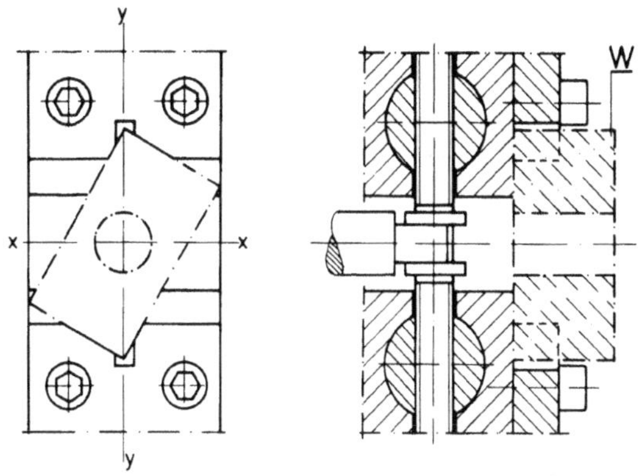

Bild 15-54 Prismenartige Bauelemente in Verbindung mit einer Links- und Rechtsgewindespindel zum mittigen Spannen rechteckiger Werkstücke.

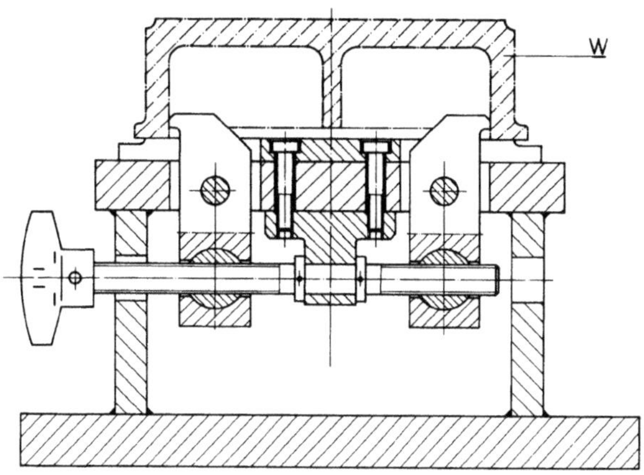

Bild 15-55 Übertragelemente in Verbindung mit einer Links- und Rechtsgewindespindel zum mittigen Spannen eines gegossenen Werkstücks.

Die Ausführung der „schwimmenden Mutter" stellt eine Beispiel für die funktions- und fertigungsgerechte Gestaltung der Vorrichtungselemente dar. Diese Mutter stellt sich selbsttätig auf die Achse der Gewindespindel ein, wobei auch gleichzeitig beliebige Winkelstellungen zu anderen Bauelementen – in diesem Fall beide hakenartigen Spannelemente – möglich ist. Die Herstellung ist sehr einfach, da es sich dabei um eine runde Mutter und die dazugehörige durchgehende Paßbohrung handelt (s.a. Bild 15-54 und Kap. 64).

15.12. Positionieren und Spannen des Werkstücks durch Eingießen mit Hilfe einer Legierung

Bei komplizierten Werkstückformen und dünnen Werkstücken, z.B. aus Blech, ist es nicht einfach, diese einwandfrei zu positionieren und zu spannen. Mit Hilfe einer Legierung (Cerrobend) kann man jedoch diese Werkstücke eingießen. Diese Legierung enthält 50% Wismut, 26,7% Blei, 13,3% Zinn und 10% Kadmium. Durch den Wismutanteil dehnt sich die Legierung beim Erkalten aus, in geringem Maße auch noch nach dem Erstarren. Sie kann mit heißem Wasser bei 70 °C flüssig gehalten werden.

Man läßt den Abguß nicht im kalten Wasser erstarren, sondern allmählich über Nacht an der Luft. Dabei bildet sich nämlich das Gefüge mit gröberem Korn aus, das bessere Dämpfungseigenschaften besitzt. Nach dem Bearbeiten des Werkstücks wird das Gießmetall mit Dampf wieder abgelöst, falls nur eine einmalige Anwendung möglich ist. Wird die Gießform aus bearbeitungstechnischen Gründen mit dem Werkstück bearbeitet, so werden die gesammelten Späne aufgehoben und in einer Trommel unter Dampf gebracht. Da die Stahlspäne auf der Schmelze schwimmen, können sie mühelos mit einem Abschöpfkorb abgeschöpft werden.

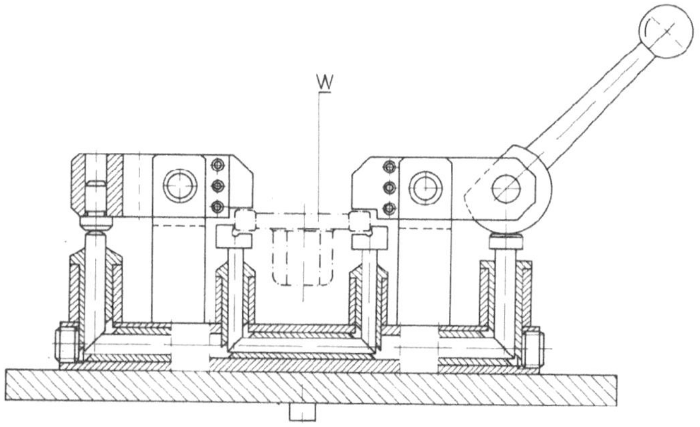

Bild 15-56 Ausgleichspannvorrichtung.

Von einer Stelle aus werden vier Spannstellen betätigt, die zu je zwei sich einander gegenüber befinden, so daß dadurch eine Ausgleichspannung möglich ist.

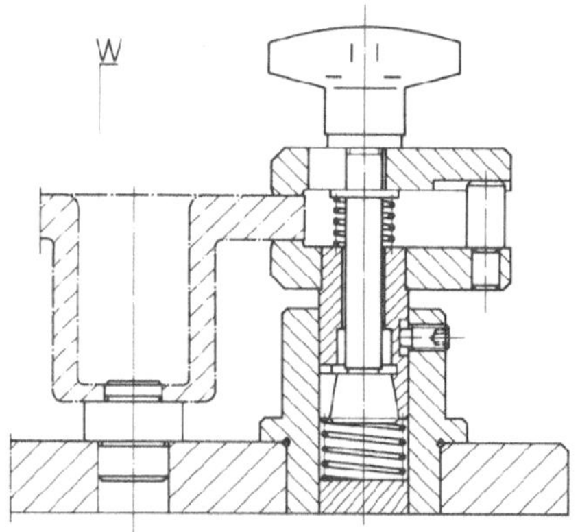

Bild 15-57 Ausgleichspannelement.

Von einer Stelle aus werden zwei Spanneisen, die sich gegenüber befinden, betätigt. Die Höhe dieser Spanneisen stellt sich selbsttätig nach dem Werkstück ein und diese Lage wird mit Hilfe der federnden konischen Hülse und des konischen Dorns festgesetzt (s.a. Bild 15-58).

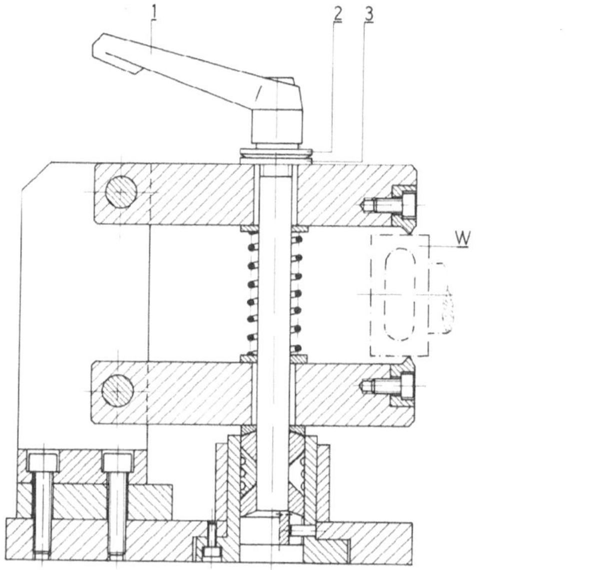

Bild 15-58 Ausgleichspannelement.

Die Funktion dieses Spannelements ist ähnlich wie im Bildtext zu **Bild 15-57 erläutert.**

1 Spanngriff 2 und 3 Kugelscheibe und Kegelpfanne DIN 6319.

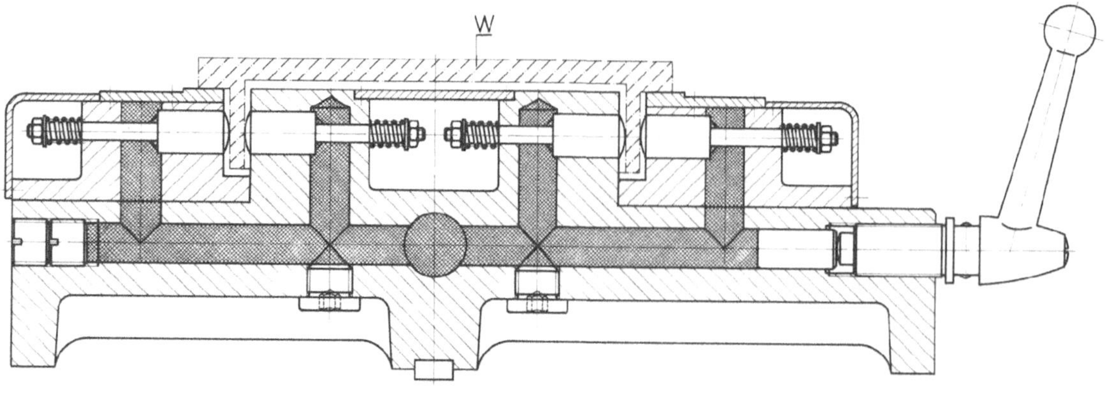

Bild 15-59 Ausgleichspannvorrichtung mit plastischer Masse als Druckübertragungsmittel (Kap. 29).

16 Spannelemente der Vorrichtung – Allgemein

Die Wahl der Art, die Auslegung und Festlegung der Lage der Spannelemente haben wesentlichen Einfluß auf die Ergebnisse, die von der Vorrichtung erwartet werden, wie Qualität des Werkstücks, Oberfläche, Maßgenauigkeit, Funktion der Vorrichtung, Wirtschaftlichkeit usw. Neben der Aufgabe und der daraus resultierenden Art und Gestaltung der Positionierelemente muß auch den Spannelementen, ihrer Aufgabe und Auslegung sowie Gestaltung, große Aufmerksamkeit gewidmet werden.

16.1 Anzahl und Lage der Spannelemente

Die Anzahl der Spannelemente und ihre Lage in der Vorrichtung sind von folgenden Faktoren abhängig:

1. Größe und Richtung der Zerspankräfte Fz,
2. Form, Größe und Steifigkeit des Werkstücks,
3. Bauart der Vorrichtung (Kap. 19),
4. Art und Größe der eingeleiteten Spannkraft Fse (Muskelkraft oder kraftbetätigt – Kap. 16),
5. Art, Anzahl, Lage und Ausbildung der Spannelemente (Abschnitt 16.1.1),
6. Bearbeitungsmethode,
7. Art und Anzahl der Werkzeuge,
8. Werkzeugmaschine und ihrer Steifigkeit,
9. Art und Anzahl der Positionierelemente am Werkstück,
10. Art und Ausbildung der Positionierelemente der Vorrichtung (Kap. 13),
11. Maßgenauigkeit und Oberflächenqualität der rohen bzw. bereits bearbeiteten Teile des Werkstücks, die mit der Vorrichtung in Berührung kommen.

In den Bildern 16-1 bis 16-3 sind verschiedene Möglichkeiten der Wahl der Anzahl und Lage der Spannelemente gezeigt, wobei auch andere, aus der Lage und der Richtung resultierende Lösungen möglich sind.

16.1.1 Richtlinien für die Wahl der Anzahl und Lage der Spannelemente in der Vorrichtung

1. Vor der Festlegung der Anzahl der Spannelemente ist die geometrische Form des Werkstücks hinsichtlich der möglichen Verformungen (Abschnitt 15.8.2) zu beachten.
2. Auch die möglichen Verformungen der Vorrichtung sind zu berücksichtigen (Abschnitt 15.8.1).
3. Um ein Kippen des Werkstücks beim Spannen zu vermeiden, ist die Spannkraft (bzw. die resultierende Spannkraft) Fs innerhalb der Umgrenzungslinien der Auf- und/oder Anlageelemente der Vorrichtung anzusetzen.
4. Bei mehreren Spannelementen ist auf die resultierende Spannkraft Fs und ihre Richtung besonders zu achten.
5. Die Grundsätze des Spannens (Abschnitt 15.1) beachten.

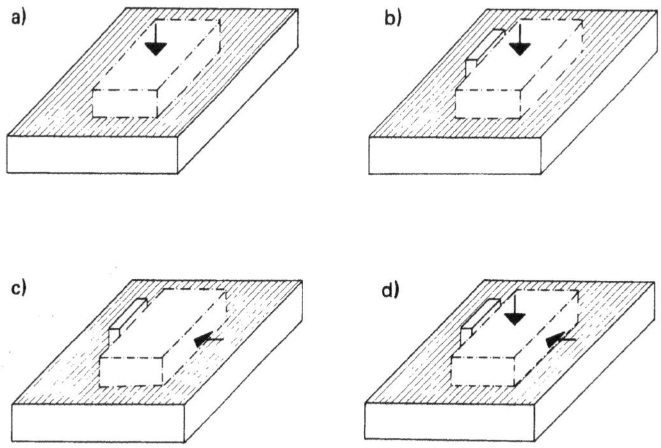

Bild 16-1 Verschiedene Möglichkeiten hinsichtlich der Anzahl und Lage der Spannelemente:

a) das Werkstück ist „halbpositioniert" (Abschnitt 11.3.1), das Spannelement wirkt gegen die Auflage der Vorrichtung,
b) das Werkstück ist „positioniert", das Spannelement wirkt gegen die Auflage der Vorrichtung,
c) das Werkstück ist „positioniert", das Spannelement wirkt gegen die Anlage der Vorrichtung,
d) das Werkstück ist „positioniert", ein Spannelement wirkt gegen die Auflage und ein zweites gegen die Anlage der Vorrichtung.

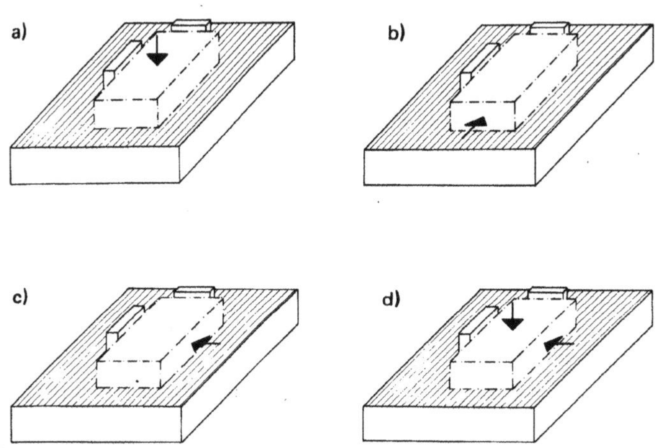

Bild 16-2 Verschiedene Möglichkeiten hinsichtlich der Anzahl und Lage der Spannelemente:

a) das Werkstück ist „vollpositioniert" (Abschnitt 11.3.1), das Spannelement wirkt gegen die Auflage der Vorrichtung,
b) das Spannelement wirkt gegen die Längsanlage der Vorrichtung,
c) das Spannelement wirkt gegen die Queranlage der Vorrichtung,
d) ein Spannelement wirkt gegen die Auflage und ein zweites gegen die Queranlage der Vorrichtung.

6. Die Anzahl der Spannelemente ist so gering wie möglich zu halten.
7. Bei mehreren Spannelementen ist zu überlegen ob sie gleichzeitig oder nacheinander betätigt werden sollen.

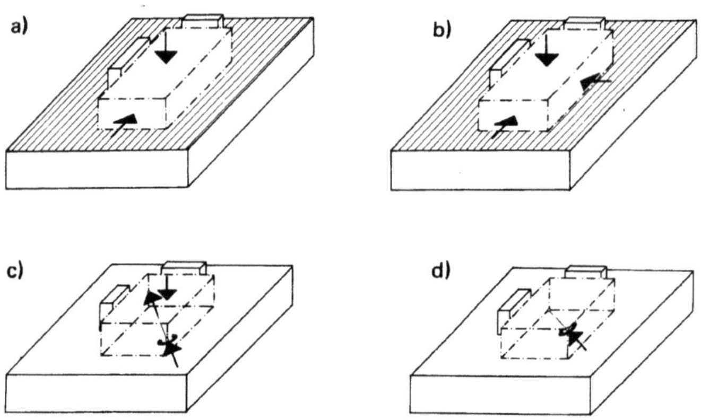

Bild 16-3 Verschiedene Möglichkeiten hinsichtlich der Anzahl und Lage der Spannelemente:

a) das Werkstück ist „vollpositioniert" (Abschnitt 11.3.1), ein Spannelement wirkt gegen die Auflage und ein anderes gegen die Längsanlage der Vorrichtung,
b) ein Spannelement wirkt gegen die Auflage, ein zweites gegen die Längsanlage und ein drittes gegen die Queranlage der Vorrichtung,
c) ein Spannelement wirkt gegen die Auflage und ein anderes mittig in der Höhe des Werkstücks diagonal gegen beide Anlagen der Vorrichtung,
d) ein Spannelement wirkt diagonal gegen die Auflage und gleichzeitig gegen die Längs- und Queranlagen der Vorrichtung.

16.2 Spannkraft-Übertrag- und -Verteilelemente

Bei der Gestaltung der Spannelemente sollte als Grundsatz gelten, diese unmittelbar auf das Werkstück und gegen eine feste Auflage wirken zu lassen. Die räumliche Möglichkeit wird hierfür jedoch nicht immer gegeben sein. Hinzu kommt noch, daß die Spannkraft den Gegebenheiten und Erfordernissen (Größe, Richtung, Größe je Flächeneinheit, Werkstückform, Vorrichtungsart usw.) angepaßt werden muß, wobei das Werkstück durch die Spannkraft nicht aus der Positionierlage gebracht werden darf. Übertragelemente werden verwendet um:

1. Größe der Spannkraft Fs zu bestimmen bzw. zu ändern und zu sichern,
2. Richtung der Spannkraft Fs zu ändern,
3. Größe je Flächeneinheit zu bestimmen,
4. schwer zugängliche Spannstellen am Werkstück zu erreichen,
5. mit den Spannelementen außerhalb des Arbeitsraumes spannen zu können,
6. von einer Stelle aus mehrere Spannelemente zu betätigen,
7. Bedienelemente bediengerecht anzuordnen (Abschnitt 16.9),
8. Herausnehmen und Eingeben des Werkstücks zu ermöglichen bzw. zu erleichtern (Abschnitt 10.2),
9. Unfälle zu verhüten (Abschnitt 7.2).

Dieses kann mit Hilfe mechanischer, pneumatischer und hydraulischer Bauelemente erreicht werden. Pneumatik und Hydraulik eignen sich besonders in dieser Hinsicht, da Medien wie Druckluft (Kap. 26), Drucköl (Kap. 27) oder plastische Masse (Kap. 29) einfache Lösungen ohne Kraftverluste erlauben. Die Bilder 16-4 bis 16-21 zeigen verschiedene Lösungen von Übertragelementen.

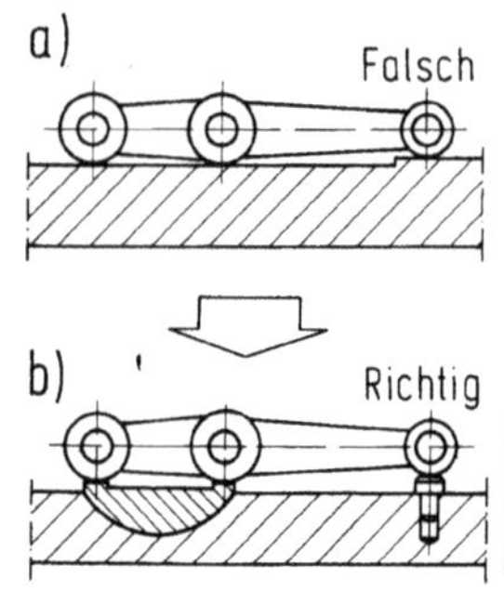

Bild 16-4
Wippe als Bauelement zur gleichmäßigen Verteilung der Spannkraft Fs auf das Werkstück und ihre richtige Gestaltung:

a) falsch, da das Werkstück überpositioniert (Abschnitt 11.3.2) ist,
b) richtig.

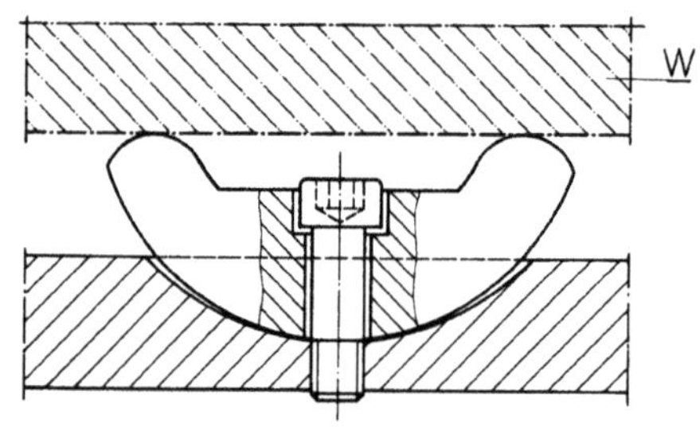

Bild 16-5 Zweipunktwippe, in den Vorrichtungskörper teilweise versenkt und mit einer Schraube befestigt.

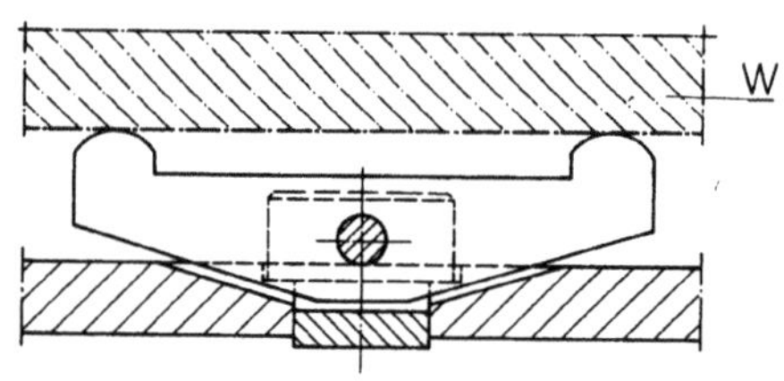

Bild 16-6 Zweipunktwippe, in den Vorrichtungskörper teilweise versenkt und mit Hilfe eines Bolzens und eines Zylinderstiftes befestigt.

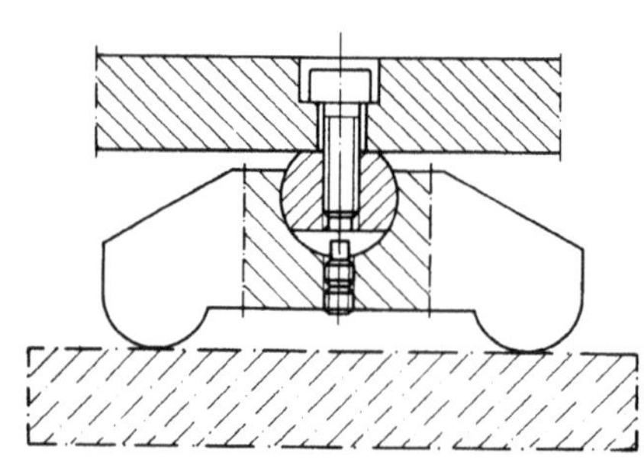

Bild 16-7 Zweipunktwippe, mit Hilfe eines Wälzkörpers und einer Schraube an den Vorrichtungskörper befestigt. Eine gesicherte Stiftschraube, deren Stift in eine Nut des Wälzkörpers greift, verhindert, daß sich die Wippe verschieben kann.

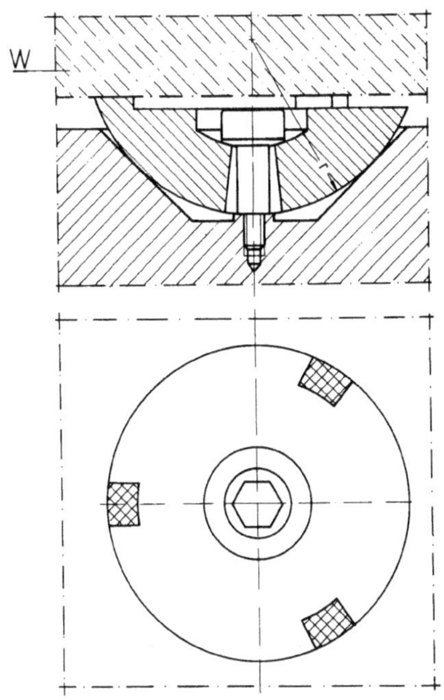

Bild 16-8 Dreipunktwippe, teilweise in den Vorrichtungskörper versenkt.

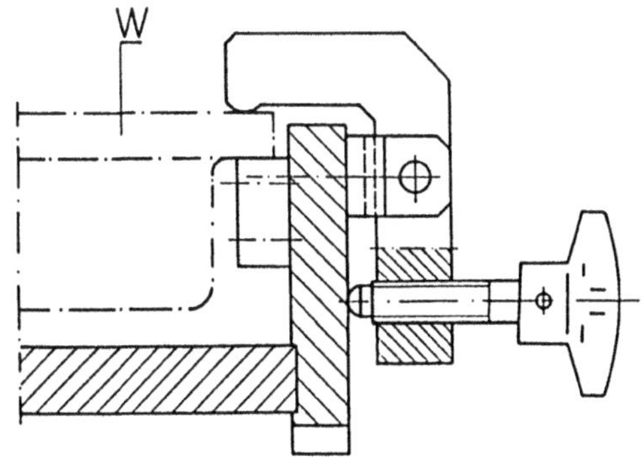

Bild 16-11 Winkelartiges Spannkraft-Übertrag- und Spannkraft-Umlenkelement.

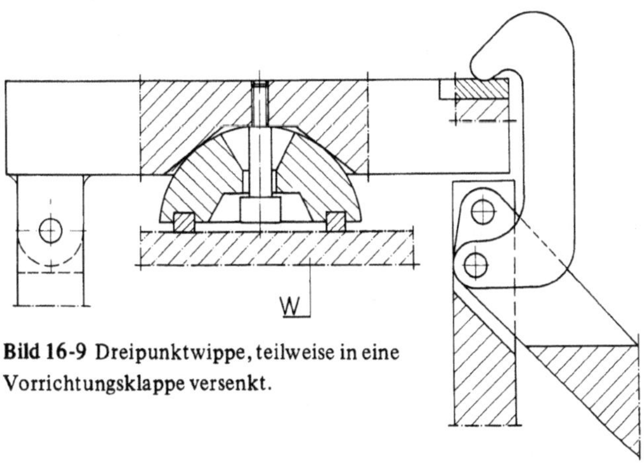

Bild 16-9 Dreipunktwippe, teilweise in eine Vorrichtungsklappe versenkt.

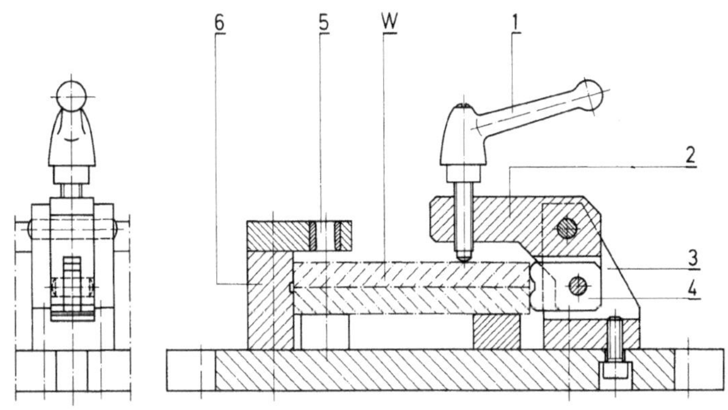

Bild 16-12 Winkelartiges Spannkraft-Übertrag- und Spannkraft-Umlenkelement mit einer Zweipunktwippe verbunden, an einer Bohrvorrichtung.

1 Spanngriff, 2 Spannkraft-Übertrag- und Umlenkelement, 3 Gabelelement, 4 Zweipunktwippe, 5 Bohrbuchse, 6 Vorrichtungskörper, Bohrbuchsenträger und Werkstückanschlag.

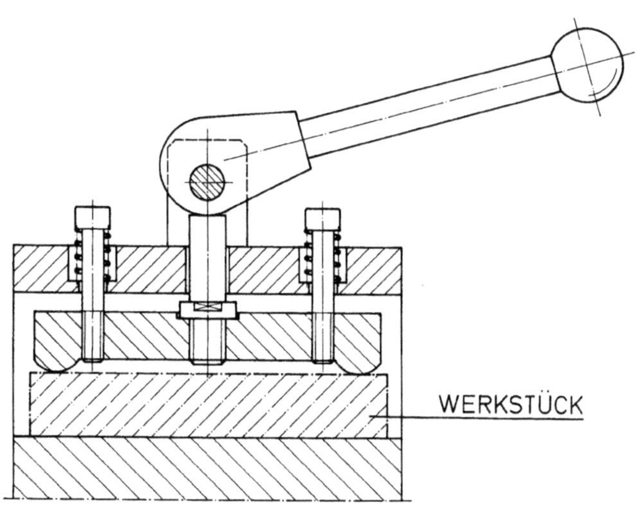

Bild 16-10 Zweipunktwippe als Spannelement mit einem Kreisexzenter betätigt.

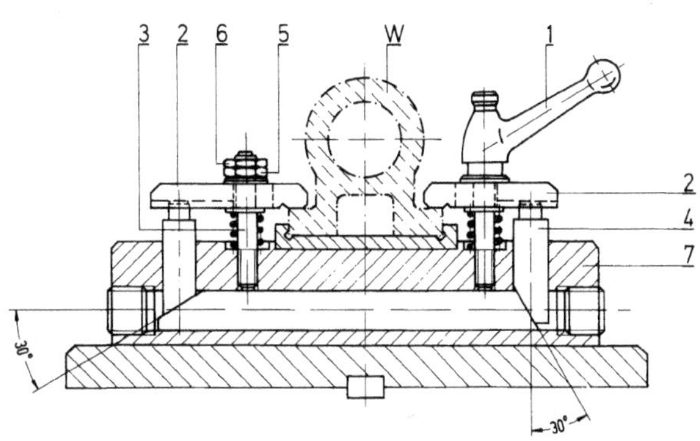

Bild 16-13 Ausbohrvorrichtung mit zwei Spanneisen und Kraftübertrag- und Kraftumlenkelementen.

1 Spannhebel, 2 Spanneisen, 3 Stiftschraube, 4 Übertragelement, 5 Einstellmutter, 6 Feststellmutter, 7 Vorrichtungsgrundkörper.

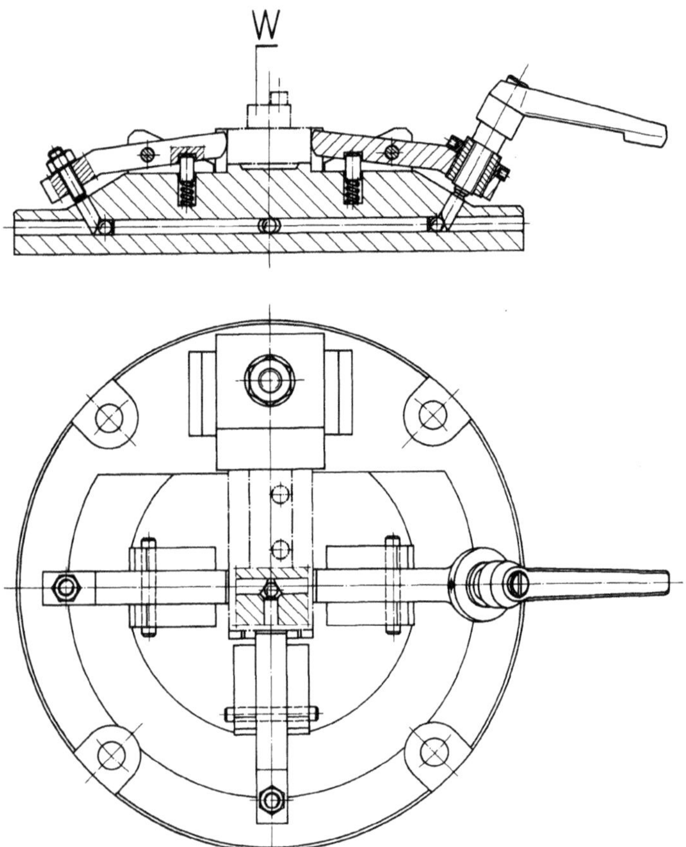

Bild 16-14 Fräsvorrichtung mit Kugeln als Spannkraft-Übertrag- und Spannkraft-Umlenkelemente.

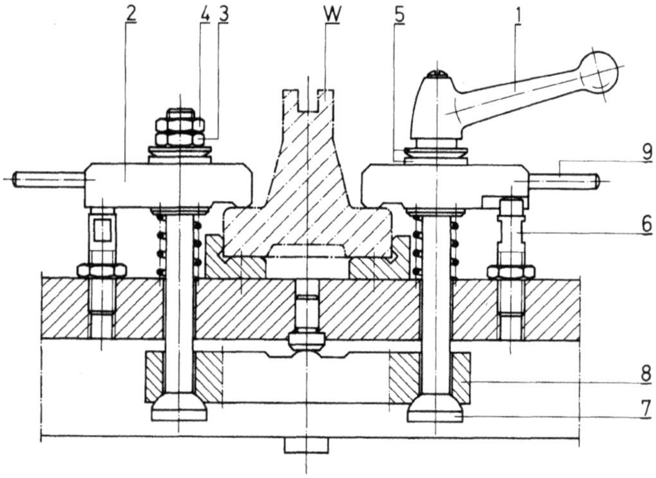

Bild 16-15 Verschiedene Spannkraft-Übertrag- und Spannkraft-Umlenkelemente an einer Fräsvorrichtung.

1 Spannhebel, 2 ausschwenkbares Spanneisen, 3 Einstellmutter, 4 Feststellmutter, 5 Kugelscheibe und Kegelpfanne DIN 6319, 6 Stiftschraube mit Schlüsselflächen, 7 Bolzen mit Kugelfläche, 8 Wippleiste, 9 Ausschwenkhebel des Spanneisens.

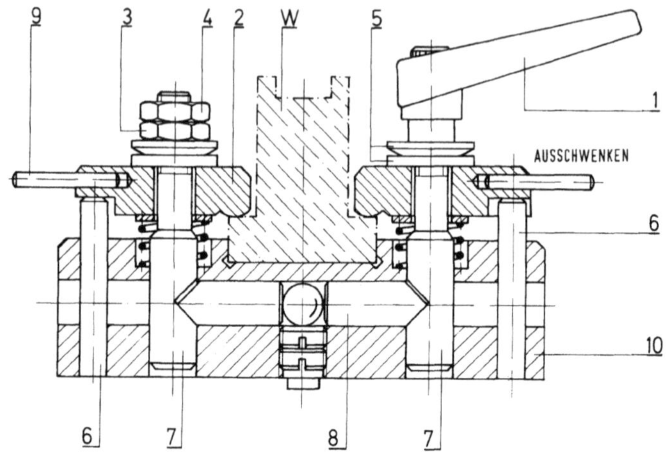

Bild 16-16 Verschiedene Spannkraft-Übertrag- und Spannkraft-Umlenkelemente an einer Fräsvorrichtung.

1 Spannhebel, 2 ausschwenkbares Spanneisen, 3 Einstellmutter, 4 Feststellmutter, 5 Kugelscheibe und Kegelpfanne DIN 6319, 6 Zylinderstift als Spanneisenstützelement, 7 Übertrag- und Umlenkelement, 8 Übertrag- und Umlenkelement, 9 Schwenkelement des Spanneisens, 10 Grundkörper.

Die Kugel wurde nur aus Montagegründen vorgesehen.

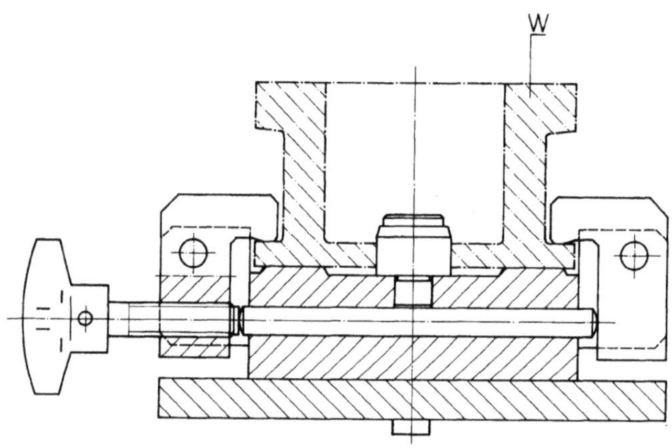

Bild 16-17 Winkelartige Spanneisen als Spannkraft-Übertrag- und Spannkraft-Umlenkelemente.

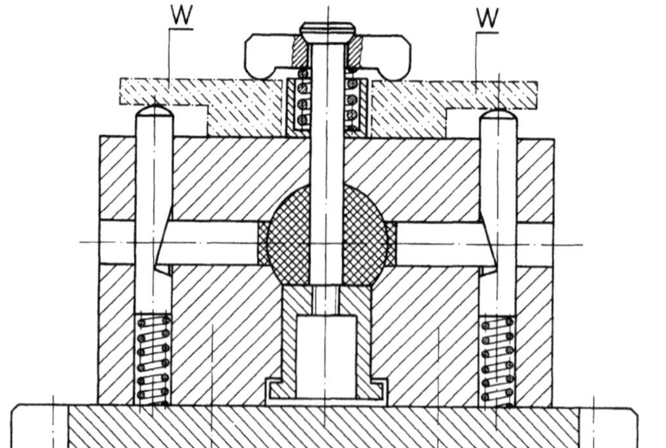

Bild 16-18 Spannkraft-Übertrag- und Spannkraft-Umlenkelemente an einer Vorrichtung mit plastischer Masse als Druckübertragungsmittel (Kap. 29).

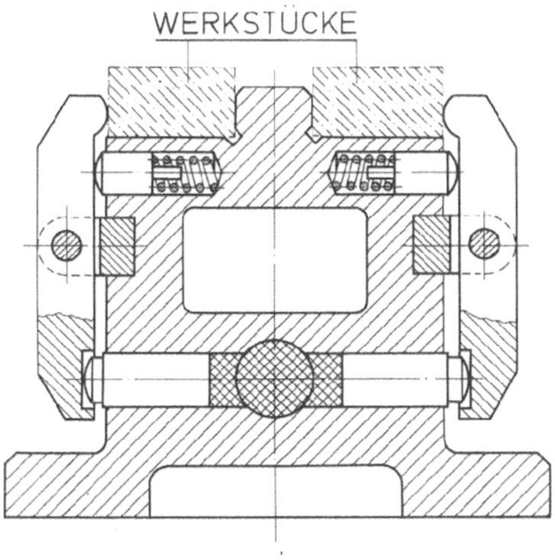

Bild 16-19 Spannkraftübertrag- und -umlenkelemente an einer Fräsvorrichtung mit plastischer Masse als Druckübertragungsmittel (Kap. 29).

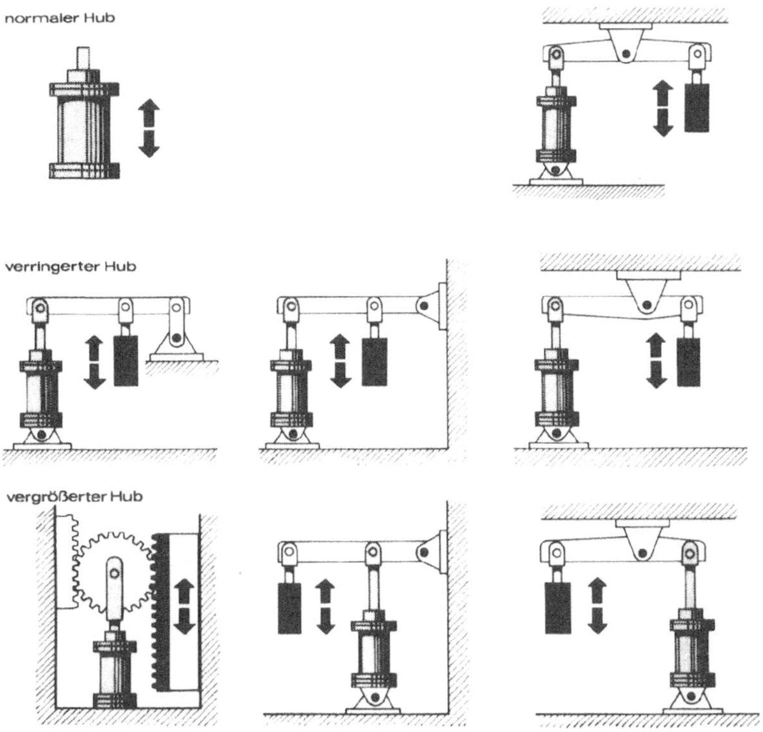

Bild 16-21 Spannkraftübertrag- und -umlenkelemente als Elemente zur Beeinflussung der Hublänge an pneumatisch betätigten Vorrichtungen. Diese Beispiele gelten auch für hydraulisch betätigte Vorrichtungen.

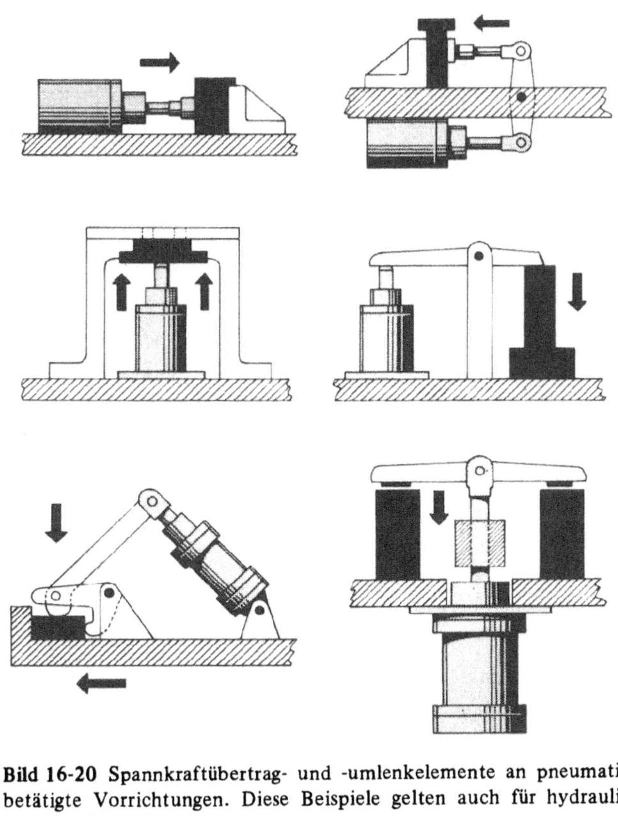

Bild 16-20 Spannkraftübertrag- und -umlenkelemente an pneumatisch betätigte Vorrichtungen. Diese Beispiele gelten auch für hydraulisch betätigte Vorrichtungen.

16.3 Bedienzeiten der Spannelemente und Kraftaufwand

Die Bedienzeit der Bedien- und Spannelemente sollte so kurz und der Kraftaufwand so gering wie möglich sein. Bei Einstück-Spannvorrichtungen werden sich die Bedien- und die Spannzeit voll auswirken, was bei einer Mehrstück-Spannvorrichtung nicht der Fall sein wird, da die Bedien- und Spannzeiten anteilmäßig auf das einzelne Werkstück anfallen. Bei Pendel- oder Wechselvorrichtungen fallen die Bedien- und die Spannzeit ganz oder teilweise in die Hauptzeit ein. Bei Stetigvorrichtungen, z.B. Schraubenschlitzvorrichtungen, werden Bedien- und Spannzeit vollständig in die Hauptzeit einbezogen, da ununterbrochen gearbeitet wird. Voraussetzung ist jedoch dabei, daß die Summe aus Bedien- und Spannzeit kürzer ist als die Hauptzeit. Dieses betrifft auch die Pendel- und Wechselvorrichtungen, wobei jedoch die Pendel- bzw. Wechselzeit auftreten wird, da während des Wechselns oder Pendelns das Werkstück nicht bearbeitet wird.

Je kürzer die Hauptzeit und je größer die Werkstückzahl ist, desto geringer müssen die Bedien- und Spannzeiten, das Einlegen und Herausnehmen einbezogen, gehalten werden. Dabei sollte auch die Tatsache berücksichtigt werden, daß das Greifen, Beschleunigen, Verzögern und Loslassen von Bedien- und Spannelementen, etwa 75 % der reinen Bedienzeit des Elements ausmachen kann. Lose Schraubenschlüssel, Steckschlüssel, Steckstifte und Griffe erhöhen die Spannzeit um den Betrag, der für das Fassen, Ansetzen und Beiseitelegen des Spannelements erforderlich ist. Sie sollten nur in Ausnahmefällen, wenn feste Bedienelemente hinderlich bzw. unumgänglich sind, Anwendung finden (s. a. Abschnitt 7.2).

Bei der Festlegung der Art der Spannelemente und der Spannkrafterzeugung, sollten nicht nur die Spann- und Entspannzeiten, sondern auch die Kosten der Spannelemente unbedingt berücksichtigt werden (Wirtschaftlichkeitsrechnung – Abschnitt 2.2).

16.3.1 Spannzeiten als Funktion der Spannelementart und der Spannkrafterzeugung

Die Muskelkraftspannzeit hängt von der Größe der aufzuwendenden Kraft des Bedienenden ab. Die Spannzeiten beim kraftbetätigten Spannen sind durchschnittlich um das 8- bis 12fache kürzer als die Zeiten beim mit Muskelkraft betätigten Spannen. Wenn man beim Druckluftspannen mit Zeiten zwischen 0,01 ... 0,02 min rechnen kann, so betragen die Zeiten beim Muskelkraftspannen zwischen 0,10 ... 0,50 min. Wird die

SPANNKRAFT UND SPANNZEIT für mechanisches und hydraulisches Spannen

1	Gewinde Festigkeitsklasse 8.8	—	M 6	M 8	M 10	M 12	M 14	M 16	M 20	M 24	M 30	M 36	M 42	M 48
2	zulässige Prüflast nach DIN 267 Blatt 3	kN	12	21	34	49	67	91	143	205	326	478	652	856
3	max. zulässige Vorspannkraft (bei 2/3 Streckgrenzenausnutzung)	kN	8	14	23	32	45	60	95	136	217	318	434	570
4	erforderliches Anziehdrehmoment	Nm	9	22	44	76	120	190	380	620	1200	2100	3400	5000
5	manuell erreichbare Spannkraft	kN	8	14	23	32	45	56	67	70	70	70	70	70
6	Spannkraft mit Spanneisen (Hebelverhältnis = 2:1)	kN	5	9	15	21	30	37	44	46	46	46	46	46
7	Anzahl x Kolben ∅ zum Erreichen der Vorspannkraft nach Zeile 3, bei 400 bar	mm	1x16	1x20	1x25	1x32	1x40	1x44 2x32 3x25	1x55 2x40 3x32	1x63 2x50 3x40	1x80 3x50 4x40	1x100 4x 50 6x 40	1x120 2x 80 6x 50	1x140 3x 80 8x 50
8	mechanische Spann- und Lösezeit pro Spannstelle	s	11	12	13	15	17	18	22	26	36	(50)	(70)	(100)
9	hydraulische Spann- und Lösezeit pro Spannstelle	s	0,8	0,9	1,0	1,1	1,2	1,3	1,5	1,8	2,2	3,0	4,0	5,0
10	Empfehlungen		hydraulisches Spannen ist zu empfehlen, wenn mehrere Spannstellen vorhanden sind			Übergangsbereich von manuelles auf hydraulisches Spannen			max. zul. Spannkraft manuell nicht mehr zu erreichen; hydraulisches Spannen vorziehen			manuelles Spannen nicht mehr sinnvoll; nur hydraulisches Spannen		

zu 5: Manuell erreichbare Spannkraft mit Maulschlüssel nach DIN 894 bei einer Handkraft von 150 N und einem Reibungskoeffizient von 0,14.

zu 8: Gesamtzeit zum mechanischen Spannen und Lösen um die in Zeile 5 angegebene Spannkraft zu erreichen, ohne Berücksichtigung der Zeit zum Bereitstellen von Einzelteilen. Spannhub = 6 mm. Bei Verwendung von Spanneisen sind die Werte mit 1,4 zu multiplizieren.

zu 9: Gesamtzeit zum hydraulischen Spannen und Lösen um die in Zeile 3 angegebene Spannkraft zu erreichen. Elektrisches Pumpenaggregat mit Elektroventilen. Fördervolumen 40 cm^3/s bei 400 bar. Spannhub 6 mm.

Spannzeit für andere Spannhübe

$$\text{mechanische Spannzeit} = \frac{t \cdot h}{6} \quad (s)$$

$$\text{hydraulische Spannzeit} = \frac{t \cdot h \cdot m}{6} \quad (s)$$

t = Spannzeit nach Zeile 8 bzw. 9
h = Spannhub (mm)
m = Hubfaktor 0,8 für Hub > 6 mm
Hubfaktor 1,2 für Hub < 6 mm

Spannzeit für mehrere Spannstellen

$$\text{mechanische Spannzeit} = t \cdot n \quad (s)$$

$$\text{hydraulische Spannzeit} = t \cdot n - 0{,}8\,(n-1)\,\sqrt{t} \quad (s)$$

t = Spannzeit nach Zeile 8 bzw. 9
n = Anzahl der Spannstellen

Bild 16-22 Spannkraft und Spannzeit für mechanisches und hydraulisches Spannen.

Zeit des Druckluftspannens als Faktor T = 1 angesehen, so können andere Spannartfaktoren pro Spannstelle wie folgt aufgestellt werden:

Spannen mit Druckluft	1,0
Spannen mit Drucköl	1,2 ... 2,0
Spannen mit Exzenter	4,0 ... 8,0
Spannen mit Schraubenspannelementen	8,0 ... 12,0
Spannen mit Sterngriff	6,0 ... 8,0
Spannen mit Handrad	6,0 ... 10,0
Spannen mit Schraubenschlüssel	10,0 ... 20,0
Spannen mit Schraubstock	20,0 ...

Im Bild 16-22 sind unter Pkt. 8 die Spann- und Lösezeiten für mit Muskelkraft betätigte Spannelemente angegeben. In der Zeile 9 dagegen die Zeiten für das Spannen mit Hilfe der hydraulischen Spannelemente. Empfehlungen für die Wahl der Spannelemente- und der Art der Betätigung sind in der Zeile 10 enthalten. Die Spannzeitermittlung kann anhand der Formeln, die im unteren Teil der Tabelle aufgeführt sind, ermittelt werden.

16.4 Spanneisen als Spannelemente an Vorrichtungen

DIN-genormte und handelsübliche Spanneisen werden eingesetzt:

1. zum Spannen des Werkstücks direkt auf dem Werkzeugmaschinentisch, wenn infolge niedriger Stückzahl und geringer Genauigkeit der Werkstücke der Einsatz einer Vorrichtung wirtschaftlich unbegründet ist;
2. als Spannelemente an Vorrichtungen, die aus DIN- bzw. Werks-Vorrichtungsnormteilen (Kap. 22) zusammengestellt werden;
3. als Spannelemente an Sondervorrichtungen, wenn die geforderten Vorteile, wie sicheres und schnelles Spannen erfüllt werden und eine andere Ausführung der Spannelemente (Druckluft, Hydraulik) nicht notwendig ist;
4. zum Spannen von Vorrichtungen auf den Werkzeugmaschinentischen (Abschnitt 15.3).

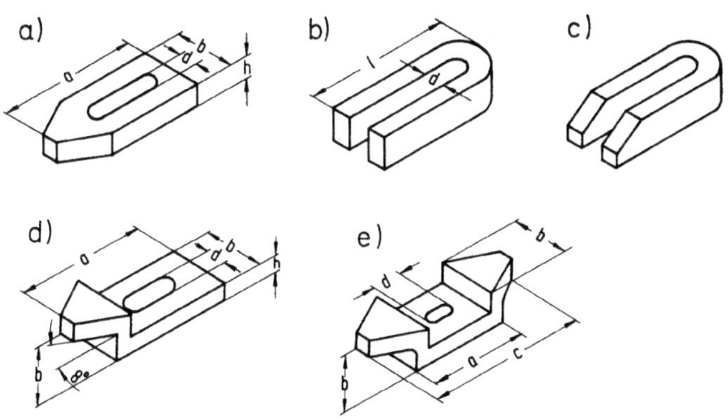

Bild 16-23 Verschiedene Ausführungen der Spanneisen nach DIN-Normen:

a) einfaches Spanneisen DIN 6314,
b) Gabelspanneisen DIN 6315,
c) Gabelspanneisen abgeschrägt DIN 6315 B,
d) Spanneisen einfach gekröpft DIN 6316,
e) Spanneisen doppelt gekröpft DIN 6317.

16.4.1 Beispiele der Ausführung handelsüblicher Spanneisen

Handelsübliche Spanneisen sind in den Bildern 16-23 bis 16-33 dargestellt. Sie werden in verschiedenen Größen als DIN- und auch als werksgenormte Spannelemente angeboten.

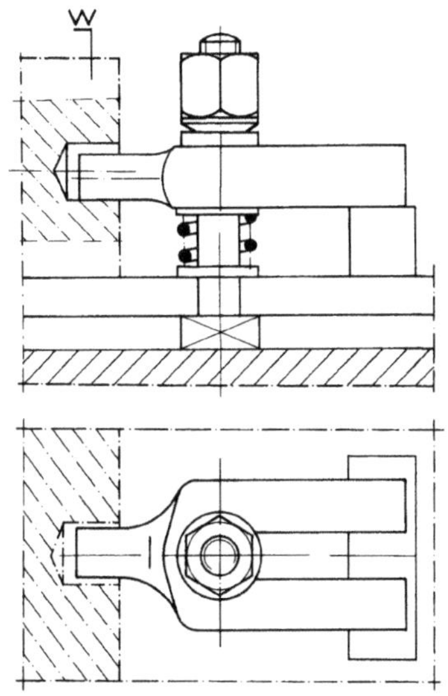

Bild 16-24 Gabelspanneisen mit rundem Spann-Ansatz DIN 6315 C, Anwendungsbeispiel.

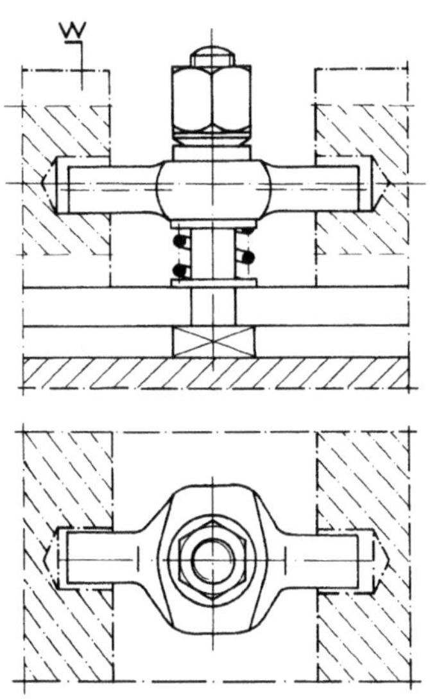

Bild 16-25 Spanneisen mit zweiseitigem runden Spann-Ansatz, Anwendungsbeispiel.

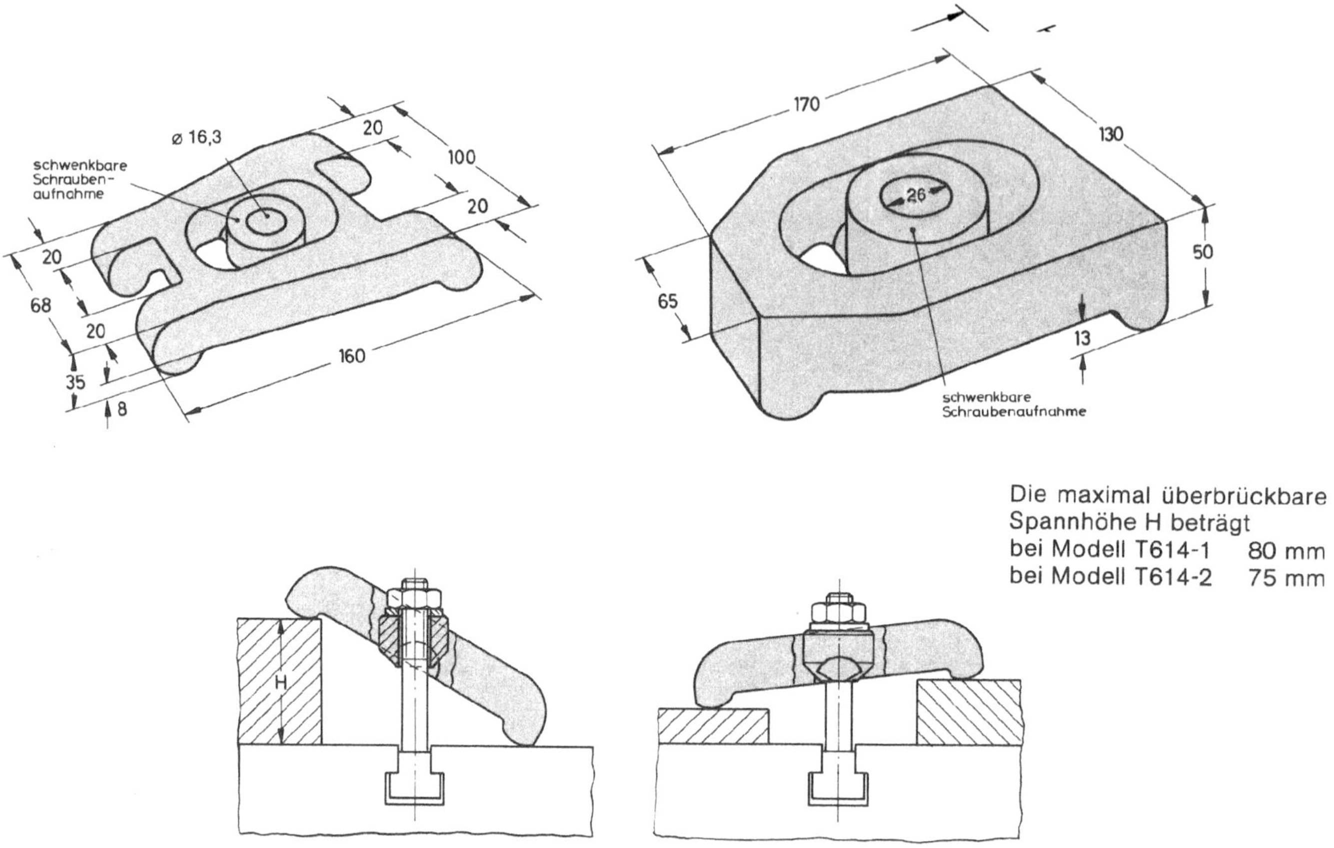

Bild 16-26 Verschiedene handelsübliche (Werksnorm) Spanneisen mit zusätzlichen Elementen zur Überbrückung größerer Spannhöhenunterschiede (0...50 mm bis 0...85 mm) ohne Spanneisenwechsel.

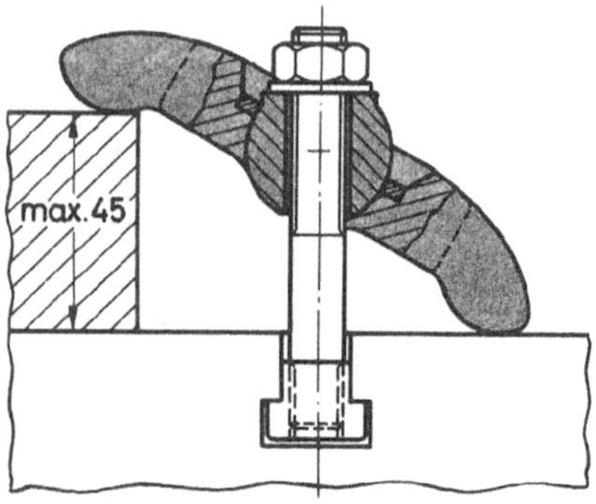

Bild 16-27 Verstärktes Spanneisen (Werksnorm) zur Überbrückung von 45 mm Spannhöhenunterschied.

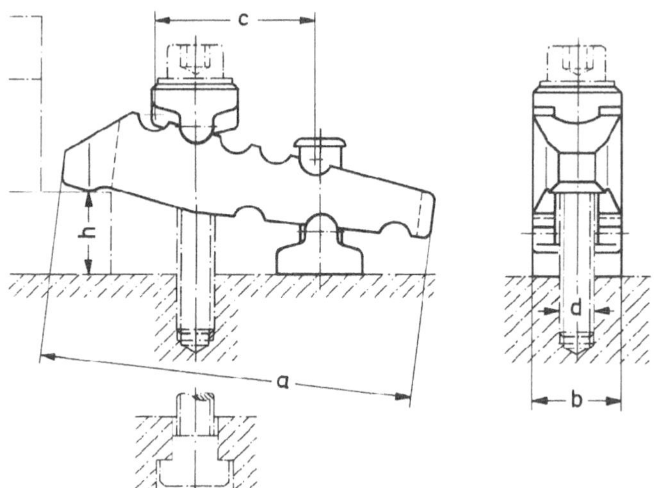

Bild 16-29 Spanneisen mit Einrastelementen (Werksnorm) zur Überbrückung größerer Spannhöhenunterschiede.

Lieferbar in drei Größen – maximale Spannhöhe: 50 mm, 60 mm und 80 mm.

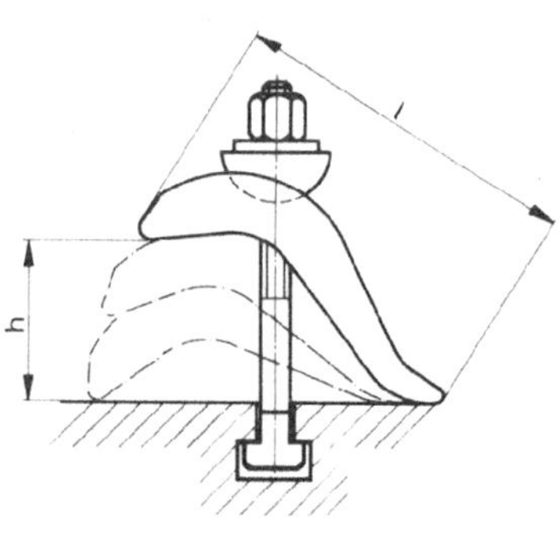

Bild 16-28

Spanneisen (Werksnorm) zur Überbrückung größerer Spannhöhenunterschiede (0...50 mm bis 0...85 mm).

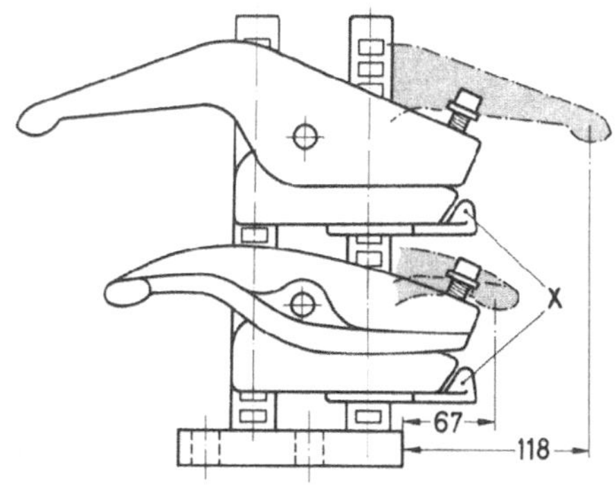

Bild 16-30 Schnellverstellbares Spanneisen (Werksnorm) mit verstellbarer Ausladung. Die Verriegelung erfolgt durch Einrasten des gefederten Schwenkhebels x.

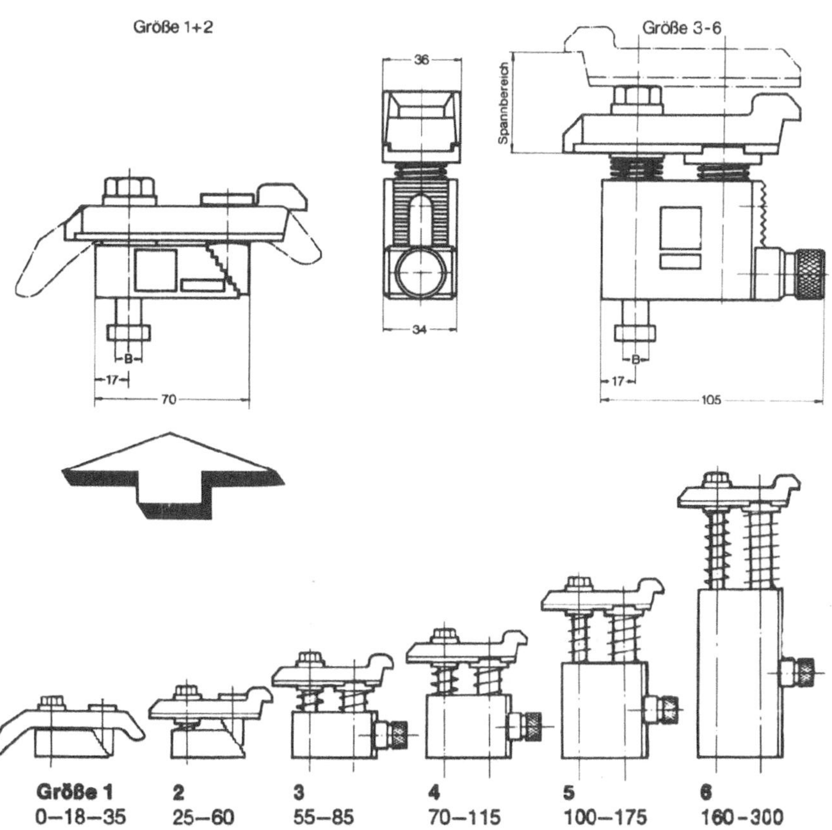

Bild 16-31

Spanneisen mit einem Höhenblock (Werksnorm).

Lieferbar in sechs Größen. Spannbereich des Satzes: 0...300 mm. Schnellhöhenverstellung durch Zahnelemente.

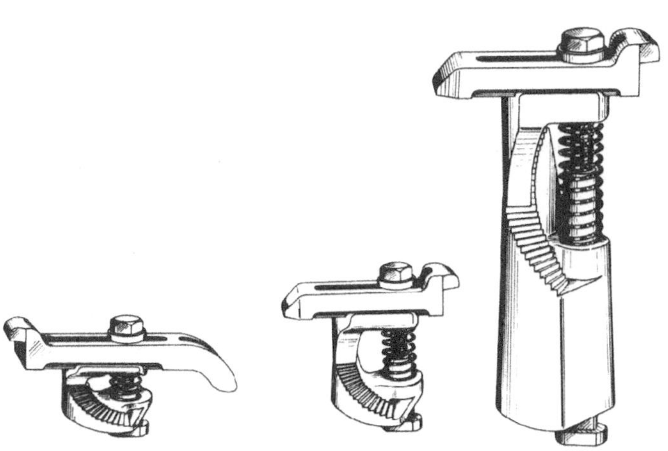

Bild 16-32 Spanneisen mit Spiralstufenblock (Werksnorm).
Lieferbar in drei Größen. Spannbereich des Satzes: 0...320 mm.

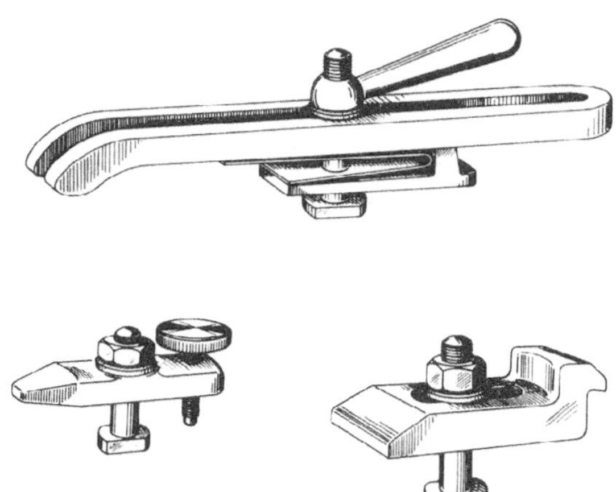

Bild 16-33 Spanneisen in Sonderlänge (Werksnorm) (oben)
Spanneisen mit verstellbarer Stütze (Werksnorm) (unten, links),
gekröpftes Spanneisen hinten abgeschrägt (Werksnorm) (unten, rechts).

16.4.2 Beispiele selbstgefertigter Spanneisen

(Bilder 16-34 bis 16-39)

16.4.3 Richtlinien für die Wahl der Art und den Einsatz der Spanneisen im Vorrichtungsbau

Folgende Punkte sollten beim Einsatz der Spanneisen im Vorrichtungsbau beachtet werden:

1. Für allgemeine Spannzwecke von Werkstücken, besonders in der Einzelfertigung und für das Spannen auf dem Werkzeugmaschinentisch, werden Spanneisen nach DIN 6314 bis DIN 6317 verwendet.
2. Viele Arten werksgenormter Spanneisen (Bilder 16-26 bis 16-33) eignen sich vorzüglich als Spannelemente sogar für sehr unterschiedliche Höhen der Werkstück-Spannstellen.
3. Wenn ein Spanneisen eine Spannbolzenbohrung aufweist, gehärtet ist und infolge geringer Werkstücktoleranzen senkrecht zum Spannbolzen liegt, kann die Spannmutter unmittelbar auf die obere Spanneisenfläche aufgelegt werden.
4. Zwischen Spanneisen und Spannmutter ist stets eine Unterlegscheibe zu legen, wenn das Spanneisen ein Langloch

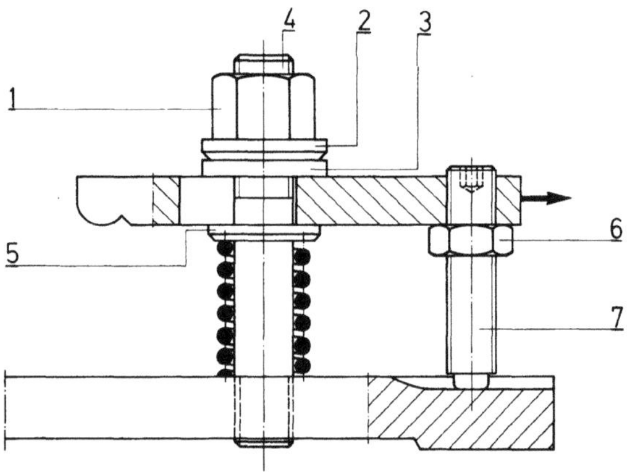

Bild 16-34 Spanneisen mit verstellbarem Stützelement.
1 Spannmutter, 2 Kugelscheibe, 3 Kegelpfanne, 4 Stiftschraube, 5 Unterlegscheibe, 6 Feststellmutter, 7 Stützschraube.

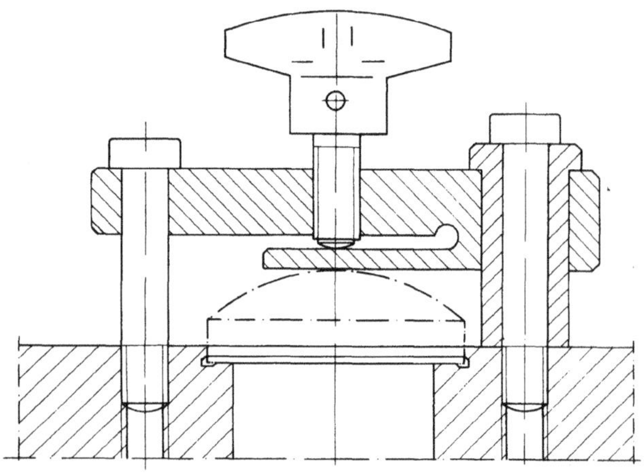

Bild 16-35 Ausschwenkbares Spanneisen mit einem Werkstückschutzelement.

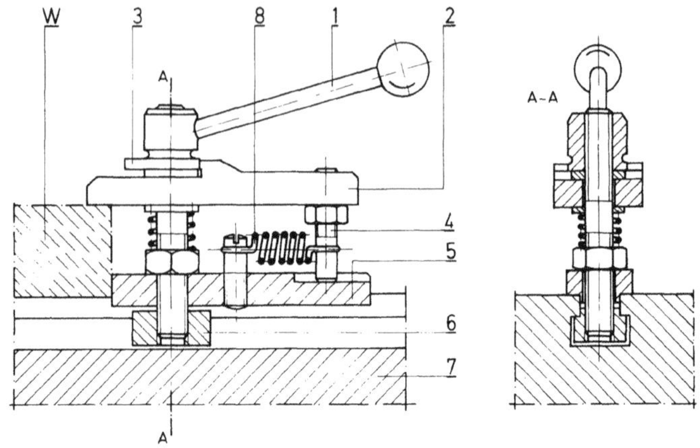

Bild 16-36 Spanneisen mit Gewindespannung und Exzenterrückbewegung.
1 Spannhebel, 2 Spanneisen, 3 Rückbewegungsexzenter, 4 Abstützelement, 5 Unterleiste, 6 Nutenstein, 7 Werkzeugmaschinentisch, 8 Rückzugfeder.

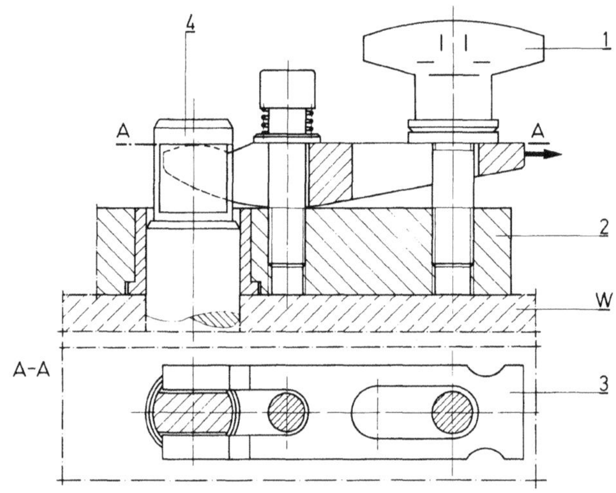

Bild 16-37 Gabel-Spanneisen für eine Zugstangenspannung.
1 Spanngriff, 2 Grundkörper, 3 Kippspanneisen mit Rückzugsmulden, 4 Zugspannstange.

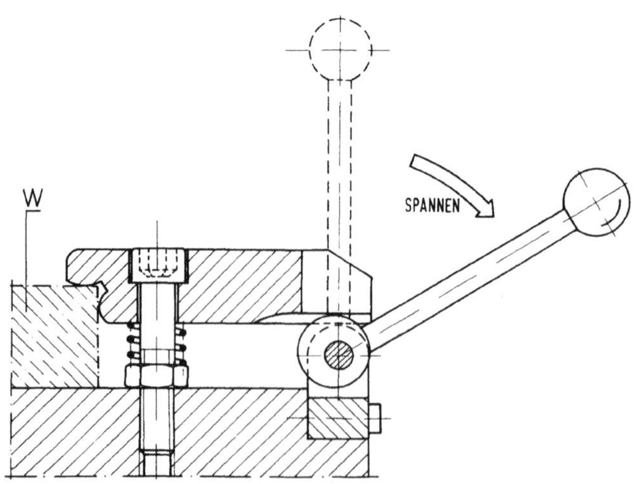

Bild 16-38 Spanneisen mit Spannexzenter.
Das Spanneisen wird von Hand vorgeschoben und zurückgezogen.

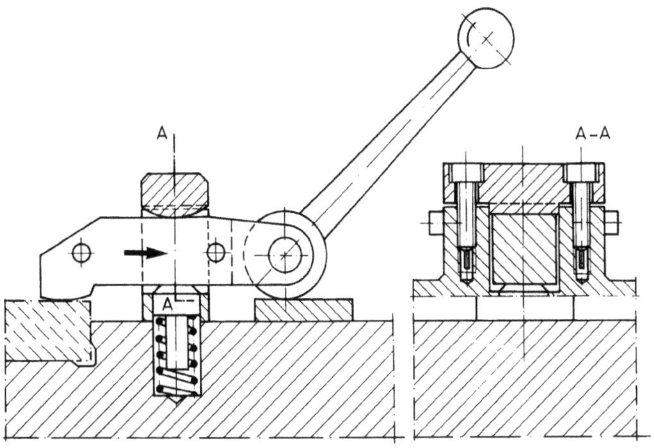

Bild 16-39 Spanneisen mit Spannexzenter.

Zwei Zylinderstifte begrenzen den Verschiebeweg des Spanneisens. Das Spanneisen wird nach dem Entspannen mit Hilfe des Spanngriffs zurückgezogen und auch in die Spannlage vorgeschoben.

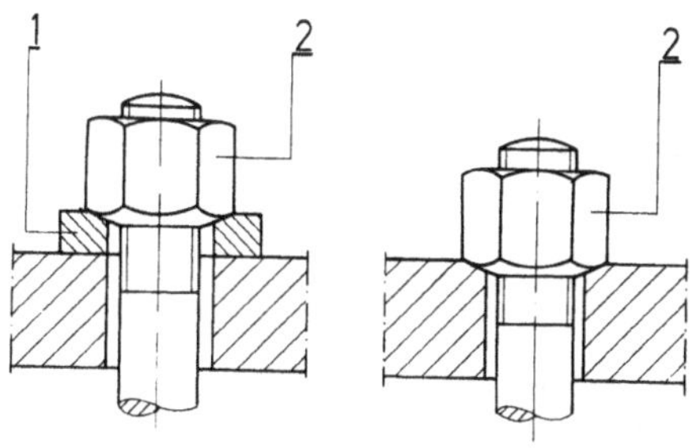

Bild 16-40 Hohe Mutter DIN 6330 mit kugeligem Ende (vergütet, Festigkeit 10).

Links: in Verbindung mit einer Kegelpfanne DIN 6319,
Rechts: in Verbindung mit einer Kegelansenkung im Vorrichtungskörper.

1 Kegelpfanne DIN 6319, 2 hohe Mutter DIN 6330.

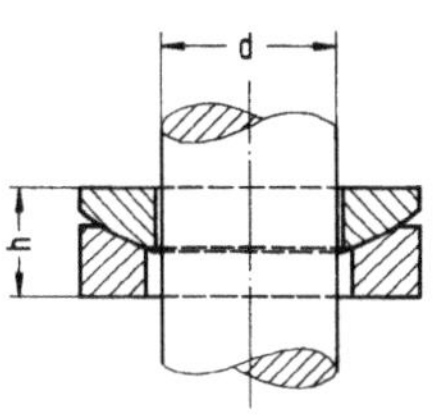

Bild 16-41 Kugelscheibe und Kegelpfanne DIN 6319 – Kugelscheibe Form C, Kegelpfanne Form D oder G.

Die Form G der Kegelpfanne unterscheidet sich von der Form D dadurch, daß der Bohrungsdurchmesser der Form G größer ist als der Bohrungsdurchmesser der Kugelscheibe. Im anderen Fall sind beide Bohrungsdurchmesser gleich. Im Bild 16-42 ist die Funktion der Kugelscheibe in Verbindung mit der Kegelpfanne gezeigt.

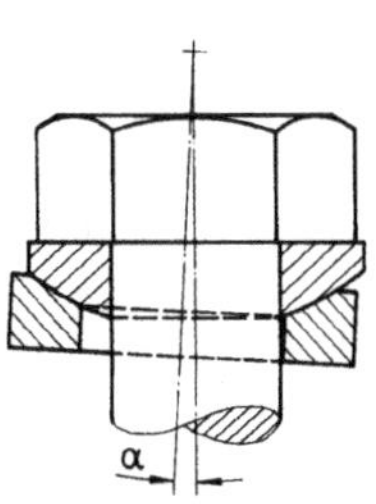

Bild 16-42

Kugelscheibe und Kegelpfanne DIN 6319.
Der maximale Neigungswinkel α beträgt 3°

hat oder ungehärtet ist (eine Spannbolzenbohrung hat) und beim Spannen senkrecht zum Spannbolzen liegt. Die Unterlegscheibe sollte gehärtet sein.

5. Bei größeren Werkstücktoleranzen und dadurch schrägliegenden Spanneisen sind stets Kugelscheiben und Kegelpfannen nach DIN 6319 (Bild 16-41) bzw. die in Bild 16-40 gezeigte Ausführung zu verwenden. Dadurch kommt die Spannmutter gleichmäßig zur Anlage, ohne daß der Spannbolzen (Bild 16-42) verbogen wird.
6. Wenn die werkstückseitige Stirnfläche des Spanneisens nicht freiliegt, sind die Spanneisen mit seitlichen Griffflächen (Bild 16-37) zu versehen. Das Spanneisen kann dadurch leicht zurückgezogen werden.
7. Nach Möglichkeit sollten Rückzugsfedern (Bild 16-36) an den Spanneisen vorgesehen werden. Das Spanneisen wird dann nach Lösen der Spannmutter zurückgezogen.
8. Die Druckflächen von Spannschrauben (Bild 16-39) sind entweder gehärtet auszuführen, oder es sind unter die Druckschrauben gehärtete Unterlegeelemente (auch bei Spannexzentern) vorzusehen, um den Verschleiß zu mindern (Bild 16-39).
9. Die Spannschrauben müssen am Ende abgesetzt werden (Gewindekerndurchmesser minus 0,5 mm), damit die Spannschraube immer ausgeschraubt werden kann, auch wenn das Schraubenende flachgedrückt ist (Bild 16-12).
10. Unter Spanneisen mit Langloch ist stets eine Unterlegscheibe und eine Druckfeder vorzusehen, damit das Spanneisen ständig oben gehalten wird und leicht verschoben werden kann.
11. Nach Möglichkeit sind handelsübliche (Bild 16-72) oder selbstgefertigte Spanneisen (Bilder 16-38 und 16-39) mit einem Spannexzenter zu versehen, um den Spannvorgang zu beschleunigen.
12. An Stelle der Spannmutter sollten Handspannelemente (Abschnitt 16.9) eingesetzt werden, da so „lose Spannelemente" wie Schraubenschlüssel entfallen.

Kraftbetätigte Spanheisenspanner werden in den Abschnitten 26.4 (pneumatisch – Bild 26-4) und 27.3.2 (hydraulisch – Bilder 27-3, 27-7, 27-10, 27-11 und 27-14 bis 27-18) beschrieben und gezeigt.

16.5 Spannhaken als Spannelemente

Spannhaken lassen sich mit Spannmuttern (Bild 16-43), Spannschrauben (Bilder 16-44 bis 16-49), Spannexzentern (Bild 16-50) und Griffen kombinieren und ergeben einfache Spannelemente. Bild 16-51 zeigt einen handelsüblichen Spannhaken.

16.5.1 Richtlinien für die Anwendung und Ausbildung der Spannhaken

Um die Spannhaken wirkungsvoll anwenden zu können, sollten folgende Richtlinien beachtet werden:

1. Spannhaken müssen gegen Verbiegen abgestützt werden (Bild 16-43),

Textfortsetzung s. S. 137

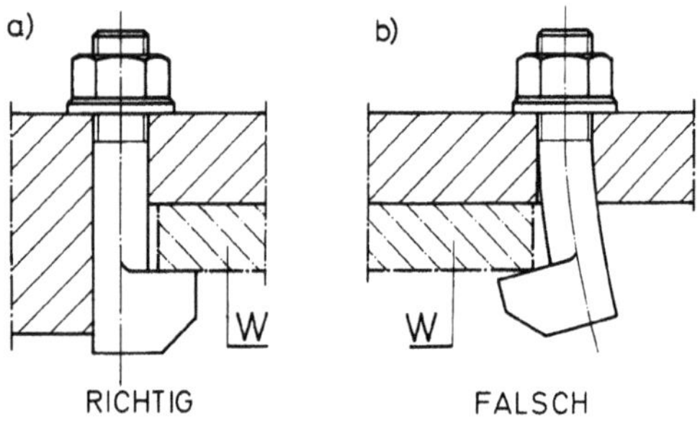

Bild 16-43 Gestaltung der Spannhaken:

a) Spannhaken gegen Verbiegung durch Abstützung geschützt,

b) Spannhaken ohne Abstützung beim Spannen verbogen.

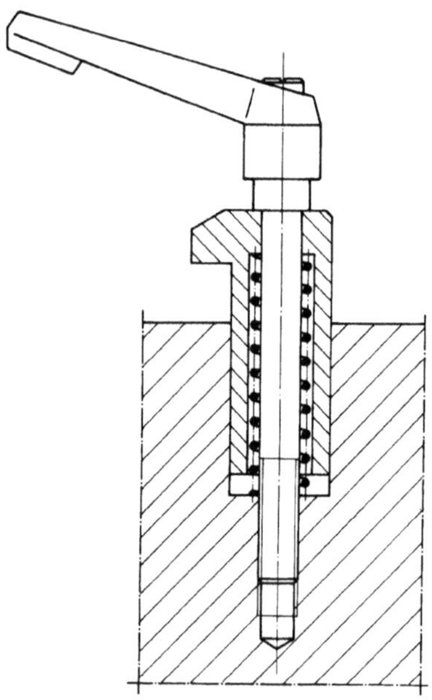

Bild 16-44 Spannhaken mit Druckfeder und verstellbarem Griff (s.a. Bild 16-87).

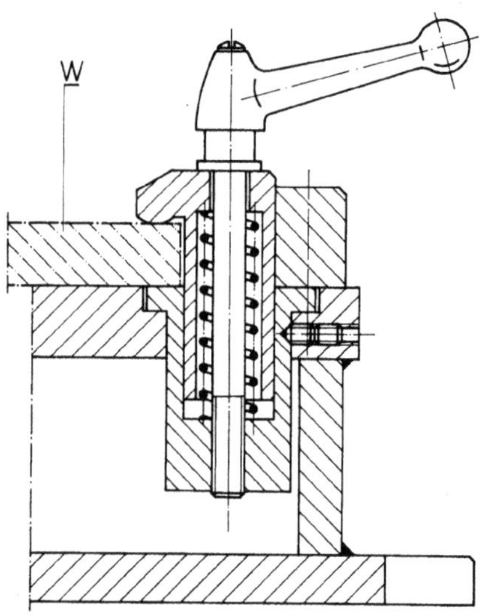

Bild 16-45 Spannhakenelemente als eine Baugruppe komplett einbaubar.

Der Spannhaken ist hinten abgestützt (s.a. Bild 16-43). Die Abstützung dient gleichzeitig als Anschlag für die Begrenzung der Drehbewegung des Spannhakens, also für die Festlegung der Spannlage des Hakens.

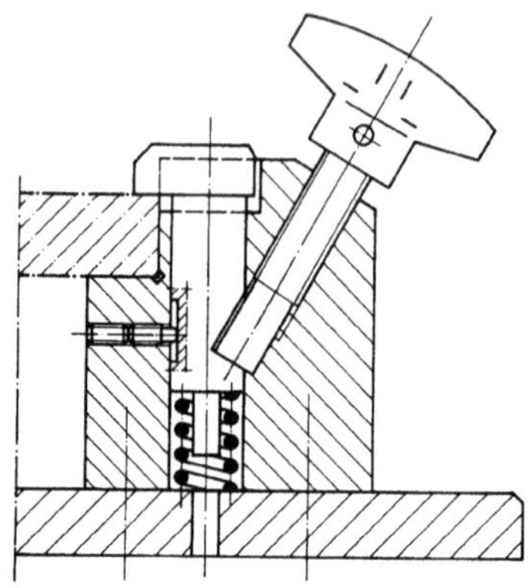

Bild 16-46 Spannhaken mit Spanngriff, schräg betätigt. Die Abstützung dient, wie im Bild 16-45, als Anschlag für die Drehbewegung und somit auch für die Spannlage.

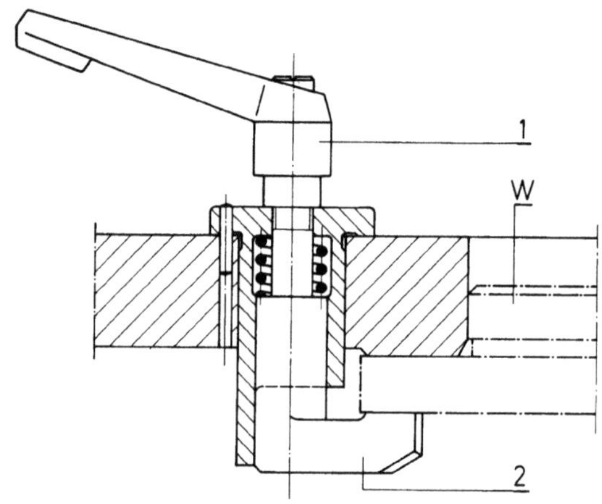

Bild 16-47 Spannhaken als eine Baugruppe komplett einbaubar.

Die Baugruppe wird in den Vorrichtungskörper eingepreßt und mit einem Zylinderstift gesichert. Der Spanngriff ist verstellbar (s. a. Bild 16-43).

1 Spanngriff verstellbar, 2 Spannhaken.

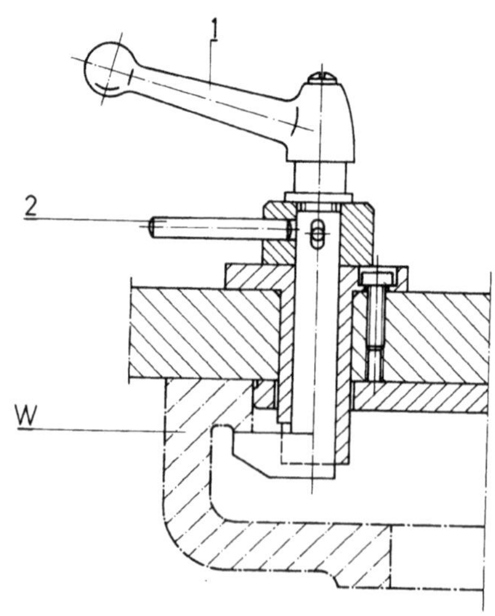

Bild 16-48 Spannhaken als eine Baugruppe komplett einbaubar an den Vorrichtungskörper angeflanscht.

1 Spanngriff, verstellbar, 2 Zylinderstift als Drehelement.

Die hintere Abstützung dient als Spannlageanschlag analog zu den Bildern 16-45 und 16-46.

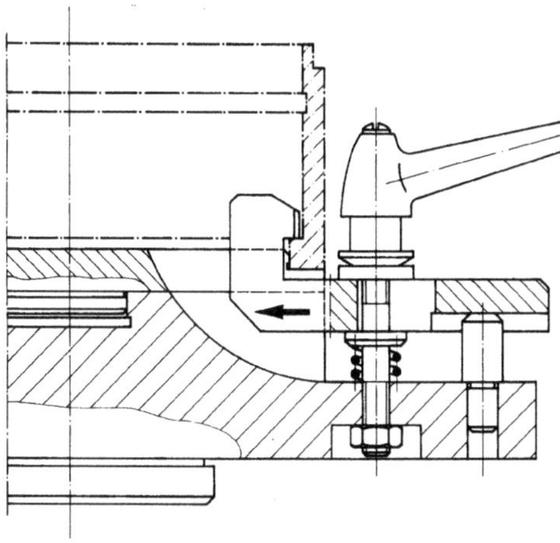

Bild 16-49 Spannhaken in Form eines Spanneisens zum Spannen eines Werkstücks von innen.

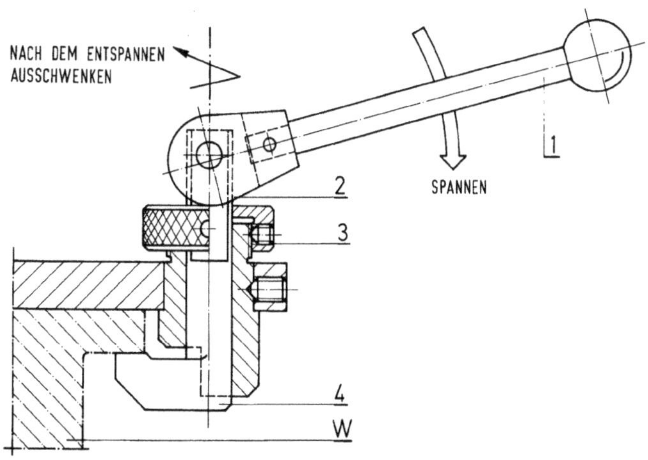

Bild 16-50 Spannhaken mit einem Exzenterspanner.

Nach dem Entspannen dient der Spanngriff als Drehhebel. Die hintere Abstützung dient als Spannlageanschlag.

1 Spanngriff und Drehhebel zugleich, 2 Spannexzenter, 3 einstellbare Auflagefläche des Exzenters in Form einer Mutter, 4 Spannhaken.

2. nach Möglichkeit soll der Hakenkopf schwenkbar sein, damit er beim Entspannen aus dem Werkstückbereich ausgeschwenkt werden kann (Bild 16-50),
3. bei der Kombination des Spannhakens mit Spannexzentern, sollte eine Einstellmöglichkeit des Spannweges des Exzenters (Bild 16-50) vorgesehen werden.

16.6 Keil als Spannelement im Vorrichtungsbau

Im Vorrichtungsbau wird hauptsächlich der einseitig geneigte Keil (Bild 16-52) verwendet. Das unmittelbare Spannen des Werkstücks mit Hilfe eines Keils wird selten angewendet (Schweißvorrichtungen), da einerseits die Werkstückoberfläche beschädigt und das Werkstück verzogen werden kann, andererseits die Gefahr besteht, daß sich der Keil infolge auftretender Schwingungen lösen kann. Hauptsächlich werden Keile angewendet als:

1. Spannkraft-Umlenkungselemente (Bild 16-53) und
2. Spannkraft-Verteilungselemente (Bild 16-54).

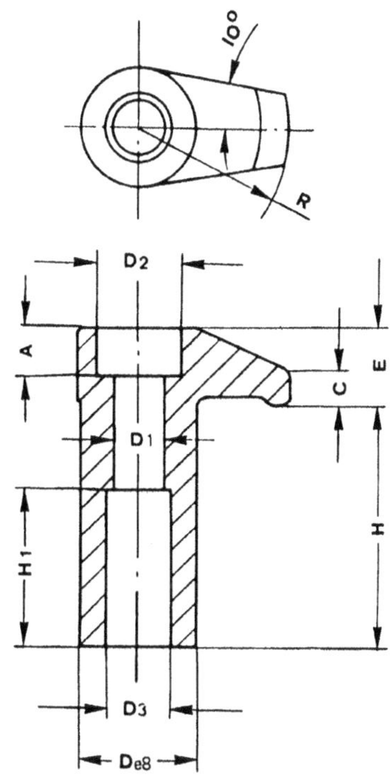

Bild 16-51 Handelsüblicher Spannhaken (Werksnorm).

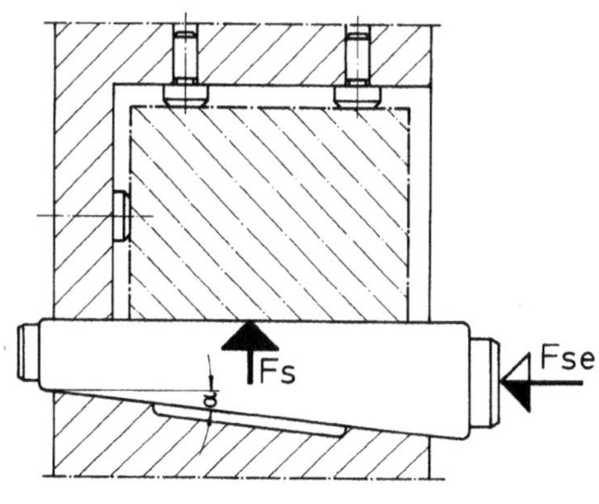

Bild 16-52 Keil als Spannelement (Keilwinkel α – s. Abschnitt 16.6).

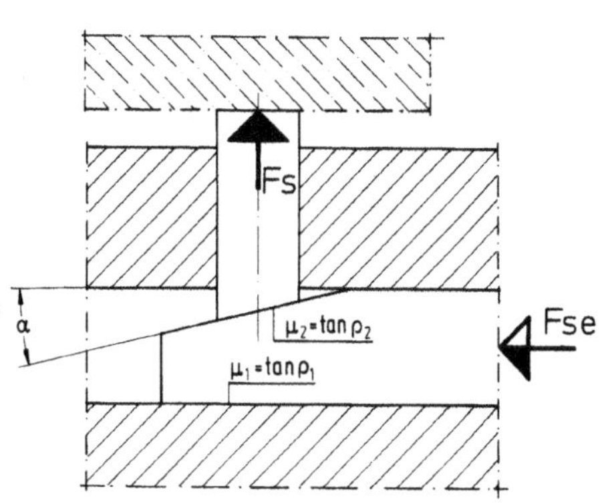

Bild 16-53 Keil als Spannelement und Spannkraft-Umlenkelement (μ_1 und μ_2 sowie α – s. Abschnitt 16.6).

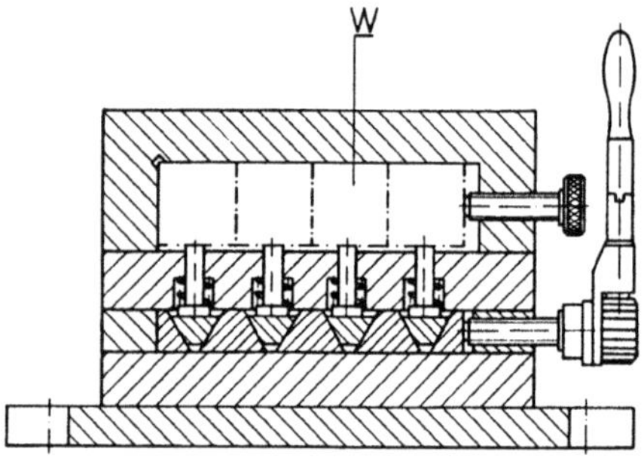

Bild 16-54 Mehrstückspannvorrichtung mit Keilelementen als Spannkraft-Umlenk- und Werkstückhöhen-Ausgleichelemente.

Werkstoffparung	Ruhe-reibungsfaktor μ		Gleitreibungs-zahl ρ	
	trocken	geschmiert	trocken	geschmiert
Stahl auf Stahl	0,15	0,10	0,10	0,05
Stahl auf Grauguß	0,19	0,10	0,18	0,05
Stahl auf Aluminium	0,40	–	0,30	–
Grauguß auf Grauguß	0,30	0,15	0,20	0,12

Bild 16-55 Ruhereibungsfaktor μ und Gleitreibungszahl ρ für Paarungen verschiedener Werkstoffe.

Mit Hilfe eines Keils kann die eingeleitete Spannkraft Fse verstärkt bzw. reduziert werden. Bei hydraulisch oder pneumatisch betätigten Vorrichtungen wird die Selbsthemmung oft unwichtig sein. Bei der Muskelkraftspannung spielt sie dagegen eine wichtige Rolle. Die Selbsthemmung ist gegeben wenn:

$$\alpha \leqq \rho_1 + \rho_2,$$

wobei α Keilwinkel und ρ_1 und ρ_2 Reibungswinkel sind. Für einen einseitig geneigten Keil mit Reibung auf zwei Flächen und $\mu = 0{,}1$ (Ruhereibungsfaktor Stahl auf Stahl, geschmiert) ergibt sich für die Selbsthemmung der Winkel $\alpha \leqq 11°20'$. Für pneumatisch bzw. hydraulisch betätigte Keile wird der Keilwinkel $\alpha \geqq 10°$ gewählt. Die Formeln zur Ermittlung der Spannkraft Fs sind in Beispielen (Bild 16-56) aufgeführt.

16.6.1 Ermittlung der Spannkraft Fs bei Anwendung der Keile als Spannelemente bzw. als Übertragelemente im Vorrichtungsbau

Unter Berücksichtigung der Werkstoffpaarung, des Ruhereibungsfaktors μ und der Gleitreibungszahl ρ (Bild 16-55) lassen sich anhand der Formeln (Bild 16-56) für verschiedene Fälle der Anwendung von Keilen die Spannkräfte Fs als Funktion der eingeleiteten Spannkraft Fse und anderen Parametern ermitteln.

Nr.	Fall	Formel	Erläuterungen
1	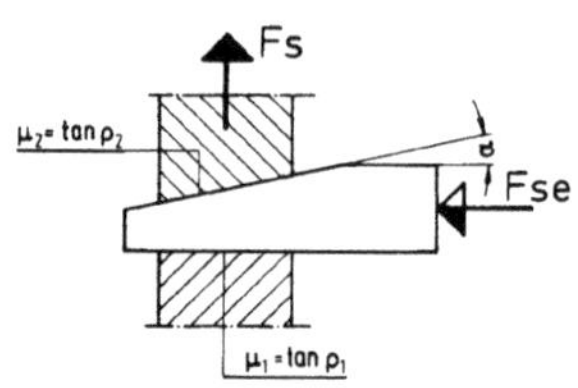	$F_s = \dfrac{F_{se}}{\tan(\alpha + \rho_2) + \tan \rho_1}$	Reibung an zwei Flächen Selbsthemmung: $\alpha \leqq \rho_1 + \rho_2$, für $\mu = 0{,}1 \rightarrow \alpha \leqq 11°$ α / F_s: 5° — $F_s = 3{,}4\ F_{se}$ 10° — $F_s = 2{,}6\ F_{se}$ 45° — $F_s = 0{,}8\ F_{se}$
2	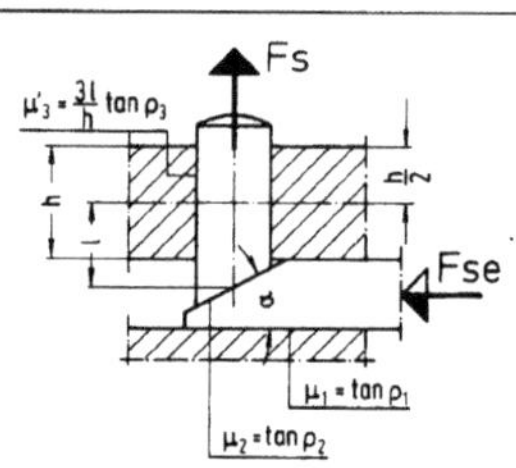	$F_s = F_{se}\dfrac{1 - \tan(\alpha + \rho_1)\dfrac{3l}{h}\tan \rho_3}{\tan(\alpha + \rho_2) + \tan \rho_1}$	Einseitig geführt α / F_s: 5° — $F_s = 3{,}3\ F_{se}$ 10° — $F_s = 2{,}5\ F_{se}$ 15° — $F_s = 1{,}9\ F_{se}$
3	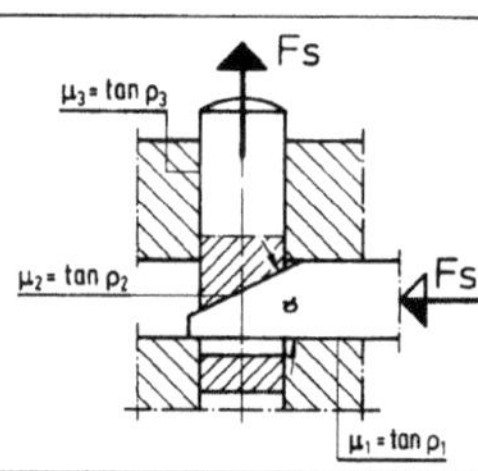	$F_s = F_{se}\dfrac{1 - \tan(\alpha + \rho_2)\tan \rho_3}{\tan(\alpha + \rho_2) + \tan \rho_1}$	Beidseitig geführt α / F_s: 5° — $F_s = 3{,}4\ F_{se}$ 10° — $F_s = 2{,}6\ F_{se}$ 15° — $F_s = 2{,}0\ F_{se}$

Bild 16-56 Berechnungsformeln für die Ermittlung der Spannkraft Fs als Funktion der eingeleiteten Spannkraft Fse und anderer Größen bei der Keilspannung.

Nr.	Fall	Formel	Erläuterungen Formelzeichen, Einheiten usw.
4	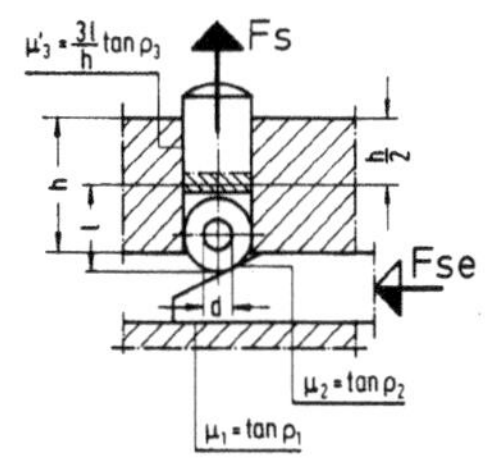	$F_s = F_{se} \dfrac{1 - \tan(\alpha + \rho_{t_2}) \dfrac{3l}{h} \tan \rho_3}{\tan(\alpha + \rho_{t_2}) + \tan \rho_1}$	**Mit Rolle, einseitig geführt** $\tan \rho_{t_2} = \mu \cdot \dfrac{d}{d_r}$ d Bolzendurchmesser d_r Rollendurchmesser α / F_s: 5° : $F_s = 4{,}0\ F_{se}$ 10° : $F_s = 2{,}9\ F_{se}$ 15° : $F_s = 2{,}2\ F_{se}$ wenn: $\dfrac{3l}{h} = 2$, $\dfrac{d}{D} = 0{,}5$
5	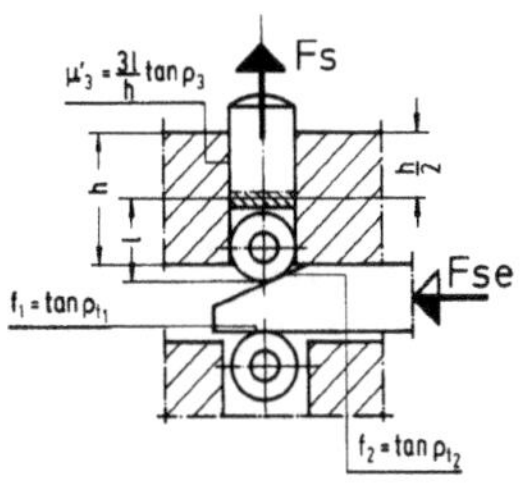	$F_s = F_{se} \dfrac{1 - \tan(\alpha + \rho_{t_2}) \tan \rho_3}{\tan(\alpha + \rho_{t_2}) + \tan \rho_1}$ $f_i = \tan \rho_{t_i} = \mu \cdot \dfrac{d}{d_r}$	**Mit Rolle, beidseitig geführt** $\tan \rho_{t_2} = \mu \dfrac{d}{d_r}$ d Bolzendurchmesser d_r Rollendurchmesser α / F_s: 5° : $F_s = 4{,}1\ F_{se}$ 10° : $F_s = 3{,}0\ F_{se}$ 15° : $F_s = 2{,}3\ F_{se}$ wenn: $\dfrac{3l}{h} = 2$, $\dfrac{d}{D} = 0{,}5$
6	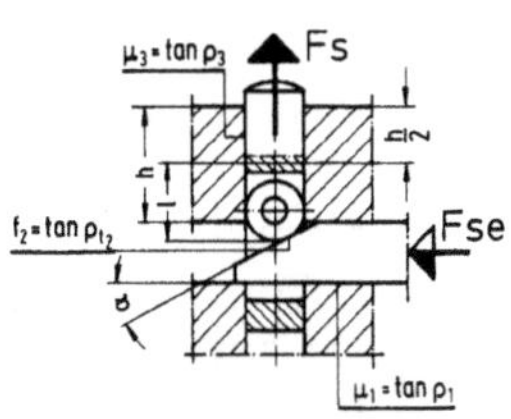	$F_s = F_{se} \dfrac{1 - \tan(\alpha + \rho_{t_2}) \dfrac{3l}{h} \tan \rho_3}{\tan(\alpha + \rho_{t_2}) + \tan \rho_{t_1}}$ f_2 – wie oben	**Mit Rollen, einseitig geführt** $\tan \rho_{t_1} = \mu \dfrac{d}{d_r}$; $\tan \rho_{t_2}$ analog $\tan \rho_{t_1}$ d Bolzendurchmesser d_r Rollendurchmesser α / F_s: 5° : $F_s = 5{,}1\ F_{se}$ 10° : $F_s = 3{,}4\ F_{se}$ 15° : $F_s = 2{,}5\ F_{se}$ wenn: $\dfrac{3l}{h} = 2$, $\dfrac{d}{D} = 0{,}5$
7	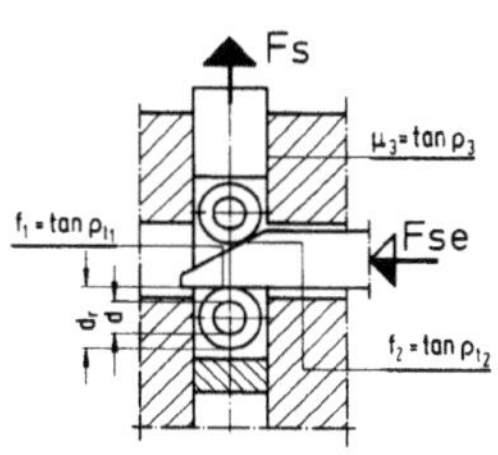	$F_s = F_{se} \dfrac{1 - \tan(\alpha + \rho_{t_2}) \tan \rho_3}{\tan(\alpha + \rho_{t_2}) + \tan \rho_{t_1}}$ f_1, f_2 wie oben (Nr. 5)	**Mit Rollen, beidseitig geführt** $\tan \rho_{t_1} = \mu \dfrac{d}{d_r}$, $\tan \rho_{t_2}$ analog $\tan \rho_{t_1}$ α / F_s: 5° : $F_s = 5{,}2\ F_{se}$ 10° : $F_s = 3{,}5\ F_{se}$ 15° : $F_s = 2{,}6\ F_{se}$ wenn: $\dfrac{3l}{h} = 2$, $\dfrac{d}{D} = 0{,}5$

μ_1, μ_2, μ_3 – Reibungsfaktor $\mu_i = \tan \rho_i \approx 0{,}15$ (Ruhestellung)

μ'_3 – Reibungsfaktor bei einseitiger Führung: $\mu'_3 = \dfrac{3l}{h} \cdot \mu_3$

μ – Reibungsfaktor (Rollenbolzen): $\mu \approx 0{,}15$

f_1, f_2 – Umrechnungsfaktoren (Bewegung): $f_i = \tan \rho_{ti} = \mu \cdot \dfrac{d}{d_r}$

Bild 16-56 (Fortsetzung)

16.7 Schrauben und Muttern als Spannelemente im Vorrichtungsbau

Schrauben und Muttern werden im Vorrichtungsbau hauptsächlich beim starren, (Abschnitt 15.2.2) unmittelbaren und mittelbaren (Abschnitt 15.2.1) muskelkraftbetätigten Spannen (Abschnitt 25.1) eingesetzt. Zahlreiche DIN-genormte Ausführungen von Schrauben und Muttern bieten verschiedene Anwendungsmöglichkeiten als Spannelemente an. Besonders für den Vorrichtungsbau vorgesehene Schrauben und Muttern werden in Kap. 20 besprochen. Für Spannzwecke eignen sich besonders die Sechskantmuttern DIN 6330 (Höhe = 1,5 d) ohne Bund und DIN 6331 mit Bund. Schrauben können als Spannelemente umfangreiche Anwendung finden. Da in den meisten Fällen mit einer schrägen Lage der Mutter zu rechnen ist, ist es empfehlenswert, die Sechskantmuttern DIN 6330 Form B mit einseitiger, kugeliger Auflagefläche in Verbindung mit der Kegelpfanne DIN 6319 (Bild 16-40) oder aber auch die Kugelscheibe in Verbindung mit der Kegelpfanne DIN 6319 (Bild 16-42) zu verwenden.

16.7.1 Festigkeit von Spannschrauben

Grunsätzlich werden Spannschrauben der „Festigkeit 8.8" verwendet. Das bedeutet:

8. Mindestfestigkeit von 800 N/mm^2 und
8 Mindeststreckgrenze (80% von 800) von 640 N/mm^2.

Die „Festigkeit 10" der T-Nutensteine DIN 508 und der Muttern DIN 6330, DIN 6331 und DIN 6334 bedeutet: 10. Mindestprüfspannung von 1000 N/mm^2, d.h., daß die Mutter ohne Beschädigung eine Belastung mit der Mindestzugkraft einer Schraube 10.9 zu übertragen in der Lage ist. Zur Übertragung der Zugkraft einer 8.8 Schraube wäre eine Mutter mit „Festigkeit 8" die normale Kombination. Da von den Nutensteinen und den Spannmuttern neben ausreichender Zugfestigkeit auch eine hohe Verschleißfestigkeit verlangt wird, werden diese in „Festigkeit 10" ausgeführt, was dem gleichen Werkstoff und der gleichen Vergütung wie bei den Schrauben 8.8 entspricht.

Zulässige Vorspannkraft ist die Kraft, die die Schraube auf das Werkstück ausübt, wenn sie so stark angezogen wird, daß die Streckgrenze durch Zug und Torsion bis zu 90 % ausgenutzt sind (Bilder 16-58 und 16-59). Dies gilt bei einer Reibung am Schraubenkopf und im Gewinde von $\mu = 0{,}14$, was einer Reibung bei mittlerer Oberflächenqualität in gefettetem Zustand entspricht. Im Bild 16-57 sind die wichtigsten Daten enthalten. Weiteres s. Lit. [191], [234], [235].

16.7.2 Ermittlung der Spannkraft Fs der Mutter und Schraube als Spannelemente

Beim muskelkraftbetätigten Spannen mit Hilfe der Muttern und/oder Schrauben wird die eingeleitete Spannkraft Fse (Muskelkraft) mit 200 N in die Berechnungsformeln (Bild 16-60/1 bis 6) eingesetzt. In Sonderfällen, wenn der Spannvorgang nicht oft wiederholt wird, muß mit höherem Wert der Muskelkraft gerechnet werden. Bei Festigkeitsberechnungen ist mit einem Wert von 400 N zu rechnen, da diese

Gewinde	Zulässige Schrauben-Zugkraft		Erforderliches Anzugsdrehmoment	
	N	N	N	N
	8.8	10.9	8.8	10.9
M 6	8044	11282	10,3	14,7
M 8	14715	20601	24,5	33,4
M 10	23544	33354	46,1	63,8
M 12	34335	49050	76,5	110,9
M 14	48069	66708	117,7	171,7
M 16	65727	92214	176,6	255,1
M 18	79952	112818	245,3	353,2
M 20	103005	142245	328,6	461,1

Wenn gewünschte Axialkraft kleiner ist als die maximale Belastbarkeit, dann ist auch das Anzugsdrehmoment proportional herabzusetzen
Quelle: Schraubenfabrik Bauer & Schaurte, 4040 Neuss

Bild 16-57 Belastbarkeit von Sechskant- und Innensechskantschrauben der Güte 8.8 und 10.9 für Spannzwecke.

Gewinde		M12	M16	M20	M24
Bruchlast min. (800 N/mm^2)	kN	60,7	126	196	282
Streckgrenze min. (640 N/mm^2)	kN	54	100	157	226
Zulässige Vorspannkraft bei 90 % Streckgrenzenausnutzung und Reibung $\mu = 0{,}14$	kN	38,3	73	114	164
Dafür erforderliches Anziehdrehmoment	Nm	86	210	410	710
Erforderliche Hebellänge zum Erreichen der zulässigen Vorspannkraft mit der üblichen Handkraft	mm	100	125	152	185
Daraus resultierende Vorspannkraft	kN	45	43	42	43
Spannkraft = Kraft des Spanneisens auf das Werkstück durch die zulässige Vorspannkraft bei:					
1. Stellung der Schraube in A	kN	24	48	77	109
2. Stellung der Schraube in B	kN	14	31	46	70

Bild 16-58 Ermittlung der Spannschraubengröße (Muskelkraft Fse als Funktion des Geschlechts des die Vorrichtung bedienenden Person und der Hauptzeit, s. Bild 7-6). Erläuterung s. Bild 16-59.

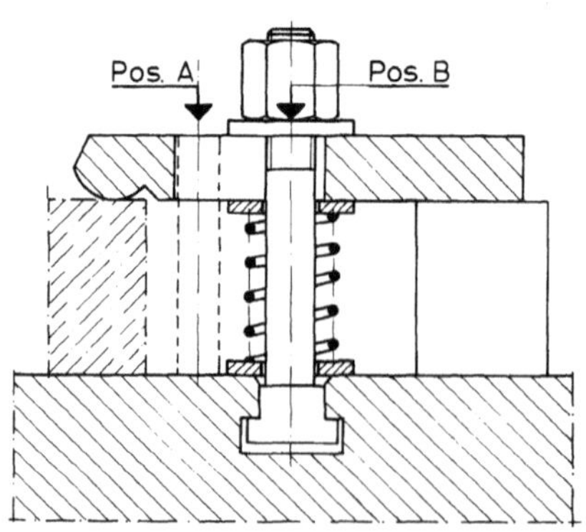

Bild 16-59 Erläuterungszeichnung zur Tabelle in Bild 16-58.

Größe tatsächlich auftreten kann. Alle anderen, in den Berechnungsformeln (Bild 16-60) nicht enthaltenen Werte, sind allgemeinen Werken des Maschinenbaus zu entnehmen.

Nr.	Fall	Formel	Erläuterungen
1	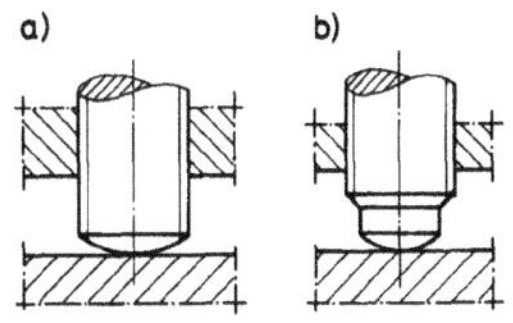	$F_s = \dfrac{F_{se} \cdot l}{r_m \cdot \tan(\alpha + \rho')}$ überschlägig: bei $l = 14$ d $F_s \approx 140\, F_{se}$	Spannschraube (punktförmige Berührung) – Linsenkuppe, Ansatzkuppe r_m mittlerer Gewinderadius l Armlänge der F_{se} α Gewindeneigungswinkel ρ' Reibungswinkel DIN 78
2	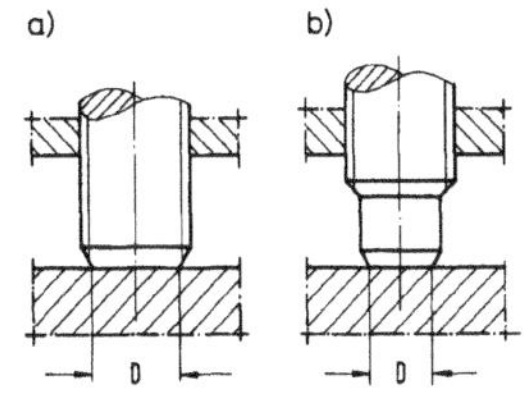	$F_s = \dfrac{F_{se} \cdot l}{r_m \cdot \tan(\alpha + \rho') + 0{,}33\, \mu \cdot D}$	Spannschraube (kreisförmige Berührung) – Kegelkuppe, Zapfen r_m mittlerer Gewinderadius D s. Skizze l Armlänge der F_{se} α Gewindeneigungswinkel ρ' Reibungswinkel μ Reibungsfaktor (0,15) DIN 78
3	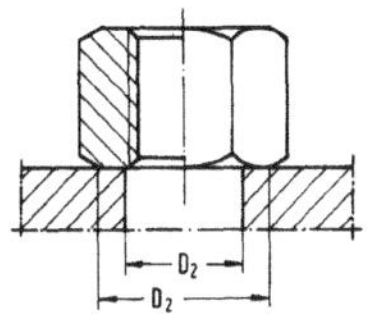	$F_s = \dfrac{F_{se} \cdot l}{r_m \cdot \tan(\alpha + \rho') + \frac{1}{3}\mu \cdot \frac{D_1^3 - D_2^3}{D_1^2 - D_2^2}}$ überschlägig: $F_s \approx 65\, F_{se}$	Spannmutter DIN 6330 $\tan\alpha = \dfrac{h}{2\pi \cdot r_m}$ μ Reibungsfaktor (0,15) $\mathrm{tg}\,\rho' = \dfrac{\tan\rho}{\cos\frac{\beta}{2}} = \dfrac{\mu}{\cos\frac{\beta}{2}}$ h Gewindesteigung D_1 Großer Berührungsdurchmesser D_2 Kleiner Berührungsdurchmesser l Armlänge der F_{se} β Flankenwinkel des Gewindes
4	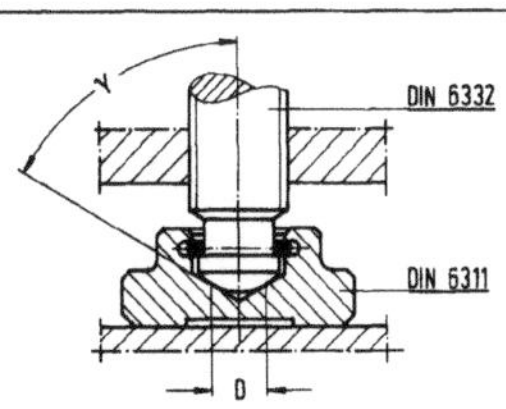	$F_s = \dfrac{F_{se} \cdot l}{r_m \cdot \tan(\alpha + \rho') + \frac{1}{2}\mu D}$	Gewindestift + Druckstück r_m mittlerer Gewinderadius D Berührungsdurchmesser $D = 2 r_p \cos\frac{\gamma}{2}$ $\gamma = 60°$ DIN 6332, DIN 6311,
5	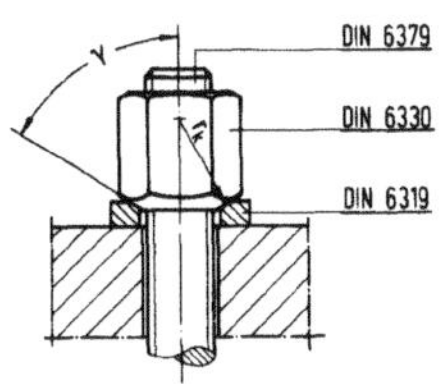	$F_s = \dfrac{F_{se} \cdot l}{r_m \cdot \tan(\alpha + \rho') + r_k \mu \cot\frac{\gamma}{2}}$	Sechskantmutter + Kegelpfanne r_m mittlerer Gewinderadius $\gamma = 60°$ DIN 6330, DIN 6319, DIN 6379
6	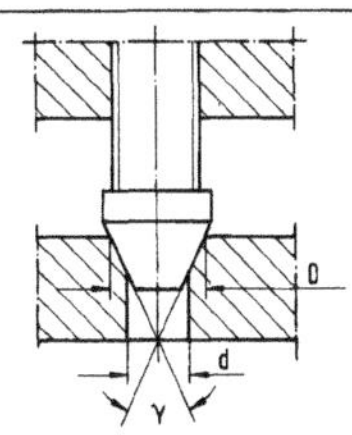	$F_s = \dfrac{F_{se} \cdot l}{r_m \cdot \tan(\alpha + \rho') + \frac{\mu}{3 \sin\frac{\gamma}{2}} \cdot \frac{D^3 - d^3}{D^2 - d^2}}$	Außenkegel in ein Innenkegel $\tan\rho' = \dfrac{\mu}{\cos\frac{\beta}{2}}$ D s. Skizze d s. Skizze γ s. Skizze

Bild 16-60 Berechnungsfälle von Spannelementen mit Gewinde. Fse eingeleitete Spannkraft (s.a. maximale zulässige Handspannkraft Fse für Vorrichtungs-Handspannvorgänge – Bild 7-6), Fs Spannkraft.

16.7.3 Richtlinien für den Einsatz von Schrauben und Muttern als Spannelemente im Vorrichtungsbau

1. Bis etwa M30-Gewinde sollte vorzugsweise Spitzengewinde, darüber hinaus Trapezgewinde, verwendet werden.
2. Die Schwingungsbelastung der Spannelemente erfordert einen wesentlich größeren Querschnitt von Schrauben, als für die Bruchsicherheit erforderlich wäre.
3. Hauptsächlich sind DIN-genormte Schrauben und Muttern zu verwenden.

4. Erfahrungsgemäß kann bei normaler Schlüssellänge eine Schraube mit Gewinde M 10 von Hand abgerissen werden.
5. Hinsichtlich des Gewindeschneidens sollte als Mindestgröße M6 gelten.
6. Stiftschrauben sind gegen Lösen zu sichern, z.B. mit Hilfe einer Gegenmutter (Kap. 65).
7. Grundsätzlich sind Schrauben der Festigkeitsklassen 8.8. (8G) oder 10.9. (10K) anzuwenden.
8. Um die Flächenpressung zu mildern sind Druckstücke DIN 6311 zu verwenden.
9. Es sind Armlängen maximal zwischen 100 mm und 200 mm an Spannhebeln zu wählen und in die Berechnungen einzubeziehen.
10. Der Berührungsdurchmesser der Schraube mit dem Werkstück ist kleiner als der Kerndurchmesser zu wählen, damit beim Dickerwerden des Schraubenendes die Schraube ohne Gewindebeschädigung ausgeschraubt werden kann.
11. Die Aufnahme der Spannkraft soll durch einen festen Bund der Spannschraube (Bild 16-61) erfolgen.

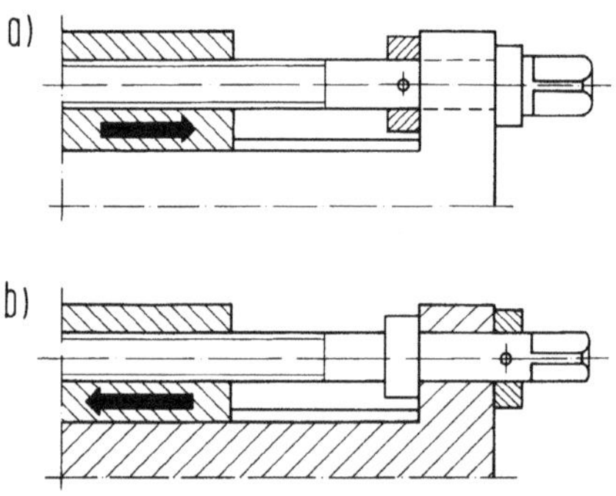

Bild 16-61 Die Aufnahme der Spannkraft Fs soll durch einen festen Bund der Spannschraube erfolgen (s. Abschnitt 16.7.3, Pkt. 11).

a) Die Spannschraube verursacht die Spannkraft Fs nach rechts (Pfeilrichtung). Bei entgegengesetzter Spannkraftrichtung wäre diese Ausführung der Spannschraube falsch.

b) Die Spannschraube verursacht die Spannkraft Fs nach links (Pfeilrichtung). Bei entgegengesetzter Spannkraftrichtung wäre diese Ausführung der Spannschraube falsch.

12. Als Spannmutter sollte die Sechskantmutter DIN 6330 mit der Höhe H = 1,5 d ohne Bund bzw. die Spannmutter DIN 6331 mit Bund verwendet werden.
13. Die Sechskantmutter DIN 6330 mit einseitiger Kugelfläche wird in Verbindung mit der Kegelpfanne DIN 6319 bei möglicher Schräglage der Elemente (Bild 16-40) bzw. mit einer kegeligen Ansenkung im Gegenelement eingesetzt.
14. Bei Einsatz der Spannmutter DIN 6330 ohne Kugelfläche sollten stets Kugelscheibe und Kegelpfanne DIN 6319 (Bild 16-41) verwendet werden. Die maximale Neigungswinkel beträgt dabei 3° (Bild 16-42).
15. Spannschrauben sollen nach Möglichkeit mit DIN- oder werksgenormten Handspannelementen und -griffen (Abschnitt 16.9) eingesetzt werden.
16. Spannschrauben können anhand der Formeln (Bild 16-60) ermittelt werden.
17. In den Bildern 16-57, 16-58 und 16-59 sind die wichtigsten Daten der Spannschrauben angegeben.
18. Lange Spannschrauben müssen durch Blöcke (Bilder 16-62 und 16-63) verkürzt werden.

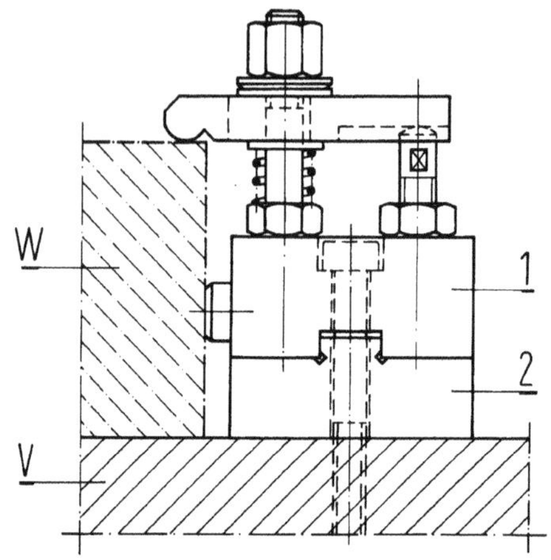

Bild 16-62 Lange Schrauben müssen durch Blöcke verkürzt werden (Abschnitt 16.7.3 – Pkt. 17).

Beispiel: zusammensetzbarer Spannblick mit Spanneisen.

1 Aufsatzblock mit Positionierelement, 2 unterer Block (s.a. Bild 16-63).

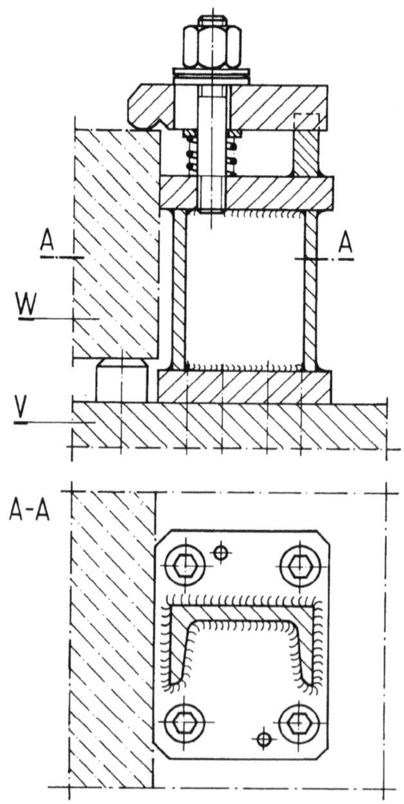

Bild 16-63 Aus U-Profilstahl und Platten geschweißter Spannblock mit Spanneisen.

Dadurch wird die sonst lange Spannschraube verkürzt und nicht auf Biegung beansprucht (s.a. Bild 16-62).

16.8 Spannexzenter und Spannspirale als Spannelemente im Vorrichtungsbau

Im Gegensatz zu anderen Spannelementen weisen Spannexzenter und Spannspiralen wesentliche Vorteile auf, die im Vorrichtungsbau genutzt werden sollten. Es sind:

1. hohe Spannkraft durch große Übersetzung (Bild 16-71),
2. sicheres Spannen (außer bei starken Schwingungen),
3. einfache Bauweise,
4. einfache Handhabung,
5. lange Lebensdauer,
6. Zuverlässigkeit und Robustheit,
7. als Werksnormelemente handelsüblich,
8. einfache Kombinationsmöglichkeit mit anderen Bauelementen wie: Spanneisen, Verschlüsse, Kniehebel, Zugstangen usw.,
9. Kombinationsmöglichkeit mit kraftbetätigten Bauelementen wie pneumatische und hydraulische Zylinder (Bilder 26-25 und 26-26).

Nicht unerwähnt bleiben sollen auch ihre Nachteile:

1. stärkere Erschütterungen können ein Lösen dieser Spanner verursachen,
2. es können nur Werkstücke mit engen Toleranzen gespannt werden,
3. ein elastisches Spannen ist nur in Verbindung mit den unter Pkt. 9 der Vorteile genannten Zylindern möglich,
4. wenn zwischen den Spannflächen des Spanners und des Werkstücks kein Zwischenelement verwendet wird, können Spannmarken infolge hoher Flächenpressung entstehen,
5. sie eignen sich nicht zum Spannen von Werkstücken mit unbearbeiteten Spannflächen,
6. beim Kreisexzenter kann nur ein Teil (meistens 60° oder 90°, Bild 16-68) des zur Verfügung stehenden 180°-Bereichs zum Spannen eingesetzt werden, da der Keilwinkel α in beiden Richtungen der Wendepunkte $\varphi = 0°$ und $\varphi = 180°$ kleiner wird und in diesen Punkten $\alpha = 0°$ ist, so daß keine Selbsthemmung mehr besteht.
7. mit kleiner werdendem Keilwinkel α wächst die wirksame Spannkraft wesentlich an (zwischen $\varphi = 60°$ und $\varphi = 120°$ ist $Fs = f(\varphi) \approx$ const.). Dadurch können Formänderungen am Kreisexzenter oder Bruch der Kreisexzenterwelle auftreten,
8. die Spannspiralen, die die unter Pkt. 1 aufgeführten Nachteile nicht aufweisen, sind gegenüber den Kreisspiralen fertigungstechnisch sehr kostspielig.

Als Spannkurven dieser Spanner kommen in betracht:

1. Kreisspirale (Kreisexzenter),
2. archimedische Spirale und
3. logarithmische Spirale.

Gegenüber den Kreisexzentern haben die schwieriger herstellbaren Spiralen (archimedische und logarithmische Spirale) den Vorteil, daß die Spannwirkung über die gesamte Spannfläche, besonders bei der logarithmischen Spirale, praktisch gleich groß ist. Durch den konstanten Steigungswinkel wird eine konstante Spannkraft unabhängig vom Schwenkwinkel erreicht. Außerdem ist bei gleichem Radius für die Spannfläche der wirksame Hub der Spannspirale größer als der wirksame Hub des Kreisexzenters. Spannspiralen werden nur selten gefertigt und als Spannelemente eingesetzt, es sei denn, daß sie als handelsübliche Spannelemente bezogen werden. Nachstehend wird deshalb nur der Kreisexzenter eingehender besprochen.

16.8.1 Der Kreisexzenter

Beim Kreisexzenter ist für die Kraftübersetzung, den Keilwinkel α und den Spannweg das Maß e (Exzentrizität) maßgebend. Liegen der Drehpunkt O_1 (Bild 16-64a) und der Mittelpunkt des Exzenterkreises O_2 beide auf der senkrechten Achse ($\varphi = 0°$), dann ist $e = 0$, also kein Keilwinkel α vorhanden. In dieser Lage muß bei einem nicht abgeschnittenen Kreisexzenter ein Mindestspiel $S_{min.}$ (min. 0,5 mm) vorhanden sein, damit das Werkstück eingegeben werden kann. Um das Spiel S zu schaffen, kann zwischen $\varphi = 30°$ und 330° (für den Spannbereich 45° ... 135° (Bild 16-65), bzw. zwischen $\varphi = 40°$ und 320° (für den Spannbereich 60° ... 120°) ein Abschnitt geschaffen werden, da diese Bereiche als Spannfläche nicht benutzt werden können. Dabei besteht ein Sicherheitswinkel $\varphi_{s1} = 15°$ bzw. 20° zu den Abschnittspunkten A_1 bzw. A_2, wenn ein Werkstück mit $h_{max.}$ (Bild 16-64b) gespannt wird, wobei eine Schwenkbewegung um $\varphi_1 = 45°$ bzw. 60° notwendig ist. Ein Werkstück mit $h_{mittl.} = h_{max.} - \frac{T_W}{2}$ (Bild 16-64c) sollte bei einem Schwenkwinkel $\varphi_2 = 90°$ gespannt werden. Schließlich sollte ein Werkstück mit $h_{min.} = h_{max.} - T_W$ bei einem Schwenkwinkel $\varphi_3 = 135°$ bzw. 120° (Bild 16-64d) gespannt werden können, wobei ein Sicherheitswinkel $\varphi_{s2} = 45°$ bzw. 60° gewährleistet ist, und ein Auswandern über den Winkel $\varphi = 180°$ sicher verhindert. Zwischen der Werkstücktoleranz T_W, den Schwenkwinkeln φ_1, φ_2 und der Exzentrizität e besteht ein Zusammenhang:

$$e = \frac{T_W}{\cos\varphi_1 + \cos\varphi_{s2}} \quad \text{in mm,} \tag{1}$$

so daß der Wert e ermittelt werden kann. Diese Größe kann man auch bestimmen, indem an Stelle des Winkels φ_{s2} (Sicherheit für Fertigungsungenauigkeit, Verschleiß und Auswanderung) ein Wert von 0,5 T_W unter Berücksichtigung des Mindestspieles $S_{min.}$ eingesetzt wird, da: $2e = S_{min.} + T_W + 0{,}5\,T_W = S_{min.} + 1{,}5\,T_W$ somit:

$$e = \frac{1{,}5\,T_W + S_{min.}}{2} \quad \text{in mm.} \tag{2}$$

Zur Überprüfung der dadurch entstehenden Winkel φ_1 und φ_{s2} werden folgende Formeln benutzt:

$$\cos\varphi_1 = \frac{e - S_{min.}}{e} \tag{3}$$

und

$$\cos\varphi_{s2} = \frac{e - 0{,}5\,T_W}{e} \; . \tag{4}$$

Nach Erhalt dieser beiden Winkel, kann auch der Spannschwenkwinkel φ_W (Spannwirkwinkel φ_W) ermittelt werden da: $\varphi_W = 180° - \varphi_1 - \varphi_{s2}$ ist.

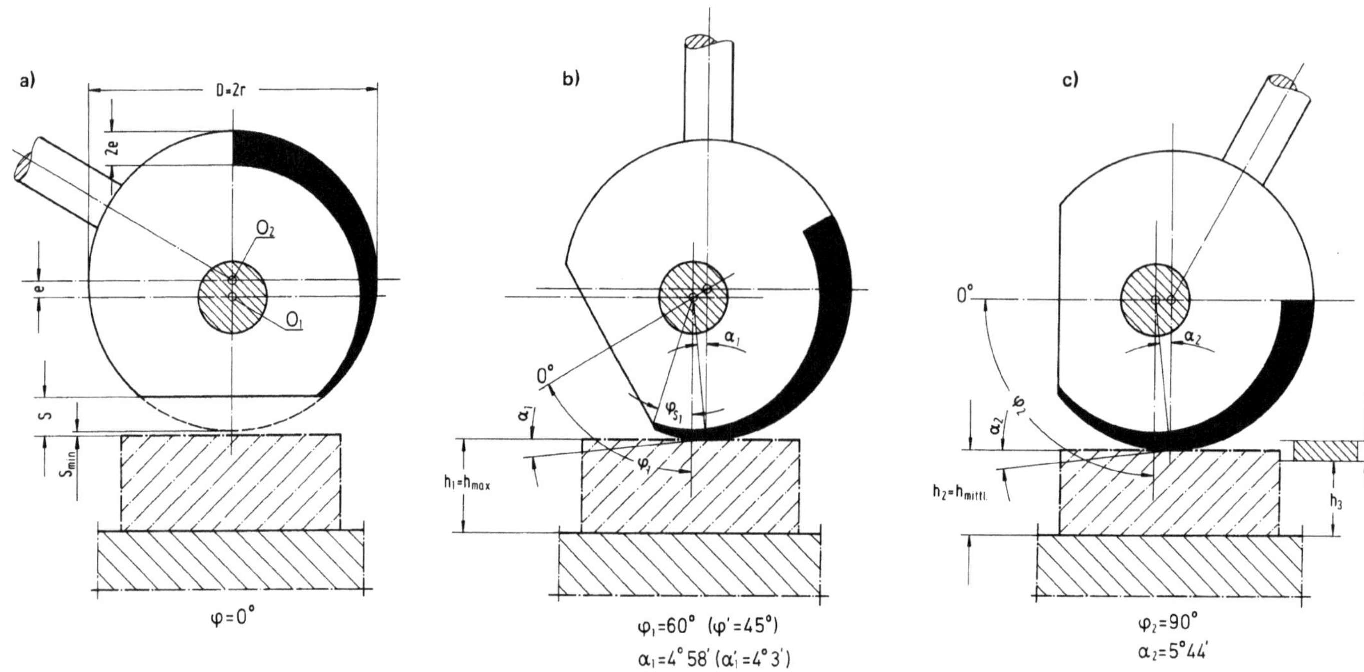

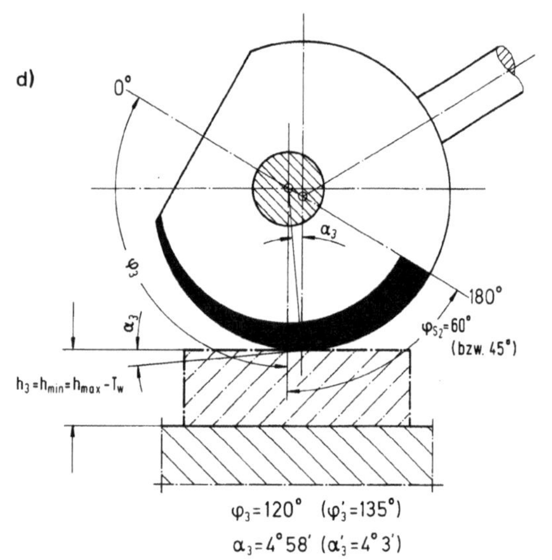

Bild 16-64 Festlegung des Spannbereichs des Kreisexzenters (φ – Schwenkwinkel):

a) Bei $\varphi = 0$ muß ein Mindestspiel $S_{min.}$ (min. 0,5 mm vorhanden sein.

b) Bei $\varphi_1 = 60^\circ$ muß das Werkstück mit $h_1 = h_{max.}$, also auf Maximalmaß gefertigt, gespannt sein.

c) Bei $\varphi_2 = 90^\circ$ muß das Werkstück mit $h_2 = h_{mittl.}$, also auf Mittelmaß gefertigt, gespannt sein.

d) Bei $\varphi_3 = 120^\circ$ muß das Werkstück mit $h_3 = h_{min.}$, also auf Mindestmaß gefertigt, gespannt sein.

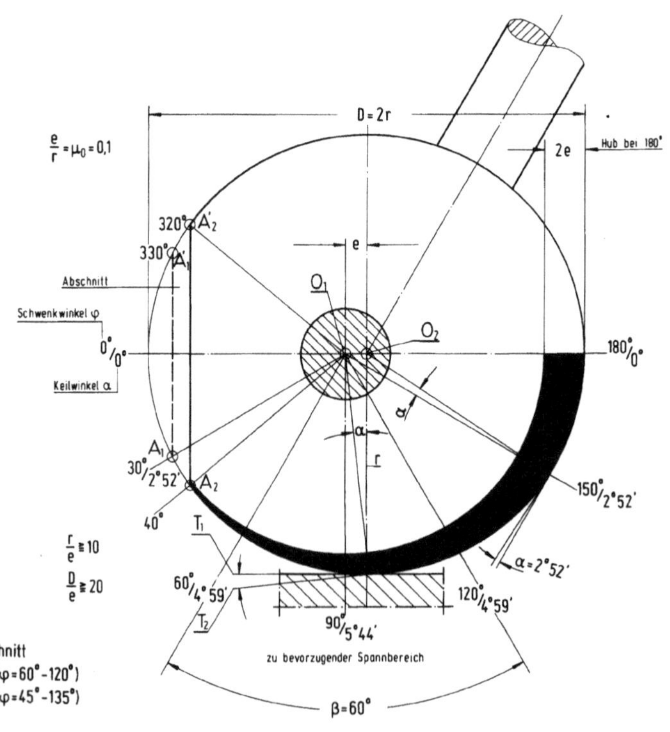

Bild 16-65 Aufstellung der wichtigen Größen des Kreisexzenters.
Die Bezeichnung z.B.: 60/4°59′ bedeutet, daß bei einem Schwenkwinkel $\varphi = 60^\circ$ der Keilwinkel $\alpha = 4^\circ 59'$ beträgt.

16.8.2 Selbsthemmung des Kreisexzenters

Der Keilwinkel α, auch Steigungswinkel α genannt, ist für die Selbsthemmung des Kreisexzenters maßgebend. Um die Selbsthemmung zu erzielen, muß gelten:

$$\mu_0 = \tan\rho_0,$$

μ_0 Reibungsfaktor der Ruhe, und ρ_0 Reibungswinkel der Ruhe.

Der Mittelpunkt O_1 des Kreisexzenters (Bild 16-65) ist vom Mittelpunkt O_2 des Exzenterkreises um den Wert e (Exzentrizität) entfernt. Daraus resultiert der Hub (Steigung) des Spannkeiles, der bei 180° den Wert 2e erreicht. Der Keilwinkel α liegt zwischen den Tangenten T_1 und T_2 und somit ist:

$$\sin\alpha = \frac{e}{r}\cdot\sin\varphi, \qquad (5)$$

e Exzentrizität, r Radius des Exzenterkreises, α Keilwinkel (Steigungswinkel) und φ Schwenkwinkel bedeuten.

Der Reibungsfaktor μ_0 beträgt unter Berücksichtigung, daß zwischen den Reibungsflächen Öl- und Kühlmittel vorhanden sind, $\mu_0 = 0{,}1$. Das entspricht der Selbsthemmung des Kreisexzenters wenn: $\tan\alpha \leqq \mu_0$, also auch $\tan\alpha \leqq 0{,}1$ ist, was einem Wert $\alpha \leqq 5°44'$ entspricht. Das bedeutet, daß der Keilwinkel α, um die Selbsthemmung zu gewährleisten (Bild 16-66), diesen Wert nicht überschreiten darf. Der Keilwinkel α erreicht das Maximum (Bild 16-68) wenn: $\varphi_{\alpha\max.} = 90° - \alpha_{\max.}$ ist. Der Kreisexzenter ist selbsthemmend, wenn die Selbsthemmung bei $\alpha_{\max.}$ gegeben ist, d.h., daß diese vorhanden ist, wenn $\frac{e}{r} \leqq \mu_0$ und bei $\mu_0 = 0{,}1$ ist $e \leqq 0{,}1\cdot r$ oder $\frac{r}{e} \geqq 10$ bzw. $\frac{D}{e} \geqq 20$. So auch:

$$\boxed{\tan\alpha = \frac{e\sin\varphi}{r - e\cos\varphi} \leqq \mu_0.} \qquad (6)$$

Daraus kann auch der Keilwinkel α als Funktion der verschiedenen Parameter ermittelt werden.

Der Hub an einem beliebigen Punkt kann als Funktion des Schwenkwinkels φ ermittelt werden:

$$h_\alpha = e(1 - \cos\varphi) \quad \text{in mm.} \qquad (7)$$

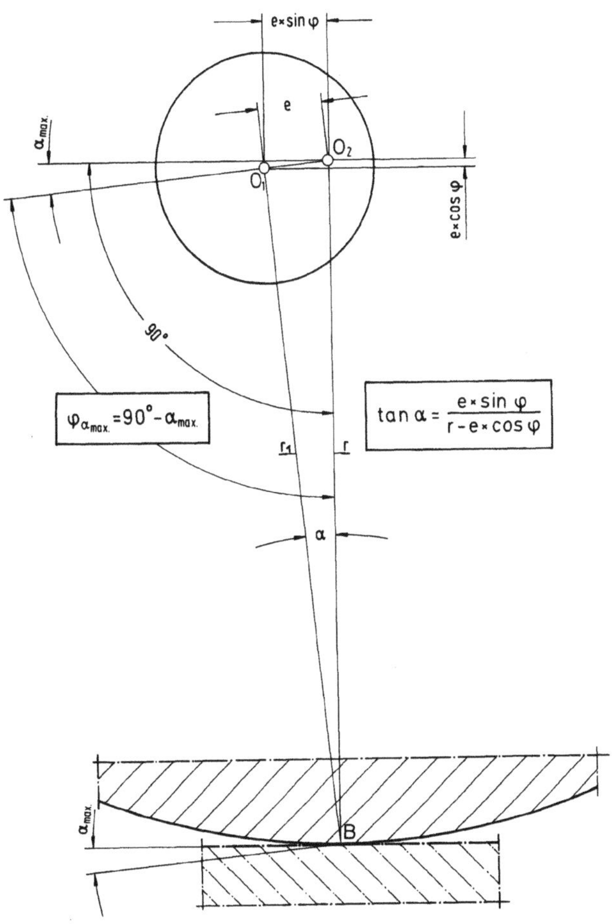

Bild 16-66 Darstellung zum Text über Selbsthemmung des Kreisexzenters (Abschnitt 16.8.2).

16.8.3 Ermittlung der Spannkraft Fs des Kreisexzenters

Um die Spannkraft Fs (Bild 16-67) an einem beliebigen Punkt des Kreisexzenters zu ermitteln, geht man von der Annahme einer Keilwirkung des Kreisexzenters aus:

$$\boxed{Fs = \frac{F_{se}\cdot l}{[\tan(\alpha+\rho) + \tan\rho_1]\cdot r_1}} \quad \text{in N,} \qquad (8)$$

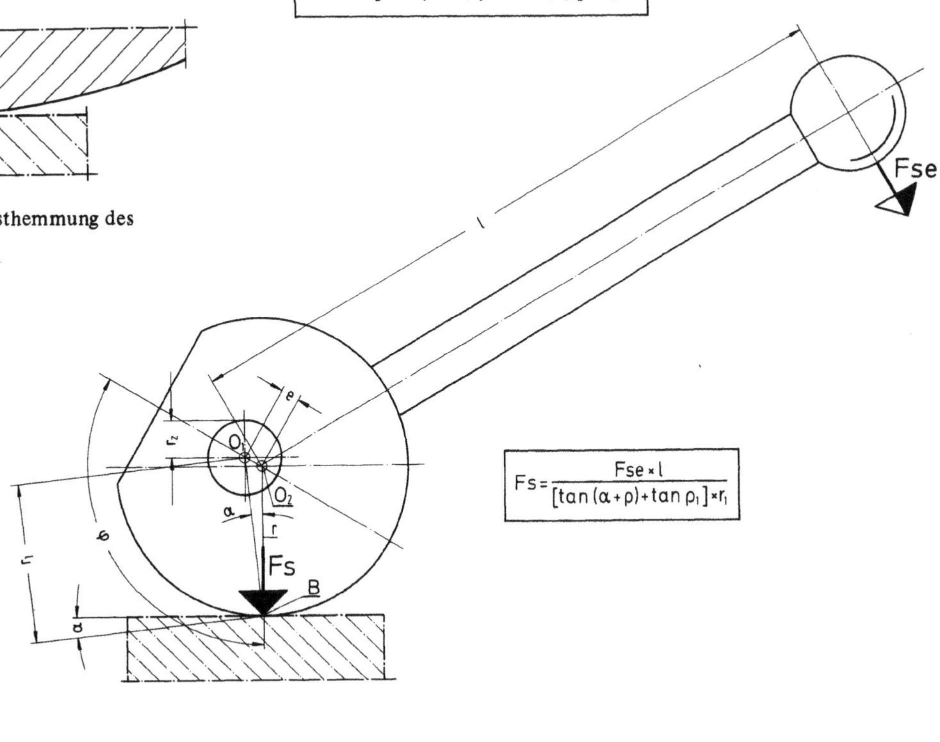

Bild 16-67

Darstellung zur Ermittlung der Spannkraft des Kreisexzenters (Abschnitt 16.8.3).

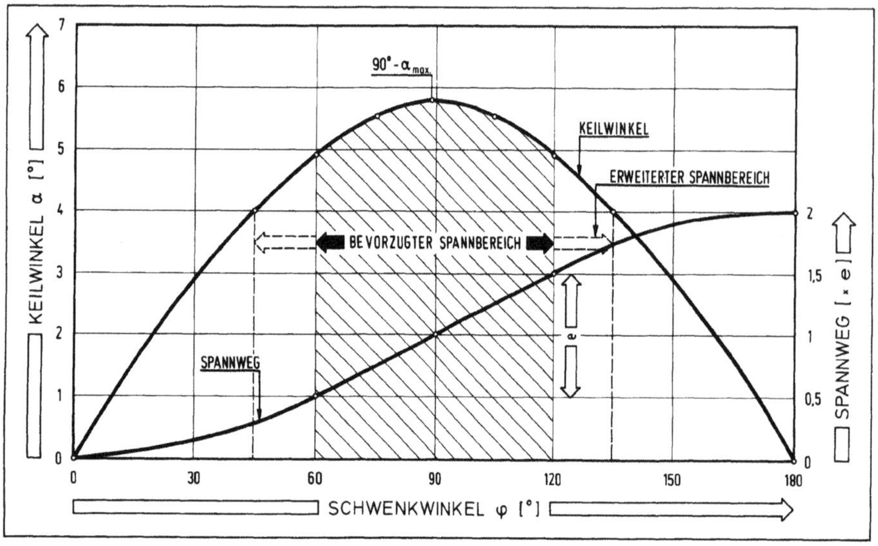

Bild 16-68

Keilwinkel α und Spannweg als Funktion des Schwenkwinkels φ beim Kreisexzenter.

F_{se} eingeleitete Spannkraft (Handkraft) (N), l Hebellänge (mm), ρ Reibungswinkel (Kreisexzenter – Werkstück) (°), ρ_1 Reibungswinkel (Exzenterzapfen – Kreisexzenter) (°), r_1 Abstand als Funktion von α aus BO_2O_1 (Bild 16-67) ermittelt (mm), α Keilwinkel (°).

Bei einer überschlägigen Annahme von 10 % Reibungsverlust am Exzenterzapfen kann man näherungsweise die Spannkraft F_s ermitteln:

$$F_s = \frac{0{,}9 \cdot F_{se} \cdot \frac{l}{r}}{\tan(\alpha + 2\rho)} \quad \text{in N,} \qquad (9)$$

F_{se} eingeleitete Spannkraft (Handkraft) (N), r Radius des Exzenterkreises (mm), *l* Hebellänge (mm), α Keilwinkel (°), ρ Reibungswinkel (Kreisexzenter – Werkstück) (°).

Berechnung nach *Mauri* [8] (Kraftübersetzung):

$$\boxed{\frac{F_s}{F_{se}} = \frac{l}{e + \mu_1 \cdot r_1 + 1{,}03 \cdot \mu_2 \cdot \frac{d}{2}}} \quad \text{in N} \qquad (10)$$

F_s Spannkraft (N), F_{se} eingeleitete Spannkraft (Handkraft) (N), l Hebellänge (mm), e Exzentrizität (mm), μ_1 Reibungsfaktor (Kreisexzenter – Werkstück), μ_2 Reibungsfaktor (Kreisexzenter – Zapfen), r_1 Abstand O_1B (Bild 16-66) (mm), d Zapfendurchmesser (mm).

Der Wirkungsgrad kann ermittelt werden, indem man das Ergebnis durch das Ergebnis nach Formel: $F_s/F_{se} = l/e$ (Kraftübersetzung ohne Reibung) dividiert. Im Durchschnitt beträgt der Wirkungsgrad 32 bis 39 %.

16.8.4 Ermittlung des Zapfendurchmessers

Der Zapfenradius r_z (Bild 16-67) kann ermittelt werden:

$$r_z \geqq \frac{2\,e}{\pi \cdot \sin\rho_1} \quad \text{in mm,} \qquad (11)$$

e Exzentrizität (mm), ρ_1 Reibungswinkel (°).

16.8.5 Ermittlung der Breite des Kreisexzenters

Die Breite b des Kreisexzenters wird unter Berücksichtigung der zulässigen Flächenpressung $q_{zul.}$ anhand der Formel:

$$b \geqq \frac{F_s}{2 \cdot r \cdot q_{zul.}} \quad \text{in mm} \qquad (12)$$

ermittelt, wobei

F_s Spannkraft (N), r Radius des Exzenterkreises (mm), $q_{zul.}$ zulässige Flächenpressung (N/mm^2) (entsprechend dem verwendeten Werkstoff einsetzen).

16.8.6 Richtlinien für die Gestaltung der Kreisexzenter

Um die Funktion eines Kreisexzenters zu gewährleisten, ist folgendes zu beachten:

1. Die Selbsthemmung (Abschnitt 16.8.2) muß gesichert sein.
2. Das Werkstück ist gegen eine feste Anlage in Spannrichtung des Exzenters zu spannen.
3. Die am Exzenter auftretenden Kräfte (Zerspankräfte) dürfen nicht in Öffnungsrichtung des Exzenters wirken.
4. Der Spannbereichswinkel β (Bild 16-65) ist auf 60° bzw. 90° (ausgenommen Zugexzenter mit max. 30° aus Konstruktionsgründen) zu begrenzen.
5. Falls die Exzentrizität e nach Formel (1) ermittelt wird, Winkel φ_1 und φ_2 nach Formeln (3) und (4) überprüfen.
6. Die VDI-Richtlinie 2027 Blatt 4.33 enthält Konstruktionsmaße für Kreisexzenter auf der Bedingung $D/e \geqq 20$ [18].
7. In die Konstruktionslösung sollte die Möglichkeit der Ein- und Nachstellung (Bilder 16-72b, 16-76, 16-79 und 16-80) vorgesehen werden.
8. Zwischen der Kreisexzenter-Spannfläche und dem Werkstück sollte ein Zwischenelement vorgesehen werden, damit das Entstehen von Verschleiß vermieden bzw. verzögert wird (Bild 16-75).
9. Nach Möglichkeit sollten handelsübliche Exzenterformelemente (Rohlinge) oder fertige Exzenter mit Hebel (Bild

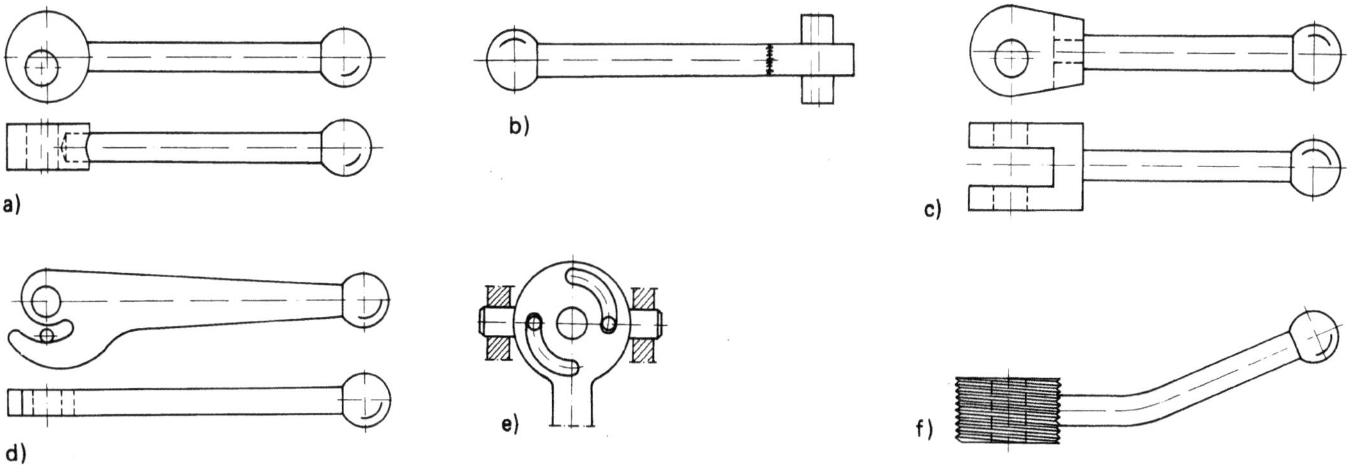

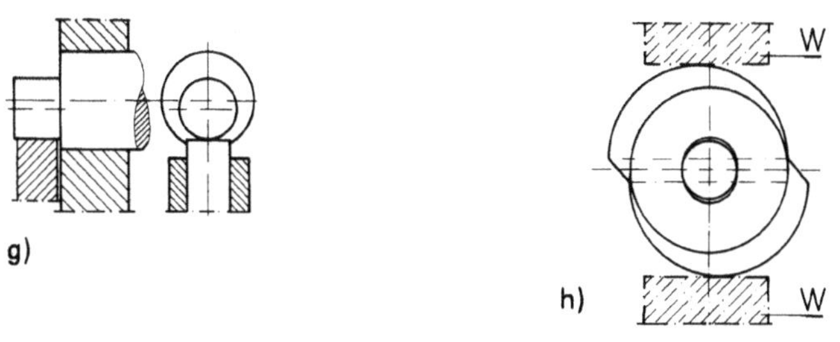

Bild 16-69 Verschiedene Ausführungen der Kreisexzenter:
a) Druckexzenter, b) Zapfenexzenter, c) Gabelexzenter, d) Zugexzenter, e) Doppelschlitzexzenter, f) Gewindeexzenter, g) Exzenterwelle, h) Doppeldruckexzenter.
(Wichtig: Spiel im Bild h) muß vorhanden sein, da sonst nur ein Werkstück gespannt wird – analog zum Bild 16-83.)

16-71) bzw. Exzenter mit Spanneisen (Bild 16-72) verwendet werden.

10. Selbstgefertigte Exzenter sollten auf 56-60 HRC gehärtet werden.

16.8.7 Arten und Konstruktionsbeispiele der Kreisexzenter

Je nach Ausbildung unterscheidet man:

1. Druckexzenter (Bild 16-69a, b, f und Bild 16-70a),
2. Zugexzenter (Bild 16-69d),
3. Exzenterwelle (Bild 16-69g),
4. Schlitz-Doppelexzenter (Bild 16-69e), und
5. Doppel-Druckexzenter (Bild 16-69h),
6. Gabel-Druckexzenter (Bild 16-69c und Bild 16-70b).

Konstruktionsbeispiele und Anwendungsmöglichkeiten der Spannexzenter sind in den Bildern 16-73 bis 16-83 gezeigt. Handelsübliche werksgenormte Kreisexzenterelemente sind in den Bildern 16-70 bis 16-72 aufgeführt.

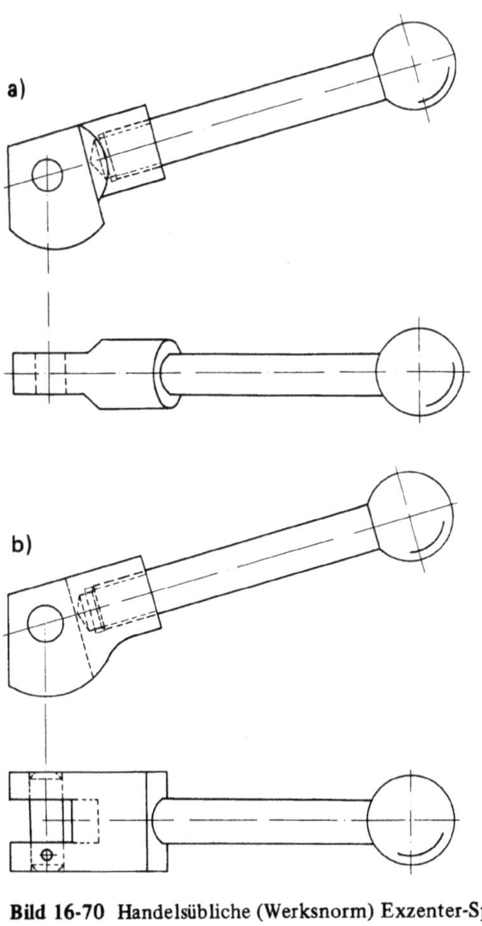

Bild 16-70 Handelsübliche (Werksnorm) Exzenter-Spannelemente:
a) Druckexzenter, b) Gabelexzenter.

16.9 Elemente für das Bedienen, Bewegen der Vorrichtung und für das starre Spannen des Werkstücks

Unter der Überschrift „Bedienteile für Spannzeuge – Übersicht“ sind in der DIN-Norm 6324 genormte Handbedienelemente wie Kugelköpfe nach DIN 319, Ballengriffe nach DIN 39 und 98, Kugelgriffe nach DIN 6337, Kegelgriffe nach DIN 99, Keulengriffe nach DIN 830, Kreuzgriffe nach DIN 6335, Sterngriffe nach DIN 6336, Handkurbeln nach DIN 468 und 469, Flügelmuttern nach DIN 315, Rändelmuttern nach DIN 6303 und 6307 sowie Handräder nach DIN 950 zusammengefaßt. Außerdem aufgeführt sind die dazugehörenden Elemente wie Gewindestifte nach DIN 6332 und Druckstücke nach DIN 6311. Weiteres s. Lit. [106], [107], [108], [270], [279], [289].

EXZENTERHEBEL einfach

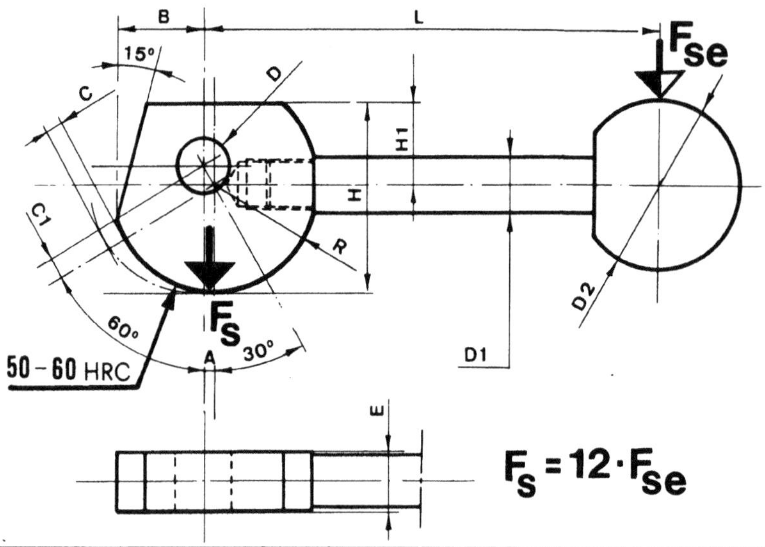

D H_{11}	E h_{11}	R	C	C1	A	L	B	H	H_1	D_1	D_2	⏚g
8	9	16	2,8	3,2	1,6	80	13,5	28	12	8	25	65
10	12	20	3,5	4	2	100	17	35	15	10	32	100
12	14	26	4,5	5,2	2,6	125	22	44	18	10	32	130

Werkstoff Exzenter 36 Ni Cr 6
Ausführung brüniert und geschliffen Kugel aus Kunststoff

EXZENTERHEBEL doppelt

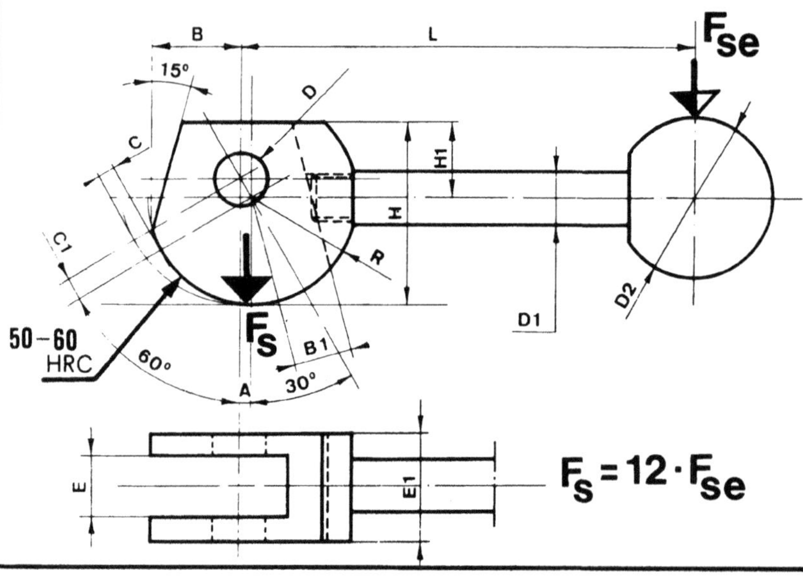

D H_{11}	E H_{11}	E_1	R	C	C_1	A	L	B	B_1	H	H_1	D_1	D_2	⏚g
8	9	16	16	2,8	3,2	1,6	80	13,5	9	28	12	8	25	70
10	12	20	20	3,5	4	2	100	17	11	35	15	10	32	110
12	14	25	26	4,5	5,2	2,6	125	22	12,7	44	18	10	32	150

Werkstoff Exzenter 36 Ni Cr 6
Ausführung brüniert und geschliffen Kugel aus Kunststoff

Bild 16-71
Handelsübliche (Werksnorm) Exzenter-Spannelemente.

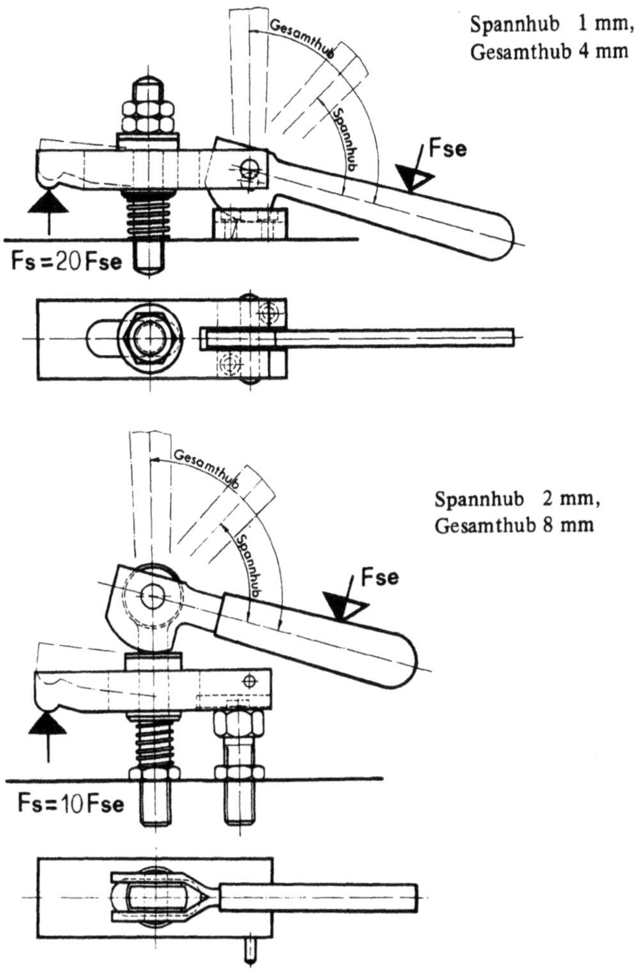

Bild 16-72 Handelsübliche (Werksnorm) Spanneisen mit Exzenterspannung.

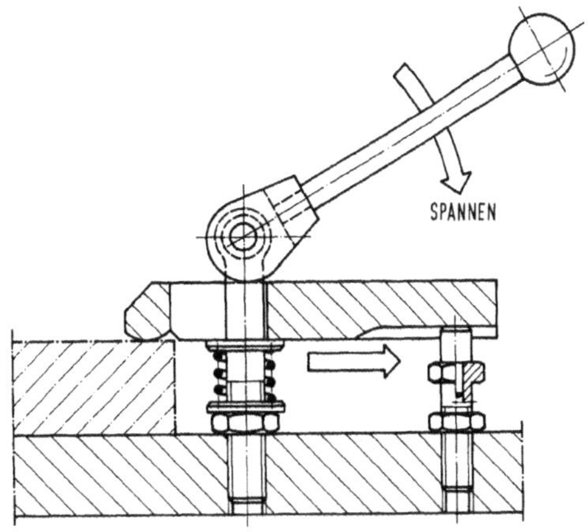

Bild 16-74 Spanneisen mit Exzenterspannung.

Die Spannexzenter-Winkellage wird mit der Augenschraube und Gegenmutter eingestellt. Die Höhe der Stütze kann auch verstellt und festgestellt werden.

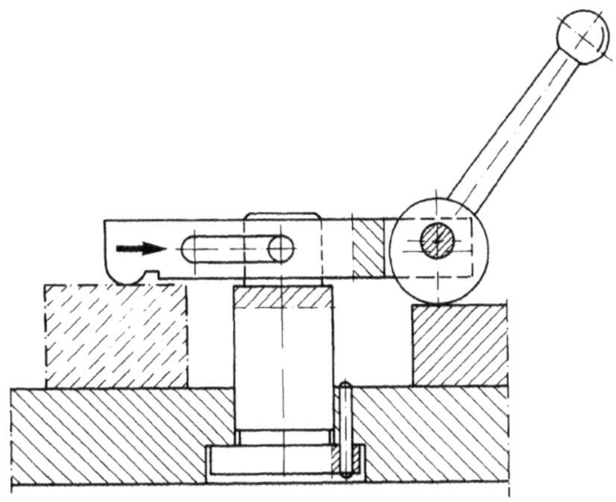

Bild 16-75 Spanneisen mit Exzenterspannung.

Der Spannhebel dient nach dem Entspannen auch als Rückzugs- und Vorschubhebel. Die Exzentereinstellung erfolgt mit Hilfe des Auflageblocks (rechts).

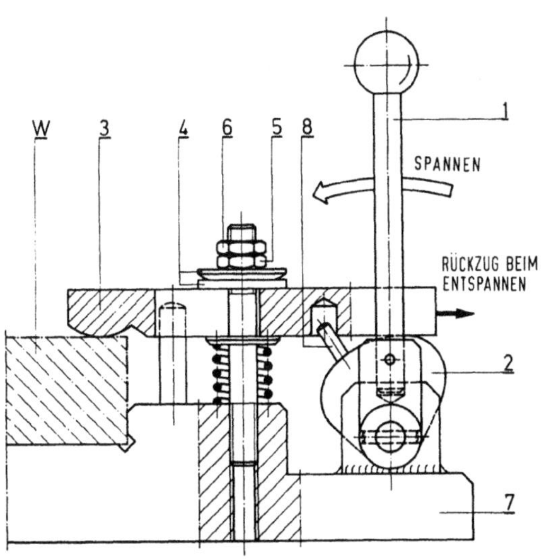

Bild 16-73 Spanneisen mit Exzenterspannung und selbsttätigem Rückzug beim Entspannen.

1 Spannhebel, 2 Exzenter, 3 Spanneisen, 4 Kugelscheibe und Kegelpfanne DIN 6319, 5 Einstellmutter, 6 Feststellmutter, 7 Vorrichtungskörper, 8 Rückzugsstift.

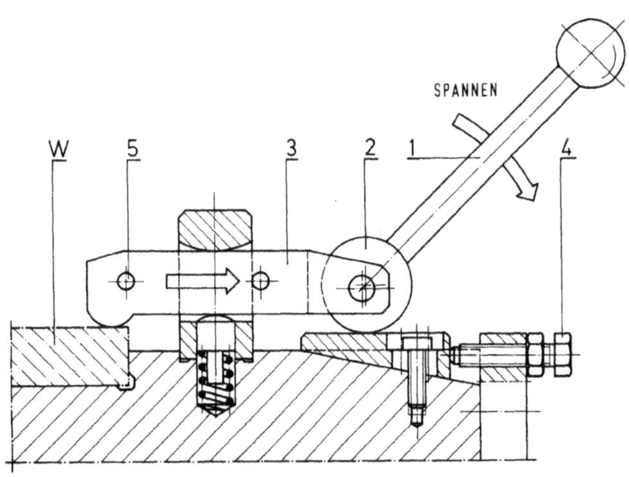

Bild 16-76 Spanneisen mit Exzenterspannung.

Der Spannhebel dient auch als Rückzugs- und Vorschubhebel im entspannten Zustand für das Spanneisen. Mit Hilfe des Keils wird der Exzenter eingestellt und seine Lage mit der Gegenmutter gesichert.

1 Spannhebel, 2 Exzenter, 3 Spanneisen, 4 Einstellschraube mit Gegenmutter, 5 Begrenzungsstift.

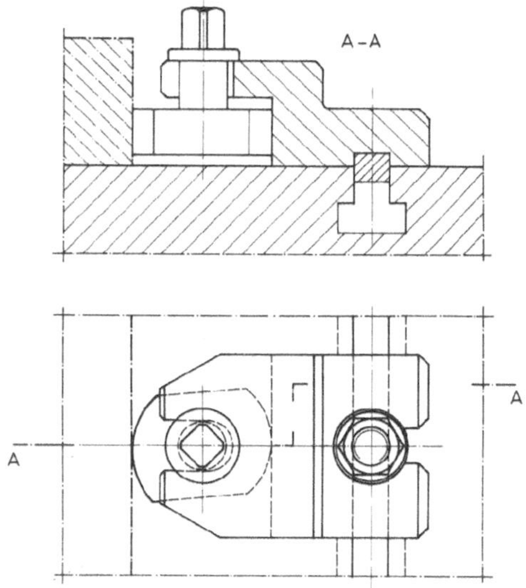

Bild 16-77 Doppelexzenter als Spanner für flache Werkstücke.

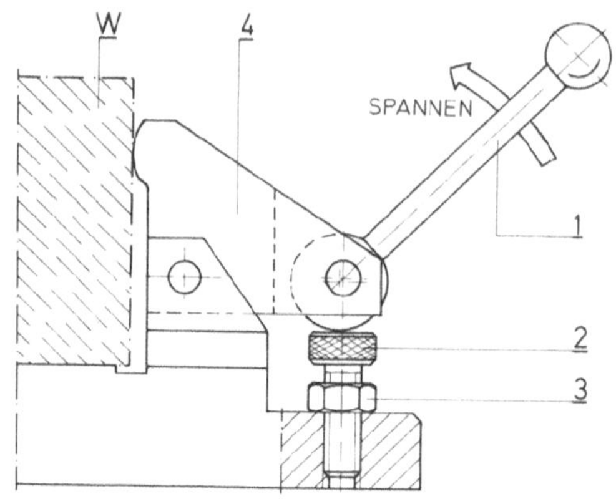

Bild 16-80 Spannexzenter zum Spannen eines Werkstücks von der Seite.
1 Spannhebel, 2 Einstellschraube, 3 Feststellmutter, 4 Übertragelement.

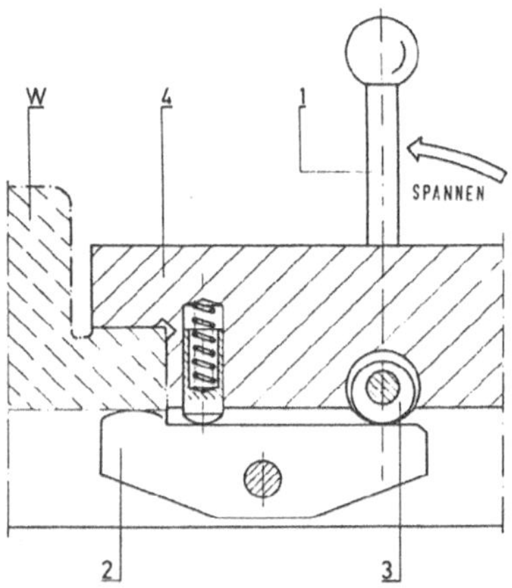

Bild 16-78 Spannen eines Werkstücks von unten mit einem Exzenter und einem Übertragelement.
1 Spannhebel, 2 Übertragelement (Abschnitt 16.2), 3 Kreisexzenter, 4 Spannelement.

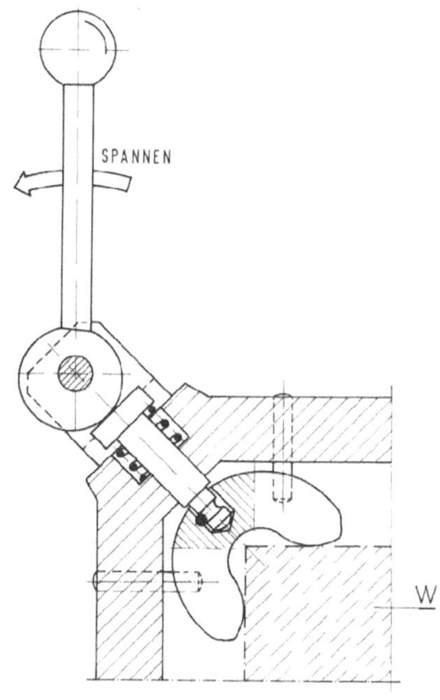

Bild 16-81 Diagonales Spannen eines Werkstücks mit Hilfe der Exzenterspannung und eines Übertragelements. Die Zylinderstifte dienen lediglich als Führungselemente des Übertragelements.

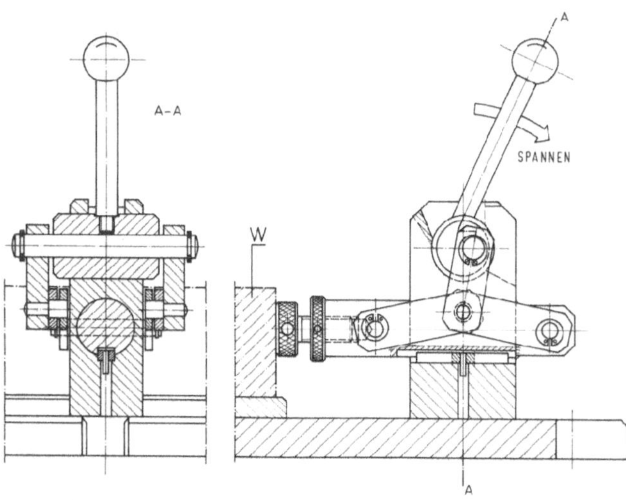

Bild 16-79 Spannexzenter in Verbindung mit einem Kniehebelspanner zum Spannen des Werkstücks von der Seite.

16.9.1 Elemente für die Bedienung und Bewegung der Vorrichtung

16.9.1.1 DIN- und werksgenormte Bedien- und Bewegelemente

In den Bildern 16-84 bis 16-91 sind die im Vorrichtungsbau am meisten eingesetzten DIN- und werksgenormten (s. Lieferantenverzeichnis, Abschnitt 80.4) Bedien- und Bewegelemente dargestellt. Durch Kombination dieser Elemente untereinander (Bild 16-89) ergeben sich fertige Bedien- bzw. Handspannelemente. Eine besondere Beachtung verdienen werksgenormte Griffe und Hebel mit einer Kerbverzahnung (Bild 16-87), die sich besonders für den Vorrichtungsbau eignen, da einerseits

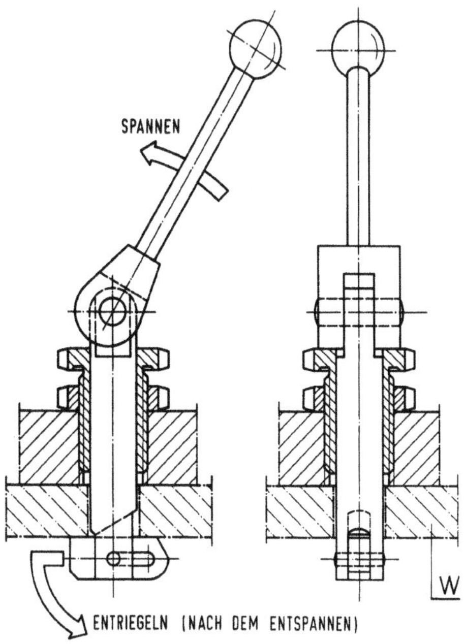

Bild 16-82 Spannen des Werkstücks mit Hilfe eines Exzenters und eines verschiebbaren und umlenkbaren Riegels. Die Einstellung des Exzenters erfolgt mit Hilfe der gesicherten Buchse.

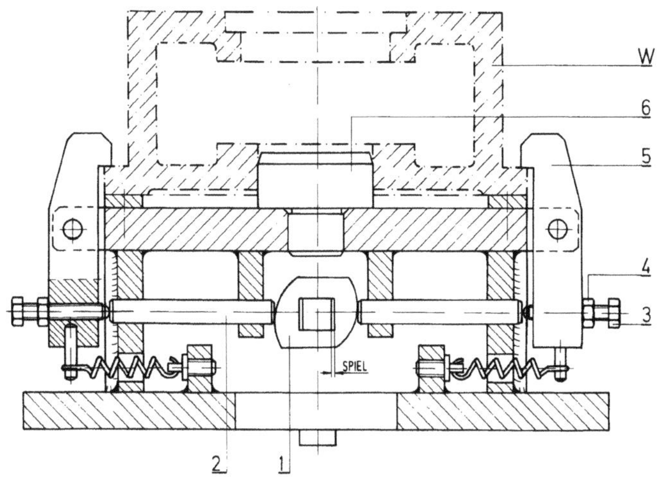

Bild 16-83 Vorrichtung mit Doppelexzenter und Übertragelementen.

1 Doppelexzenter, 2 Übertragbolzen, 3 Einstellschraube, 4 Feststellmutter, 5 Spanneisen, 6 Zentrierbolzen.

Achtung! Das Spiel muß vorhanden sein, um die Werkstücktoleranzen auszugleichen.

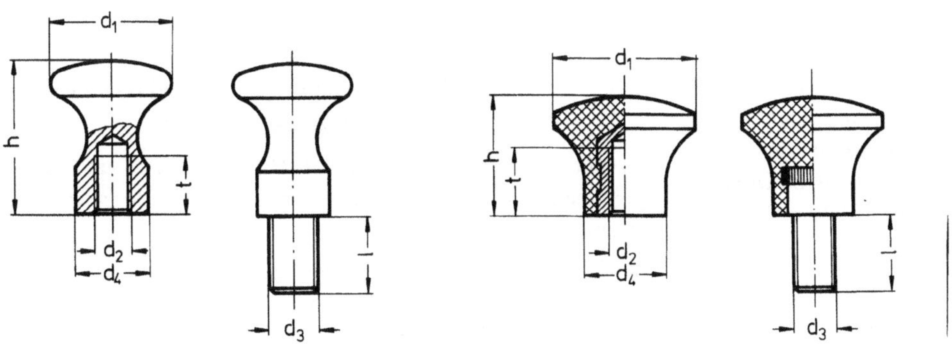

Bild 16-84
Flache Knöpfe und Pilzgriffe (Werksnorm).

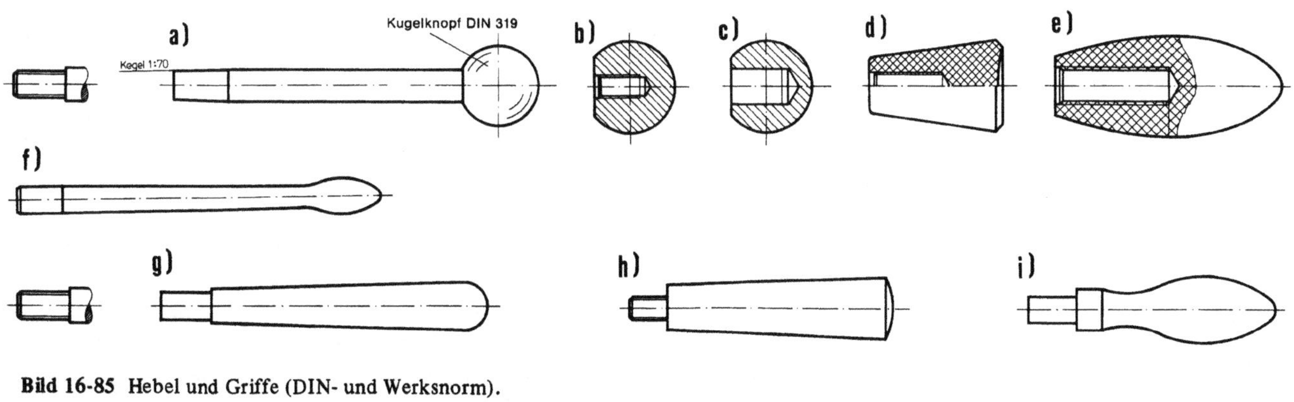

Bild 16-85 Hebel und Griffe (DIN- und Werksnorm).

a) Griffstange, b) Kugelknopf DIN 319 Form C (mit Gewinde), c) Kugelknopf DIN 319 Form K (mit Bohrung H7), d) Konusknopf, e) Aufsteckgriff, f) Keulengriff DIN 830, g) Kegelquergriff, h) Konusgriff, i) fester Ballengriff DIN 39 (drehbarer Ballengriff DIN 98). Wenn nicht mit DIN bezeichnet, handelsüblich (Werksnorm).

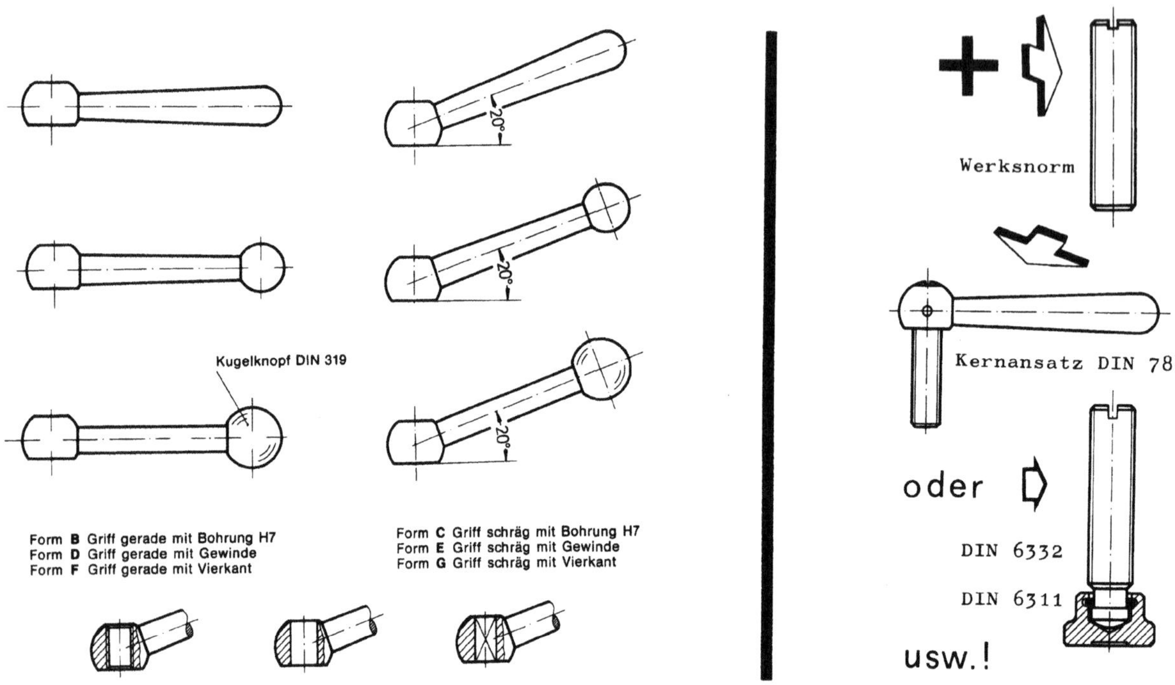

Bild 16-86 Kombinationen der Griffe.
Kegelgriff DIN 99 Form M (gerade mit Gewinde), Kegelgriff DIN 99 Form N (schräg mit Gewinde), Knebelgriff gerade, Knebelgriff schräg, Kugelgriff DIN 6337 Form M gerade mit Gewinde und Kugelgriff DIN 6337 Form N schräg mit Gewinde, mit Kernansatz DIN 78 bzw. mit Gewindestift mit Druckzapfen DIN 6332 sowie Druckstück DIN 6311 ergeben verschiedene Spannelemente.
Wenn nicht mit DIN bezeichnet, handelsüblich (Werksnorm).

die Grifflage in jede gewünschte Richtung eingestellt werden kann (Fa. Ganter: drücken des Hebels, Fa. Kipp: ziehen des Hebels – s. Lieferantennachweis) und andererseits die Drehbewegung innerhalb kleiner Winkel durch Ausrasten, Drehen und Einrasten, durchgeführt werden kann. Diese Elemente sind in verschiedenen Formen und Werkstoffen (Zink-Druckguß und Kunststoff) lieferbar.

16.9.1.2 Werksgenormte und selbstgefertigte Griffe

Um eine Vorrichtung bewegen (drehen, wenden) zu können und infolge der Zerspankräfte auftretende Drehmomente zu bewältigen und ein Hochziehen der Vorrichtung zu vermeiden, werden entsprechende Griffe, meistens Bügelgriffe benötigt. Verschiedene Griffe sind als Werksnormelemente (Bilder 16-92 bis 16-99) handelsüblich. In den Bildern 16-96 bis 16-99 sind Maße und Ausführungsarten von selbstgefertigten Bügelgriffen aufgeführt. Oft werden DIN-genormte Kugelgriffe DIN 39 in Verbindung mit runden Hebeln (Bild 16-85a) kombiniert und ergeben einfache Handhabungselemente.

16.9.2 DIN- und werksgenormte Handspannelemente

Neben den bereits genannten Elementen gibt es DIN- und werksgenormte Elemente, die untereinander kombiniert (Bild 16-100) Handspannelemente ergeben. Für kleinere Vorrichtungen eignen sie sich als Spannelemente und für größere als Befestigungs-, Schließ- und andere Betätigungselemente.

In den Bildern 16-101 und 16-102 sind alle wichtigen DIN- und werksgenormten Bedien- und Handspannelemente zusammengefaßt.

16.9.3 Richtlinien für die Gestaltung und den Einsatz der Bedien- und Handspannelemente

Bei der Gestaltung und dem Einsatz der Bedien- und Handspannelemente an Vorrichtungen sollten folgende Richtlinien beachtet werden:

1. Die Bedienelemente müssen gefahrlos bedient werden können (Abschnitte 7.2.2 und 7.2.3).
2. Ihre Form muß nach ergonomischen Gesichtspunkten (Abschnitt 7.1) gestaltet werden.
3. Ihre Größe bzw. Länge (Hebellänge) muß der aufzuwendenden Kraft entsprechen.
4. Die Bedienelemente müssen auch gefahrlos bei laufenden Werkzeugen bedient werden können.
5. Die im Abschnitt 7.2.1 aufgeführten Hinweise, besonders die Punkte 1, 2, 3, 5, 6, 7, 8 und 10 sind zu beachten.
6. Es sind DIN- bzw. werksgenormte Bedienelemente vorzuziehen (Abschnitt 16.9.1).
7. Die Bedien- und Handspannelemente sind gegen Lockern bzw. Losdrehen zu sichern.
8. Selbstgefertigte Bedien- und Handhabungselemente müssen glatte Oberfläche und abgerundete Kanten aufweisen.
9. Die Bedienelemente sollten an Stellen angebracht werden, an denen sie am besten zugänglich sind.
10. Die Bedienelemente dürfen nicht mit Kühl- und Schmierstoffen benetzt werden.

Textfortsetzung auf S. 157

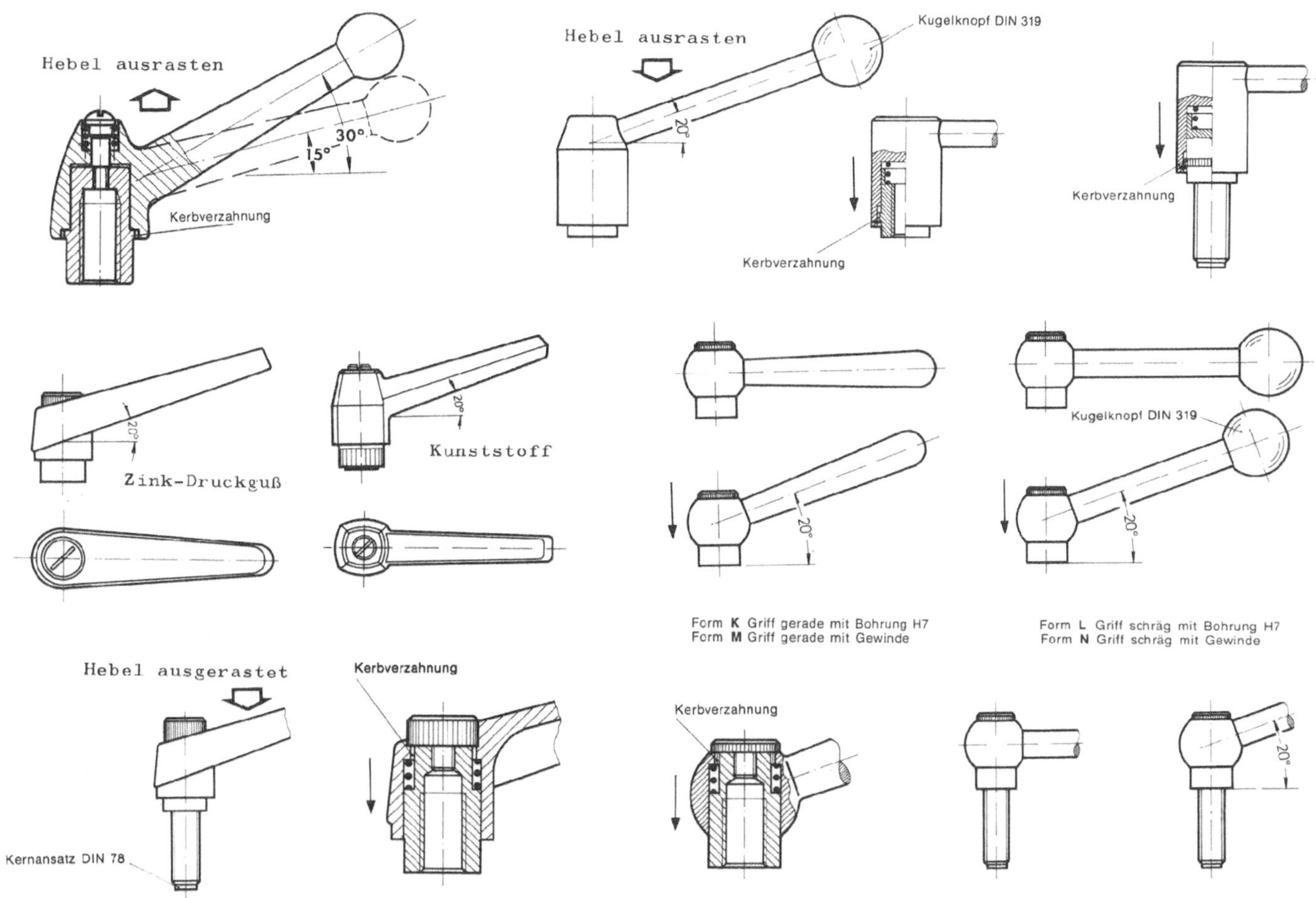

Bild 16-87 Handelsübliche (Werksnorm) verstellbare Spannhebel. Es gibt zwei Ausführungen:

1. Hebel mit nach oben ausrastbarem Handgriff (ziehen) und 2. Hebel mit nach unten ausrastbarem Handgriff (drücken).

Eine Außen- und eine Innenverzahnung erlaubt bei beiden Ausführungen die Einstellung jeder beliebigen n-ten (n Anzahl der Zähne) Lage des Hebels.

Anmerkung:

Nach oben ausrastende Hebel – Hersteller: Heinrich Kipp Werk Spanntechnik – Normalemente, 7247 Sulz-Holzhausen

Nach unten ausrastende Hebel – Hersteller: Otto Ganter & Co. KG Normteilefabrik, 7743 Furtwangen/Schwarzwald.

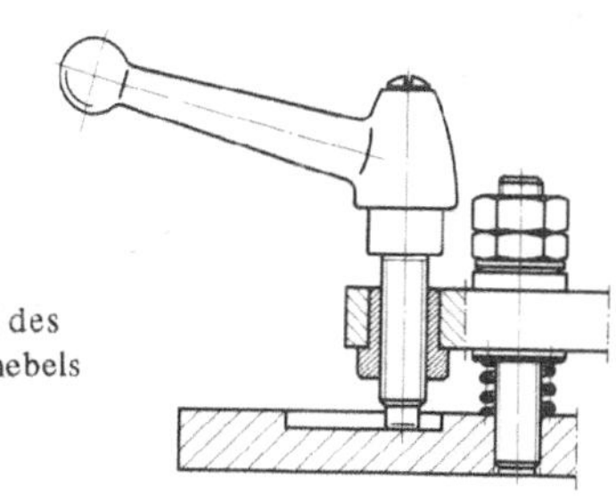

Bild 16-89

Anwendungsbeispiel des verstellbaren Spannhebels (Bild 16-87).

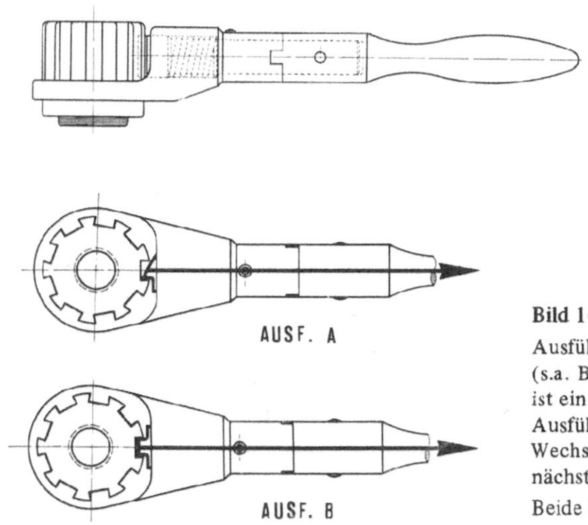

Bild 16-88 Handelsübliche (Werksnorm), schwere Spannhebel.

Ausführung A zum „Ratschen“, geeignet für freistehende Muttern (s.a. Bild 19-3). Beim Wechsel der Spannrichtung bzw. zum Entspannen ist ein Umsetzen des Hebelgriffs um 180° erforderlich.

Ausführung B für begrenzten Spannraum. Der Hebelgriff wird beim Wechsel der Spannrichtung nicht umgesetzt. Zum Einrasten in die nächste Nut muß der Hebelgriff herausgezogen werden.

Beide Griffe sind in acht Größen (M12 bis M52) lieferbar.

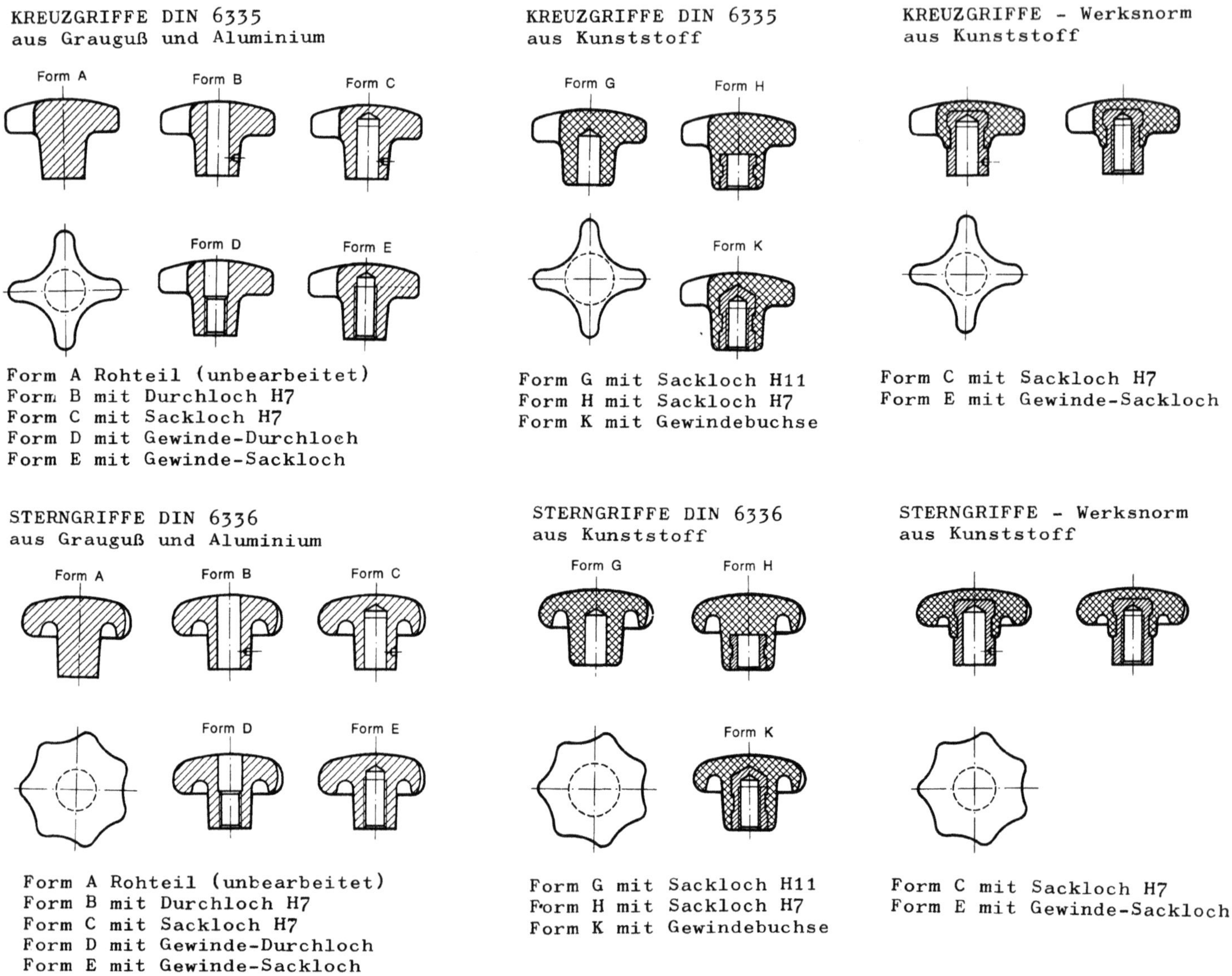

Bild 16-90 Arten der DIN- und werksgenormten Kreuz- und Sterngriffe.

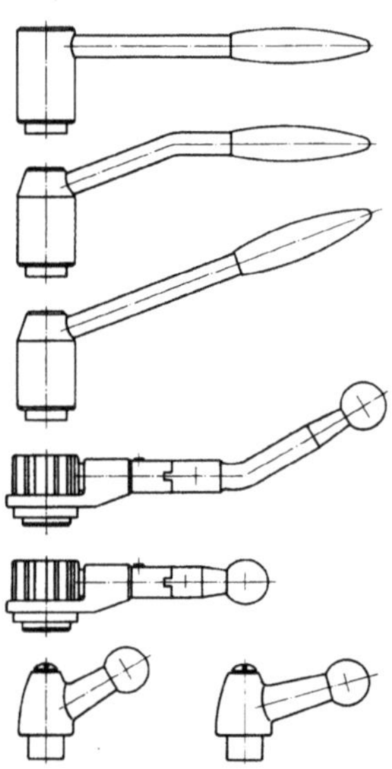

Bild 16-91
Verschiedene Sonderausführungen der Spannhebel.
Auf Sonderbestellung lieferbar.

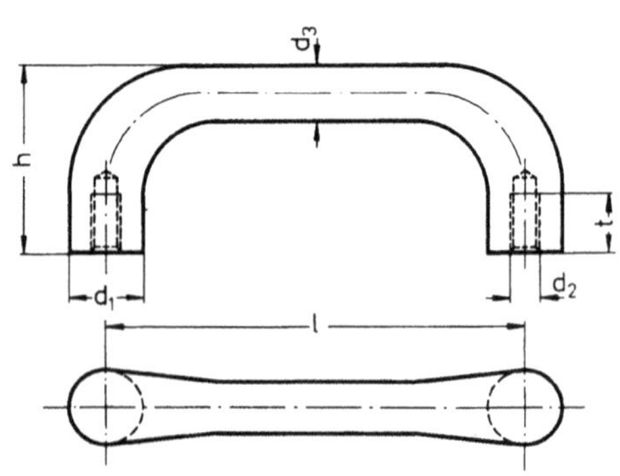

Bild 16-92 Bügelgriff (Werksnorm, handelsüblich) aus Temperguß in vier Größen von M6 bis M12 lieferbar.

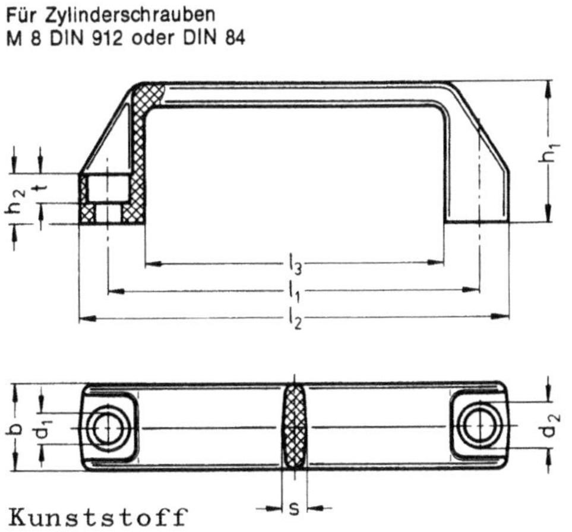

Bild 16-93 Bügelgriff (Werksnorm, handelsüblich) aus Kunststoff in zwei Größen lieferbar.

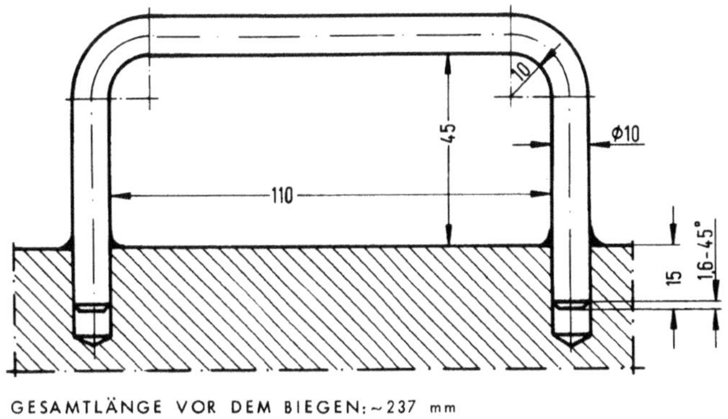

Bild 16-96 Selbstgefertigter Bügelgriff aus Rundstahl, angeschweißt an den Vorrichtungskörper.

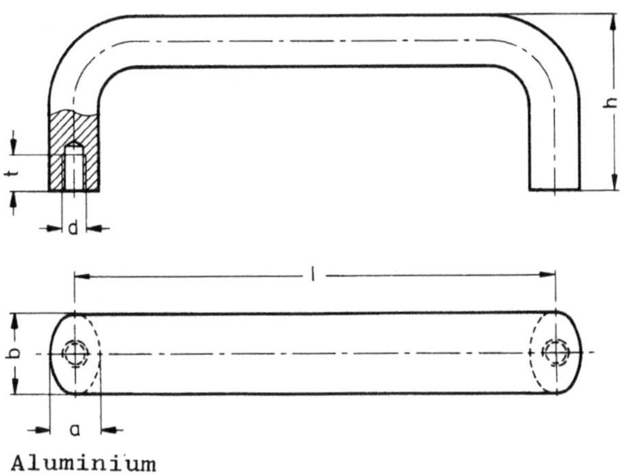

Bild 16-94 Bügelgriff (Werksnorm, handelsüblich) aus gezogenem Aluminiumprofil in acht Größen mit M6 und M8 lieferbar.

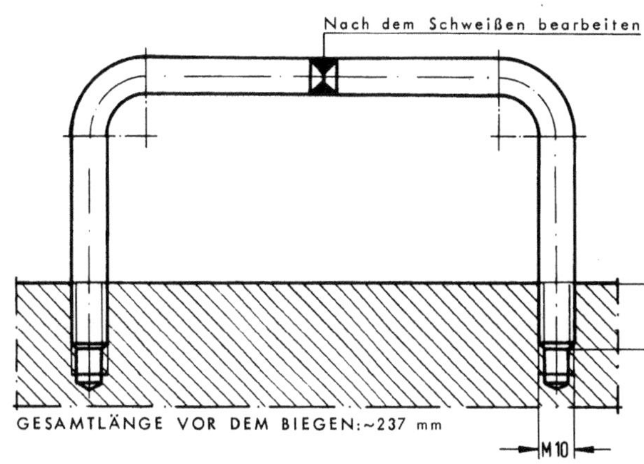

Bild 16-97 Selbstgefertigter Bügelgriff aus Rundstahl. Beide Hälften werden in die Bohrungen eingedreht und danach zusammengeschweißt. Die Maße sind analog zum Bild 16-96 zu gestalten.

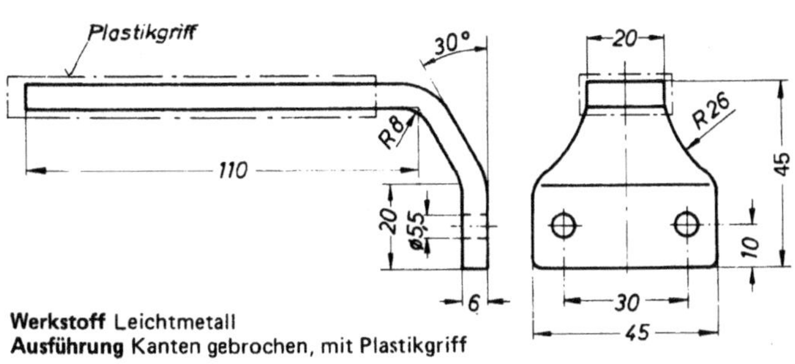

Bild 16-95 Handgriff für Bohrvorrichtungen (Werksnorm, handelsüblich).

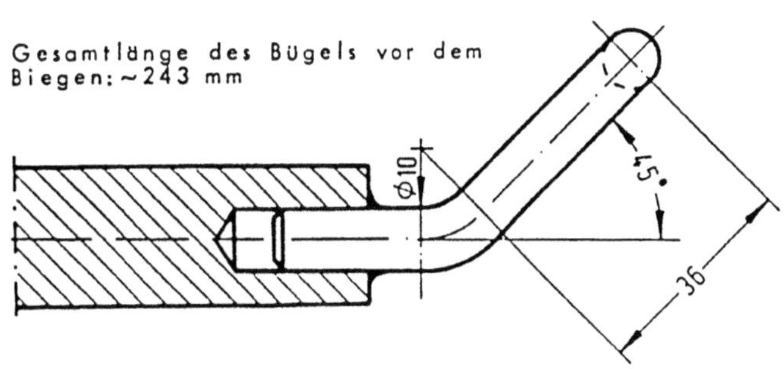

Bild 16-98 Bügelgriff (selbstgefertigt) angebogen, für flache Vorrichtungen geeignet. Weitere Maße sind analog zum Bild 16-96 zu gestalten.

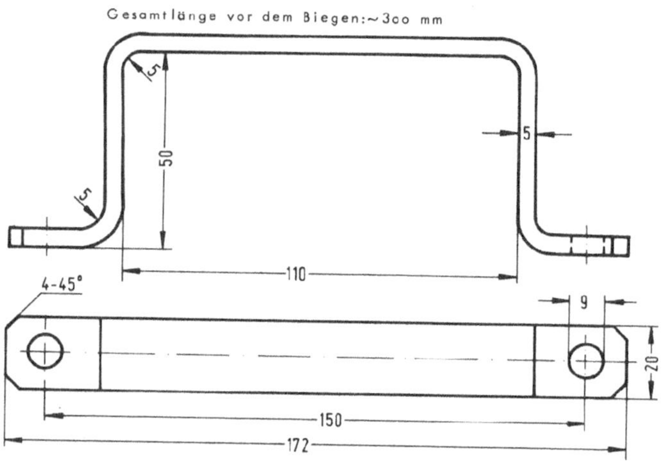

Bild 16-99 Selbstgefertigter Bügelgriff aus Flachstahl.

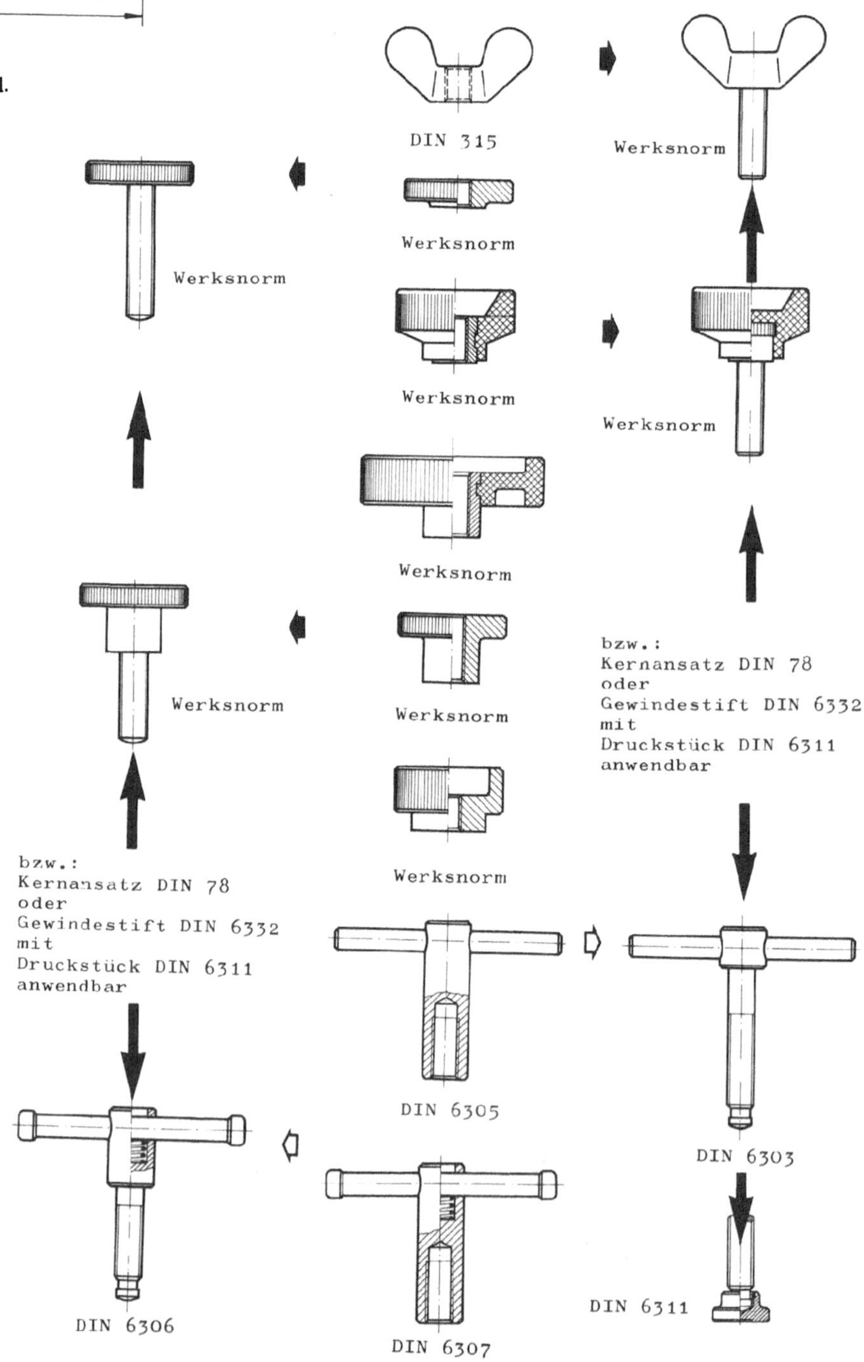

Bild 16-100
Kombinationsmöglichkeiten verschiedener DIN- und werksgenormter (handelsüblicher) Rändelmuttern, Rändelschrauben, Flügelschrauben, Knebelschrauben und Knebelmuttern mit Kernansätzen, Gewindestiften usw. zu Spannelementen.

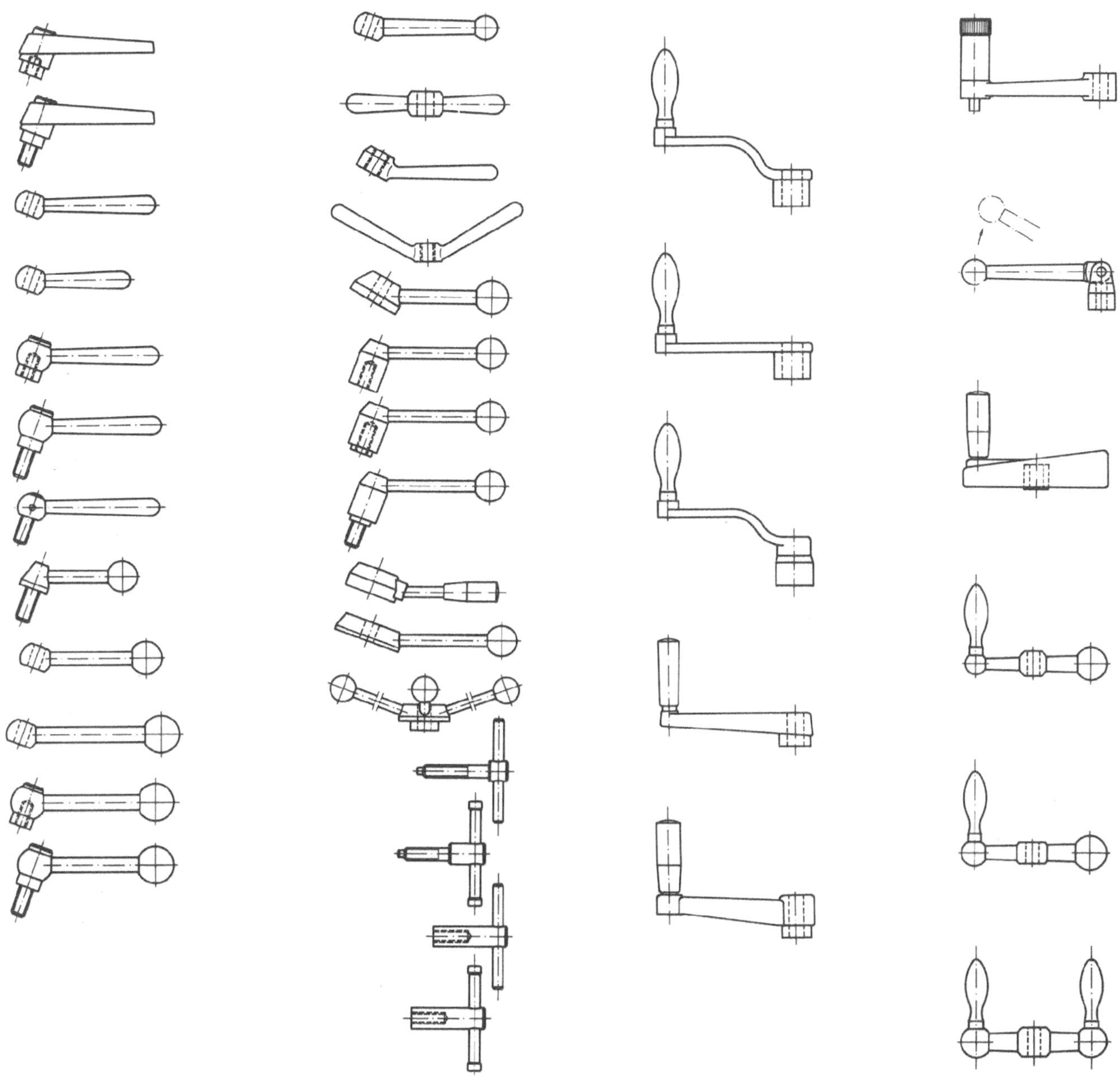

Bild 16-101 Aufstellung besonders für den Vorrichtungsbau geeigneter DIN- und werksgenormter Spannhebel und Spannkurbeln.

11. Durch die Kombination von DIN- und werksgenormten sowie selbstgefertigten Elementen lassen sich auf einfache Art Spannelemente (Bild 16-86) zusammenfügen.
12. Bei der Festlegung der Größe der Spanngriffe (Kreuzgriffe DIN 6335, Sterngriffe DIN 6336) sind die Drehmomente, die für den Spannvorgang aufgebracht werden müssen, besonders zu beachten. Dabei ist die maximale Handspannkraft Fse (Bild 7-6) als Funktion des Geschlechts der Bedienperson und der Zeit zwischen zwei Spannvorgängen zu berücksichtigen.
13. Beim vorgesehenen Einsatz der werksgenormten verstellbaren Spannhebel (Bild 16-87) ist zu beachten, daß diese Griffe entweder nach oben (Fa. Kipp) oder nach unten (Fa. Ganter) ausgerastet werden müssen, um den Handgriff zu verstellen. Die Wahl der Ausrastrichtung muß sorgfältig getroffen werden um Unfälle zu verhindern. Auf keinen Fall sollten beide Arten an einer Vorrichtung eingesetzt werden.
14. Wenn die Bedienelemente *nicht bei laufenden Maschinen bedient werden dürfen* (s. Pkt. 4), so müssen entsprechende Sperren eingebaut werden, um dieses zu verhindern (z. B. automatische Ausschaltung der Maschine).
15. Bei mehreren Bedien- oder Spannelementen an einer Vorrichtung sollten diese mit roter Farbe (oder durch Eintauchen im roten Kunststoff) gekennzeichnet werden.

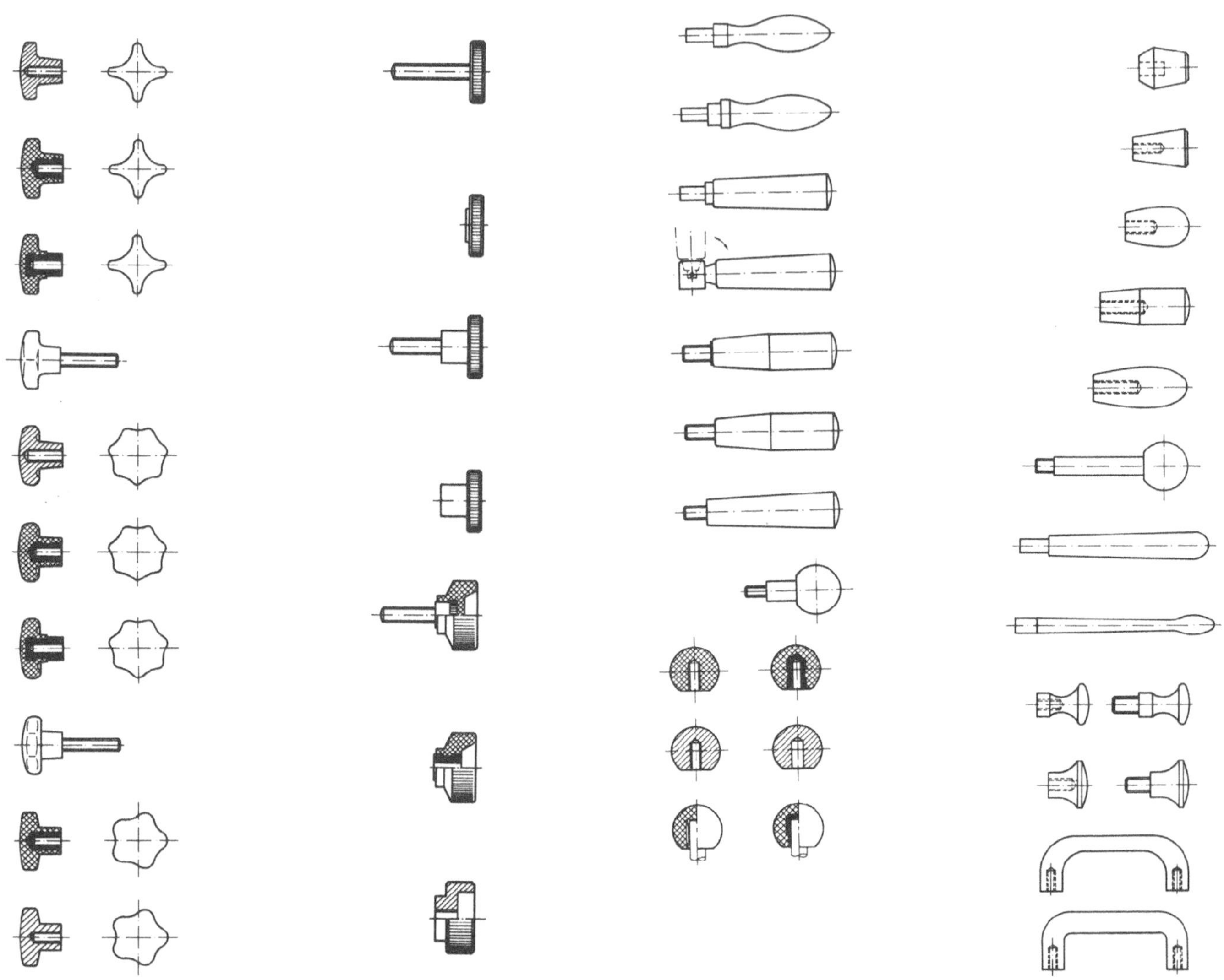

Bild 16-102 Aufstellung besonders für den Vorrichtungsbau geeigneter DIN- und werksgenormter Kreuzgriffe, Sterngriffe, Rändelmuttern, Rändelschrauben, Bedienungsgriffe und Knöpfe.

16.10 Schnellspannelemente

Auf einfache Art läßt sich ein Schnellspannen vornehmen, wenn entsprechende Bauelemente verwendet werden. Diese, da sie entweder einfach herzustellen oder aber handelsüblich sind (Werksnorm), eignen sich auch für Vorrichtungen einfacher Bauart.

16.10.1 Schnellspannmuttern und Schnellspanngewindestifte

Schnellspannelemente in Form von Muttern oder Kreuzgriffen (Bild 16-103) sind handelsüblich. Die Mutter wird schräg auf den Gewindezapfen aufgesteckt, dann in waagerechte Lage gebracht und mit Hilfe einer geringfügigen Drehung angezogen. Weiteres s. Lit. [244].

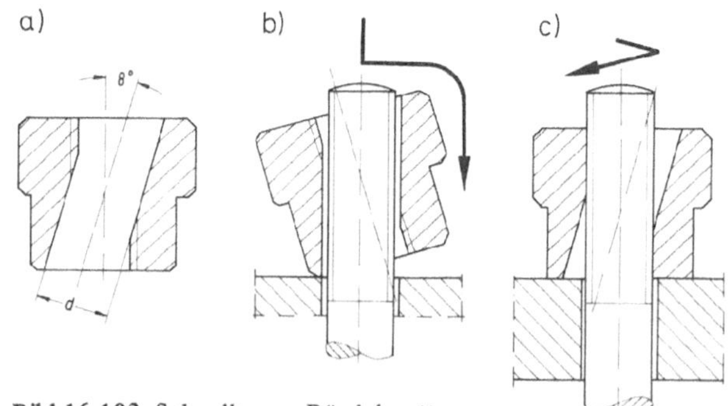

Bild 16-103 Schnellspann-Rändelmutter.

a) Schräge Bohrung (8°) erlaubt schnelles Aufstecken der Mutter auf den Bolzen schräg bis zum Anschlag,
b) die Mutter wird senkrecht ausgerichtet, indem sie mit den Gewindegängen in das Bolzengewinde einrastet,
c) die Mutter wird angezogen.

Diese Art der Gewinde-Schnellspannung läßt sich auch mit Hilfe der Kreuz- und Sterngriffe (Bild 16-102) durchführen.

16.10.2 Vorsteckscheibe oder Vorsteckleiste als Schnellspannelemente

Wenn die Werkstückaufnahme- und Positionierbohrung so groß ist, daß eine Mutter entsprechender Größe durchgeht, so kann das Werkstück durch Vorstecken einer Scheibe (Bilder 16-104 bis 16-106) schnell gespannt und entspannt werden. Durch Ein- und Ausschwenken angeschraubter Vorsteckelemente (Bilder 16-107 und 36-7) läßt sich der Spannvorgang schnell durchführen. Handelsübliche Vorsteckscheiben und Vorsteckelemente sind in den Bildern 16-108 bis 16-110 dargestellt.

16.11 Handelsübliche Kniehebelschnellspanner

Mit Hilfe der Kniehebel-Schnellspanner lassen sich kurze Spannzeiten und ein sicheres Spannen erreichen. Ihre Vorteile sind:

1. Durch einfache Handbewegung wird der Spanner leicht und schnell geschlossen bzw. geöffnet.

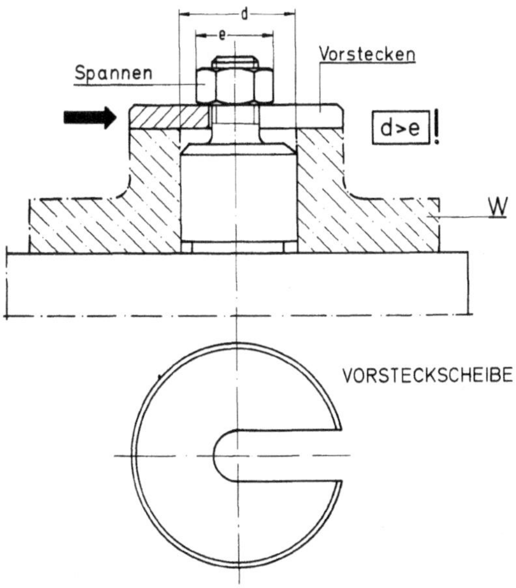

Bild 16-104 Vorsteckscheibe als Schnellspannelement.
Wichtig: d > e (s. a. Bilder 31-9 und 37-15).

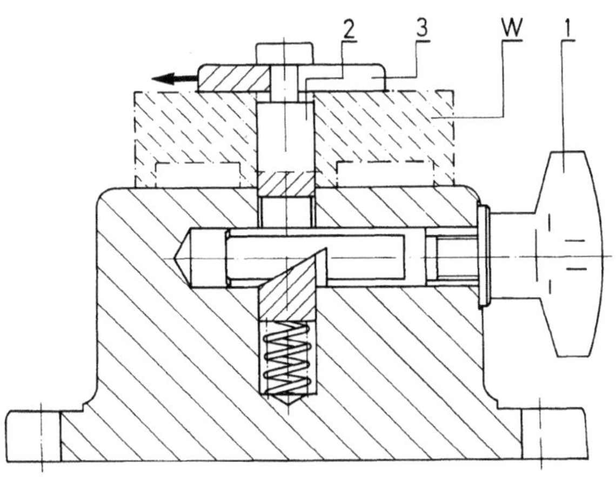

Bild 16-105 Spannen des Werkstücks in einer Vorrichtung mit Hilfe der Vorsteckscheibe als Schnellspannelement.
1 Spanngriff, 2 Zugbolzen, 3 Vorsteckscheibe.

2. Die Arretierung erfolgt selbsttätig durch Verlagerung des Angriffspunktes, wobei die Totpunktstellung absichtlich überschritten wird.
3. Großer Spannbereich und Überbrückung großer Toleranzen.
4. Der Spannarm wird im entspannten Zustand aus dem Werkstückbereich ausgeschwenkt.
5. Aus der Hebelstellung ist ersichtlich (Abschnitt 7.2.1), ob sich der Spanner im ge- oder entspannten Zustand befindet.
6. Kniehebel-Schnellspanner sind handelsüblich (Abschnitt 80.5).

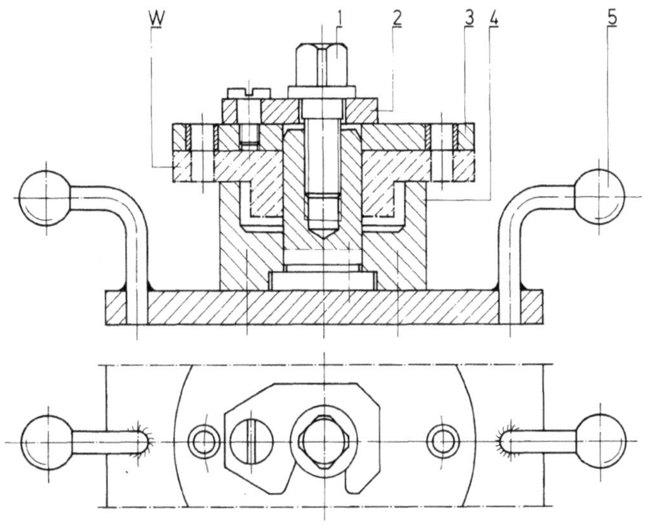

Bild 16-106 Bohrvorrichtung mit einer Vorsteckscheibe als Schnellspannelement.
1 Spannschraube, 2 Vorsteckscheibe, 3 Bohrschablone, 4 Vorrichtungskörper (Werkstückauflage), 5 Halte- und Beweggriff (s.a. Bilder 31-9 und 37-15).

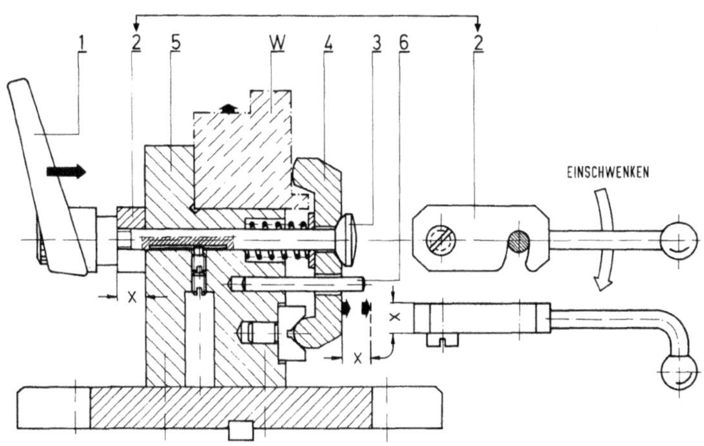

Bild 16-107 Fräsvorrichtung mit Vorsteck-Schwenkleiste als Schnellspannelement.
1 Spanngriff, 2 Vorsteck-Schwenkleiste, 3 Zugstange, 4 Spanneisen, 5 Vorrichtungskörper, 6 Zylinderstift als Führungs- und Begrenzungselement des Spanneisens 4.
Nach dem Ausschwenken der Vorsteck-Schwenkleiste 2 kann das Spanneisen 4 schnell um „x" verschoben werden, da die Zugstange 3 ebenfalls verschoben werden kann. Es genügt, den Spannhebel 1 zu lösen, um die Vorsteck-Schwenkleiste 2 ausschwenken zu können.

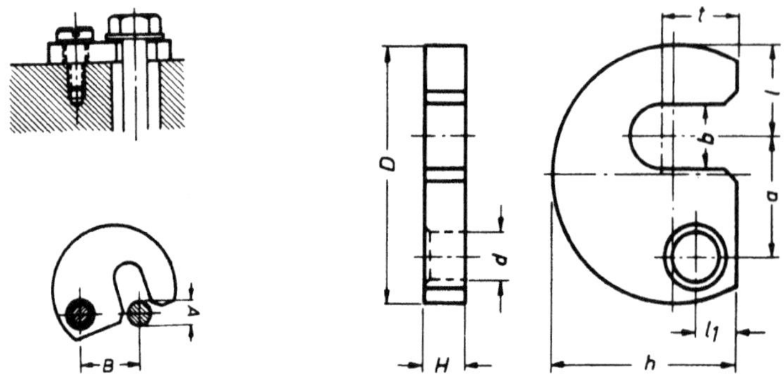

A	B	D	h	H	l	a	l_1	d	b	t
6	19	38	29	10	11	19,6	8	8,2	7,5	14,5
8	21	43	32,5	10	14	21,6	8	8,2	9,5	15
10	23	48	36,5	10	17	23,6	8	8,2	11,5	15
12	29	61	45	12	22	29,6	10	10,2	13,5	18
14	31	65	49	12	23	31,6	10	10,2	15,5	18
16	33	68	50	12	25	33,6	10	10,2	17,5	18,5
20	39	80	60	16	28	39,6	13	14,2	21,5	24

Bild 16-108
Schwenkscheiben (handelsüblich, Werksnorm).

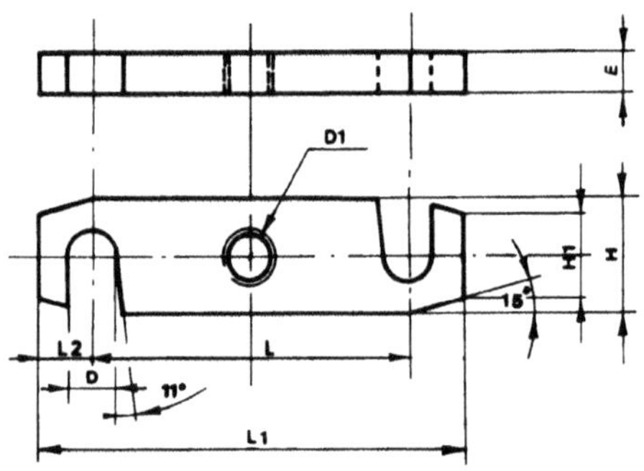

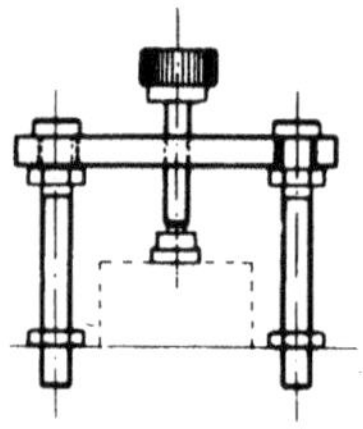

L	L_1	L_2	H	E	D	D_1	H_1
63	83	10	20	10	8,5	M 8	16
80	106	13	25	12	10,5	M10	20
100	132	16	32	14	12,5	M12	25
125	160	17,5	40	16	14,5	M14	32

Werkstoff Vergütungsstahl Ck 35.
Ausführung brüniert und vergütet auf 8.8

Bild 16-109 Schwenkriegel (handelsüblich, Werksnorm).

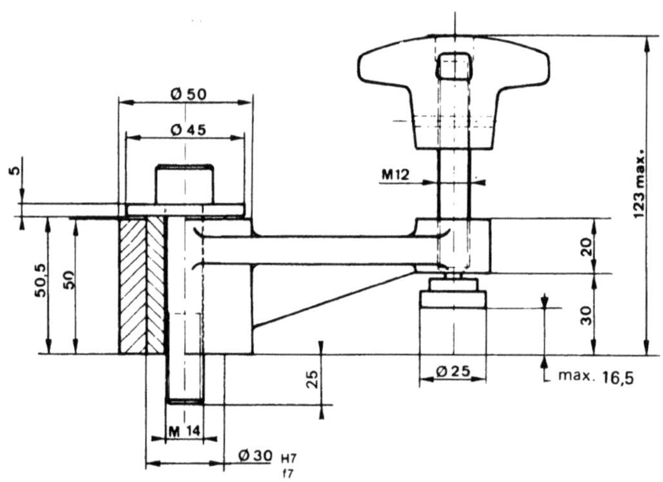

Werkstoff Gehäuse Temperguß, Einsatzhülse, Gewindebolzen und Druckstück aus Automatenstahl 9 S 20 K
Ausführung lackiert

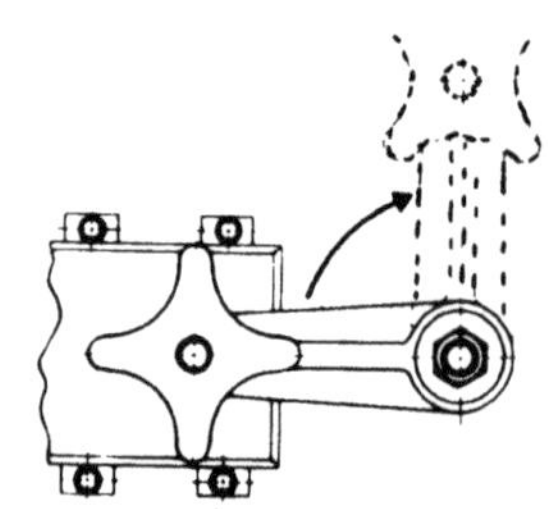

Bild 16-110 Schwenkspanner (handelsüblich, Werksnorm).

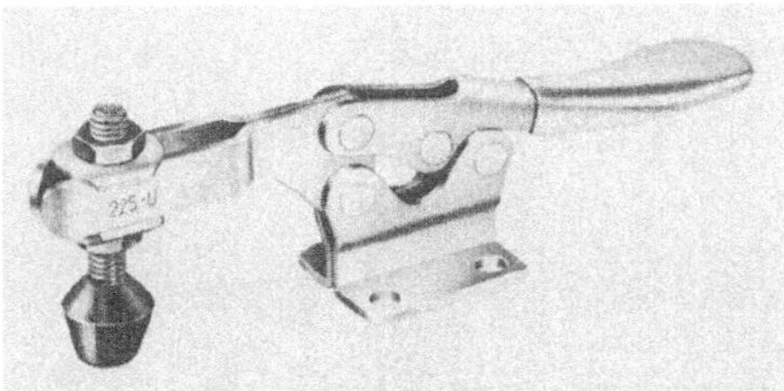

Bild 16-111 Vertikal-Kniehebelspanner (Werksnorm) mit in der Höhe verstellbarer Andrückspindel.

Der Öffnungswinkel beträgt 100...152° (je nach Größe). Die Andrückspindel kann auch längs innerhalb der Gabel verstellt werden. Der Spanngriff zeigt im entspannten Zustand nach oben. Gespannt wird durch Drücken des Spannhebels nach unten.

Bild 16-112 Schubstangen-Kniehebelspanner handelsüblich (Werksnorm).

Diese Spanner sind auf Druck und Zug einsetzbar.

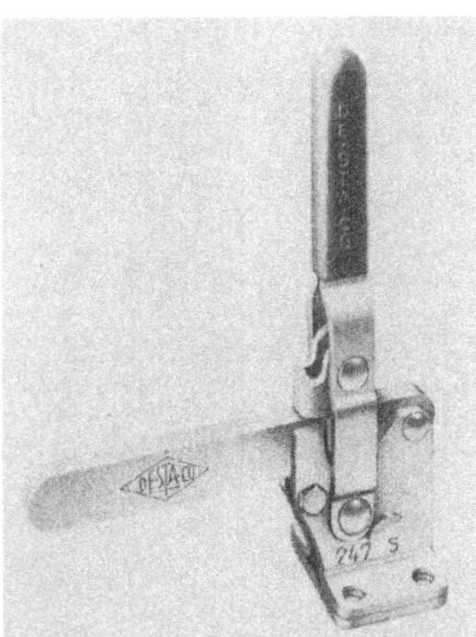

Bild 16-113 Vertikal-Kniehebelspanner handelsüblich (Werksnorm).

Dieser Spanner ist so konzipiert, daß alle anderen zum Spannen des Werkstücks benötigten Elemente an den Spannarm angeschraubt oder angeschweißt werden können. Der Spanngriff zeigt im gespannten Zustand nach oben.

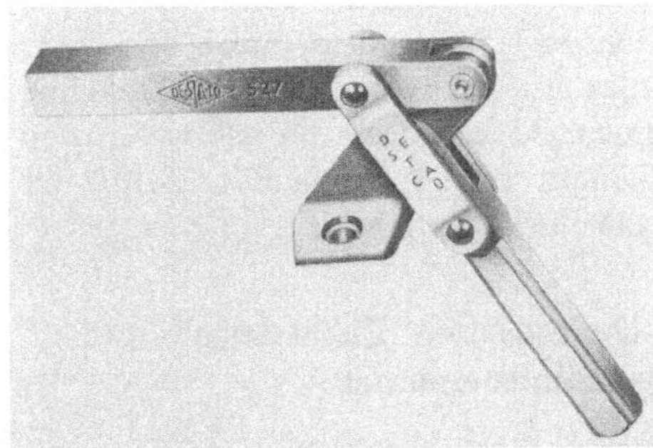

Bild 16-114 Vertikal-Kniehebelspanner handelsüblich (Werksnorm), schwere Ausführung (gegenüber dem im Bild 16-113 dargestellten).

Alle anderen zum Spannen des Werkstücks notwendigen Elemente werden an den Spannarm angeschraubt oder angeschweißt. Der Spanngriff zeigt im gespannten Zustand schräg nach unten, so daß ein freier Zugang zum Werkstück und zu der Spannstelle gegeben ist. Dieser Spanner ist besonders für Schweißvorrichtungen (Kap. 52) geeignet (s.a. Bild 16-115).

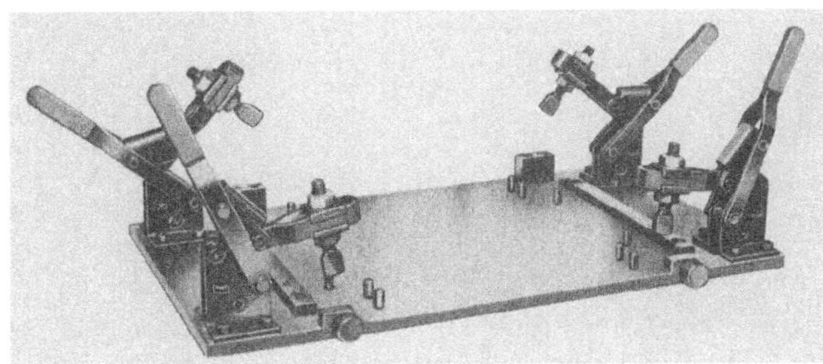

Bild 16-115 Schweißvorrichtung mit Vertikal-Kniehebelspannern (s.a. Bild 16-114).

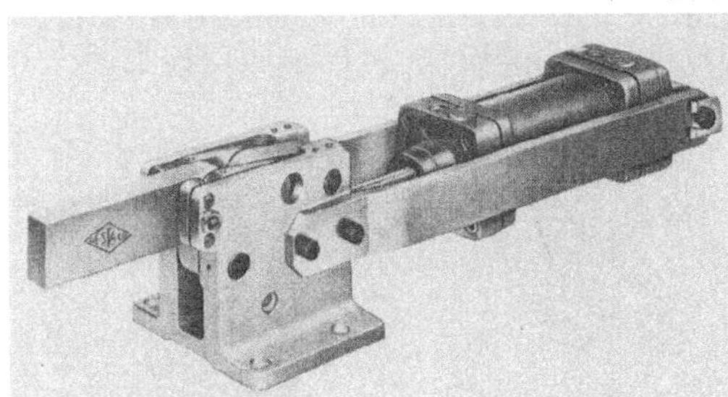

Bild 16-116 Kraftbetätigter Spanner nach dem Keil-Klemm-Prinzip.

Dieser druckluftbetätigte Spanner spannt bei einem Betriebsdruck von 5 bar mit 900...27000 N (je nach Größe). Es können auch Hydraulikzylinder (Betriebsdruck bis 70 bar) verwendet werden.

Bild 16-117 Schubstangen-Kniehebelspanner in Verbindung mit Pneumatik oder Hydraulikzylinder.

Die Spannkraft beträgt bei 5 bar Betriebsdruck und bei Anwendung der Pneumatikzylinder: 2700...65000 N.

Betriebsdruck bei Hydraulikzylindern: 35 bar.

Beispiele sowie Vorrichtungen mit Kniehebelspannern sind in den Bildern 16-111 bis 16-115 dargestellt. Kniehebelspanner können auch mit Druckluft (Bild 16-116) oder Drucköl (Bild 16-117) betätigt werden. Berechnungen von selbstgefertigten Kniehebelspannern können anhand der im Bild 28-10/1 bis 6 aufgeführten Formeln durchgeführt werden.

16.12 Handelsübliche Exzenter-, Zahnstangen- und Schubstangen-Schnellspanner

Das in Bild 16-118 dargestellte Spannelement verfügt über einen Schnellzustellweg von 10 mm und einen Spannweg von 1,5 mm. Die Spannkraft liegt bei 5000 N. Es läßt sich in jeder horizontalen (Bild 16-119) und vertikalen Lage (Bild 16-120) einbauen. Der in Bild 16-123 dargestellte Axialspanner nach dem Exzenterprinzip ist so ausgelegt, daß sich sein Hub-Weg in einen schnellen und einen langsamen Spann-Bereich aufteilt.

Bild 16-118 Exzenter-Schnellspannelement (Werksnorm, Bezeichnung: „arness").

Es können Werkstücke mit Toleranzen bis zu 1 mm gespannt werden. Dieses Spannelement kan in jeder Lage eingebaut werden. Die maximale Spannkraft Fs liegt bei 5000 N (s.a. Bilder 16-119 und 16-120).

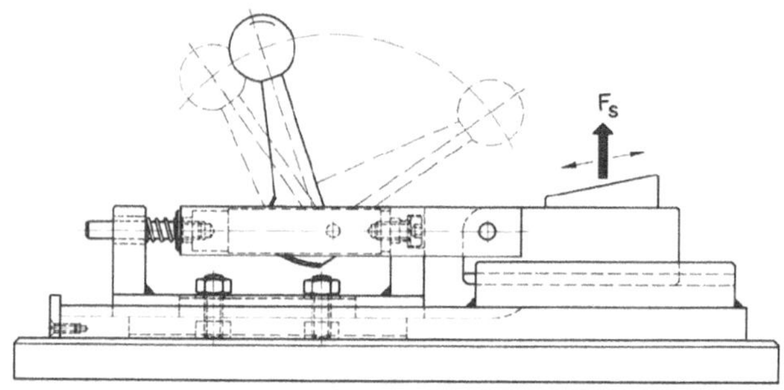

Bild 16-119 Beispiel einer Vorrichtung mit dem Exzenter-Schnellspannelement „arness' (s.a. Bild 16-118).

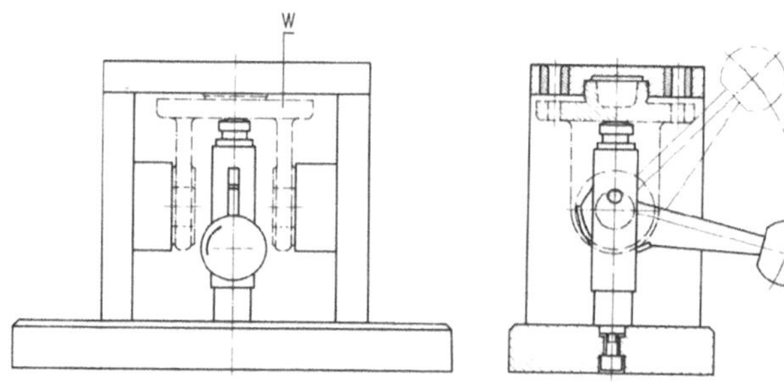

Bild 16-120 Beispiel einer Bohrvorrichtung (Kap. 30) mit dem Exzenter-Schnellspannelement „arness' (s.a. Bilder 16-118 und 16-119).

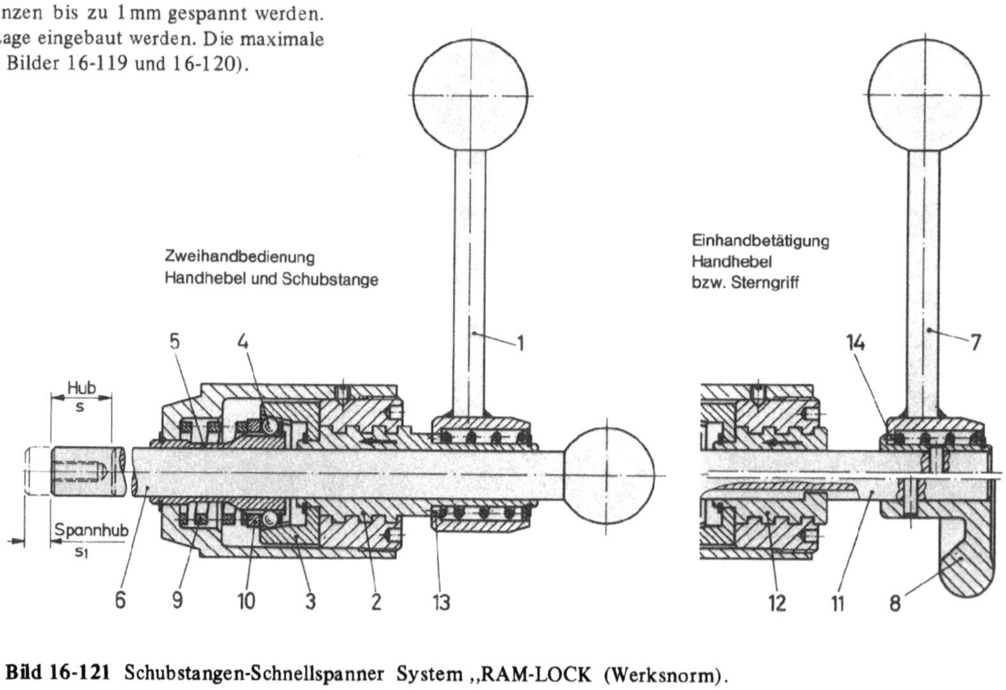

Bild 16-121 Schubstangen-Schnellspanner System „RAM-LOCK (Werksnorm).

1 Spannhebel, 2 Trapezgewinde, 3 Innenkegelhülse, 4 Kugeln, 5 Spannzange, 6 Schubstange, 7 Spannhebel, 8 Sterngriff, 9 Druckfeder, 10 Ring, 11 Schubstange, 12 Trapezgewinde, 14 Verzahnung.

Dieser Schnellspanner kann mit Hilfe von Außengewinde, Stirnflansch oder Fußflansch mit den Vorrichtungselementen verbunden werden. Insgesamt sind 19 Größen lieferbar. Die Spannkraft beträgt 11500...180000 N, der Schnellhub „s" liegt zwischen 40 mm und 300 mm, der Spannhub „s_1" zwischen 2,5 mm und 3 mm.

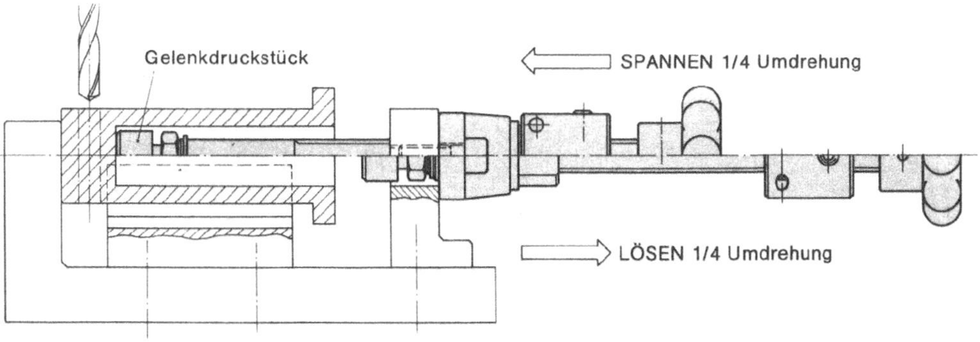

Bild 16-122
Beispiel des Schubstangen-Schnellspanners System RACO (Werksnorm) mit Stirnflansch und Sterngriff an einer Bohrvorrichtung (Kap. 30).

Der Axialspanner nach dem Zahnstangenprinzip (Bild 16-121) zeichnet sich durch seinen großen Hub aus. Zum Spannen mit dem Schubstangenspanner wird die axial bewegliche Schubstange an das Werkstück herangeschoben und der Spannvorgang eingeleitet, in dem der Spanngriff 1 nach rechts gedreht wird. Mit der Schubstange dreht sich die Gewindehülse 2 und bewegt sich in Richtung des Pfeils auf das Werkstück zu. Die mit der Gewindehülse verschiebbare kegelige Hülse 3 drückt ihrerseits über Kugeln 4 eine Radialspannzange 5, die die Schubstange erfaßt und blockiert. Zum Lösen wird der Spannhebel 1 nach links gedreht.

In den Bildern 16-122 bis 16-128 sind weitere Beipiele dargestellt.

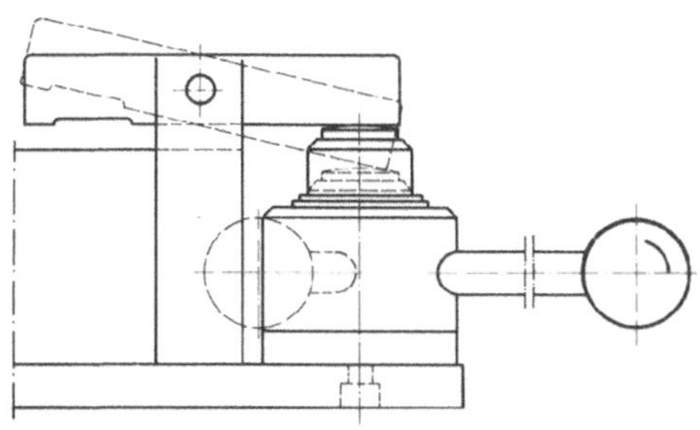

Bild 16-123 Schnellspannelement „actima" (Werksnorm).
Normalerweise wirkt dieses Spannelement auf Druck. Durch umsetzen der Kurvenbuchse kann auch eine Zugwirkung erreicht werden. Die Zustellung beträgt 10 mm, der Spannweg 2 mm und die maximale Spannkraft 5000 N. Im Bild dargestelltes Spannelement wirkt unmittelbar auf ein Spanneisen.

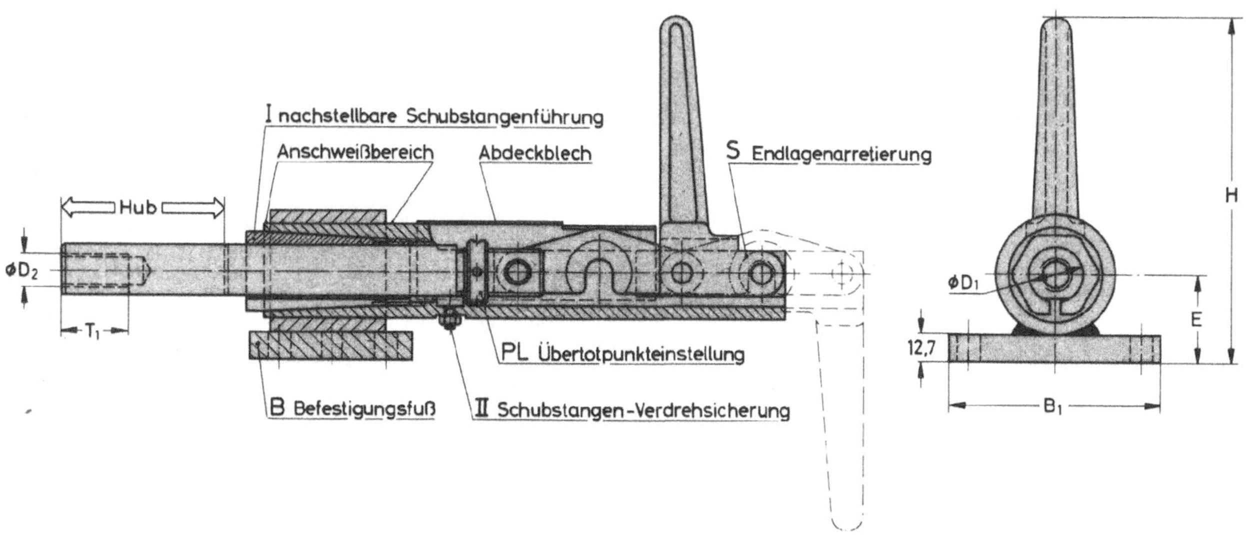

Bild 16-124 Schubstangen-Schnellspanner (Werksnorm).
Durch Übertotpunktstellung, Schubstangenführung und Schubstangenverdrehsicherung sind diese Spannelemente zum Spannen und auch zum Positionieren einsetzbar. Sie werden in vier Ausführungen, alle mit einer Spannkraft von 1000 N, einem Schnellhub von 28 mm und 57 mm sowie einem Spannhub $T_1 = 25$ mm geliefert. Eine der Ausführungen eignet sich auch für die Zugspannung.

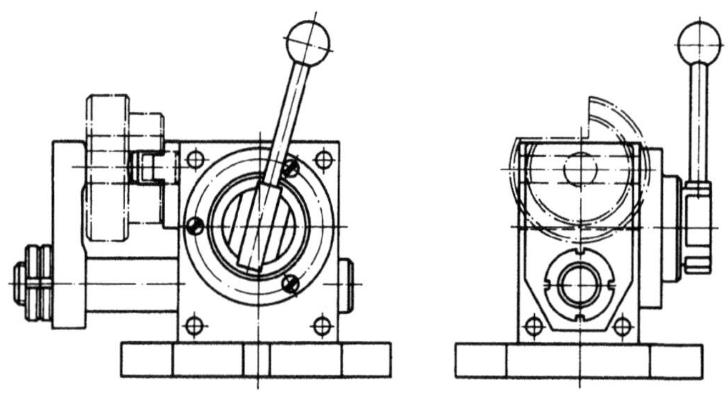

Bild 16-125 Fräsvorrichtung mit einem Schnellspannhebel mit Rücklaufsperre (Werksnorm) betätigt.

Dieser Schnellspannhebel zeichnet sich durch einen Nachspanneffekt aus. Durch seitliche Schwenkbewegung des Spannhebels wird dieser Effekt erzeugt und die Spannwelle festgesetzt (s.a. Bild 23-11).

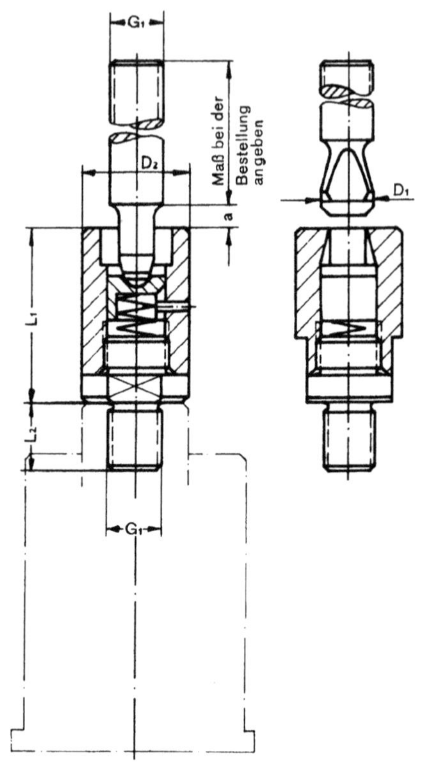

Bild 16-126

Schnellspann-Zugschraube in Verbindung mit einem Hydraulikzylinder (Werksnorm).

Dieser Schnellspannsatz besteht aus der Zugschraube, einer Schnellkupplung und einem Hydraulikzylinder. Das Zugstangenkupplungsstück wird in das Gegenstück, das mit dem Hydraulikzylinder verbunden ist, gesteckt und um 90° verdreht. Eine Vorsteckscheibe (Abschnitt 16.10, Bild 16-104) wird gesteckt und der Hydraulikzylinder beaufschlagt (Bilder 16-127 und 16-128).

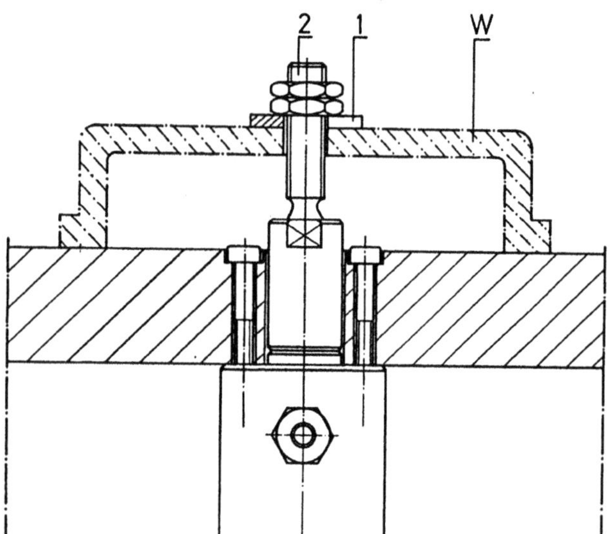

Bild 16-127 Vorrichtung mit Schnellspann-Zugschraube und Hydraulikzylinder (Bild 16-126) (s.a. Bild 16-128).

1 Vorsteckscheibe, 2 Schnellspann-Zugschraube.

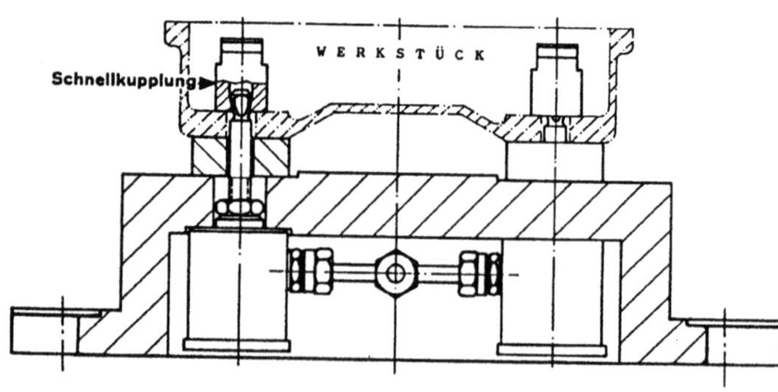

Bild 16-128 Vorrichtung mit Schnellspann-Zugschrauben.

Die Schnellspannkupplung kann auch aufgesteckt werden (im Gegensatz zur Darstellung im Bild 16-127), so daß sich dabei eine Vorsteckscheibe (abschnitt 16.10.2) erübrigt.

17 Füße an Vorrichtungen

Vorrichtungen werden mit Füßen versehen, wenn

1. bei einer beweglichen Vorrichtung (z. B. Kippbohrvorrichtung – Bild 30-14) sichere Auflage(n) geschaffen werden soll(en),
2. hervorstehende Bauteile der Vorrichtung (Betätigungs- und Spannelemente) überbrückt werden müssen (Bild 30-14/4),
3. verschleißfeste Auflageflächen der Vorrichtung (gehärtete Füße), die nötigenfalls schnell ausgewechselt werden können, notwendig sind,
4. Freigängigkeit der Werkzeuge (z. B. Bohrer, Gewindebohrer), die durch die Vorrichtung hindurchtreten sollen, geschaffen werden muß,
5. anfallende Späne leicht beseitigt werden sollen,
6. die Gefahr zu beseitigen ist, daß Späne Ungenauigkeiten verursachen können – bei einer durch Füße kleiner werdenden Auflagefläche können sich die Späne nicht so setzen, wie auf einer glatten ununterbrochenen Vorrichtungsunterlage (Grundplatte),
7. es notwendig ist, eine entsprechende Bauhöhe der Vorrichtung mit geringem Gewichtsaufwand zu erreichen.

17.1 Arten der Vorrichtungsfüße

Man unterscheidet DIN-genormte, handelsübliche werksgenormte und selbstgefertigte Vorrichtungsfüße.

1. DIN-genormte Vorrichtungsfüße
   1.1. Füße nach DIN 6320 (Bild 17-1), Höhe 10 ... 50 mm und Gewindezapfen mit Gewinde M6, M8, M10 und M12.
   1.2. Auflagebolzen nach DIN 6321, die als Füße benutzt werden können (Bild 17-2), Höhe 6 ... 40 mm und d_2 = 4, 6, 8, 12 und 20 mm (Passung: H7/n6) (Bild 13-80).
   1.3. Gehärtete Zylinderstifte nach DIN 6325, die ebenfalls als Füße (Bild 17-3) verwendet werden.
2. Selbstgefertigte Füße (Bilder 17-4 und 17-5), die eingesetzt werden, wenn sie stabiler und/oder länger als DIN-genormte ausgelegt werden müssen.
3. Bei Vorrichtungskörpern bzw. Grundplatten aus Gußeisen oder Aluminiumlegierung (Abschnitt 19.1.4) können gegossene Füße angeformt werden (Bild 17-6), obwohl auch an gegossenen Vorrichtungen eingeschraubte bzw. eingepreßte Füße in Stahlausführung (Bild 17-7) empfohlen werden.

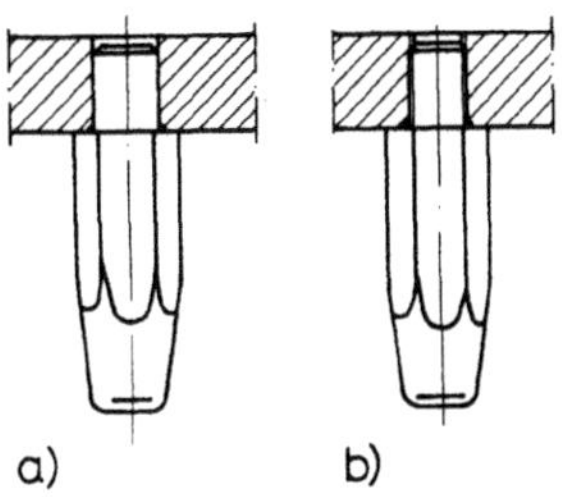

Bild 17-1
Vorrichtungsfüße DIN 6320:
a) zum Einpressen,
b) zum Einschrauben.
Genormt sind vier Größen: M6, M8, M10 und M12.
Die Sechskantzuordnung entspricht der zu den Sechskantschrauben.

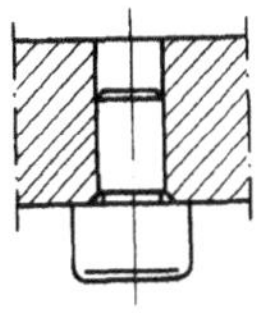

Bild 17-2
Auflagebolzen DIN 6321 als Vorrichtungsfuß.

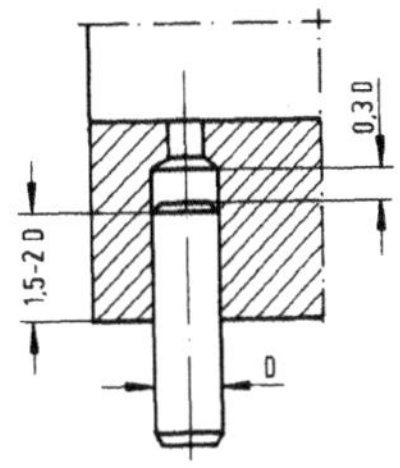

Bild 17-3
Zylinderstift DIN 6325 als Vorrichtungsfuß.
Die Einpreßlänge sollte mindestens 1,5 x D betragen.

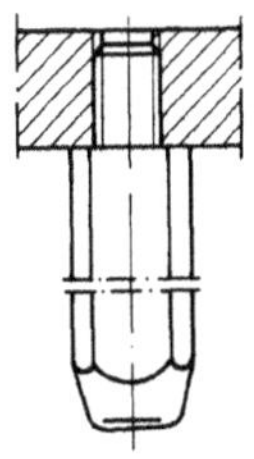

Bild 17-4
Aus Sechskantstahl selbstgefertigter Vorrichtungsfuß mit Gewindezapfen.
Die Länge der DIN-genormten Vorrichtungsfüße (DIN 6320) ist begrenzt und so entsteht die Notwendigkeit selbstgefertigte Füße anzuwenden. Bei Füßen aus Rundstahl sind jeweils Schlüsselflächen bzw. eine Querbohrung vorzusehen (s. Bild 17-5).

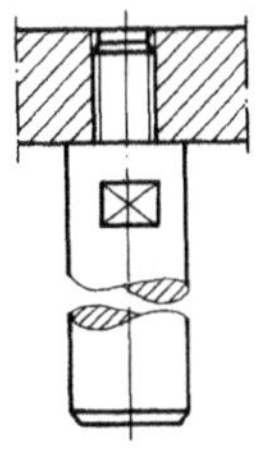

Bild 17-5
Aus Rundstahl selbstgefertigter Vorrichtungsfuß mit Gewindezapfen.
Bei runden Füßen müssen zwei Schlüsselflächen bzw. eine Querbohrung vorgesehen werden, damit die Füße ein- und ausgeschraubt werden können.

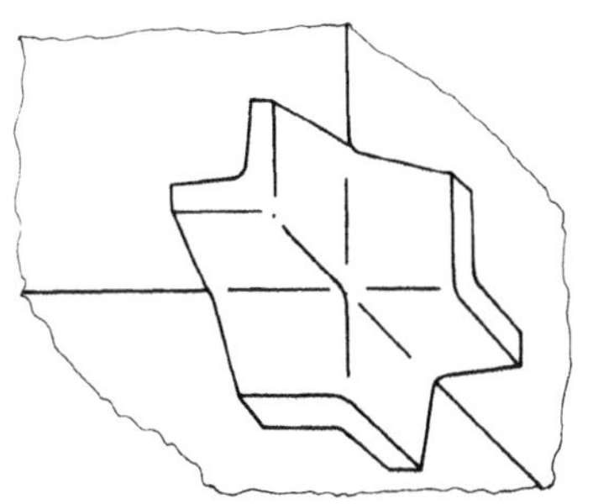

Bild 17-6 Drei angegossene Füße an einem gegossenen Vorrichtungskörper (Abschnitt 19.1.4).
Bessere Ausführung ist im Bild 17-7 gezeigt.

17.2 Ausführung, Einbau, Lage und Anzahl der Füße

Scharfkantige oder kugelförmige Fußflächen (Bilder 17-8 a bis c) können die Auflageflächen durch Schaben mit scharfen Kanten beschädigen, bzw. die Kugelflächen der Füße sich abdrücken, was auch zu einer unsicheren und ungenauen Lage der Vorrichtung führt. Richtige Ausführung zeigt das Bild 17-8 d, wobei alle Füße mit einem Radius versehen und nach dem Einschrauben überschliffen werden. Bei unbearbeiteten Flächen (Bild 17-7) ist eine Ansenkung vorzusehen. Grundsätzlich werden jeweils 4 Füße für eine Lage der Vorrichtung verwendet, da dadurch Auflagefehler sofort bemerkt werden, z. B. wenn Späne sich unter einem Fuß befinden, was zum Kippen (Wippen) der Vorrichtung führt. Bei 3 Füßen fällt dieses nicht auf.

Bei der Festlegung der Lage der 4 Füße sollten die Kraftangriffspunkte und die Kraftrichtung des Werkzeuges berücksichtigt werden. Die Füße müssen außerhalb der „Bohrbildkontur" (Bild 17-9) liegen. Dabei muß auch die Lage des Schwerpunks der Vorrichtung mit gespanntem Werkstück beachtet werden, damit ein Kippen verhindert wird. Nach Möglichkeit sollte die Auflagefläche, also die Lage der Füße, als Funktion der Höhe und des Schwerpunkts der Vorrichtung ausgelegt werden.

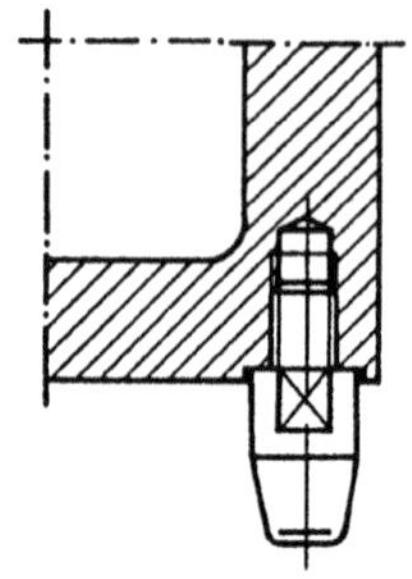

Bild 17-7 Ein Fuß (Stahl) in einem gegossenen Vorrichtungskörper (Ansenkung) eingeschraubt.

Es ist eine bessere Lösung als die im Bild 17-6 dargestellte, da einerseits die eingeschraubten Füße aus Stahl gefertigt und dem Verschleiß gegenüber widerstandsfähiger sind und andererseits besteht die Möglichkeit, sie auszutauschen.

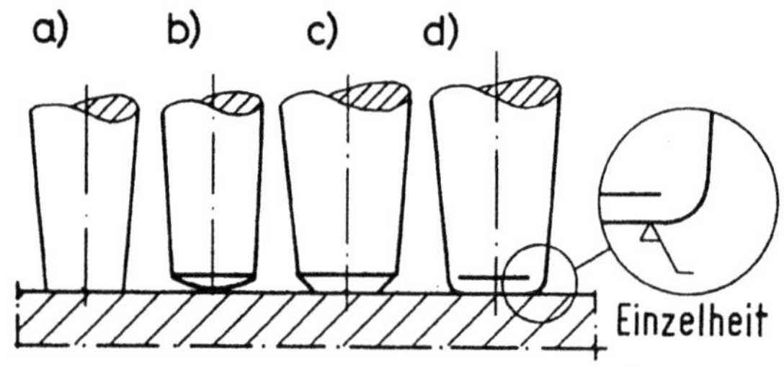

Bild 17-8 Gestaltung der Auflagefläche der Füße:

a) glatte Auflagefläche ohne abgerundete Kanten, die als Schabekanten wirken,
b) Auflagefläche in Form einer Kugelfläche, die bei großer Flächenpressung einen Ausdruck auf der Auflage verursacht,
c) mit einer Fase von 45° versehen, die, wie im Fall a), als Schabekante wirkt, und
d) richtige Ausführung der Auflagefläche.

Die Größe der Radien kann bei selbstgefertigten Füßen aus der DIN-Norm 6320 – Füße für Vorrichtungen – entnommen werden.

17.3 Richtlinien für die Gestaltung und den Einsatz der Vorrichtungsfüße

1. Es sind nach Möglichkeit DIN-genormte Füße (DIN 6320) oder Auflagebolzen (DIN 6321) bzw. werksgenormte Füße zu verwenden.
2. Es sind ausschließlich 4 Füße für eine Vorrichtungslage vorzusehen.
3. Nach dem Einschrauben oder Einpressen werden alle 4 Füße, von entsprechenden Werkstück-Positionierelementen ausgehend, von welchen andere Bauelemente maßlich zusammenhängen, überschliffen.
4. Die Auflagekanten der Füße sind abzurunden (Bild 17-8d).
5. Vorrichtungsfüße müssen außerhalb der „Bohrbildkontur (Bild 17-9) liegen.
6. Die durch die Lage der Füße gebildete Auflagefläche ist als Funktion der Höhe der Vorrichtung und der Lage des Schwerpunkts der Vorrichtung mit dem Werkstück auszulegen.
7. Die Füße sind im gehärteten Zustand anzuwenden.
8. Selbstgefertigte runde Füße (Bild 17-5) müssen mit Schlüsselflächen bzw. einer Querbohrung versehen werden.
9. Bei nichtbearbeiteten bzw. gegossenen Flächen der Vorrichtung, die als Befestigungsflächen der Füße dienen, ist für die Stirn (Bild 17-7) eine Ansenkung vorzusehen.
10. Gegossene Füße (gegossene Vorrichtungskörper) sind zu meiden, da sie großem Verschleiß und Beschädigung unterworfen sind (Bild 17-6) und nicht ausgetauscht werden können.
11. Die Auflagefläche der Vorrichtung kann durch größeren Abstand der Füße zueinander (Bild 17-10) vergrößert werden.

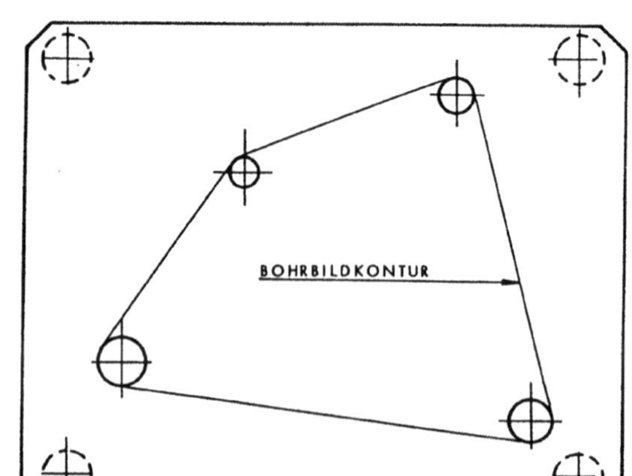

Bild 17-9 Die Füße müssen sich außerhalb der Bohrbildkontur des Werkstücks befinden, um ein Kippen der Vorrichtung zu verhindern und ihr gute Standfestigkeit zu verleihen.

12. Großem Verschleiß unterworfene Füße durch Gewinde leichter austauschbar gestalten.
13. Eine Kippmöglichkeit der Vorrichtung (Bild 17-11) ist zu verhindern.

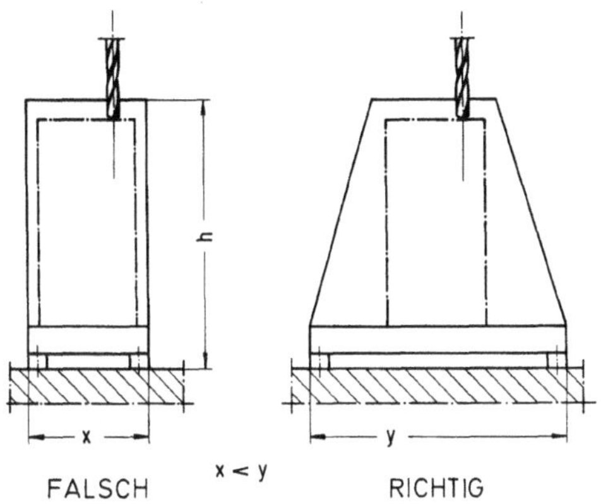

Bild 17-10 Bei bestehender Kippgefahr (besonders hohe Vorrichtungen gefährdet) sollte die Grundplatte und somit der Abstand der Füße (von „x" auf „y") vergrößert werden.

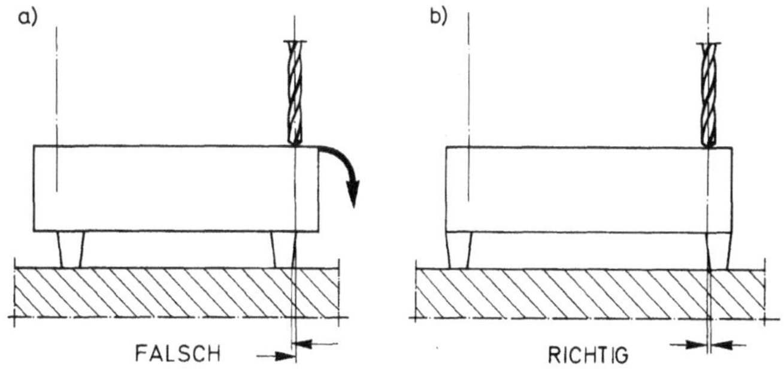

Bild 17-11 Kippmöglichkeit der Bohrvorrichtung bei nicht außerhalb der Bohrbildkontur (Bild 17-9) oder nicht genügend weit von der Bohrerachse liegenden Füßen.

14. Beim Einsatz von Vorrichtungen mit Füßen müssen entsprechend große, dem Abstand der Füße voneinander und der Größe der Vorrichtung angepaßte, Grundplatten (Bild 5-1) als Auflage für die Vorrichtungsfüße verwendet werden. Sie werden in der Vorrichtungs-Lagerkarte (Bild 76-3), jedoch auf der Vorderseite) in einer entsprechenden Rubrik eindeutig vermerkt und ihre Anwendung vorgeschrieben. Die Grundplatten sind werksgenormt und handelsüblich.

18 Verschlußelemente an Vorrichtungen

Als „Verschlußelemente" werden Vorrichtungselemente bezeichnet, die zum Eingeben und Herausnehmen bzw. Herausheben des Werkstückes aus der Vorrichtung den dafür notwendigen Raum in der Vorrichtung freigeben. Es wird sich hierbei in vielen Fällen um kastenförmige Vorrichtungskörper (Kap. 19) handeln. Verschlüsse können auch als Elemente zur Festlegung der Lage eines Vorrichtungselements, das oft, z. B. zwecks Eingabe und Herausnahme des Werkstücks, beseitigt und in dieselbe Lage wieder gebracht werden muß (z.B. ein Bohrbuchsenträger, Bild 30-59), verwendet werden. Verschlußelemente können in Form von Leisten (Bilder 18-11 und 18-14), Platten und Scheiben (Bild 18-12) sowie Klappen (Bild 18-6) ausgebildet werden. Sie können abnehmbar (Bild 18-13) und aufsteckbar (Bild 18-11), ausschwenkbar (Bilder 18-14 und 19-2) oder klappbar (Bilder 18-6 und 18-7) mit dem Vorrichtungskörper in Verbindung gebracht werden. Dieser Vorgang wird mit dem Begriff „Verschließen" (der Vorrichtung) bezeichnet. Daraus resultiert auch die Bezeichnung „Verschlußelement".

Die vom Vorrichtungskörper trennbaren Verschlußelemente, wie z. B. Verschlußleisten (Bild 18-4 und 18-11), Scheiben

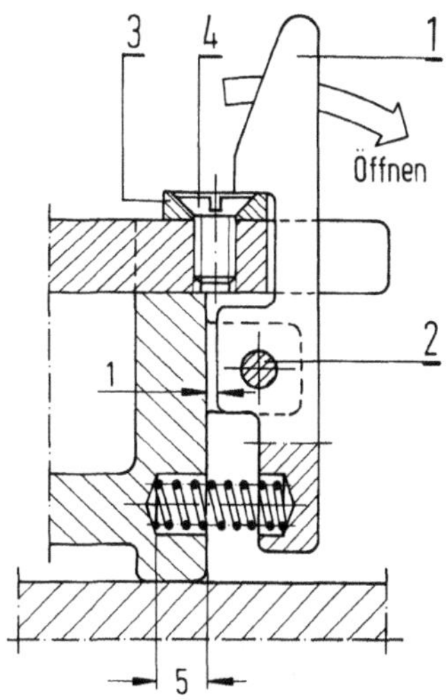

Bild 18-1 Schnapper DIN 6310 mit Druckfeder an einer Kasten-Bohrvorrichtung (s. a. Abschnitt 30.4 und Bild 30-13).

1 Schnapper, 2 Zylinderstift, 3 Auflageplatte (s. Pkt. 5 der Richtlinien Abschnitt 18.2), 4 Senkkopfschraube.

(Bild 18-12) sowie ähnliche Elemente (Bild 18-13) werden meistens sehr einfach gestaltet. Sie haben den Nachteil, daß sie lose Vorrichtungselemente (Abschnitt 56.5, Pkt. 10) darstellen.

Verschlußelemente, die mit dem Vorrichtungskörper beweglich verbunden sind (Bilder 18-6, 18-8, 18-14 und 30-62) erfordern mehr Aufwand, auch hinsichtlich der Genauigkeit der Ausführung.

In den Bildern 18-1 bis 18-14 sowie in den Bildern 16-104 bis 16-109 sowie 30-60 und 30-62) sind Beispiele der verschiedenen Arten der Verschlüsse dargestellt. In den Bildern 18-15 und 18-16 sind verschiedene Arten der Verschlußleisten dargestellt.

18.1 Richtlinien für die Gestaltung und den Einsatz der Verschlußelemente

1. Verschlußelemente können (Bilder 16-104 bis 16-109 sowie 30-60 und 30-62) mit Erfolg als Schnellspannelemente eingesetzt werden.
2. Ein weiteres Einsatzgebiet für Verschlußelemente stellen Bohrbuchsenträger (Bild 30-60) dar.
3. Besonders häufig werden Verschlüsse an Kastenbohrvorrichtungen (Bilder 18-1, 18-6, 18-7 und 30-14) eingesetzt.
4. Das Verschließen der Vorrichtung (Bilder 18-6 und 18-8) kann mit dem Spannen des Werkstücks verbunden werden.
5. Der Schnapper DIN 6310 muß ausschließlich in Verbindung mit einer gehärteten Platte (Bild 18-1), die auf Maß geschliffen wird, verwendet werden.
6. Der Lagerbock für den Schnapper DIN 6310 kann auf verschiedene Art ausgebildet werden (Bilder 18-2a bis g).
7. Alle Verschlußelemente, die dem Verschleiß unterworfen sind, werden mit gehärteten und geschliffenen Flächen versehen.
8. Lose Riegel (Bilder 18-11 bis 18-13) sollten so gestaltet sein, daß sie mit der linken Hand (Griff vorsehen) gehandhabt und gehalten werden können und gleichzeitig mit der

Textfortsetzung auf S. 170

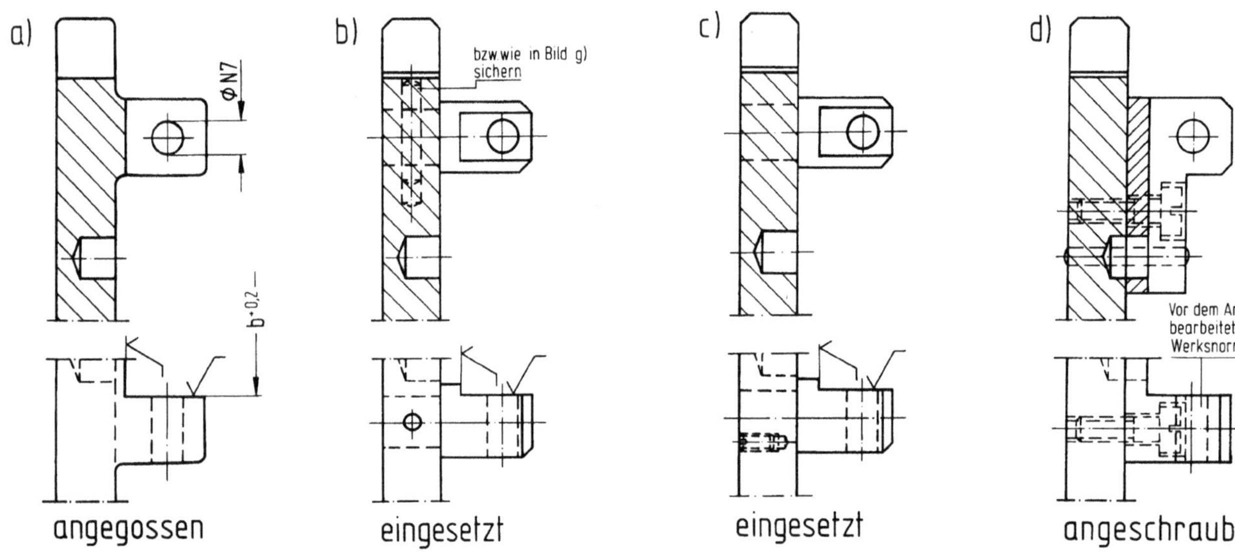

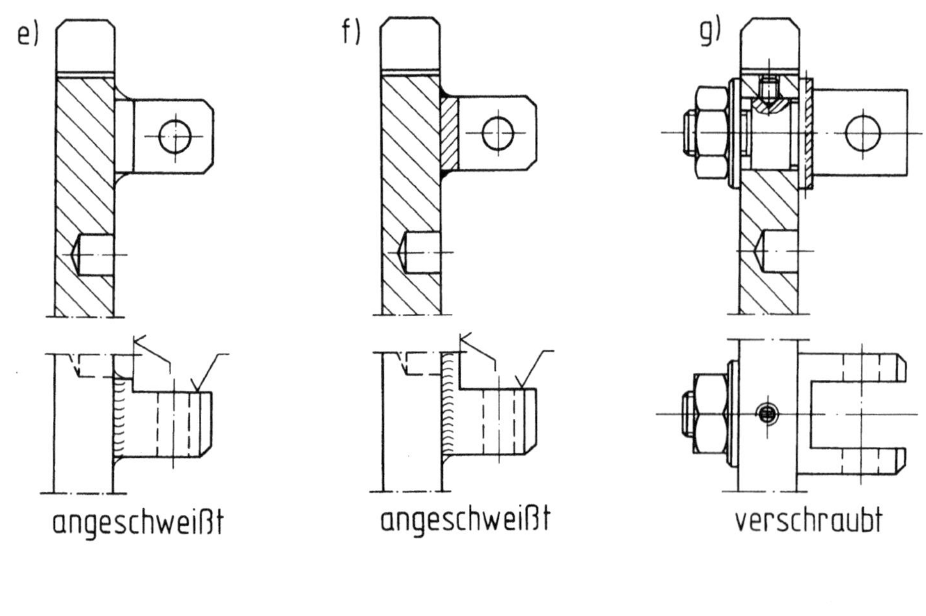

Bild 18-2

Verschiedene Ausführungen des Lagerblocks für Schnapper DIN 6310.

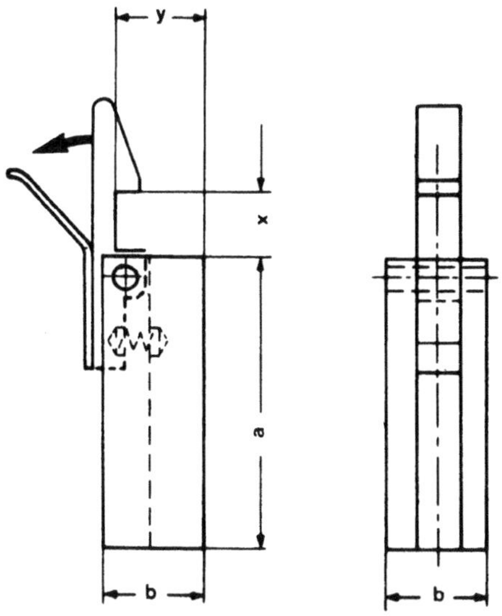

a	b	x	y
50	20	12	18
63	30	16	28
100	40	25	36

Werkstoff St 37 K
Ausführung sauber gefräst, Kanten gebrochen

Bild 18-3 Handelsüblicher (Werksnorm) Schnapper.

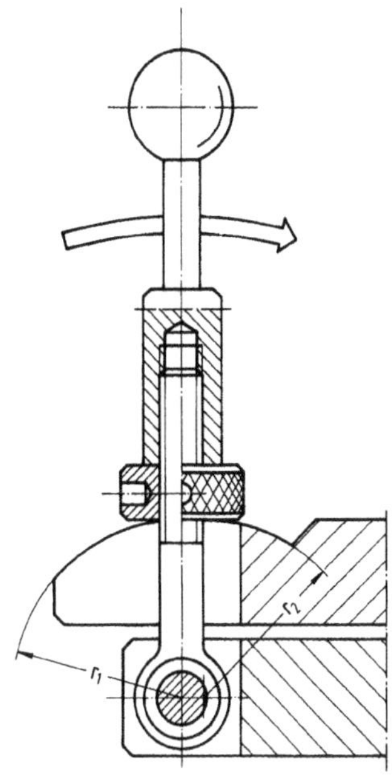

Bild 18-5 Selbsthemmender Klemmverschluß mit Einstellmutter und Hebel.

Dieser Verschluß besteht aus Augenschraube DIN 444, Kugelknopf DIN 319, Hebel mit Innengewinde und Kreuzlochmutter als Einstellelement. Durch verschobene Kreismitte r_2 gegenüber r_1 wird eine Selbsthemmung verursacht. Die Kreuzlochmutter dient als Einstellelement, so daß einerseits die Hebellage eingestellt und andererseits dem Verschleiß begegnet werden kann. Das Innengewinde des Hebels dient zur Sicherung der Lage der Kreuzlochmutter.

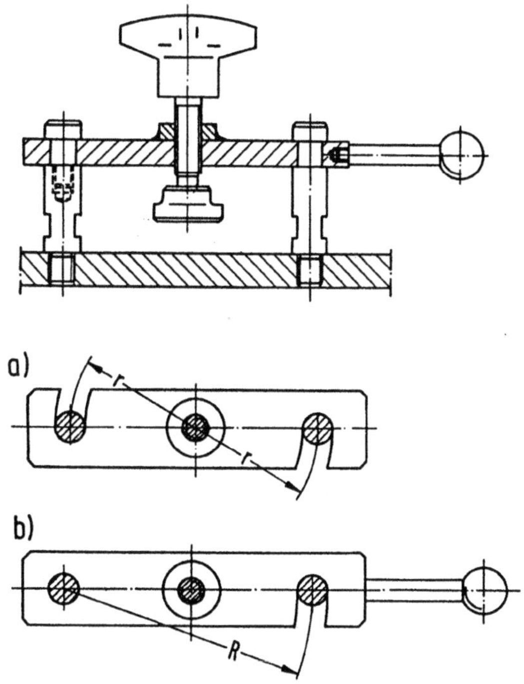

Bild 18-4 Verschluß mit Drehriegel:

a) ein abnehmbarer Verschlußriegel mit Druckschraube, schwenkbar um die Spannschraubenachse (Radien r),
b) ein nicht abnehmbarer Verschlußriegel mit Druckschraube, schwenkbar um den linken Bolzen (Radius R).

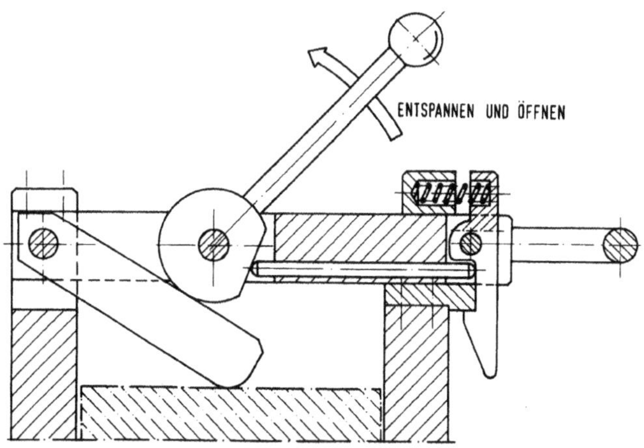

Bild 18-6 Schließvorgang der Vorrichtung mit dem Werkstück-Spannvorgang mit Hilfe eines Exzenters kombiniert.

Der in die Klappe der Vorrichtung eingebaute und mit Hilfe des Hebels bewegte Exzenter betätigt den Schnapper DIN 6310 beim Öffnen und gibt ihn frei beim Schließen. Dabei wird nach dem Schließen das Werkstück mit Hilfe des Kreisexzenters auch gespannt.

rechten Hand die Betätigung des Spannelementes (Kreuzgriff) möglich ist.

9. Steckschubriegel (Bild 18-11) sollten von links nach rechts verriegelt und in entgegengesetzer Richtung entriegelt werden, da andererseits eine unbeabsichtigte Entriegelung durch Rechtsdrehung des Spannelements erfolgen könnte.
10. Bei Drehplattenverschlüssen (Bild 18-12) und Verschlüssen mit dreiarmigem Riegel (Bild 18-13) sollte die Riegel-Bewegungsrichtung mit der Richtung der Spannbewegung des Spannelements übereinstimmen, da andererseits eine unbeabsichtigte Entriegelung durch Rechtsdrehung des Spannelements erfolgen könnte.

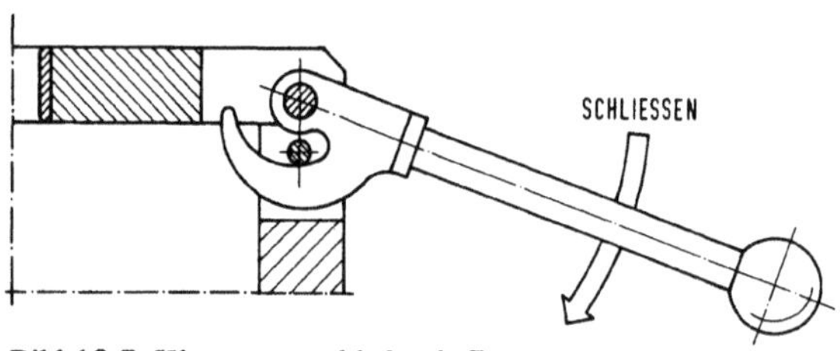

Bild 18-7 Klappenverschluß mit Zugexzenter.

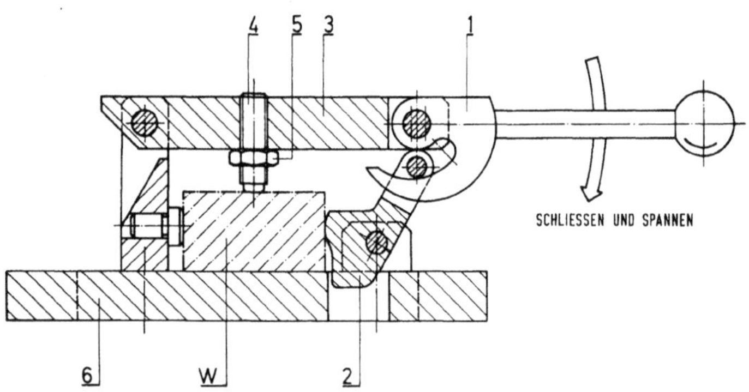

Bild 18-8 Klappenverschluß mit Zugexzenter und Werkstückspannelement.

1 Zugexzenter, 2 Spannkraftumlenkelement, 3 Klappen der Vorrichtung, 4 Einstellschraube, 5 Feststellmutter, 6 Grundplatte.

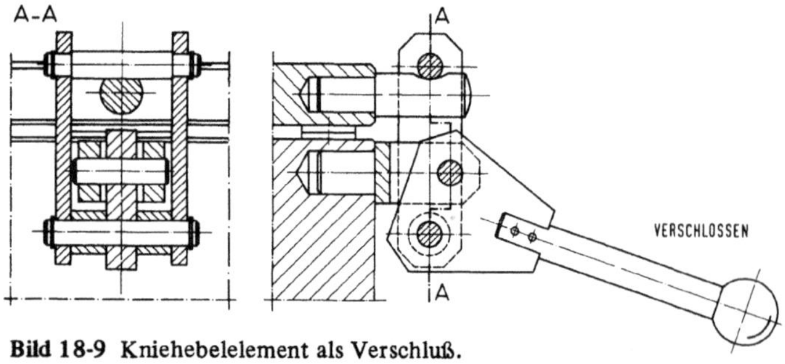

Bild 18-9 Kniehebelelement als Verschluß.

Durch die Übertotpunktbewegung wird ein sicheres Verschließen der Vorrichtung erreicht.

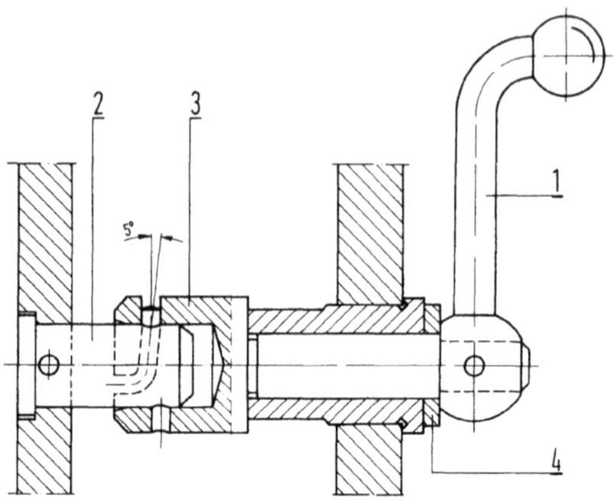

Bild 18-10 Drehhülse als Verschluß.

Die Vorrichtung wird verschlossen, wenn der im beweglichen Vorrichtungselement (z. B. Klappe oder Vorrichtungskörper, also auch umgekehrt möglich) befestigte Griff 1 in eine Lage gebracht wird, in der der im Dorn 2 eingepreßte Zylinderstift in die in der Hülse 3 eingefräste Nut gleiten kann. Diese Nut verläuft zuerst parallel zur Bolzenachse und geht in eine schraubenförmige Form über, so daß bei 5° Nutenschräge eine Selbsthemmung vorliegt. Wenn der Zylinderstift diese Lage erreicht hat, ist die Vorrichtung verschlossen. Die Kompensationsscheibe 4 wird bei der Montage der Vorrichtung solange nachgeschliffen, bis das gewünschte Spiel zwischen der Hülsenstirn und der Kegelgriffkopfstirn vorhanden ist und der Zylinderstift eingeschlagen werden kann.

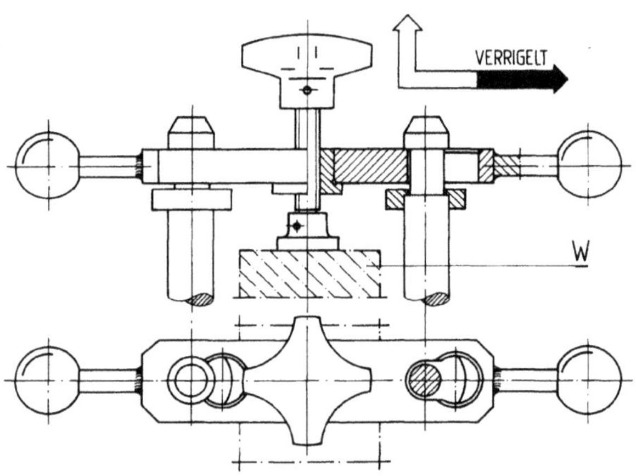

Bild 18-11 Verschluß mit Steckschubriegel.

Der Riegel mit Gewindestift und Druckzapfen DIN 6332 sowie Druckstück DIN 6311 wird auf zwei Säulen aufgesteckt und nach rechts verschoben. Die kleineren Bohrungen des Riegels greifen in die Nuten der Säulen ein. Durch Anziehen der Druckschraube wird die Vorrichtung verschlossen und das Werkstück gespannt.

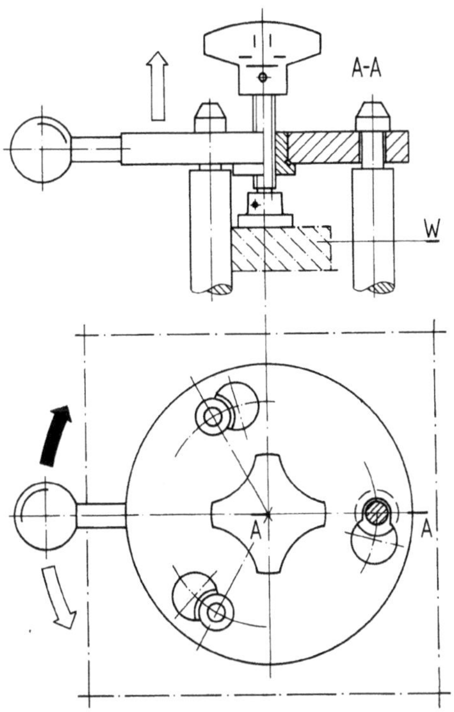

Bild 18-12 Verschluß mit Drehplattenriegel.

Lose Verschlußplatte mit Gewindestift und Druckzapfen DIN 6332 sowie Druckstück DIN 6311 wird auf drei Säulen aufgesteckt und nach rechts gedreht. Die kleineren freigefrästen Bohrungen bzw. Nuten der Drehplatte greifen in die Nuten der Säulen ein. Durch Anziehen der Druckschraube wird die Vorrichtung verschlossen.

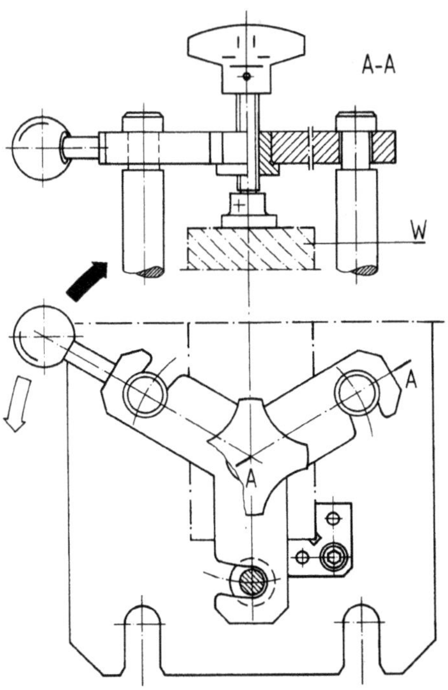

Bild 18-13 Verschluß mit dreiarmigem Drehriegel.

Durch seitliches Einschwenken und Rechtsdrehen der dreiarmigen Verschlußplatte (mit Gewindestift und Druckzapfen DIN 6332 sowie Druckstück DIN 6311) greifen die in einer Richtung freigefrästen Bohrungen in die Nuten der drei Säulen ein. Durch Anziehen der Druckschraube wird die Vorrichtung verschlossen.

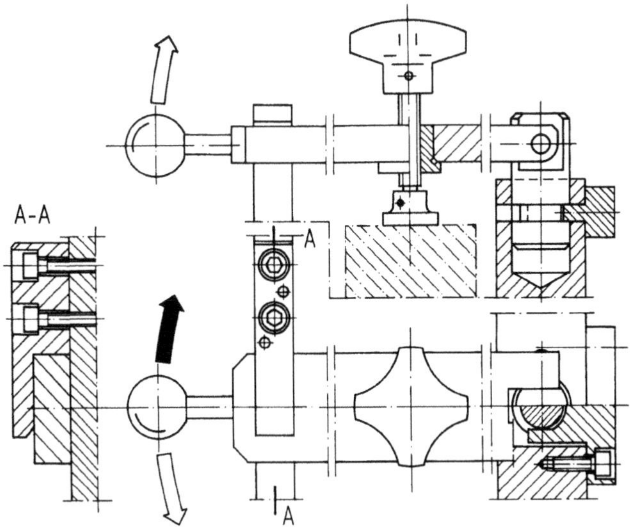

Bild 18-14 Verschluß mit drehbar gelagertem Riegel.

An einem drehbar gelagerten Augenbolzen ist ein Klappriegel schwenkbar angeordnet. Die Vorrichtung wird verschlossen indem der Riegel unter eine Lasche eingeschwenkt wird. Durch Anziehen der Druckschraube wird die Vorrichtung verschlossen.

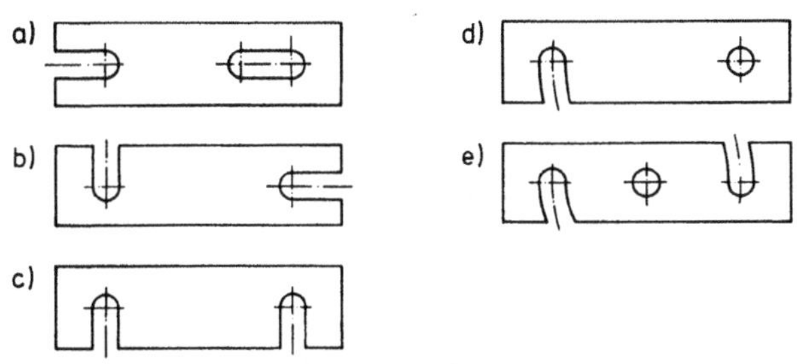

Bild 18-15 Verschiedene Arten der Riegelverschlüsse:

a) Schub-Drehriegel – nicht abnehmbar,
b) Schub-Drehriegel – abnehmbar,
c) Schubriegel – seitlich abnehmbar,
d) Drehriegel, Drehachse seitlich – nicht abnehmbar,
e) Drehriegel – nicht abnehmbar, wenn die Drehachse in Form eines festen Elements (Schraube mit Ansatz) ausgebildet ist, bzw. abnehmbar, wenn in der Mitte ein Spannelement vorhanden ist (Bild 18-4).

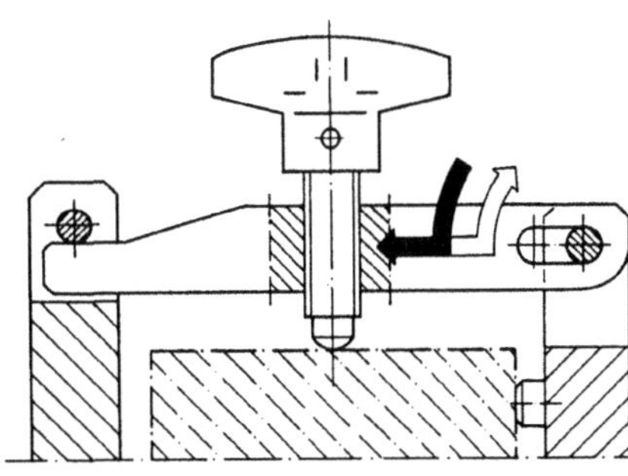

Bild 18-16 Schubriegel mit einer Schwenkbewegung zwecks Erleichterung der Werkstückeingabe in die Vorrichtung.

Nach dem Lösen der Spannschraube (Kreuz- und Sterngriff) wird der Riegel nach rechts verschoben, so daß er um die Drehachse aus dem Werkstückbereich ausgeschwenkt werden kann (Langloch). Das Werkstück kann bequem aus der Vorrichtung herausgenommen bzw. in die Vorrichtung eingegeben werden (Abschnitt 10.2).

19 Vorrichtungskörper – Allgemein

Der Vorrichtungskörper hat die Aufgabe die einzelnen Vorrichtungselemente, unter Berücksichtigung ihrer gegenseitigen Lage zueinander, aufzunehmen und so die Vorrichtung zu bilden. Dadurch kann die Vorrichtung mit dem Werkzeugmaschinentisch verbunden werden, bzw. man kann mit ihr auf dem Werkzeugmaschinentisch das Werkstück handhaben. Hinsichtlich der Werkstoffart gibt es viele Möglichkeiten, den Vorrichtungskörper auszuführen. Ob der Vorrichtungskörper aus dem „Vollen" (Vierkant-, Sechskantwerkstoff usw.), aus einzelnen Elementen verschraubt bzw. verschweißt oder aber in gegossener Ausführung gefertigt wird, entscheiden folgende Faktoren:

1. Größe der Vorrichtung und ihre geometrische Form,
2. maximales zulässiges Gewicht der Vorrichtung,
3. Anzahl der gleichzeitig oder nacheinander zu spannenden Werkstücke,
4. zur Verfügung stehende Werkstoffe und ihre Ausgangsform,
5. zur Verfügung stehende Werkseinrichtungen, verfügbares Personal und seine Qualifikation,
6. zulässige Fertigungstoleranzen der Vorrichtung,
7. maximale Kosten der Vorrichtung (Abschnitt 2.2),
8. Lieferfrist der fertigen Vorrichtung,
9. Anzahl der in der Vorrichtung zu fertigenden Werkstücke pro Zeiteinheit, es kann vorkommen, daß gleichzeitig mehrere gleiche Vorrichtungen benötigt werden,
10. Fertigungskapazität des eigenen Vorrichtungsbaues.

19.1 Arten der Vorrichtungskörper

Der Vorrichtungskörper ist kostenmäßig das aufwendigste Vorrichtungselement. Daher ist es wichtig, die wirtschaftlich optimale Lösung zu finden. Dieses betrifft nicht nur die Konstruktion, sondern auch die Fertigung der Vorrichtung. Der Vorrichtungskörper kann ausgeführt werden:

1. aus dem „Vollen", d. h. aus Rundstahl, Vierkantstahl bzw. aus gegossenen Blöcken (Gußeisen, Aluminium),
2. verschraubt aus einzelnen Bauelementen,
3. geschweißt, aus Blech, Formstahl usw.
4. gegossen (Grauguß, Aluminiumlegierung),
5. kombiniert aus gegossenen, verschraubten und/oder geschweißten Elementen. Hierbei können auch Kunstharze eingesetzt werden (Abschnitt 77.3.3).

19.1.1 Vorrichtungskörper aus dem „Vollen"

Vorrichtungskörper aus dem „Vollen" kommen in Frage wenn:

1. die Werkstückform und die Art des mit Hilfe der Vorrichtung auszuführenden Arbeitsganges eine in sich kompakte Vorrichtung voraussetzt, deren Maße im Rahmen der Formwerkstoffe bzw. gegossener Blöcke liegen,
2. die Vorrichtung aus mehreren Teilen besteht, die ebenfalls aus dem „Vollen" ausgearbeitet werden können.

In den Bildern 19-1 bis 19-3 und 10-15, 10-16 sowie 30-6 sind Vorrichtungskörper gezeigt, die aus dem „Vollen" gefertigt werden können. Es handelt sich hierbei um Vorrichtungen zum Bohren kleiner Werkstücke.

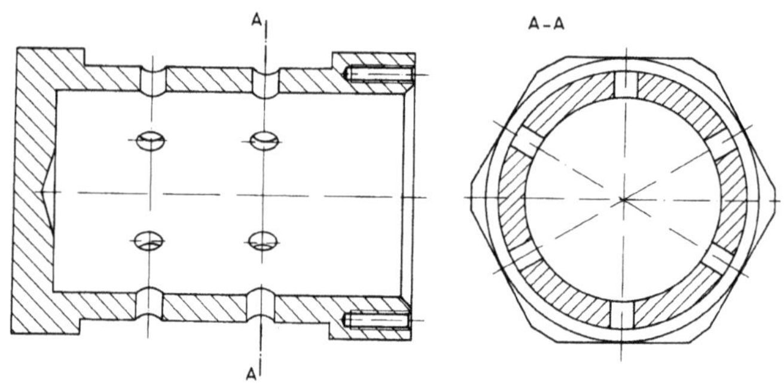

Bild 19-1 Vorrichtungskörper einer Bohrvorrichtung aus dem „Vollen", z. B. aus Rund- und Sechskantstahl ausgearbeitet.

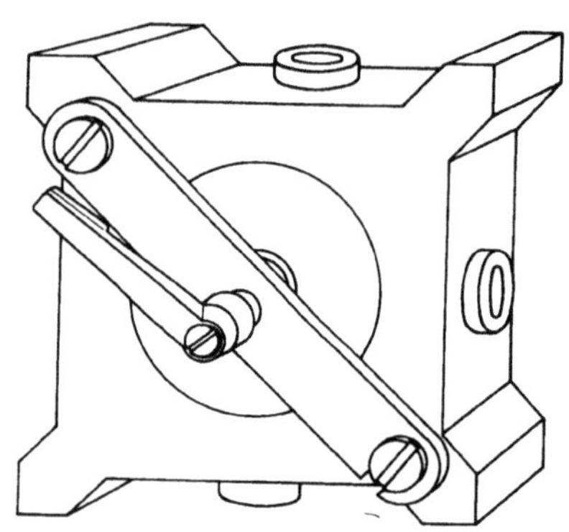

Bild 19-2 Vorrichtungskörper einer Bohrvorrichtung aus dem „Vollen" z. B. aus Vierkantstahl bzw. Grauguß ausgearbeitet.

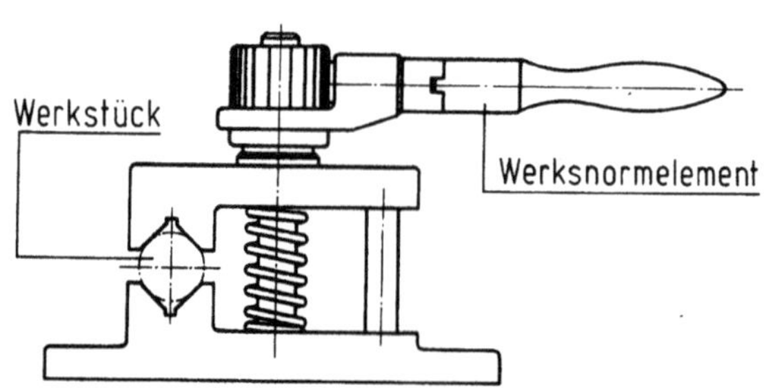

Bild 19-3 Vorrichtungskörper und Spannelement aus dem „Vollen" ausgearbeitet.

Richtlinien für die Ausführung und den Einsatz von Vorrichtungen aus dem „Vollen“

Beim Bau von Vorrichtungen dieser Art sollte man folgendes beachten:

1. Diese Vorrichtungen eignen sich ausschließlich für kleinere Werkstücke.
2. Aus dem „Vollen“ sollten nur Vorrichtungen gebaut werden, wenn sie keinen großen Bearbeitungsaufwand verursachen.
3. Bei auftretenden Drehmomenten sind entsprechend lange Hebel vorzusehen.
4. Verschleißelemente sind auswechselbar zu gestalten.

19.1.2 Verschraubte Vorrichtungskörper

Aus einzelnen Teilen verschraubter Vorrichtungskörper stellen die am meisten angewendete Vorrichtungskörperausführung – besonders für die spanende Fertigung – dar. Der Trend, Vorrichtungskörper aus einzelnen miteinander verschraubten Teilen herzustellen, beruht auf den in Abschnitt 19.1.2.2 aufgeführten Vorteilen dieser Ausführung.

19.1.2.1 Ausführungsformen der verschraubten Vorrichtungskörper

Verschraubte Vorrichtungskörper können gefertigt werden:

1. aus DIN-genormten Profilen, die auf entsprechende Maße zugeschnitten und an bestimmten Berührungsstellen bearbeitet, mit aus Grobblech ausgebrannten bzw. geschnittenen und bearbeiteten Platten, verschraubt werden,
2. aus Grobblech ausgebrannten bzw. ausgeschnittenen Platten, die entsprechend bearbeitet und verschraubt werden, und
3. aus werksgenormten Vorrichtungsbauprofilen und -platten (Abschnitt 22.1), die teilweise oder allseitig bearbeitet, auf die geforderten Maße zugeschnitten und miteinander verbunden werden.

19.1.2.2 Vorteile verschraubter Vorrichtungskörper

1. Einzelne Bauelemente können auf einfache Art mit Hilfe einfacher Werkzeugmaschinen hergestellt werden.
2. Nach dem Verschrauben und vor dem Verstiften können Meßvorgänge, Korrekturen usw. vorgenommen werden.
3. Ausschußteile können ausgetauscht werden.
4. Verschleißelemente können verschleißfest (gehärtet) ausgeführt und bei Verschleiß ausgewechselt werden.
5. Diese Ausführung entspricht der Ausbildung des Werkzeug- und Vorrichtungsschlossers.
6. In den meisten Fällen sind Ausgangswerkstoffe, wie z.B. Profile, Bleche usw., lagermäßig im Werk vorhanden.
7. Falls das Werkstück geändert wird, können auch Änderungen an der Vorrichtung vorgenommen werden.
8. Die Vorrichtung kann an andere geometrisch ähnliche Werkstücke angepaßt werden.
9. Hohe Genauigkeit wird erreicht, da keine Wärmeeinwirkung während der Herstellung.
10. Verwendung von DIN- bzw. Werks-Vorrichtungsnormprofilen und -elementen möglich.

Die einzelnen Bauelemente lassen sich mit Hilfe von Innensechskantschrauben miteinander verschrauben. Sie können ausgerichtet und danach verstiftet werden. Verhältnismäßig kleine Vorrichtungen lassen sich auf diese Weise vorzüglich herstellen.

19.1.2.3 Nachteile verschraubter Vorrichtungskörper

1. Die Notwendigkeit der Bearbeitung vieler Flächen, die als An- und Auflageflächen für das Werkstück bzw. Basen für Flächen anderer Bauelemente dienen (Abschnitt 11.1).
2. Das Gewicht. Besonders bei größeren Vorrichtungskörpern kann das Gewicht, da die verschraubten Vorrichtungen schwerer als verschweißte sind, eine wichtige Rolle spielen.
3. Alle miteinander verschraubten Bauelemente müssen sorgfältig und genau bearbeitet werden, wobei die Bearbeitungsverfahren, z.B. das Schleifen, besonders die Herstellkosten ungünstig beeinflussen.

19.1.2.4 Richtlinien für die Gestaltung verschraubter Vorrichtungskörper

1. Als Mindestgewindegröße sollte M6 vorgesehen werden.
2. Innensechskantschrauben höherer Qualität (Festigkeitsklasse 8.8. nach DIN 267) verwenden (Kap. 20).
3. Keine Unterlegscheiben, Sicherungsscheiben usw. benutzen.
4. Nach Möglichkeit Schraubenköpfe versenken (Bild 64-1/1b).
5. Für zwei Elemente, die verschraubt werden, jeweils zwei Paßstifte in möglichst großem Abstand voneinander anordnen (Bild 64-1/2b).
6. Bei ungehärteten Elementen den Abstand Stiftachse zur Kante der Bauelemente nicht kleiner als den Durchmesser des Paßstiftes, bei gehärteten Bauelementen nicht kleiner als 1,5 mal Durchmesser des Paßstiftes vorsehen (Bild 65-2).
7. Gehärtete zylindrische Paßstifte nach DIN 6325 (Passung H7/m6) anwenden.
8. Nach Möglichkeit (wenn z.B. nicht hinderlich) soll die Kuppe von Paßstiften gegenüber der oberen Bauelementfläche nicht zurückstehen, sondern vorstehen, damit keine Span- und Schmutzstellen entstehen (Bild 64-1/1b).
9. Längere Paßstiftbohrungen sind zum Teil mit größerem Durchmesser aufzubohren, um die Fertigung der Paßbohrung zu erleichtern.
10. Nach Möglichkeit Durchgangsbohrungen für Paßstifte und Schrauben vorsehen.
11. Als Mindestdurchmesser der Paßstifte sollten 4 mm angesehen werden.
12. Austreibmöglichkeit für Paßstifte vorsehen.
13. Gestaltung s. Bild 64-1.

Weitere Hinweise sind im Kap. 65 – Sicherung der Lage der Bauelemente – enthalten.

19.1.3 Geschweißte Vorrichtungskörper

Geschweißte Vorrichtungskörper finden verhältnismäßig häufig Anwendung wenn:

1. für einen Auftrag nur eine Vorrichtung gebraucht wird und aus DIN- bzw. werksgenormten Bauelementen nicht angefertigt werden kann bzw. teurer wäre,
2. die Vorrichtung verhältnismäßig leicht sein muß,
3. die Vorrichtung groß oder sehr groß ist, da es sich um große Werkstücke, z.B. Behälter, handelt,
4. die Lieferfrist sehr kurz ist,
5. entsprechende Schneid- und Schweißeinrichtungen sowie Schweißer im eigenen Betrieb zur Verfügung stehen.

19.1.3.1 Vorteile der geschweißten Vorrichtungskörper

1. Im Vergleich mit der gegossenen Ausführung sind geschweißte Vorrichtungskörper durch Wegfall der Modellkosten billiger und schneller herstellbar,
2. leichter als gegossene und verschraubte Vorrichtungskörper,
3. auch für ganz große Werkstücke geeignet und notfalls zerlegbar herzustellen,
4. geringerer Bedarf an Fertigungsraum und -einrichtungen gegenüber der gegossenen Ausführung,
5. in den meisten Fällen Werkstoffersparnis bei gleicher Steifigkeit möglich,
6. Unabhängigkeit von der Zulieferung aus auswärtigen Betrieben,
7. schnellere Herstellung mit einfachen Mitteln (Voraussetzung: gute Schweißer in eigenem Betrieb),
8. einfache Durchführung von Änderungen bzw. einfaches Anpassen an das Werkstück, die Werkzeugmaschine und Handhabung,
9. einfaches Anbringen von Rippen, Versteifungen und Ausbrüchen an entsprechenden Stellen,
10. die Wände und Profile können den zu erwartenden Beanspruchungen (besser als bei Gußeisen) angepaßt werden,
11. in den meisten Fällen Werkstoffersparnis und somit auch leichter zu handhabende Ausbildung der Vorrichtung ohne Verringerung der Starrheit,
12. niedrigere Werkstoffkosten. Höhere Festigkeit des Werkstoffes Stahl gegenüber Gußeisen.

19.1.3.2 Nachteile der geschweißten Vorrichtungskörper

1. Verzug durch Schrumpfen, Zurückbleiben von Spannungen,
2. Möglichkeit des Freiwerdens von Spannungen bei der mechanischen Bearbeitung.
3. Normalglühen notwendig und nicht immer möglich, da großer Ofen nicht immer vorhanden, bzw. kostenspielig, falls Glühen in anderem Betrieb,
4. falls keine guten Schweißer in eigenem Betrieb, so muß der Auftrag vergeben werden, was zu Terminschwierigkeiten führen kann. Im Vorrichtungsbau, wo genaue Werkzeugmaschinen vorhanden sind, sollte grundsätzlich nicht geschweißt werden.
5. der Vorrichtungskonstrukteur muß in der Lage sein die Art der Beanspruchung zu ermitteln und durch konstruktive Maßnahmen entgegenwirken können. Da statische Steifigkeit, Biegebeanspruchung und Torsion in Frage kommen, sind besondere Konstruktionskenntnisse erforderlich.

19.1.3.3 Richtlinien für die Gestaltung der geschweißten Vorrichtungskörper

1. So wenig wie möglich Einzelelemente verwenden, die zusammengeschweißt werden müssen.
2. Die Schweißnähte so legen, daß sie leicht für die Flamme bzw. die Lichtbogenelektrode zugänglich sind.
3. Lichtbogenschweißen ist günstiger, da geringere Wärmeentwicklung und somit geringerer Verzug.
4. Die Schweißnähte so legen, daß sie keiner Biegebeanspruchung unterworfen sind, sondern nur auf Druck und Zug belastet werden.
5. Überlappungsstöße vermeiden, da sie zusätzliche Biegebeanspruchung der Naht verursachen.
6. Die Nähte sollen in normaler, d.h. waagerechter Lage geschweißt werden können.
7. Bei Lichtbogenschweißung können Kehlnähte vorgesehen werden, während bei Gasschmelzschweißung Stumpfnähte vorzuziehen sind.
8. Formänderungen durch Anbringen von Versteifungen begegnen.
9. Den Wärmespannungen entgegenwirken durch:
   9.1. möglichst kurze (unterbrochene) Schweißnähte,
   9.2. Wärmeableitung,
   9.3. Wahl der Stoßart entsprechend der Werkstoffdicke,
   9.4. Anordnung der Schweißnähte symetrisch in einer Schweißachse des Gesamtquerschnittes,
   9.5. Anwendung des spannungsfreien Glühens.
10. Ausreichend bemessene Bearbeitungszugaben, um ein Freiwerden der Spannungen zu vermeiden bzw. gering zu halten.
11. Weitere Hinweise s. Bild 64-2.

19.1.4 Gegossene Vorrichtungskörper

Gegossene Vorrichtungskörper kommen in Frage wenn:

1. gleichzeitig mehrere gleiche Vorrichtungen benötigt werden, z.B. wenn parallel gleiche Werkstücke gleichzeitig gefertigt werden sollen,
2. sich Werkstückgruppen bilden lassen, so daß gleichgroße Vorrichtungskörper durch Anbauelemente den verschiedenen Werkstücken der Werkstückgruppe angepaßt werden können (Kap. 39),
3. eine Modellschreinerei und Gießerei im eigenen Betrieb zur Verfügung stehen,
4. aus Gewichtsgründen Vorrichtungskörper aus Leichtmetall gebaut werden müssen. Bei der gegossenen Ausführung lassen sich bedeutend dünnere Wände gestalten als bei der verschraubten Ausführung, da z.B. bei einem Schraubenmindestdurchmesser M6 die Mindestwanddicke 12 mm betragen muß.

19.1.4.1 Vorteile der gegossenen Vorrichtungskörper

1. Gußeisen läßt sich spanend besser bearbeiten als Stahl.
2. Gußeisen wirkt stoß- und schwingungsdämpfend.
3. Die Gefahr des Verzugs bei Wärmeeinwirkung (Zerspanung) ist bei Gußeisen geringer als bei anderen Werkstoffen.
4. Bei größerer Anzahl gleicher Vorrichtungen sind die Herstellkosten geringer als bei der Schweißbauweise bzw. bei verschraubten Vorrichtungen.
5. Bei vorhandenen Modellen ist der Ersatz einer gegossenen Vorrichtung billiger und schneller als einer anderen Ausführung.
6. Es genügt eine Konstruktionszeichnung, da keine Einzelteile vorhanden sind bzw. nur sehr wenige.
7. Gegossene Vorrichtungskörper sind ca. 20 ... 30 % leichter als verschraubte.

19.1.4.2 Nachteile der gegossenen Vorrichtungskörper

1. Für einzelne Vorrichtungskörper unwirtschaftlich.
2. Ein Vorrichtungskörper aus Gußeisen ist durchschnittlich um ca. 30 % und mehr schwerer als ein Vorrichtungskörper in geschweißter Ausführung.
3. Änderungen sind nicht bzw. nur umständlich durchführbar.
4. Bei auswärtigen Bestellungen meist lange Lieferfristen.
5. Sie können leicht beschädigt werden (Transport).

19.1.4.3 Ausführungen der gegossenen Vorrichtungskörper

Gegossene Vorrichtungskörper bzw. Vorrichtungen können ausgeführt werden:

1. in einem Stück (Bild 19-4),
2. verschraubt aus mehreren Gußstücken (Bild 19-5),
3. kombiniert mit aufgeschraubten, aus dem „Vollen" ausgearbeiteten oder geschweißten Bauelementen (Bild 19-6).

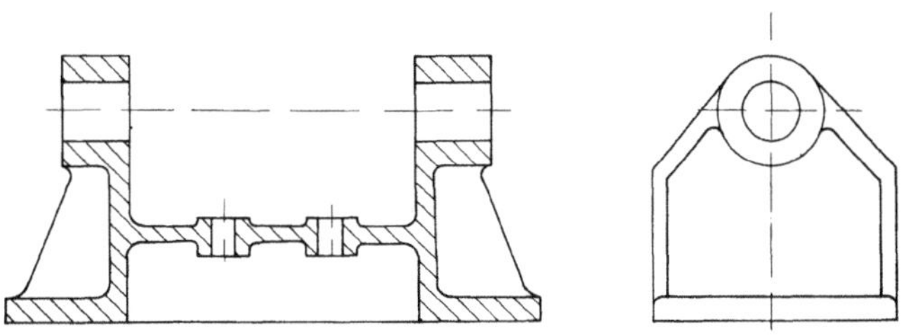

Bild 19-4 Gegossener Vorrichtungskörper (Abschnitt 19.4) in einem Stück gegossen, (z. B. Grauguß bzw. Aluminiumlegierung).

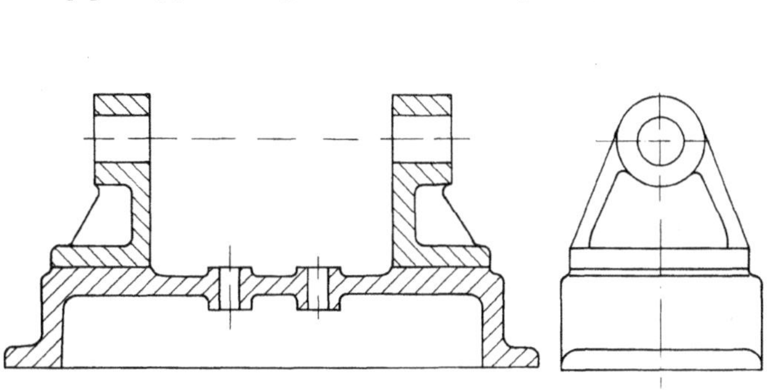

Bild 19-5 Gegossener Vorrichtungskörper (Abschnitt 19.4) (z. B. aus Grauguß bzw. Aluminiumlegierung gegossen), aus drei miteinander verschraubten Bauelementen bestehend.

In den meisten Fällen wird es sich um kleinere Vorrichtungskörper handeln, da große ohnehin nicht in gegossener Ausführung in Frage kommen.

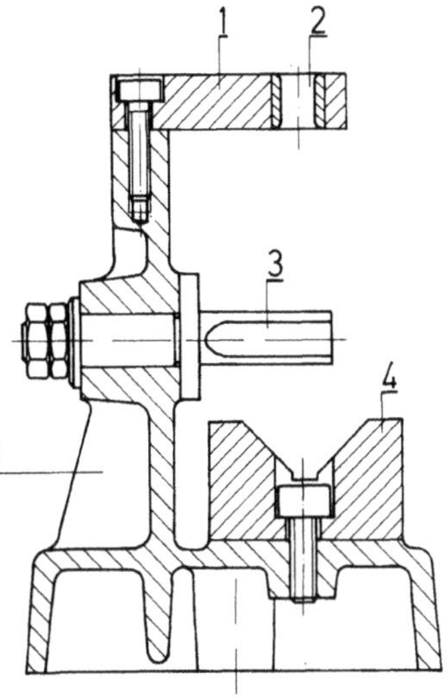

Bild 19-6 Vorrichtungskörper einer Bohrvorrichtung aus gegossenen und aus dem „Vollen" ausgearbeiteten Bauelementen kombiniert.
1 Bohrbuchsenträger (Abschnitt 30.10), 2 Bohrbuchse (Abschnitt 30.9), 3 abgeflachter Aufnahmebolzen (Abschnitt 13.10), 4 Prisma (Abschnitt 13.5), 5 gegossener Vorrichtungskörper.

19.1.4.4 Richtlinien für die Gestaltung der gegossenen Vorrichtungskörper

Bei der Konstruktion von aus Gußeisen gegossenen Vorrichtungsbauelementen müssen werkstoff- und verfahrensbedingte Regeln besonders beachtet werden. Es sind:

1. auf Druckbeanspruchung konstruieren,
2. sehr unterschiedliche Wanddicken und schroffe Materialübergänge vermeiden (Bild 64-3/4a),
3. gleichmäßige Wanddicke ergibt gleichmäßige Schwindung,
4. bei Wanddickenunterschieden schräge Übergänge anwenden (Bild 64-3/4b),
5. Modell- und Kernteilung so vorsehen, daß diese in einer Ebene liegen,
6. lose Modellteile vermeiden,
7. große, beim Gießen waagerecht liegende Flächen vermeiden,
8. bei gebogenen Flächen Kreis- und Zylinderform vorziehen,
9. möglichst überall gleiche Abrundungsradien anwenden,
10. Unterschneidungen und Sandecken durch auslaufende Flächen ersetzen,
11. hinsichtlich der mechanischen Bearbeitung fertigungsgerecht gestalten, d.h. Flächen, die bearbeitet werden, entsprechend formen, genau maßhaltige Bohrungen ins Volle

bearbeiten lassen, An- und Auslauf von Bohrungen auf schrägen Flächen vermeiden,

12. für ausreichende Zuflußquerschnitte im Inneren des Gußstückes sorgen.
13. Weitere Hinweise s. Bild 64-3.

19.1.5 Kombinierte Vorrichtungskörper bzw. Vorrichtungen

Unter einer kombinierten Vorrichtung, hinsichtlich der Art des angewendeten Werkstoffes, versteht man eine Vorrichtung, die z. B. aus einem gegossenen Grundkörper, einer Stahlplatte als Bohrbuchsenträger und aus dem Vollen ausgearbeiteten Spann- und Positionierelementen besteht. Es gibt sehr viele Möglichkeiten der Ausführung solcher Vorrichtungen. Hierbei können auch Kunstharze (Abschnitt 77.3) eingesetzt werden. In Bild 19-6 ist eine Bohrvorrichtung, die aus verschiedenen Werkstoffen und Werkstoffausgangsformen besteht, dargestellt. Weitere Möglichkeiten sind unter den einzelnen Vorrichtungsbeispielen zu finden (Kap. 30 bis 35).

Bei kombinierten Vorrichtungskörpern oder Vorrichtungen kann es sich sowohl um kleinere als auch um größere und um sehr große Vorrichtungen handeln. Man kann z. B. einen aus Gußeisen gegossenen Grundkörper mit einem aus Profilstahl geschweißten Aufbau, der wiederum mit aus dem Vollen ausgearbeiteten Bauteilen verbunden ist, verbinden. Der kombinierten Ausführung sind also praktisch keine Grenzen gesetzt. Die Aufgabe des Vorrichtungskonstrukteurs wird es sein, nicht nur bei dieser Art von Vorrichtungskörpern bzw. Vorrichtungen, die optimale Lösung hinsichtlich der Werkstoffwahl, der Werkstoffausgangsart, der Ausführungs- und Bearbeitungsmöglichkeiten und der Qualifikation des Personals (Kap. 72) sowie Kosten zu finden.

19.2 Beispiele verschiedener Ausführungen eines Vorrichtungskörpers

In Bild 19-7a sind in Form einer Skizze die Forderungen gezeigt, die an den Vorrichtungskörper hinsichtlich der Lage der Bohrungen und Flächen zueinander gestellt werden. Die Aufnahmebohrungen sind symbolisch mit einer Linie, die die zukünftige ungefähre Form des Vorrichtungskörpers darstellt, verbunden. Die Bilder 19-8 bis 19-14 zeigen verschiedene Lösungsmöglichkeiten hinsichtlich der angewendeten Werkstoffe, ihrer Ausgangsart und der Verbindungsart. Die bearbeiteten Flächen sind symbolisch jeweils mit einem Dreieck gekennzeichnet. In den Bildern 19-7b bis 19-7f sind verschiedene Ausführungen eines Vorrichtungskörpers gezeigt.

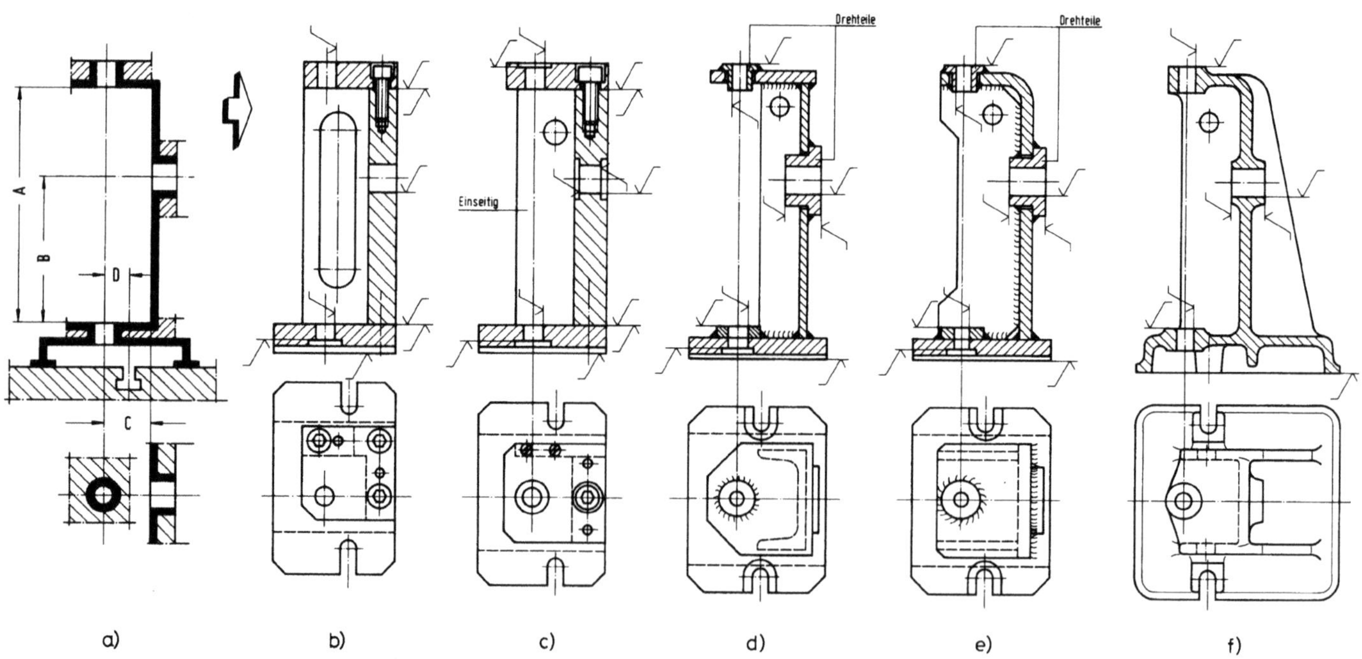

Bild 19-7 Beispiele verschiedener Ausführungen des Vorrichtungskörpers einer Bohrvorrichtung:

a) Darstellung der Kontur der Vorrichtung (fetter Strich) mit Maßen und Maßzusammenhängen der vorgesehenen Bauelemente, als Grundlage für mehrere Konstruktionslösungen (s. a. Kap. 59),
b) verschraubter Vorrichtungskörper bestehend aus: Grundplatte (Stahl), Winkelprofil (gleichschenklig, Grauguß, allseitig bearbeitet, Werksnorm, handelsüblich), Bohrbuchsenträger (Stahl). Alle Bauelemente miteinander verschraubt und verstiftet.
c) verschraubter Vorrichtungskörper bestehend aus: Grundplatte (Stahl), Flachstahl (bzw. Leiste – Grauguß, Werksnorm, handelsüblich), zwei dünnen Seitenwänden (Graugußplatte, Werksnorm, handelsüblich), Bohrbuchsenträger (Stahl). Alle Bauelemente miteinander verschraubt und verstiftet.
d) Geschweißter Vorrichtungskörper bestehend aus: Grundplatte, U-Profilstahl und Bohrbuchsenträger. Die Bohrungen sind durch Auflagen oder Buchsen verstärkt.
e) Geschweißter Vorrichtungskörper bestehend aus: Grundplatte, gebogenem dicken Blech und zwei dünnen Seitenblechen. Die Bohrungen sind durch Auflagen oder Buchsen verstärkt.
f) Gegossener Vorrichtungskörper (Grauguß bzw. Aluminiumlegierung).

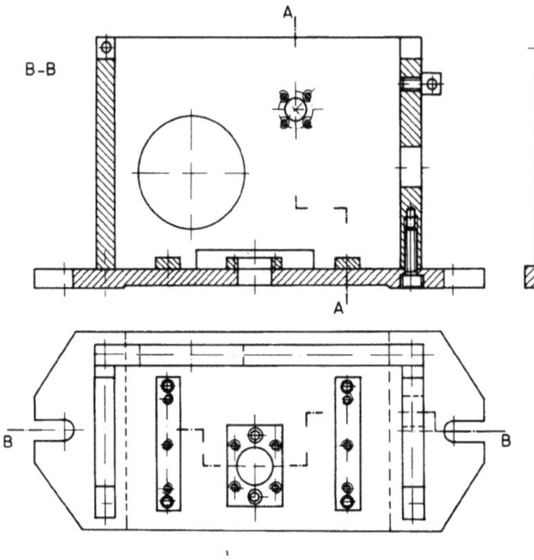

Bild 19-8 Verschraubter Vorrichtungskörper einer Kasten-Bohrvorrichtung.
Alle Bauelemente sind bearbeitet, verschraubt und verstiftet (s. a. Bilder 19-9 und 19-10).

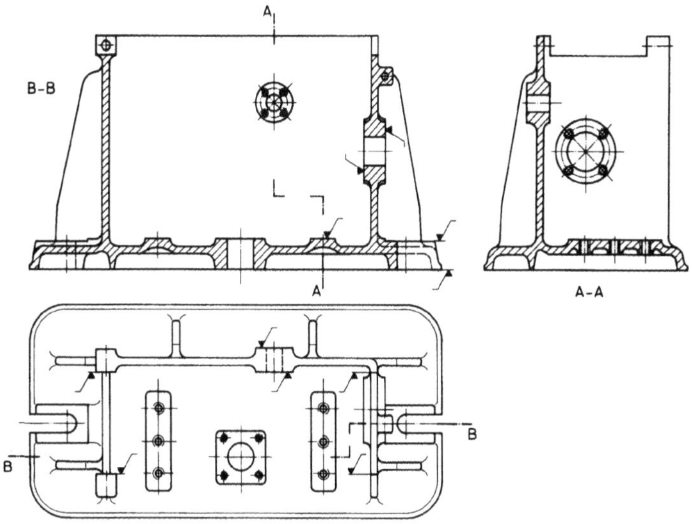

Bild 19-10 Gegossener Vorrichtungskörper einer Kasten-Bohrvorrichtung (analog zu den Bildern 19-8 und 19-9). Bearbeitete Flächen sind mit Hilfe der Bildzeichen (Kap. 9, Bild 9-1) gekennzeichnet.

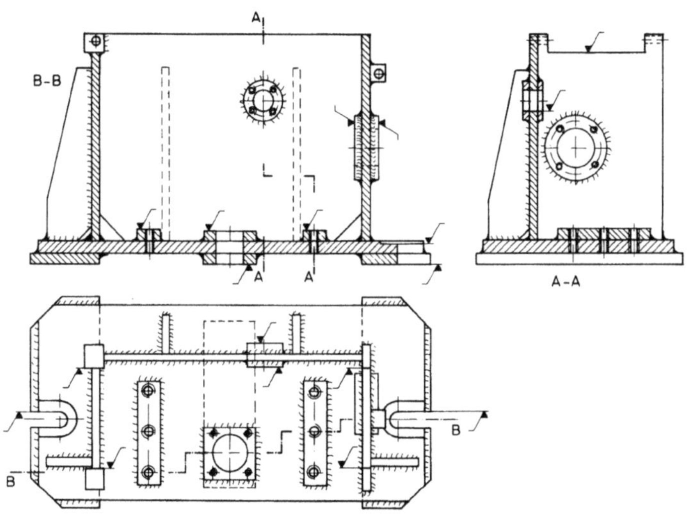

Bild 19-9 Geschweißter Vorrichtungskörper einer Kasten-Bohrvorrichtung (analog zum Bild 19-8). Bearbeitete Flächen sind mit Hilfe der Bildzeichen (Kap. 9, Bild 9-1) gekennzeichnet (s. a. Bild 19-10).

19.3 Richtlinien für die Wahl der Vorrichtungskörperart

Bevor die Entscheidung fällt, welche Art des Vorrichtungskörpers festgelegt wird, sollten folgende Punkte überprüft werden:

1. Die Anzahl der zu fertigenden Werkstücke pro Zeiteinheit und die Wirtschaftlichkeitsrechnung (Abschnitt 2.2) ergeben die maximalen Kosten, die für einen Vorrichtungskörper aufgewendet werden dürfen.
2. Es muß in erster Linie festgestellt werden, wie groß der Anteil der Vorrichtungskörperkosten an den Gesamtkosten der Vorrichtung ist.
3. Größe und geometrische Form des Werkstücks kann für die Wahl der Vorrichtungskörperart ausschlaggebend sein.
4. Zur Verfügung (im eigenen Lager) stehende Werkstoffe berücksichtigen.
5. Zur Verfügung stehende Werkseinrichtungen (Kap. 73) sowie Personal und dessen Qualifikation sind in die Überlegungen einzubeziehen.
6. Können Werkstücke zu Werkstückgruppen (Kap. 39) zusammengefaßt werden?
7. Vor- und Nachteile der einzelnen Vorrichtungskörperarten berücksichtigen (Abschnitte 19.1.2.2, 19.1.2.3, 19.1.3.2, 19.1.4.1 und 19.1.4.2).
8. Anzahl der möglichen geometrisch und größenmäßig ähnlichen Vorrichtungskörper ermitteln.
9. Lieferfristen der fertigen Vorrichtungen und die für den Bau des Vorrichtungskörpers benötigte Zeit berücksichtigen.
10. Lieferfristen der zu bestellenden Werkstoffe beachten.

19.4 Richtlinien für die Ausbildung der Vorrichtungskörper – Alle Vorrichtungskörperarten

1. Bei verschraubten und geschweißten Vorrichtungen müssen alle Kanten auf 1·45° oder 2·45° (je nach Körpergröße) gebrochen werden.
2. Es sollen nur Flächen bearbeitet werden, die für die Funktion, Ausführung oder Montage notwendig sind.
3. Alle Vorrichtungskörper, die auf dem Werkzeugmaschinentisch positioniert werden, sind mit Nuten oder Bohrungen (Abschnitte 5.2 und 5.2.1.2) für Positionierelemente zu versehen.

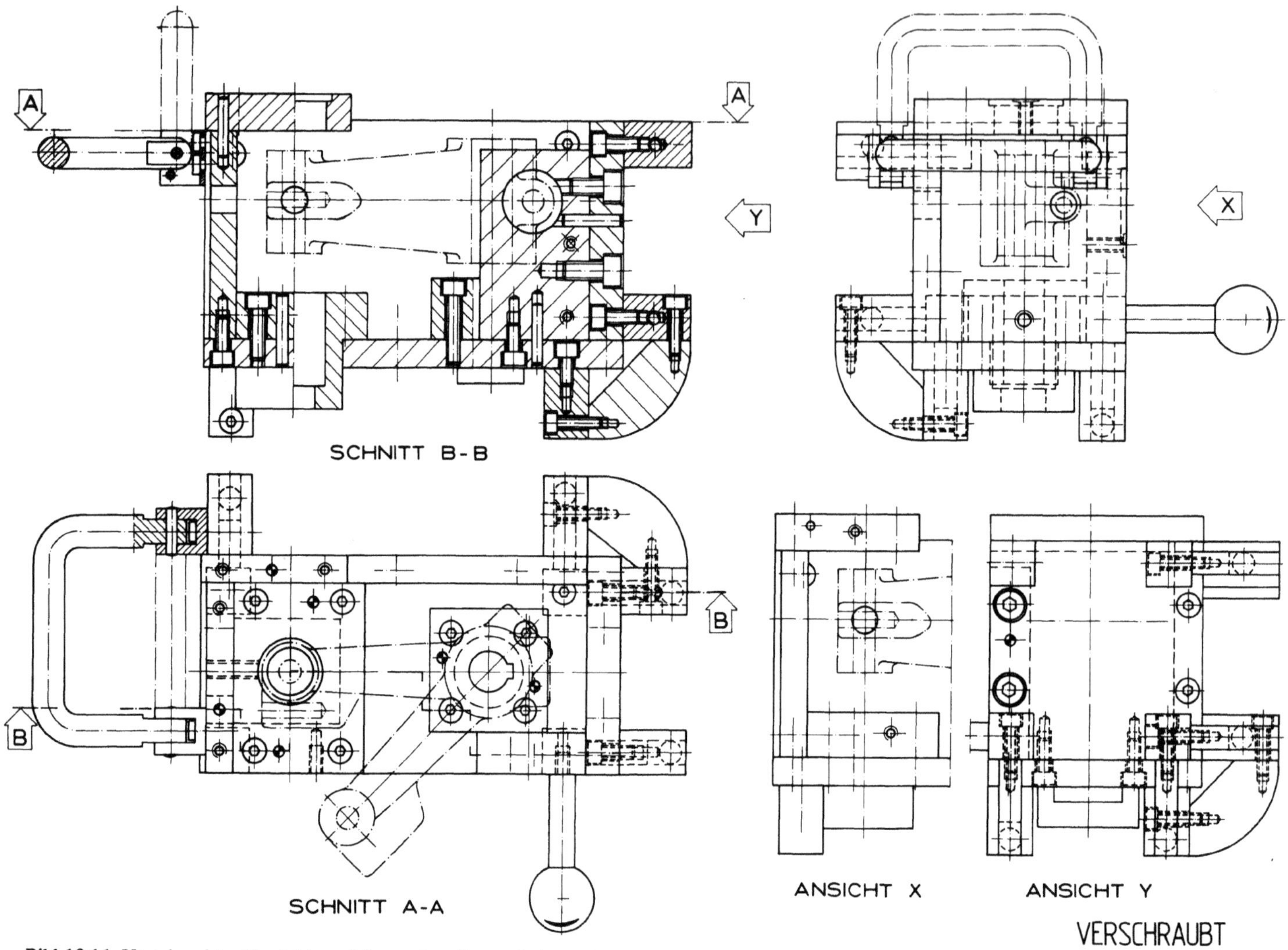

Bild 19-11 Verschraubter Vorrichtungskörper einer Kasten-Bohrvorrichtung für das im Bild 9-3 dargestellte Werkstück.
Die Vorrichtung besteht aus den im Bild 9-5 dargestellten Bauelementen, die mit Hilfe der Bildzeichen (Kap. 9, Bild 9-1) gekennzeichnet sind (s. a. Bilder 9-3 bis 9-5 und 19-12 bis 19-14).

4. Bei Vorrichtungskörpern, die an Anschläge oder Anschlagleisten angeschlagen werden, sind entsprechende Flächen vorzusehen (Abschnitt 5.2.1.1).
5. Befestigungsschraubenschlitze sind einzuplanen (Abschnitt 5.3) und fertigungsgerecht zu gestalten.
6. An Vorrichtungskörpern, die nicht gespannt werden, sind Flächen (aufgeschweißt, angegossen) für Handhabungselemente (Abschnitt 16.9) vorzusehen.
7. Flächen und „Fleisch" für Transportelemente (Kap. 21) und Füße (Kap. 17) berücksichtigen.
8. Bei der Festlegung der Lage der Transportelemente auf den Schwerpunkt achten.
9. Werkzeugauslauf, besonders bei kastenförmigen Vorrichtungskörpern, berücksichtigen.
10. Aufbaumöglichkeit für Werkzeugeinstellelemente (Abschnitt 6.1) bzw. Werkstückeinstellelemente (Abschnitt 13.3) vorsehen.
11. Vorrichtungskörper transport- und lagerungsgerecht (Kap. 21) gestalten.
12. Richtlinien für die Gestaltung der Vorrichtungskörper (Abschnitte 19.1.2.4, 19.1.3.3 und 19.1.4.4) beachten.
13. An den Vorrichtungsgrundkörper bzw. an der Grundplatte der Vorrichtung ist eine genau bearbeitete Fläche vorzusehen, von der aus die maßliche Lage (Basis – Abschnitt 11.1) anderer Vorrichtungsbauelemente festgelegt ist. Dadurch wird einerseits der Aufbau der Bauelemente erleichtert, die Genauigkeit gesichert und die Möglichkeit der Überprüfung der Maße der Lage der Bauelemente gegeben.
14. An jedem Vorrichtungskörper ist ein Platz für die Anbringung eines Schildes bzw. ein bearbeitetes Feld für das Einschlagen oder Eingravieren der Vorrichtungsnummer und anderer wichtigen Bezeichnungen vorzusehen. Die Stelle muß so gewählt werden, daß sie bei der Lagerung der Vorrichtung im Vorrichtungslager (Kap. 76) sichtbar ist.

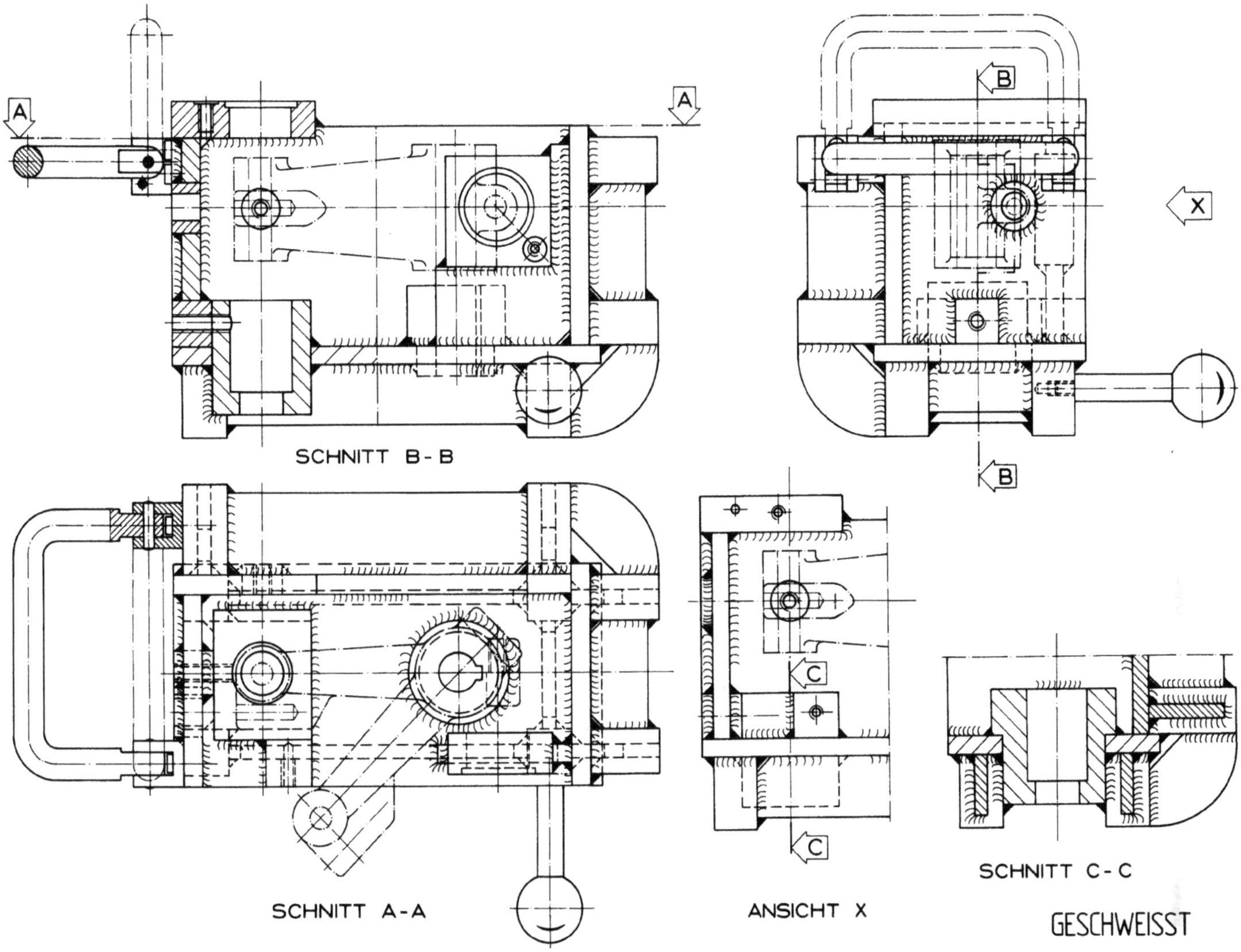

Bild 19-12 Geschweißter Vorrichtungskörper einer Kasten-Bohrvorrichtung (analog zum Bild 19-11, s.a. Bildtext).

15. Während der Konstruktion des Vorrichtungskörpers, besonders großer Vorrichtungen, müssen die Bearbeitungsmöglichkeiten des Vorrichtungsbaus (Einrichtungen und Werkzeugmaschinen – Kap. 73) sowie anderer Abteilungen, die dafür in Frage kommen (große Bohrwerke in den Fertigungsabteilungen, Schweißerei u.a.) und ihre Kapazitäten, Beachtung finden.
16. Der Platzbedarf für die Montage großer Vorrichtungen muß berücksichtigt werden.
17. Bei großen Vorrichtungskörpern, die in den Betrieben des eigenen Werkes nicht bearbeitet bzw. geschweißt werden können, müssen andere Firmen einbezogen werden, die in der Lage sind, die Bearbeitung bzw. auch den Bau ganzer Vorrichtungen auszuführen. Auch die Einrichtungen dieser Auftragnehmer müssen bei der Konstruktion beachtet werden.
18. Bei besonders großen und sperrigen Vorrichtungen (z.B. Heftvorrichtungen für den Behälterbau), die aus Fertigungs- oder/und Lagerungsgründen zerlegbar gebaut werden müssen (Bild 19-5), ist eine genaue Bezeichnung der einzelnen Vorrichtungsbestandsglieder unbedingt notwendig. Die Montage der Vorrichtung muß schnell und fehlerfrei durchgeführt werden können.
19. Ein falsches Zusammenfügen zerlegbarer Vorrichtungen sollte durch entsprechende Maßnahmen (z.B. mit Hilfe von vorstehenden angespitzten Führungsbolzen an einem Vorrichtungsglied, die in entsprechende Bohrungen des anderen montierten Gliedes greifen und so angeordnet sind, daß ein falsches Zusammenfügen nicht möglich ist) verhindert werden.
20. Nach dem Zusammenbau und vor dem Einsatz der montierten Vorrichtung muß eine schnelle und genaue Überprüfung der Vorrichtung (Abnahme – Abschnitt 68.1) durchgeführt werden.
21. Alle, vor allem waagerechte, Flächen (besonders bei gegossenen und geschweißten Vorrichtungskörpern) sollten geglättet werden, damit die Beseitigung der Späne und die Reinigung der Vorrichtung erleichtert werden.

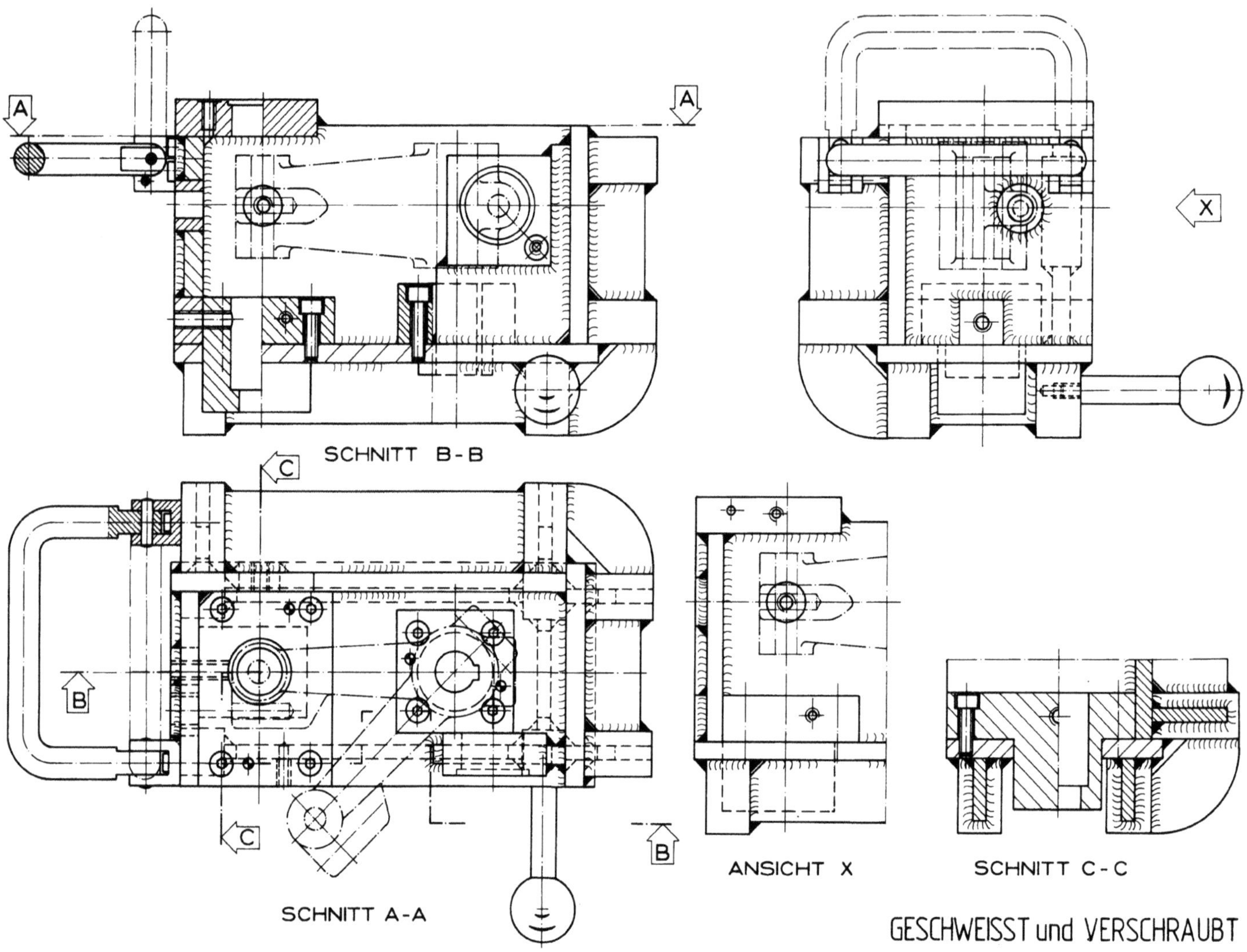

Bild 19-13 Geschweißter und verschraubter Vorrichtungskörper einer Kasten-Bohrvorrichtung (analog zum Bild 19-11 – s. a. Bildtext).

22. Die unter Pkt. 13 genannte genau bearbeitete Fläche des Vorrichtungskörpers bzw. der Vorrichtungsgrundplatte, soll gleichzeitig als Positionier-Anlagefläche zum Positionieren der Vorrichtung auf dem Werkzeugmaschinentisch (Abschnitt 5.2, Bilder 5-11 und 5-12) dienen. Es wird sich hierbei um eine senkrecht zur Werkzeugmaschinentischfläche liegende Fläche der Vorrichtung handeln. Dadurch soll es möglich sein, diese Fläche mit der Meßuhr abzutasten, um die Lage der Vorrichtung zu überprüfen. Diese Fläche muß also unbedingt parallel zu den Nuten der die Vorrichtung positionierenden Nutensteine (Bild 5-25) bzw. zu der Achse der beiden Positionierbohrungen für Nutensteine mit Zapfen (Bild 5-27) verlaufen. Grundsätzlich wird man bei der Bearbeitung der Nuten bzw. Bohrungen im Vorrichtungskörper von der genau bearbeiteten Fläche (Basis – Abschnitt 11.1) ausgehen (s. Abschnitt 5.4, Pkt. 10).

23. Große und gleichzeitig sehr leichte Vorrichtungskörper (Prüflehren, Kontrollvorrichtungen) lassen sich aus Gießkunstharzen (Abschnitt 77.3) (Bilder 77-7 bis 77-10) herstellen. Mit Hilfe von glasfaserverstärkten „Primatube"-Epoxydharzrohren (Bilder 77-11 und 77-12), die zu sogar großen Gestellen durch das Laminieren (auflegen von Glasfasergeweben) (Bild 77-8) zusammengefügt werden, lassen sich kostengünstige, der Stahlausführung gleichwertige, Vorrichtungen erstellen. Auch Schweißvorrichtungen (Bild 77-7) sowie Bohrvorrichtungen und andere lassen sich auf diese Art bedeutend leichter als aus Stahl kostengünstig bauen. Bei Wirtschaftlichkeitsüberlegungen (Kap. 2) sollte stets die Anwendung der Gießkunstharze sowie Glasfaserlaminatrohre in Erwägung gezogen werden.

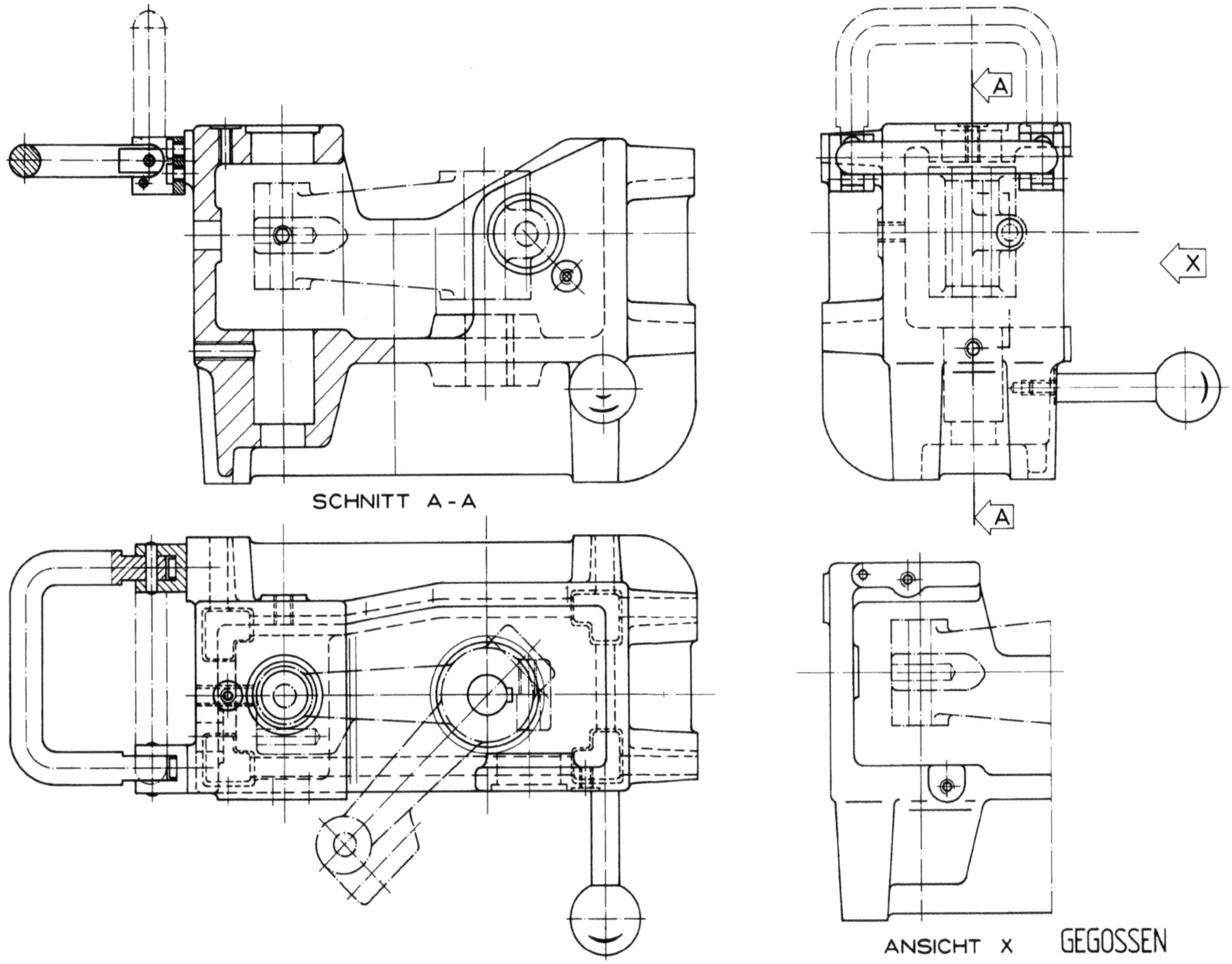

Bild 19-14 Gegossener Vorrichtungskörper einer Kasten-Bohrvorrichtung (analog zum Bild 19-11 – s. a. Bildtext).

20 Schrauben und Muttern als Befestigungselemente im Vorrichtungsbau

Schrauben und Muttern werden im Vorrichtungsbau auch zum Verschrauben der Vorrichtungsbauelemente untereinander, also auch als Verbindungselemente, eingesetzt. Außerdem dienen sie zur Befestigung der Vorrichtung auf dem Werkzeugmaschinentisch (Abschnitt 5.3). Der Einsatz der Schrauben und Muttern als Spannelemente ist im Abschnitt 16.7 besprochen.

20.1 Schrauben zum Verschrauben von Vorrichtungsbauelementen

Zum Verschrauben der Vorrichtungsbauelemente untereinander werden hauptsächlich Innensechskantschrauben DIN 912 der Festigkeitsklassen 8.8 (früher 8 G) und 10.9 (früher 10 K) eingesetzt. Als Mindestgröße der Schrauben und Muttern sollte im Vorrichtungsbau M 6 angesehen werden. Gewindestifte mit Innensechskant und Spitze DIN 914 bzw. mit Zapfen DIN 915 dienen als Sicherungs- und Führungselemente (Kap. 65). Alle anderen Schrauben (Sechskant-, Schlitzschrauben usw.) sollten nur in Sonderfällen eingesetzt werden. Die zulässige Schraubenzugkraft und das erforderliche Anzugs-Drehmoment sind in den Bildern 20-1 und 20-2 aufgeführt.

Gewinde	Zulässige Schrauben-Zugkraft kN	Erforderliches Anzugs-Drehmoment Nm
M 6	8,2	10,5
M 8	15,0	25,0
M 10	24,0	47,0
M 12	35,0	78,0
M 14	49,0	120,0
M 16	67,0	180,0
M 18	81,5	250,0
M 20	105,0	335,0
Wenn die gewünschte Axialkraft kleiner ist als die maximale Belastbarkeit, dann ist auch das Anzugsdrehmoment proportional herabzusetzen		

Bild 20-1 Belastbarkeit von Sechskant- und Innensechskantschrauben, Güte 8.8 als Befestigungselemente im Vorrichtungsbau.
Quelle: Bauer & Schauerte, Karcher GmbH, 4040 Neuss 1

20.2 Schrauben und Muttern zum Befestigen der Vorrichtung auf dem Werkzeugmaschinentisch

Komplette T-Nuten-Spannschrauben setzen sich zusammen aus: Schraube DIN 787, Mutter DIN 6330 und Scheibe DIN 6340. Sie werden nach dem Nennmaß der T-Nut (8, 10, 12, 14, 16, 22, 28, 36 und 42 mm) gewählt. Die T-Nuten-Schrauben werden auch in Verbindung mit DIN-genormten Spanneisen (DIN 6314, DIN 6315, DIN 6316 und anderen) eingesetzt. Stiftschrauben DIN 6379 erfüllen die gleiche Aufgabe wie die T-Nuten-Spannschrauben.

Gewinde	Zulässige Schrauben-Zugkraft kN	Erforderliches Anzugs-Drehmoment Nm
M 6	11,5	15,0
M 8	21,0	34,0
M 10	34,0	65,0
M 12	50,0	113,0
M 14	68,0	175,0
M 16	94,0	260,0
M 18	115,0	260,0
M 20	145,0	470,0
Wenn die gewünschte Axialkraft kleiner ist als die maximale Belastbarkeit, dann ist auch das Anzugsdrehmoment proportional herabzusetzen		

Bild 20-2 Belastbarkeit von Sechskant- und Innensechskantschrauben, Güte 10.9 als Befestigungselemente im Vorrichtungsbau.
Quelle: Bauer & Schauerte, Karcher GmbH, 4040 Neuss 1

21 Transportelemente an Vorrichtungen

21.1 Allgemein

Aufgrund der Unfallverhütungsvorschriften sind Vorrichtungen größeren Gewichts transportsicher zu gestalten. Trotz Anwendung von Transportpaletten für Gabelstapler, die nicht nur für den Transport, sondern auch für die Lagerung von Vorrichtungen eingesetzt werden, müssen schwere und größere Vorrichtungen mit entsprechenden Tragelementen versehen sein, da sie von der Palette auf den Werkzeugmaschinentisch sicher aufgelegt bzw. vom Maschinentisch auf die Palette abgelegt werden müssen. Auch bei kleineren und leichteren Vorrichtungen sollte man Traggriffe vorsehen. Dieses betrifft besonders Vorrichtungen, die mit Bedienelementen z. B. an Klappen usw., versehen sind, da diese oft als Transportelemente benutzt werden und infolgedessen die Gefahr besteht, daß sich der Verschluß während des Transportes öffnet.

Die Wahl der optimal geeigneten Transportelemente hängt von der Anbringungsmöglichkeit an der Vorrichtung ab.

Folgende Möglichkeiten sollten berücksichtigt werden:

1. Ringschrauben nach DIN 580 (Bild 21-1) oder Ringmuttern nach DIN 582, die sowohl für gegossene als auch für geschweißte Vorrichtungen Anwendung finden,
2. Tragösen (Bild 21-2) mit einer Leiste zum Anschrauben an den Vorrichtungskörper, die zum Transport senkrecht gestellt werden und als Werksnormteile handelsüblich sind,
3. Tragbolzen (Bild 21-3) (Werksnorm) mit einer Leiste zum Anschrauben an den Vorrichtungskörper,
4. eingeschraubte Tragschrauben (Bild 21-4a) (Werksnorm),
5. eingepreßte Transportbolzen (Bilder 21-4b und 21-5) (Werksnorm), die in eine Bohrung im Vorrichtungskörper eingepreßt werden,

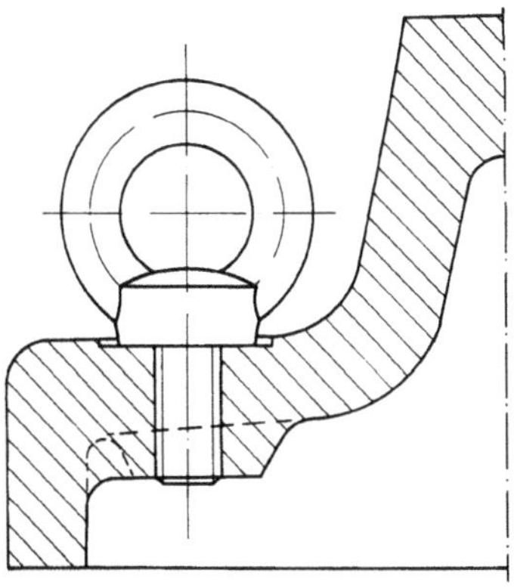

Bild 21-1
Ringschraube DIN 580 an einem gegossenen Vorrichtungskörper als Transportelement für Vorrichtungen.

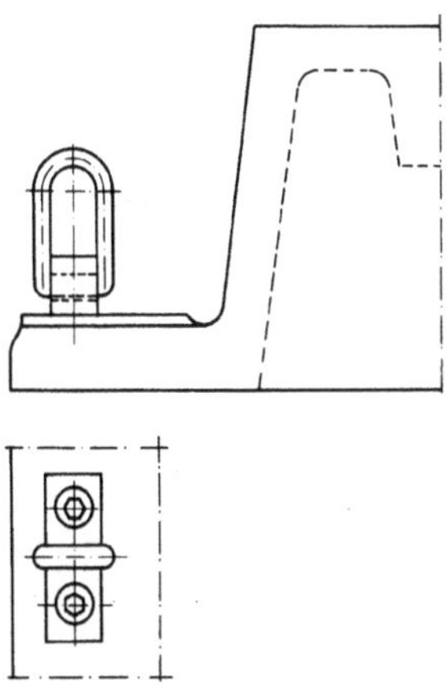

Bild 21-2
Umlenkbare Tragöse mi einer Anschraubleiste (Werksnorm) an einem gegossenen Vorrichtungskörper als Transportelement für Vorrichtungen.

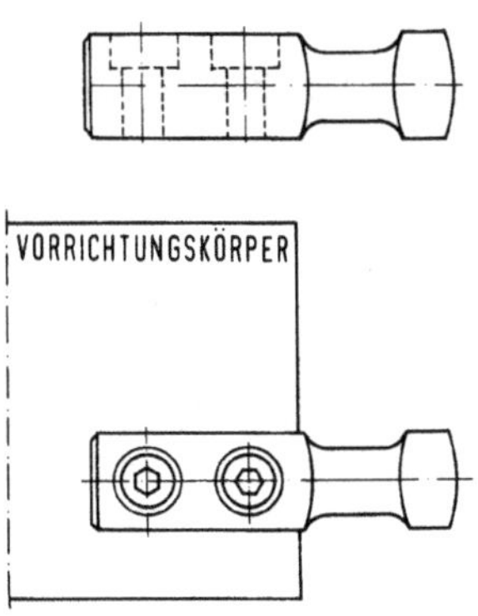

Bild 21-3
Tragbolzen zum Anschrauben (Werksnorm) an den Vorrichtungskörper als Transportelement angeschraubt.

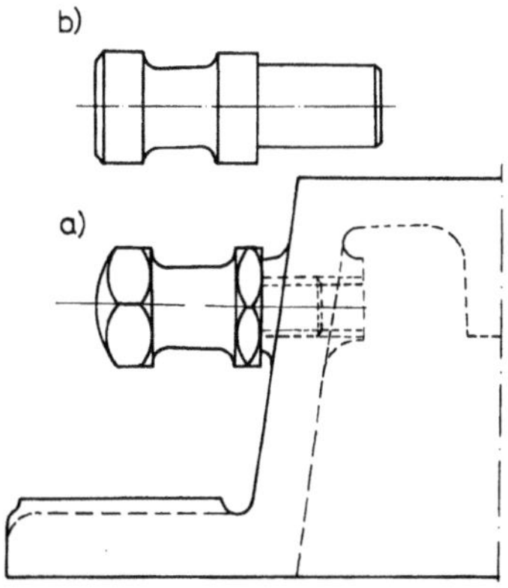

Bild 21-4
Tragschrauben und Tragbolzen (Werksnorm) als Transportelemente an einem gegossenen Vorrichtungskörper (Bolzen – s. a. Bild 21-5).
a) Tragbolzen zum Einschrauben. b) Tragbolzen zum Einpressen (s. a. Abschnitt 21.2, Pkt. 11).

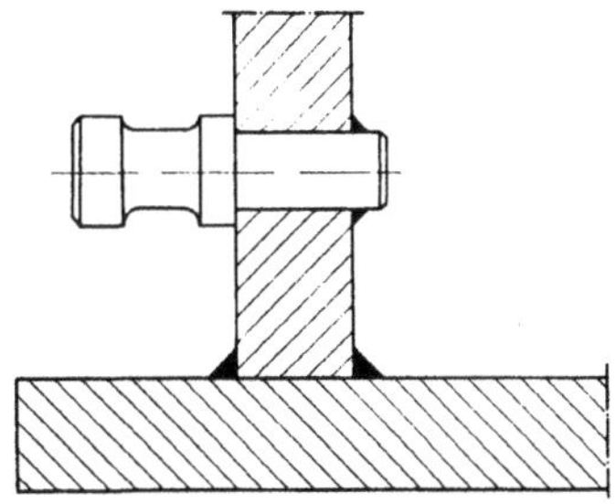

Bild 21-5
Tragbolzen (s. a. Bild 21-4) eingepreßt und angeschweißt an einem geschweißten Vorrichtungskörper.

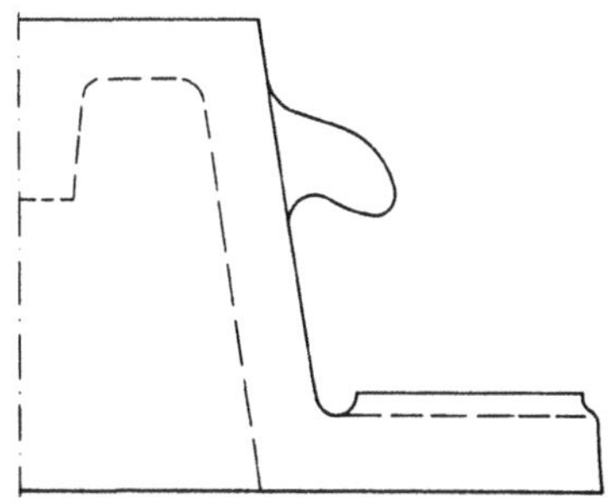

Bild 21-6
Angeformtes Anhängeelement an einem gegossenen Vorrichtungskörper.

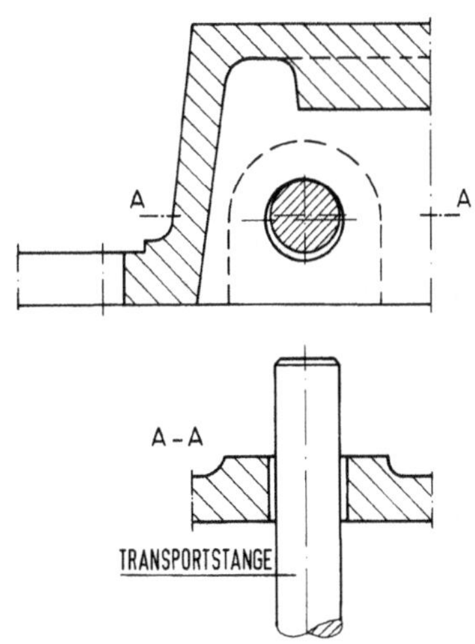

Bild 21-7
Bohrung zum Durchstecken einer Transportstange an einem gegossenen Vorrichtungskörper.

6. angeformte Anhängeelemente (Bild 21-6), die nur für gegossene Vorrichtungskörper in Frage kommen,
7. Bohrungen zum Durchstecken einer Transportstange (Bild 21-7),
8. gegossene bzw. ausgefräste Nuten (Bild 21-8) zum Durchstecken der Transportstange, die ebenfalls, wie unter Pkt. 7 genannten, für gegossene und geschweißte sowie verschraubte Vorrichtungskörper (Kap. 19) in Frage kommen,
9. Traggriffe (Abschnitt 16.9, Bilder 16-96 bis 16-99),
10. zwecks Minderung des Vorrichtungsgewichtes oder Erleichterung der Späne- und Kühl- sowie Schmiermittelabfuhr (Kap 24) werden Ausbrüche in die Wände der Vorrichtung (insbesondere bei Kasten-Bohrvorrichtungen, Abschnitt 30.4) eingearbeitet (Bild 3-13), bzw. bei gegossenen Vor-

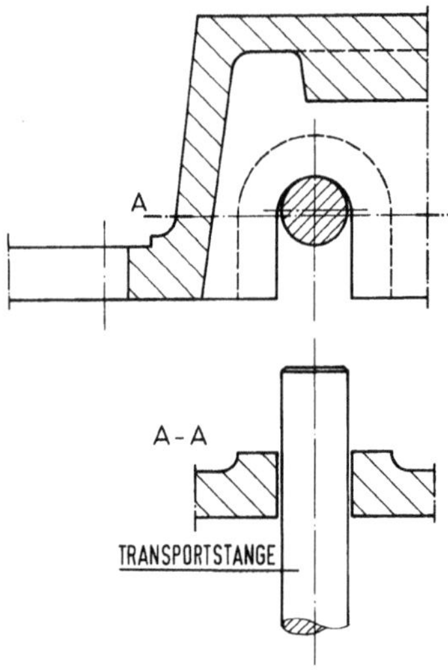

Bild 21-8
Angeformte bzw. ausgefräste Nut für eine Transportstange an einem gegossenen Vorrichtungskörper.

richtungskörpern, vorgesehen. Sie sollten so gestaltet werden, daß sie als Transportelemente dienen können.

11. Einhängeelemente (Bild 21-9).

21.2 Richtlinien für die Gestaltung der Transportelemente

Bei der Gestaltung der Transportelemente an Vorrichtungen sollten folgende Hinweise berücksichtigt werden:

1. Unfallverhütungsvorschriften und Hinweise, die den Vorrichtungsbau betreffen (Abschnitt 7.2.1), beachten,
2. bei der Wahl der Lage der Transportelemente muß jeweils der Schwerpunkt der Vorrichtung berücksichtigt werden,
3. das Gewicht der Vorrichtung beachten,
4. nach Möglichkeit DIN- bzw. werksgenormte Transportelemente verwenden,
5. die Größe der Transportelemente beachten,
6. die Ausbrüche zur Abführung der Späne sowie der Kühl- und Schmierflüssigkeit sollten transportgerechte Form haben, da sie oft als Transportelemente benutzt werden,
7. die Stellen, an denen die Transportelemente angebracht sind, sollten bei großen und komplizierten Vorrichtungen mit einer besonderen Farbe gekennzeichnet werden, damit die Vorrichtung richtig und an allen dafür vorgesehenen Stellen „angehängt" wird,
8. falls besondere bzw. lose Transportelemente (z. B. Stangen) zum Transport einer Vorrichtung vorgesehen sind, so sind diese auf der Vorrichtungs-Lagerkarte (Abschnitt 76.2) zu vermerken,
9. bei gegossenen Vorrichtungskörpern bzw. -grundplatten (Abschnitt 19.1.4) müssen für die stirnseitige Anlage der eingepreßten Tragbolzen (Bild 21-4b), Tragschrauben (Bild 21-4a) und für umlenkbare Tragösen (Bild 21-2) sowie Ringschrauben DIN 580 (Bild 21-1) entsprechende Flächen vorgesehen werden. Diese können angesenkt oder gefräst werden. Dabei ist stets auf den Werkzeugzugang zu den bearbeiteten Flächen sowie auf den Werkzeugauslauf (Fräser) zu achten,

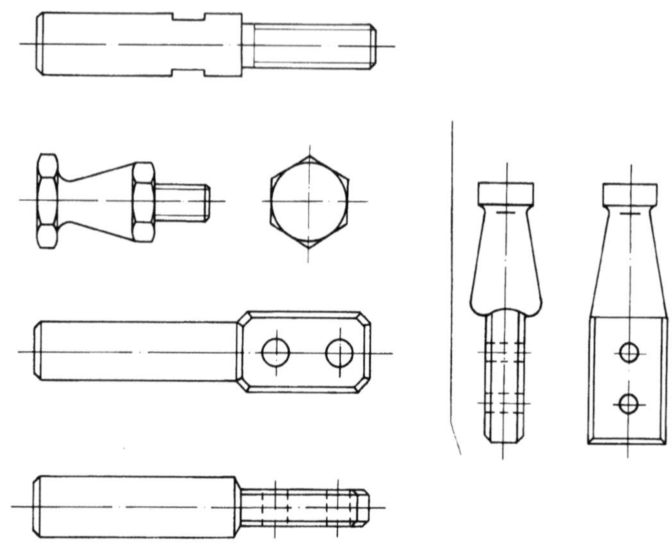

Bild 21-9 Verschiedene handelsübliche (Werksnorm) Tragbolzen zum Anschrauben an Vorrichtungskörper bzw. zum Einschrauben in den Vorrichtungskörper bzw. eine Vorrichtungsgrundplatte.

10. An gegossenen Vorrichtungskörpern (Abschnitt 19.1.4) können angeformte Flächen für Tragschrauben oder Tragbolzen (Bild 21-4) vorgesehen werden. Dadurch kann, bei einer runden Ansatzform, die Entnahme des Gußstücks aus der Gießform erschwert werden. Gießgerechte Gestaltung der Angüsse und ähnlicher Flächen zeigen die Bilder 64-3/15b und 64-3/21b,
11. eingepreßte Tragbolzen (Bild 21-4b) sollten bei gegossenen Vorrichtungskörpern gemieden werden. Anderenfalls müssen sie nach dem Einpressen entsprechend gesichert werden (Bilder 65-15 und 65-16). Bei geschweißten Vorrichtungskörpern (Abschnitt 19.1.3) können die eingepreßten Tragbolzen angeschweißt werden (Bild 21-4),
12. bei großen und schweren Vorrichtungskörpern sollten auch eingeschraubte Tragschrauben gegen Losdrehen gesichert werden (Kap. 65, Bilder 65-9 bis 65-11 und 65-13),
13. an gegossenen Vorrichtungskörpern können angeformte Anhänge-Transportelemente (Bild 21-6) Anwendung finden. Sie müssen jedoch dem Gewicht und der Größe der Vorrichtung entsprechend ausgelegt werden.
14. bei der Festlegung der Lage der Anhängeelemente ist der Schwerpunkt der Vorrichtung stets zu berücksichtigen,
15. zu den Vorrichtungen gehörende Transportstangen sollten an beiden Enden größere Durchmesser z. B. in Form angeschweißter Ringe aufweisen. Dadurch wird verhindert, daß das Seil abrutschen kann. Bei Durchsteckbohrungen (Bild 21-7) muß der größere Durchmesser berücksichtigt werden,
16. für lose Transportelemente sind auf der Transportpalette (auch Lagerpalette der Vorrichtung) besondere Ablagen, z. B. in Form von Prismenleisten oder umrandeten Feldern vorzusehen.

22 Normung im Vorrichtungsbau

22.1 DIN- und Werksnorm-Vorrichtungsbauelemente

Vorrichtungen unterscheiden sich zwar nach Form, Größe und Verwendungszweck, sie bestehen jedoch aus bestimmten Bauelementen, die immer wieder auftreten. Es sind Grundkörper (Kap. 19), Positionier- (Kap. 12) und Spannelemente (Kap. 16), Stützen (Kap. 14) und andere Elemente. Aus dieser Erkenntnis heraus sind sehr viele Vorrichtungsbauelemente DIN-genormt und handelsüblich. Sie werden in großen Stückzahlen hergestellt und sind dadurch bedeutend billiger, als wenn sie in der eigenen Werkstatt gefertigt werden müßten (Kap. 79).

Neben den DIN-genormten Bauelementen, werden auch Bauelemente von verschiedenen Herstellern in Form eigener Werksnorm geliefert. Dadurch ergibt sich eine noch größere Palette von handelsüblichen Bauelementen. Außerdem werden auch Profile aus Stahl bzw. Gußeisen angeboten, die sich vorzüglich für Vorrichtungskörper (Kap. 19) eignen. Eine sinnvolle Gliederung nach Typen und Größen, ermöglicht ihre Anwendung und führt zu einer Senkung der Bearbeitungskosten und somit auch der Gesamtkosten der Vorrichtung. Ein Sortiment (Bild 22-1) von 25 Profilen und Platten in ca. 500 verschiedenen Abmessungen und abgestuften Längen gibt nicht nur die Möglichkeit, diese Profile als Grundkörper, sondern auch als Aufbauelemente zu verwenden. Alle Graugußelemente sind geglüht und sorgfältig bearbeitet.

Andere nicht DIN-genormte Vorrichtungsbauelemente werden ebenfalls von verschiedenen Herstellern angeboten (s. Hersteller- bzw. Lieferantennachweis – Abschnitt 80.3). Die Programme dieser Hersteller sind sogar soweit ausgedehnt, daß aus diesen Bauteilen in Verbindung mit den DIN-Normteilen und DIN-genormten Vorrichtungsbauelementen sowie den genannten Profilen und Platten, fertige Vorrichtungen zusammengestellt bzw. durch Ergänzung der in der eigenen Werkstatt hergestellten Bauelemente zu Vorrichtungen zusammengesetzt werden können.

22.2 Vorteile durch Anwendung DIN- und werksgenormter Vorrichtungsbauelemente

1. Die Bearbeitungsvorgänge werden durch Anwendung der handelsüblichen DIN- und werksgenormten Vorrichtungselemente auf ein Minimum beschränkt. Fachkräfte und Werkzeugmaschinen werden für andere Aufgaben frei.
2. Normteile sind wesentlich billiger als in eigenem Betrieb hergestellte Bauelemente, und ihre Qualität ist garantiert.
3. Sämtliche DIN- und werksgenormte Vorrichtungselemente sind schnell lieferbar, da sie auf Lager gehalten werden.
4. Die Bauzeit der Vorrichtung wird wesentlich verkürzt.
5. Bei Verschleiß werden Ersatzteile schnell nachgeliefert.
6. Oft brauchen Normteile nicht gezeichnet zu werden.
7. In den meisten Fällen stellen die Hersteller maßgetreue Modellzeichnungen (Kap. 67) zur Verfügung, die dem Vorrichtungskonstrukteur eine schnelle Wahl der Größe und ein schnelles Zeichnen erlauben.
8. Auf Zusammenstellungszeichnungen, Stücklisten und Bestellungen genügt das Eintragen der DIN- bzw. Werksnorm-Nr.
9. Bei Gußwerksnormelementen werden Modellkosten eingespart.
10. Eine den Katalogen beigefügte Preisliste ermöglicht einfache Kostenrechnungen und somit schnelle Wirtschaftlichkeitsvergleiche bzw. rasche Ermittlung der Grenzstückzahlen (Abschnitt 2.2).
11. Verschleißteile und solche, die stark wechselnder Beanspruchung unterworfen sind, werden aus Spezialstählen hergestellt, so daß sich auch kostspielige Wärmebehandlung erübrigt.

Die Stahllieferanten sind inzwischen auf die Lieferung ab Lager von bereits auf Maß geschliffenen und auf Wunsch gehärteten Flachprofilen übergegangen, die auch im Vorrichtungsbau Anwendung finden sollten.

DIN-genormte Vorrichtungselemente sind im Kap. 78 aufgeführt.

22.3 Beispiele von Vorrichtungen aus DIN- und werksgenormten Vorrichtungsbauelementen

In den Bildern 22-2 bis 22-10 sind Vorrichtungen wiedergegeben, die aus DIN- und werksgenormten Vorrichtungselementen zusammengestellt worden sind. Durch Anwendung der Normteile können Kosteneinsparungen bis zu 60 % und mehr erreicht werden. Es ist selbstverständlich, daß so hohe Einsparungen nur in bestimmten Fällen möglich sind; auf jeden Fall sollte man, bevor die Entscheidung für die Fertigung einer Sondervorrichtung fällt, alle Kosteneinsparungsmöglichkeiten untersuchen. Die DIN- und werksgenormten Vorrichtungselemente stellen einen wichtigen Faktor in dieser Hinsicht dar. Vorrichtungs-Baukastensysteme werden im Kap. 40 besprochen.

Anhand der in den Bildern 22-2 bis 22-10 gezeigten Vorrichtungen, die aus DIN- und werksgenormten handelsüblichen Bauelementen, nötigenfalls durch selbstgefertigte Bauelemente ergänzt, zusammengesetzt (meistens verschraubt) werden, geht hervor, daß auf diese Weise sowohl in der Vorrichtungskonstruktion (Kap. 54) als auch im Vorrichtungsbau (Kap. 72) nicht nur Kosteneinsparungen sondern auch eine Verkürzung der Bauzeit (Ablieferungstermin – Abschnitt 56.8) erzielt werden. Die Vorrichtungs-Bauelemente-Lieferanten (Abschnitt 80.3 bis 80.8) liefern mehr als 5000 werksgenormte Vorrichtungs-Bauelemente. Hinzu kommen noch DIN-genormte. Alle werden in ca. 12 Stunden nach einer fernmündlichen Bestellung geliefert. Oft verwendete DIN- und Werksnormelemente sollten im Vorrichtungsbau lagermäßig (am besten im eigenen Lager mit sofortigem Zugriff – ca. 10 Schränke mit je 90 Kästen) geführt werden. Dadurch werden Bestellkosten eingespart und diese Bauelemente sofort einbaubar. Der Vorteil dieser Lagerhaltung liegt darin, daß die meisten DIN- und werksgenormten Bauelemente ausschließlich in Form von

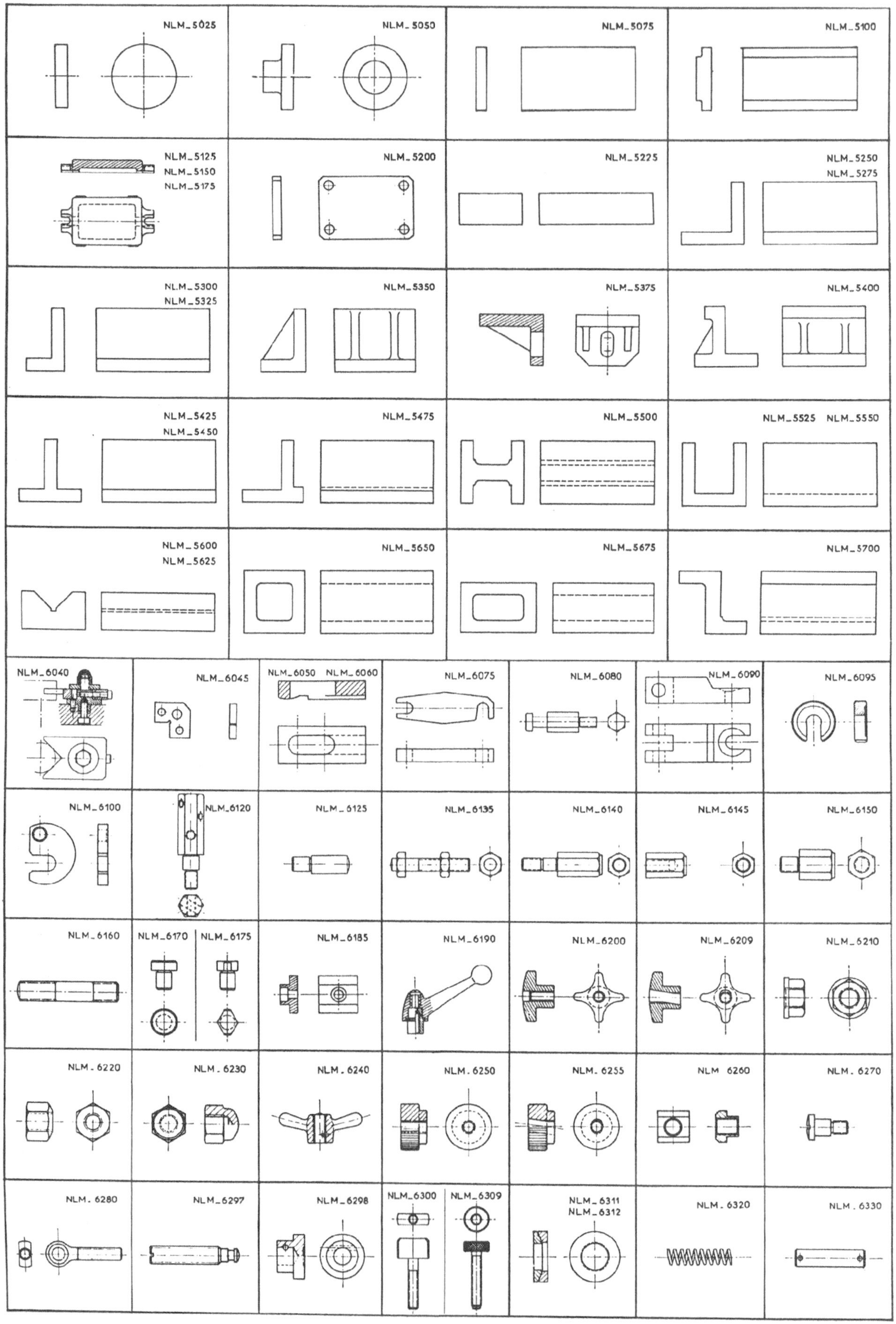

Bild 22-1 Auszug aus einem Vertriebsprogramm (Abschnitt 80.3) werksgenormter Vorrichtungsbauelemente.

Normpackungen (z. B. Griffe) als Mindestabnahmemenge (5 bis 20 Stück) geliefert werden. Die Kosten, die dadurch entstehen werden in Form eines Zuschlages auf alle gebauten Vorrichtungen umgelegt.

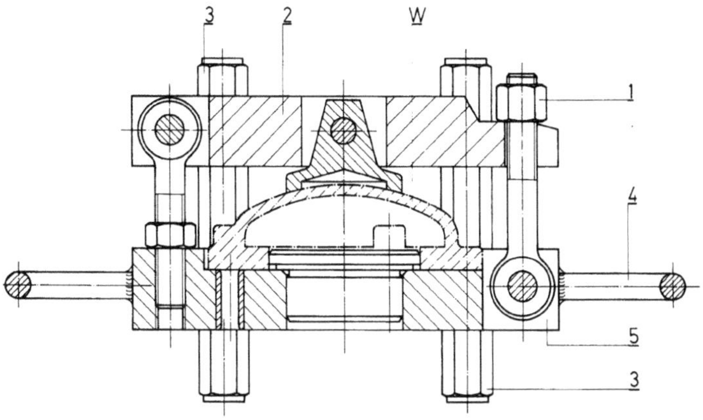

Bild 22-2 Vorrichtung aus DIN- und werksgenormten Bauelementen.
1 Augenschraube DIN 44 mit Mutter DIN 6330, 2 Klappe aus einer rechteckigen Gußplatte (Werksnorm) ausgearbeitet, 3 Sechskantfüße mit Gewinde (Werksnorm), 4 Handgriff aus Rundstahl gefertigt (s. Bild 16-96), 5 Grundplatte aus einer rechteckigen Gußplatte (Werksnorm) ausgearbeitet.

Bild 22-3 Beispiel einer Vorrichtung aus DIN- und Werksnormelementen.

Bild 22-4 Beispiel einer Kasten-Bohrvorrichtung (Kap. 30) aus DIN- und werksgenormten Bauelementen (Abschnitt 30.4).

Bild 22-5 Beispiel einer Vorrichtung aus DIN- und werksgenormten Bauelementen.

Bild 22-6 Beispiel einer Schweißvorrichtung aus DIN- und werksgenormten Bauelementen (Schweißvorrichtungen: Kap. 52, Haken-Spannelemente: Abschnitt 16.5).

Bild 22-7 Beispiel einer Vorrichtung aus DIN- und werksgenormten Bauelementen.

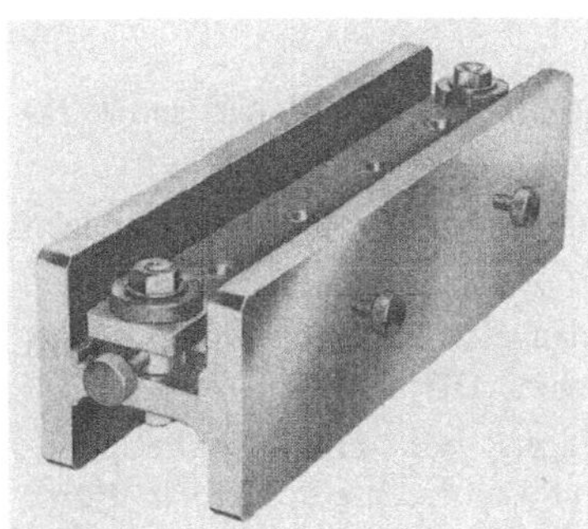

Bild 22-8 Beispiel einer Bohrvorrichtung (Kap. 30) aus DIN- und werksgenormten Bauelementen.

Bild 22-9 Beispiel einer Vorrichtung aus DIN- und werksgenormten Bauelementen.

Bild 22-10 Beispiel einer Bohrvorrichtung (Kap. 30) aus DIN- und werksgenormten Bauelementen.

23 Handelsübliche Standardvorrichtungen

Unter dem Begriff „handelsübliche Standardvorrichtungen" werden werksgenormte und handelsübliche Vorrichtungen, die für eine Werkstückgruppe (z. B. Welle, Scheibe, Flansch usw.) bestimmt sind, von verschiedenen Herstellern geliefert und in verschiedenen Ausführungen und Größen angeboten. Grundsätzlich sind das „Gruppenvorrichtungen" (s. Kap. 39). Der Arbeitsraum (Bild 23-10) ist in verschiedenen Fällen DIN-genormt (Abschnitte 23.1 und 23.4). Die Standardvorrichtungen werden, falls notwendig, durch zusätzliche Bauelemente dem aufzunehmenden Werkstück und ihrer Aufgabe angepaßt. Bevor die Entscheidung getroffen wird, eine Sondervorrichtung zu konstruieren und zu bauen, sollte immer die Möglichkeit und die Wirtschaftlichkeit (Abschnitt 2.2) des Einsatzes der Standardvorrichtung untersucht werden. Handelsübliche Standardvorrichtungen können unterteilt werden in:

1. Universal-Bohrvorrichtungen DIN 6347 mit Bohrklappe (Abschnitt 23.1),
2. Universalvorrichtungen zum Bohren von wellenartigen Werkstücken (Abschnitt 23.2),
3. Universalvorrichtungen zum Bohren von scheibenartigen Werkstücken (Abschnitt 23.2),
4. Universal-Schnellspann-Säulengestelle (Abschnitt 23.4) mit DIN-genormten Werkstückraum (DIN 6348),
5. andere Standardvorrichtungen wie z. B. Parallelspann-Schraubstöcke versehen mit Bohrbuchsenträgern in Form von verstellbaren Armen, die dem Bohrbild des Werkstückes angepaßt werden können u. a. Die Vielzahl der verschiedenen Ausführungen erlaubt nicht, auf die einzelnen einzugehen.

Bild 23-1 Universal-Bohrvorrichtung DIN 6347 mit Bohrklappe mit Werkstück (s. a. Bild 5-1).

23.1 Universal-Bohrvorrichtungen mit Bohrklappe DIN 6347 (Kastenbohrvorrichtungen)

Diese Vorrichtungen stellen Grundvorrichtungen zum Bohren von verhältnismäßig kleinen Werkstücke dar. Der Werkstückaufnahmeraum liegt zwischen 50 × 50 × 16 mm und 100 × 110 × 40 mm (festgelegt in DIN 6347). Sie werden in 12 Größen von verschiedenen Herstellern geliefert. In den Bildern 5-1, 23-1 und 30-20 sind Vorrichtungen dieser Art gezeigt. Die Vorteile dieser Vorrichtungen sind:

1. Alle für die Positionierung des Werkstückes sowie für die Anbringung der Positionierelemente wichtigen Flächen sind rechtwinklig bzw. parallel zueinander bearbeitet (geschlif-

Bild 23-2
Universalvorrichtung zum Bohren von wellenartigen Werkstücken.
Sie eignet sich zum mittigen Bohren von z. B. kurzen Wellen, Bolzen, Hülsen usw. Die Bohrbuchsen befinden sich in einer auswechselbaren Revolverscheibe, die gleichzeitig als Spannelement dient. Die Werkstücke werden in einem Prisma und gegen einen verstellbaren Anschlag positioniert.

Bild 23-3 Universalvorrichtung zum Bohren von wellenartigen Werkstücken.
Sie ist pneumatisch betätigt aber auch handbetätigt lieferbar. Das Prisma, mit dem das Werkstück positioniert wird (ein verstellbarer Anschlag vorhanden), dient gleichzeitig als Spannelement. Es wird mit dem Werkstück gegen den Bohrbuchsenträger bewegt. Diese Vorrichtung ist für Werkstückdurchmesser von 8 ... 35 mm geeignet.

fen), so daß die Positionierelemente und Bohrbuchsen und (falls notwendig) auch seitliche Bohrbuchsenträger (s. Pkt. 2 und 3) auf einfache Art eingebaut werden können.

2. Wenn das Werkstück auch von einer der beiden Seiten, an denen sich keine Bohrbuchsenträger befinden (Bild 23-1), gebohrt werden soll, so können an die Grundplatte bzw. Klappe seitliche Bohrbuchsenträger angebaut werden.
3. Diese Bauweise ermöglicht, daß das Werkstück von vier Seiten in einer Spannung gebohrt werden kann.
4. Diese Vorrichtungen sind mit einem Handgriff versehen. Dadurch ist die Handhabung einfach und entspricht den Unfallverhütungsvorschriften.
5. Sie eignen sich vorzüglich für den Einsatz auf Rundtischen und Rundtakttischen (Abschnitt 23.6). Durch Steuerung mit Kurven oder mit Hilfe von Druckluft können die Schnappverschlüsse (Kap. 18, Bild 18-1) geöffnet und durch Niederdrücken der Vorrichtungsklappe wieder selbsttätig geschlossen werden.
6. Diese Vorrichtungen, wie alle handelsüblichen Standardvorrichtungen, sind preisgünstig ab Lager lieferbar.

23.2 Universalvorrichtungen zum Bohren von wellenartigen Werkstücken

Universalbohrvorrichtungen dieser Art eignen sich besonders zum mittelgenauen Bohren von Querbohrungen in Wellen, Bolzen, Hülsen und ähnlichen Werkstücken. Die in Bild 23-2 dargestellte Vorrichtung ist mit einer drehbaren Revolverscheibe mit 12 Aufnahmebohrungen für Bohrbuchsen DIN 179 versehen. Sie kann gegen zwei weitere Scheiben mit unterschiedlichen Bohrungsdurchmessern ausgetauscht werden. Ein Anlageelement läßt sich auf die gewünschte Länge (Abstand der Bohrung von der Werkstückstirn) einstellen. Das Werkstück wird mittels der Revolverscheibe durch eine Hubbewegung des Handhebels gespannt und auch gelöst (selbsthemmend).

Eine andere Ausführung zeigt Bild 23-3. Diese Vorrichtungen werden in vier Größen – Spannbereich: 8 ... 35 mm – geliefert. Der verstellbare Anschlag ist auch an diesen Vorrichtungen vorhanden. Für größere Stückzahlen kann diese Vorrichtung mit einem Pneumatikzylinder, der sie betätigt, ausgestattet werden.

Nach einem anderen Prinzip arbeitet die Mittigspannvorrichtung, die in Bild 23-4 dargestellt ist. Das Werkstück wird in einem Prisma mittig positioniert und mit Hilfe von zwei Backen gespannt. Ein angeschraubter Bohrbuchsenträger erlaubt die Führung des Bohrwerkzeuges und ein Anschlag die Festlegung der Bohrungslage. Diese Vorrichtungen werden in 4 Größen mit einem Spannbereich von 8 ... 305 mm Werkstückdurchmesser und 6 ... 26 mm Bohrbuchsendurchmesser (Bohrung) geliefert.

23.3 Universalvorrichtungen zum Bohren von scheibenartigen Werkstücken

Scheibenartige Werkstücke (z. B. Flansche) werden oft mit einer Anzahl von Bohrungen, die sich auf einem bestimmten Teilkreisdurchmesser befinden, versehen. Dabei kann es sich um genaue Kreisteilungen (s. a. Abschnitt 13.11.1) handeln. Die für diese Aufgaben geeigneten Universalvorrichtungen bestehen

Bild 23-4 Universalvorrichtung zum Bohren von wellenartigen Werkstücken.
Sie besteht aus einem mittig spannenden Wellenspanner und einem angeschraubten Bohrbuchsenträger. Das Werkstück wird in einem Prisma positioniert und mit Hilfe von zwei Backen, die gegen die Prismenflächen wirken, gespannt. Spannbereich (4 Größen lieferbar): 8 ... 305 mm Durchmesser und Bohrbuchsendurchmesser: 6 ... 26 mm.

aus einem Grundkörper mit einem Spannfutter und einer Teileinrichtung sowie einer zweiten Einheit mit zwei Säulen und einem dazwischen geführten Bohrbuchsenträger (Bild 23-5). Der Teilvorgang wird mit Hilfe einer auswechselbaren Teilscheibe (Hebel links unten) vorgenommen. In Bild 23-6 ist eine Vorrichtung derselben Art, jedoch mit einem Schnellverstellhebel (s. a. Bilder 16-125 und 23-11) dargestellt. Beide Vorrichtungen können, wie in Bild 23-7 dargestellt, in Vorrichtungen zum Bohren von radial verlaufenden Bohrungen umgebaut werden. Die Einheit (Bild 23-8) mit den Säulen und dem Bohrbuchsenträger kann auch an selbstgebaute Sondervorrichtungen angebaut werden.

Bild 23-5 Universalvorrichtung zum Bohren von scheibenförmigen Werkstücken (Flansche usw.).

Diese Vorrichtung besteht aus einem Grundkörper mit einer Teileinrichtung (auswechselbare Teilscheiben), einem Spannfutter sowie einem Bohrbuchsenträger in Form von zwei Säulen und einem Verschiebeelement mit Bohrbuchsenarm. Diese Vorrichtung kann in eine Vorrichtung zum radialen Bohren von scheibenartigen Werkstücken (Bild 23-7) umgewandelt werden.

Bild 23-6 Universalvorrichtung zum Bohren von scheibenartigen Werkstücken (Flansche usw.) mit einem Schnellverstell-Spannhebel.

Beschreibung s. Bildtext von Bild 23-5. Mit Hilfe des Schnellverstell-Spannhebels, der mit einer selbsthemmenden Einrichtung verbunden ist (s. a. Bilder 16-125 und 23-11), kann der Bohrbuchsenarm schnell bewegt und geklemmt werden.

Bild 23-7 Universalvorrichtung zum radialen Bohren von scheibenartigen Werkstücken (Flansche usw.).

Diese Vorrichtung besteht außer einer Grundplatte aus den Bauelementen der in den Bildern 23-5 bzw. 23-6 dargestellten Universalvorrichtung. Sie unterscheidet sich von diesen nur darin, daß sie mit einer Universal-Teileinrichtung mit einer Teilscheibe ausgestattet ist, so daß ohne Wechsel der Teilscheibe alle gängigen Teilungen möglich sind.

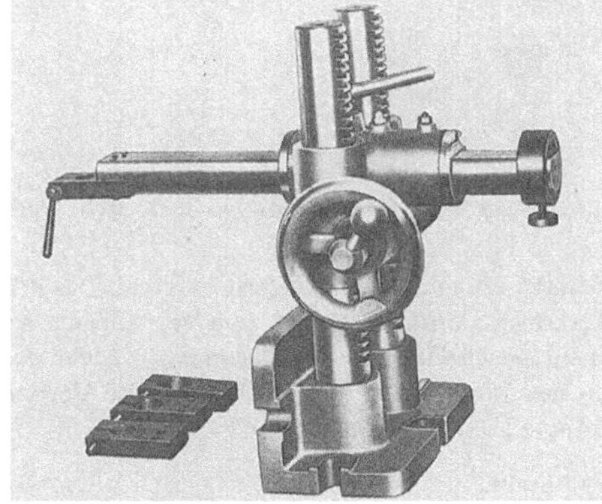

Bild 23-8 Bohrbuchsenträger in Form von zwei Säulen und einem verschiebbaren Element mit Bohrbuchsenarm.

Diese Baugruppe stammt von den in den Bildern 23-5 bis 23-7 dargestellten Universalvorrichtungen. Sie kann an Sondervorrichtungen eingesetzt werden.

23.4 Universal-Schnellspann-Säulengestelle

Universal-Schnellspann-Säulengestelle (Bild 23-9) sind Mehrzweckvorrichtungen, die in Verbindung mit entsprechenden Bauelementen, die dem Werkstück und der Aufgabe angepaßt werden, zu Sondervorrichtungen umgerüstet werden. Durch den Einsatz der Universal-Schnellspann-Säulengestelle ergeben sich folgende Vorteile:

1. Kurze Positionier- und Spannzeiten.
2. In den meisten Fällen wird das Werkstück selbsttätig positioniert (Abschnitt 23.4.2).
3. Der Nachspanneffekt der Klemmechanik bewirkt große und gleichmäßige Spannkraft. Bei kraftbetätigten Säulengestellen ist die Spannkraft regulierbar.

4. Schneller Einsatz der Vorrichtung durch schnelles Umrüsten, da Plattensätze und Säulenabstände DIN-genormt (DIN 6348) sind. Vorgearbeitete Plattensätze sind handelsüblich.
5. Griffgünstige Bedienung und großer Öffnungsweg verkürzen die Zeiten für das Einlegen und Herausnehmen des Werkstücks.
6. Starre Bauweise gewährleistet hohe Bearbeitungsgenauigkeit der Werkstücke bei maximalen Arbeitsvorschüben und somit günstigen Bearbeitungszeiten.
7. Einfache und sichere Bedienung ermöglicht den Einsatz von ungelernten Arbeitskräften.
8. Auch Kleinserien können vorrichtungsmäßig bearbeitet werden, da die Umrüstkosten gering sind.
9. Geringe Lagerkosten, da die Plattensätze und dem Werkstück angepaßte Bauelemente nur wenig Lagerraum beanspruchen.
10. Geeignet für den Einsatz an Rundtischen und Rundtakttischen (Abschnitt 23.6, Bilder 23-40 und 23-41) sowie an automatisch arbeitenden Vorschubeinheiten (Kap. 47)und automatischen Bearbeitungseinheiten (Kap. 43).
11. Werkstücke mit großen Spannmaßtoleranzen werden sicher gespannt und können sich während des Bearbeitungsvorganges nicht lösen.
12. Geringe Konstruktionskosten gegenüber aufwendigen Sondervorrichtungen. Zeichnungsunterlagen im Maßstab 1:1 vermindern den Konstruktionsaufwand. Oft erübrigt sich sogar eine Fertigungszeichnung der werkstückabhängigen Elemente.
13. Geringe Herstellkosten der Plattensätze. Der Vorrichtungsbau wird entlastet (s. a. Pkt. 4).
14. Hohe Auslastung des Schnellspanngestells, da universell einsetzbar, und somit hohe Rentabilität.

Der Aufbau eines Schnellspann-Säulengestells ist in Bild 23-9 dargestellt. Im Grundkörper (1) werden zwei axial verschiebbare Spannsäulen (2) geführt. Sie werden mit Hilfe des Spannhebels (3) bewegt. Mit der Spannplatte (4) wird das Werkstück gespannt. Als Kraftübertragungsglied ist eine Verdrehwelle (Torsionsstab) (5) zwischengeschaltet, die in der hohlen Ritzelwelle (6) untergebracht ist und sich unter der Handkraft um einige Winkelgrade verdreht. Die dadurch aufgespeicherte Kraft wird durch eine Rücklaufsperre (7) und auf dem Wege über die beiden Säulen sowie Spannplatte am Werkstück wirksam. Der Rücklauf wird dadurch gesperrt und die Vorrichtung blockiert. Das Lösen des Werkstücks geschieht durch einfaches zurückdrehen des Spannhebels (3). Der DIN-genormte Arbeitsraum ist im Bild 23-10 dargestellt.

Eine etwas andere Ausführung der Betätigungs- und Spannelemente zeigt das Bild 23-11. Die über den Spannhebel eingeleitete Bewegung A wird über ein Kupplungsstück auf die Ritzelwelle übertragen und bewirkt die Axialbewegung H der verzahnten Spannsäulen. Durch seitliches Ausschwenken B des Spannhebels wird die Rücklaufsperre betätigt und ein Nachspanneffekt ausgelöst.

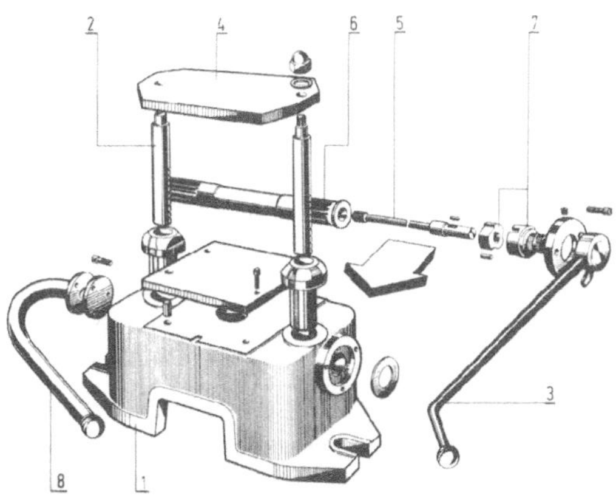

Bild 23-9 Universal-Schnellspann-Säulengestellt.

Die Plattensätze, der Säulenabstand und der Arbeitsraum (Positionierelemente und Werkstück) sind in DIN 6348 genormt. Aufbau und Funktionsbeschreibung s. Abschnitt 23.4.

1 Grundkörper, 2 Säule, 3 Spannhebel, 4 auswechselbare Platte, als Bohrbuchsenträger (Abschnitt 30.10), 5 Torsionsstab, 6 Ritzelwelle.

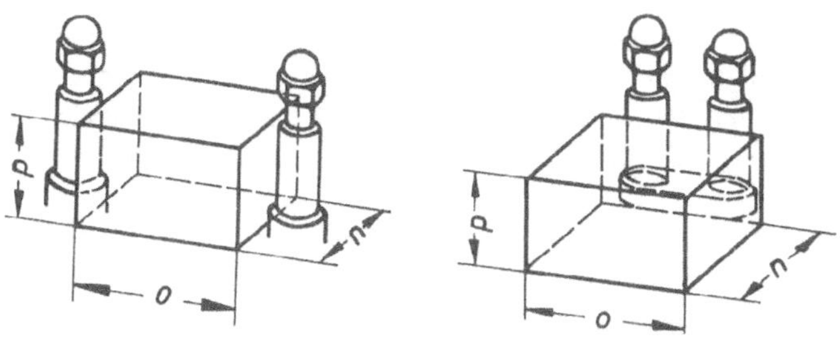

Der Arbeitsraum kann bei Maß „n" durch größere Platten erweitert werden.

Der Arbeitsraum kann bei Maß „n" und „o" durch größere Platten erweitert werden.

Bild 23-10 DIN-genormter Arbeitsraum (Raum für Positionierelemente und Werkstück) (DIN 6348) der Universal-Schnellspann-Säulengestelle.

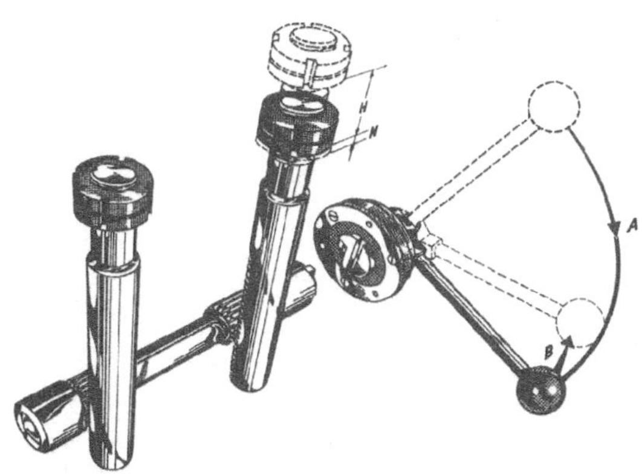

Bild 23-11 Funktion der selbsthemmenden Schnellspanneinrichtung mit Rücklaufsperre an Universal-Schnellspannsäulengestellen.

Die über den Spannhebel eingeleitete Bewegung A wird über ein Kupplungsstück auf die Ritzelwelle übertragen und bewirkt eine Axialbewegung H der verzahnten Spannsäulen. Durch seitliches Ausschwenken B des Spannhebels wird die Rücklaufsperre bewirkt und gleichzeitig ein Nachspanneffekt erzielt.

23.4.1 Einsatz der Universal-Schnellspann-Säulengestelle

Bohrvorrichtungen nehmen einen bedeutenden Platz in der Fertigung ein. Die Einführung der Universal-Schnellspann-Säulengestelle mit DIN-genormten Maßen für werkstückbedingte Austauschelemente brachte eine wesentliche Wende im Bau von Vorrichtungen. Inzwischen wurden diese Vorrichtungen weiterentwickelt, so daß eine Bearbeitung des Werkstücks in zwei Ebenen (Bild 23-12) möglich ist. Eine um 90° versetzte Grundfläche gestattet einen 90°-Umschlag der Vorrichtung.

Die ursprünglich ausschließlich für Bohrzwecke entwickelten Schnellspann-Säulengestelle haben sich auch als Vorrichtungen zum Fräsen (Bild 23-13), Hobeln (Bild 23-14), Stoßen, Schleifen (Bild 23-15) usw. sehr bewährt. Weitere Beispiele sind in den Bildern 23-16 bis 23-19 gezeigt.

Universal-Schnellspann-Säulengestelle eignen sich vorzüglich für den Einsatz an Rundtischen und Rundtakttischen (Abschnitt 23.6, Bilder 10-2, 23-40, 23-41 und 43-1).

23.4.2 Positionieren und Spannen des Werkstücks in Universal-Schnellspann-Säulengestellen

Bei der Bearbeitung in Schnellspann-Säulengestellen müssen zuverlässiges Positionieren und sicheres sowie formschlüssiges Spannen des Werkstücks gewährleistet sein. Die vertikale Bewegung der Säulen mit der Oberplatte wird dazu verwendet, das Werkstück in die Positionierlage zu bringen und sicher zu spannen. Infolge der besonderen Funktionsart der Säulengestelle treten hierbei auch besondere Probleme hinsichtlich der Ausbildung der Positionier- und Spannelemente auf. In der Praxis haben sich folgende Arten von Positionier- und Spannelementen bewährt:

1. feste Positionier- und Spannelemente,
   1.1. Kegelbolzen (Bild 23-20),
   1.2. Keilbolzen (Bild 23-21),
2. pendelnde Positionier- und Spannelemente (Bild 23-22),
3. federnde Positionier- und Spannelemente (Bild 23-23).

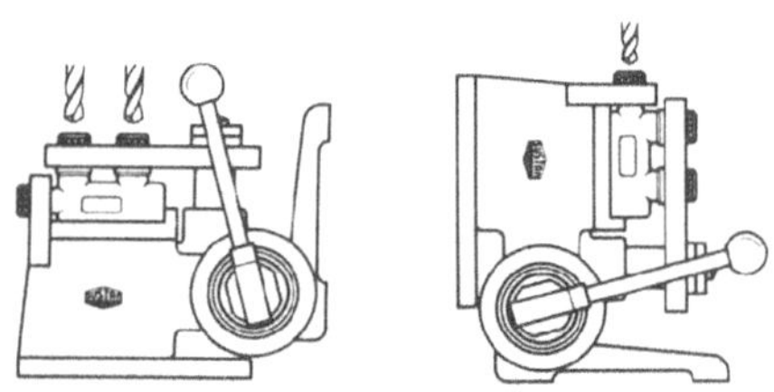

Bild 23-12 Universal-Schnellspann-Säulengestell mit angebauter Auflage für seitliches Bohren eines Werkstücks.

Bild 23-14 Universal-Schnellspann-Säulengestell als Hobelvorrichtung.

Bild 23-13 Universal-Schnellspann-Säulengestell als Fräsvorrichtung.

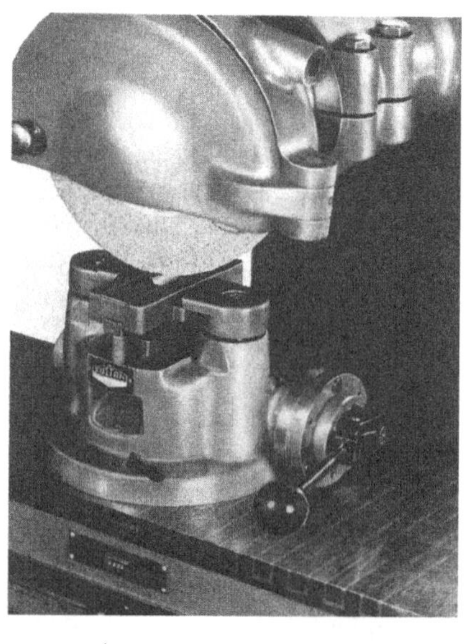

Bild 23-15 Universal-Schnellspann-Säulengestellt als Schleifvorrichtung.

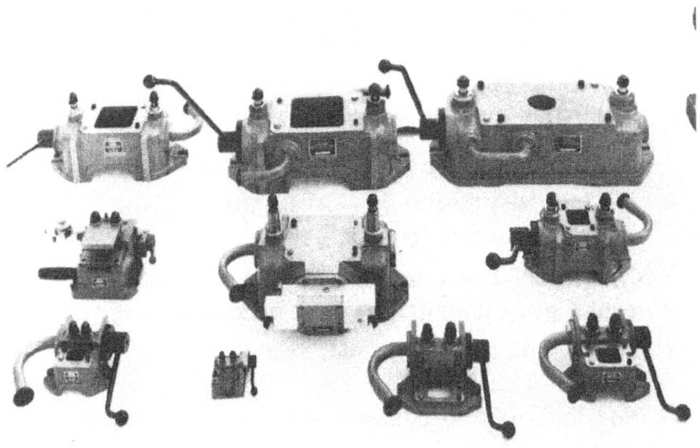

Bild 23-16 Verschiedene Ausführungen der hand- und kraftbetätigten Universal-Schnellspann-Säulengestelle.

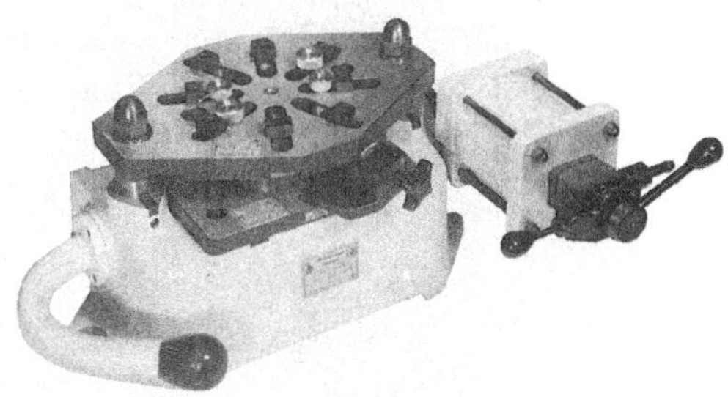

Bild 23-17 Pneumatisch betätigtes Schnellspann-Säulengestell mit einer Universalbohrplatte mit verstellbaren Bohrbuchsen.

Die Radien der 8 Bohrbuchsen können beliebig in bestimmten Grenzen eingestellt werden.

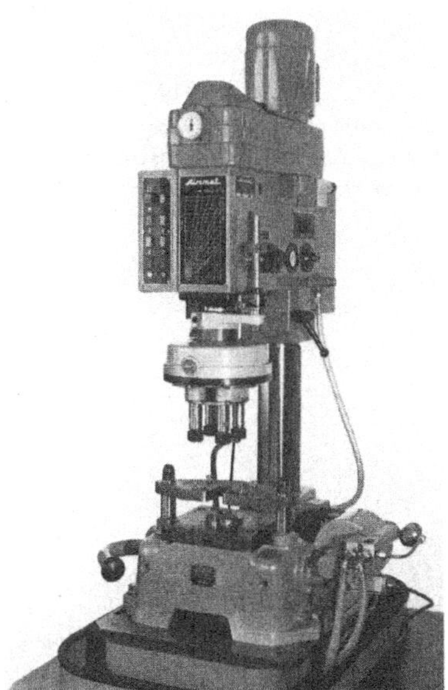

Bild 23-18 Universal-Schnellspann-Säulengestell, pneumatisch betätigt, mit einer Bohrmaschine (Spindelvorschub) gekoppelt, so daß ein halbautomatischer Bearbeitungsvorgang (Einlegen und Herausnehmen des Werkstücks von Hand) möglich ist.

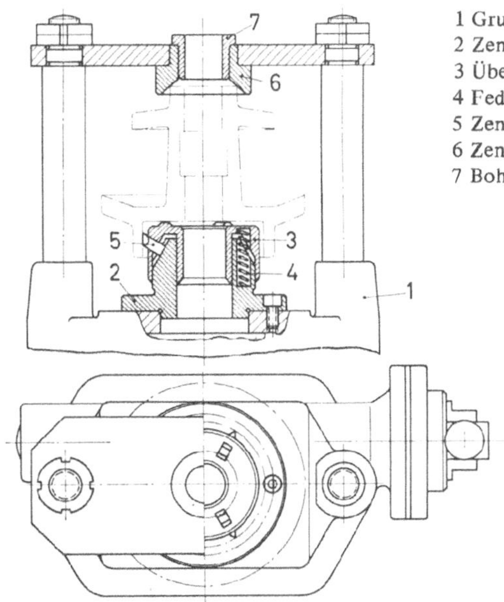

1 Grundkörper,
2 Zentrierelementträger,
3 Überwurfmutter,
4 Feder,
5 Zentrierbolzen,
6 Zentrierkegel,
7 Bohrbuchse.

Bild 23-19 Universal-Schnellspann-Säulengestell als Ausdrehvorrichtung.

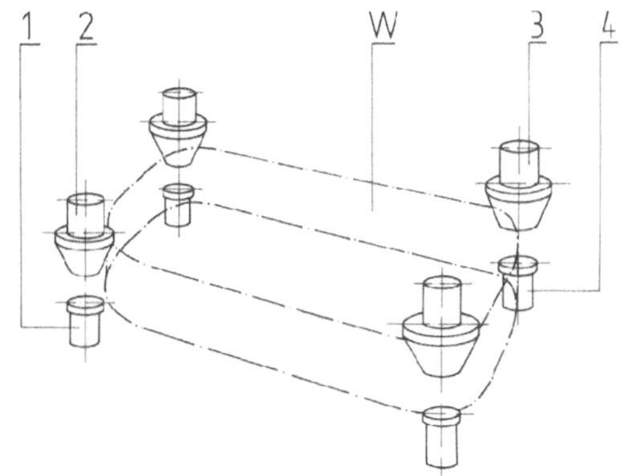

Bild 23-20 Positionieren des Werkstücks in einem Universal-Schnellspann-Säulengestell mit Hilfe von Kegelbolzen. Die unteren runden Bolzen haben die Aufgabe das Werkstück vorzupositionieren.

1 und 4 Vorpositionierbolzen, 2 und 3 Kegelbolzen.

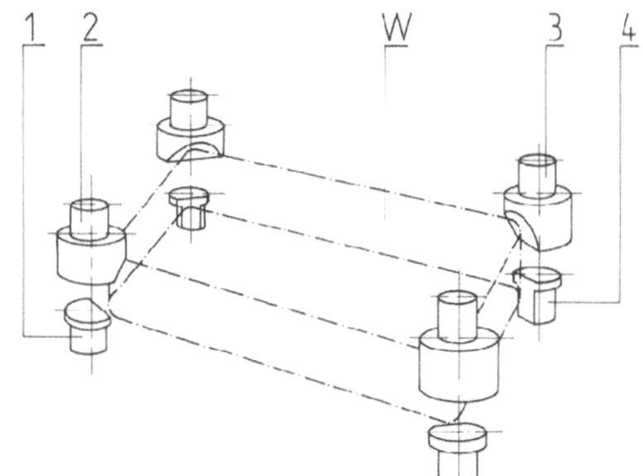

Bild 23-21 Positionieren des Werkstücks in einem Universal-Schnellspann-Säulengestell mit Hilfe von Keilbolzen 2 und 3. Die unteren abgeflachten Bolzen 1 und 4 haben die Aufgabe das Werkstück zu vorpositionieren.

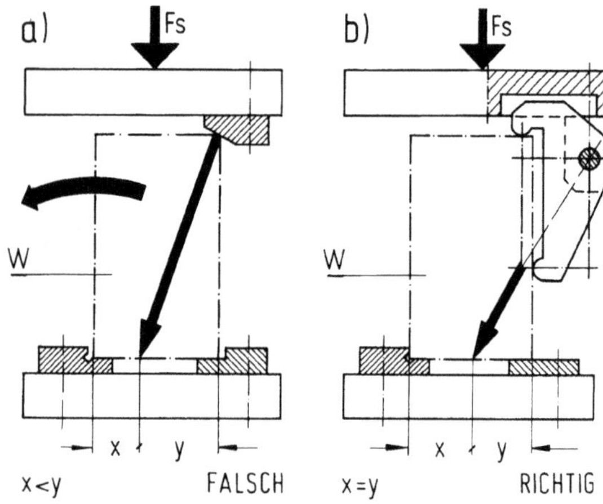

Bild 23-22 Positionieren eines verhältnismäßig hohen Werkstücks in einem Universal-Schnellspann-Säulengestell mit einem starren bzw. pendelnden Bauelement.

a) Das Werkstück wird mit Hilfe eines festen (starren) Keilelementes positioniert. Die resultierende Spannkraftrichtung verursacht ein Kippen des Werkstücks, da x < y ist.

b) Das Werkstück ist sicher mit Hilfe eines pendelnden Elementes positioniert, da x = y ist.

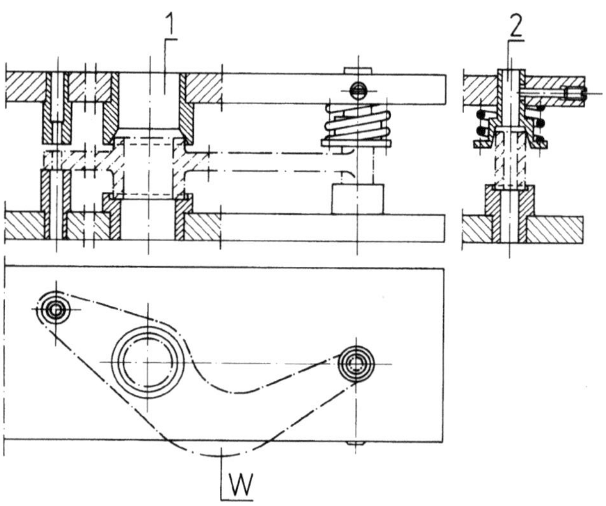

Bild 23-23 Positionieren des Werkstücks in einem Universal-Schnellspann-Säulengestell mit Hilfe eines starren und eines federnden Positionierelements. Das Vorpositionieren erfolgt mit Hilfe von in der unteren Platte angebrachten Aufnahmeelementen.

Diese Einteilung gilt unter dem Gesichtspunkt, daß eines dieser Elemente eine der beiden oder aber auch beide Funktionen gleichzeitig übernehmen kann. Werden Kegel- bzw. Keilbolzen (Bild 23-20 und 23-21) verwendet, so besteht die Gefahr, daß sich an der Werkstückkante Abdrücke bilden, deren Zulässigkeit zu erwägen ist. Bei Anwendung von Pendelelementen (Bild 23-22) bzw. einer Federspannung (Bild 23-23) wird dieses weitgehend vermieden. Die aufgezählten Positionier und Spannelemente werden sehr oft untereinander kombiniert.

23.4.3 Festlegung der Art und Lage der Positionier- und Spannelemente in Schnellspann-Säulengestellen

Bei der Festlegung der Art der Positionier- und Spannelemente und ihrer Lage muß ausgegangen werden von:

1. der geometrischen Form des Werkstücks,
2. der Lage der Positionier- (Abschnitt 11.2) und Spannelemente des Werkstücks und ihrer Art,
3. den Maßen, Toleranzen und der Art der maßlichen Zusammenhänge (Abschnitt 11.1) des Werkstücks,
4. der Oberflächenqualität der mit dem Positionieren und Spannen zusammenhängenden Elemente des Werkstücks (vor und nach der Bearbeitung im Schnellspann-Säulengestell),
5. zwei Werkstückbewegungen, außer Werkstücken, die nur mit Hilfe von Zapfen zentriert werden: der Schiebe- und Drehbewegung, sowie der daraus resultierenden Bewegung.

Besondere Beachtung muß den unter Pkt. 5 aufgeführten Bewegung des Werkstücks gewidmet werden. In Bild 23-24 ist die Schiebebewegung und in Bild 23-25 die Drehbewegung dargestellt. In Wirklichkeit überlagern sich die beiden Fälle, so daß

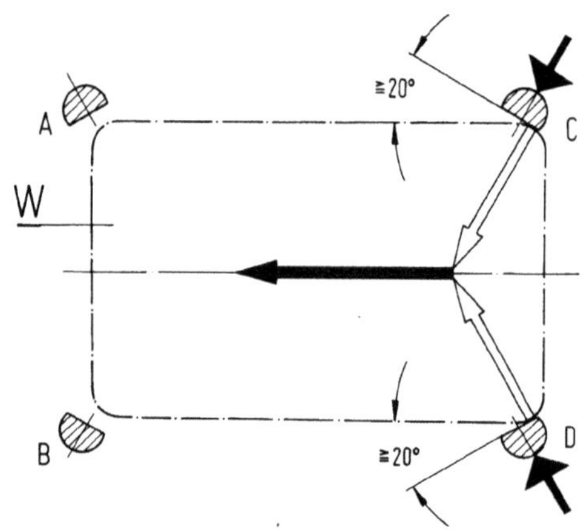

Bild 23-24 Die Gleitflächen der Positionierbolzen müssen so ausgebildet werden, daß die Neigung der das Werkstück einweisenden Gleitfläche zu der Schubbewegungsrichtung einen Gleitwinkel von mindestens 20° beträgt.

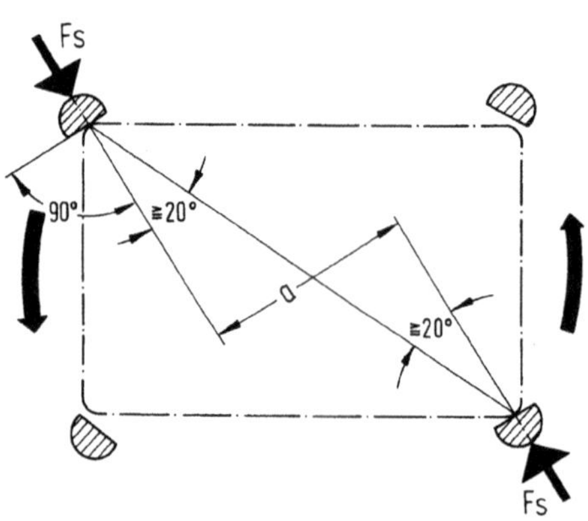

Bild 23-35 Der Gleitwinkel muß bei einer Drehbewegung mindestens 20° betragen. Weiteres s. Abschnitt 23.4.3.

beim Niedergehen der Oberplatte (Bild 23-9 unter 4) eine die Positionierlage des Werkstücks verbessernde Bewegung des Werkstücks ausgeführt wird. Die Neigung der das Werkstück einweisenden Gleitfläche sollte zur gemeinsamen Schubbewegungsrichtung in einem Gleitwinkel von mindestens 20° stehen (Bild 23-24). Ebenso muß bei der Drehbewegung (Bild 23-25) der Gleitwinkel mindestens 20° betragen. Ist mit anderen Reibwerten zu rechnen, so sind die Gleitwinkel auf 25° und mehr zu vergrößern. Für verhältnismäßig hohe Werkstücke kann eine noch größere Kegel- bzw. Keilneigung erforderlich sein. Starke seitliche Belastung, z. B. durch besonders große Zerspannkräfte Fz, erfordert geringe Neigung, die unter Umständen unter 15° liegen wird.

Bei kleinen Werkstückrundungen (Bild 23-26) verändern sich sehr leicht die beiden Gleitwinkel, so daß einer dieser Winkel kleiner als 20° werden kann und somit die Gefahr der Selbsthemmung besteht. In diesem Falle sollte man Keilbolzen (Kegelbolzen sind rund, Keilbolzen abgeflacht eingezeichnet) verwenden. Bei großen Werkstückrundungen ergeben sich auch bei verdreht eingelegtem Werkstück noch etwa gleiche Gleitwinkel, so daß sich das Werkstück einwandfrei in die richtige Position einspielen kann.

In den Bildern 23-20 und 23-21 sind Hilfsbolzen (4) gezeigt, die in die Unterplatte (Bild 23-9) eingebaut werden und eine Vorpositionieraufgabe erfüllen. In der Regel haben sie vom Werkstück einen Berührungsabstand von 1 ... 2 mm und eine Höhe von ca. 5 mm. Die Kegel- bzw. Keilfläche der in die obere Platte eingebauten Spannbolzen muß mit ihrer Anfangskante die entsprechende Hilfsbolzenkante noch überdecken. Sie werden, wie auch die Spannbolzen, mit Hilfe eines Zapfens von ca. 10 ... 20 mm Durchmesser eingepreßt. Als Vorpositionierelemente werden auch Leisten (Bild 23-22), Hülsen (Bild 23-23) oder Säulen (Bild 23-27) angewendet.

Aus der Lage der Vorpositionier-, Positionier- und Spannelemente geht hervor, daß in den meisten Fällen das Werkstück mit Hilfe von auf der Unterplatte aufgebauten Elementen grob vorpositioniert und mit Hilfe der Elemente in der Oberplatte endgültig positioniert und gespannt wird. In den Bildern 23-28 bis 23-33 sind weitere Beispiele des Positionierens und Spannens in Schnellspann-Säulengestellen gezeigt.

23.4.4 Richtlinien für den Einsatz der Universal-Schnellspann-Säulengestelle

Folgendes sollte beim Einsatz der Universal-Schnellspann-Säulengestelle beachtet werden:

1. Der für das Werkstück und die Zusatzanbauelemente zur Verfügung stehende Raum sowie die Anschlußmaße der Ober- und Unterplatte sind in DIN 6348 genormt und gelten für alle Hersteller.
2. Genormte Ober- und Unterplatten sind handelsüblich und kurzfristig lieferbar.

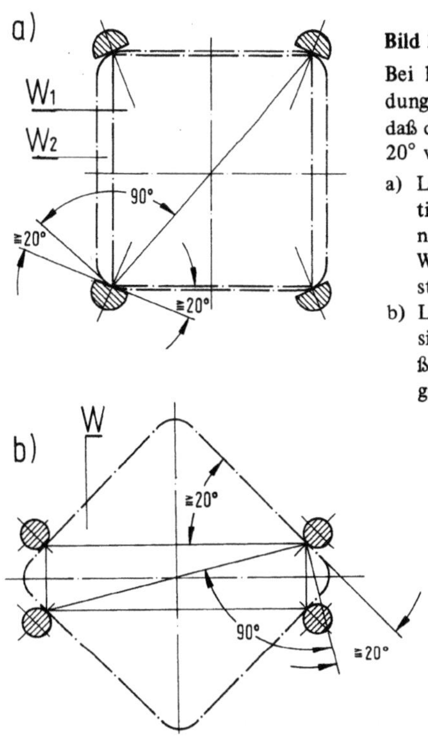

Bild 23-26
Bei kleineren Werkstückrundungen besteht die Gefahr, daß der Gleitwinkel kleiner als 20° wird.

a) Lage der Keilbolzen-Positionierelemente bei kleinen Werkstückrundungen. W_1 Werkstück 1, W_2 Werkstück 2.
b) Lage der Kegelbolzen-Positionierelemente bei größeren Werkstückrundungen.

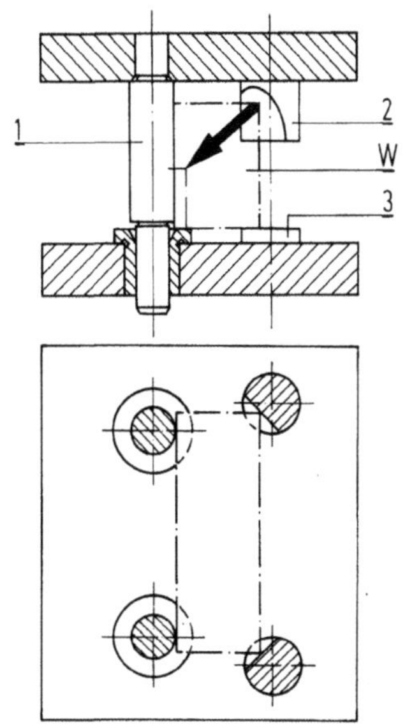

Bild 23-27
Säulen als Positionierelemente an Universal-Schnellspann-Säulengestellen.
1 Säule, 2 Keilbolzen, 3 Vorpositionierelement.

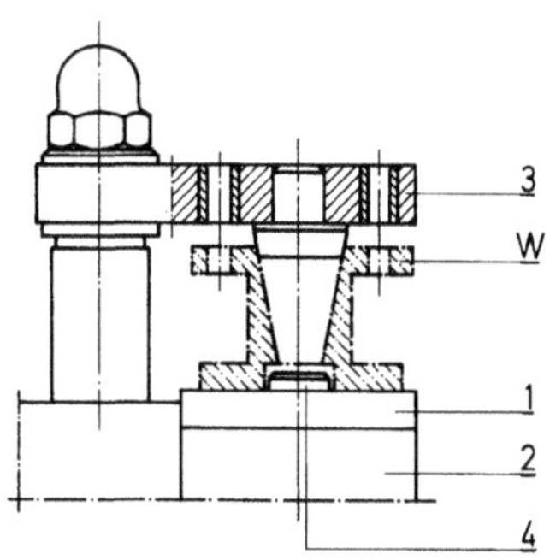

Bild 23-28 Kegel als Positionierelement an Universal-Schnellspann-Säulengestellen.
1 untere Platte, 2 Grundkörper, 3 obere Platte (Bohrbuchsenträger), 4 Vorpositionierelement.

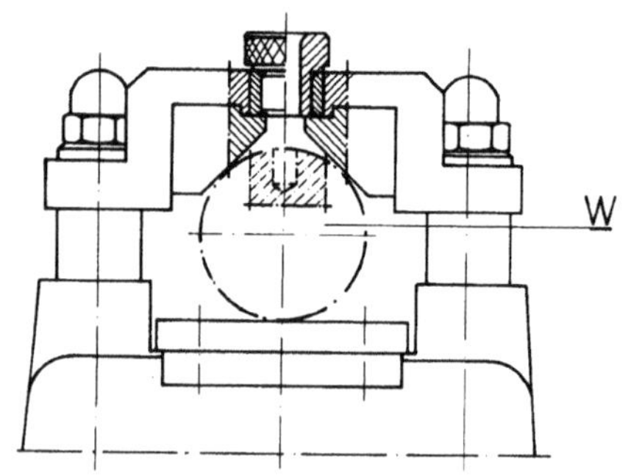

Bild 23-29 Prisma als Positionierelement an Universal-Schnellspann-Säulengestellen.

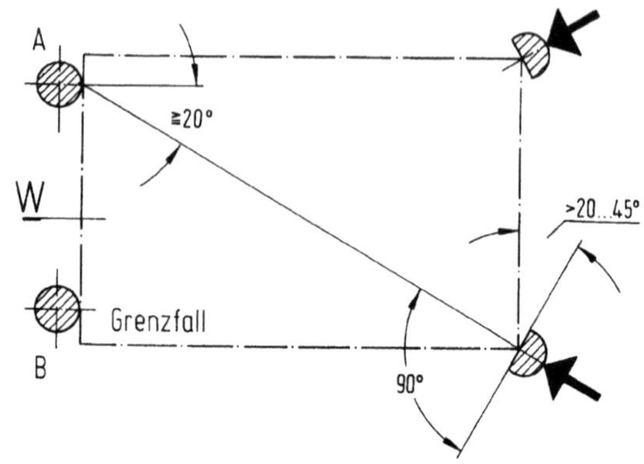

Bild 23-33 Kombination von runden Bolzen A und B und Keilbolzen als Positionierelemente an Universal-Schnellspann-Säulengestellen.

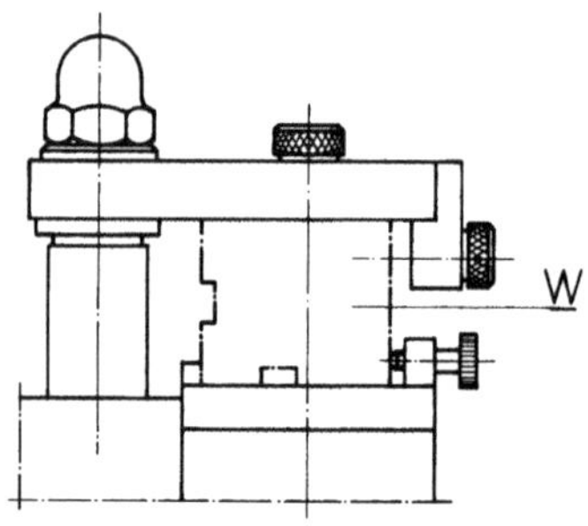

Bild 23-30
Schrauben als Positionierelemente (bei großen Maßunterschieden der Werkstücks-Positionierelemente) an Universal-Schnellspann-Säulengestellen.

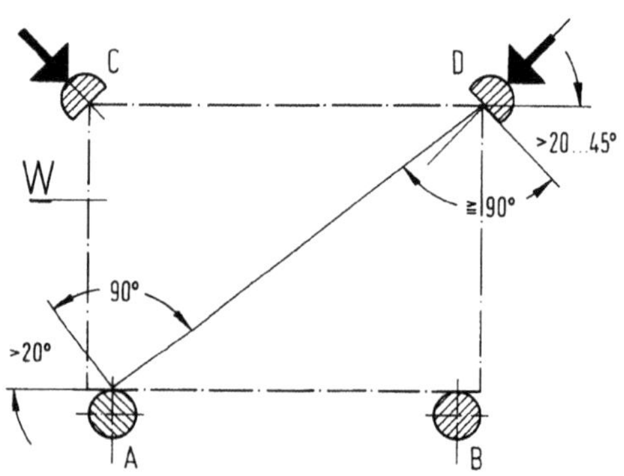

Bild 23-31 Kombination von runden Bolzen A und B und Keilbolzen C und D als Positionierelemente an Universal-Schnellspann-Säulengestellen.

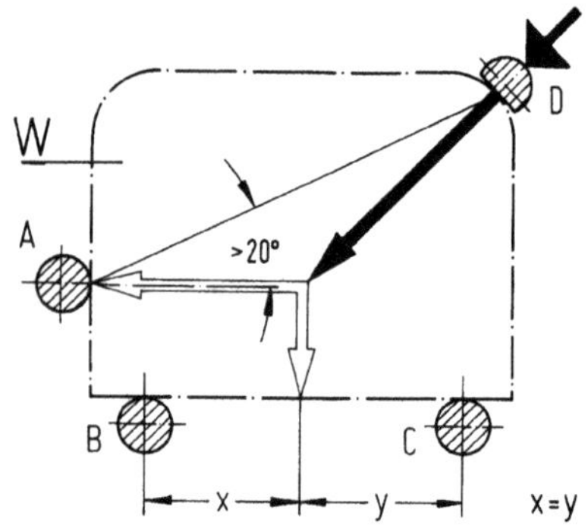

Bild 23-32 Kombination von runden Bolzen A, B und C und einem Keilbolzen D als Positionierelemente an Universal-Schnellspann-Säulengestellen.

3. Universal-Schnellspann-Säulengestelle mit selbsthemmenden Spanneinrichtungen können sowohl für intensive Bearbeitung (Hobeln, Fräsen, Bilder 23-13 und 23-14) als auch in der waagerechten Lage (Bild 23-12) eingesetzt werden.
4. Mit Hilfe der Elemente, die auf der Unterplatte montiert werden. sollte ein Vorpositionieren erfolgen. Das endgültige Positionieren und Spannen des Werkstücks sollte mit Hilfe der unter der Oberplatte befindlichen Elemente (Abschnitt 23.4.2) vorgenommen werden.
5. Der Gleitwinkel zwischen dem Werkstück und den Positionier- und Spannelementen (Bilder 23-24 bis 23-26, 23-31 bis 23-33) muß $\leqq 20°$ betragen.
6. Wenn beide Gleitwinkel (Bild 23-26) gleich sind, ergeben sich die günstigsten Verhältnisse. Wird mit höheren Reibwerten gerechnet, so sind die Gleitwinkel auf 25° und mehr festzulegen.
7. Kegelbolzen (Bild 23-20) sind in der Herstellung und im Einbau einfacher und genügen in vielen Fällen. Wegen des besseren Formschlusses mit dem Werkstück sind Keilbolzen (Bild 23-21) jedoch wesentlich zweckmäßiger.
8. Die Neigung der Keilfläche bzw. des Kegels der Spannbolzen sollte in der Regel zwischen 15° und 30° liegen. Bei verhältnismäßig hohen Werkstücken kann eine noch größere Kegel- bzw. Keilneigung erforderlich werden. Starke seitliche Belastung, z. B. durch besonders große Zerspankräfte, erfordert geringe Neigung, u. U. unter 15°.
9. Die Kräfteverhältnisse sind besonders zu beachten. Dieses betrift den Verlauf der Spannkräfte im Aufriß wie im Grundriß. Die Wirkungslinien der Kräfte, die man beliebig gestalten kann, sollen sich in einem Punkt (Bilder 23-24 und 23-32) schneiden.
10. Beim Spannen eines rechteckigen Werkstücks mit zwei zusammenstoßenden Bezugskanten muß die Spannkraftrichtung so gewählt werden, daß gegen die Positionierbolzen gleichmäßig gespannt wird (Bild 23-32).
11. Hohe Werkstücke können gegen Säulen (Bild 23-27) gespannt werden, wobei Pendelstücke (Bild 23-22) als Kraftverteilelemente empfehlenswert sind.

12. Um ein Überpositionieren zu verhindern sollten federnde Elemente (Bild 23-23) eingesetzt werden.
13. Falls wirtschaftlich vertretbar, sollten kraftbetätigte Schnellspann-Säulengestelle (Bild 23-17) angewendet werden.
14. Falls es eine größere Anzahl von Bohrungen und die Größe des Werkstückes erforderlich machen, sollte die Bewegung des Schnellspann-Säulengestells mit Hilfe eines Luftkissen-Schiebetisches (Bild 5-7) erfolgen.
15. Der Einsatz der im Betrieb vorhandenen Schnellspann-Säulengestelle muß sorgfältig geplant werden. Dadurch wird vermieden, daß Wartezeiten bzw. die Notwendigkeit einer Neuanschaffung auftreten.

23.5 Wendespanner

Wendespanner (Bilder 23-34 bis 23-36) stellen handelsübliche Grundgeräte dar, auf die Vorrichtungen aufgesetzt werden, um das Werkstück um die Wendespannerachse zu drehen und Teilungen vornehmen zu können. Sie finden Verwendung in der Massen-, Reihen- und Kleinserienfertigung zum Bohren, Feinstbohren, Fräsen, Anreißen und Prüfen von Werkstücken. Dadurch werden z. B. aufwendige und komplizierte Kastenbohrvorrichtungen, die kostenaufwendig sind, da sie mehrseitig ausgerichtet werden müßten, durch weniger aufwendigere Vorrichtungen ersetzt. Die Wendespanner erlauben Teilungen 4 x 90°, 8 x 45°, 12 x 30°, 6 x 60° und 24 x 15°, wobei eine Teilgenauigkeit von ± 6″ bis ± 15″ erreicht wird. Wendespanner werden als hand- (Bilder 23-34 und 23-35) und elektromotorbetätigte Geräte (Bild 23-36) geliefert.

Bild 23-35 Handelsüblicher Wendespanner, handbedient mit Gegenlager und einer Bohrvorrichtung, an einer Radialbohrmaschine eingesetzt.

Bild 23-36 Handelsüblicher kraftbetätigter und automatisch arbeitender (mit der Maschinensteuerung gekoppelt) Wendespanner an einem Bearbeitungszentrum eingesetzt.

Bild 23-34 Handelsüblicher Wendespanner, handbedient.
Dieser Wendespanner ist in 5 Größen mit einem Drehdurchmesser von 180...710 mm und einem Drehdurchmesser über der Auflage von 220 ... 890 mm lieferbar.

23.6 Rundtische und Rundtakttische

Unter dem Begriff „Rundtische" versteht man handbetätigte (handgeschaltete und handgeschwenkte bzw. handgesteuerte, z. B. durch Knopfdruck) Rundtische, die sich für kleinere Serien von Werkstücken (Bild 23-39) eignen. Werden Werkstücke in größeren Serien hergestellt, so ist man gezwungen automatisch arbeitende Rundtakttische (Bilder 23-40 und 23-41) einzusetzen. Je nach der Anzahl (Bilder 23-37 und 23-38) der Lade- und Entlade- sowie Bearbeitungsstationen und in Abhängigkeit von der am Werkstück auszuführenden Arbeitsgänge, wird ein Schalttakt vorgesehen und die Schal-

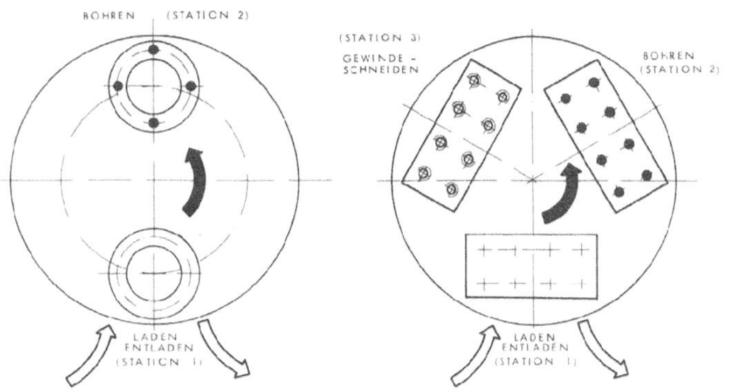

Bild 23-37 Bearbeiten von Werkstücken auf Rundtakttischen.

Links:	Station 1	– Laden des unbearbeiteten Werkstücks und Entladen des bearbeiteten Werkstücks.
	Station 2	– Bohren.
Rechts:	Station 1	– Laden des unbearbeiteten Werkstücks und Entladen des bearbeiteten Werkstücks.
	Station 2	– Bohren.
	Station 3	– Gewindeschneiden.

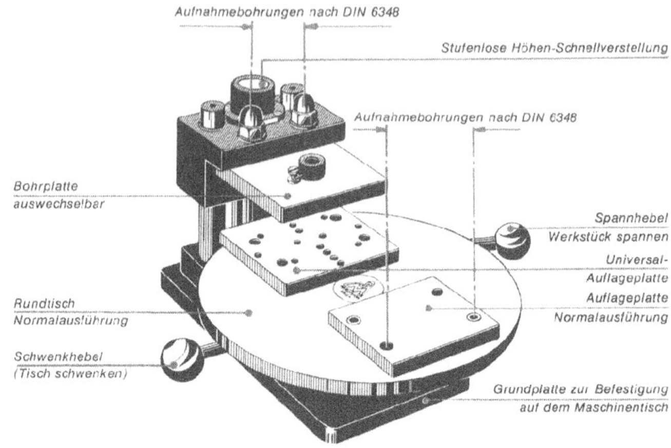

Bild 23-39 Handelsüblicher handbetätigter Rundtisch mit einer Teileinrichtung und einem integrierten Schnellspann-Säulengestell (s. a. Abschnitt 23.4).

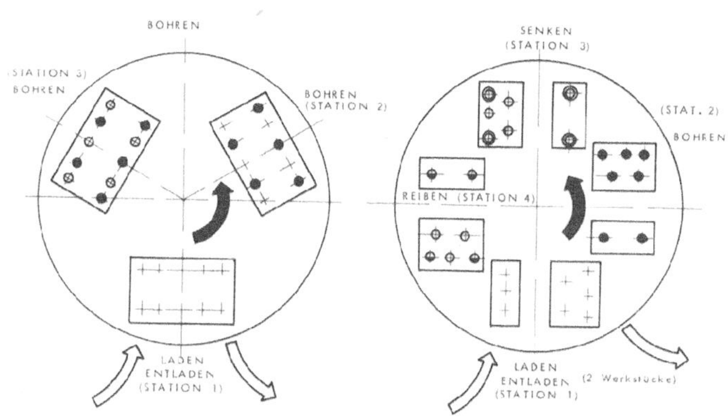

Bild 23-38 Bearbeiten von Werkstücken auf Rundtakttischen.

Links:	Station 1	– Laden des unbearbeiteten Werkstücks und Entladen des bearbeiteten Werkstücks.
	Station 2	– Bohren (5 Bohrungen, schwarz gekennzeichnet).
	Station 3	– Bohren (5 Bohrungen, schwarz gekennzeichnet).
Rechts:	Station 1	– Laden der unbearbeiteten Werkstücke und Entladen der bearbeiteten Werkstücke.
	Station 2	– Bohren (7 Bohrungen in zwei Werkstücken).
	Station 3	– Senken (5 Bohrungen in zwei Werkstücken).
	Station 4	– Reiben (4 Bohrungen in zwei Werkstücken).

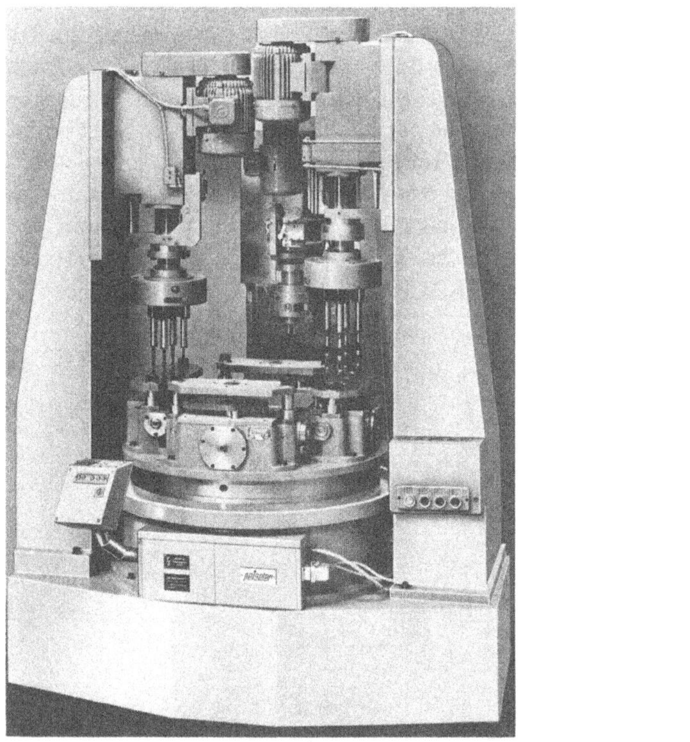

Bild 23-40 Handelsüblicher automatischer Rundtakttisch mit einem Planscheibendurchmesser von 800 mm und 4 pneumatisch betätigten Universal-Schnellspann-Säulengestellen (Größe 5) (s. a. Abschnitt 23.4) an einer Sondermaschine mit verstellbaren Bohreinheiten eingesetzt.

tung des Rundtakttisches gleichmäßig und automatisch in einem Zeittakt durchgeführt. Hinsichtlich der Werkstückart, die sich besonders für die Bearbeitung auf Rundtischen und Rundtakttischen eignet, handelt es sich um Werkstücke mit Bohr-, Senk-, Reib- und ähnlichen Arbeitsgängen, aber auch um Werkstücke mit Flächenbearbeitung (Schleifen, Fräsen). Diese Art der Werkstücke sind: Gas- und Wasser- sowie Zentralheizungsarmaturen, gehäuseartige Werkstücke (Wasserzähler (Bild 27-39), Vergaser- und Reglergehäuse usw.) und ähnliche. Als Spannvorrichtungen werden meistens pneumatisch oder hydraulisch betätigte Sondervorrichtungen (Bild 23-43), aber auch sehr oft kraftbetätigte Schnellspann-Säulengestelle (Abschnitt 23.4, Bilder 23-40, 23-41, 10-2 und 43-1) verwendet. Rundtakttische können als einzelne Einheiten bezogen werden und zu kompletten Rundtakttisch-Bearbei-

Bild 23-41 Pneumatischer Rundtakttisch mit Bohreinheiten gekoppelt. Lieferbar als komplette Einheit mit eingebautem Steuerventil und Teilungswählerschalter. Tischdurchmesser: 300 mm (450 mm mit einer zusätzlichen Platte). Standardteilungen: 3, 4, 6, 12 und 24. Teilgenauigkeit (im Schaltstifte-Teilkreis von 244 mm): ± 0,02 mm = ± 30 Bogensekunden.

Bild 23-42 Pneumatisch betätigter Teilapparat mit Spannzangenspannung (auf Wunsch auch mit Programmsteuerung lieferbar), verwendbar für vertikalen und horizontalen Einsatz (Aufspannflächen). Standardteilungen: 3, 4, 6, 8, 12 und 24. Dieser Teilapparat wird auch mit einem 3-Backenfutter und in Verbindung mit einem Einsäulen-Bohrbuchsenträger (ähnlich wie im Bild 23-7) geliefert.

tungszentren in Verbindung mit Bearbeitungseinheiten (z.B. Bohrvorschubeinheiten, Kap. 47, Bild 47-13) sowie kraftbetätigten Schnellspann-Säulengestellen (Abschnitt 23.4, Bilder 23-40 und 23-41) bzw. anderen kraftbetätigten Vorrichtungen (Bild 23-43) zusammengebaut werden.

Bild 23-43 Rundtakttisch mit einem Aufspannflächen-Durchmesser von 1 250 mm an einer zweispindligen Rundtischfräsmaschine. Das links im Bild sichtbare Werkstück wird hydraulisch gespannt und in der ersten Arbeitsposition geschruppt, sowie in der zweiten geschlichtet. Stückzeit: 0,24Minuten.

Komplette Rundtakttisch-Bearbeitungszentren können auch nach Vorgabe des Werkstücks und der Bearbeitungsaufgabe bezogen werden. Neben den erwähnten Werkstückarten, für die diese Rundtakttische besonders geeignet sind, müssen auch Werkstücke mit verhältnismäßig großen zu bearbeitenden Flächen (Schleifen und Fräsen) genannt werden (Bild 23-43).

Da die Rundtakttisch-Bearbeitungszentren aus einzelnen Einheiten (Bearbeitungseinheiten und Vorrichtungen) bestehen, können sie meistens auf einfache Art auf geometrisch andere Werkstücke umgerüstet werden.

Im Bild 23-42 ist ein pneumatisch betätigter Teilapparat mit Spannzange für kleinere zylindrische Werkstücke, für den horizontalen und vertikalen automatischen Einsatz (auch mit einem Dreibackenfutter) gezeigt.

Für den Einsatz an automatischen Rundtakttischen eignen sich besonders dafür entwickelte Mehrwege-Bearbeitungsmaschinen (Bilder 23-18, 43-1 und 43-2). Der automatische Arbeitsablauf dieser Maschinen läßt sich auf einfache Art mit der Taktarbeitsbewegung des Rundtakttisches auf einfache Art koppeln. Diese Bearbeitungseinheiten (s. a. Kap. 47) können mit werksgenormten Bohrbrücken, Schnellbohrköpfen, Mehrspindelbohrköpfen (Bild 43-1), Winkelbohrköpfen, Führungsköpfen, Gewindeschneideinrichtungen u. a. ausgestattet werden, so daß sie der jeweiligen Bearbeitungsaufgabe anpaßbar sind. Alle Arbeitswege sind linear verstellbar und die Spindeldrehzahlen stufenlos regelbar. Sie lassen sich während des Arbeitsablaufes auf den erforderlichen Optimal-Bearbeitungswert korrigieren. Infolge der einstellbaren Optimal-Bearbeitungsparameter und der hohen Eilweg-Geschwindigkeiten lassen sich schon bei der Fertigung von Kleinserien in Verbindung mit den automatischen Rundtakttischen sowie Schnellspannvorrichtungen (z. B. Universal-Schnellspann-Säulengestellen – Abschnitt 23.4 – Bild 43-1) optimale wirtschaftliche Ergebnisse erreichen.

24 Späne- und Kühlmittelbeseitigung aus der Vorrichtung sowie Späneschutz der Bauelemente

Bei der spanenden Bearbeitung entstehen Späne verschiedener Art, die vom Werkstoff, Zerspanungsparametern und anderen Faktoren abhängt. Die Beseitigung bzw. Abführung der Späne aus der Vorrichtung sollte einwandfrei ohne Störungen erfolgen, da die Späne folgende Nachteile verursachen können:

1. Positionierungenauigkeit, wenn zwischen Werkstück- und Positionierelemente Späne gelangen,
2. Unfälle, z. B. Hautabschürfungen (Abschnitt 7.2.1),
3. Beschädigung des Werkstücks,
4. Beschädigung der Vorrichtung oder Beeinträchtigung ihrer Funktion,
5. Beschädigung des Werkzeugs bzw. Verkürzung der Standzeit,
6. Behinderung bzw. Unterbrechung der Kühl- und/oder Schmiermittelzufuhr,
7. Verlängerung der Bedienzeiten der Vorrichtung.

24.1 Richtlinien für die Gestaltung der Beseitigung der Späne sowie Kühl- und Schmierflüssigkeit aus der Vorrichtung

Die Vorrichtung muß so ausgebildet werden, daß Späne sowie Kühl- und Schmiermittel leicht abgeführt werden können. Es wird erreicht durch:

1. große Aussparungen im Vorrichtungskörper (Kap. 19 und Bild 30-13),
2. entsprechend großen Raum in der Vorrichtung,
3. Wegspülen der Späne mit Hilfe der Schmier- und Kühlflüssigkeit,
4. Ausbildung der Vorrichtung, z. B. so daß beim Wenden der Vorrichtung (Bild 24-1) die Späne aus der Vorrichtung bzw. bereits während der Bearbeitung beseitigt werden,
5. Schaffung entsprechender Unterlagen (Bild 24-2), die es möglich machen, daß die Späne nach unten abgeführt werden,
6. Einbau von schrägen Flächen (Bild 24-3) an den Vorrichtungskörper.,
7. Gestaltung des Abstandes der Bauelemente zueinander (z. B. der Bohrbuchsen, Abschnitt 30.12), so daß die Späne unabhängig von ihrer Art ungehindert abgeführt werden.

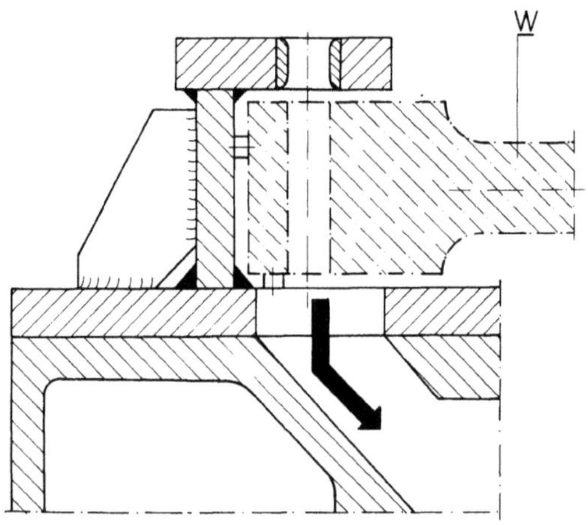

Bild 24-2 Beseitigung der Späne sowie der Kühl- und Schmierflüssigkeit durch Abführdurchbrüche im Vorrichtungskörper durch Abführdurchbrüche im Vorrichtungskörper in Verbindung mit entsprechenden Möglichkeiten im Werkzeugmaschinentisch (bzw. durch Aufbausockel ermöglicht).

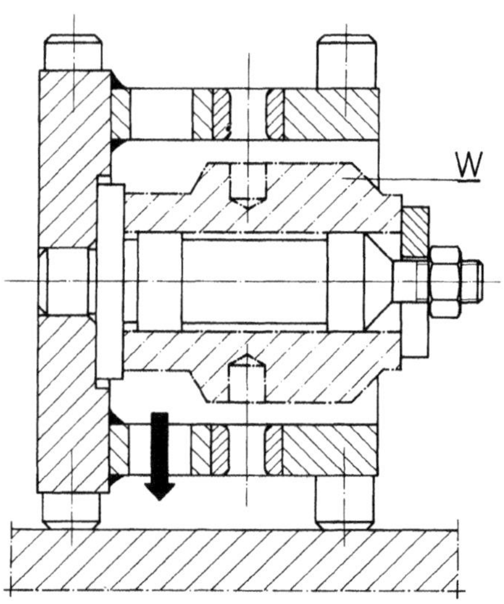

Bild 24-1 Beseitigung der Späne sowie der Kühl- und Schmierflüssigkeit durch Aussparungen im Vorrichtungskörper.

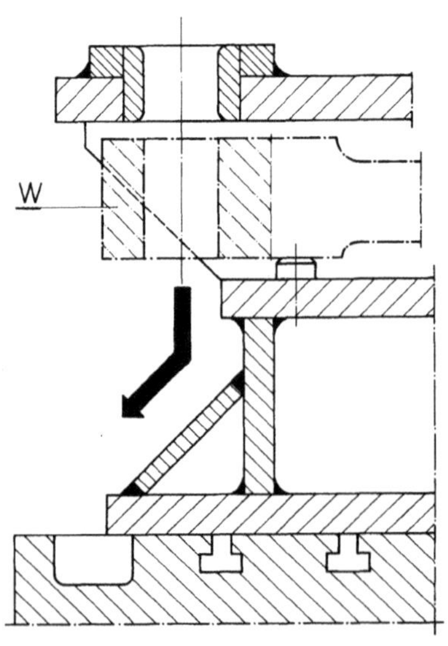

Bild 24-3
Erleichterung der Spänebeseitigung durch schräge Flächen an der Vorrichtung (entsprechender Aufbausockel vorgesehen).

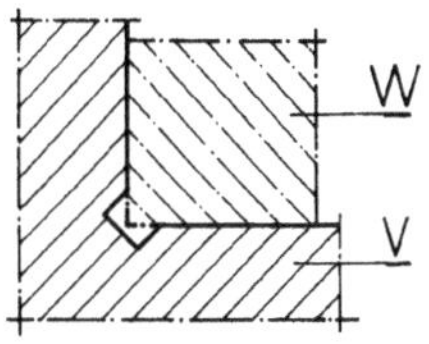

Bild 24-4
Späneschutz durch schräge Nut im Vorrichtungskörper.

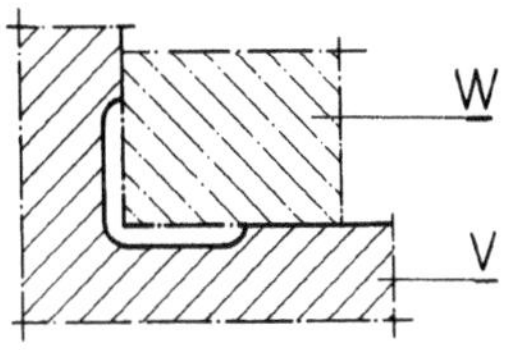

Bild 24-5
Späneschutz durch Ausnehmungen im gegossenen Vorrichtungskörper.

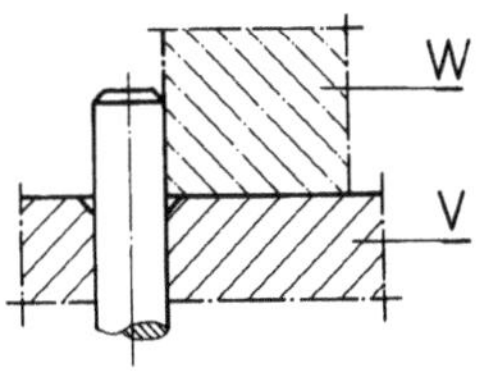

Bild 24-6
Späneschutz durch Ansenkung der Bohrung für den Zylinderstift.

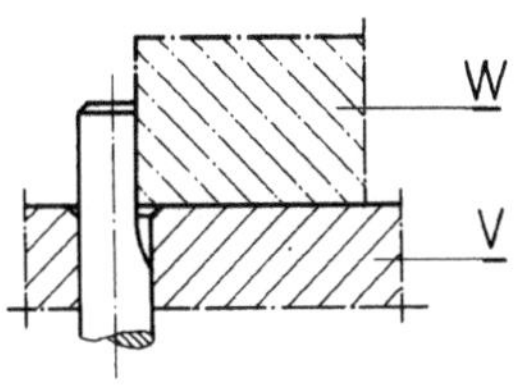

Bild 24-7
Späneschutz durch Auslauf der Abflachung des Zylinderstiftes in der Bohrung im Vorrichtungskörper.

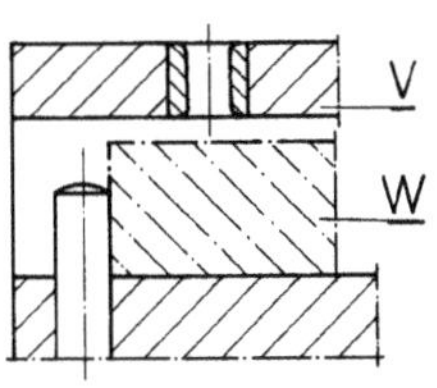

Bild 24-8
Falsch angebrachter Zylinderstift als Positionierelement, da kein Späneschutz vorhanden. Richtige Lösung s. Bild 24-9.

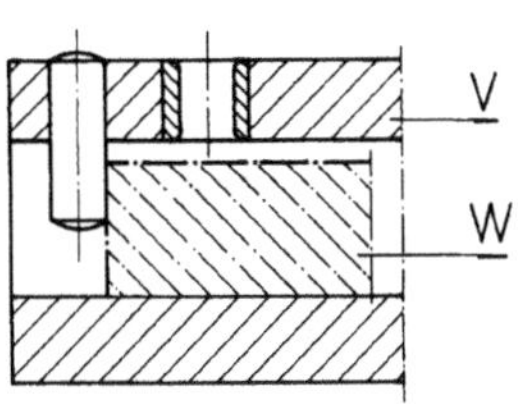

Bild 24-9 Richtige Lage des Zylinderstiftes als Positionierelement, da er im Bohrbuchsenträger befestigt ist. Das Werkstück ist jedoch direkt auf der Grundplatte der Vorrichtung aufgelegt. In dieser Hinsicht besteht kein Späneschutz. Richtige Lösung s. Bild 24-10.

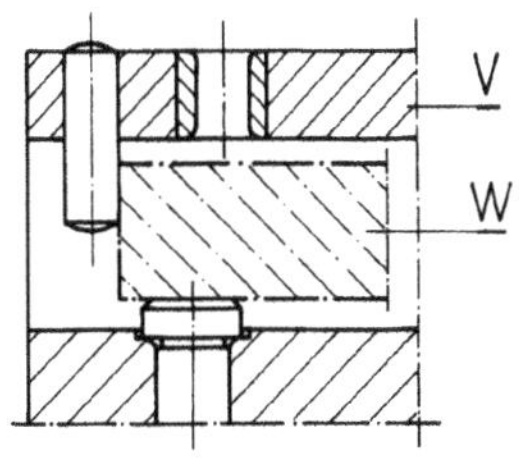

Bild 24-10
Alle Positionierelemente der Vorrichtung sind gegen Späne geschützt (vgl. Bilder 24-8 und 24-9).

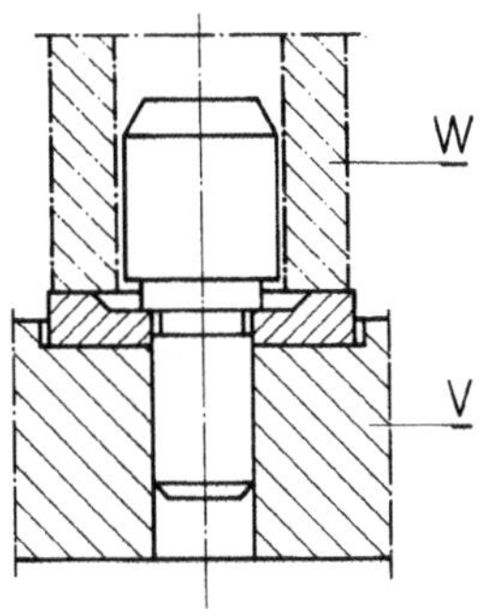

Bild 24-11
Aufnahmebolzen (Abschnitt 13.9) durch einen Einstich, die Auflagefläche durch gehärtete und angesenkte Scheibe gegen Späne geschützt.

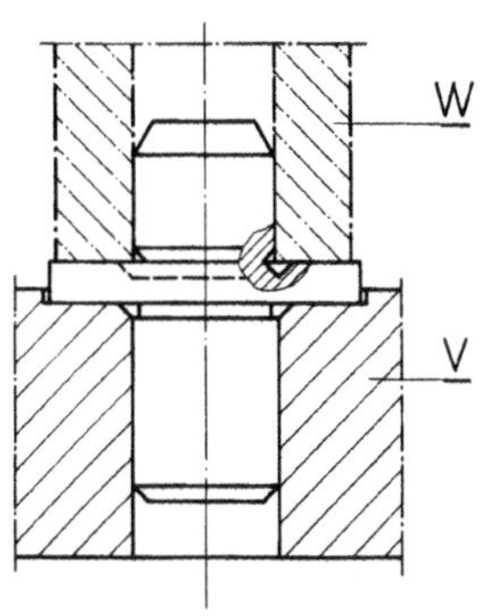

Bild 24-12
Aufnahmebolzen (Abschnitt 13.9) und Auflagefläche durch schräge Nut gegen Späne geschützt.

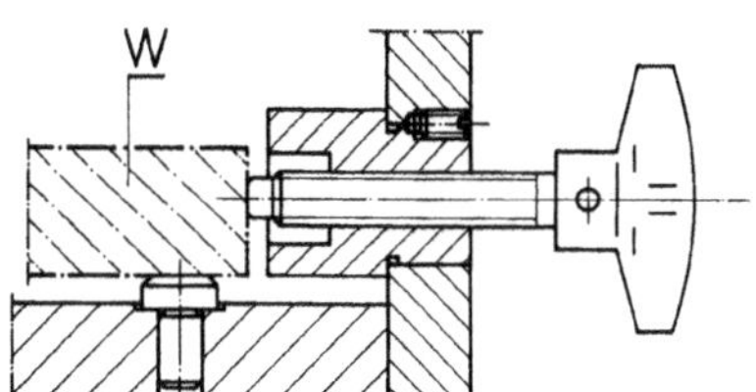

Bild 24-13 Gewinde des Spanngewindestiftes durch Druckzapfen und Ansenkung in der Gewindehülse gegen Späne geschützt.

24.2 Späneschutz der Vorrichtungsbauelemente

Erfüllung der Aufgabe eines Bauelementes der Vorrichtung und Einhaltung seiner Lebensdauer kann von der Art der Ausbildung dieses Elementes hinsichtlich des Schutzes vor den Spänen und ihrer Auswirkung abhängen. Dieses betrifft besonders die Positionierelemente. In den Bildern 24-4 bis 24-20 sind Beispiele gezeigt, wie durch entsprechende Ausbildung die Vorrichtungselemente vor Spänen und den Folgen der Berührung geschützt werden können.

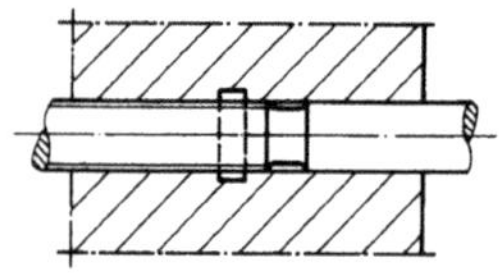

Bild 24-14
Gewinde durch Einstich und zylindrischen Teil entsprechender Länge gegen Späne geschützt.

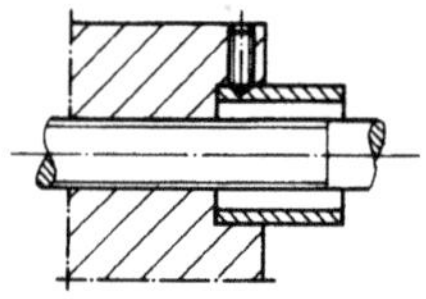

Bild 24-15
Gewinde mit Hilfe einer eingesenkten Hülse gegen Späne geschützt.

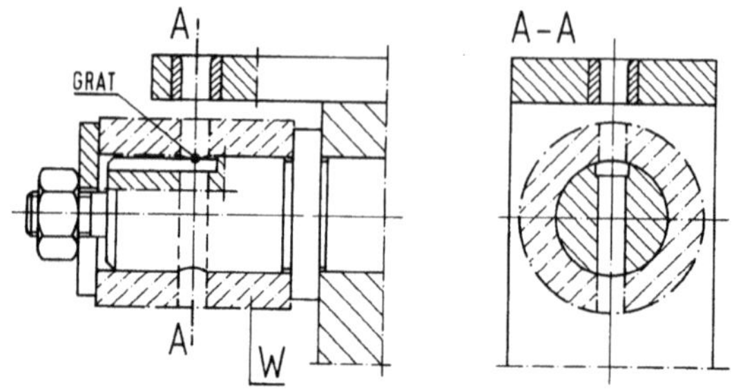

Bild 24-19 Der runde Aufnahmebolzen (Abschnitt 13.9) ist mit einer Längsnut, die breiter als der Bolzendurchmesser sein muß, versehen. Somit greift der nach hinten vorstehende Grat nicht in die Querbohrung des Aufnahmebolzens ein. Das Werkstück kann ungehindert entnommen werden.

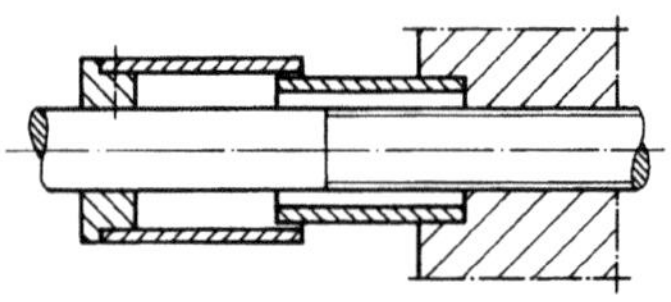

Bild 24-16
Gewinde mit Hilfe von zwei ineinander gleitenden Hülsen gegen Späne geschützt.

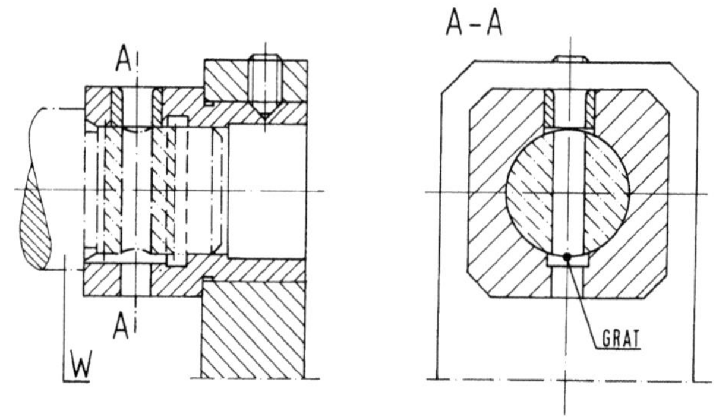

Bild 24-20 Die Aufnahmebohrung für das Werkstück ist unten mit einer Nut versehen, die breiter als der Bohrdurchmesser sein muß. Dadurch wird verhindert (analog zum Bild 24-19), daß der Grat in die Querbohrung der Werkstückaufnahme vorsteht und die Entnahme des Werkstücks behindert.

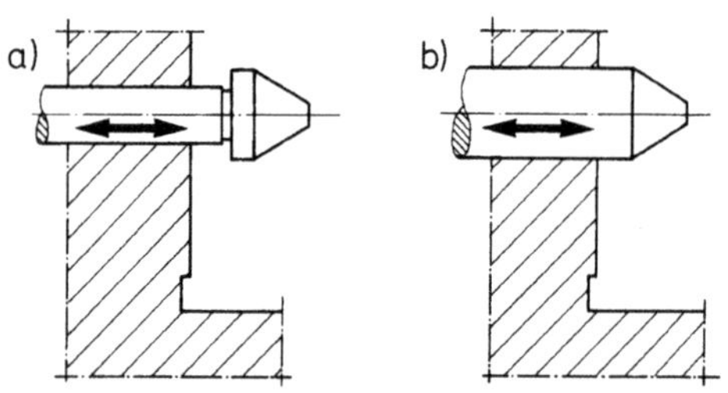

Bild 24-17 Schutz der Führung des Zentrierelementes gegen Späne.

a) Falsch gestaltet, da zwischen dem Vorrichtungskörper und der hinteren Stirn des Zentrierelementes sich Späne ansammeln und beim Rückzug zwischen den Vorrichtungskörper und der Stirnfläche zusammengepreßt und in die Führung gewaltsam eingepreßt werden können.
b) Richtig gestaltet, da die Späne nicht abgestreift werden.

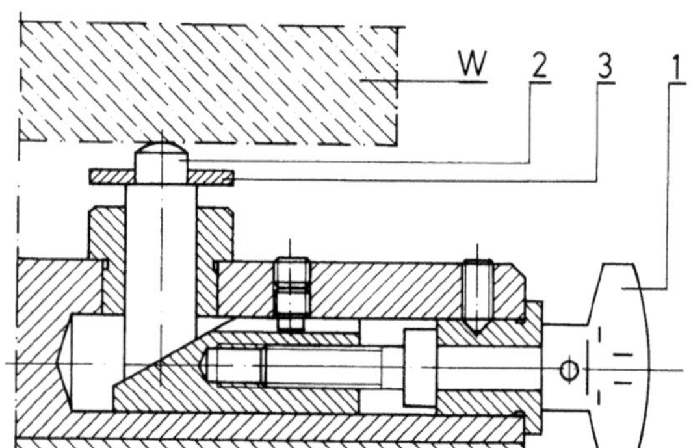

Bild 24-18 Die Stützbolzenführung des Stützelementes (Abschnitt 14.2.1) ist gegen Späne durch die aufgepreßte Scheibe geschützt.

1 Kreuzgriff, 2 Stützbolzen, 3 Späneschutzscheibe.

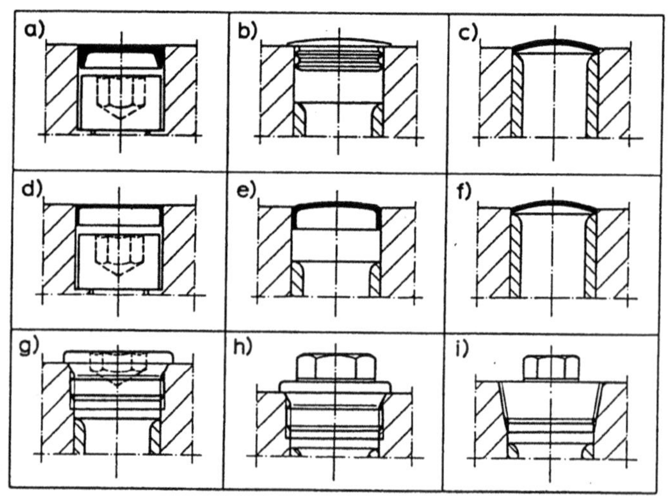

Bild 24-21 Verschiedene Arten der Späneschutzstopfen und -scheiben.

a) bis c) aus Kunststoff (eingepreßt), d) bis f) aus Metall (eingepreßt), g) bis i) aus Metall (eingeschraubt), s. a. Bild 5-27.

25 Erzeugung der Spannkraft

25.1 Spannen mit Muskelkraft

Mit Hilfe der Muskelkraft betätigte Spannelemente sind in der Regel Spannschrauben, -keile, -exzenter, -spiralen, Kniehebelspanner und andere. Der Vorteil des Spannens mit Muskelkraft liegt darin, daß dabei keine besonderen Krafterzeugungsanlagen notwendig sind und einfache Spannelemente angewendet werden können. Der Höchstkraftaufwand und die maximale Dauer der Muskelkontraktion in Minuten als Funktion des Prozentsatzes der maximalen Muskelkraft und andere ergonomische Gesichtspunkte, die bei der Gestaltung von mit Muskelkraft betätigten Vorrichtungen zu berücksichtigen sind, werden im Abschnitt 7.1 erläutert.

Die aufgeführten Vorzüge des Spannens mit Muskelkraft verlieren an Bedeutung:

1. mit steigender Größe der erforderlichen Spannkraft,
2. mit steigender Größe des zu spannenden Werkstücks,
3. mit steigender Anzahl der zu betätigenden Spannstellen,
4. mit steigender Häufikeit des Spannvorganges je Zeiteinheit,
5. mit steigender Geschwindigkeit der Spann- und Entspannvorgänge und der damit zusammenhängenden Ermüdung der Bedienperson,
6. mit wachsender Anzahl der zu fertigenden Werkstücke in der Vorrichtung bzw. Losgröße und der Anzahl der Lose pro Zeiteinheit.

Die Muskelkraft als Spannkraft hat ihre Grenzen in der Anwendung an Vorrichtungen. Sie beruhen in der Größe, Häufigkeit je Zeiteinheit, Belastungsdauer und Geschlecht der Bedienperson. Allgemein kann man annehmen, daß der Mensch in der Lage ist, je nach Belastungsdauer (Abschnitt 7.1.1) und Häufigkeit, Spannkräfte bis zu 300 N auszuüben, wobei für Berechnungen durchschnittlich 200 N angenommen werden.

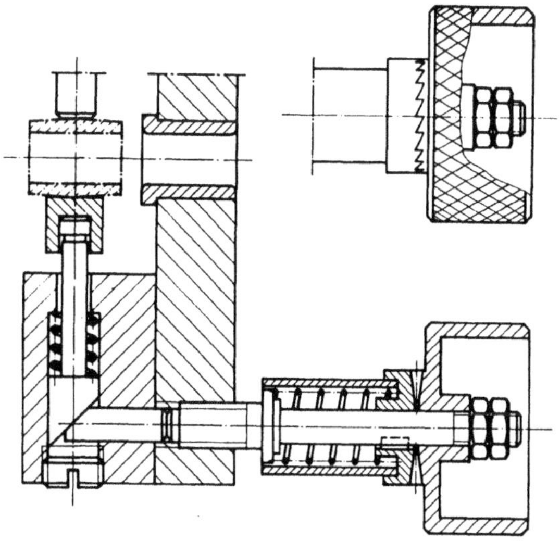

Bild 25-1 Muskelkraftbegrenzung durch Zahnkupplung und einstellbare Druckfeder. Bei Erreichung der voreingestellten Kraft rutscht die Zahnkupplung durch (s. a. Bild 25-2).

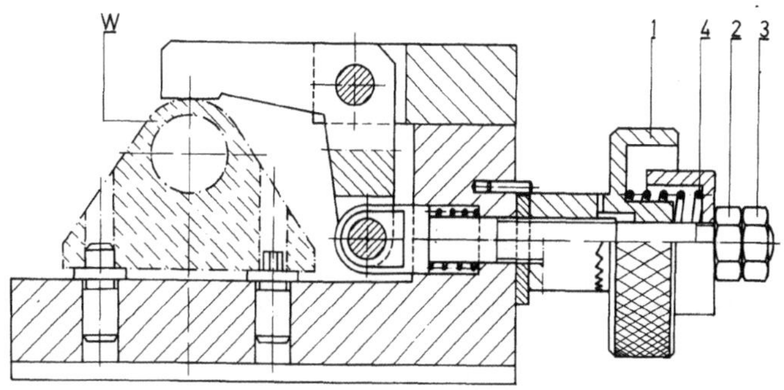

Bild 25-2 Muskelkraftbegrenzung durch Zahnkupplung und einstellbare Druckfeder. Funktion analog zum Bild 25-1.
1 Spanngriff, 2 Einstellmutter, 3 Feststellmutter, 4 Druckfeder.

25.1.1 Begrenzung der Muskelspannkraft

Oft ist es notwendig, die eingeleitete Muskelkraft zu begrenzen. Bei Anwendung einer Schraube als Spannelement können Drehmomentschlüssel mit einstellbarem Drehmoment eingesetzt werden. Andererseits kann man auch den Weg der Schraube begrenzen, z. B. durch eine Anschlagfläche, so daß die Schraube nur bis zum Kopf eingeschraubt werden kann. Außerdem läßt sich durch Einsatz von Federn und entsprechend ausgebildeten Rutschelementen die Spannkraft auf einfache Art begrenzen (Bilder 25-1 bis 25-3).

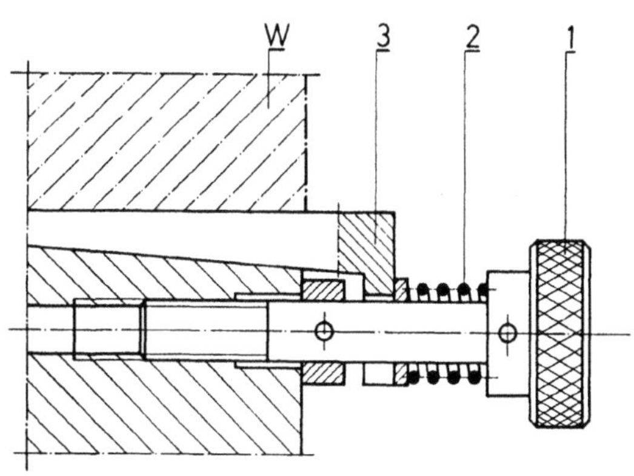

Bild 25-3 Muskelkraftbegrenzung mit Hilfe einer Feder.
1 Spanngriff, 2 Druckfeder, 3 Spannkeil.

25.2 Spannen mit Federkraft

Das Spannen des Werkstücks mit Hilfe der Federkraft wird selten angewendet, da mit einer Feder nur geringe Spannkräfte erzeugt werden können. Als Spannfedern können Schraubenfedern (Bild 25-4), Tellerfedern (Bilder 25-5 und 25-6) oder Blattfedern eingesetzt werden. Diese Spannart kommt dann in Frage, wenn ein Verziehen des Werkstückes infolge der Spannkraft ausgeschlossen werden soll (Abschnitt 15.8.2) und das

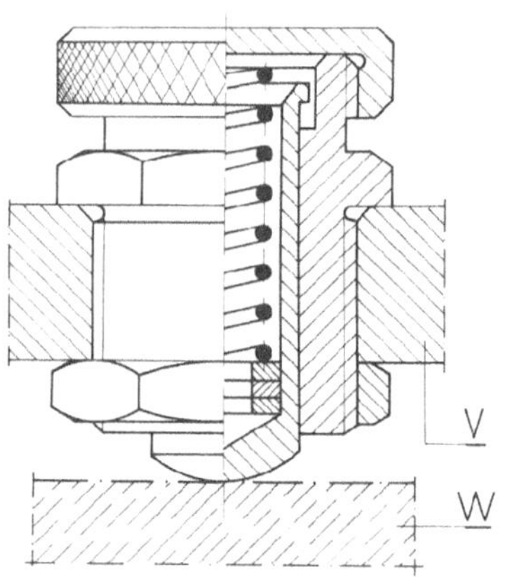

Bild 25-4

Spannen des Werkstücks mit Federkraft.

Ein Federkraft-Spannelement in eine Klappe einer Kastenvorrichtung eingebaut. Nach dem Einrasten des Verschlußelementes (Kap. 18) wird das Werkstück gespannt.

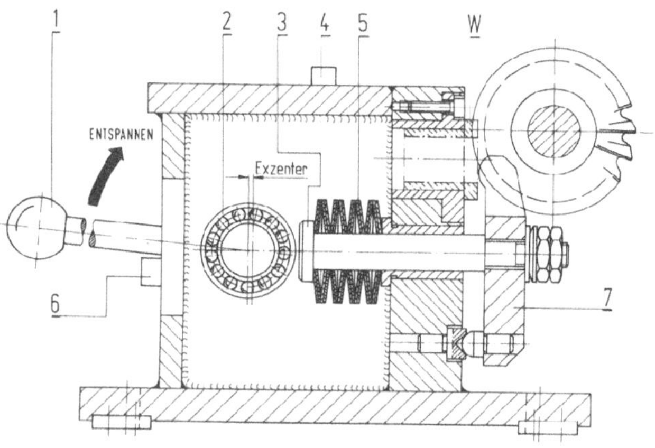

Bild 25-5 Spannen des Werkstücks mit Federkraft.

Entspannen des Werkstücks erfolgt mit Hilfe eines das Federpaket zusammendrückenden Exzenters über ein Kugellager 2.

1 Entspannhebel, 2 Kugellager auf Exzenterwelle, 3 Spannbolzen, 4 oberer Sicherheitsanschlag des Hebels 1, 5 Tellerfederpaket, 6 unterer Sicherheitsanschlag des Hebels 1, 7 Spannelement.

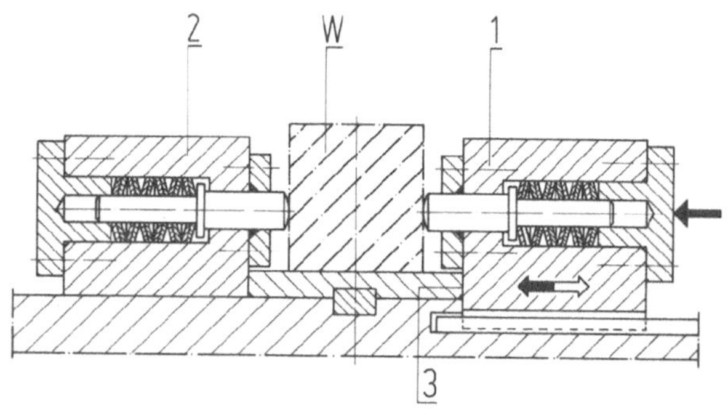

Bild 25-6 Werkstück mit Hilfe der Federkraft in der Vorrichtung gespannt.

Die verschiebbare Backe 1 wird bis zum Anschlag 3 verschoben und somit die beiden Teillerfederpakete gespannt.

1 verschiebbare Backe, 2 fester Block (s. a. Bild 37-15).

Werkstück mit geringer Spannkraft gespannt werden soll. Das Federspannen bietet den Vorteil, daß die Spannkraft genau ermittelt und auch reguliert werden kann. Deshalb eignet sie sich für besonders empfindliche Werkstücke.

In Bild 25-4 ist ein Spannelement gezeigt, das z. B. in eine Klappe einer Kastenbohrvorrichtung (Abschnitt 30.4) eingebaut, das Werkstück mit der eingestellten und regulierbaren Spannkraft Fs spannt. Durch die Anzahl der eingelegten Unterlegscheiben läßt sich die Spannkraft bequem einstellen. Es ist dabei selbstverständlich, daß die eigentliche Spannkraft Fse durch die Muskelkraft (Schließen der Klappe) eingeleitet wird. Ein Federspannzylinder (hydraulisch) ist in Bild 27-22 wiedergegeben. Das Entspannen erfolgt durch Beaufschlagung des Kolbens mit Drucköl. In den Bildern 25-5, 25-6 und 37-15 (Entspannung der Feder durch Druckölbeaufschlagung) sind weitere Beispiele des Spannens von Werkstücken mit Hilfe der Federkraft gezeigt.

25.3 Kraftbetätigtes Spannen – Allgemein

Unter kraftbetätigtem Spannen versteht man im Vorrichtungsbau das Spannen ohne Anwendung der Muskelkraft. Beim Spannen mit Hilfe der Muskelkraft sind Grenzen gesetzt, da der Mensch, je nach Spannhäufigkeit pro Zeiteinheit und in Abhängigkeit der Mittel, die ihm dabei zur Verfügung stehen, sowie der Lage der Spannelemente (Kap. 16), nur bestimmte Kräfte hinsichtlich ihrer Größe ausüben kann. Der verhältnismäßige Anteil der Werkstückspann- und entspannzeit wächst an der Gesamtzeit, wenn die Hauptzeit sinkt. Je ungünstiger dieses Verhältnis ist, desto wichtiger wird die Frage der äußersten Zeiteinsparung beim Spannen und Entspannen. Dieses betrifft nicht nur die Fertigung größerer Anzahlen von Werkstücken, sondern in erheblichen Maße auch kleinere Stückzahlen. Handelt es sich z. B. um Arbeiten, wie Zusammenbau von Einzelteilen oder das Schweißen größerer, aus vielen Einzelteilen zusammengesetzter Werkstücke, so werden zu ihrer wirtschaftlichen Durchführung ebenfalls Vorrichtungen, die die Spannzeiten auf ein Mindestmaß herabsetzen, benötigt. Auch in diesen Fällen leisten kraftbetätigte Vorrichtungen gute Dienste, vor allem hinsichtlich ihres wirtschaftlichen Einsatzes. Weiteres siehe Literatur [4], [7], [27], [49], [269].

25.3.1 Vorteile durch den Einsatz von kraftbetätigten Spannvorrichtungen

1. Die Werkstückspann- und -entspannzeiten werden wesentlich verkürzt, die Werkzeugmaschinen bzw. andere Betriebsmittel besser ausgelastet und höhere Werkstückzahlen pro Zeiteinheit erreicht.
2. Ein günstigeres Verhältnis von Hauptzeit zur Werkstückspann- und -entspannzeit ermöglicht in vielen Fällen erst eine Mehrmaschinenbedienung.
3. Die Größe der Spannkraft kann beliebig eingestellt werden.

4. Die Spannkraft ist konstant und von der Bedienungsperson unabhängig.
5. Die Werkstücke werden unabhängig von ihren Maßtoleranzen gleichmäßig gespannt.
6. Von einer Stelle aus, die zentral angeordnet werden kann, werden gleichzeitig oder in bestimmter Reihenfolge die Spannelemente betätigt.
7. Gleichzeitiges Spannen mehrerer Werkstücke ist möglich.
8. Die Lage der Bedien- und Steuerelemente ist von der Lage der Spannstellen unabhängig.
9. Das Spannen und Entspannen kann mit der Werkzeugmaschine gekoppelt werden.
10. Oft können Werkstücke ohne Anhalten der Werkzeugmaschine gespannt und entspannt werden.
11. Die Person, die die Vorrichtung bedient, wird körperlich entlastet und ihre Ermüdung reduziert.
12. Fußbedienung ermöglicht bessere und schnellere Handhabung der Werkstücke und der Vorrichtung.
13. Die Gefahr, daß ein Spannelement beim Spannen vergessen wird, ist ausgeschlossen.
14. Zweihandsteuerung schaltet Unfälle aus.

25.3.2 Wahl der Art der Spannkrafterzeugung beim kraftbetätigten Spannen

Bevor die endgültige Entscheidung über die Art der Spannkraft einer kraftbetätigten Vorrichtung fällt, müssen außer der Aufstellung der Wirtschaftlichkeitsrechnung über jede in Betracht kommende Spannkraft auch folgende Punkte berücksichtigt werden:

1. Art der zur Verfügung stehenden Spannkrafterzeugungsanlage.
2. Aufwand, der notwendig ist, um die Kraft an die Entnahmestelle zu leiten,
3. Unfall- und Funktionssicherheit,
4. Spannkraftregulierung,
5. Energieverbrauch und Energiekosten,
6. Instandhaltungskosten während des Einsatzes,
7. ist die Krafterzeugungsanlage – falls speziell für den augenblicklichen Zweck angeschafft – anderweitig einsetzbar,
8. wie ist der Verschleiß, speziell bei Dauerbetrieb und die damit zusammenhängende Störanfälligkeit,
9. welche Sicherheit besteht bei Energieausfall,
10. Gegenüberstellung der Vor- und Nachteile verschiedener kraftbetätigten Spannmöglichkeiten (Abschnitte 25.4 bis 25.8 und Kap. 26 bis 28).

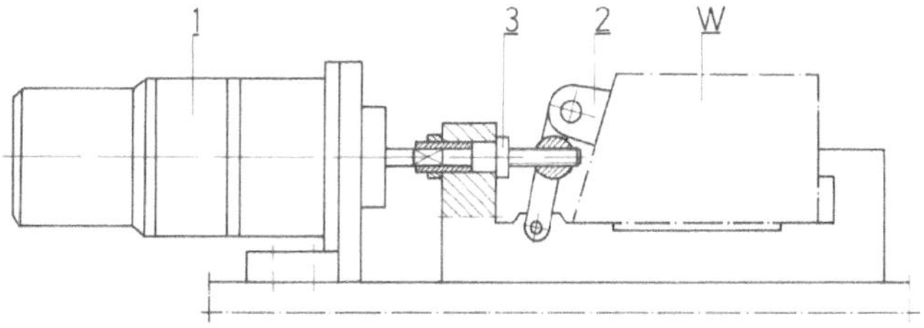

Bild 25-7 Prinzip des elektromechanischen Spannens.

Die Motordrehzahl wird mit Hilfe des Rädergetriebes reduziert. Die angetriebene Gewindespindel wirkt über eine Kupplung auf die Mutter des Spannelementes. Ein elastisches Spannen (Abschnitt 15.2.2) läßt sich über eine zwischengeschaltete Feder verwirklichen.

1 Elektromotor mit Getriebe, 2 Übertragelement, 3 Kupplung.

Bild 25-8 Elektromechanisches Spannen mit Hilfe handelsüblicher Bauelemente. Vorteil: Die Stromquelle befindet sich an jeder Werkzeugmaschine.

Bild 25-9 Mehrstückspannvorrichtung (Abschnitt 15.9) mit Elektromotor und Hydrauliksystem.

Der Druck in der Druckkammer wird durch eine Gewindespindel und einen Druckkolben erzeugt.

25.4 Elektromechanisches Spannen

Das elektromechanische Spannen hat den Vorteil, daß die Energiequelle an jeder Werkzeugmaschine vorhanden und leicht zugängig ist. Als Nachteil müssen große Dimensionen (Bilder 25-7 bis 25-9) des Antriebsaggregates aufgeführt werden, so daß nicht immer die Möglichkeit besteht, sie anzuwenden.

In den Bildern 25-7 bis 25-9 sind elektromechanische Spanner in Verbindung mit einer Vorrichtung gezeigt. Durch ein Getriebe wird die Motordrehzahl herabgesetzt (Bild 25-7) und die Spindel 3 in Umdrehung gebracht. Die gegen Drehen gesicherte Mutter bewegt beim Spannen des Werkstücks den Spannarm 2 gegen das Werkstück W. Um ein elastisches Spannen (Abschnitt 15.2.2) zu erreichen müßte eine Feder zwischengeschaltet werden.

Bild 25-8 zeigt zwei elektromechanische Spanner in Verbindung mit Parallelspannern, die mit Formbacken ausgerüstet sind. Besonders vorteilhaft ist hier die elektromechanische Betätigung, da bei dieser die Spannkraft in weiten Grenzen regelbar, der Spannweg einstellbar und die Auslösung der Spann- und Entspannbewegung mit der Werkzeugmaschine koppelbar ist. Dadurch lassen sich automatisch ablaufende Spann- und Entspannvorgänge durchführen. Weiteres siehe Literatur [172].

Elektrospanneinheiten können auch in Verbindung mit hydraulisch betätigten Reihenspannern angewendet werden. In Bild 25-9 ist ein Reihenspanner mit vier Spannzylindern gezeigt, die mit einem zentralgelegenen Zylinder durch Kanäle verbunden sind. Eine Trapezgewindespindel verschiebt den Druckkolben, so daß alle Werkstücke gleichzeitig und gleichmäßig gespannt werden. Der Öldruck wird mit Hilfe eines Manometers angezeigt. Außerdem lassen sich mehrere Reihenspanner gleichzeitig von einer Druckquelle und einem Elektrospanner aus, betätigen.

Die Spannkraft kann bis zu 50% des Maximalwertes reduziert und eingestellt werden, so daß ein verzugsfreies Spannen dünnwandiger Werkstücke möglich ist. Die Energiekosten sind bei der elektromechanischen Spannung sehr niedrig, da ca. 1500 Spannungen pro kWh ausgeführt werden können.

25.5 Spannen mit Magnetkraft

Auf einer stabilen und plangeschliffenen Magnetspannplatte läßt sich das Werkstück sicher, schnell und genau positionieren und spannen. Neben diesen Vorteilen sprechen für die Anwendung der Magnetspanntechnik folgende Gründe: Verkürzung der Rüstzeiten, hohe Spannkraft, große Starrheit des Systems, wartungsfreie Bauelemente und äußerst lange Lebensdauer.

25.5.1 Magnetspannen allgemein

Für das magnetische Spannen eignen sich nur Werkstücke aus ferromagnetischem Werkstoff. Die erreichbare Spannkraft hängt einerseits vom magnetischen Widerstand des Werkstoffs und andererseits von der Art und Beschaffenheit der Kontaktfläche sowie von den Abmessungen des Werkstücks ab. Ein Werkstoff, wie z. B. C 10 (niedriger magnetischer Widerstand) erreicht eine höhere Haftkraft als ein Chrom-Nickel-legierter Stahl, dessen Haftkraft mit zunehmenden Legierungsanteilen abnimmt.

Kleine und dünne Werkstücke können nicht alle von der Magnetplatte ausgehenden Kraftlinien aufnehmen. Dabei spielt die Polteilung eine wesentliche Rolle. Bei großen und massiven Werkstücken wird eine weite und bei kleinen und dünnen feine Polteilung angewendet. Die Haftkraft steigt mit der Anzahl der durch das Werkstück überdeckten Polteilungen. Die Polrichtung wird nach der Bearbeitungsrichtung des Werkstücks ausgewählt. Die größte Spannkraft liegt im rechten Winkel zur Polteilung. Die Arten der Polteilungen: Querpolteilung, Längsteilung, Pendelpolteilung, Stern- und Ringpolteilung. Der Einfluß der Werkstückoberflächenform auf die Haftkraft ist in Bild 25-10 dargestellt. Weiteres siehe Literatur [29], [30], [130].

25.5.2 Arten des Magnetspannens

Grundsätzlich kann man unterscheiden:

1. Permanentmagnetspannen,
2. Elektromagnetspannen und
3. Elektropermanentspannen.

25.5.2.1 Permanentmagnetspanner

Die Spannkräfte werden durch ein Magnetfeld von Permanentmagneten erzeugt. Das Spannsystem besteht aus zwei Systemen, der Permanentmagnetplatte, auf der die Werkstücke aufliegen, und einem inneren System. Beide Systeme bestehen aus hochwertigen Permanentmagneten und Stahlpolen. Sie können mit Hilfe eines Exzenters, der mit einem Hebel von außen (Bild 25-11) bewegt werden kann, gegeneinander verschoben werden. Wenn sich die Nordpole des inneren Magnetsystems genau unter den Nordpolen der Oberplatte befinden, bilden beide Systeme ein einziges Magnetsystem. Werden sie so verschoben, daß die

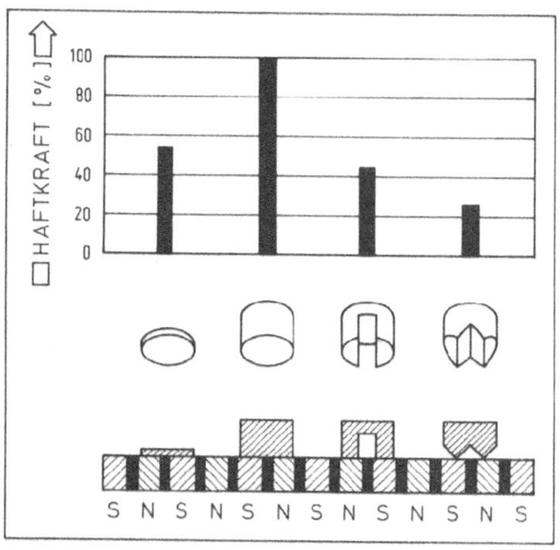

Bild 25-10 Haftkraft der Magnetspanner als Funktion der Werkstückform und der Werkstückdicke.

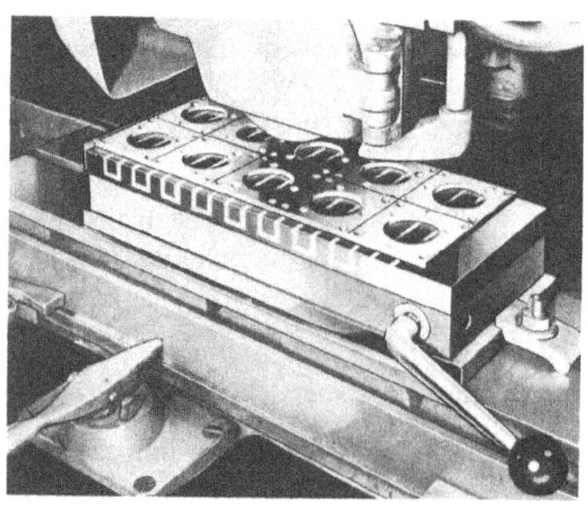

Bild 25-11 Mehrstück-Permanent-Magnetspanner (Mehrstückspannen s. Abschnitt 15.9).

Pole gegeneinander gerichtet sind, hebt sich die Magnetkraft auf und die Magnetplatte gilt als entspannt. Dadurch können die Werkstücke leicht entnommen werden, da sie durch die entstehende Gegenpolarität beim Entspannen abgestoßen werden. Weiteres siehe Literatur [102].

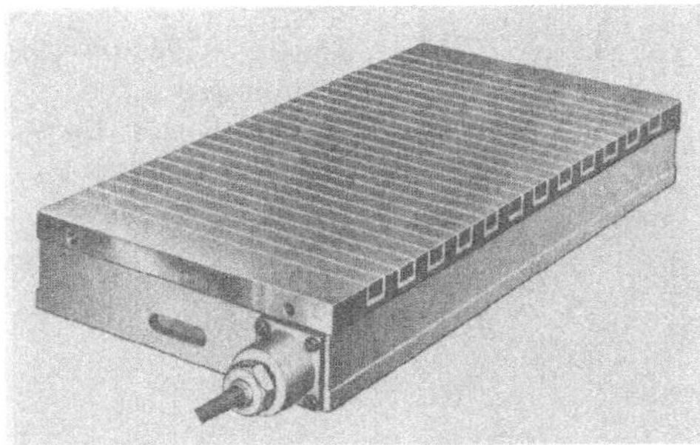

Bild 25-12 Elektromagnetische Spannplatte.

Bild 25-13
Lamellenblock mit einem Werkstück in einer eingearbeiteten einseitigen Werkstückform.

Bild 25-14 Beispiel des Einsatzes einer elektromagnetischen Spannplatte für intensive Fräsarbeiten.
Werkstückwerkstoff: GG 18, Messerkopf: 250 mm Durchmesser, Aufspannfläche des Werkstücks: unbearbeitet. Es werden gleichzeitig 4 Werkstücke gespannt und nacheinander bearbeitet. Rüstzeit + Hauptzeit für 4 Bodenplatten: 6,5 Minuten.

25.5.2.2 Elektromagnetspanner

Bei dieser Art der Spannplatten (Bild 25-12) wird das innere Magnetsystem durch eine Erregerwicklung ersetzt. Das Magnetfeld wird durch Stromfluß in der Erregerwicklung erzeugt. Bei den einzelnen Polen der Polplattenfläche entstehen abwechselnd magnetische Nord- und Südpolpole, so daß durch die Magnetkraft ferromagnetische Werkstücke, die den Anker bilden, gespannt werden, indem sich die magnetischen Kraftlinien schließen. Diese Spannplatten müssen mit Gleichstrom beaufschlagt werden. Zum Abnehmen der Werkstücke wird der Strom ausgeschaltet, was bestimmte Sicherheitsvorkehrungen (Sicherheitsschaltung) voraussetzt. Der infolge Remanenz verbliebene Restmagnetismus wird durch kurzfristige Beaufschlagung der Reglerwicklung in umgepolter Stromrichtung beseitigt. Mit Hilfe eines zusätzlichen Gerätes kann die Haftkraft reguliert werden.

25.5.2.3 Elektropermanentmagnetspanner

Hierbei handelt es sich um eine Kombination von beiden in den Abschnitten 25.5.2.1 und 25.5.2.2 besprochenen Systemen. Innerhalb der Magnetspannplatte ist neben dem keramischen Magnetsystem ein Stahlmagnet mit einer Reglerspule angeordnet. Sie wird kurzzeitig eingeschaltet und bewirkt je nach Stromrichtung durch den Stromimpuls, daß das von den keramischen Magneten erzeugte Magnetfeld aufgehoben oder verstärkt wird. Die Remanenz der auf dieser Spannplatte gespannten Werkstücke ist fast 0. Wie bei der permanentmagnetischen Spannplatte entsteht auch hier keine Erwärmung. Die Schaltung dieser Spannplatten erfolgt ohne bewegliche Teile, so daß während des Schaltens keine mechanischen Kräfte wirken.

25.5.2.4 Dauermagnetische Spannblöcke

Dauermagnetische Spannblöcke bestehen aus einem Dauermagnetsystem mit Engpolteilung, das an zwei bzw. drei Flächen zur Wirkung kommt und so für eine sichere Spannung sorgt. Die Spannblöcke eignen sich besonders zum Spannen von dünnen Werkstücken.

25.5.2.5 Lamellenblöcke und Lamellenplatten

Sie erfüllen die gleiche Aufgabe (Bild 25-13) wie die dauermagnetischen Spannblöcke, haben jedoch kein eigenes Magnetfeld und können nur in Verbindung mit einem Magnetgerät verwendet werden. Die Polrichtung der Magnetplatte muß jedoch mit der Lamellenrichtung übereinstimmen, da sonst das Magnetfeld kurzgeschlossen wird.

25.5.3 Spannbeispiele mit Hilfe von Magnetspannern

Die Bilder 25-13 bis 25-16 sowie 25-18 bis 25-20 zeigen die Anwendungsmöglichkeiten von Magneten in der spanenden Fertigung. Im Bild 25-17 ist eine Lötvorrichtung mit Permanentmagneten gezeigt.

25.5.4 Richtlinien für das Spannen der Werkstücke mit Hilfe der Magnetspanner

1. Für das magnetische Spannen eignen sich nur Werkstücke aus ferromagnetischem Werkstoff.

Bild 25-15
Beispiel des Einsatzes einer elektromagnetischen Spannplatte als Drehmaschinenspanner.

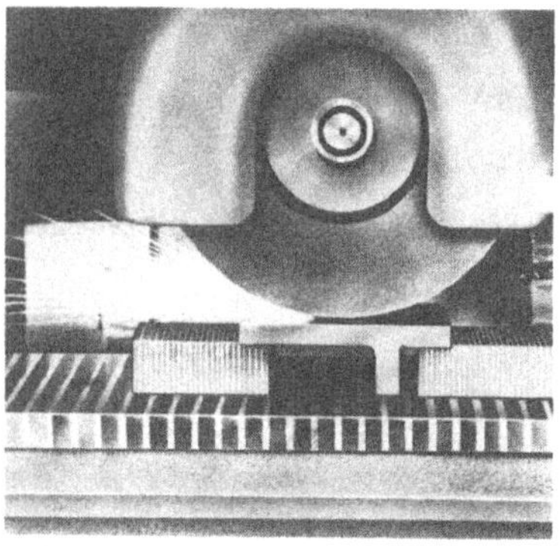

Bild 25-16
Spannen eines Werkstücks auf einer elektromagnetischen Spannplatte mit Hilfe von Lamellenblöcken (Abschnitt 25.5.2.5).

Bild 25-17 Permanentmagnete als Spannelemente an einer Lötvorrichtung mit der in der Vorrichtung zusammenfügbaren Teilen.

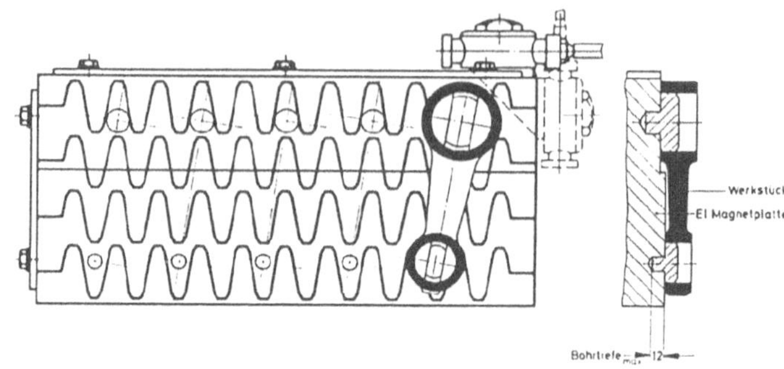

Bild 25-18 Elektromagnetische Spannplatte (Pendelpolteilung) mit angesetzter Spannfläche und eingesetzten abgeflachten Aufnahmebolzen (Abschnitt 13.10) zum Schleifen von Pleuelstangen.
Die Aufnahmebolzen sind jeweils in einem Pol angebracht. Sie müssen aus unmagnetischem Werkstoff sein, da sie auf der Spannfläche über mehreren Polfeldern liegen.

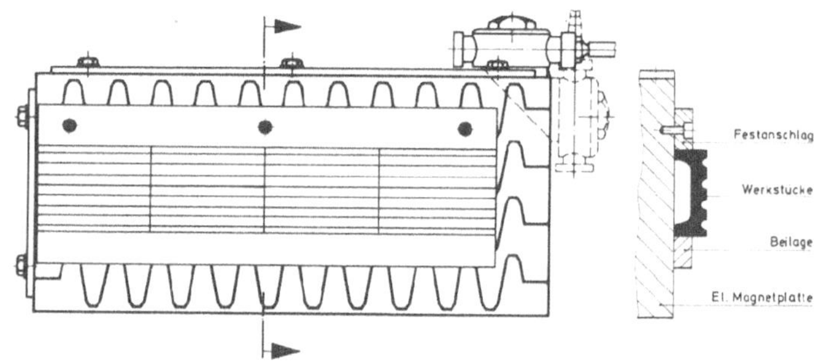

Bild 25-19 In magnetisch ungünstig spannbare Werkstücke werden Nuten mit einer Formschleifscheibe eingearbeitet. Auf der elektromagnetischen Spannplatte (Pendelpolteilung) ist eine Anschlagleiste als fester Anschlag und zusätzlich eine zweite Leiste als loser Anschlag notwendig.

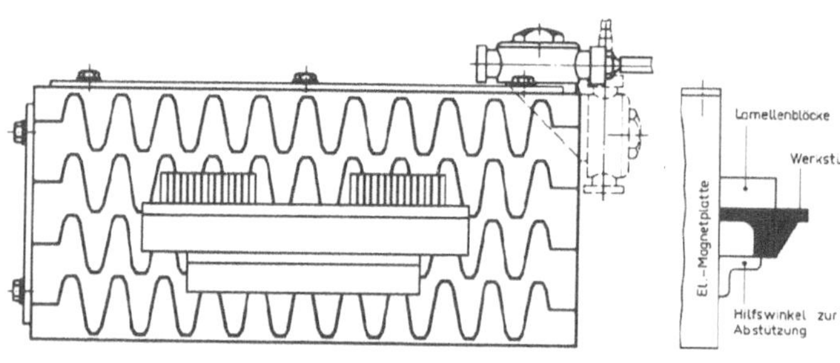

Bild 25-20 Ein magnetisch ungünstig spannbares Werkstück (ungünstige Auflagefläche) wird mit Hilfe von zwei Lamellenblöcken zusätzlich gespannt. Um ein Abkippen des Werkstücks zu verhindern wird ein zusätzlicher Anschlag (Winkel) verwendet.

2. Wenn für St 34 die Haltekraft mit ca. 80 % angenommen wird, so beträgt sie für St 50 ca. 75 %, für St 70 ca. 70 % und für z. B. 20 Mn Cr 5 ca. 50 %.
3. Die Kontaktflächenform des Werkstücks (Bild 25-8) hat großen Einfluß auf die Spannkraft.
4. Die Werkstückdicke (Bild 25-8) hat ebenfalls großen Einfluß auf die Haltekraft.
5. Die Oberflächenqualität (Größe des Luftspalts) spielt eine wesentliche Rolle hinsichtlich der Haltekraft. Mit feiner werdender Oberflächenqualität erhöht sich die Haltekraft.
6. Die höchsten Haftkräfte werden bei satter Auflage und konstantem Querschnitt des Werkstücks erzielt, wobei dieser Querschnitt in der Größenordnung eines vom Werkstück überdeckten Polflächenquerschnitts liegen soll.

7. Die Länge bzw. der Durchmesser des zu spannenden Werkstücks sollte nicht unter dem Polschritt liegen, da sonst die Haftkraft stark abfällt. Die Gesamthaftkraft steigt mit der Anzahl der vom Werkstück überdeckten Pole.
8. Zum Spannen besonders geformter Werkstücke (Bild 25-16) können Zusatzpolplatten verwendet werden.
9. Für kleine und dünne Werkstücke werden Lamellenblöcke, die die Polteilung der Polplatte an die Werkstückgröße anpassen, verwendet.
10. In die Lamellenblöcke können der Werkstückauflageform angepaßte Profile (Bild 25-13) eingearbeitet werden.
11. Am besten ist es, das Werkstückprofil in eine Zusatzplatte einzuarbeiten. Sie hat den gleichen Aufbau und die gleichen Abmessungen wie die Polplatte des Gerätes, auf das sie gelegt wird.
12. Bei Flachschleifmaschinen sind besondere Vorkehrungen gegen das Herausschleudern von Werkstücken zu treffen, z. B. durch Anbringen von Fangblechen.
13. Die Geräte sind stirnseitig mit Anschlagleisten versehen, damit die zu bearbeitenden Werkstücke gegen eine Verschiebung zusätzlich gesichert werden können (s. a. Bild 25-18).
14. Die Einschaltstellung muß bei elektromagnetischen Spannvorrichtungen durch eine Signallampe, bei permanentmagnetischen Spannvorrichtungen durch eine Sichtmarke erkennbar sein.
15. Permanentmagnetische Spanngeräte dürfen weder mit Tragmagneten transportiert noch anderen starken Magnetfeldern ausgesetzt werden. Ist das Auflegen unbedingt erforderlich, so muß zwischen beiden Geräten eine Eisenplatte gelegt werden, deren Dicke mindestens gleich der Polbreite des spannenden Gerätes ist.
16. Bei den permanentmagnetischen Spanngeräten wird im Gegensatz zu den elektromagnetischen keine Eigenerwärmung erzeugt.
17. Magnetische Spanngeräte eignen sich nicht nur als Spannmittel für Schleif-, Fräs- und Dreharbeiten (Bilder 25-11, 25-13, 25-14 und 25-15) sondern auch für andere Aufgaben wie Lötvorrichtungen (Bild 25-17), Bohrvorrichtungen (Bild 30-15) usw.
18. Nichtausschaltbare permanentmagnetische Haftsysteme eignen sich besonders für kleine und leichte Werkstücke (Bild 25-17).
19. In ferromagnetischen Körpern, die einem Magnetfeld ausgesetzt waren, verbleibt nach Verschwinden des äußeren Feldes ein Restmagnetismus, dessen Höhe von der Stärke des magnetisierenden Feldes und den magnetischen Eigenschaften des Werkstücks abhängt. Nach der Entnahme des Werkstücks sollte eine Entmagnetisierung vorgenommen werden. Sie muß in die Fertigungsunterlagen eingeplant werden.
20. Für die Entmagnetisierung werden handelsübliche Platten- oder Tunnel-Entmagnetisierungsgeräte verwendet.
21. Bei kleineren Werkstücken und bei Anwendung von dauermagnetischen Spannblöcken, kann so vorgegangen werden, daß das Werkstück während der Bearbeitung und der Endkontrolle mit dem Spannblock zusammen, d.h. ohne Veränderung seiner Lage, von der Werkzeugmaschine bzw. vom Arbeitsplatz genommen werden kann, um auf Spezialprüf- oder -meßgeräten geprüft oder gemessen zu werden. Bei der Feststellung von Ungenauigkeiten entfällt ein nochmaliges Positionieren des Werkstücks.

25.6 Spannen mit Fliehkraft

Die Fliehkraft kann als Spannkraft genutzt werden. Bild 25-21 zeigt einen Fliehkraftspanner, der als Drehfutter konzipiert ist. Durch die Rotation der Arbeitsspindel der Drehmaschine werden die Fliehkörper nach außen bewegt. Infolgedessen werden die Spannhebel an das Werkstück gedrückt und das Werkstück gespannt. Je größer die Drehzahl, desto größer ist die Spannkraft. Ebenso bewegen die Fliehkörper in Bild 25-22 die Nocken, die die Spannstange eines Drehfutters bzw. einer Zangenspanneinrichtung bewegen und den Spannvorgang einleiten. Sobald die Drehmaschine stillgesetzt wird, werden die Spannhebel durch Federkraft in ihre Ausgangslage zurückgezogen und das Werkstück bzw. die Werkstoffstange entspannt.

Fliehkraftspanner haben folgende Vorteile:

1. einfache Bauweise und dadurch geringe Störanfälligkeit,
2. keine besondere Kraftquelle notwendig,
3. der Spannvorgang wird automatisch eingeleitet, sobald die Arbeitsspindel in Bewegung gesetzt wird,

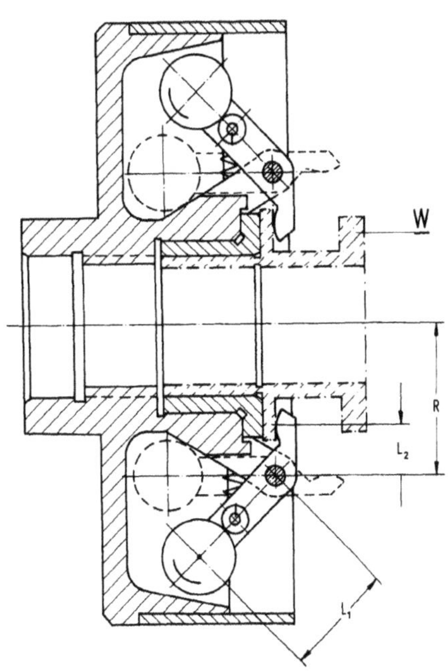

Bild 25-21 Fliehkraftspanner.

Die Drehbewegung der Werkzeugmaschinen-Arbeitsspindel verursacht, daß die Fliehkraftgewichte nach auswärts bewegt werden. Über die Spannhebel L_1 und L_2 wird das Werkstück gespannt. Beim Stillsetzen der Arbeitsspindel wirkt die Federkraft auf die Hebel und die Fliehkraftgewichte werden eingeschwenkt; das Werkstück wird entspannt (s. a. Bild 25-22).

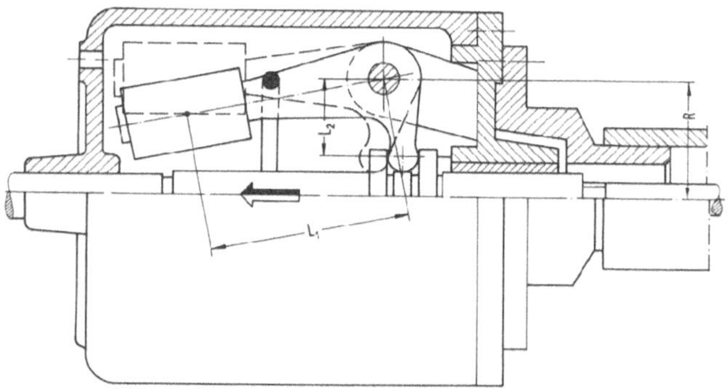

Bild 25-22 Betätigung einer Spann-Zugstange durch Fliehkraftspanner (Beschreibung im Bildtext von Bild 25-21).

4. der Bedienende hat keinen Einfluß auf die Größe der Spannkraft.

Fliehkraftspanner haben jedoch den Nachteil, daß sie sich nur für Werkstückspannungen eignen, die mit geringer Kraft vollzogen werden dürfen, und außerdem sind sie nur für hohe Drehzahl anwendbar, da sonst die Spannkraft zu gering wird.

Die durch die Fliehkraft des Fliehkörpers erzeugte axiale Kraft Fs, die auf die Spannelemente des Spanners übertragen wird, kann nach folgender Formel ermittelt werden:

$$Fs = 0{,}01\,G \cdot R\,\frac{n^2}{g} - F \cdot c\,\frac{l_1 \cdot l_2 - (l_1 + l_2)\mu r}{l_2^2} \quad \text{in N}$$

wobei:

G Gewichtskraft des Fliehkörpers in N,

R Abstand des Schwerpunktes des Fliehkörpers von der Achse des Übertragungsstabes in mm,

l_1 Abstand des Schwerpunkts des Fliehkörpers vom Drehpunkt des Hebels in mm,

l_2 Abstand des Werkstückberührungspunktes des zweiten Hebels vom Drehpunkt in mm,

n Drehzahl der Spindel in min^{-1},

c Anzahl der Fliehkörper (und Federn, falls für jeden Fliehkörper eine Feder),

μ Reibungskoeffizient zwischen Hebel und Zapfen,

r Zapfenradius in mm,

g = 0,81 m/s^2,

F Federkraft in N.

Die Fliehkraftspanneinrichtungen können auch hydraulische Spanner betätigen, da bei diesen nur geringe Spannkraft erforderlich ist.

25.7 Spannen mit Vakuum

Mit Hilfe des Vakuumspannens können nur Werkstücke aus luftundurchlässigen Werkstoffen gespannt werden. Vakuumvorrichtungen arbeiten im allgemeinen mit einem Vakuum von 75 ... 85 %. Bei einem Vakuum von 75 % wird die Anpreßkraft

$$F = A \cdot p \cdot 0{,}75 \quad \text{in N}$$

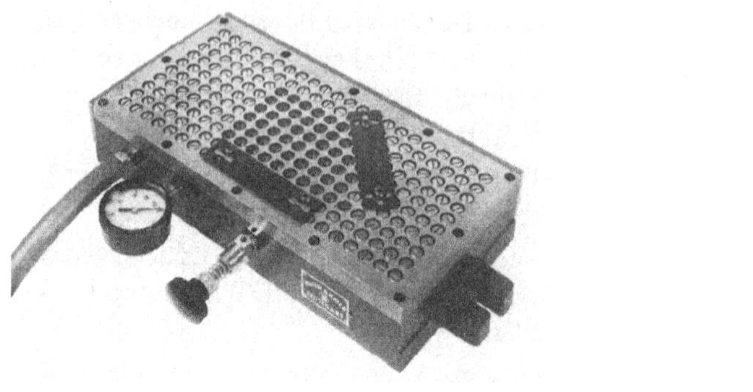

Bild 25-23 Vakuumspannplatte (handelsüblich).
Die Werkstückform des zu spannenden Werkstücks wird durch Anschläge begrenzt. Aus den durch das Werkstück abgedeckten Gewindebohrungen werden die Schrauben entfernt (s. a. Bild 25-24).

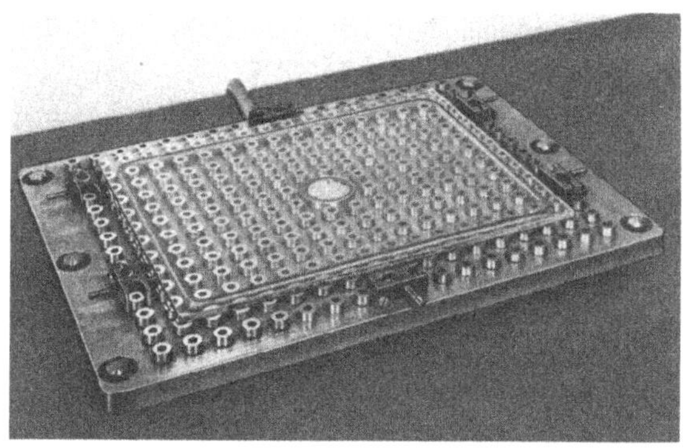

Bild 25-24 Vakuumspannplatte (handelsüblich).
Die Spannfläche bilden Buchsen mit Gewindebohrungen. Zwischen die vorstehenden Buchsen wird eine Gummidichtung, die der Form des Werkstücks entspricht, gelegt und dient als Dichtung des Systems. Aus den in dem angegrenzten Feld befindlichen Buchsen werden die Schrauben entfernt (s. a. Bild 25-23).

betragen, wobei A wirksame Ansaugfläche in cm^2 und p Druck der atmosphärischen Luft in bar ist.

Im Bild 25-23 ist eine Universal-Spannplatte* mit Gewindebohrungen gezeigt. Zum Spannen des Werkstücks werden nur die notwendigen Gewindestopfen entfernt und entsprechende Werkstückanschläge angebracht. Diese Spannplatten sind in zwei Größen lieferbar: 150 × 300 mm und 150 × 400 mm, sowie in Sonderausführungen bis 300 × 1050 mm.

Bild 25-24 zeigt eine Spannplatte**, die ebenfalls handelsüblich und universell einsetzbar ist. Auf dieser Platte befinden sich viele Abstützpunkte (Raster), zwischen die ein Dichtungsring aus Gummi, der der Kontur des Werkstücks angepaßt wird, eingelegt werden kann, somit wird die Spannfläche abgegrenzt.

In Bild 25-25 ist ein Vakuum-Spannfutter*** für Motorkolben abgebildet. Ein elastischer Dichtungsring umfaßt die Zylinder-

* Firma Hahn & Kolb Werkzeugmaschinen und Werkzeuge, 7000 Stuttgart

** Firma Albert Fezer – Maschinenfabrik GmbH, 7300 Esslingen

*** Britische Patentschrift 1 081 862 – Bryant Symons and Company Ltd. London

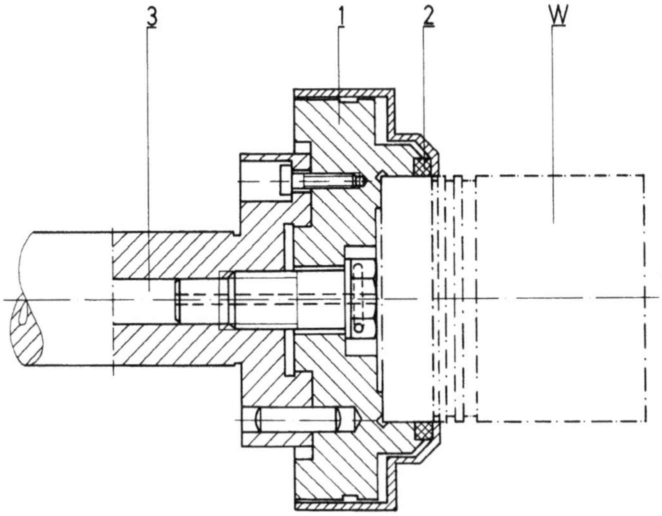

Bild 25-25 Vakuum-Drehvorrichtung für Kolben.
1 Grundkörper, 2 Dichtungsring, 3 Vakuumkanal.
Britische Patentschrift 1 081 682 – Bryant Symons and Company Ltd London.

fläche des Kolbens und stellt gleichzeitig eine Aufnahmebohrung dar. Die Spannfläche des Kolbens kann dabei nicht beschädigt werden.

Das Werkstückspannen mit Hilfe des Vakuums bietet folgende Vorteile:

1. vielseitige Anwendung für alle dichten Werkstoffe,
2. verzugsfreies Spannen dünner Werkstücke,
3. es eignet sich vorzüglich für Werkstücke mit empfindlicher Oberfläche,
4. geeignet für nichtmetallische Werkstoffe wie z. B. Kunststoffe, Glas usw.

Weiters siehe Literatur [120].

25.8 Pneumatik und Ölhydraulik im Vorrichtungsbau

Zwischen diesen beiden Spannkrafterzeugungssystemen besteht sehr viel Ähnlichkeit, wobei jedes dieser beiden Systeme seine Vor- und Nachteile (Abschnitt 25.8.1) hinsichtlich des Einsatzes im Vorrichtungsbau hat, so daß über einen Wettbewerb untereinander gesprochen werden kann. Es ist selbstverständlich, daß es Grenzgebiete geben wird, wo beide Systeme wirtschaftlich im Vorrichtungsbau anwendbar sind. Bei den Wirtschaftlichkeitsüberlegungen werden in diesen Fällen die Vor- und Nachteile eine wesentliche Rolle spielen. Der technisch-konstruktive Aufbau der Steuerorgane ist in vielen Fällen bei beiden Systemen gleich bzw. ähnlich. Deshalb sollte man hierbei eine sinnvolle gegenseitige Ergänzung untereinander sehen. Abgesehen davon, wird es Fälle geben, in welchen beide Systeme gleichzeitig (Pneumo-Hydraulik – Kap. 28) zum Einsatz kommen. Weiteres siehe Literatur [7].

25.8.1 Gegenüberstellung der Vor- und Nachteile der Anwendung der Pneumatik und Ölhydraulik im Vorrichtungsbau

In der Tabelle (Bild 25-26) sind die Vor- und Nachteile der Anwendung der Pneumatik oder Ölhydraulik im Vorrichtungsbau gegenübergestellt.

Bei der Abwägung, welches System (Pneumatik – Kap. 26, Ölhydraulik – Kap. 27 bzw. Pneumo-Hydraulik – Kap. 28) die technisch und wirtschaftlich (Kap. 2) optimale Konstruktionslösung der Vorrichtung (Kap. 59), die die an sie gestellten Forderungen (Kap. 56) erfüllt, wird man nicht nur von den in der Gegenüberstellung (Tabelle – Bild 25-26) resultierenden Vor- und Nachteile der beiden Medien ausgehen können. Eine gravierende Rolle wird bei diesen Überlegungen, die die Entscheidung wesentlich beeinflußen werden, die Tatsache spielen müssen, welche Einrichtungen der beiden aufgeführten Systeme im Betrieb bereits vorhanden sind und für die ausstehende Vorrichtungs-Konstruktionsaufgabe und im Endeffekt für den wirtschaftlichen Einsatz der Vorrichtung genutzt werden können.

Eigenschaft	Pneumatik	Ölhydraulik
1. Druckerzeugung	Zentral	Einzelerzeuger
2. Betriebsdruck	6 bar	bis 700 bar
3. Kolben-Druckkraft	0...30000 N	0...700000 N
4. Kolbengeschwindigkeit	0,3...150 m/min	maximal 30 m/min
5. Kolbenhub	10...2000 mm	bis 1000 mm
6. Zylinderdurchmesser	sehr groß	klein
7. Spannstellenzahl	unbegrenzt	unbegrenzt
8. Elastisches Spannen	gut	befriedigend
9. Unfallgefahr	keine	vorhanden
10. Explosionsgefahr	keine	vorhanden
11. Lärmbelästigung	vorhanden	keine
12. Betriebssicherheit	gut	gut
13. Steuerbarkeit	reagiert schnell	reagiert langsam
14. Synchonisation der Zylinder	schwierig	einfach
15. Schwingungsdämpfung	gering	gut
16. Energieträgeralterung	keine	1000 Betriebsstd.
17. Schmierung	Wartungsgeräte	selbsttätig
18. Wirkungsgrad	55...65 %	80...95 %
19. Kraft/Gewichtsverhältnis	niedrig	hoch
20. Leckagen	keine	möglich
21. Wartungsaufwand	gering	etwas größer
22. Tragbarkeit	schlecht	gut
23. Steuergenauigkeit	ungenau	genau
24. Rückführungsleitung	nicht vorhanden	notwendig
25. Eignung für Werkstückbewegung	sehr gut	schlecht

Bild 25-26 Gegenüberstellung der Eigenschaften der Pneumatik und Ölhydraulik hinsichtlich der Eignung für den Einsatz im Vorrichtungsbau.

26 Pneumatik im Vorrichtungsbau

Im Vergleich zu Ölhydraulik hat die Pneumatik den Hauptvorteil, daß die meisten Betriebe über eine Ringleitung, verbunden mit einer Kompressorstation, verfügen. Die Druckluft kann somit ohne jegliche Nachteile und Schäden aus dem System entnommen werden und ins Freie ausströmen. Mit Hilfe der Druckluft lassen sich vorteilhaft Vorrichtungsbauprobleme auf einfache Art lösen. Die Vor- und Nachteile der Anwendung der Druckluft als Druckmedium im Vorrichtungsbau werden nachstehend besprochen.

26.1 Vorteile der Pneumatik

Der Einsatz der Pneumatik im Vorrichtungsbau bietet folgende Vorteile:

1. Druckluft ist in den meisten Betrieben in Form einer Ringleitung vorhanden,
2. sie ist auf einfache Art verteilbar und benötigt keine Rückleitungen,
3. geringe Unfallgefahr, z.B. bei Bruch der Leitung,
4. temperaturunabhängig und Feuchtigkeitsunabhängig,
5. einfache Bedienung und Wartung,
6. betriebssicher, da kaum reparaturbedürftige Bauelemente, kein schlagartiger Ausfall, so daß Reparaturen in die Stillstandszeit gelegt werden können,
7. handelsübliche Bauteile (im Baukastensystem montierbar),
8. hohe Lebensdauer (bei 10^6 bis 10^8 Schaltspielen),
9. einfache Energiespeicherung in einfachen Druckbehältern,
10. keine Alterung des Energieträgers,
11. großer Anwendungsbereich; bei 6 bar Betriebsdruck können 30000 N Spannkraft erreicht werden,
12. hohe Steuergeschwindigkeit (40 ... 70 m/s) und kurze Schaltzeiten (< 10 ms), hohe Schaltfrequenz (> 50 Hz) möglich,
13. stufenlose Regulierung der Geschwindigkeiten und Kräfte,
14. großer Kolbengeschwindigkeitsbereich (0,3 ... 150 m/min und bei Schlagzylindern: bis 7 m/s!),
15. großer Kolbenarbeitshub (Hublänge bis 2000 mm),
16. einfache Erzeugung von geradlinigen und drehenden Bewegungen,
17. einfache Erzeugung von geradlinigen Kräften und Drehmomenten (Druckluftmotoren),
18. einfache Teilvorgänge (Teiltische und -einrichtungen – Abschnitt 23.6),
19. Eignung zum Spannen von Werkstücken, da elastisches Spannen von Werkstücken mit großen Maßabweichungen möglich (Abschnitt 15.2.2),
20. Eignung zur Werkstück- und Vorrichtungsbewegung (Abschnitt 5.1).

26.2 Nachteile der Pneumatik

Bei der Überlegung, ob Pneumatik im Vorrichtungsbau Anwendung finden soll, sollten neben der Wirtschaftlichkeitsrechnung auch die Nachteile in Erwägung gezogen werden. Es sind:

1. großer Zylinderdurchmesser infolge des geringen Betriebsdrucks,
2. großer Luftverbrauch und störender Lärm durch die ausströmende Luft,
3. ungenau, da mit Hilfe von Pneumatikzylindern keine genauen Bewegungen, falls notwendig, ausgeführt werden können. Ausgenommen sind aufwendige und somit kostenaufwendige Steuerungen,
4. Geschwindigkeitsverlauf ist, bedingt durch die Kompressibilität der Luft, lastabhängig.

Weiteres über Vor- und Nachteile in der Gegenüberstellung Druckluft-Ölhydraulik (Abschnitt 25.8.1, Bild 25-26).

26.3 Abgrenzung der Anwendung der Pneumatik im Vorrichtungsbau

Eine der klarsten Abgrenzungen der Anwendung der Pneumatik und Ölhydraulik im Vorrichtungsbau ist die Größe der Kraft. Die Überschneidung, die im Bild 26-1 dargestellt ist, liegt bei etwa 30000 N. Der Bereich darunter kann, unter Beachtung wirtschaftlicher Gesichtspunkte, von der Pneumatik belegt werden. Infolge des niedrigen Betriebsdrucks muß jeweils auch der Zylinderdurchmesser beachtet (Bild 25-26, Pkt. 6) werden, da dadurch auch die Vorrichtung größere Ausmaße haben und aus diesen Gründen eventuell nicht in Frage kommen wird.

Bei der Festlegung der Art der Krafterzeugung und der Wahl zwischen Pneumatik und Ölhydraulik muß deshalb sehr genau abgewogen werden, welche Vor- und Nachteile auftreten.

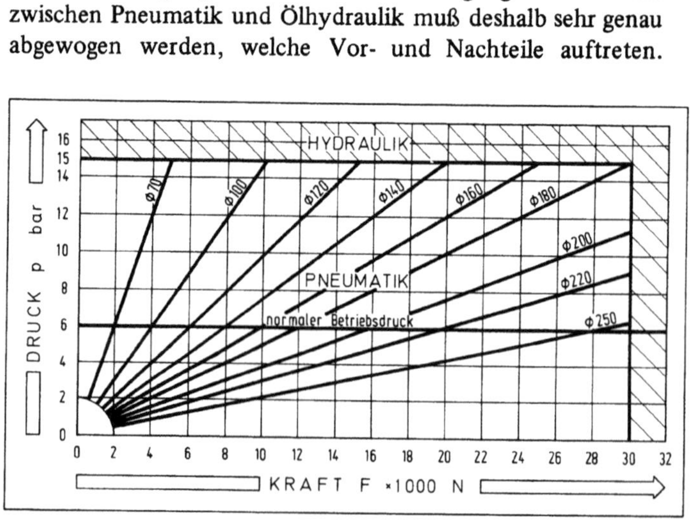

Bild 26-1 Abgrenzung der Anwendung der Pneumatik (Spannkraft und Zylinderdurchmesser) im Vorrichtungsbau.

Werden genaue Vorschübe und Kolbenbewegungen gefordert, wie sie z. B. bei Bohr- (Kap. 47) und Fräseinheiten usw. verlangt werden oder sind große Kolbenkräfte bei kleinen Zylinderdurchmessern notwendig (kleinere Vorrichtungen), besteht die Möglichkeit der Anwendung der Pneumo-Hydraulik (Kap. 28). Weiteres s. Lit.

26.4 Pneumatikzylinder und pneumatische Spannelemente

Die Vielfalt der Aufgaben, die die Pneumatikzylinder im Vorrichtungsbau zu erfüllen haben, führt zu einer Vielzahl von unterschiedlichen Zylinderarten.

1. *Einfachwirkende Zylinder*: eingebaute Rückholfeder (Bild 26-2a), sie werden nur einseitig beaufschlagt. Mit Hilfe der Rückholfeder wird die Kolbenstange in ihre Ausgangsstellung zurückgefahren.
2. *Doppeltwirkende Zylinder*: Vor- und Rücklauf der Kolbenstange erfolgt durch Druckluft. Sie werden überall dort angewendet, wo bei beiden Bewegungen Arbeit verrichtet werden soll.
   2.1 *Mit einseitiger Kolbenstange* (Bild 26-2b): Im Rücklauf ist die Kraft um die Kolbenstangenfläche × den Betriebsdruck kleiner als im Vorlauf.
   2.2 *Mit durchgehender Kolbenstange* (Bild 26-2c): Bei dieser Ausführung wird in beiden Richtungen die gleiche Kraft ausgeübt, da die Kolbenflächen gleich groß sind.
   2.3 *Mehrstellungszylinder* (Bild 26-2d): es sind zwei oder mehrere gekoppelte Zylinder vorhanden. Dadurch sind mehr als 2 definierte Stellungen erreichbar. Die Anzahl der Stellungen ist 2 mit dem Exponent der Anzahl der gekoppelten Zylinder (z. B. bei 2 Zylindern: $2^2 = 4$ Endstellungen) zu ermitteln.
   2.4 *Tandem-Zylinder* (Bild 26-2e): 2 oder mehrere Zylinder sind zu einer Einheit zusammengefaßt. Dadurch wird bei gleichem Einbaudurchmesser die Kolbenfläche und die dadurch erreichbare Spannkraft vergrößert.
   2.5 *Zylinder mit Drehantrieb* (Bild 26-2f): Es sind Zylinder, bei denen die geradlinige Bewegung der Kolbenstange in eine Schwenkbewegung umgewandelt wird. Verschiedene Ausführungen der Pneumatikzylinder zeigt Bild 26-3.
3. *Druckluftdosen* (Bilder 26-4 und 26-5): Zuverlässigkeit und Wirtschaftlichkeit der Druckluftdosen basiert auf den eingesetzten Membranen, die millionen Schaltspiele überstehen. Dadurch werden wesentliche Nachteile der mit Kolben und Manschette arbeitenden Zylinder ausgeglichen. Der Fortfall der teuren Feinstbearbeitung bei der Herstellung der Druckluftdosen wirkt sich günstig auf die Beschaffungskosten aus. Als wesentlicher Nachteil muß der kurze Arbeitshub angesehen werden. Nach dem Verhältnis des Membranendurchmessers zu der Hubstrecke werden zwei Typen unterschieden:
   3.1 *Kurzhub-Druckluftdosen:* Spannkraft bis 3000 N, Hub: 50 ... 85 mm.

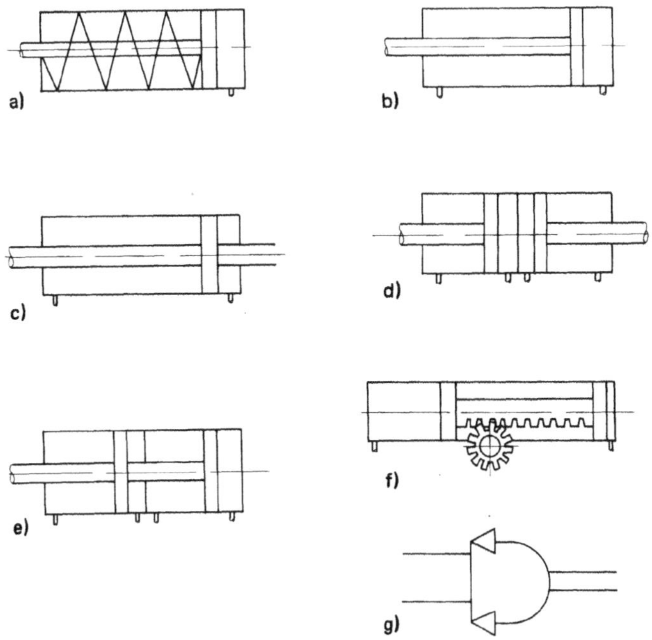

Bild 26-2 Arten der Pneumatikzylinder.
a) einfachwirkend mit Rückholfeder, b) doppelwirkend, beidseitig beaufschlagt, c) doppeltwirkend beidseitig beaufschlagt, mit durchgehender Kolbenstange, d) Mehrstellungszylinder, e) Tandem-Zylinder, f) Zylinder mit Zahnstange und Zahnrad, g) Zylinder mit Drehantrieb, z. B. für Schwenkbewegung – Sinnbild.

   3.2 *Mittelhub-Druckluftdosen:* Spannkraft bis 4200 N, Hub: 100 ... 150 mm.
4. *Kurzhub-Membranspanner* (Bild 26-6): Sie zeichnet besonders flache Bauart und gleichmäßige Spannkraft über die ganze Werkstücklänge (57 mm bzw. 110 mm) aus. Die Spannkraft beträgt bei 6 bar Betriebsdruck 610 N und 1 mm Hub, bzw. 1800 N und 420 N Spannkraft und 2 mm Hub, oder aber 850 N Spannkraft bei 3 mm Hub.
5. *Pneumatik-Spannelemente:* Sie bestehen aus einem kleinen stehenden Zylinder, der mit einem Spanneisen verbunden ist. Beim Lösen wird das Spanneisen nicht nur angehoben, sondern auch parallel zum Tisch vom Werkstück abgehoben. Diese Spannelemente werden auf den Vorrichtungskörper auf- bzw. angeschraubt (ähnlich Bild 27-14, jedoch pneumatisch).
6. *Pneumatischer Zangenspannstock:* Die Aufgabe und Funktion dieses Spannelements ist die gleiche, wie der in Abschnitt 23.6 (Bild 23-42) beschriebenen pneumatischen Teilapparates. Die Spannbereiche betragen: 1 ... 18 mm, 1 ... 28 mm, 4 ... 60 mm sowie 12 ... 60 mm und die Spannkräfte (bei 6 bar Betriebsdruck) 30000 N, 50000 N, 70000 N und 200000 N bei einer Schaltspielzahl von 80/min.
7. *Pneumatischer Impulswerfer*: Er eignet sich vorzüglich zum Auswerfen von Werkstücken aus Vorrichtungen (Kap. 46), Sortiereinrichtungen und zum Ausblasen von Spänen aus den Vorrichtungen.

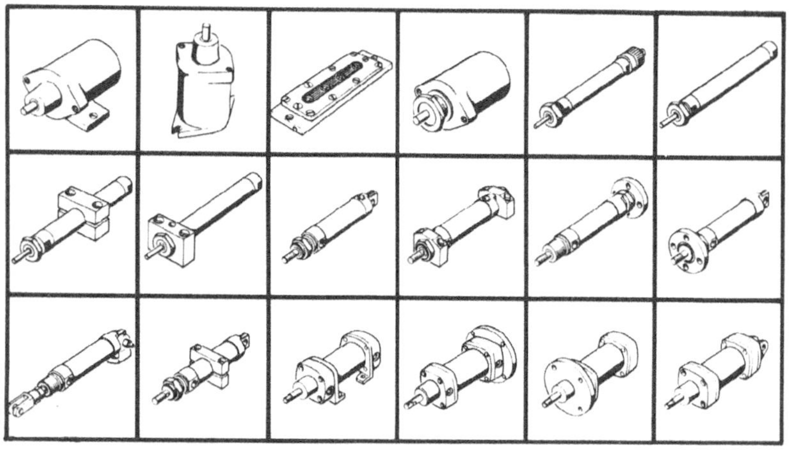

a)

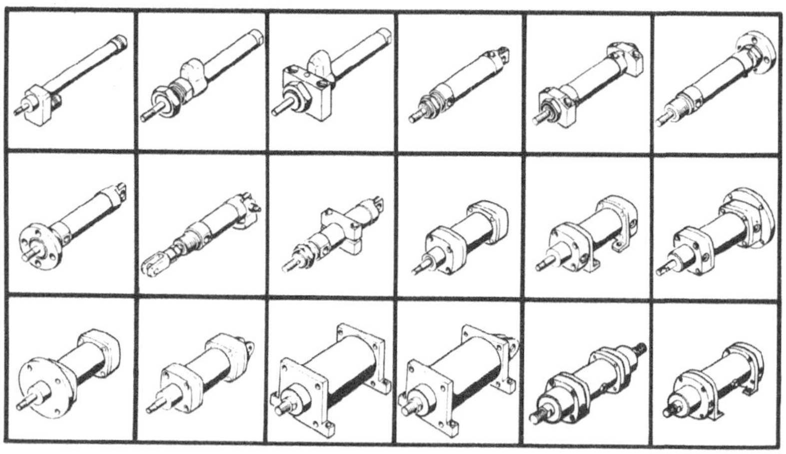

b)

c)

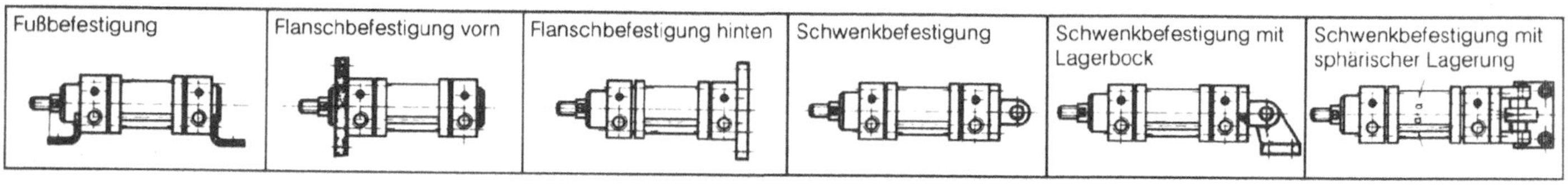

Bild 26-3
Ausführungen der Pneumatikzylinder:
a) einfachwirkend,
b) doppeltwirkend,
c) Einbauvarianten mit Befestigungselementen.

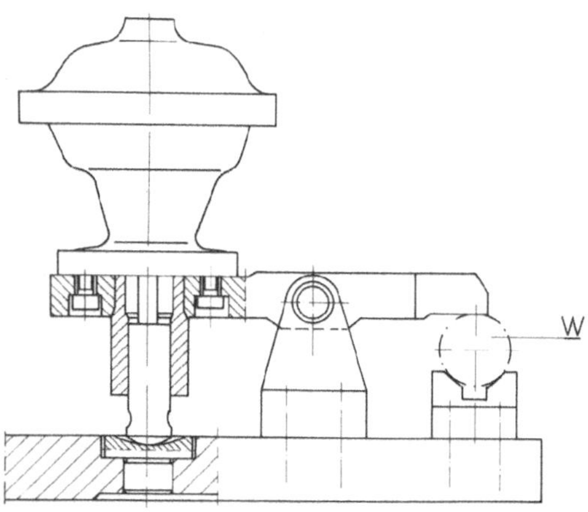

Bild 26-4 Mit einer Druckluftdose betätigte Spannvorrichtung.

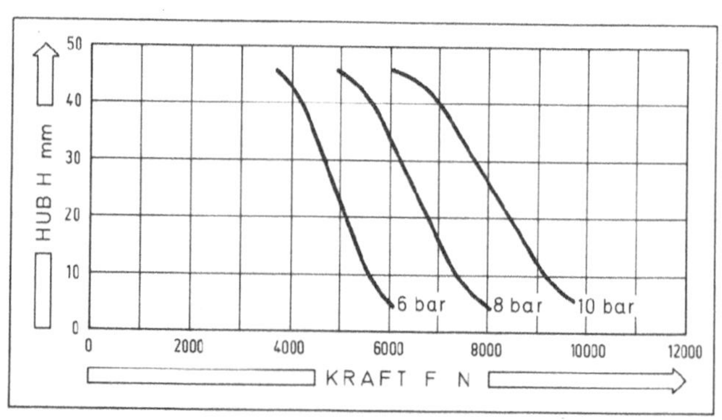

Bild 26-5 Kraft-Hub-Diagramm für Druckluftdosen.

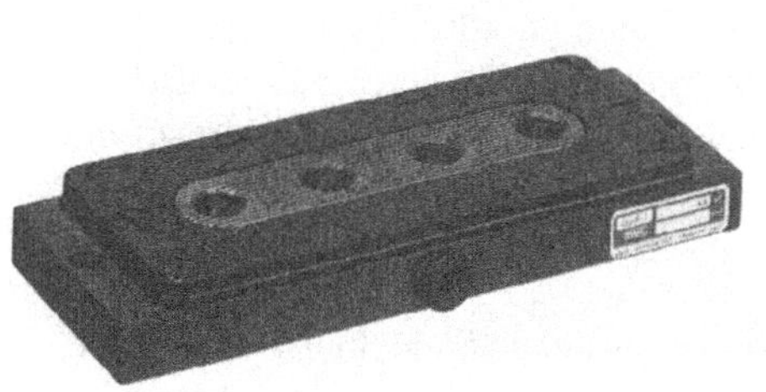

Bild 26-6 Kurzhub-Membranspanner (Beschreibung s. Abschnitt 26.4., Pkt. 4).

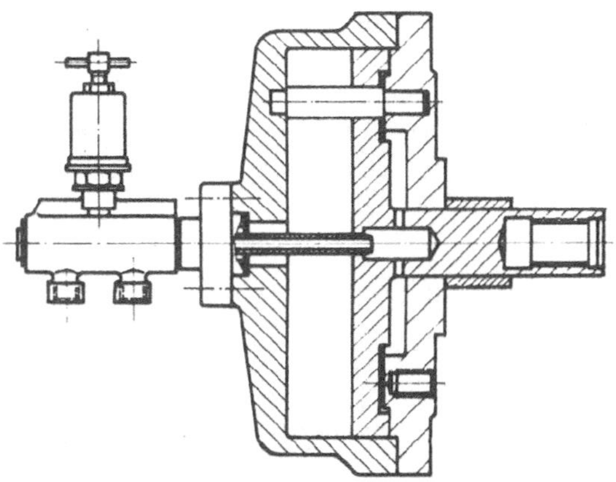

Bild 26-7 Umlaufender Pneumatikzylinder für Spanneinrichtungen an Werkzeugmaschinen.

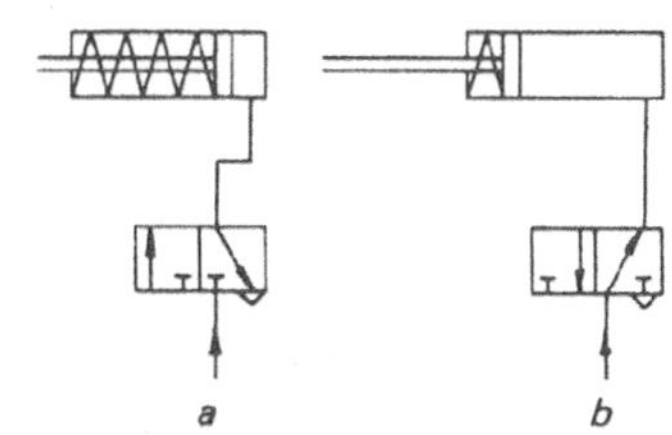

Bild 26-8

Steuerung eines einfachwirkenden Zylinders mit einem 3/2-Wegeventil:

a) Ventil entlüftet – Zylinder in Ruhestellung,

b) Ventil belüftet – Zylinder in Arbeitsstellung.

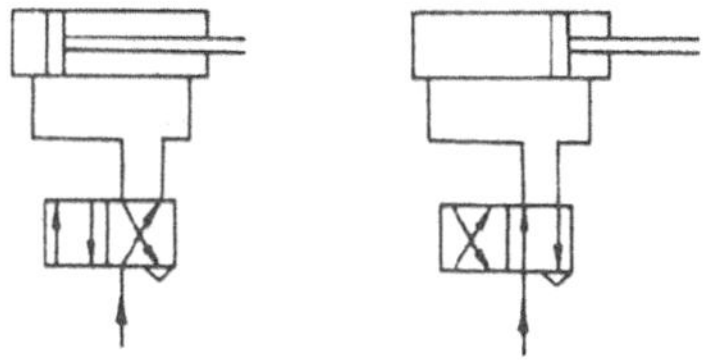

Bild 26-9

Steuerung eines doppeltwirkenden Zylinders mit einem 4/2-Wegeventil.

8. *Umlaufende Pneumatikzylinder für Werkzeugmaschinen* (Bild 26-7): Sie dienen zur Betätigung der Spannfutter und -dorne (Abschnitte 36.1 und 36.2) sowie zur Betätigung von Zweibacken-Drehfuttern (Abschnitt 38.7) mit einer Einrichtung vom Spindelende einer Drehmaschine mit Hilfe einer Zugstange.

Beispiele der Spannkraftrichtungs- und Hubänderung an Vorrichtungen mit einem Pneumatikzylinder sind in den Bildern 16-20, 16-21 und 26-23 bis 26-26 dargestellt. Weiteres s. Lit. [260].

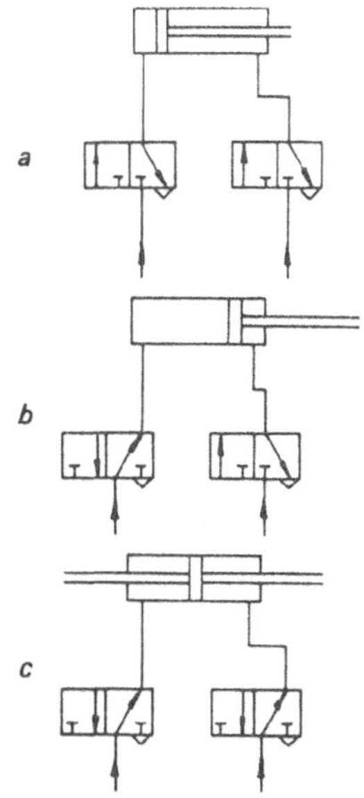

Bild 26-10

Steuerung eines doppeltwirkenden Zylinders mit zwei 3/2-Wegeventilen:

a) beide Ventile entlüftet – Kolben frei beweglich,

b) Ventil 1 belüftet, Ventil 2 entlüftet – Kolben fährt vor,

c) beide Ventile belüftet – Kolben ist zwischen zwei Luftpolster gespannt.

26.5 Grundarten pneumatischer Steuerungen

1. *Direkte Steuerung*: Die Steuerung, z.B. eines Zylinders (ein- und ausfahren), wird durch manuelle Betätigung eines Steuerelements verursacht.
2. *Indirekte Steuerung*: Die Steuerung wird zwangsweise, z.B. durch Anfahren eines Steuerelements, ausgelöst.
3. *Teilautomatische Steuerung*: Bei dieser Steuerung wird das Startsignal manuell ausgelöst, aber nach vorgegebener Zeit bzw. vorgegebenem Weg wird der Vorgang selbsttätig abgebrochen.
4. *Vollautomatische Steuerung*: Nach einem manuell ausgelösten Startsignal wird der Arbeitsvorgang ständig wiederholt, bis ein Stillsetzen durch ein Signal vorgenommen wird.

Die aufgeführte Einteilung der Steuerungen gilt auch für hydraulische Steuerungen (Abschnitt 27.7). In der DIN-Norm 19226 sind alle Begriffe für die Regelung aufgeführt.

26.5.1 Steuerungsbeispiele

Die einfachste pneumatische Steuerung ergibt sich bei Verwendung eines einfachwirkenden Druckluftzylinders und eines zugeordneten 3/2-Wegeventils (Bild 26-8). Ein doppeltwirkender Zylinder kann mit einem 4/2-Wegeventil (Bild 26-9) gesteuert werden. In Bild 26-11 ist eine abwechselnde Betätigung von zwei einfachwirkenden Druckluftzylindern durch Steuerung mit einem 4/2-Wegeventil gezeigt. Soll die Vor- und Rücklaufgeschwindigkeit eines doppeltwirkenden Zylinders (Bild 26-10) beeinflußt werden, so kann dieses mit Hilfe von Drosselventilen (Bild 26-12) erfolgen. Wird ein besonders schneller Vorlauf und ein langsamer Rücklauf gefordert, wird dieses durch Einschaltung eines Geschwindigkeitsregulierventils und eines Schnellentlüftungsventils (Bild 26-13) erreicht. Mit Hilfe des letzteren wird ein größtmöglicher Unterschied in der Geschwindigkeit zwischen beiden Richtungen gewonnen. Die bisher besprochenen Beispiele stellten Einzelsteuerungen dar. In Bild 26-14 ist eine Folgesteuerung für einen automatischen Ablauf wiedergegeben und in Bild 26-15 ist ein Schaltplan mit einem 4/3-Ventil zur Umstellung von Einzel- auf Automatikdurchlauf gezeigt.

26.5.2 Pneumatische Zweihand-Sicherheitssteuerungen

Oft wird der Zweihand-Sicherheitssteuerung an Vorrichtungen zu wenig Bedeutung beigemessen, obwohl diese eindeutig vorgesehen werden müssen. Die Folgen sind Betriebsunfälle. In Bild 26-16 ist eine einbaufertige Zweihand-Sicherheitssteuerung gezeigt. Der Steuerbefehl wird nur dann ausgelöst, wenn die Tasten I und II innerhalb von 0,5 s betätigt werden. Durch Einrücken der Taste III, sie rastet ein, wird die Druckleitung zu den Ventilen der Tasten I und II abgesperrt. Die Drucksicherung dient zur Überwachung bei Energieausfall und -wiederkehr. Zur Inbetriebnahme muß der Knopf der Drucksicherung, unter Beachtung des Mindestbetriebsdrucks, gedrückt werden.

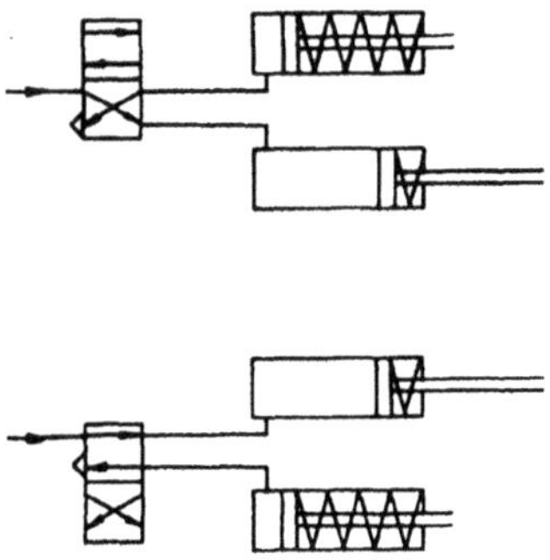

Bild 26-11
Abwechselnde Betätigung von zwei einfachwirkenden Zylindern durch Steuerung mit einem 4/2-Wegeventil.

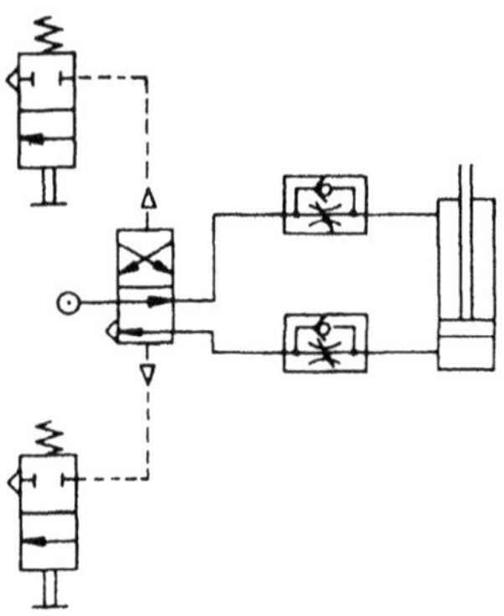

Bild 26-12
Steuerung eines doppeltwirkenden Zylinders über ein 4/2-Impulsventil.
Vor- und Rücklauf werden von Hand über die beiden 2/2-Wegeventile eingeleitet. Die Vor- und Rücklaufgeschwindigkeit kann durch die beiden Drosselventile beeinflußt werden.

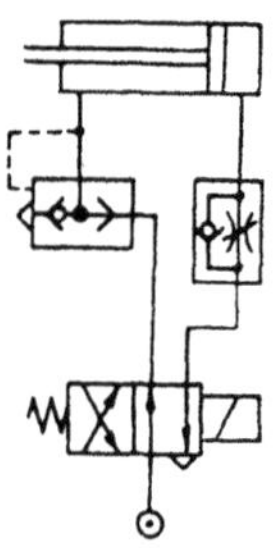

Bild 26-13
Steuerung eines doppeltwirkenden Zylinders mit Geschwindigkeits-Regulierventil. Vorlauf besonders schnell, Rücklauf langsam.

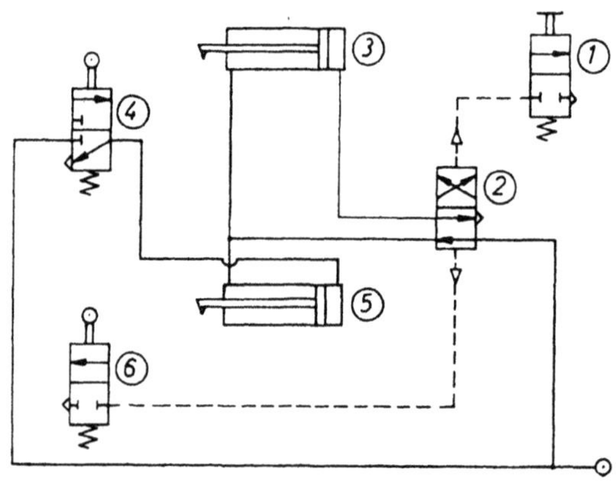

Bild 26-14 Folgesteuerung für einen halbautomatischen Ablauf eines Bearbeitungsfalles.

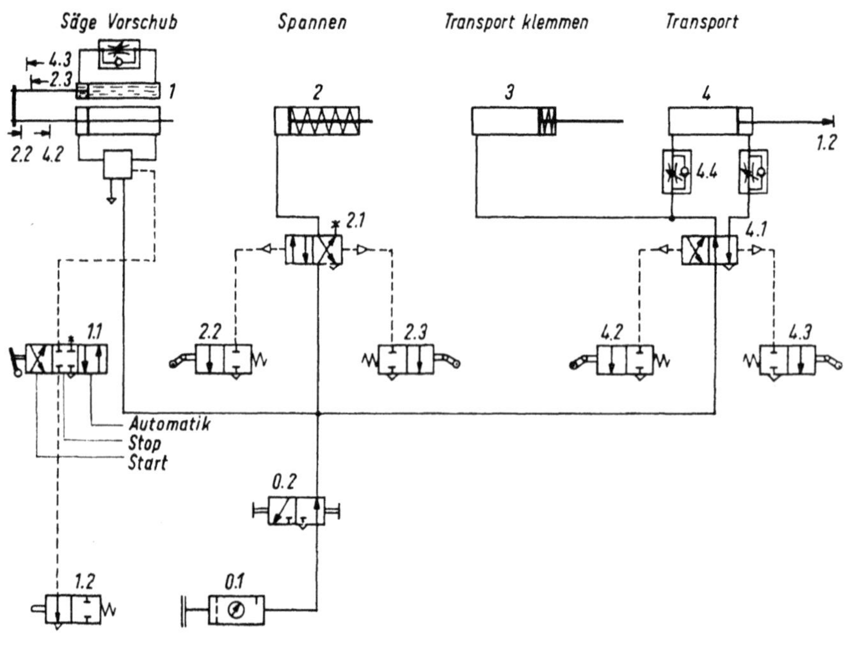

Bild 26-15 Pneumatischer Schaltplan mit einem 4/3-Wegeventil zur Umstellung von Einzel- auf Automatikdurchlauf.

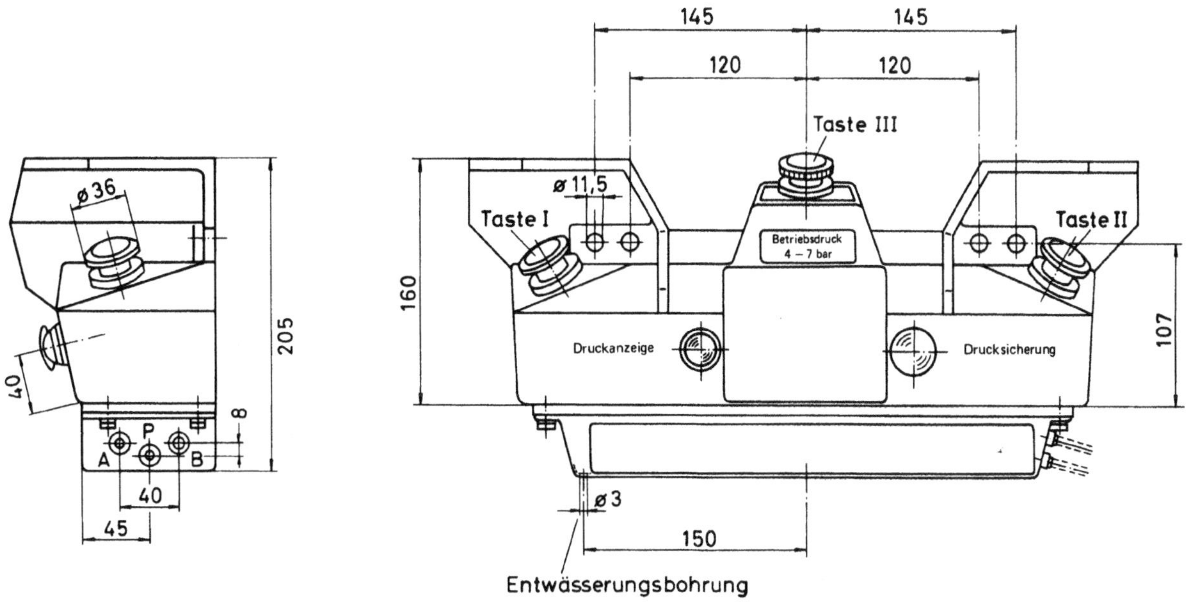

Bild 26-16 Pneumatische Zweihand-Sicherheitssteuerung.

Der Steuerbefehl wird nur dann ausgelöst, wenn Tasten I und II innerhalb von 0,5 Sekunden betätigt werden. Durch Eindrücken der Taste III (rastet ein) wird die Druckleitung „P" zu den Ventilen der Tasten I und II gesperrt. Diese Drucksicherung dient zur Überwachung bei Energieausfall und -wiederkehr. Zur Inbetriebnahme muß der Knopf des Mindestbetriebsdrucks gedrückt werden.

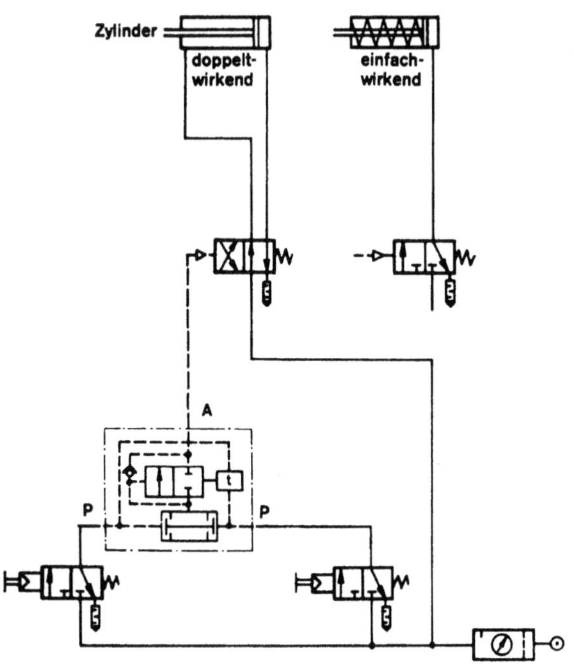

Bild 26-17 Steuerung eines pneumatischen Zweihand-Steuerblocks (Werksnorm).

In Bild 26-17 ist ein Schaltschema für die Auslösung eines doppeltwirkenden Zylinders an einer Presse gezeigt. Das Loslassen eines der beiden Hebel bewirkt die sofortige gegenläufige Umsteuerung des Zylinders.

26.5.3 Sicherheitsschaltung und Endlagenmeldung

Um die Unfallverhütung zu steigern, werden patentierte[1]) Sicherheitsschaltungen und Endlagenmeldeeinrichtungen geliefert. Besonders bei der schnellarbeitenden Druckluft sind diese von größter Bedeutung. In Bild 26-18 ist eine Sicherheitsschaltungseinrichtung und in Bild 26-19 eine Endlagenmeldungseinrichtung an Schnellspannern dargestellt.

26.6 Beispiele pneumatisch betätigter Vorrichtungen

Neben den handelsüblichen pneumatischen Spannzylindern werden an Vorrichtungen auch selbstgefertigte, direkt in den Vorrichtungskörper eingebaute Zylinder verwendet. In den in den Bildern 26-20 bis 26-26 aufgeführten Beispielen befinden sich auch Vorrichtungen mit selbstgefertigten Zylindern.

26.7 Richtlinien zur Lösung pneumatischer Steuerungsaufgaben im Vorrichtungsbau

Nachstehend sind Schritte aufgeführt und Größen angegeben, die ermittelt werden müssen, um die Lösung für die pneumatische Steuerung einer Vorrichtung zu finden. Sinngemäß können sie auch für hydraulische Steuerungen (Abschnitt 27.7) angewendet werden. Es sind:

1. *Festlegung der Steueraufgabe*: Die Aufgabe der Vorrichtung und die an sie gestellten Forderungen sind zu präzisieren.

Textfortsetzung S. 219

[1]) Patent: Firma De-Sta-Co Metallerzeugnisse, 6000 Frankfurt/M.

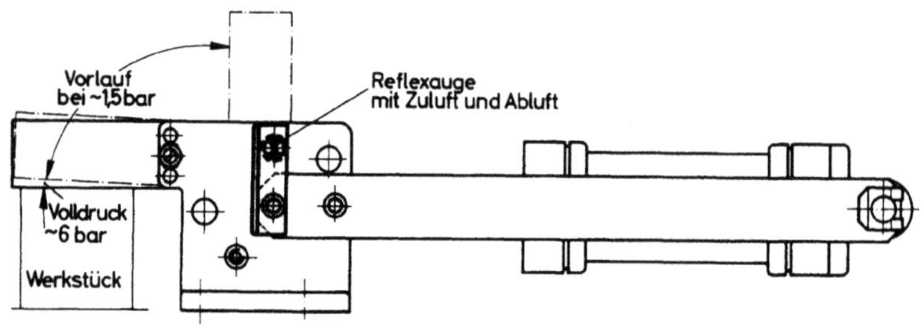

Bild 26-18 Sicherheitsschaltung (Pat. angem.).

Um die Gefahr von Handverletzungen zu verringern, wird eine Sicherheitsschaltung verwendet, die im wesentlichen darauf beruht, daß der Kraftspanner kurz vor Erreichen der Spannposition mit vermindertem Druck (ca. 1,5 bar) vorfährt und dann über ein Reflexauge den vollen Betriebsdruck zuschaltet. Die Zuschaltung des vollen Betriebsdrucks kann in einem gewissen Bereich varriert und den Erfordernissen angepaßt werden.

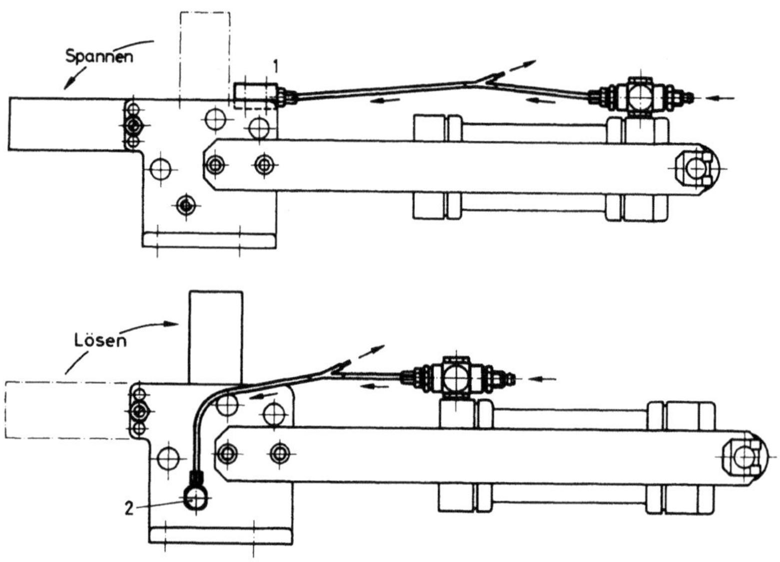

Bild 26-19 Endlagenrückmeldung (Pat. angem.)

Der Kraftspanner wird an den Punkten (1) und (2) mit einer Luftdüse versehen, die über eine Schlauchverbindung, die die einwandfreie Übertotpunktverriegelung bzw. das einwandfreie Öffnen des Spanners optisch anzeigt oder als pneumatischen Steuerimpuls weiterleitet.

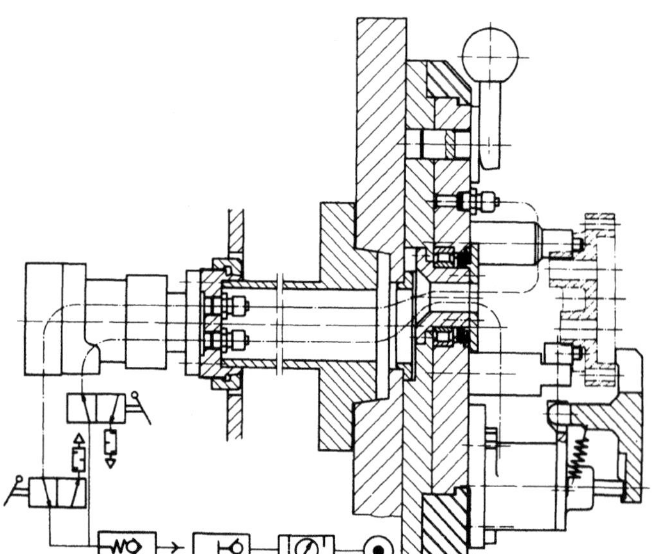

Bild 26-20 Schwenkvorrichtung pneumatisch betätigt zur Bearbeitung von versetzten Bohrungen in einem Werkstück. Der schwenkbare Teil der Vorrichtung wird auf einem Luftpolster bewegt.

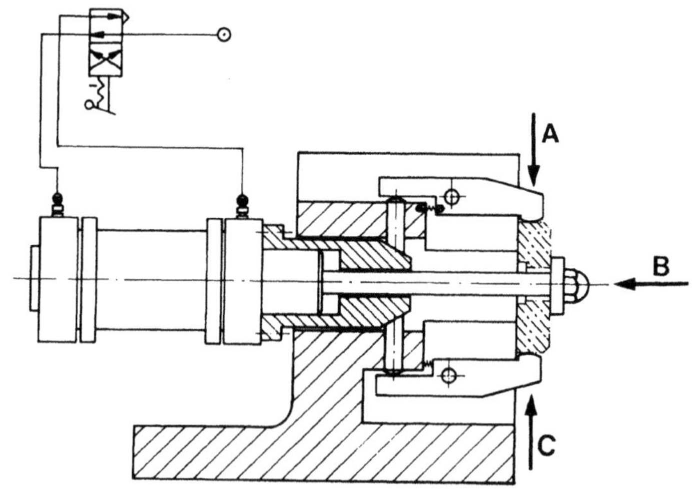

Bild 26-21 Gleichzeitige Spannwirkung in drei Richtungen mit einem Pneumatikzylinder und entsprechenden Spannkraft-Umlenk- und Übertragelementen (Abschnitt 16.2) erzeugt.

Ein zweiteiliges Werkstück wird gemeinsam bearbeitet. Die Spannkraft wirkt in drei Richtungen A, B und C. Die beiden Werkstückhälften werden mit A und C zusammengehalten und B hält das Werkstück plan. Der Spannzylinder ist „schwimmend" gelagert, denn nur auf diese Art ist eine Abgleichung der in verschiedenen Richtungen wirkenden Spannkraft möglich. Auf dem Deckelflansch des Zylinders ist eine Kegelbuchse befestigt. Bei einfahrender Kolbenstange wird das Werkstück in Richtung B gespannt und gleichzeitig der Zylinder mit der befestigten Kegelbuchse gegen die radial angeordneten Zylinderstifte gezogen und so die Bewegungen der Spannelemente in Richtungen A und C erzeugt.

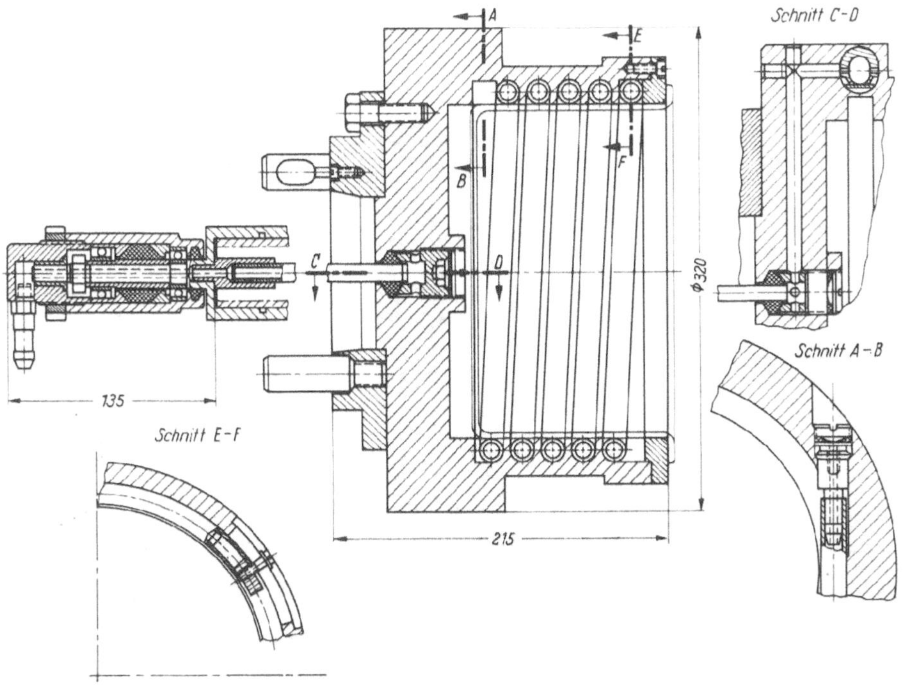

Bild 26-22

Pneumatisch betätigte Vorrichtung für zylindrische Werkstücke mit einer empfindlichen Oberfläche.

Die spiralförmig in den Grundkörper der Vorrichtung eingelegten Schläuche werden unter Luftdruck gedehnt. Dadurch wird das an die Stirnfläche angelegte Werkstück zentriert und gespannt.

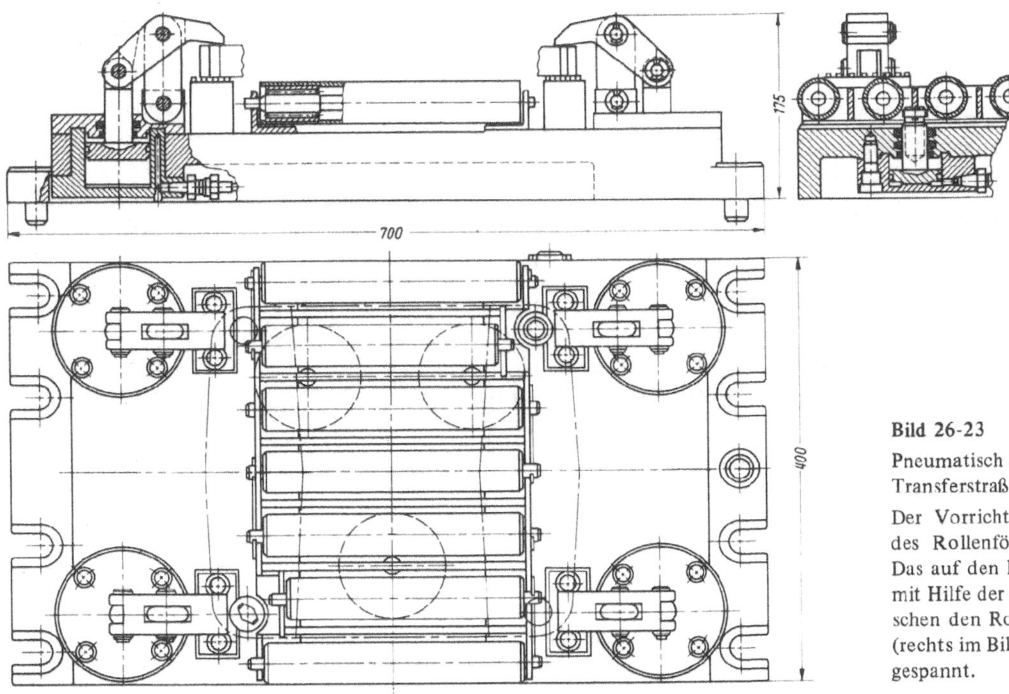

Bild 26-23

Pneumatisch betätigte Spannvorrichtung an einer Transferstraße.

Der Vorrichtungskörper stellt einen Abschnitt des Rollenförderers einer Transferstraße dar. Das auf den Rollen befindliche Werkstück wird mit Hilfe der drei Druckluftzylinder und eines zwischen den Rollen befindlichen Rostes angehoben (rechts im Bild) und danach ebenfalls pneumatisch gespannt.

2. *Größe der Spann-, Stütz- und Bewegungskräfte*: Die Spann-, Stütz- und Bewegungskräfte (bei Bewegungsaufgaben) sind zu ermitteln, wobei diese bei Pneumatikbetrieb 25000 N nicht überschreiten dürfen. Es ist eine Kraftreserve von ca. 20 % zu berücksichtigen.
3. *Anzahl der Spann- und Stützstellen.*
4. *Art der Spann-* (Kap. 16) *und Stützelemente* (Kap. 14).
5. *Hublänge der Spann- und Stützzylinder* (bei Spann- und Stützaufgaben) *und Hublänge der Werkstückbewegungszylinder*. Die Hublängen ergeben sich aus den Spann-, Stütz- bzw. Bewegungsaufgaben sowie den Maßen des Werkstücks (bzw. der Werkstücke) sowie den Toleranzen.

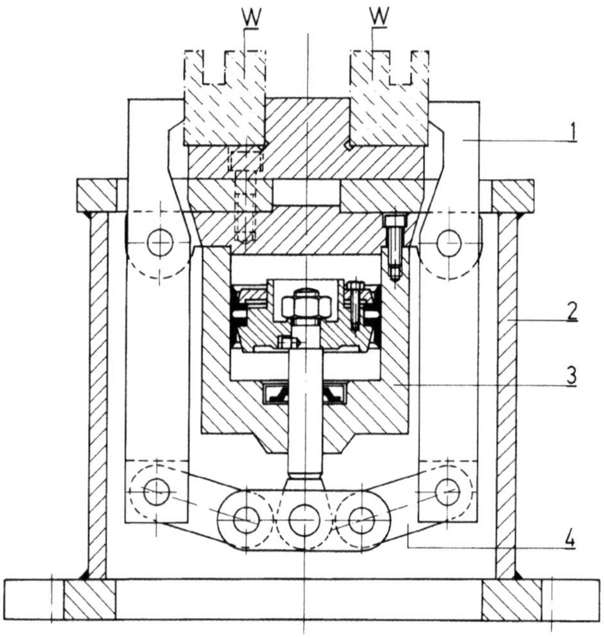

Bild 26-24 Spannen von zwei Werkstücken mit einem Zylinder.

Der Druckluftzylinder und Spannkraftübertragelemente (Abschnitt 16.2) befinden sich im Vorrichtungskörper. Durch Beaufschlagung des Kolbens werden die Übertragelemente betätigt und die beiden Werkstücke gespannt (Mehrstückspannen – Abschnitt 15.9).

1 Übertrag- und Umlenkelement, 2 Vorrichtungskörper, 3 Pneumatikzylinder, 4 Übertragelement.

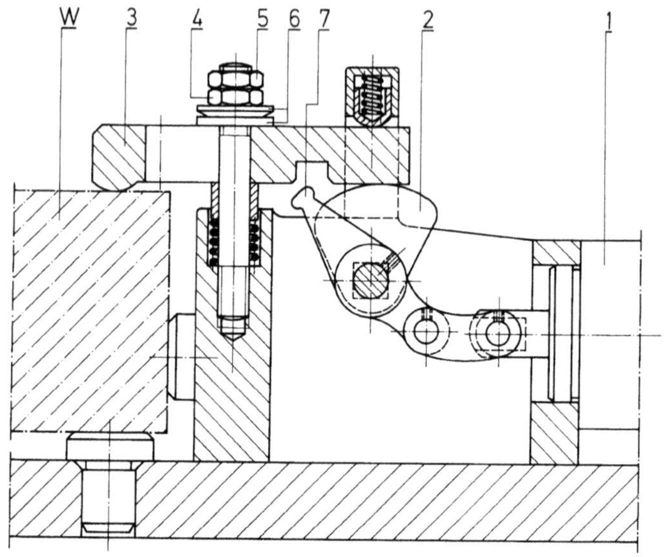

Bild 26-25 Kraftbetätigtes Spanneisen mit selbsttätigem Vorschub und Rückzug mit Hilfe eines Hebels und einer Exzenterspannung.

1 Pneumatikzylinder, 2 Spannexzenter, 3 Spanneisen, 4 Einstellmutter, 5 Feststellmutter, 6 Kugelscheibe und Kegelpfanne DIN 6319, 7 Vorschub- und Rückzugshebel des Spanneisens (s. a. Bild 26-26).

6. *Arbeitsgeschwindigkeit der Zylinder.*
7. *Welche Reihenfolge soll eingeleitet werden.* Bei Vorrichtungen kann die Schaltreihenfolge sehr wichtig sein.
8. *Befestigungsmöglichkeiten der Zylinder* (Bild 26-3).
9. *Ist eine Luftpufferung notwendig?*
10. *Welche Steuerventile sind erforderlich und zweckmäßig?*
11. *Welche Sicherheitsmaßnahmen sind vorzusehen?* (z.B. Zweihandschaltung – Abschnitte 26.5.2 und 26.5.3).
12. *Welche schaltplanmäßige Anordnung ist zweckmäßig?*
13. *Erstellen eines Bewegungsdiagramms.* Die zeitliche oder schrittweise Folge der einzelnen Arbeitsbewegungen werden aufgestellt. Das Bewegungsdiagramm wird meist als Weg-Schritt-Diagramm in zwei Koordinaten erstellt. In der einen Richtung wird der Weg, in der anderen die Schritte oder die Zeit aufgetragen (VDI-Richtlinie 3260).
14. *Erstellen eines Schaltplanes:* Sind alle bisher aufgezählten Schritte geklärt und die Größen ermittelt, kann mit der Projektierung der Steuerung begonnen werden. Die Sinnbilder sind nach DIN 24300 genormt. Die Darstellung kann nach der VDI-Richtlinie 3226 erfolgen.

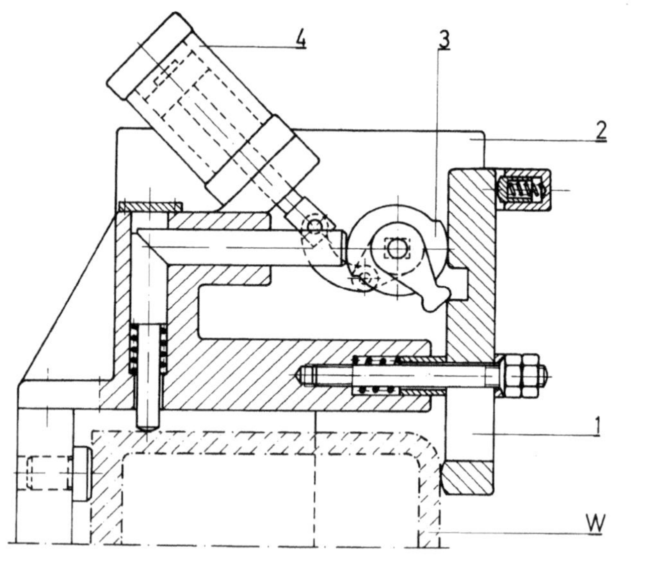

Bild 26-26 Übertragung der Spannkraft eines Zylinders in zwei Richtungen. Der Rückzug des Spanneisens arbeitet wie im Bild 16-25 erläutert.

1 Spanneisen, 2 Vorrichtungskörper, 3 Spannexzenter mit Vorschub- und Rückzugshebel, 4 Druckluftzylinder.

27 Ölhydraulik im Vorrichtungsbau

Für Vorrichtungen mit der häufigsten Forderung nach höchster Kraftkonzentration auf engstem Raum bietet sich der ölhydraulische Hochdruckantrieb als ideale Lösung an. Mit Hilfe der Ölhydraulik können Spann-, Montage- und Prüfvorrichtungen betrieben werden. Weiteres s. Literaturverzeichnis, Abschnitt 5.16.

27.1 Vorteile der Ölhydraulik

Der Einsatz der Ölhydraulik im Vorrichtungsbau bietet folgende Vorteile:

1. In der Regel werden Einzeldruckerzeuger (Abschnitt 27.4) eingesetzt, d. h., der Druckerzeuger benötigt nur einen Elektroanschluß. Bei Einzeleinsatz (Nacht) niedrige Energiekosten;
2. hoher Betriebsdruck (bis 700 bar) verursacht geringe Maße der Druckzylinder;
3. Kolbendruckkraft; bis 700 000 N;
4. die Betätigung aller Spannstellen erfolgt zentral von einer Stelle aus;
5. genaue Spannkraftregulierung und Einhaltung;
6. keine Lärmbelästigung;
7. gute Schwingungsdämpfung;
8. keine Schmierung notwendig;
9. durch Ölbetrieb keine Korrosionsgefahr;
10. Leckagen werden sofort sichtbar und können behoben werden;
11. durch Baukastenprinzip sind die Bauelemente beliebig austauschbar;
12. Bauteile wiederverwendbar;
13. sicheres Spannen;
14. Eignung zum Spannen von Werkstücken mit großen Maßabweichungen (Abschnitt 15.2.2);
15. stufenlose Regulierung der Geschwindigkeit und Kraft.

27.2 Nachteile der Ölhydraulik

Bei der Auslegung von hydraulisch betriebenen Vorrichtungen sollten folgende Nachteile der Ölhydraulik berücksichtigt werden:

1. infolge der hohen Betriebsdrücke hohe Anschaffungskosten der Druckerzeuger und der Bauelemente,
2. benötigter Platzbedarf für das Hydraulikaggregat,
3. für jede Vorrichtung wird ein Öldruckerzeuger benötigt,
4. das Öl muß in Rückführleitungen zum Aggregat zurückgeführt werden,
5. das Öl ist brennbar; bei Leckagen Feuer- bzw. Explosionsgefahr,
6. bei Leckagen Unfallgefahr, z.B. Rutschgefahr,
7. das Öl altert und muß nach ca. 1000 Betriebsstunden erneuert und die Leitungen müssen gereinigt werden,
8. Kolbengeschwindigkeit maximal bis 30m/min.

Weiteres über Vor- und Nachteile in der Gegenüberstellung Druckluft – Ölhydraulik (Abschnitt 25.8.1).

27.3 Hydraulikzylinder als Spannelemente

27.3.1 Forderungen an die Hydraulik-Spannzylinder

An die Hydraulikzylinder als Spannelemente werden folgende Forderungen gestellt:

1. kleine Abmessungen bei großen Spannkräften,
2. sie müssen über längere Zeit die Spannkraft aufrechterhalten,
3. leichte Montage an den Vorrichtungskörper,
4. sie müssen allen Forderungen der Unfallverhütung entsprechen,
5. es muß sichergestellt werden, daß bei Ausfall der elektrischen Energie die Vorrichtung im gespannten Zustand bleibt.

27.3.2 Arten der Hydraulikzylinder

Um alle Forderungen des Vorrichtungsbaus zu erfüllen, werden verschiedene Hydraulikzylinder, die sich für Spannzwecke eignen, angeboten.

1. *Hohlkolbenzylinder* (Bilder 27-1 bis 27-3 und 27-8) haben im Kolben eine Durchgangsbohrung. Sie bieten vielfältige Einsatzmöglichkeiten. Sie werden auch mit einer Zugstange

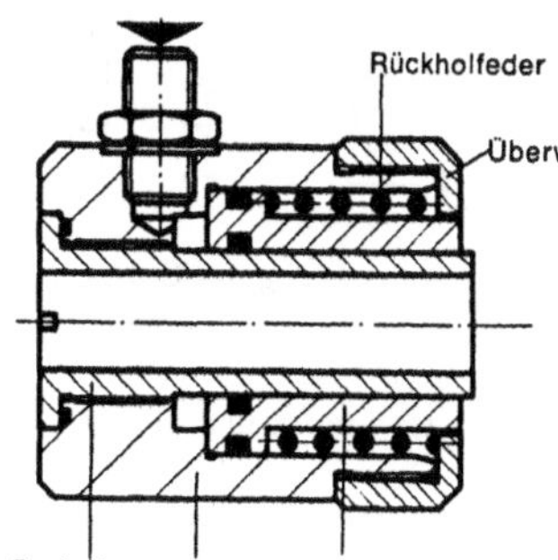

Bild 27-1 Hohlkolbenzylinder mit Rückholfeder (Werksnorm).

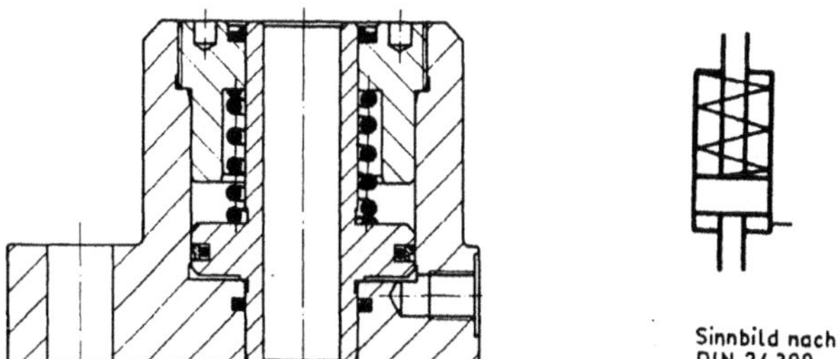

Bild 27-2 Hohlkolbenzylinder mit Flansch und Rückholfeder (Werksnorm) zum An- oder Aufschrauben an oder auf den Vorrichtungskörper. Ein Abstreifer dient zum Abstreifen von Schmutz und Spänen.

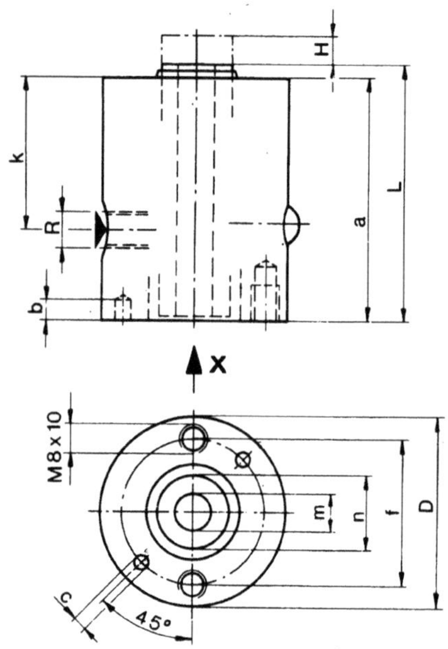

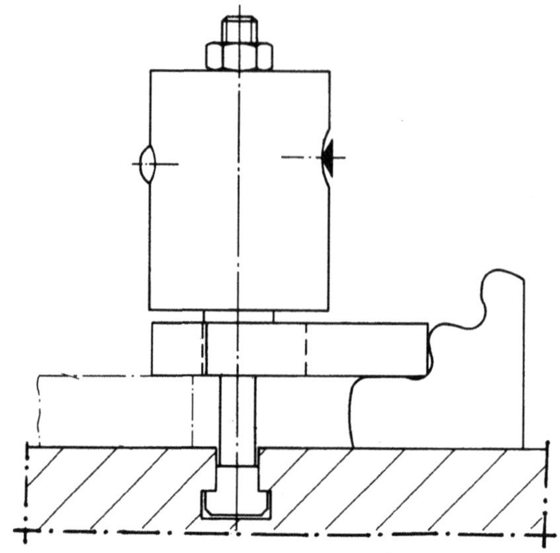

Bild 27-3
Hohlkolbenzylinder in Verbindung mit einem Spanneisen. Zwei Abstreifer und Sinterbronze-Belüftungseinsatz dichten den Zylinder gegen Schmutz und Späne ab.

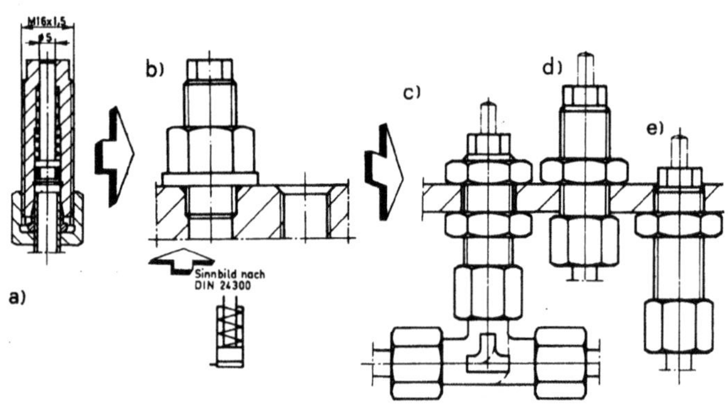

Bild 27-4 Verschiedene Möglichkeiten der Anbringung der Einschraubzylinder an die Vorrichtung.

a) Maße des Einschraubzylinders,
b) Zylinder in den Vorrichtungskörper eingeschraubt und einseitig gesichert,
c) Zylinder in den Vorrichtungskörper eingeschraubt und beidseitig gesichert,
d) Zylinder in den Vorrichtungskörper durchgehend eingeschraubt und einseitig gesichert,
e) Zylinder in den Vorrichtungskörper eingeschraubt und einseitig gesichert.

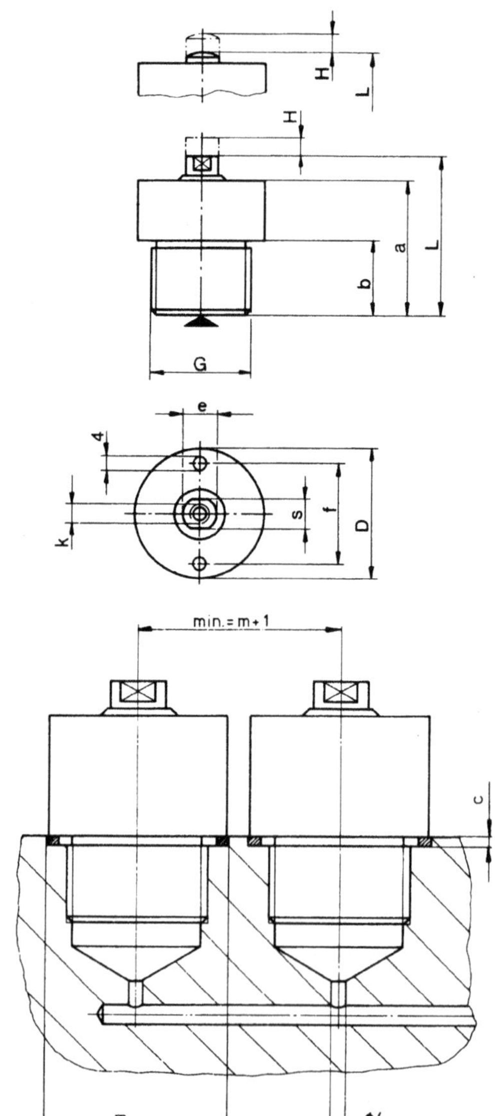

Bild 27-5 Einschraubzylinder – kurze Bauform (ballige Kolbenstange bzw. Kolbenstange mit Gewinde).

und einer Vorsteckscheibe (Bild 31-9) eingesetzt. Der Hub beträgt 10 ... 20 mm. Die Spannkraft hängt vom Betriebsdruck ab und beträgt bei 100 bar Betriebsdruck bis 32 000 N, und bei 300 bar bis zu 125 000 N.

2. *Einschraubzylinder* (Bilder 27-4 bis 27-7) einfachwirkend mit Federrückzug, Betriebsdruck bis 400 bar bzw. 500 bar (je nach Hersteller), Spannkraft bis 20000 N bzw. 32000 N, Einschraubgewinde M 16 bis M 32 und Kolbenhub bis 15 mm. Sie werden direkt in den Vorrichtungskörper bzw.

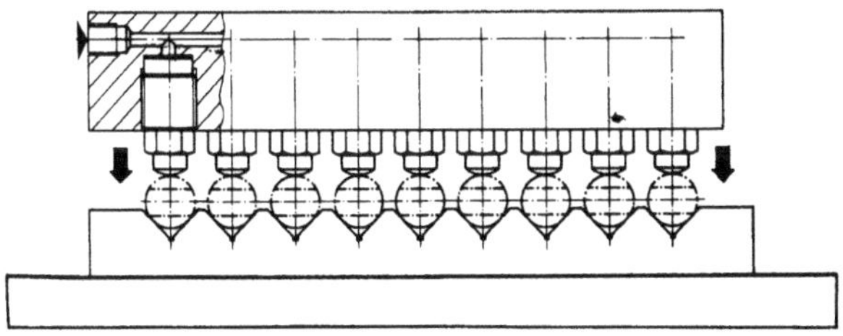

Bild 27-6 Einsatz der Einschraubzylinder an einer Mehrstückspannvorrichtung (Abschnitt 15.9).

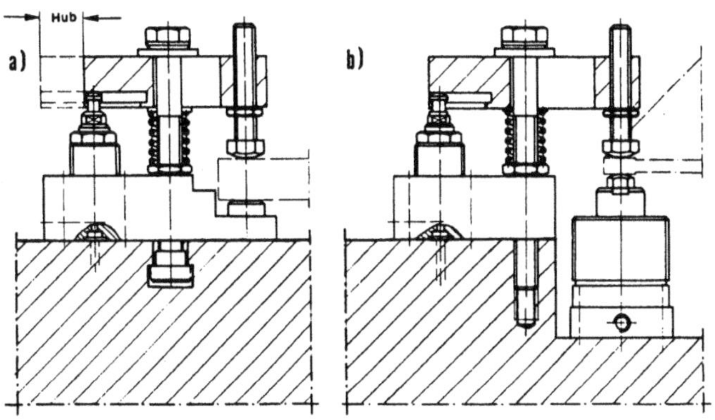

Bild 27-7 Einsatz der Einschraubzylinder:

a) Einschraubzylinder mit Spanneisen kombiniert.
b) Einschraubzylinder am Spanneisen und am Werkstück als hydraulisches Abstützelement (s.a. Kap. 14 und Bild 14-18).

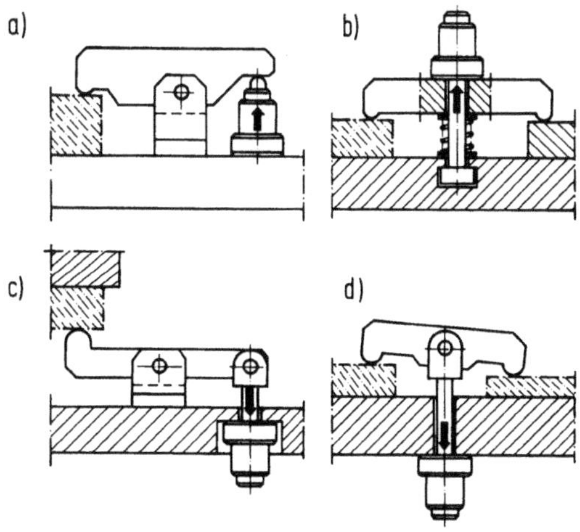

Bild 27-8 Beispiele des Einsatzes von hydraulischen Einbauzylindern.
a) als Druckzylinder, b) bis d) als Zugzylinder.

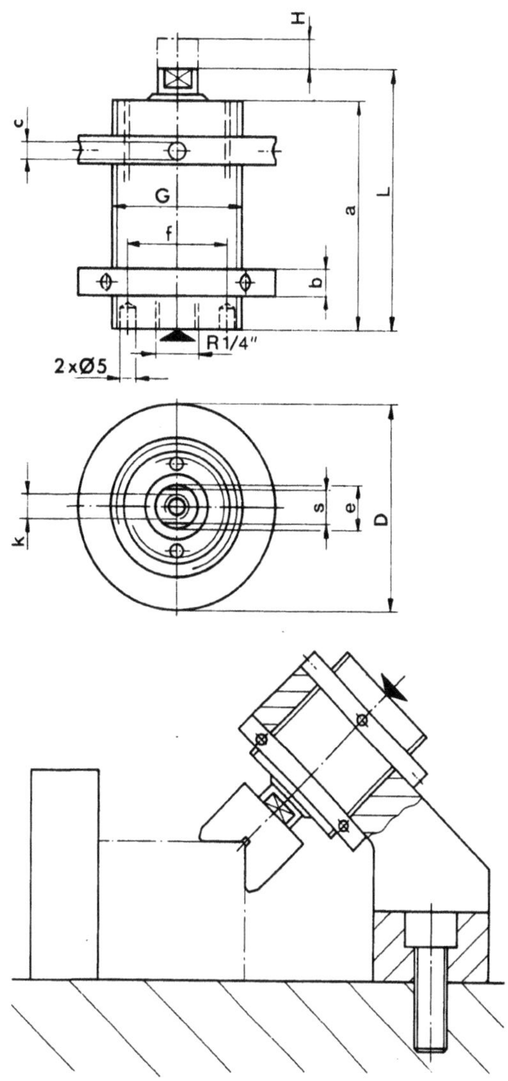

Bild 27-9 Einbauzylinder mit Kolbenstangen (mit Innengewinde) und angeschraubtem Prisma als Spannelement.

andere Bauelemente eingeschraubt und können in Verbindung mit entsprechenden Gabelelementen oder Spanneisen komplette Spanner ergeben (Bild 27-7).

3. *Einbauzylinder* (Bild 27-9) einfachwirkend mit Federrückzug. Das über die ganze Zylinderlänge durchgehende schlagunempfindliche Trapezgewinde mit 2 Muttern gestattet die Längsverstellung über einen großen Bereich und schnelle Klemmung in der gewünschten Stellung sowie schnelle und einfache Befestigung der Vorrichtungselemente im Gewinde der Kolbenstange. Die Druckkraft beträgt bei 100 bar Betriebsdruck bis 17 500 N und bei 400 bar bis 70 000 N. Der Hub beträgt 8 ... 15 mm, Gewinde Tr 40 x 3 bis 70 x 4.
4. *Universal-Spannzylinder* (Bilder 27-10 und 27-11) einfachwirkend mit Federrückzug, Betriebsdruck bis 500 bar, Spannkraft bis 10 000 N werden im Vorrichtungskörper befestigt bzw. in Verbindung mit Spanneisen montiert. Sie können auch als Spannschraubenaufsätze anstelle einer Mutter eingesetzt werden. Universalgabelspannerausführung ist im Bild 27-12 dargestellt.
5. *Spanneisen in Verbindung mit Spannzylindern montiert.*
   5.1 *Schwenkspanner* (Bild 27-13). Das Einschwenken und Spannen sind die Merkmale dieser Spannzylinder. Der Schwenkwinkel beträgt 90°, wobei dieser Spanner links- oder rechtsschwenkend lieferbar ist. Die Spannkräfte liegen je nach Größe zwischen 8000 N und 53 000 N bei 500 bar Betriebsdruck.

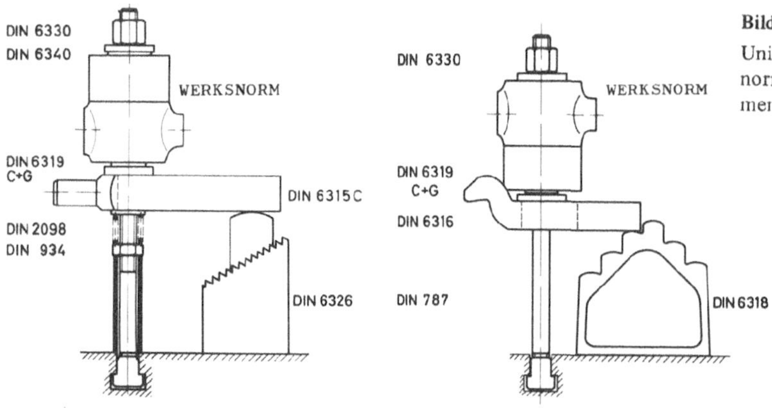

Bild 27-10
Universal-Spannzylinder in Verbindung mit DIN-genormten Spanneisen, Stützelementen und Spannelementen.

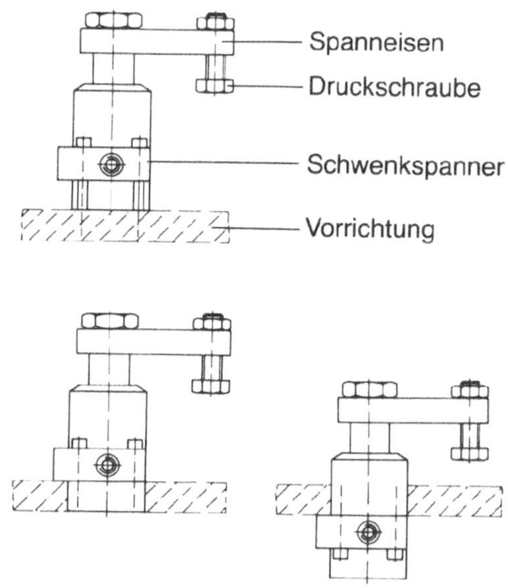

Bild 27-13 Schwenkspanner mit Überlastsicherung bei blockierendem Schwenkvorgang.

Schwenkbereich: 90°, wahlweise links- oder rechtsschwenkend. Lieferbar in drei Größen.

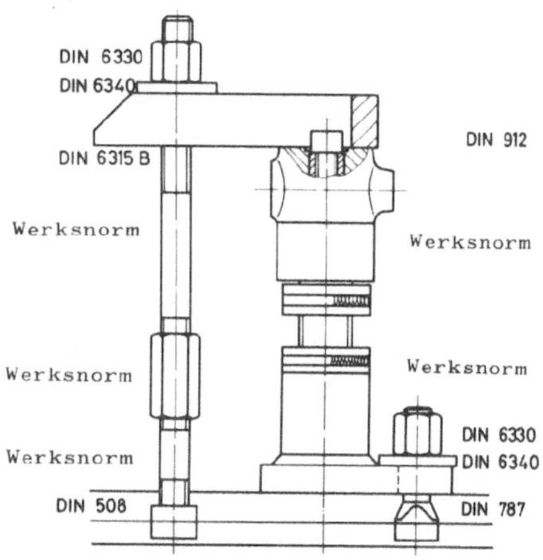

Bild 27-11 Universal-Spannzylinder in Verbindung mit DIN-genormten Spanneisen und Spannelementen sowie einem Stützelement (Werksnorm).

Bild 27-12 Gabel-Spannzylinder einfachwirkend mit Federrückzug.

Betriebsdruck 500 bar, Kolbendurchmesser: 12 mm, 16 mm und 25 mm, Hub: 10 mm, 12 mm und 16 mm, Spannkraft: 5 650 N, 10 000 N und 24 550 N. Diese Einheit wird unter das Spanneisen montiert.

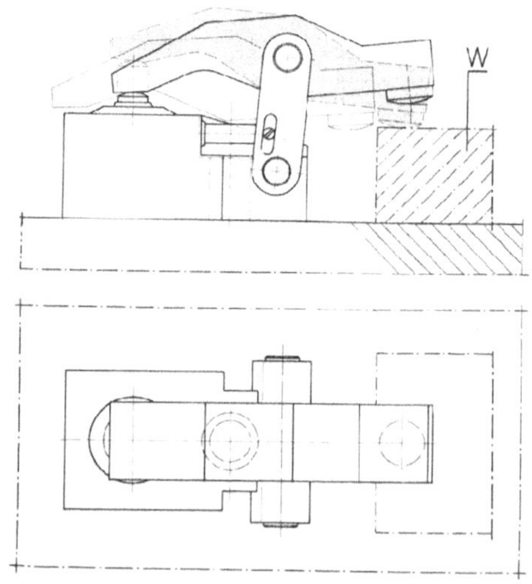

Bild 27-14 Spannelement mit selbsttätiger Vor- und Rückwärtsbewegung.

Die dreifache Bewegungsfolge ist zwangsgesteuert. In der ersten Phase wird die Klaue über die Spannstelle geschoben. In der zweiten Phase wird der Hebel am langen Arm nach oben gedrückt und der Spannpunkt am kurzen Arm legt sich am Werkstück an. Beim Entspannen löst sich in der dritten Bewegungsphase die Klaue vom Werkstück und kehrt in die Ausgangsstellung zurück. Das Werkstück kann nach oben entnommen werden (s. a. Bild 27–15).

5.2 *Spanner mit nach oben ausschwenkendem Spanneisen* (Bilder 27-14 und 27-15), bei denen das Spanneisen aus dem Werkstückbereich durch Ausschwenken nach oben und weiter nach hinten beseitigt wird (wichtig für die Werkstückeingabe und -herausnahme) (Abschnitt 10.2).

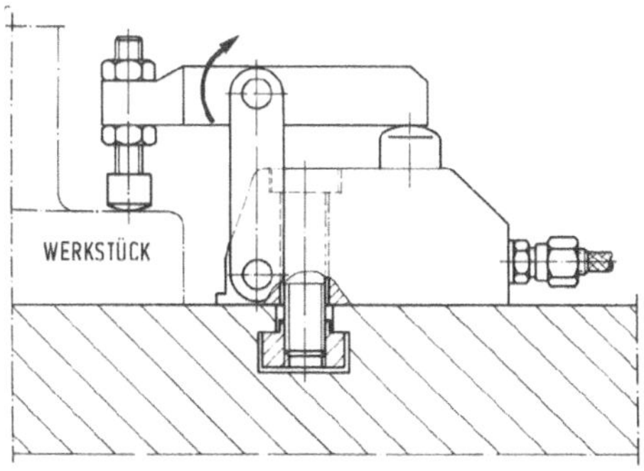

Bild 27-15 Spannelement mit selbsttätiger Vor- und Rückwärtsbewegung (s. a. Bild 27-14).

Bild 27-16 Spannelement mit selbsttätiger Vor- und Rückwärtsbewegung (s. a. Bilder 27-14 und 27-15).

Die Horizontal- und Vertikalhübe sind ventilgesteuert, d. h., daß der Spannhub erst dann erfolgen kann wenn maximale Horizontalbewegung ausgeführt ist. Nach erfolgtem Spannhub wird mittels eines angeschraubten Betätigungszylinders ein elektrischer Endschalter betätigt, der als Signalgeber dient.

Die Spannkraft beträgt bei 400 bar Betriebsdruck 28 000 N, Spannhöhe: 115 ... 500 mm. Mit Hilfe eines Anbausatzes kann die Spannhöhe zwischen 180 mm und 480 mm variiert werden.

Bild 27-17 Spanneisen mit Rückbewegung von Hand (in 5 Größen lieferbar) Spannhöhe: 30 ... 80 mm.

Dieses Spannelement wird in zwei Ausführungen geliefert:

a) hydraulisch spannend, mechanisch entspannend (mittels einer Rückholfeder), Spannkraft: 30 000 N, Spannweg 0 ... 5 mm, Betriebsdruck: 250 bar,
b) mechanisch spannend mittels Tellerfeder (Abschnitt 25.2), hydraulisch entspannend. Spannkraft: 7 500 N, Spannweg: 0 ... 3 mm, Betriebsdruck 400 bar (s. a. Bilder 27-18 und 27-22).

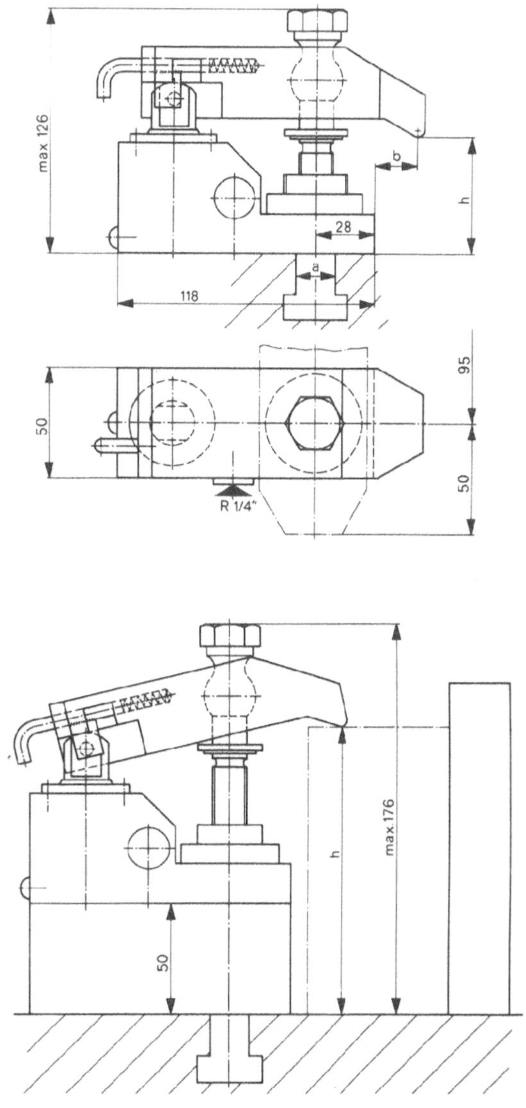

Bild 27-18 Ausbaumöglichkeiten des Spanneisens in Bild 27-17.

5.3 *Spanner mit nach hinten verschiebbarem Spanneisen* (Bilder 27-16 bis 27-18), bei denen das Spanneisen selbsttätig bzw. von Hand nach hinten bewegt wird. Die Spannkraft dieser Spanneisen-Spanner beträgt 10 000 ... 30 000 N bei 250 bar Betriebsdruck und der Spannhub liegt bei 0 ... 5 mm.

6. *Tiefspannzylinder* (Bild 27-19) erlauben das Spannen von Werkstücken, die, wie z. B. Platten, auf der ganzen Fläche bearbeitet werden. Bei Betriebsdrücken über 160 bar müssen diese Zylinder hinten abgestützt werden. Ihre vertikale Kraftkomponente beträgt 5 % der angegebenen Spannkraft. Der Betriebsdruck beträgt 500 bar, die Spannkraft bis 50 000 N.

7. *Tiefspann-Blockzylinder* werden wie die Tiefspannzylinder (Pkt. 6) in Fällen eingesetzt, wenn eine Werkstückspannung von oben nicht möglich ist. Die horizontale Kraftkomponente beträgt 94 % und die vertikale 34 % der

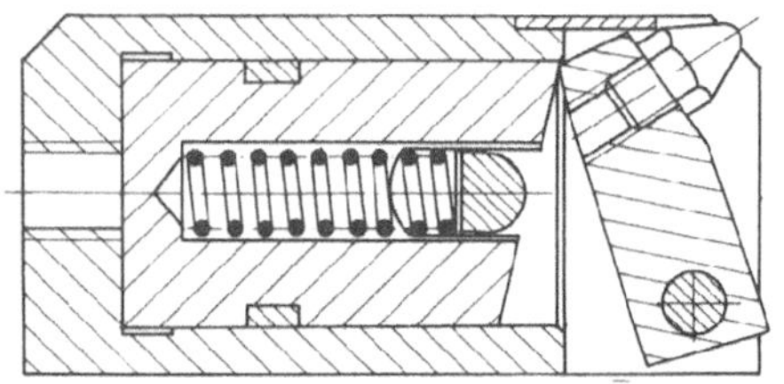

Bild 27-19 Tiefspann-Blockzylinder, einfachwirkend mit Federrückzug.
Kolbendurchmesser (3 Größen lieferbar): 16 mm, 25 mm und 36 mm, Kolbenhub: 8 mm, 10 mm und 20 mm, Spannkraft bei 150 bar Betriebsdruck: 2 700 N, 6 500 N und 13 000 N.

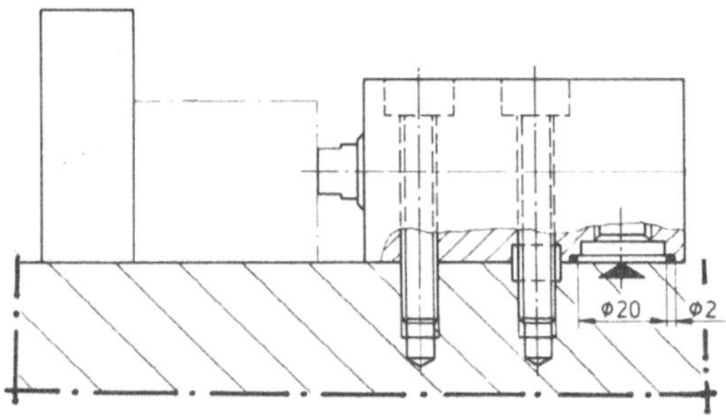

Bild 27-20 Tiefspann-Blockzylinder. Universell anbaubar durch Befestigungsbohrungen in zwei Richtungen. Beidseitiger Anschluß an Druckerzeuger. In 4 Größen lieferbar. Spannkraft bei 400 bar Betriebsdruck: 20 000 N, 32 000 N, 50 000 N und 70 000 N, Hub: 10 mm, 12 mm und 15 mm.

Bild 27-21
Hydraulischer Spannblock.

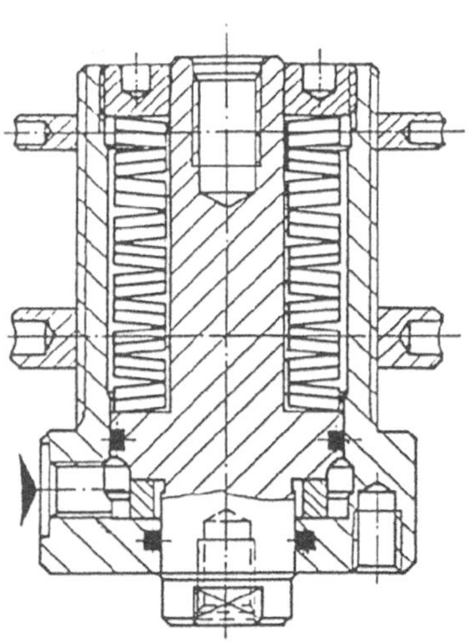

Bild 27-22
Feder-Spannzylinderblock (Abschnitt 27.3.2, Pkt. 10). Die Entspannung erfolgt mit Hilfe des Drucköls.

angegebenen Spannkraft, die bei 500 bar Betriebsdruck 8500 N, 20 000 N und 40 000 N bei einem Kolbendurchmesser von 16 mm, 25 mm und 36 mm beträgt (Bild 27-20).

8. *Blockzylinder* einfachwirkend mit Federrückzug und auch doppelwirkend (Bild 27-21) werden auf den Vorrichtungskörper aufgeschraubt. Der Kolbendurchmesser beträgt 16 ... 100 mm und die Spannkraft bei 500 bar Betriebsdruck 10 000 ... 40 000 N.
9. *Zugzylinder* werden an den Vorrichtungskörper angeschraubt. In Verbindung mit einer Schnellkupplung (Bilder 16-127 und 16-128) wird ein schnelles Spannen auf einfache Art ermöglicht. Spannkraft bei 250 bar Betriebsdruck: 16 000 ... 50 000 N.
10. *Feder-Spannzylinder* (Bild 27-22) werden im Maschinenbau zum Klemmen bzw. Festspannen beweglicher Maschinenelemente (Schlittenführungen, Reitstock usw.), aber auch im Vorrichtungsbau eingesetzt. Ihre Spannkraft liegt zwischen 15000 N und 64000 N. Beim Spannen wird der Druckgeber ausgeschaltet, so daß die Tellerfedern die Spannkraft ausüben. Beim Lösen wird umgekehrt vorgegangen.
11. *Hydraulische Spannblöcke* dienen zum Spannen von runden, vier- oder sechskantigen Werkstücken mittels Spannzangen oder -backen und eignen sich besonders für das Mehrstückspannen (Abschnitt 15.9). Die Maximalspannkraft pro Spannzange beträgt 21 300 N, bei einem Betriebsdruck von 210 bar. Maximaler Werkstück-Spanndurchmesser bzw. -Maß: 27 mm. Weiteres s. Lit.
12. *Universal-Hydraulikzylinder* einfachwirkend, werden eingesetzt, wo die Rückstellung durch das betätigte Teil (z.B. Schwerkraft) erforderlich ist. Im Vorrichtungsbau werden doppeltwirkende Zylinder eingesetzt, wenn eine Kraftwirkung in beiden Richtungen notwendig ist. Beide Zylinderarten werden mit und ohne Endlagendämpfung angeboten. Außerdem werden sie in verschiedenen Ausführungen (Bild 27-23) und Funktionsarten (Bild 27-24) geliefert, so daß sich jede Aufgabe, die im Vorrichtungsbau gestellt wird, erfüllen läßt.

    Die Auswahl erfolgt nach der benötigten Kolbenstangenkraft und dem erforderlichen Hub. Außerdem müssen der Öldruck und die notwendige Hubzeit bzw. Kolbengeschwindigkeit berücksichtigt werden. Die Länge der zulässigen Hübe bei dem jeweiligen Betriebsdruck sollte wegen der Knickbelastung der Kolbenstange nicht überschritten werden (aus Herstellerunterlagen entnehmen). Die Übertragung der Zug- und Druckkräfte muß in Richtung der Kolbenstangenachse erfolgen. Seitenkräfte sind durch zusätzliche Führung aufzunehmen. Richtungs-Umlenkmöglichkeiten sind in den Bildern 26-24 bis 26-26 sowie 16-20 und 16-21 (jedoch pneumatisch) dargestellt.

Der Betriebsdruck der handelsüblichen Hydraulikzylinder liegt zwischen 15 bar und 700 bar, die Druckkraft der einfachwirkenden Zylinder zwischen 100 N und 200 000 N, die Druckkraft der doppeltwirkenden Zylinder zwischen 1000 N und 700 000 N und die Zugkraft zwischen 1000 N und 200 000 N bei Hublängen dieser beiden Arten zwischen 100 mm und

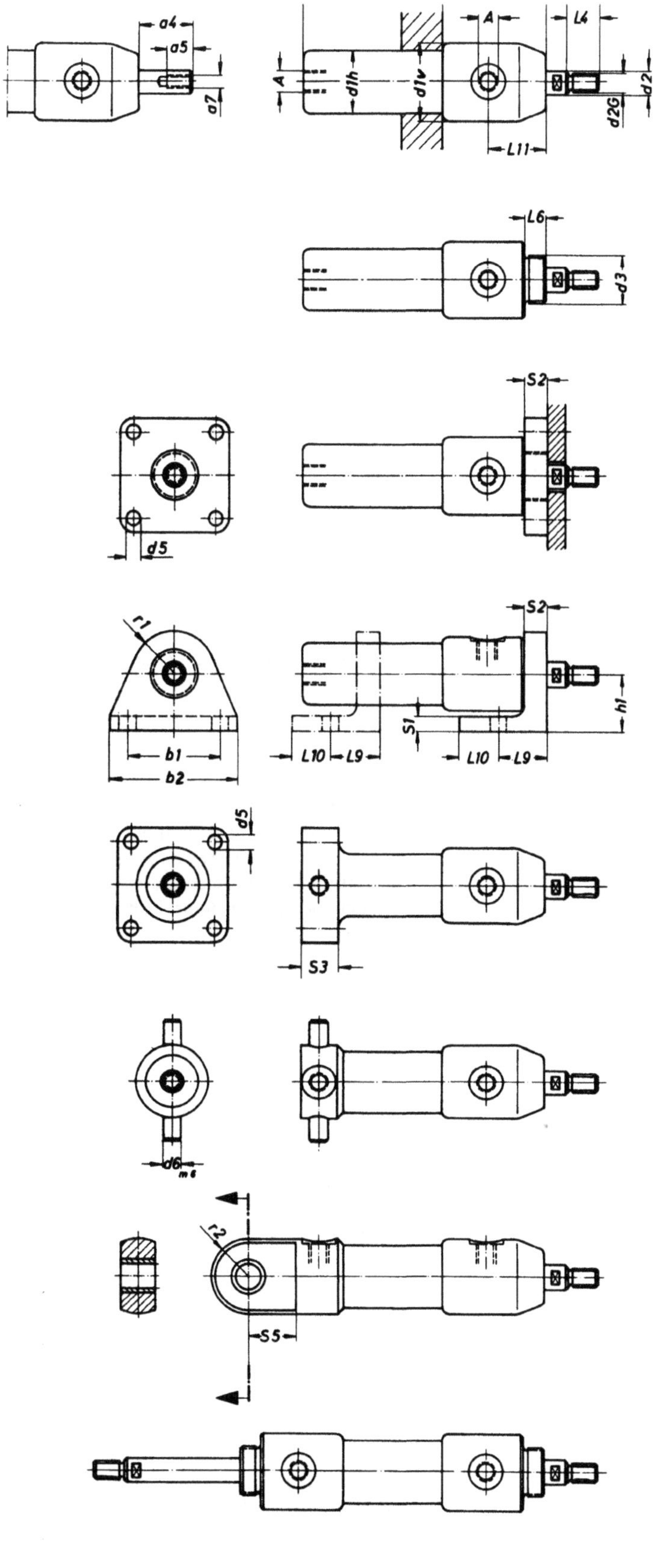

Grundausführung
für Klemmbefestigung (Klemmen am Zylindermantel oder Einstecken in eine Bohrung).
Für den Außendurchmesser (d1h) ist DIN 2391 maßgebend.
Klemmstücke sollten mindestens einmal Außendurchmesser Zylindermantel lang sein.

Gewindebefestigung
beliebteste Montageart.
Durch Anbringen eines Flansches oder eines Winkelfußes entstehen die Montagearten Fv oder Hw.

Montageart G + Flansch

1 Winkelfuß (Montageart G + aufgeschraubter Winkel).
Hw2 = 2 Winkelfüße (hinterer Winkel auf Rohraußendurchmesser d1h verschiebbar).

Flansch hinten mit Druckanschluß seitlich.

schwenkbar außen ev. Kolbenstangengelenke

schwenkbar innen ev. Kolbenstangengelenke

schwenkbar innen mit eingebautem Gelenklager.

Durchgehende Kolbenstange, mit und ohne Kopfgewinde.

Durchgehende Kolbenstange mit Hubbegrenzung

Bild 27-23 Montagearten der Hydraulikzylinder.

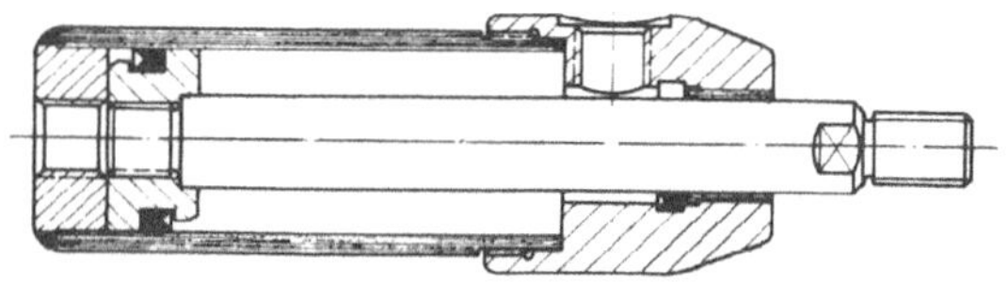

einfachwirkend,
stoßend arbeitend,
Rücklauf durch äußere Kraft.

einfachwirkend,
ziehend arbeitend,
Druckanschluß auf der Kolbenstangenseite,
Rücklauf durch äußere Kraft.

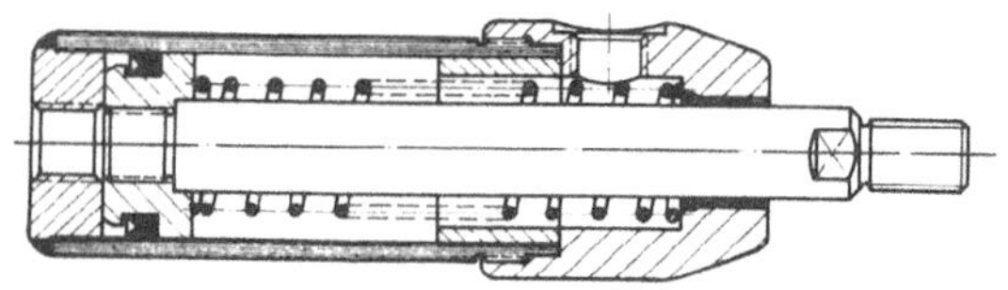

einfachwirkend,
stoßend arbeitend,
Federrücklauf.

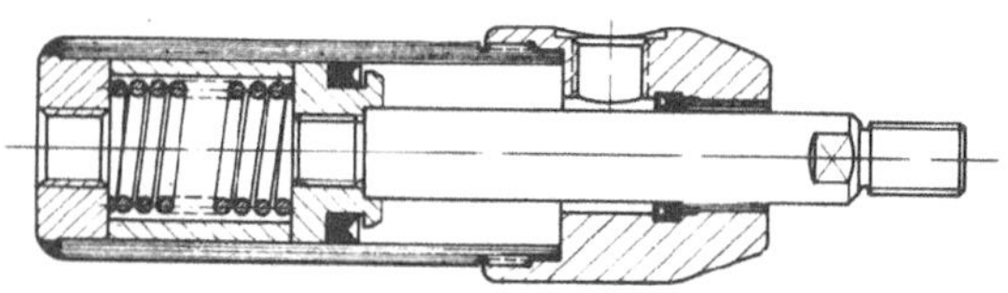

einfachwirkend,
ziehend arbeitend,
Druckanschluß auf der Kolbenstangenseite,
Federrücklauf.

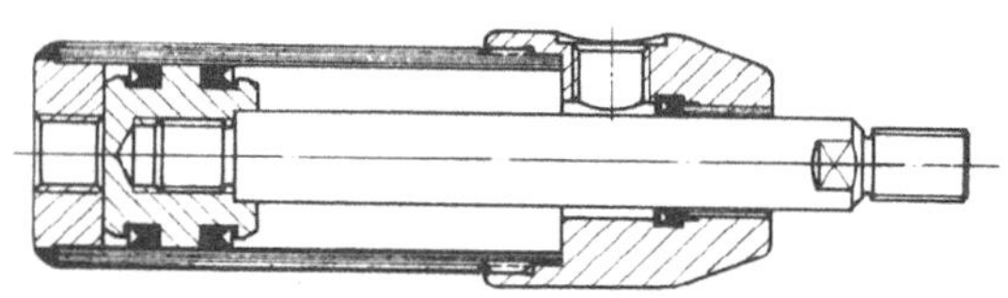

doppeltwirkend,
auf beiden Seiten das gleiche Medium (Luft/Luft oder Öl/Öl).

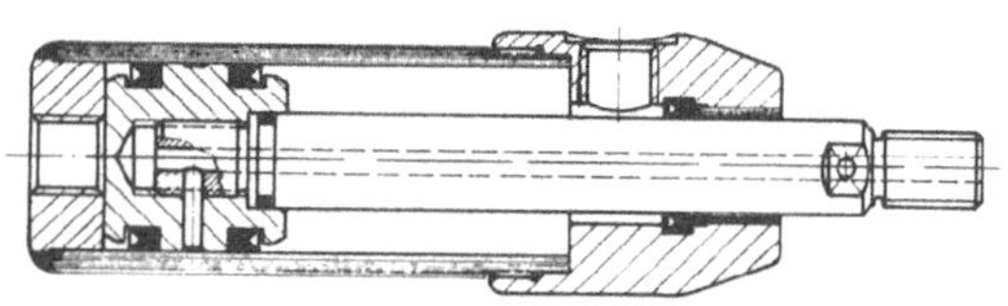

doppeltwirkend,
mit entlüftetem Kolben, anzuwenden, wenn im Zylinder 2 verschiedene Medien arbeiten (z. B. Luft auf der einen, Öl auf der anderen Seite). Die Entlüftung erfolgt durch die mit einer Längsbohrung versehene Kolbenstange.

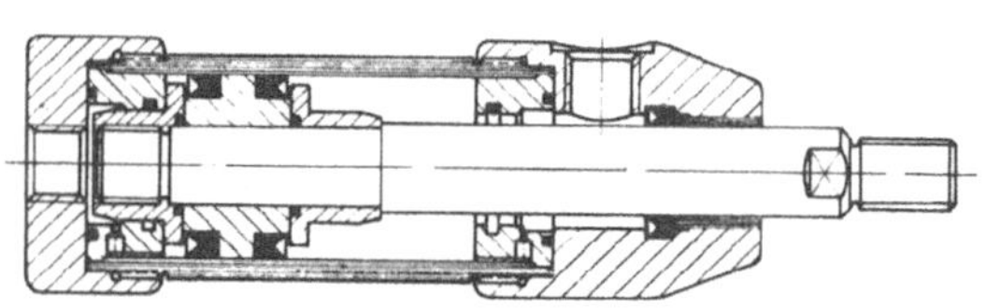

doppeltwirkend,
mit Luftpuffer vorn und hinten.

doppeltwirkend,
mit Ölbremse vorn und hinten.

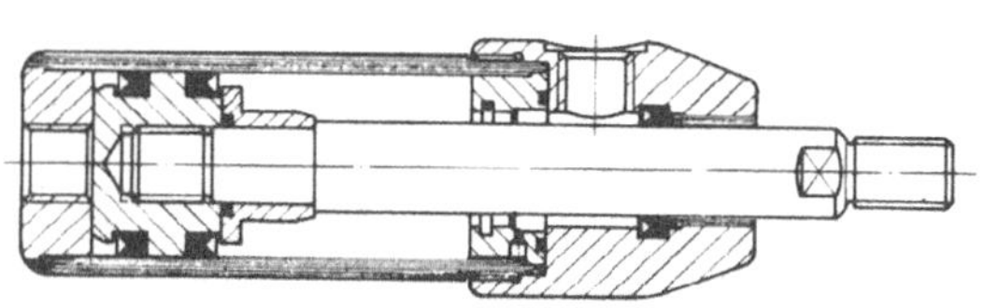

doppeltwirkend,
mit Luftpuffer vorn.

doppeltwirkend,
mit Ölbremse vorn.

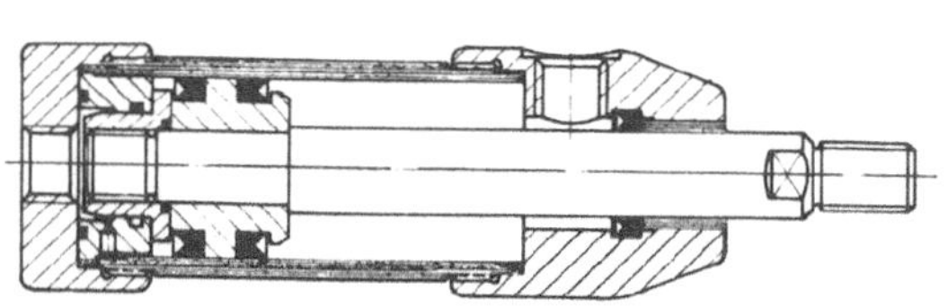

doppeltwirkend,
mit Luftpuffer hinten.

doppeltwirkend,
mit Ölbremse hinten.

Bild 27-24 Funktionsarten der Hydraulikzylinder.

SPANNZYLINDERÜBERSICHT

Spannkraft [N]											
	bei 100 bar	500	1 120	2 000	3 000	5 000	8 000	12 500	17 500	32 000	50 000
	250 bar	1 250	2 800	5 000	7 500	10 000	20 000	32 000	43 750	80 000	125 000
	max. 400 bar	2 000	4 500	8 000	12 000	20 000	32 000	50 000	70 000	125 000	200 000
Nr. 6920 Hohlkolbenzylinder						/20		/50		/125	
Hub	mm					8		12		20	
Ölvolumen/Hub	cm^3					4		15		64	
Anschlußgewinde	Zoll					R 1/8"		R 1/8"		R 1/4"	
Bohrungsdurchmesser	mm					10,5		16,5		25	
Außendurchmesser	mm					52		65		100	
Gesamtlänge	mm					70,5		83,5		130	
Nr. 6922 Einschraubzylinder Kolbenstange mit Kuppe		/2	/5	/8	/12						
Hub	mm	2	4	5	5						
Ölvolumen/Hub	cm^3	0,05	0,45	1,0	1,6						
Einschraubgewinde	mm	M 16x1,5	M 20x1,5	M24x1,5	M30x1,5						
Außendurchmesser	mm	24	28	32	38						
Gesamtlänge	mm	28	35	38	43						
Nr. 6923 Einschraubzylinder Kolbenstange mit Innengewinde				/8	/12	/20	/32				
Hub	mm			8	8	8	10				
Ölvolumen/Hub	cm^3			1,6	2,6	4,0	8,0				
Einschraubgewinde	mm			M24x1,5	M30x1,5	M36x1,5	M42x1,5				
Außendurchmesser	mm			32	38	45	53				
Gesamtlänge	mm			41	46	60	70				
Nr. 6924 Einbauzylinder						/20	/32	/50	/70		
Hub	mm					8	10	12	15		
Ölvolumen/Hub	cm^3					4,0	8,0	15,0	27,0		
Anschlußgewinde	Zoll					R 1/4"	R 1/4"	R 1/4"	R 1/4"		
Einschraubgewinde	mm					Tr 40x3	Tr 48x3	Tr 60x3	Tr 70x4		
Außendurchmesser	mm					60	70	90	100		
Gesamtlänge	mm					70	80	88	98		
Nr. 6926 Blockzylinder						/20	/32	/50	/70		
Hub	mm					8	10	12	15		
Ölvolumen/Hub	cm^3					4,0	8,0	15,0	27,0		
Anschlußgewinde	Zoll					R 1/4"	R 1/4"	R 1/4"	R 1/4"		
Länge	mm					78	85	90	98		
Breite	mm					60	70	80	100		
Dicke	mm					40	50	60	75		
Zum Vergleich: Zuordnung einiger Schrauben zu den maximalen Zylinderkräften bei 400 bar.											
Schraube, Festigkeit 8,8 z.B. DIN 787 nach der maximal zulässigen Vorspannkraft					M 6	M 8	M 10	M 12	M 16	M 20	M 24
nach der Spannkraft eines Spanneisens DIN 6316 auf das Werkstück, gespannt mit der maximalen Vorspannkraft					M 8	M 10	M 12	M 16	M 20	M 24	M 30
dafür erforderliche Hebellänge zum Anziehen					30	65	125	215	490	870	1350
nach der mit normalem Ringschlüssel und üblicher Handkraft erreichbaren Spannkraft						M 12 – M 36 *)					
nach der Spannkraft eines Spanneisens DIN 6316 auf das Werkstück, gespannt mit der üblichen Handkraft						M 12 – M 36 *)					

***) Die mit normalem Schraubenschlüssel erreichbare Spannkraft beträgt über einen großen Ø-bereich unabhängig von der Schraubengröße ca. 40 000 N; d.h. durch den mit zunehmender Schraubengröße längeren Schlüssel wird nur die durch den größeren Ø bedingte größere Reibung ausgeglichen.**

BEISPIELE

1. Durch Berechnung, z.B. der Schnittkräfte beim Fräsen, wurde die erforderliche Zylinderkraft mit 32 000 N ermittelt und der Hydraulikdruck wird mit 250 bar frei gewählt. Die Tabelle zeigt, daß für diesen Fall der Hohlkolbenzylinder Nr. 6920/50, der Einbauzylinder Nr. 6924/50 und der Blockzylinder Nr. 6926/50 zur Verfügung stehen. Die endgültige Auswahl erfolgt nach den Platzverhältnissen in der geplanten Vorrichtung.

2. In einer vorhandenen mechanischen Vorrichtung wird das Werkstück über ein Spanneisen und eine Spannschraube M 24 mit einem verlängerten Schraubenschlüssel gespannt. Die Tabelle zeigt, daß die gleiche Spannkraft von 125 000 N mit einem Hohlkolbenzylinder Nr. 6920/125 bei 400 bar Öldruck erreicht werden kann.

Bild 27-25 Spannzylinderübersicht und Zuordnung der Schrauben zu den maximalen Zylinderkräften bei 400 bar Betriebsdruck mit 2 Berechnungsbeispielen.

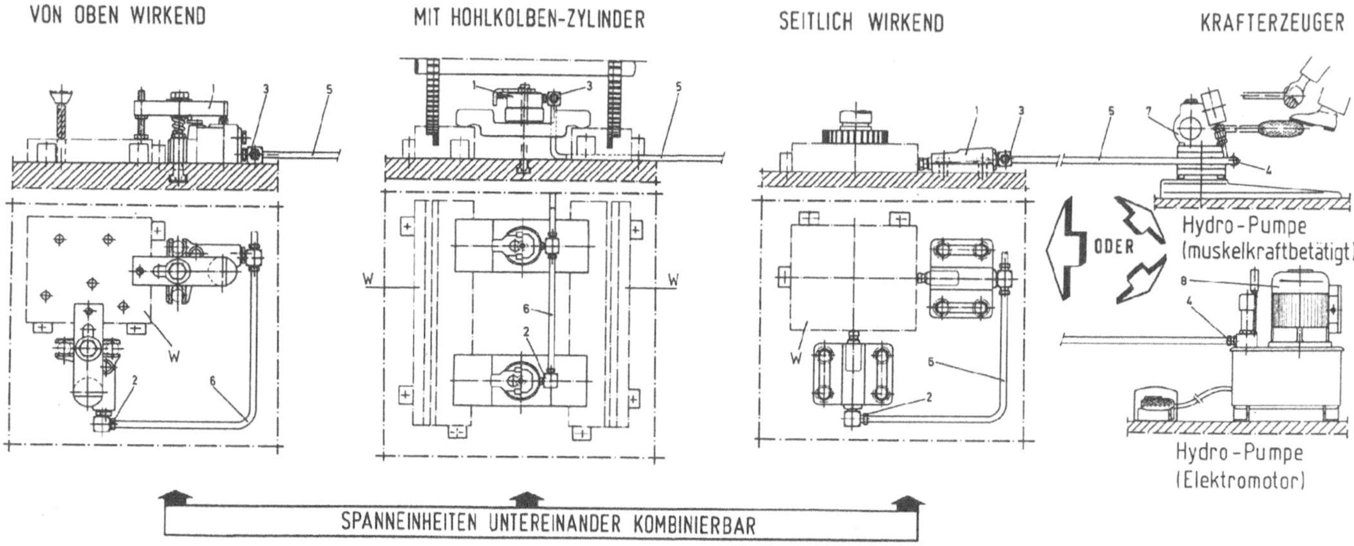

Bild 27-26 Verschiedene Einsatz- und Kombinationsmöglichkeiten der hydraulischen Spannelemente und Krafterzeuger.
1 Spannelemente, 2 Schwenkverschraubung, 3 T-Schwenkverschraubung, 4 Druck-Begrenzungsventil, 5 und 6 Rohrleitung, 7 Hydro-Pumpe muskelkraftbetätigt, 8 Hydro-Pumpe elektromotorbetätigt.

1000 mm, wobei Stahl- und Aluminiumausführungen der Zylinder in Frage kommen. Eine Übersicht der speziell für Spannzwecke des Vorrichtungsbaus entwickelten und handelsüblichen Spannzylinder ist in der Tabelle – Bild 27-25 – enthalten. Diese Spannzylinder sind im Abschnitt 27.3.2 besprochen und in den Bildern 27-1 bis 27-22 dargestellt. Die Montagearten sind im Bild 27-23 und die Funktionsarten im Bild 27-24 gezeigt.

27.4 Hydraulische Druckerzeuger

Die verschiedenen hydraulischen Druckerzeuger sind in den Abschnitten 27.4.1 bis 27.4.5 besprochen. Die wichtigen Eigenschaften dieser Druckerzeuger enthalten die Bilder 27-26 und 27-27, so daß die Wahl des Druckerzeugers erleichtert wird, da sie als Funktion der Fördermenge, der Kosten usw. getroffen werden kann.

Die verschiedenen Druckerzeuger lassen sich mit verschiedenen Arten der hydraulischen Spannzylinder (Abschnitt 27.3.2) kombinieren (Bild 27-26), so daß die jeweilige Spannaufgabe wirtschaftlich und technisch optimal gelöst werden kann.

27.4.1 Elektrisch betriebene Hydraulikaggregate

Die elektrisch betriebenen Hydraulikaggregate werden in verschiedenen Größen hergestellt. Ihre Antriebsleistung liegt zwischen 0,25 kW und ca. 2,2 kW. Sie sind meistens zweistufig wirkend und ihr Betriebsdruck liegt zwischen 250 bar und 700 bar. Das nutzbare Ölvolumen liegt zwischen 2,0 Litern und 38,0 Litern. Der Dauerbetriebsdruck beträgt 200 bar und 300 bar bzw. 550 bar; im Druckbereich von 550 ... 700 bar dürfen diese Pumpen maximal 2,5 min laufen, danach muß mindestens 2,5 min im Leerlauf gefahren werden. In den Bildern 27-28 und 27-29 sind zwei Aggregate verschiedener Größe gezeigt. Im Bild 27-27 sind alle wichtigen Daten, Eigenschaften, Einsatzgrenzen, Kostenfaktoren u.a., zusammengestellt.

27.4.2 Mit Muskelkraft betätigte Hydraulikpumpen

Es gibt zwei Arten von handelsüblichen mit Muskelkraft betätigten Hydraulikpumpen, die im Vorrichtungsbau Anwendung finden. Es sind:

1. Schraubpumpen und Hydraulik-Spindeln,
2. Hand- und/oder Fußhebel-Kolbenpumpen.

27.4.2.1 Vorteile der mit Muskelkraft betätigten Hydraulikpumpem

1. Spannzeitersparnis gegenüber der Schrauben, Spannkurven- oder Exzenterspannung usw.
2. einfache Handhabung,
3. sichere Funktion und niedrige Wartungskosten,
4. gleichbleibender Spanndruck an jeder Spannstelle,
5. stufenlose Druckregelung und somit feinste Anpassung an die Spannverhältnisse,
6. sofortiges bzw. in einer bestimmten Reihenfolge erfolgendes Spannen aller Spannstellen,
7. sofortiges Entspannen aller Spannstellen,
8. es können verschieden große Spannkräfte an verschiedenen Spannstellen ausgeübt werden,
9. einfache und vielseitige Anbaumöglichkeit,
10. Wegfall der Druckerzeugungsanlagen bzw. Rohrleitungen,
11. Wiederverwendbarkeit und
12. gute Wirtschaftlichkeit, da eine Pumpe dieser Art nur ca. 800,00 DM (Stand 1983) kostet.

27.4.3 Hydraulische Schraubpumpen

Schraubpumpen (Bild 27-30) gibt es in zwei Ausführungen: ein- und zweistufig. An der Arbeitsspindel ist ein Ring angebracht, so daß eine Druckbegrenzung möglich ist. Beide Typen lassen sich auf einfache Art an der Vorrichtung anbringen (Bild 27-31) und an die Spannzylinder anschließen.

Eigenschaften \ Druckerzeuger	Fuß- bzw. Handbetätigte Pumpe	Druckluftbetätigte Pumpe	Pumpenaggregat mittel	Pumpenaggregat groß
besprochen im Abschnitt	27.4.2	28.8.3	27.4.1	
Geeignet für einfachwirkende Zylinder doppeltwirkende Zylinder	●	●	● ●	● ●
Betriebsdruck bar	700 200 100	700 200	600 (700) 250 150	600 (700) 200
Volumenstrom $\frac{cm^3}{Hub}$ bzw. $\frac{cm^3}{s}$	2 4 8	25	9,5 25 37,5	25
Nutzbares Ölvolumen cm^3	150	300	1200	5000
Antriebsart	Muskelkraft	Druckluft	Elektromotor	Elektromotor
Betätigungsart	Hebel 50–500 N	Hebel 30–70 N	Schalter	Taster
Spanndrucküberwachung	optisch am Manometer	optisch am Manometer	automatisch durch Druckschalter	automatisch durch Druckschalter
Platzbedarf ca. mm	160 X 350	220 X 250	230 X 230	450 X 400
Transport (betriebsbereit)	sehr leicht	leicht	möglich	stationär
Wartung	Ölstand	Ölstand Druckluft	Ölstand Ölwechsel	Filter Ölstand Ölwechsel
Kostenfaktor	1	2	5	10
Anwendung im Vorrichtungsbau	einfache Spannvorrichtungen, hydraulische Schraubstöcke bei nicht zu häufiger Betätigung. Zylindervolumen bis 100 cm^3. Besonders an Stellen, wo keine andere Energie zur Verfügung steht.	einfache Spannvorrichtungen, hydraulische Schraubstöcke bei häufiger Betätigung. Zylindervolumen bis 250 cm^3.	Spannvorrichtungen mit Zylindervolumen bis 1000 cm^3. Pendelbearbeitung mit einfach wirkendem Zylinder. Maschinenbeeinflussung möglich.	Spannvorrichtungen aller Art mit Zylindervolumen bis 5000 cm^3. Pendelbearbeitung mit einfach- und doppelt wirkendem Zylinder. Maschinenbeeinflussung. Vordruckschaltung. Anschluß zusätzlicher Sicherheitseinrichtungen wie Endschalter, Drehzahlwächter. Schutz gegen unbeabsichtigtes Entspannen usw. Sonderausführungen lieferbar. Maschinenbeeinflussung möglich.
Einsatzgrenzen im Vorrichtungsbau (s. a. Bild 26-1)	Wenn durch Spanndruckabfall infolge Leckagen an Dichtungen und Verschraubungen teure Werkstücke bzw. Werkzeuge gefährdet sind. Unfallgefahr. Abhilfe evtl. durch zusätzlichen Druckschalter für Maschinenbeeinflussung.	wie Fuß- bzw. Handpumpe (s. links)	Größe des Elektroschaltkastens erlaubt keine zusätzlichen Funktionen. Ventilmagnete nur in Wechselstromausführung.	Wenn Ölvolumen bzw. Fördermenge (Spannzeit) nicht ausreichen. Größere Aggregate in Sonderausführung lieferbar.

Bild 27-27 Aufstellung der Eigenschaften verschiedener hydraulischer Pumpen und Pumpenaggregate.

Die in der Aufstellung aufgeführten Pumpenaggregate (Abschnitt 27.4.1) stellen Standardausführungen dar. In der Praxis haben sich bewährt:

1. Pumpenaggregate mit einem Ölstrom für einfachwirkende Zylinder,
2. Pumpenaggregate mit zwei Ölströmen für doppeltwirkende Zylinder,
3. Pumpenaggregate mit zwei unabhängig voneinander steuerbaren Ölströmen, z.B. für das Spannen von Werkstücken in Pendel-Fräsvorrichtungen (Abschnitt 31.1) mit einfach- oder doppeltwirkenden Zylindern.

Durch Zuschaltventile können diese Aggregate für Folgesteuerungen erweitert werden, z.B. zum Positionieren, Stützen und Spannen druckabhängig nacheinander. Die Hydraulik- und Elektrosteuerungen sind als Baukastenelemente lieferbar, so daß es möglich ist, das Pumpenaggregat der jeweiligen Aufgabe anzupassen und einzusetzen z.B. als:

a) Pumpenaggregat mit in Folge geschaltetem Vor- und Hauptdruck. Diese „Vordruckschaltung“ erlaubt den Druckaufbau in zwei Stufen. Der Hauptdruck wird eingestellt und schaltet den Motor ab und bei 10 % Druckabfall wieder ein.

b) Pumpenaggregat mit in Folge geschaltetem Haupt- und Niederdruck. Diese „Schrupp-Schlicht-Schaltung“ erlaubt eine genau bestimmbare Absenkung der Spannkraft, ohne daß das Werkstück z.B. nach dem Schruppen ganz entspannt wird und für das Schlichten, ohne daß es verspannt wird (Abschnitt 15.8.2), gespannt bleibt.

c) Pumpenaggregat mit kombinierten Druckstufen mit „Vor-, Haupt- und Schlichtdruck“, das sich z.B. für das Vorpositionieren, Spannen für die Schruppbearbeitung und danach für die Schlichtbearbeitung („Schlichtdruck“) eignet.

d) Pumpenaggregat für zwei voneinander unabhängige Drücke. Diese Schaltung erlaubt es, mit einem Pumpenaggregat entweder in einer Vorrichtung oder in zwei getrennten Vorrichtungen mit unterschiedlichen Drücken zu arbeiten.

Bild 27-28 Niederzugspanner mit Niederzuggegenhalter als hydraulische Spannelemente einer Vorrichtung an einer NC-gesteuerten Bohr- und Fräsmaschine (s. Kap. 41). Im Vordergrund ist ein tragbarer kompakter Druckerzeuger gezeigt (s. a. Bild 27-29).

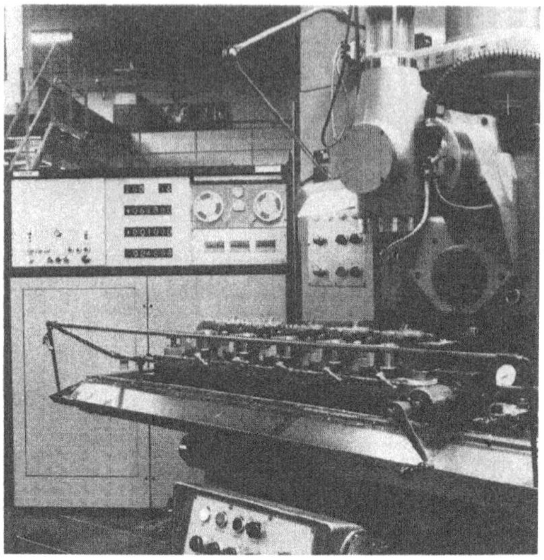

Bild 27-31 Mehrstückspannvorrichtung (s. a. Abschnitt 15.9) mit mehreren Spannzylindern und einer hydraulischen Schraubpumpe (s. Bild 27-30) an einer NC-gesteuerten Fräsmaschine (s. Kap. 41).

Bild 27-29

Tragbarer hydraulischer Druckerzeuger in kompakter Bauweise (s. a. Bild 27-28).

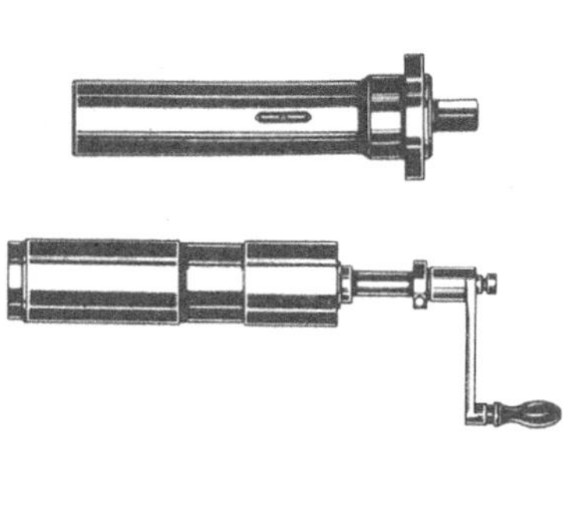

Bild 27-30

Hydraulische Schraubpumpen. Einsatz im Bild 27-31.

27.4.4 Hydraulik-Schraubspindeln

Die Hydraulik-Schraubspindel besteht aus einer Gewindespindel (Bild 27-32) und einem Hydraulikgehäuse. Sie wirkt direkt auf die Spannelemente, d. h., n Spannstellen machen auch n Schraubspindeln erforderlich und jede Spindel muß einzeln betätigt werden. Mit Hilfe dieser Spindeln lassen sich, je nach Größe, Spannkräfte von 25000 N, 40000 N, 50000 N und 80000 N erzeugen. Geringe Baumaße (Maximaldurchmesser 62 mm!) erlauben kompakte Bauweise der Vorrichtung.

27.4.5 Hand- und/oder Fußhebel-Kolbenpumpen

Mit Muskelkraft betätigte Hydropumpen dienen als einfache Druckerzeuger für die Betätigung der Spannelemente kleinerer Vorrichtungen. Sie erlauben mit wenigen Hand- bzw. Fußbewegungen und ohne große Anstrengung angeschlossene Spannzylinder zu betätigen.

In den bildern 27-33 bis 27-37 werden verschiedene handbetätigte Kolbenpumpen dargestellt. In den Bildunterschriften werden sie kurz erläutert. Alle diese Pumpen können verschiedene Spannelemente betätigen: Tiefspanner, Einbauzylinder, Aufschraubzylinder u.a. (Abschnitt 27.3.2). Die Spannelemente müssen jedoch nach dem Prinzip einseitig beaufschlagter Arbeitszylinder (mit Federrückführung des Kolbens) arbeiten. Eine selbsttätige Umschaltung von Niederdruck auf Hochdruck wird automatisch vorgenommen. Der Druck, bei dem die Umschaltung vorgenommen wird, ist verschieden, wie auch der maximale Betriebsdruck, der stufenlos eingestellt werden kann.

27.5 Hydraulische Vorrichtungen ohne Krafterzeuger

Eine besondere Art von hydraulischen Vorrichtungen stellen Vorrichtungen dar, bei denen die Kraftübertragung zwar hydraulisch vollzogen wird, jedoch ohne Krafterzeuger hydraulischer Art. Es handelt sich dabei um Vorrichtungen mit einem geschlossenen Hydrauliksystem (Bilder 27-38 und 27-39). Das Hydrauliköl dient als Druckübertragungsmittel. Nachdem es gelungen ist, das Problem einer zuverlässigen Abdichtung des Hydrauliksystems zu lösen, können derartige Vorrichtungen mit Öl als Druckübertragungsmittel gebaut werden. Außerdem sind diese Spanner typisiert worden, so daß sie als handelsübliche Mehrstückspanner (Abschnitt 15.9) eingesetzt werden. Im Abschnitt 29.1 werden ähnliche Vorrichtungen, jedoch mit plastischer Masse als Druckübertragungsmittel besprochen.

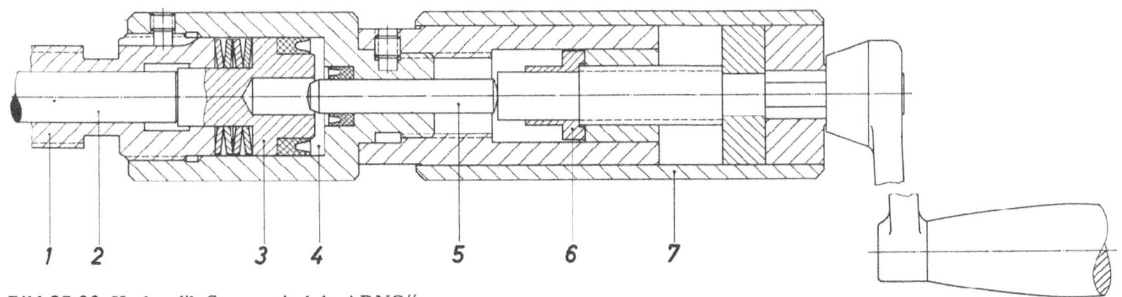

Bild 27-32 Hydraulik-Spannspindel „ARNO".

Durch Drehen der Handkurbel wird das Spanner-Oberteil über die Spindel 1 gegen das Werkstück geschoben. Ist ein bestimmter Druck erreicht, rastet die Kupplung 6 aus und der Primärkolben 5 wird nach vorne bewegt. Der Weg ist durch die Hülse 7 begrenzt. Durch Eindringen des Primärkolbens 5 in den Ölraum 4 entsteht ein Überdruck auf den Sekundärkolben 3. Dadurch wird der Druckbolzen 2 nach vorne geschoben, bis der maximale Spanndruck erreicht ist.

Die Hydraulikspindel wirkt direkt auf die Spannelemente, d. h. n Spannstellen machen n Hydraulikspindeln erforderlich.

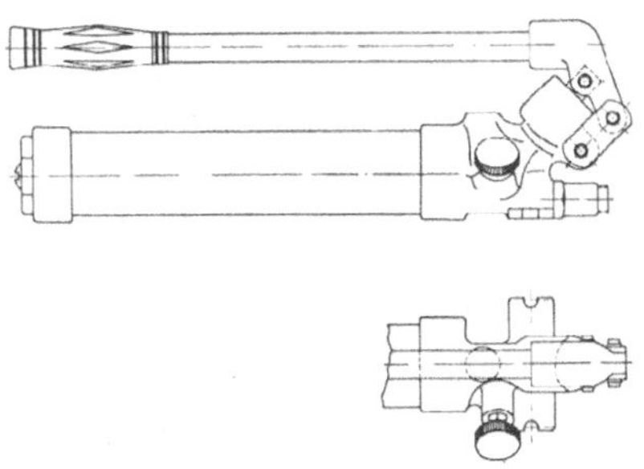

Bild 27-33 Handbetätigte hydraulische Pumpe (max. Betriebsdruck 600 bar).

Bild 27-34 Handbetätigte hydraulische Pumpe an einer Mehrstückspannvorrichtung (Abschnitt 15.9).

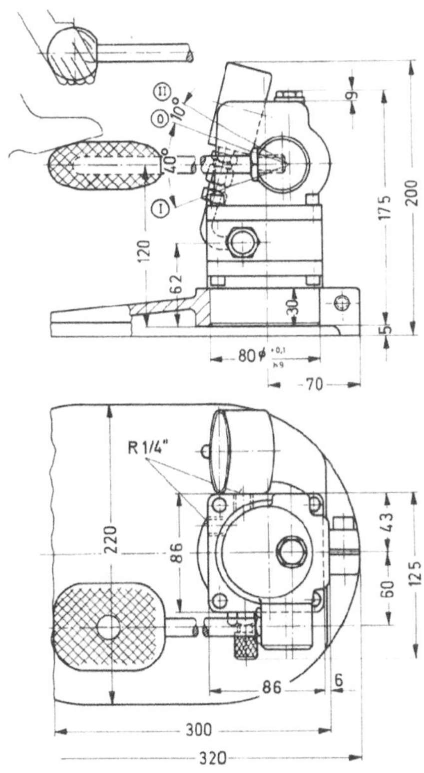

Bild 27-35 Muskelkraftbetätigte (Hand- und Fußbetätigt) hydraulische Kolbenpumpe mit stufenlos einstellbarem Druckbegrenzungsventil.

Nutzvolumen: $150\,cm^3$, Fördermenge $4\,cm^3$ pro Hub, Ölfüllung: $300\,cm^3$.

27.6 Richtlinien für die Planung der hydraulischen Steuerung einer Vorrichtung

Bei der Planung der hydraulischen Steuerung einer Vorrichtung sind folgende Schritte vorzunehmen:

1. Funktionsschaltplan: Die Darstellung einzelner Hydrogeräte erfolgt nach der DIN-Norm 24300 Blatt 1 bis 8. Als Ergänzung dient die VDI-Richtlinie VDI 3225. Mit Hilfe der Sinnbilder erfolgt die Aufstellung eines Funktionsschaltplans mit der Kennzeichnung der Geräte, Schaltstellungen, Leitungen und Hinweisen, wobei folgendes zu beachten ist:

1.1 Steuerung ist in einzelne Steuerketten aufzuteilen,

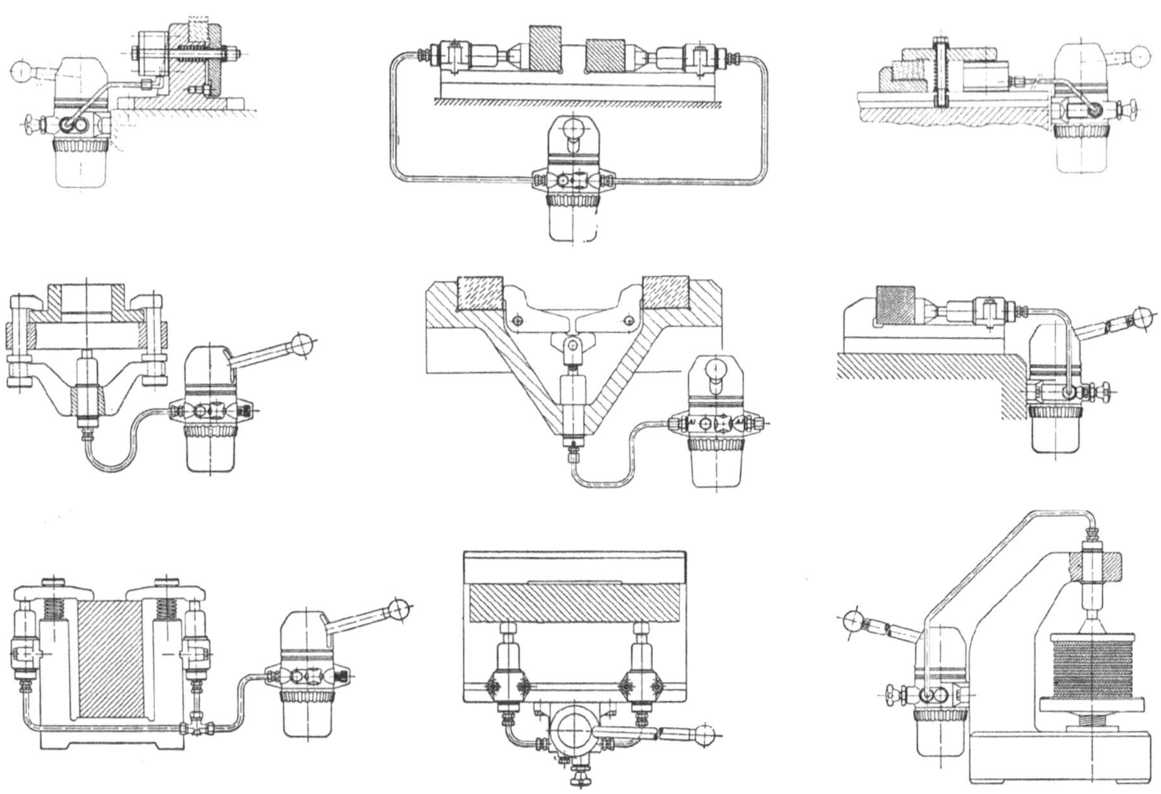

Bild 27-36 Einsatzbeispiele der handbetätigten hydraulischen Pumpe „HYDRO-FAUST".

Bild 27-37 Einsatz einer handbetätigten hydraulischen Pumpe (Bild 27-36) an einer Baukstenvorrichtung (Kap. 40).

Bild 27-38
Aufsatzbacken für Kraftspannfutter mit hydraulisch ausgleichenden Spannbolzen für das Spannen von gegossenen Werkstükken (s.a. Abschnitt 15.11).

1.2 Geräte der einzelnen Steuerketten werden von unten nach oben (in Richtung des Energieflusses) nach DIN 24300 gezeichnet,
1.3 Geräte sind waagerecht, Leitungen geradlinig ohne Kreuzungen darzustellen,
1.4 Steuerketten und Geräte durchnumerieren,
1.5 Alle Geräte in Ausgangsstellung zeichnen.

2. Funktionsdiagramm nach DIN 3260 – ein Weg-Schritt-Diagramm mit dem Bewegungsablauf und den dazugehörigen Steuerungsabläufen – aufzeichnen.
3. Geräteaufstellung aller in Frage kommenden Geräte und Zubehörs mit Angaben der Lieferanten und Bestellnummern erstellen.
4. Lageplan als schematische Anordnung (räumlich) der Geräte für Montage, Wartung, Reparatur aufzeichnen.
5. Einzeichnung der Bauelemente in die Vorrichtungszeichnung mit Befestigungs- und Leitungselementen.

Bild 27-39 Spannen von verformungsempfindlichen Werkstücken (Gehäuse) mit Hilfe von hydraulischen Aufsatzbacken.

Die Spannkraft des Spannfutters wird auf eine Vielzahl hydraulisch ausgleichender Kolben (s. a. Abschnitt 15.11) übertragen, die sich gleichmäßig an das zu spannende Werkstück anlegen. Die beiden Aufsatzbakken sind miteinander verbunden. Das sorgfältig ausgewogene System garantiert hohe Spanngenauigkeit bei gleichen Spannkräften aller Kolben.

1 Das Elektro-Hydraulik-Pumpenaggregat fördert Öl in den Spannzylinder 1.
2 Wenn der eingestellte Druck am Zuschaltventil erreicht ist, öffnet dieses und
3 das Öl wird in den Spannzylinder 2 gedrückt.
4 Wenn der am Druckschalter eingestellte Druck erreicht ist, schaltet der Motor ab.
5 Beim Entspannen ist der Ölrücklauf von Spannzylinder 1 und 2 gleich groß.

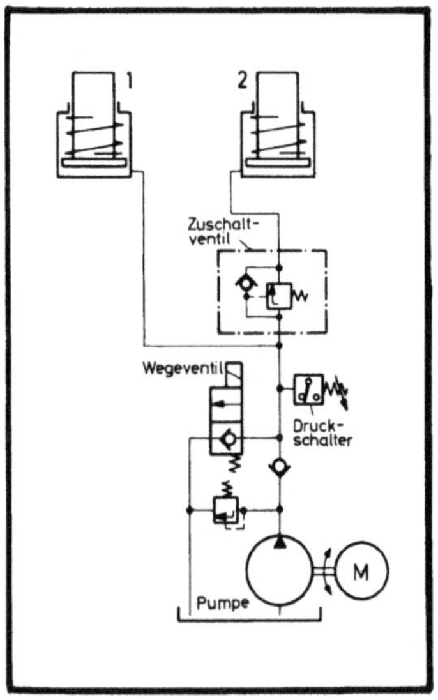

Taktschema

Spannzylinder 1	Spannzylinder 2	Pumpenaggregat	Wegeventil
↑	–	ein (Druckknopf grün)	○
anlegen	↑ folgt	ein	○
spannen		ein – aus bei Enddruck (Druckschalter)	○
↓ lösen	↓	aus (Druckknopf rot)	ein
↓ Ausgangsstellung	↓	aus	○

Bild 27-40 Hydraulische Steuerung zweier Spannzylinder (einfachwirkend) durch ein Zuschaltventil.

1 Das Elektro-Hydraulik-Pumpenaggregat fördert Öl in die Spannzylinder 1 und 2.
2 Wenn der am Druckminderventil eingestellte Druck für den Spannzylinder 2 erreicht ist, schließt dieses, während
3 der Spannzylinder 1 mit dem Druck des am Druckschalter eingestellten Wertes beaufschlagt wird, danach
4 schaltet der Motor ab.
5 Beim Entspannen ist der Ölrücklauf von Spannzylinder 1 und 2 gleich groß.

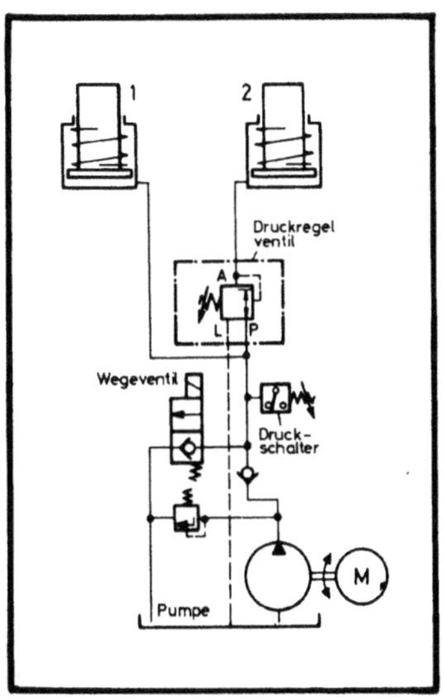

Taktschema

Spannzylinder 1	Spannzylinder 2	Pumpenaggregat	Wegeventil
↑	↑	ein (Druckknopf grün)	○
spannen mit Wert vom Druckschalter	mit Wert vom Druckminderventil	ein – aus bei Enddruck (Druckschalter)	○
↓ lösen	↓	aus (Druckschalter rot)	ein
↓ Ausgangsstellung	↓	aus	○

Bild 27-41 Hydraulische Steuerung zweier Spannzylinder (einfachwirkend) durch ein Druckregelventil.

1 Das Elektro-Hydraulik-Pumpenaggregat fördert Öl in Spannzylinder 1 und 2.
2 Das Öl fließt in den Spannzylinder 2 langsamer als in den Spannzylinder 1, dadurch
3 liegt Spannzylinder 1 früher am Werkstück an, während
4 Spannzylinder 2 später am Werkstück anliegt.
5 Ist der am Druckschalter eingestellte Druck erreicht, schaltet der Motor ab.
6 Beim Entspannen ist der Ölrücklauf bei Spannzylinder 1 und 2 gleich groß.

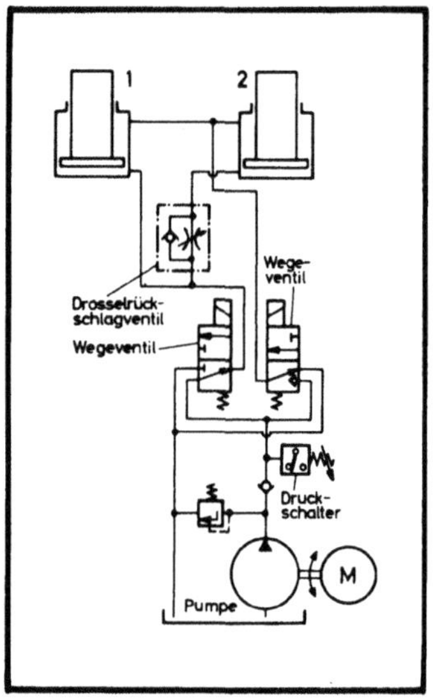

Taktschema

Spannzylinder 1	Spannzylinder 2	Pumpenaggregat	Wegeventil
↑	↑	ein (Druckknopf grün)	O
↑	↑ folgt langsamer	ein	O
↑ spannen	↑	ein — aus bei Enddruck (Druckschalter)	O
↓ lösen	↓	ein (Druckknopf rot)	ein
↓ Ausgangsstellung	↓	aus	O

Bild 27-42 Hydraulische Steuerung zweier Spannzylinder (einfachwirkend) durch ein Drosselrückschlagventil.

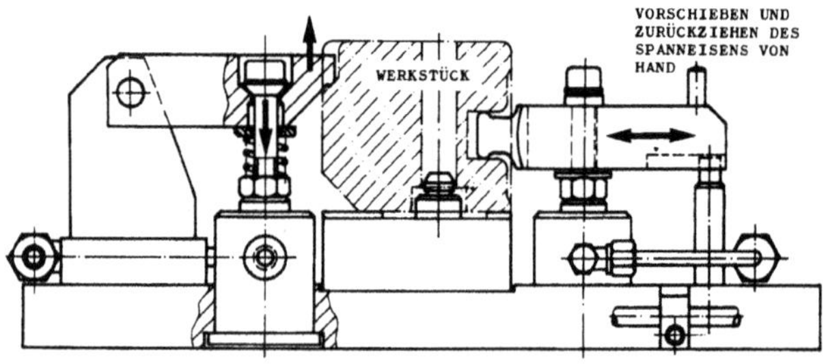

Bild 27-43 Hydraulisch betätigte Fräsvorrichtung.

Das in das Werkstück eingreifende Spanneisen wird von Hand in und aus der Spannlage gebracht. Beide Spannelemente werden mit Hilfe der Hohlkolbenzylinder (Abschnitt 27.3.2) betätigt.

27.7 Grundschaltungen hydraulischer Vorrichtungen

Der Zwang nach verhältnismäßig großen Spannkräften und geringem Bauvolumen ergibt, daß man mit Betriebsdrücken zwischen 400 bar und 600 bar arbeiten wird. Dadurch sind die Druckerzeuger festgelegt (Bild 27-27). In den meisten Fällen wird man im Vorrichtungsbau mit einfachen Grundschaltungen auskommen. In den Bildern 27-40 bis 27-42 werden drei Beispiele von hydraulischen Steuerungen gezeigt und erläutert.

Die Spannvorrichtung muß das Druckhaltevermögen über eine längere Zeitspanne garantieren. Die hermetische Dichtheit von Wege-Sitzventilen kann dafür genutzt werden, so daß ohne

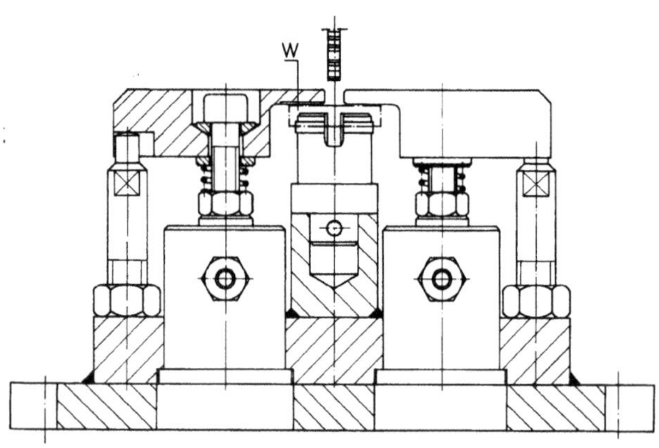

Bild 27-44 Hydraulisch betätigte Fräsvorrichtung.

Ein- und ausschwenkbare, von Hand betätigte Spanneisen werden mit Hilfe der Hohlkolbenzylinder (Abschnitt 27.3.2) gespannt.

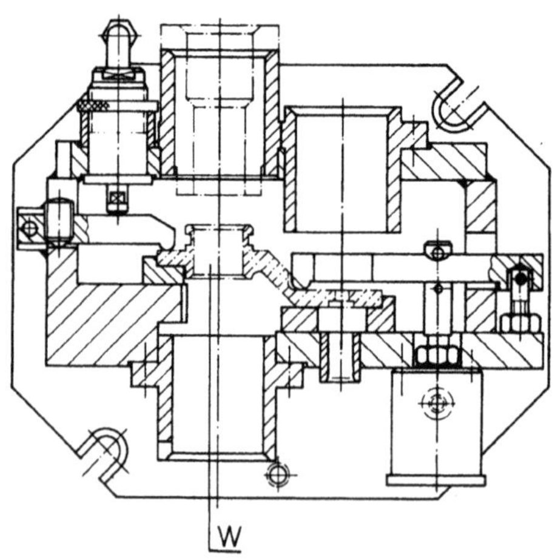

Bild 27-45 Hydraulisch betätigte Ausdrehvorrichtung.

Das Werkstück wird durch zwei seitlich wirkende Spanneisen gespannt. Diese Spanneisen werden von zwei Hohlkolbenzylindern (Abschnitt 27.3.2) betätigt. Drei Führungsbuchsen dienen als Führungselemente zur Führung der Bohrstange und eine zur Führung des Bohr- und Senkwerkzeuges.

besondere Zusatzgeräte ein Ausgleich der Leckverluste erfolgt. Normalerweise wird man anschlußfertige Aggregate (Abschnitt 27.4) verwenden, so daß eine Druckleitung genügt, die Verbindung des Druckerzeugers mit den Zylindern und anderen Spannelementen herzustellen.

27.8 Beispiele hydraulisch betätigter Vorrichtungen

In den Bildern 27-32 bis 27-50 werden Beispiele hydraulisch betätigter Vorrichtungen dargestellt, die sinngemäß umgestaltet auch für andere Bearbeitungsverfahren, als gezeigt, eingesetzt werden können.

Weitere Beispiele zeigen die Bilder 27-26, 27-28, 27-31, 27-36, 27-37, 31-10 bis 31-13 und 43-4 bis 43-8.

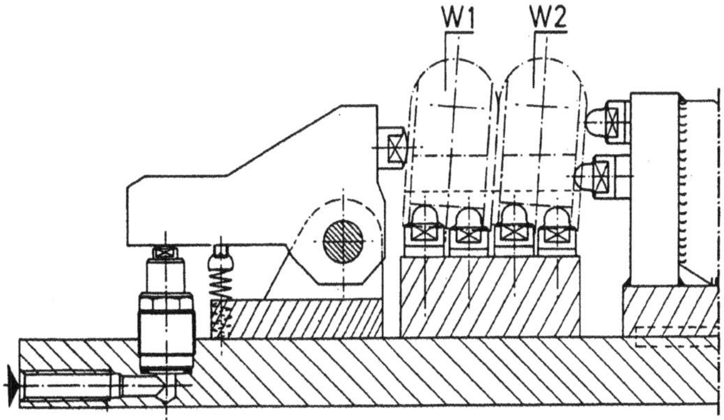

Bild 27-48 Hydraulisch betätigte Mehrstück-Fräsvorrichtung.

Die Werkstücke werden nebeneinander mit Hilfe eines Übertragelementes (Abschnitt 16.2), das durch einen Einschraubzylinder (Bild 27-4) betätigt wird, gespannt (Mehrstückspannen s. Abschnitt 15.9).

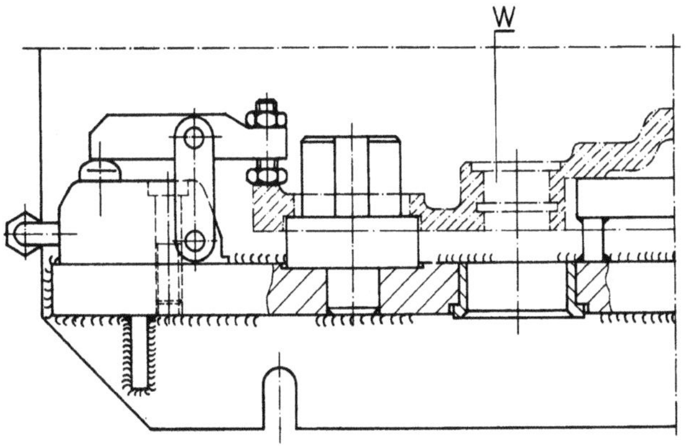

Bild 27-46 Hydraulisch betätigte Ausdrehvorrichtung (Ausdehnung der Nut und Bearbeitung der Bohrungsstirnfläche).

Das Werkstück wird mit Hilfe eines runden (unsichtbar) und eines abgeflachten Aufnahmebolzens (Abschnitt 13.10) sowie entsprechender Auflageelemente positioniert und mit zwei Spannelementen mit selbsttätiger Vor- und Rückwärtsbewegung (Bild 27-15) gespannt.

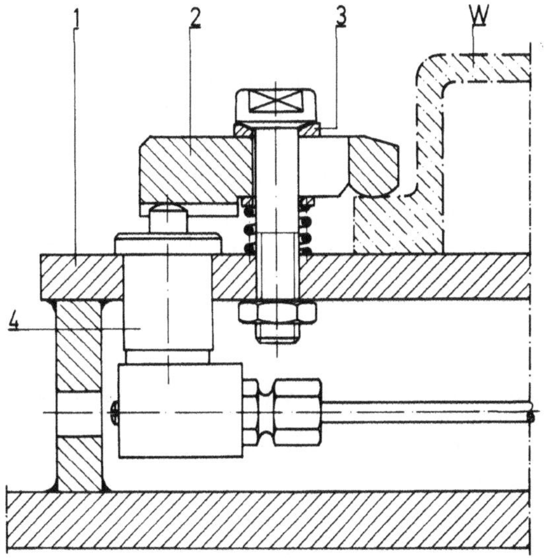

Bild 27-49 Spanneisen mit einem Einschraubzylinder betätigt.

1 Vorrichtungskörper, 2 Spanneisen (von Hand verschiebbar), 3 Kegelpfanne DIN 6319, 4 Einschraubzylinder.

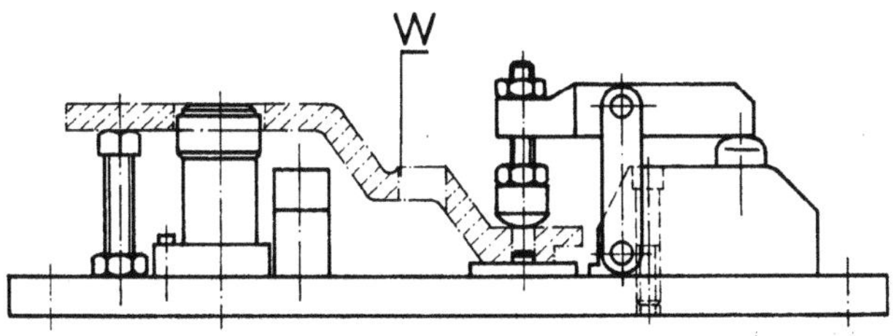

Bild 27-47 Hydraulisch betätigte Fräsvorrichtung.

Das Werkstück wird durch zwei runde Aufnahmebolzen (Abschnitt 13.9) positioniert, auf eine Positionierauflage aufgelegt und mit einer Stütze (verstellbar) (Abschnitt 14.2) abgestützt und mit einem Spannelement mit selbsttätiger Vor- und Rückwärtsbewegung (Bilder 27-15 und 27-46) gespannt.

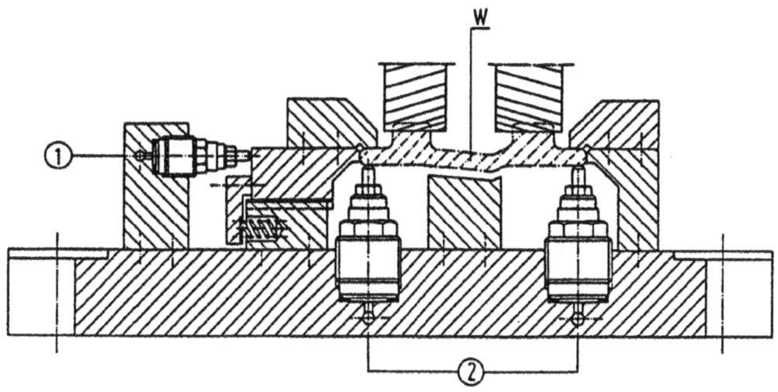

Bild 27-50 Hydraulisch betätigte Fräsvorrichtung.

Die eingekreisten Zahlen bedeuten die Beaufschlagungsfolge.

28 Pneumo-Hydraulik im Vorrichtungsbau

Die Pneumo-Hydraulik stellt eine Kombination zwischen der Pneumatik und der Hydraulik dar. Der Einsatz rein pneumatisch arbeitender Elemente ist für den Vorrichtungsbau nicht immer geeignet, vor allem dann, wenn es sich um einen wechselnden Kraftverlauf oder genaue Arbeits- bzw. Vorschubbewegungen handelt. Je langsamer die Vorschubbewegungen ausgeführt werden, desto stärker treten die im Abschnitt 26.2 genannten Nachteile der Pneumatik auf. Wird beim rein pneumatischen Vorschub die Luft zu stark gedrosselt, so kommt es zum Stick-Slip-Effekt. Dabei bewegen sich die Kolben und die Kolbenstange ruckweise, da die Reibung von der Ruhe in die Reibgröße der Bewegung übergeleitet wird, bzw. der ganze Vorgang zurückläuft. Die Kompressibilität der Luft verhindert auch, daß eine konstante Kolbengeschwindigkeit über die gesamte Hublänge eingehalten werden kann.

Die besser zu beherrschende Genauigkeit der Arbeitsbewegungen der Hydraulik und größere Geschwindigkeit der Signalübertragung pneumatischer Steuerungen ergeben eine sinnvolle Verbindung. Große Hydraulikventile können pneumatisch vorgesteuert werden, so daß die Vorteile der beiden Energieträger zur Geltung kommen. Durch den Umweg über die Hydraulik wird mit geringem Aufwand der Nachteil der Luftkompressibilität ausgeschaltet. Die Vorteile der Pneumatik (Abschnitt 26.1) bleiben jedoch erhalten. Für viele Vorrichtungen ist dieser Weg wirtschaftlich begründet und gangbar, zumal die pneumatischen Steuerelemente wesentlich billiger als die hydraulischen sind; diese Lösung wird jedoch immer einen Kompromiß darstellen.

28.1 Arten der pneumatisch-hydraulischen Systeme

Ein pneumatisch-hydraulisches System kann aus folgenden Bauelementen bestehen:

1. aus einem Druckmittelwandler (Abschnitt 28.1.1),
2. aus einem Druckübersetzer (Abschnitt 28.1.2),
3. aus einer druckluftbetriebenen Hochdruck-Hydraulikpumpe (Abschnitt 28.1.3) oder
4. aus einer pneumatisch-hydraulischen Vorschubeinheit (Kap. 48).

In allen diesen Fällen dient die Druckluft als Antriebsmedium.

28.1.1 Pneumatisch-hydraulische Druckmittelwandler

Mit Hilfe eines Druckmittelwandlers wird ein vorhandener Luftdruck in einen gleich- bzw. annähernd gleichgroßen Öldruck umgewandelt. Der Vorteil eines Druckmittelwandlers gegenüber der reinen Pneumatik liegt darin, daß in einer Druckgröße gearbeitet werden kann, in der die meisten Hydraulikgeräte keine Schwierigkeiten bereiten. Es gibt zwei Arten von Druckmittelwandlern:

1. Druckmittelwandler, bei denen der Luftdruck ohne Widerstand, d.h. ohne Trennkolben zwischen Druckluft und Öl, in einen hydraulischen Druck umgewandelt wird. Sie können nur senkrecht arbeiten (Luftanschluß oben). Nachteil: hohe Ölgeschwindigkeiten führen zur Erwärmung bzw. Kavitation und Schaumbildung im Öl.
2. Druckmittelwandler, bei denen durch Beaufschlagung einer Membrane bzw. eines Kolbens mit Druckluft das Öl über eine Drossel zum Zylinder verdrängt wird. Der Zylinder bewegt sich mit der Konstantheit der Ölhydraulik. Die Kolbendurchmesser der Druckmittelwandler liegen zwischen 50 ... 300 mm und der Hub zwischen 63 ... 320 mm. Mit Rücksicht auf die natürlichen Ölverluste sollte das Volumen des Druckmittelwandlers um 20 ... 50 % größer als nötig gewählt werden.

28.1.2 Pneumatisch-hydraulische Druckübersetzer

Ein Druckübersetzer liefert das für die Betätigung der hydraulischen Spanner erforderliche Drucköl, wobei der niedrige Luftdruck von 6 bar aus der Ringleitung (Bild 28-1) in einen hohen Öldruck umgewandelt wird. Der Druckübersetzer (Bilder 28-3 bis 28-5) besteht aus einem großen einfach- oder doppeltwirkenden Druckluftzylinder und einem kleineren Hydraulikzylinder. Der Druckkolben, der mit kleinem Hydraulikkolben

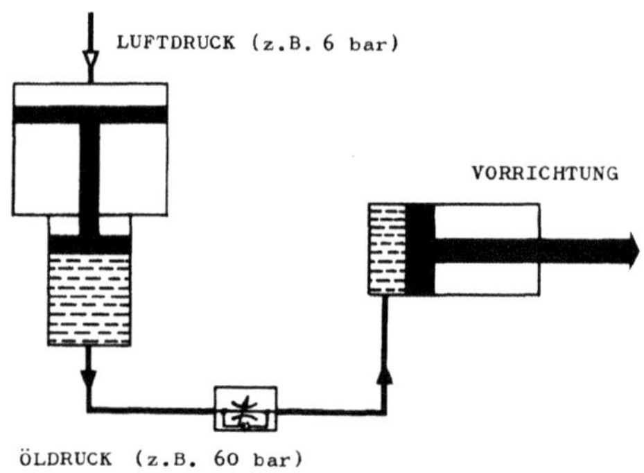

Bild 28-1 Funktion eines pneumatisch-hydraulischen Druckübersetzers (Bilder 28-3 bis 28-5). Der Luftdruck von 6 bar wird in Öldruck von z. B. 60 bar umgewandelt.

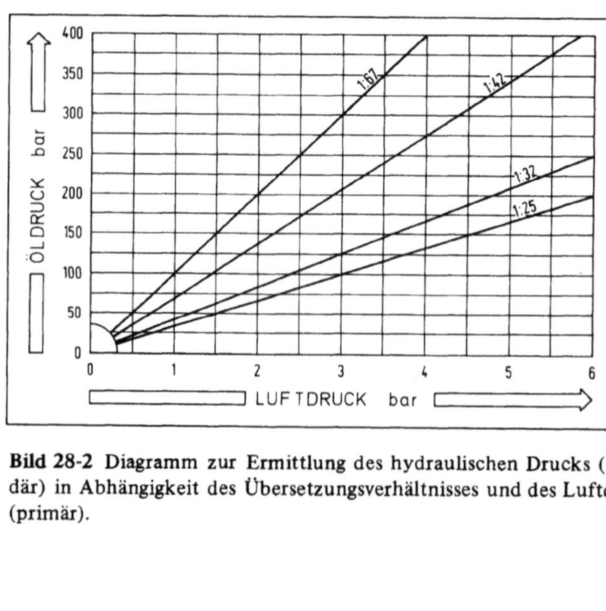

Bild 28-2 Diagramm zur Ermittlung des hydraulischen Drucks (sekundär) in Abhängigkeit des Übersetzungsverhältnisses und des Luftdrucks (primär).

über eine gemeinsame Kolbenstange verbunden ist, wird mit Druckluft beaufschlagt. Durch die unterschiedlichen Durchmesser der Kolben entsteht ein Übersetzungsverhältnis im umgekehrten Sinn zu den beiden Flächen. Dieses liegt zwischen 1:26 und 1:67 (Bild 28-2). Der Einsatz von Druckübersetzern im Vorrichtungsbau ist nur sinnvoll (Bild 28-6), wenn es sich um geringe Bewegungsvorgänge bzw. um geringe zu verdrängende Volumina handelt. Die Betätigung des Druckübersetzers erfolgt mit Drucktaste durch ein 4/2-Wegventil, oder über ein Servoventil, das indirekt geschaltet wird. In die Druckluftzuleitung zum Wegeventil muß ein Rückschlagventil eingebaut werden, damit bei Druckabfall im Luftnetz der Öldruck in voller Höhe erhalten bleibt. Außerdem kann man mit einem zwischengeschalteten Druckminderventil den Luftdruck regeln.

Bild 28-3 Pneumatisch-hydraulischer Druckübersetzer. Dieser Druckübersetzer kann horizontal oder vertikal montiert werden.

28.1.3 Druckluftbetriebene Hochdruck-Hydraulikpumpen

Die Funktion der druckluftbetriebenen Hydraulikpumpen beruht darin, daß die Betätigung des Steuerhebels ein Dauerbetrieb (im Gegensatz zu den pneumatisch-hydraulischen Druckübersetzern (Abschnitt 28.1.2), die nur einen Hub ausführen, eingeleitet wird und beim Loslassen bzw. durch weiteres Betätigen die Pumpe ausgeschaltet wird. Auch diese Pumpen arbeiten mit einem Flächen-Übersetzungsverhältnis 1:25, 1:32, 1:42 oder 1:67, wobei einige sogar für einen Betriebsdruck (sekundär) von 700 bar ausgelegt (bei 1:100) sind. Die Funktion dieser Pumpen, ihre Arten und ihr Einsatz werden in den Bildern 28-7 bis 28-9 gezeigt.

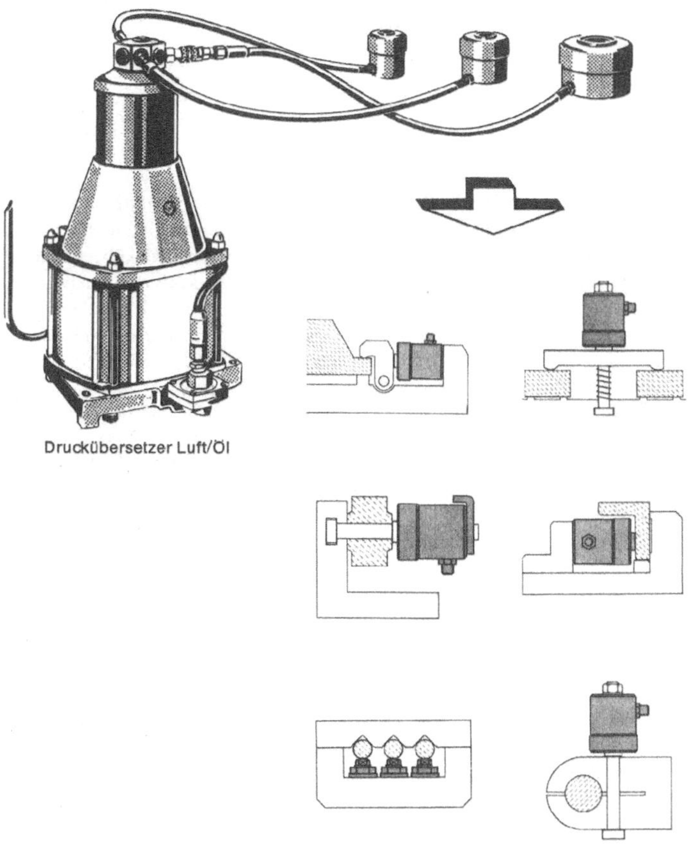

Bild 28-4 Pneumatisch-hydraulischer Druckübersetzer mit 6 bzw. 12 Anschlüssen (sekundär).

Angeschlossen sind 3 Hohlkolbenzylinder (Bild 27-1). Weitere Darstellungen zeigen andere Einsatzmöglichkeiten der pneumatisch-hydraulischen Druckübersetzer im Vorrichtungsbau.

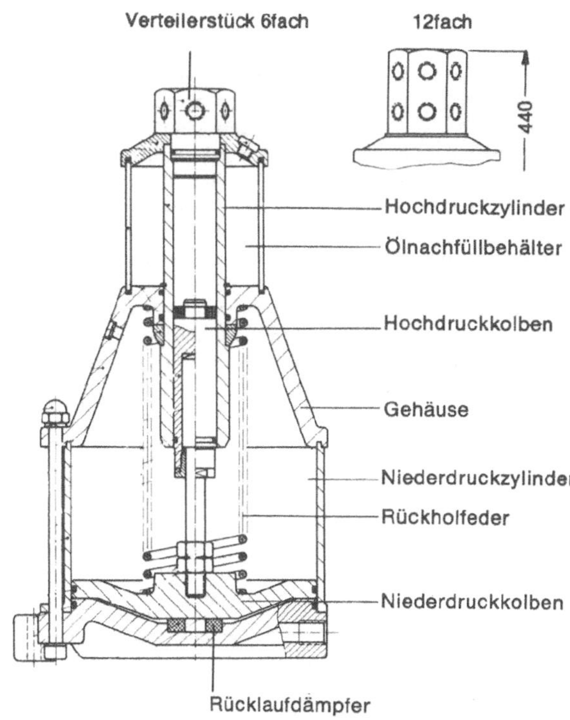

Bild 28-5 Pneumatisch-hydraulischer Druckübersetzer (Bild 28-4) im Schnitt dargestellt.

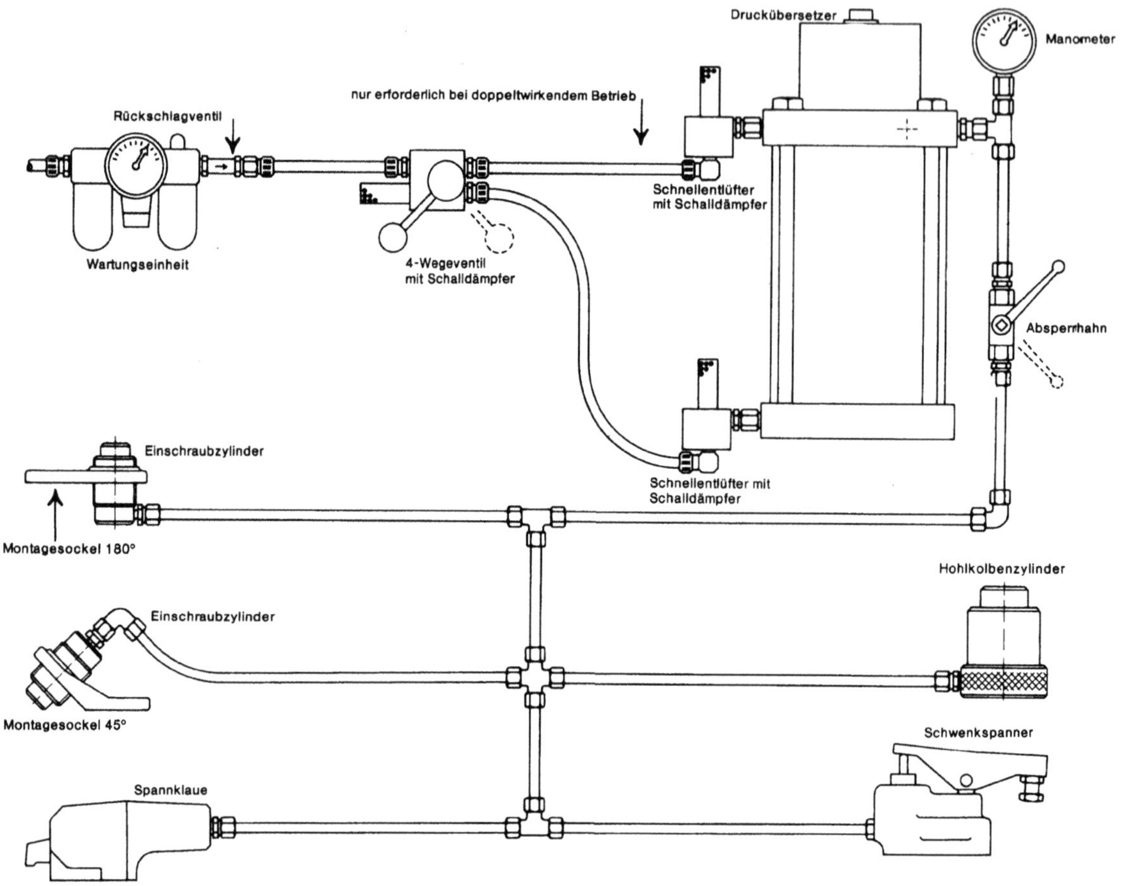

Bild 28-6 Steuerung eines pneumatisch-hydraulischen Druckübersetzers.

Bei der Montage des Druckübersetzers ist darauf zu achten, daß dieser in der Nähe und nach Möglichkeit oberhalb der anzuschließenden Spannelemente in aufrechter Stellung montiert wird. Luftseitig wird der Druckübersetzer über eine Wartungseinheit, ein Rückschlagventil und ein 3- bzw. 4-Wege-Ventil an das Druckluftnetz angeschlossen. Bei Einsatz eines Hand- bzw. Fuß-Steuerventils als 3-Wege-Ventil arbeitet der Druckübersetzer einfachwirkend, d.h., der Rückhub des Kolbens im Druckübersetzer erfolgt über eine Druckfeder. Ein wirtschaftlicher Druckluftverbrauch ist dadurch gewährleistet. Ist in speziellen Einsatzfällen ein schneller Rückhub erforderlich, kann der Druckübersetzer mit Hilfe eines 4-Wege-Ventils doppeltwirkend betrieben werden. Zur schnelleren Entlüftung und zur Geräuschdämpfung des Druckübersetzers sollte direkt am Lufteingang des Druckübersetzers ein Schnellentlüfungsventil mit Schalldämpfer angebracht werden. Die Druckübersetzer besitzen 3 bzw. 4 Ölausgänge zu den einzelnen Spannelementen. Zur Kontrolle des Öldruckes aller Ölausgänge sollte ein Öldruck-Manometer an einem der Ausgänge angeschlossen werden. Die Größe des Druckübersetzers (sein nutzbares Ölvolumen) und das Übersetzungsverhältnis richten sich nach dem Ölbedarf der Spannelemente und nach dem zulässigen maximalen Betriebsdruck, der auf keinen Fall überschritten werden darf. Es ist zweckmäßig, vom maximalen Betriebsdruck der Spanner auszugehen und diesen Wert durch das Übersetzungsverhältnis (z.B. 30:1) zu dividieren. Der so ermittelte Wert kann dann auf einfache Art am Druckregler der Wartungseinheit eingestellt werden. Der Ölbedarf eines Spannelementes errechnet sich aus der Kolbenfläche (cm^2) mal Hub (cm) = Ölbedarf (cm^3). Eine Leistungsreserve von 20% ist zu berücksichtigen.

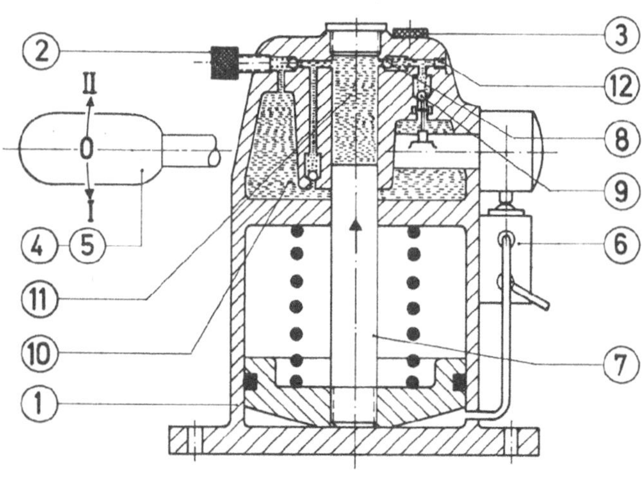

Bild 28-7 Druckluftbetriebene Hochdruck-Hydraulikpumpe.

Durch Betätigung des Bedienungshebels 4 bzw. 5 von Stellung 0 nach I wird das angebaute Pneumatikventil betätigt. Der Kolbenantrieb 7 mit dem Flächenübersetzungsverhältnis 1:32 wird mit Druckluft beaufschlagt und drückt das Öl über das Druckventil 8 zu den Spannelementen der Vorrichtung. Nach Loslassen des Bedienungshebels 4 oder 5 wird er in seine Ausgangsstellung 0 zurückgeführt. Gleichzeitig wird der Kolbentrieb entlüftet und durch eingebaute Druckfeder nach unten bewegt. Das öl wird gleichzeitig in den Druckraum 11 nachgesaugt. Dieser Vorgang kann durch mehrmaliges Betätigen des Bedienungshebels so lange wiederholt werden, bis der angeschlossene Spannzylinder seine Endposition erreicht hat. Durch Anheben des Bedienungshebels von 0 nach 11 wird das Ablaßventil 9 geöffnet und das Öl vom Spannzylinder fließt in den Ölbehälter zurück.

1 Pumpengehäuse, 3 Druckbegrenzungsventil, 3 Öleinfüll-Schraube, 4 Fußhebel, 5 Handhebel, 6 Pneumatikventil, 7 Kolbentrieb, 8 Druckventil, 9 Ablaßventil, 10 Ölbehälter, 11 Druckraum, 12 Anschlußgewinde.

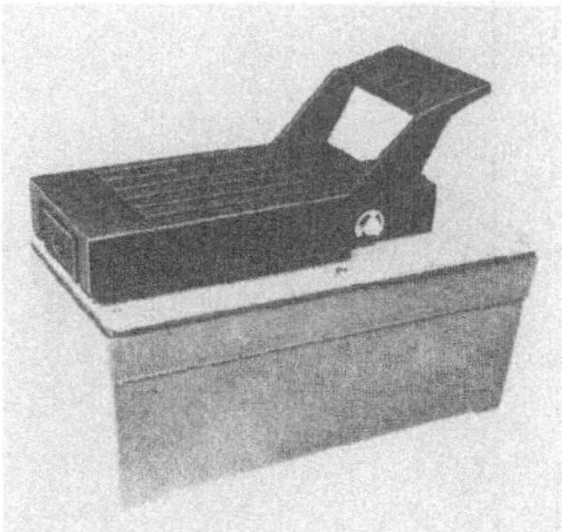

Bild 28-8 Druckluftbetriebene Hochdruck-Hydraulikpumpe mit großem Ölbehälter.

Das Ölvolumen von 1250 cm^3 reicht aus, um eine große Anzahl der Spannzylinder gleichzeitig zu betätigen. Das Übersetzungsverhältnis 1:30 erlaubt die Förderung von 450 cm^3 pro Minute bei 6 bar Eingangsdruck und 100 bar Systemdruck. Maximaler Öldruck beträgt 210 bar.

Bild 28-9 Druckluftbetriebene Hochdruck-Hydraulikpumpe mit erhöhter Förderleistung.

Sie eignet sich besonders für Vorrichtungen mit vielen Spannzylindern (z. B. Schweißvorrichtungen – Kap. 52), da ihre nutzbare Ölmenge 2450 cm^3 beträgt.

28.2 Kniehebelspanner an pneumatisch oder hydraulisch betätigten Vorrichtungen

Neben den handelsüblichen muskelkraftbetätigten Kniehebelspannern (Abschnitt 16.11) und ihrer Anwendung an Druckluftzylindern (Abschnitt 28.2), werden diese Spanner infolge ihrer Vorteile in verschiedenen Ausführungen (Bild 28-10/I bis 28-10/6) als selbstgebaute pneumatisch oder hydraulisch betätigte Bauelemente angewendet.

28.2.1 Berechnung der Spannkraft Fs der Kniehebelspanner

Im Bild 28-10 sind verschiedene Ausführungen der Kniehebelspanner mit den für die Berechnung notwendigen Berechnungsformeln aufgeführt. Die eingeleitete Spannkraft Fse kann mit Hilfe eines Pneumatik- oder Hydraulikzylinders ausgeübt werden.

28.3 Programmierbare elektronische Steuerungen für Pneumatik und Hydraulikanwender

Aus der Prozeß- bzw. Minirechnertechnik wurden unter der Bezeichnung „Programmable Controller" (PC) bzw. „Programmable Logic Controller" (PLC) „Programmierbare Steuerungen" entwickelt. Sie erlauben eine enorm hohe Anzahl von Schaltfunktionen auf engstem Raum zu relativ niedrigem Preis. Besonders interessant ist dabei die Möglichkeit, mit einem einzigen Gerät praktisch alle Steuerfunktionen zu realisieren. Es ist dabei gleichgültig, ob UND-Funktionen mit 3, 5 oder 10 Eingängen, eine Ablaufsteuerung (Taktkettensteuerung) mit 10 oder 40 Schritten usw. realisiert werden sollen. Voraussetzung dafür ist nur die passende Anzahl von Eingängen, Ausgängen und Zeitfunktionen sowie ausreichende Größe des Programmspeichers. Programmierbare Steuerungen bestehen aus den Hauptteilen: Ein/Ausgabeteil, Speicherteil, Prozessor und Stromversorgung. Diese Aufteilung gilt prinzipiell für alle programmierbaren Steuerungen, auch wenn bei der heutigen Integration die einzelnen Baugruppen nicht getrennt auftreten.

Den Kern einer programmierbaren Steuerung stellt der Prozessor, also eine digitale elektronische Schaltung dar. Sie entschlüsselt die dem Programmspeicher entnommene Instruktion und führt daraufhin bestimmte Operation aus. Die verschlüsselte Instruktion kann z.B.: „0010" heißen und den Prozessor veranlassen, den Wert eines bestimmten Eingangs in den Prozessor selbst zu übernehmen. Aufbau und Befehlsumfang des Prozessors (Anzahl der vom Prozessor verstandenen Instruktionen) bestimmen die maximale Systemgröße und die Art der Programmierung. Ganz allgemein unterscheidet man Prozessoren nach ihrer Wortlänge, d. h. nach der Anzahl der jeweils gleichzeitig verarbeiteten Binärstellen. Für eine reine Steuerung, d.h. ohne Text- oder Zahlendarstellung, reicht die Bearbeitung jeweils einer einzigen Binärstelle aus. Dies bedeutet, daß jeweils nur ein Eingang hinsichtlich seines Binärwertes (0 oder 1) abgefragt, diese Information verarbeitet, sowie zu einem bestimmten Zeitpunkt nur der Wert eines Ausgangs verändert werden kann. Die Eingänge werden jedoch sehr schnell nacheinander abgefragt, so daß der Eindruck entsteht, daß diese Eingänge gleichzeitig wirksam werden. Ähnliches gilt für die Ausgänge. Hat eine Änderung eines Eingangssignals die Änderung mehrerer Ausgangssignale zur Folge, so ändert dabei ein Ausgang nach dem anderen seinen Wert. Durch die hohe Geschwindigkeit entsteht jedoch der Eindruck einer gleichzeitigen Änderung dieser Werte. Diese serielle Arbeitsweise – im Gegensatz zur parallelen Arbeitsweise konventioneller Steuerungen – ist charakteristisch für programmierbare Steuerungen. Wegen der hohen Arbeitsgeschwindigkeit elektronischer Schaltkreise bedeutet die serielle Signalverarbeitung im allgemeinen keinen Nachteil. Nur in Fällen, wo eine extrem kurze Reaktionszeit einer Steuerung auf eine Signaländerung erfolgen muß, kann es zu Schwierigkeiten führen. Im Zusammenhang mit pneumatischen Geräten treten mit Sicherheit keine Probleme auf.

Im Bild 28-11 ist ein vereinfachtes Blockschaltbild einer programmierbaren Steuerung dargestellt. Durch einen Zähler wird

<table>
<tr><th>Nr.</th><th>Fall</th><th>Formel</th><th>Erläuterungen
Formelzeichen, Einheiten usw.</th></tr>
<tr><td>1</td><td>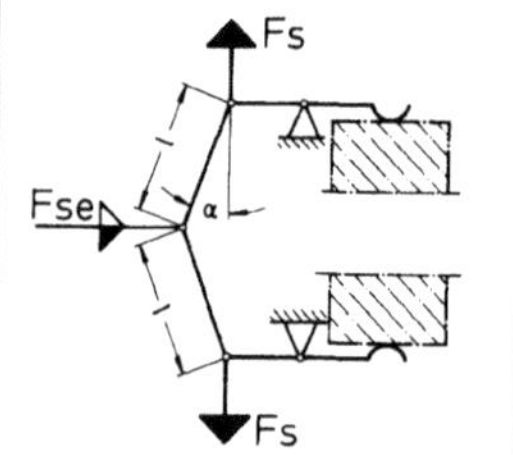</td><td>$$F_s = \frac{F_{se}}{2\tan(\alpha + \rho')}$$</td><td>$\sin\rho' = \mu_1 \frac{d}{l}$

l Hebellänge
α Neigungswinkel des Hebels
ρ' Reibungswinkel (Gelenk)
μ_1 Reibungsfaktor (Gelenk) $\mu_1 = 0{,}1$
d Gelenkbolzendurchmesser
s. Tabelle in Nr. 2</td></tr>
<tr><td>2</td><td>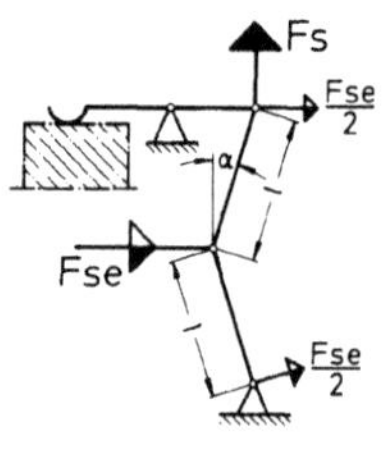</td><td>wie oben</td><td>Bei Kniehebelsystemen, unter der Voraussetzung, daß die Hebellängen gleich groß gewählt werden:
<table>
<tr><th>Winkel α der Hebelanordn.</th><th>Spannkraft F_s</th><th rowspan="2">Gilt auch für Nr. 1</th></tr>
<tr><td>$\alpha = 5°$
$\alpha = 10°$
$\alpha = 45°$</td><td>$F_s = 4{,}5\,F_{se}$
$F_s = 2{,}6\,F_{se}$
$F_s = 0{,}43\,F_{se}$</td></tr>
</table></td></tr>
<tr><td>3</td><td>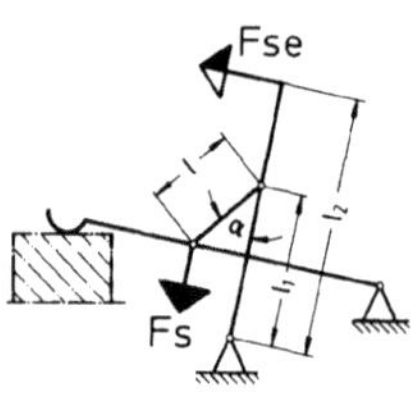</td><td>$$F_s = \frac{F_{se} \cdot l_2}{l_1 \cdot \tan(\alpha + \rho')}$$</td><td>$\sin\rho' = \mu_1 \frac{d}{l}$

ρ Reibungswinkel (Gelenk)
l Hebellänge
α Neigungswinkel des Hebels
d Gelenkbolzendurchmesser
μ_1 Reibungsfaktor (Gelenk) ≈ 0,1
l_1 Hebellänge
l_2 Hebellänge</td></tr>
<tr><td>4</td><td>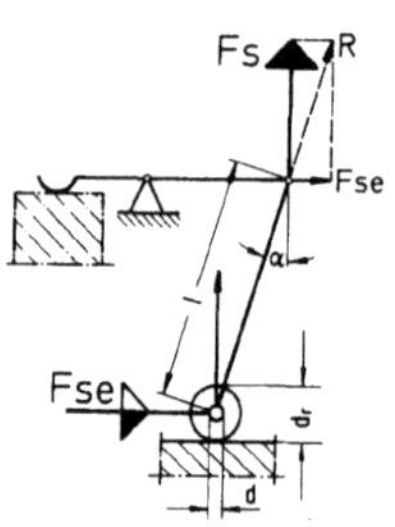</td><td>$$F_s = \frac{F_{se}}{\tan(\alpha + \rho') + \tan\rho_1'}$$</td><td>$\sin\rho' = \mu_1 \frac{d}{l}$ $\alpha = 5 \div 7°$

$\mathrm{tg}\,\rho_1' = \mu_2 \frac{d}{l}$

μ_1 Reibungsfaktor (Gelenk) ≈ 0,1)
μ_2 Reibungsfaktor (Rolle – Bolzen) ≈ 0,1
d Gelenkbolzendurchmesser
l Hebellänge
α Neigungswinkel des Hebels</td></tr>
<tr><td>5</td><td>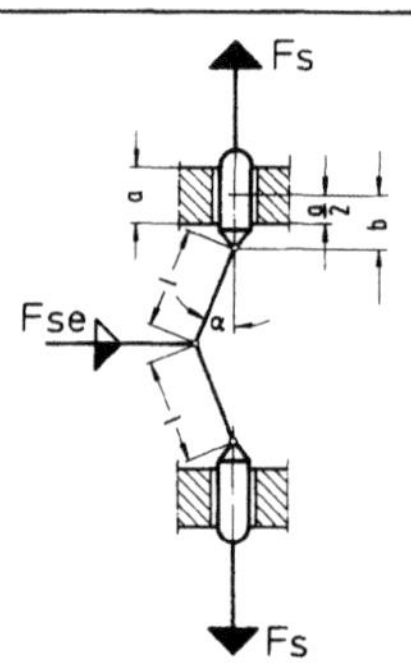</td><td>$$F_s = \frac{F_{se}}{2}\left[\frac{l}{\tan(\alpha + \rho')} - \tan\rho_1'\right]$$</td><td>$\sin\rho' = \mu_1 \frac{d}{l}$

$\tan\rho_1' = \mu_2 \frac{3b}{a}$

d Gelenkbolzendurchmesser
ρ' Reibungswinkel (Gelenk)
l Hebellänge
b s. Skizze
μ_1 Reibungsfaktor (Gelenk) ≈ 0,1
μ_2 Reibungsfaktor
a s. Skizze</td></tr>
<tr><td>6</td><td>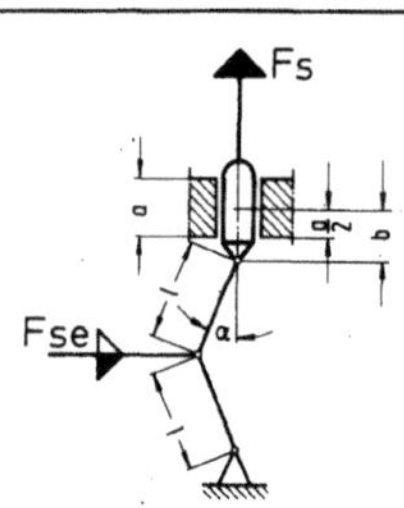</td><td>wie oben</td><td>wie oben</td></tr>
</table>

Bild 28-10 Formeln zur Berechnung der Spannkraft Fs an Kniehebelspannern.

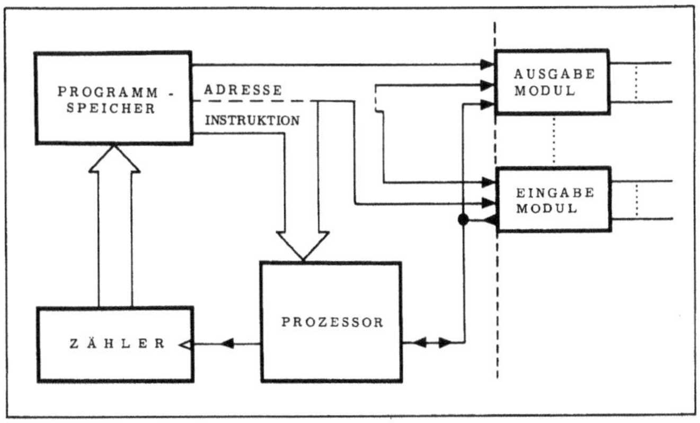

Bild 28-11 Vereinfachtes Blockschaltbild einer programmierbaren Steuerung (PC bzw. PLC).

jeweils ein bestimmter Platz im Programmspeicher adressiert, wodurch die an diesem Speicherplatz vorhandene Information auf eine Anzahl paralleler Leitungen (bus) geschaltet wird. Ein Teil dieser Leitungen führt zum Prozessor und übermittelt diesem die jeweils aktuelle Programminstruktion. Diese wird im Prozessor entschlüsselt und führt auf Grund der Instruktion eine bestimmte Operation aus. Der zweite Teil der Leitungen führt vom Speicher zu Ein- und Ausgabemodulen. Durch einen bestimmten Signalwert an diesem sog. Addresbus kann jeweils einer dieser Module ausgewählt und dadurch einer der Eingangs- bzw. Ausgangsleitungen mit dem „Datenbus" verbunden werden. Dadurch kann z. B. der Wert 1 (im allgemeinen gleich positive Spannung) an einem bestimmten Ausgang ausgegeben werden. Ist eine Prozessorinstruktion ausgeführt, so wird der Zählerstand um 1 erhöht und so die nächste Instruktion angefordert. Im einfachsten Fall werden die im Programmspeicher stehenden Instruktionen nacheinander bearbeitet. Ist die höchste Zähleradresse erreicht, so wird im nächsten Schritt der Zähler zurückgesetzt und das Programm beginnt wieder mit der ersten Instruktion. Bei dieser rein zyklischen Bearbeitung eines Programms ist die Zeit zur einmaligen Abarbeitung des Programms ungefähr proportional der Programmlänge. Aus der Bearbeitungszeit des Programms ergibt sich auch ein Anhaltswert für die maximale Reaktionszeit einer Steuerung auf eine Eingabeänderung. Diese Programmbearbeitungszeit liegt für 1 K Worte (= 1024 Programminstruktionen) bei etwa 2 ... 5 ms. Diese Zeit ist im Zusammenhang mit pneumatischen Geräten mit Sicherheit ausreichend.

Kennzeichnend für programmierbare Steuerungen ist, daß durch eine Änderung des Programms eine schnelle und relativ leichte Änderung der Steuerung möglich ist. Für diese Aufgabe sind in erster Linie Schreib/Lesespeicher geeignet. Die Kernspeicher dieser Geräte wurden inzwischen durch Halbleiterspeicher (RAM) abgelöst. Steht ein Programm fest und braucht nicht mehr verändert zu werden, so kann auch ein „Nur-Lesespeicher" ein sog. Festwertspeicher verwendet werden. Da Festwertspeicher in immer höherer Integration angeboten werden, besteht der Programmwechsel in diesem Fall oft nur im Austausch einer einzigen integrierten Schaltung. Der Vorteil des Festwertspeichers liegt darin, daß das Programm unabhängig von der Spannungsversorgung erhalten bleibt. Die Programmerstellung erfolgt mit Hilfe eines Programmiergerätes, das im einfachsten Fall bereits in der Steuerung (wie z.B. auch bei vielen Werkzeugmaschinensteuerungen) integriert ist.

Hat man sich auf Grund der Komplexität einer Aufgabe oder auch aus anderen Gründen für eine elektronische Steuerung entschieden, so sind bei Verwendung einer programmierbaren Steuerung im Prinzip keine Kenntnisse auf dem Gebiet der Elektronik notwendig. Die Anpassung der Steuerung an das „Steuerungsproblem" wird auf eine andere Ebene verschoben – nämlich auf die Programmierung, so daß sich der Anwender auch damit nicht beschäftigen muß. In den meisten Fällen ändert sich die Aufgabe der Steuerung nicht. In solchen Fällen sollte man einen Festprogrammspeicher benutzen, der z. B. bereits vom Hersteller programmiert ist, so daß für den Anwender dies eine „normale" elektronische Steuerung ist, deren Ein- und Ausgänge er nur mit dem zu steuernden System (Vorrichtung) zu verbinden hat. Als Beispiel kann die Möglichkeit der Anwendung elektrischer Endschalter bei pneumatischen Zylindern (z. B. berührungslos durch Magnete im Kolben betätigt) und Elektromagnetventile, einer relativ einfachen Kombination zwischen elektronischer Steuerung und pneumatischem Leistungsteil, genannt werden. Weiteres s. Lit. [67], [68], [104], [130], [147], [184], [255], [256].

28.4 Richtlinien für die Lösung pneumatischer und hydraulischer Spannprobleme im Vorrichtungsbau

Bevor man sich für die pneumatisch (Kap. 26), hydraulisch (Kap. 27) oder pneumatisch-hydraulisch (Kap. 28) betätigte Vorrichtung entscheidet, müssen folgende Fragen geklärt werden:

1. Welche *Spannkraft* wird zum Spannen des Werkstücks benötigt?
2. Welcher *Kolbenhub* ist für die Spannung nötig?
3. Welche *Arbeitsgeschwindigkeit* ist erforderlich?
4. Welche *Genauigkeitserfordernisse* stellt der Spannvorgang an die Spannelementebewegung?
5. Welche *Zylinderart* ist für die Bewältigung der Spannaufgabe notwendig?
6. Wird eine *Pufferung* (Dämpfung) benötigt?
7. Welche *Befestigungsmöglichkeit* der Zylinder besteht innerhalb der Vorrichtung?
8. Welche *Krafterzeugungsanlage* steht zur Verfügung?
9. Welche *Sicherheitsmaßnahmen* sind vorzusehen?
10. Welche *Art der Sicherheitsmaßnahmen* ist vorzusehen?
11. Zusätzliche *Forderungen* (Lichtschranke usw.) notwendig?
12. Kommt eine *programmierbare elektronische Steuerung* (Abschnitt 28.3) in Frage?
13. Die *Berechnung* der Spannkraft Fs bei Anwendung selbstkonstruierter und -gefertigter *Kniehebel-Spannsysteme in Verbindung mit Pneumatik- bzw. Hydraulikzylindern* kann anhand der Formeln (Bild 28-10) erfolgen.

29 Vorrichtungen mit plastischer Masse als Druckübertragungsmittel[1)]

29.1 Arten der Vorrichtungen

Werkstückspanner mit plastischer Masse als Druckübertragungsmittel kann man in zwei Gruppen und in jeweils zwei Untergruppen unterteilen:

1. Werkstückspanner mit Dehnhülse als Spannelement,
   1.1 Spanndorne (Bild 29-1),
   1.2 Spannfutter (Bild 29-2),
2. Werkstückspanner mit Spannkolben (Einstück- und Mehrstückspanner – Abschnitt 15.9),
   2.1 in geschlossener Form (Bilder 29-11 und 29-12),
   2.2 in offener Form (Bild 29-3).

29.2 Plastische Masse als Druckübertragungsmittel im Vorrichtungsbau

Die chemische Industrie stellt plastische Masse her[2)], die sich besonders als Druckübertragungsmittel eignet. Sie besteht aus 15 Teilen Polyvinylchlorid $(H_2C : CHCl)_n$ und 85 Teilen Weichmacher. Sie wird in gallertartigem Zustand geliefert[3)] und so in der Vorrichtung verwendet.

29.2.1 Vorteile der plastischen Masse als Druckübertragungsmittel für Vorrichtungen

1. Die Kompressibilität der Masse beträgt $50 \cdot 10^{-7}$ N/cm² und wirkt sich erst bei sehr hohen spezifischen Drücken aus. Die Funktion der Vorrichtung wird sogar bei Arbeitsdrücken über 500 ... 1000 bar nicht beeinträchtigt.

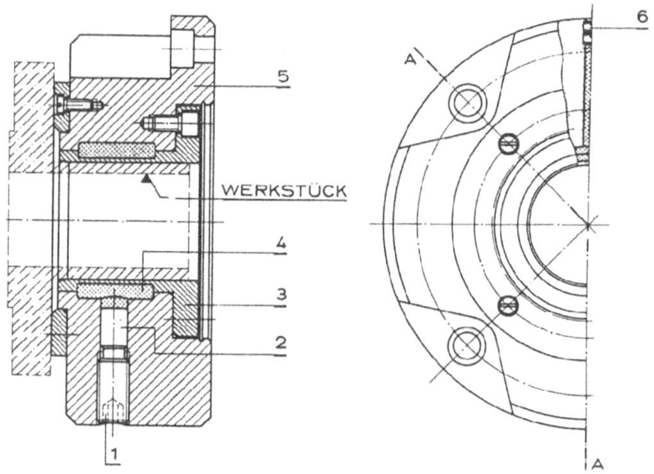

Bild 29-2 Spannfutter mit plastischer Masse als Druckübertragungsmittel (s. a. Spannfutter – Abschnitt 36.2, insbesondere Abschnitt 36.2.2).

1 Betätigungsschraube des Spannkolbens, 2 Spannkolben, 3 Dehnhülse mit Flansch, 4 Druckkammer, 5 Grundkörper, 6 Entlüftungskanal.

[1)] s. Lit. [4], [90], [91], [92], [93], [94].

[2)] Hersteller: Dynamit Nobel AG, 5210 Troisdorf

[3)] Lieferant: Thyssen-Schulte GmbH, Postf. 201/202, 4600 Dortmund 1

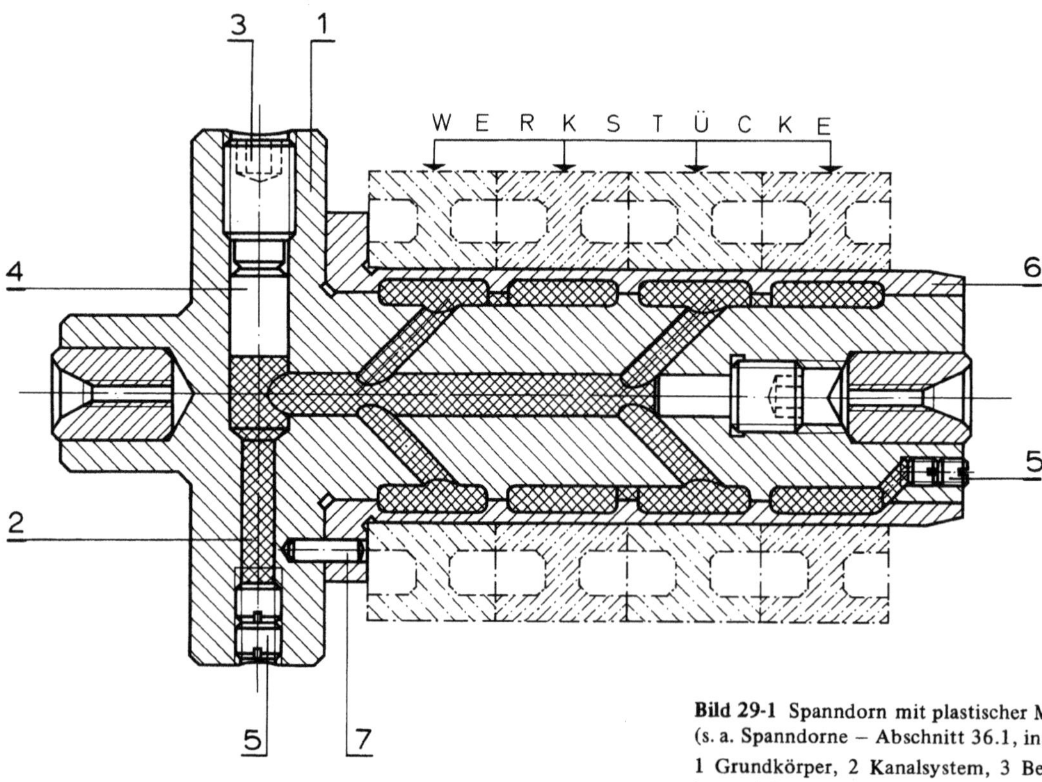

Bild 29-1 Spanndorn mit plastischer Masse als Druckübertragungsmittel (s. a. Spanndorne – Abschnitt 36.1, insbesondere Abschnitt 36.1.2).

1 Grundkörper, 2 Kanalsystem, 3 Betätigungsschraube des Spannkolbens, 4 Spannkolben, 5 Entlüftungsschrauben, 6 Dehnhülse, 7 Mitnahmestift.

2. Bei Arbeitstemperaturen zwischen 20 °C und 60 °C ist die Viskosität konstant.
3. Nicht gesundheitsschädlich.
4. Keine Alterung, Zersetzung unter Druckeinfluß.
5. Dünnflüssig bei Temperaturen zwischen 100 °C und 160 °C.
6. Keine Korrosionseinwirkung auf die Vorrichtungselemente.
7. Vorteile der Ölhydraulik ohne Leckagen.
8. Niedriger Preis (50,00 DM/kg, Mindestabnahme 10 kg, bzw. Zuschlag 2,00 DM/kg), da jeweils geringe Mengen in Frage kommen.

29.2.2 Nachteile der plastischen Masse als Druckübertragungsmittel

1. Für lange Fließwege ungeeignet. Zur Druckübertragung in langen Kanälen (über 500 mm) eignet sie sich nicht.
2. Zur genauen Einhaltung des Druckes ist die plastische Masse im Allgemeinen nicht geeignet, da auf Grund ihres hohen kubischen Wärmeausdehnungskoeffizienten von $220 \cdot 10^{-6}/°C$ jede Temperaturschwankung eine Druckveränderung zur Folge hat.

29.3 Spanndorne und Spannfutter mit plastischer Masse als Druckübertragungsmittel

29.3.1 Arten der Dehnhülsen für Spanndorne und -futter

Die Dehnhülse (Bild 29-4) ist das Hauptbestandelement der Spanndorne und -futter mit plastischer Masse als Druckübertragungsmittel. Es gibt zwei Arten der Dehnhülsen:

1. Dehnhülsen, die auf den Dorngrundkörper aufgesetzt, einen Spanndorn ergeben (Bilder 29-4a_1 bis 29-4c_1),
2. Dehnhülsen, die in den Futtergrundkörper eingesetzt, ein Spannfutter ergeben (Bilder 29-4a_2 bis 29-4c_2).

Innerhalb dieser beiden Gruppen werden kurze und lange Dehnhülsen unterschieden. Eine Dehnhülse wird als kurz bezeichnet, wenn ihre Gesamtlänge L_e (Bild 29-4b_2) kürzer ist als ihr Zentrierdurchmesser D. Andernfalls wird die Dehnhülse lang genannt. Infolge des sich gleichmäßig ausbreitenden Druckes der plastischen Masse wird die Dehnhülse während des Spannvorgangs im Bereich der elastischen Verformung aufgeweitet. Sie dehnt sich gleichmäßig aus, so daß eine hohe Zentriergenauigkeit des Werkstücks erreicht wird. Sie beträgt bei einem Spannbereich von 2D/1000 mm (D in μm) etwa 10 μm, und bei einem Spannbereich von D/1000 etwa 5 μm. Um diese Genauigkeit zu erreichen, müssen bestimmte Dehnhülsenelemente und andere Bauelemente des Spanndorn- bzw. Spannfutterkörpers berechnet werden (Abschnitt 29.3.2 und Aufstellung in Bild 29-4).

29.3.2 Berechnung der Dehnhülse

Alle Konstruktionsgrößen der Dehnhülsen sind in der Aufstellung (Bild 29-4) enthalten. Die Länge des dünnwandigen Teiles der Dehnhülse soll mindestens der Zentrier- und Spannlänge des Werkstücks entsprechen (besser 20 % länger gestalten). Die Berührungslänge der Dehnhülse im gespannten Zustand mit dem Werkstück wird als Funktion des Verhältnisses s/d (Bild 29-5) ermittelt. Dieses Verhältnis kann der Einfachheit halber in Form eines Faktors k (Bild 29-6) ausgedrückt werden. Die Berührungslänge l_B wird ermittelt: Ist die Länge l des dünnwandigen Teiles der Dehnhülse

Textfortsetzung auf S. 248

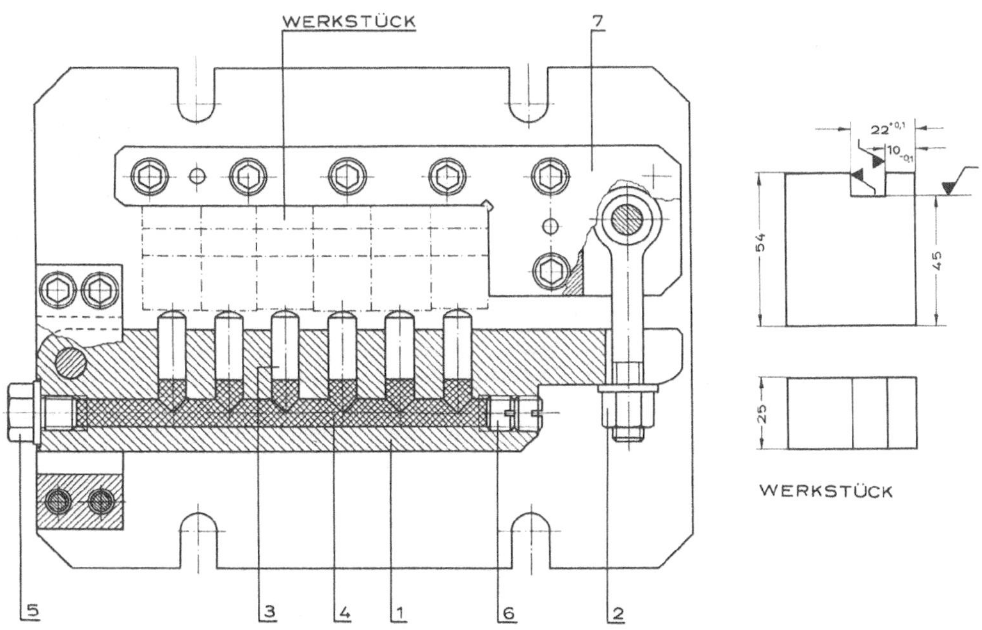

Bild 29-3 Mehrstückspannvorrichtung (Reihenspannvorrichtung) (s. a. Abschnitt 15.9) mit plastischer Masse als Druckübertragungsmittel.

1 Grundkörper, 2 Spannmutter, 3 Wehrstück-Spannkolben, 4 Druckkammer, 5 Füllöffnung mit Dichtungsschraube, 6 Entlüftungsschrauben, 7 Werkstück-Anlageelement. Weitere Beispiele s. Bilder 15-42, 15-52 und 29-11.

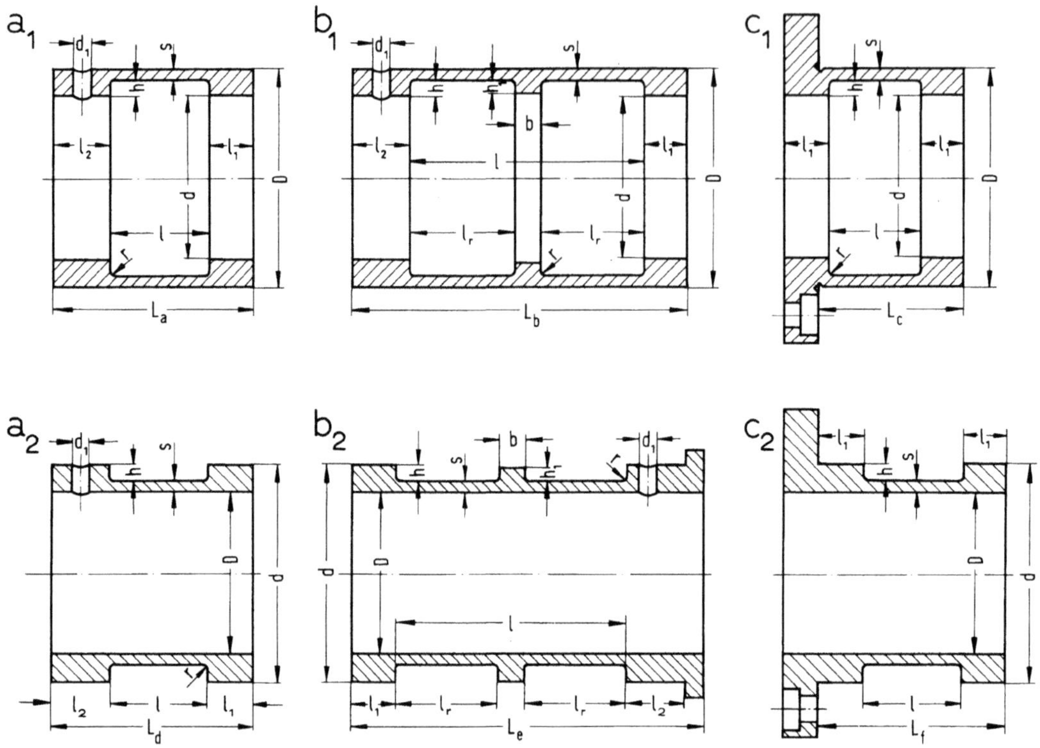

Kurzzchn.	Konstruktionsgröße/-element	Einheit	Ermittlung bzw. Berechnung	Spalte
D	Werkstück-Zentrierdurchmesser	mm	Gegeben (nach Möglichkeit in ISO-Qualität IT ...)	0
D D	Positionierdurchmesser des Spanndornes Positionierdurchmesser der Spannhülse	mm mm	D = minimaler Werkstück-Aufnahmedurchmesser D = maximaler Werkstück-Aufnahmedurchmesser	1
D ... D ...	ISO-Toleranz des Spanndornes ISO-Toleranz der Spannhülse	– –	h6 Der Werkstück-Aufnahmedurchmesser sollte nach H7 Möglichkeit die ISO-Qualität IT 7 aufweisen	2
l	Länge des dünnwandigen Teiles der Dehnhülse	mm	Die Länge „l“ sollte nach Möglichkeit mindestens der Positionier- und Spannlänge des Werkstückes entsprechen. Besser jedoch + 20 % betragen. Durch Wahl der Länge „l“ ergeben sich: 3.1 kurze Dehnhülse 3.2 lange Dehnhülse	3
l_1	Dichtungs- und Verstärkungskragenbreite	mm	$l_1 = 2{,}5 \sqrt[3]{D}$	4
l_2	Dichtungs- und Verstärkungskragenbreite	mm	$l_2 = l_1 + d_1$ (d_1 = Mitnahmebolzendurchmesser)	5
s	Wanddicke des Dünnwandigen Teiles der Dehnhülse (Bild oben), Werkstoff s. Spalte 21	mm	Wanddicke der Dehnhülse als Funktion der Dehnhülsenlänge l Länge l bei: / Wanddicke s: D von 10 bis 50 mm / D über 50 ... 150 mm $l > 0{,}5$ D: s = 0,015 D + 0,5 / s = 0,025 D $0{,}5\,D \geqq l > 0{,}25$ D: s = 0,01 D + 0,5 / s = 0,02 D $0{,}25\,D \geqq l > 0{,}125$ D: s = 0,01 D + 0,25 / s = 0,015 D	6
	Unterteilung der Dehnhülsen hinsichtlich der ISO-Qualität des Werkstück-Aufnahmendurchmessers.	–	7.1 Dehnhülse in ISO-Qualität bis einschließlich IT 7 des Werkstücks 7.2 Dehnhülse in ISO-Qualität IT 8 und IT 9 des Werkstücks	7
h	Höhe der Druckkammer der Dehnhülse	mm	$h = \sqrt[3]{D}$ bis einschließlich IT 7, wobei die Gesamthöhe 2 h betragen soll (zur Hälfte in der Dehnhülse und Grundkörper). Für IT 8 und IT 9 soll die Eindrehtiefe h in der Dehnhülse betragen: $0{,}5\,H < h \leqq H$ und $H = 2\sqrt[3]{D}$	8
r	Radius in Druckkammer und Grundkörper	mm	r = (0,03 ... 0,07) D, wobei r ≧ s und der Wert 0,03 für große Durchmesser und 0,07 für kleinere Durchmesser gilt.	9
d	Befestigungsdurchmesser der Dehnhülse	mm	10.1 Dehnhülse Ausf. a_1, b_1 und c_1: d = D – 2s – 2h. 10.2 Dehnhülse Ausf. a_2, b_2 und c_2: d = D + 2s + 2h.	10

Kurz-zchn.	Konstruktionsgröße/-element	Einheit	Ermittlung bzw. Berechnung	Spalte
	Unterteilung der Dehnhülsen – kurz, lang		11.1 kurze Dehnhülse- Formeln werden nicht benötigt. 11.2 für lange Dehnhülsen gelten nachfolgende Formeln:	11
b	Verstärkungsrippenbreite	mm	11.2.1 $b = (2 \ldots 3) \cdot s$	
h_1	Höhe der Verstärkungsrippe	mm	11.2.2 $h_1 = (0{,}7 \ldots 0{,}9) \cdot h$	
l_r	Abstand zwischen den Verstärkungsrippen	mm	11.2.3 $l_r = \frac{l - n_b \cdot b}{n_r}$ wobei: n_b = Anzahl der Verstärkungsrippen n_r = Anzahl der Druckkammern 11.2.4 l_r soll folgende Bedingung erfüllen: $0{,}50 \cdot D \geqq l_r \geqq 0{,}35 \cdot D$ und daraus aus 11.2.3 und 11.2.4: 11.2.5 $0{,}5 \cdot D \geqq \frac{l - n_b \cdot b}{n_r} \geqq 0{,}35 \cdot D$	
L_a	Gesamtlänge der Dehnhülse Ausführung a_1	mm	$L_a = l_2 + l + l_1$ wobei: $l_2 = l_1 + d_1$	12
L_b	Gesamtlänge der Dehnhülse Ausführung b_1	mm	$L_b = l_2 + l + l_1$ wobei: $l_2 = l_1 + d_1$ sowie: $l = 2 \cdot l_r + b$	13
L_c	Gesamtlänge der Dehnhülse Ausführung c_1	mm	$L_c = l_1 + l + 0{,}3\, l_1$	14
L_d	Gesamtlänge der Dehnhülse Ausführung a_2	mm	$L_d = l_2 + l + l_1$ wobei: $l_2 = l_1 + d_1$	15
L_e	Gesamtlänge der Dehnhülse Ausführung b_2	mm	$L_e = l_1 + l + l_2 + 8$ wobei: $l = 2 \cdot l_r + d_1$ und $l_2 = l_1 + d_1$	16
L_f	Gesamtlänge der Dehnhülse Ausführung c_2	mm	$L_f = 2 \cdot l_1 + l$	17
ΔD	Maximale zulässige Vergrößerung (Spanndorn) oder Verkleinerung (Spannhülse) des Durchmessers „D" im mittleren Teil der Dehnhülse im Rahmen der Elastizitätsgrenze $Rp_{0,01}$ des Dehnhülsenwerkstoffes (Spalte 21)	mm N/mm² N/mm² mm	$\Delta D = \frac{Rp \cdot D}{E \cdot x}$ worin: $Rp_{0,01}$ – Elastizitätsgrenze des Dehnhülsenwerkstoffes E – Elastizitätsmodul des Dehnhülsenwerkstoffes D – Zentrier- und Spanndurchmesser der Dehnhülse x – Sicherheitsfaktor, bei $l > 0{,}3$ D ist $x = 1{,}4$ und bei $l \leqq 0{,}3$ D ist $x = 2{,}0$ zu wählen.	18
d_k	Spannkolbendurchmesser als Funktion der Länge l des dünnwandigen Teiles der Dehnhülse im Verhältnis zum Zentrier- und Spanndurchmesser D	mm	Länge des dünnwandigen Teiles der Dehnhülse – Spannkolbendurchmesser d_k: $l > 0{,}5$ D: $d_k = 1{,}8 \sqrt{D}$ $0{,}5\,D \geqq l > 0{,}25$ D: $d_k = 1{,}5 \sqrt{D}$ $0{,}25\,D \geqq l > 0{,}125$ D: $d_k = 1{,}2 \sqrt{D}$	19
s_k	Mindestspiel zwischen Kolben und Zylinderbohrung	mm	Mindestspiele in Abhängigkeit vom Arbeitsdruck s. **Abschnitt 29.5.1 Pkt. 13–15.**	
M	Maximales, mit Hilfe der Dehnhülse zu übertragendes, Drehmoment (überschlägig)	Ncm	$M \approx 13{,}7 \cdot 10^6 \frac{s}{D} \sqrt{\frac{s}{D}} \cdot \Delta D \cdot D^2$ in Ncm, wobei: s, D, ΔD in cm	20
–	Wahl der Werkstoffe für Bauelemente	–	21.1 Werkstückspanner mit Dehnhülse als Spannelement 21.1.1 Grundkörper: Stahl St 50 21.1.2 Dehnhülse: Stahl C 60, gehärtet, Stahl 42 Cr Mo 4, gehärtet, Stahl 67 Si Cr 5, gehärtet. 21.1.3 Druckspindel: Werkzeugstahl, gehärtet 21.1.4 Druckkolben: Werkzeugstahl, gehärtet, Nichtrostender Stahl. 21.1.5 Schrauben: 8.8, 10.9 21.2 Werkstückspanner mit Spannkolben (z.B. Reihenspanner) 21.2.1 Grundkörper: Für größere Grundkörper: GG-18, Für kleinere Grundkörper: Stahl St 40 21.2.2 Druckspindel: Werkzeugstahl gehärtet 21.2.3 Druckkolben: Werkzeugstahl gehärtet, Nichtrostender, Stahl. 21.2.4 Spannkolben: Werkzeugstahl, gehärtet, Nichtrostender Stahl. 21.3.5 Schrauben: 8.8, 10.9	21

Bild 29-4 Konstruktionsgrößen der Dehnhülsen und anderer Bauelemente für Vorrichtungen mit plastischer Masse als Druckübertragungsmittel.

a_1 kurze Dehnhülse für Spanndorne, a_2 kurze Dehnhülse für Spannfutter, b_1 lange Dehnhülse für Spanndorne, b_2 lange Spannhülse für Spannfutter, c_1 kurze Dehnhülse mit Flansch für Spanndorne, c_2 kurze Dehnhülse mit Flansch für Spannfutter.

In der Tabelle sind alle für die Konstruktion der Vorrichtungen mit plastischer Masse als Druckübertragungsmittel notwendige Größen bzw. für ihre Ermittlung notwendigen Formeln und Tabellenwerte enthalten.

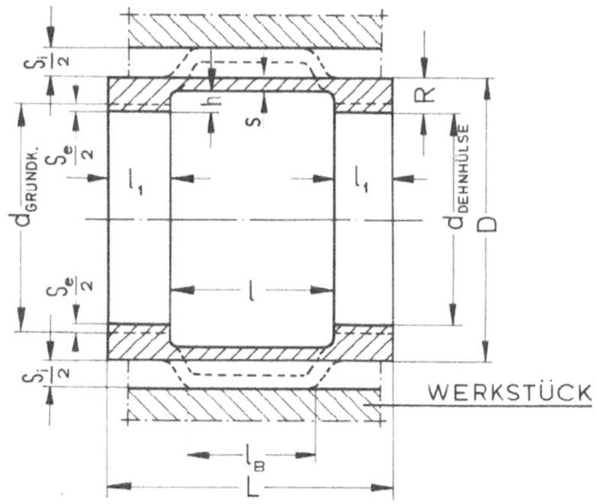

Bild 29-5 Berührungslänge l_B der Dehnhülse mit der Zentrier- und Spannfläche des Werkstücks im gespannten Zustand.

$\frac{s}{D}$	0,005	0,010	0,015	0,020	0,025	0,030	0,035	0,040	0,045	0,050
k	0,35	0,50	0,60	0,70	0,75	0,85	0,90	1,05	1,10	1,15

Bild 29-6 Werte des Faktors k als Funktion von s/D (s. Bild 29-4, Spalte 1 und 6).

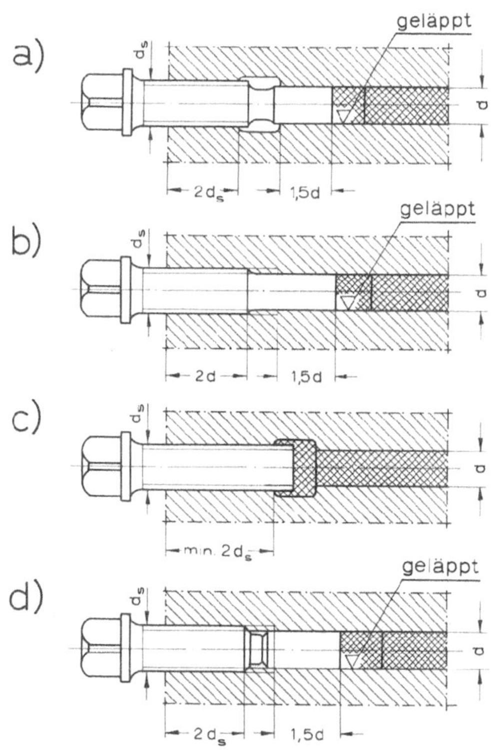

Bild 29-7 Einfache Ausführungen der Druckkolben:

a) Druckkolben in einem Stück mit der Spannschraube mit Einstich,
b) Druckkolben in einem Stück mit der Spannschraube ohne Einstich,
c) Spannschraube als Druckkolben direkt auf die plastische Masse wirkend,
d) loser Druckkolben – mit der Spannschraube nicht verbunden.

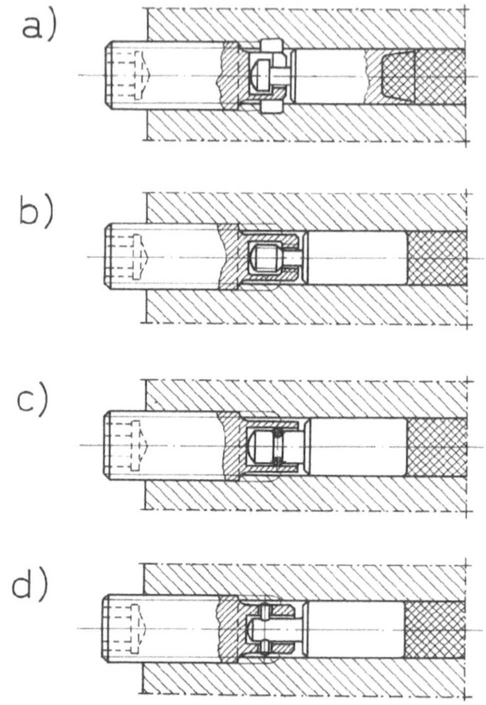

Bild 29-8 Druckkolben mit der Spannschraube drehbar verbunden:

a) Druckkolben mit Pilzkopf im ausgefrästen Sitz der Druckschraube.
b) Druckkolben mit Gewinderohr in einer Ausdrehung der Druckschraube über Innengewinde eingeführt,
c) Druckkolben mit Zapfen und Nut in einer Bohrung der Druckschraube mit Zylinderstiften verbunden,
d) Wie unter c) jedoch nicht drehbar gegenüber der Druckschraube.

$$l \leqq \frac{k \cdot D}{2},$$

so beträgt die Berührungslänge

$$l_B = l \sqrt{\frac{v}{S + v}} \quad \text{in mm.}$$

Ist aber

$$l > \cdot \frac{k \cdot D}{2}, \quad \text{in mm.}$$

so ergibt sich die Berührungslänge aus:

$$l_B = \frac{k \cdot D}{2} \sqrt{\frac{v}{S + v}} + l - \frac{k \cdot D}{2} \quad \text{in mm}$$

Darin bedeuten:

S größtes Spiel zwischen der Dehnhülse und der Aufnahme-Bohrung (S_a) bzw. dem Aufnahmezapfen (S_i) des Werkstücks im entspannten Zustand in mm,

k Faktor aus Bild 29-6,

D Zentrier- und Spanndurchmesser der Dehnhülse, in mm,

v Dehnvorrat der Dehnhülse, also $v = \Delta D - S$, wobei entsprechend S_i (innen) oder S_a (außen) gewählt wird (ΔD s. Tabelle – Bild 29-4/18) in mm.

Je größer das Spiel S, desto kleiner ist die Berührungslänge l_B zwischen der Dehnhülse und dem Werkstück. Um eine sichere Spannung des Werkstücks herbeizuführen, muß folgende Bedingung erfüllt werden:

$$\frac{l_B}{l} = 0{,}5 \ldots 0{,}8.$$

Nur dann ist die Zuverlässigkeit der Spannung gewährleistet.

Der zum Spannen des Werkstücks notwendige Druck p der plastischen Masse in der Druckkammer der Vorrichtung wird auf folgende Art ermittelt:

bei $l > 0{,}3 \cdot D$ muß

$$p = \frac{2 \Delta D \cdot E \cdot s}{D^2} \quad \text{in bar}$$

und bei $l \leqq 0{,}3 \cdot D$ muß

$$p = 1{,}25 \frac{\Delta D \cdot E \cdot s}{D \cdot l} \quad \text{in bar}$$

betragen, wobei:

E Elastizitätsmodul des Dehnhülsenwerkstoffs (s. Bild 29-4/21) in N/mm^2,

s Dicke des dünnwandigen Teils der Dehnhülse (Bild 29-4/6) in mm,

l Länge des dünnwandigen Teils der Dehnhülse (Bild 29-4/3) in mm,

D Zentrier- und Spanndurchmesser der Dehnhülse (Bild 29-4/1) in mm.

Die Werkstoffe für die Bauelemente sind unter „Werkstoffauswahl" (Bild 29-4/21) aufgeführt. Die Arten der Druckkolben sind im Abschnitt 29.4 besprochen und in den Bildern 29-7 und 29-8 abgebildet.

29.4 Vorrichtungen mit Spannkolben als Spannelement

Vorrichtungen mit Spannkolben als Spannelement eignen sich vorzüglich als Mehrstück-Spannvorrichtungen (Abschnitt 15.9) und als Ausgleichspannvorrichtungen (Abschnitt 15.11). Die Arten und Ausführungen der Druckkolben sind in den Bildern 29-7a bis d sowie 29-8a bis d dargestellt und erläutert.

29.4.1 Arten der Druck- und Spannkolben und ihre Ausführungen

Als Druckkolben wird der Kolben verstanden, der als Druckerzeuger in der Druckkammer dient. Der Spannkolben dient zum Spannen des Werkstücks. Die Druckkolben unterscheiden sich von den Spannkolben lediglich in der Ausbildung der der plastischen Masse *nicht* zugewandten Seite, da die anderen Stirnseiten der beiden Kolben keine Unterschiede aufweisen. Nach den Merkmalen der nicht unterschiedlichen Seiten kann man die Druck- und Spannkolben unterscheiden in:

1. Druck- und Spannkolben für Arbeitsdrücke unter 500 bar (Bild 29-9a bis d),

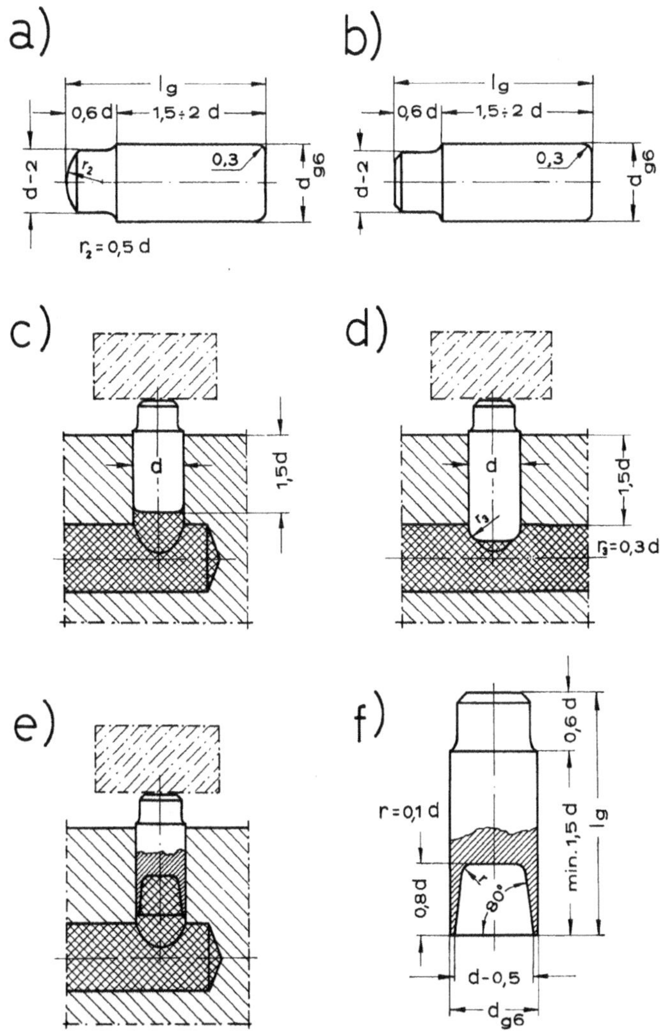

Bild 29-9 Arten und Ausführungen der Druck- und Spannkolben:

a) Druck- bzw. Spannkolben, abgesetzt mit Kugelfläche,

b) Druck- bzw. Spannkolben, abgesetzt glatt,

c) Druck- bzw. Spannkolbenlänge von in der ganzen Länge geführten Kolben,

d) Druck- bzw. Spannkolbenlänge von nicht in der ganzen Länge geführten Kolben,

e) Druck- bzw. Spannkolben für Drücke über 500 bar,

f) Druck- bzw. Spannkolben für Drücke über 500 bar – Form und Abmessungen.

2. Druck- und Spannkolben für Arbeitsdrücke über 500 bar (Bild 29-9a und f). Dem Arbeitsdruck entsprechend muß das Spiel zwischen Kolben und Zylinder (s. Abschnitt 29.5, Pkt. 15) gewählt werden.

29.4.2 Spannkolben-Rückholeinrichtungen

Besonders bei Mehrstückspannvorrichtungen (Reihenspannvorrichtungen) sollte eine Spannkolben-Rückholeinrichtung vorgesehen werden. Dadurch lassen sich die Werkstücke leichter eingeben, besonders bei großen Spannmaßtoleranzen. Spannkolben-Rückholeinrichtungen sind im Bild 29-10 gezeigt.

29.4.3 Berechnung der Bauelemente

Alle Formeln und Tabellen für die Berechnung der Bauelemente sind in der Aufstellung des Bildes 29-4 zusammengefaßt. Besonders die Ermittlung der Dehnhüllenelemente (Dicke und Länge des dünnwandigen Teiles, Höhe der Druckkammer, maximale zulässige Vergrößerung bzw. Verkleinerung des Dehnhülsenspanndurchmessers usw.) sollte größte Aufmerksamkeit gewidmet werden, um die Funktion des Spanndorns oder Spannfutters zu gewährleisten.

29.4.4 Werkstoffauswahl für die Bauelemente

Die Werkstoffe für die einzelnen Bauelemente werden anhand der im Bild 29-4/21 aufgeführten Zusammenstellung gewählt.

29.4.5 Ermittlung der Spannkraft Fs

Die Spannkraft, die mit Hilfe der Druck- und Spannkolben sowie des Hebelarms und der Spannschraube erzeugt wird, kann anhand der im Beispiel aufgeführten Formel ermittelt werden.

Beispiel (Bild 29-11)

Gegeben:

Länge des Kraftangriffs-Hebelarmes	l	= 180 mm
Steigung des Druckspindel-Gewindes	S	= 4 mm
Durchmesser des Druckkolbens	d_1	= 22 mm
Fläche des Druckkolbens	F_1	= 380 mm²
Durchmesser des Spannkolbens	d_2	= 20 mm
Fläche des Spannkolbens	F_2	= 314 mm²
Eingeleitete Spannkraft	Fse	= 120 N
Wirkungsgrad der Druckspindel	η	= 0,5

Gesucht:

1. *Eingeleitete Spannkraft am Kolben:*

$$Fs_1 = \frac{Fse \cdot 2 \cdot l \cdot \pi}{S} \cdot \eta = \frac{120\ \text{N} \cdot 2 \cdot 180\ \text{mm} \cdot \pi}{4\ \text{mm}} \cdot 0{,}5 = 16\,954\ \text{N}$$

2. *Arbeitsdruck der plastischen Masse in der Druckkammer:*

$$p = \frac{Fs_1}{F_1} = \frac{16\,959\ \text{N}}{380\ \text{mm}^2} = 44{,}62\ \frac{\text{N}}{\text{mm}^2} = 446{,}2\ \text{bar}$$

3. *Spannkraft am Spallkolben* (Werkstück):

$$Fs = p \cdot F_2 = 44{,}62\ \frac{\text{N}}{\text{mm}^2} \cdot 314\ \text{mm}^2 = 14\,011\ \text{N}$$

Eine andere Vorrichtung zum Mehrstückspannen zeigt Bild 29-12.

29.5 Richtlinien für die Gestaltung der Vorrichtungen mit plastischer Masse als Druckübertragungsmittel sowie für den Füllvorgang

Um die einwandfreie Funktion der Vorrichtungen mit plastischer Masse als Druckübertragungsmittel zu gewährleisten, sind nachstehend aufgeführten Hinweise zu beachten.

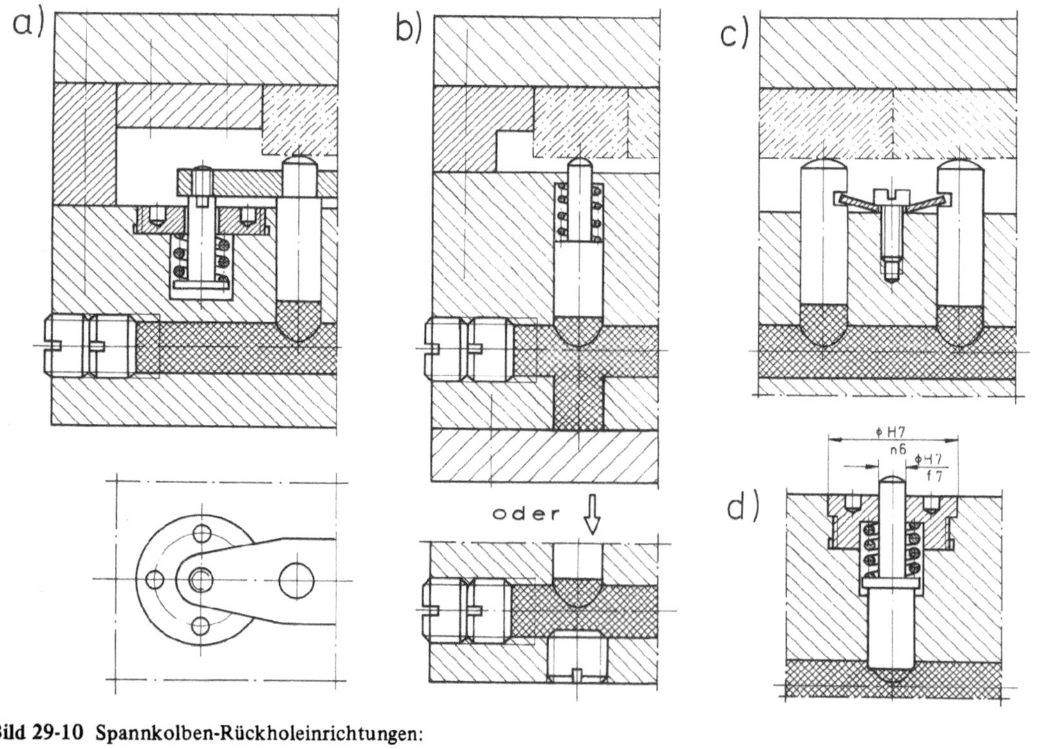

Bild 29-10 Spannkolben-Rückholeinrichtungen:

a) Rückholleiste für mehrere Spannkolben an beiden Enden mit Rückholfedern versehen,
b) Rückholfeder in einer Ansenkung, für einen Spannkolben,
c) Rückholblattfeder für jeweils zwei Spannkolben,
d) Rückholfeder für einen Spannkolben – verschraubt.

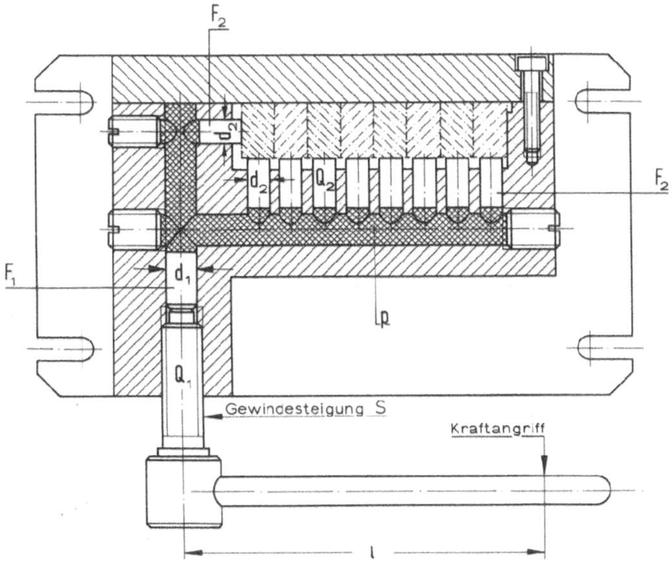

Bild 29-11 Reihenspannvorrichtung mit plastischer Masse als Druckübertragungsmittel – Abbildung zum Berechnungsbeispiel der Spannkraft (s. Abschnitt 29.4.5).

29.5.1 Richtlinien – Allgemein (alle Arten betreffend)

1. Die plastische Masse muß blasenfrei in die Vorrichtung eingefüllt werden.
2. Zum Füllen wird die plastische Masse, am besten in einem Kammerofen, langsam (2 Stunden) auf 140 ... 150 °C erwärmt.
3. Steht ein Kammerofen nicht zur Verfügung, so kann die plastische Masse in einem Topf, der sich in einem Glyzerinbad (zweiter Topf) befindet, erwärmt werden. Dadurch wird eine gleichmäßige Erwärmung gewährleistet und eine Überhitzung vermieden.
4. Eine Überhitzung der plastischen Masse verursacht Schaumbildung.
5. Die mit der plastischen Masse zu füllende Vorrichtung muß, nach Möglichkeit zusammen mit der plastischen Masse, ebenfalls auf 140 ... 150 °C erwärmt werden, damit die in die Vorrichtung fließende plastische Masse nicht mit einer kalten bzw. kälteren Vorrichtung in Berührung kommt.

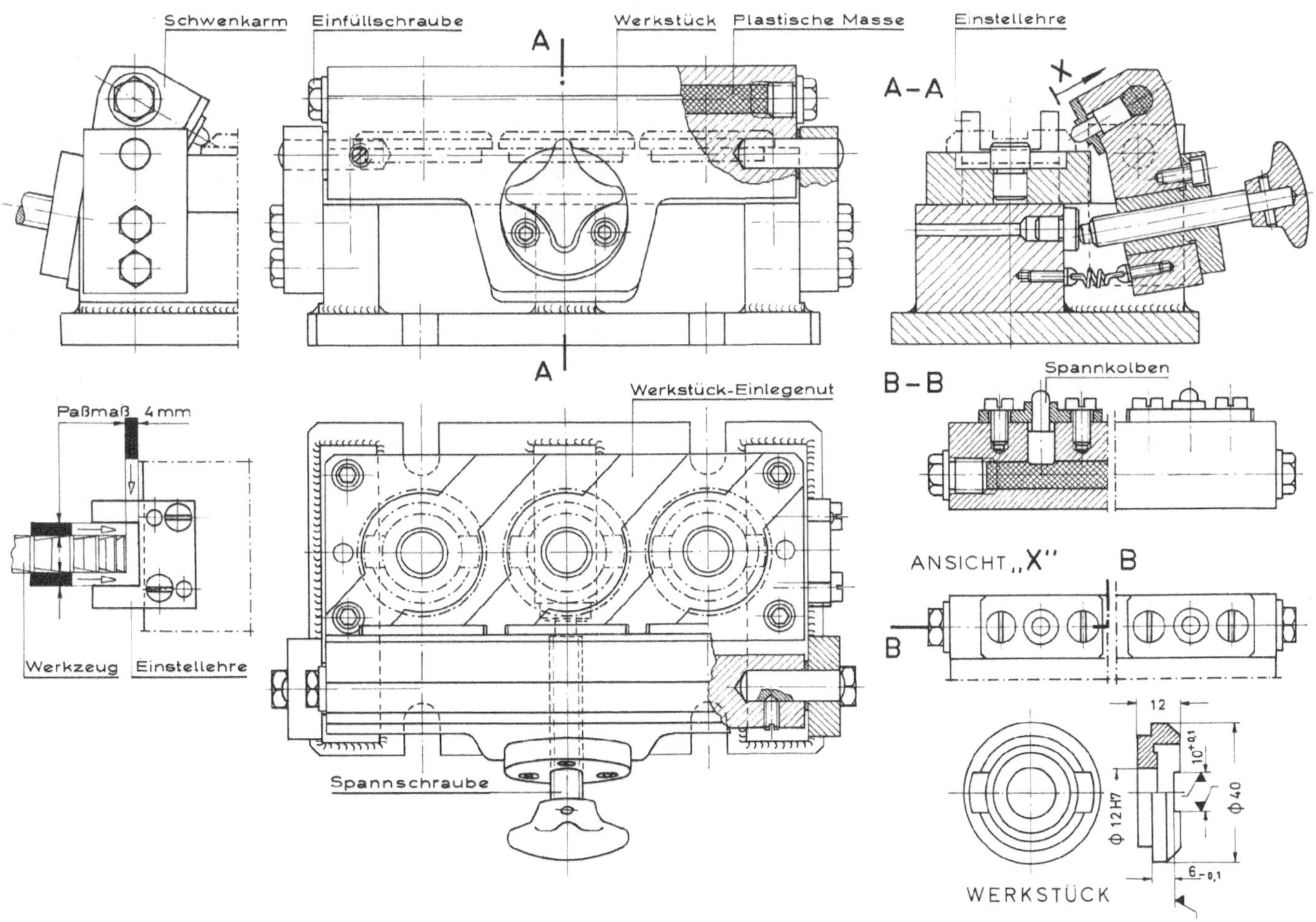

Bild 29-12 Reihenspannvorrichtung (Werkstück rechts unten) mit plastischer Masse als Druckübertragungsmittel (s. a. Abschnitte 15.9 und 15.11).

6. An der Vorrichtung sind Entlüftungsbohrungen an entsprechenden Stellen, die eine einwandfreie Entlüftung garantieren, vorzusehen.
7. Jede Entlüftungsbohrung ist mit zwei Schrauben zu versehen; mit einer Dichtungsschraube und einer Sicherungsschraube (s. Bilder 29-1, 29-3 und 35-3.
8. Sämtliche Stellen, die während des Einsatzes der Vorrichtung von der Bedienung nicht betätigt werden dürfen (Entlüftungsschrauben, Regulierschrauben usw.) sollten vor Inbetriebnahme der Vorrichtung mit einer Spezialfarbe, die im Betrieb nur für den Meister des Vorrichtungsbaus zugänglich ist, überpinselt werden, damit jeder unbefugte Eingriff sofort erkennbar wird. Dadurch lassen sich unbegründete Vorwürfe der Benutzer hinsichtlich der Funktion der Vorrichtung und möglicher Ausschuß vermeiden.
9. An gut zugänglichen Stellen sind Regulierschrauben (gesichert wie Einfüllschrauben) vorzusehen, falls die Vorrichtung mit Hilfe der Entlüftungsschrauben (s. Pkt. 6) nicht reguliert werden kann (da z. B. zu kleine Schrauben, schwer zugängliche Stellen).
10. Die plastische Masse eignet sich nicht als Druckübertragungsmittel zur Druckübertragung innerhalb langer Wege (über 500 mm), da mit einem erheblichen Druckabfall zu rechnen ist.
11. Jede, auch geringe, Temperaturerhöhung verursacht Druckerhöhung im System und somit höhere Spannkraft, was insbesondere bei dünnwandigen Werkstücken unerwünscht ist. In diesen Fällen ist für ausreichende Kühlung zu sorgen.
12. Vorrichtungen, insbesondere Spanndorne und Spannfutter für genaue Werkstücke und genaues Zentrieren, die längere Zeit (z. B. über Nacht) in einem kalten Raum verbleiben, können versagen, indem sie das Werkstück nicht mit der notwendigen Spannkraft spannen, falls eine Druckkolben-Wegbegrenzung ohne Spannkraftanzeige (s. Pkt. 17) vorhanden ist.
13. Die Kolben- und Zylinderbohrungen werden in der ISO-Passung H7/g6 ausgeführt und eingeläppt.
14. Trotz Einhaltung der unter Pkt. 13 aufgeführten Passung kann es vorkommen, daß das resultierende Spiel zu groß ist. Je höher der Arbeitsdruck, desto kleiner darf das Spiel zwischen dem Kolben und der Zylinderbohrung sein.
15. Mindestspiele in Abhängigkeit vom Arbeitsdruck (zu Pkt. 14): Arbeitsdruck bis 150 bar – Spiel 0,02 mm, bis 250 bar – Spiel 0,01 mm und bis 500 bar – Spiel 0,005 mm, darüber hinaus geringeres Spiel.
16. Die stets vorhandene Führungslänge (Berührungslänge) des Kolbens mit der Zylinderbohrung sollte mindestens $1{,}5 \cdot d$ (d Kolbendurchmesser) betragen.
17. Verschiedene Arten der Druckkolben sind in den Bildern 29-7 und 29-8 gezeigt.
18. Nach Möglichkeit sollte eine Druckkolben-Wegbegrenzung mit einer Arbeitsdruckanzeige (Druckkolbenspindel bis zum Anschlag, Druckanzeige: z. B. Druckkolben mit vorstehendem Stift gegen ein Tellerfederpaket wirkend) vorgesehen werden. In diesem Fall wird die Spannkraftregulierung mit Hilfe einer Entlüftungsschraube (s. Pkt. 7) bzw. einer Regulierschraube (s. Pkt. 8) vorgenommen.
19. Bei der Einstellung des Arbeitsdruckes (Pkt. 9 und Pkt. 18) muß das maximale Werkstückabmaß (Spannfutter) bzw. das minimale Werkstückabmaß (Spanndorne) berücksichtigt werden.
20. Die Vorrichtungen mit plastischer Masse als Druckübertragungsmittel dürfen ohne Werkstücke nicht betätigt werden.

29.5.2 Richtlinien für Vorrichtungen mit Dehnhülse als Spannelement (Spanndorne und Spannfutter)

1. Die Dehnhülse muß konstruktiv sorgfältig berechnet werden (Tabelle in Bild 29-4).
2. Die zu spannenden Werkstücke sollten mindestens in der ISO-Qualität IT 7 ausgeführt sein.
3. Die Zentrier- und Spannlänge der Dehnhülse sollte nach Möglichkeit die Zentrier- und Spannlänge des Werkstücks um 20 % überschreiten.
4. Es ist die maximale zulässige Vergrößerung (Spanndorn) bzw. Verkleinerung (Spannhülse) der Dehnhülse im mittleren Teil im Rahmen der Elastizitätsgrenze $Rp_{0{,}01}$ des Werkstoffs zu überprüfen (Tabelle in Bild 29-4, Pkt. 18).
5. Der Spannkolbendurchmesser wird als Funktion der Länge des dünnwändigen Teiles der Dehnhülse bestimmt (Tabelle in Bild 29-4, Pkt. 19).
6. Die Dehnhülse darf auf keinen Fall ohne Werkstück (entsprechende ISO-Qualität – s. Pkt. 2 vorausgesetzt) gespannt werden.

29.5.3 Richtlinien für Vorrichtungen mit Spannkolben als Spannelemente

1. Die Passung der Spannkolben und der Zylinderbohrungen entspricht der Passung der Druckkolben und der dazugehörigen Zylinderbohrung (s. Richtlinien Abschnitt 29.5.1, Pkt. 13).
2. Der Arbeitsdruck p und die Spannkraft Fs am Spannkolben als Funktion der eingeleiteten Spannkraft Fse können anhand der Formeln und Größen im Beispiel des Abschnitts 29.4.5 ermittelt werden.
3. Die Spannkolben sollten nach Möglichkeit mit Rückholeinrichtungen (Bild 29-10) versehen werden.

30 Bohrvorrichtungen

Neben dem Arbeitsgang „Bohren" werden mit Hilfe von Bohrvorrichtungen auch Aufbohr-, Senk-, Reib-, Gewindeschneid-, Nutenausdreh- und andere Arbeitsgänge ausgeführt. Sehr oft werden Bohrvorrichtungen für den ersten Arbeitsgang am Werkstück eingesetzt. Besonders in dieser Vorrichtungsart gibt es viele Ausführungen der Sonder- sowie DIN- bzw. werksgenormten Vorrichtungen.

30.1 Arten der Bohrvorrichtungen

1. *Sonder-Bohrvorrichtungen*
   1.1 Bohrschablonen (Abschnitt 30.2),
   1.2 Kleinere Vorrichtungen aus dem Vollen (Abschnitt 30.3),
   1.3 Flache Vorrichtungen für liegende Werkstücke (Abschnitt 30.3.1),
   1.4 Bohrvorrichtungen in C-Form (Abschnitt 30.3.2),
   1.5 Kasten-Bohrvorrichtungen (Abschnitt 30.4),
   1.6 Andere Sonder-Bohrvorrichtungen (Abschnitt 30.5).
2. *Standard-Bohrvorrichtungen*
   2.1 Werksgenormte Kasten-Bohrvorrichtungen (Abschnitt 30.6.1),
   2.2 DIN-genormte Klappen-Bohrvorrichtungen (Abschnitt 30.6.2),
   2.3 DIN-genormte Schnellspann-Säulengestelle (Abschnitt 23.4),
   2.4 Werksgenormte Bohrvorrichtungen für wellenartige Werkstücke (Abschnitt 23.2),
   2.5 Werksgenormte Bohrvorrichtungen für scheibenartige Werkstücke (Abschnitt 23.3),
   2.6 Baukasten-Bohrvorrichtungen (Kap. 40) und
   2.7 Andere Standard-Bohrvorrichtungen.

30.2 Bohrschablonen

Bohrschablonen (Bilder 30-1 bis 30-5) stellen die einfachste Form der Bohrvorrichtungen dar. Sie werden angewendet, wenn es sich einerseits um geringe Werkstückzahlen handelt, andererseits wenn die Anreißkosten eingespart und angelernte Arbeiter als Bohrer eingesetzt werden sollen. Eine Bohrschablone wird also angewendet, wenn eine kompliziertere Vorrichtung unwirtschaftlich wäre. Bohrschablonen können auf verschiedene Art auf dem Werkstück positioniert werden: mit Hilfe der Werkstückkontur, eines markanten Werkstückelementes, nach Anriß usw. (Abschnitte 11.2.1 und 13.1), bzw. einer oder zweier Bohrungen. Bei schweren und unhandlichen Werkstücken sind Bohrschablonen den schweren Kasten-Bohrvorrichtungen vorzuziehen. Größere Bohrschablonen werden durch Spanelemente mit dem Werkstück verbunden (Bild 30-4).

Bohrschablonen können mit Füßen (Bild 22-2) versehen werden, so daß sie sich für flanschartige Werkstücke eignen. Hierbei wird das Werkstück zwar gegen die Zerspankraft Fz ge-

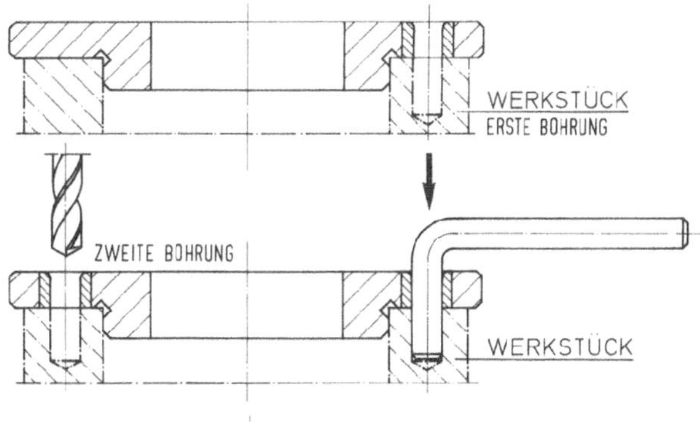

Bild 30-1 Bohrschablone für flanschartige Werkstücke.
In die erste, an einer beliebigen Stelle mit Hilfe der Bohrschablone gebohrte, Bohrung wird durch die Bohrbuchse ein Stift gleichen Durchmessers gesteckt und so die Lage der Bohrschablone zum Bohren von weiteren Bohrungen festgelegt. Diese Vorgehensweise eignet sich für Werkstücke bei denen die Lage der Bohrungen nur hinsichtlich des Teilkreisdurchmessers festgelegt ist.

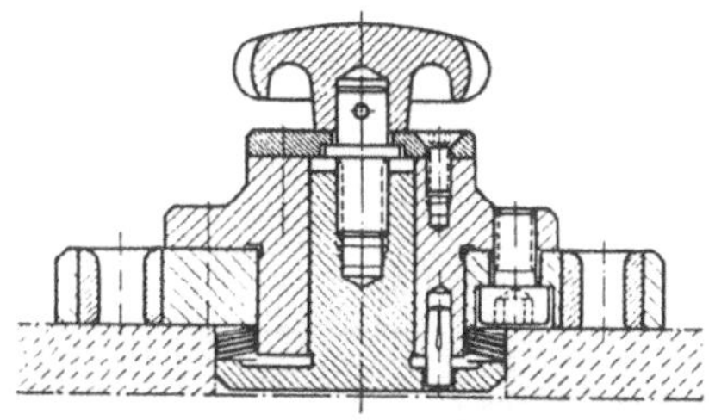

a)

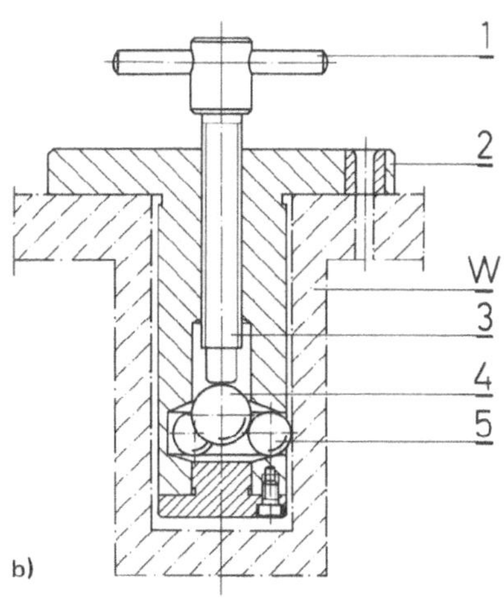

b)

Bild 30-2 Positionieren der Bohrschablone in einer Bohrung im Werkstück
a) in einer genauen Bohrung mit Hilfe der Spannscheiben Bauart Maurer (s. Abschnitt 36.1.3.3), die durch patentierte Ringspannschlitze eine besondere Elastizität und hohe Positioniergenauigkeit aufweisen. Diese Bohrschablone wird auch mit Hilfe der Spannscheiben gespannt.
b) in einer tiefliegenden Bohrung mit Hilfe von Kugeln als Positionier- und Spannelemente,
1 Spanngriff, 2 Bohrschablone, 3 Spannschraube, 4 mittlere Kugel, 5 seitliche Kugeln.

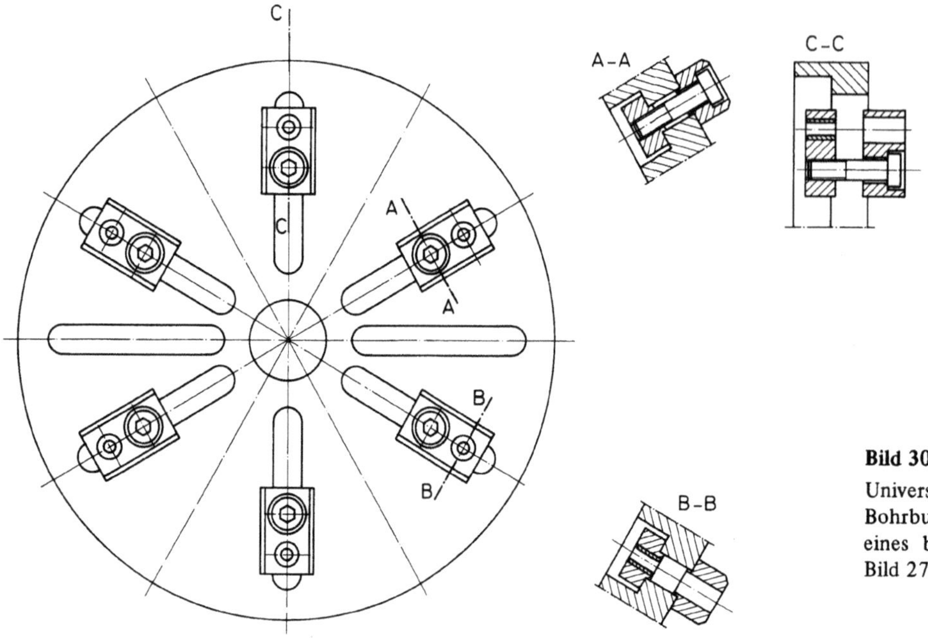

Bild 30-3
Universal-Bohrschablone mit radial verstellbaren Bohrbuchsen-Einstellelementen, die sich innerhalb eines bestimmten Bereiches einstellen lassen (s. a. Bild 27-13).

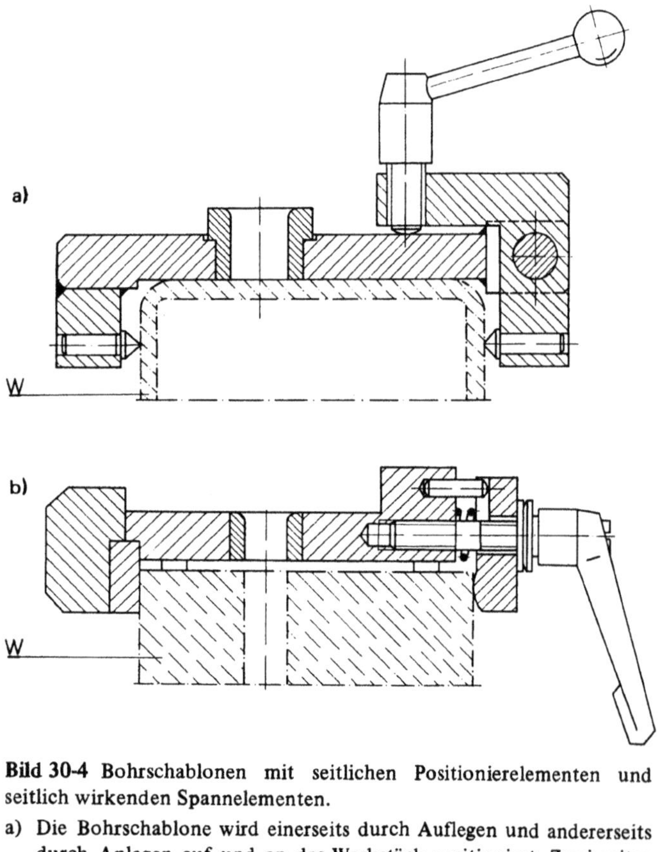

Bild 30-4 Bohrschablonen mit seitlichen Positionierelementen und seitlich wirkenden Spannelementen.

a) Die Bohrschablone wird einerseits durch Auflegen und andererseits durch Anlegen auf und an das Werkstück positioniert. Zwei spitze Stifte (links) sorgen dafür, daß die Schablone gut gespannt wird, da es sich hierbei um ein Werkstück aus Gußeisen handelt. Auch der rechte spitze Spannstift dringt in das Werkstück ein.

b) Die Bohrschablone wird analog zum Bild a) positioniert. Die Bohrbuchse steht von der Werkstückfläche etwas ab; dafür sorgen zwei Leisten, die als Auflageflächen der Bohrschablone dienen.

spannt, aber da die Bohrungen einzeln gebohrt werden, sind die Zerspankräfte meist gering. Vorsteckscheibe (Abschnitt 16-10) ermöglicht ein Schnellspannen (Bild 16-106).

30.2.1 Richtlinien für die Gestaltung von Bohrschablonen

1. Bohrschablonen sollen nach Möglichkeit die Kontur des Werkstücks aufweisen. Dadurch ist einfaches Positionieren möglich.
2. Leisten, Stifte oder Bolzen dienen als Positionier-Anlageelemente (Abschnitt 13.4). Drei Stifte (4 ... 8 mm ϕ) gewährleisten genaues Positionieren der Bohrschablone.
3. Bei Werkstücken mit bereits bearbeiteter Bohrung, erhält die Bohrschablone einen Aufnahmebolzen (Abschnitt 13.9) und einen Paßstift als Anschlag.
4. Bei tolerierten Bohrungsabständen werden die Bohrschablonen mit Bohrbuchsen ausgeführt. Die Bohrbuchsenabstände werden mit der halben Werkstücktoleranz versehen („Faustformel" – s. Abschnitt 30.14).
5. Bei untolerierten Bohrungsabständen werden keine Bohrbuchsen verwendet. Die Bohrungen in der Bohrschablone erhalten eine Ausrundung an der Oberseite (Einsatzhärtung der ganzen Bohrschablone).
6. Die Werkzeugführungsbohrungen werden gerieben und erhalten ein Aufmaß von 0,1 mm zum Polieren auf F 7 nach dem Härten.
7. Bohrschablonen erhalten keine Steckbuchsen. Die nach Schablone gebohrten Bohrungen werden ohne Bohrschablone frei gerieben bzw. mit Gewinde versehen.
8. Werkstoff für Bohrschablonen: Stahl C 15.
9. Dicke der Bohrschablonen: entsprechend der Länge der längsten Bohrbuchse (Abschnitt 30.9).

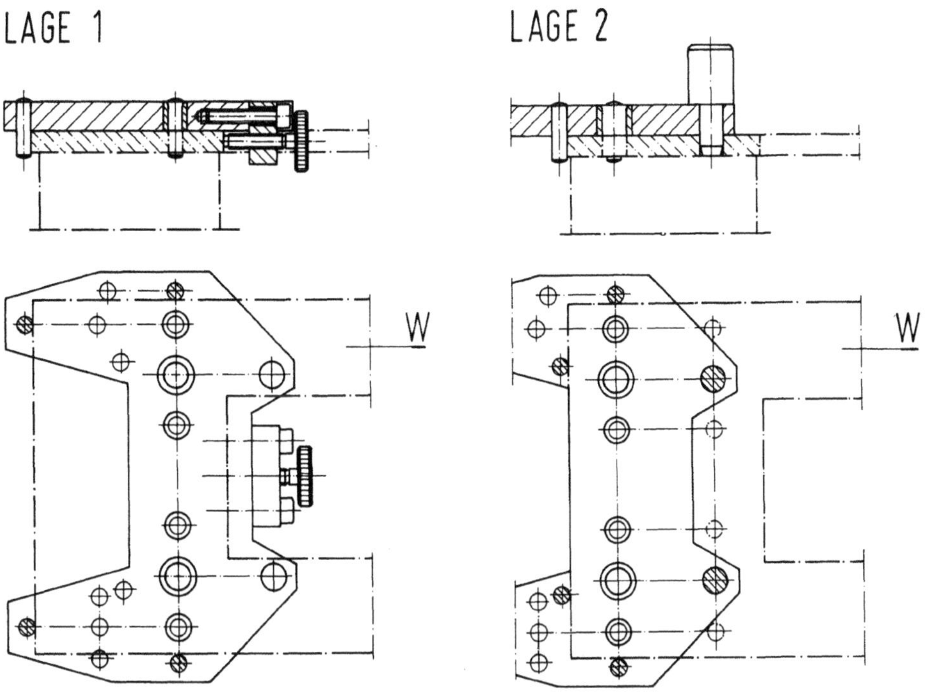

Bild 30-5

Bohrschablone für 3 Werkstücke mit gleichen Bohrbildern.

Lage 1: Die Bohrschablone wird mit Hilfe der nach unten vorstehenden festen Zylinderstifte positioniert (durch Anlegen) und mit der Rändelschraube gespannt. Die Bohrungsreihe (mit Bohrbuchsen) wird gebohrt.

Lage 2: In einer Anzahl der bereits gebohrten Werkstücke (Lage 1) soll eine zweite Bohrungsreihe parallel zu der ersten gebohrt werden. Mit Hilfe der zusätzlichen vier losen Positionier-Steckstifte werden neue Anlageelemente geschaffen mit denen die Bohrschablone positioniert wird. Die beiden großen Steckstifte werden in zwei bereits gebohrte Bohrungen gesteckt. Die zweite Bohrungsreihe wird gebohrt. Die Lage dieser Bohrungen ist in Abhängigkeit zu den bereits vorhandenen Bohrungen gebracht worden.

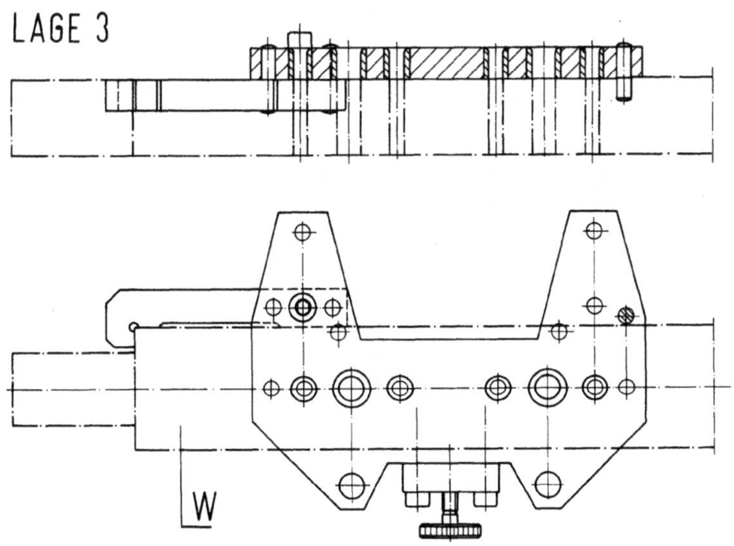

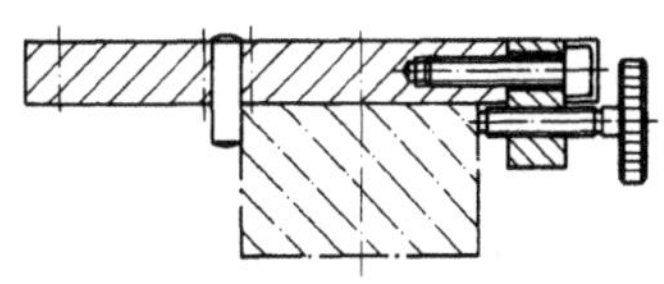

Lage 3: Ein Werkstück, das mit den in den Lagen 1 und 2 gebohrten Werkstücken montiert wird, wird mit derselben Bohrschablone gebohrt. Ein angeschraubter Anschlagarm und ein Steckstift dienen als Positionierelemente. Die Bohrschablone wird mit der Rändelschraube gespannt.

10. Bohrschablonen aus Profileisen (meist Winkeleisen) werden nicht einsatzgehärtet (Verzug !), sondern erhalten Bohrbuchsen.
11. Weitere Richtlinien s. Abschnitt 30.8.

30.3 Kleinere Bohrvorrichtungen aus dem Vollen

Diese Art der Bohrvorrichtungen (Bild 30-6) wird für kleinere Werkstücke, die z.B. auf dem Umfang mit Bohrungen versehen werden, verwendet. Spannelemente mit Vorsteckscheiben (Abschnitt 16.10.2) erlauben ein schnelles und sicheres Spannen und eingebaute Auswerfer (Abschnitt 10.4) schnelle Entnahme des Werkstückes aus der Vorrichtung. Weitere Beispiele der Bohrvorrichtungen aus dem Vollen sind im Abschnitt 19.1.1 besprochen und in den Bildern 10-11, 10-16, 19-1 und 19-2 dargestellt.

30.3.1 Flache Bohrvorrichtungen für liegende Werkstücke

Auf einer Grundplatte aufgebaute Positionier- und Spannelemente sowie mit Hilfe von Aufbau- und Auslegeelementen in der gewünschten Lage befestigte Bohrbuchsen ergeben eine Bohrvorrichtung (Bilder 13-58 und 16-12), in der meistens flache, liegende Werkstücke, mit Bohrungen versehen werden.

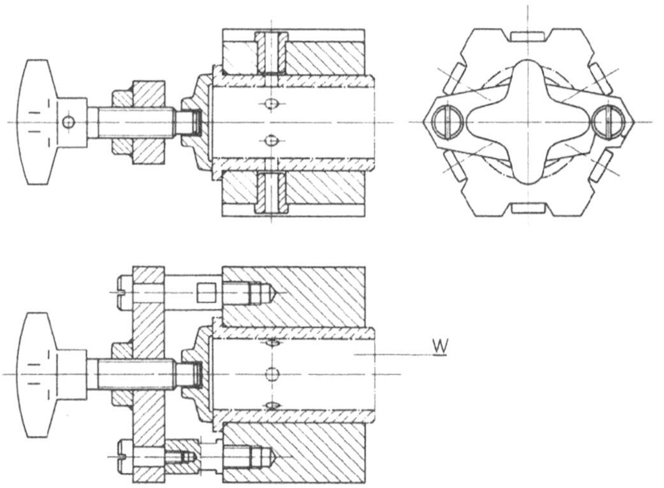

Bild 30-6 Bohrvorrichtung aus dem „Vollen" mit Spann- und Verschlußelementen (Kap. 18).

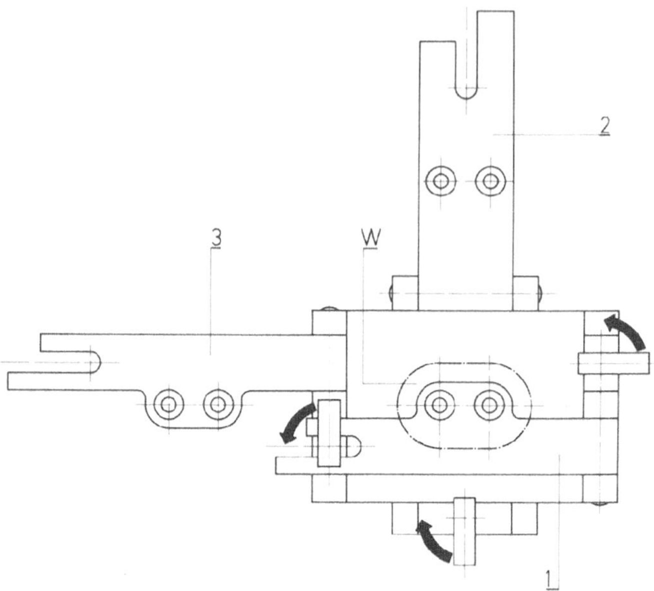

Bild 30-9 Kasten-Bohrvorrichtung mit drei Klappen als Bohrbuchsenträger für jeweils eine Arbeitslage der Vorrichtung.

Vorteile der Anwendung von mehreren Klappen als Bohrbuchsenträger (Abschnitt 30.10) für eine oder mehrere Bohrungsachsen sind:

1. ein Vertauschen der Steckbohrbuchsen, insbesondere wenn mehrere Steckbohrbuchsen (Abschnitt 30.9.2, Pkt. 4) (auch Bild 30-13) in eine Grundbuchse (Abschnitt 30.9.2, Pkt. 3) in einer bestimmten Reihenfolge gesteckt werden müssen (z. B. Bohren, Senken, Reiben usw.) ist unmöglich, da anstelle der einzelnen Steckbohrbuchsen jeweils eine Klappe zum Einsatz kommt;
2. wenn in einer Arbeitslage der Vorrichtung viele Steckbohrbuchsen in vielen Grundbuchsen auszutauschen sind, müssen diese jeweils „gesucht" werden, was großen Zeitaufwand bedeutet. Durch den Einsatz von mehreren Klappen wird die „Steckzeit" wesentlich reduziert;
3. wenn große Durchmesserunterschiede in einer Bohrungsachse zu bearbeiten sind und somit Sonderbohrbuchsen notwendig wären, so kann der Einsatz von mehreren Klappen dieses ausschalten;
4. wenn sich die Bohrungen in sehr kleinen Abständen zueinander befinden und durch Sonderbohrbuchsen (Bilder 30-38 und 30-39) diese Aufgabe bewältigt werden müßte. Mit Hilfe von mehreren Klappen können diese Bohrungen in geringen Abständen auch ohne Sonderbohrbuchsen gebohrt werden.

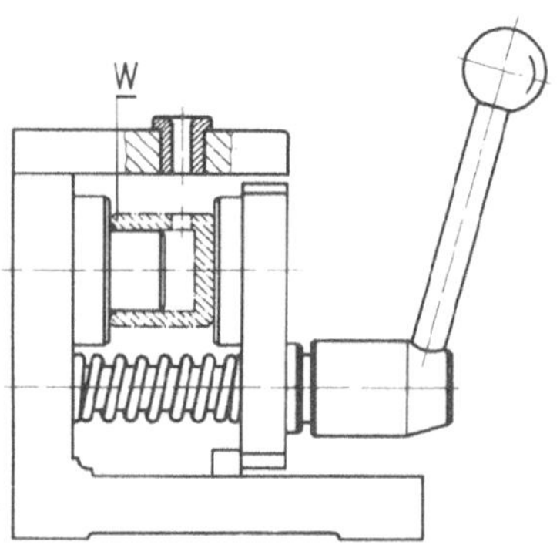

Bild 30-7
Bohrvorrichtung in C-Form (s. a. Bilder 19-6, 19-7 und 30-8).

Bild 30-8 Bohrvorrichtung in C-Form (s. a. Bilder 19-6, 19-7 und 30-7).

30.3.2 Bohrvorrichtungen in C-Form

Durch die Gestaltung des Vorrichtungskörpers in C-Form (Bilder 19-6, 24-19, 30-7 und 30-8) können Bohrvorrichtungen für Werkstücke wie: Hebel, Gabel u. ä. geschaffen werden. Die von der einen Seite offene C-Form erlaubt eine gute Beschikkung der Vorrichtung, sehr gute Späneabfuhr und ein schnelles Positionieren und Spannen des Werkstücks.

Ein waagerecht liegender Dorn dient bei diesen Vorrichtungen als Positionier- und Spannelement. Diese Art von Vorrichtungen kann auch als Wendevorrichtungen (Bild 13-91) ausgebil-

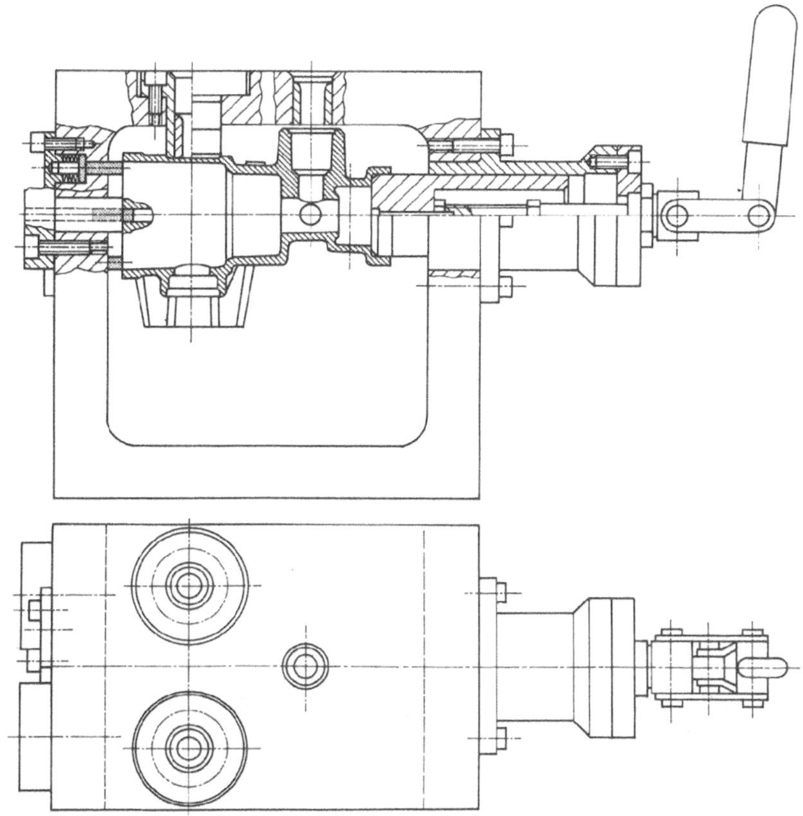

Bild 30-10

Kasten-Bohrvorrichtung zum Bohren der Justierbohrungen in ein gegossenes Reglergehäuse.

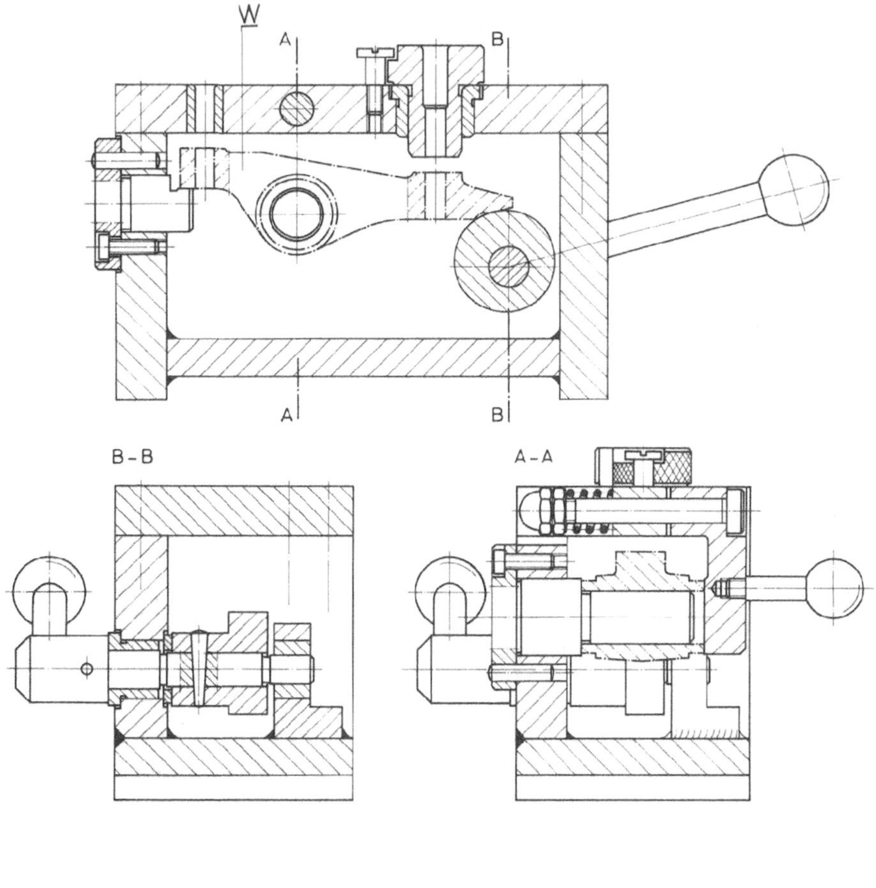

Bild 30-11

Kasten-Bohrvorrichtung mit Kreisexzenterspannung des Werkstückes. Direkte Berührung des Spannexzenters mit dem Werkstück sollte vermieden werden, da sonst das Werkstück beschädigt werden kann.

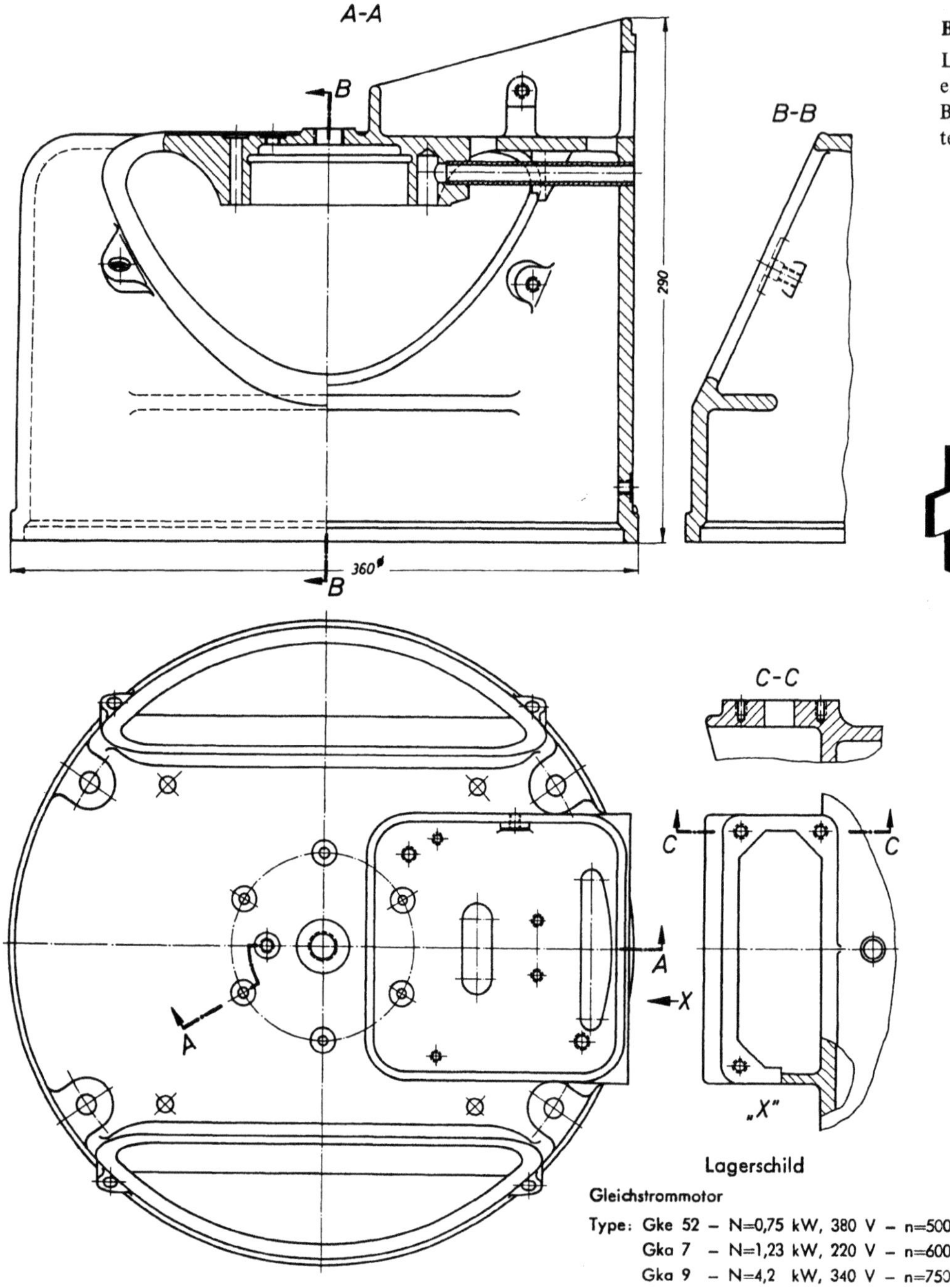

Bild 30-12

Lagerschild eines Gleichstrommotors mit eingezeichneten Bohrungen, die in einer Bohrvorrichtung in einer Spannung bearbeitet werden sollen (s. Bilder 30-13 und 30-14).

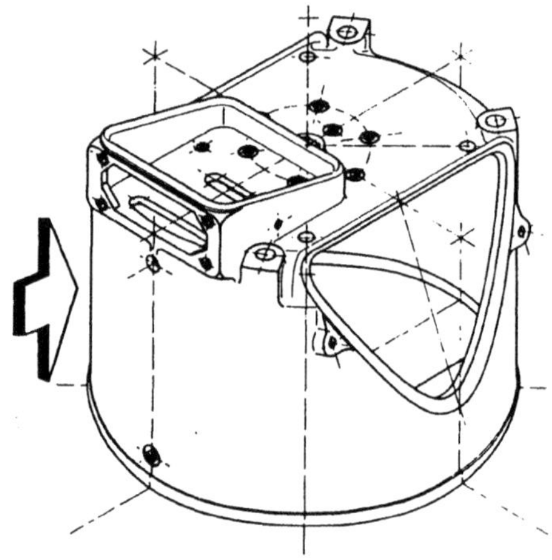

det werden. Weitere Beispiele dieser Art von Bohrvorrichtungen sind in den Bildern 22-3 bis 22-5, 22-10 und 24-1 gezeigt.

Bohrvorrichtungen in C-Form eignen sich auch für den Einsatz als Gruppenvorrichtungen (Kap. 39, Bild 39-2).

30.4 Kasten-Bohrvorrichtungen

Durch die Ausbildung der Bohrvorrichtung in Kastenform unter Verwendung einer oder mehrerer Klappen als Bohrbuchsenträger (Abschnitt 30.10) und entsprechender Verschlüsse (Kap. 18) ergibt sich die Möglichkeit, das Werkstück von vielen Seiten zu bearbeiten. Dies betrifft kleinere Vorrichtungen, die von Hand in die verschiedenen Lagen (Abschnitt 30.7) gebracht werden, und Vorrichtungen, die mit Hilfe von hand- bzw. motorbetriebenen Wendespannern (Abschnitt 23.5) bewegt werden, wobei sich Teilungsmöglichkeiten ergeben (Abschnitt 13.11). Die Kasten-Bohrvorrichtung, in der meistens alle Bohrungen eines Werkstücks in einer Spannung bearbeitet werden, garantiert, daß die Maßzusammenhänge eingehalten werden. Kasten-Bohrvorrichtungen sind in den Bildern 30-9 bis 30.11 und 30-13 gezeigt. Im Bild 30-12 ist das in der Vorrichtung (Bild 30-13) bearbeitete Werkstück dargestellt. Sechs Arbeitslagen der Vorrichtung zeigt Bild 30-14.

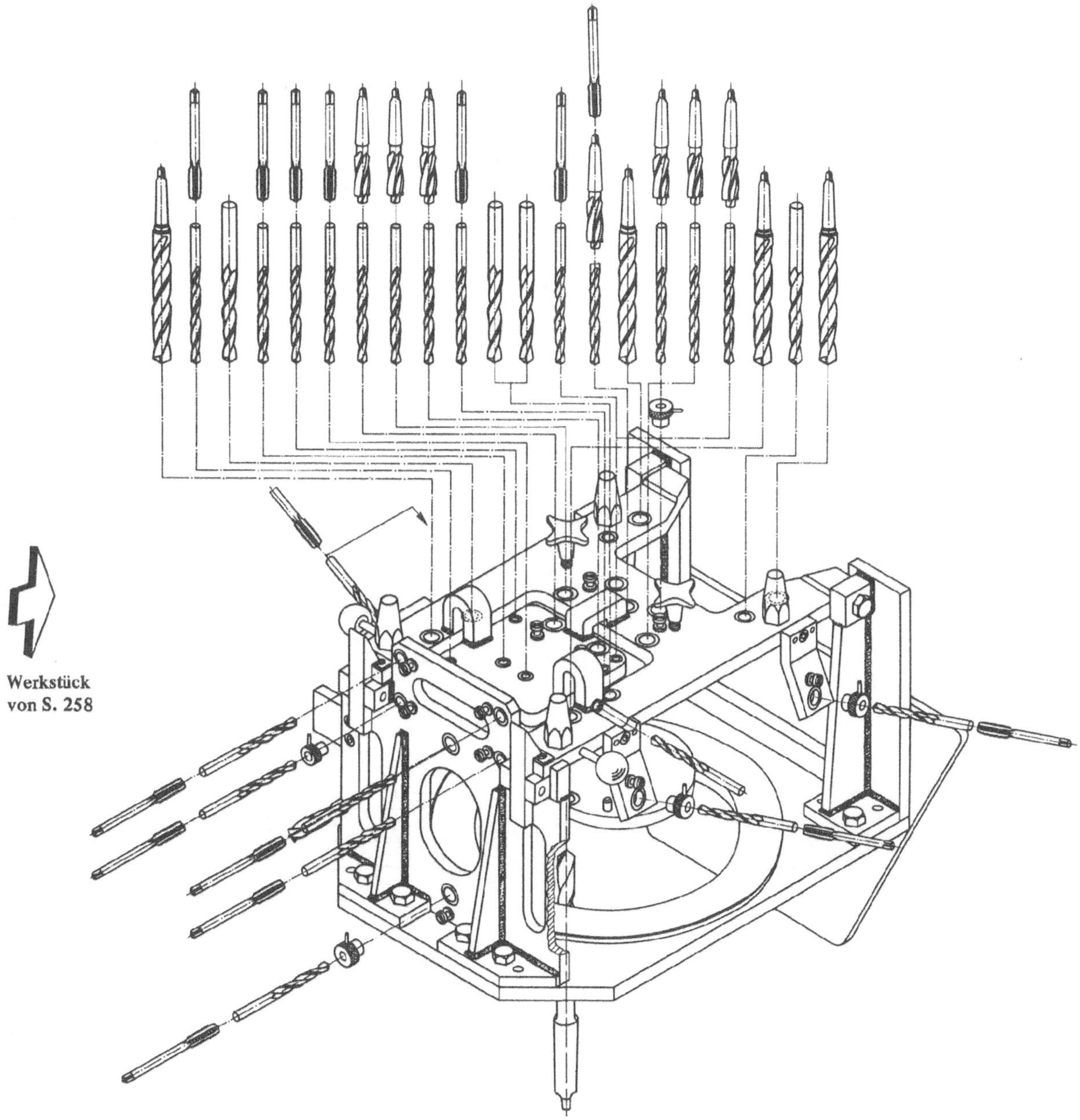

Bild 30-13 Kasten-Bohrvorrichtung zum Bohren des Werkstückes in Bild 30-12 mit eingezeichneten Bohr-, Senk- und Gewindebohrwerkzeugen in Richtungen in denen sie ausgeführt werden. Die verschiedenen Lagen der Vorrichtung sind im Bild 3-14 gezeigt.

Das Werkstück wird mit Hilfe des Zentrierringes und der Ausnehmung in der Klappe in Form des Steges des Anschlußkastens (s. Bild 30-12) positioniert. Nach dem Schließen der Klappe (Schnapper DIN 6310) wird das Werkstück mit Hilfe der in der Klappe befindlichen Spannschrauben (Kreuzgriffe) gespannt. Eine tiefer als die Klappe liegende Platte greift in den Anschlußkasten ein und dient als Bohrbuchsenträger. Sie ist mit Hilfe von drei n-förmigen Elementen mit der Klappe verbunden und entspricht grob der Innenform des Anschlußkastens. Dadurch werden die Bohrbuchsen in eine entsprechende Entfernung (Abschnitt 30.12) zu der gebohrten Werkstück-Fläche gebracht.

Diese Art der Kasten-Bohrvorrichtung eignet sich besonders für die Bearbeitung der Bohrungen an Lagerschilden von z. B. Sonder-Gleichstromelektromotoren, die in kleinen Serien für Sonderzwecke (z. B. Walzstraßenantriebe) benötigt werden. Durch die abgebildete Vorrichtung wurden fünf einfache Vorrichtungen (zweite Fertigungsserie) ersetzt. Das Kostenverhältnis der fünf einfachen Vorrichtungen zu der einen komplizierten Vorrichtung betrug 1:3,8 mit dem Vorteil, daß mit der komplizierten Vorrichtung alle Bohrungen des Lagerschildes in einer Spannung (Maßzusammenhang!) bearbeitet worden sind, so daß Ausschuß völlig vermieden wurde.

Die Hauptzeiteinsparungen durch den Einsatz der komplizierten Vorrichtung lagen zwischen 0,10 und 0,25 Std/Stück (3 Größen) bzw. einer Hauptzeit von 0,80 bis 1,75 Std/Stück bei der Bearbeitung mit Hilfe der komplizierten Vorrichtung und 0,90 bis 2,0 Std/Stück bei Anwendung der fünf einfachen Vorrichtungen. Insgesamt wurden in einem Lagerschild 33 Bohrungen 4,8 ... 22 mm ∅ gebohrt, davon 7 angesenkt und 14 mit Gewinde M6 bis M12 versehen. Die Bearbeitung wurde in sechs Lagen der Vorrichtung (Bild 30-14) durchgeführt.

Die Wirtschaftlichkeitsrechnung (Kap. 2) hat ergeben, daß die Grenzstückzahlen (Abschnitt 2.2.2) bereits bei 160 Stück (0,75 kW-Motor), 230 Stück (1,23 kW-Motor) und 350 Stück (4,2 kW-Motor) erreicht worden sind.

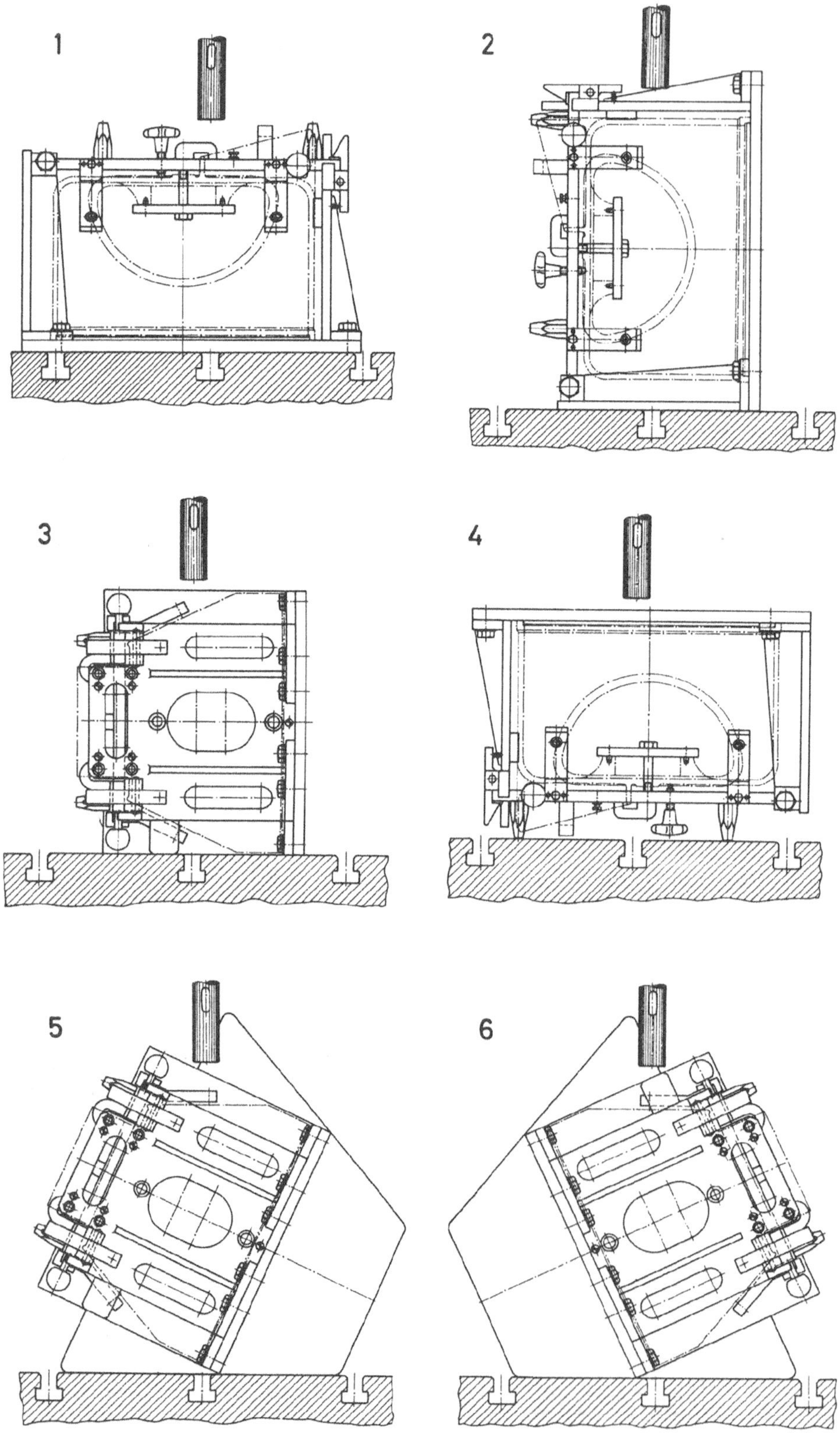

Bild 30-14 Sechs Arbeitslagen der Kasten-Bohrvorrichtung Bild 30-13.

1 Vorrichtung in der waagerechten Lage. Die Zentrierbührung des Werkstücks ist unten. 2 Senkrechte Arbeitslage auf die Seite gelegt. Mit Hilfe von zwei Auflagestegen wird die Höhe für den Griff und den schrägen Bohrbuchsenträger überbrückt. 4 Zweite waagerechte Lage der Vorrichtung – entgegengesetz zur Lage 1. Die Vorrichtung wird auf die vier Füße gelegt, die zur Überbrückung der Spanngriffe, des Verschlußelementes und der Überbrückungselemente der kleinen Platte dienen. 5 Durch Anschrauben einer Schräglagenplatte an die eine Seite der Vorrichtung wird diese Schräglage erreicht. 6 Zweite Schräglage der Vorrichtung zum Bohren der Bohrungen für die Inspektionsklappe (wie entsprechende Bohrungen in der Arbeitslage 5).

30.5 Andere Sonder-Bohrvorrichtungen

Außer den bereits beschriebenen Bohrvorrichtungen gibt es Vorrichtungen, die die Merkmale von zwei oder mehreren Bohrvorrichtungsausführungen aufweisen. In Bild 30-15 ist eine Magnet-Bohrvorrichtung gezeigt, die eine besondere Ausführung darstellt.

Bild 30-15 Permanentmagnetische runde Spannplatte (auch als Spannfutter anwendbar) als Spannelement an einer Bohrvorrichtung (s. a. Abschnitt 25.5.2).

Die Befestigung der Spannplatte an der Grundplatte der Vorrichtung erfolgt mit Hilfe der Zentrierbohrung und der Befestigungsschrauben. Die Ein- und Ausschaltung erfolgt mit dem Schalthebel (unten).

30.6 DIN- und werksgenormte handelsübliche Bohrvorrichtungen

30.6.1 Universal-Kasten-Bohrvorrichtungen

Diese Vorrichtungen sind in zwei Arten handelsüblich:

1. In Form werksgenormter Gestelle (Bilder 30-16 und 30-17), die je nach Werkstückgröße gewählt und mit entsprechenden zusätzlichen Bauelementen versehen, eine komplette Bohrvorrichtung ergeben.
2. Baukasten-Bohrvorrichtungen aus einem besonders entwickelten Baukasten (Bilder 30-18 und 30-19) (jedoch nicht identisch mit Baukastensystemen, s. Kap. 40).

30.6.2 Klappen-Bohrvorrichtungen nach DIN 6347

Klappen-Bohrvorrichtungen nach DIN 6347 (Abschnitt 23.1) (Bilder 30-20 und 23-1) sind als komplette Gestelle handelsüblich, wobei Werkstück- und Anbauelementeraum genormt sind.

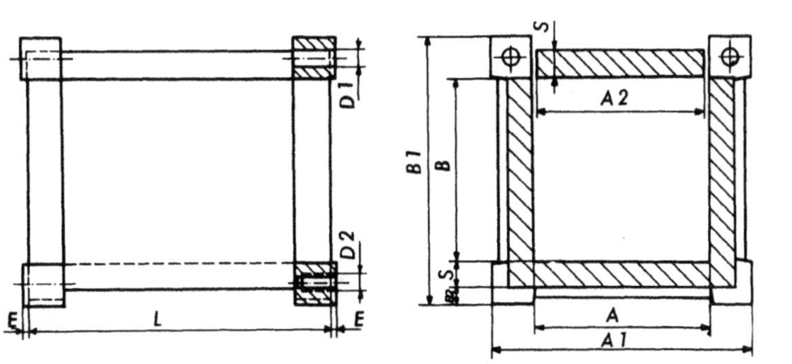

	ARBEITSRAUM													
	A	B	L				A1	A2	B1	B2	D1	D2	S	E
1	48	48	150	200	300	600	80	45	80	6	6	M 6	10	3
2	60	60					100	58	100	8	8	M 8	12	3
3	85	85					125	80	125	8	8	M 8	12	3
4	110	110					160	105	160	9	10	M10	16	4
5	140	140					200	135	200	10	10	M10	20	4
6	180	180	250		500		250	175	250	15	10	M10	20	4
7	180	130					250	175	200	15	10	M10	20	4
8	230	130					300	225	200	15	10	M10	20	4

Bild 30-16 Handelsübliche (Werksnorm) Kasten-Bohrvorrichtung, universell einsetzbar durch Ergänzung mit DIN- oder werksgenormte bzw. selbstgefertigten Bauelementen. Die Grundvorrichtung wird in 8 Größen (s. Tabelle) geliefert.

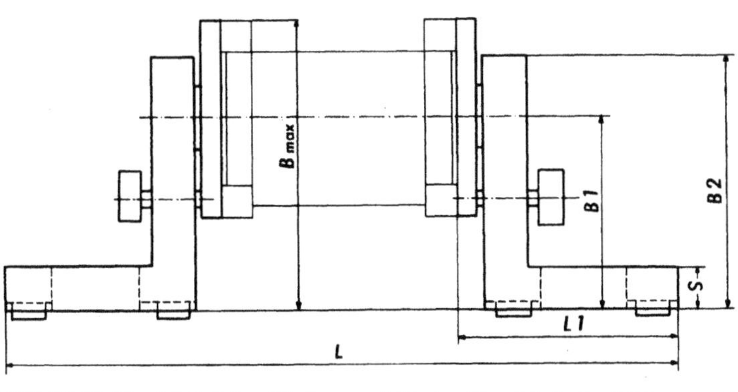

	B_{max}	~L				B1	B2	L1	S	Nut	für Gr
12	141	384	434	534	834	70	125	117	23	16	12
34	233	442	492	592	892	120	160	146	28		34
5	300	520	570	670	970	155	200	185	33		5
678	370	700		950		190	250	235	37		678

Bild 30-17 Handelsübliche (Werksnorm) Kasten-Wendebohrvorrichtung, universell einsetzbar durch Ergänzung mit DIN- oder werksgenormte bzw. selbstgefertigten Bauelementen. Die Grundvorrichtung wird in 4 Größen (s. Tabelle) geliefert.

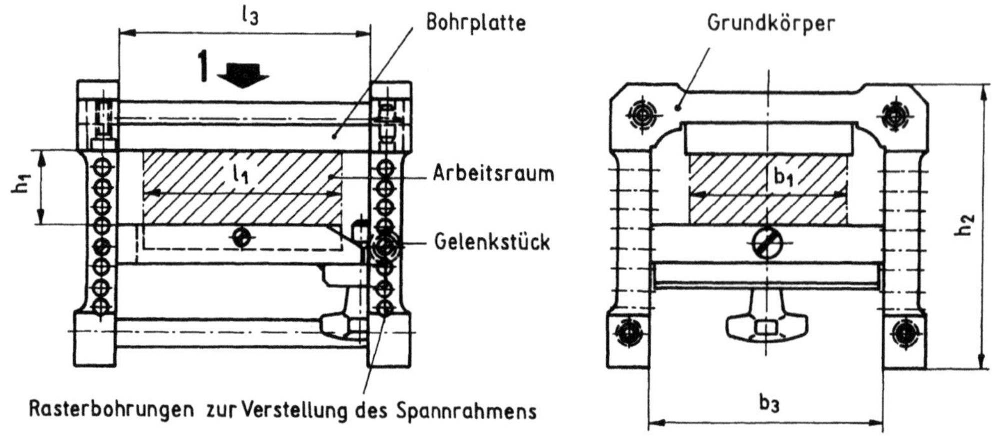

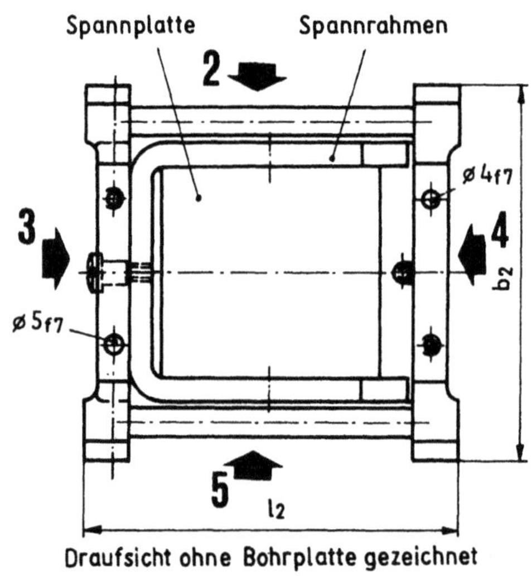

Mit dieser Bohrvorrichtung können Werkstücke in 5 Bearbeitungslagen bearbeitet werden (siehe Pfeile)

Bild 30-18 Baukasten-Bohrvorrichtung aus einem besonders für den Bau den Kasten-Bohrvorrichtungen entwickelten Bausatz, jedoch nicht identisch mit den im Kap. 40 besprochenen Baukastensystemen, die hinsichtlich der Vielzahl der montierbaren Arten zwar überlegen, aber in der Beschaffung bedeutend teurer sind. Mit dieser Baukasten-Bohrvorrichtung, die in 4 Größen geliefert wird, lassen sich Werkstücke in 5 Arbeitslagen Bohren, Senken, Reiben usw. Die Vorrichtung besteht im wesentlichen aus dem Grundkörper, der Bohr- und Spannplatte, dem Spannrahmen und einem Gelenk mit Kreuzgriff. Dadurch, daß die Bohr- und Auflageplatten auswechselbar sind, kann die Vorrichtung für eine größere Anzahl von verschiedenen Werkstücken eingerichtet werden. Ein Beispiel verschiedener Lagen einer Baukasten-Bohrvorrichtung zeigt Bild 30-19.

Der Grundkörper, mit einer Klappe versehen, nimmt das Werkstück und die notwendigen Bauelemente wie: An- und Auflageelemente, Bohrbuchsenträger usw. auf. Der Handgriff erleichtert die Handhabung. Der größte Raum beträgt 100 × 100 × 40 mm (Gesamtnutzraum). Ausführung: Stahl und Aluminium. Das Werkstück kann von fünf Seiten bearbeitet werden.

30.7 Verschiedene Lagen der Bohrvorrichtung

Die Forderung nach Einhaltung der Maßzusammenhänge von bearbeiteten Bohrungen an einem Werkstück kann nur erfüllt werden, wenn alle zusammenhängenden Bohrungen in einer Vorrichtung und in einer Spannung bearbeitet werden. Im Bild 30-13 (s.a. Bild 30-14) ist eine Bohrvorrichtung gezeigt, die die Bearbeitung der Bohrungen eines Werkstücks (Elektromotor-Lagerschild) in 6 Lagen ermöglicht. Die Lagen 5 und 6 werden durch Anschrauben eines Seitenbleches durchgeführt, das als Auflage dient. Weitere Beispiele, wie die verschiedenen Lagen der Bohrvorrichtungen gestaltet werden können, sind in den Bildern 30-21 bis 30-25 gezeigt.

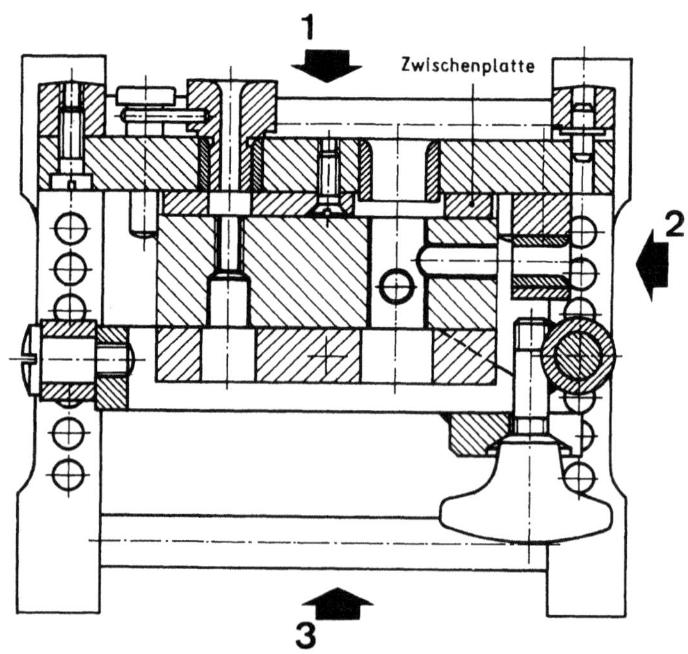

Bild 30-19 Drei Arbeitslagen der Baukasten-Bohrvorrichtung Bild 30-18.

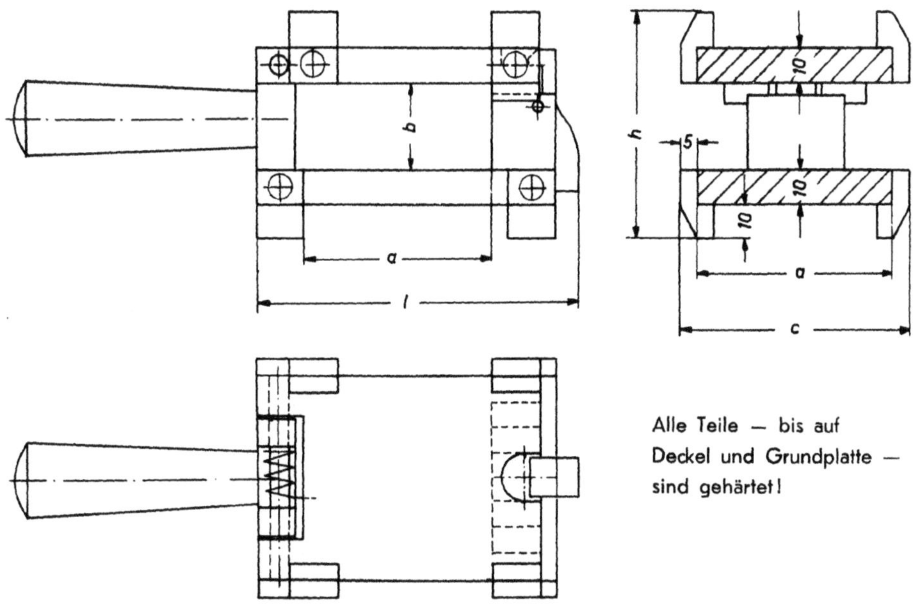

a	b	c	h	e	Gewicht kg Ausführung Stahl	Alu
50	16	60	56	90	0,82	0,51
50	25	60	65	90	0,88	0,57
50	40	60	80	90	0,98	0,67
65	16	75	56	105	1,58	0,57
65	25	75	65	105	1,65	0,63
65	40	75	80	105	1,76	0,73
80	16	90	56	120	1,5	0,72
80	25	90	65	120	1,6	0,79
80	40	90	80	120	1,7	0,89
100	16	110	56	140	2,1	0,94
100	25	110	65	140	2,2	1,0
100	40	110	80	140	2,3	1,1

Bild 30-20 Klappen-Bohrvorrichtung DIN 6347 mit den Abmessungen der Hauptelemente und des genormten Arbeitsraumes (s. a. Bild 5-1).

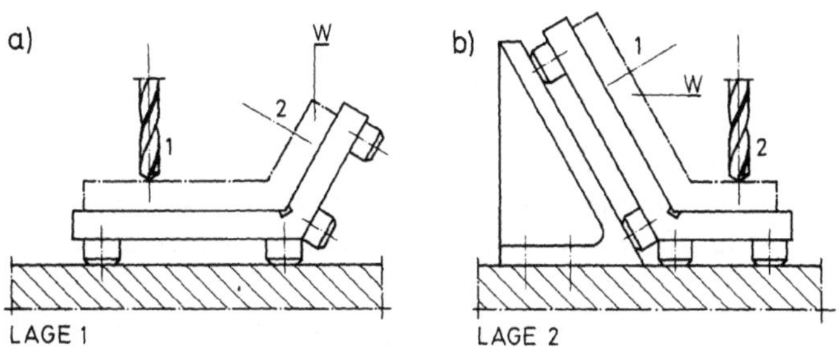

Bild 30-21 Bohren eines Werkstücks in zwei Lagen nach Anriß:

a) mit Hilfe einer Werkstückauflage – Lage 1,

b) mit Hilfe einer Werkstückauflage und eines Anlageelementes – Lage 2.

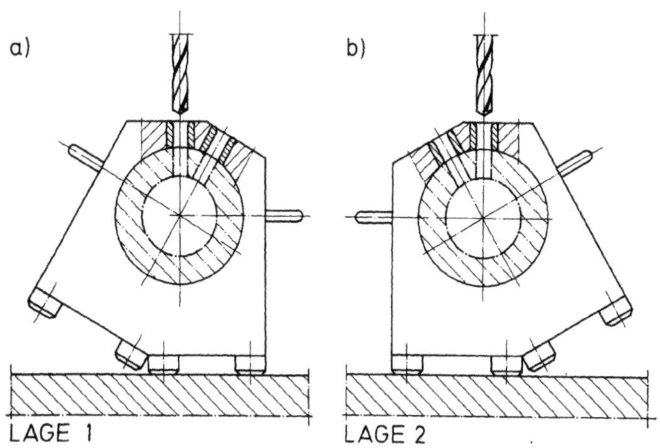

Bild 30-23 Zwei Arbeitslagen einer Kasten-Bohrvorrichtung.

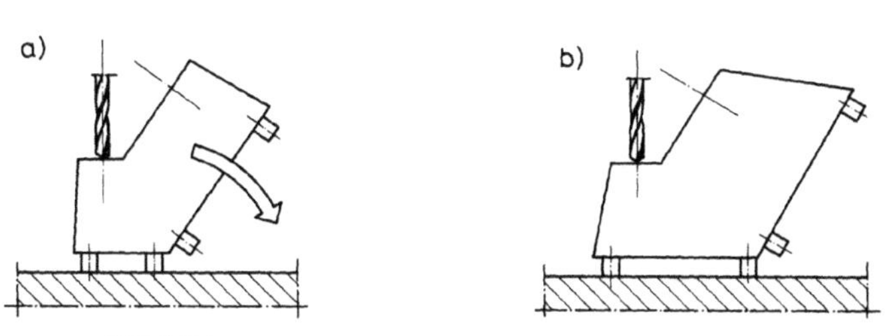

Bild 30-22 Bei Bohrvorrichtungen, die für verschiedene Arbeitslagen vorgesehen sind, ist es wichtig die Größe und Lage der Auflageflächen entsprechend auszulegen:

a) der Schwerpunkt der Vorrichtung mit dem Werkstück befindet sich außerhalb der Fläche, die durch die Vorrichtungsfüße (Abschnitt 17.3) abgegrenzt ist. Es besteht eine Kippgefahr.

b) Richtige Auslegung der Grundplatte der Vorrichtung und richtige Wahl der Lage der Füße, insbesondere für diese Arbeitslage der Vorrichtung.

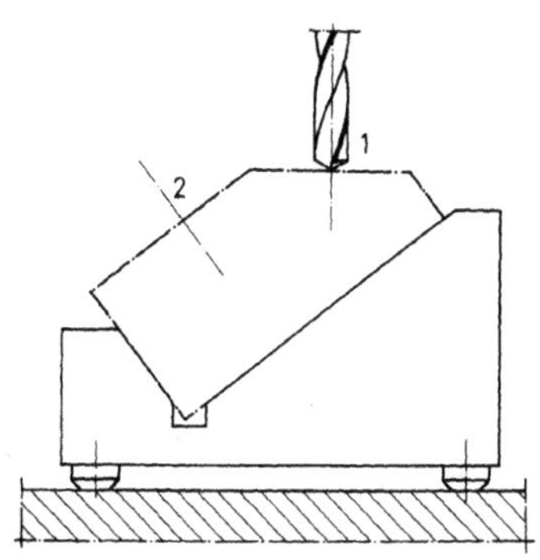

Bild 30-24 Zwei Arbeitslagen einer Kasten-Bohrvorrichtung.

Für die erste Arbeitslage wird die Vorrichtung auf eine Zwischenauflage gelegt. In der zweiten Arbeitslage wird die Vorrichtung direkt auf ihre Grundplatte gestellt.

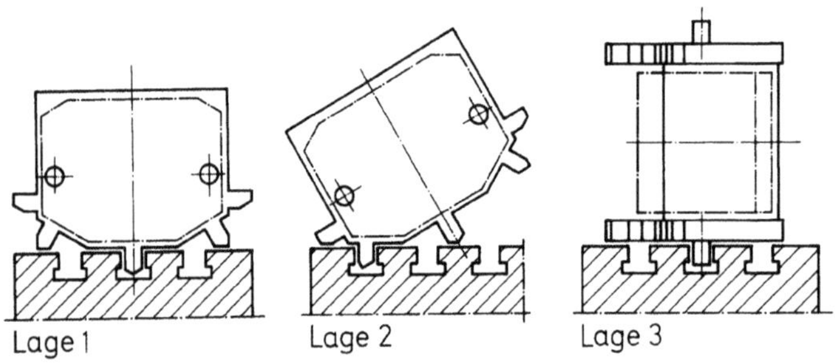

Bild 30-25 Fünf Arbeitslagen einer Kasten-Bohrvorrichtung.
Die an der Vorrichtung befindlichen fünf Stege und vier Bolzen, die in eine T-Nut greifen (Bolzen jeweils paarweise), erlauben fünf Arbeitslagen der Vorrichtung. Als T-Nutauflage für die Vorrichtung sollten nicht die T-Nuten eines Werkzeugmaschinentisches, sondern eine speziell für diese Vorrichtung angefertigte T-Nutplatte dienen. Eine Vorrichtung, die in sechs Arbeitslagen gebracht werden kann, ist in Bildern 30-12 und 30-13 dargestellt.

30.8 Richtlinien für die Wahl der Art und Gestaltung von Bohrvorrichtungen

Bei der Festlegung von Bohrvorrichtungen sollte, neben den allgemeinen Grundsätzen, folgendes beachtet werden:

1. Von wie vielen Seiten soll das Werkstück in einer Spannung bearbeitet werden?
2. Welche maßlichen Zusammenhänge gibt es zwischen den zu bearbeiteten Bohrungen bzw. zu anderen Werkstückelementen (s.a. Abschnitte 11.1 und 13.7.2)?
3. Besteht die Möglichkeit der Anwendung von genormten Bohrvorrichtungen (Abschnitt 30.6) bzw. Schnellspann-Säulengestellen (Abschnitt 23.4)?
4. Besteht die Möglichkeit der Anwendung von Mehrspindelbohrköpfen bzw. Mehrspindelbohrmaschinen?
5. Ist Mehrstückbearbeitung (Abschnitt 15.9) möglich?
6. Besteht die Möglichkeit der Anwendung von Rundtakttischen (Abschnitt 23.6)?
7. Können Wendespanner (Abschnitt 23.5) eingesetzt werden?
8. Einlegen des Werkstücks über größere Hindernisse hinweg (Füße, lange Spannschrauben usw.) vermeiden (Abschnitt 10.2).
9. Nach Möglichkeit nicht gegen die Zerspankraft spannen.
10. Zwecks Aufnahme des Drehmoments entsprechend lange Griffe (Abschnitt 16.9) vorsehen.
11. Werkzeugeinstellelemente (Abschnitt 6.1) vorsehen.
12. Für Späne- und Kühlflüssigkeitsbeseitigung sorgen (Kap. 24).
13. Bei Wendevorrichtungen Schwerpunkt, wenn möglich, auf Kreuzungspunkt zweier Bohrungsachsen legen und Wendehilfen (Bilder 5-2 und 5-3) vorsehen.
14. Schwenkbarkeit (mit Werkstück) ausprobieren und falls notwendig Gegengewicht vorsehen (Abschnitt 5.1).
15. Bei der Wahl der Bohrbuchsenart und -länge muß berücksichtigt werden, ob eine feste oder Steckbohrbuchse (Abschnitt 30.9.2) (Gewindeschneiden, Senken, Reiben usw.) angewendet werden muß.
16. Sicherung gegen Vertauschen von Steckbuchsen (unterschiedliche Außendurchmesser) vorsehen.
17. Richtige Bohrbuchsenabstände zum Werkstück (Abschnitt 30.12) wählen.
18. Bohrbuchsenträger (Abschnitt 30.10) nicht als Spannelementeträger verwenden (nicht immer möglich!) (Bild 15-19).
19. Werkzeuge, die in Bohrbuchsen mit Toleranz F7 geführt werden, erhalten am Schaft die Toleranz h6 (Bild 30-73).
20. Stufenbohrer nur dann verwenden, wenn Achsabstandstoleranz größer als ± 0,2 mm.
21. Nach Möglichkeit Bohrungen von der Anschlußseite (lange Bohrungen auf jeden Fall) bohren (Vermaßung beachten!).
22. Bohrgrat beim Einlegen, Aufnahmen und Herausnehmen des Werkstücks (Abschnitt 10.4) beachten und Gegenmaßnahmen treffen (Abschnitt 24, Bilder 24-19 und 24-20).
23. Bohrungen bis 12 mm ϕ aus dem Vollen werden auf 0,2 mm Untermaß gebohrt und auf Vollmaß fertiggerieben.
24. Bei Bohrungen über 12 mm ϕ aus dem Vollen wird auf 2 mm Untermaß gebohrt und mit dem Drallsenker nachgebohrt: bis 20 mm ϕ auf 0,2 mm Untermaß, über 20 mm ϕ bis 30 mm ϕ auf 0,25 mm Untermaß und über 30 mm ϕ bis 50 mm ϕ auf 0,4 mm Untermaß. Danach auf das Fertigmaß reiben.
25. Bei vorgegossenen Bohrungen wird auf 2 ... 4 mm Untermaß mit einem Drall- oder Aufstecksenker vorgebohrt, dann wie unter Pkt. 24 nachgebohrt und auf Vollmaß Fertiggerieben (s.a. Pkt. 28).
26. Soll der Achsverlauf sichergestellt werden, so wird vorgebohrt und mit einer Bohrstange bzw. einem Ausdrehgerät (z.B. Wohlhaupter – s. Kap. 73, Pkt. 4) ausgedreht oder nach Bild 30-73 vorgegangen.
27. Soll z.B. der Bohrbuchsenabstand mit einer Toleranz von ± 0,02 mm hergestellt werden, so wird auf 4 mm Untermaß vorgebohrt, mit einem Senker auf 2 mm Untermaß nachgebohrt, dann auf entsprechendes Untermaß (Pkt. 24) nochmals nachgebohrt und fertiggerieben.
28. Bohrungen bis 30 mm ϕ in Grauguß sollten grundsätzlich aus dem Vollen bearbeitet werden (bei vorgegossenen Bohrungen: Kernsand, Werkzeugbeschädigung durch Lunker usw.).
29. Bohrbuchsen sollten nach Möglichkeit in nichtbewegliche Bauelemente der Bohrvorrichtung vorgesehen werden (Ausnahmen: Bilder 30-9, 30-13, 30-56, 30-58 und 30-59).
30. Weitere Richtlinien s. Abschnitt 30.15.

30.9 Bohrbuchsen

30.9.1 Aufgaben der Bohrbuchsen

Mit Hilfe der Bohrbuchsen werden Bohrungs-Bearbeitungswerkzeuge wie: Spiralbohrer, Senker, Reibahlen u. a. geführt. Durch die Anwendung einer Bohrbuchse wird die Lage des Werkzeugs und somit auch die Achslage der auszuführenden Bohrung, Ansenkung usw. in bezug auf bestimmte Vorrichtungs-, also auch Werkstückelemente, eindeutig positioniert. Bei mehreren Bohrbuchsen in einer Vorrichtung werden außerdem die Achslage und die Abstände der Bohrungen zueinander festgelegt. Bohrbuchsen können außerdem auch als Abstützelemente der Werkzeuge (z.B. lange Bohrstangen) dienen (Bild 30-51).

30.9.2 Arten und Einsatz der Bohrbuchsen

1. *Feste Bohrbuchsen ohne Bund, DIN 179 Form A und B*
   1.1 zylindrische Bohrbuchse, kurz, DIN 179 (Bild 30-26),
   1.2 zylindrische Bohrbuchse, lang, DIN 179,
   1.3 kegelige Bohrbuchse nach DIN 180 (Bild 30-27).

   Die unter 1.1 und 1.2 aufgeführten Bohrbuchsen werden mit der Bohrung an einem Ende gerundet (Form A) und an beiden Enden gerundet (Form B) angewendet.

Feste Bohrbuchsen ohne Bund nach DIN 179 finden in folgenden Fällen Anwendung:

1. Die zu bearbeitende Bohrung wird nur mit einem einzigen Werkzeug (Spiralbohrer, Senker) fertiggestellt.
2. Die Bohrbuchse führt das erste Werkzeug, die weitere Bearbeitung der Bohrung findet außerhalb der Vorrichtung bzw. in einer anderen Vorrichtung statt.
3. Die Vorrichtung ist mit auswechselbaren, ausschwenkbaren oder ausklappbaren Bohrbuchsenträgern (Bilder 30-9 und 30-13) ausgerüstet, d. h. die weitere Bearbeitung der Bohrung wird mit Hilfe anderer Bohrbuchsen vorgenommen.
4. Die Bohrbuchse wird zum Führen eines Anbohrers benutzt; nachfolgende Werkzeuge haben kleinere Durchmesser als die Bohrbuchse. Das Fertigbearbeitungs-Werkzeug wird wieder geführt.
5. Die Bohrbuchse wird auch als Grundbuchse von Steckbohrbuchsen DIN 173 Form A verwendet.

Die zylindrische Bohrbuchse nach DIN 179 Form B findet Verwendung, wenn der Bohrer von zwei Seiten eingeführt werden soll, z. B. beim Bohren von Werkstück und Gegenstück mit der gleichen Bohrschablone.

Die kegelige Bohrbuchse DIN 180 (Bild 30-27) (Kegel 1:20) läßt verhältnismäßig grobe Toleranzen der Aufnahmebohrung zu. Lagefehler in der Ausführung dieser Bohrung können innerhalb gewisser Grenzen nachgearbeitet werden. Diese Bohrbuchsen werden jedoch selten angewendet.

2. *Feste Bohrbuchsen mit Bund, DIN 172*
   2.1 Bundbohrbuchse, kurz, DIN 172,
   2.2 Bundbohrbuchse, lang, DIN 172 (Bild 30-28).

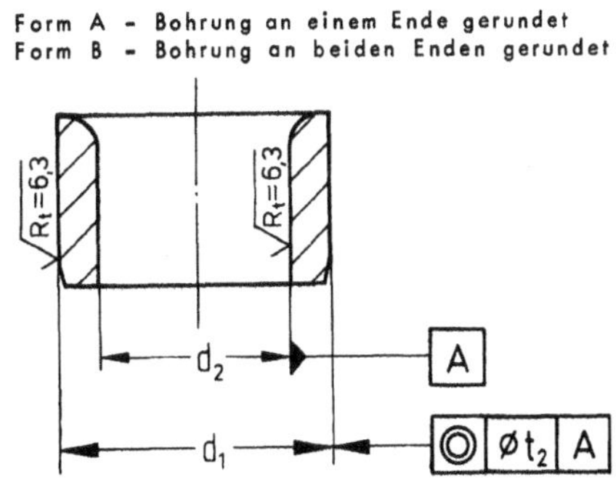

Bild 30-26 Zylindrische Bohrbuchse DIN 179.

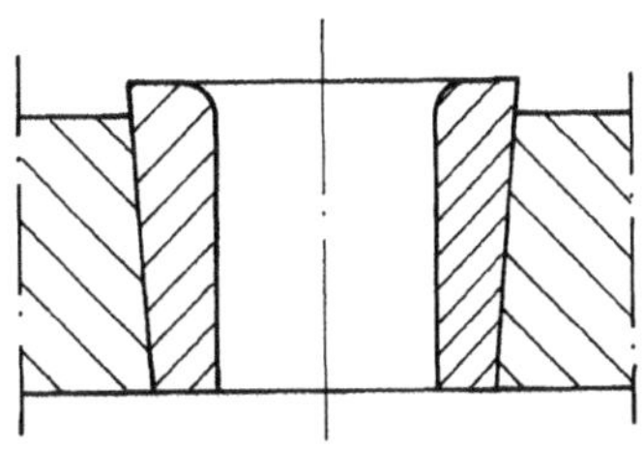

Bild 30-27 Kegelige Bohrbuchse DIN 180.

Die Verjüngung des Außenkegels beträgt 1:20. Bei diesen Bohrbuchsen sind für den Außendurchmesser der Bohrbuchse und den Aufnahmebohrungsdurchmesser im Bohrbuchsenträger größere Toleranzen zulässig als für zylindrische Bohrbuchsen. Die kegeligen Bohrbuchsen eignen sich besonders zum Ausgleichen von Lagefehlern von Bohrungen für zylindrische Bohrbuchsen im Bohrbuchsenträger, die die zylindrische Bohrung nachgearbeitet und nachgerieben werden kann. In dieser Hinsicht sind die kegeligen Bohrbuchsen brauchbar. Anderweitig werden sie nicht verwendet.

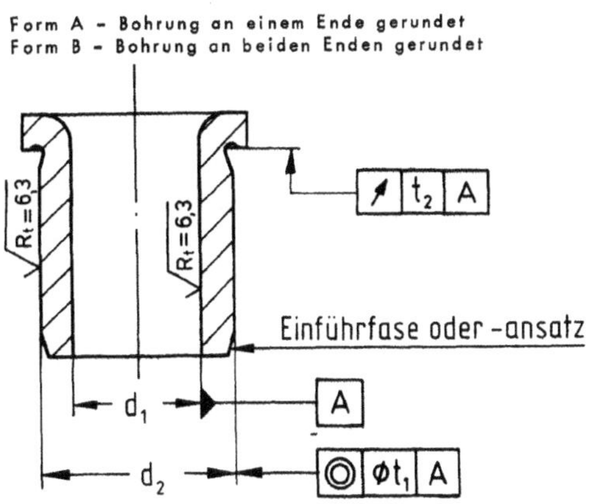

Bild 30-28 Bundbohrbuchse (Bohrbuchse mit Bund) DIN 172.

Feste Bohrbuchsen mit Bund DIN 172 werden angewendet:

1. Wenn die Dicke des Bohrbuchsenträgers geringer ist als etwa der halbe Außendurchmesser der Bohrbuchse. Durch den Bund wird die Bohrbuchse besser in der Aufnahmebohrung der Vorrichtung positioniert, da neben der Zylinderfläche auch mit Hilfe der aufliegenden Stirnfläche ihre Lage festgelegt wird.

2. Weil durch den Bund die Werkzeugführung verlängert wird.
3. Wenn die werkzeugseitige Stirn der Bohrbuchse als Werkzeuganschlag (z.B. beim Senken) dienen soll.
4. Die Bohrbuchse wird als Grundbuchse für Steckbuchsen DIN 173 Form A verwendet (Passung: F7/n6 – Abschnitt 30.11, Bild 30-65).

Der Nachteil dieser Steckbuchsen mit Bund ist, daß der aus dem Bohrbuchsenträger herausragende Bund das Werkzeug beschädigen kann. Nach Möglichkeit sollte auch der Bund in den Bohrbuchsenträger eingelassen werden. Beim Auswechseln einer verschlissenen festen Bohrbuchse muß die nachfolgende feste Bohrbuchse mit einer Toleranz von p6 versehen werden (Bild 30-64, Pkt. 8).

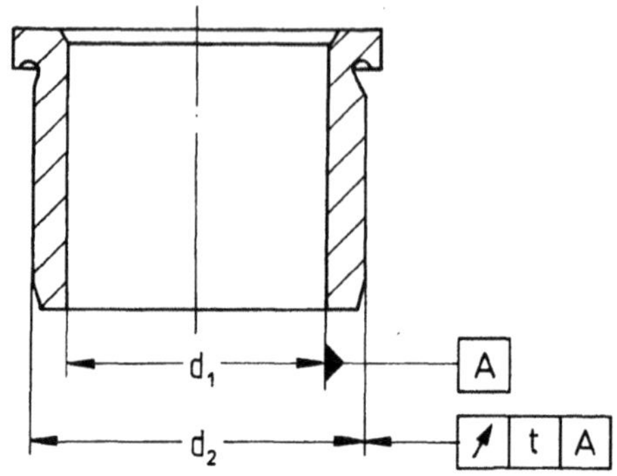

Bild 30-29 Grundbuchse DIN 173 Blatt 2.
Grundbuchse Form G mit Bund (Grundbuchse Form H ohne Bund).

3. *Grundbuchsen Form G und H, DIN 173 Bl. 2*
   3.1 Grundbuchse Form G mit Bund, kurz, DIN 173 Bl. 2 (Bild 30-29),
   3.2 Grundbuchse Form G mit Bund, lang, DIN 173, Bl. 2,
   3.3 Grundbuchse Form H ohne Bund, kurz, DIN 173, Bl.2,
   3.4 Grundbuchse Form H ohne Bund, lang, DIN 173, Bl. 2.

Diese Grundbuchsen sind für die Aufnahme der Auswechselbuchsen Form E und Schnellwechselbuchsen ES sowie ER (alle DIN 173 Bl. 2) geschaffen worden. Die Toleranz des Außendurchmessers ist mit m6 festgelegt, um ein starkes Einpressen und Verformen zu vermeiden. In Verbindung mit einer Steckbuchse Form E ergibt sich eine Passung H7/h6 gegenüber der Form A und einer Passung F7/m6, so daß eine höhere Lagegenauigkeit erreicht wird, mit der eine Bohrung gebohrt wird. Ein Auswandern der Grundbuchse aus dem Bohrbuchsenträger kann durch Einkleben (Abschnitt 30.15, Pkt. 19) vermieden werden.

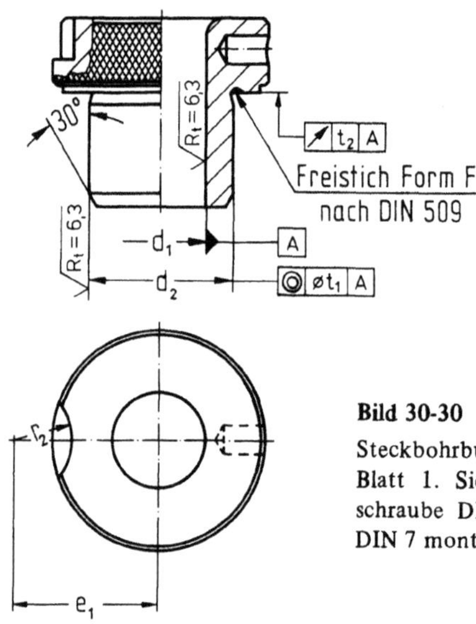

Bild 30-30
Steckbohrbuchse Form A, DIN 173 Blatt 1. Sie kann mit einer Bundschraube DIN 173 bzw. einem Stift DIN 7 montiert werden.

4. *Steckbohrbuchsen Form A, DIN 173 Blatt 1* (Bild 30-30), die mit einem Zylinderstift nach DIN 7 und einer Bundschraube nach DIN 173 (Bild 30-33) montiert werden.

Diese Steckbohrbuchsen werden mit Bohrbuchsen nach DIN 179 angewendet. Steckbohrbuchsen kommen in Frage, wenn eine Bohrung mit mehreren Werkzeugen bearbeitet werden soll und die Werkzeuge verschiedene Durchmesser haben. In diesen Fällen wird für jeden Führungsdurchmesser eine Steckbuchse angefertigt. Alle Steckbohrbuchsen für eine Bohrungsachse müssen jedoch den gleichen „Steckdurchmesser" haben. Die Einsatzreihenfolge wird mit Hilfe einer entsprechenden Anzahl von Rillen im Bund gekennzeichnet. Wenn an einer anderen Stelle der Vorrichtung ebenfalls Steckbohrbuchsen vorkommen, so müssen diese einen anderen „Steckdurchmesser" haben, damit sie nicht verwechselt werden können.

Um ein Mitdrehen bzw. Herausdrücken (durch Späne) der Steckbohrbuchsen zu vermeiden, werden sie mit Hilfe von den in den Bildern 30-31 bis 30-33 dargestellten Möglichkeiten gesichert. Dieses gilt auch für die unter Pkt. 5 aufgeführten Steckbohrbuchsen nach DIN 173 Form E, ES und ER. Die Passungen, die durch die Paarung von Grund- und Steckbohrbuchsen entstehen, sind im Abschnitt 30.11, Bild 30-65 aufgestellt.

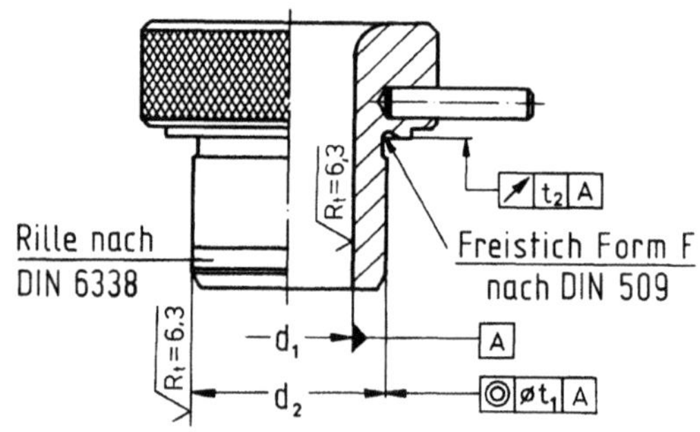

Bild 30-31 Schnellwechselbohrbuchse Form ES, DIN 173 Blatt 2 ohne und mit Einführrille (mit Anschlagstift).

5. *Steckbohrbuchsen Form E, ES und ER, DIN 173 Bl. 2*
   5.1 Auswechselbuchse Form E, DIN 173 Bl. 2 (Bild 30-32), 30-31 und 30-32),
   5.2 Schnellwechselbuchse Form ES mit Anschlagstift, DIN 173 Bl. 2 (Bild 30-31),
   5.3 Schnellwechselbuchse Form ER mit Anschlagstift und Einführrille nach DIN 173 Bl. 2 (Bild 30-33).

Die Steckbohrbuchsen Form E, ES und ER werden in Verbindung mit den Grundbuchsen G und H, DIN 173 Bl. 2 (Pkt. 3) verwendet. Der Innendurchmesser der Grundbuchsen Form G und H ist mit H7 im Gegensatz zu den festen Bohrbuchsen Form A und B, DIN 179 (F7) toleriert, so daß mit den Steckbohrbuchsen Form E, ES und ER eine Passung von H7/h6 ergibt. Diese Steckbohrbuchsen werden in drei Längen hergestellt (Bild 30-34).

6. *Andere Steckbohrbuchsen* (Bild 30-35)

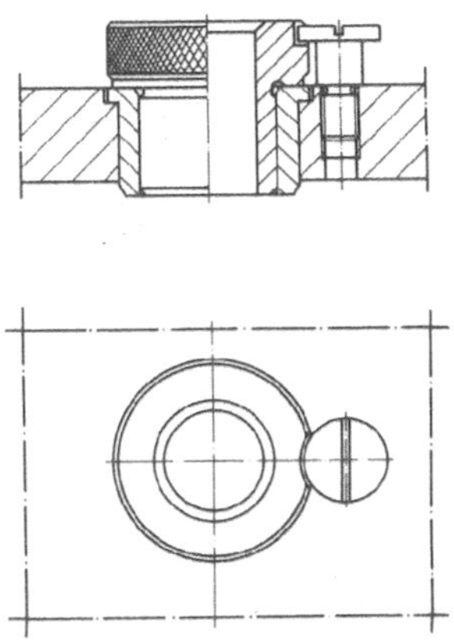

Bild 30-32
Schnellwechselbohrbuchse Form E, DIN 173 mit Zylinderschraube mit Ansatz, Form K, DIN 173.

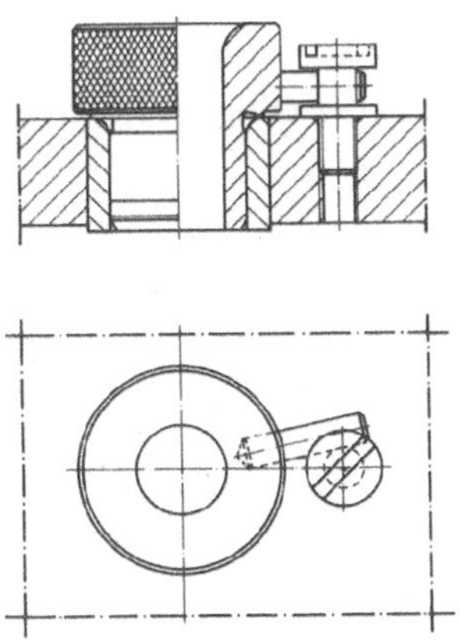

Bild 30-33
Schnellwechselbuchse Form ES und ER, DIN 173 mit Zylinderschraube mit Bund, Form K, DIN 173.

7. *Bohrbuchsen in Sonderausführung*
   7.1 für tiefliegende Bohrungen (Bilder 30-35 und 30-40),
   7.2 für schräg zur Werkstückoberfläche liegende Bohrungen (Bilder 30-36a und b),
   7.3 Mehrlochbohrbuchsen,
      7.3.1 Feste Mehrlochbohrbuchsen (Bild 30-38),
      7.3.2 Umsteckbare Mehrlochbohrbuchsen (Bild 30-39).

30.9.3 Bohrbuchsen zum Positionieren und/oder Spannen des Werkstücks

In bestimmten Fällen, insbesondere bei kleinen Werkstücken, kann es sich als günstig oder notwendig erweisen, daß das Werkstück mit Hilfe der Bohrbuchse positioniert und/oder gespannt wird. Diese Möglichkeiten sind in den Bildern 30-41 bis 30-48 gezeigt. Bei Bohrbuchsen, die das Werkstück mit Hilfe eines Gewindes spannen, sollte das Gewinde nicht gleichzeitig auch als Bohrbuchsenführung (Bild 30-41) benutzt werden. Das Gewinde ist kein genaues Führungselement und sollte nur für ungenaue Bohrungen und Bohrbuchsenabstände verwendet werden. Bei den Positionier- und Spannbohrbuchsen sollte eine Zylinderfläche als Führung (Bilder 30-42 und 30-46) vorgese-

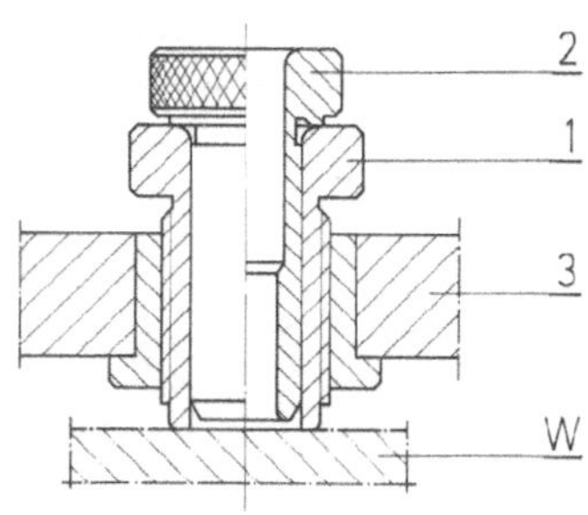

Bild 30-35 In der Höhe verstellbare Bohrbuchse in einer gehärteten Führungsbuchse geführt.

Die Führungsbuchse 1 ist nur mit Gewinde geführt. Die Gewinde-Grundbuchse ist im Bohrbuchsenträger 3 eingepreßt. Die Bohrbuchse 2 ist in der Gewinde-Führungsbuchse 1 geführt. Bei dieser Art der Bohrbuchse handelt es sich um eine Bohrbuchse für stark in der Höhe variierende Werkstücke. Um den Abstand der Bohrbuchsenstirn zum Werkstück (Abschnitt 30.12) einzuhalten, wird die Führungsbuchse 1 der jeweiligen Höhe des Werkstückes angepaßt. Mit ihr kann das Werkstück auch gespannt werden (Abschnitt 39.3).

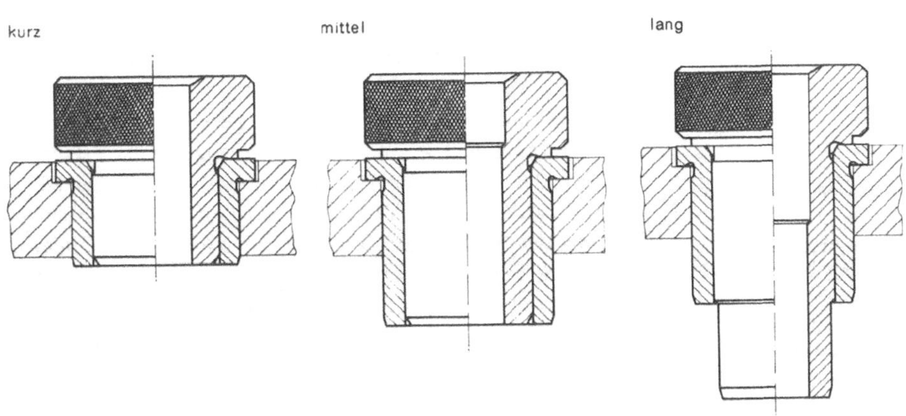

Bild 30-34
Steckbohrbuchsen – kurz, mittel, lang.

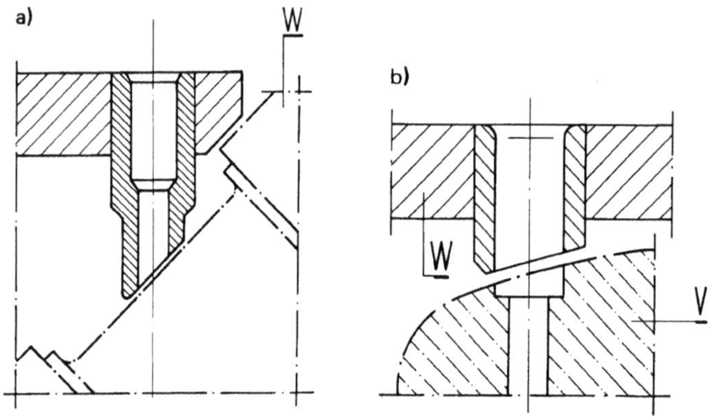

Bild 30-36 Bohrbuchsen für schräg zur Werkstückfläche verlaufende Bohrungen.

Das Bohren in schräg zur Bohrerachse verlaufende Werkstückflächen, auf die der Bohrer beim Anschneiden auftrifft, sollte nach Möglichkeit vermieden werden, da dieses nicht der vorrichtungsgerechten (Abschnitt 4.2.1) und fertigungsgerechten Gestaltung des Werkstücks entspricht und zu hohen Vorrichtungs- sowie Fertigungskosten führt. In unvermeindlichen Fällen, um Werkzeugschäden und Ausschuß weitgehends zu vermeiden, muß die Bohrbuchse der Werkstückfläche, auf die der Bohrer auftrifft, genau angepaßt und ihr Abstand zu dieser Fläche so nah wie möglich gestaltet werden.

a) Bohrbuchse abgestuft. Die Bohrerführungslänge ist der DIN-Norm für genormte Bohrbuchsen zu entnehmen, wobei diese der minimalen Führungslänge der Sonderbohrbuchse entsprechen sollte.
b) Im Gegensatz zum Werkstück im Bild a) wird das Werkstück vor dem Bohren angesenkt, um für den Bohrer eine senkrecht zu seiner Achse verlaufende Auftreffläche zu schaffen.

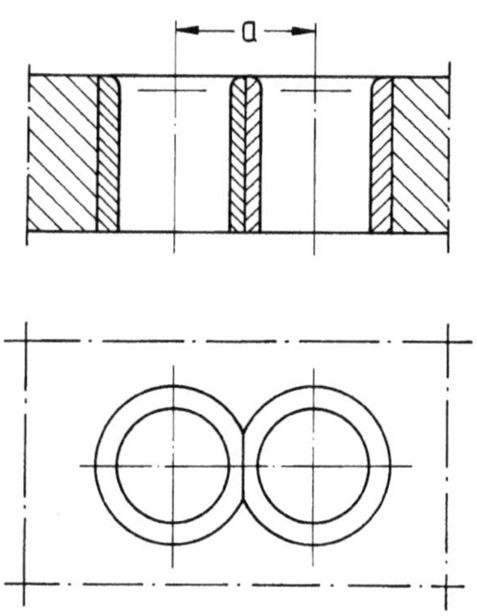

Bild 30-37 Bohrbuchsen mit abgeflachten zylindrischen Flächen für geringe Bohrungsabstände.

Ist der Achsenabstand „a" von zwei oder mehreren Bohrungen so gering, daß zwei genormte Bohrbuchsen nebeneinander nicht untergebracht werden können, so besteht die Möglichkeit diese Bohrbuchsen abzuflachen und somit genormte Bohrbuchsen zu verwenden. Ist jedoch der Achsabstand „a" so gering, daß die noch verbleibenden Wände der beiden benachbarten Bohrbuchsen zu dünn werden, so ist die im Bild 30-38 dargestellte Lösung anzuwenden.

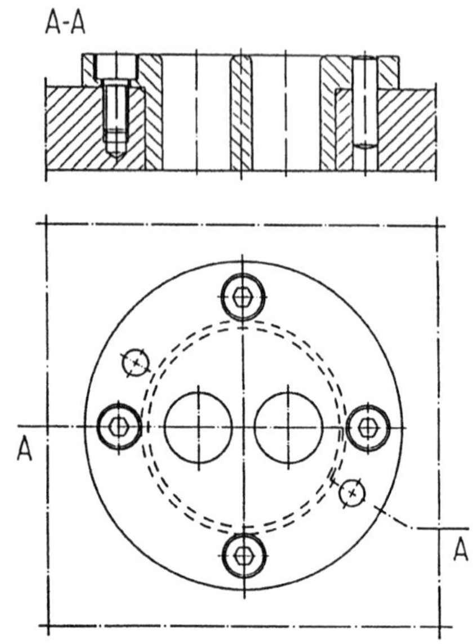

Bild 30-38 Bohrbuchse mit zwei Führungsbohrungen.

Die Lage dieser Bohrbuchse im Bohrbuchsenträger muß mit Schrauben festgelegt und mit Zylinderstiften gesichert werden.

hen werden. Nach Möglichkeit sollte die Führungslänge mindestens $l = 1 \cdot d$ (d – Durchmesser der Führung) betragen, da dann eine genügend genaue Führung gewährleistet ist.

30.9.4 Mitlaufende Führungsbohrbuchsen

Mitlaufende Führungsbuchsen (Bilder 30-49 bis 30-51), also Bohrbuchsen, die sich mit dem Werkzeug mitdrehen, werden verwendet:

1. Zwecks Schonung der Werkzeugschneiden und -führungselemente des Werkzeugs.
2. Besonders bei Werkzeugen mit sehr hohen Drehzahlen (Hartmetallbestückte Bohrer), um die Reibung zwischen Werkzeug und Bohrbuchse zu vermeiden.
3. Um die Reibung zwischen dem Span und der Bohrbuchse, insbesondere bei langspanenden Werkstoffen, zu senken.
4. Für die vertikale und horizontale Führung von Bohrstangen als Gegenstütze (Bild 30-51) bzw. für Werkzeuge mit einem Führungszapfen (Bild 30-73).

Die mitlaufende Führungsbuchse besteht aus einem Außenzylinder und einem Innenzylinder (Bild 40-49), wobei diese beiden Elemente mit Hilfe einer Lagerung miteinander verbunden sind. In Bild 30-49 ist eine handelsübliche (Werksnorm) mitlaufende Führungsbuchse gezeigt. Die Konzentrizität der Innenbuchse zum Gehäuse beträgt, je nach Baugröße 0,005 ... 0,015 mm. Die Führungsbuchse ist gehärtet (62-64 HRC), so daß sie hohe Verschleißfestigkeit und auch eine gute Führung des Werkzeuges garantiert. Eine Fettdauerschmierung in Verbindung mit einer berührungslosen Dichtung sorgt für Wartungsfreiheit und wirkt gegen das Eindringen der Späne sowie Kühl- und Schmierflüssigkeit. In Bild 30-51 ist der Einsatz einer mitlaufenden Führungsbuchse als Bohrstangengegenstütze gezeigt.

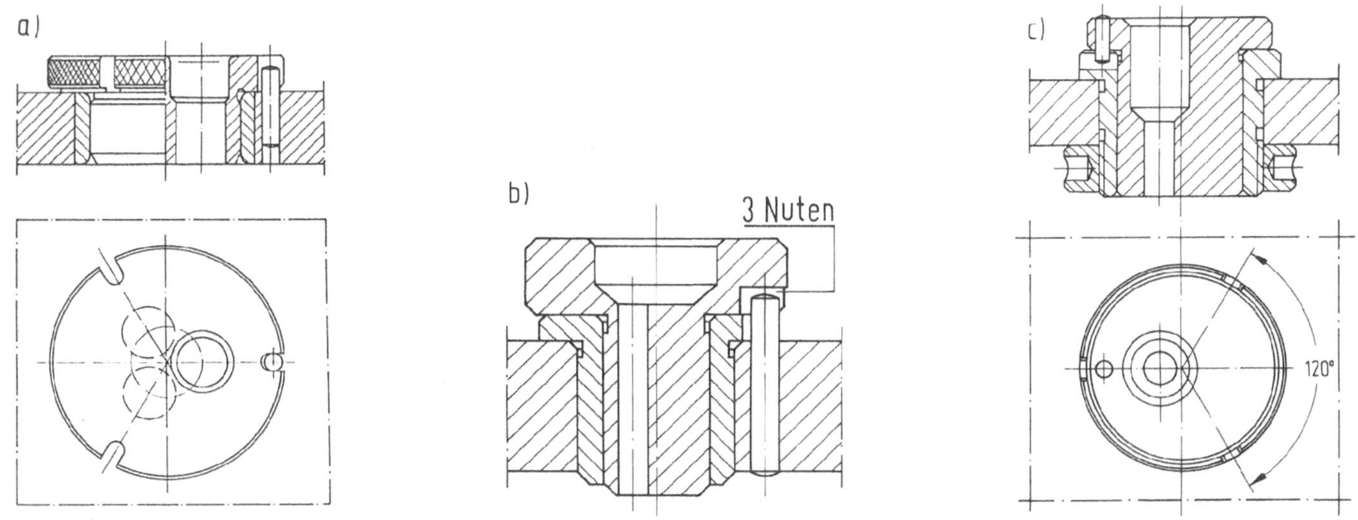

Bild 30-39 Drehbare und einrastbare Bohrbuchsen.

Es kommt vor, daß die Bohrungen im Werkstück so eng nebeneinander vorgesehen sind, daß sie nur mit Sonderbohrbuchsen gebohrt werden können. Dies ist dann der Fall, wenn die Zwischenstege zu dünn wären, wenn z. B. drei Bohrungen (Bild 30-38) in einer Bohrbuchse vorhanden sein müßten. Die dargestellte Lösung wird in diesem Fall so angewendet, daß nach dem Bohren der ersten Bohrung die Bohrbuchse umgesteckt wird, wobei der Zylinderstift in die nachfolgende Quernut greift. Dieses wird bei z. B. drei Bohrungen noch einmal wiederholt und die dritte Bohrung gebohrt. Verschiedene Ausführungen der Bohrbuchsen für z. B. drei auszuführende Bohrungen:

a) Bohrbuchse mit drei Nuten im Bund. Der Zylinderstift ist im Bohrbuchsenträger eingepreßt.
b) Bohrbuchse mit drei Nuten in der unteren Stirn des Ansatzes. Der Zylinderstift ist in den Bohrbuchsenträger eingepreßt,
c) Ausführung wie unter b), die Führungsbuchse ist jedoch nicht fest eingepreßt, sondern mit einer Kreuzlochmutter im Bohrbuchsenträger befestigt. Der Zylinderstift ist in den Bund der Bohrbuchse eingepreßt.

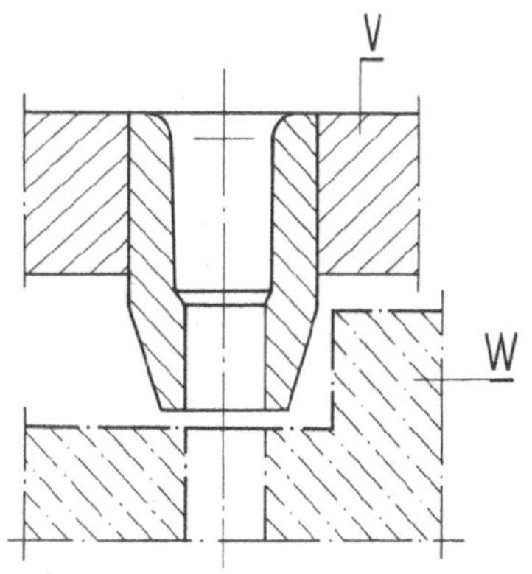

Bild 30-40 Bohrbuchse für tiefliegende Bohrungen.

Wenn eine Bohrung in einer Vertiefung des Werkstücks gebohrt werden soll, so muß unter Berücksichtigung des Abstandes der Bohrbuchsenstirn zum Werkstück (Abschnitt 30.12) die Bohrbuchse so ausgebildet werden, daß der Bohrer in der Nähe der Werkstückfläche geführt wird. Die Führungslänge nach DIN-Norm für genormte Bohrbuchsen wählen!

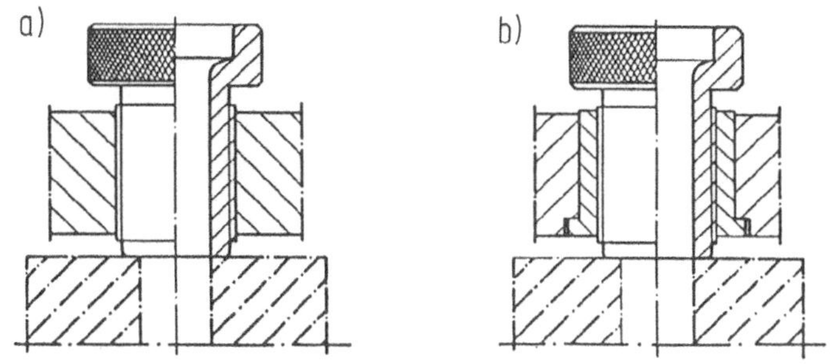

Bild 30-41 Spannbohrbuchsen mit Gewindeführung:

a) Spannbohrbuchse nur mit Hilfe eines im Bohrbuchsenträger befindlichen Gewindes geführt. Diese Bohrbuchse eignet sich nur für ungenaue Bohrungen und Bohrbuchsenabstände sowie für geringe Stückzahlen von Werkstücken.
b) Spannbohrbuchse nur mit Hilfe eines im Bohrbuchsenträger befindlichen Gewindes geführt. Diese Bohrbuchse eignet sich nur für ungenaue Bohrungen und Bohrbuchsenabstände, jedoch für größere Stückzahlen von Werkstücken.

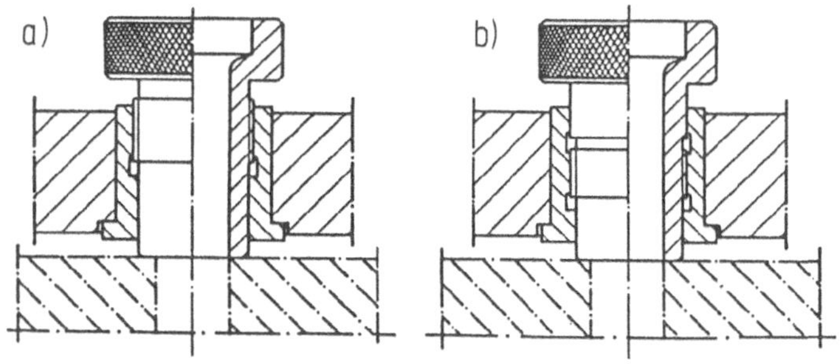

Bild 30-42 Spannbohrbuchsen mit zylindrischer Führung:

a) Spannbohrbuchse seitens des Werkstückes in einem Zylinder geführt. Die Führungslänge sollte nach Möglichkeit mindestens dem Führungsdurchmesser entsprechen. Diese Bohrbuchse eignet sich für genauere Bohrungen und Bohrbuchsenabstände.
b) Spannbohrbuchse sowohl seitens des Werkstücks, als auch seitens der Griffseite in jeweils einem Zylinder geführt. Diese sehr aufwendige Bohrbuchse eignet sich für äußerst genaue Bohrungen und Bohrbuchsenabstände.

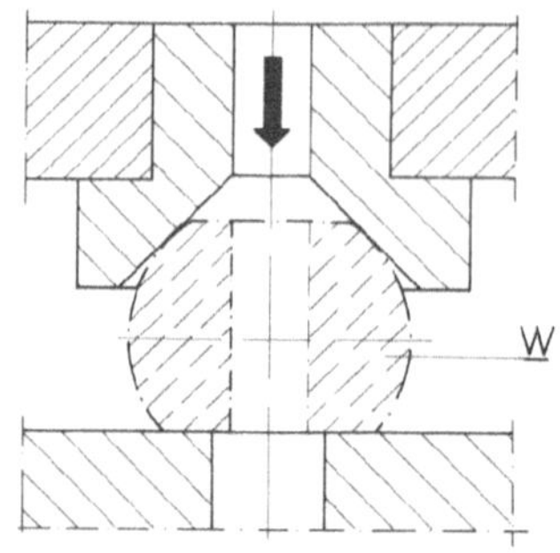

Bild 30-45 Positionier- und Spannbohrbuchse.

Der Innenkegel der Bohrbuchse positioniert das Werkstück mit Hilfe seiner Kugelfläche. Auf diese Weise wird das Werkstück auch gespannt. Die Bohrbuchse wird mit Hilfe des Gewindes geführt (s. a. Bilder 30-41 und 30-42).

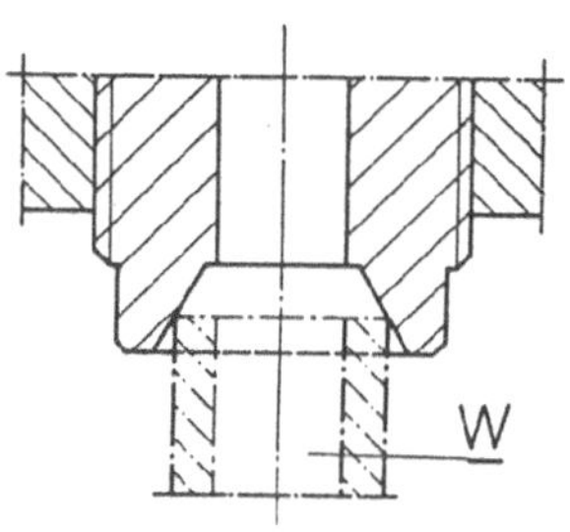

Bild 30-43 Positionier- und Spannbohrbuchse.

Mit Hilfe des Innenkegels der Spannbohrbuchse wird das Werkstück positioniert und gleichzeitig gespannt. Auf diese Art können auch Kugelflächen (Bild 30-45) und Außenkegelflächen des Werkstücks positioniert und gespannt werden. Für schwerere und größere Werkstücke eignet sich die im Bild 30-46 dargestellte Ausführung der Spannbohrbuchse.

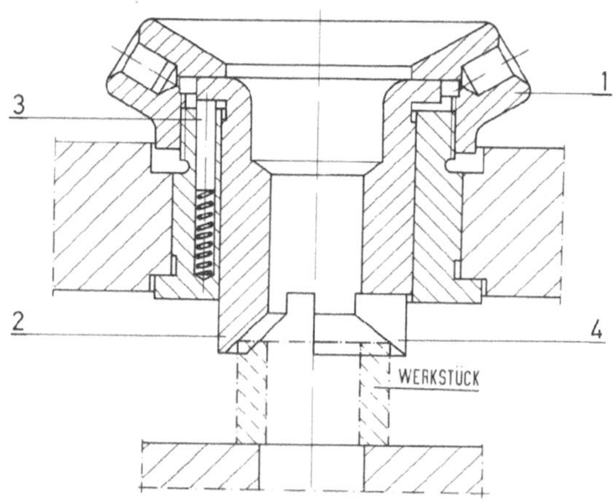

Bild 30-46 Positionier- und Spannbohrbuchse, schwere Ausführung mit zylindrischer Führung.

Der Innenkegel der Bohrbuchse positioniert das Werkstück. Mit Hilfe der Vierlochmutter (1) wird die Bohrbuchse (2) gegen die Stirn des Werkstücks bewegt. Sie wird in der zylindrischen Führung der in den Bohrbuchsenträger eingepreßten Buchse geführt. Beim Entspannen des Werkstücks drücken drei Federn über drei Zylinderstifte (3) die Bohrbuchse nach oben. Die Bohrbuchse hat unten drei Ausnehmungen (4) zwecks leichterer Abfuhr der Spähne.

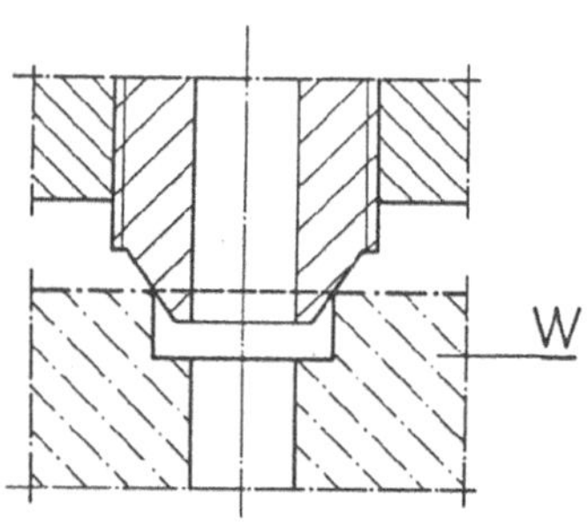

Bild 30-44 Positionier- und Spannbohrbuchse.

Der Außenkegel der Bohrbuchse greift in den Innenzylinder des Werkstücks ein. Das Werkstück wird dadurch positioniert und gespannt. Die Bohrbuchse wird mit Hilfe des Gewindes geführt (s. a. Bilder 30-41 und 30-42).

30.10 Bohrbuchsenträger

In den meisten Fällen wird eine feste Bohrbuchse oder eine Grundbuchse im Vorrichtungskörper (Abschnitt 30.9.2) vertikal, horizontal (Bild 30-53) oder schräg untergebracht. Ebenso kann sie in eine Bohrschablone (Bild 30-52 und Abschnitt 30.2) oder z.B. in ein Winkelstück (Bilder 30-54 und 30-55), das an den Vorrichtungskörper angeschraubt wird, eingebaut werden. Oft werden Bohrbuchsen in bewegliche Vorrichtungselemente, wie z. B. Klappen von Kastenbohrvorrichtungen (Bilder 30-9 und 30-13), die aus Gründen der Werkstückform für das Eingeben und Herausnehmen des Werkstücks in und aus der Vorrichtung

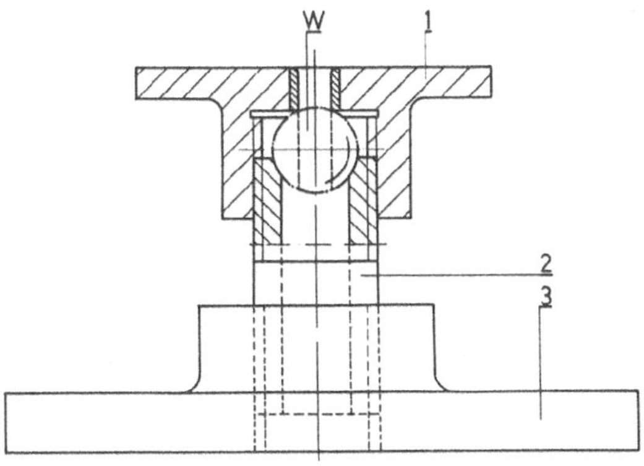

Bild 30-47 Bohrbuchsenführungselement als Positionierelement und Bohrbuchse als Spannelement einer Kugel als Werkstück.

1 drehbarer Bohrbuchsenträger, 2 Gewindeführung der Bohrbuchse, 3 Grundkörper.

Bild 30-49 Handelsübliche mitlaufende Führungsbohrbuchse.

Diese Bohrbuchsen werden lediglich in den Bohrbuchsenträger eingebaut, da sie eine in sich geschlossene Einheit bilden.

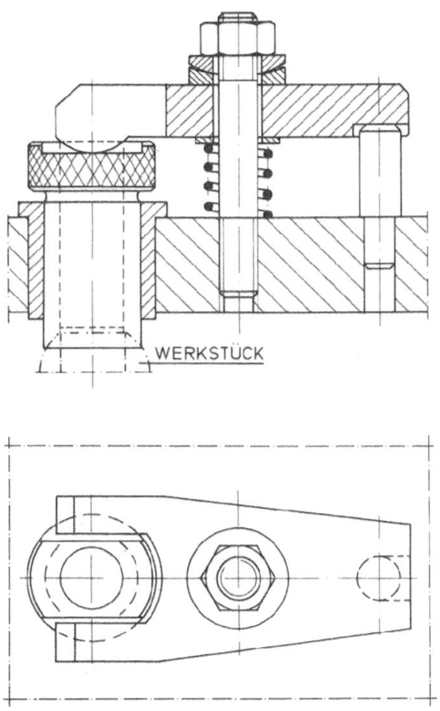

Bild 30-48 Positionier- und Spannbohrbuchse mit Spanneisen.

Diese Bohrbuchse positioniert das kugelartige Werkstück mit ihrem Innenkegel analog zum Bild 30-45, wobei jedoch große Spannkräfte erbracht werden.

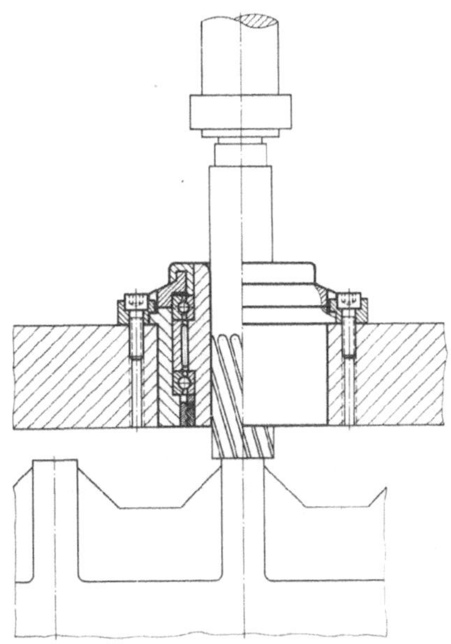

Bild 30-50 Handelsübliche mitlaufende Führungsbohrbuchse zum Anflanschen an den Bohrbuchsenträger.

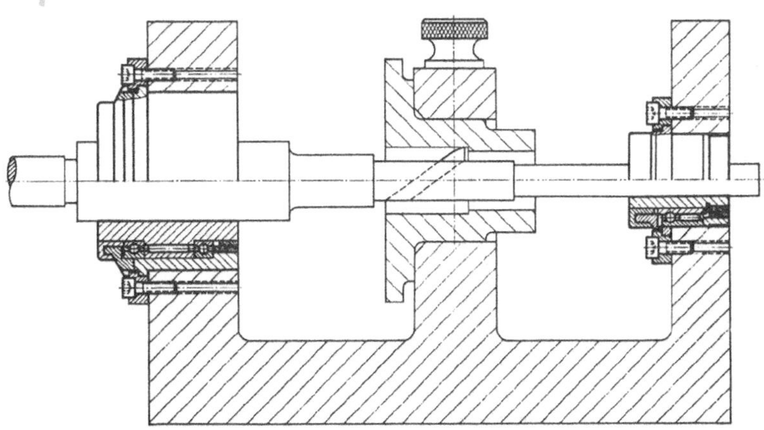

Bild 30-51 Zwei mitlaufende Führungsbuchsen als Bohrstangenführungselemente.

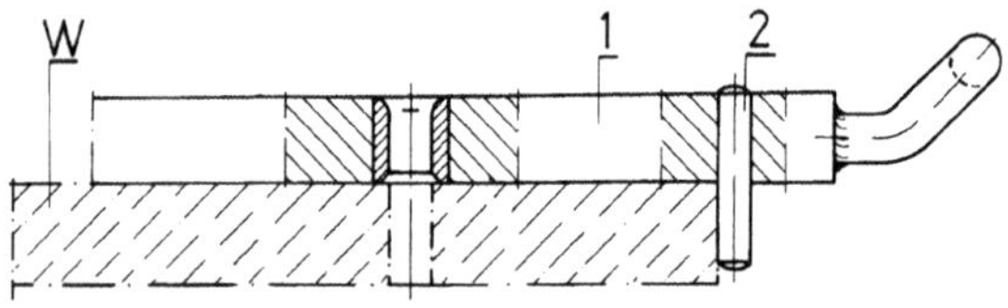

Bild 30-52 Bohrschablone als Bohrbuchsenträger.

Bei Bohrschablonen sollten die Bohrbuchsen auf der Werkstückoberfläche (Abschnitt 30.11.1) liegen.

1 Bohrschablonenkörper, 2 Anlagestift.

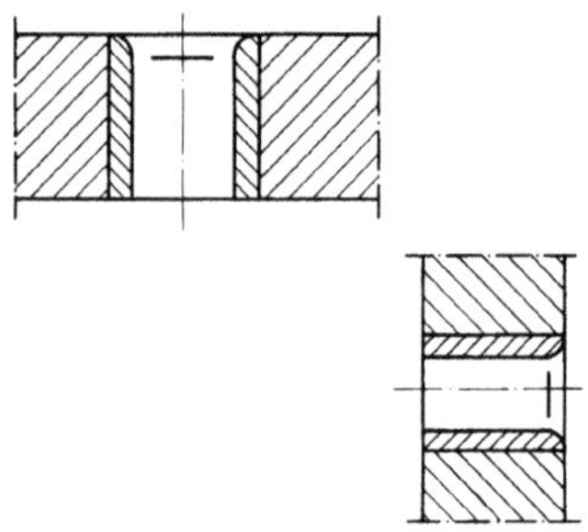

Bild 30-53

Vorrichtungs-Grundkörper als Bohrbuchsenträger.

Die Bohrbuchsenträgerdicke entspricht der genormten Bohrbuchsenlänge.

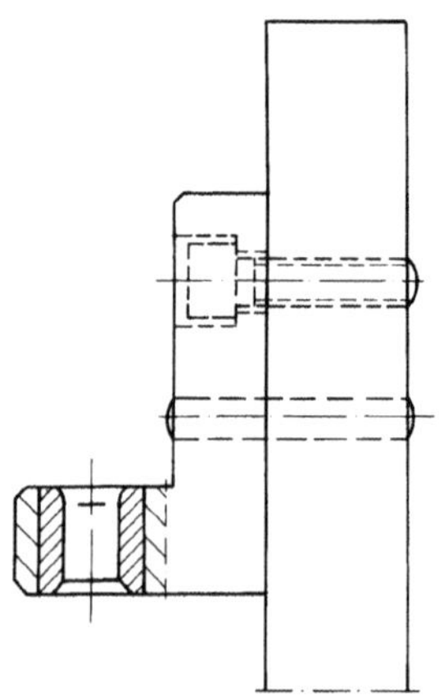

Bild 30-54

Winkelelement als Bohrbuchsenträger an den Vorrichtungskörper angeschraubt.

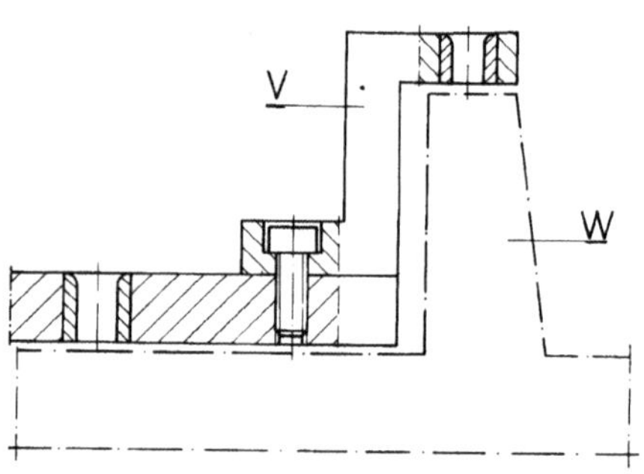

Bild 30-55

Überbrückung von Höhen für die Lage der Bohrbuchsen mit Hilfe eines aufgeschraubten Formelementes.

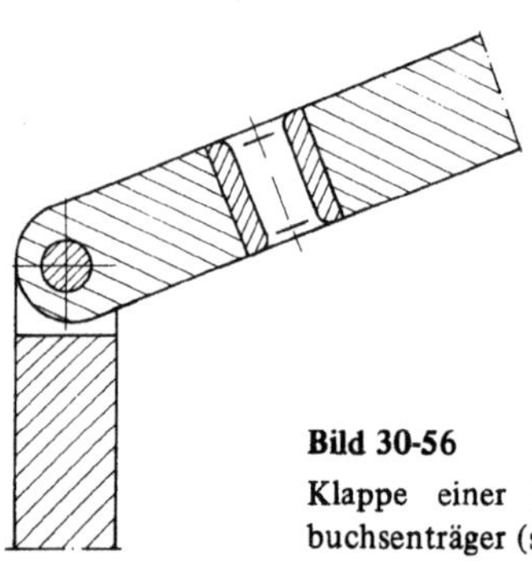

Bild 30-56

Klappe einer Kasten-Bohrvorrichtung als Bohrbuchsenträger (s. a. Bild 30-60).

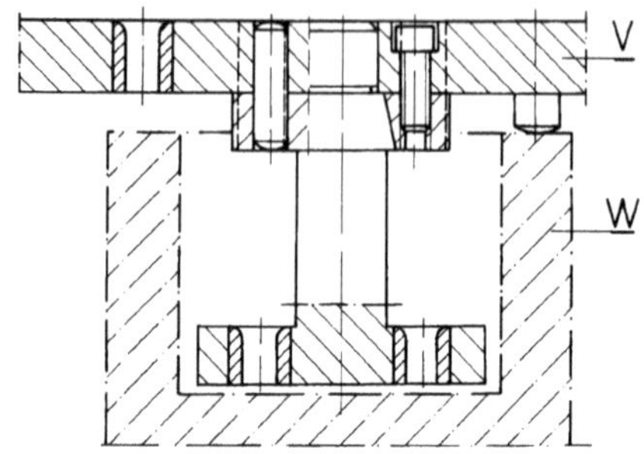

Bild 30-57 T-förmiges Bauelement als Bohrbuchsenträger für tiefliegende Bohrbuchsen.

Die obere Bohrbuchse befindet sich nicht in einer Ebene mit den beiden unteren Bohrbuchsen – der Schnitt ist im Bild versetzt eingezeichnet! Diese Lösung ist für Fälle geeignet, wenn andere Lösungen nicht möglich sind.

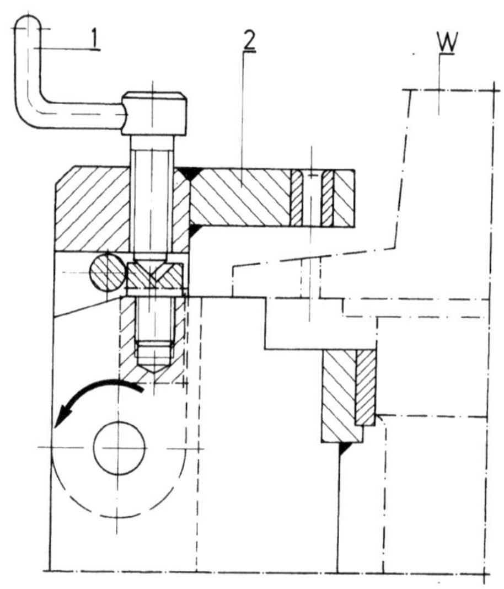

Bild 30-58 Einschwenkbarer Bohrbuchsenträger.

Diese Art des Bohrbuchsenträgers ist geeignet, wenn der Bohrbuchsenträger z. B. zwecks Herausnahme des Werkstücks aus der Vorrichtung beseitigt werden muß. Ähnliche Ausführung ist im Bild 30-59 gezeigt.

1 Feststellkurbel, 2 Bohrbuchsenträger.

beseitigt werden, eingebaut (Bilder 30-57 bis 30-59). Diese Elemente werden ausgeklappt, ausgeschwenkt usw. Eine Vorrichtungsklappe als Bohrbuchsenträger (Bild 30-56) kann auf verschiedene Art mit dem Vorrichtungskörper verbunden werden. Einerseits handelt es sich um die Lagerung (Bild 30-60) und andererseits um anderweitige Einschränkung des Spiels zwischen dem zweiten Ende der Klappe und dem Vorrichtungskörper. Das Spiel kann an der Seite der Lagerung mit Hilfe von Kompensationsscheiben festgelegt werden. Diese Scheiben werden so lange geschliffen, bis die Klappe spielfrei aber klappbar eingesetzt werden kann. Auf der Seite des Verschlusses wird die Klappe zwischen zwei Stegen, die ebenfalls so lange nachgearbeitet werden, bis die notwendige Passung erreicht ist,

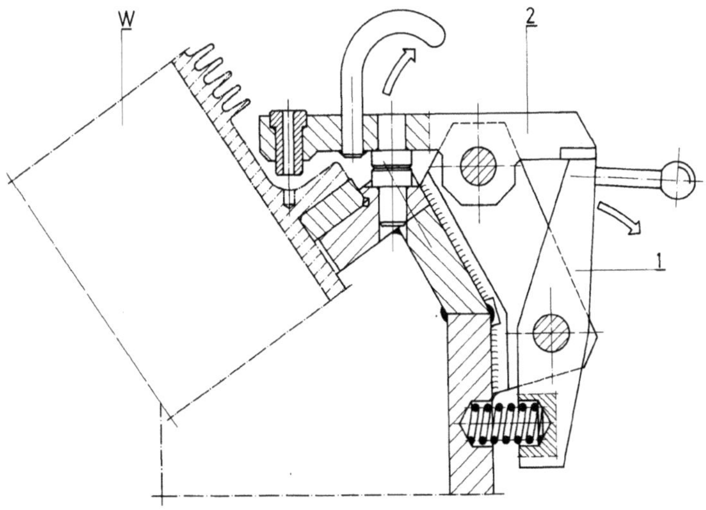

Bild 30-59 Bohrbuchsenträger einschwenkbar und feststellbar (Beschreibung s. Bild 30-58).
1 Schwenkarm, 2 Stütz- und Riegelelement.

positioniert. In Bild 30-60 sind die Ausführungsmöglichkeiten der Lagerung der Klappe im Vorrichtungskörper gezeigt. In den Bildern 18-1 bis 18-10 werden verschiedene Arten der Klappenverschlüsse dargestellt und erläutert. Klappenanschläge zeigen die Bilder 30-61 bis 30-63.

30.11 Toleranzen der Innen- und Außendurchmesser von Bohrbuchsen sowie der Bohrungen für Bohrbuchsen im Bohrbuchsenträger

In Bild 30-64 sind Toleranzen der Innen- und Außendurchmesser der Bohrbuchsen sowie der Bohrungen im Bohrbuchsenträger aufgeführt. Die Passungen, die aus der jeweiligen Paarung resultieren, sind in Abschnitt 30.11.1 besprochen.

Der Innendurchmesser fester Bohrbuchsen DIN 172 und 179, sowie der Grundbuchse DIN 173 wird durch Einpressen in den Bohrbuchsenträger kleiner. Er hängt von der Wanddicke der Bohrbuchse und den Istmaßen der zusammengefügten Elemente ab. Einseitig nachgiebige Bohrbuchsenträger (einseitig

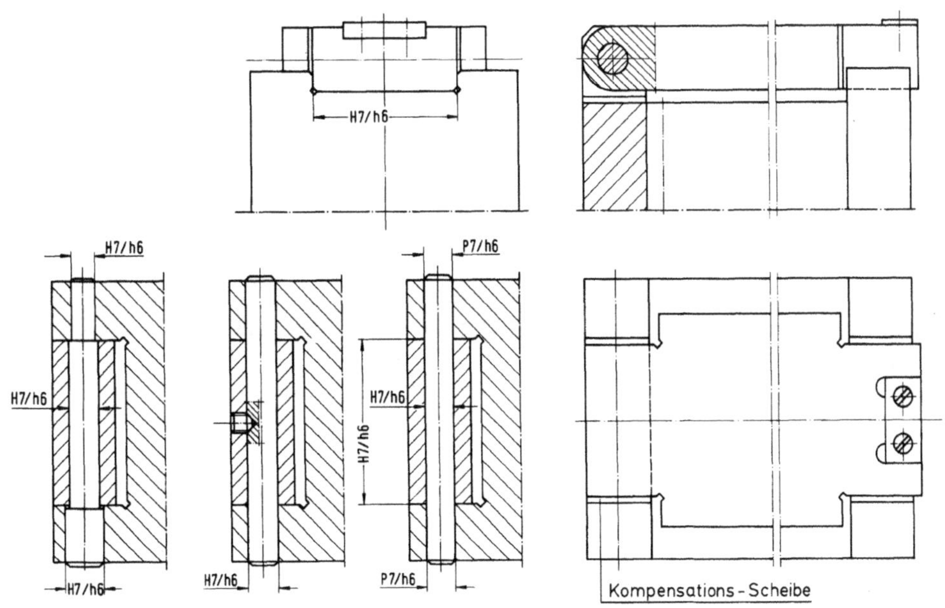

Bild 30-60
Verschiedene Ausführungen der Lagerung der Klappe an Kasten-Bohrvorrichtungen (Abschnitt 30.4).
Die Kompensationsscheiben werden so lange nachgeschliffen, bis die Klappe eingesetzt und bewegt werden kann, d. h. die entsprechende Passung aufweist (H7/h6).

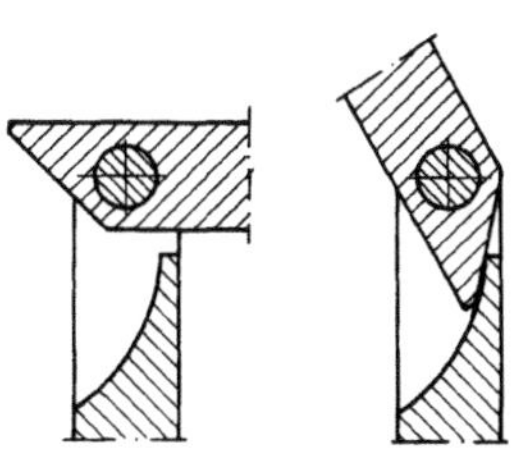

Bild 30-61
Klappenanschlag für leichtere Klappen an verschraubten Vorrichtungskörpern (Abschnitt 19.1.2).

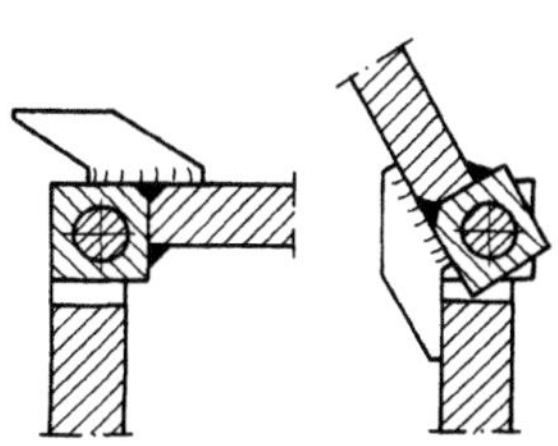

Bild 30-62
Klappenanschlag für leichtere Klappen. Der Anschlag ist an der Klappe angeschweißt. Geeignet für geschweißte Vorrichtungskörper (Abschnitt 19.1.3).

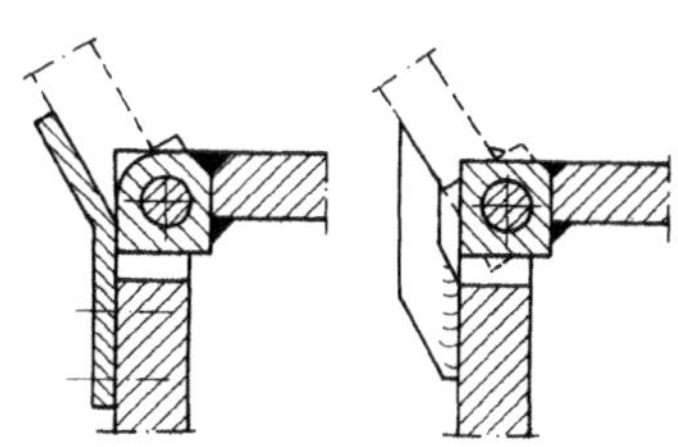

Bild 30-63 Klappenanschlag am Vorrichtungskörper befestigt. Links – angeschraubt, rechts – angeschweißt.

Bohrbuchsenart bzw. Aufnahmebohrung	DIN	Durchmesser	
		Innen	Außen
1. Bohrbuchse Form A und B	179	F 7	n 6
2. Bundbohrbuchse Form A und B	172	F 7	n 6
3. Steckbohrbuchse Form A	173 Bl.1	F 7	m 6
4. Grundbuchse Form G und H	173 Bl.2	H 7	m 6
5. Steckbuchse Form E, ES und ER	173 Bl.2	G 7	h 6
6. Bohrung im Bohrbuchsenträger zum Einpressen der Bohrbuchsen Pos. 1, 2 und 4	–	H 7	–
7. Bohrung im Bohrbuchsenträger zum Einkleben der Bohrbuchsen Pos. 1, 2 und 4			
bis 30 mm ⌀	–	E 8	–
über 30 ... 120 mm ⌀	–	F 8	–
über 120 ... 150 mm ⌀	–	F 7	–
Für sehr genaue Bohrungslage ist Gleitsitz empfohlen.			
8. Bohrbuchsen Pos. 1, 2 und 4, wenn sie nach Verschleiß neu gefertigt werden	–	–	p 6

Bild 30-64 Toleranzen der Innen- und Außendurchmesser von Bohrbuchsen, Grundbuchsen sowie der Bohrungen im Bohrbuchsenträger

geringer Abstand zum Rand) können die Bohrung der eingepreßten Bohrbuchse verformen und ihre Achse verlagern. Abhilfe kann durch geringes Spiel und Kleben[1] (Bild 30-64, Pkt. 7) bzw. großes Spiel und Eingießen mit Gießkunstharz (Kap. 77) der Bohrbuchse in den Bohrbuchsenträger geschaffen werden.

Steckbohrbuchsen DIN 173 Form ER werden mit einer Einführungsrille versehen. Sie ermöglicht ein schnelles Einführen der Bohrbuchse, hat jedoch den Nachteil, daß sie leicht beschädigt werden kann.

30.11.1 Passungen bei Anwendung von Bohrbuchsen

Beim Einsatz von Bohrbuchsen kommen folgende Passungen zustande (Bild 30-65):

1. zwischen Spiralbohrer (h8) und Bohrbuchse Form A und B nach DIN 172 sowie Form A und B nach DIN 179: F7/h8 [= 1 + (2 + 3)],*
2. zwischen Spiralbohrer (h8) und Steckbohrbuchse Form K nach DIN 173 Blatt 1: F7/h8 [= 1 + 5],
3. zwischen Spiralbohrer (h8) und Steckbohrbuchse Form E, ES und ER nach DIN 173 Blatt 2: G7/h8 [= 1 + 9],
4. zwischren Reibahle und Bohrbuchse. Das Größtmaß des Reibahlendurchmessers liegt um 15 % der jeweiligen Toleranz der zu fertigenden Bohrung unter dem jeweiligen Größtmaß. Das Toleranzfeld der Reibahle beträgt 35 % des Toleranzfeldes der Bohrung. Die aus jedem Durchmesser resultierende Passung muß jeweils ermittelt werden. Im Normblatt DIN 1420 sind die Reibahlentoleranzen für die gebräuchlichsten Bohrungstoleranzen tabellarisch zusammengestellt,
5. zwischen einer festen Bohrbuchse Form A und B nach DIN 172 und 179 und einer Steckbohrbuchse Form A nach DIN 173 Blatt 1: F7/m6 [= 5 + (6 oder 7)],
6. zwischen einer Grundbuchse Form G und H nach DIN 173 Blatt 2 und einer Steckbohrbuchse Form E, ES und ER: H7/h6 [= 9 + (10 oder 11)],
7. zwischen einer festen Bohrbuchse Form A und B nach DIN 172 und 179 und der Aufnahmebohrung im Bohrbuchsenträger: H7/n6 [= (6 oder 7) + 8],
8. zwischen einer Grundbuchse Form G und H nach DIN 173 Blatt 2 und der Aufnahmebohrung im Bohrbuchsenträger: H7/m6 [= (10 oder 11) + 12].
9. Das günstigste Spiel für eine klebeverbindung der Bohrbuchse mit dem Bohrbuchsenträger liegt bei 0,01 ... 0,05 mm bei einer Rauhtiefe von 10 ... 20 μm. Für koordinatengenaue Lage sind Toleranzen nach Bild 30-64, Pkt. 7 zu wählen – s. [1]).
10. Das Spiel beim Vergießen einer Bohrbuchse im Bohrbuchsenträger mit Hilfe von Gießkunstharz (Kap. 77) sollte ca. 1... 2 mm betragen. Dabei wird so vorgegangen, daß die Lage der Bohrbuchse vor dem Vergießen mit Hilfe von Bolzen (Bild 77-6) festgelegt wird und nachgemessen werden kann; danach wird sie vergossen.
11. Die Passungen können nur eingehalten werden, wenn die Bohrbuchse sorgfältig eingepreßt wird (Kap. 51, Bild 51-1).

30.12 Abstand der Bohrbuchsenstirn zum Werkstück

Der Abstand der dem Werkstück zugewandten Bohrbuchsenstirn zum Werkstück sollte so gewählt werden, daß eine ungehinderte Späneabfuhr in den Nuten der Spiralbohrer bzw. seitliche Beseitigung (zwischen Werkstück und Bohrbuchsenträger – Bild 30-69) gewährleistet ist. Deshalb sollte der Abstand nach folgenden Gesichtspunkten gewählt werden:

1. Wenn in der Vorrichtung Werkstücke aus langspanenden Werkstoffen (weiche Stähle, weiche Nichteisenmetalle usw.) bearbeitet werden und Späne erzeugt werden, die in

Textfortsetzung auf S. 276

[1]) Befestigungsmittel für Bohrbuchsen „Spezial-LOCTITE®" RBN442 und LOCQUIC RBN464 (Aushärtebeschleuniger)-Lieferfirma: Normteilwerk Robert Blohm, Postf. 1240, 2059 Büchen

* Bedeutung der in eckigen Klammern befindlichen Zahlen s. Bild 30-65 (eingerahmte Zahlen).

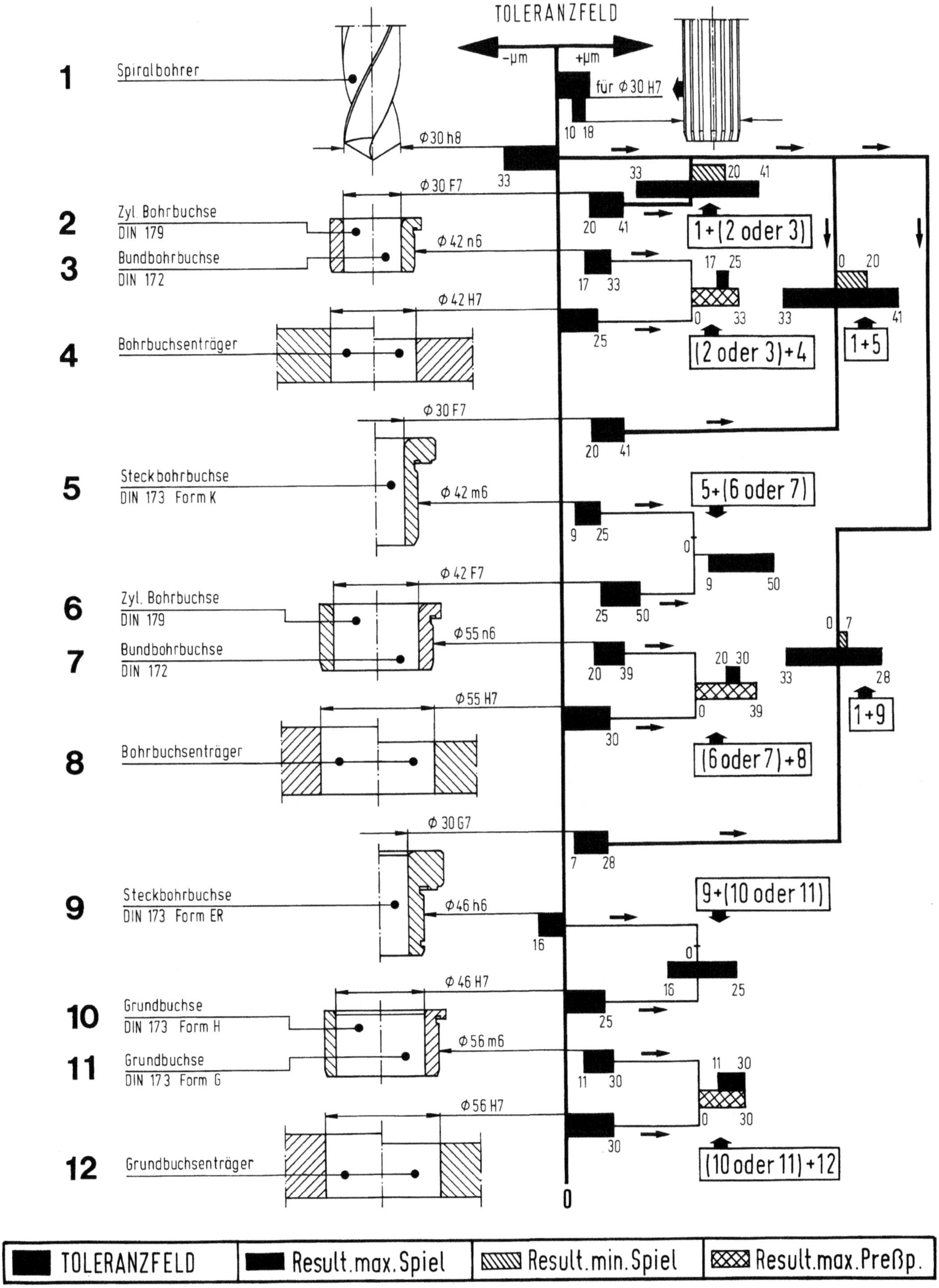

Bild 30-65 Passagen als Funktion der Paarung des Werkzeugs mit Bohrbuchsen, Steckbohrbuchsen mit Grundbuchsen und Grundbuchsen mit Bohrungen im Bohrbuchsenträger. Erläuterungen s. Abschnitt 30.11.1.

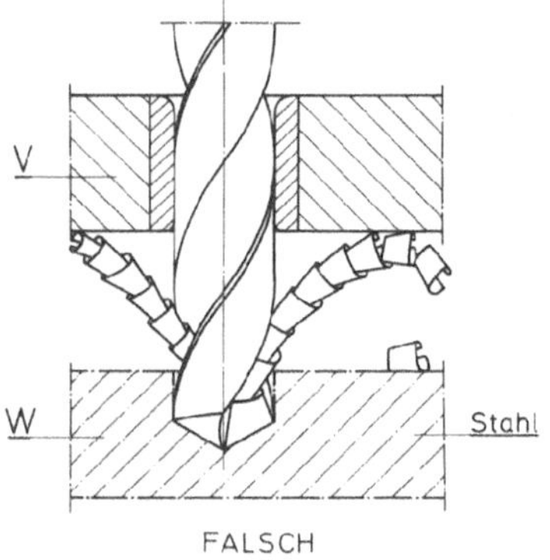

Bild 30-66 Späne langspanender Werkstoffe dringen bei zu großem Abstand der unteren Bohrbuchsenstirn zum Werkstück nicht in die Spannnuten der Spiralbohrer ein und lassen sich nicht nach oben abführen. Sie neigen zum Stoßen gegen den Bohrbuchsenträger und zum Verbiegen.

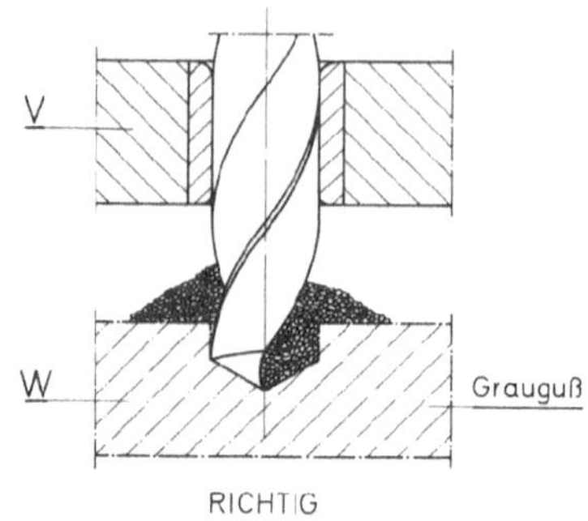

Bild 30-69 Bei entsprechend großen Abstand (0,5 ... 1 × d) (Abschnitt 30.12) besteht genügend Platz zwischen dem Werkstück und dem Bohrbuchsenträger für die Ansammlung und Beseitigung der Späne kurzspanender Werkstoffe.

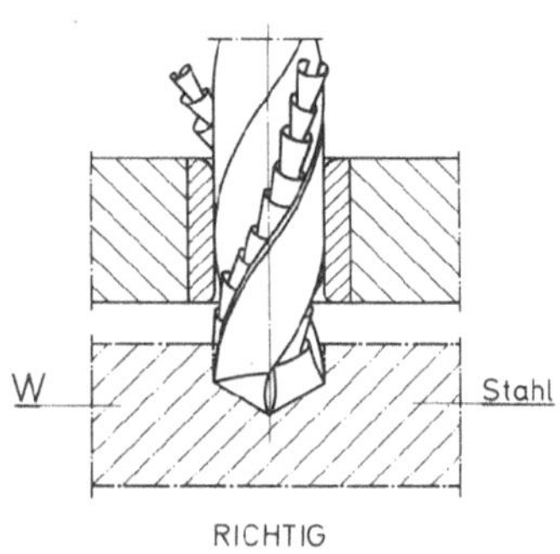

Bild 30-67 Bei geringem Abstand der Bohrbuchsenstirn zum Werkstück bzw. beim Aufliegen der Bohrbuchse auf dem Werkstück werden die Späne langspanender Werkstoffe in den Nuten der Spiralbohrer ungehindert befördert.

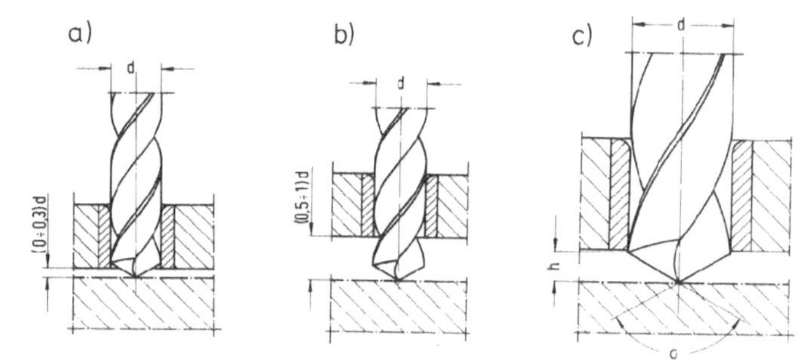

Bild 30-70 Abstand der Bohrbuchsenstirn zum Werkstück.

a) Bei langspanenden Werkstoffen des Werkstücks (Stahl) 0 ... 0,3 × d.

b) Bei kurzspanenden Werkstoffen des Werkstücks (Grauguß) 0,5 ... 1 × d.

c) Abstand bei großen Durchmessern der Spiralbohrer (ab 20 mm) sollte h = 0,3 × d betragen um die Schneiden während des Anbohrens zu schützen.

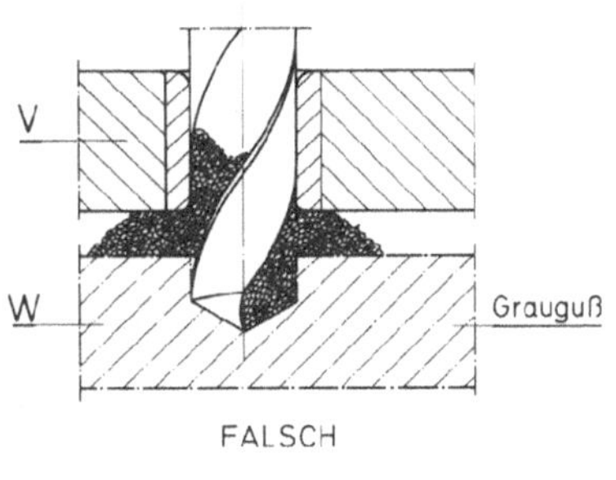

Bild 30-68 Bei kurzspanenden Werkstoffen und zu geringem Abstand der Bohrbuchsenstirn zum Werkstück werden die Späne, da die Spannnuten der Spiralbohrer verstopft werden, zwischen das Werkstück und den Bohrbuchsenträger gepreßt.

den Nuten der Spiralbohrer abgeführt werden können, so sollte der Abstand der Bohrbuchsenstirn maximal 0,3 · d (d Bohrungsdurchmesser) (Bilder 30-66 und 30-67) betragen (Bild 30-70a). In solchen Fällen ist es ratsam, wenn möglich, die Bohrbuchsenstirn direkt auf dem Werkstück aufzulegen. In diesem Fall muß jedoch beachtet werden, daß die Führung der Bohrbuchse um den Wert h (Bild 30-70c) kürzer während des Anbohrens wird:

$$h = \frac{0{,}5 \cdot d}{\tan\frac{\sigma}{2}} \approx 0{,}29\,d \quad \text{in mm} \quad (\text{für Stahl und GG: } \sigma = 120^\circ)$$

s. a. Leitertafel Bild 30-71

2. Wenn in der Vorrichtung Werkstücke aus kurzspanenden Werkstoffen (Gußeisen, Automatenstahl, bleilegiertes Aluminium usw.) bearbeitet werden und Späne erzeugt werden, die nicht in den Nuten der Spiralbohrer abgeführt werden (Bilder 30-68 und 30-69) und sogar diese verstopfen, so muß der Abstand 0,5 ... 1 · d betragen (Bild 30-70b). Der vorhandene Zwischenraum ermöglicht, daß sich die Späne bei senkrechter Bohrerlage auf der Werkstückoberfläche ansammeln und verteilen bzw. bei waagerechter Achslage der Werkzeuge nach unten fallen.

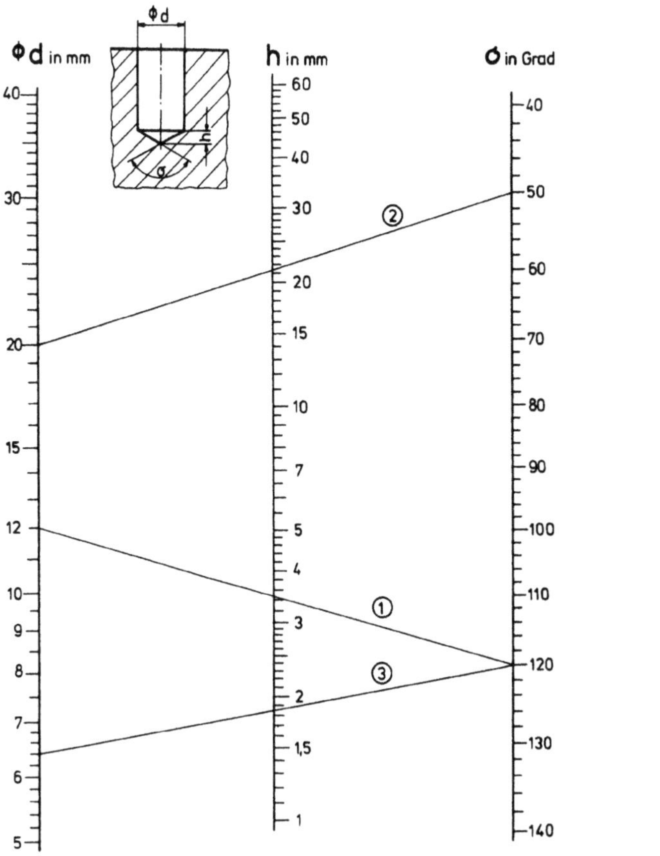

Bild 30-71 Leitertafel zur Ermittlung der Größe „h" (s. Bild 30-70/c) für verschiedene Spitzenwinkel (verschiedene Werkstoffe) der Spiralbohrer.

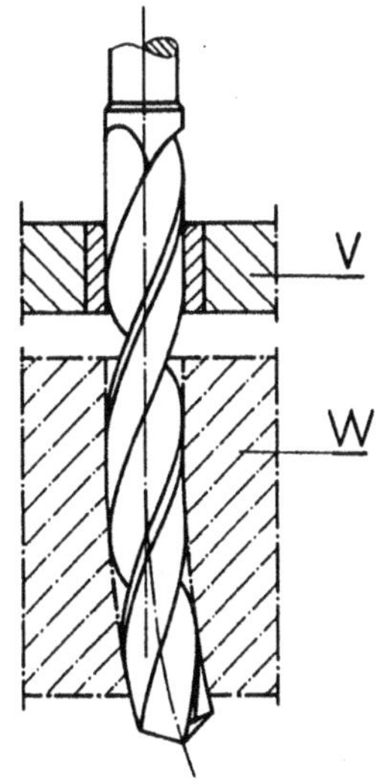

Bild 30-72

Verlauf der Bohrungsachse bei ungünstigem Verhältnis der Bohrungslänge zum Bohrungsdurchmesser.

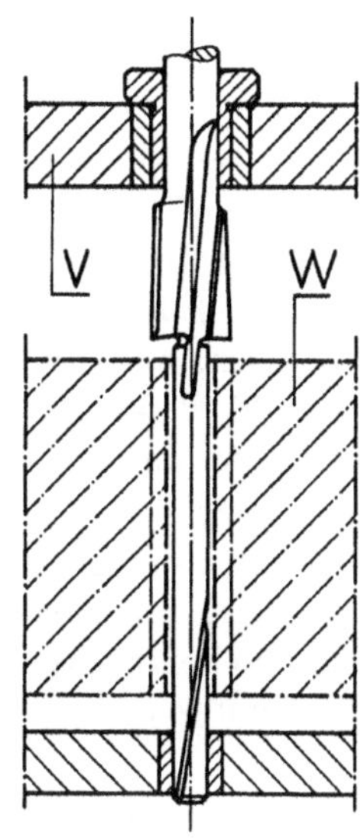

Bild 30-73

Durch beidseitige Führung des Senkwerkzeugs kann nach dem Bohren der Verlauf der Bohrungsachse wesentlich korrigiert werden. Richtige Vorgehensweise bei verlangter hoher Genauigkeit des Achsverlaufs der Bohrung zeigt die gezeigte Lösung der Vorrichtung.

1 Senkwerkzeug mit Führungsschaft, 2 untere Führungsbuchse.

3. Bei größeren Bohrerdurchmessern (ab 20 mm) sollte der Abstand den Wert h = Spitzenhöhe (Bild 30-70c) betragen, da sonst die Führung, wie unter Pkt. 1 erwähnt, um diesen Wert verkürzt wird. Außerdem wäre ein größerer Schneidkantenverschleiß infolge der Schneidkantenreibung die Folge. Anhand der aufgeführten Formel kann man den Wert h = 0,3 · d als „Faustformel" betrachten. Für andere Spitzenwinkel σ können diese Werte mit Hilfe der Leitertafel (Bild 30-71) ermittelt werden.

30.13 Bohrungsgenauigkeit bei Verwendung von Bohrbuchsen

Der Spiralbohrer weist schlechte Führungseigenschaften hinsichtlich der Selbstführung in der Bohrmaschinen-Arbeitsspindelachse während der Dreh- und Vorschubbewegung in den Werkstückwerkstoff auf. Dieser Mangel ist einerseits auf die zur Werkzeugachse hin schlechter werdende Schneidengeometrie und andererseits kleiner werdenden Freiwinkel infolge der Vorschubbewegung zurückzuführen. Auch die Anschliffart (Kegelmantel-, Zylindermantelschliff usw.) spielt hierbei eine Rolle, da die Veränderung der Werkzeugschneidengeometrie, insbesondere der Freiwinkel, von der Anschliffart abhängig ist. Diese Nachteile treten um so mehr in Erscheinung, je ungünstiger das Verhältnis des Bohrerdurchmessers zu der Bohrungslänge wird (Bild 30-72). Wenn großer Wert auf die Achslage und deren Verlauf gelegt wird (z.B. senkrechte Lage der Bohrungsachse zur Werkstückoberfläche oder parallel zu anderen Bohrungsachsen), so sollte man die in Bild 30-73 gezeigte Methode sowie daraus resultierende Ausführung der Vorrichtung anstreben. Die Lagegenauigkeit der Bohrung und der Achsverlauf hängen ab:

1. von der Größe des Spiels zwischen Werkzeug und Bohrbuchse (Abschnitt 30.11.1), also von den Maßen dieser beiden Elemente (Toleranzen und Istmaße),
2. von der Größe des Spiels zwischen der Grundbuchse und der Steckbohrbuchse (Bild 30-65),
3. von der Länge der Werkzeugführung der Bohrbuchse,
4. von der Lage der Bohrbuchse im Bohrbuchsenträger (bei zwei und mehreren Bohrbuchsen in einem Bohrbuchsenträger),
5. vom Abstand der Bohrbuchsenstirn zum Werkstück (Abschnitt 30.12),
6. vom Werkstückwerkstoff und seinen Zerspaneigenschaften,
7. von der Oberflächenqualität der Bohrbuchse,
8. von der Größe „z" (Exzentrizität) der Bohrbuchse,

9. von der Anschliffart und -qualität des Werkzeugs,
10. von den Zerspanungsbedingungen,
11. von der Bohrmaschine, ihrer Genauigkeit, Steifigkeit usw.,
12. von der Arbeitsqualität des die Bohrmaschine und Vorrichtung Bedienenden,
13. von der Werkzeugführungslänge der Bohrbuchse.

Unter normalen Bedingungen wird die Bohrungslagegenauigkeit bei etwa ± 0,05 ... ± 0,15 mm liegen. Sind Toleranzen unter ± 0,05 mm einzuhalten, so erfordert dieses besondere Sorgfalt. Als untere erreichbare Grenze kann etwa ± 0,01 mm angesehen werden (Bild 30-67).

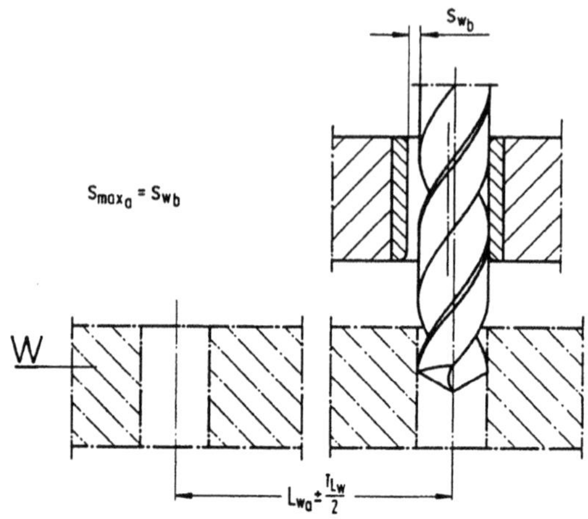

Bild 30-74 Maximales Spiel S_{max_a} zwischen Werkzeug und Bohrbuchse bei Anwendung nur einer Bohrbuchse.

30.14 Toleranz des Bohrungsabstandes der Bohrungen für Bohrbuchsen im Bohrbuchsenträger

30.14.1 Allgemein

Die Lage der Bohrungen im Werkstück und ihre Abstandstoleranz müssen gewährleistet sein. So muß die Lage der Bohrbuchsen zueinander, also der Abstand der für ihre Aufnahme bestimmten Bohrungen und die Abstandstoleranz festgelegt werden, um die genannte Forderung zu erfüllen. Allgemein werden 20 ... 30 % der jeweiligen Toleranz des Werkstücksbohrungsabstands als Bohrungs-Abstandsoleranz für Bohrbuchsenbohrungen im Vorrichtungskörper angenommen. Die verbleibenden 70 ... 80 % der Werkstückstoleranz stehen für Einflüsse wie: Spiele (Abschnitt 30.11.1) infolge der Toleranzen der Bohrbuchsen, zwischen Werkzeug und Bohrbuchse, der Führungslänge, der Mittigkeitsabweichungen usw. zur Verfügung.

Mit den im Vorrichtungsbau üblichen Werkzeugmaschinen ist eine Toleranz von ± 0,02 mm, und mit Hilfe eines Lehrenbohrwerks von ± 0,005 mm möglich, was im zweiten Fall jedoch höhere Kosten bedeutet. Damit der Bohrungsabstand im Vorrichtungskörper nicht unnötig zu eng toleriert wird bzw. wenn Zweifel bestehen (wie groß die Toleranz gestaltet werden soll), muß eine Rechnung (s. Beispiel Abschnitt 30.14.2) durchgeführt werden. Dabei ist zu beachten, daß bei Anwendung nur einer festen Bohrbuchse (Bild 30-74) eine geringere Anzahl von Faktoren zu berücksichtigen ist, als bei Anwendung einer Grundbuchse und einer Steckbuchse (Bild 30-75).

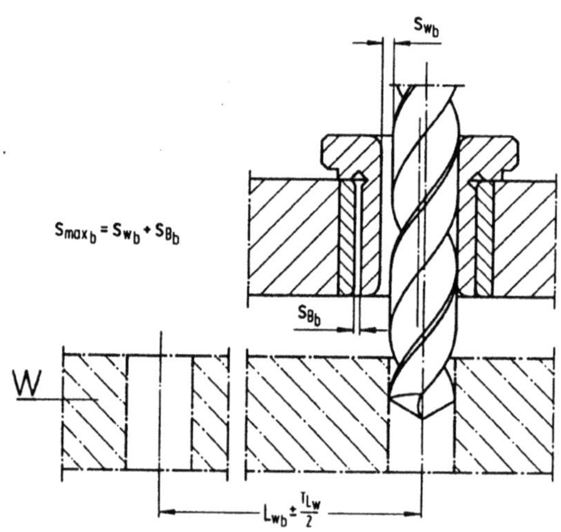

Bild 30-75 Maximales Spiel S_{max_b} zwischen Werkzeug und Bohrbuchsen bei Anwendung einer Grundbuchse und einer Steckbuchse.

30.14.2 Ermittlung der Toleranz des Abstands der Bohrungen für Bohrbuchsen im Bohrbuchsenträger

Beispiel:

In einem Werkstück sollen zwei Bohrungen ϕ 30 H7 in einem Abstand von L_w = 300 ± 0,1 mm (Bild 30-76) ausgeführt werden. Die Bearbeitung erfolgt in einer Vorrichtung mit zwei Grundbuchsen und jeweils zwei Steckbohrbuchsen. Die Bohrungen werden auf ϕ 29,8 mm gebohrt und danach mit der Reibahle auf ϕ 30 H7 gerieben.

Wie groß muß die Toleranz T_v des Abstandes der Bohrungen L_v = 300 mm im Bohrbuchsenträger sein, damit die Werkstück-Bohrungsabstandstoleranz T_w = ± 0,1 mm eingehalten wird, wobei jedoch die Toleranz T_v des Bohrungsabstandsmaßes L_v der Vorrichtung nur so genau wie nötig ausgeführt werden soll?

Kurzbezeichnungen, Ausgangs- und Ermittlungsgrößen zum Bild 30-76:

L_w	Abstandsmaß der Bohrungen im Werkstück	300 mm
T_{Lw}	Toleranz von L_w	± 0,1 mm
L_v	Abstandsmaß der Bohrungen im Bohrbuchsenträger	300 mm
T_{Lv}	Toleranz von L_v	*ermitteln*
D_B	Innendurchmesser der Grundbohrbuchse	42 mm
T_{DB}	Toleranz von D_B = 42 F7	$^{+0,050}_{+0,025}$ mm
D_b	Innendurchmesser der Steckbohrbuchse	30 mm

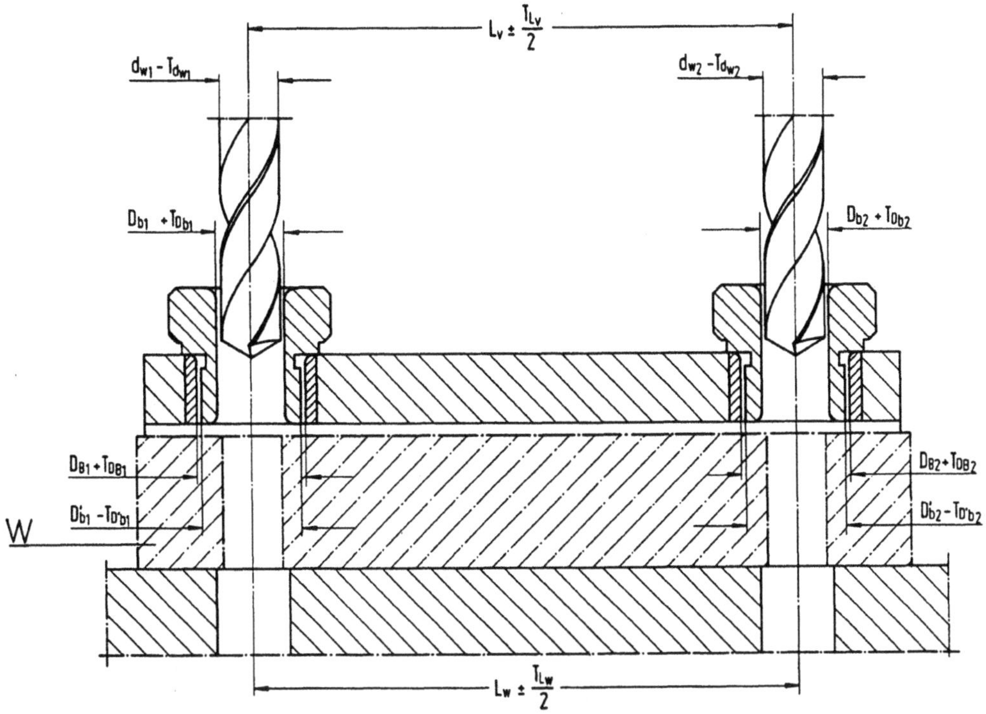

Bild 30-76
Erläuterungsdarstellung zur Ermittlung der Toleranz des Abstandes $L_V \pm T_{LV}/2$ der Bohrungen für Bohrbuchsen im Bohrbuchsenträger (Abschnitt 30.14.1) als Funktion des Abstandes $L_W \pm T_{LW}/2$ der Bohrungen im zu bearbeitenden Werkstück.

T_{Db}	Toleranz von D_b = 30 F7	$^{+0,041}_{+0,020}$ mm
D'_b	Außendurchmesser der Steckbohrbuchse	42 mm
$T_{D'b}$	Toleranz von D'_b = 42 h7	$^{0,000}_{-0,016}$ mm
d_w	Durchmesser von Werkstückbohrungen	30 mm
T_{dw}	Toleranz von d_w = 30 H7	$^{+0,021}_{0,000}$ mm
d_r	Durchmesser der Reibahle für ϕ 30 H7	30 mm
T_{dr}	Toleranz von d_r	*ermitteln*

A_{o_r} oberes Abmaß der Reibahle = $0{,}85 \cdot T_{dw}$
$A_{o_r} = 0{,}85 \cdot 0{,}021$ mm = 0,018 mm

A_{u_r} unteres Abmaß der Reibahle = $0{,}50 \cdot T_{dw}$
$A_{u_r} = 0{,}50 \cdot 0{,}021$ mm = 0,011 so betragen:

d_r und T_{dr} der Reibahle für ϕ 30 H7 $30^{+0,018}_{+0,011}$ mm

Die maximale zulässige Toleranz T_{Lv} des Abstandes der Bohrungen für die Bohrbuchsen im Bohrbuchsenträger der Vorrichtung wird nach der Formel (1) ermittelt:

$$T_{Lv} \leqq T_{Lw} - (S_{rb_m} + S_{rb_m} + S_{bB_m} + S_{bB_m}) + \frac{z_1 + z_2 + z_3 + z_4}{2} \text{ in mm} \quad (1)$$

worin:

S_{rb_m} mittleres Spiel zwischen dem Werkzeug- (d_r) und dem Innendurchmesser (D_b) der Steckbohrbuchse in mm *ermitteln*

$$S_{wb_m} = \frac{S_g + S_k}{2}$$

wobei: S_g – Größtspiel in mm
S_k – Kleinstspiel in mm

S_{bB_m} mittleres Spiel zwischen dem Außendurchmesser (D'_b) der Steckbohrbuchse und dem Innendurchmesser (D_b) der Grundbuchse in mm *ermitteln*

$$S_{bB_m} = \frac{S_g + S_k}{2}$$

wobei: S_g – Größtspiel in mm
S_k – Kleinstspiel in mm

$S_{g_{rb}}$ Größtspiel zwischen dem Werkzeug und der Steckbohrbuchse in mm:

$S_{g_{rb}} = A_{o_b} - A_{u_r}$ wobei

A_{o_b} oberes Abmaß der Steckbuchsenbohrung in mm

A_{u_r} unteres Abmaß der Reibahle in mm

$S_{k_{rb}}$ Kleinstspiel zwischen dem Werkzeug und der Steckbohrbuchse in mm:

$S_{k_{rb}} = A_{u_b} - A_{o_r}$

wobei:

A_{u_b} unteres Abmaß der Steckbuchsenbohrung in mm,

A_{o_r} oberes Abmaß der Reibahle in mm

$S_{g_{bB}}$ Größtspiel zwischen dem Außendurchmesser der Steckbohrbuchse und dem Innendurchmesser der Grundbuchse in mm:

$S_{g_{bB}} = A_{o_B} - A_{u_b}$

wobei:

A_{o_B} oberes Abmaß des Steckbohrbuchsen-Außen-ϕ in mm,

A_{u_b} unteres Abmaß des Grundbuchsen-Innen-ϕ in mm.

S_{k_bB} Kleinstspiel zwischen dem Außendurchmesser der Steckbohrbuchse und dem Innendurchmesser der Grundbuchse in mm:

$$S_{k_bB} = A_{u_B} - A_{o_b}$$

A_{u_B} unteres Abmaß des Steckbohrbuchsen-ϕ in mm

A_{o_b} oberes Abmaß des Grundbuchsen-Innen-ϕ in mm.

$$S_{rb_m} = \frac{30{,}011 - 30{,}011}{2} + \frac{30{,}020 - 30{,}018}{2} = 0{,}016\,\text{mm}$$

$$S_{bB_m} = \frac{42{,}050 - 41{,}984}{2} + \frac{42{,}025 - 42{,}000}{2} = 0{,}046\,\text{mm}$$

z maximale zulässige Mittigkeitsabweichung der Grund- und Bohrbuchsen 0,02 mm

Die maximale zulässige Toleranz T_{Lv} des Abstandes der Bohrungen für die Bohrbuchsen im Bohrbuchsenträger der Vorrichtung muß betragen – nach der Formel (1) ermittelt:

$$T_{Lv} \leqq 0{,}2 - (0{,}016 + 0{,}016 + 0{,}046 + 0{,}046) + \frac{0{,}02 + 0{,}02 + 0{,}02 + 0{,}02}{2}$$

$T_{Lv} \leqq 0{,}036$ mm und auf A_o und A_u gleichmäßig verteilt ergeben:

L_v und T_{Lv}: $300^{+0{,}018}_{-0{,}018}$ mm

Nach der „Faustformel" $T_{Lv} = 20\,\%$ bis $30\,\%$ von T_{Lw} würden sich ergeben:

a) bei Annahme $T_{Lv} = 20\,\%$ von T_{Lw}:

$T_{Lv} = 0{,}2 \cdot 0{,}2 = 0{,}04$ mm, also $^{+0{,}02}_{-0{,}02}$ mm, was mit der durchgeführten Berechnung fast übereinstimmt,

b) bei Annahme $T_{Lv} = 30\,\%$ von T_{Lv}:

$T_{Lv} = 0{,}3 \cdot 0{,}2 = 0{,}06$ mm, also $^{+0{,}03}_{-0{,}03}$ mm, so daß damit die Forderung $T_{Lw} = \pm\,0{,}1$ nicht erfüllt worden wäre.

Daraus geht hervor, daß diese Berechnungen um so wichtiger sind, je mehr Elemente (Steckbohrbuchsen, Werkzeuge), die Einfluß auf die Toleranzen haben, in Frage kommen, und je enger die Toleranzen der Werkstück-Bohrungsabstände T_{Lw} bemessen sind. In dem Berechnungsbeispiel hatten die beiden Werkstückbohrungen gleiche Durchmesser und Toleranzen. Anderenfalls müssen die Kleinst- und Größtspiele der in Frage kommenden Paarungen bei der Ermittlung des Toleranzwertes T_{Lv} entsprechend berücksichtigt werden.

30.15 Richtlinien für die Wahl der Art, die Ausführung und den Einsatz der Bohrbuchsen

Beim Einsatz der Bohrbuchsen sollten folgende Punkte beachtet werden:

1. Grundsätzlich sollten feste Bohrbuchsen ohne Bund verwendet werden, da sie mit der Fläche des Bohrbuchsenträgers seitens des Werkzeugs eine glatte Fläche bilden. Dadurch wird die Beschädigung des Werkzeugs infolge eines Stoßes auf vorstehende Bohrbuchsenkanten verhindert.
2. Das Einpressen der Bohrbuchse sollte mit Hilfe einer hydraulischen Presse und eines entsprechenden Dornes (Bild 51-1) erfolgen. Nur so wird gewährleistet, daß die Bohrbuchse beim Einpressen nicht verkantet wird und die vorgesehene Lage einnimmt.
3. Ein zu hartes Einpressen der Bohrbuchsen sollte vermieden werden, da sonst eine Verformung der Bohrbuchse auftreten kann.
4. Nach dem Einpressen sollte die Lage der Bohrbuchsenachse sowie ihr Durchmesser auf Rundheit überprüft werden. Notfalls wird die Bohrbuchsenbohrung geläppt.
5. Für die Ausführung der Aufnahmebohrung im Bohrbuchsenträger sollten Reibahlen für Bohrungen der ISO-Toleranz F7 in der Werkzeugausgabe des Vorrichtungsbaus vorhanden sein.
6. Die Führungslänge kann durch Anwendung von Bohrbuchsen mit Bund vergrößert werden. Dieses betrifft besonders dünne Bohrbuchsenträger (s. a. Pkt. 1). Dabei muß auf den vorstehenden Bund eingegangen werden.
7. Bei der Festlegung des Abstands der werkstückseitigen Bohrbuchsenstirn zum Werkstück (Abschnitt 30.12) sollte als Grundsatz gelten, daß dieser Abstand so gering wie möglich sein soll, aber als Funktion des Werkstückwerkstoffs und der daraus resultierenden Spanart gewählt werden muß.
8. Die Toleranz der Innen- und Außendurchmesser der Bohrbuchsen sowie der Bohrungen für Bohrbuchsen im Bohrbuchsenträger sind in Bild 30-64 aufgeführt.
9. Die aus den Paarungen der Bohrbuchsen mit den Bohrungen und der Grundbuchsen mit auswechselbaren Buchsen resultierenden Spiele bzw. Preßpassungen sind in Bild 30-65 aufgeführt.
10. Die Toleranz des Bohrungsabstands für die Bohrbuchsen im Bohrbuchsenträger sollte sehr sorgfältig festgelegt werden, damit die an das Werkstück gestellten Forderungen erfüllt werden. Als Faustformel gilt: Bohrungsabstandstoleranz = 0,2 bis 0,3 der Werkstückbohrungs-Abstandstoleranz. Es empfiehlt sich jedoch die im Abschnitt 30.14 besprochene und im Abschnitt 30.14.1 durchgeführte Berechnung nachzuvollziehen.
11. In Bild 30-77 sind die Richtwerte für die Anstellgenauigkeit der Werkzeuge für die Abstände a und b beim Bohren der Bohrungen in Steckbohrbuchsen (Maße in mm) aufgeführt.

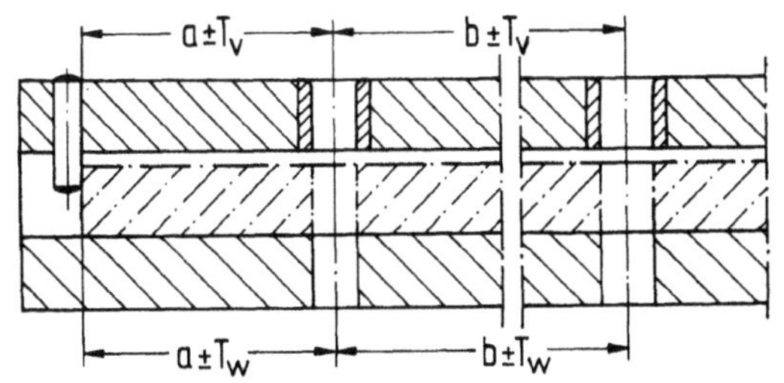

Durchmesserbereich	Richtwerte für T_W			
	bei $T_V = \pm 0{,}05$ mm		bei $T_V = 0{,}02$ mm	
mm	a [mm]	b [mm]	a [mm]	b [mm]
bis 3	± 0,06	± 0,10	± 0,03	± 0,06
über 3 bis 6	± 0,08	± 0,12	± 0,04	± 0,07
über 6 bis 10	± 0,10	± 0,14	± 0,05	± 0,08
über 10 bis 18	± 0,12	± 0,18	± 0,07	± 0,10
über 18 bis 30	± 0,14	± 0,20	± 0,08	± 0,12
über 30 bis 50	± 0,16	± 0,24	± 0,09	± 0,14
T_W-Toleranz des Werkstückes	T_V-Toleranz der Vorrichtung			

Bild 30-77 Genauigkeit des Achsabstandes von Bohrungen beim Bohren in Vorrichtungen.
Die angegebenen Werte werden unter normalen Bedingungen erreicht und können als Anhaltswerte dienen.

12. Wenn eine feste Bohrbuchse von beiden Seiten ein Werkzeug führen soll (z. B. beim Bohren des Werkstücks und des Gegenstücks), so muß die Form B mit beidseitigen Rundungen gewählt werden.
13. Bei schrägen Auftreffflächen des Werkstücks (Bild 30-36) ist die werkstückseitige Bohrbuchsenstirn der Werkstückfläche anzupassen.
14. Größere Führungslänge als in DIN-Normen als Funktion des Werkzeugdurchmessers vorgesehen, sollten nicht angewendet werden, da sonst größerer Werkzeug- und Bohrbuchsenverschleiß auftritt. Nur bei Bohrungen mit L_B 3 · d (L_B Bohrungslänge, d Bohrungsdurchmesser) kann die Führungslänge größer sein, wenn gleichzeitig ein Führungsschaft (Bild 30-73) benutzt wird.
15. Um höhere Genauigkeit der gebohrten Bohrung und eine höhere Standstückzahl der Steckbohrbuchse (s. a. Pkt. 16) zu erreichen, sind Bohrbuchsen DIN 173 Blatt 2 (Grundbuchsen Form G oder H und Steckbuchsen Form E, ES oder ER) zu verwenden. Die Passung H7/n6 zwischen Grund- und Steckbuchse verhindert die bei Bohrbuchsen DIN 173 Blatt 1 mit F7/m6 mögliche Überdeckung der Toleranzfelder (Bild 30-65).
16. Die Standstückzahl einer Bohrbuchse (Anzahl der einwandfrei gefertigten Bohrungen) liegt bei 10000 . . . 15000 Bohrungen. Danach sollte die Bohrbuchse ausgewechselt werden. Eine neue feste Bohrbuchse wird anstelle der Toleranz n6 mit p6 (Bild 30-64) versehen (!).
17. Wenn mehrere Steckbohrbuchsen in eine feste Bohrbuchse gesteckt werden, so müssen sie entsprechend der Einsatzreihenfolge gekennzeichnet werden (z.B. Bohren: eine Rille im Bund, Senken: zwei Rillen usw.).
18. Wenn mehrere Steckbohrbuchsen in einer Vorrichtung vorkommen, so müssen sie verschiedene Steckdurchmesser haben, damit ein Vertauschen unmöglich ist.
19. Bei großer axialer Belastung sollten vorzugsweise Grundbuchsen mit Bund Form G Anwendung finden. In besonderen Fällen kann die Befestigung der Bohrbuchse im Bohrbuchsenträger durch Einkleben (Abschnitt 30.11)[1]) gesichert werden.
20. Feste Bohrbuchsen können mit großer Genauigkeit mit Hilfe von Kunstharz (Kap. 77, insbesondere Bild 77-3) eingegossen werden.
21. Spannbohrbuchsen (Abschnitt 30.9.3) sind mit einer zylindrischen Führungsfläche (Bild 30-42) zu versehen.
22. Zwecks Schonung der Werkzeugschneiden und besonders bei Werkzeugen mit sehr hoher Drehzahl sowie für die vertikale und horizontale Führung von Bohrstangen (als Gegenstütze, Bild 30-51) sollten mitlaufende Führungsbohrbuchsen (Werksnorm) verwendet werden.
23. Bei komplizierten Werkstückformen und tiefliegenden Bohrungen muß der Bohrbuchsenträger entsprechend angepaßt werden, damit die Bohrbuchse optimal angebracht wird (s. Pkt. 7).
24. Falls der Abstand von zwei Bohrungen so klein ist, daß zwei Bohrbuchsen nebeneinander nicht in den Bohrbuchsenträger eingebaut werden können, kann nach Bild 30-37 vorgegangen werden. Durch den Abschliff der beiden Bohrbuchsen wird der Achsabstand a kleiner.

[1]) Spezial-LOCTITE® – Befestigungsmittel für Bohrbuchsen RBN 442 + Locauic-Aushärtebeschleuniger RBN 464, Vertrieb: Normteilwerk Robert Blohm, Postfach 1240, 2059 Büchen

31 Fräsvorrichtungen

31.1 Arten der Fräsvorrichtungen und Beispiele

Bevor die Entscheidung über die Art der Fräsvorrichtung fällt, sollten folgende Möglichkeiten untersucht und ihre Wirtschaftlichkeit überprüft werden. Arten der Fräsvorrichtungen sind:

1. einfache Einwerkstück-Fräsvorrichtung (Bild 31-1a),
2. Reihen-Fräsvorrichtung (Bild 31-1b),
3. Mehrfach-Parallelfräsvorrichtung (Bild 31-1c)
4. Schwenk-Fräsvorrichtung (Bild 31-2),
5. Pendel-Fräsvorrichtung (Bild 31-3),
6. Einzel-Fräsvorrichtungen auf einem Rundtakttisch (Bilder 31-4a und 31-4b),
7. Laufend-Fräsvorrichtungen (Bilder 31-5a, b und 31-6).

In Reihenvorrichtungen werden die Werkstücke hintereinander angeordnet und nacheinander bearbeitet, in Mehrfachvorrichtungen dagegen nebeneinander angeordnet und gleichzeitig bearbeitet. Schwenkvorrichtungen erlauben den Werkstückwechsel während ein anderes Werkstück bearbeitet wird, wobei die Vorrichtung um 90° geschwenkt wird. Beim Pendelfräsen wird ebenfalls während der Bearbeitung eines Werkstücks, ein Werkstück aus der Vorrichtung entnommen und an dessen Stelle ein anderes positioniert und gespannt. Dadurch werden die Nebenzeiten reduziert bzw. fallen ganz fort.

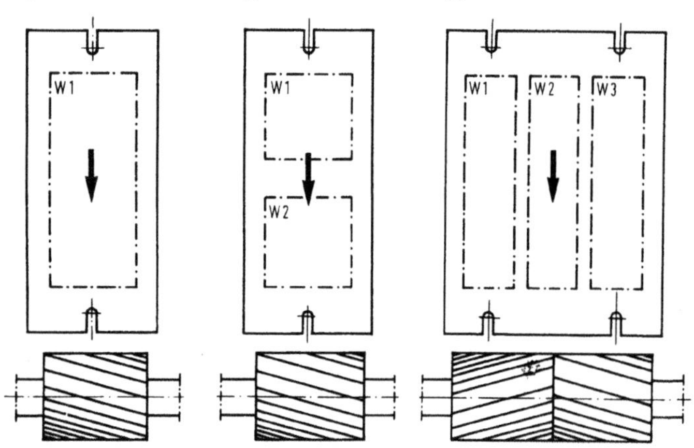

Bild 31-1 Verschiedene Arten der Fräsvorrichtungen:
a) einfache Einwerkstück-Fräsvorrichtung,
b) Reihen-Fräsvorrichtung – z. B. für 2 Werkstücke,
c) Mehrfach-Parallel-Fräsvorrichtung – z. B. für 3 Werkstücke (Mehrstückspannen – s. Abschnitt 15.9).

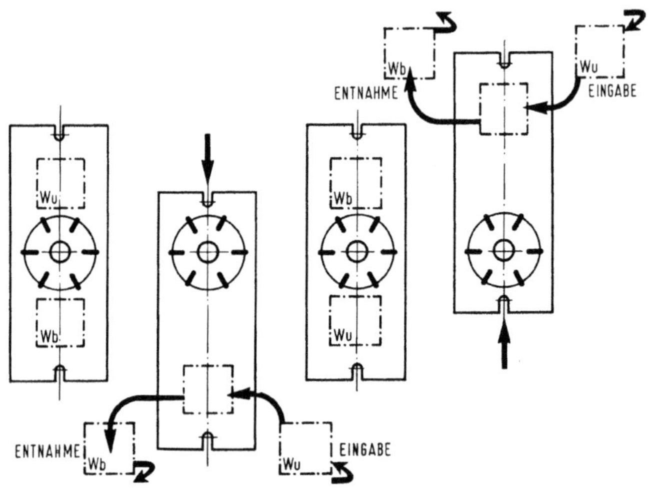

Bild 31-3 Pendel-Fräsvorrichtung.
Wu Werkstück unbearbeitet, Wb Werkstück bearbeitet.

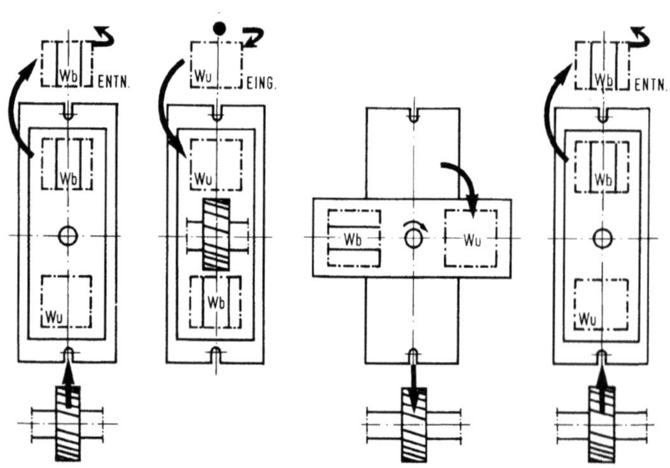

Bild 31-2 Schwenk-Fräsvorrichtung.

Wu Werkstück unbearbeitet,
Wb Werkstück bearbeitet,
EING. Eingabestelle des Werkstücks in die Vorrichtung,
ENTN. Entnahmestelle des Werkstücks aus der Vorrichtung.

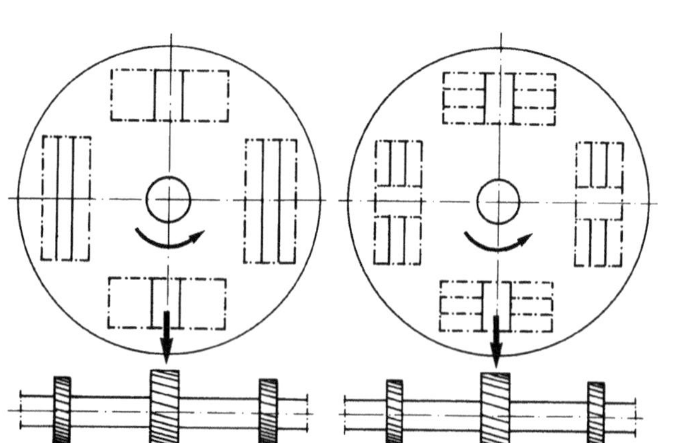

Bild 31-4 Einzel-Fräsvorrichtung auf einem Rundtakttisch (s. a. Abschnitt 13.6).
Nach zwei 180°-Schalttakten werden 4 Werkstücke mit jeweils zwei Nuten versehen.

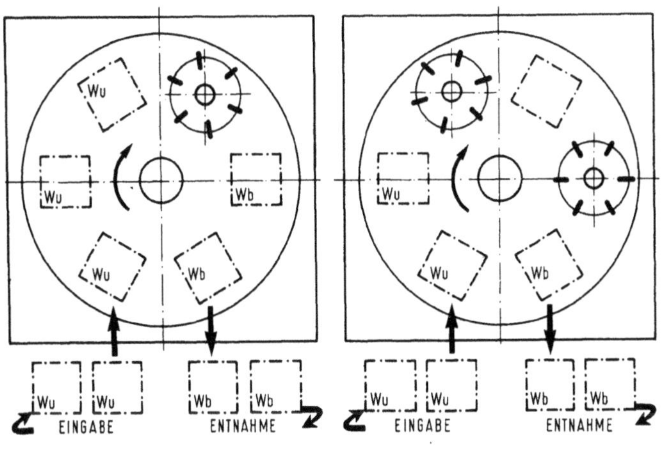

Bild 31-5 Laufend-Fräsvorrichtung.
Links: eine Bearbeitungseinheit,
Rechts: zwei Bearbeitungseinheiten.
Wu Werkstück unbearbeitet, Wb Werkstück bearbeitet.

Der Einsatz von Rundtischen mit einer Teileinrichtung erlaubt die Bearbeitung der Werkstücke von mehreren Seiten. Beim Laufendfräsen wird das Werkstück an der Ladestelle in die Vorrichtung gelegt und an der Entnahmestelle, nach Durchlauf der Bearbeitungsstelle(n), wieder entnommen. Bei der Konstruktion der Fräsvorrichtungen sind die im Abschnitt 31.2 aufgeführten Richtlinien zu beachten. Bei der Ermittlung der Größe der Spannkraft Fs sind die bei Fräsen unterschiedlichen (Abschnitt 15.6) Zerspankräfte Fz besonders zu berücksichtigen.

Die aufgeführten Beispiele zeigen verschiedene Fräsvorrichtungen (Bilder 31-7 bis 31-13).

Bei der Festlegung der Vorrichtungsart von Fräsvorrichtungen und besonders hinsichtlich der Art der Spannkraft sollte die Möglichkeit der Anwendung der Hydraulik (Kap. 27) und Pneumatik (Kap. 26) in Erwägung gezogen werden, da diese Medien sich besonders für Fräsvorrichtungen eignen.

Bild 31-6
Laufend-Fräsvorrichtung.
1 Grundkörper, 2 Drehkörper, 3 Drehkörperwelle, 4 Scheckenrad, 5 Schnecke, 6 Werkstück-Spannelement, 7 Spannkurve, 8 Druckfeder des Werkstück-Spannelements, 9 Werkstück-Aufnahme.

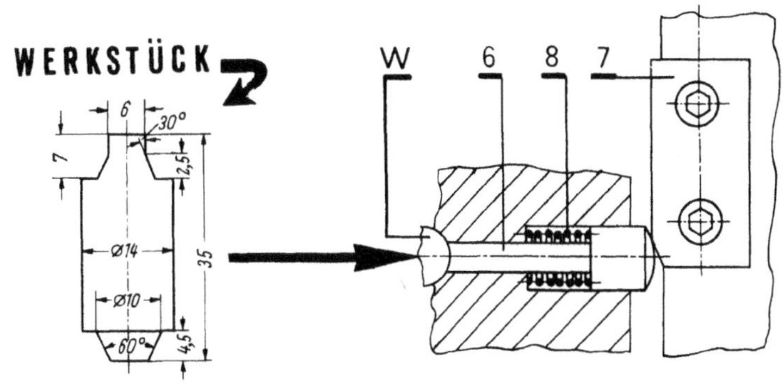

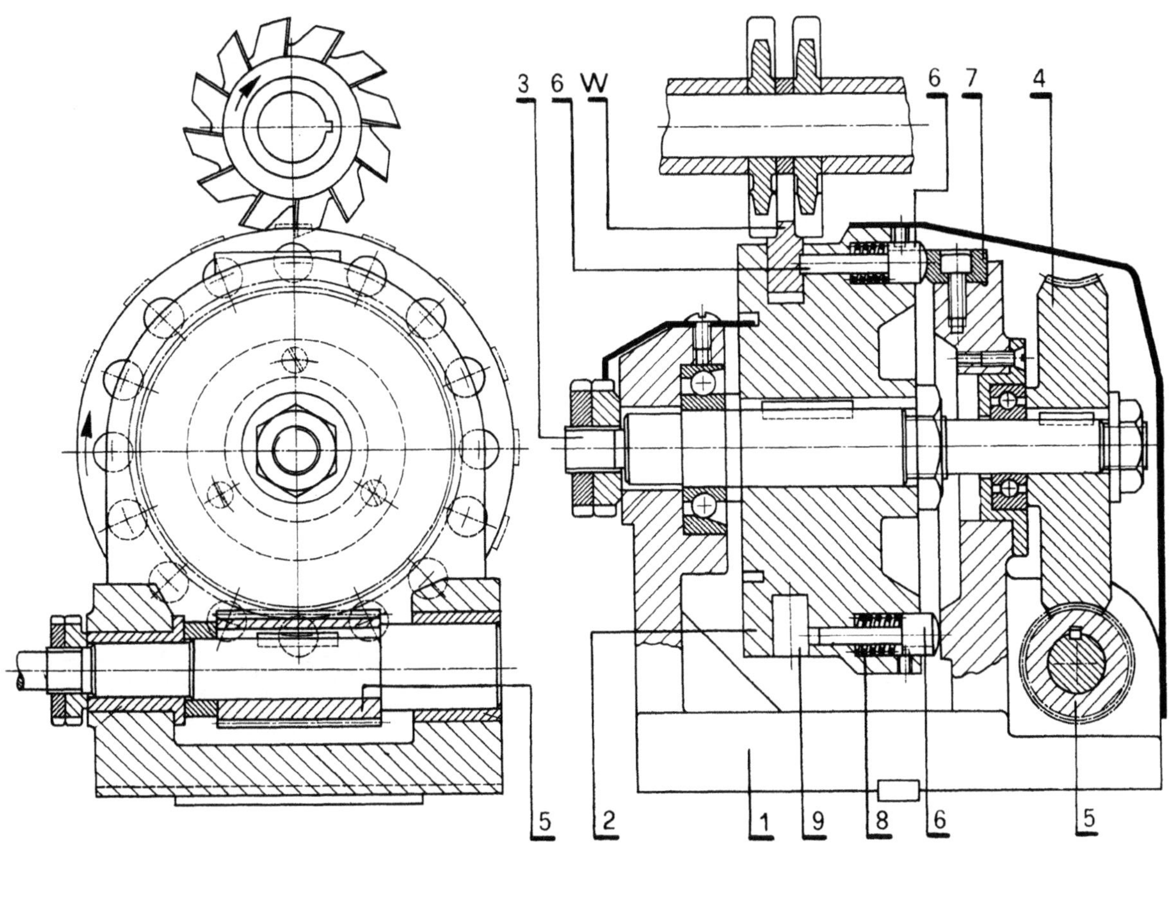

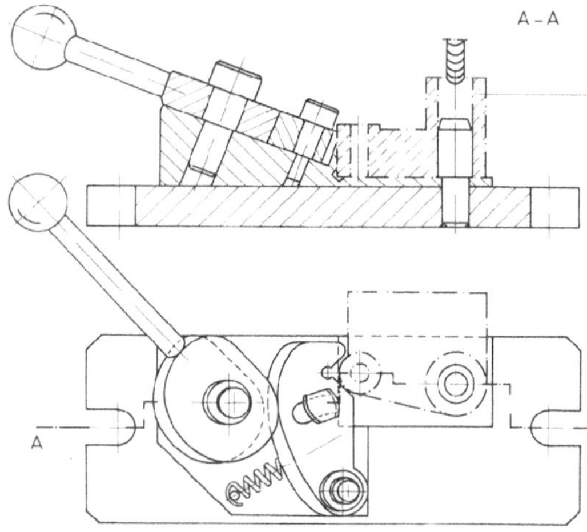

Bild 31-7 Fräsvorrichtung mit einer Exzenterspannung.

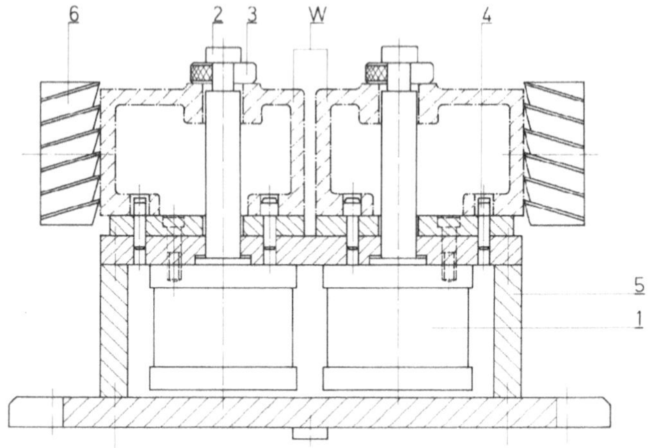

Bild 31-9 Pneumatisch betätigte Fräsvorrichtung.

1 Pneumatikzylinder, 2 Kolbenstange, 3 Vorsteckscheibe (Abschnitt 16.10.2), 4 abgeflachter Aufnahmebolzen (Abschnitt 13.10), 5 Vorrichtungskörper, 6 Fräswerkzeug.

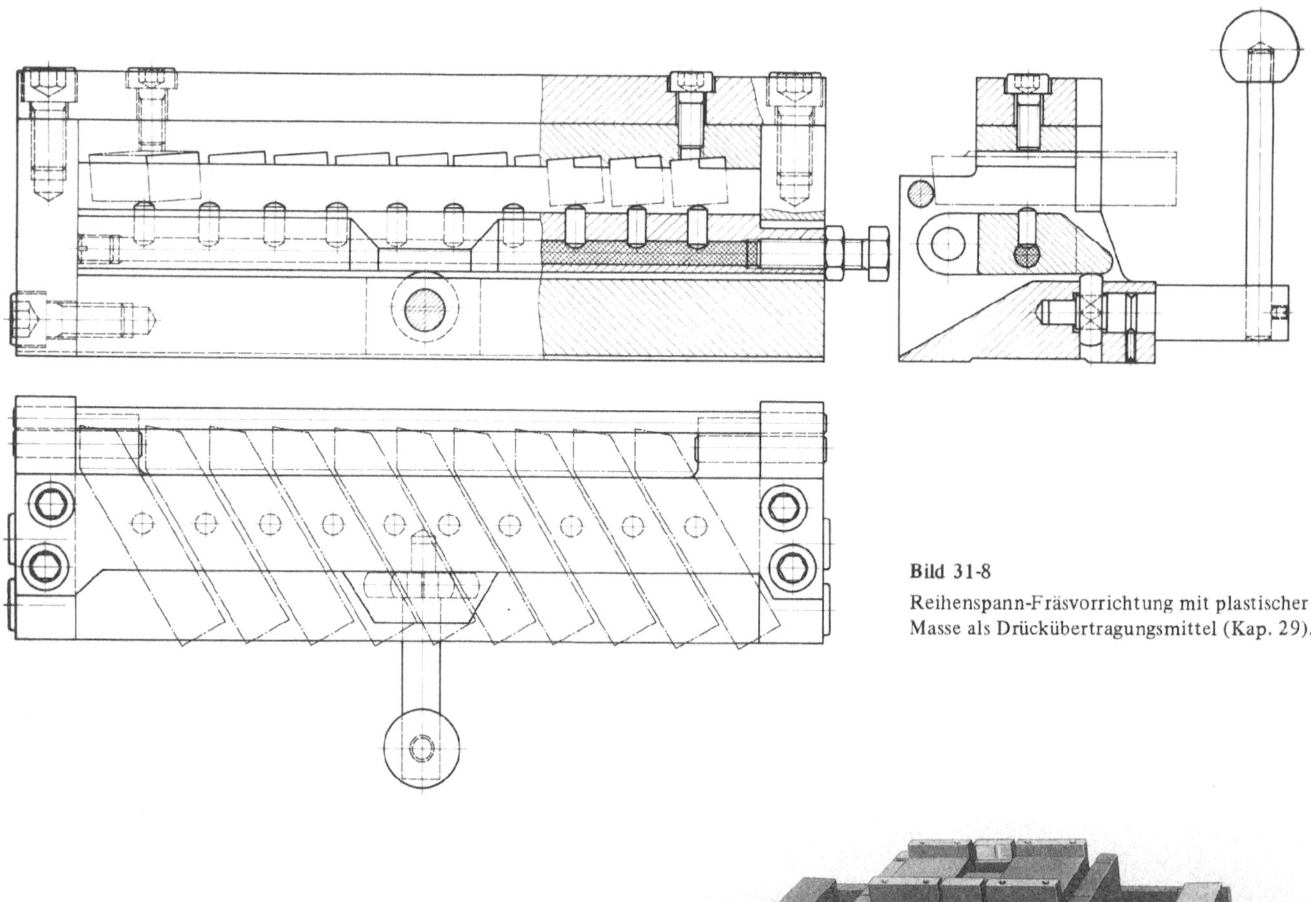

Bild 31-8

Reihenspann-Fräsvorrichtung mit plastischer Masse als Drückübertragungsmittel (Kap. 29).

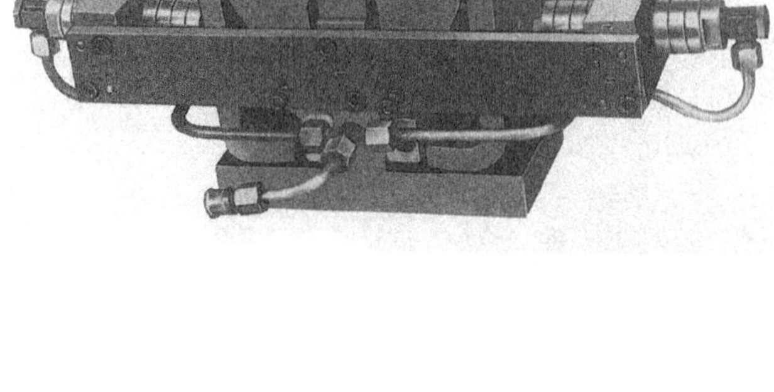

Bild 31-10 Fräsvorrichtung mit hydraulischen Spannelementen.

Die Vorrichtung ist so konzipiert, daß an den beiden Werkstücken zwei Arbeitsgänge durchgeführt werden können. Dieses wird durch Umsetzen der Werkstücke zusammen mit den Druckplatten ermöglicht. Auf die Druckplatten wirken zwei Universalspannzylinder (Abschnitt 27.3.2, Pkt. 4).

Bild 31-11 Schwere gegossene Spannvorrichtung zum Fräsen eines Motorblocks von zwei Seiten gleichzeitig mit zwei Fräseinheiten. Vier Spanneisen werden hydraulisch betätigt.

Bild 31-12 Fräsvorrichtung zum Fräsen der mittleren Flanschfläche eines Auslaßkrümmers (Abgase) mit hydraulischer Spannung.

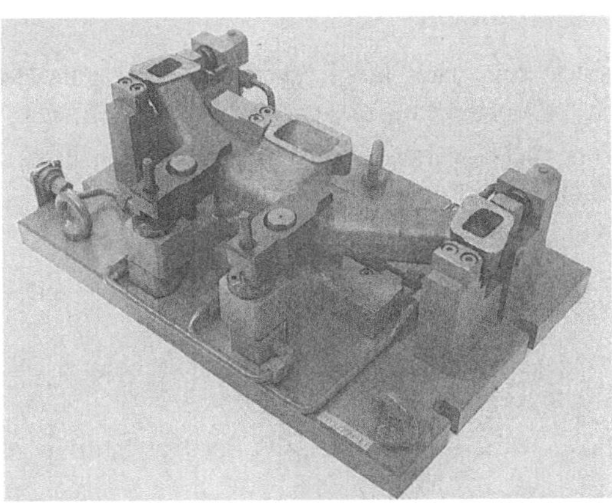

Bild 31-13 Fräsvorrichtung zum Fräsen der anderen Flächen (andere Seite) des im Bild 31-12 dargestellten Auslaßkrümmers.

Weitere Fräsvorrichtungen sind in den Bildern 27-43 bis 27-48 sowie im Bild 41-3 gezeigt.

31.2 Richtlinien für die Gestaltung von Fräsvorrichtungen

Bei der Gestaltung von Fräsvorrichtungen sind folgende Richtlinien zu beachten:

1. In der Regel werden Fräsvorrichtungen auf dem Werkzeugmaschinentisch gespannt. Es sind daher die Tischabmessungen, Tischnutenbreite und Spannschraubengröße (Abschnitt 5.3) zu berücksichtigen.
2. Genormte Nutensteine bzw. Nutensteine mit Zapfen (Abschnitt 5.2.1.2) vorsehen, damit ein schnelles und genaues Positionieren der Vorrichtung auf dem Werkzeugmaschinentisch möglich ist.
3. Alle Positionier-, Spann- und Bearbeitungsmöglichkeiten des Werkstücks sind zu berücksichtigen (Abschnitt 4.2.1).
4. Anschnittkräfte als Funktion der Werkzeug- und Fräsart (Abschnitt 15.6) beachten.
5. Die resultierende Zerspankraft Fz gegen An- und Auflageelemente der Vorrichtung wirken lassen.
6. Die Fräswege sollen möglichst durchgehend frei sein.
7. Werkstücke so anordnen, daß kurze Fräswege entstehen.
8. Die Vorrichtung so gestalten, daß Fräsdorne und Frässchäfte kurz und somit steif gehalten werden können.
9. Die Vorrichtung so gestalten, daß erforderliche Steifigkeit und somit Schwingungsdämpfung erreicht werden.
10. Die Vorrichtung so niedrig wie möglich bauen.
11. Nach Möglichkeit Stirnfräser bzw. Fräsköpfe anwenden.
12. Stark schwankende dynamische Belastung durch Zahn- bzw. Messereingriffsstöße (Abschnitt 15.6.2) bedingen stabile konstruktive Auslegung der Vorrichtung.
13. Die in der Vorrichtung bearbeiteten Flächen des Werkstücks sollen nach Möglichkeit während der Bearbeitung sichtbar sein.
14. Die Grundplatte ist so zu gestalten, daß Kühlmittel und Späne (Abschnitt 24.0) aus der Vorrichtung in die Tischnuten abgeführt werden.
15. Werkzeugeinstellelemente (Abschnitt 6.1) verwenden.
16. Falls notwendig Werkstückeinstellehren (Abschnitt 13.3) vorsehen.
17. Die Wirtschaftlichkeit (Abschnitt 2.2) des Einsatzes des kraftbetätigten Spannens überprüfen und nach Möglichkeit einsetzen.
18. Die Möglichkeiten des Mehrstückspannens (Abschnitt 15.9) untersuchen.
19. Die Möglichkeit des Werkstückspannens während der Bearbeitung eines anderen Werkstücks überprüfen.
20. Die Möglichkeit der Mehrmaschinenbedienung einbeziehen.

32 Hobelvorrichtungen

32.1 Hobelvorrichtungen – Allgemein

Es handelt sich hierbei um einfache Vorrichtungen. Besonders beim Hobeln lassen sich mehrere Werkstücke gleichzeitig oder nacheinander bearbeiten, so daß das Mehrstückspannen (Abschnitt 15.9) besonders Anwendung findet. Dadurch wird die zur Verfügung stehende Hobelfläche der Maschine besser ausgenutzt.

Im Vergleich mit dem erprobten Spannen von Werkstücken mit elektromagnetischen Spannplatten auf Schleifmaschinen (Abschnitt 25.4) bestehen noch Vorbehalte hinsichtlich des Einsatzes des elektromagnetischen Spannens auf Hobel- und Stoßmaschinen (Kap. 33). Beim elektromagnetischen Spannen beim Hobeln muß sichergestellt werden, daß die Haft- und Verschiebekräfte zwischen dem Werkstück und der Spannplatte (Abschnitt 25.5.4) größer sind als die Zerspankraft Fz (Abschnitt 15.4). Die genaue Kenntnis dieser sowie der erreichbaren Haft- und Verschiebekräfte ist Voraussetzung für ein sicheres Spannen. Letztere hängen von verschiedenen Faktoren und Werkstückeigenschaften (Abschnitt 25.5.1) ab. Bei der Ermittlung der Verschiebekraft kann man sich mit ausreichender Genauigkeit der Formel: Verschiebekraft = 0,25 Fs begnügen. Das größte Verdrehmoment tritt auf, wenn sich der Hobelstahl, in Hobelrichtung gesehen, an der vorderen Werkstückecke befindet.

Das größte Kippmoment liegt vor, wenn der Hobelstahl sich auf der Werkstückoberfläche befindet. Die von der Anschlagleiste aufgebrachte Abstützkraft bezogen auf die Länge der Leiste beträgt bei einer Elektromagnet-Spannplatte mit Pendelpolteilung (Bild 25-18) 900 N/cm.

32.2 Richtlinien für die Gestaltung der Hobelvorrichtungen

1. Das Werkstück sollte entgegen der Zerspanungskraftrichtung an feste Vorrichtungselemente, darunter sind auch feste Positionierelemente gemeint, angelegt werden.
2. Die Spannkraft Fs sollte, um dem Kippmoment entgegen zu wirken, in der Nähe des Werkstückendes, an dem das Werkzeug angreift, angesetzt werden.
3. Der das Werkstück abhebenden Zerspanungskraft Fz sollte mit Niederspannelementen und -kräften Fs begegnet werden.
4. Freistehende Teile des Werkstücks sind auf die ablaufende Seite des Werkzeugs zu legen und abzustützen, um Schwingungen zu vermeiden.
5. Beim Hobeln lassen sich auf einfache Art gleichzeitig mehrere Werkstücke (Mehrstückspannen – Abschnitt 15.9) bearbeiten, so daß dazu Mehrstückspannvorrichtungen in Frage kommen. Dabei sind die Richtlinien für die Anwendung des Mehrstückspannens (Abschnitt 15.9.4) zu beachten.

33 Stoßvorrichtungen

33.1 Stoßvorrichtungen – Allgemein

Vorrichtungen für die Waagerechtstoßmaschinen beruhen auf dem gleichen Prinzip wie die Hobelvorrichtungen (Kap. 32), so daß für sie die gleichen Richtlinien gelten. Mit Hilfe der Senkrechtstoßmaschinen werden vorwiegend Nuten oder Einschnitte in Bohrungen oder Durchbrüchen an für Fräs- und Räumwerkzeuge unzugänglichen Stellen ausgeführt. Das Stoßen wird auch als vorbereitender Arbeitsgang für das Räumen eingesetzt.

Bei längeren Stoßwegen im Werkstück wird das Stoßwerkzeug von der bearbeiteten Fläche infolge seiner Länge stark abgehoben, so daß die Tiefe der gestoßenen Nut zum Stoßwegende geringer wird. Um dem Nachgeben des Werkzeugs vorzubeugen, muß eine Führung, insbesondere des Rückens, in der Vorrichtung vorgesehen werden (Abschnitt 33.2, Pkt. 6).

33.2 Richtlinien für die Gestaltung der Stoßvorrichtungen

1. Das Werkstück soll nach Möglichkeit bei eingespanntem Werkzeug in die Vorrichtung eingegeben werden können.
2. Mehrere Werkstücke sollten gleichzeitig durch den Einsatz eines Mehrfachstahlhalters bearbeitet werden können.
3. Das Werkzeug kurz und stabil halten.
4. Einen Auslaufweg für das Werkzeug vorsehen (mit Spanraum).
5. Maßnahmen gegen Abheben des Werkstücks beim Rückwärtsgang des Werkzeuges treffen.
6. In Sonderfällen wird das Werkzeug in der Vorrichtung geführt.
7. Richtlinien für die Gestaltung der Hobelvorrichtungen (Abschnitt 32.2) beachten.

34 Räumvorrichtungen

34.1 Arten der Räumvorrichtungen

Das Räumen ist ein Bearbeitungsverfahren, das infolge hoher Werkzeugkosten nur in der Großserien- und Massenfertigung angewendet wird. Entsprechend der Bearbeitungsaufgabe werden zwei Methoden, das Innen- und Außenräumen, eingesetzt. Die Werkstück- bzw. Werkzeugbewegung kann waagerecht oder senkrecht erfolgen, so daß sich daraus verschiedene Bauweisen der Räummaschinen ergeben, die bei der Konstruktion von Vorrichtungen zu berücksichtigen sind. Hinzu kommt, daß auch beim Räumen die Ein-Werkstück- und die Mehrstückbearbeitung in Frage kommen kann (Abschnitt 15.9). Das Räumwerkzeug wird entweder im Werkstück oder in der Vorrichtung geführt. Eine besondere Rolle in dieser Hinsicht spielt also die vorhergehende Bearbeitung des Werkstücks. Auch Art und Lage der Positionierelemente am Werkstück sind hierbei besonders zu beachten (z. B. die Zahnradstirn, die als Auflage dienen kann). Im Falle der Bearbeitung von unbearbeiteten Werkstücken wird man gezwungen werden, besondere Maßnahmen zu treffen, z. B. in Form von selbsteinstellbaren Vorrichtungen (Bilder 34-1 bis 34-3). Eine besondere Rolle spielen dabei: Größe und Richtung der Zerspankräfte und Biegemomente sowie Schwingungen. Während des Räumens ist ein Innen-Räumwerkzeug nur an einem oder beim Mitlaufen des Zubringeschlittens an seinen beiden Enden festgehalten. Da das Werkzeug schlank ist, sind in beiden Fällen Biegeschwingungen zu erwarten. Die Größe der Kräfte wechselt mit der Anzahl der jeweils im Eingriff befindlichen Zähne des Räumwerkzeuges.

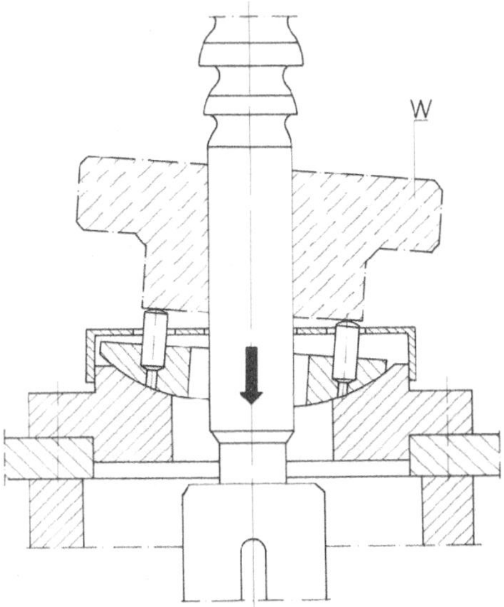

Bild 34-1 Räumvorrichtung mit Lageausgleich des Werkstücks. Das Werkstück wird nach der Bohrungsachse positioniert (s. a. Bild 34-2).

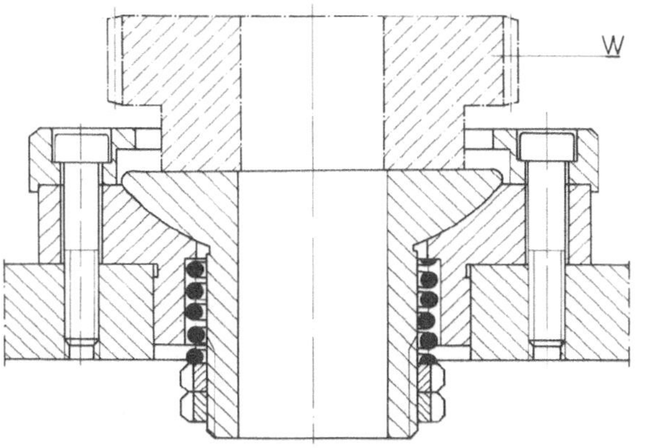

Bild 34-2 Räumvorrichtung mit Lageausgleich des Werkstücks. Das Werkstück wird nach der Bohrung (analog zum Bild 34-1) positioniert.

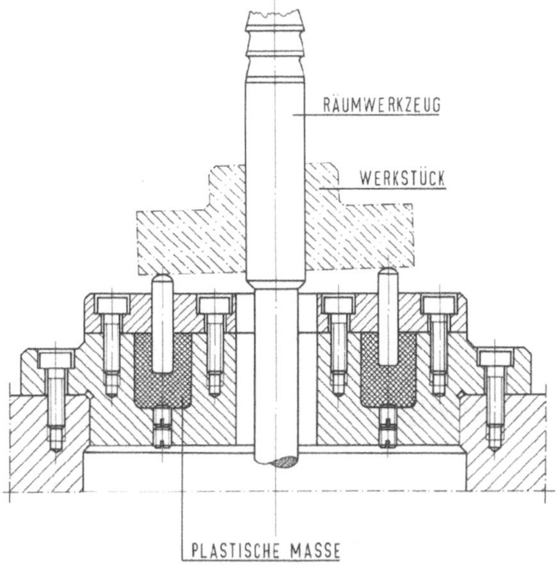

Bild 34-3 Räumvorrichtung mit plastischer Masse als Druckübertragungsmittel. Das Werkstück wird nach der Bohrung positioniert (analog zu den Bildern 34-1 und 34-2) (s. a. Abschnitt 15.11 und Kap. 29).

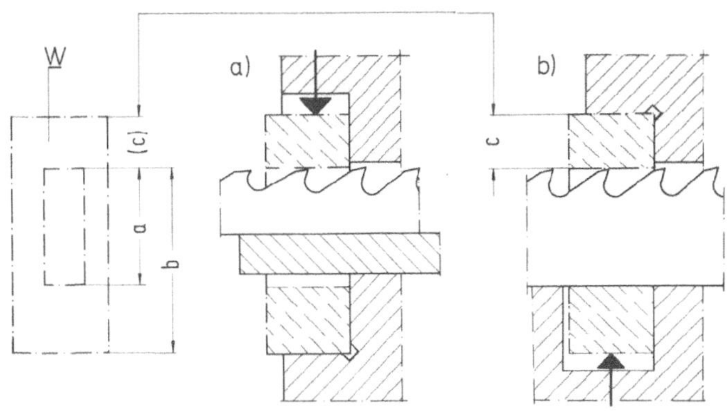

Bild 34-4 Übereinstimmung der Konstruktionsbasis KV mit der Fertigungsbasis FB (Abschnitt 11.1) beim Räumen.

Links: Werkstück mit Maßen a, b und (c),

Mitte: Räumen der Fläche mit Maß b. Das Werkstück ist unten an die Vorrichtungs-Positionierfläche angelegt, das Werkzeug wird in der Vorrichtung geführt,

rechts: Räumen des Durchbruchs auf Länge b. Das Werkzeug ist im Werkstück mit Hilfe der im vorhergehenden Arbeitsgang geräumten Fläche geführt.

Räumvorrichtungen sind verhältnismäßig einfach. Die einfachste und am häufigsten verwendete Vorrichtung ist die Werkstückvorlage (Bilder 34-1 bis 34-3) beim Innenräumen. Durch die ausgleichende Pendelbewegung richtet das eingeführte Werkzeug das Werkstück aus, so daß die Bohrungsachse in die Räumnadelachse gebracht wird.

34.2 Richtlinien für die Gestaltung der Räumvorrichtungen

Es ist zu beachten:

1. Die Abnutzung des Werkzeugs kann durch Unterlagen, verstellbare Werkstückaufnahme oder Werkzeugführung kompensiert werden.
2. Nach Möglichkeit Gruppenvorrichtungen bilden (Kap. 39).
3. Mehrstück-Spannvorrichtungen (Hintereinanderlegen mehrerer Werkstücke oder gleichzeitiges Räumen bzw. Schwenktisch) nach Möglichkeit anwenden.
4. Lage der Führungsflächen so vorsehen, daß das Werkzeug bereits bei Räumbeginn ausreichend unterstützt wird.
5. Dünnwandige Werkstücke, die senkrecht zur Räumrichtung verformt werden können (Bild 34-4) sind senkrecht zur Räumrichtung zu spannen.
6. Es ist von Vorteil, vor der Konstruktion der Vorrichtung Musterstücke anzufordern, damit die Werkstückeigenschaften berücksichtigt werden können.

35 Drehvorrichtungen

35.1 Arten der Drehvorrichtungen

Unter dem Begriff „Drehvorrichtungen" versteht man Vorrichtungen, die anstelle eines normalen Drehfutters an der Arbeitsspindel einer Dreh-, Revolverdrehmaschine bzw. eines Drehautomaten befestigt werden. Sie werden eingesetzt, wenn mit Hilfe eines normalen Drehfutters die Bearbeitung nur unter großem Aufwand bzw. überhaupt nicht möglich wäre. Es handelt sich hierbei um Sondervorrichtungen, die der geometrischen Form des Werkstücks angepaßt sind. Eine Ausnahme stellen Schwenkfutter dar (Abschnitte 38.7 und 38.8), die handelsüblich sind und bei denen nur die Werkstückaufnahmeelemente ausgetauscht werden.

Die Verbindung der Sonderdrehvorrichtung mit der Drehmaschinenspindel kann erfolgen:

1. mit Hilfe einer normalen Planscheibe, mit der die Vorrichtung verbunden wird,
2. direkt mit Hilfe eines Anschlußflansches (Pkt. 12 der Richtlinien im Abschnitt 35.2) und des Spindelgewindes,
3. durch die Aufnahme der Vorrichtung mit Hilfe des Arbeitsspindelkonus und einer Schraubverbindung mit dem Spindelflansch.

Die Möglichkeiten 2 und 3 sollten vorgezogen werden, da sich dabei das Zentrieren und Ausrichten der Sondervorrichtung erübrigt. Die Vielfalt der Drehvorrichtungen und des Einsatzes der Sonderdrehvorrichtungen zeigen die nachstehenden Beispiele.

In den Bildern 35-1 und 35-3 werden die Ausführungen von Sonderdrehvorrichtungen mit plastischer Masse als Druckübertragungsmittel (Kap. 29) gezeigt.

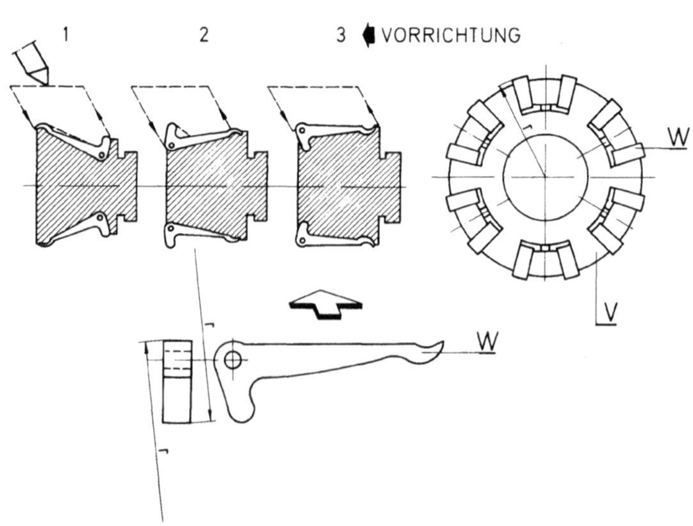

Bild 35-1 Mehrstück-Drehvorrichtungen.

Ein Kupplungsspannhebel wird in drei Drehvorrichtungen gefertigt. Da es sich hierbei um einen Drehvorgang handelt, entstehen die beiden Radien r am Werkstück.

Bild 35-2 Drehvorrichtung mit plastischer Masse als Druckübertragungsmittel (Kap. 29) zur Bearbeitung eines flanschartigen Werkstücks mit einer Hülse.

1 Spannschraube mit Druckkolben, 2 Dehnhülse, 3 Druckkammer, 4 Spanneisen, 5 Spanneisen-Spannkolben.

Mit Hilfe der Druckschraube und über den Druckkolben (1) wird die plastische Masse unter Druck gesetzt. Dadurch wird die Dehnhülse (2) aufgeweitet. Sie zentriert und spannt die Hülse des Werkstücks. Gleichzeitig werden die Spannkolben (5) der Spanneisen beaufschlagt und die Spanneisen gespannt.

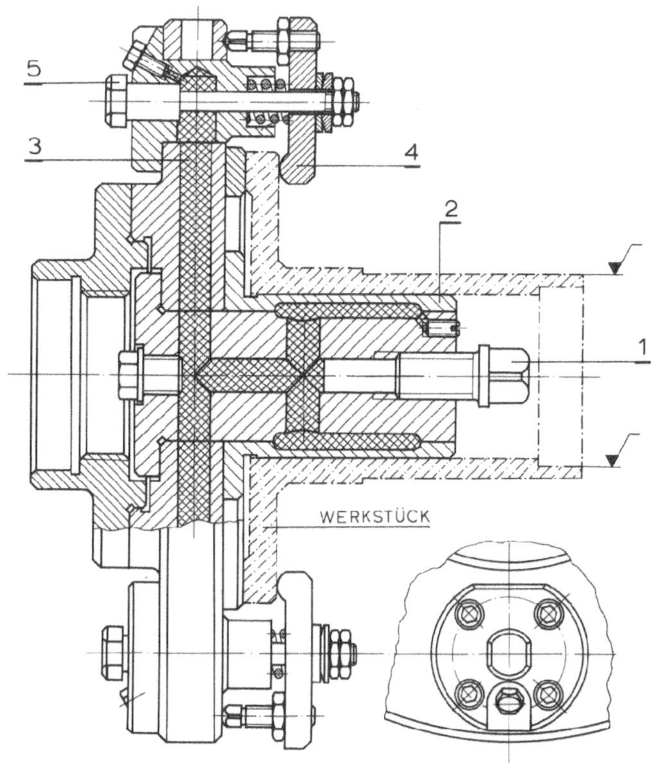

Bild 35-3 Mehrstück-Drehvorrichtung mit plastischer Masse als Druckübertragungsmittel (Kap. 29) zum Drehen einer Nut in zylindrischen Werkstücken (s. Werkstückzeichnung).

1 Spannschraube, 2 Druckkolben, 3 Werkstück-Spannkolben, 4 Füllschraube, 5 gesicherte Entlüftungsschraube, 6 Werkstückanschlag, 7 gesicherter Feststeller des Anschlags 6, 8 Kupfereinsatz, 9 Zentrierbohrung der Vorrichtung.

Durch Betätigung der Spannschraube (1) werden sämtliche Werkstück-Spannkolben (3) beaufschlagt und so alle Werkstücke, unabhängig von den Durchmesserabweichungen gespannt.

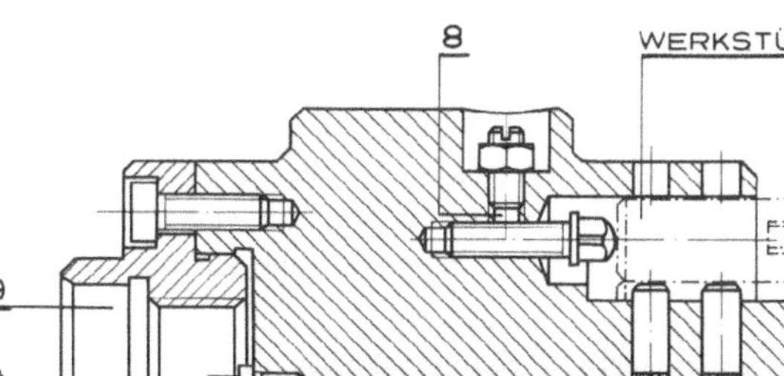

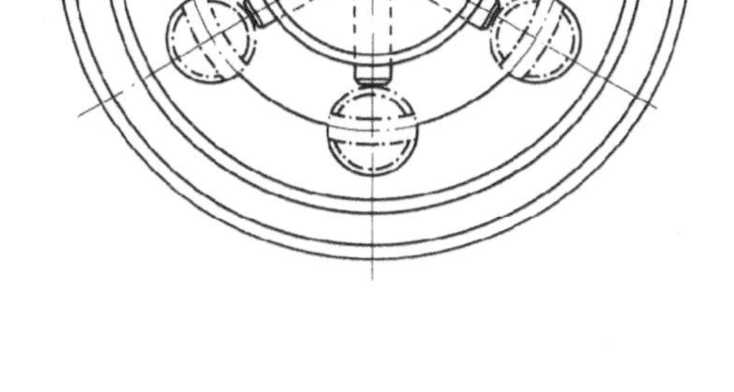

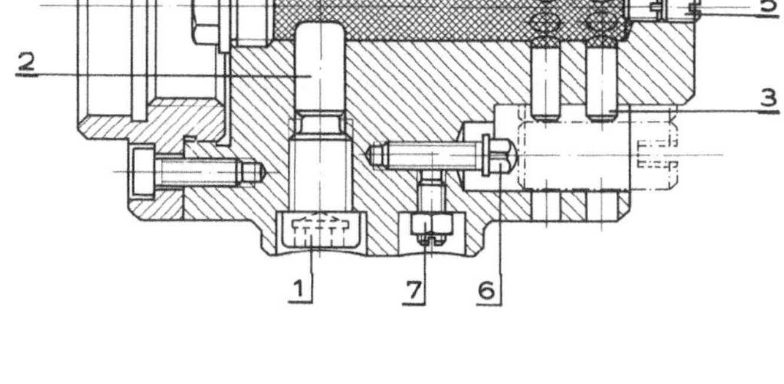

35.2 Richtlinien für die Gestaltung der Drehvorrichtungen

Außer den allgemeinen Forderungen, die an die Vorrichtungen gestellt werden (Kap. 56) und der Beachtung der Unfallverhütung (Abschnitt 7.2) sind bei der Konstruktion von Drehvorrichtungen folgende Punkte zu berücksichtigen:

1. Kurze Werkstücke sind nach einer Stirnfläche, lange dagegen nach einer Mantelfläche zu positionieren.
2. Das Drehmoment ist möglichst durch feste Mitnahme aufzunehmen, sonst durch entsprechende Spannkraft.
3. Kippmomente sind durch geringe Länge des freiragenden Werkstücks klein zu halten.
4. Das Werkstück ist so nahe wie möglich an das Spindellager zu setzen.
5. Einseitige Beanspruchung des Werkstückes kann durch zwei einander gegenüberliegende Schnittstellen aufgehoben werden.
6. Drehvorrichtungen sind *stets mit dem Werkstück* auszuwuchten.
7. Entsprechende Flächen und Gewindebohrungen zum Aufschrauben von Auswuchtgewichten vorsehen.
8. Drehvorrichtungen sind um so sorgfältiger auszuwuchten, je höher die Arbeitsspindeldrehzahl ist.
9. Um die umlaufenden Massen gering zu halten, sind Drehvorrichtungen so leicht wie möglich und zulässig zu halten.
10. Um ein Anstoßen umlaufender Vorrichtungen zu vermeiden, ist auf die von der Vorrichtung umschriebenen Kreise zu achten.
11. Zwischen Spindelkopf und Vorrichtung sollte nach Möglichkeit ein Zwischenflansch vorgesehen werden. Durch Austausch des Flansches kann die Vorrichtung auch an anderen Spindelköpfen angebracht werden. Der Zwischenflansch verursacht jedoch größeren Überhang.
12. Bei Spindelenden mit Gewinde (ältere Drehmaschinen) Zwischenflansch aus Grauguß verwenden. Dadurch wird ein Festfressen und eine Beschädigung des Spindelgewindes vermieden.
13. Eine starke Adhäsion zwischen den Stirnflächen der Arbeitsspindel und des Zwischenflansches läßt sich durch quer ausgefräste Flächen (z. B. vier) vermeiden.
14. Drehvorrichtungen, die schwer einzumitten sind, werden zweckmäßig nicht mit Hilfe eines Zapfens eingemittet (Spiel zwischen Zapfen und Bohrung), sondern auf dem Zwischenflansch eben aufgelegt, eingemittet, verschraubt, die Einmittung geprüft (s. Pkt. 15) und danach verstiftet.
15. Das Einmitten wird erleichtert bzw. die Lage der Vorrichtung auf der Arbeitsspindel leicht geprüft, wenn die Drehvorrichtung am Umfang mit einer zentrischen Zylinderfläche versehen wird, auf der eine Meßuhr gleiten kann.
16. Aus der Drehvorrichtung herausragende Elemente sind wegen der Unfallgefahr zu vermeiden (Abschnitt 7.2).
17. Lose Elemente, die herausgeschleudert werden können, sind nicht zulässig.
18. Werkzeugeinstellelemente (Abschnitt 6.1.3) vorsehen.
19. Transportelemente (Kap. 21) und Befestigungshilfen zur Befestigung der Vorrichtung an die Arbeitsspindel einplanen.

36 Spanndorne und Spannfutter

Spanndorne und -futter als Fertigungsmittel werden zur Aufnahme von Werkstücken mit Hilfe einer Bohrung (Spanndorn) bzw. einer Außenzylinderfläche (Spannfutter) eingesetzt. Bei der Wahl und Ausführung dieser Spannzeuge sind zu berücksichtigen:

1. Durchmessertoleranz des Aufnahmedurchmessers des Werkstücks,
2. verlangte Zentriergenauigkeit des Werkstücks,
3. Größe der Taumelfehler von Werkstückstirnflächen, wenn diese als Anschlag dienen,
4. Verhältnis des Spanndurchmessers zu dem Bearbeitungsdurchmesser,
5. Steifigkeit des Werkstücks an der Spannstelle,
6. Verhältnis des Spanndurchmessers zur Spannlänge,
7. Entfernung der Spannfläche von der Bearbeitungsstelle hinsichtlich der entstehenden Kipp- und Drehmomente und der aufzubringenden Spannkräfte,
8. Größe der Axialkräfte, die bei der Bearbeitung entstehen,
9. Spannbereich des Spanndorns bzw. -futters,
10. Art der Aufnahme des Spanndornes oder -futters (Flansch bzw. zwischen den Spitzen oder kombiniert).

Viele Arten der Spanndorne und -futter sind handelsüblich, so daß sich in den meisten Fällen eine Konstruktion und Fertigung erübrigen. Viele Firmen stellen diese Spannmittel auf Bestellung für Sonderfälle her, wobei die Spannelemente, die diese Hersteller liefern, benutzt werden. An Beispielen wird gezeigt, daß Sonder-Spanndorne und -futter auch im eigenen Betrieb konstruiert und gebaut werden können.

36.1 Spanndorne – Allgemein

Spanndorne dienen zur Aufnahme von Werkstücken mit Hilfe einer im Werkstück bereits vorhandenen Bohrung. Dadurch können diese Werkstücke zentrisch positioniert und bearbeitet (Drehen, Schleifen) werden. Das Drehmoment wird vorwiegend durch radial erzeugte Kräfte (Kegel, Keil, Hydraulik) übertragen. Ein Spanndorn bzw. ein Spannfutter kann mit einem Anschlußflansch, einem Gewinde (beide mit einer Zentrierung) oder mit einem Kegel bzw. zwischen den Spitzen aufgenommen werden.

36.1.1 Spanndorne mit starren Aufnahmeelementen

Spanndorne mit starren, unverstellbaren Aufnahmeelementen sind:

1. Spitzenspanndorne mit verjüngtem Schaft (Kegeldorne),
2. zylindrische Spitzenspanndorne mit Bundansatz,
3. zylindrische Spitzenspanndorne mit Kegelansatz,
4. Spanndorne mit gekerbtem Aufnahmekegel,
5. Spanndorne mit ineinandergreifenden Kegeln,
6. Spanndorne mit Aufnahmegewinde.

Drehdorne, DIN 523 (Bild 36-1), verjüngen sich auf 100 mm Kegellänge:

über 3 ... 6 mm ϕ um 0,055 mm
über 6 ... 18 mm ϕ um 0,050 mm
über 18 mm ϕ um 0,040 mm,

was eine Verjüngung von etwa 1:1800 bis 1:2500 ergibt.

Mit diesen Dornen können größere Bohrungstoleranzen als mit zylindrischen Dornen überbrückt werden. Von Nachteil ist es, daß bei längeren Bohrungen nur ein Teil der Bohrung an der Zentrierung beteiligt ist. Drehdorne, DIN 523, sind für Toleranzfelder J6, H6 und G6 vorgesehen. Wird eine höhere Positioniergenauigkeit verlangt, so werden schlankere Kegel nach DIN 6374 mit einer Verjüngung 1:5000 bis 1:12000 verwendet. Unter Zugrundelegung des Toleranzfeldes H7 sind jedem Nenndurchmesser zwei Dorne zugeordnet, die durch eine bzw. zwei Rillen (Bild 36-2) gekennzeichnet sind.

Bei kegeligen Spanndornen ist die Lage des Werkstücks nicht eindeutig festgelegt. Durch Kombination von zwei kegeligen Dornen (Bilder 36-3 bis 36-5) oder Anwendung eines Dornes mit zwei ineinandergreifenden Kegeln (Bild 36-10) bzw. Inbezugnahme der Werkstückstirn (Bilder 36-6 und 36-7) (Voraussetzung ist, daß diese mit der Aufnahmebohrung in einer Spannung gefertigt wurde) kann die Genauigkeit gesteigert werden. Spanndorne für Werkstücke mit einer exzentrisch liegenden Zylinderfläche sind in den Bildern 36-8 und 36-9 wiedergegeben.

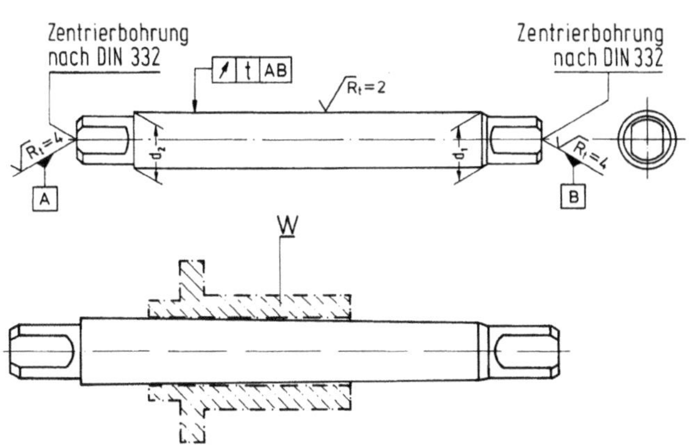

Bild 36-1 Drehdorn DIN 523 (Spitzenspanndorn).
a) Auszug aus der DIN-Norm 523,
b) das Werkstück wird bei einer langen Bohrung nur einseitig zentriert.
Anwendungsbereich: Bohrungslänge bis etwa 1,5 × Nenndurchmesser der Bohrung, Toleranzfelder: H6, H7, G6 und J6, Verjüngung auf 100 mm Länge:
über 3 mm bis 6 mm um 0,055 mm,
über 6 mm bis 18 mm um 0,05 mm,
über 18 mm bis 30 mm um 0,04 mm.

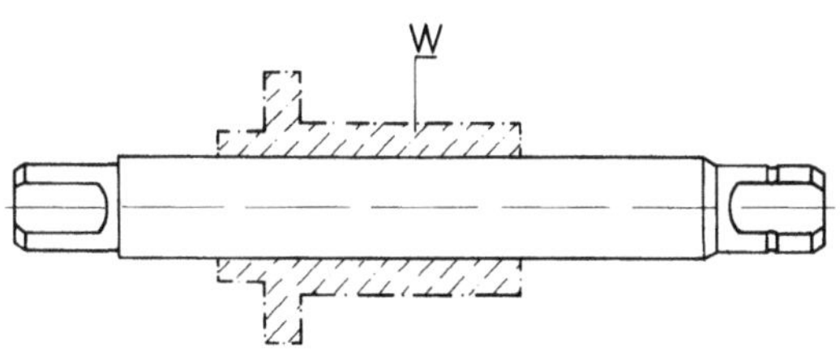

Bild 36-2 Schleifdorn (Spitzenspanndorn).
Diese Dorne haben geringere Steigerung als die Drehdorne (Bild 36-1) und sind meist länger. Anwendungsgebiet: Toleranzfelder I6, H6, H7 und G6, dünnwandige und genaue Werkstücke. Die nach DIN 523 festgelegte Kegelsteigerung wird auf die 3-fache Länge verteilt (1 Rille = Nr. 1, im Bild rechts).

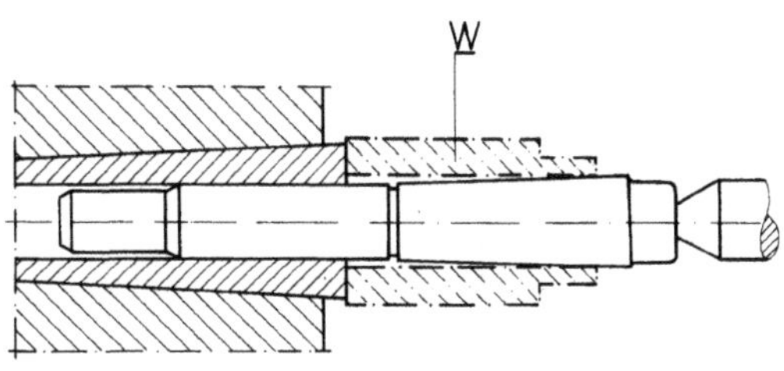

Bild 36-3 Drehdorn mit einem konischen und einem zylindrischen Teil.
Das Werkstück wird mit der Stirnseite an die Stirn angelegt. Dadurch wird das Werkstück auch an der Anschlagseite zentriert.

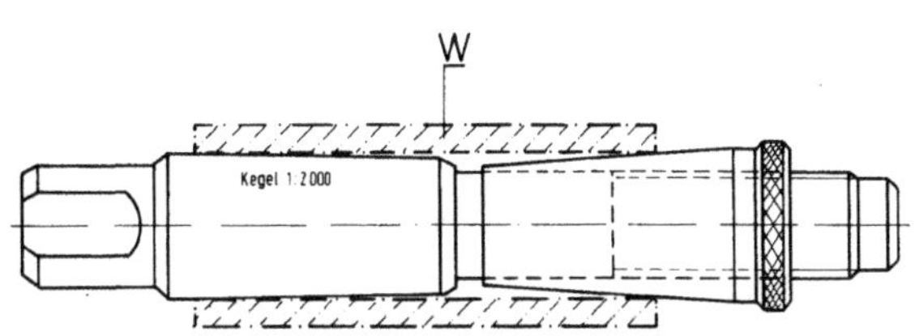

Bild 36-4 Doppelkegeldorn – Kegel 1:2000 (Spitzenspanndorn).
Dieser Dorn besteht aus zwei Kegeln, einem festen und einem verstellbaren, die das Werkstück beidseitig zentrieren und spannen (s. a. Bild 36-5).

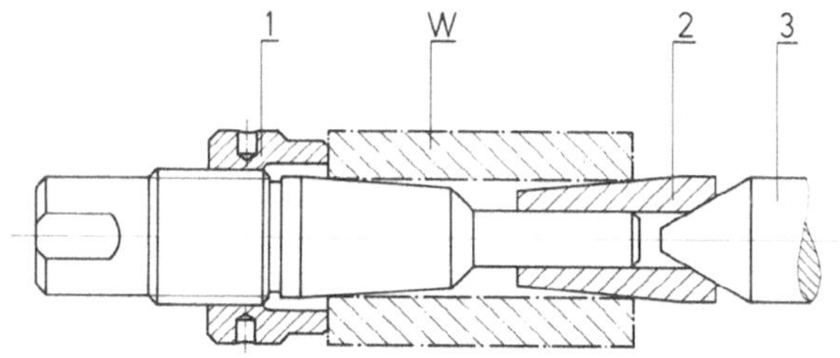

Bild 36-5 Doppelkegeldorn (Spitzenspanndorn).

Dieser Dorn ähnelt dem im Bild 36-4 dargestellten, hat jedoch kein Verstellgewinde am Kegel. Die Vierlochmutter dient als Abdrückelement des Werkstücks.

1 Abdrückmutter, 2 Spannkegelhülse, 3 Zentrierspitze.

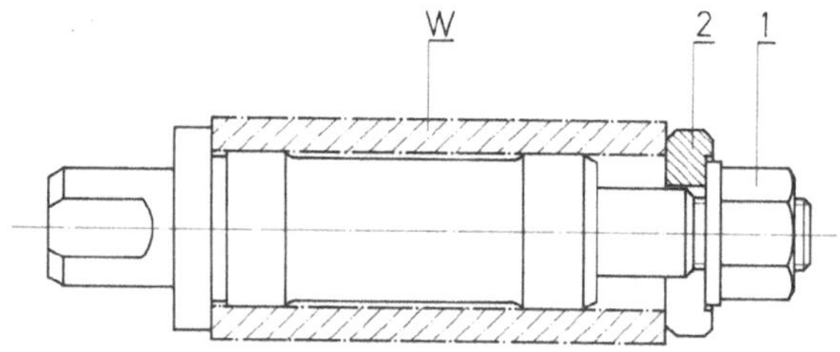

Bild 36-6 Zylindrischer Spanndorn mit Vorsteckscheibe (Spitzenspanndorn).

1 Spannmutter (e der Spannmuter < Werkstück-Spanndurchmesser), 2 Vorsteckscheibe (Abschnitt 16.10.2).

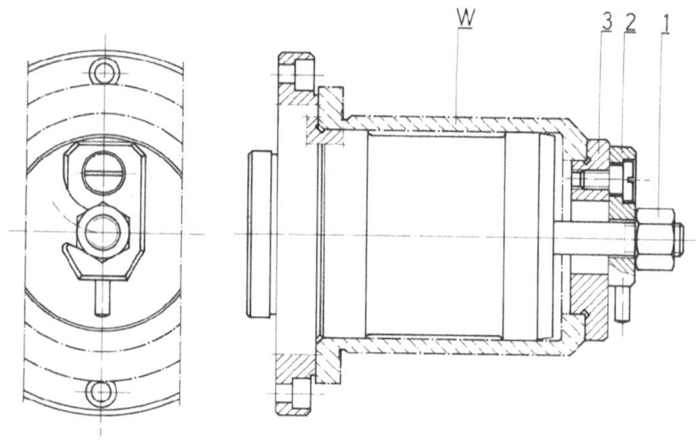

Bild 36-7 Zylindrischer Spanndorn mit Schwenkscheibe und Verschlußscheibe.

Besonders geeignet für Werkstücke mit großem Aufnahmedurchmesser.

1 Spannmutter (e der Spannmutter < Verschlußscheiben-Bohrungsdurchmesser), 2 Schwenkscheibe, 3 Verschlußscheibe.

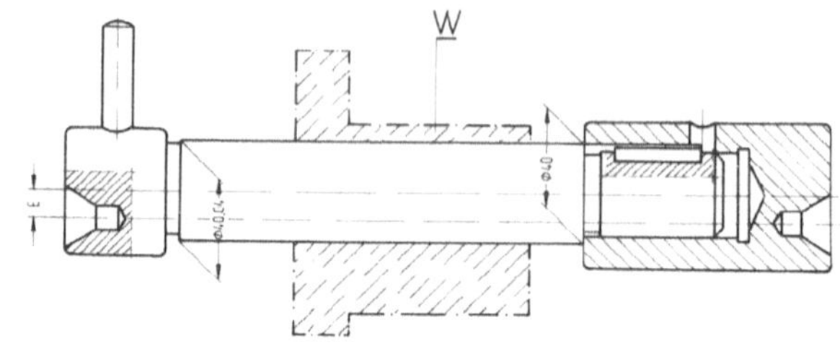

Bild 36-8 Exzenter-Drehdorn (Spitzenspanndorn).

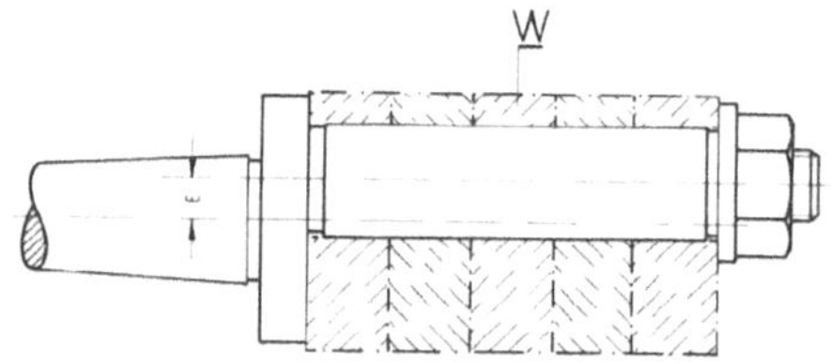

Bild 36-9 Exzenter-Drehdorn (Spitzenspanndorn) für 5 Werkstücke (Mehrstückspannen s. Abschnitt 15.9).

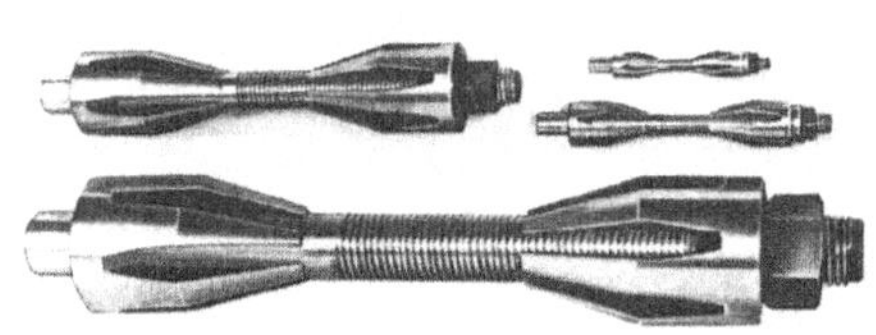

Bild 36-10 Handelsüblicher (Werksnorm) verstellbarer Doppelkegel-Spanndorn mit großem Spannbereich.

Die Kegelaussparungen erlauben ein Ineinandergreifen der Kegelsegmente der beiden Kegel, so daß auch dünne, scheibenförmige Werkstücke aufgenommen werden können. Diese Dorne werden zwischen Spitzen gespannt. Sie werden in 5 Größen geliefert.

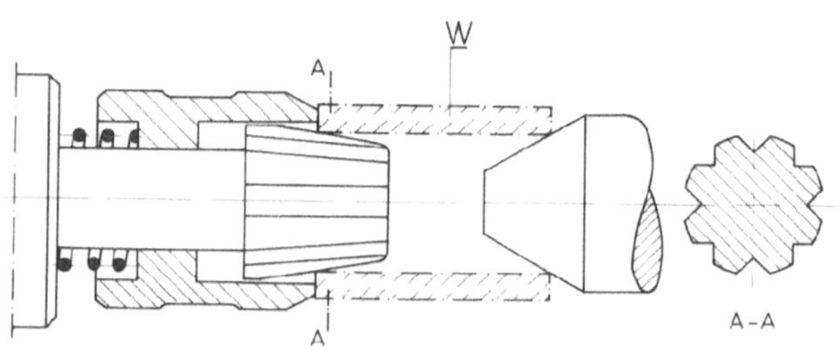

Bild 36-11 Spanndorn mit Kerbkegel.

Das Werkstück wird einerseits mit Hilfe einer umlaufenden Körnerspitze und andererseits mit dem Kerbkegel aufgenommen. Die Feder dient in Verbindung mit der Hülse als Abdrückelement.

Andere Ausführungen der Spanndorne zeigen die Bilder 36-11 und 36-12.

Sollen Werkstücke mit Hilfe von Gewinde aufgenommen werden (Abschnitt 13.8), so muß man berücksichtigen, daß Gewinde als Zentrierelement schlecht geeignet ist. Durch Anlegen des Werkstücks mit der Stirn (Bild 36-13) ist eine Planparallelität gegeben. Weitere Beispiele der Spanndorne zum Positionieren von Werkstücken mit Hilfe eines am Werkstück befindlichen Gewindes sind in den Bildern 13-75 bis 13-79 dargestellt und im Abschnitt 13.8 beschrieben.

36.1.1.1 Positionierfehler bei Anwendung der Spanndorne mit starren Aufnahmeelementen

Bei Anwendung der Spanndorne mit starren Aufnahmeelementen (Abschnitt 36.1.1) wird das Werkstück mit seiner Bohrung zentriert und in der Längsrichtung durch Anlegen an die Stirnfläche positioniert. Der Spanndorn-Aufnahmedurchmesser wird in der ISO-Toleranz g6 ausgeführt. Bei Aufnahme von Werkstücken mit einer Bohrung, die in der ISO-Toleranz H7 oder H6

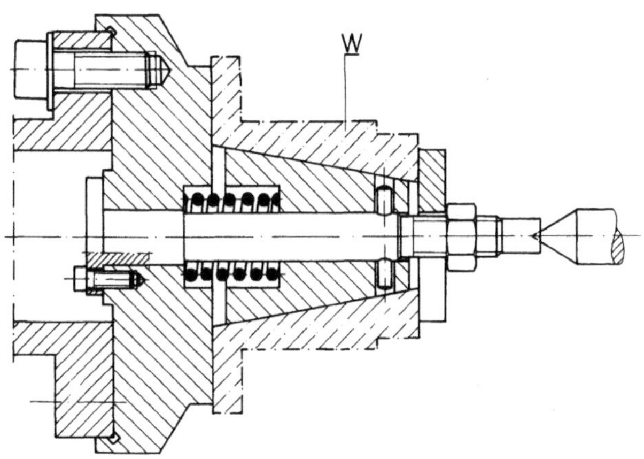

Bild 36-12 Spanndorn zum Spannen von Werkstücken mit einem Innenkegel.

Der Zentrierkegel des Spanndorns ist verschiebbar, so daß seine Lage durch den Innenkegel des Werkstücks beeinflußt wird, da das Werkstück mit der Flanschseite angelegt wird. Mit Hilfe einer Spannmutter und einer Vorsteckscheibe (Abschnitt 16.10.2) wird das Werkstück schnell gespannt (e der Spannmutter < minimaler Werkstück-Kegeldurchmesser).

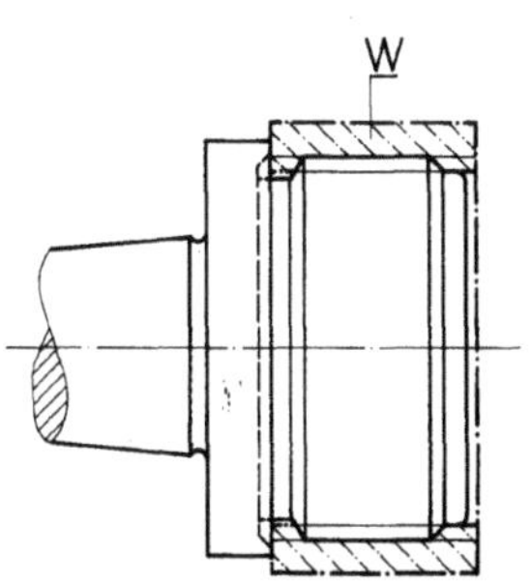

Bild 36-13 Spanndorn mit Werkstück-Aufnahmegewinde.

Das Werkstückgewinde ist grundsätzlich nicht als Aufnahmeelement geeignet (s. a. Abschnitt 13.8, Bilder 13-76 bis 13-79). In diesem Beispiel wird das Werkstück mit Hilfe des Bundes für planparalleles Drehen der anderen Stirn positioniert.

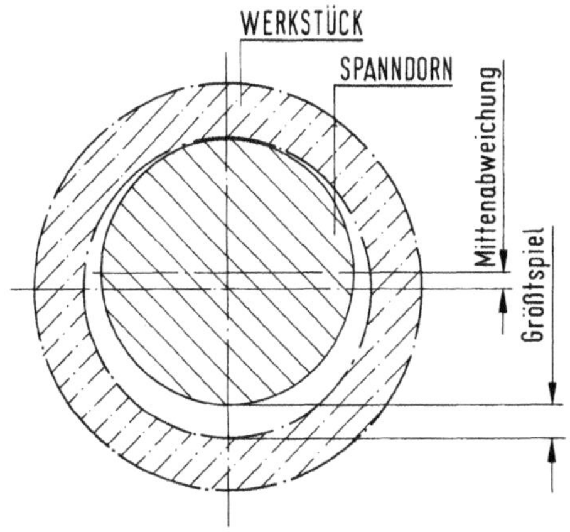

Bild 36-14 Erläuterungen zum Text des Abschnitts 36.1.1.1 – Positionierfehler bei der Anwendung der Spanndorne mit starren Aufnahmeelementen (s. Bild 36-15).

ausgeführt ist und mit der ISO-Toleranz g6 des Spanndornes gepaart wird (Bild 36-14), entsteht eine Mittenabweichung, die bei der Festlegung der Spanndornaufnahmeart zu berücksichtigen ist. Ist ihr Wert zu groß, so muß auf eine andere Spanndornart übergegangen werden. Im Bild 36-15 sind die Werte der maximalen Mittenabweichung, unter der Annahme daß der Spanndorndurchmesser auf 0,5 des Toleranzfeldes von g6 ausgeführt wird, angegeben. In anderen Fällen kann die Mittenabweichung auf einfache Art ermittelt werden.

36.1.1.2 Richtlinien für den Einsatz der Spanndorne mit starren Aufnahmeelementen

1. Spanndorne mit starren Aufnahmeelementen (Abschnitt 36.1.1) werden *nur* für Werkstücke angewendet, bei denen der Mittenversatz größer sein darf als die halbe Toleranz der Werkstückaufnahmebohrung.
2. Konische Spanndorne z.B. nach DIN 523 (Bild 36-1) sollten *nur* in Ausnahmefällen in der Serienfertigung verwendet werden.
3. Spitzenspanndorne (Bilder 36-1 bis 36-6 und 36-30) sollten stets mit gehärteten und geschliffenen Zentren versehen werden.
4. Bei kurzen Aufnahmebohrungen des Werkstücks ($l < D$) sollte mit Planflächen angeschlagen werden, um die Zentriergenauigkeit zu steigern.
5. Flanschdorne sollten mit einer Prüffläche zum Ansetzen der Meßuhr für die Planschlagprüfung versehen werden.
6. Es sollte stets die Rundlauffehlermessung durch entsprechende Flächen am Spanndorn ermöglicht werden.
7. In der Serienfertigung sollten zwei Spanndorne verwendet werden, um die Spannzeit in die Bearbeitungszeit zu legen und eventuell die Mehrmaschinenbedienung zu ermöglichen.
8. Bei gleichzeitigem Spannen von mehreren Werkstücken mit Hilfe eines Spanndorns sind höhere Anforderungen an die Planparallelität der Werkstücke zu stellen, da sonst die Gefahr besteht, daß der Dorn verspannt wird (Bild 15-20) und die Werkstücke dementsprechend ungenau bearbeitet werden.

Spanndurchmesser-bereich	Werkstück-Aufnahme-Bohrung Oberes Abmaß bei		Spanndorn-Unteres Abmaß	Größtspiel der Passung		Mittenabweichung der Passung	
	H7	H8	0,5 g6	H7/0,5 g6	H8/0,5 g6	H7/0,5 g6	H8/0,5 g6
mm	mm	mm	mm	mm	mm	mm	mm
über 10 ... 18	+ 0,018	+ 0,027	– 0,012	0,030	0,039	0,015	0,020
über 18 ... 30	+ 0,021	+ 0,033	– 0,014	0,035	0,047	0,018	0,024
über 30 ... 50	+ 0,025	+ 0,039	– 0,017	0,042	0,056	0,021	0,028
über 50 ... 80	+ 0,030	+ 0,046	– 0,020	0,050	0,066	0,025	0,033
über 80 ... 120	+ 0,035	+ 0,054	– 0,023	0,058	0,077	0,029	0,039
über 120 ... 180	+ 0,040	+ 0,063	– 0,027	0,067	0,090	0,034	0,045

Bild 36-15 Mittenabweichung als Funktion des zulässigen Größtspiels zwischen Werkstückaufnahmebohrung und Spanndorn-Durchmesserabmaß

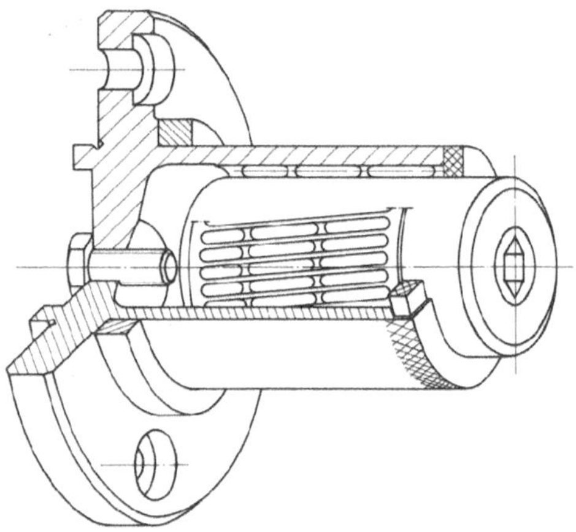

Bild 36-16 Spanndorn mit Stieber-Rollkupplung.

Infolge der geringen Kegelsteigung und der rollenden Reibung erzeugen geringe Drehkräfte große Spannkräfte. Die Rollen werden bei einer Rechtsdrehung des Innenkegels in Schraubenlinie auf den Kegel bewegt und weiten den Zylindermantel radial gleichmäßig auf (s. a. Bild 36-17).

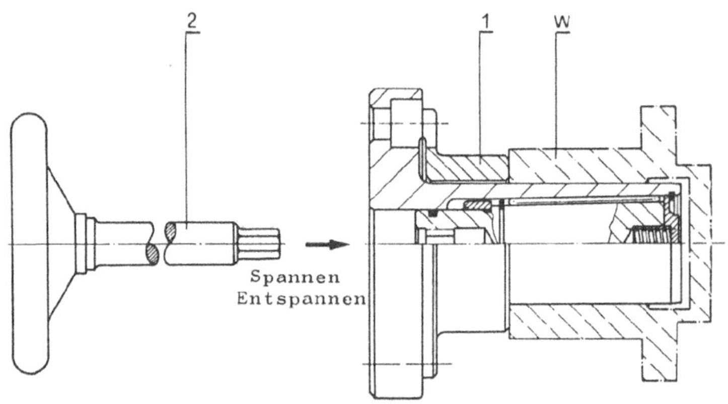

Bild 36-18 Spanndorn mit Stieber-Rollkupplung zur Aufnahme eines Werkstücks mit Sackloch (Sonderanfertigung).

1 Grundkörper, 2 Spann-Handrad zum Spannen durch die Arbeitsspindel der Werkzeugmaschine.

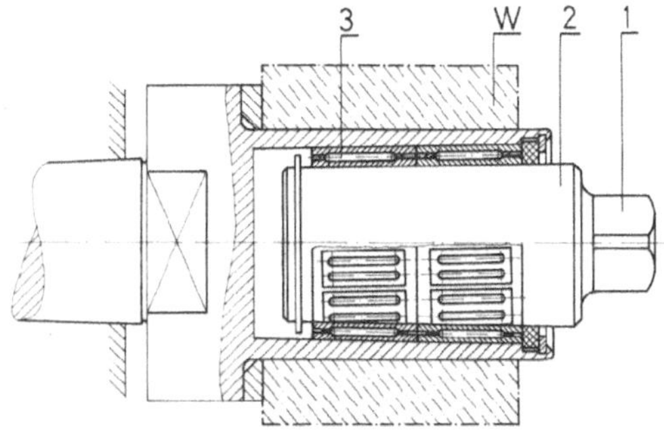

Bild 36-17 Spanndorn mit Stieber-Rollkupplung (s. a. Bild 36-16).

1 Spannschraube, 2 Spannkegel, 3 Wälzkörper.

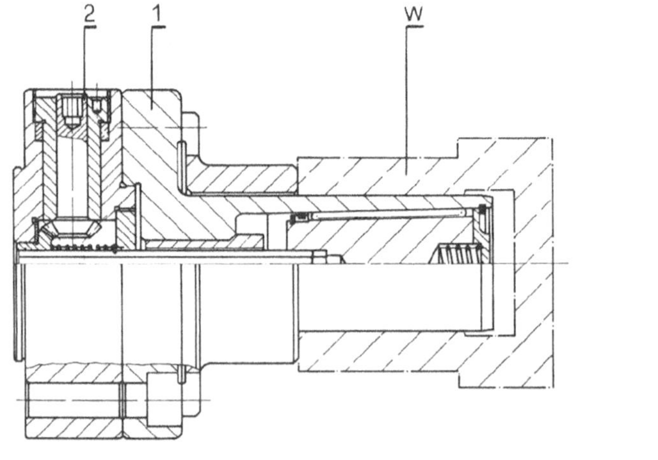

Bild 36-19 Spanndorn mit Stieber-Rollkupplung zur Aufnahme eines Werkstücks mit Sackloch; besonders geeignet, wenn ein Spannen durch die Arbeitsspindel der Werkzeugmaschine (Bild 36-18) nicht möglich ist.

1 Grundkörper, 2 Spannschraube mit Kegelrad.

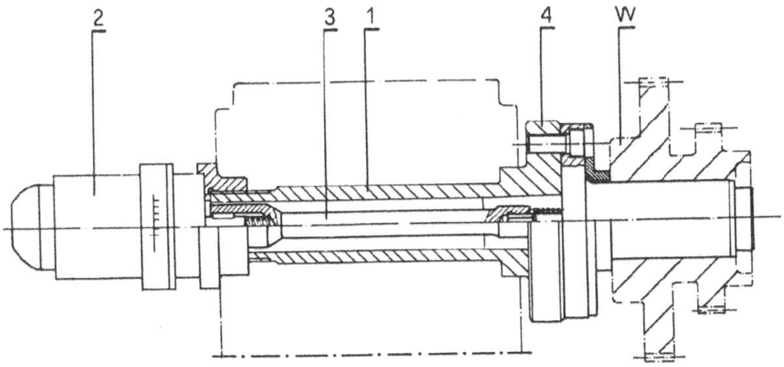

Bild 36-20

Kraftbetätigter Spanndorn mit Stieber-Rollkupplung.

Die Betätigung des Dorns erfolgt durch Verwendung eines Elektrospanners.

1 Arbeitsspindel, 2 Elektromotor, 3 Zugstange, 4 Spindelflansch.

36.1.2 Spanndorne mit dehnenden Aufnahmeelementen

Spanndorne mit dehnend verstellbaren Aufnahmeelementen sind:

1. Spanndorne mit Stieber-Rollkupplung,
2. Spanndorne mit Spannhülsen – Bauart Spieth,
3. Spanndorne mit Spannringen – Bauart Ringfeder,
4. hydraulische Spanndorne.

Das Merkmal dieser Art von Spanndornen ist ein zylindrisches, ungeschlitztes Dehnungselement, das auf einem Dornkörper aufgesteckt ist. Dadurch ergibt sich eine Spannmöglichkeit mit hoher Rundlaufgenauigkeit und guter Drehmomentübertragung. Allgemein wird mit dieser Art der Spanndorne eine Rundlaufgenauigkeit von 0,005 mm bei einer Werkstückbohrungstoleranz von H7 erreicht.

36.1.2.1 Spanndorne mit Stieber-Rollkupplung

In einem kegeligen Hohlraum (Bilder 36-16 und 36-17) befindet sich eine Reihe Stahlrollen, die in Käfigen spitzwinklig (1°30′) geführt werden. Bei Rechtsdrehung des Innenkegels wird der Zylindermantel aufgeweitet, da infolge der Schränkung der Spannkegel schraubenförmig in den Dornkörper hineingleitet. Zum Entspannen wird der Spannkegel in entgegengesetzter Richtung gedreht.

Spannbereich maximal 0,002 · D, maximaler Rundlauffehler 0,04 · D (D in mm). Weitere Beispiele sind in den Bildern 36-18 bis 36-21 gezeigt.

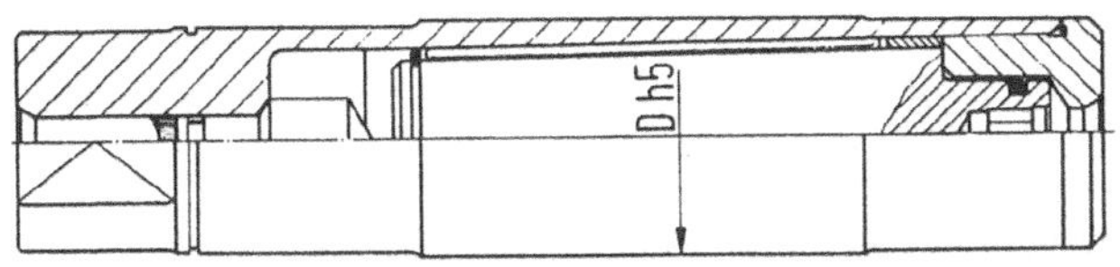

Bild 36-21 Spitzenspanndorn mit Stieber-Rollkupplung (lange Nadeln) (s. a. Bild 36-16).

36.1.2.2 Spanndorne mit Spannhülsen – Bauart Spieth

Diese Spanndorne bestehen aus einem Grunddorn (Bilder 36-22 und 36-23), einer Spannhülse und den Spannelementen (Spannmutter, Zentralschraube oder Druckübersetzungselement bei größeren Abmessungen). Die Spannhülsen sind rotationssymmetrische Rundkörper mit radialen Ausnehmungen. Unter Einwirkung der axial gerichteten Spannkraft Fse verformt sich die Spannhülse zentrisch in radialer Richtung. Spannbereich: ISO-Qualität IT 7, bei größeren Durchmessern IT 8. Rundlauffehler: 0,002 ... 0,003 mm und maximaler Spanndurchmesser 100 mm.

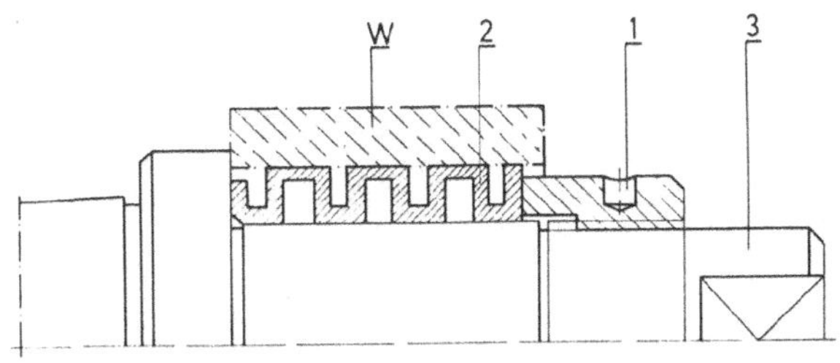

Bild 36-22 Spanndorn mit Spannhülse Bauart Spieth.
1 Vierlochmutter, 2 Spannhülse, 3 Grundkörper.

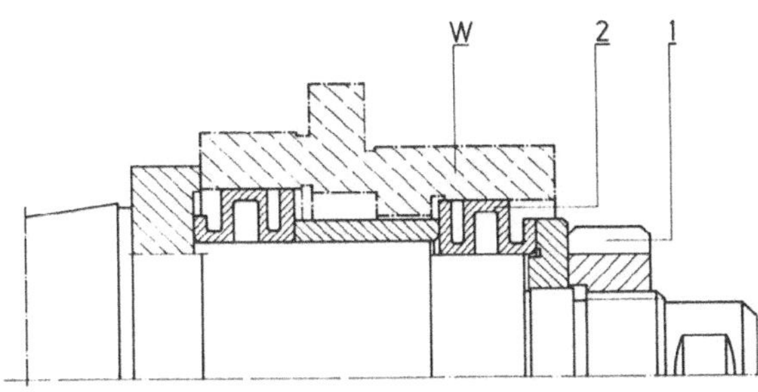

Bild 36-23 Spanndorn mit zwei Spannhülsen Bauart Spieth für Werkstücke mit Bohrungen verschiedener Größe.
1 Spannmutter, 2 Spannhülse.

36.1.2.3 Spanndorne mit Spannringen – Bauart Ringfeder

Kegelige Gleitflächen der Federringe (Bild 36-24) lenken die axial eingeleitete Spannkraft Fse in radiale Richtung um.

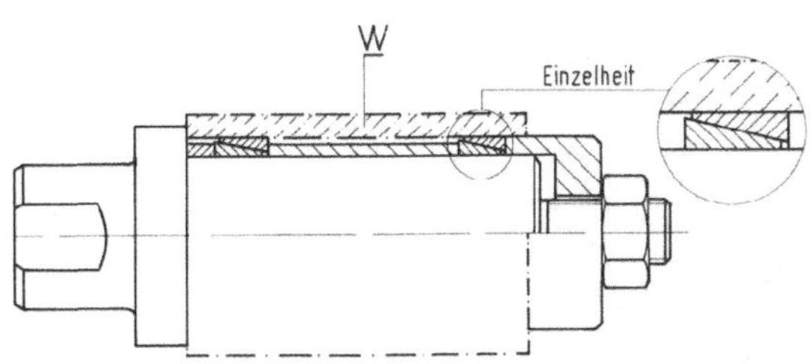

Bild 36-24 Spanndorn mit Spannringen Bauart Ringfeder.

36.1.2.4 Hydraulische Spanndorne

Hydraulische Spanndorne (Bilder 36-25 bis 36-28) können mit Hilfe von zwei Druckübertragungsmitteln gefüllt und betätigt werden:

1. mit Hydrauliköl und
2. mit plastischer Masse (Kap. 29, Bild 29-1).

Der Werkstückaufnahmedurchmesser der ölhydraulisch betätigten Spanndorne wird in der ISO-Toleranz h3 (Werksangabe[1]) ausgeführt. Daraus resultiert eine hohe Zentrier- und Spanngenauigkeit des Werkstücks. Diese Art der Spanndorne eignet sich deshalb besonders z. B. zur Rundlaufprüfung von Zahnrädern (Abschnitt 37-3). Gleichmäßiger Flächendruck auf dem ganzen Umfang garantiert, daß ein Verspannen oder Beschädigen der Werkstückflächen ausgeschlossen ist. Als Nachteil muß ein verhältnismäßig geringer Spannbereich genannt werden, der z. B. bei einem Spanndurchmesser von 40 mm 60 μm beträgt. Allgemein eignen sich diese Spanndorne zum Spannen von Werkstücken mit einem Toleranzfeld, das genauer als ISO-Qualität IT8 ist. Spanndorne mit plastischer Masse, ihre Berechnung usw. sind im Kap. 29 besprochen. Weiteres siehe Literatur [4], [90], [91], [92], [93], [94], [272].

[1]) Hahn & Kolb Werkzeugmaschinen und Werkzeuge 7000 Stuttgart 1

36.1.3 Spanndorne mit federnden Aufnahmeelementen

In diese Gruppe gehören Spanndorne bei denen sich Bauelemente befinden, die aufgrund von Spannkräften auffedern und schließlich durch ein Anpressen das Werkstück spannen. Diese Spanndorne können unterschieden werden in:

1. Spreizhülsendorne
2. Spreizschaftdorne
3. Spannscheibendorne – Bauart Maurer
4. Spannbuchsendorne – Bauart Stieber
5. Spanndorne mit Flachdorn-Spannkörper – Bauart Maurer

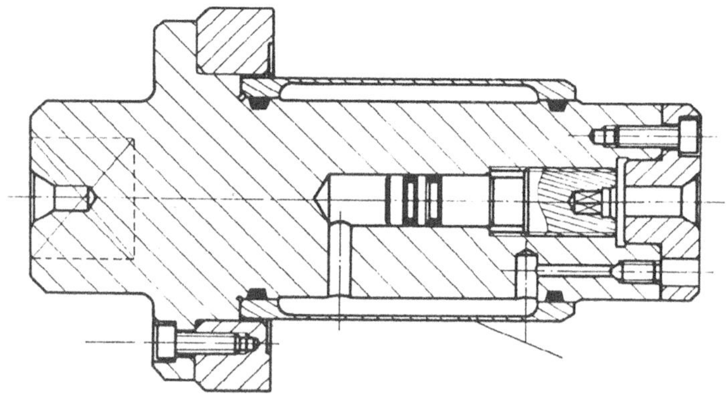

Bild 36-25 Hydraulisch betätigter Spanndorn mit flüssiger Masse. Spannbereich in ISO-Toleranz H8, Rund- und Planlaufgenauigkeit 0,003 mm (handelsüblich).

Bild 36-27 Prüfspanndorne mit plastischer Masse als Druckübertragungsmittel (handelsüblich) zum Prüfen z. B. von Zahnrädern.

Bild 36-26 Hydraulische Spanndorne (handelsüblich).

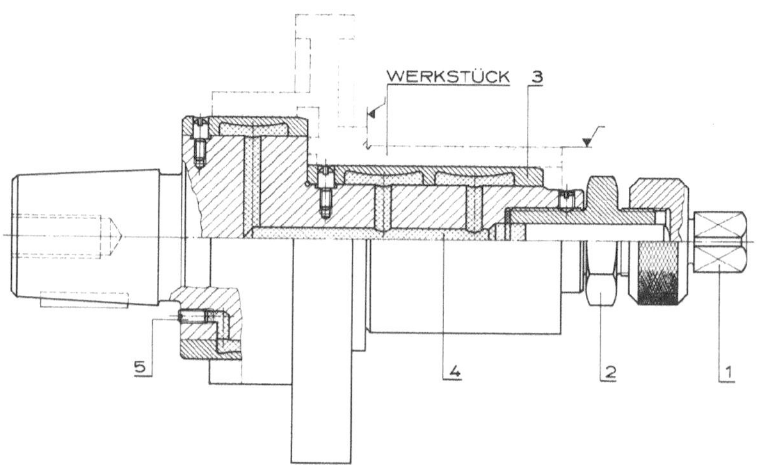

Bild 36-28 Spanndorn mit plastischer Masse als Druckübertragungsmittel für ein Werkstück mit zwei Spanndurchmessern.

1 Spannschraube, 2 Zylinder, 3 Dehnhülse, 4 Druck-Hauptkanal, 5 Entlüftungsschraube.

36.1.3.1 Spreizhülsendorne

Das Hauptelement dieser Art der Spanndorne ist die Spreizhülse, die 6, 12, 16 oder 24 Schlitze, die jeweils zur Hälfte von einer Seite eingearbeitet werden, als Spannelement hat (Bilder 36-29 bis 36-31). Ein Kegel 1:50 verursacht die Aufweitung der Spreizhülse. Die Positioniergenauigkeit wird durch die Anwendung beidseitig geschlitzter Spannhülsen der Spanndorne (Bilder 36-30 und 36-31) wesentlich gesteigert.

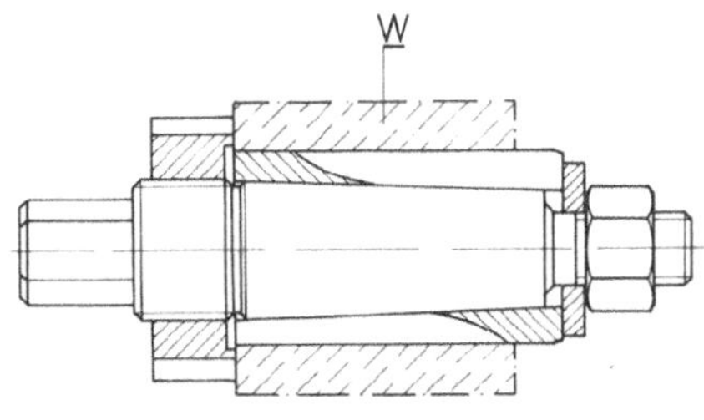

Bild 36-30 Spreizhülsendorn (Spitzenspanndorn).

36.1.3.2 Spreizschaftdorne

Eine Spreizhülse ist mit dem Grundkörper verbunden, so daß der Kegel, der in die Spreizhülse eingeführt wird (Bild 36-32), den Spreizteil nur von der einen Seite aufweitet. Dadurch wird das Werkstück nur an einer Seite getragen, so daß Ungenauigkeiten entstehen, die um so größer sind, je größer der Aufnahmedurchmesser des Werkstücks vom Dorndurchmesser abweicht.

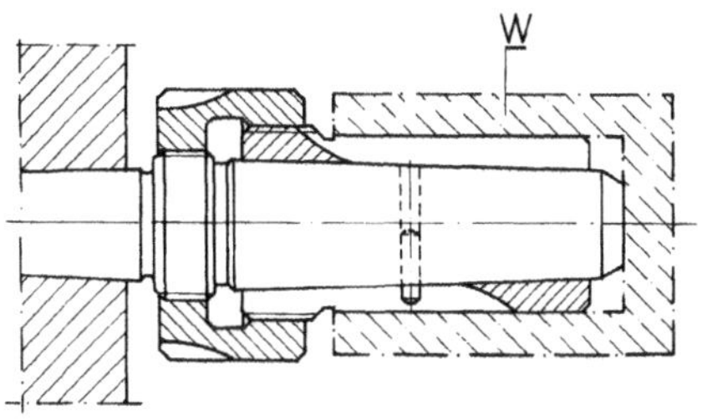

Bild 36-31 Spreizhülsendorn für Werkstücke mit Sackbohrung.

36.1.3.3 Spanndorne mit Ringspannscheiben – Bauart Maurer

Bei dieser Spanndornart dienen zum Einstellen auf den jeweiligen Werkstück-Spanndurchmesser flachkegelige Scheiben (Bild 36-33) aus Spezialfederstahl, die durch patentierte Ringspannschlitze eine auf das Vielfache erhöhte Elastizität aufweisen. Beim Spannen werden die Scheiben flacher gedrückt (Bild 36-34) und so am Außendurchmesser vergrößert, so daß ihre Ränder gegen den Dorn und die Werkstück-Aufnahmebohrung gepreßt werden. Es genügt eine axiale Kraft gegen die Scheiben, damit eine vollfähig tragende Werkstückspannung entsteht. Die radiale Spannkraft Fs, die auf das Werkstück wirkt, ist etwa fünfmal so groß wie die Axialkraft Fse. Ein wesentlicher Vorteil für das Positionieren des Werkstücks ist das selbsttätige Verschieben des Werkstücks beim Spannen (Bild 36-35), das zum Anpressen der Werkstückstirn an den Spanndornbund (wichtig bei von dieser Stirn bemaßten Werkstücken mit z. B. Quernuten) benutzt wird. Vorteilhaft ist auch die relativ große Durchmesserveränderung der Scheiben beim Spannen. Sie beträgt:

bis 10 mm Spanndurchmesser etwa 0,1 mm
bis 50 mm Spanndurchmesser etwa 0,15 mm
bis 100 mm Spanndurchmesser etwa 0,2 mm.

Der maximale Rundschlagfehler liegt unter 0,01 mm.

Spanndorne mit Ringspannscheiben sind in den Bildern 36-35 bis 36-37 wiedergegeben.

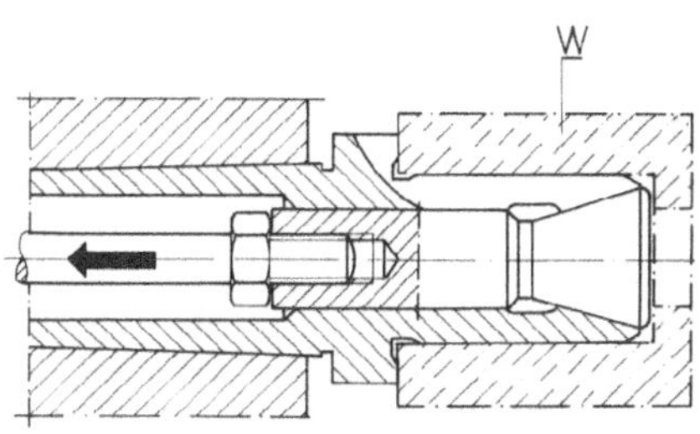

Bild 36-32 Kraftbetätigter Spreizschaftdorn.

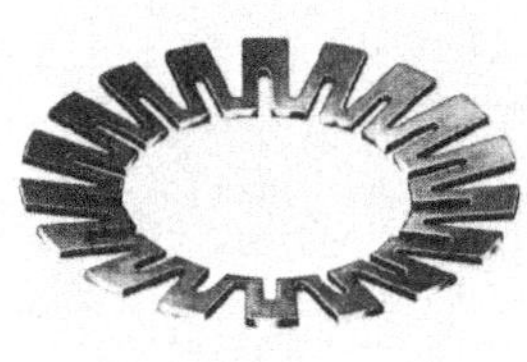

Bild 36-33 Ringspannscheibe Bauart Maurer.

Bild 36-29

Spreizhülsendorne mit Einezlelementen (handelsüblich).

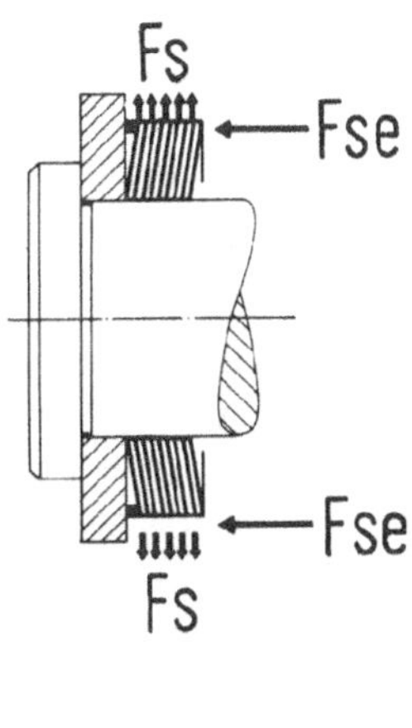

Bild 36-34

Funktionsprinzip der Ringspannscheiben Bauart Maurer an einem Spanndorn (Bild 36-33).

Beim Spannen werden die Ringspannscheiben durch die axiale Kraft Fse flachgedrückt und üben die Spannkraft Fs auf das Werkstück aus. Die radiale Spannkraft Fs ist etwa fünfmal so groß wie die Axialkraft Fse.

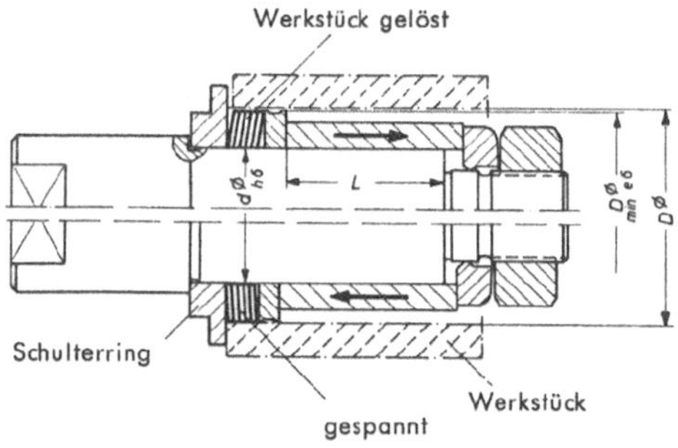

Bild 36-35 Funktionsprinzip des Spanndorns mit Ringspannscheiben Bauart Maurer (Bild 36-33).

Die Spannmutter bewegt die Spannhülse, die auf die Spannscheiben wirkt. Der Spannscheibendurchmesser wird vergrößert, das Werkstück wird gespannt. Dabei wird das Werkstück gegen den Schulterring angedrückt, was bei Werkstücken, die von dieser Stirn vermaßt sind, sehr wichtig ist, da dann die Konstruktionsbasis KV (Abschnitt 11.1, Bild 11-1) mit der Fertigungsbasis FB übereinstimmt.

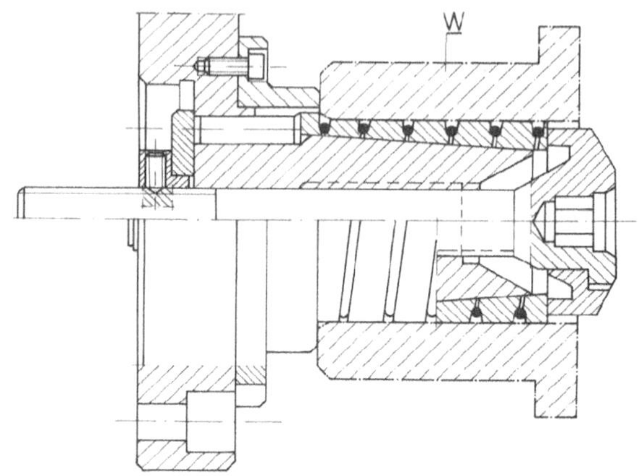

Bild 36-38 Spanndorn mit Spannbuchsen Bauart Stieber. (Beschreibung im Abschnitt 36.1.3.4).

Bild 36-36 Spanndorn mit Ringspannscheiben Bauart Maurer.

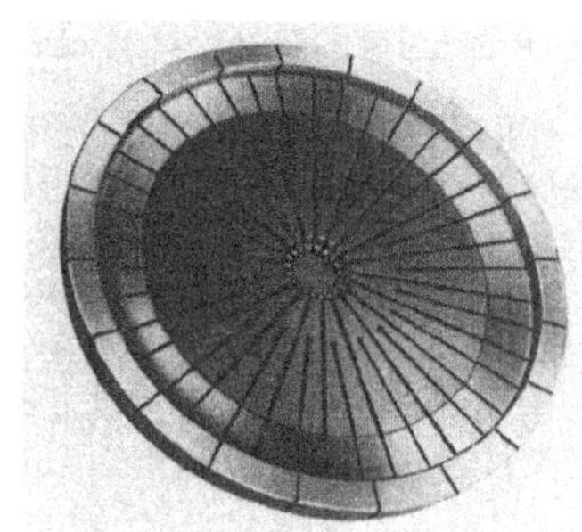

Bild 36-39 Flachspannkörper Bauart Maurer für Spanndorne mit großen Spanndurchmessern (bis 560 mm).

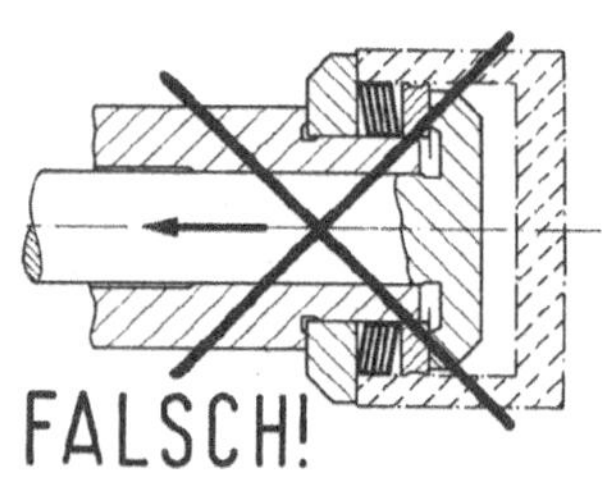

Bild 36-37 Nicht funktionsgerechter Einbau der Ringspannscheiben Bauart Maurer.

Die Ringspannscheiben sind falsch eingelegt und verursachen, daß das Werkstück beim Spannen (entgegengesetzt zum Text – Bild 36-35) vom Schulterring abgezogen wird. Die Ringspannscheiben müssen, wie in den Bildern 36-35 und 36-36 gezeigt, eingebaut werden, dadurch das Werkstück beim Spannen an den Schulterring angedrückt wird.

Bild 36-40 Spannen des Werkstücks mit dem Flachspannkörper Bauart Maurer.

Spannbereich: von 0,15 ... 0,35 mm je nach Spanndurchmesser (von 20 ... 100 mm), Spannlänge: 31 ... 148 mm und Rundlauffehler: von 0,007 ... 0,015 mm.

36.1.3.4 Spanndorne mit Spannbuchsen – Bauart Stieber

Diese Spanndorne (Bild 36-38) haben als Spannelement eine Spannbuchse, die aus einer Wendel mit etwa rechteckigem Querschnitt, deren Windungen eng aneinander liegen, besteht, so daß ein Hohlkegel entsteht. Wird sie auf dem Grunddorn axial verschoben, so vergrößert sich ihr Außendurchmesser und spannt das Werkstück.

36.1.3.5 Spanndorne mit Flachdornspannkörper – Bauart Maurer

Zum Spannen in sehr kurzen Zentrierversetzungen und Werkstücken mit großen Spanndurchmessern werden Flachspannkörper der Bauart Maurer (Bilder 36-39 bis 36-42) verwendet. Spanndurchmesser: von 41 ... 560 mm, zulässige Werkstücktoleranz: 0,15 ... 1,1 mm.

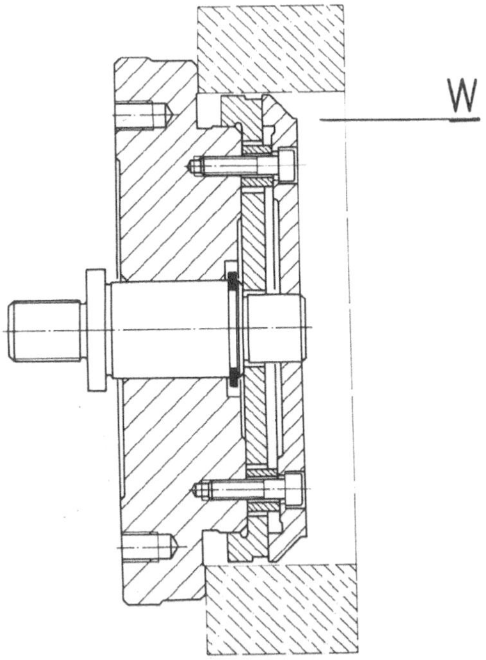

Bild 36-41 Standard-Flachdorn mit Flachspannkörper Bauart Maurer.
Werkstücke, bei denen die hintere Stirnfläche als Axialanlage dient, werden zweckmäßig an einen Bund des Aufnahmekörpers angelegt. Der Druckbolzen wird von der Kraftspanneinrichtung der Maschine betätigt.

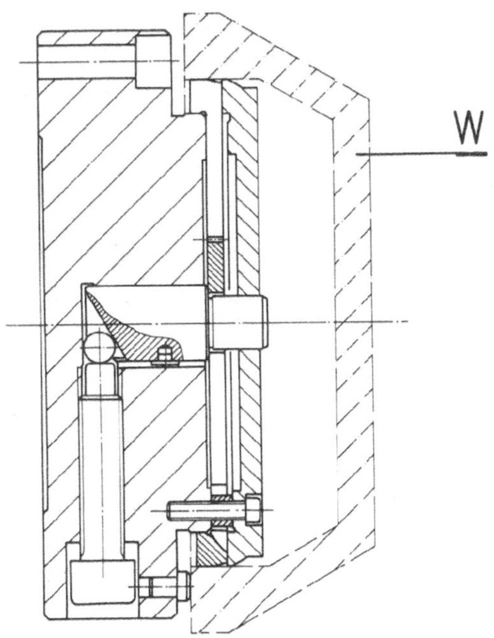

Bild 36-42 Flachdorn mit Flachspannkörper Bauart Maurer mit seitlicher Betätigung.
Die Axialanlage kann auch auf Anlagebolzen oder an einem Anlagering erfolgen, wenn es die Werkstückform erfordert. Die Betätigung erfolgt von der Seite über eine Kugel, die den angeschrägten Druckbolzen verschiebt.

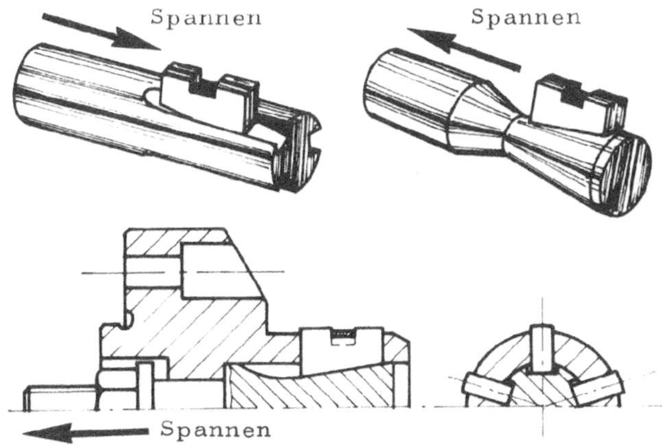

Bild 36-43 Gleitende Aufnahme- und Spannelemente an Spanndornen.

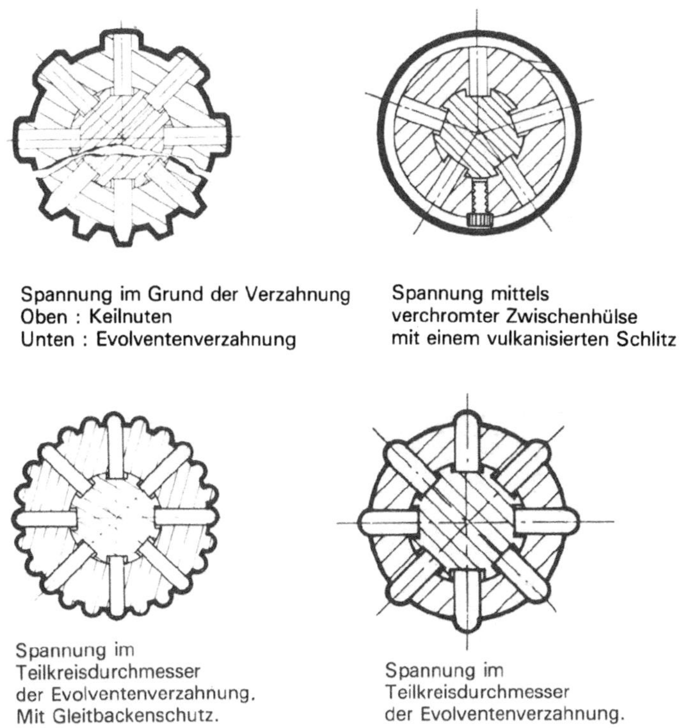

Bild 36-44 Anpassung der gleitenden Aufnahmeelemente an die Werkstückaufnahmeform.

36.1.4 Spanndorne mit gleitenden Aufnahmeelementen

Der Grundkörper dient zur Führung des in ihm gleitenden Spannkegels sowie der Spannsegmente (Bilder 36-43 und 36-44). Die am Spannkegel wirkende Spannkraft wird durch die Kegelsteigung in ihrer Richtung umgelenkt und bewirkt ein zentrisches Herausschieben der am Umfang verteilten Segmente. Diese Spanndorne sind in den Bildern 36-45 bis 36-48 wiedergegeben. Sie weisen eine Rundlaufgenauigkeit von 0,01 mm auf. Der Spannbereich ist sehr groß: 4,5 ... 9 mm, je nach Größe, Spanndurchmesser: bis 128 mm.

Bild 36-45 Lamellen-Spanndorn für Kraftspannung.

Dieser handelsübliche Universaldorn verfügt über einen Spannbereich von 25 ... 128 mm Spanndurchmesser (in 4 Größen lieferbar). Die Spanngenauigkeit beträgt 0,01 mm.

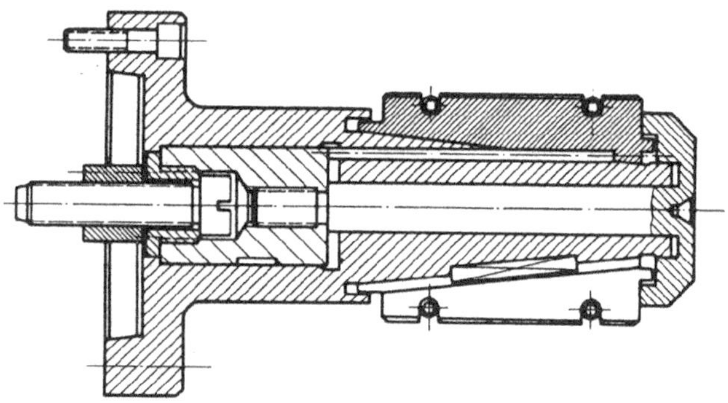

Bild 36-46 Elemente des Lamellen-Spanndorns für größere Spanndurchmesser.

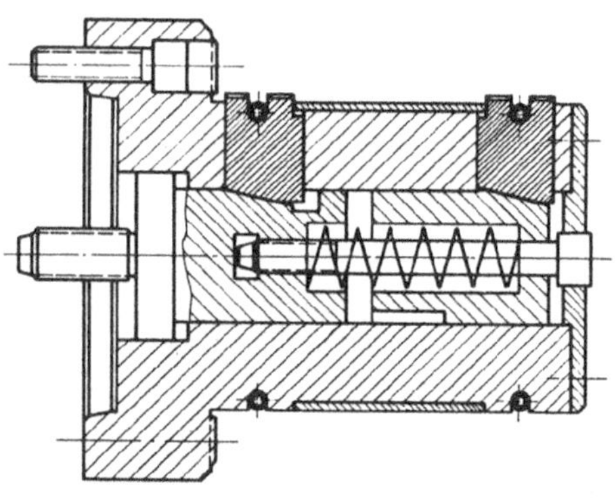

Bild 36-47 Elemente des Lamellen-Spanndorns für kleinere Spanndurchmesser.

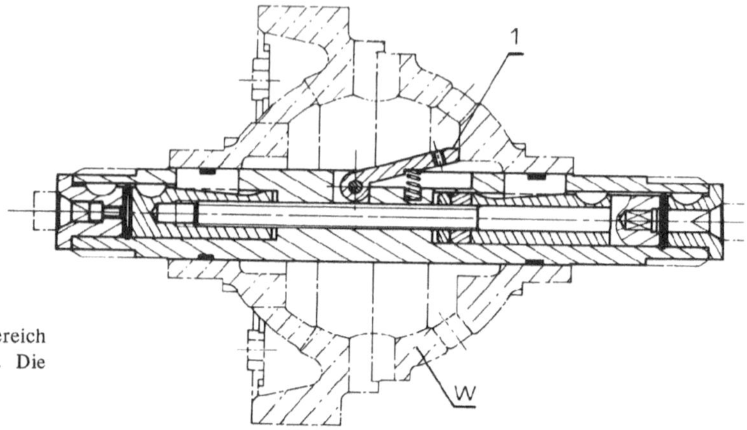

Bild 36-48 Lamellen-Spanndorn mit federndem, ausschwenkbarem Axialanschlag, zum Drehen, Schleifen oder zur Kontrolle eines kompletten Differentialgehäuses.

Spannen des Werkstücks von Hand.

1 Ausschwenkbarer Anschlag.

Bild 36-49 Spanndorn mit hydraulisch gesteuerten Anschlag- Zentrier- und Spannbolzen für verformungsempfindliche Ringe (s. Abschnitt 15.8.2, insbesondere Bild 15-25) aus Aluminium, die mit hoher Genauigkeit allseitig bearbeitet werden.

Dieser Spanndorn wird in vier Stufen gesteuert und ist mit rückzierbaren Anschlägen, Zwangszentrierung und Spannung mit Differentialsteuerung, einschließlich Kontrolle der Spannkräfte ausgestattet. Die Steuerung des Dornes ist mit der Werkzeugmaschinensteuerung verbunden, so daß Fehlschaltungen ausgeschlossen sind. Die Fertigungsgenauigkeit beträgt 0,05 mm.

36.1.5 Andere Spanndorne

Die meisten der beschriebenen Spanndornarten sind handelsüblich bzw. werden nach Angaben des Kunden (Bild 36-49) angefertigt. Oft werden jedoch in der eigenen Konstruktion Spanndorne konstruiert und gefertigt, so daß verschiedene Konstruktionen entstehen können. Ein nicht handelsüblicher Spanndorn wird im Bild 36-50 gezeigt.

36.1.6 Richtlinien für den Einsatz von Spanndornen

Um die Genauigkeit des mit Hilfe eines Spanndorns bearbeiteten Werkstücks zu gewährleisten, sollten folgende Richtlinien beachtet werden:

1. Die verschiedenen Arten der Spanndorne weisen verschiedene Eigenschaften hinsichtlich ihrer Zentrier- und Spanngenauigkeit des Werkstücks auf. Bei der Festlegung der Art des Spanndorns sollte deshalb die Genauigkeit des Werkstücks von ausschlaggebender Bedeutung sein.
2. Nach Möglichkeit sollten handelsübliche Spanndorne verwendet werden. Die Spanndornhersteller liefern kurzfristig Sonderspanndorne, die für bestimmte Werkstücke auf Bestellung konstruiert und gefertigt werden.
3. Bei Anwendung der Spanndorne mit starren Aufnahmeelementen (Abschnitt 36.1.1) sind die Richtlinien, die diese Spanndornart betreffen (Abschnitt 36.1.1.2) zu beachten.

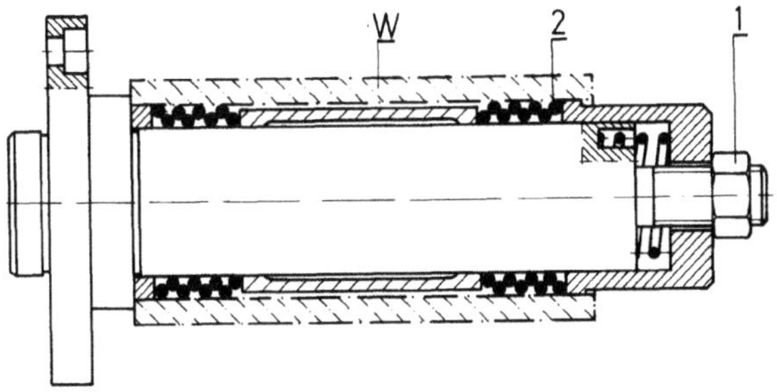

Bild 36-50 Spanndorn mit Stahldrahtringen als Zentrier- und Spannelemente.

Es handelt sich hierbei um einen Spanndorn mit zwei Reihen von Stahldrahtringen, die zwei verschiedene Durchmesser haben. Der Innendurchmesser der Ringe die auf dem eigentlichen Dorn aufliegen, ist so gewählt, daß diese Ringe eng anliegen. Sie sind jedoch offen und so passen sie sich an den Dorn gut an. Auch die zweite Ringreihe ist so gestaltet, daß die Ringe sich dem Innendurchmesser des Werkstücks anpassen können. Die Ringe sind wechselweise gelegt. Zwischen den zwei Ringreihen befindet sich eine Hülse, deren Aufgabe es ist, die eingeleitete Spannkraft auf die Ringe zu übertragen. Das Werkstück wird mit den beiden ringförmigen Elementen an beiden Enden vorzentriert. Mit Hilfe der Mutter werden die beiden Ringreihen zusammengedrückt und so die Außenreihe aufgeweitet und das Werkstück genau zentriert und gespannt. Mit diesem Spanndorn lassen sich Werkstücke mit großen Toleranzen des Positionier- und Spanndurchmessers zentrisch spannen. Der Vorteil dieses Dornes liegt darin, daß er sich auf einfache Art fertigen läßt.

1 Spannschraube, 2 Stahldrahtring.

4. Nach Möglichkeit sollte das Werkstück mit einer Planfläche an eine Spanndornfläche angelegt werden. Dieses betrifft besonders Werkstücke mit einer kurzen Aufnahme ($l < D$). Wichtig bei von der Stirn bemaßten Werkstücken, z. B. einer von der Stirn bemaßten Nut oder Stufe.
5. In der Serienfertigung sollten für ein Werkstück jeweils zwei Dorne vorgesehen werden, um die Spannzeit in die Bearbeitungszeit zu legen und eventuell auch dadurch die Mehrmaschinenbedienung zu ermöglichen.
6. Bei Anwendung der Spanndorne mit starren Aufnahmeelementen (Abschnitt 36.1.1) sind die Richtlinien, die diese Spanndornart betreffen (Abschnitt 36.1.1.2), zu beachten.
7. Spitzenspanndorne (Bild 37-5) sollten stets mit gehärteten und geschliffenen Zentren versehen werden. Bewährt haben sich fest eingepreßte und gehärtete sowie nachschleifbare und nach dem Verschleiß auswechselbare Zentren (Bild 29-1) aus verschleißfestem Werkstoff.
8. Die Positioniergenauigkeit der Spanndorne mit Spreizhülse (Abschnitt 36.1.3.1) wird durch die Anwendung beidseitig geschlitzter Spannhülsen (Bild 36-31) wesentlich gesteigert.
9. Bei Spanndornen mit Ringspannscheiben Bauart Maurer (Abschnitt 36.1.3.3) muß die Lage der Ringspannscheiben so gewählt werden, daß das Werkstück beim Spannen mit seiner Stirn an den Bund des Dorns gepreßt wird (Bilder 36-34 und 36-37).
10. Bei der Konstruktion und dem Selbstbau von Spanndornen mit plastischer Masse als Druckübertragungsmittel (Kap. 29) sind die aufgeführten Berechnungsformeln und Konstruktionsgrößen zu beachten um ihre Zentrier- und Spanngenauigkeit sowie Funktionssicherheit zu gewährleisten.
11. Die maximalen Größen der Rundlaufgenauigkeit, des Anlagebundschlages u. a. sollten eingeschlagen werden, damit sie jederzeit überprüft werden können.
12. Flächen zur Prüfung des Rundlaufs und Planschlags vorsehen.

36.2 Spannfutter – Allgemein

Im Rahmen dieses Abschnittes werden Zwei-, Drei- und Vierbacken-Drehfutter sowie Spannzeuge mit Spannzangen (DIN 6341 und 6343) absichtlich nicht besprochen, da diese handelsüblich sind und anhand von Katalogen der Hersteller gewählt werden können. Nachstehend werden alle anderen Spannfutterarten beschrieben.

36.2.1 Spannfutter mit starren Aufnahmeelementen

Spannfutter mit starren Aufnahmeelementen sind:

1. Spannfutter mit Gewindehülse,
2. Spannfutter mit Spanneisen,
3. Spannfutter mit Spannhaken und
4. Spannfutter mit anderen Spannelementen.

Als „starre“ Aufnahmeelemente werden Elemente verstanden, die unverstellbar sind, d.h., daß das Werkstück relativ ungenau, je nach Größe des radialen Spiels zwischen Futteraufnahmedurchmesser und Werkstückaufnahmedurchmesser, positioniert wird.

36.2.1.1 Spannfutter mit Gewindehülse

Diese Spannfutter kann man unterteilen in:

a) Spannfutter zur Aufnahme von Werkstücken mit zylindrischen Aufnahmeelementen und
b) Spannfutter zur Aufnahme von Werkstücken mit Gewinde, wobei das Gewinde als Positionierelement (Abschnitt 13.5) dient.

36.2.1.2 Spannfutter mit Spanneisen als Spannelemente

Bei dieser Art können sowohl axial als auch radial gerichtete Spannkräfte ausgeübt werden. Letztere werden mit Hilfe von Spannhaken (Abschnitt 16.5) verursacht. Keile als Spannelemente (Abschnitt 16.6) finden ebenfalls Anwendung.

36.2.2 Spannfutter mit schrumpfenden Aufnahmeelementen

Diese Art der Spannfutter arbeitet auf ähnliche Weise und unter Verwendung gleicher Spannelemente wie Spanndorne mit dehnenden Spannelementen (Abschnitt 36.1.2), jedoch auf entgegengesetzte Art.

Arten der Spannfutter mit schrumpfenden Aufnahmeelementen sind:

1. Spannfutter mit ungeschlitzer Klemmhülse,
2. Spannfutter mit Stieber-Rollkupplung,
3. Spannfutter mit Spannhülse – Bauart Spieth,
4. Spannfutter mit Spannring – Bauart Ringfeder,
5. Hydraulische Spannfutter.

36.2.2.1 Spannfutter mit ungeschlitzter Klemmhülse

Die ungeschlitzte Klemmhülse (Bild 36-51) wird durch einen zusammenschraubbaren Klemmring beim Spannen verengt. Da dieses nur in engen Grenzen möglich ist, dürfen nur kleinere Toleranzen des Aufnahmedurchmessers des Werkstücks in Frage kommen.

36.2.2.2 Spannfutter mit Stieber-Rollkupplung

Diese Spannfutter arbeiten nach dem im Abschnitt 36.1.2.1 beschriebenen Prinzip, jedoch in entgegengesetzter Richtung, so daß das Werkstück von außen gespannt wird (Bilder 36-52 und 36-53).

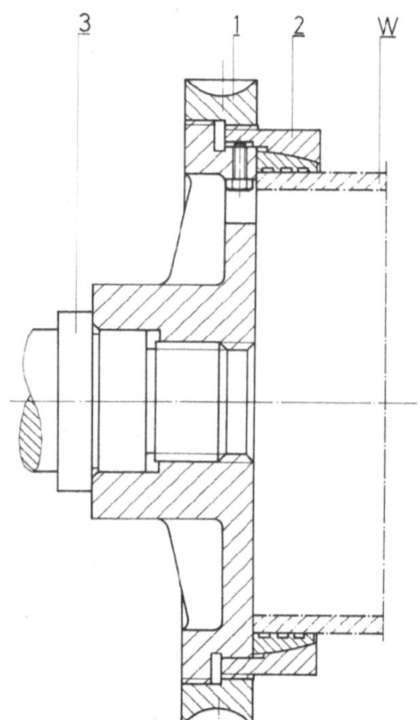

Bild 36-51 Spannfutter mit einem Gewinde-Spannring.

Wenn der Gewinde-Spannring 1 auf den Futterkörper geschraubt wird, wird der kegelige Außenring 2 infolge seines feineren Gewindes über den geschlitzten federnden Aufnahmering bewegt. Dieser zentriert und spannt das Werkstück, da er dabei verengt wird. Die erreichbare Spannkraft wird durch die Reibung in den Gewindegängen begrenzt. Dadurch beschränkt sich das Anwendungsgebiet des Futters auf Durchmesser mittlerer Größe.

1 Gewinde-Spannring, 2 kegeliger Außenring, 3 Werkzeugmaschinen-Arbeitsspindel.

36.2.2.3 Spannfutter mit Spannhülse – Bauart Spieth

Der Grundkörper (Bild 37-6) umfaßt die Spannhülse, die auch bei Spanndornen (Abschnitt 36.1.2.2, Bild 36-22) angewendet wird.

36.2.2.4 Spannfutter mit Spannring – Bauart Ringfeder

Mehrere Ringfederpaare (Abschnitt 36.1.2.3) mit keilförmigem Querschnitt werden zwischen axial beweglichen Druckringen im Grundkörper zusammengedrückt und damit verengt, so daß das Werkstück gespannt wird (entgegengesetzt zu der Darstellung im Bild 36-24).

36.2.2.5 Hydraulische Spannfutter

Hydraulische Spannfutter arbeiten auf die gleiche Art wie hydraulische Spanndorne (Abschnitt 36.1.2.4), wobei Hydrauliköl bzw. plastische Masse (Kap. 29, Bild 29-2) als Druckübertragungsmittel angewendet werden. Die Rundlaufgenauigkeit dieser Spannfutter liegt bei etwa 0,005 mm und der Spannbereich zwischen $0{,}001 \cdot D$ bis $0{,}0015 \cdot D$. Für die Konstruktion notwendigen Größen und Formeln sind im Kap. 29 besprochen und in der Tabelle – Bild 29-4 – zusammengestellt.

36.2.3 Spannfutter mit federnden Aufnahmeelementen

Die Federung des Aufnahmeelements kann axial oder radial erzielt werden, was aus den nachstehend aufgeführten Beispielen hervorgeht.

Arten der Spannfutter mit federnden Aufnahmeelementen:

1. Spannfutter mit geschlitzen Aufnahmeelementen,
2. Spannfutter mit Spannzange,
3. Spannfutter mit Spannscheiben – System Maurer,

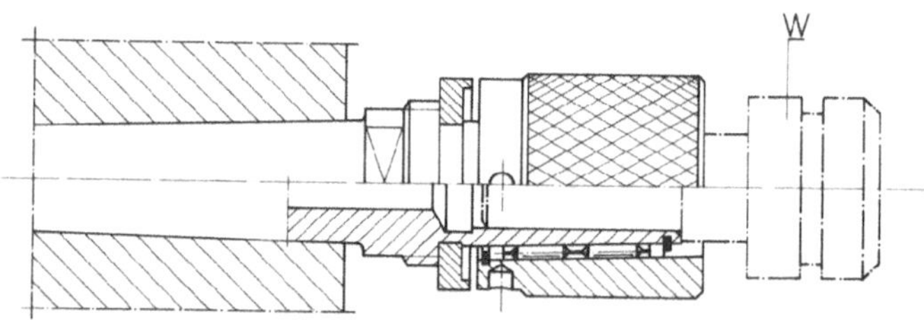

Bild 36-52 Spannfutter mit Stieber-Rollkupplung für kleinere Durchmesser.

Die Funktion ist analog zum Bild 36-16.

Bild 36-53 Spannfutter mit Stieber-Rollkupplung für größere Durchmesser.

Die Funktion ist analog zu Bild 36-16.

4. Flachspannfutter – System Maurer,
5. Korbspannfutter – System Maurer,
6. Diaphragma-Spannfutter – System Tobler.

36.2.3.1 Spannfutter mit Schlitz und Spannschraube

Diese Art der Spannfutter (Bild 36-54) kann mit einem oder mehreren Schlitzen versehen werden. Mehrere Schlitze vergrößern zwar den Spannbereich, verschlechtern aber die Positioniergenauigkeit. Die Spannwirkung der Spannschraube ist um so größer, je näher sie der Aufnahmebohrung liegt. Die Spannschrauben sollten nicht überstehen (Unfallschutz).

36.2.3.2 Spannfutter mit Spannzange

Die Spannzange (Bilder 36-55 bis 36-58) wird in den Kegel gezogen und spannt das Werkstück. Sie ist gegen Verdrehung zu sichern (Bild 36-57). Durch Einkippen der Spannzangensegmente in der Spannrichtung (axial) wird das Werkstück an die Stirnfläche angedrückt, was hinsichtlich der Positioniergenauigkeit von Vorteil ist.

36.2.3.3 Spannfutter mit Spannscheiben – System Maurer

Die im Abschnitt 36.1.3.3 besprochenen Spannscheiben werden auch als Spannfutter-Aufnahmeelemente verwendet (Bilder 36-59 und 36-60). Sie werden sowohl für Spanndorne als auch für Spannfutter einzeln bzw. in Form von Spannscheibenblöcken geliefert.

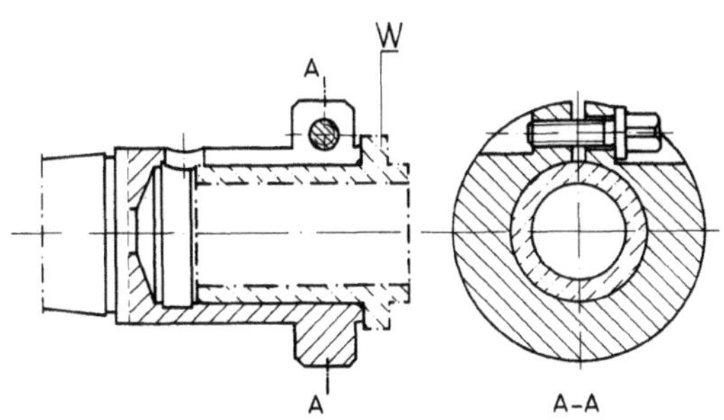

Bild 36-54 Selbstgefertigtes Spannfutter mit einer geschlitzten Klemmhülse.

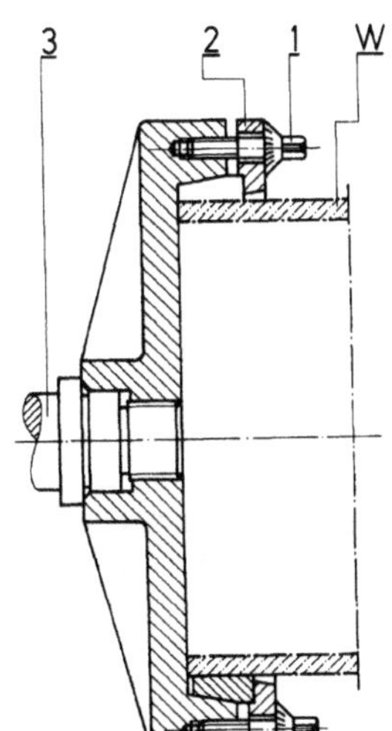

Bild 36-55

Spannfutter mit axialen Spannschrauben.

Der Aufnahmering wird durch die Spannschrauben (1) und den Spannring (2) gegen den Spannkegelring in den Grundkörper gedrückt. Dabei verengt er sich und spannt das Werkstück.

1 Spannschraube, 2 Spannring, 3 Werkzeugmaschinen-Arbeitsspindel.

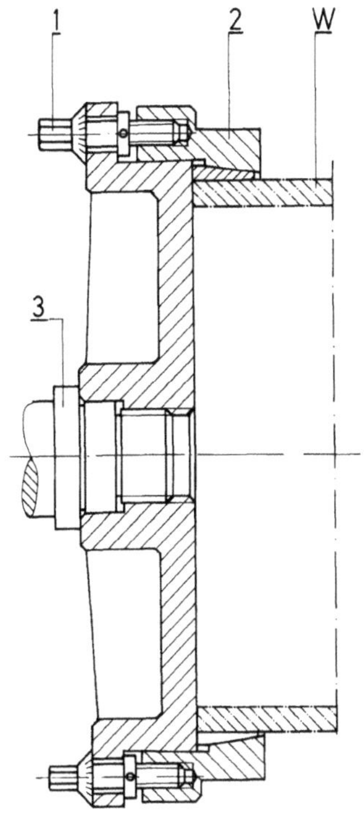

Bild 36-56

Spannfutter mit axialen Spannschrauben (s. a. Bild 36-55).

Der Außenring (2) wird durch die Spannschrauben (1) (z. B. 3 Stück) zum Futterkörper angezogen. Der kegelige Aufnahmering wird dabei verengt (analog zum Bild 36-55) und spannt das Werkstück.

1 Spannschraube, 2 Außenring, 3 Werkzeugmaschinen-Arbeitsspindel.

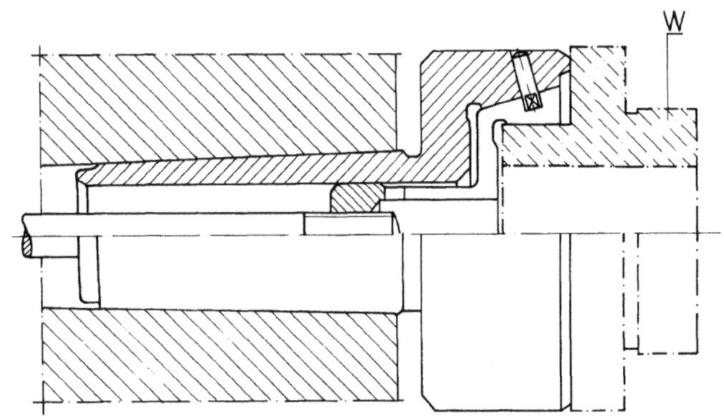

Bild 36-57 Kraftbetätigtes Spannfutter mit geschlitztem Zentrier- und Spannelement.

Eine kegelige geschlitzte Spannklemmhülse, die gegen Verdrehung mit einem Stift gesichert ist, stellt das Spannelement dar.

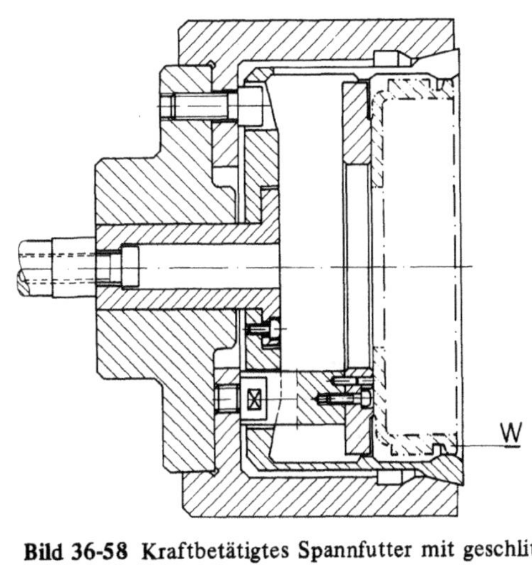

Bild 36-58 Kraftbetätigtes Spannfutter mit geschlitztem Spannelement für große Durchmesser.

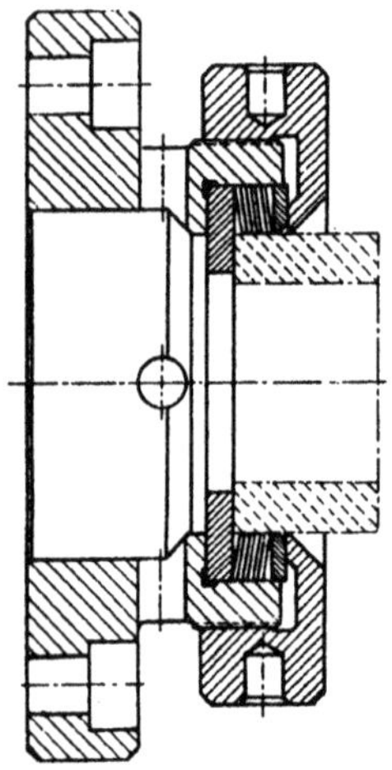

Bild 36-59
Standard-Spannfutter mit Ringspannscheiben Bauart Maurer (Funktion s. Bildtext Bilder 36-33 bis 36-35, Einbau: Bild 36-37).
Ringförmige Werkstücke, bei denen der Außendurchmesser und eine Stirnfläche schlagfrei zueinander laufen müssen, können mit Hilfe handelsüblicher Standard-Spannfutter zentriert und gespannt werden. Durch Auswechseln des Spannsatzes läßt sich jedes Futter für verschiedene Spanndurchmesser verwenden.

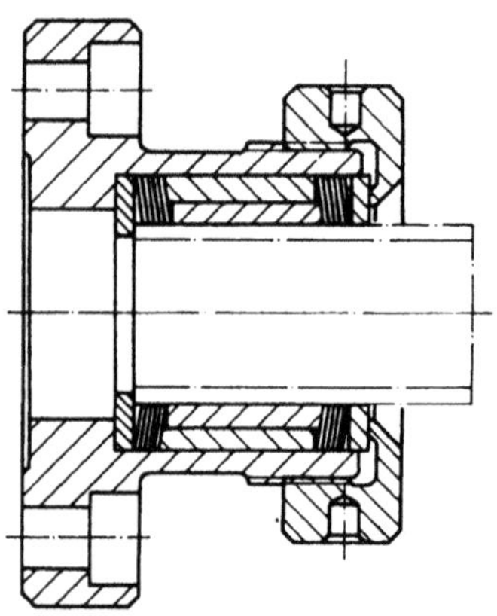

Bild 36-60 Differential-Spannfutter mit Ringspannscheiben Bauart Maurer.
Für Werkstücke, die nicht genau zylindrisch sind, wird die Differentialspannung verwendet. Die erforderliche Führungslänge von $l = 0{,}7 \times D$ muß an der Spannbüchse und an der Führungsbüchse eingehalten werden. Der linke anschlagseitige Scheibenblock muß dünner sein als der rechte, wodurch er zuerst spannt. Nur dann ist sichergestellt, daß beide Scheibenblöcke voll zur Wirkung kommen.

36.2.3.4 Flachspannfutter – System Maurer

Werkstücke mit großem Spanndurchmesser werden vorteilhaft mit Hilfe der Flachspannfutter gespannt, die, je nachdem ob die Plananlagefläche außerhalb oder innerhalb des Spanndurchmessers liegt, verschiedene Ausführung aufweisen (Bilder 36-61 und 36-62).

36.2.3.5 Korbfutter – System Maurer

Die Größe des von Ringspannfuttern übertragbaren Drehmoments ist in erster Annäherung dem Quadrat des Spanndurchmessers proportional. Um ein Werkstück an einem günstigen Durchmesser spannen zu können, muß man häufig Futter mit größerer Tiefe verwenden. Dazu eignen sich die Ringspann-Korbfutter (Bilder 36-63 und 36-64).

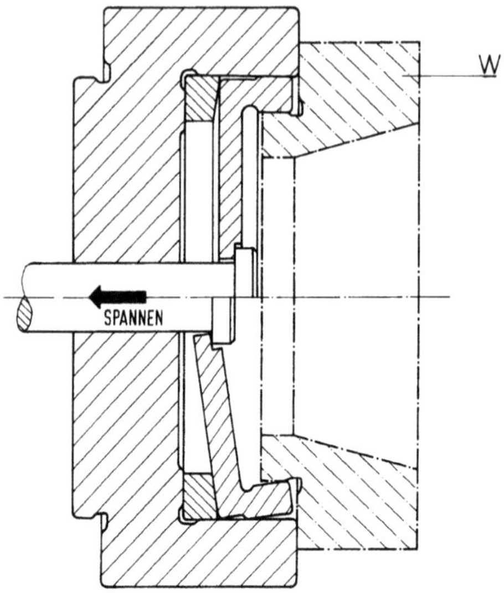

Bild 36-61 Flachspannfutter mit Spannscheibe Bauart Maurer.
Durch axialen Druck auf die Mitte der Spannscheibe wird sie trichterförmig verformt und der innere Spannrand eingezogen. Hierbei wird das Werkstück in günstigsten Fällen mit etwa 10-facher Axialkraft gespannt ($F_{se} = 10\ F_s$) und gegen die Plananlage des Futterkörpers angedrückt. Das Futter kann auch mit der Hand betätigt werden.
Bei dem kleinsten handelsüblichen Spanndurchmesser von 35 mm können Werkstücke mit 0,15 Durchmesser-Toleranz zentriert und gespannt werden. Beim Spannfutter mit größtem Spanndurchmesser von 280 mm beträgt der Spannbereich 0,65 mm.

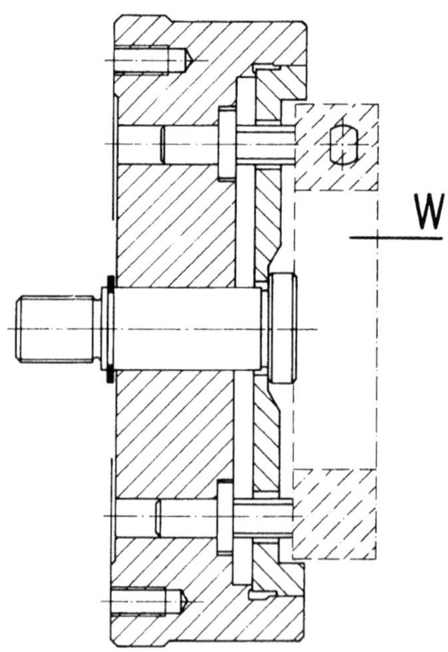

Bild 36-62 Flachspannfutter mit Spannscheibe Bauart Maurer.
Beim Spannen wird das Werkstück durch den Spannkörper zentriert und gleichzeitig gegen die Anlagebolzen gedrückt. Die Betätigung erfolgt durch Zugbewegung der Kraftspanneinrichtung der Werkzeugmaschine.

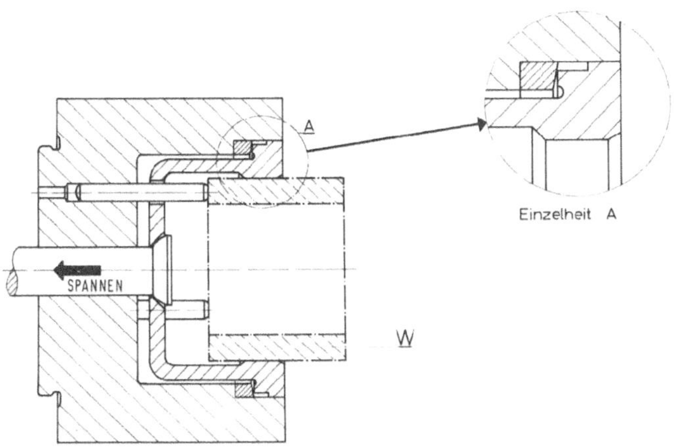

Bild 36-63 Korbfutter (Abschnitt 36.2.3.5) Bauart Maurer.

Der Korbfutter-Spannkörper zentriert das Werkstück und drückt es gegen die Anlagestifte. Der Zugbolzen wird an die Kraftspanneinrichtung der Werkzeugmaschine angeschlossen.

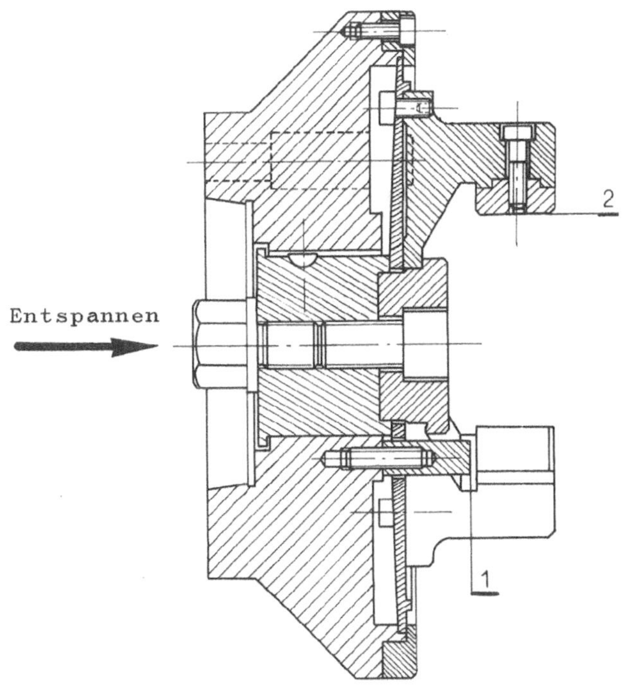

Bild 36-65 Diaphragma-Spannfutter System Tobler mit austauschbaren Spannbacken.

Das Profil der angesetzten Backen paßt sich genau der Form des Werkstücks an. Diese Futter eignen sich für Dreh-, Bohr-, Schleif- und Fräsarbeiten. Sie können auch kraftbetätigt werden.

1 Werkstückanschlag, 2 Spanndurchmesser.

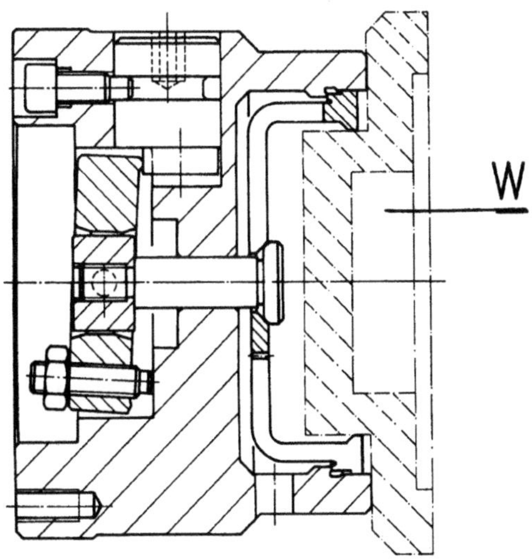

Bild 36-64 Korbfutter Bauart Maurer mit seitlicher Betätigung.

Der Anlagedurchmesser für das Werkstück sollte stets so groß wie möglich gewählt werden. Auf Grund der Werkstückform wurde im gezeigten Beispiel die Anlage am Aufnahmekörper vorgesehen. Da eine zentrale Betätigung nicht möglich war (s. Bild 36-63), mußte eine Exzenterspannung eingebaut werden, die über einen kardanischen Ring betätigt wird.

Bild 36-66 Spannfuttereinsatz mit Gleitlamellen (zum Bild 36-67).

36.2.3.6 Diaphragma-Spannfutter – System Tobler

Diese Spannfutter sind nach einem Diaphragma-System, das sehr große Elastizität verleiht (Bild 36-65), gebaut.

36.2.4 Spannfutter mit gleitenden Aufnahmeelementen

Auf die gleiche Art, wie die in Abschnitt 36.1.4 beschriebenen Spanndorne, nur in entgegengesetzter Richtung, arbeiten Spannfutter mit gleitenden Aufnahmeelementen (Lamellenfutter) (Bilder 36-66 bis 36-68). Der Spannbereich liegt zwischen 4,5 mm und 9 mm (je nach Größe) und der Aufnahmedurchmesser beträgt bis 82 mm.

Bild 36-67 Spannfutter mit Gleitlamellen. Der Gleitlamelleneinsatz ist im Bild 36-66 dargestellt.

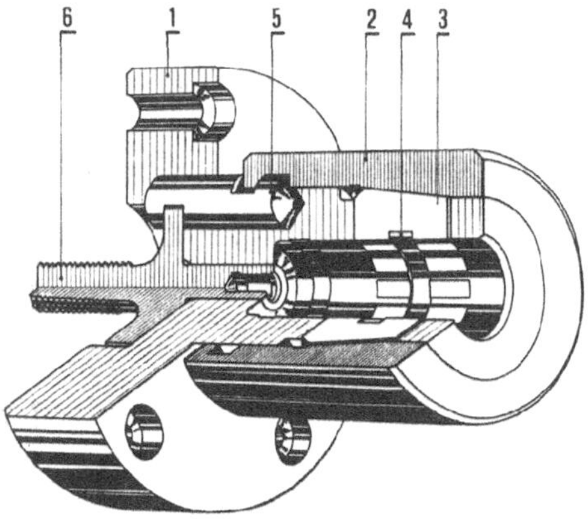

Bild 36-68 Gleitlamellenfutter.
1 Grundkörper mit Flansch, 2 Innenkegelhülse, 3 Gleitlamelle, 4 Federring, 5 Mitnahmestift, 6 Gewindeanschluß für Betätigungsstange.

36.2.5 Richtlinien für den Einsatz von Spannfuttern

Um die Genauigkeit des mit Hilfe eines Spannfutters bearbeiteten Werkstücks zu gewährleisten sollten folgende Richtlinien beachtet werden:

1. Die verschiedenen Arten der Spannfutter weisen verschiedene Eigenschaften hinsichtlich ihrer Zentrier- und Spanngenauigkeit des Werkstücks auf. Bei der Festlegung der Art des Spannfutters sollte deshalb die Genauigkeit des Werkstücks von ausschlaggebender Bedeutung sein.
2. Nach Möglichkeit sollten handelsübliche Spannfutter verwendet werden. Die Spannfutterhersteller liefern kurzfristig Sonderspannfutter, die für bestimmte Werkstücke auf Bestellung konstruiert und gefertigt werden.
3. Spannfutter mit Zwischenflansch sollten eine Einstellmöglichkeit in radialer Richtung haben.
4. Die Flanschfläche muß so gestaltet sein, daß mehrere Nachschliffe möglich sind.
5. Es müssen am Flansch und am Futter zylindrische Flächen zur Überprüfung der Rundlaufgenauigkeit vorgesehen werden.
6. Auch die Planschlagprüfung muß möglich sein.
7. Die maximalen Größen des Planschlages und der Rundlaufgenauigkeit sollten eingeschlagen werden, damit sie jederzeit überprüft werden können.
8. Aufnahmeelemente des Spannfutters mit Verdrehmöglichkeit müssen gegen Verdrehung gesichert werden.
9. Bei Spannfuttern mit Segmentschlitzen sollten diese mit Silikonkautschuk[1] ausgegossen werden, damit Späne und Schmutz nicht in die Schlitze gelangen können.
10. Bei der Konstruktion und Selbstbau von Spannfuttern mit plastischer Masse als Druckübertragungsmittel (Kap. 29) sind die aufgeführten Berechnungsformeln und Konstruktionsgrößen zu beachten um ihre Zentrier- und Spanngenauigkeit sowie Funktionssicherheit zu gewährleisten.

[1] Lieferant: Wacker-Chemie, D-8000 München 22

37 Drehfutter für besondere Aufgaben

37.1 Drehfutter mit Koordinatenscheibe und -winkel

Drehfutter mit Koordinatenscheibe und -winkel erfüllen zwei wichtige Aufgaben:

1. Die Koordinatenscheibe und die mit ihr verbundene Winkelplatte (Bild 37-1) ermöglichen Arbeiten auf einer Drehmaschine, die dem Bohrwerk vorbehalten waren. Durch diese Einrichtung besteht die Möglichkeit mit Hilfe normaler Werkzeuge die Bearbeitung von zylindrischen und kegeligen Bohrungen, Absätzen, Nuten usw. mit garantiert parallelen Achsen, ohne daß das Werkstück umgespannt werden muß.
2. Die Koordinatenscheibe mit Winkelplatte eignet sich vorzüglich als Träger einer Spannvorrichtung, die z.B. mit einer Kreisteileinrichtung (Abschnitt 13.11) ausgestattet werden kann, so daß Werkstücke von mehreren Seiten mit einer bestimmten Kreisteilung (z.B. 2 x 90° und 1 x 180°) (Dreiwegeventile, Heizungsregelventile u.ä.) auf einfache Art auf Revolverdrehmaschinen bearbeitet werden können.

Bild 37-1 Koordinaten-Planscheiben mit Einstellung des Kreuzsupportes nach Maßstab oder mit Hilfe von Endmaßen
Diese Koordinaten-Planscheibe mit Winkelauflage eignet sich als Aufnahme für Drehvorrichtungen, insbesondere mit Teileinrichtung (Abschnitt 13.11)

37.2 Exzenter-Drehfutter und -Vorrichtungen

Handelsübliche Exzenter-Drehfutter bestehen aus zwei zueinander exzentrisch verdrehbaren Scheiben und einem Drehfutter. Durch Drehen der beiden Scheiben kann die Lage des Drehfutters auf die gewünschte Exzentrizität eingestellt werden.

Ein in weiten Grenzen verstellbares Futter zum exzentrischen Spannen von Stangenwerkstoffen bzw. Werkstücken ist im Bild 37-2 (USA-Patentschrift 3 51 53 97) dargestellt.

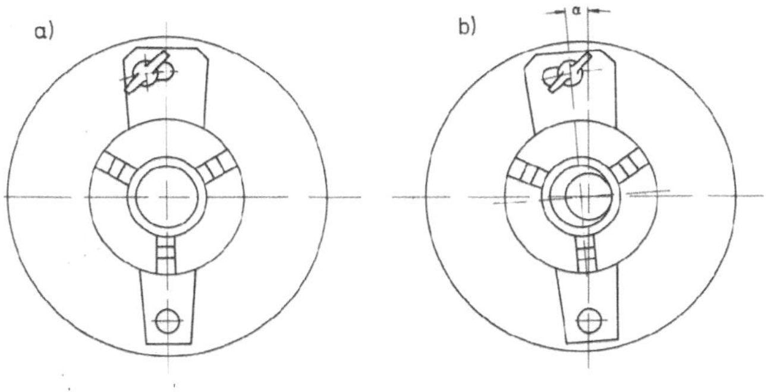

Bild 37-2 Planscheibe mit Spannfutter und Schwenkarm
Durch Verstellen des Schwenkarmes läßt sich auf einfache Art der Winkel α und somit die Exzentrizität des Spannfutters zu der Arbeitsspindelachse einstellen. Geeignet zum Drehen von Exzentern, exzentrischen Bohrungen u. ä. (USA-Patentschrift 3 51 53 97)

37.3 Spanndorne und -futter für Zahnräder

Zahnräder können auf folgende Arten zentriert und gespannt werden:

1. Mit Hilfe der Zahnradbohrung als Zentrier- und Spannelement des Zahnrades und gleichzeitig
   1.1 eines Spanndorns mit starren Aufnahmeelementen (Abschnitt 36.1.1), wie in den Bildern 37-3 und 37-4 dargestellt,
   1.2 eines hydraulischen Spanndornes (Abschnitt 36.1.2.4, Bild 36-27),
   1.3 eines Spanndornes mit gleitenden Aufnahmeelementen (Abschnitt 36.1.4), wie im Bild 37-5 wiedergegeben,
   1.4 eines Spanndornes mit federnden Aufnahmeelementen (Abschnitt 36.1.3, Bild 36-20).

Das Zentrieren und Spannen der Zahnräder mit Hilfe der Zahnradbohrung stellt die häufigste Art dar, besonders in Fällen, in denen die Bearbeitung aller wichtigen Zahnradelemente, insbesondere der Verzahnung, von der Bohrung ausgehend durchgeführt wird. Noch besser ist es, wenn diese Bearbeitung ohne Dornwechsel, d. h. ohne Umspannen, mit

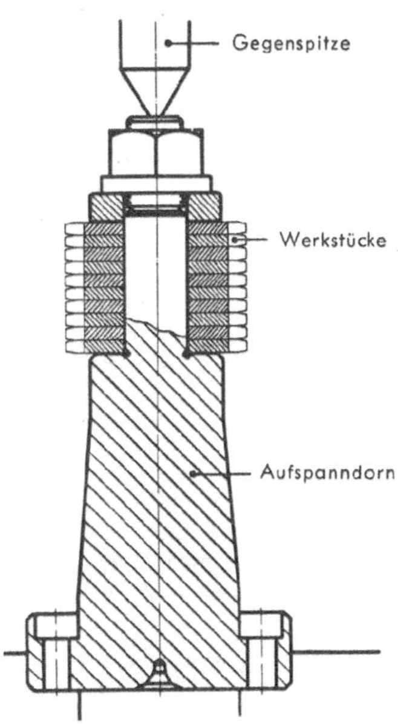

Bild 37-3
Fester Spanndorn für Kettenräderpaket mit Abstützung durch Körnerspitze

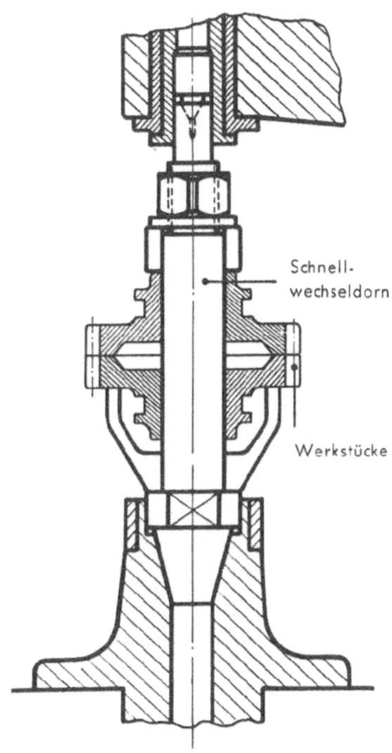

Bild 37-4 Fester Spanndorn zum Spannen von zwei Zahnrädern als Schnellwechseldorn ausgebildet. Die Abstützung erfolgt durch zylindrische Führung im Gegenhalter. Das Aufspannen der Werkstücke kann außerhalb der Maschine erfolgen (Abschnitt 36.1.6)

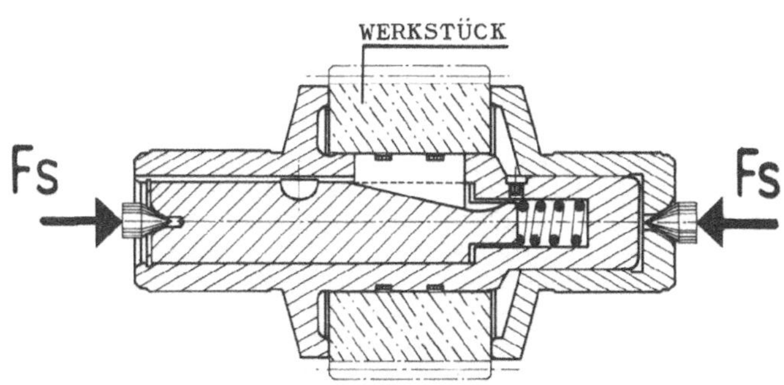

Bild 37-5 Gleitlamellen-Spanndorn (Spitzenspanndorn) mit einer stirnseitigen Abstützung mit Hilfe eines Flansches durch Reitstockspitze. Dieser Dorn wurde für Schabearbeiten eingesetzt (System MAC-Tobler)

demselben Spanndorn erfolgt. Dadurch werden die besten Ergebnisse hinsichtlich der Genauigkeit und Zentrizität der Zahnradbohrungsachse mit der Verzahnung erzielt.

Hydraulische Spanndorne (Bild 36-27) eignen sich besonders für Kontroll-, Prüf- und Meßzwecke der Zahnräder, da sie sehr hohe Zentriergenauigkeit (Abschnitt 36.1.2.4) aufweisen.

2. Mit Hilfe des Zahnradschaftes (Bild 37-6) als Zentrier- und Spannelement des Zahnrades bzw. mit Hilfe von speziell für Zentrier- und Spannzwecke geschaffenen Stirn- und Zylinderflächen (Bild 37-7) am Zahnrad (künstliche Basis –s. Abschnitt 11.2).

   In Bild 37-6 wird das Zahnrad beidseitig am Zahnradschaft mit Hilfe von Spannhülsen – System Spieth (Abschnitte 36.1.2.2 und 36.2.2.3) zentriert und gespannt. Durch diese beidseitige Spannung wird ein Höchstmaß an Zentriergenauigkeit erreicht. Eine einseitige Spannung des Zahnradschaftes wird ebenfalls oft angewendet. Im Bild 37-7 wird das Zentrieren und Spannen des Zahnrades mit Hilfe von einer Stirn- und einer Zylinderfläche am Zahnrad und eines Korbfutters (System Maurer) (Abschnit 36.2.3.5) dargestellt. Die beiden Flächen sollten, um die Zentrier- und Spanngenauigkeit zu steigern, am größtmöglichen Durchmesser angebracht werden. Sie stellen zwei künstliche Basen dar (Abschnitt 11.2). Eine genaue Zentrierung und Spannung läßt sich bei dieser Methode bei bereits geringen Stirn- und Zylinderflächen erreichen. Bei Benutzung des Zahnradschaftes als Zentrier- und Spannelement müssen wichtige Zahnradelemente, besonders die Bohrung und der Kopfkreisdurchmesser, in einer Spannung bearbeitet werden.

3. Mit Hilfe von bereits am Zahnrad vorhandenen Zahnlücken, wobei die Endbearbeitung der Zahnradbohrung vorgenommen wird. Diese Zentrier- und Spannmethode wird bei größeren Zahnrädern und bei Zahnrädern bei denen ein Verzug nach dem Härten zu erwarten bzw. vorhanden ist, angewendet. Hierfür werden verschiedene Spannfutter unter Zuhilfenahme von Zwischenelementen in Form von Wälzkörpern (Bild 37-8), Kugeln (Bilder 37-9 bis 37-11) und

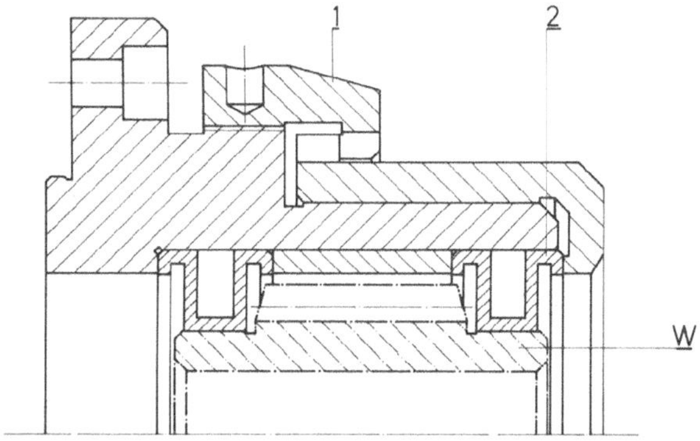

Bild 37-6 Spannfutter für Zahnräder für Bohrungsbearbeitung mit Spannhülse Bauart Spieth (Bilder 36-22 und 36-23), (Abschnitt 36.2.2 und 36.2.2.3)

1 Vierlochmutter, 2 Spannhülse

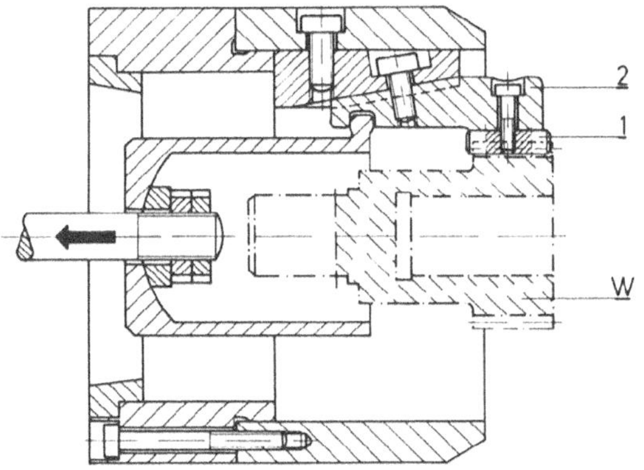

Bild 37-8 Kraftbetätigtes Spannfutter mit Schrägleitbacken mit Wälzkörpern.

Die Wälzkörper greifen in die Zahnlücken der gespannten Zahnräder.

1 Wälzkörper, 2 Gleitbacke

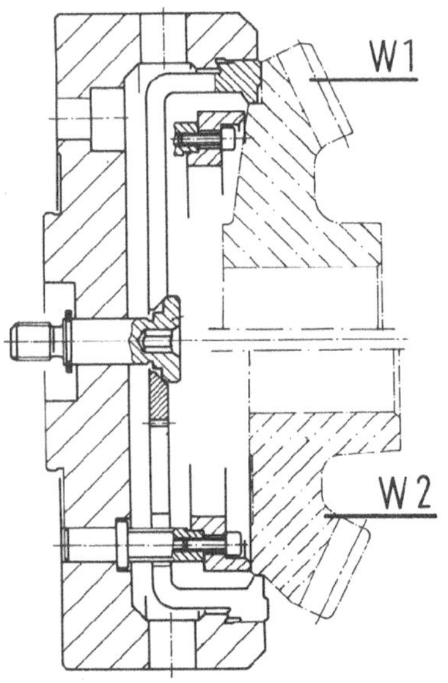

Bild 37-7

Korbutter Bauart Maurer zum Wälzfräsen von Kegelrädern.

Das Korbfutter hat eine Axialanlage an der Stirnseite des Spannkörpers (für W1) und eine zweite in Form des Anlageringes (für W2).

W1 und W2 – Werkstücke

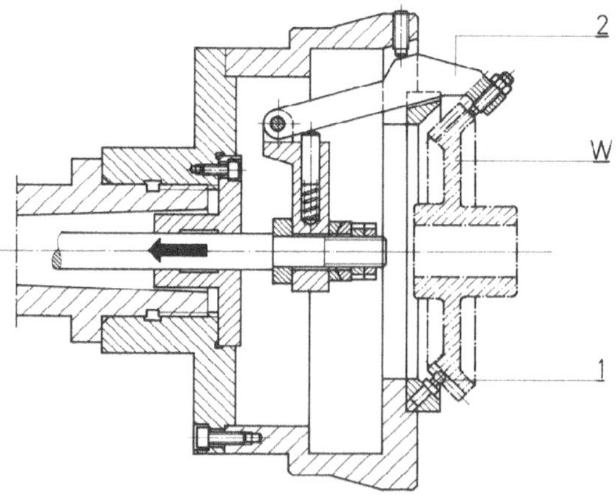

Bild 37-9 Kraftbetätigtes Spannfutter mit Spannsegmenten und Kugel-Positionierelementen zum Positionieren und Spannen von Kegelzahnrädern.

1 Kugel-Positionierelement (s. Bild 37-10), 2 Spannarm mit Einstellschraube und Feststellmutter

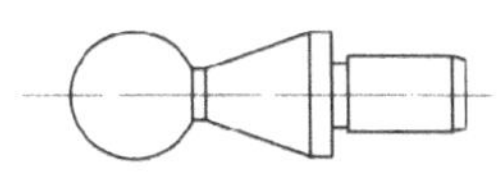

Bild 37-10 Kugelelement als Positionierelement für Zahnräder (s. a. Bild 37-13)

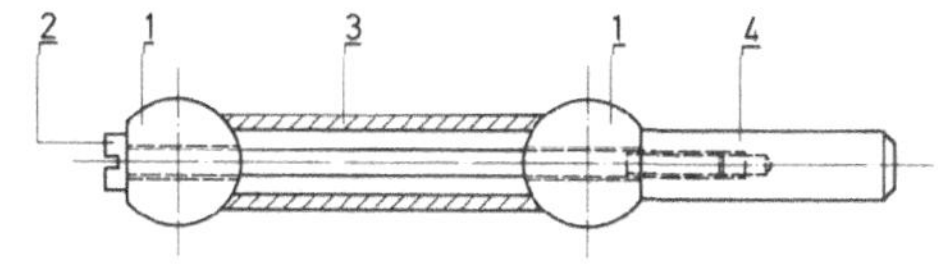

Bild 37-11 Zwei miteinander verbundene Kugeln als Positionierelement für Zahnräder

1 Kugel, 2 Schraube, 3 Distanzrohr, 4 Halter.

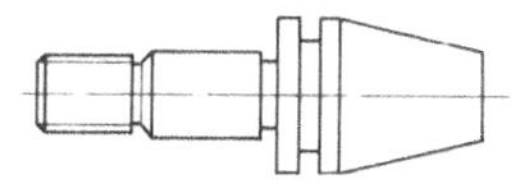

Bild 37-12 Kegel als Positionierelement für Zahnräder (s. a. Bild 37-13)

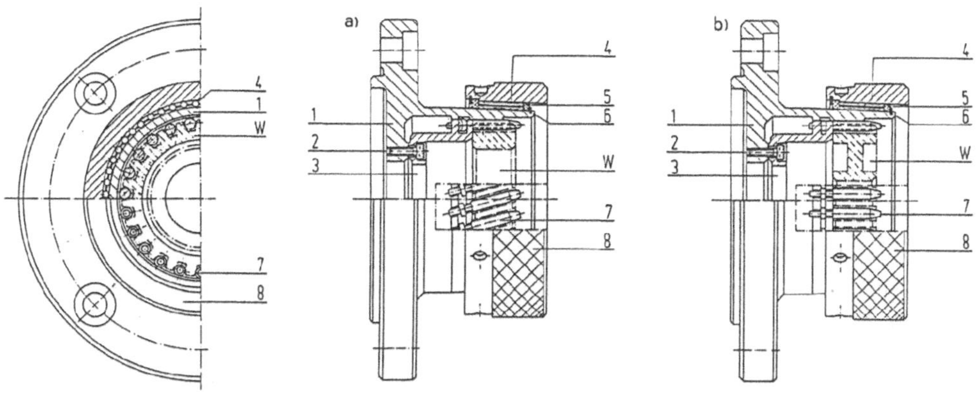

Bild 37-14 Integral-Spannfutter mit Flansch, mit Stieber-Rollkupplung (s. a. Abschnitt 36.2.2.2).

1 Grundkörper, 2 Schraube, 3 Positionierwälzkörperhülse, 4 Rollen, 5 Dichtung, 6 Sicherungsring, 7 Positionierwälzkörper, 8 Spannhülse.

a) Spannfutter zum Spannen von schrägverzahnten Zahnrädern.

b) Spannfutter zum Spannen von geradverzahnten Zahnrädern.

Zahnräder, die sich beim Härten verzogen haben, werden zum Fertigschleifen der Bohrung im Teilkreis gespannt. Auf diese Art werden die beim Härten entstandenen Fehler ausgemittelt. In die Zahnlücken greifen Wälzkörper ein. In jeder Zahnlücke befindet sich ein Zylinderstift. Infolge der genauen zentrischen Verformung des Futters werden selektiv nur die Zahnlücken zum Positionieren und Spannen benutzt, die den größten Fehler aufweisen. Dadurch wird die Ausmittung des Zahnrades in einer sehr hohen Genauigkeit erzielt.

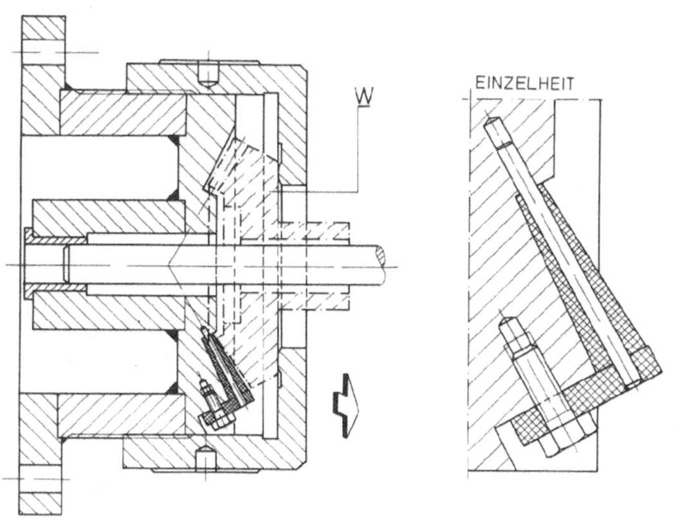

Bild 37-13 Spannfutter zum Spannen von Zahnrädern. Als Positionierelemente dienen hierbei Kegelelemente (s. a. Bild 37-12)

Kegeln (Bilder 37-12 und 37-14), die einerseits in die Zahnlücken hineingreifen und andererseits mit der Innenfläche des Spannfutters bzw. den Spannbackenflächen eines Dreibackenfutters in Kontakt kommen. Für geradverzahnte Zahnräder kommen Wälzkörper und für schrägverzahnte Zahnräder Kugeln bzw. Kegel in Frage. Der Durchmesser der Wälzkörper muß so gewählt werden, daß der durch die Wälzkörper gebildete Zentrier- und Spanndurchmesser größer als der Kopfkreisdurchmesser des zu spannenden Zahnrades ist. Bei Zahnrädern, deren Zähnezahl sich durch

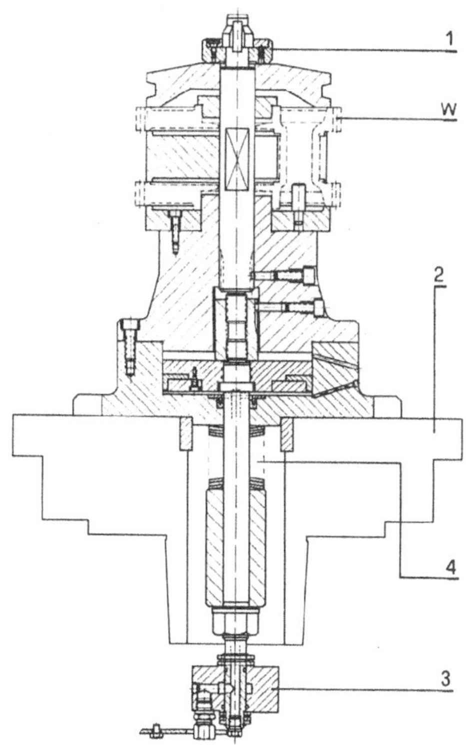

Bild 37-15 Spannen eines Doppelzahnrades mit Hilfe eines Spanndornes. Zum Spannen wird zwischen beide Zahnkränze, die durch eine Kurbel miteinander verbunden sind, ein Zwischenring geschoben. Dieser Ring ist durch zwei Auflageflächen am Spanndorn gegen Verdrehen gesichert. Das Werkstück W wird unten durch einen vorstehenden Bund und oben durch eine Buchse zentriert. Gespannt wird durch Federkraft (s. a. Abs. 25.2), entspannt wird durch Hydraulikdruck.

1 Schnellaufsteckelement (Abs. 16.10.2), 2 Maschinentischflansch, 3 Öldruckleitung, 4 Spannfedernpaket

drei dividieren läßt, kann man drei Wälzkörper benutzten, die mit den Spannflächen der Backen eines Dreibackenfutters in Kontakt kommen. Dabei sollte man Backen benutzen, die auf den Spanndurchmesser, die die Wälzkörper bilden, überschliffen sind, um die Zentriergenauigkeit zu steigern. Ist die Zähnezahl nicht durch drei dividierbar, so kann man die Größe der Exzentrizität des Spannbackenzentrums von der Spindelachse rechnerisch ermitteln und ebenfalls nur drei Wälzkörper benutzen. Zahnräder, die sich beim Härten verzogen haben, werden zum Fertigschleifen der Bohrung im Teilkreis gespannt, wobei in jede Zahnlücke ein Wälzkörper eingreift. Dabei werden die beim Härten entstandenen Fehler ausgemittelt. Verwendet man dafür ein Spannfutter mit hoher Spannhülsenzentriergenauigkeit, z.B. hydraulische Spannfutter (Kap. 29) oder Spannfutter mit Stieber-Rollkupplung (Abschnitt 36.2.2.2) bzw. andere, werden infolge der genau zentrischen Verformung des Futters selektiv nur die Zahnlücken zum Spannen benutzt, die den größten Fehler aufweisen. Dadurch wird die Ausmittlung des Zahnrades mit einer sehr hohen Genauigkeit erzielt.

38 Kraftbetätigte Drehfutter

38.1 Kraftbetätigte Backen-Drehfutter – Allgemein

Eine einfache Art des Vergleiches zwischen dem Einsatz eines muskelkraft- und eines kraftbetätigten Drehfutters ist in den Bildern 38-2 und 38-3 dargestellt. Neben den kürzeren Spannzeiten treten beim kraftbetätigten Spannen weitere Vorteile wie: größere Sicherheit beim Spannen durch beliebige Einstellmöglichkeiten der Spannkraft, körperliche Erleichterung für die Bedienperson und dadurch gleiche Arbeitsqualität, gleichmäßige Spannkraft, Einhand- oder Fußschaltung auf. Der Gesamtaufbau einer kraftbetätigten Spanneinrichtung einer Drehmaschine ist im Bild 38-1 gezeigt. Der Druckluftzylinder wird an der Maschinenspindel befestigt und läuft mit. Nach Blättry (Lit. [30]) sollte die Druckluftspannung für den genannten Zweck infolge ihrer Vorteile gegenüber anderen Möglichkeiten vorgezogen werden. Im Bild 38-4 ist eine Bewertung der Eignung der Pneumatik, Ölhydraulik und des elektrischen Antriebes für die

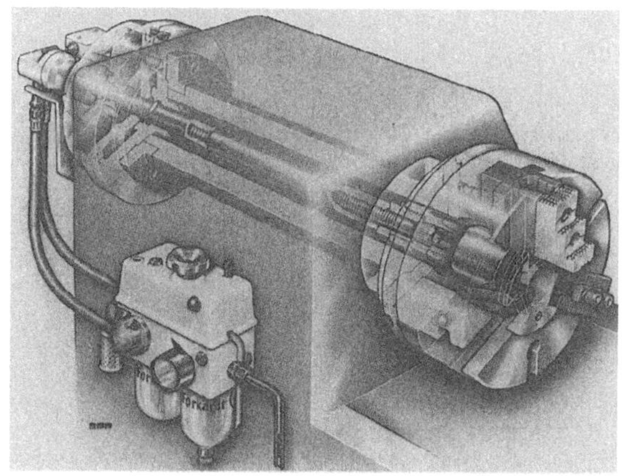

Bild 38-1 Pneumatisch betätigtes Spannfutter einer Drehmaschine

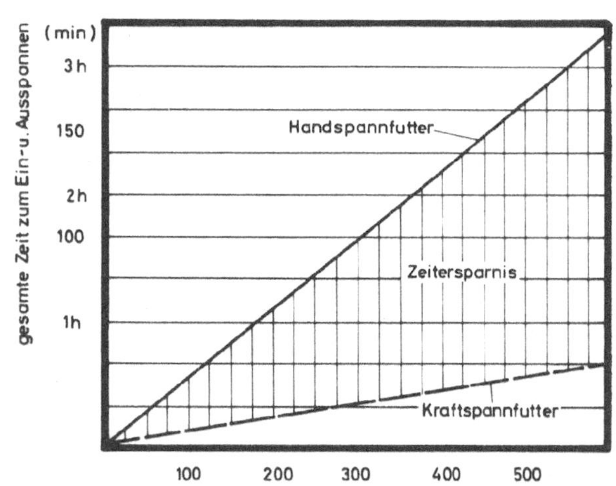

Bild 38-2 Gesamtzeit zum Ein- und Ausspannen einer Serie von Werkstücken bei Anwendung eines handbedienten Spannfutters und eines kraftbetätigten Spannfutters und daraus resultierende Zeitersparnis

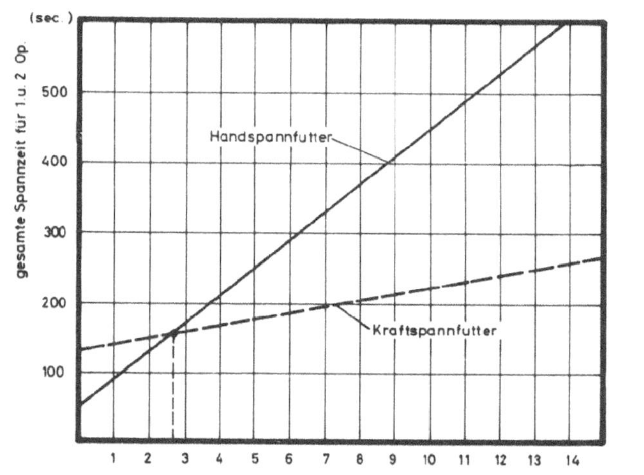

Bild 38-3 Gesamtzeit für den ersten und zweiten Arbeitsgang an einem Werkstück bei Anwendung eines handbedienten und eines kraftbetätigten Spannfutters. Die „Zeitgleichheit“ für beide Spannfutter herrscht bereits bei 2,7 Stück der Werkstücke

Laufende Nummer:	1	2	3	4	5	6	7	8	9	10	Σ
EIGENSCHAFT → / ANTRIEBSART ↓	SPANNKRAFTGRÖSSE	BAUGRÖSSE	NACHSPANNWIRKUNG	SPANNZEIT	BETRIEBSSICHERHEIT	UNFALLVERHÜTUNG	SPANNKRAFTREGULIERUNG	MÖGLICHKEIT DER STANGENSPANNUNG	PREISGESTALTUNG FÜR ENERGIE	PREISGESTALTUNG FÜR ANSCHAFFUNG	SUMME DER PUNKTE
1 PNEUMATIK	3	2	3	3	3	3	2	2	2	3	23
2 ÖLHYDRAULIK	3	3	3	2	2	2	3	3	2	1	21
3 ELEKTR. ANTRIEB	3	2	1	1	2	3	0	0	3	1	16
BEWERTUNG: 0 - Ungünstig, 1 - Ausreichend, 2 - Günstig, 3 - Sehr günstig											

Bild 38-4 Vergleich der Eigenschaften und der Eignung der Druckluft, Ölhydraulik und elektrischer Energie als Betätigungsart der Spannfutter. Dieser Vergleich kann nur bedingt für den Einsatz der aufgeführten Betätigungsarten an Vorrichtungen gelten, da für Spannfutter andere Parameter als für Vorrichtungen gelten

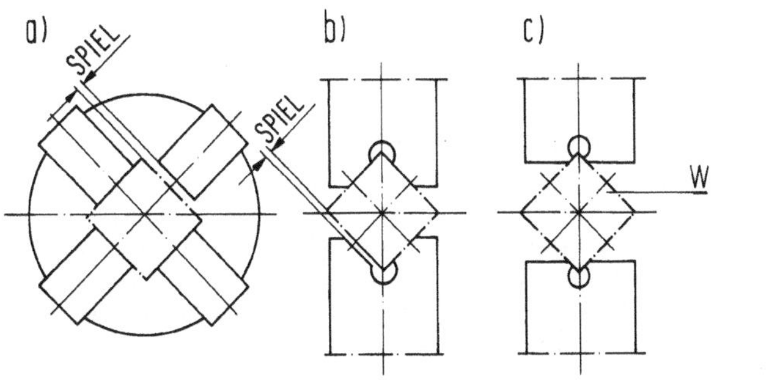

Bild 38-5 Spannen von quadratischen Werkstücken mit Vier- und Zweibacken-Drehfuttern.

a) In einem Vierbacken-Drehfutter. Zwischen einer Spannbacke und dem Werkstück ist immer Spiel vorhanden.

b) In einem Zweibacken-Drehfutter mit einer prismatischen Ausnehmung in jeder Backe. Große Spannflächen verursachen Spiel, wie im Bild dargestellt.

c) Kurze Flächen der prismatischen Ausnehmungen erlauben ein sicheres und spielfreies Spannen des Werkstücks

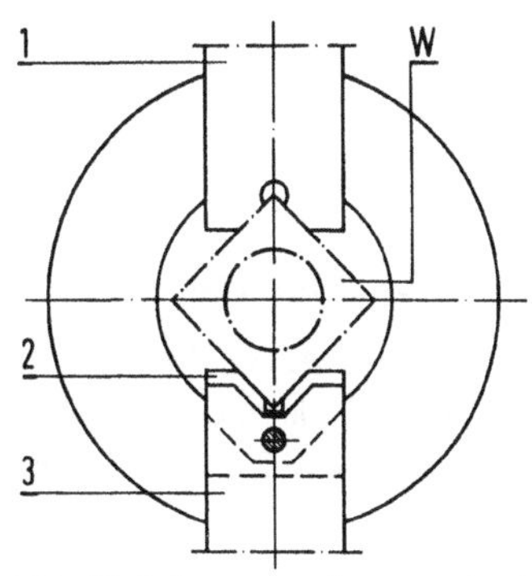

Bild 38-6 Spannen eines quadratischen Werkstücks mit einem Zweibacken-Drehfutter.

Um die im Bild 38-5b) und c) dargestellten Nachteile auszuschalten, muß an einer Backe ein prismatisches Pendelelement angebracht werden, um das Werkstück noch sicherer zu spannen. Dieses Pendelelement paßt sich der Werkstückform an.

1 feste Spannbacke mit prismatischer Ausnehmung, 2 pendelndes Prismenelement, 3 Spannbacke mit pendelndem Prismenelement

Betätigung von Backen-Drehfuttern, unter Berücksichtigung verschiedener Eigenschaften, dargestellt. Weiteres siehe Literatur [137].

38.2 Anzahl der Backen eines Drehfutters

Die Anwendung von mehr als drei Backen an einem Drehfutter wird stets eine Überpositionierung hervorrufen. Es kann aber auch vorkommen, daß infolge der Herstellungstoleranzen oder auch infolge der Verformung oder Abnutzung, nur ein Teil der Backen spannt oder aber mindestens die Kraft der einzelnen Backen verschieden groß ist. Bevor auf mehr als drei Backen eingegangen wird, sollten auch Möglichkeiten der Anwendung von zwei und drei Backen untersucht werden.

Bild 38-5a zeigt den Fehler, der durch die Überpositionierung zentrisch wirkender Vierbackenfutter unvermeidbar ist. Praktisch erzwingt die geometrische Überpositionierung einen Kraftschluß nur zwischen zwei gegenüberliegenden Backen. Auch zwei zusammenarbeitende Backen (Bild 38-5b) sind für diese Aufgabe nicht geeignet. Eine einfache Lösung wird durch Verkürzung der Kontaktflächen zwischen Werkstück und Backen (Bild 38-5c) erreicht. Günstiger ist die Lösung nach Bild 38-6, bei der eine Wippe, deren Bolzen jedoch viel Spiel aufweisen muß, die genannten Fehler beseitigt. Durch entsprechend eingearbeitete Winkelflächen an den Backen eines Vierbackenfutters lassen sich auch quadratische Stangenwerkstoffe (Bild 38-7) einwandfrei spannen.

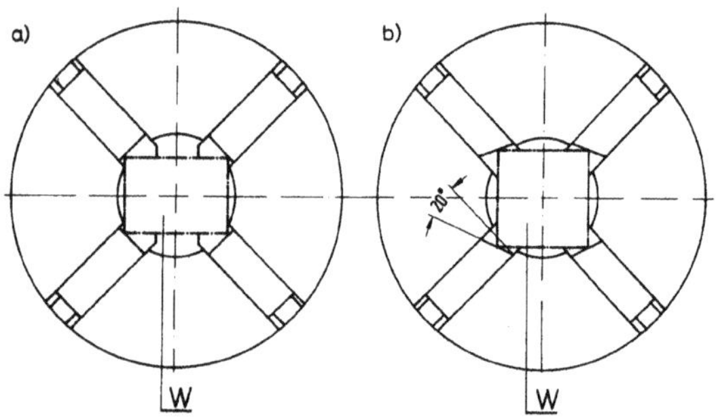

Bild 38-7 Spannen rechteckiger und quadratischer Werkstücke in einem Vierbackenfutter.

a) Einwandfreies Spannen rechteckiger Werkstücke in einem Vierbackenfutter.

b) Durch entsprechend ausgearbeitete Winkelflächen können auch quadratische Werkstücke sicher in einem Vierbackenfutter gespannt werden

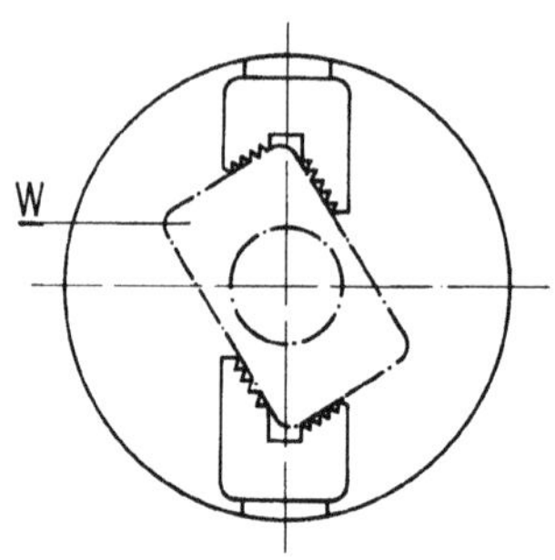

Bild 38-8

Sonderbacken an einem Zweibackenfutter, die der Werkstückspannform angepaßt sind und ein mittiges Spannen des Werkstücks erlauben

38.3 Form der Spannbacken an Drehfuttern

Neben den Normalbacken gibt es verschiedene Backen für Drehfutter. Der Fertigungsvorbereiter muß die Backen wählen, die sich am besten für die Durchführung der ihnen gestellten Spannaufgabe eignen.

38.4 Harte Aufsatzbacken an Drehfuttern

Harte Aufsatzbacken werden verwerdet:

1. für das genaue Spannen von Werkstücken, die bereits genau rund sind, für die aber keine weichen Aufsatzbacken (Abschnitt 38.5) in Frage kommen. Die Spannflächen werden unter Spanndruck ausgeschliffen und ergeben somit hohe Spanngenauigkeit,
2. für das Spannen roher Guß- oder Schmiedestücke, um die Abnutzung der Backenspannflächen zu mildern.

38.5 Weiche Aufsatzbacken an Drehfuttern

Weiche Aufsatzbacken werden für genaues Spannen an bereits bearbeiteten Flächen benutzt. Die Spannflächen werden unter Spanndruck auf den zu spannenden Durchmesser ausgedreht.

38.6 Sonderbacken für Drehfutter

Für Spannaufgaben, die nicht mit normalen bzw. Aufsatzbacken bewältigt werden können, lassen sich Sonderbacken herstellen. In den Bildern 38-8 bis 38-11 sind verschiedene Sonderbacken für Drehfutter mit Werkstücken gezeigt.

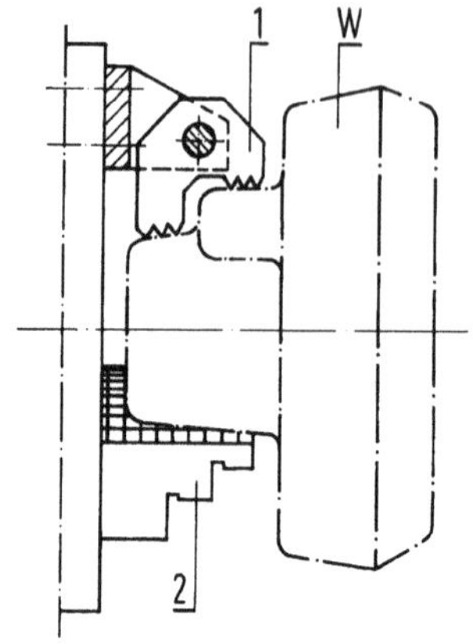

Bild 38-9

Sonderbacke an einem Dreibackenfutter

Infolge der unregelmäßigen Werkstückform (Ansatz) muß an einer Backe des Dreibackenfutters ein wippenartiges Element (1) angebracht werden.

1 wippenartiges Spannelement,
2 normale Backe

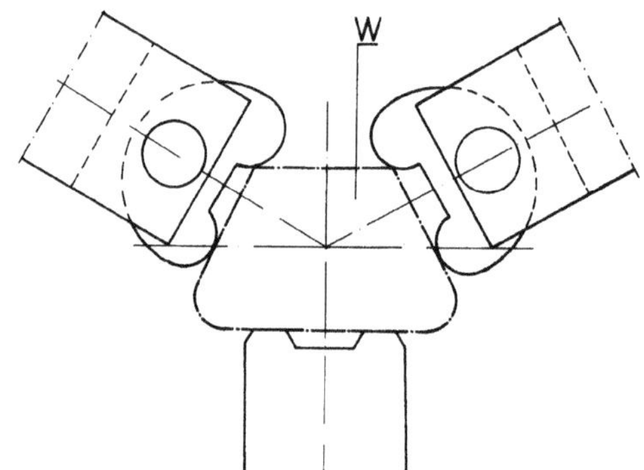

Bild 38-10 Sonderbacken an einem Dreibackenfutter.

Geometrisch unregelmäßige Werkstücke, auch recht- oder quadratische Querschnitte, können in einem Dreibackenfutter, das mit pendelnden Backeneinsätzen ausgerüstet ist, gespannt werden, so daß dabei keine Zusatzbewegung der einzelnen Backen notwendig ist. Eine Zusatzbewegung der Backen beim Spannen in einem Vierbackenfutter wäre notwendig und der Spannvorgang zeitraubend

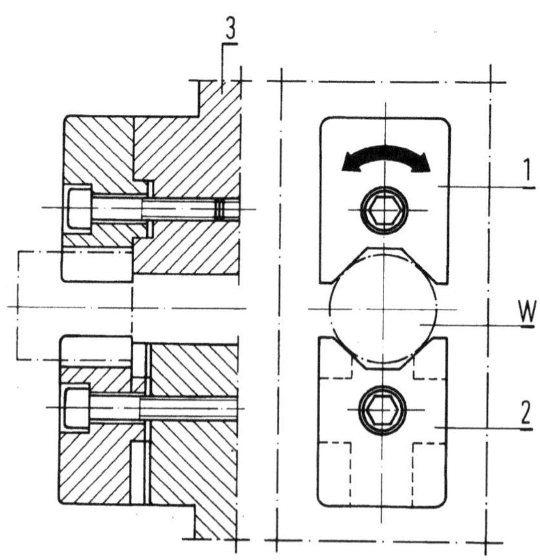

Bild 38-11 Sonderbackenaufsätze an einem Zweibackenfutter.

Runde Werkstücke lassen sich sehr gut mit Hilfe eines Zweibackenfutters spannen, wenn dafür eine pendelnde (1) und eine feste Backe (2) in Prismenform eingesetzt werden. Diese Backen werden auf die Grundbacken aufgesetzt (3).

38.7 Kraftbetätigte Zweibacken-Drehfutter

Kraftbetätigte Zweibacken-Drehfutter werden vorwiegend für die Bearbeitung unregelmäßig gestalteter Werkstücke (Bilder 38-12 und 38-15) verwendet. Die gehärteten Grundbacken werden mit Formbacken, die der Werkstückform entsprechen, ausgestattet. Zweibacken-Drehfutter können auch als Schwenkfutter (Bilder 38-16 bis 38-18) eingesetzt werden. Sie sind in vier Ausführungen handelsüblich:

1. mit Handspannung und Handschwenkung (Bild 38-16) bei Stillstand,
2. mit Kraftspannung (hydraulisch, pneumatisch oder elektrisch) und Handschwenkung bei Stillstand,
3. mit automatischem Schwenk- und Spannsystem; achsengleiche Schwenkungen werden unter Spannkraft, während der Spindelbewegung ausgeführt; die Spannbewegung ist einseitig (Bilder 38-13 und 38-17),
4. mit automatischem Schwenksystem, das während der Spindelbewegung arbeitet und einem zweiseitigen Spannsystem (Bild 38-22) ausgerüstet ist.

Bild 38-14
In einem Zweibackenfutter (Bild 38-15) bearbeitetes Werkstück (Revolver-Drehmaschine)

Bild 38-15 Dreibackenfutter mit Sonderbacken zum Spannen des im Bild 38-14 dargestellten Werkstücks (Revolver-Drehmaschine)

Bild 38-12 Werkstück unbearbeitet (links) und bearbeitet (rechts) – geeignet für die Bearbeitung auf einer Revolver-Drehmaschine. Dieses Werkstück wurde in einem Zweibackenfutter (Bild 38-13) gespannt.

Bild 38-13 Zweibackenfutter mit Sonderbacken zum Spannen des im Bild 38-12 dargestellten Werkstücks (Revolver-Drehmaschine)

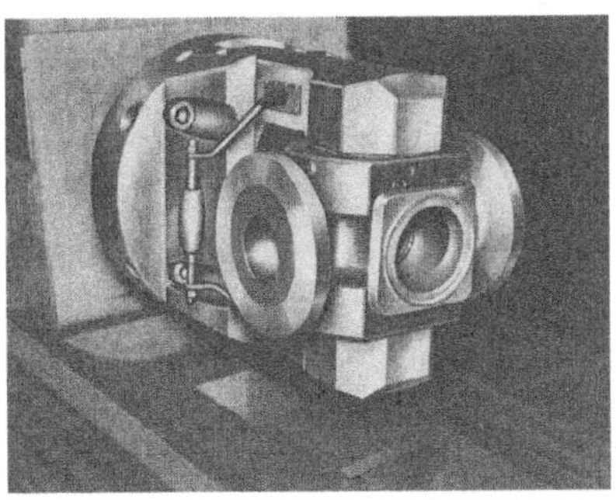

Bild 38-16 Zweibackenfutter mit einer Teileinrichtung.

Dieses Spannfutter ist mit einer Teileinrichtung, die mit Hilfe des Bügels von Hand betätigt wird, versehen. Durch Drücken des Bügels wird die Teileinrichtung entriegelt; die drehbaren, der Werkstückform angepaßten Aufsatzelemente, können mit dem Werkstück um eine Teilung, bei bereits losgelassenem Griff, gedreht werden. Durch Einrasten des Rastelementes wird die nächste Bearbeitungslage des Werkstücks festgelegt. Diese Art des Zweibackenfutters kann auch mit selbsttätigem Teilvorgang ausgestattet werden. Handelsübliche kraftbetätigte Spannfutter dieser Art sind in den Bildern 38-17 bis 38-19 dargestellt

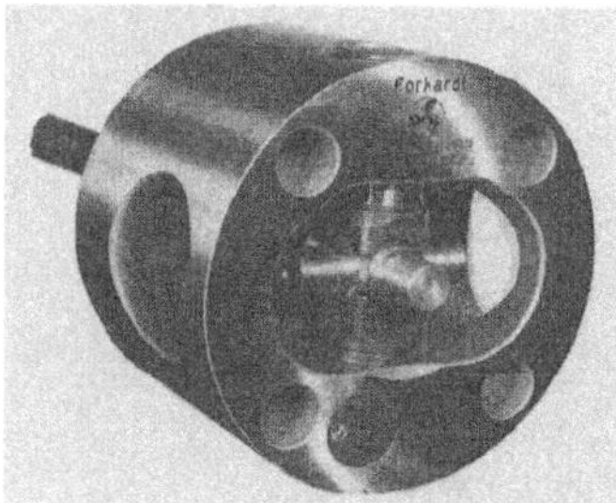

Bild 38-17 Kraftbetätigtes (hydraulisch betätigt) Schwenk-Drehfutter. Dieses Schwenk-Drehfutter ist für die Aufnahme des im Bild 38-18 dargestellten Werkstücks mit Sonderbacken ausgestattet. Das Werkstück wird während der Drehbewegung der Arbeitsspindel der Revolver-Drehmaschine um 4 × 90° oder 3 × 130° geschwenkt. Bei automatisch arbeitenden Maschinen kann der Schwenkvorgang mit dem Arbeitsablaufprogramm gekoppelt werden

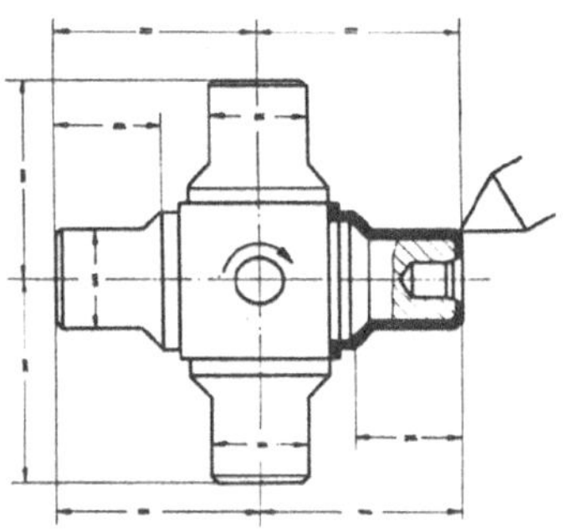

Bild 38-18
Im Schwenk-Drehfutter (Bild 38-17) gespanntes Werkstück mit sich kreuzenden Achsen. Der Bearbeitungsablauf dieses Werkstücks ist im Bild 38-20 gezeigt und beschreiben

Die kraftbetätigten Zweibacken-Drehfutter sind besonders für hohe Drehzahlen ausgelegt, wie sie z. B. für die Fertigung von Rotguß-, Messing- oder Aluminium-Armaturenteilen erforderlich sind. Die Werkstückaufnahme kann auch in Gießkunstharz (Abschnitt 77.3) ausgeführt werden, was bei komplizierten geometrischen Werkstückformen besonders wirtschaftlich ist.

38.8 Hydraulisch betätigte Schwenk-Drehfutter

Durch die Entwicklung des hydraulisch betätigten Schwenkfutters[1]) (Bild 38-17) zum Spannen von Werkstücken mit sich kreuzenden Achsen in einer Ebene, z. B. Zapfenkreuzen (Bild 38-18), Gelenkgehäusen und Armaturenteilen, wurde eine vereinfachte und wirtschaftliche Fertigung dieser Werkstücke ermöglicht.

Das Spannen und Schwenken des Werkstücks sowie das Verriegeln und Öffnen des Schwenkfutters erfolgen hydraulisch nach einem Steuerprogramm. Die Steuer-, Schwenk- und Verriegelungselemente sind in Bild 38-19 dargestellt. Dadurch, daß die Werkstücke während der Drehbewegung der Spindel um 4 × 90° oder 3 × 120° geschwenkt werden, ohne daß die Arbeitsspindel abgebremst wird, wird die Nebenzeit erheblich gekürzt.

In Bild 38-20 ist der Arbeitsablauf mit Angabe der Zeiten aufgeführt. Dieses Beispiel betrifft das im Bild 38-18 dargestellte Werkstück. Die für die Bearbeitung der vier Zapfen sich ergebende Bearbeitungszeit von 1,06 min bedeutet bei einem Maschinennutzungsgrad von 85 % (für den Normalfall sehr hoch!) einen Ausstoß von 48 Werkstücken je Stunde.

Eine Weiterentwicklung des Schwenkfutters besteht im Einbau eines Korrekturkolbens, der es ermöglicht, bei Armaturengehäusen mit schrägliegenden Innendichtflächen die Abweichung des Keilwinkels von der Lotrechten als zusätzliche Schwenkstellung in das Schalt- und Schwenkprogramm einzubeziehen. Die Werkstücklagen eines solchen Ventilgehäuses sind im Bild 38-21 dargestellt.

[1]) Firma Paul Forkardt KG – Postfach 1 01 16, 4000 Düsseldorf 10

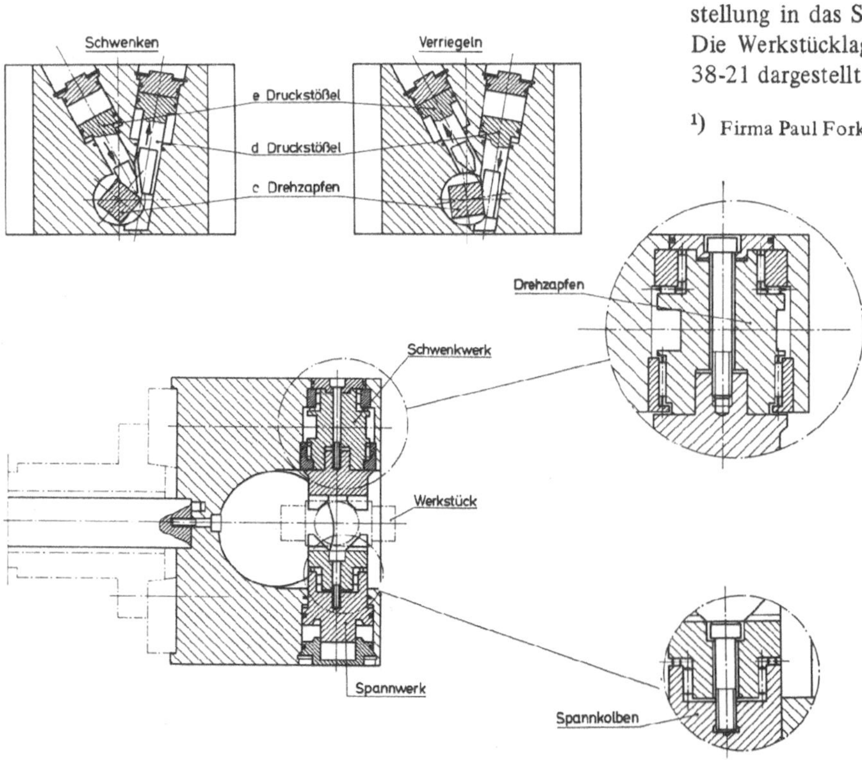

Bild 38-19
Steuer-, Schwenk- und Verriegelungselemente des im Bild 38-17 dargestellten kraftbetätigten Schwenk-Drehfutters

Werkstück: Zapfenkreuz geschmiedet mit allseitiger Bearbeitungszugabe von ca. 2 mm	Werkstoff: 15 CR 3

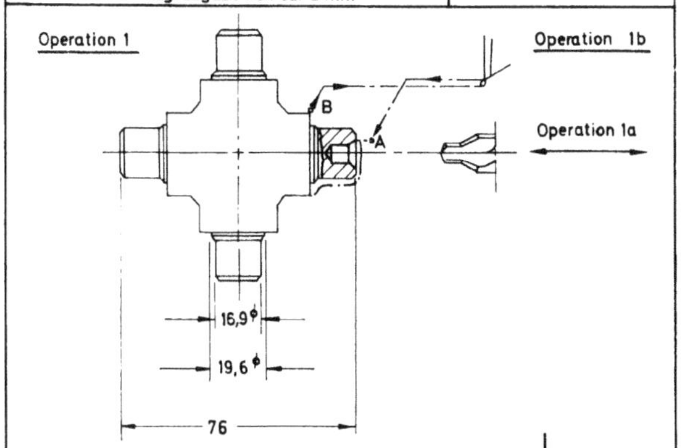

Arbeitsablauf	Zeit (min)
1. Spindel steht still, fertiges Werkstück aus dem Futter herausnehmen, Rohteil einlegen und spannen.	0,12
1a. Werkstückzapfen zentrieren. Bohrerdrehzahl: 2350 1/min Schnittgeschwindigkeit: 14 m/min Vorschub: 0,15 mm/U 1b. Kopierdrehen von A nach B Spindeldrehzahl: 1800 1/min Schnittgeschwindigkeit: 120 m/min Vorschub: 0,25 mm/U 1a und 1b wechselt nach jedem Schwenken des Werkstückes um 90° bei laufender Spindel Nach Bearbeitung des vierten Zapfens wird die Spindel abgebremst und das Futter durch eine Punktstillsetzung in die Lage für 1 gebracht	0,94
Gesamtzeit	1,06

Bild 38-20 Bearbeitungsablauf für ein in 4 Achsen bearbeitetes Zapfenkreuz (Bild 38-18)

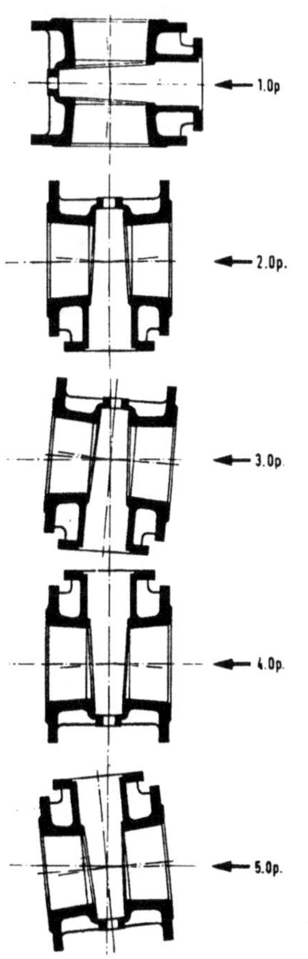

Bild 38-21
Werkstücklagen eines Ventilgehäuses im Zweibacken-Schwenkfutter (Beschreibung s. Abschnitt 38.9)

Der herzustellende Keilwinkel (Operationen 3 und 5) ist nicht dem Futter, sondern der Spannbacke zugeordnet und daher variabel. Zur Bearbeitung des im Bild 38-21 dargestellten Beispieles wurden ca. 4,5 Minuten benötigt. Die Umschlaggenauigkeit bei einem Abstand von 100 mm von der Schwenkmitte beträgt beim Schruppen ca. 0,1 mm und beim Schlichten ca. 0,03 ... 0,05 mm.

38.9 Positionieren und Spannen des Werkstücks in Schwenkfuttern – Beispiel

Typische Spanneinsätze, die zur Bearbeitung von Gelenkkreuzen in Schwenkfuttern verwendet werden, zeigt das Bild 38-22. Die beste und zuverlässigste Spannung ergibt sich, wenn das Werkstück in sich kreuzenden Prismen (kardanisch) gespannt werden kann. Hierzu werden die Spanneinsätze in der Form von zwei sich kreuzenden Prismenachsen ausgebildet, wobei an jedem Prismeneinsatz nur eine Prismenachse während der Spannung am Werkstück angreift. Diese sind bei den eingebauten Spanneinsätzen um 90° versetzt angeordnet. Das zweite Prisma eines jeden Spanneinsatzes hat nur eine vorzentrierende Aufgabe zu erfüllen und liegt nach vollendeter Spannung nicht an der Werkstückfläche an. Auf diese Weise wird eine Überpositionierung des Werkstücks vermieden.

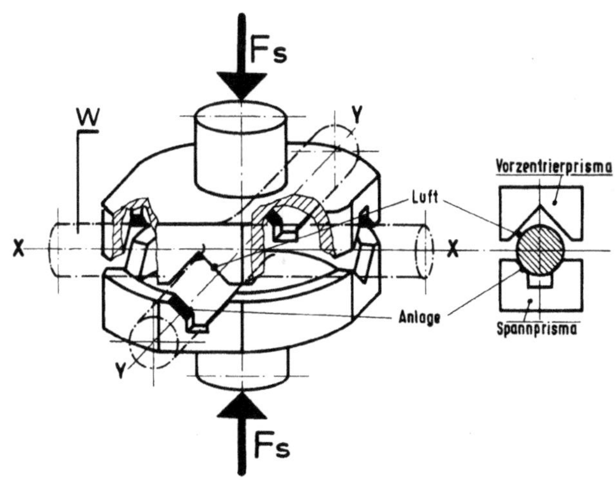

Bild 39-22 Positionieren und Spannen des Werkstücks in Schwenkfuttern (Erläuterung zum Abschnitt 38.9)

Die Wirkungsweise dieser Positionierung und Spannung ist folgende: Das Werkstück wird in der x-Achse (Bild 38-22) mit zwei Spannprismen oben, in der y-Achse mit zwei Spannprismen unten gespannt. Es pendelt sich selbst in die richtige Lage ein. Hierdurch wird eine sichere Spannung gegen die Kraftkomponenten der Zerspanung erreicht. Gleichzeitig werden alle Maßschwankungen des Rohlings überbrückt. Die gegenüberliegenden, freien Prismen dienen zum Vorzentrieren. Zur Unterscheidung werden die Spannprismen mit Nut, die Vorzentrierprismen ohne Nut ausgeführt. Dadurch wird das ohnehin leichte und einfache Umrüsten des Futters wesentlich verkürzt.

38.10 Kraftbetätigte Universal-Zwei- und Drei-Fingerfutter

Diese Art von Spannfuttern (Bilder 38-23 bis 38-26) wurde für die Spannung und ein rationelles Bearbeiten von komplizierten und schwierig zu spannenden Werkstücken auf Produktionsdrehmaschinen konstruiert. Fingerfutter lassen sich schnell gegen das an der Drehmaschine vorhandene Backenfutter auswechseln. Weit axial verschobene, aufklappbare Finger mit auswechselbaren Spannschuhen ermöglichen einen schnellen Werkstückwechsel. Die Spannfinger pendeln um einen Zylinderstift (Bild 38-23) um unterschiedliche Werkstücktoleranzen auszugleichen.

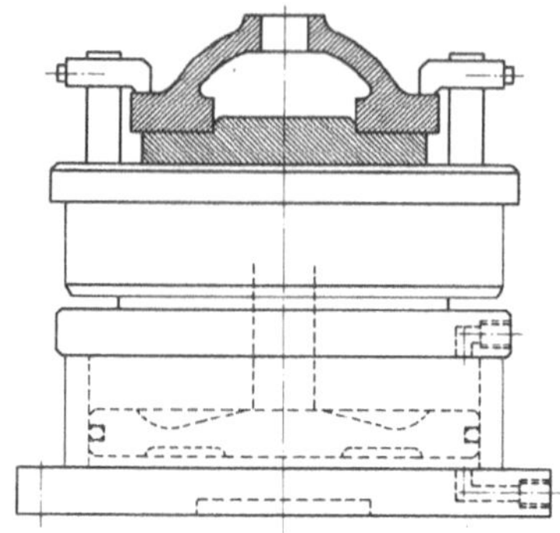

Bild 38-25 Stationäres Fingerfutter mit angebautem Spannzylinder

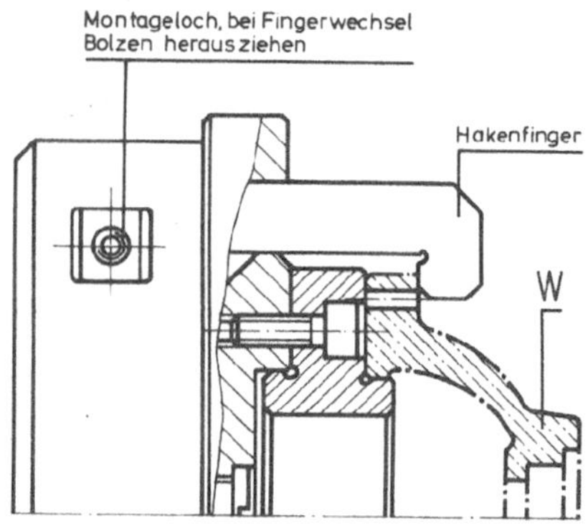

Bild 38-23 Kraftbetätigtes Universal-Fingerfutter mit Werkstück. Der Hakenfinger kann in einen pendelnden Spannschuh ausgetauscht werden (Bild 38-26)

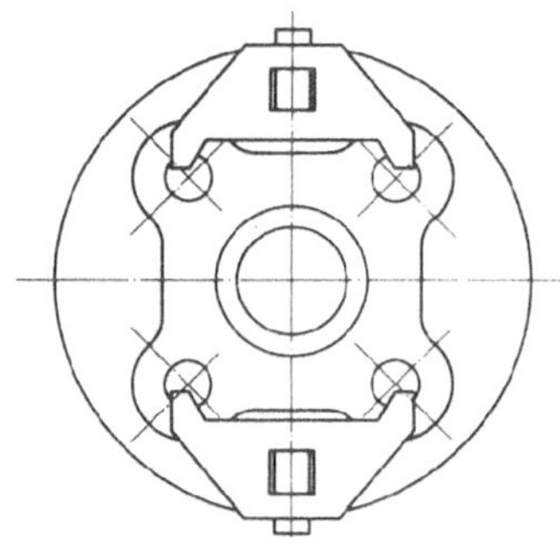

Bild 38-26 Vierpunktspannung eines Werkstücks mit zwei Spannschuhen (s. a. Bild 38-23)

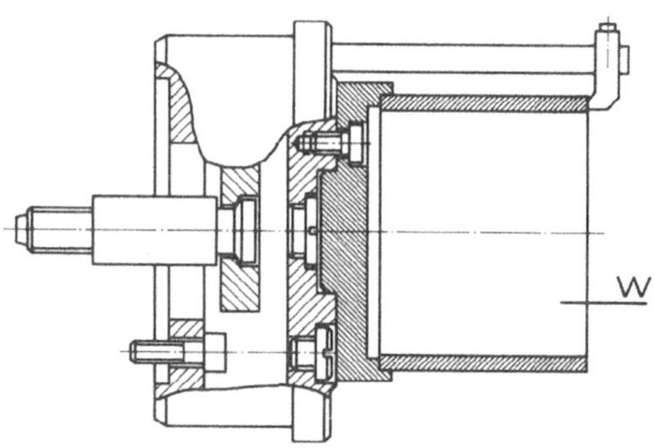

Bild 38-24 Spannfutter für besonders hohe und labile Werkstücke, die mit Hilfe der Hakenfinger gespannt werden können.

38.10.1 Vorteile der kraftbetätigten Universal-Zwei- und Drei-Fingerfutter

Die kraftbetätigten Universal-Fingerfutter zeichnen sich aus durch:

1. Schnelles Öffnen und Schließen der Spannfinger, also schnelles Spannen und Entspannen des Werkstücks.
2. Die Werkstück-Aufnahmeplatte ist schnell auswechselbar und kann selbstgefertigt werden.
3. Die Spannschuhe können für verschiedene Werkstücke zur Zwei-, Drei- oder Vierpunktspannung ausgelegt und selbstgefertigt werden.
4. Der im Bild 38-23 gezeigte Hakenfinger kann gegen einen Spannfinger mit einem Spannschuh ausgewechselt werden (Bild 38-25).
5. Um bei Werkstücken mit großen Toleranzen (Rohteile) die Spanndickenunterschiede auszugleichen, beträgt der Spannweg der Fingerfutter ± 3 mm.
6. Die Werkstücktoleranzen in Form verschiedener Dicken eines Werkstücks an Stellen, an denen die Hakenfinger bzw. Spannschuhe greifen, werden automatisch ausgeglichen.
7. Der große Schwingkreis (Finger in geöffneter Stellung) erlaubt, daß das Werkstück bequem und schnell eingeführt und positioniert wird.
8. Die axiale Spannung gewährleistet ein verzugsfreies Spannen des Werkstücks.
9. Großer Werkstück-Spanndurchmesser. Diese Futter werden in 6 Größen angeboten. Der Spanndurchmesserbereich liegt zwischen 100 mm und 380 mm (größter Werkstückdurchmesser).
10. Eine Vierpunktspannung (Bild 38-26) ist auf einfache Art zu lösen, da nur das Rechteckloch (Montageloch) zur Aufnahme der Spannfinger um 1 ... 2 mm verbreitert werden muß.
11. Weitere Vorteile s. Abschnitt 38.10 (oben).

39 Gruppenvorrichtungen

39.1 Arten der Gruppenvorrichtungen

Innerhalb einer Teilefamilie lassen sich Werkstückgruppen zusammenstellen, die bestimmte gemeinsame Merkmale, wie Größe, Bohrungsabstand, Positionier- und Spannart usw., aufweisen. Dadurch entsteht die Möglichkeit, Gruppenvorrichtungen mit auswechselbaren Bauelementen zu schaffen, so daß die Vorteile der Serienfertigung auch bei geringeren Stückzahlen gleicher Werkstücke, also bei der Klein- und Mittelserienfertigung, erreicht werden.

Hierbei ergeben sich zwei Möglichkeiten:

a) Es wird für eine Werkstückgruppe eine Vorrichtung angefertigt in der dieselben Arbeitsgänge, z. B. Bohren, an allen Werkstücken vorgenommen werden.

b) Eine Vorrichtung wird so konstruiert, daß zwar in ihr alle Werkstücke der Werkstückgruppe positioniert und gespannt werden, aber verschiedene Bearbeitungsvorgänge, z. B. an einem Werkstück das Bohren, an einem anderen das Fräsen, vorgenommen werden.

Es kann natürlich auch vorkommen, daß beide Möglichkeiten in einer Vorrichtung zusammengefaßt werden. Der Einsatz von Gruppenvorrichtungen läßt sich am besten in Betrieben durchführen, die über ein Werkstückklassifizierungssystem verfügen, da die Erfassung von Werkstücken, die in einer Gruppenvorrichtung bearbeitet werden können, auf eine einfache Art vollzogen werden kann. Es ist selbstverständlich, daß der Einsatz einer Gruppenvorrichtung genaustens vorgeplant sein muß, damit die Werkstücke rechtzeitig zur Verfügung stehen.

Im Bild 39-1 ist eine Gruppenvorrichtung für die Werkstücke 1 ... 6 einer Werkstückgruppe abgebildet, die aus einem Grundkörper und entweder aus:

a) sechs einzelnen Bohrklappen, für jedes Werkstück eine, als Bohrbuchsenträger (Abschnitt 30.10) mit entsprechenden Bohrbildern besteht, oder

b) mit einer Bohrklappe als Bohrbuchsenträger (Abschnitt 30.10) für alle Werkstücke der Werkstückgruppe, also die Bohrbilder aller Werkstücke beinhaltet, ausgerüstet ist.

Die Ausführung a) hat einerseits den Vorteil, daß kein Ausschuß entstehen kann, weil jeweils alle Bohrbuchsen zum Einsatz kommen; andererseits den Nachteil, daß sechs Bohrklappen angefertigt und vor jedem Einsatz der Vorrichtung ausgewechselt werden müssen, wodurch Kosten entstehen.

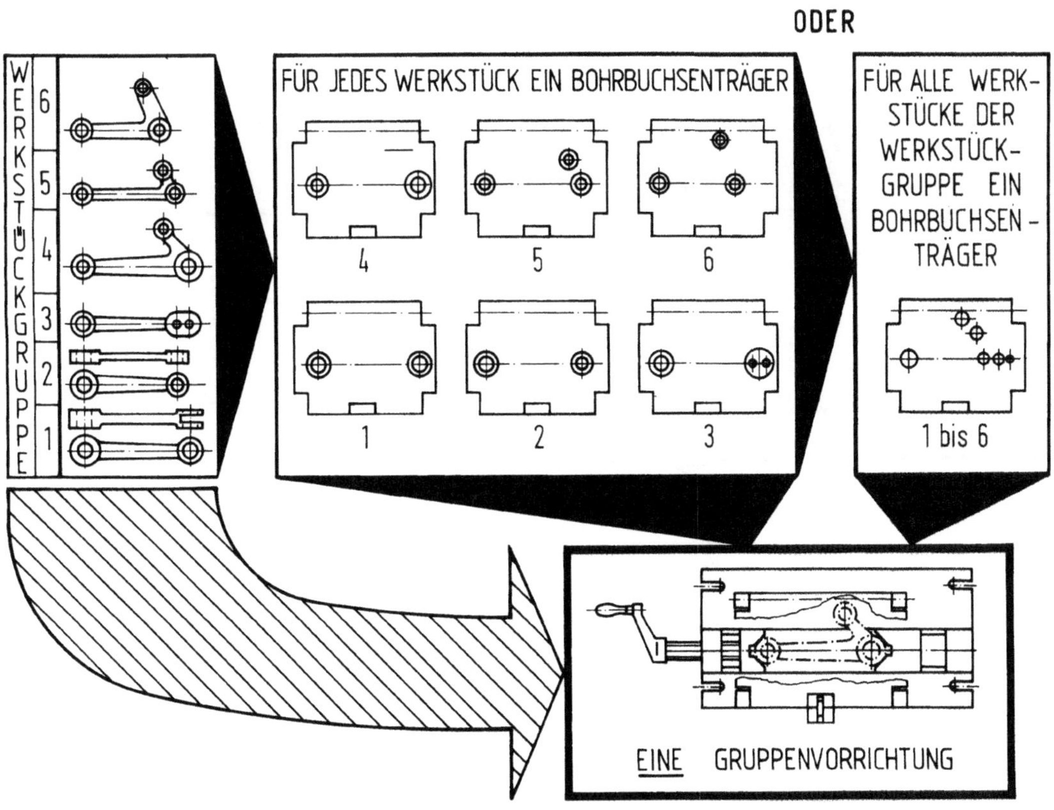

Bild 39-1 Eine Werkstückgruppe, die aus 6 Werkstücken besteht, wird in einer Gruppenvorrichtung bearbeitet. Es ergeben sich zwei Möglichkeiten:

1. für jedes Werkstück wird ein separater Borhbuchsenträger angefertigt und jeweils im Zusammenhang mit dem Werkstück in die Vorrichtung eingebaut,
2. für die ganze Werkstückgruppe wird nur ein Bohrbuchsenträger mit allen Werkstückbohrbildern eingesetzt.

Für größere Fertigungsstückzahlen ist die unter Pkt. 1 genannte Lösung besser, da keine Verwechslungen der Bohrbuchsen vorkommen können

Die Ausführung b) hat wiederum den Vorteil, daß nur eine bzw. zwei (falls die Bohrungen zu eng nebeneinander liegen) Bohrklappen angefertigt werden müssen, aber den Nachteil, daß Ausschuß entstehen kann, obwohl die Bohrbuchsen gekennzeichnet werden. Nach Möglichkeit sollte man die nicht in Frage kommenden Bohrbuchsen jeweils blockieren.

Im Bild 39-2 ist eine Gruppenbohrvorrichtung für Rotationsteile wie Zahnräder, Ringe usw. gezeigt. Auch diese Vorrichtung besteht aus einem Grundkörper und auswechselbaren Bauteilen wie Aufnahmedorne und Bohrbuchsen. Die Höhe und der Abstand des Bohrbuchsenträgers (in Form eines Auslegers) sind verstellbar, so daß alle Werkstücke dieser Werkstückgruppe positioniert und gespannt werden können.

Eine weitere Gruppenschweißvorrichtung zeigt Bild 39-3.

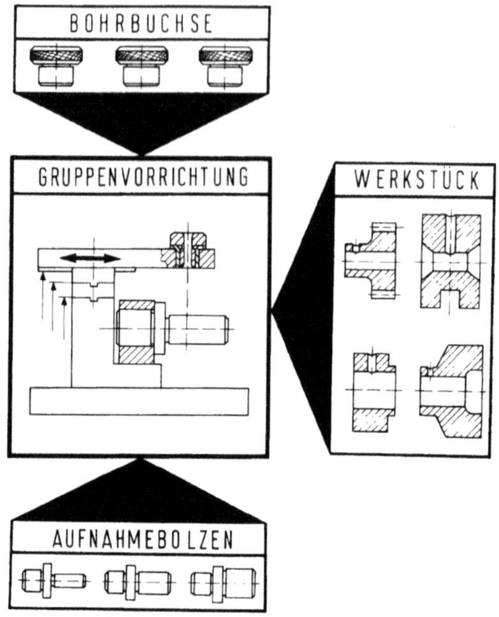

Bild 39-2 Gruppenvorrichtung mit austauschbaren Werkstück-Aufnahmebolzen und Bohrbuchsen sowie einer Höhenverstellung des Bohrbuchsenträgers.

39.2 Richtlinien für die Konstruktion und den Einsatz der Gruppenvorrichtungen

Die technischen Voraussetzungen für die Konstruktion einer Gruppenvorrichtung werden nach der Analyse der konstruktiven und fertigungstechnischen Eigenschaften der Werkstückgruppe sowie der Positionier- und Spannmöglichkeiten der Werkstücke festgelegt. Auch der Einsatz der Gruppenvorrich-

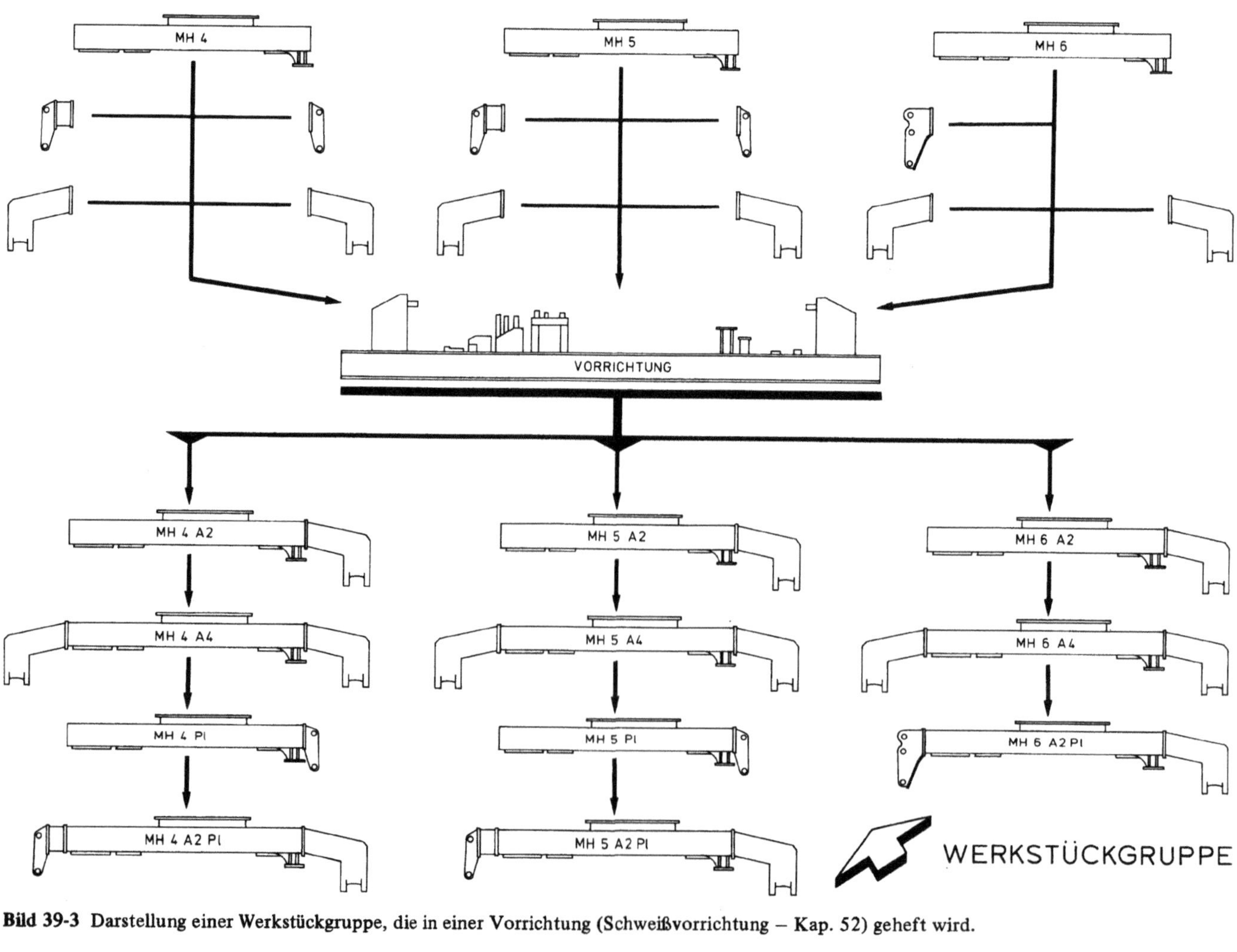

Bild 39-3 Darstellung einer Werkstückgruppe, die in einer Vorrichtung (Schweißvorrichtung – Kap. 52) geheft wird.

tung muß genauestens überlegt und wirtschaftlich begründet sein (Abschnitt 2.2), da die Gruppenvorrichtungen einen erheblich höheren Kapitaleinsatz als sonstige Sondervorrichtungen erfordern. Dabei ist folgendes zu beachten:

1. Als Ausgangsdaten für eine Wirtschaftlichkeits- und Konstruktionsanalyse gelten folgende:
   1.1 Zeichnungen der Werkstücke, die der Werkstückgruppe angehören und zusammengefaßt werden können, so daß eine Gruppenvorrichtung vorgesehen werden kann;
   1.2 es muß untersucht werden, ob eine Zusammenfassung bestimmter Werkstücke möglich ist, da es vorkommen kann, daß z.B. bestimmte Werkstücke gleichzeitig gefertigt werden müssen. So entsteht die Frage, ob zwei gleiche Gruppenvorrichtungen in Frage kommen;
   1.3 genaue Daten über die Werkzeugmaschine bzw. das Aggregat, für die die Gruppenvorrichtung vorgesehen ist;
   1.4 Erfahrungswerte über bereits vorhandene Gruppenvorrichtungen und ihren Einsatz;
   1.5 genaue Angaben über die Werkstoffeigenschaften hinsichtlich der Zerspanung, Spanbildung usw., da es sich im Gegensatz zu anderen Vorrichtungen um die Bearbeitung von Werkstücken mit verschiedenen Werkstoffeigenschaften handeln kann;
   1.6 Maximalzeiten für das Positionieren, Spannen und Entspannen des Werkstücks bzw. der Werkstücke, da es sich hierbei um Taktzeiten handeln kann;
   1.7 Standzeit der Werkzeuge, da während des Werkzeugwechsels die Vorrichtung überprüft und gesäubert werden kann.
2. Die unter Pkt. 1 aufgeführten Daten lassen sich schnell und genau feststellen, wenn im Betrieb ein Werkstückklassifizierungssystem (verbunden mit der EDVA) vorhanden ist.
3. Für jede vorgesehene Gruppenvorrichtung muß ein genauer Einsatzplan (mit genauer Einsatzdauer) für jedes einzelne Werkstück der Gruppe (Pkt. 1.2) vorliegen. Nötigenfalls ist eine Umplanung der Fertigungstermine vorzunehmen.
4. Die Fertigungsgenauigkeit aller Werkstücke, die in einer Gruppenvorrichtung bearbeitet werden, muß annähernd gleiche Größenordnung aufweisen.
5. Der Umbau der Gruppenvorrichtung von einem auf ein anderes Werkstück muß schnell vollzogen werden können.

Neben den aufgeführten Punkten müssen allgemein für Vorrichtungen geltende Forderungen (Kap. 56), Unfallverhütung (Abschnitt 7.2) und die Grundlagen der Vorrichtungskonstruktion und -ausführung beachtet werden.

40 Vorrichtungs-Baukastensysteme

Um Vorrichtungen in kürzester Zeit mit geringem Kostenaufwand bauen zu können, werden Vorrichtungs-Baukastensysteme eingesetzt. Ein Vorrichtungs-Baukastensatz besteht aus einer Vielzahl einzelner zueinander passender und zusammenfügbarer Bauelemente (Bilder 40-2 bis 40-6), die dem Werkstück und der Bearbeitungsaufgabe angepaßt, zusammengefügt und festgehalten werden. Die Vor- und Nachteile der Baukastensysteme werden im Abschnitt 40.2 und ihre Arten im Abschnitt 40.4 besprochen.

40.1 Anwendungsbereiche des Vorrichtungs-Baukastens (Bild 40-1)

Die Vorrichtungs-Baukastensysteme eignen sich besonders:

1. für Nullserien, bei denen im allgemeinen noch mit Änderungen des Werkstücks gerechnet wird und demzufolge eine Sondervorrichtung noch nicht zweckmäßig ist,
2. bei Anlauf einer Fertigung, wenn dringend benötigte Sondervorrichtungen nicht termingerecht bereitgestellt werden können;
3. bei Ausfall von Sondervorrichtungen infolge Beschädigung oder Verschleiß zur Vermeidung von Wartezeiten und Terminüberschreitungen;
4. in der Serienfertigung beim sofortigen Einführen von Werkstückänderungen und einer bereits vorhandenen Sondervorrichtung, die nicht sofort geändert werden kann.

   Eine Baukasten-Vorrichtung wird für diese Fertigung solange verwendet, bis die Sondervorrichtung geändert oder eine neue gebaut wird;
5. falls eine Änderungsmöglichkeit einer Sondervorrichtung aus anderen Gründen als unter Pkt. 3 und 4 aufgeführt auftritt. Dies kann z.B. der Fall sein, wenn ein Werkstück infolge des Werkzeugverschleißes, insbesondere bei Schmie-

	KOSTENPROBLEME	EINSATZPROBLEME	TECHNOLOGIEPROBLEME
VORTEILE	KOSTENEINSPARUNGEN: 1. Einsparung der Kosten für die Vorrichtungsplanung. 2. Einsparung der Kosten für die Kalkulation der Vorrichtung. 3. Einsparung der Kosten für die Vorrichtungskonstruktion. 4. Einsparung der Baukosten. 5. Einsparung der Werkstoffe. 6. Einsparung der DIN- und Werksnormelemente. 7. Einsparung der Fertigungskapazität im Vorrichtungsbau oder/und in der Fertigung z.B. bei Vergabe von Arbeiten auf großen Bohrwerken oder Schweißarbeiten usw. 8. Einsparung der Lager- und Instandhaltungskosten. 9. Einsparung der Zinsen. 10. Geringe Kapitalbindung gegenüber den Sondervorrichtungen.	BESONDERS GEEIGNET FÜR: 1. Nullserien. 2. Anlauf einer Fertigung. 3. Überbrückung bei Ausfall einer Sondervorrichtung. 4. Überbrückung bei Änderung eines Werkstückes. 5. Überbrückung bei Änderung einer Sondervorrichtung. 6. Überbrückung von Fertigungs sen als Zweitvorrichtung. 7. Zur Herstellung von Musterwerkstücken. 8. Schneller Einsatz bei erneutem Wiederaufbau bei unvorhergesehener Wiederfertigung eines Werkstückes. 9. Ersatzteillieferungen bei bereits verschrotteten Sondervorrichtungen. 10. Durch schnelle Montage schnelle Verfügbarkeit gegenüber den Sondervorrichtungen.	1. Einsatz an verschiedenen Werkzeugmaschinen. 2. Einsatz an NC- und CNC-gesteuerten Werkzeugmaschinen mit oder ohne Paletten. 3. Einsatz innerhalb flexibler Fertigungssysteme (Kap. 42.6.). 4. Als Gruppenvorrichtungen konzipierbar (Kap. 39.0.). 5. Für ein Werkstück veränderbar, z.B. eine Bohrvorrichtung kann in eine Fräsvorrichtung umgewandelt werden. 6. Kombinierbar mit DIN- und Werksnorm- sowie selbstgefertigten Bauelementen. 7. Kombinierbar mit hydraulischen Spannelementen und Steuerungen. 8. Schnell anpaßbar bei Änderungen des Werkstückes bzw. des technologischen Ablaufs. 9. Hohe Genauigkeit und Maßhaltigkeit.
NACHTEILE	1. Hohe Anschaffungskosten des Bausatzes. 2. Bauteilelager- und Montageraumkosten. 3. Hohe Kosten der Bereitstellung bei Wiederverwendung gegenüber einer Sondervorrichtung (s. Beispiel). 4. Bindung des Kapitals falls der Baukasten nicht voll ausgenutzt wird (Ausleihstelle schaffen).	1. Montagezeitaufwand bei Wiederverwendung gegenüber einer Sondervorrichtung. Trotz der unter Pkt. 8 - s. oben - genannten Vorteile ein Nachteil bei einer vorhandenen Sondervorrichtung, da Montagekosten. 2. Aus einem Bausatz läßt sich nur eine geringe Anzahl von Vorr. bauen. 3. In einem rauhen Betrieb besteht die Gefahr der Beschädigung.	1. Gewicht und Volumen meist größer als bei Sondervorrichtungen. 2. Größe und Steifigkeit begrenzt. 3. Bei flexiblen Fertigungssystemen - s. Pkt. 3 oben - ist eine allseitige Bearbeitung des Werkstückes meist nicht möglich. 4. Als Schweißvorrichtungen nicht geeignet (Ausnahme ein besonderer Baukasten für Schweißarbeiten).

Bild 40-1 Aufstellung der Kosten-, Einsatz- und Technologieprobleme und der Vor- und Nachteile, der Vorrichtungs-Baukastensysteme

de- oder Preßwerkstücken, fehlerhaft positioniert wird oder aber bei gegossenen Werkstücken infolge der Kernverschiebung die Werkstückpositionierelemente anders sind als vorgesehen usw. Auch in diesen Fällen wird die Änderungszeitspanne der Sondervorrichtung mit Hilfe einer Baukastenvorrichtung überbrückt.

6. zur Überbrückung von Fertigungsengpässen als Zweitvorrichtung zu einer bereits vorhandenen Sondervorrichtung;
7. zur Herstellung von Musterwerkstücken bzw. für Versuchszwecke, da die Bearbeitung der Werkstücke durch den Einsatz von Vorrichtungen auf einfachen Werkzeugmaschinen möglich wird (Abschnitt 1.3 insbes. Pkt. 3);
8. bei unvorhergesehener Wiederfertigung eines Werkstücks, das bereits mit Hilfe von Baukasten-Vorrichtungen gefertigt wurde (schneller Einsatz durch schnellen Wiederaufbau möglich);
9. zur Herstellung von Ersatzteilen, für die zwar Sondervorrichtungen vorhanden waren, aber bereits verschrottet worden sind;
10. weil die Montage grundsätzlich weniger Zeit in Anspruch nehmen wird als die Konstruktion und der Bau einer Sondervorrichtung. Dadurch sind die Baukasten-Vorrichtungen schneller verfügbar als Sondervorrichtungen. Es wird also möglich sein, eine Fertigung sofort aufzunehmen;
11. besonders für kleine Stückzahlen von Werkstücken, für die der Vorrichtungs-Baukasten auf Grund der kurzen Bauzeit (2 bis 8 Stunden) der Vorrichtungen wirtschaftlicher ist, als besonders konstruierte und gefertigte Sondervorrichtungen;
12. zur Form- und Maßkontrolle von Werkstücken bei einer Probeserie.

Die konstruktive Beschaffenheit der Baukastenelemente gewährleistet eine variable Anwendungsmöglichkeit insbesondere als Fräs-, Bohr-, Hobel-, Dreh-, Schleif- und Prüfvorrichtungen. Dabei ist es möglich, z.B. eine Fräsvorrichtung schnell in eine Bohrvorrichtung umzuwandeln. Die Baukasten-Vorrichtungen eignen sich sowohl zum Einsatz an konventionellen Werkzeugmaschinen als auch an flexiblen Fertigungssystemen (Kap. 42).

Zum Positionieren und Spannen sowie Stützen des Werkstücks gibt es verschiedene Bauelemente (Bilder 40-2 bis 40-6). Darunter sind diverse Spanneisen entweder zum Abheben, Aufklappen oder Ausschwenken aus dem Werkstückbereich mit den dazugehörigen Sockeln, Verlängerungselementen (Bild 40-2) u.a. Außerdem gibt es weitere Bauelemente, wie Bohrbuchsenträger, Zentrierelemente u.a., die ihrer Aufgabe entsprechend

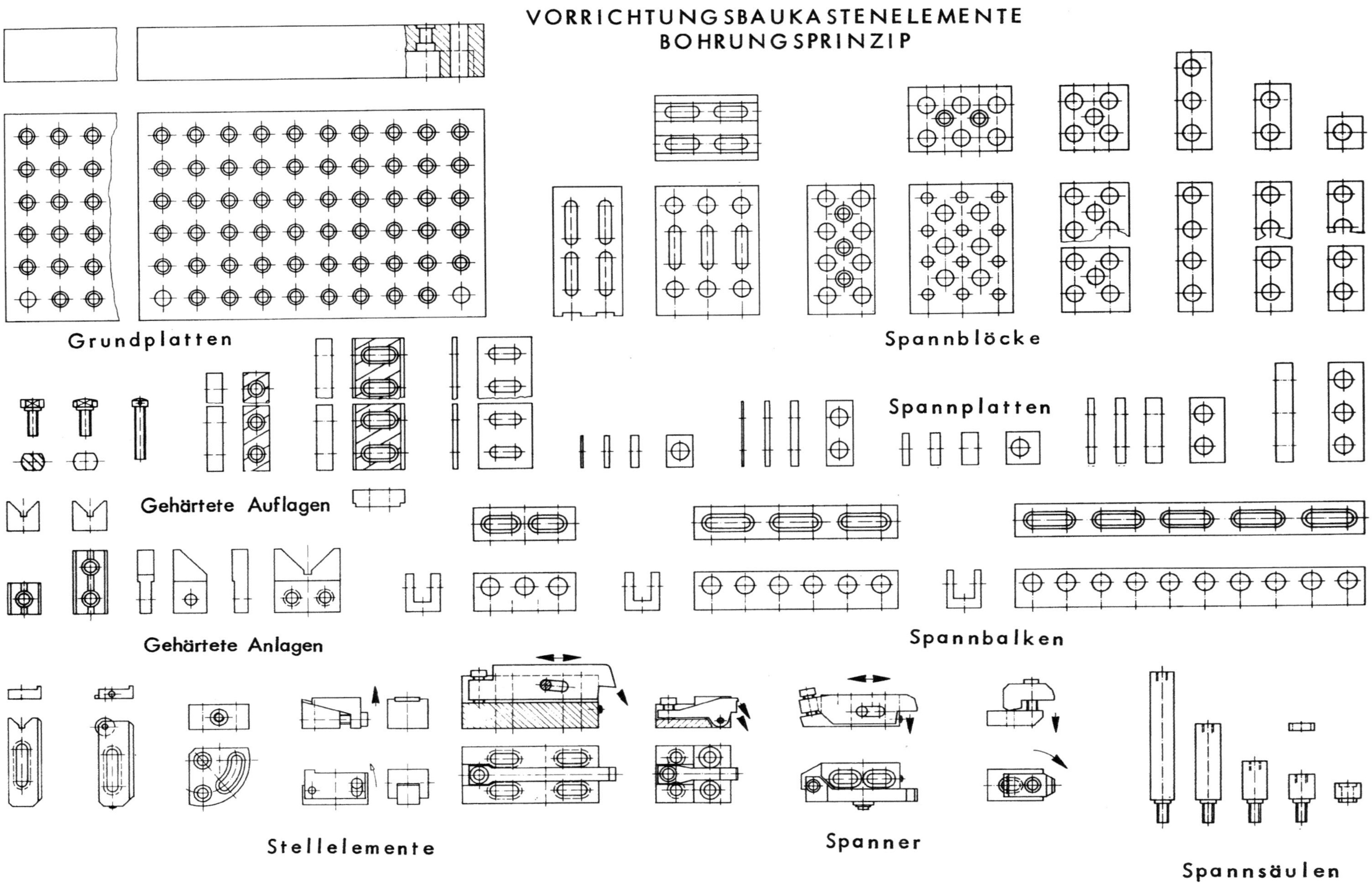

Bild 40-2 Vorrichtungs-Baukastenelemente; Bohrungsprinzip

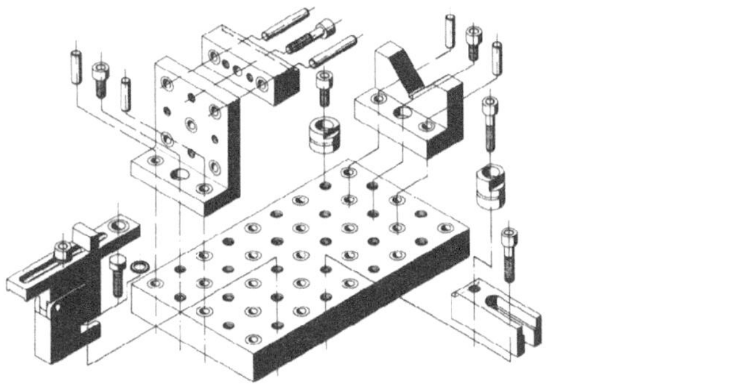

Bild 40-3 Bau- und Verbindungselemente einer Baukasten-Vorrichtung; T-Nutprinzip.

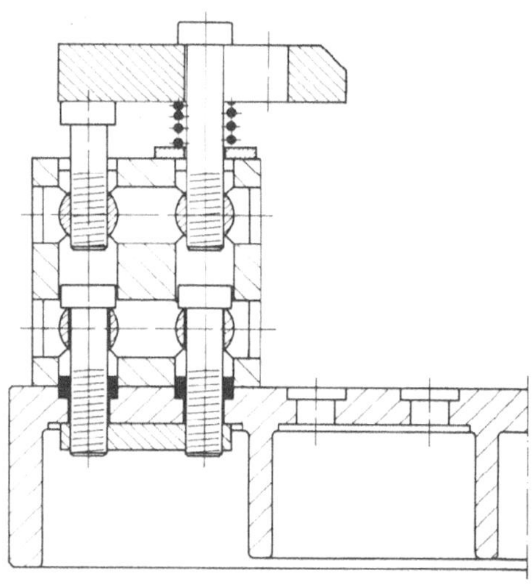

Bild 40-4 Verbindungselemente des Bohrungsprinzips

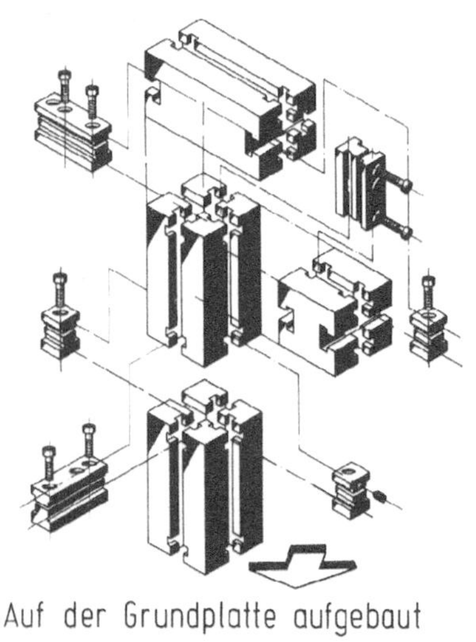

Bild 40-5 Bau- und Verbindungselement einer Bauksten-Vorrichtung; T-Nutprinzip

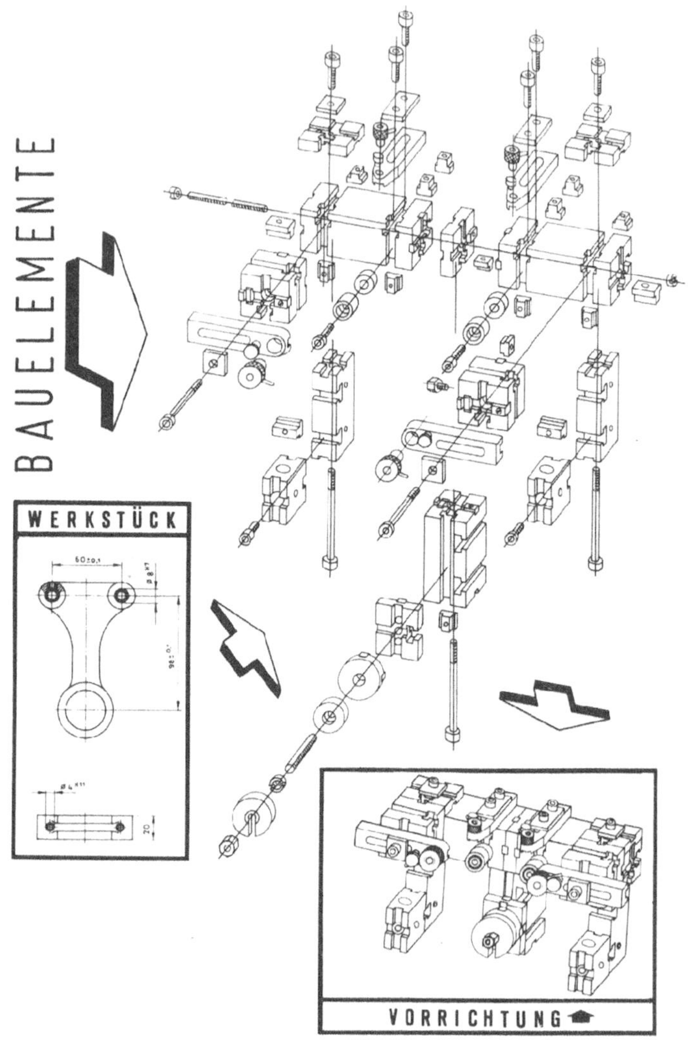

Bild 40-6 Bau- und Verbindungselemente einer Baukasten-Vorrichtung; T-Nutprinzip

aufgebaut und miteinander kombiniert werden können. Es können auch sowohl DIN-genormte als auch werksgenormte und selbstgefertigte Bauelemente verwendet werden.

40.2 Vor- und Nachteile des Einsatzes der Baukasten-Vorrichtung in der Fertigung

In der Aufstellung im Bild 40-1 sind die Vor- und Nachteile hinsichtlich der Kosten-, Einsatz- und Technologieprobleme der Baukasten-Vorrichtungen aufgeführt. Aus dieser Aufstellung und in Verbindung mit den im Abschnitt 40.5 besprochenen Wirtschaftlichkeitsproblemen, ergeben sich die Grenzen des technischen und wirtschaftlichen Einsatzes der Baukasten-Vorrichtungen im allgemeinen.

Die Merkmale der verschiedenen Baukastensysteme gehen aus den Aufstellungen in den Bildern 40-7 und 40-8 hervor. In der zweiten Aufstellung (Bild 40-8) sind die Vor- und Nachteile der verschiedenen Arten der Verbindung der Bauelemente untereinander aufgeführt.

Hersteller/Vertrieb — Lfd. Nr.	1	2	3	4	5	6	7	8	9	10
Hersteller	Blümle KG	Niedecker GmbH	VEB Hohenstein	Zoller & Co	Halder	Mauser	Römheld	(UdSSR)	VEB Hohenstein	Wharton
Systembezeichnung	blüco	F. B. S.*	—	MZ	Halder V 30 Halder V 70	VS 5000	—	USP	HWN	Wharton
Vertriebsfirma in der Bundesrepublik Deutschland	O. Kraft KG.	De-Sta-Co	Beien & Co	Zoller & Co	Halder	Hahn & Kolb	Römheld	?	Beien & Co	Lenze & Co
MERKMALE — SYSTEM	BOHRUNGSSYSTEM				T-NUT-SYSTEM					
Kraftübertragung	Paß- und Gew.-Bohr.	Paß- und Gew.-Bohr.	Bohrungen H 13	Paßbohrungen	T-Nut einfach	Kreuzvernutung	T-Nut einfach	T-Nut einfach	T-Nut einfach	T-Nut einfach
Bohrungs- bzw. Nutabstand in der Grundplatte (Raster) in mm	30 40 50	50	32	50	30 70	60	100 200	60	48 64 96	50 75
Bohrungs- bzw. Nutmaß (mm) und Toleranz	Ø 10 H7 Ø 12 H7 Ø 16 H7	Ø 12 F7	Ø 9 H13	Ø 26 H7	8 H7 14 H7	14 H7 20 H7	24 H7	12 ± 0,015	10 H7 14 H7 18 H7	15 H7
Maximale Grundplattenmaße (mm)	390 x 450 360 x 520 550 x 950 und Ø 80	748 x 998 und Ø 830 koppelbar	64 x 1020 256 x 512	320 x 520 320 x 720	180 x 300 370 x 630 koppelbar	840 x 1080 1250 x 1600	1000 x 1200	300 x 720 und Ø 305	297 x 576 396 x 768 672 x 690 koppelbar	360 x 360 250 x 800
Oberflächenhärte der Grundplatte	Grundplatte und Bohrungen gehärtet	Grundplatte und Bohrungen gehärtet	Ungehärtet	Ungehärtet	Gehärtet	Ungehärtet und gehärtet	Ungehärtet	Gehärtet	Ungehärtet und gehärtet	Ungehärtet
Verbindungsschrauben der Bauelemente untereinander	M 10 M 12 M 16	M 12	M 8	M 16	M 6/M 8 M 12/M 16	M 12	M 16	M 12	M 8 M 12 M 16	7/16" 1/2" 9/16"
Maßtoleranzen der Bauelemente	± 0,01	± 0,02	± 0,2	± 0,02	± 0,01	± 0,01	± 0,04	± 0,05	± 0,01 ± 0,02-0,01 ± 0,05	± 0,008
Lagepositionierung und Lagesicherung der Bauelemente untereinander	Paßbohrungen und Gewindebohr.	Paßbohrungen und Gewindebohr.	Bohrungen H 13	Paßbohrungen	T-Nuten und Paßnuten	Paßnuten, Gew.-Bohr., Durchg.-B.	T-Nuten und Paßnuten	T-Nuten und Paßnuten sowie Bohr.	T-Nuten und Paßnuten sowie Bohr.	T-Nuten und Paßnuten sowie Bohr.
Baugrößen	2	3	1	1	2	1	1	1	3	1
Bauelementevielfalt	mittel	mittel	groß	mittel	groß	groß	mittel	groß	sehr groß	sehr groß
Bohrbuchsenträger	keine	keine	keine	keine	vorhanden	vorhanden	keine	vorhanden	vorhanden	vorhanden

* Wird unter der Bezeichnung „Vorrichtungs-System" vertrieben. Alle anderen aufgeführten Systeme als „Vorrichtungs-Baukasten".

Bild 40-7 Aufstellung aller Vorrichtungs-Baukasten-Systeme, die auf dem Markt erhältlich sind (wichtige Daten und Größen). In dieser Aufstellung wurde das „Stationäre Spann- und Positionier-System" mit einer „Kugelpositioniertechnik" der Firma Paul Forkardt (alle Lieferfirmen s. Abschnitt 80.1) nicht aufgeführt, da zum ersten Mal während des Druckes auf dem Markt vorgestellt.

	ART DER VERBINDUNG DER BAUELEMENTE / MERKMAL	T - NUT	PASS- u. GEWINDE-BOHRUNG einzeln	PASS- u. GEWINDE-BOHRUNG gemeins.**	NUR PASSBOHRUNG	NUR BOHRUNG H13
1	Kraftaufnahme	hoch	hoch		hoch	gering
2	Genauigkeit der Positionierung der Bauelemente untereinander	hoch	hoch		hoch	gering
3	Anschaffungskosten des Bausatzes	hoch	mittel		mittel	gering
4	Anpassungsfähigkeit an das Werkstück	hoch	mittel		mittel	mittel
5	Gründe zu Pos. 4	Stufenlos verst.*	Raster		Raster	Raster
6	Anwendung von DIN- und Werksnormelem.	mittel	mittel	mittel	gering	mittel
7	Einsatzanteil in der Fertigung	hoch	mittel	mittel	gering	gering (Pos. 11)
8	Geeignet für flexible Fertigungssysteme auf und ohne Palette (Kap. 42.6.)	ja - begrenzt	ja - begrenzt		ja - begrenzt	nein
9	Geeignet für konventionelle Fertigung	ja	ja		ja	ja - begrenzt
10	Bevorzugte Vorrichtungsart	Bohr- und Fräsvorrichtungen	Bohr- und Fräsvorrichtungen		Fräsvorrichtungen	Schweiß- und Montagevorr.
11	Einsatz in der NC- und CNC-Fertigung	ja	ja		ja	nein
12	Montagezeitaufwand	gering	mittelm.	gering	mittelmäßig	gering
13	Stabilität der Grundplatte	geschwächt	hoch		hoch	mittelmäßig
14	Störanfälligkeit	mittel	hoch	mittel	mittel	sehr gering
15	Empfindlichkeit gegen Beschädigung	hoch	hoch	gering	hoch	gering
16	Einsatzgebiete	NC-und konvent. Fertigung	konvent. Fert. u. Feinwerktechnik		konvent. Fert.	s. Pos. 10
17	Bauelementevielfalt	groß	mittel		mittel	groß

* Mit Ausnahme der Kreuznutung der Bauelemente (Mauser-Werke - Vertrieb: Hahn & Kolb - nur Ersatzelemente lieferbar)

** Positionierbohrung (gehärtete Buchse) und Gewinde (Gewindebuchse) in einer Achse

Bild 40-8 Merkmale verschiedener Verbindungssysteme der Baukasten-Vorrichtungs-Sätze

40.3 Bauelemente der Vorrichtungs-Baukastensysteme

Ein Vorrichtungs-Baukastensatz besteht grundsätzlich aus folgenden Bauelementen (Bilder 40-2 bis 40-6):

1. *Grundelemente*, wie Grundplatte bzw. Palette (Abschnitt 42.6) und Grundwinkel, auf bzw. an die weitere Bauelemente auf- oder angebaut werden;
2. *Aufbauelemente*, wie Höhenplatten, Höhenblöcke, Säulen u.ä., die als Zwischenelemente zur Überbrückung von Höhen bzw. Abständen benötigt werden;
3. *Werkstück-Positionier- und Stützelemente*, wie An- und Auflageelemente, Prismen, Stellelemente (Bild 40-2) u.a., die zum Positionieren und Stützen des Werkstückes dienen;
4. *Werkstück-Spannelemente*, wie Schrauben, Muttern, Spanneisen, hand- oder hydraulisch betätigte Spannblöcke bzw. -pratzen u.a., die zum Spannen des positionierten Werkstückes notwendig sind;
5. *Werkzeug-Einstell- und Führungselemente*, z.B. Werkzeugeinstellelemente zur Einstellung der Lage des Fräsers (Abschnitt 6.1) bzw. Bohrers, Elemente zur Führung des Werkzeugs wie Bohrbuchsenträger in Verbindung mit Bohrbuchsen, die über dem Werkstück aufgebaut bzw. mit denen die Bohrbuchsen in ein Werkstück eingeführt werden oder von der Seite des Werkstücks den Bohrvorgang ermöglichen;
6. *Verbindungselemente*, wie Schrauben (Bilder 40-4 und 40-6) bzw. Nutenspanner (Bild 40-5), die zum Verbinden der unter Pkt. 1 bis 5 aufgeführten Bauelemente untereinander dienen.

Hinsichtlich der Verbindungselemente bestehen erhebliche Unterschiede in der Handhabung der Verbindungen bei der Montage und Demontage der Vorrichtungen (Bilder 40-5 und 40-6), da einerseits die einzelnen Bauelemente mit Hilfe von einer Kombination aus Verbindungs- und Fixierelement (Bild 40-5) und andererseits mit Hilfe einfacher Schrauben (Bild 40-6), also nur durch Anziehen oder aber durch Verschrauben (größerer Aufwand) verbunden werden.

Diese im Rahmen eines Bausatzes zur Verfügung stehenden Bauelemente werden oft durch DIN- und werksgenormte sowie selbstgefertigte Bauelemente ergänzt.

40.4 Arten der Vorrichtungs-Baukastensysteme

Grundsätzlich kann man die Vorrichtungs-Baukastensysteme nach der Art der Lagepositionierung und Lagesicherung der Bauelemente untereinander unterscheiden. Es gibt:

1. Bohrungssysteme (Bild 40-7, Pos. 1 bis 4) und
2. T-Nutsysteme (Bild 40-7, Pos. 5 bis 10).

40.4.1 Bohrungssysteme

Überwiegend erfolgt die Verbindung der einzelnen Bausteine bei den Bohrungssystemen durch Paßstifte und Schrauben (Bild 40-7, Pos. 1 bis 4, und Bilder 40-2 bis 40-4). Dabei sind die Grundplatten stabiler als die T-Nutplatten und die Fertigung der Bohrungsplatten bedeutend einfacher. Beim Bohrungssystem erfolgt die Kraftübertragung (Bild 40-9) wie bei der kreuzgenuteten T-Nutenplatte (Bild 40-7, Pos. 6). Im Rahmen des Bohrungssystems kann man 3 Arten unterscheiden:

1. Paß- und Gewindebohrungen (Bild 40-7, Pos. 1 und 2),
2. nur Paßbohrungen (Bild 40-7, Pos. 4) und
3. nur Bohrungen (Bild 40-7, Pos. 3),

wobei das unter Pos. 3 genannte System sich vorwiegend nur für den Bau von Schweiß- und Montagevorrichtungen (Bild 40-8) eignet und als einziges auf dem Markt vertreten ist (Bild 40-20).

Die freizügige Positionierung der Bauelemente wird bei allen Bohrungssystemen durch einen unvermeidlichen Digitaleffekt des Bohrungsrasters eingegrenzt (Bilder 40-3 und 40-4).

40.4.2 T-Nutsysteme

T-Nutsysteme, deren Ausführung sich an die der Werkzeugmaschinentische anlehnt, ist die am meisten verbreitete Art. Die T-Nuten dienen zur Aufnahme und zur Positionierung der Bauelemente. Je nach der Ausbildungsart der Nuten (Einfach- oder Kreuznutung, Bilder 40-7, Pos. 5 bis 10, und 40-9) wird die Kraftübertragung in Richtung der drei Achsen kraft-, form- und sowohl kraft- als auch formschlüssig übertragen. Die Kreuznutung des Systems VS 5000 (Bild 40-7, Pos. 6), in dem die Bausteine mit Längs- und Quernuten versehen sind, verursacht, daß in der x- und z-Richtung (Bild 40-9) sowohl form- als auch kraftschlüssig die Kräfte übertragen werden. Dabei ist jedoch der Vorteil der beliebigen Positionierung eingeschränkt, da in der Längsrichtung die Bauelemente jeweils nur um den Rastersprung (60mm) positioniert werden können. Bei allen T-Nutsystemen sind die Grundplatten auch mit Längs- und Quernuten versehen. Da die Kraft in den x- und z-Richtungen durch Kraft- und Formschluß übertragen wird, können die Bauelemente ohne Einschränkung stufenlos aufgebaut werden.

BAUKASTENSYSTEM ➡	Bohrungs-System			NUTSYSTEME Einfach			NUTSYSTEME Kreuznutung		
KRAFTÜBERTR. ▼ Achse: ▶	x	y	z	x	y	z	x	y	z
Kraftschluß						●			
Formschluß		●			●			●	
Kraft- und Formschluß	●		●	●			●		●

Bild 40-9 Kraftübertragung verschiedener Verbindungssysteme der Baukasten-Vorrichtungen

40.4.3 Vor- und Nachteile der Bohrungs- und T-Nutsysteme

Die Vor- und Nachteile der beiden in den Abschnitten 4.4.1 und 4.4.2 aufgeführten Systeme sind im Bild 40-8 aufgeführt; die Arten der Kraftübertragung im Bild 40-9. Bild 40-7 zeigt auch andere Merkmale, aus denen die Vor- und Nachteile ersichtlich sind.

40.5 Wirtschaftlichkeit des Einsatzes der Vorrichtungs-Baukastensysteme

Neben den im Abschnitt 40.4.3 aufgeführten Vor- und Nachteile des Einsatzes der Vorrichtungs-Baukastensysteme, wobei

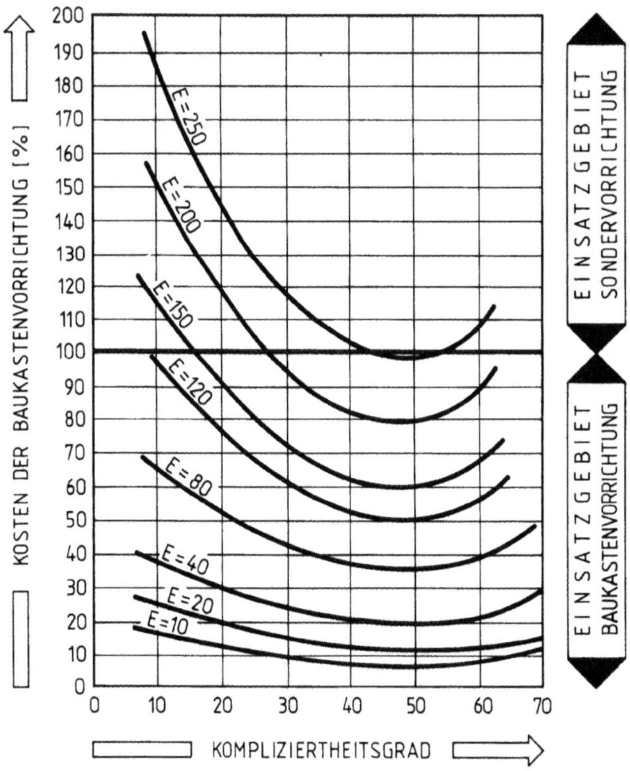

Bild 40-10 Wirtschaftliche Grenzen des Einsatzes der Sondervorrichtungen und Baukasten-Vorrichtungen als Funktion der Kosten und des Kompliziertheitsgrades des Werkstücks

viele der Merkmale sich in genauen Zahlen nicht ausdrücken lassen, gilt auch hier die sonst übliche Wirtschaftlichkeitsrechnung (Abschnitt 2.2), wobei die in den Abschnitten 4.5.2 und 4.5.3 aufgeführten Kosten zu berücksichtigen sind.

40.5.1 Allgemeine Wirtschaftlichkeitsüberlegungen beim Einsatz der Vorrichtungs-Baukastensysteme

Als Grundlage der Wirtschaftlichkeitsüberlegungen beim Einsatz der Vorrichtungs-Baukastensysteme müssen folgende Probleme angesehen werden:

1. Wird die Vorrichtung ein oder mehrere Male eingesetzt?
2. Wie ist der Kompliziertheitsgrad des Werkstücks (s. Bild 40-10)?
3. Wie hoch sind die Kosten einer Sondervorrichtung, die die gleichen Forderungen erfüllt?
4. Wie hoch sind die Wiederholkosten der Montage der Baukastenvorrichtung (Abschnitte 4.5.2 und 4.5.3)?
5. Ist das in der Vorrichtung zu bearbeitende Werkstück serienreif bzw. stehen noch Änderungen offen?
6. Ist eine ein-, zwei- oder mehrseitige Bearbeitung des Werkstücks in einer Spannung erforderlich (s.a. Abschnitt 42.6)?
7. Ist die unter Pkt. 6 genannte Forderung mit einer Baukastenvorrichtung zu erfüllen?
8. Entspricht die Werkstückgröße den zur Verfügung stehenden Grundplatten des Baukastens (die Grundplatten eines Systems lassen sich bei den meisten Systemen miteinander verschrauben)?
9. Wie ist die Relation der Positionier- und Spannzeiten der Baukastenvorrichtung zu der Sondervorrichtung (s. Bild 40-28)?
10. Wie lange soll die Vorrichtung im Einsatz sein?
11. Stehen die notwendigen Bauelemente für den Einsatzzeitraum zur Verfügung?

Nach der Beantwortung dieser Fragen und unter Einbeziehung der Montage- und Demontagekosten, der Einsatzdauer und der Kosten der Sondervorrichtung, kann entschieden werden, ob eine Baukastenvorrichtung oder eine Sondervorrichtung wirtschaftlich begründet ist.

Im Bild 40-10 ist ein Kostenvergleich Baukastenvorrichtung zu Sondervorrichtung graphisch dargestellt. Dabei sind die relativen Kosten einer Vorrichtung, der Kompliziertheitsgrad des Werkstücks und die Einsatzdauer als Parameter maßgebend.

Die wirtschaftlichen Vorteile des Vorrichtungs-Baukastens kommen besonders dann zur Geltung, wenn mehrere Betriebe (z.B. eines Konzerns mit mehreren Werken) von einem zentral angesiedeltem Baukastensatz Gebrauch machen. Der Baukastensatz kann in einem Werk, in dem die meisten Baukasten-Vorrichtungen gebraucht werden, untergebracht sein. In diesem Werk werden die Vorrichtungen montiert und gegen eine Leihgebühr (Erfahrungswert: für 10 Tage, ein durchschnittlicher Wert, beträgt die Gebühr ca. 12 ... 15% der Kosten einer Sondervorrichtung), die Montage- und Demontagekosten (Abschnitt 40.5.2), Abschreibungen, Tagessätze usw. beinhaltet, ausgeliehen. Auf diese Weise wird der Nutzungsgrad und somit die Rentabilität günstig beeinflußt.

40.5.2 Montage- und Demontage-Stundensatz der Baukasten-Vorrichtungen

Um den Stundensatz der Montage und Demontage der Baukasten-Vorrichtungen zu ermitteln, müssen alle Faktoren, die ihn beeinflussen, berücksichtigt werden. Im Bild 40-11 wird der Stundensatz bei Annahme, daß der Bausatz 36 000,00 DM, das Zubehör 12 000,00 DM und der Gesamt-Anlagewert 52 000,00 DM kosten und die Erstbauzeit einer Baukasten-Vorrichtung 7 Stunden, die Demontagezeit 1,5 Stunden und die Wiederbau-Montagezeit 3 Stunden betragen, ermittelt. Die Montagezeit von 7 Stunden wurde sicherheitshalber extrem hoch eingesetzt, da damit auch eventueller Aufwand hinsichtlich der selbstgefertigten Bauelemente einbezogen worden ist. Bei anderen Kosten- und Zeitgrößen kann anhand dieses Beispiels der Stundensatz analog ermittelt werden.

40.5.3 Auftrags-Wiederhol-Kostenvergleich zwischen einer Baukasten-Vorrichtung und einer Sondervorrichtung

Für die Ermittlung der Wirtschaftlichkeit ist die Höhe der Auftrags-Wiederholkosten sehr wichtig, da diese entscheiden können, ob eine Baukasten- bzw. Sondervorrichtung eingesetzt wird. Wie aus der im Bild 40-12 dargestellten Wiederholkosten-Ermittlung und einer Gegenüberstellung hervorgeht, stellen die Wiederholkosten einer Sondervorrichtung nur 27% der Wiederholkosten einer Baukasten-Vorrichtung dar. Dieses bedeutet, daß bei sich mehrere Male wiederholendem Einsatz der Vorrichtung eine genaue Gegenüberstellung dieser Kosten erforderlich ist, um festzustellen, ob der Baukasten-Vorrichtung bzw. der Sondervorrichtung Vorrang gegeben wird. Dabei wurden die im Bild 40-28 dargestellten Verhältniswerte der Beschickung, der Werkstückpositionierung und -spannung nicht berücksichtigt.

40.5.4 Kosten einer Baukasten-Vorrichtung

Um eine Wirtschaftlichkeitsrechnung (Abschnitt 2.2) aufstellen zu können, müssen die Gesamtkosten der untersuchten und alternativ in Frage kommenden Baukasten-Vorrichtung ermittelt werden. Erst dann kann eine Gegenüberstellung und eine Wirtschaftlichkeitsrechnung mit einer Sondervorrichtung vorgenommen werden. In die Wirtschaftlichkeitsrechnung gehen auch entsprechend verschiedene Beschickungs-, Positionier- und Spannzeiten des Werkstückes ein (Bild 40-28). Anhand der nachstehenden Formel (nach Dr. Brüninghaus) werden die Kosten einer Baukasten-Vorrichtung ermittelt:

$$K_{BK_{ges.}} = N(1+Y)\left[K_{mont.} + K_{BK_A} \cdot T_E \left(\frac{1}{T_A} + \frac{Z}{2} + 0{,}05\right)\right] + K_{BK_L} \cdot T_N + \Delta K_{W_{Herst.}} \quad \text{(DM)}$$

wobei:

$K_{BK_{ges.}}$ Gesamtkosten der Baukasten-Vorrichtung (DM)

1	Kosten des Baukastens für 5 bis 8 Vorrichtungen, die gleichzeitig eingesetzt werden können	36.000,- DM	
2	Kosten des Zubehörs	12.000,- DM	
3	Summe der Pos. 1 und 2 (3)=(1)+(2)	48.000,- DM	
4	Eine Sofortbildkamera mit Stativ, 2 Leuchten und Tisch für Aufnahmen der Vorrichtungen	1.000,- DM	
5	Gesamtkosten für Aufstellung und Einrichtung	3.000,- DM	
6	**Gesamt-Anlagewert (6)=(1)+(2)+(4)+(5)**	→	52.000,- DM
7	Nutzungsdauer der Anlage	10 Jahre	
8	Jährliche Abschreibung der Anlage (8)=(6):(7)	5.200,- DM	
9	Zinsen pro Jahr (9)=(0,5 x Z):100 x (5)	2.600,- DM	
10	Instandhaltungskosten der Anlage pro Jahr (10)=0,05 x (6) = 5% vom Anlagewert	2.600,- DM	
11	Raumkosten pro Jahr = Fläche x Kosten/m² = 12 m² x 100,- DM/m²	1.200,- DM	
12	Gesamtkosten der Sofortbildaufnahmen = Erststückzahl der Vorr. x Kosten von je 3 Aufnahmen pro Vorrichtung (12)=(16) x 4,50 DM	270,- DM	
13	Gesamtkosten der Anlage pro Jahr (13)=(8)+(9)+(10)+(11)+(12)	→	11.870,- DM
14	Erstbau-Montagezeit einer neu konzipierten Baukastenvorrichtung - Erfahrungswert	7 Stunden	
15	Zeit für Demontage, Reinigung, und Ablage der Baukasten-Bauelemente	1,5 Stunden	
16	Benötigte Anzahl der Erstbau-Baukastenvorrichtungen pro Jahr	60 Stück	
17	Gesamt-Montagezeit der Erstbauvorrichtungen **pro Jahr (17)=(14+15) x (16)**	510 Stunden	
18	Wiederholhäufigkeit = Zahl der Vorrichtungen, die mehrmals pro Jahr verwendet werden	15 Stück	
19	Wiederbau-Montagezeit + Demontagezeit einer Wiederholvorrichtung 3 Std. + (15)	4,5 Stunden	
20	Gesamt-Wiederholmontagezeit pro Jahr (18) (20)=(18) x (19)	67,5 Stunden	
21	Gesamtzeit für Montage und Demontage aller Vorrichtungen pro Jahr (21)=(17)+(20)	587 Stunden	
22	Lohnkosten + Sozialabgaben + Gemeinkosten	27,- DM/Std	
23	Lohnkosten pro Jahr (23)=(21) x (22)	→	15.849,- DM
24	Anteilige Kosten = Baukastenanlage + Lohn (24)=(13)+(23)	→	27.719,- DM
25	Baukasten-STUNDENSATZ (25)=(24): (21)	47,22 DM/Std.	

Bild 40-11
Ermittlung des Vorrichtungs-Baukastenstundensatzes

N	Anzahl der Vorrichtungsmontagen	(Stück)
Y	relative Anzahl der Wiederhol-Montagen	(Stück)
$K_{mont.}$	Montagekosten einer Baukasten-Vorrichtung	(DM)
K_{BK_A}	Anteilige Kosten der Bauelemente	(DM)
T_E	Durchschnittliche Einsatzdauer der Vorrichtung	(Tage)
T_A	Abschreibungszeitraum	(10 Jahre)
K_{BK_L}	Lagerkosten des ganzen Bausatzes	(DM)
T_N	Zeitraum für die Kostenbetrachtung	(Jahre)
$\Delta K_{W_{Herst.}}$	Mehrkosten der Herstellung der Werkstücke	(DM)

Die Wirtschaftlichkeit läßt sich am besten mit Hilfe einer Gegenüberstellung von einer Baukasten-Vorrichtung und einer Sondervorrichtung – vorausgesetzt, daß der Einsatz der Baukasten-Vorrichtung möglich ist – ermitteln.

Beispiel:

In einem Betrieb der spanenden Bearbeitung von Elektromotoren (Sonderfertigung von Elektromotoren in kleinen Serien auf Sonderbestellung):

Lfd. Nr.	BAUKASTENVORRICHTUNG		SONDERVORRICHTUNG	
1			Variantenentwürfe 6 Std x 42,- DM	252,- DM
2			Konstruktion und Erstellung der Detailzeichnungen 20 Std x 42,- DM	840,- DM
3			Zeichnungskontrolle 2 Std x 42,- DM	84,- DM
4	Vorbereitung der Erstmontage der Vorrichtung 2 Std x 42,- DM	84,- DM	Kalkulation und Erstellung der Arbeitsunterlagen 7 Std x 40,- DM/Std	380,- DM
5	Erstmontage der Baukasten-Vorricht. 7 Std x 47,22 DM/Std	231,- DM	Fertigung der Sondervorrichtung 60 Std x 32,- DM/Std	1.920,- DM
6	Werkstoffe, DIN- sowie Werksnormelem.	-,- DM	Werkstoffe, DIN- sowie Werksnormelem.	400,- DM
7	Abnahmekontrolle der Vorrichtung 1 Std x 38,- DM/Std	38,- DM	Abnahmekontrolle der Vorrichtung 1 Std x 38,- DM/Std	38,- DM
8	Katalogisieren der Bauelemente 1 Std x 47,22 DM/Std	48,- DM		
9	Demontage der Vorrichtung 1,5 Std x 47,22 DM/Std	71,- DM		
10	GESAMT-ERST-ERSTELLUNGSKOSTEN	472,- DM	KOSTEN DER SONDERVORRICHTUNG	3.814,- DM
11	Wiederholmontage der Baukastenvorr. 3 Std x 47,22 DM/Std	142,- DM	Überprüfung der Sondervorrichtung 1 Std x 38,- DM/Std	38,- DM
12	Demontage der Baukastenvorrichtung 1,5 Std x 47,20 DM/Std	71,- DM	Andere Kosten	20,- DM
13	AUFTRAGSWIEDERHOLKOSTEN	213,- DM	AUFTRAGSWIEDERHOLKOSTEN	58,- DM

Bild 40-12 Ermittlung der Auftrags-Wiederholkosten einer Sondervorrichtung und einer Baukasten-Vorrichtung

1. Stundensätze
   - 1.1 Stundensatz der Vorrichtungskonstruktion, des Baus und der Kontrolle einer Sondervorrichtung sowie der Montage einer Baukastenvorrichtung: 42,00 DM/Std
   - 1.2 Stundensatz der Kalkulation 40,00 DM/Std
   - 1.3 Stundensatz im Vorrichtungsbau 32,00 DM/Std
   - 1.4 Stundensatz in der Kontrolle 38,00 DM/Std
   - 1.5 Stundensatz der Baukasten-Montage (s. Bild 40-11) 47,22 DM/Std
2. Anzahl der montierten Baukasten-Vorrichtungen pro Jahr
   - 2.1 Gesamtzahl der Baukasten-Neumontagen 60 Stück
   - 2.2 Anzahl der Wiederholmontagen 15 Stück
3. Kosten einer Vorrichtung
   - 3.1 durchschnittliche Kosten einer Sondervorrichtung 1 600,00 DM
   - 3.2 Montage- und Demontagekosten einer Baukastenvorrichtung: (7 Std + 1,5 Std) × 47,22 DM/Std 401,37 DM
   - 3.3 Wiederhol-Montage- und Demontagekosten einer Baukastenvorrichtung: 4,5 Std × 47,22 DM/Std 212,49 DM
4. Gegenüberstellung der Gesamtkosten pro Jahr
   - 4.1 Gesamtkosten der 60 Sondervorrichtungen 60 × 1 600,00 DM 96 000,00 DM
   - 4.2 Gesamtkosten der 60 Neu- und 15 Wiederhol-Baukastenvorrichtungen: 60 × 401,37 DM + 15 × 212,49 DM 27 269,55 DM

   Einsparung pro Jahr 68 730,45 DM

Wenn man den Gesamt-Anlagewert (Bild 40-7, Pos. 6): 52 000,00 DM
+ Anteilige Kosten (Bild 40-7, Pos. 24) addiert 27 719,00 DM
Zusammen 79 719,00 DM

so ergibt sich, daß der Baukasten sich bereits innerhalb von 0,9 Jahren (also ca. 11 Monate) amortisiert hat und einen Gewinn von 10 988,55 DM brachte. Es handelte sich hierbei um einen verhältnismäßig kleinen Bausatz (36 000,00 DM) und um ein Erzeugnis, das in kleinen Serien gefertigt wurde. In einem anderen Fall wurde innerhalb von sieben Jahren eine Einsparung von 150 000,00 DM bei einem Beschaffungspreis des Baukastens von 51 500,00 DM erreicht, wobei 349 Erst- und 381 Wiederholmontagen durchgeführt worden sind und eine Sondervorrichtung 850,00 DM gekostet hätte (im Jahre 1977).

40.6 Arbeitsschritte bei der Erstellung einer Baukasten-Vorrichtung

Um die technisch und wirtschaftlich optimale Lösung bei der Erstellung einer Baukastenvorrichtung zu finden, sollte schrittweise nach Bild 40-13 vorgegangen werden. Von den mit dem Auftrag eingehenden Unterlagen und Daten (Pkt. 1.1 bis 1.4) ausgehend, können die Zusammenhänge und Forderungen sowie andere Faktoren berücksichtigt werden. Im Rahmen

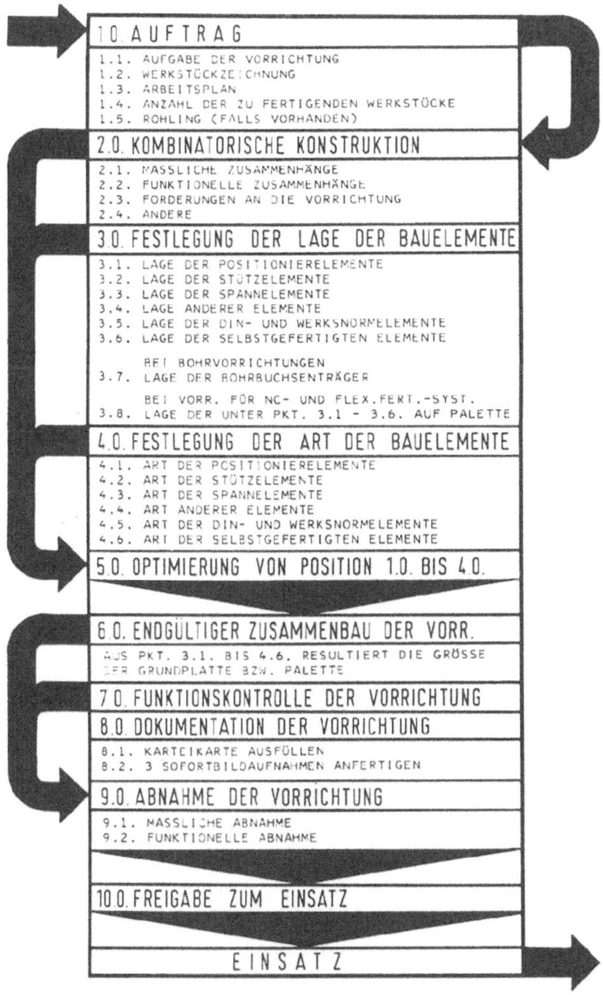

Bild 40-13 Arbeitsschritte bei der Erstellung einer Baukasten-Vorrichtung

der kombinatorischen Konstruktion werden die Bildzeichen für Positionier- und Spannprinzipien (Kap. 9) eine wichtige Rolle spielen, da mit Hilfe dieser Bildzeichen die Punkte 3.1 bis 3.6 und teilweise 4.1 bis 4.6 festgelegt werden.

Dabei werden Qualifikation, Erfahrung, Einfallsreichtum, Erinnerungsvermögen und Geschicklichkeit des Baukastenvorrichtungsmonteurs eine wichtige Rolle spielen. Nicht unbedeutend sind die in der Karteikarte (eine spezielle Karteikarte mit allen Bauelementen) fixierten Daten sowie die 3 Sofortbildaufnahmen. Die Karteikarte und die Sofortbildaufnahmen erlauben eine genaue Reproduzierbarkeit der Baukastenvorrichtung. Andere Daten, wie Montage- und Demontagekosten, erlauben die Überprüfung der Wirtschaftlichkeit des Einsatzes, wobei auch die Einsatzdaten festgehalten werden müssen. Weiteres s. Lit. – Abschnitt 5.20.

40.7 Beispiele von Baukasten-Vorrichtungen

In den Bildern 40-14 bis 40-27 sind Beispiele verschiedener Vorrichtungen, die aus verschiedenen Baukastensystemen (Abschnitt 40.4) stammen, dargestellt.

Bild 40-14 Baukasten-Fräsvorrichtung; Bohrungssystem

Bild 40-15 Baukasten-Fräsvorrichtung; T-Nutsystem

Bild 40-16 Baukasten-Fräsvorrichtung; T-Nutsystem

40.8 Richtlinien für den Einsatz der Baukasten-Vorrichtungen

Der wirtschaftliche Einsatz der Baukasten-Vorrichtungen hängt von vielen Faktoren und Bedingungen ab. Bei der Über-

Bild 40-17 Baukasten-Fräsvorrichtung; T-Nutsystem

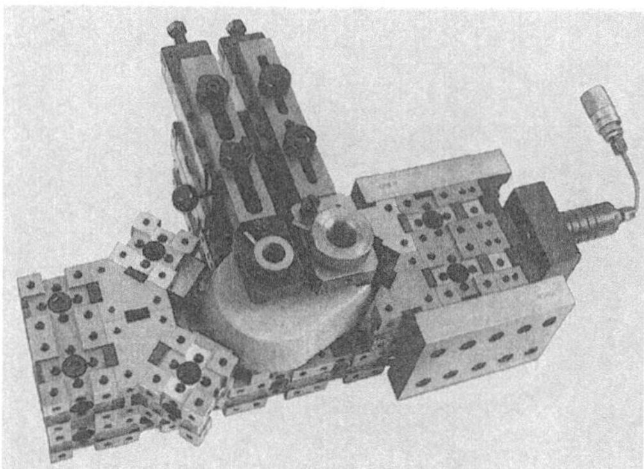

Bild 40-18 Baukasten-Bohrvorrichtung; T-Nutsystem

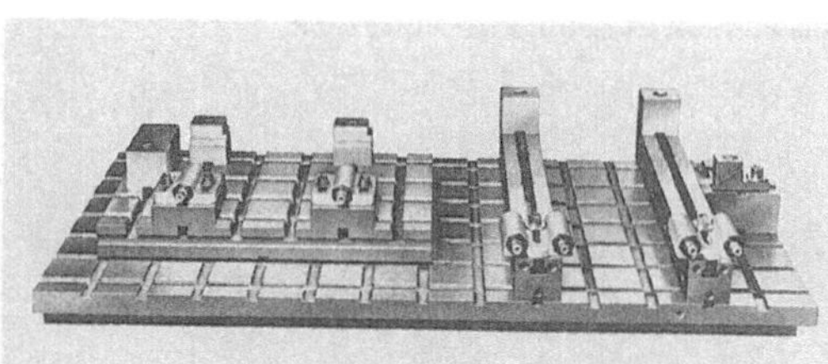

Bild 40-19 Baukasten-Fräsvorrichtung; T-Nutsystem

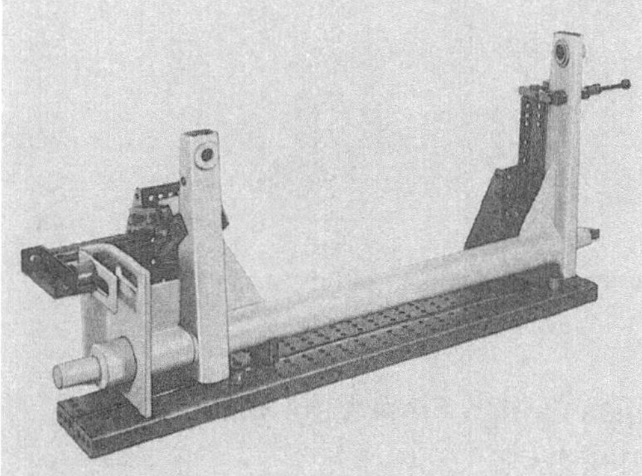

Bild 40-20 Baukasten-Schweißvorrichtung; Bohrungssystem

Bild 40-21 Montage-Arbeitsplatz für Baukasten-Vorrichtungen

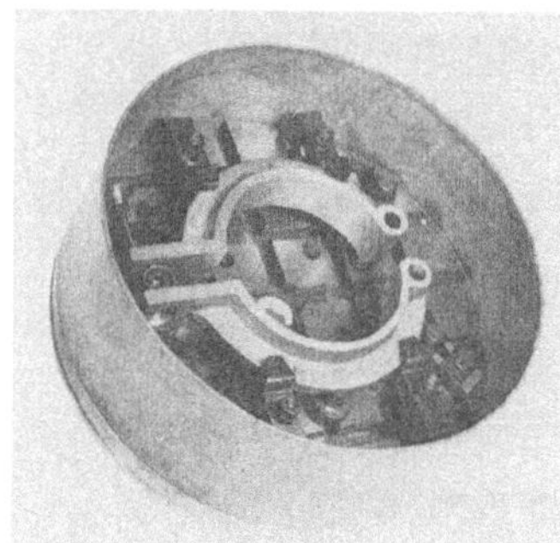

Bild 40-22
Baukasten-Drehvorrichtung; T-Nutsystem

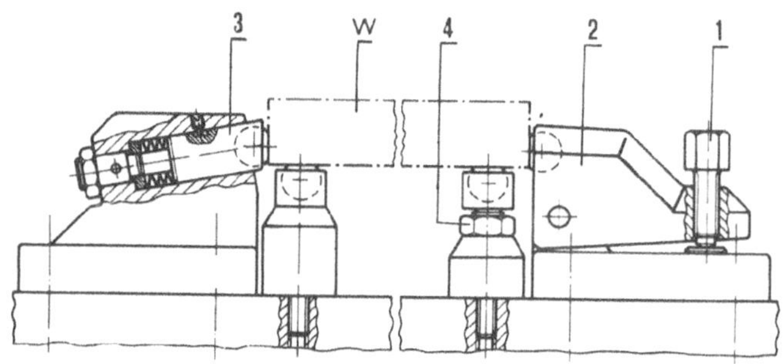

Bild 40-23 Spannelement für horizontales Spannen mit Niederzugeffekt und Kugelelementen

1 Spannschraube, 2 Spannelement, 3 Spannbolzen mit Kugel, 4 verstellbare und feststellbare Stütze mit Kugelauflage für das Werkstück

legung, ob ein Baukastensatz angeschafft werden soll, müssen folgende Fragen beantwortet und Probleme geklärt werden:

1. Fragen hinsichtlich der Werkstücke:
   1.1 Welche Werkstücke kommen in Frage?
   1.2 Größe (insbesondere die Höhe) der Werkstücke?
   1.3 Wieviel Seiten eines Werkstücks sollen in einer Spannung bearbeitet werden?
   1.4 Wie ist der Kompliziertheitsgrad der Werkstücke?

Bild 40-24 Vorrichtung mit Spannelementen für horizontales Spannen mit Niederzugeffekt

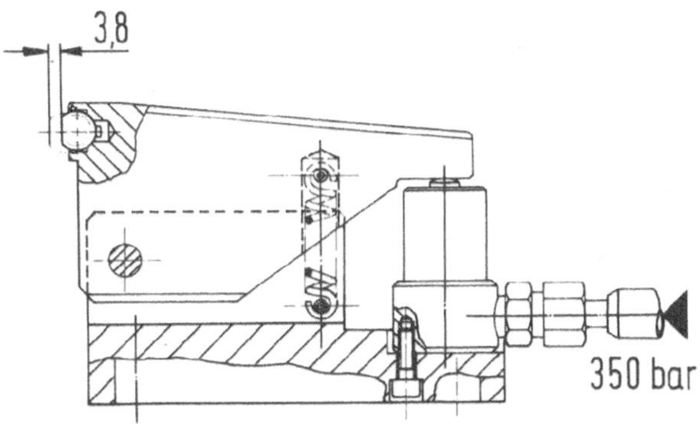

Bild 40-25 Hydraulisch betätigtes Spannelement mit Niederzugeffekt

Bild 40-26 Baukastenvorrichtung als Rundprüfvorrichtung (s. a. Baukasten-Prüfvorrichtungen – Abschnitt 49.3, Bilder 49-23 und 49-24)

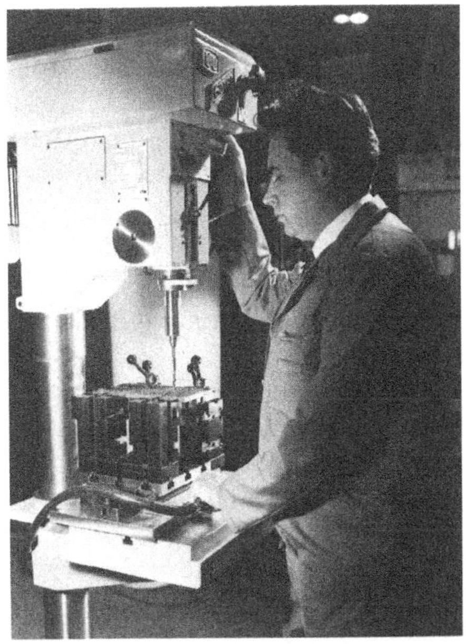

Bild 40-27 Bewegen einer Baukasten-Bohrvorrichtung auf einem Werkzeugmaschinentisch mit Hilfe einer luftgelagerten Schwimmplatte (s. a. Bild 5-5)

	VORRICHTUNG					
TÄTIGKEIT	Bohrvorr.		Fräsvorr.		Drehvorr.	
	SOV	BKV	SOV	BKV	SOV	BKV
Eingeben, Positionieren und Spannen des Werkst.	60	90	48	120	57	80
Entspannen und Herausnehmen des Werkstückes	40	60	52	130	43	60
VERHÄLTNIS (%)	100	150	100	250	100	140
FAKTOR	1	1,5	1	2,5	1	1,4

SOV = Sondervorrichtung
BKV = Baukastenvorrichtung

Bild 40-28 Verhältniswerte und Faktoren für das Eingeben, Positionieren und Spannen, Entspannen sowie Herausnehmen des Werkstücks in die und aus der Vorrichtung bei Sondervorrichtungen (SOV) und Baukasten-Vorrichtungen (BKV) an Bohr-, Fräs- und Drehvorrichtungen

2. Fragen hinsichtlich der Anzahl der zu fertigenden Werkstücke:
   2.1 Wie viele Werkstücke werden in einer Serie pro Zeiteinheit bearbeitet?
   2.2 Wie oft wird die Serie wiederholt?
3. Einsatzgebiete, für die die Baukasten-Vorrichtungen sich eindeutig eignen, sind im Bild 40-1 aufgeführt.
4. Die Vor- und Nachteile sind in Bild 40-1 aufgezählt.
5. Welche Art des Vorrichtungs-Baukastens (Abschnitt 40.4) eignet sich am besten für die unter Pkt. 1 und 2 angesprochenen Werkstücke?
6. Weitere Kosten- und Technologieprobleme sind in Bild 40-1 aufgeführt.
7. Die Baukasten-Vorrichtungen eignen sich eindeutig nicht für Werkstücke, die oft und in kleinen Serien gefertigt werden, da die Wiederhol-Montagekosten der Baukasten-Vorrichtungen (Bild 40-12) bedeutend höher liegen, als bei den Sondervorrichtungen.
8. Die Baukasten-Vorrichtungen eignen sich eindeutig nicht (mit Ausnahme eines Systems, Bild 40-7, Pos. 3!) als Schweißvorrichtungen.
9. Werden viele Baukasten-Vorrichtungen als Prüfvorrichtungen benötigt, so sollte überlegt werden, ob nicht ein

dafür speziell vorgesehenes Baukastensystem (Abschnitt 49.3) angeschafft werden soll.

10. Müssen die Bauelemente des Baukastens bzw. welche Bauelemente müssen gehärtet sein?
11. Besteht die Garantie, daß die Baukasten-Vorrichtungen im Betrieb entsprechend behandelt werden, so daß keine Beschädigungsgefahr besteht?
12. Wie groß ist der Personalbedarf für die Vorrichtungs-Montage?
13. Können entsprechend qualifizierte Vorrichtungsschlosser abgestellt werden?
14. Bei den Wirtschaftlichkeitsrechnungen müssen die Beschickungs-, Positionier- und Spannzeiten besonders beachtet werden, da die bei den Baukasten-Vorrichtungen meistens höher als bei den Sondervorrichtungen liegen. Einige Beispiele sind im Bild 40-28 dargestellt.
15. Eine genaue Dokumentation (Karteikarte und Sofortbilder) sind Voraussetzung für eine reibungslose, schnelle und reproduzierbare Wiedermontage der Baukasten-Vorrichtungen.
16. Eine genaue Wirtschaftlichkeitsrechnung (Abschnitte 2.2 und 4.5.2 bis 4.5.4) ist unumgänglich.
17. Ist die Auslastung des Bausatzes gesichert?
18. Steht ein entsprechender Raum zur Verfügung? Dieser Raum sollte in der Nähe des Vorrichtungsbaues liegen.
19. Die Betriebsmittelplanung muß über die Vor- und Nachteile (wirtschaftlich und technisch) sowie über die Einsatzmöglichkeiten der Baukasten-Vorrichtungen genauestens im Bilde sein.
20. Eine reibungslose Zusammenarbeit der Betriebsmittelplanung und der Baukasten-Montage ist Voraussetzung für den wirtschaftlichen Einsatz des Bausatzes und somit auch für die Rentabilität.

41 Vorrichtungen für NC- und CNC-gesteuerte Werkzeugmaschinen

Mit der Einführung der NC-Technologie, bei der die Werkstückspannung eine wesentliche Rolle spielt, wurde die Forderung nach kürzeren Nebenzeiten zum gravierenden Problem. In die Zunkunft reichende Spanntechnik an diesen Maschinen bedeutet schnellen Werkstückwechsel verbunden mit schnellem Umrüsten auf verschiedene Werkstücke, d.h. eine weitgehende Integration der Werkstückspannung in den Programmablauf der NC- und CNC-Maschinen. Das bedeutet den Einsatz entsprechender Vorrichtungen an verschiedenen NC-Maschinen für verschiedene Arbeitsgänge ohne jegliche Vorkehrungen. Um diesen Forderungen gerecht zu werden, wurden einerseits das Palettensystem (Abschnitt 41.3) und andererseits Vorrichtungs-Baukastensysteme (Kap. 40) geschaffen, die technisch und wirtschaftlich, hinsichtlich der geringen Stückzahlen der Werkstücke, eingesetzt werden können.

41.1 Besonderheiten der Vorrichtungen für NC- und CNC-gesteuerte Werkzeugmaschinen

Die für den Einsatz auf NC-Maschinen aus Vorrichtungs-Baukastensystem erstellten Vorrichtungen benötigen keine Bohrbuchsen, da die Genauigkeit der Bohrbilder durch die NC-Steuerung gewährleistet wird. Hier ist die größte Aufmerksamkeit der schnellen und sichereren Positionierung und Spannung des Werkstückes zu widmen. Um Kollisionen von Werkzeugen mit Positionier- und Spann-Elementen der Vorrichtung zu vermeiden, müssen vom Programmierer Positionier- und Spannelemente-Skizzen bereitgestellt werden, nach denen die Vorrichtung zu konstruieren ist. Eine Abstimmung zwischen Programmierer und Vorrichtungsmonteur ist unerläßlich, da die Kollisionskontrolle erst beim Einsatz der Vorrichtung auf der NC-Maschine erfolgen kann. Eine vorherige Erprobung, wie bei den Vorrichtungen für konventionelle Maschinen ist nicht möglich, da eine NC-Maschine dafür nicht zur Verfügung steht. Sehr kostenaufwendige Störzeiten fallen an, wenn die Vorrichtung während der angelaufenen Fertigung verändert werden muß.

Oft wird man für ein Werkstück jeweils zwei Vorrichtungen vorsehen, da ein schneller Werkstückwechsel für die Wirtschaftlichkeit des Einsatzes der NC-Maschinen von größter Bedeutung ist. Bei einer Palettenwechseleinrichtung (Abschnitt 41.3) ist dieses unerläßlich. Eine andere Möglichkeit des gleichzeitigen Einsatzes von zwei Paletten und Vorrichtungen liegt darin, daß sie zwar für ein Werkstück, aber zwei verschiedene Lagen des Werkstückes, das auf einer NC-Maschine bearbeitet wird, eingesetzt werden. Durch das Einlesen von zwei Programmen in den Speicher wird jede Palette für jeweils eine Werkstückspannung eingerichtet. Diese Variante hat den Vorteil, daß für jede Positionierung und Spannung jeweils nur eine Palette (Bilder 41-1 und 41-2) und/oder Vorrichtung benötigt werden. Außerdem ist nach Durchlauf der beiden Programme ein Werkstück fertig bearbeitet. Es ist jedoch stets zu prüfen ob die vorhandene Speicherkapazität der Steuerung und die Werkzeugmagazinkapazität der NC-Maschine ausreichen.

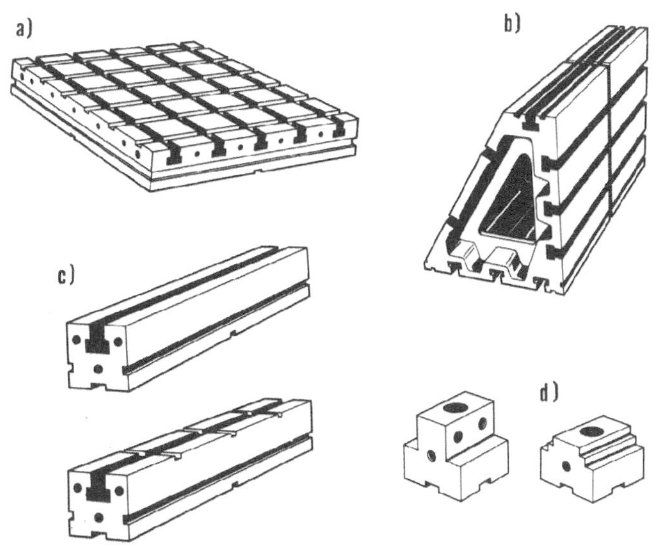

Bild 41-1 Wechselpalette und Palettenzubehör.
a) Wechselpalette, b) Aufbauwinkel, c) Aufbauelemente, d) Verbindungselemente

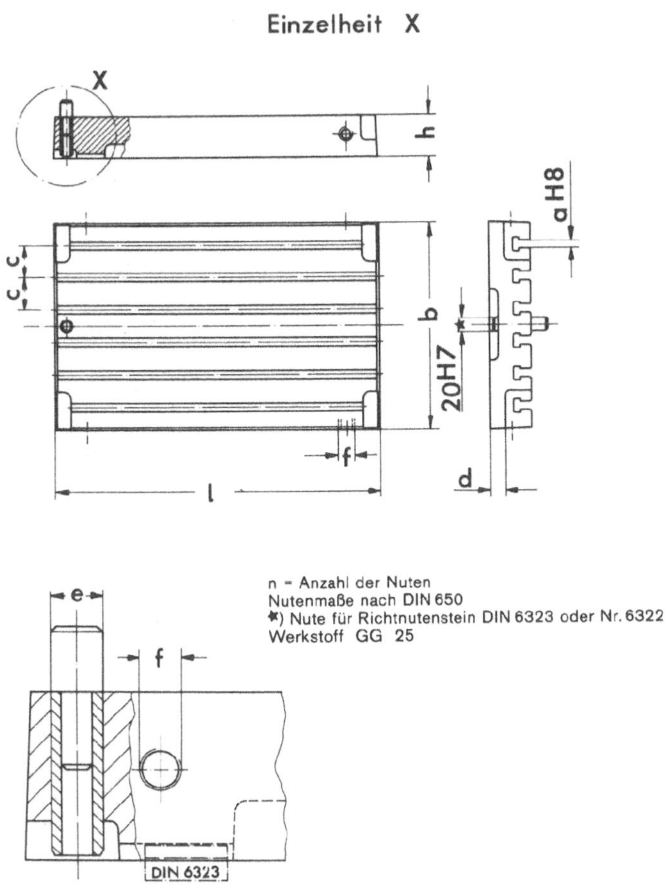

Bild 41-2 Palette für NC- und CNC-gesteuerte Werkzeugmaschinen

41.2 Forderungen an Vorrichtungen für NC- und CNC-gesteuerte Werkzeugmaschinen

An Vorrichtungen, die an NC- und CNC-gesteuerten Maschinen eingesetzt werden, sind besondere Forderungen zu stellen:

1. Da die Maschinenstundensätze bei NC- und CNC-Maschinen in der Größenordnung von 120,00 DM/Std liegen, muß die Umrüstzeit von einem Werkstück zum anderen, sehr kurz sein. Das betrifft besonders die Vorrichtung.
2. Die Summe der Eingabe-, Positionier-, Spann- und Herausnahmezeiten soll nach Möglichkeit kürzer als die Bearbeitungszeit sein.
3. Bei Anwendung nur einer Vorrichtung (dieses betrifft speziell Sondervorrichtungen) müssen die unter Pkt. 2 aufgeführten Zeiten besonders kurz sein.
4. Die Vorrichtungen sollen, falls sie eine besondere Einheit darstellen, einwandfrei und schnell auf Paletten positioniert und gespannt werden können.
5. Eine pendelnde Bearbeitung des Werkstückes auf verschiedenen NC- und CNC-gesteuerten Maschinen sollte, ohne daß das Werkstück erneut positioniert und gespannt wird, möglich sein. Dieses ist möglich, wenn die Wechselpalette über eine entsprechende Anzahl definierter Anlageelemente verfügt.
6. Die Vorrichtung muß, auch für die bei der NC-Fertigung geringen Stückzahlen von Werkstücken, wirtschaftlich (Kap. 2) einsetzbar sein.
7. Bei ölhydraulisch oder pneumatisch betätigten Vorrichtungen (nach erfolgter Spannung des Werkstücks vom Druckerzeuger bzw. Druckleitung abkoppelbar) müssen Druck- oder Spannkraftabfall-Meldeeinrichtungen (Signal- und automatische Abschaltung der Maschine durch Infrarot oder Funk mit Hilfe entsprechender Sensoren ausgelöst) vorgesehen werden.

Im Bild 41-3 ist eine, auf eine Wechselpalette aufgebaute, hydraulisch betätigte Vorrichtung gezeigt. Die Paletten werden in der DIN 55201 genormt. Weiteres s. Lit. [83].

Bild 41-3 Hydraulisch betätigte, aus DIN- und werksgenormten Bauelementen bestehende Fräsvorrichtung auf einer Wechselpalette (Bild 41-1) aufgebaut (s. a. Bilder 27-28 und 27-31)

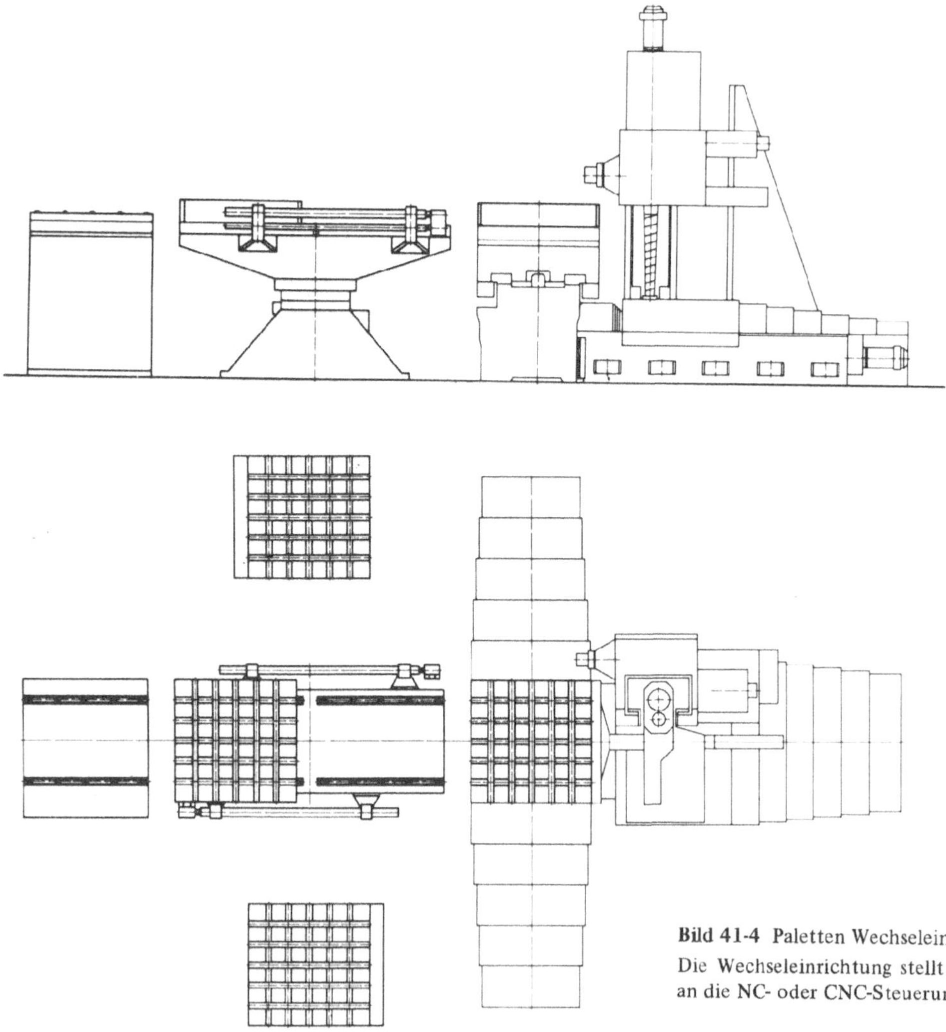

Bild 41-4 Paletten Wechseleinrichtung an einem Bearbeitungszentrum.
Die Wechseleinrichtung stellt eine handelsübliche Einheit dar. Sie wird an die NC- oder CNC-Steuerungen der Werkzeugmaschine angeschlossen

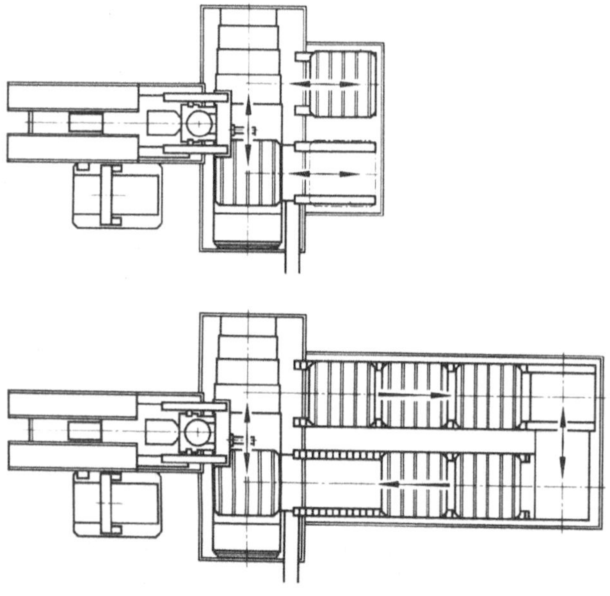

Bild 41-5 Paletten-Wechseleinrichtung mit einem Zweier-Palettensystem.

Die Anpassung an die Werkzeugmaschinensteuerung erfolgt über kontaktlose programmierbare PC-Steuerung (Abschnitt 28.3) oder über die integrierte Anpassung in mit einem Kernspeicher ausgestattete Steuerungen

Bild 41-6 Paletten-Wechseleinrichtung (zwei-Palettensystem) an einem Bearbeitungszentrum

41.3 Paletten-Wechseleinrichtungen

Um die Zeit für das Positionieren und Spannen des Werkstükkes sowie die Zeit für das Reinigen der Vorrichtungen außerhalb der Maschinenzeit zu verlagern, wurden Paletten-Wechseleinrichtungen entwickelt. Im Bild 41-4 ist eine Paletten-Wechseleinrichtung gezeigt, die um 360° schwenkbar und sowohl bei 90° als auch bei 180° arretiert werden kann. Der besondere Vorteil dieses Systems ist der Arbeitsfluß der Werkstücke, da jeweils nur an einer Stelle unbearbeitete und bearbeitete Werkstücke gelagert werden. Aus dem aufgezeichneten Funktionsablauf geht hervor, daß die Positionier- und Spannzeiten in die Maschinenzeit fallen.

Die Bilder 41-5 und 41-6 zeigen Palettentische. Die Anordnung der Tische kann, je nach Platzverhältnissen und Maschinenart, an der Stirnseite oder an der Längsseite der Maschine erfolgen. Auch bei dieser Ausführung kann das Übersetzen der Palette wahlweise manuell oder kraftbetätigt erfolgen.

Beide Systeme haben gemeinsam:

1. Die Zuführung und Rücktransport der Paletten erfolgt auf Rollen und kann wahlweise von Hand oder mechanisiert vorgenommen werden.
2. Das Positionieren der Palette auf dem Maschinentisch erfolgt mit einer kombinierten Rund- und Flachführung.
3. Das Befestigen der Palette auf dem Maschinentisch kann manuell oder kraftbetätigt erfolgen.
4. Es können sowohl Paletten mit glatter Oberfläche als auch Paletten mit T-Nuten und Positioniernuten verwendet werden.
5. Zum Verschieben der Paletten werden diese angehoben, so daß kein Verschleiß an den Kontaktflächen auftreten kann.
6. Die notwendigen Antriebs- und Steuergeräte sind am bzw. im Wechseltisch untergebracht und bilden mit diesem eine Einheit.
7. In der Grundkonzeption ist vorgesehen, daß die Paletten über Rollenbahnen zu weiteren Bearbeitungsmaschinen bewegt werden können. Eine Verkettung von Werkzeugmaschinen ist ohne weiteres möglich.

42 Vorrichtungen für flexible Fertigungssysteme

Flexible Fertigungssysteme, sind Systeme, die aus Teilsystemen bestehend, der jeweiligen Fertigungsaufgabe entsprechend zusammengebaut eine Gesamtheit ergeben, die nach Erfüllung der gestellten Fertigungsaufgabe wieder aufgelöst wird. Unter dem Begriff „flexibel“ versteht man eine variable Struktur, die die Möglichkeit bietet, Einzweck- und Mehrzweck-Teilsysteme beliebig gegeneinander auszutauschen und durch Veränderung der Struktur das System für ein breites Spektrum von Fertigungsaufgaben einzusetzen. Weiteres s. Lit. [142].

42.1 Für flexible Fertigungssysteme geeignete Werkstücke

Werkstücke, die mit Hilfe flexibler Fertigungssysteme vollständig bearbeitet werden sollen, müssen zwei Bedingungen erfüllen:

1. Diese Werkstücke dürfen nur in kleinen bis mittleren Losgrößen vorkommen. Bei großen Losen sind andere Fertigungseinrichtungen wirtschaftlicher einsetzbar.

2. Die Bearbeitungsanforderungen müssen kompliziert und umfangreich sein, so daß sich der Einsatz eines derart kapitalintensiven Fertigungssystems rentiert.

42.2 Forderungen an Vorrichtungen, die an flexiblen Fertigungssystemen eingesetzt werden

Neben den grundsätzlichen Forderungen, die an eine Vorrichtung gestellt werden (Kap. 56), treten bei flexiblen Fertigungssystemen besondere Forderungen an die Vorrichtung auf, die sich auf Grund der Flexibilität dieser Einrichtungen ergeben:

1. Anpassungsfähigkeit an hohe Werkstückvielfalt, also unterschiedliche geometrische Formen sowie Größen,
2. Eignung für die Durchführung verschiedener Bearbeitungsverfahren, z. B. Bohren, Reiben, Fräsen, Schleifen usw.,
3. Bearbeitung möglichst vieler Werkstückseiten in einer Spannung, da man eine vollständige Bearbeitung mit möglichst einem oder wenigen Durchläufen erreichen will,
4. Ausgleich von Toleranzen der Positionierelemente am Werkstück (Abschnitte 13.1.2 bis 13.1.4),
5. besonders gute Späneabfuhr (Kap. 24), da die Werkstücke hintereinander viele Bearbeitungsgänge durchlaufen und von vielen Seiten bearbeitet werden, ohne das System zu verlassen,
6. Einfacher Transport „im positionierten Zustand", z. B. mit Hilfe einer Palette (Kap. 21), die zum Positionieren und Spannen des Werkstückes oder der Vorrichtung mit dem Werkstück und gleichzeitig als Transportmittel benutzt wird.

42.3 Forderungen an die mit Hilfe der flexiblen Fertigungssysteme bearbeiteten Werkstücke

Infolge der großen Werkstückvielfalt ist in flexiblen Fertigungssystemen mit einer großen Palette unterschiedlicher Positionier- und Spannforderungen zu rechnen. Mit Hilfe folgender Maßnahmen am Werkstück oder im Zusammenhang mit dem Werkstück, kann der Kostenaufwand für Vorrichtungen reduziert werden:

1. Konstruktive Maßnahmen am Werkstück
   - 1.1 bei der Neukonstruktion müssen Maßnahmen getroffen werden, die das Positionieren und Spannen des Werkstückes (Abschnitt 4.2.1) vereinfachen oder aber überhaupt erst möglich machen. Vorkehrungen dieser Art sind: Spannlappen, Spannocken, spezielle Spannflächen oder Spannrahmen (mehrere gleiche oder verschiedene Werkstücke sind in einem Rahmen gemeinsam vergossen);
   - 1.2 bei vorliegenden Konstruktionen Änderungen hinsichtlich der unter Pkt. 1.1 aufgeführten Möglichkeiten (künstliche Basen – Abschnitt 11.1) usw.;
   - 1.3 gleiche Positionier- und Spannbedingungen für ähnliche Werkstücke. Werkstücke, die in ihrer Form und ihrer Abmessungen keine großen Unterschiede aufweisen, können durch Angießen von Spannlappen auf *absolut* gleiche Positionier- und Spannbedingungen gebracht werden. Dadurch wird gewährleistet, daß alle Werkstükke die gleichen Positionier- und Spannbedingungen aufweisen. Somit gelingt es, eine größere Anzahl von unterschiedlichen Werkstücken in gleichen Vorrichtungen zu positionieren und spannen. Nach der Bearbeitung werden die Spannlappen abgefräst (ähnlich Pkt. 1.2).
2. Bildung von Werkstückgruppen (Werkstückfamilien) mit ähnlichen Positionier- und Spannforderungen (s. a. Kap. 39).

   Analog zur Bildung von Werkstückgruppen ist es möglich, Werkstücke mit ähnlichen Positionier- und Spannforderungen zu Werkstückgruppen, d. h. zu „Werkstück-Positionier- und Spanngruppen" zusammenzufassen. Alle Werkstücke dieser Gruppe weisen gleiche oder zumindest ähnliche Positionier- und Spannbedingungen auf. Auf diese Art zusammengefaßte Werkstücke lassen sich in Gruppenvorrichtungen positionieren und spannen. Mit Hilfe entsprechender Bauelemente (Adapter) lassen sich die innerhalb der Werkstückgruppe auftretenden Unterschiede (umstellbare oder auswechselbare Zwischenelemente) ausgleichen.

42.4 Geeignete Vorrichtungen bzw. Vorrichtungssysteme und Anpasssung der Vorrichtung an die Werkstückvielfalt

Eine Definition einer technisch und wirtschaftlich optimalen Vorrichtungsausführung, die sich für die Anwendung an flexiblen Fertigungssystemen besonders eignet, läßt sich nicht aufstellen. Dies ist auf die bereits genannten Werkstück- und Vorrichtungsprobleme, sowie auf die besonderen Merkmale der flexiblen Fertigungssysteme zurückzuführen. Grundsätzlich werden zwei Ausführungen von Vorrichtungen verwendet:

1. auf Paletten aufgebaute Sonder-Gruppenvorrichtungen,
2. Baukastenvorrichtungen.

42.5 Auf Paletten aufgebaute Sonder-Gruppenvorrichtungen

Diese Art von Vorrichtungen kommt besonders dann in Frage, wenn viele zu fertigende Werkstücke sich zu Werkstückgruppen zusammenfassen lassen (Abschnitt 42.3, Pkt. 2). Diese Vorrichtungen unterscheiden sich grundsätzlich von den im Kap. 39 genannten Gruppenvorrichtungen, da sie den in Abschnitt 42.3 aufgeführten Voraussetzungen, die die flexiblen Fertigungssysteme betreffen, entsprechen müssen. Gruppenvorrichtungen für flexible Fertigungssysteme werden so konzipiert, daß das Werkstück in der Vorrichtung positioniert und gespannt alle Fertigungsteilsysteme passieren kann, was bei den im Kap. 39 beschriebenen Gruppenvorrichtungen nicht der Fall ist.

Vorteile der Sonder-Gruppenvorrichtungen für flexible Fertigungssysteme sind:

1. Der Umschließungsgrad ist gering, das Werkstück ist von den Seiten, von denen es bearbeitet wird, leicht zugänglich.
2. Die Vorrichtungselemente können an die Werkstück-, Werkzeug-, Werkzeughalter- und Maschinengegebenheiten angepaßt werden.

Nachteile der Sonder-Gruppenvorrichtungen für flexible Fertigungssysteme sind:

1. Eine Sonder-Gruppenvorrichtung ist kostenaufwendig, da sie für eine verhältnismäßig geringe Anzahl von Werkstücken (Abschnitt 42.1) gebaut werden muß. Größere Stückzahlen kommen nicht in Frage, da sonst die Wirtschaftlichkeit des Einsatzes des flexiblen Fertigungssystems in Frage gestellt werden muß.
2. Lagerungskosten.

42.6 Baukastenvorrichtungen – Einsatz an flexiblen Fertigungssystemen

Die im Kap. 40 beschriebenen handelsüblichen Baukastenvorrichtungen kommen in derselben Form auch an flexiblen Fertigungssystemen (Bild 42-1) zur Anwendung. Ihre Vorteile in diesem Fall sind:

1. wirtschaftliche Überlegenheit gegenüber den Sonder- und Universalvorrichtungen infolge der geringen Stückzahl der zu fertigenden Werkstücke,
2. sie lassen sich einer großen Werkstückform- und -größenvielfalt anpassen,
3. geeignet für vielfältige Bearbeitungsaufgaben,
4. die Grundplatten dieser Vorrichtungen können als Grundpaletten (Transportpaletten) für den automatischen Werkstückfluß dienen.

Ihre Nachteile sind:

1. der Umschließungsgrad ist recht hoch, die Vorrichtungselemente (Spannkörper, Stützkörper usw.) verbauen die zu bearbeitenden Seiten des Werkstückes,
2. oft ist die angestrebte Fertigbearbeitung der Werkstücke in einem Durchlauf in einer Spannung nicht möglich. Dieses zwingt zum ein- oder mehrmaligen Umspannen des Werkstückes außerhalb des Fertigungssystems. Weiteres s. Lit. [142].

42.7 Anwendung des kraftbetätigten Spannens an flexiblen Fertigungssystemen

Um die Spannzeiten so kurz wie möglich zu halten, wird man kraftbetätigte Spanner (Bild 41-3) anwenden. Besonders eignen sich hierfür selbständige Pneumatik- bzw. Hydrauliksysteme, die aus einem Druckvorratsbehälter mit einer automatischen Drucküberwachung bestehen. Der Aufwand ist jedoch recht hoch. Andere Lösungen: verschiebbare und schwenkbare Kraftspannelemente als Ergänzung zum Baukastensystem. Eine weitere Möglichkeit des Einsatzes des kraftbetätigten Spannens ist die Anwendung abkoppelbarer pneumatischer oder ölhydraulischer Drucksysteme. Diese werden vom Druckerzeuger nach vollzogener Werkstückspannung abgekoppelt

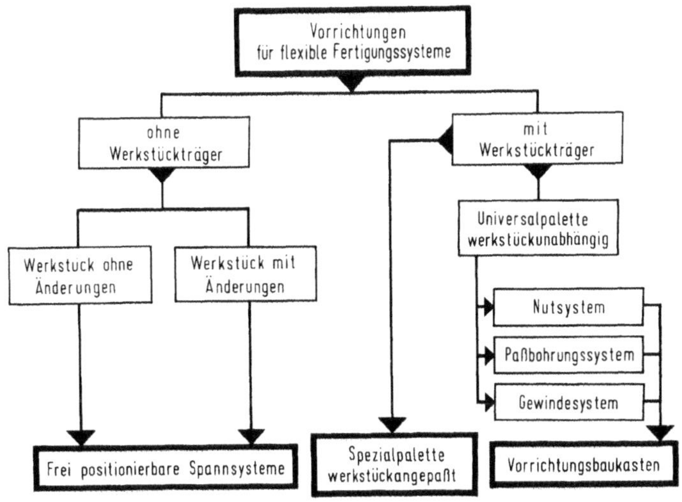

Bild 42-1 Arten der Vorrichtungen für flexible Fertigungssysteme [142]

(s. a. Abschnitt 41.2 – insbes. Pkt. 7). In diesem Fall sollte eine drahtlose Drucküberwachung des Systems vorgesehen werden. Sie besteht aus einem Druckschalter, einem batteriebetriebenen Sender und einem Beladestation-Batterieendschalter. Ein Empfänger mit einer Leistungsstufe und potentialfreiem Kontakt befindet sich an der Maschine. Bei Betätigung des Druckschalters werden Infrarotsignale pulscode-moduliert von ca. 6 ms Dauer durch die Sendedioden ausgestrahlt. Die Signale werden über einen Vorverstärker einem Decoder zugeführt, der den Befehl selektiert, so daß eine Leistungsverstärkung für die Ansteuerung eines potentialfreien Kontaktes erfolgt. Die Reichweite beträgt ca. 40 m.

Werden an der Vorrichtung sequentielle Abläufe gefordert, die mit anderen verknüpft sind, so sollten doppeltwirkende Spannelemente (Abschnitt 27.3) verwendet werden. Im Gegensatz zu einfachwirkenden werden so die Bewegungsabläufe kontrolliert und zeitlich genau ausgeführt. Die beiden Endlagen eines doppeltwirkenden Zylinders sind auf sekundäre Weise feststellbar und die Bewegungsabläufe elektrohydraulisch gesteuert, gegenseitig verriegelt und mechanische Interferenzen ausgeschaltet. Zuschaltventile steuern dabei den sequentiellen Ablauf der Positionier-, Stütz- und Spannvorgänge. Sie bewirken die Beaufschlagung und damit das Ausfahren eines Spannelementes als Funktion des voreingestellten Drucks. Der sich stetig aufbauende Druck bewirkt bei voreingestellten Werten das Öffnen der Zuschaltventile, so daß die Positionier-, Stütz- und Spannelemente nacheinander ausfahren. Wenn alle beaufschlagten Zylinder ihre Endstellung erreicht haben, baut sich der Druck in allen Kreisen weiter auf, bis der Betriebsdruck erreicht ist. Dazu eignen sich speziell für die Spanntechnik entwickelte Zuschaltventile.

43 Vorrichtungen in der automatischen Fertigung

In der automatisierten und automatischen Fertigung werden alle Möglichkeiten des Vorrichtungsbaues untereinander kombiniert, so daß diese Probleme im Rahmen dieses Kapitels nur oberflächlich besprochen werden können. Dies liegt auch daran, daß mit Hilfe von Vorrichtungen in der automatisierten Fertigung, nicht nur die Bearbeitung eines Werkstücks durchgeführt wird, sondern auch das Zubringen, die Montage, das Messen und viele andere verschiedene Aufgaben erfüllt werden.

Als Hauptproblem der automatisierten Fertigung können die Techniken des automatischen Positionierens und Spannens des Werkstücks angesehen werden. Diese Funktionen können auf folgende Arten erfüllt werden:

1. hydraulisch mit Drucköl über einen Hydraulikzylinder,
2. pneumatisch mit Druckluft über einen Pneumatikzylinder,
3. elektrisch und zwar:
   3.1 elektromotorisch über Drehfeldmagnete, die nach dem Prinzip des Drehstrom-Asynchronmotors arbeiten, und
   3.2 elektromagnetisch über Hubmagnete, die als Zug- oder Druck-Hubmagnete arbeiten.

Bei der halbautomatischen Arbeitsweise wird die Beschickung sowie der Positionier- und Spannvorgang von der Bedienperson durchgeführt. Alle weiteren Tätigkeiten können dann mit Hilfe von Einrichtungen, z. B. Rundtakttische (Abschnitt 23.6), Vorschubeinheiten (Kap. 47) u. a. durchgeführt werden. Im Rah-

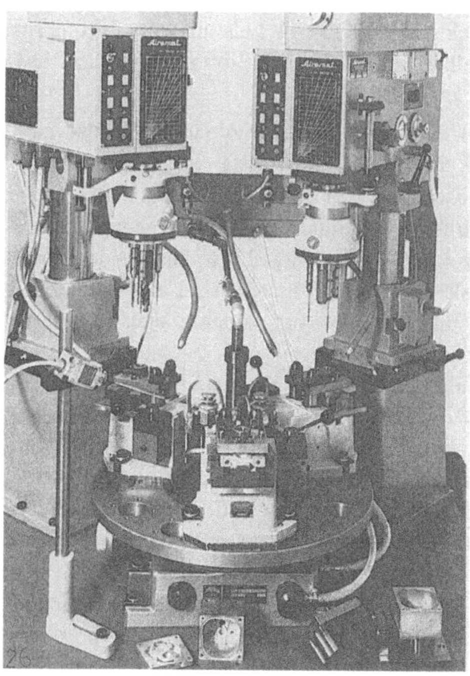

Bild 43-1 Rundtakttisch (Abschnitt 23.6) mit automatisch arbeitenden Bohrmaschinen (Mehrspindelbohrköpfe) steuerungsmäßig gekoppelt, so daß nur das Eingeben und Herausnehmen des Werkstücks manuel ausgeführt werden. Diese Einrichtung besteht aus handelsüblichen Baueinheiten. Die Werkstücke werden in Universal-Schnellspann-Säulengestellen (Abschnitt 23.4) positioniert und gespannt

Bild 43-2 Rundtakttisch mit automatisch arbeitenden Bohrmaschinen (wie im Bild 43-1), jedoch mit Sondervorrichtungen

Bild 43-3 Werkstück, das im automatisch gesteuerten Arbeitsablauf (Bild 43-3) bearbeitet wird. Das Eingeben und Herausnehmen des Werkstücks wird manuel durchgeführt

Bild 43-4 Bohr- und Fräsarbeitsgänge werden am Werkstück (Bild 43-3) in zwei Positionen nacheinander durchgeführt. Das Werkstück wird in der Vorrichtung pneumatisch gespannt

Bild 43-5 Große Stückzahlen mit komplexer Arbeitsfolge erfordern den Einsatz von Transferstraßen. Das Werkstück passiert in derselben Vorrichtung alle Bearbeitungs- und Pufferstationen und wird vom Rohling bis zum einbaufertigen Teil bearbeitet. Die Vorrichtung muß hierbei alle Forderungen, die an sie gestellt werden, extrem sicher erfüllen

Bild 43-6 Vorrichtungen an einer Transferstraße für die Bearbeitung der Motorblöcke

Bild 43-7 Vorrichtungen an einer Transferstraße für die Bearbeitung der Zylinderbohrungen in Motorblöcken

Bild 43-8 Vorrichtungen an einer Transferstraße für die Bearbeitung von Pleuelstangen

men weiterer Automatisierungsmaßnahmen entsteht eine vollautomatisch arbeitende Einrichtung, die bis zur Transferstraße führen kann. Dabei spielt die Vorrichtung ebenfalls eine wichtige Rolle, so daß die Forderungen nach vorrichtungsgerechter Gestaltung des Werkstücks (Abschnitt 4.2.1) besonders in den Vordergrund treten. Der Kompliziertheitsgrad der Vorrichtungen steht jedoch nicht in einem Zusammenhang mit dem Automatisierungsgrad der Fertigungseinrichtung. Dieses liegt daran, daß z.B. eine Transferstraße von einer Bedienperson mit Werkstücken manuell und eine Rundtakttisch-Einrichtung automatisch beschickt werden kann. Es wird also vorkommen, daß einfache Vorrichtungen an Einrichtungen mit hohem Automatisierungsgrad und komplizierte Vorrichtungen an Einrichtungen mit niedrigem Automatisierungsgrad eingesetzt werden, wobei die geometrische Form und die Genauigkeit des Werkstücks selbstverständlich eine wichtige Rolle spielen werden. Die Grenze, wo der Vorrichtungsbau aufhört und der Werkzeugmaschinenbau anfängt, ist hierbei sehr verwischt. Dieses betrifft auch die Zubringeeinrichtungen (Kap. 46). In den Bildern 43-1 bis 43-8 sind einige Vorrichtungen und ihr Einsatz an automatischen und automatisierten Einrichtungen gezeigt.

Ein anderes Gebiet, das auch mit dem Vorrichtungsbau zusammenhängt, ist die automatische Montage, die jedoch im Rahmen dieses Kapitels, infolge des großen Umfangs, nicht besprochen werden kann.

44 Flexible, numerisch gesteuerte Vorrichtungssysteme

Die bei flexiblen Fertigungssystemen bestehende Forderung, unterschiedliche Werkstücke in der Maschine automatisch zu spannen, wird hauptsächlich dadurch gelöst, daß mittels Vorrichtungen auf Paletten (Kap. 41) Werkstücke gespannt der Bearbeitungsmaschine zugeführt werden. Eine Alternative bilden numerisch gesteuerte Spannvorrichtungssysteme. Sie bestehen aus werkstückunabhängigen Positionier-, Stütz- und Spannelementen, die elektrisch oder pneumatisch angetrieben und vom Rechner gesteuert, in die dem Werkstück entsprechende vorgegebene Position ausgefahren werden. Dazu wird ein nur einmal pro Werkstück zu erstellendes Programm abgerufen. Dieses steuert die einzelnen Elemente nach den Koordinaten- bzw. Wegbefehlen, wobei auch erforderliche Schaltfunktionen programmiert werden können.

Beim Doppelrevolver-Vorrichtungssystem (Bild 44-1) werden die verschiedenen Positionier- und Spannbilder mit Hilfe unabhängig voneinander drehbarer Nebenrevolver, die in einem Hauptrevolver untergebracht sind, erreicht. Diesen prinzipiellen Aufbau hat jedes der Teilsysteme für das Positionieren, Stützen und Spannen des Werkstücks. Bevor das Werkstück eingefahren wird, werden die Positionierelemente in ihre Sollposition ausgefahren. Während des Eingebens des Werkstücks wird dieses auf die mit Indexstiften versehenen Positionierelemente abgesenkt und positioniert. Danach wird das Werkstück

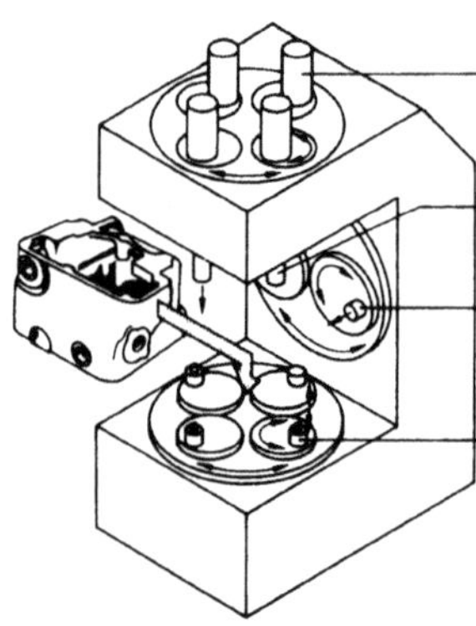

Bild 44-1 Frei positionierbares Spannvorrichtungssystem – Exzenterprinzip.

In diesem Doppelrevolverprinzip-Spannvorrichtungssystem werden die notwendigen unterschiedlichen Spannbilder dadurch hergestellt, daß unabhängig voneinander drehbare Nebenrevolver der Drehung des Hauptrevolvers überlagert werden. Das Zusammenwirken aller Elemente und die Aufeinanderfolge der Vorgänge geschieht in der Weise, daß die Positionierelemente in die werkstückbezogene Position gefahren werden, bevor das Werkstück eingegeben wird. Beim Eingeben des Werkstücks wird dieses auf die mit Indexstiften versehenen Positionierelemente abgesenkt und somit positioniert. Dann wird das Werkstück durch die über ihm befindlichen Spannzylinder vorgespannt, wobei das im vierten Positionierrevolver befindliche Stützelement zur Ablage gebracht wird. Dann werden die Spannzylinder voll beaufschlagt

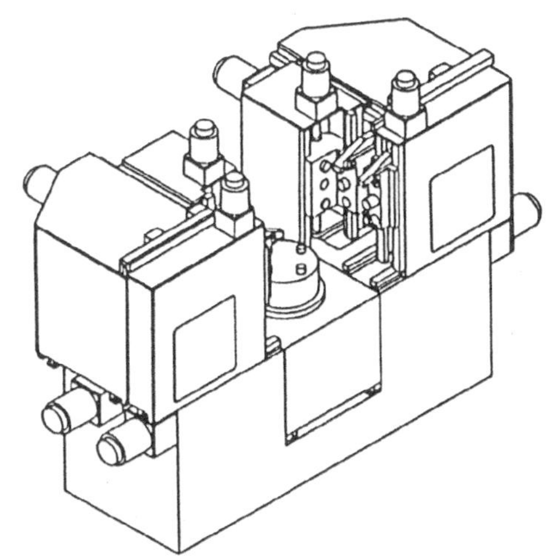

Bild 44-2 Frei positionierbares Spannvorrichtungssystem – Gleitschienenprinzip.

Bei diesem System wird das herzustellende Spannbild durch translatorisch bewegte Elemente verwirklicht. Die in den Spannkörpern angeordneten Spann- und Stützelemente lassen sich in den Grundkörper in vertikaler Richtung verfahren. Die Grundkörper wiederum sind ein- oder zweiachsig, so daß ausreichend viele Freiheitsgrafe zur Verfügung stehen, um die gewünschten Koordinaten der Spann- bzw. Stützpunkte zu erreichen

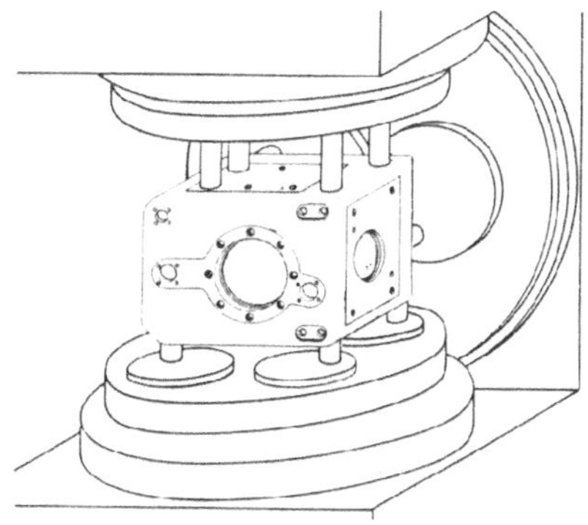

Bild 44-3 Werkstück im numerisch einstellbaren Vorrichtungssystem gespannt

durch die über ihm angebrachten Zylinder vorgespannt, wonach das im vierten Positionierrevolver befindliche Stützelement zur Anlage mit dem Werkstück gebracht und geklemmt wird. Auch die im Haupt- und Nebenrevolver positionierbaren Stützelemente im senkrechten Teil des Ständers werden in ihre vorprogrammierte Position gefahren und geklemmt.

Beim Vorrichtungssystem im Gleitschienenprinzip (Bild 44-2) wird das herzustellende Spannbild durch translatorisch bewegte Elemente verwirklicht. Die Stütz- und Spannelemente lassen sich in den Grundkörpern in vertikaler Richtung verfahren. Die Grundkörper dagegen sind ein- bzw. zweiachsig verfahrbar, so daß eine ausreichende Anzahl der Freiheitsgrade vorliegt, um die notwendigen Koordinaten der Stütz- und Spannelemente zu erreichen.

Diese Vorrichtungssysteme können mit auch flexibel auszubildenden Transport- und Speichersystemen kombiniert werden, so daß sie sicherlich in der weiteren Entwicklung einen festen Bestandteil der flexiblen Fertigungssysteme darstellen werden. Im Bild 44-3 ist ein Werkstück im numerisch gesteuerten Vorrichtungssystem im gespannten Zustand gezeigt. Weiteres s. Lit. [59], [133], [141].

45 Automatische Werkstückerkennung, Positionierung und Spannung in der Vorrichtung

Besonders in der Großserienfertigung empfindlicher Werkstükke (Fotoapparate-, Rundfunk- und Fernseherindustrie usw.) hat sich die Automatisierung der Fertigung auch auf Vorrichtungs-Beschickungsarbeiten, Objekterkennung, Lageorientierung usw. durchgesetzt. Ein am Institut für Konstruktion und Fertigung der Universität Stuttgart[1]) entwickeltes System erkennt räumliche Objekte in einem Raumwürfel (300 mm Kantenlänge). Laserlicht (Bild 45-1) wandert über das Werkstück, wobei der Lichtpunkt von zwei Diodenkameras erfaßt wird, so daß das Werkstück aus zwei unterschiedlichen Richtungen gesehen wird. Die rechnerische Auswertung der Lichtpunktkoordinaten liefert die Merkmale des Werkstückes und seiner Lage, die zur Steuerung der Handhabungs- und Spanneinrichtungen der Vorrichtung benutzt werden.

Das auf dem Transportband (Bild 45-2) ankommende Werkstück wird, nachdem es erkannt wurde und seine Lage bekannt ist, vom rechnergesteuerten Greifer gefaßt und lagerichtig auf die Positionierelemente der Vorrichtung gesetzt. Danach wird das Werkstück gespannt. Weitere Möglichkeiten der Anwendung dieser Einrichtung: einbetten in niedrig schmelzende Metalle (Abschnitt 15.12), verbinden usw. Weiteres s. Lit. [73], [156], [197].

[1]) Leiter: Prof. Dipl.-Ing., Ing. (grad.) A. Jung

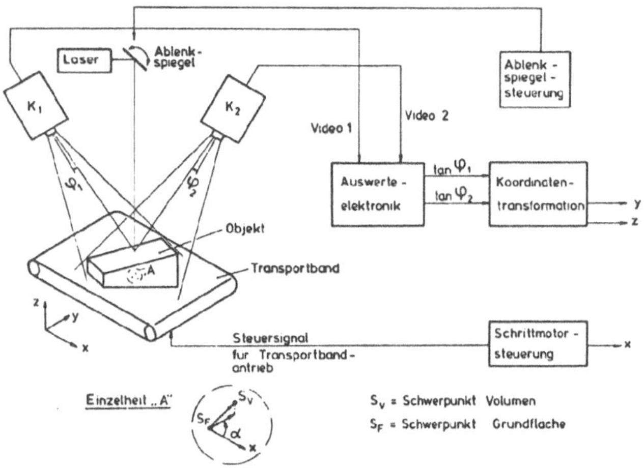

Bild 45-1 Objekterkennungssystem IKFF (Universität Stuttgart)

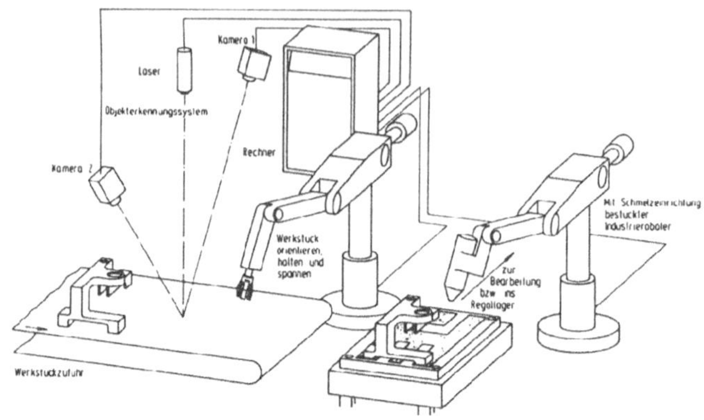

Bild 45-2 Automatische Werkstückerkennung (Objekterkennung)

45.1 Einsatz der Industrieroboter für Werkstückhandhabung an Vorrichtungen

In das Wirksystem „Werkstück – Werkzeug – Werkzeugmaschine" (Kap. 4), in das die Vorrichtung integriert ist, ist auch die die Vorrichtung bedienende Person (Kap. 7) bzw. an ihrer Stelle ein Industrieroboter einzubeziehen. Die Steuerungen der Industrieroboter wurden mit dem Aufkommen digitaler Schaltungen und der numerischen Steuerungen der Werkzeugmaschinen möglich. Diese Gemeinsamkeit erlaubt, die Industrieroboter mit den NC- und CNC-gesteuerten Werkzeugmaschinen zu verknüpfen. In automatischen Fertigungs- und Montagesystemen werden für die Werkstückhandhabung in Verbindung mit Vorrichtungen vermehrt Industrieroboter eingesetzt. Das Werkstückhandhabungssystem bestehend aus einem Industrieroboter und peripheren Einrichtungen, z. B. Geräten zum Zuführen von Werkstücken (Kap. 46), muß ausreichend flexibel hinsichtlich der auszuführenden Funktionen sowie handhabbaren Werkstücke ausgelegt sein.

45.1.1 Forderungen an Industrieroboter für die Verknüpfung mit Vorrichtungen

Folgende Forderungen sind an die Industrieroboter zu stellen:

1. Der Greifer muß an die Vielfalt der zu handhabenden Werkstücke schnell angepaßt und ausgetauscht werden können.
2. Freiheitsgrad 6 vom Gerätesockel bis zum Wirkorgan. Oft wird angenommen, daß es möglich ist, mit drei Bewegungsachsen das Werkstück der Vorrichtung zuzubringen und ihr zu entnehmen. Bei der Analyse des Bewegungsmusters stellt sich heraus, daß es äußerst vielfältig sein muß, da z. B. Hindernisse zu überwinden sind. Sind zusätzlich Bewegungen eines Wendegreifers zu überlagern sowie unterschiedliche Vorrichtungen zu bedienen, so können sehr komplizierte Bewegungsmuster notwendig werden. Wird außerdem verlangt, daß das Werkstück von der Palette aufzunehmen und auf einer anderen abzulegen ist, so ergeben sich zahlreiche Zielpunkte. Einfache Roboter mit geringem Freiheitsgrad sind für derartig komplexe Aufgaben nicht geeignet.
3. Alternative Handsteuerung, mit der eine Person alle Funktionen der Roboterglieder fernsteuernd eingeben kann.
4. Das Programm muß an geänderte Situationen anpaßbar sein, d. h. falls nötig, vom üblichen Programm abweichen können.
5. Programmaustausch vor Ort oder aus der Programmdatei. Werden z. B. für eine Gruppenvorrichtung (Kap. 39) unterschiedliche Bewegungsmuster gebraucht, so müssen andere Programme im Speicher auf Abruf vorliegen, bzw. es muß umprogrammiert werden können. Bei einer DNC-Steuerung ist das jeweilige Programm vom Leitrechner eingebbar.
6. Einfache Verknüpfung mit NC- und CNC-gesteuerten Maschinen.
7. Genügend Kraft um Werkstücke bis ... kg sicher zu bewegen.
8. Genügende Reichweite und Bewegungsraum.
9. Hoher Grad an Zuverlässigkeit und Positioniergenauigkeit. In der Fertigung droht der Roboter den „Dominoeffekt" auszulösen. Beim Ausfall stockt der Fertigungsablauf, wenn ein Arbeiter nicht einspringt. Die mittlere Zeit zwischen zwei Ausfällen (MTBF-Zeit) muß mindestens 400 h betragen. Die mittlere Instandsetzungszeit (MTTR für "Mean Time to Repair") muß gering sein. Ein Instandhaltungsanteil von 2 % der Maschinenzeit sollte als maximaler Wert betrachtet werden.
10. Anpaßfähigkeit an veränderliche Umgebungsbedingungen. Visuelle Sensoren (Kap. 45) können Greifer dirigieren, daß er ein beliebig orientiertes Werkstück erfassen kann (Bilder 45-1 und 45-2). Kraft- und Momentensensoren können das Wirkorgan durch Signale steuern. Sehfähigkeit und Tastsinn werden in naher Zukunft die Regel bei Industrierobotern sein.

Numerische Steuerungen der Werkzeugmaschinen stützen sich auf gleiche technische Mittel wie die Industrieroboter. Sie lassen sich auf einfache Art miteinander verknüpfen. Das macht sie zu Partnern für flexible Fertigungssysteme, die Vorrichtungen einbezogen (Kap. 42), bis hin zur automatischen Fabrik. Weiteres s. Lit. [44], [198], [228].

46 Werkstückhandhabung und Zubringeeinrichtungen

Durch die Automatisierung der Fertigungsmittel wurden die Hauptzeiten wesentlich verkürzt, wobei die Handhabungszeiten jedoch einen immer größeren Anteil am gesamten Arbeitstakt einnehmen. Sie können nur mit Hilfe technischer Mittel, insbesondere mit Hilfe der Werkstückhandhabungs- und -zubringeeinrichtungen gesenkt werden. Unter dem Begriff „Handhabung" versteht man nach Dolezalek[1]) „die Vorgänge, die den Werkstoff- oder Werkstückfluß im Bereich der Fertigungseinrichtung bewirken". Unter den Begriff „Zubringeeinrichtungen" fallen nicht nur die in der letzten Zeit sehr hoch entwickelten Einlegegeräte und Industrieroboter, sondern auch Fördermittel und andere Zubringeeinrichtungen. Eine Trennung zwischen „echten" Fördermitteln und anderen Zubringeeinrichtungen ist kaum möglich, da ein Gerät je nach Aufgabe und Einsatz gleichzeitig Fördermittel und auch Zubringeeinrichtung sein kann. Die Werkstückhandhabung gehört in den Bereich des Vorrichtungsbaues.

Mit Hilfe der Handhabungs- und Zubringeeinrichtungen wird der Werkstück-, Werkzeug- und Werkstofffluß zwischen den Wirkstellen durchgeführt, wobei von den Zubringeeinrichtungen alle Funktionen übernommen werden, die notwendig sind, um das Handhabungsgut in der richtigen Anzahl, Lage und Richtung sowie zum richtigen Zeitpunkt an die Wirkstelle zu bringen und nach Ablauf der Wirkzeit zu entnehmen, zu speichern und/oder weiterzuleiten. Nach der VDI-Richtlinie 3300 wird dieser Bereich als Materialfluß 4. Ordnung bezeichnet. In

[1]) s. Lit. [41], [42].

Zubringefunktion	Kenn-Nr.	Sinnbild	Erklärung
Bunkern	1		Bunkern ist das *ungeordnete*. Speichern in dafür geeigneten Behältern zur Vorratsbildung.
Magazinieren	2		Magazinieren ist das *geordnete* Speichern von Werkstücken in Magazinen.
Weitergeben	3	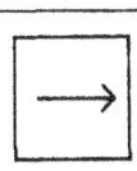	Weitergeben bezeichnet den Fluß des Arbeitsgutes und kann durch die Ausnützung der Schwerkraft oder durch den Zwanglauf der Zubringeeinrichtung erzielt werden.
Abzweigen	3a	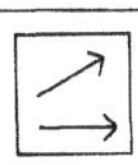	Abzweigen ist eine Form des Weitergebens und bezeichnet das Absondern von Werkstücken aus einem ungeordneten oder geordneten Werkstückstrom, um diesen aufzuteilen oder Werkstücke auszusortieren.
Zusammenführen	3b	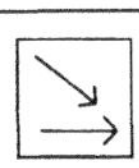	Zusammenführen ist eine Form des Weitergebens und bezeichnet das Vereinigen von Werkstücken zu einem Werkstückstrom.
Ordnen	4	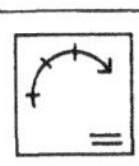	Ordnen bringt Werkstücke aus einer beliebigen in eine bestimmte Lage und Richtung.
Lageprüfen	4a	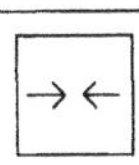	Lageprüfen dient zum Erkennen der Werkstücklage und ermöglicht das Ordnen der Werkstücke.
Wenden Schwenken Umlenken Drehen	4b	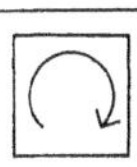	Wenden, Schwenken, Umlenken, Drehen bringen Werk-Stücke in eine neue Lage oder Richtung.
Zuteilen	5	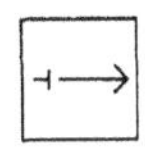	Zuteilen ist das gesteuerte Bereitstellen einer bestimmten Anzahl oder Menge von Arbeitsgut für einen Fertigungsvorgang. Vereinzeln von Stückgut, Dosieren von Fließgut.
Eingeben	6	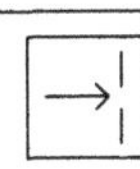	Eingeben ist das direkte und gesteuerte Bewegen des Arbeitsgutes an die Bearbeitungsstelle.
Positionieren	7	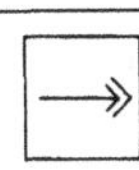	Positionieren – vor oder nach dem Eingeben – ist das Herstellen einer genauen Werkstücklage.
Spannen	7a	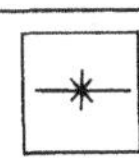	Spannen ist das Festhalten des Arbeitsgutes in einer bestimmten Lage.
Entspannen	7b	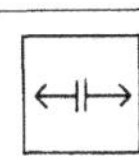	Entspannen ist das Lösen der Span-Spannung.
Ausgeben	8	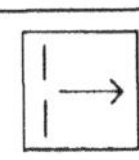	Ausgeben ist das gesteuerte Entfernen des Arbeitsgutes aus der Bearbeitungsstelle.
Bearbeiten	–	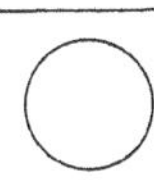	Bearbeiten bezieht sich auf alle Fertigungsvorgänge, wie Urformen, Umformen, Trennen, Fügen, Beschichten sowie auch auf das Ändern der Stoffeigenschaften einschließlich Justieren, Messen und Prüfen.

Bild 46-1 Sinnbilder für Zubringefunktionen nach VDI-Richtlinie 3239 [208]

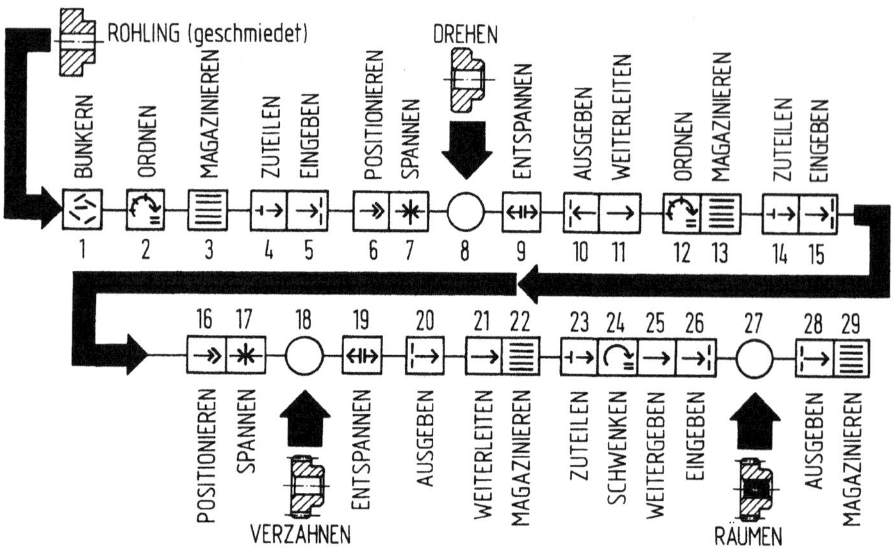

Bild 46-2
Funktionsplan der Zubringefunktionen für die Bearbeitung eines Zahnrades – dargestellt mit Hilfe der Sinnbilder – VDI-Richtlinie 3239 (s. Bild 46-1 und Lit. [208])

Funktion	Sinnbild	Beispiel	Druckluft-Element	Charakteristische Werte
Bunkern			Multivibrator	mit Zylinder 12 ∅ 7 Hz (einstellbar)
Magazinieren			einfach- und doppeltwirk. Zylinder	1 bis 100 Teile/min
Weitergeben (Transport)			einfach- und doppeltwirk. Zylinder	1 bis 100 Teile/min 0,6 bis 60 m/min Vorschubgeschwindigkeit 1 bis 2000 mm Kolbenhub
Lage prüfen			Reflexdüse	Abstand maximal 3 bis 4,5 / bis 5,5 bis 6,5 mm
Spannen			einfach- und doppeltwirk. Zylinder	1 bis 2000 mm Kolbenhub 1 bis 25 000 N Druckkraft ohne Übersetzung
rundtakten			Rundschalttische	Teilschritte von 15°, 30°, 45°, 60°, 90°, 120°
wenden			Drehzylinder	0 bis 90° (einstellbar) 0 bis 290° (einstellbar)
Lineartakten Eingeben			Bandvorschubgerät Zylinder	0 bis 250 mm Hubweg (einstellbar) Materialdicke max. 2 mm
vorschieben (bearbeiten)			pneumatisch-hydraulische Vorschubeinheit	Vorschubgeschwindigkeit: 30 mm/min bis 6000 mm/min
Ausgeben			Impuls-Auswerter oder Zylinder	bis 480 Takte/min 1 bis 100 Teile/min

Bild 46-3 Frequenz, Vorschübe und Genauigkeit von pneumatisch betätigten Zubringeeinrichtungen

der Fachliteratur werden die Zubringefunktionen und die damit im Zusammenhang stehenden Probleme als „Industrial-Handling" bezeichnet.

46.1 Werkstückflußanalyse

Der Werkstückfluß wird analysiert, indem man ihn in die Grundfunktionen auflöst, die in der VDI-Richtlinie 3239 – „Sinnbilder für Zubringefunktionen" (Bild 46-1) festgelegt sind. Mit Hilfe dieser Sinnbilder und Kenn-Nummern läßt sich der Werkstückfluß in Form eines Funktionsplanes (Bild 46-2) aufstellen, wobei vorerst keine Aussage über die Art der technischen Ausführung getroffen wird. Die Sicherung, Kontrolle und Überwachung des Werkstücks sowie der Funktion der Zubringeeinrichtungen werden jedoch vorgesehen. Erst danach wird die Art des Antriebs und der Ausführung festgelegt. Bei Anwendung von z.B. pneumatischen Bauelementen müssen die charakteristischen Werte wie: Frequenz, Vorschub, Genauigkeit usw. (Bild 46-3) beachtet werden.

46.2 Werkstück und Werkstückverhaltenstypen

Es ist auch wichtig festzustellen, wie die Werkstücke für den betreffenden Bearbeitungsvorgang ausgerichtet, positioniert und gespannt werden müssen. Diese Überlegungen müssen bereits während der Konstruktion des Werkstücks (Abschnitte 4.2.1 und 11.1) getroffen werden. Für alle Rohteile, die weitgehend automatisch bearbeitet werden, sind während der Konstruktion 6 Auf- und Anlagepunkte und dazu mindestens 1, meistens jedoch 2 bis 4 Spannpunkte in Zusammenarbeit mit der Vorrichtungskonstruktion festzulegen, um dem Körper 6 Freiheitsgrade (Abschnitt 11.3) zu entziehen.

Für bestimmte Elemente des Werkstücks kommt es oft auf besondere Maßhaltigkeit an. Das Werkstück wird am Genauesten, wenn das Rohteil für die erste Bearbeitung an diesen Stellen aufgenommen wird. Die Erstbearbeitung kann sehr verschiedene Formen annehmen. Auf jeden Fall sollte die Erstbearbeitung von diesen Elementen ausgehen. Es muß also auch von dieser Stelle aus ein einwandfreies Positionieren gegen alle 6 Freiheitsgrade gewährleistet sein. Diese, auf den ersten Blick etwas komplizierte Methode des Positionierens und Spannens, funktioniert einwandfrei. Auch bei Werkstücken, die auf Drehmaschinen bearbeitet werden, z.B. Kurbelwellen, arbeitet man ebenfalls nach diesem Prinzip.

Um Probleme der Werkstückhandhabung systematisch lösen zu können, wurde eine Werkstückklassifizierung aufgebaut, die die Gesamtheit der Werkstücke in nur 12 verschiedene Verhaltenstypen einteilt (s. Lit. [150]). Alle Werkstücke, die demselben Verhaltenstyp angehören (Bild 46-4), besitzen ähnliche oder gleiche Eigenschaften und somit auch ein ähnliches Verhalten unter Schwerkrafteinfluß bezüglich ihrer Handhabung. Diese 12 Verhaltenstypen ergeben mit weiteren Angaben über die Werkstückeigenschaften und die Handhabungseigenschaften über einen Code eine 14stellige verhaltensorientierte Kennzahl (VOKZ). Sie soll bei der Lösung von Handhabungsproblemen ein systematisches Vorgehen ermöglichen sowie den Einsatz von Lösungskatalogen bzw. der elektronischen Datenverarbeitungsanlage gestatten.

Ein Beispiel einer Zubringeeinrichtung zeigen die Bilder 46-5 und 46-6.

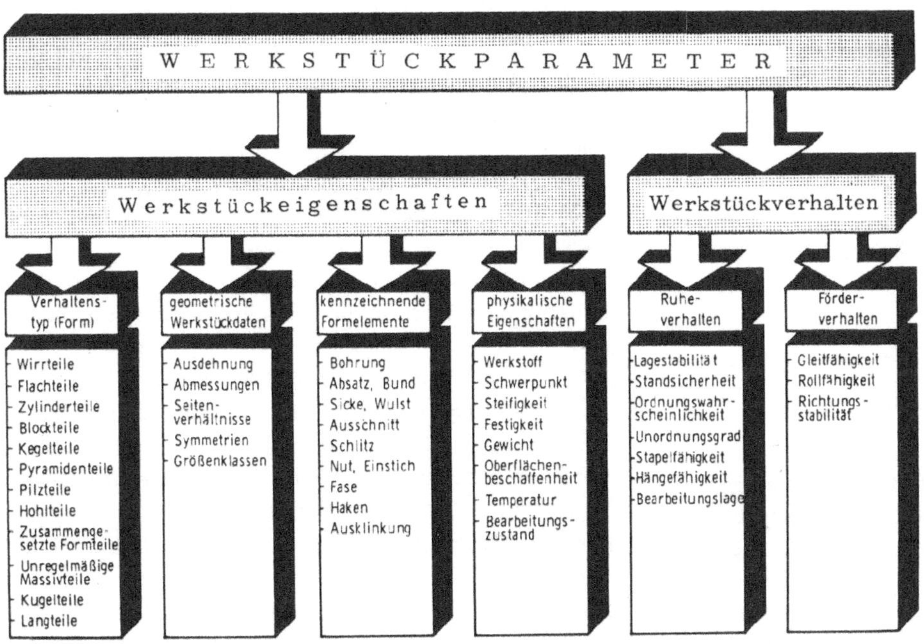

Bild 46-4

Zusammenstellung der Werkstückparameter hinsichtlich der Zubringeeigenschaften [150]

Bild 46-5 Freistehende Zubringeeinrichtung (pneumatisch betätigt) mit einem Kreis-Werkstückmagazin.

Alle Greif-, Schwenk-, Zuführ- und Spannbewegungen werden mittels der drei Druckluftzylinder ausgeführt. Der Greifer nimmt nach jedem Maschinentakt das Werkstück aus dem Magazin, schwenkt nach oben und führt es in das geöffnete Spannfutter ein. Danach fährt der Greifer zurück. Sobald ein Werkstück aus dem Magazin entnommen wurde, schaltet das Kreismagazin um einen Schritt weiter. Diese Zubringeeinrichtung ist frei beweglich und kann auch an anderen Werkzeugmaschinen eingesetzt werden

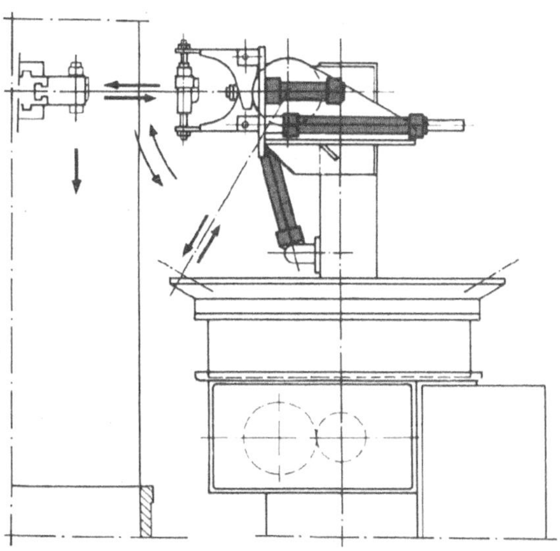

Bild 46-6 Schematische Darstellung der im Bild 46-5 abgebildeten Zubringeeinrichtung mit Werkstück-Kreismagazin

46.3 Vorgehensweise zur Lösung von Handhabungsaufgaben

Im Bild 46-7 sind die Arbeitsschritte aufgeführt, die eine systematische Vorgehensweise zur Lösung von Handhabungsaufgaben ermöglichen. Es ist selbstverständlich, daß im Rahmen eines nur zur Darstellung der Problematik verfaßten Kapitels nicht alle anstehenden Probleme besprochen werden können. Es wird daher empfohlen, auf die zahlreiche Literatur in dieser Hinsicht zurückzugreifen. Weiteres s. Lit.

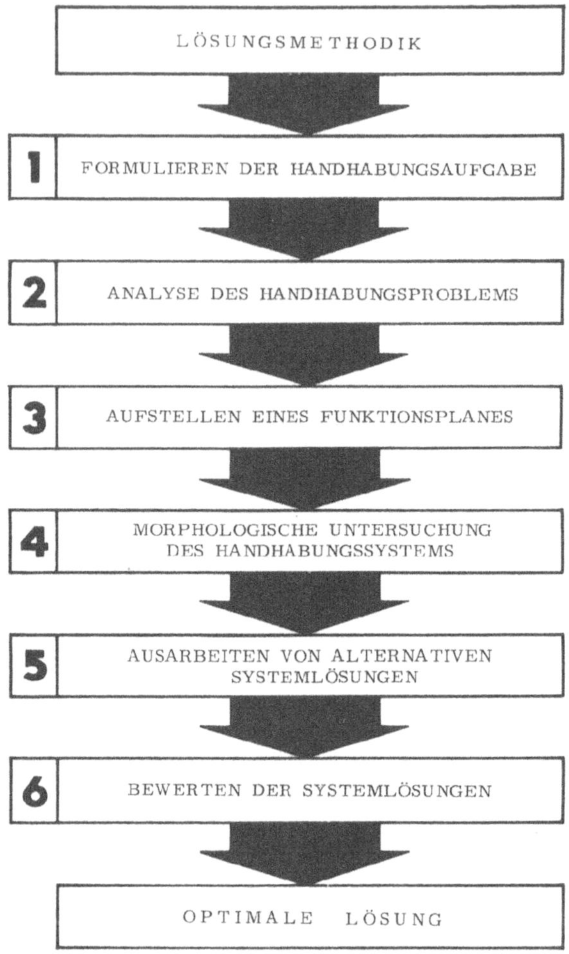

Bild 46-7 Vorgehensweise zur Lösung von Handhabungsaufgaben [150]

Bild 46-7 Vorgehensweise zur Lösung von Handhabungsaufgaben [150]

46.4 Richtlinien zur Lösung von Handhabungsaufgaben

1. Werkstückanalyse (Grundfunktionen) durchführen und mit Hilfe der Sinnbilder (Bild 46-1) darstellen.
2. Das Werkstück auf handhabungsgerechte geometrische Form prüfen sowie hinsichtlich der Zubringeeigenschaften (Bild 16-4) untersuchen und gegebenfalls Änderungsvorschläge an die Produktkonstruktion unterbreiten.
3. Positionierelemente des Werkstücks (Abschnitt 11.2) als Funktion der Zubringe- und Handhabungsfunktionen überprüfen und notfalls „künstliche" Elemente (Abschnitt 11.1) vorsehen, bzw. vorhandene Positionierelemente ändern.
4. Zusammenhänge zwischen dem Werkstück und seinen Zubringe- und Handhabungseigenschaften, der Vorrichtung sowie der Werkzeugmaschine analysieren und nötigenfalls den Werkstückfluß (Pkt. 1 und Bild 46-1) ändern.
5. Den Werkstückverhaltenstyp und die verhaltensorientierte Kennzahl (VOKZ) (Abschnitt 42.6) ermitteln.
6. Mit Hilfe der Lösungsmethodik (Abschnitt 46.3, Bild 46-7) die Zubringe- und Handhabungsaufgabe technisch und wirtschaftlich optimal lösen.

47 Bohrvorschubeinheiten, Bearbeitungsaggregate

Unter dem Begriff „Bohrvorschubeinheiten“ werden automatisch arbeitende Einheiten verstanden, die neben der Drehbewegung der Arbeitsspindel auch eine automatische Vorschub- und Rückbewegung ausführen. Diese Einheiten werden für Bohr-, Reib-, Senk- und Gewindeschneidarbeitsgänge eingesetzt. Sie können zu Aggregaten zusammengesetzt werden, die ein oder mehrere Werkstücke gleichzeitig oder nacheinander von mehreren Seiten bearbeiten. Die Aufgabe des Vorrichtungskonstrukteurs ist einerseits, diese Einheiten zu Aggregaten zusammenzustellen, und andererseits, entsprechende Werkstückpositionier- und -spannvorrichtungen zu konstruieren, die in Verbindung mit Werkstückbewegungseinrichtungen, wie z.B. Teiltische, Rundtaktische u.a., arbeiten.

47.1 Vorteile der Anwendung von Bohrvorschubeinheiten

1. Möglichkeit der Zusammenfassung zu Aggregaten, die aus mehren Einheiten bestehend, ein oder mehrere Werkstücke kontinuierlich bearbeiten,
2. leichte und kompakte Bauweise,
3. kurze Lieferzeiten der Einheiten bzw. ganzer Aggregate,
4. leichte Umstellung auf andere Werkstücke,
5. Wiederverwendung der Einheiten nach Auslauf der Serie,
6. einfache Wartung,
7. Funktionssicherheit,
8. hohe Lebensdauer.

47.2 Arten der Bohrvorschubeinheiten

Im Bild 47-1 sind alle Arten der handelsüblichen Bohrvorschubeinheiten mit ihren Vor- und Nachteilen, die die einzelne Art kennzeichnen, aufgeführt. Diese Einheiten, die auch als Fräseinheiten (geringerer Anteil) geliefert werden, können mit rein pneumatischer, pneumatisch-hydraulischer (s. Kap. 48), rein hydraulischer oder mechanischer Vorschubbewegung ausgestattet sein. Bei der Entscheidung über die Art der Bohr- bzw. Fräsvorschubeinheiten müssen folgende Merkmale besonders berücksichtigt werden: Drehzahl als Funktion der Schnittgeschwindigkeit und Standzeit der Werkzeuge maximale Bohr- bzw. Fräsleistung, Drehzahländerung, Drehrichtungswechsel, Genauigkeit der auszuführenden Arbeitsgänge, Umrüstbarkeit, Erweiterungsfähigkeit und Kombinationsmöglichkeit mit anderen Einheiten bzw. Aggregaten. Die Vielfalt der handelsüblichen Ausführungen der Bohr- und Fräsvorschubeinheiten macht es unmöglich auf genauere Angaben einzugehen. Die Technischen Daten können den Katalogen der Hersteller entnommen werden.

System	Drehantrieb	Vorschub	Vorteilhaft	weniger günstig
a) 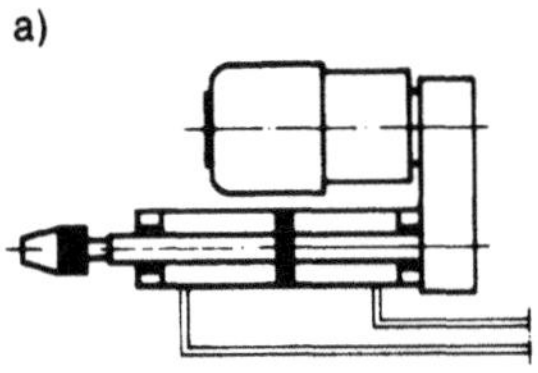	**Elektromotor** (Drehstrommotor, Universalmotor oder Schnellfrequenzmotor).	pneumatisch Pneum. hydr. hydraulisch oder mechanisch	Wirtschaftliches Antriebs-System. Kompakte betriebsfertige Einheiten. Große Genauigkeit.	In bezug auf die Bohrleistung schwere und baulich große Einheiten. Begrenzte Drehzahlbereiche. (Umformer für Schnellfrequenz).
b) 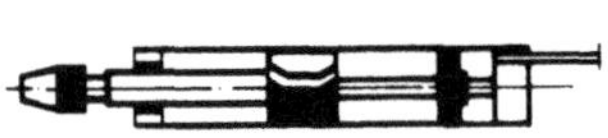	**Druckluftmotor** (Lamellenmotor)	pneumatisch pneum. hydr.	Nur eine Energieart für Vorschub und Drehantrieb. Sehr hohe Bohrdrehzahlen möglich. Günstiges Leistungsgewicht. Ohne Schaden überlastbar.	Unter Belastung Drehzahlabfall. Hohe Energiekosten. Geräuschbelästigung. Wartungsaufwand.
c) 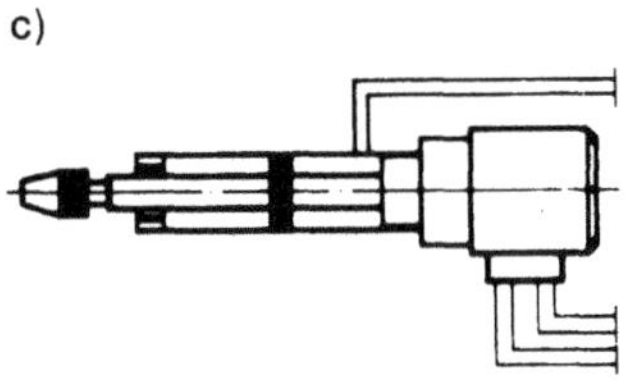	**Hydraulikmotoren** (Axialkolben-Motoren, ORBIT-Motoren oder Zahnradmotoren)	hydraulisch	Bohrleistung äußerst günstig im Vergleich zur Baugröße. Stufenlose Drehzahlregulierung möglich. Nur ein Energiesystem für Vorschub und Drehantrieb.	Hohe Bohrdrehzahlen nicht realisierbar. Hydraulik-Aggregat erforderlich.
d) 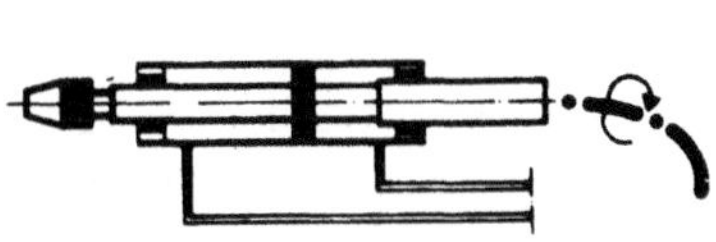	**biegs. Wellen** - Elektro.-Motor (Mehrfachantrieb)	pneumatisch pneum. hydr.	Wirtschaftliches Antriebs-System. Großer Drehzahlbereich. Kleine Einheiten bei großen Bohrleistungen. Stufenlose Drehzahlregulierung.	Bohrdrehzahlen über 10000 U/min. nicht möglich. Länge der biegsamen Wellen max. 3,5 m.

Bild 47-1 Arten der Bohrvorschubeinheiten mit ihren Vor- und Nachteilen; aufgestellt hinsichtlich ihres Drehantriebes

47.3 Anwendungsbeispiele der Bohrvorschubeinheiten

In den Bildern 47-2 bis 47-19 sind eine Baugruppenübersicht, mehrere Aggregate, die aus Bohrvorschubeinheiten bestehen sowie Einsatzbeispiele mit Werkstücken dargestellt.

Die Bilder 47-16 und 47-17 zeigen ein Beispiel, das über die Leistung der Bohrvorschubeinheiten Auskunft gibt. In einem im Bild 47-16 dargestellten Mischkörper für Flugzeug-Strahlentriebwerke werden insgesamt 1640 Bohrungen 2,5 mm ϕ, 3 mm ϕ, 5 mm ϕ und 6 mm ϕ in hitzebeständigem Blech von 1,6 mm Dicke gebohrt. Die Taktzeit beträgt 20 min. Weiteres

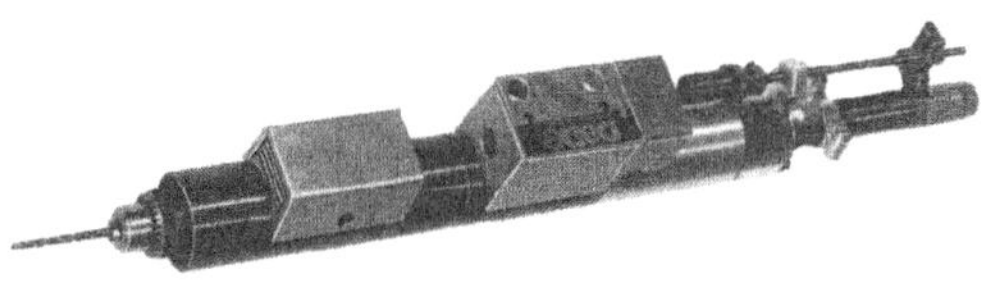

Bild 47-2 Bohrvorschubeinheit mit Druckluftmotor

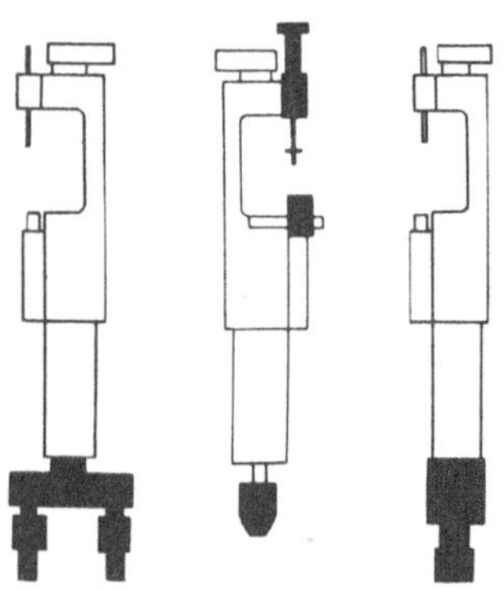

Bild 47-3 Vorschubgrundeinheit mit Standardzubehörelementen (schwarz hervorgehoben)

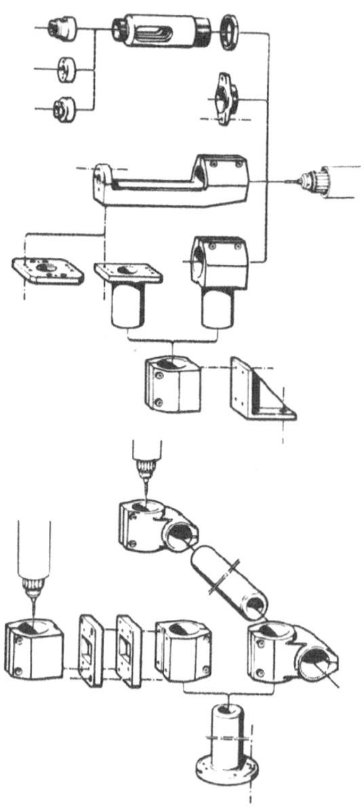

Bild 47-4 Standard-Befestigungselemente mit druckluftbetriebenen Bohrvorschubeinheiten

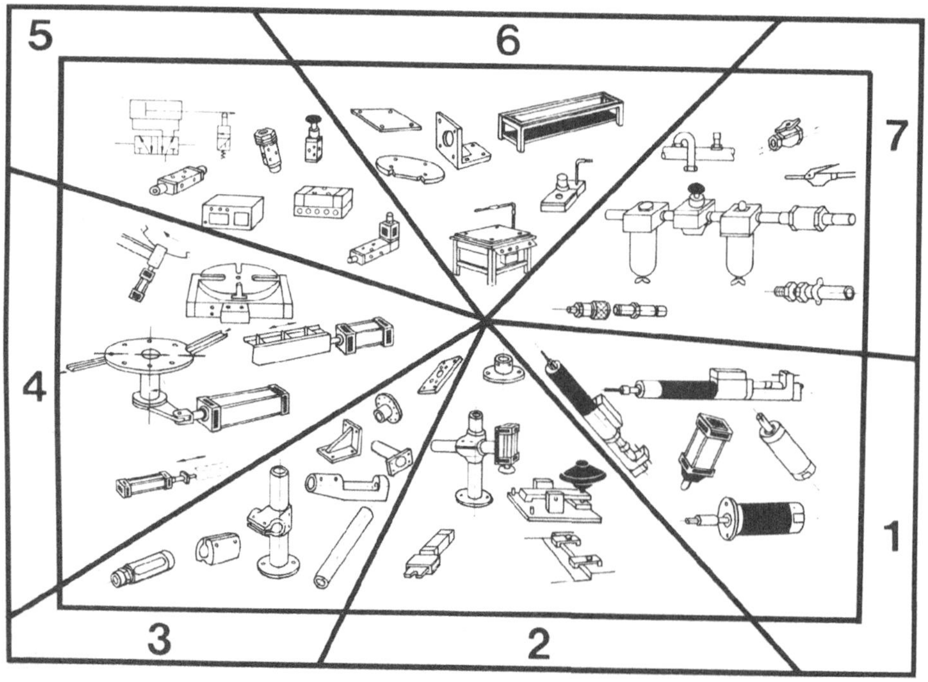

Bild 47-5 Hauptelemente der Bohrvorschubeinheiten, die zu einem Bearbeitungsaggregat kombiniert werden können:
1 Bearbeitungseinheiten, 2 Werkstück-Spannvorrichtungen, 3 Befestigungselemente (s. Bild 47-4), 4 Bewegungseinrichtungen, 5 Steuersysteme, 6 Grundaufbaueinheiten, 7 Druckluftversorgungselemente

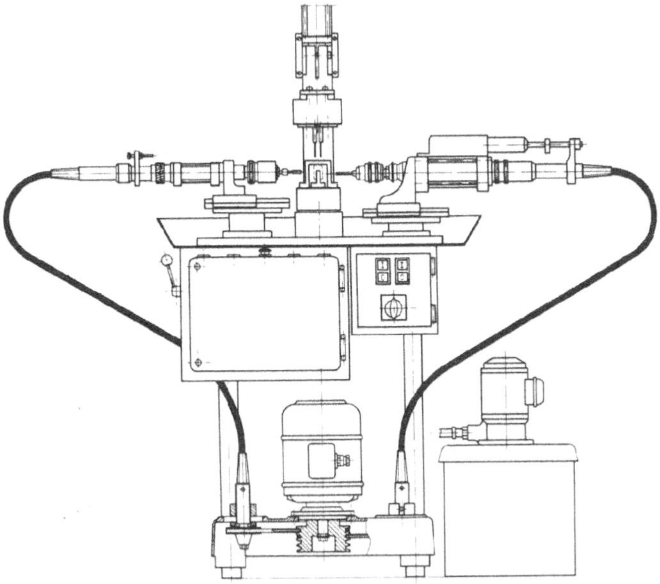

Bild 47-6 Bohrvorschubeinheiten mit biegsamen Wellen als Antriebselemente, zu einem kompletten Aggregat zusammengebaut

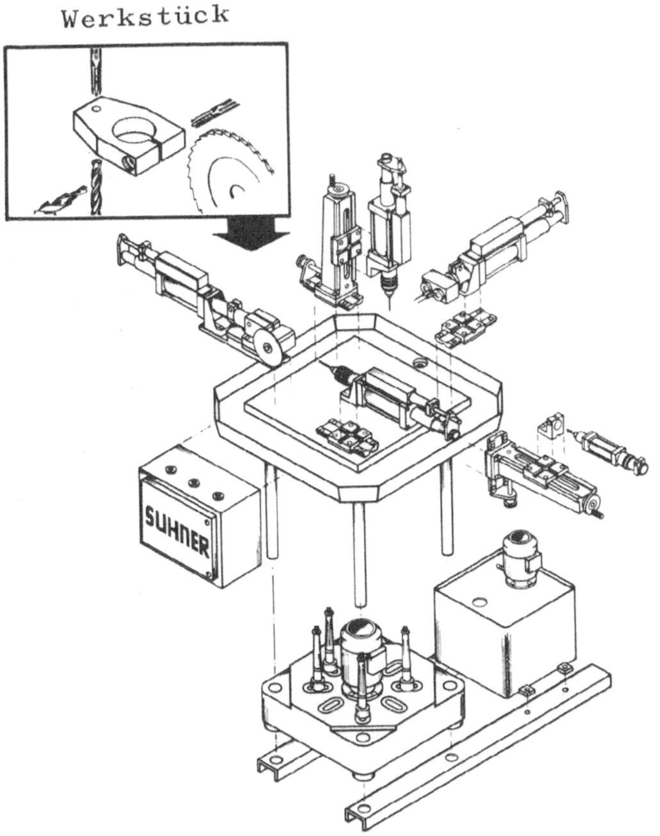

Bild 47-7 Baugruppen des im Bild 47-6 dargestellten Aggregats mit Werkstückabbildung

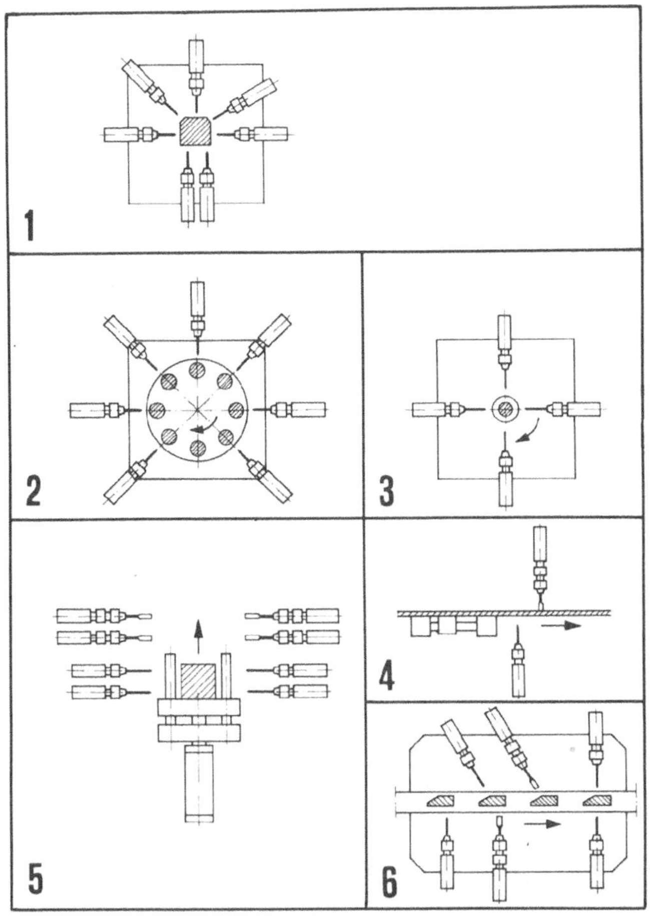

Bild 47-8 Grundarten der Bearbeitungsmöglichkeiten mit Bohrvorschubeinheiten:

1. Eintaktverfahren für mehrspindlige Bearbeitung mit fester Werkstückposition,
2. Rundtaktverfahren (s.a. Abschnitt 23.6),
3. Teilverfahren (ein Werkstück mittig in Drehbewegung),
4. Lineartaktverfahren mit Verschiebeschlitten,
5. Linearverfahren mit Taktvorschubgerät,
6. Transferstraße

steht in der Bildbeschreibung. Dieses Beispiel zeigt, daß auch Werkstücke mit größeren Ausmaßen und vielen Bohrungen sich auch für die Bearbeitung mit Hilfe der Bohrvorschubeinheiten sehr gut eignen. Aus weiteren Bildern und Beispielen dieses Kapitels sind weitere Einsatzmöglichkeiten des wirtschaftlichen Einsatzes der Bohrvorschubeinheiten, die zu Aggregaten zusammengefaßt werden, zu ersehen. Weiteres siehe Literatur: [48], [51], [52], [78], [114], [117], [136], [146], [246], [299], [300], [301].

47.4 Richtlinien für die Wahl der Art und den Einsatz der Bohrvorschubeinheiten

Bevor die endgültige Entscheidung über die Art bzw. Arten der Bohrvorschubeinheiten, die für die Bearbeitung eines Werkstückes zu einem oder mehreren Aggregaten fällt, müssen folgende Fragenkomplexe eindeutig geklärt werden:

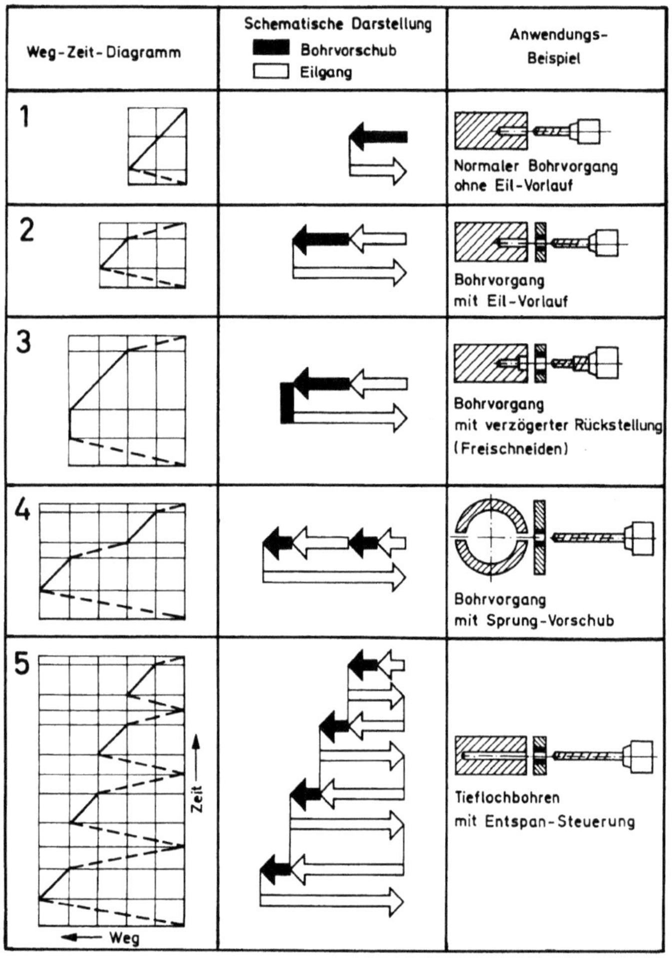

1. *Hinsichtlich des zu bearbeitenden Werkstücks:*
   - 1.1 Größe des Werkstücks. Läßt sich das Werkstück im Hinblick auf seine Größe mit Hilfe der Bohrvorschubeinheiten wirtschaftlich bearbeiten?
   - 1.2 Geometrische Form des Werkstücks. Ist die geometrische Form des Werkstücks für die Bearbeitung mit Hilfe der Bohrvorschubeinheiten geeignet? Müssen bzw. können die Fertigung erleichternde und verbilligende Änderungen der geometrischen Form des Werkstücks vorgenommen werden? Falls ja, welche?
   - 1.3 Zu bearbeitende Werkstückselemente. Sind die zu bearbeitenden Flächen, Bohrungen usw. fertigungsgerecht hinsichtlich der Bearbeitung mit Hilfe der Bohrvorschubeinheiten ohne besondere Vorkehrungen bzw. Änderungen gestaltet bzw. müssen Änderungen vorgenommen werden (Abschnitt 4.2.2)?
   - 1.4 Bearbeitungsgenauigkeit. Ist die vorausgesetzte Bearbeitungsgenauigkeit der bearbeiteten Werkstückelemente ohne besondere Vorkehrungen zu erreichen?

Bild 47-9 Weg-Zeit-Diagramm und schematische Darstellung der Bewegungsabläufe der Bohrvorschubeinheiten

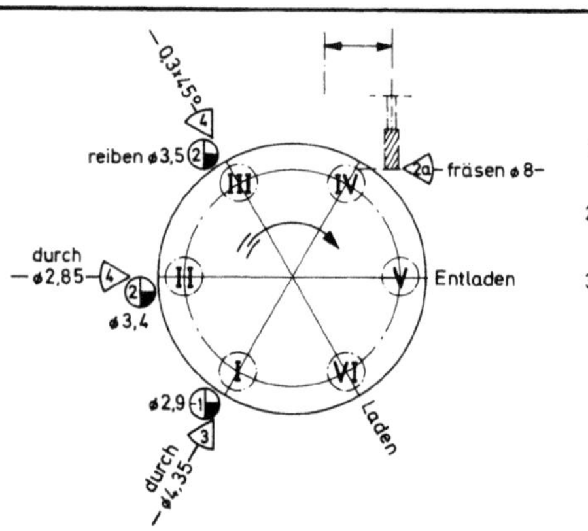

Anlage A Rundtakt-Verfahren

Operationsfolge

	Stat.	Loch Nr.	Loch Größe	Be-arbeitg.	Spindel	Spindel Anordng.	
1	I	3	ø5,2	senken	PB 10-35	horiz.	
	IV	3 a	ø5,2	senken	PB 10-35	horiz.	
2	II	3	M 5	Gewinde	PB 10-35	horiz.	
	V	4 a	0 3×45°	senken	PB 10 35	horiz.	
3	III	4	ø2,85	reiben	PB 10-55	horiz.	
	VI	3 a	ø4,47	reiben	PB 10-35	horiz.	

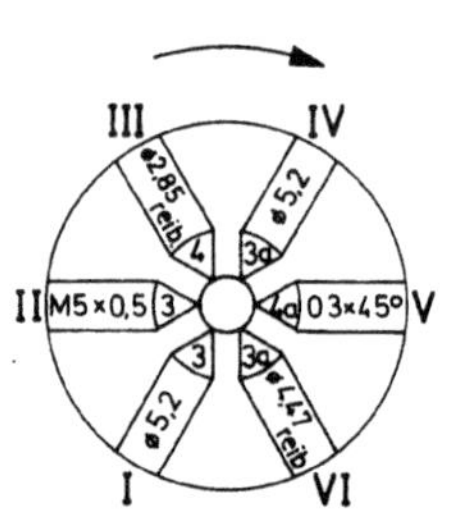

Anlage B Teil-Verfahren

Operationsfolge

Stat.	Loch Nr.	Loch Größe	Be-arbeitg.	Spindel	Spindel Anordng.	
I	1	ø 2,9	bohren	PB 10-35	vertik.	
	3	ø 4,35	bohren	PB 10-55	horiz.	
II	2	ø 3,4	bohren	PB 12-B	vertik.	
	4	ø 2,5	bohren	PB 10-55	horiz.	
III	2	ø 3,5	reiben	PB 10-55	vertik.	
	4	0,3×45°	senken	PB 10-35	horiz.	
IV	2a	ø 8	fräsen	PB 12-E	horiz.	
	—	—	—	—	—	—
	—	—	Entladen	—	—	—
	—	—	Laden	—	—	—

Bild 47-10

Beispiel eines Bohrplanes für Stahl gelenkwerkstücke mit 13 verschiedenen Bearbeitungsarbeitsgängen. Durchlaufzeit je Werkstück: auf Aggregat a: 10 s, auf Aggregat B: 20 s

Bild 47-11
Funktionsdiagramm einer Pneumatiksteuerung eines Bearbeitungs-Aggregates

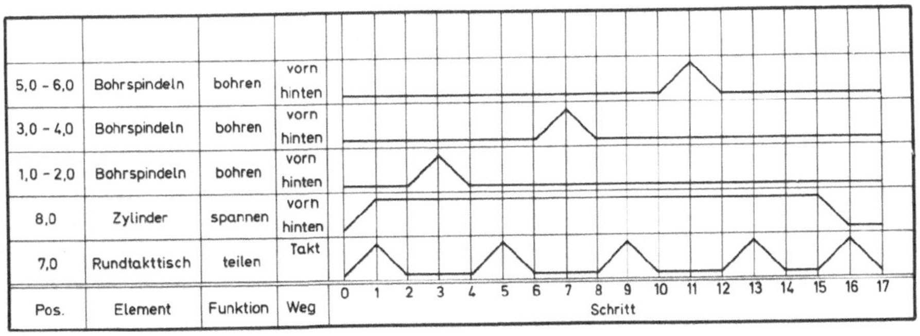

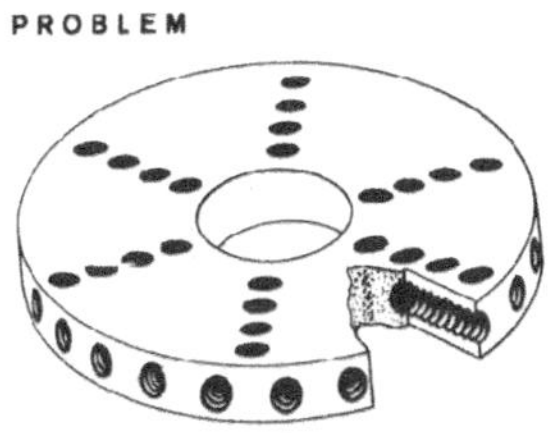

Bild 47-12
Scheibenförmiges Werkstück (Kupplungsscheibe) mit 24 Bohrungen Ø 6,2 mm (Gewinde M8), Werkstoff: Ck 45 V, das mit Hilfe des im Bild 47-13 dargestellten Aggregates bearbeitet wird. Taktzeit: Bohren und Gewindeschneiden: 8 Minuten

Bild 47-13 Bearbeitungsaggregat (Bohren und Gewindeschneiden) für das im Bild 47-12 abgebildete Werkstück. Im Vordergrund ein Rundtakttisch (Abschnitt 23.6) mit Elektroantrieb. Um den Rundtakttisch herum sind die Bohr- und Gewindeschneideinheiten angeordnet

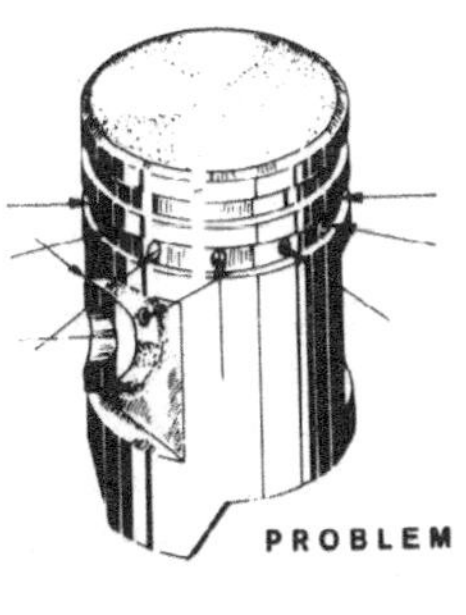

Bild 47-14
Ein Kolben mit eingezeichneten zu bearbeitenden Bohrungen. Das Aggregat für die Bearbeitung dieses Werkstücks ist im Bild 47-15 dargestellt. Alle radial angeordneten Bohrungen werden gleichzeitig gebohrt. Taktzeit: 12 s

1.5 Oberflächenqualität. Ist die vorgesehene Oberflächenqualität der bearbeiteten Flächen auf einfache Art zu erreichen?

1.6 Sind bisher ähnliche Werkstücke und Werkstückelemente mit Hilfe von Bohrvorschubeinheiten bearbeitet worden und welche Erfahrungen liegen in dieser Hinsicht vor?

1.7 Werkstückwerkstoff. Läßt sich der Werkstückwerkstoff gut bearbeiten und die Späne leicht beseitigen?

1.8 Eignet sich die geometrische Form des Werkstücks für die Zuführung und Eingabe in die Vorrichtung und Ausgabe aus der Vorrichtung mit Hilfe einer Zubringeeinrichtung (Kap. 46 – s. a. Pkt. 2.4)?

1.9 Kann das Werkstück mit Hilfe der Bohrvorschubeinheiten fertig bearbeitet werden, oder kommen noch ein oder mehrere Arbeitsgänge hinzu? Falls ja – welche und auf welchen Maschinen werden sie durchgeführt?

2. *Hinsichtlich der Vorrichtung bzw. Vorrichtungen*

2.1 Welche Art der Vorrichtung erfüllt technisch und wirtschaftlich (Abschnitt 2.2) optimal die an sich gestellten Forderungen (Kap. 56)?

2.2 Läßt sich das Werkstück einwandfrei in die Vorrichtung eingeben (Abschnitt 10.2), in ihr eindeutig positionieren (Kap. 11) und spannen (Kap. 15) sowie aus ihr entnehmen (Abschnitt 10.4)?

2.3 Ist die geometrische Form des Werkstücks (s. Pkt. 1) hinsichtlich der unter Pkt. 2.2 aufgeführten Probleme geeignet bzw. müssen – insbesondere im Hinblick auf das Positionieren – künstliche Positionierelemente (Abschnitt 11.1) geschaffen werden? Falls notwendig – können sie am Werkstück angebracht werden und an welchen Stellen? Können sie nach der vollzogenen Bearbeitung am Werkstück verbleiben oder müssen sie beseitigt werden?

2.4 Liegen Erfahrungen mit Vorrichtungen für ähnliche Werkstücke vor?

2.5 Sind Vorrichtungen für ähnliche Werkstücke vorhanden – falls ja – können sie durch Umbau oder Anpassung an die in Frage kommenden Werkstücke eingesetzt werden?

2.6 Wie hoch sind die maximalen Kosten, die für die Vorrichtungen aufgewendet werden dürfen (Abschnitt 2.2)?
2.7 Wird das Werkstück von Hand bzw. mit Hilfe von Zubringeeinrichtungen (Kap. 46) in die Vorrichtung eingegeben?
2.8 Falls Zubringeeinrichtungen vorgesehen – wird nach der Lösungsmethodik (Abschnitt 46.3 – insbesondere Bild 46-7) vorgegangen.
2.9 Wird das Werkstück durch Muskelkraft oder kraftbetätigt in der Vorrichtung gespannt (Abschnitte 25.1 und 25.2)?
2.10 Falls das Werkstück kraftbetätigt gespannt wird – Art der Kraftbetätigung (Kap. 26 und 27).
2.11 Größe der Spannkraft (Abschnitt 15.5)?
2.12 Anzahl der notwendigen Vorrichtungen?
2.13 Punkt 2.12 kommt besonders dann zur Geltung wenn eines der unter Pkt. 5.2 bis 5.6 genannten Verfahren in Frage kommen.
2.14 Kompliziertheitsgrad der notwendigen Vorrichtungen?

3. *Hinsichtlich der Bearbeitungsparameter und der Leistung der Bohrvorschubeinheiten:*
3.1 Bearbeitungsparameter unter Berücksichtigung der Werkzeuge und Werkzeugwerkstoffe festlegen.
3.2 Für die Bearbeitung – unter Berücksichtigung der Standzeiten der Werkzeuge – die Drehzahlen der Spindeln der Bohrvorschubeinheiten festlegen.
3.3 Die notwendige Leistung der einzelnen Bohrvorschubeinheiten als Funktion der verschiedenen Parameter ermitteln.
3.4 Sind Drehzahländerungen der Arbeitsspindeln der Bohrvorschubeinheiten notwendig – falls ja – welcher?
3.5 Ist Drehzahlwechsel bestimmter Arbeitsspindeln der Bohrvorschubeinheiten notwendig?
3.6 Ist Drehrichtungswechsel bestimmter Arbeitsspindeln der Bohrvorschubeinheiten notwendig?
3.7 Werden Kühl- und/oder Schmiermittel verwendet – falls ja – welche Eigenschaften weisen sie auf?
3.8 Welche anderen Faktoren sind zu berücksichtigen, z.B. verlangsamte Gewindebohrer-Rückbewegungsgeschwindigkeit um das Gewinde nicht zu beschädigen usw.

4. *Hinsichtlich des Systems der Bohrvorschubeinheiten*
4.1 Welches System (Bild 47-1) entspricht am besten der anstehenden Bearbeitungsaufgabe und den Eigenschaften des Werkstücks (s. Pkt. 1)? Dieses betrifft Neuanschaffung der Bohrvorschubeinheiten.
4.2 Welche vorhandenen Bohrvorschubeinheiten bzw. ganze Aggregate können für den vorliegenden Bearbeitungsfall wiederverwendet werden bzw. durch neue Bohrvorschubeinheiten ergänzt und der neuen Aufgabe angepaßt werden?

Bild 47-15 Bearbeitungsaggregat zum Bohren aller radial verlaufenden Bohrungen am im Bild 47-14 abgebildeten Werkstück

Bild 47-16 Ein Mischkörper für Flugzeug-Strahltriebwerke. Das Lochbild ist in 40 gleiche Segmentbilder aufgeteilt. Jedes Segment enthält 41 Bohrungen (13/2,5 mm, 18/3 mm, 6/5 mm und 4/6 mm ∅), so daß insgesamt 1640 Bohrungen gebohrt werden. Werkstoff: hitzebeständiges hochlegiertes Titanblech 1,6 mm dick. Taktzeit: 20 Minuten

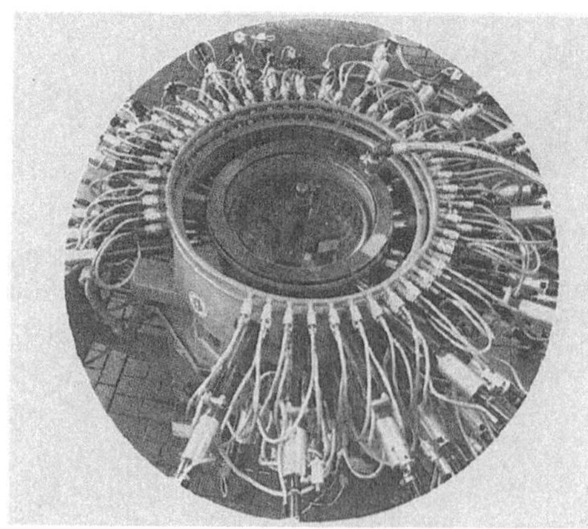

Bild 47-17 Bohraggregat zum Bohren sämtlicher Bohrungen in dem im Bild 47-16 abgebildeten Werkstück. Die geringen Baumaße, insbesondere der geringe Außendurchmesser der Bohreinheiten (s.a. Bild 47-2) erlauben diese zusammengedrängte Bauweise des Aggregats und die Unterbringung vieler Bohreinheiten auf engem Raum nebeneinander

Bild 47-18 Bohraggregat umrüstbar für die im Bild unten rechts dargestellten Werkstücke

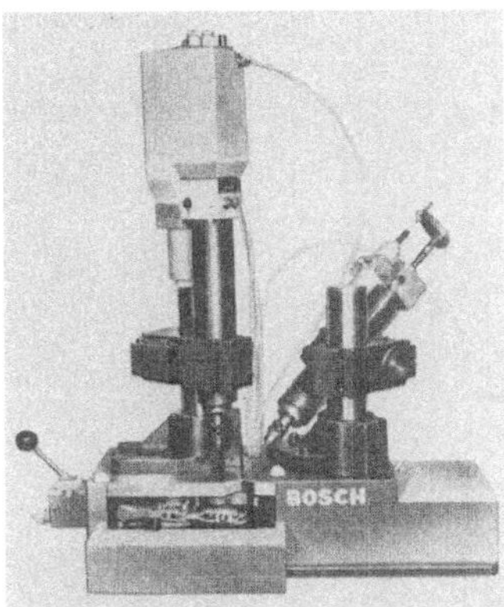

Bild 47-19 Zwei Bohreinheiten auf werksgenormten Säulen (Baukasten) und einem Grundkörper aufgebaut. Das Werkstück wird mit Hilfe eines handelsüblichen Kniehebel-Schnellspanners (Abschnitt 16.11) gespannt

4.3 Können die ausgewählten Bohrvorschubeinheiten um das zu bearbeitete Werkstück untergebracht werden um dieses in Eintaktverfahren (Pkt. 5.1) bearbeiten zu können? Dabei müssen die Baumaße beachtet werden, sowohl des Werkstücks als auch der Bohrvorschubeinheiten, und der Befestigungselemente sowie der Vorrichtung.

4.4 Ist die Anwendung der Mehrtaktverfahren (Punkte 5.2 bis 5.6) notwendig, so muß die Unterteilung der Arbeitsgänge erfolgen und diese Planung exakt durchgeführt werden, um mit so wenigen Taktschritten wie möglich auszukommen.

4.5 Ist die notwendige Antriebsenergieart für das vorgewählte System (Bild 47-1) vorhanden und kann sie benutzt werden?

4.6 Ist diese Antriebsenergieart an der Stelle vorhanden, an der sie benötigt wird? Falls nicht, wie hoch sind die Installationskosten?

4.7 Ist die notwendige Leistung vorhanden?

4.8 Werden zwei verschiedene Antriebsenergiearten benötigt? Falls ja, wie werden sie an die Stellen, an denen sie benötigt werden, zugeführt?

5. *Hinsichtlich des Verfahrens (Bild 47-8):*

Unter der Berücksichtigung der Punkte 1 bis 4 wird das Verfahren festgelegt:

5.1 Eintaktverfahren für mehrspindlige Bearbeitung des Werkstückes mit einer festen Werkstückposition (Bild 47-8/1),

5.2 Rundtaktverfahren (Bild 47-8/2),

5.3 Rundtaktverfahren mit Teilverfahren (Bild 47-8/3),

5.4 Lineartaktverfahren mit Verschiebeschlitten (Bild 47-8/4),

5.5 Taktvorschubverfahren mit Taktvorschubgerät (Bild 47-8/5),

5.6 Transferstraßen-Aggregat (Bild 47-8/6),

5.7 Kombination der unter Pkt. 5.2 bis 5.6 genannten Verfahren untereinander.

6. *Hinsichtlich der mit dem Verfahren zusammenhängenden Probleme:*

6.1 Ist die Bearbeitungsaufgabe in einem Takt oder in mehreren Takten – s. Beispiel Bilder 47-16 und 47-17 – zu erfüllen?

6.2 Ist die Aufgabe mit einem Aggregat und einem Verfahren – Pkt. 5 – zu erfüllen, oder es sind mehrere Aggregate und/oder Verfahren notwendig?

6.3 Welche anderen Kombinationsmöglichkeiten der Verfahren und Aggregate untereinander sind möglich?

6.4 Welche Taktzeit ist notwendig – Winkelteilungen der Rundtaktverfahren einbezogen?

6.5 Aufstellung der Bewegungsabläufe der Bohrvorschubeinheiten – s. Bild 47-9.

6.6 Aufstellung des Funktionsdiagramms – s. Bild 47-11.

6.7 Ist eine Umrüstung des Aggregats vorgesehen?

6.8 Ist eine spätere Erweiterung des Aggregats geplant?

6.9 Wird das Aggregat mit anderen Aggregaten kombiniert oder verkettet?

6.10 Welche werksgenormten Zusatzeinrichtungen werden für den Zusammenbau der Aggregate und für den Aufbau der Bohrvorschubeinheiten benötigt?

6.11 Welche selbstkonstruierten und selbstgefertigten Bauelemente sind für diese Fertigungsanlage notwendig?

7. *Hinsichtlich der Antriebsenergieart vorliegende Probleme:*

7.1 Punkte 4.5 bis 4.8 beachten und beantworten.

7.2 Werden nicht nur für die Bearbeitungseinheiten (Pkt. 4.5) sondern für andere Zwecke (z. B. Antrieb des Rundtakttisches, Betätigung der Vorrichtung und/oder der Zubringeeinrichtung) benötigt?

7.3 Ist bzw. sind die notwendigen Antriebsenergiearten vorhanden?

7.4 Werden mehrere Antriebsenergiearten benötigt, wie kann man ihre Anzahl reduzieren bzw. auf eine übergehen und welche Mittel und Einrichtungen sind dazu notwendig?

48 Pneumatisch-hydraulische Vorschubeinheiten

Zur Erzeugung geradliniger Vorschubbewegungen, die in der modernen Fertigung sehr oft Anwendung finden, haben sich pneumatisch-hydraulische Vorschubeinheiten (Bilder 48-1 bis 48-3) aufgrund folgender Vorteile durchgesetzt:

1. stufenlose Vorschubgeschwindigkeits-Regelung,
2. stufenlos regelbare Hublänge,
3. stufenlos einstellbare Kolbenkraft,
4. geringe Einbauabmessungen und
5. einfache Ausführung und somit niedriger Preis.

Eine pneumatisch-hydraulische Vorschubeinheit (Bild 48-1) besteht aus einem Pneumatikzylinder, einem Hydraulikzylinder und einem Luftsteuerblock. Durch Druck oder Zug auf die Kolbenstange wird das Öl über das eingebaute Drosselrückschlagventil von einer Kammer in die andere verdrängt. Mit dem Drosselrückschlagventil läßt sich die Geschwindigkeit des Arbeitshubes stufenlos von ca. 30 ... 6000 mm/min einstellen. Ein Eilhub im Vorlauf bis zum Arbeitshub läßt sich durch Verstellen der Anschläge auf der Kolbenstange erreichen. Der Rücklauf wird immer im Eilhub durchgeführt. Sonderausführungen erlauben verschiedene Arbeitsgeschwindigkeiten. Diese Vorschubeinheiten lassen sich mit der Werkzeugmaschine, Zubringeeinrichtung und Vorrichtung koppeln und so ergeben sich automatisch arbeitende Einheiten (s. Beispiel Bild 48-3) die hauptsächlich aus handelsüblichen Bauelementen bestehen.

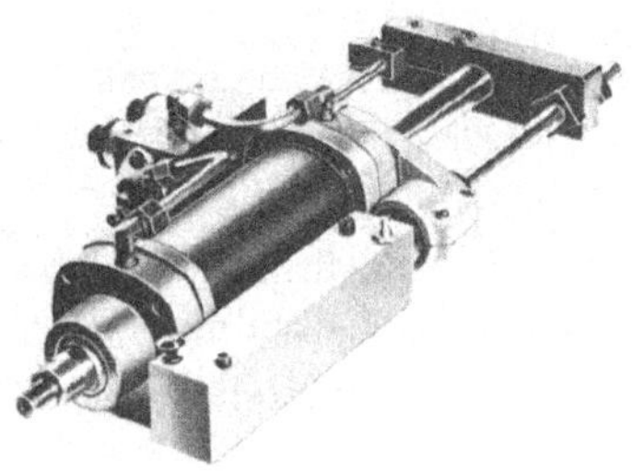

Bild 48-1 Pneumatisch-hydraulische Vorschubeinheit

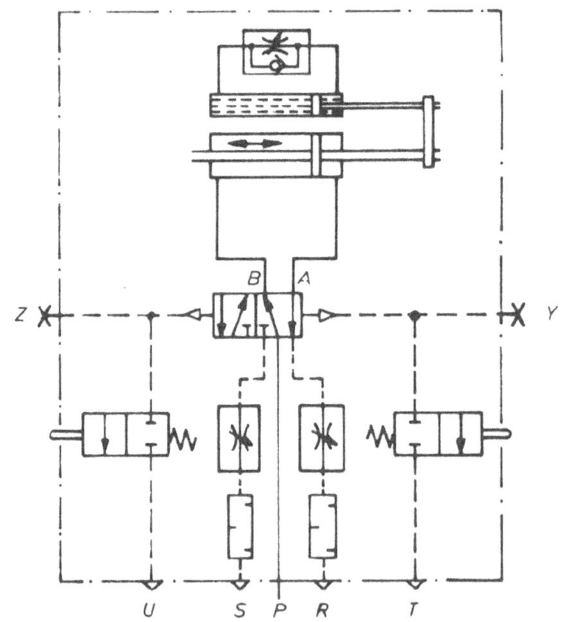

Bild 48-2 Schaltplan einer pneumatisch-hydraulischen Vorschubeinheit (s.a. Bild 48-1)

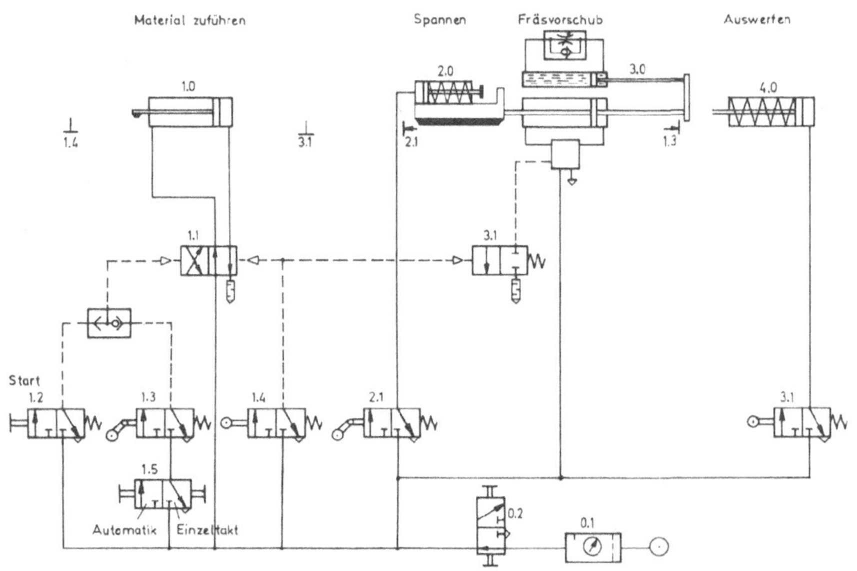

Funktionsfolge:

1. Ausstoßen des Werkstücks aus dem Magazin (1.0).
2. Positionieren und Spannen des Werkstücks in der Vorrichtung durch Druckluftzylinder (2.0).
3. Vorschub des Werkstücks mit Eingang in die Bearbeitungs-Ausgangsposition durch pneumatisch-hydraulische Vorschubeinheit (3.0).
4. Bearbeiten (Fräsen).
5. Entspannen (3.0) und Auswerfen des fertiggefrästen Werkstücks (4.0).
6. Rückkehr des Werkstückschlittens in die Ausgangsstellung (3.0).

Stückzeit: 40 Sekunden. Die Kosten der pneumatisch-hydraulischen Bauelemente: ca. 6 000,– DM. Eine Magazinfüllung ist für ca. 10 Minuten ausreichend

Bild 48-3 Schaltplan einer pneumatisch-hydraulischen Vorschubeinheit in Verbindung mit drei Druckluftzylindern als Fräsautomat zum Fräsen (3 Seiten) eines Aluminiumgußwerkstücks in einem Arbeitsgang mit Magazinführung.

49 Sonder-Prüflehren und Sonderprüfvorrichtungen

Drei wichtige Gründe sprechen für den Einsatz der Sonder-Prüflehren und Sonder-Prüfvorrichtungen:

1. Oft ist es überhaupt nicht möglich bzw. nur sehr umständlich und kostspielig, den Prüfvorgang mit normalen handelsüblichen Meßzeugen und Lehren vorzunehmen.
2. Um den Zeitaufwand für den Prüfvorgang zu senken, was insbesondere die Serien- und Massenfertigung betrifft, werden Sonder-Prüfvorrichtungen eingesetzt.
3. Durch Intensivierung der Werkstückkontrollen läßt sich die Qualität der Produkte erheblich steigern.

In Bild 49-1 ist die Anzahl der Prüfvorgänge als Funktion der Art des Prüf- bzw. Maßmittels aufgeführt. Aus dieser Aufstellung geht hervor, daß Sonder-Prüflehren bzw. -Vorrichtungen sowie automatische Prüfeinrichtungen beachtliche wirtschaftliche Vorteile bringen.

49.1 Sonder-Prüflehren – Beispiele

Es wird nicht immer möglich sein handelsübliche Universallehren anzuwenden. Oft wird es sogar wirtschaftlicher sein eine Sonderlehre anzufertigen, da durch sie der Prüfvorgang beschleunigt werden kann.

In den Bildern 49-2 bis 49-10 sind verschiedene Prüflehren gezeigt. In Bild 49-6 ist eine Formlehre für ein Drehteil wiedergegeben. Zu dieser Art von Sonderlehren sollte stets eine Gegenlehre angefertigt werden, mit der die eigentliche Lehre von der Kontrolle abgenommen wird. Sie wird in der Kontrolle aufbewahrt und dient später als Prüflehre der Lehre bzw. falls zu großer Verschleiß festgestellt wird, als Urlehre für die Anfertigung einer neuen Lehre. Bild 49-9 zeigt eine Lehre mit einer Meßuhr, deren Grenzmarken auf das Mindest- und Maximalmaß eingestellt werden. Für alle Lehren dieser Art gilt, daß sie mit einer Aufhängebohrung versehen werden.

Art des Meß- bzw. Prüfmittels	Zahl der Meß- bzw. Prüfvorgänge pro Stunde
a) Mikrometerschraube	ca. 100
b) Grenzrachenlehre	ca. 300
c) Prüfvorrichtung mit einer Meßuhr	ca. 400
d) Prüfvorrichtung mit zwei Meßuhren und einer optisch-elektrischen Anzeige	ca. 1000
e) Automatische Prüfvorrichtung	ca. 1500 – 3500

Bild 49-1 Anzahl der möglichen Meß- und Prüfvorgänge pro Stude als Funktion der Art des Meß- bzw. Prüfmittels

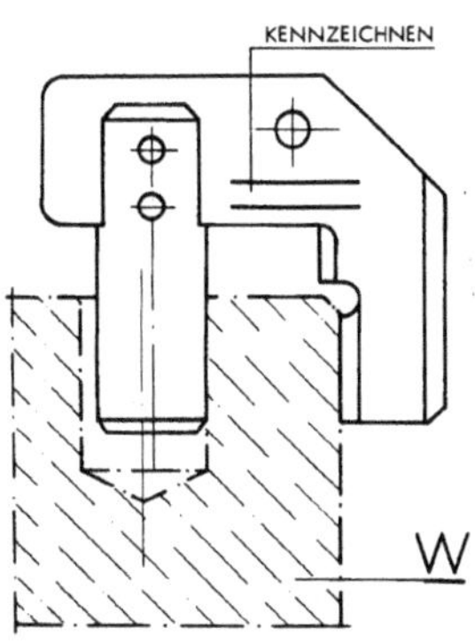

Bild 49-2
Sonder-Prüflehre zum Prüfen des Abstandes der Bohrungsmantelfläche zur Werkstückkante

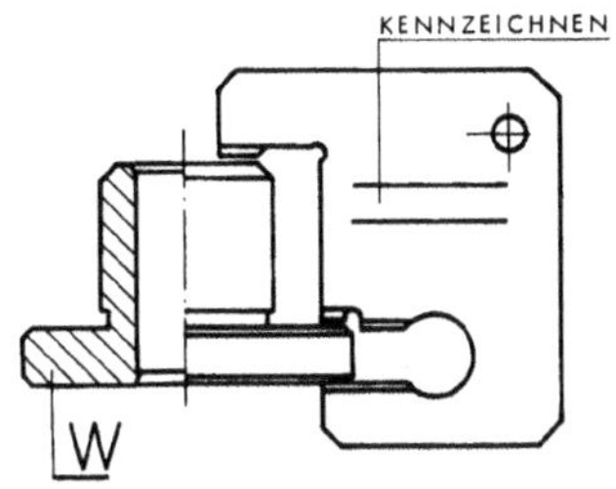

Bild 49-3
Sonder-Prüflehre zum Prüfen der Werkstücklage und der Flanschbreite des Werkstücks

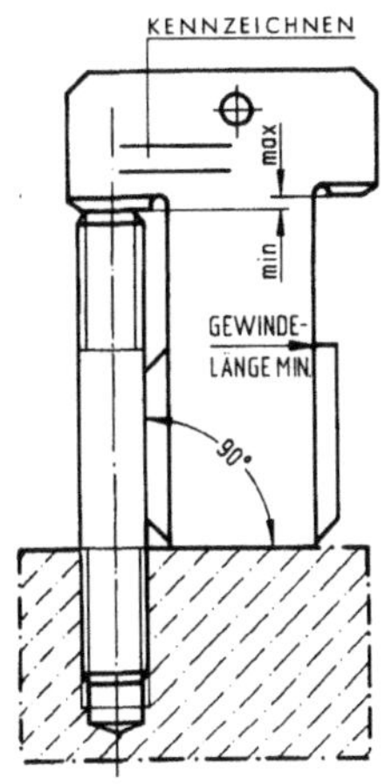

Bild 49-4
Sonder-Prüflehre zum Prüfen der vorstehenden Bolzenlänge und der Gewindelänge

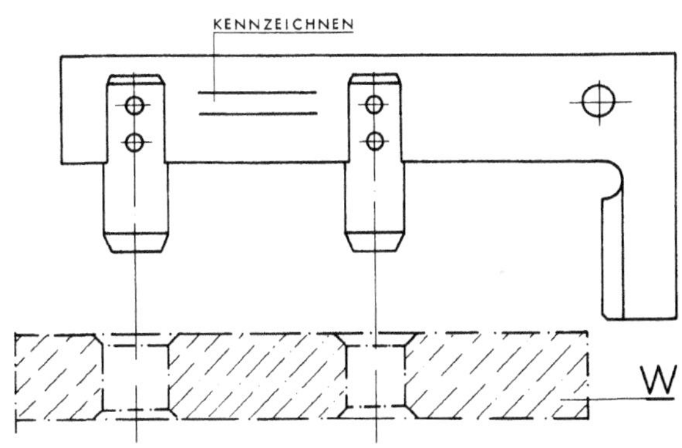

Bild 49-5 Sonder-Prüflehre zum Prüfen des Bohrungsabstandes untereinander und zu der Werkstückkante

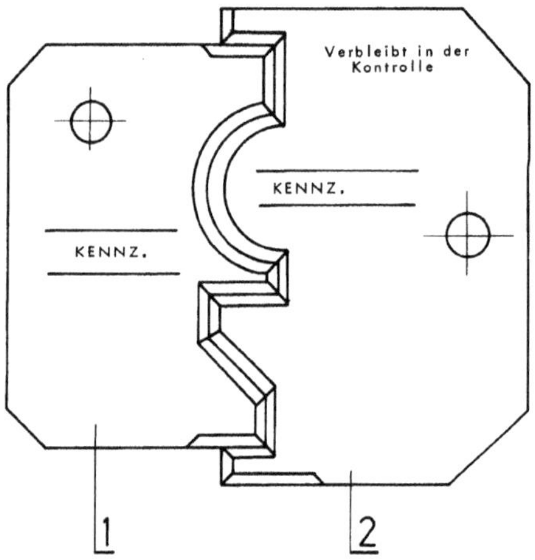

Bild 49-6 Formlehre und Gegenlehre (s.a. Bild 77-4).

Die Gegenlehre dient zur Abnahme und laufende Überprüfungen der Formlehre sowie zur erneuten Anfertigung im Falle des Verschleißes. Sie verbleibt in der Kontrolle

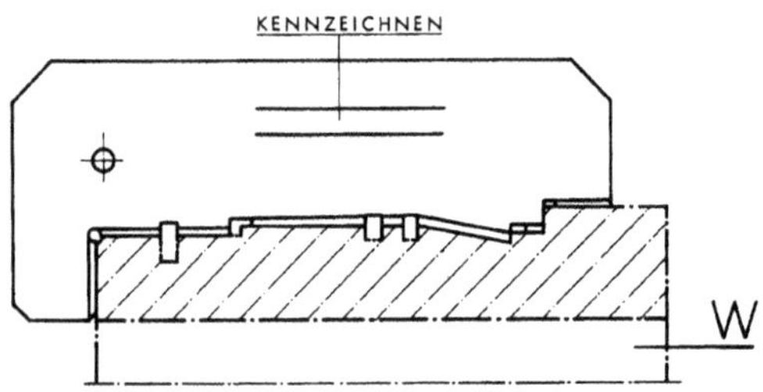

Bild 49-7 Werkstück-Formlehre

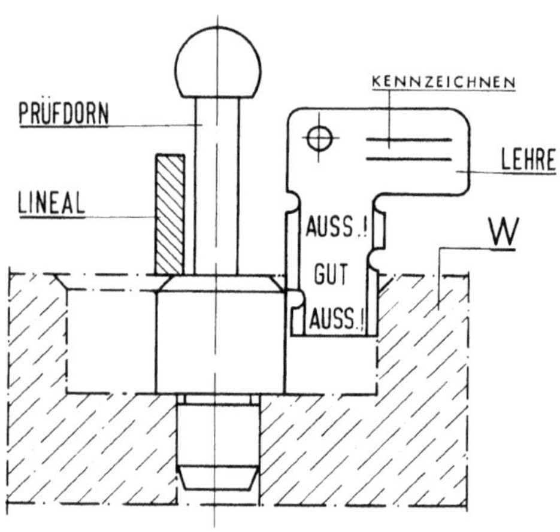

Bild 49-8 Prüfdorn mit einer Lehre zum Prüfen der Zentrizität der beiden Bohrungen am Werkstück sowie der Bohrungstiefe

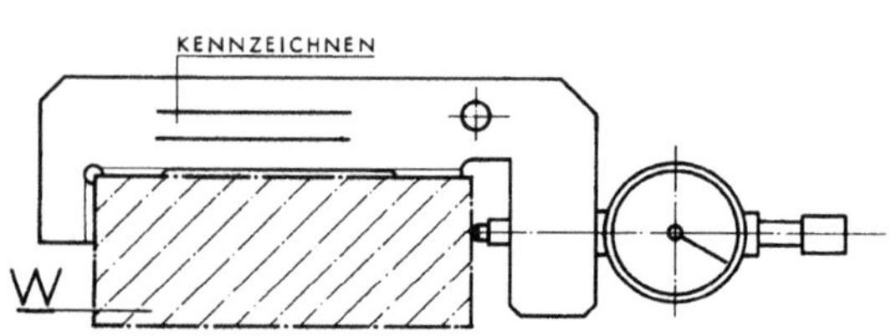

Bild 49-9 Prüflehre mit einer Meßuhr

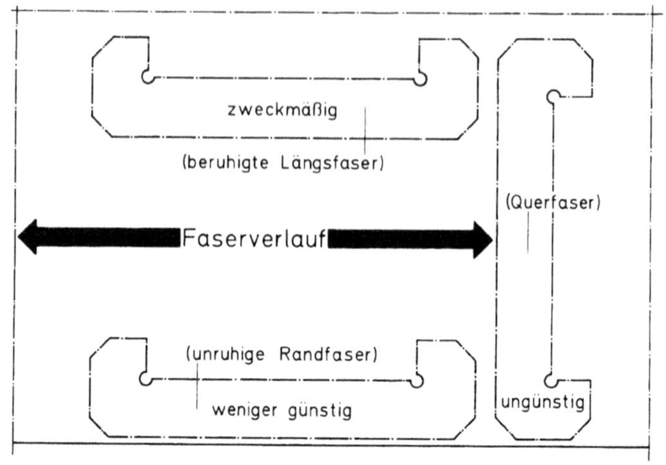

Bild 49-10 Zweckmäßige und ungünstige Lage der zu fertigenden Lehren hinsichtlich des Faserverlaufs (Walzrichtung) sowie des Abstandes vom Blechtafelrand

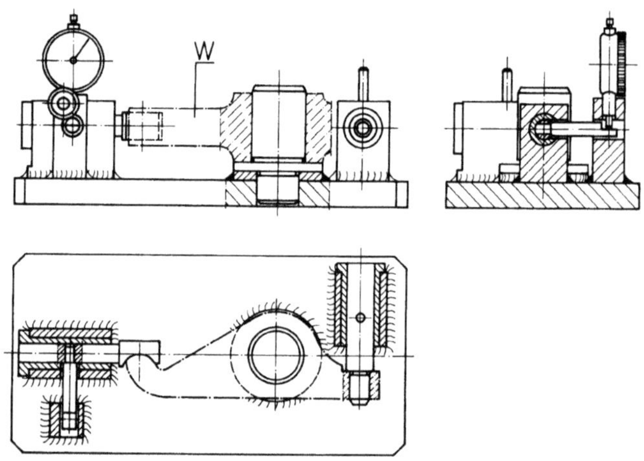

Bild 49-11 Prüfvorrichtung für Kipphebel.

Geprüft wird die Lage der Ballusfläche des Kipphebels zu der Bohrung. Die Meßuhr zeigt über den Hebel die Abweichungen der Lage der Ballusfläche, falls sie vorliegen, an. Das Werkstück ist auch im Bild 15-50 und eine Schleifvorrichtung im Bild 15-51 gezeigt

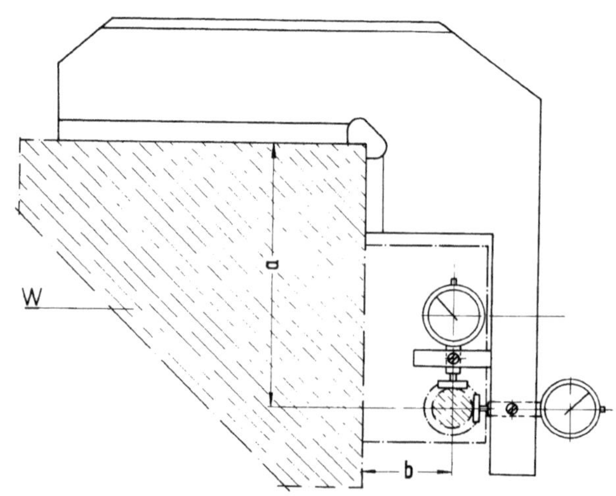

Bild 49-12 Meßuhrlehre zur Prüfung der Lage der Welle (Maße „a" und „b").

49.2 Sonder-Prüfvorrichtungen – Beispiele

In den Bildern 49-11 bis 49-22 sind Prüfvorrichtungen für verschiedene Einsatzgebiete und Werkstücke gezeigt. Aus den Bildbeschriftungen können alle wichtigen Angaben über die Sonder-Prüfvorrichtungen entnommen werden.

49.3 Baukasten-Prüfvorrichtungen

Baukasten-Prüfvorrichtungen bestehen aus Systemen von Elementen, die zum Aufbau von Mehrfach-Prüfvorrichtungen dienen. Die Hauptschwierigkeiten, die bei den Sonder-Prüfvorrichtungen (Abschnitt 49.2) bestehen (hohe Kosten und Terminschwierigkeiten), führen dazu, daß die Baukasten-Prüfvorrichtungen (Bild 49-23 und 49-24) immer mehr anstelle der

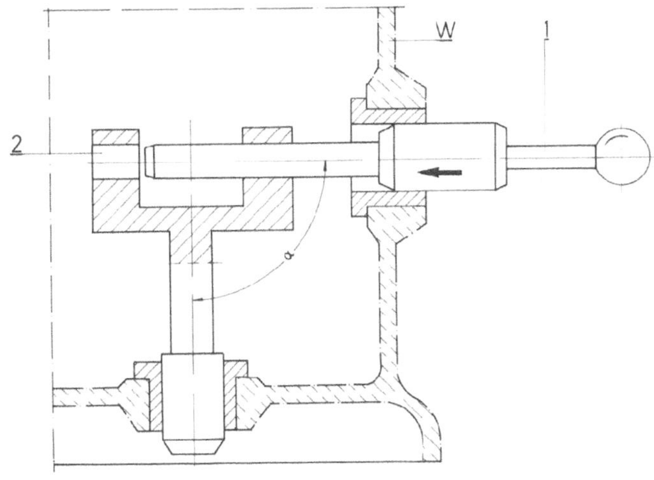

Bild 49-15 Prüfdorn und Gabelstück zur Prüfung der Lage der beiden Bohrungen zueinander.
1 Prüfdorn, 2 Gabelstück

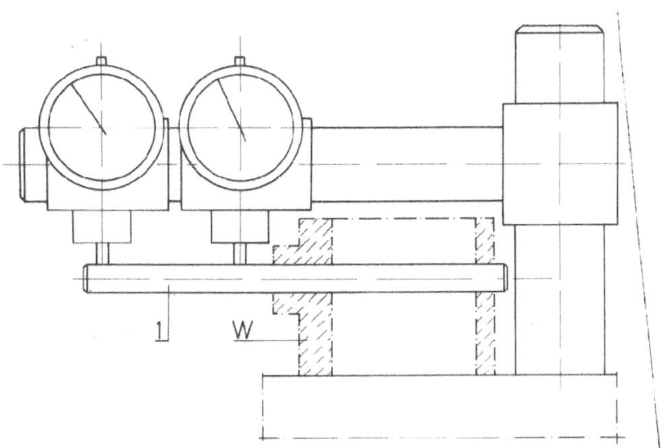

Bild 49-13 Vorrichtung zur Prüfung der Lage der Bohrungen zu der Werkstückstirn.
1 Prüfdorn

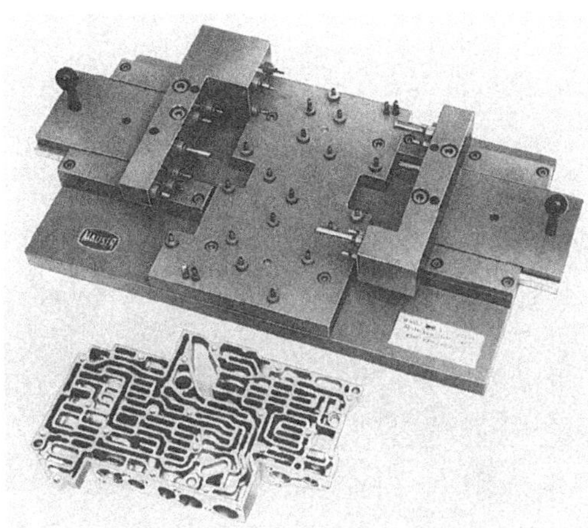

Bild 49-16 Absteckleher für einen Schieberkasten

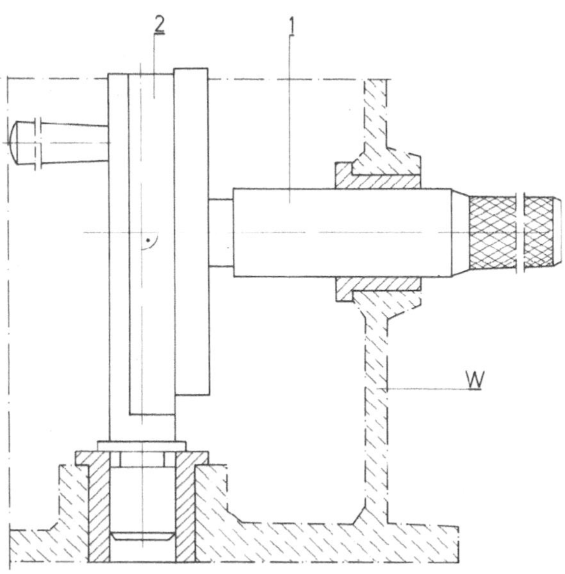

Bild 49-14 Zwei Prüfdorne zur Prüfung der senkrechten Lage der beiden Bohrungen zueinander.
1 Flanschprüfdorn, 2 Prüfdorn mit Lineal

Bild 49-17 Prüfvorrichtung für Abstandsmessungen an einer Hauptwelle

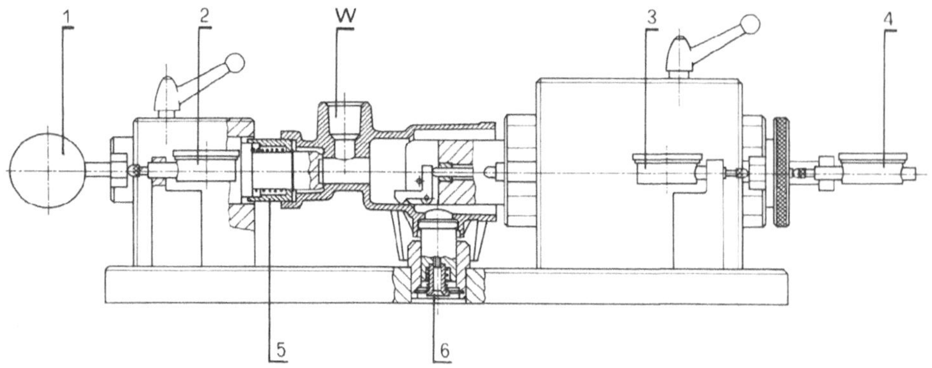

Bild 49-18
Rohteilprüflehre für ein Reglergehäuse.
1 Griff, 2, 3 und 4 Meßuhren, 5 Dorn, 6 Dorn für die senkrechte Lage der Bohrung

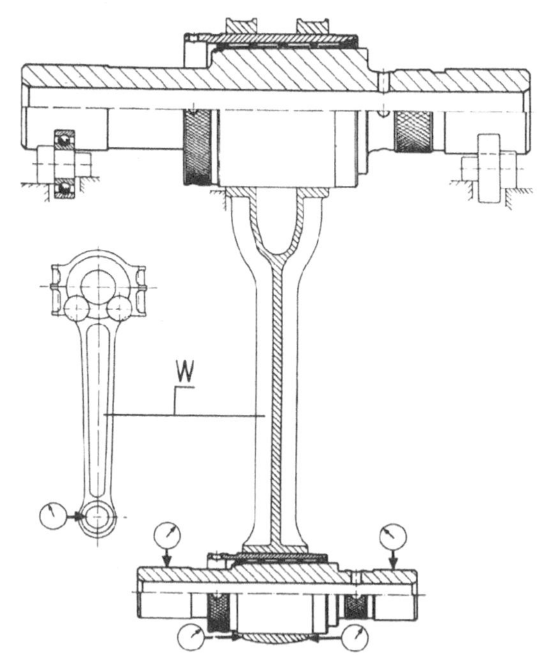

Bild 48-19 Einsatz eines Spanndorns (Abschnitt 36.1.2) als Prüfdorn für ein Pleuel.

Das Pleuel wird über den entspannten Dorn geschoben und in eine kleine Pendelbewegung versetzt, um genaue Senkrechtstellung des Pleuels auf dem Dorn zu sichern. Dann wird der untere Dorn mit einem Steckschlüssel, der obere von Hand durch Verdrehen der beiden gerändelten Ringe angespannt, ohne die Lage des Systems zu ändern. Die Meßuhren zeigen die Abweichungen an (s.a. Bild 49-21)

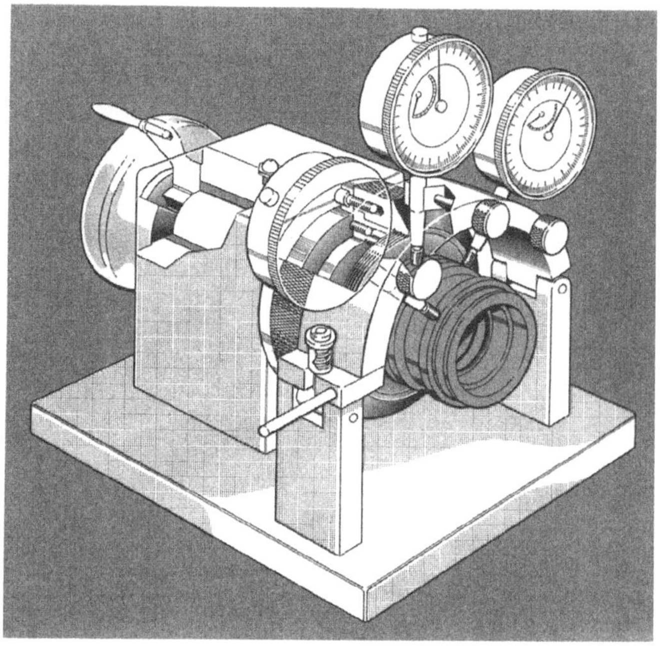

Bild 49-20 Rundlaufmeßvorrichtung für Arbeitsspindelenden

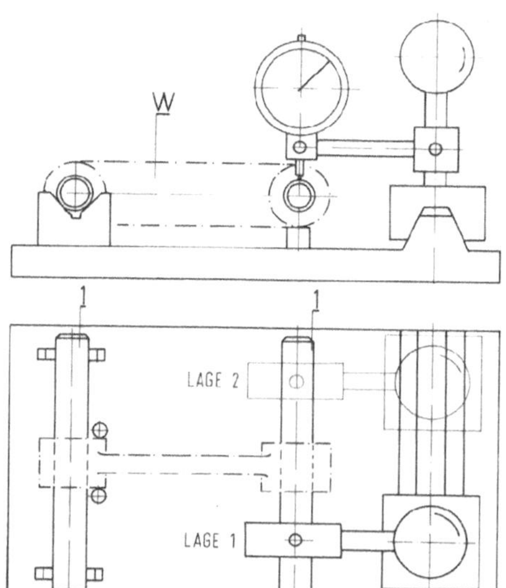

Bild 49-21 Vorrichtung zur Prüfung der Lage der Bohrungen zueinander an einem Pleuel (s. a. Bild 49-20). 1 Prüfdorne

Sonder-Prüfvorrichtungen, besonders in der Kleinserienfertigung, eingesetzt werden. Es sollte deshalb stets die Wirtschaftlichkeit der Anschaffung und des Einsatzes der Baukasten-Prüfvorrichtungen überprüft werden.

49.4 Richtlinien für die Gestaltung von Sonder-Prüflehren, Sonder-Prüfdornen und Sonder-Prüfvorrichtungen

1. Für jede Prüflehre wird eine Gegenlehre angefertigt, mit der einerseits die Abnahme der Lehre und andererseits in

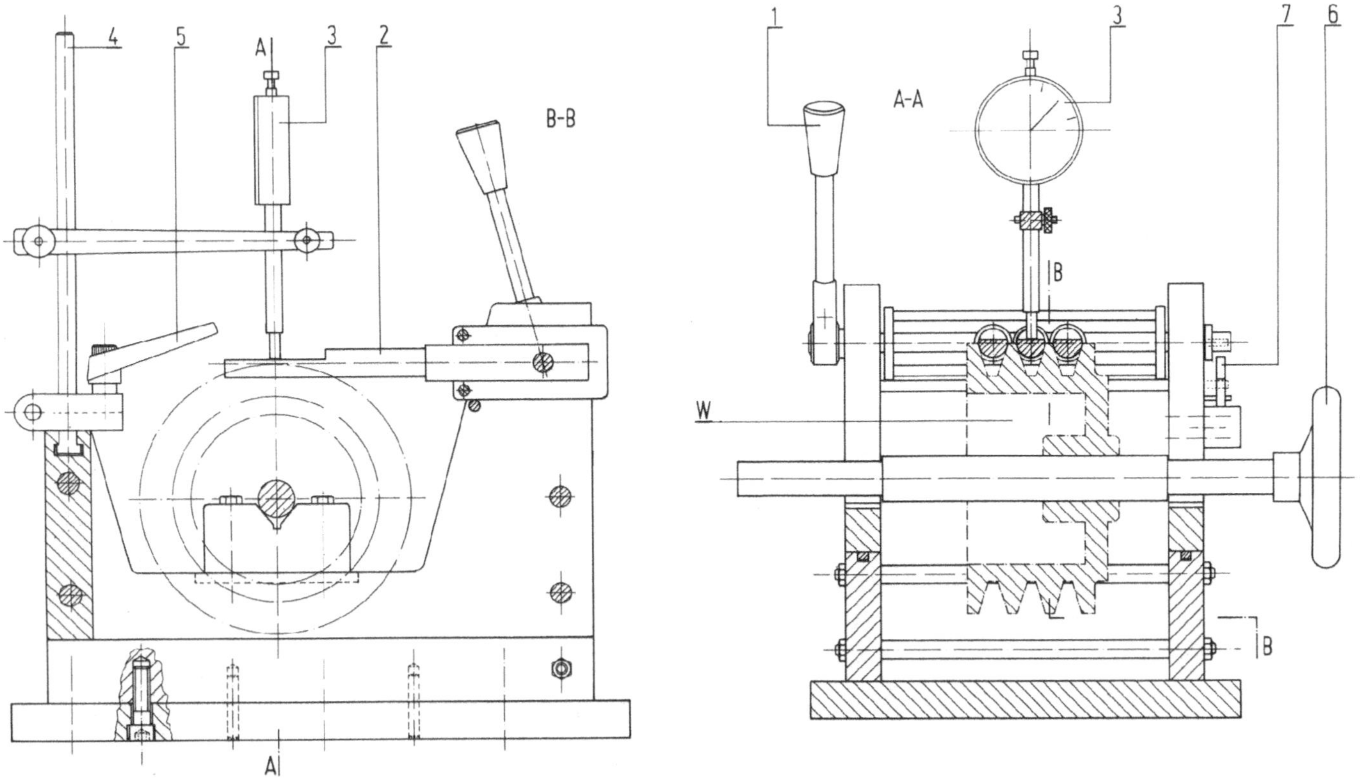

Bild 49-22 Vorrichtung zur Prüfung von Nuten an Keilriemenscheiben.
1 Schwenkhebel für Nutengleitwellen, 2 Nutengleitwellen, 3 Meßuhr, 4 verstellbarer Meßuhrständer, 5 Spannhebel des Meßuhrständers, 6 Handrad zum Drehen der Keilriemenscheibe, 7 Verschluß (Schnapper) als Sicherung gegen unbeabsichtigtes Schwenken des Hebels (1) da sonst die Beschädigung der Meßuhr möglich)

bestimmten Abständen die Prüfung der Lehre vorgenommen werden.

2. Falls notwendig, wird eine zweite Lehre für die Abnahme der Werkstücke durch die Kontrolle angefertigt.
3. Die Gegenlehre kann mit Hilfe eines Gießkunstharzes (Kap. 70) angefertigt werden.
4. Jede Lehre und Gegenlehre wird an entsprechender Stelle (Bild 49-6) gekennzeichnet.
5. Bei Lehren mit einer Meßuhr (Bild 49-9) sollten auch die Grenzmarkeneinstellungen gekennzeichnet sein.
6. Lehren, die sehr oft gebraucht werden, sollten auf 56 ... 60 HRC gehärtet werden.
7. Die Ausschußseite der Lehre sollte mit roter Farbe (am besten in einer runden Ansenkung bzw. länglichen Ausfräsung) gekennzeichnet werden.
8. Die dem Werkstück zugewandten Seiten der Lehre sollten unter 15°-Winkel von einer 2 mm breiten Fläche ausgehend (Bild 77-4) angeschrägt werden. Dieses betrifft auch die Gegenlehre.
9. Bei der Fertigung von Lehren und Gegenlehren sollte stets die Faserrichtung des Bleches (Bild 49-10) beachtet werden, um spätere Veränderungen der Maße durch freiwerdende Spannungen zu vermeiden. Am zweckmäßigsten ist die Stelle zu wählen, die die beruhigte Längsfaser aufweist.

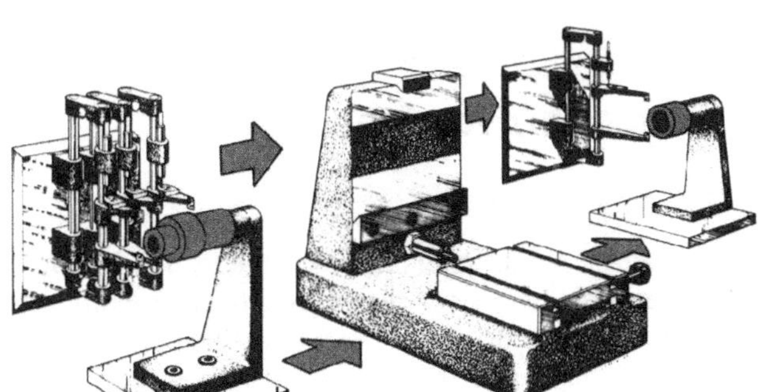

Bild 49-23 Bauelemente eines Baukasten-Prüf- und Meß-Vorrichtungssystems

10. Bei genaueren Werkstückabmessungen sind Meßuhren (Bild 49-9) anzuwenden.
11. Prüfdorne und ähnliche Prüfzeuge sind vor dem Fertigschleifen auf 56 ... 60 HRC zu härten.
12. An jedem Prüfdorn, jeder Lehre usw. sollten Kennzeichnungsfelder vorgesehen werden.

13. Flache Lehren sind mit einer Aufhängebohrung (ϕ 5 ... 6 mm) vorzusehen, wobei die Lage des Loches so gewählt wird, daß die Lehre in ihre Länge senkrecht nach unten hängt.
14. Prüfvorrichtungen sollten mit einer besonderen Farbe gekennzeichnet werden (z.B. silber usw.), damit sofort erkannt werden kann, daß es sich dabei um Präzisionsvorrichtungen handelt.
15. Werden viele Prüfvorrichtungen (und meistens einmalig) benötigt, so sollte untersucht werden, ob nicht ein Prüfvorrichtungs-Baukasten (Abschnitt 49.3) wirtschaftlich begründet eingesetzt werden kann.
16. Prüfvorrichtungen sollten regelmäßig überprüft werden. Wie diese Überprüfung durchzuführen ist, muß vorgeschrieben werden. Nach Möglichkeit sollte für die Überprüfung ein „Gut-Werkstück" mit Angaben über die zu prüfenden Maße zur Verfügung stehen. Nach diesen Angaben können die Prüfelemente der Vorrichtung überprüft bzw. neu eingestellt werden. Dieses „Gut-Werkstück" eignet sich besonders für die Überprüfung der Prüfvorrichtung vor weiteren Einsätzen.

Bild 49-24 Baukasten-Prüfvorrichtung aus einem besonderen Baukasten-Prüf- und Meß-Vorrichtungssystem

50 Druck-Prüfvorrichtungen

In verschiedenen Zweigen der metallverarbeitenden Industrie werden Erzeugnisse hergestellt, die auf Dichtigkeit geprüft werden müssen. Es sind z.B. Ventile, Luftdruckbehälter, Behälteranschlüsse, Leitungen usw., für die auch jeweils entsprechende Vorrichtungen konstruiert und gebaut werden müssen. Je nach Abnahmevorschrift werden diese Erzeugnisse mit höheren Drücken als dem maximal zulässigen Arbeitsdruck geprüft. Im Rahmen dieses Kapitels ist es nicht möglich, Vorrichtungen mit denen Dichtigkeit geprüft wird für verschiedene Erzeugnisse zu beschreiben. Als Beispiel wird im Bild 50-1 eine Prüfvorrichtung für Absperrventile gezeigt. Diese Vorrichtung erlaubt, Absperrventile mit Flanschen unter den erforderlichen Wasser-Prüfdruck zu setzen, ohne daß eine Schraubenbefestigung erforderlich ist.

Ein Aufspanntisch ist mit drei hydraulischen Spanneinheiten versehen, die um 120° versetzt und um den Aufspanntisch radial verschiebbar sind. Bei Betätigung des Handhebels werden die drei Spanneinheiten durch Zwangslauf gleichzeitig auf den dem Flanschdurchmesser entsprechenden Mittenabstand gebracht. Mit Hilfe des Druckverteilers wird der im hydraulischen Druckgeber erzeugte Öldruck durch die Spannhebel auf die Rückseiten der Ventilflansche übertragen. Als Dichtelement zwischen Ventilflanschfläche und Aufspanntisch dient ein Gummiring. Das zu prüfende Ventil kann nun mit Hilfe der Wasserdruckleitung unter den verlangten Wasser-Prüfdruck gesetzt werden.

Es kann auch vorkommen, daß aus bestimmten Gründen Druckbehälter nur mit Hilfe des Luftdrucks geprüft werden dürfen. In solchen Fällen müssen entsprechende Wasserbehälter gebaut werden, in die die zu prüfenden Behälter, nachdem sie abgedichtet wurden, eingetaucht werden. Undichte Stellen werden durch Blasenbildung erkannt.

Um gegossene Werkstücke prüfen zu können, kann eine automatisch arbeitende Vorrichtung eingesetzt werden. Bild 50-2 zeigt eine Prüfvorrichtung. Die Werkstücke werden in zwei Zylindertürme eingelegt und in den Wasserbehälter abgesenkt. Dies erfolgt mit Hilfe einer Zweihandsicherheitssteuerung.

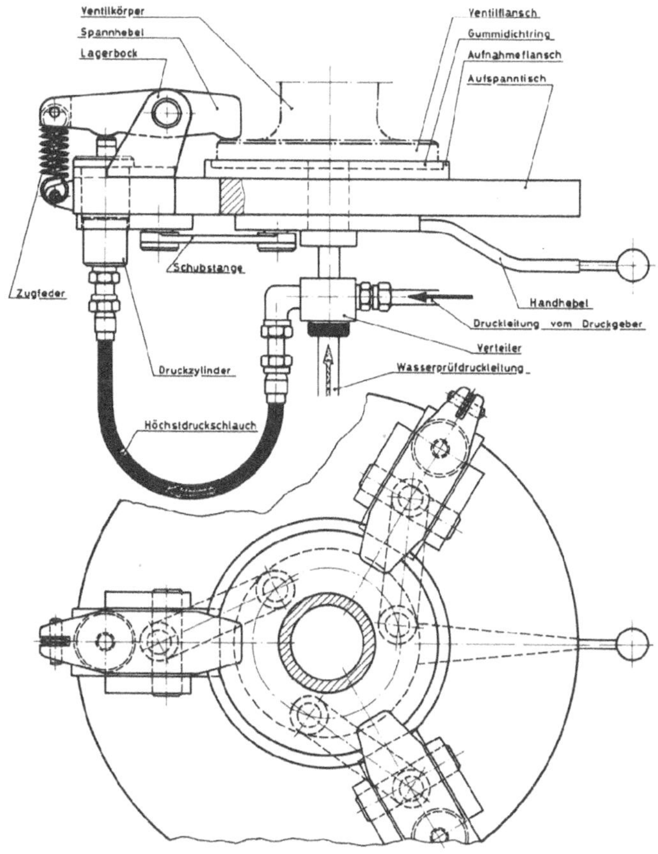

Bild 50-1 Druckprüfvorrichtung für Absperrventile

Ein Aufspannflansch ist mit drei Spanneinheiten versehen (120° versetzt). Die Spanneinheiten sind mit Hilfe des Handhebels und der am Flansch befestigten Hebel radial verschiebbar, so daß sie zwangsläufig gleichzeitig auf den dem Flanschdurchmesser entsprechenden Mittenabstand gebracht werden. In der Mitte, unter dem Aufspanntisch, ist ein Verteiler angebracht, an dem neben der Wasserdruckleitung noch vier Anschlüsse für Öldruckleitungen (Zulauf vom Ölhydraulischen Druckgeber und drei Abgänge zu den Druckzylindern) vorhanden sind. Der im hydraulischen Druckgeber (z. B. pneumo-hydraulischer Druckübersetzer – Abschnitt 28.1.2) erzeugte Öldruck beaufschlagt die Kolben der Spannzylinder, so daß mit Hilfe der Übertragelemente der Ventilflansch auf den Vorrichtungstisch angedrückt wird. Als Dichtung dient ein Gummiring. Das zu prüfende Ventil kann unter den vorgeschriebenen Wasser-Prüfdruck-Bedingungen, z. B. 15 bar, gesetzt und geprüft werden

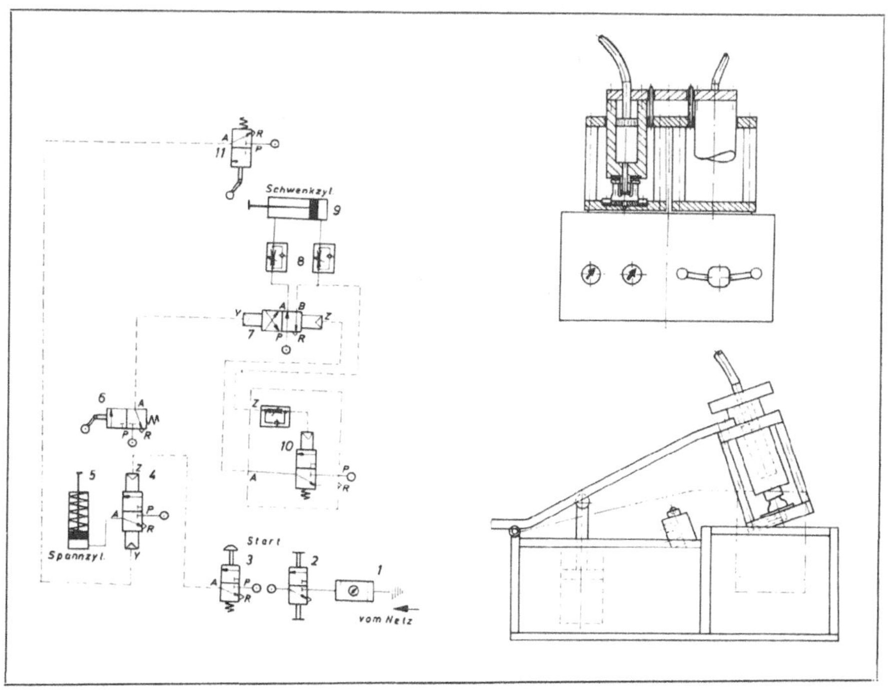

Bild 50-2 Druckprüfvorrichtung für Gußwerkstücke, pneumatisch betätigt.

Um Druckgußwerkstücke, die absolut dicht sein müssen, zu prüfen, wird eine pneumatisch betätigte Vorrichtung eingesetzt. Das Grundprinzip ist eine Zweihand-Sicherheitsschaltung (Abschnitt 26.5.2). Die zu prüfenden Werkstücke werden in zwei Zylindertürme eingelegt und in einen Wasserbehälter abgesenkt. Druckluft mit vorgeschriebenen Werten strömt durch die Prüflinge. Aufsteigende Wasserblasen zeigen vorhandene Risse an

51 Montagevorrichtungen

Industriell hergestellte technische Erzeugnisse bestehen fast ausschließlich aus mehreren Teilen, die zusammengefügt werden müssen. Die Qualität des Produktes hängt von der Qualität der Montage ab; die höchste Qualität der Einzelteile wird durch schlechte Montagequalität zum Ausschuß. In einer rationell durchgeführten Fertigung kann der Anteil der Montagekosten an den gesamten Fertigungskosten, je nach Art des Produktes, 20 bis 30 % betragen. Der Grund für den hohen Kostenanteil der Montage liegt darin, daß meist komplizierte und daher zeitaufwendige Montageprozesse zu bewältigen sind. Ne-

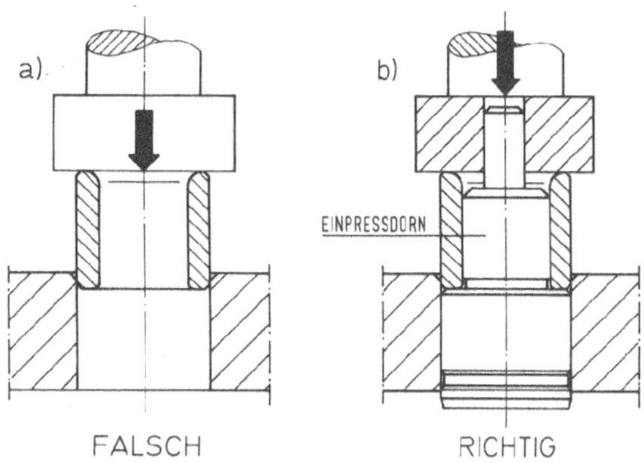

Bild 51-1 Flasches und richtiges Einpressen von Buchsen (auch Bohrbuchsen – Abschnitt 30.15, Pkt. 2).

Besonders bei der Montage von Buchsen müssen Vorkehrungen getroffen werden, die garantieren, daß die eingepreßten Buchsen genau senkrecht eingepreßt werden. Rechts im Bild ist ein Einpreßdorn mit einem Ring gezeigt. Der vordere Teil des Dorns hat den Durchmesser der Einpreßbohrung und wird in die Bohrung eingeschoben. Danach wird die Buchse eingepreßt. Da sie mit ihrem Innendurchmesser ebenfalls geführt ist, wird ihre senkrechte Lage gesichert. Links: falsche Montage der Buchse

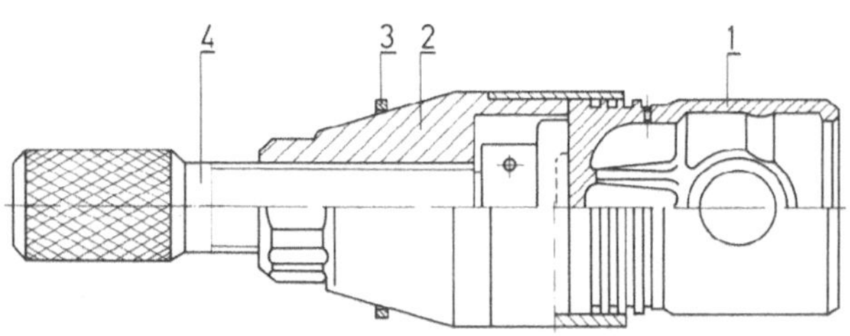

Bild 51-2 Montagevorrichtung zum Aufstecken der Kolbenringe auf einen Kolben.

Die Kolbenringe werden nacheinander auf den Kegel 2 der Vorrichtung aufgesteckt und dabei aufgeweitet. Die Abziehspindel wird dabei jeweils so eingestellt, daß nur eine Nut, in der der Kolbenring aufgesteckt werden soll, frei ist. Danach wird eine weitere Nut freigegeben.

1 Kolben, 2 kegeliger Teil der Vorrichtung, 3 Kolbenring, 4 Abziehspindel

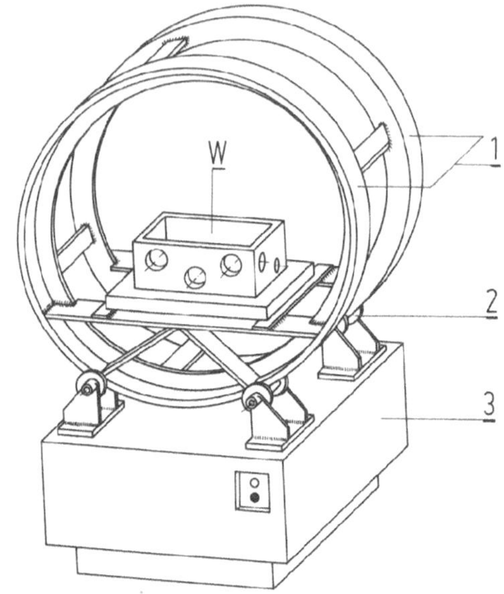

Bild 51-3 Montagevorrichtung in Form eines Rhönrades.

Der montierte Getriebekasten kann in jede gewünschte Montagelage mit Hilfe des Elektroantriebes gebracht werden.

1 Rhönrad auf Rollen gleitend, 2 Gleitrollen, 3 Vorrichtungssockel mit Elektroantrieb und Schalter.

Bild 51-4 Montagevorrichtung für den Unterteil der dritten Stufe der ELDO-Trägerrakete.

Die montierten Einzelteile werden mit Hilfe von vielen handelsüblichen Kniehebel-Schnellspannern (Abschnitt 16.1) gespannt ben dem Fügen treten bei der Montage Aufgaben aus dem Bereich der Werkstück- bzw. Produkthandhabung auf, es muß justiert, auf Dichtigkeit geprüft (Kap. 50) und kontrolliert (Kap. 49) sowie viele andere Montageaufgaben erfüllt werden. Der so sehr lohnintensiven Montage muß auch hinsichtlich der Montagevorrichtungen große Bedeutung beigemessen werden. Die Vielfalt der Arten und Aufgaben der Montagevorrichtungen macht es unmöglich, sie ausführlicher zu besprechen. Die Bilder 51-1 bis 51-5 sind daher als Beispiele von Montagevorrichtungen gedacht.

Bild 51-5 Montagevorrichtung für Motorenblöcke nach Überholarbeiten

52 Schweißvorrichtungen

52.1 Schweißvorrichtungen – Allgemein

Schweißvorrichtungen haben meistens mehrere Aufgaben gleichzeitig zu erfüllen. In einer Schweißvorrichtung können mehrere Einzelteile zu einem Werkstück geheftet oder zusammengeschweißt werden. Vor dem Heften bzw. Schweißen können die zu schweißenden Teile gerichtet, gezogen usw. werden, um ein maßgerechtes Werkstück zu erhalten. Ferner kann das Bewegen des Werkstücks in die günstigste Schweißposition mit Hilfe einer entsprechenden Vorrichtung vorgenommen werden. Dieses ist besonders wichtig, da das Schweißen in Zwangslage hohe Anforderungen an den Schweißer stellt und hohe Kosten verursacht. Man wird immer bestrebt sein in der Wannenlage zu schweißen. Dadurch werden nicht nur die Kosten gesenkt, sondern auch die Qualität der Schweißnaht auch verbessert. Oft soll die Schweißvorrichtung Formveränderungen, wie Verziehen oder Schrumpfen der Baugruppen oder des Werkstücks, verhindern bzw. vermindern.

Die Schweißvorrichtungen sind, im Gegensatz zu Vorrichtungen für die mechanische Bearbeitung, einerseits örtlich hohen Temperaturen während des Heftens bzw. Schweißens ausgesetzt, andererseits großen Kräften infolge der Formänderungen der Werkstücke bzw. Teile, die durch die Temperatureinflüsse nicht inmer kontrollierbar sind. Eine nicht unwesentliche Rolle spielt bei diesen Vorrichtungen ihr Größenumfang, da diese Vorrichtungen sowohl für kleine Werkstücke als auch für sehr große komplexe Teile z.B. Autobuskarosserien (Bild 52-5), eingesetzt werden.

52.1.1 Einteilung der Schweißvorrichtungen

Schweißvorrichtungen können unterteilt werden in:

1. Sonder-Schweißvorrichtungen
   1. Schweißvorrichtungen zum Heften oder/und Schweißen eines Teiles, z.B. Längsschweißen eines Behälterschusses,
   2. Schweißvorrichtungen zum Spannen mehrer Einzelteile, aus denen ein Werkstück zusammengeschweißt wird, z.B. ein Druckluftbehälter mit Böden, Füßen, Anschlußflanschen, Gewindeaugen usw.,
   3. Vorrichtungen zum Richten, Zusammenziehen usw. und gleichzeitig zum Heften und/oder Schweißen, z.B. zum Zusammenziehen von Kesselschüssen, zum Ausrichten der Kesselschußränder usw.
2. Baukasten-, Schweiß- und Heftvorrichtungen
   Diese Vorrichtungen werden im Kap. 40 (Bilder 40-20 und 52-8) besprochen.
3. Universalvorrichtungen für Schweißarbeiten
   1. Drehvorrichtungen zum Drehen des Teiles oder Werkstücks um eine Achse,

2. dreh- und kippbare Schweißtische, die das Werkstück bzw. -teil um zwei Achsen drehen,
3. Schweißkopf- oder Schweißautomatenträger, die zum Aufnehmen von Schweißautomaten oder -köpfen dienen,
4. Universalvorrichtungen zum Spannen der Teile oder Werkstücke und gleichzeitigem Heben oder Senken der gespannten Werkstücke usw.

Die unter den Punkten 1 und 3 genannten Vorrichtungen können je nach Bedarf und Wirtschaftlichkeit mit Muskelkraft, mechanisch, elektrisch, pneumatisch oder hydraulisch betätigt werden. Das Baukastenprinzip eignet sich lediglich für kleinere Werkstücke (Pkt. 2).

52.1.2 Forderungen an die Schweißvorrichtungen

Neben den für Vorrichtungen allgemein geltenden Forderungen (Kap. 56) werden an die Schweißvorrichtungen folgende speziellen Forderungen gestellt:

1. Schweißtechnische Unfallverhütungsvorschriften beachten.
2. Die Lage des Werkstückes bzw. Teiles in der Vorrichtung so wählen, daß die Schweißnähte am wirtschaftlichsten, sichersten und bequemsten ausgeführt werden können.
3. Starre Bauweise soll vollkommene oder teilweise Verformung des Werkstücks bzw. Teiles und der Vorrichtung verhindern oder mindern. Die beim Schweißen auftretenden Kräfte sind nicht immer erfaßbar und berechenbar.
4. Leichte Bauweise durch Anwendung entsprechender Stahlprofile versteifen, da es sich hierbei meistens um große und sehr große Vorrichtungen handelt.
5. Große Vorrichtungen wegen der Lagerung und des Transportes zerlegbar gestalten. Die Montage und Zerlegung der einzelnen Vorrichtungsteile muß leicht, sicher und schnell vorgenommen werden können.
6. Nach Möglichkeit handelsübliche Universalvorrichtungen anwenden, da Schweißvorrichtungen infolge ihrer Größe hohe Werkstoff-, Herstell- und Lagerungskosten verursachen.
7. Spannelemente anwenden, die sich leicht und sicher spannen und trotz der Wärmeeinwirkung schnell und leicht entspannen lassen.
8. Für schnelle Wärmeableitung von der Schweißstelle (z.B. durch Kupfereinlagen) sorgen, um der Gefahr des Verzugs der Vorrichtung und der geschweißten Teile entgegenzuwirken.

52.1.3 Schweißvorrichtungen – Beispiele

Beim Schweißen werden viele für diesen Fertigungsbereich entwickelte handelsübliche Hilfseinrichtungen, z.B. Schraubzwingen, Spannzangen (Bilder 52-1 bis 52-3), eingesetzt. Ebenso werden auch die im allgemeinen Vorrichtungsbau verwendeten Bauelemente, z.B. An- und Auflageelemente (Abschnitt 13.4), Aufnahmebolzen (Abschnitte 13.7 und 13.9), Exzenter (Abschnitt 16.8) usw., benutzt. Neben den genannten Bauelementen werden jedoch für Schweißvorrichtungen auch besondere

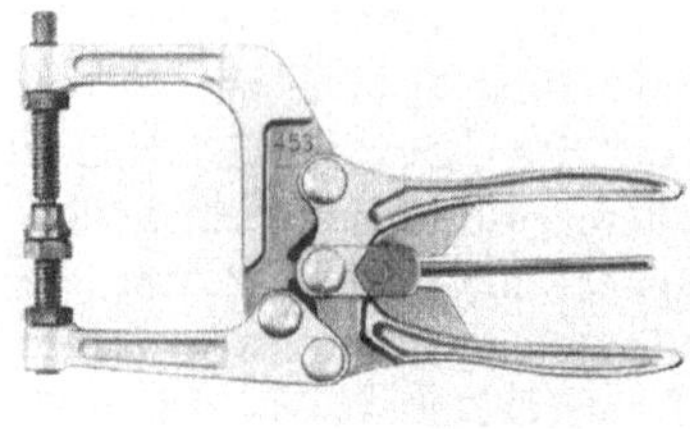

Bild 52-1 Kniehebel-Spannzange

Diese Art der Spannzangen eignet sich vorzüglich für Heft- und Schweißarbeiten sowie zum Halten von Werkstücken, die zusammengehalten in eine Vorrichtung eingelegt werden. Nach vollzogenem Spannen der beiden Werkstücke wird die Spannzange gelöst und beseitigt. Die maximale Spannkraft dieser Zange beträgt 5400 N. Diese Zangen werden in verschiedenen Ausführungen geliefert

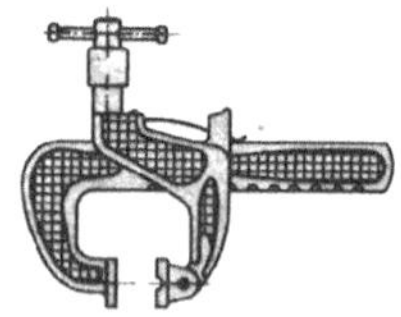

Bild 52-2

Zahnstangen-Spanner

Besonders für Ausrichtarbeiten und zum Zusammenhalten von einzelnen Teilen beim Heften und Schweißen geeignet

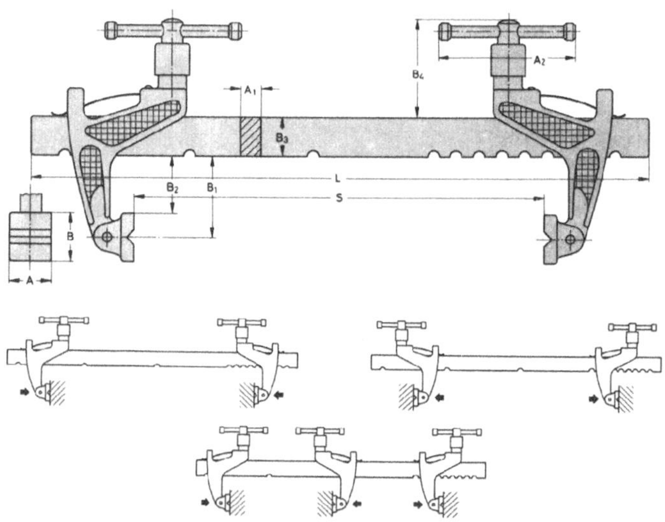

Bild 52-3 Zahnstangen-Spanner, ähnlich wie im Bild 52-2, jedoch für größere Werkstückabmessungen geeignet

Bauelemente angewendet und Schweiß-Sondervorrichtungen, die große und sehr große Dimensionen (Bild 52-4) annehmen können, konstruiert und gefertigt. Handelsübliche Universalvorrichtungen (Abschnitt 52.2) dienen oft als Schweißvorrichtungen. Infolge der vielfältigen und umfangreichen Palette der Schweißvorrichtungen, die auch in Form von Baukastenvorrichtungen (Bilder 40-20 und 52-8) eingesetzt werden, ist es nicht möglich diese Art der Vorrichtungen außer den dargestellten zu besprechen. Nachstehend werden jedoch handelsübliche Universalvorrichtungen besprochen.

Bild 52-4
Heftvorrichtung für kegelförmige Gefäße

Diese Vorrichtung ist für zwei Werkstückgrößen vorgesehen. Die Einstellung auf die jeweilige Größe erfolgt durch Einrasten der Handgriffe und Verschieben der beiden Haltescheiben entlang der Hauptachse der Vorrichtung. Der rechte Lagerbock wird zwecks Entnahme des bereits gehefteten Gefäßes mit Hilfe des Hebels (rechts) nach dem Entspannen der Spannelemente nach rechts bewegt

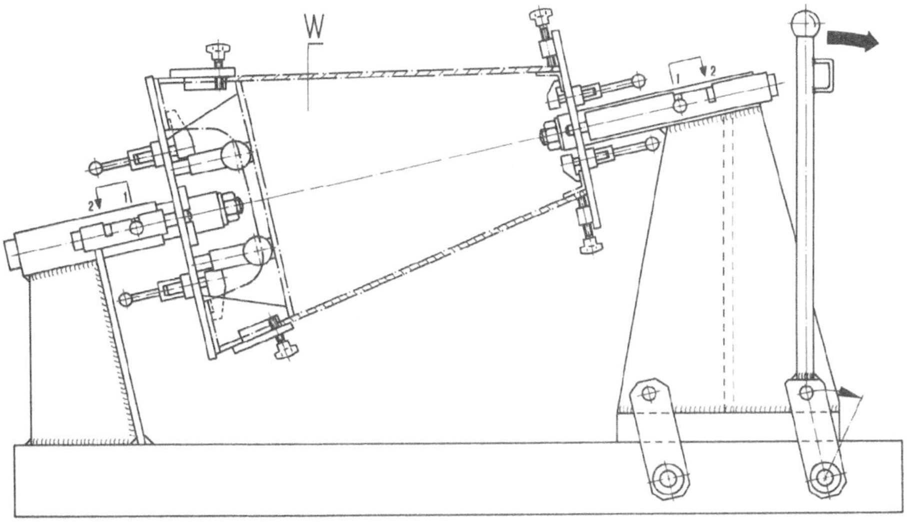

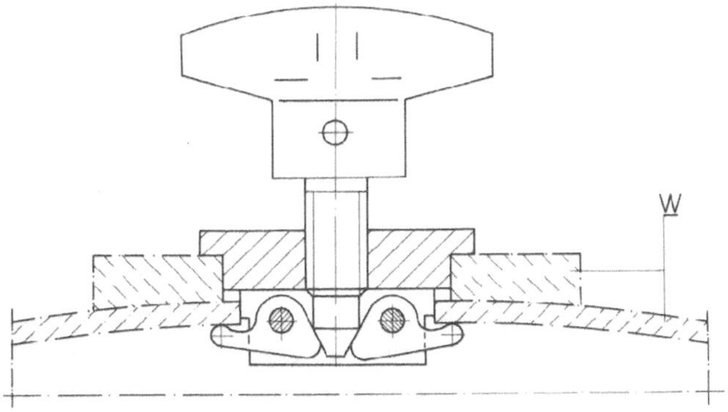

Bild 52-5 Spannvorrichtung zum Heften von Kesselanschluß-Gewindeauflagen auf dem Kesselmantel von bereits vorhandenen Bohrungen ausgehend

Bild 52-7 Vorrichtung zum Punktschweißen von Blechteilen

Bild 52-6 Schweißvorrichtung für Omnibus-Karosserie-Gerippe, ausgestattet mit über 80 Druckluftzylindern in Folge und Handsteuerung

Bild 52-8 Baukasten-Schweißvorrichtung – Bohrungssystem (s.a. Kap. 40, Bild 40-7, Pkt. 10 und Bild 40-2). Es handelt sich dabei um ein Vorrichtungs-Baukastensystem, das besonders für Schweißzwecke entwickelt worden ist. An der dargestellten Vorrichtung befindet sich ein handelsüblicher Kniehebel-Schnellspanner (Abschnitt 16.11) als Spannelement

52.1.4 Richtlinien für die Gestaltung von Schweißvorrichtungen

1. Der unbehinderte Zugang zu den Schweißstellen, die in der betreffenden Vorrichtung auszuführen sind, muß gewährleistet sein.
2. Nach Möglichkeit sollten alle Schweißnähte in Normallage ausführbar sein.
3. An den Schweißstellen ist für gute Wärmeabfuhr (z.B. Kupferleisten) zu sorgen.
4. Die Schweißvorrichtungen sind, im Gegensatz zu den Vorrichtungen für spanende Bearbeitung, keinen wesentlichen äußeren Kräften (Zerpankraft Fz) ausgesetzt. Gleichzeitig unterliegen sie während des Heftens und noch stärker während des Schweißens örtlich hohen Temperaturen, was bei der Konstruktion dieser Vorrichtungen besonders zu berücksichtigen ist.
5. Schweißvorrichtungen sollen das Verziehen der Werkstükke bzw. der Werkstückgruppen durch Temperatureinwirkung verringern. Sie müssen deshalb entsprechend der Verzugsrichtung und -größe ausgelegt werden.
6. Spezifisch für Werkstücke, für die die Schweißvorrichtungen benötigt werden, ist, daß sie große Abmessungen (Druckbehälter, Stahlkonstruktionen, Karosserien usw.) haben. Dementsprechend werden auch die Abmessungen und das Gewicht der Schweißvorrichtungen ausfallen. Daraus resultiert die Notwendigkeit besonders auf die Lagerungs- und Transportmöglichkeiten der Vorrichtung zu achten und sie notfalls zerlegbar zu gestalten.
7. Infolge der großen Abmessungen werden die Schweißvorrichtungen hauptsächlich als Schweißkonstruktionen in Frage kommen.
8. Bei Werkstücken, die mit Hilfe des Brennschneidens hergestellt werden, ist auf die Oberflächenbeschaffenheit großer Wert zu legen, da diese von der Gleichmäßigkeit der Schneidbrennerbewegung, der Geschwindigkeit, dem Druck des Sauerstoffs, von den Rostnarben, Walzfehlern usw. abhängt. Notfalls muß der Fertigungsbetrieb auf die mangelnde Oberflächenqualität hingewiesen werden bzw. die Ausschußkosten tragen.
9. Bei der Konstruktion der Vorrichtung ist die richtige Reihenfolge des An- und Auflegens (Positionierens) und des Spannens der Einzelteile besonders zu berücksichtigen.
10. Bei Schweiß-Drehvorrichtungen ist die richtige Geschwindigkeit bzw. stufenloser (in bestimmten Grenzen) Antrieb zu wählen.
11. Zwischen den zu verbindenden Teilen ist auf die richtige Spaltbreite, die wiederum von der Schweißmethode, Werkstückdicke und -form, Verbindungsart und Werkstoff abhängig ist, zu achten.
12. Beim Punktschweißen ist auf entsprechende Raumverhältnisse für Schweißgeräte zu achten.
13. Es sind nach Möglichkeit DIN- oder werksgenormte Positionier- und Spannelemente (z.B. Kniehebelspanner, Abschnitt 16-11) zu wählen.
14. Beim Einsatz hydraulisch betätigter Spannelemente ist besonders auf die Brandgefahr zu achten.
15. Es muß überprüft werden, ob die Gewähr gegeben ist, daß beim Herausnehmen der in der Vorrichtung zusammengehefteten Werkstückgruppe die gegenseitige Lage der gehefteten Bauelemente beibehalten wird, um sie einwandfrei und im Rahmen der festgelegten Genauigkeit zusammenzuschweißen.
16. Schweißvorrichtungen können wirtschaftlich auch aus Gießkunstharzen (Abschnitt 77.3, Bild 77-7) gebaut werden.

52.2 Universalvorrichtungen für Schweißarbeiten

Das Bewegen des Werkstücks in die Schweißposition muß mit Hilfe einer Vorrichtung erfolgen. Nachstehend werden handelsübliche Universalvorrichtungen besprochen.

52.2.1 Schweißdrehvorrichtungen

Drehvorrichtungen erleichtern das Schweißen von Rund- oder auch Längsnähten an Behältern verschiedener Konstruktion. Sie werden gebaut für Werkstücke von 150 ... 20000 kg und von 60 ... 8000 mm Durchmesser. Diese Vorrichtungen bestehen aus einer Antriebs- und einer Leerlaufeinheit. Jeweils werden zwei und auch mehrere dieser Einheiten der Behälterlänge entsprechend aufgebaut. Der Rollenabstand wird auch dem Durchmesser des Behälters entsprechend eingestellt. Die Drehgeschwindigkeit ist stufenlos regelbar und kann jeweils der erforderlichen Schweißgeschwindigkeit angepaßt werden. Diese Drehgestelle können für andere Schweißarbeiten umfunktioniert werden, indem anstelle des Behälters ein Rhönrad (Bild 51-3) aufgestellt wird. Diese Rhönraddrehgestelle werden zum Schweißen rahmenartiger Werkstücke, z.B. Brückenträger angewendet.

52.2.2 Schweißdreh- und Schweißkipptische

Schweißdreh- und -kipptische werden für Werkstücke von 3 ... 50000 kg hergestellt. Sie gestatten das Bewegen des Werkstücks um mindestens zwei Achsen. Rundteile lassen sich in die zweckmäßigste Schweißlage bringen. Es ist eine Schwenkmöglichkeit von 130° bis 160° möglich. Die Drehbewegung der Tischplatte ist in bestimmten Bereichen stufenlos regelbar, so daß sie der Schweißgeschwindigkeit entsprechend eingestellt werden kann.

52.2.3 Schweißautomatenträger

Schweißautomatenträger werden vorwiegend für Innen- und Außenschweißarbeiten in Kesseln und Behältern eingesetzt. Sie sind hauptsächlich zum Aufnehmen eines Schweißautomaten oder Schweißautomatenkopfes vorgesehen. Beim Schweißautomaten für Außennähte handelt es sich um einen an einer Säule in der Höhe verstellbaren Ausleger mit konstanter Ausladung, an dessen Kopf der Schweißautomat angebracht ist. Der Schweißautomatenträger kann mit einem Fahrwerk ausgerüstet werden, das auf Schienen mit der Schweißgeschwindigkeit fahrbar ist. Ebenso kann ein Wandfahrwerk vorgesehen werden. Der Platzbedarf ist dabei verhältnismäßig gering. Es ist jedoch immer zu überprüfen, ob sich die Fahrbahnen so anbringen lassen, daß keine Erschütterungen zu Störungen (Kran) Anlaß geben.

Eine andere Art des Schweißautomatenträgers, die ebenfalls zum Innen- und Außenschweißen der Behälter benutzt wird, hat den gleichen Aufbau; sie ist jedoch immer auf Schienen fahrbar. Der Ausleger ist nicht starr, sondern ebenfalls fahrbar ausgebildet. Bei diesem Schweißautomatenträgern befindet sich der Bedienende meistens nicht auf dem Ausleger. Die Bewegungen werden vom Boden aus gesteuert, wobei der Schweißvorgang über eine am Schweißkopf befestigte Fernsehkamera beobachtet und erforderlichenfalls beeinflußt wird.

53 Vorrichtungen im Karosseriebau, in der Luft- und Raumfahrtindustrie (Raketenbau)

Im Karosseriebau, in der Luft- und Raumfahrtindustrie werden meistens große und sehr große Vorrichtungen benötigt. In den meisten Fällen wird es sich dabei um Montage- und Schweißvorrichtungen handeln. In den Bildern 53-1 bis 53-4 sind einige Beispiele dieser Vorrichtungen wiedergegeben. Weitere Beispiele zeigen die Bilder 52-6 und 77-7.

Bild 53-1 Kniehebel-Schnellspanner (Abschnitt 16.11) an einer Kontrollvorrichtung für PKW-Blechteile

Bild 53-2 Heft- und Schweißvorrichtung (Kap. 52) für Busaufbauten unterschiedlicher Sitzplatzkapazitäten

Bild 53-3 Vorrichtung zum Zusammenbau der Komponenten Unterschale sowie der unteren und oberen Seitenschale einer Rumpfsektion des europäischen Flugzeugs Airbus A 300B

Bild 53-4 Integrationsgerüst für die dritte Stufe der Trägerrakete Ariane

54 Vorrichtungskonstruktion

54.1 Welche Faktoren beeinflussen den Vorrichtungskonstruteur und seine Arbeit?

Die Aufgabe des Konstrukteurs ist es, eine wirtschaftlich und technisch optimale Vorrichtungslösung zu finden, die die an sie gestellten Forderungen erfüllt. Diese Lösung kann mit Hilfe der im Kap. 60 besprochenen Bewertungsmethode ermittelt werden. Bevor jedoch mit der Konzeption begonnen werden kann, müssen die an die Vorrichtung gestellten Forderungen vorliegen und sämtliche Einflußfaktoren, die sich auf die Konstruktion auswirken können, bekannt sein. Die geforderten Eigenschaften, die die Vorrichtung aufweisen soll, sind betriebs- und fertigungsbedingt, so daß besonders diese Faktoren zu berücksichtigen sind. Diese Einflußfaktoren sind im Bild 54-1 zusammengefaßt. Eine solche Darstellung erübrigt umfangreiche Beschreibungen und kann gleichzeitig als eine Checkliste für den Vorrichtungskonstrukteur angesehen werden. Diese Aufstellung kann auch die Arbeit des Fertigungsvorbereiters erleichtern, da auch er sich danach bei der Bearbeitung des Vorrichtungsauftrages richten kann. Es kommt hinzu, daß dadurch die Kommunikation zwischen diesen beiden Betriebsstellen erleichtert wird, da nicht immer alle Forderungen im Bestelltext enthalten sind.

54.2 Zusammenarbeit der Vorrichtungskonstruktion mit anderen Betriebsabteilungen

Bevor eine neue Sondervorrichtung von der Betriebsmittelplanung festgelegt wird, sollten sich alle zuständigen Betriebsstellen darüber klar werden, welche Forderungen und Wünsche an die Vorrichtung gestellt werden und welche Erfahrungen, falls bereits ähnliche Werkstücke hergestellt worden sind, mit vorhandenen Vorrichtungen vorliegen. Die Zusammenarbeit der Vorrichtungskonstruktion mit anderen Betriebsstellen ist von größter Bedeutung. Je größer die Stückzahl bzw. die Auflage der zu fertigenden Werkstücke und je kostenaufwendiger die Vorrichtung, desto wichtiger ist der Informationsfluß (Kap. 55) und Erfahrungsaustausch. Aus der Palette der vorliegenden Forderungen, Wünsche und Erfahrungen kann der Vorrichtungskonstrukteur die Faktoren, die die Wirtschaftlichkeit des Einsatzes der Vorrichtung beeinflussen und bei der Konstruktion einer neuen Vorrichtung berücksichtigen. Nur so kann eine technisch und wirtschaftlich optimale Lösung entstehen. Es ist selbstverständlich, daß nicht immer alle Wünsche erfüllt werden können da sie hohe Kosten, die nicht zu vertreten sind, verursachen würden. Die Aufgabe der betroffenen Betriebsstellen ist es, die richtigen Maßstäbe anzulegen und die optimale Lösung in Zusammenarbeit zu finden.

1. Der *Produktkonstrukteur* erkundigt sich über die Betriebs-EDVA ob ähnliche Werkstücke, die er für die neue Produkkonstruktion braucht, bereits gefertigt worden sind. Anhand der Formen- und Bearbeitungskennziffer werden ihm sämtliche geometrisch ähnlichen Werkstücke mitgeteilt.
2. Der *Betriebsmittelplaner* bestimmt mit Hilfe der EDVA und eines Vorrichtungsschlüssels (Abschnitt 1.6) die für die neue Fertigung benötigten Vorrichtungen. Der Bereitstelltermin der Änderung bzw. Anpassung wird festgelegt. Wird eine neue Vorrichtung benötigt, so wird
3. dem *Fertigungsvorbereiter* der Bereitstellungstermin mitgeteilt. In enger Zusammenarbeit mit der
4. *Vorrichtungskonstruktion* werden von der Fertigungsvorbereitung alle Daten für eine neue Vorrichtung festgelegt. Bei Vorrichtungen, die für ähnliche Werkstücke bereits gefertigt worden sind, wird der Fertigungsvorbereiter dem Vorrichtungskonstrukteur seine bisherigen Erfahrungen, z.B. Vorgabezeitüberschreitungen und deren Gründe, falls sie mit der Vorrichtung und ihrer Funktion zusammenhängen, mitteilen.
5. Der *Betriebsleiter* und *Meister des Fertigungsbetriebes* werden hinzugezogen, um ihre Erfahrungen, Wünsche und Forderungen mitzuteilen. Nicht zu vergessen ist die
6. *Fertigungskontrolle*, die die meisten Erfahrungen, die den Einsatz von Vorrichtungen betreffen, hat. Ist sie gut organisiert, so sind diese Erfahrungen entsprechend dokumentiert.
7. Der *Vorrichtungskonstrukteur* wird den *Produktkonstrukteur* hinsichtlich der vorrichtungsgerechten Gestaltung der Werkstücke (Abschnitt 4.2.1) beraten. Dem Vorrichtungskonstrukteur sollte Gelegenheit gegeben werden, seine Forderungen an das Werkstück anzumelden und durchzusetzen, um komplizierte und teure Vorrichtungen zu vermeiden und eine wirtschaftliche Fertigung zu sichern. Sehr oft können Werkstückänderungen vorgeschlagen werden, die die Aufgabe des Werkstücks nicht beeinträchtigen aber erhebliche Werkzeug- und Vorrichtungskosten-Einsparungen herbeiführen.
8. Ebenso werden der *Produktkonstrukteur* und der *Betriebsleiter des Fertigungsbetriebes* ihre Erfahrungen austauschen, um die Fertigung zu verbilligen, wobei die Vorrichtungen dabei eine wichtige Rolle spielen.
9. Zwischen dem *Fertigungsbetrieb* und der *Vorrichtungskonstruktion* wird ein starker gegenseitiger Einfluß ausgeübt. Es werden Erfahrungen und Erkenntnisse ausgetauscht, die den Zweck haben, technisch und wirtschaftlich optimale Vorrichtungen einzusetzen.
10. Eine enge Zusammenarbeit zwischen der *Vorrichtungskonstruktion* und dem *Vorrichtungsbau* ist unerläßlich, die keiner Begründung bedarf. Diese Zusammenarbeit kann dadurch gefördert werden, daß beide Betriebstellen unter einer Betriebsleitung stehen.

Die enge und fruchtbare Zusammenarbeit der genannten Betriebstellen kann nur durch entsprechende betriebliche organisatorische Maßnahmen zustande kommen. Eine Rationalisierungsabteilung kann dabei neben der eigenen Rationalisierungsinitiative die Rolle eines Vermittlers übernehmen.

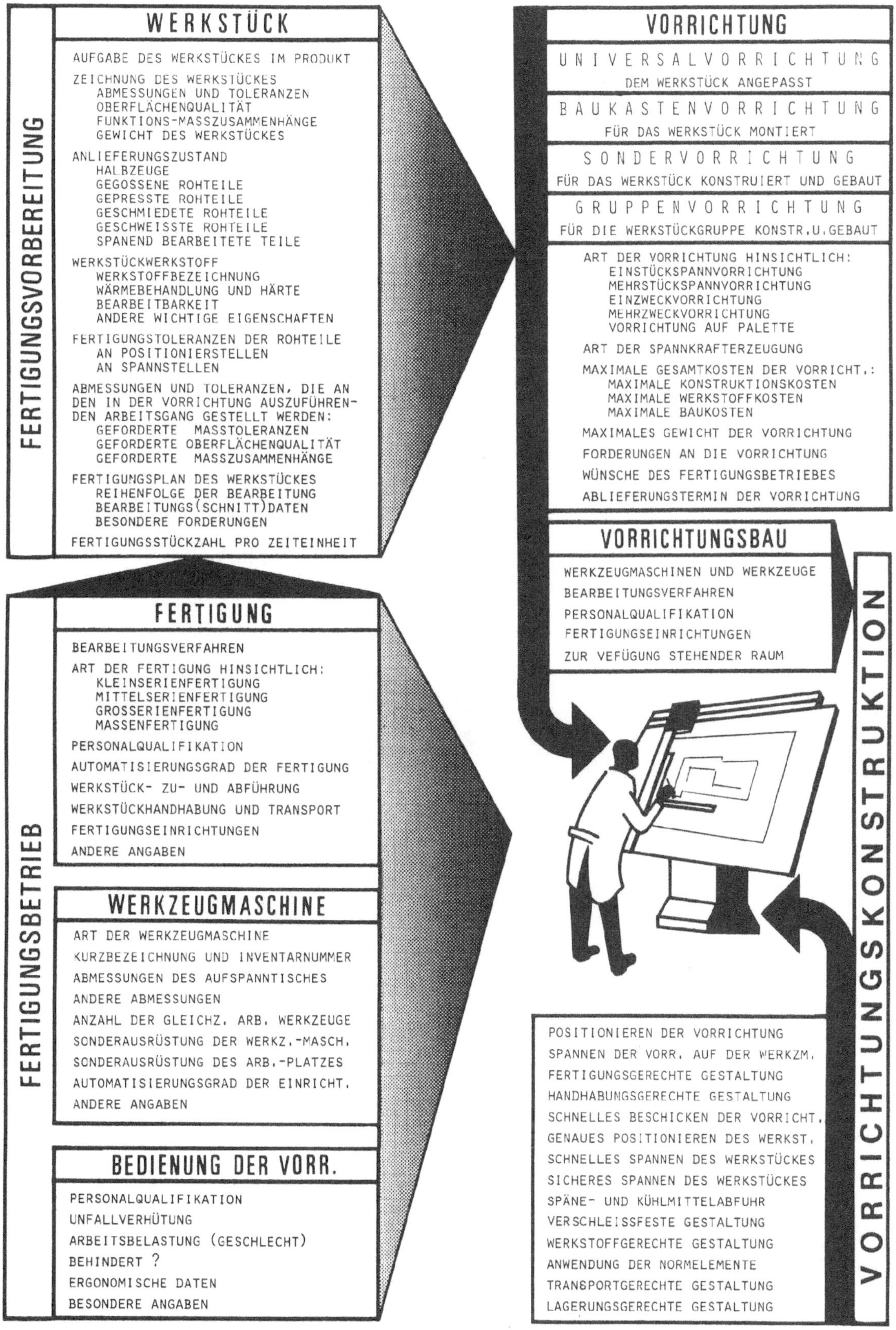

Bild 54-1 Einflußfaktoren seitens der Fertigungsvorbereitung, des Fertigungsbetriebes und des Vorrichtungsbaus auf die Arbeit des Vorrichtungskonstrukteurs

55 Informationsfluß für den Einsatz von Vorrichtungen

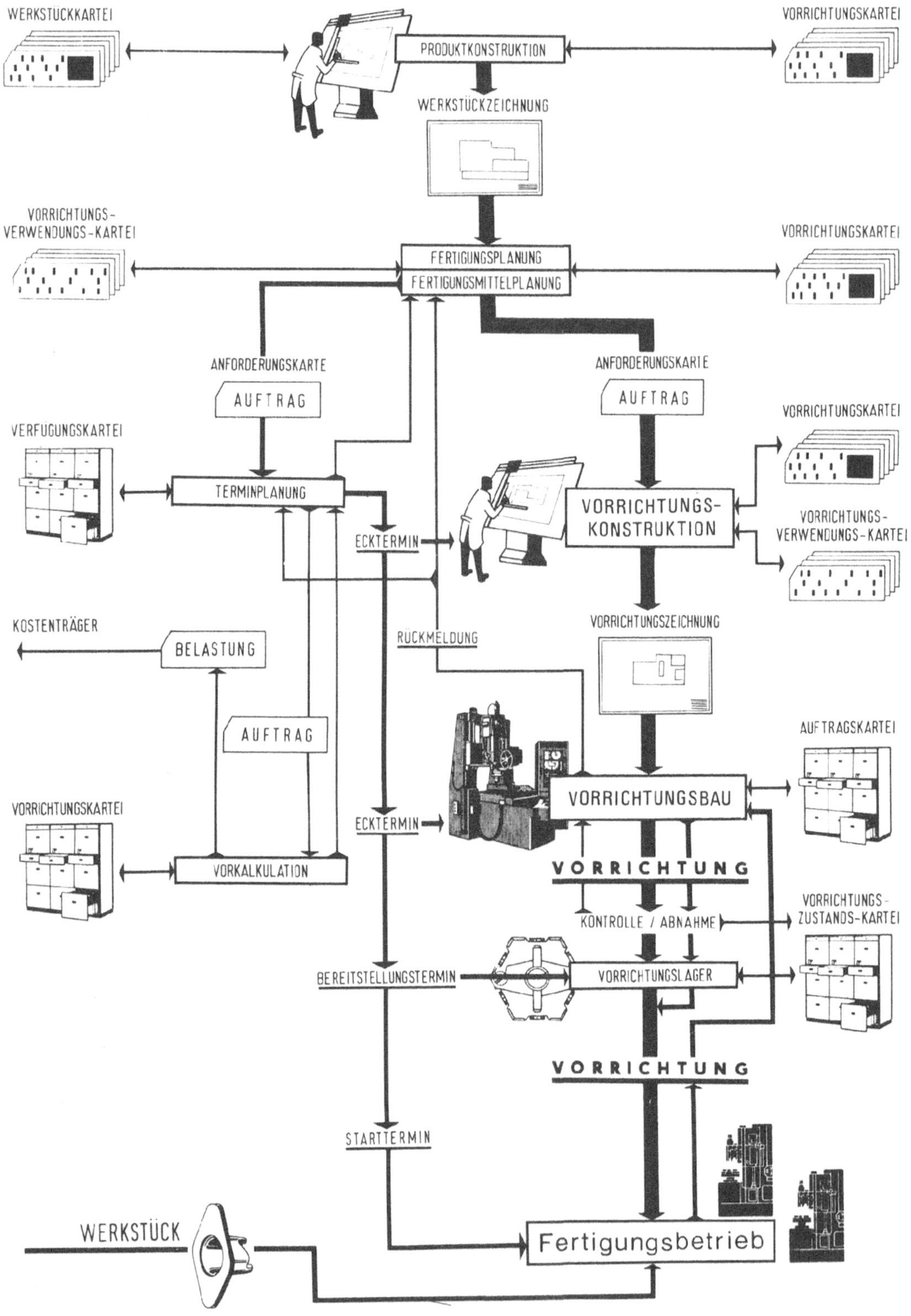

Bild 55-1 Informationsfluß für den Einsatz von Vorrichtungen

Die Vorrichtungsklassifizierung (Abschnitt 1.6) erfüllt nur dann ihre Aufgabe, wenn sie in allen Funktionskreisen eingesetzt wird, die mit Vorrichtungen zusammenhängen. Die hierzu notwendigen organisatorischen Maßnahmen und Zusammenhänge sind im Bild 55-1 dargestellt. Die Produktkonstruktion ist verpflichtet die Wiederverwendung von Werkstücken zu betreiben. Durch die Vorrichtungsdaten ist die Möglichkeit gegeben, neue Werkstücke vorhandenen Vorrichtungen bzw. Vorrichtungen den Werkstücken anzupassen. Die Bildlochkarte eignet sich dafür am besten. Die Fertigungsplanung bestimmt (Vorrichtungskartei und Vorrichtungs-Verwendungskartei) die Vorrichtungen bei Werkstückwiederverwendung bzw. bestellt über die Betriebsmittelplanung eine neue Vorrichtung. Auf der Anforderungskarte ist die Klassifizierungsnummer vermerkt. Sie erlaubt der Vorrichtungskonstruktion einen Rückgriff auf ähnliche Konstruktionen. Die Vorkalkulation kann mit Hilfe der Klassifizierungsnummer aus der Kalkulationskartei die Material- und Lohnkosten bestimmen. Die Terminplanung erhält mit der Klassifizierungsnummer Aufschluß über die Durchlaufzeiten in der Vorrichtungskonstruktion und im Vorrichtungsbau. Zum Starttermin müssen alle Vorrichtungen nach bereits erfolgter Abnahme (Abschnitt 68.1) im Vorrichtungslager bereitstehen. Ihre Verfügbarkeit entnimmt die Terminplanung der Verfügbarkeitskartei. Das Vorrichtungslager berichtet über die Vorrichtungs-Zustandskartei über den Nutzungsstand der Vorrichtungen.

56 Forderungen an die Vorrichtung

Eigenschaften einer funktions-, bedien- und fertigungsgerecht konstruierten Vorrichtung

Die Qualität der hergestellten Produkte ist nicht allein die Angelegenheit der Werkzeuge, Maschinen und Einrichtungen sowie deren Bedienung, sondern in sehr beachtlichem Maße auch der angewendeten Vorrichtungen. Die Vorrichtungen haben außerdem einen bedeutenden Einfluß auf die Wirtschaftlichkeit (Abschnitt 2.2) der Fertigung. Damit sich die Vorteile, die durch den Einsatz von Vorrichtungen auf die Qualität der Produkte und die Fertigung voll auswirken können, müssen bei einer funktions-, bedien- und fertigungsgerecht konstruierten Vorrichtung folgende Voraussetzungen erfüllt werden:

56.1 Forderungen hinsichtlich der Unfallverhütung

1. Die allgemein geltenden Unfallverhütungsvorschriften sind unbedingt und uneingeschränkt zu beachten.
2. Die im Abschnitt 7.2 über Unfallverhütung im Vorrichtungsbau aufgeführten Hinweise müssen eingehalten werden.

56.2 Forderungen hinsichtlich der Wirtschaftlichkeit

1. Die im voraus ermittelten und festgelegten maximalen Kosten der Vorrichtung dürfen nicht überschritten werden. Ihre Überschreitung muß begründet und genehmigt werden.
2. Die ermittelte wirtschaftliche Grenzstückzahl der Werkstükke (Abschnitt 2.2.3) muß erfüllt werden. Dieses ist während und nach dem Einsatz der Vorrichtung zu überprüfen.

56.3 Forderungen hinsichtlich der Funktion

1. Die Funktion und die Erfüllung der Forderungen, die an die Vorrichtung gestellt werden, müssen sichergestellt werden.
2. Die verlangte Genauigkeit des Werkstücks muß gewährleistet sein.
3. Die Vorrichtung ist so auszulegen, daß sie und ihre Bauelemente, durch die Einwirkung der Spann- und Zerspankräfte (Abschnitt 15.8.1) nicht verformt werden.
4. Das Werkstück darf infolge der Einwirkung der Spann- und Zerspankräfte nicht verformt werden (Abschnitt 15.8.2).
5. Die Vorrichtung muß so konstruiert sein, daß:
   - 5.1 ein leichtes Eingeben und Herausnehmen des Werkstücks (Kap. 10) möglich ist,
   - 5.2 die Werkstücklage einfach, schnell und eindeutig sowie fehlerfrei und nach Möglichkeit selbsttätig positioniert (Kap. 11) wird,
   - 5.3 ein falsches Einlegen des Werkstücks (Abschnitt 10.3) nach Möglichkeit unmöglich ist,
   - 5.4 ein schnelles und sicheres Spannen des Werkstücks (Kap. 15) gewährleistet ist,
   - 5.5 die Kühl- und Schmierflüssigkeit sicher abgeführt (Kap. 24) wird,
   - 5.6 die Späne ohne Schwierigkeiten und ohne Beschädigung des Werkstücks sowie der Vorrichtung abgeführt werden (Kap. 24).

56.4 Forderungen hinsichtlich der Bedienung und Handhabung

1. Die Vorrichtung muß von angelernten Arbeitskräften einfach, schnell und sicher bedient und gehandhabt werden können.
2. Ergonomische Erkenntnisse und Daten (Abschnitt 7.1) sind zu beachten.
3. Schwere und zu bewegende Vorrichtungen (Wenden, Kippen, Verschieben) müssen mit Bewegungshilfen (Abschnitt 5.1) versehen werden.
4. Beim Einsatz von weiblichen bzw. kriegs- und unfallgeschädigten Arbeitskräften sind hinsichtlich der Vorrichtungen besondere Vorkehrungen (Gewicht, besondere Hilfen, besondere Griffe usw.) zu treffen.
5. Weitere Hinweise sind in den Richtlinien des Abschnitts 10.5 enthalten.

56.5 Forderungen hinsichtlich der Ausführung

1. Die Bauelemente der Vorrichtung müssen, unter Berücksichtigung der Möglichkeiten des Vorrichtungsbaus (s. auch Kap. 72 und 73) und auch des Fertigungsbetriebes (da z.B. ein Bohrwerk vorhanden, Schweißbetrieb u.a.) fertigungsgerecht gestaltet werden (Kap. 64).
2. Die Vorrichtung soll leicht aber auch gleichzeitig ausreichend steif gebaut werden.
3. Nach Möglichkeit soll die Vorrichtung mit vorhandenen Werkzeugen zu fertigen sein.
4. Qualifikation des Personals des Fertigungsbetriebes, in dem die Vorrichtung eingesetzt wird, sowie die Betriebsgepflogenheiten müssen berücksichtigt werden.
5. Nach Möglichkeit sind Werkzeug-Einstellelemente (Abschnitt 6.1) vorzusehen.
6. Die Vorrichtung muß einfach, schnell und genau auf dem Werkzeugmaschinentisch (Abschnitt 5.2) positioniert werden können.
7. Im eigenen Werkstofflager vorhandene Werkstoffe bzw. Abfälle aus der Fertigung (kann mitunter teurer sein, da diese gesucht bzw. die Konstruktion an sie angepaßt werden muß) anwenden.
8. DIN- und handelsübliche werksgenormte Bauelemente (Kap. 22 und 79) weitestgehend anwenden.
9. Mit Hilfe der Konstruktionsmethodik (Kap. 59) und der methodischen Bewertung (Kap. 60) die technisch und wirtschaftlich optimale Konstruktionslösung finden.
10. Lose Vorrichtungselemente vermeiden (Abschnitt 7.2).
11. Die Vorrichtungen müssen transportgerecht gestaltet werden (Kap. 21), wobei die vorhandenen Transporteinrichtungen und -möglichkeiten zu berücksichtigen sind.
12. Während der Konstruktion sind die Lagerungsmöglichkeiten (Vorrichtungslager, Platz, Regale, Paletten usw., Kap. 76) zu berücksichtigen. Falls notwendig, müssen zerlegbare Vorrichtungen vorgesehen werden.
13. Dem Verschleiß besonders unterworfene Bauelemente sind verschleißfest und auswechselbar zu gestalten.
14. Falls nötig, sind für die Abnahme und Kontrolle der Vorrichtung (Abschnitt 68.1) (bei z.B. sich kreuzenden Achsen) Sonderlehren (Kap. 49) vorzusehen.

56.6 Forderungen hinsichtlich des Einsatzes einer Vorrichtung für verschiedene Werkstücke

Diese betreffen sowohl Schnellspann-Säulengestelle (Abschnitt 23.4) als auch Gruppenvorrichtungen (Kap. 39):

1. Die Vorrichtungen müssen von einem auf ein anderes Werkstück der Werkstückgruppe schnell umgerüstet werden.
2. Die einzelnen Bauelemente eines Werkstück-Austauschelementsatzes (Bilder 39-1 und 39-2) müssen eindeutig gekennzeichnet sein, damit Verwechslungen vermieden werden.
3. Bei einer größeren Anzahl der auszutauschenden Elemente ist eine „Rüstzeichnung“ bzw. eine fotografische „Rüstaufnahme“ der Sollage der auswechselbaren Bauelemente für ein Werkstück anzufertigen, damit die Einbaulage eindeutig ersichtlich ist.
4. Nach Möglichkeit sollte ein „Rüst-Musterwerkstück“ mit den Austauschelementen gelagert werden, um den späteren Rüstvorgang zu beschleunigen und fehlerfrei auszuführen.
5. Die Maßzusammenhänge der Bauelemente untereinander sind vorzuschreiben und von der Kontrolle abzunehmen.

56.7 Forderungen hinsichtlich der automatischen Werkstückzuführung in die Vorrichtung

Diese betreffen automatische Werkstück-Zuführeinrichtungen (Kap. 45) sowie Industrieroboter (Abschnitt 45.1):

1. Die Werkstücke müssen einerseits durch die Zuführeinrichtung bzw. den Industrieroboter eindeutig und mit geforderter Wiederholgenauigkeit zugeführt und andererseits seitens der Vorrichtung schnell, sicher und genau „aufgenommen“, d.h. eingegeben, positioniert und gespannt werden.
2. Die Vorrichtung und ihre mit der Werkstückzuführung verbundenen Funktionen müssen sich mit der Zubringeeinrichtung bzw. mit dem Industrieroboter auf einfache Art verknüpfen lassen. Darunter ist z.B. das Öffnen der Vorrichtung, Entfernen des vorher bearbeiteten Werkstücks, die Eingabe, das Positionieren sowie Spannen des nachfolgenden Werkstücks und das Schließen der Vorrichtung, ihre Bewegung (Bild 46-5) usw.
3. Visuelle Sensoren (Kap. 45) sollten in die Vorrichtung eingebaut werden, wenn Ausschuß vermieden werden soll.
4. Infrarot-Sendeeinrichtungen sollten bei der Anwendung von Pneumatik oder Hydraulik als Druckabfallmelder eingesetzt werden (Signal bzw. Ausschaltung der Werkzeugmaschine).

56.8 Forderungen hinsichtlich des Ablieferungstermins

Der Ablieferungstermin der Vorrichtung (Fertigstellungstermin) muß unbedingt eingehalten werden. Auftretende Schwierigkeiten sind der Fertigungsplanung zu melden.

57 Angaben über das in der Vorrichtung aufzunehmende Werkstück, über die Werkzeugmaschine, die Werkzeuge usw.

Um eine Vorrichtung optimal wirtschaftlich und konstruktiv gestalten zu können, muß der Vorrichtungskonstrukteur bestimmte Angaben und Unterlagen erhalten bzw. aus den ihm zur Verfügung stehenden Dokumentationen die benötigten Daten entnehmen können. Es sind:

1. *Angaben über das Werkstück*
   - 1.1 Aufgabe des Werkstücks bzw. seiner Elemente innerhalb des Erzeugnisses,
   - 1.2 Zeichnung des Werkstücks, die
     - 1.2.1 fertigungsgerecht vermaßt ist,
     - 1.2.2 sämtliche Maßtoleranzen, Winkeltoleranzen, Angaben über Parallelität usw. sowie über
     - 1.2.3 Angaben über verlangte bzw. bereits vorhandene Oberflächenqualität beinhaltet.
2. *Angaben über den Anlieferungs- bzw. Ausgangszustand des Werkstücks für die Aufnahme in der Vorrichtung*
   - 2.1 Zustand der Halbzeuge,
     - 2.1.1 Zustand der stangenförmigen Halbzeuge,
     - 2.1.2 Zustand der rohrartigen Halbzeuge,
   - 2.2 Zustand der Rohteile,
     - 2.2.1 Zustand gegossener Rohteile,
     - 2.2.2 Zustand der geschweißten Rohteile,
     - 2.2.3 Zustand der geschmiedeten, gewalzten usw. Rohteile.
     - 2.2.4 Zustand der bereits vorgearbeiteten Teile.
3. *Angaben über den Werkstückwerkstoff und seinen Zustand*
   - 3.1 Werkstoffbezeichnung,
   - 3.2 Härte,
   - 3.3 Wärmebehandlung des Werkstücks vor und nach der Bearbeitung,
   - 3.4 Bearbeitbarkeit des Werkstückwerkstoffes,
   - 3.5 andere Eigenschaften wie: Schweißbarkeit, Verzug, freiwerdende Spannungen usw.
4. *Fertigungstoleranzen und Oberflächenqualität*
   - 4.1 an Stellen, die als Positionier- und Spannstellen vorgesehen sind,
   - 4.2 die bearbeitet werden sollen.
   - 4.3 Form- und Lagetoleranzen (DIN 7184) der mit der Vorrichtung zusammenhängenden Elemente des Werkstücks.
   - 4.4 Maßzusammenhänge zwischen den in der Vorrichtung zu bearbeitenden bzw. der die Vorrichtungselemente berührenden Werkstückelemente.
5. *Fertigungsplan des Werkstücks*
   - 5.1 Reihenfolge der Bearbeitung,
   - 5.2 bei mechanischer Bearbeitung die Zerspanungsbedingungen.
6. *Stückzahl der zu fertigenden Werkstücke*

   Die Stückzahl bzw. Losgröße (und die damit zusammenhängende Anzahl der Lose pro Zeiteinheit).
7. *Angaben über die Werkzeugmaschine*
   - 7.1 Art der Werkzeugmaschine, des Aggregats (Kap. 47), Bearbeitungszentrums, der Bearbeitungszelle, usw.,
   - 7.2 Inventar-Nr.,
   - 7.3 Spanntischmaße und andere Größen (Palette u.ä.),
   - 7.4 Vorhandene Spannmittel an der Maschine,
   - 7.5 Besondere Ausrüstung der Maschine,
   - 7.6 Maße der Spannelemente (Tischnutenmaße, Spindelmaße (Drehmaschinenspindelaufnahme) usw.
8. *Angaben über die Werkzeuge und Werkezughalter*
   - 8.1 Art des Werkzeuges oder Werkzeuge,
   - 8.2 Größe bzw. Maße des Werkzeuges,
   - 8.3 Schneidenwerkstoff,
   - 8.4 Schneidengeometrie,
   - 8.5 Art der Werkzeugführ- und -einstellelemente,
   - 8.6 Werkezughalterart und -größe,
   - 8.7 Werkzeugwechseleinrichtungen.
9. *Angaben über Kühl- und Schmiermittel*
10. *Angaben über Werkstück-Zubringeeinrichtungen (Kap. 46),*
11. *Angaben über Vorrichtungs-Bewegungseinrichtungen* (Abschnitt 5.1)
12. *Angaben über die Bedienperson*
    - 12.1 Qualifikation,
    - 12.2 Geschlecht,
    - 12.3 andere Angaben (z.B. behindert usw.).
13. *Andere wichtige Angaben*

    Unter den Begriffen „andere wichtige Angaben“ werden Informationen verstanden, die in den Angaben der Punkte 1 bis 12 nicht enthalten sind und je nach den auftretenden Zusammenhängen, Erfordernissen und Forderungen an das Werkstück bzw. die Vorrichtung (Kap. 56) auftreten, gestellt werden oder aus der Aufgabe, die das Werkstück später im Produkt zu erfüllen hat, resultieren und somit zum Ausdruck gebracht werden müssen.

58 Angaben über die in Auftrag gegebene Vorrichtung

Der Vorrichtungskonstrukteur kann nicht eine beliebig einfache oder komplizierte Vorrichtung konstruieren, die beliebig hohe Kosten verursacht. Der „Kompliziertheitsgrad“ einer Vorrichtung hängt von folgenden Faktoren ab:

1. Stückzahl der mit der Vorrichtung zu fertigenden Werkstücke bzw. Losgröße und Anzahl der Lose pro Zeiteinheit.
2. Maximale zulässige Kosten der Vorrichtung
   - 2.1 maximale Kosten der Konstruktion,
   - 2.2 maximale Kosten der Fertigung der Vorrichtung,
     - 2.2.1 Werkstoffkosten,
     - 2.2.2 DIN- und Werksnormelemente-Kosten sowie
     - 2.2.3 Lohnkosten und Fertigungsgemeinkostenzuschläge.
3. Art der Vorrichtung – (Einteilung s. Abschnitt 1.4).
4. Art der Vorrichtung hinsichtlich der Bauart
   - 4.1 Baukastenvorrichtung bestehend aus Baukastenelementen (Kap. 40),
   - 4.2 Baukastenvorrichtung bestehend aus DIN- und Werksnorm-Vorrichtungselementen (Kap. 22),
   - 4.3 handelsübliche Standardvorrichtung:
     - 4.3.1 Universal-Schnellspann-Säulengestell (Abschnitt 23.4),
     - 4.3.2 Kastenbohrvorrichtung (Abschnitt 23.1),
     - 4.3.3 Universalvorrichtungen für wellenartige Werkstücke (Abschnitt 23.2),
     - 4.3.4 Universalvorrichtungen für scheibenartige Werkstücke (Abschnitt 23.3),
5. *Sondervorrichtung* hauptsächlich aus selbstgefertigten Bauelementen bestehend und mit DIN- sowie werksgenormten Elementen ergänzt. Man kann sie unterteilen in:
   - 5.1 Sondervorrichtung für nur ein Werkstück und einen Arbeitsgang auf einer Werkzeugmaschine,
   - 5.2 Sondervorrichtung für ein Werkstück und mehrere Arbeitsgänge auf einer Werkzeugmaschine,
   - 5.3 Sondervorrichtung für ein Werkstück und mehrere Arbeitsgänge auf verschiedenen Werkzeugmaschinen,
   - 5.4 Sondervorrichtung für mehrere gleiche Werkstücke (Abschnitt 15.9) und einen Arbeitsgang auf einer Werkzeugmaschine,
   - 5.5 Sondervorrichtung für mehrere gleiche Werkstücke und mehrere Arbeitsgänge auf einer Werkzeugmaschine,
   - 5.6 Sondervorrichtung für mehrere gleiche Werkstücke und mehrere Arbeitsgänge auf mehreren Werkzeugmaschinen,
   - 5.7 Sonder-Gruppenvorrichtung (Kap. 39) für mehrere geometrisch und größenmäßig ähnliche Werkstücke als Einstückvorrichtung,
   - 5.8 Sonder-Gruppenvorrichtung für mehrere geometrisch und größenmäßig ähnliche Werkstücke als Mehrstückvorrichtung.

Sind die Fragenkomplexe 1 bis 5 geklärt, so müssen weitere Fragen beantwortet und entschieden werden. Es sind:

6. Soll ein Werkstück während der Bearbeitung eines anderen Werkstückes eingelegt, positioniert und gespannt werden?
7. Sollen mehrere Werkstücke gleichzeitig oder nacheinander bearbeitet werden (Abschnitt 31.1)?
8. Sollen während der Bearbeitung einer Anzahl von Werkstücken weitere Werkstücke eingelegt, positioniert und gespannt werden?
9. Werden die Werkstücke parallel oder in einer bzw. mehreren Reihen positioniert und gespannt?
10. Sollen die Werkstücke ihre Lage mit der Vorrichtung ändern (z. B. zwischen den einzelnen Bearbeitungsstationen) (Bild 31-4)?
11. Art der Spannkraft
    - 11.1 Muskelkraftbetätigtes Spannen (Abschnitt 25.1)
      - 11.1.1 Welche Spannelemente (Kap. 16) sollen eingesetzt werden?
      - 11.1.2 Kommen Schnellspannelemente (Abschnitt 16.10) in Frage?
      - 11.1.3 Werden die Spannelemente hand- oder/und fußbetätigt?
    - 11.2 Kraftbetätigtes Spannen (Abschnitt 25.3)
      - 11.2.1 Art der Spannkrafterzeugung (Abschnitt 25.3.2)?
      - 11.2.2 Ist diese an der Vorrichtungseinsatzstelle vorhanden (Anschlußart)?
      - 11.2.3 Soll die Krafterzeugungsanlage auch andere Vorrichtungen oder Einrichtungen speisen?
      - 11.2.4 Wie viele Spannstellen werden betätigt (gleichzeitig) und mit welchen Kräften wird gerechnet?
      - 11.2.5 Anzahl der Schaltspiele pro Zeiteinheit?
12. Mechanisierungs- und Automatisierungsgrad der Vorrichtung
    - 12.1 Sollen die Werkstücke manuell oder automatisch eingegeben bzw. herausgenommen werden?
    - 12.2 Sollen die Werkstücke von Hand oder automatisch positioniert und gespannt werden?
    - 12.3 Wird der Arbeitszyklus durch Handschaltung oder automatisch gesteuert?
    - 12.4 Wird das Werkstück von einer oder mehreren Seiten bearbeitet?
    - 12.5 Welche Prüf- und Kontrolleinrichtungen sind vorgesehen?
    - 12.6 Welche Sicherheitsmaßnahmen sind vorgesehen (Abschnitte 26.5.2 und 26.5.3)?
    - 12.7 Können handelsübliche Bearbeitungseinheiten (Kap. 47 und 48) eingesetzt werden?
    - 12.8 Wird die Anlage für andere Werkstücke eingesetzt bzw. bereits vorbereitet?

12.9 Können bzw. müssen Werkstück-Änderungsvorschläge (Abschnitt 4.2.1) an die Produktkonstruktion gemacht werden?

12.10 Können Werkstückgruppen gebildet werden, so daß Gruppenvorrichtungen (Kap. 39) in Frage kommen?

Die aufgezählten Fragenkomplexe, Angaben und Aufgaben stellen eine Checkliste dar und sollen die Wahl einer wirtschaftlich und technisch optimalen Konstruktionslösung (Kap. 60) ermöglichen. Es ist selbstverständlich, daß noch andere Faktoren die Arbeit des Vorrichtungskonstrukteurs beeinflussen werden. Neben den Forderungen, die an die Vorrichtung gestellt werden, die unbedingt zu erfüllen sind, werden auch Wünsche der Vorrichtungsanwender zu berücksichtigen sein, die jedoch nicht unbedingt erfüllt werden müssen (Wunschliste).

Es handelt sich hierbei um Faktoren, die aus dem Betrieb, der die Vorrichtung benutzen wird, und der Fertigungsvorbereitung stammen. Außerdem kommen noch andere Faktoren hinzu, die ebenfalls zu berücksichtigen sind (Kap. 69 u.a.).

59 Methodisches Konstruieren von Vorrichtungen

59.1 Allgemein

Als Konstruktionsprozeß bezeichnet Hubka[1]) eine Reihe von aufeinanderfolgenden Konstruktionstätigkeiten, die von der gestellten Aufgabe ausgehend – auf den Vorrichtungsbau bezogen (Zusatz vom Autor) – eine Vorrichtung vorausdenken und beschreiben. Den Konstruktionsprozeß teilt Koller[2]) in drei Phasen ein: in Funktionssynthese, in qualitative und in quantitative Synthese, wobei unter der qualitativen Konstruktion das Entwerfen und unter der quantitativen Konstruktion das Bemessen verstanden werden. Daraus ergibt sich eine grundsätzliche Gliederung der Konstruktionstätigkeiten in der Vorrichtungskonstruktion in:

1. *Funktionssynthese*
   - 1.1 Aufgabenstellung der Vorrichtung innerhalb des Wirksystems: Werkstück – Werkzeug – Werkzeugmaschine (Kap. 4),
   - 1.2 Gesamtfunktion der Vorrichtung (Kap. 56),
   - 1.3 Teilefunktionsstruktur der Vorrichtung,
   - 1.4 Grundoperations- oder Elementarfunktionsstrukturen der Vorrichtung.
2. *Entwerfen*
   - 2.1 Effektalternativen der Vorrichtung,
   - 2.2 Effektträgeralternativen,
   - 2.3 Prinzip- oder Basislösungen,
   - 2.4 Baugruppenalternativen (Prinziplösungen),
   - 2.5 Systemalternativen (Prinziplösungen),
   - 2.6 Gesamtalternativen,
   - 2.7 qualitativer Entwurf.
3. *Bemessen*
   - 3.1 maßstäblicher Entwurf,
   - 3.2 endgültiger Entwurf,
   - 3.3 Zeichnungsunterlagen-Erstellung,
   - 3.4 Fertigungsunterlagen-Erstellung.

Im Rahmen der Funktionssynthese (Pkt. 1.) wird die Aufgabenstellung der Vorrichtung (Aufgabe, Forderungen, Wünsche usw.) formuliert. Sie resultiert aus der Bestellung, wobei ein „Pflichtenheft" als Anforderungsliste gilt. Aus der Aufgabestellung müssen alle notwendigen Daten über den Zweck der Vorrichtung sowie eventuelle einschränkende Bedingungen (Restriktionen) unter denen der Zweck erreicht werden soll (Abschnitt 59.1), ersichtlich sein, z.B. Funktionssicherheit, ergonomische Bedingungen (Abschnitt 7.1) usw. Die Funktionssynthese wird mit der Erstellung der Elementenstruktur abgeschlossen. Es wird immer mehrere Funktionsstrukturmöglichkeiten geben.

Im Rahmen des zweiten Konstruktionsschrittes (Pkt. 2), des Entwerfens, wird man nach den technisch und wirtschaftlich optimalen Lösungen suchen, die durch Kombinieren von Prinziplösungen, Bauelementen oder Baugruppen zu komplexen Systemen führen. Dieser Konstruktionsschritt wird mit Hilfe der Bildzeichen für Positionier- und Spannprinzipien (Kap. 9) gelöst, kalkuliert und methodisch bewertet (Kap. 60). Um eine Kombinationssystematik durchführen zu können, werden Teil-

[1]) Hubka, F., Theorie der Konstruktionsprozesse – Springer-Verlag Berlin, Heidelberg, New York 1976

[2]) Koller, R., Konstruktionsmethode für den Maschinen-, Geräte- und Apparatebau Springer-Verlag Berlin, Heidelberg, New York 1976

lösungen in Form eines morphologischen Kastens (Bild 59-1) zusammengestellt. Mit Hilfe dieser Kombinationssystematik können nach den Regeln dieser Matrix alle weiteren Tätigkeiten, die zu komplexem Vorrichtungssystemen führen, durchgeführt werden. Dabei sollten Prinzipkataloge (z.B. für die Funktion „Spannen“) sowie Gestaltvariantenkataloge (z.B. „Kniehebelspanner“) zu Hilfe genommen werden.

Der dritte Konstruktionsschritt betrifft die Erstellung maßstäblicher Entwürfe, was mit erneutem Studium der Aufgabenstellung zusammenhängt. Die maßstäblichen Entwürfe werden wieder einer Bewertung und Fehlerkritik unterworfen, so daß sich ein entgültiger Entwurf, der eine technisch und wirtschaftlich optimale Lösung darstellt, herauskristallisiert. Dabei darf die Schätzung der Herstell- und Materialkosten nicht vernachlässigt werden. Auch die Konstruktionskosten werden bereits vorher bei der Bewertung berücksichtigt.

In der nächsten Phase (Pkt. 3) wird die gestalterische Durcharbeitung des endgültigen Entwurfs vorgenommen. Dabei leisten die Konstruktionshilfen (z.B. in Form von maßstäblichen Bauelemente-Zeichnungsunterlagen – Kap. 67) sehr gute Dienste. Zum Schluß werden die zeichnerischen (Kap. 62) und fertigungstechnischen Unterlagen erstellt. Danach erfolgt die Zeichnungskontrolle. Die aufgeführten Probleme sind in den Bildern 59-2 und 59-3 zusammengefaßt.

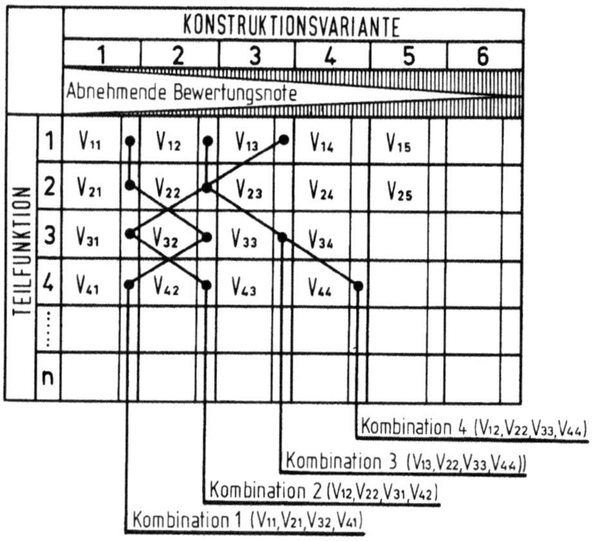

Bild 59-1 Morphologischer Kasten mit Teillösungen

59.2 Aufgabenstellung und einschränkende Bedingungen an die Vorrichtungskonstruktion

Aus der Aufgabenstellung müssen alle Daten über den Zweck und die Aufgaben der Vorrichtung sowie eventuell einschränkende Bedingungen (Restriktionen), unter denen der Zweck erreicht werden soll, ersichtlich sein. Es sind:

1. Arbeitstitel: Vorrichtung,
2. Systemzugehörigkeit: z.B. Bohrvorrichtung,
3. maximale Kosten der Vorrichtung (Kap. 2),
   3.1 maximale Kosten der Konstruktion (Kap. 61),
   3.2 maximale Kosten der Werkstoffe,
   3.3 maximale Kosten der Fertigung der Vorrichtung,
4. Termine,
   4.1 Ende der Konstruktion (n-te Woche) und Fertigungsfreigabe,
   4.2 Ablieferungstermin an die Kontrolle (n-te Woche) und in das Vorrichtungslager,

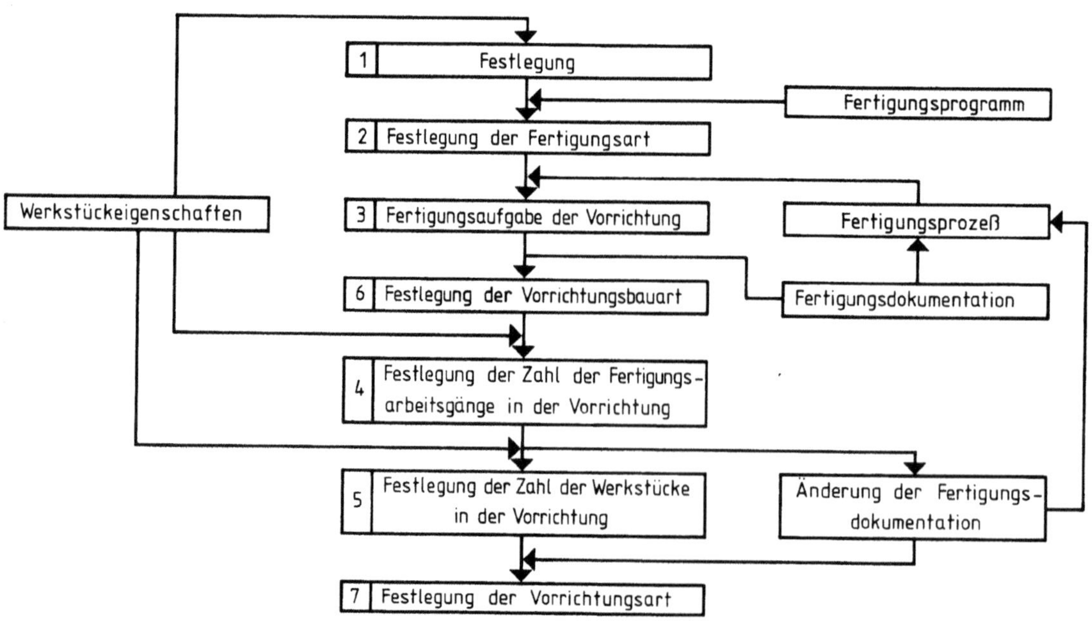

Bild 59-2 Blockschema für die Festlegung der Vorrichtungsart

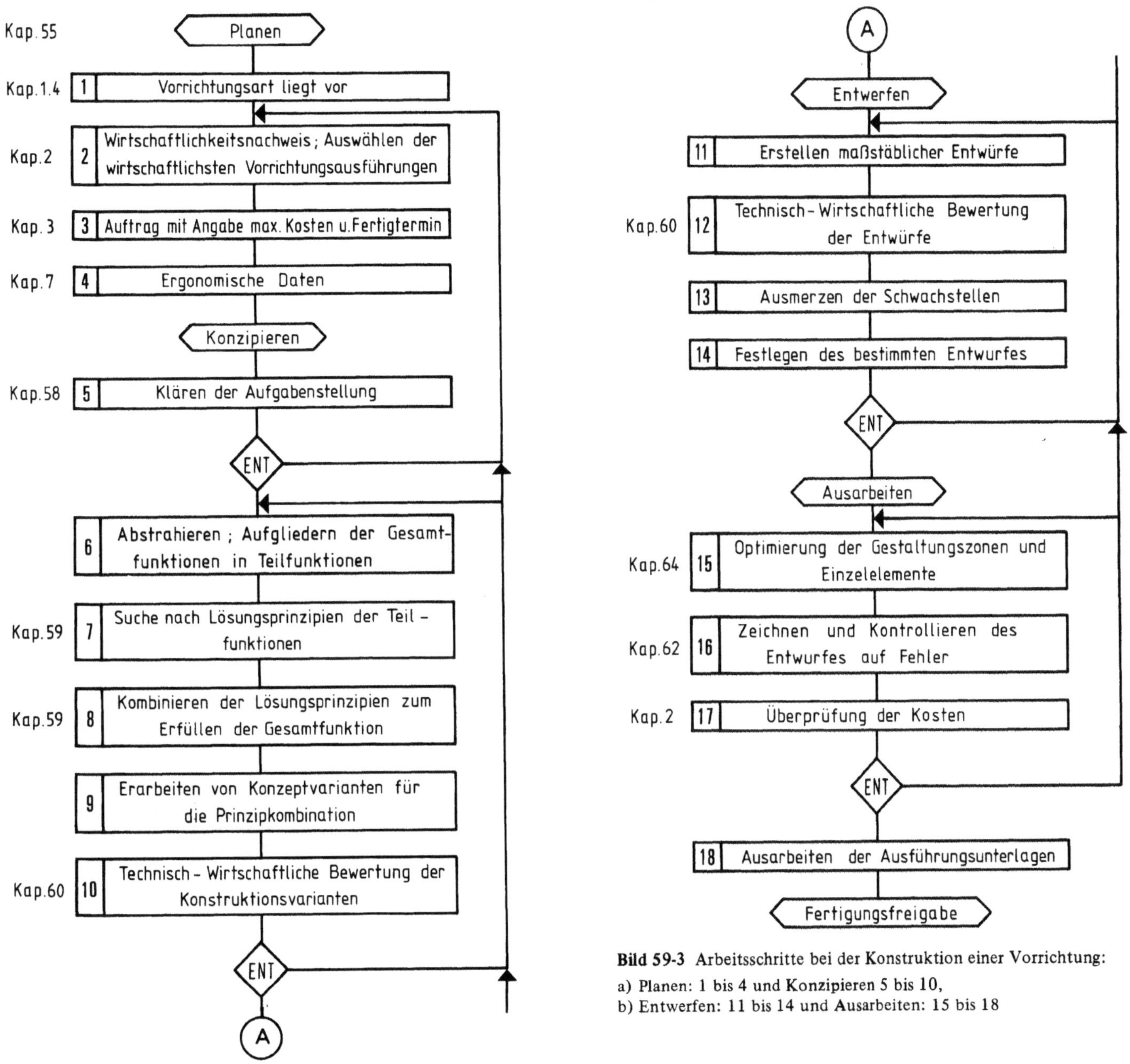

Bild 59-3 Arbeitsschritte bei der Konstruktion einer Vorrichtung:
a) Planen: 1 bis 4 und Konzipieren 5 bis 10,
b) Entwerfen: 11 bis 14 und Ausarbeiten: 15 bis 18

5. Anforderungsliste: Angaben über Werkstück (Kap. 57), Werkzeug, Werkzeugmaschine u.a.,
6. weitere Forderungen (Restriktionen): Funktionssicherheit, ergonomische Bedingungen (Abschnitt 7.1) usw.,
7. Zusatzbedingungen: z.B. Bewegung auf Luftkissen (Abschnitt 5.1), Möglichkeit der Bildung einer Gruppenvorrichtung (Kap. 39), Anwendung der DIN- oder werksgenormten Bauelemente bzw. Vorrichtungen (Kap. 22 und 23), Einsatz einer Baukastenvorrichtung (Kap. 40) usw.,
8. Wünsche, die nicht unbedingt erfüllt werden müssen,
9. andere Angaben.

Unter dem Begriff „andere Angaben" (Pkt. 9) werden Angaben verstanden, die mit der eigentlichen Funktion der Vorrichtung nicht direkt im Zusammenhang stehen, wie z.B.

9.1 Angaben im Hinblick auf die Transportmöglichkeiten der Vorrichtung innerhalb des Betriebes,

9.2 Angaben hinsichtlich der Lagerungsmöglichkeiten (Vorrichtungslager – Kap. 76),

9.3 Angaben über besondere Abnahmebedingungen der Vorrichtung nach der Fertigstellung (Abnahme – Abschnitt 68.1),

9.4 besondere Angaben, die Vorrichtungen betreffen, die nicht für die spanende Fertigung bestimmt sind u. a.

60 Methodische Bewertung von Vorrichtungskonstruktionslösungen[1)]

Der Kompliziertheitsgrad einer Vorrichtung und die Anzahl der möglichen Konstruktionslösungen stehen in enger Wechselwirkung mit der Anzahl der mit dieser Vorrichtung zu fertigenden Werkstücke. Die Komplexität der möglichen Konstruktionslösungen wächst einerseits mit der Höhe der mit Hilfe der Wirtschaftlichkeitsrechnung ermittelten maximalen Kosten, die für die Vorrichtung aufgewendet werden dürfen (Abschnitt 2.2), andererseits mit den Forderungen, die an die Vorrichtung gestellt werden (Kap. 56).

Mit Hilfe eines Bewertungs- (Bild 60-1) und eines Bewertungsbegründungs-Formblattes (Bild 60-2) kann auf einfache und übersichtliche Art die Bewertung der jeweils vorliegenden Vorrichtungs-Konstruktionslösungen vorgenommen werden, so daß die technisch und wirtschaftlich optimale Lösung gefunden werden kann. Dabei zeigt sich, daß (Bild 60-3) die Bewertungspunktzahl nicht immer ausschlaggebend sein wird, da bei der Festlegung der optimalen Lösung im Vorrichtungsbau viele andere Faktoren als im Maschinenbau eine wichtige Rolle spielen.

Die Bewertung wird unter der Annahme durchgeführt, daß die Hauptzeit t_h in allen Fällen gleich ist. Ist dies nicht der Fall, so muß dieses entsprechend bewertet werden.

1) Weiteres s. Lit. [96]

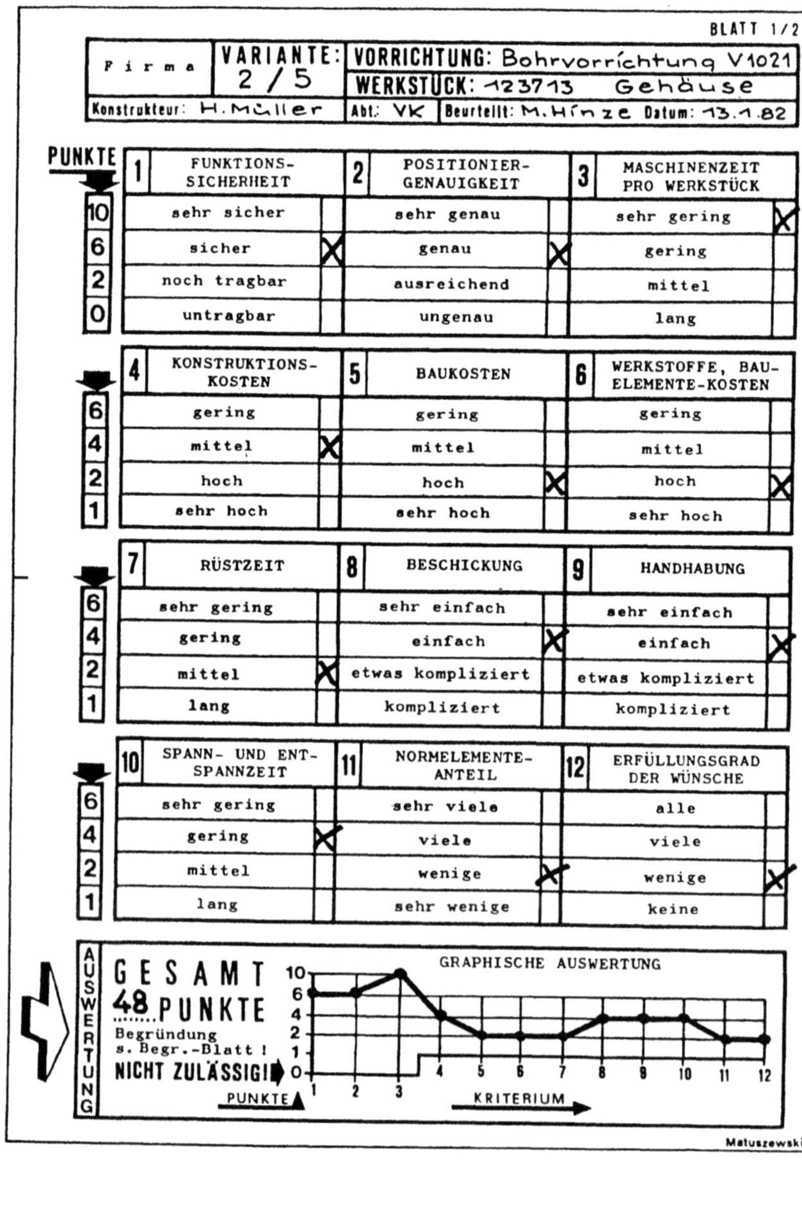

Bild 60-1

Bewertungs-Formular (linke Seite (DIN-A4) eines DIN-A3-Blattes, rechte Seite s. Bild 60-2.

Bewertungsblöcke: 1 bis 3 Gestaltungsblock, 4 bis 6 Kostenblock, 7 bis 9 Zeitenblock, 10 bis 12 andere Bewertungskriterien. Unten: graphische Bewertung (Beispiele graphischer Bewertungen s. Bild 60-3)

Diese beiden Bewertungsformulare (Bilder 60-1 und 60-2) dienen zur Bewertung bereits komplett konzipierter Vorrichtungen. Von nicht geringerer Bedeutung ist auch die Bewertung der einzelnen Lösungsvarianten der Teilefunktionselemente (Bild 59-1) und ihrer Kombinationen, was besonders bei komplizierten und somit kostenaufwendigen Vorrichtungen wichtig ist.

Bei der Bewertung (Bild 60-1) müssen alle Bewertungsblöcke genau analysiert werden und entsprechende Beachtung finden. Die Forderungen an die Vorrichtung, die sie unbedingt erfüllen muß, müssen unter dem Aspekt der einschränkenden Bedingungen (Kap. 59) untersucht und entsprechend bewertet werden.

Bevor man an die Bewertung herangeht, müssen die Hauptforderungen, die an die Vorrichtung als Funktion der zu erfüllenden Aufgabe gestellt werden, festgestellt werden. Aus diesen Forderungen ergeben sich die Gewichtungen der einzelnen Bewertungsblöcke und somit auch die Gesamtbewertung der betroffenen Lösung.

Die Bewertung sollte auf keinen Fall von dem Vorrichtungskonstrukteur, der die Vorrichtung konzipiert bzw. die Konstruktion beaufsichtigt hat, vorgenommen werden.

Im Bildtext von Bild 60-3 sind weitere umfangreiche Erläuterungen enthalten, insbesondere im Hinblick auf die graphische Auswertung im Zusammenhang mit der Punktebewertung verschiedener Konstruktionslösungen.

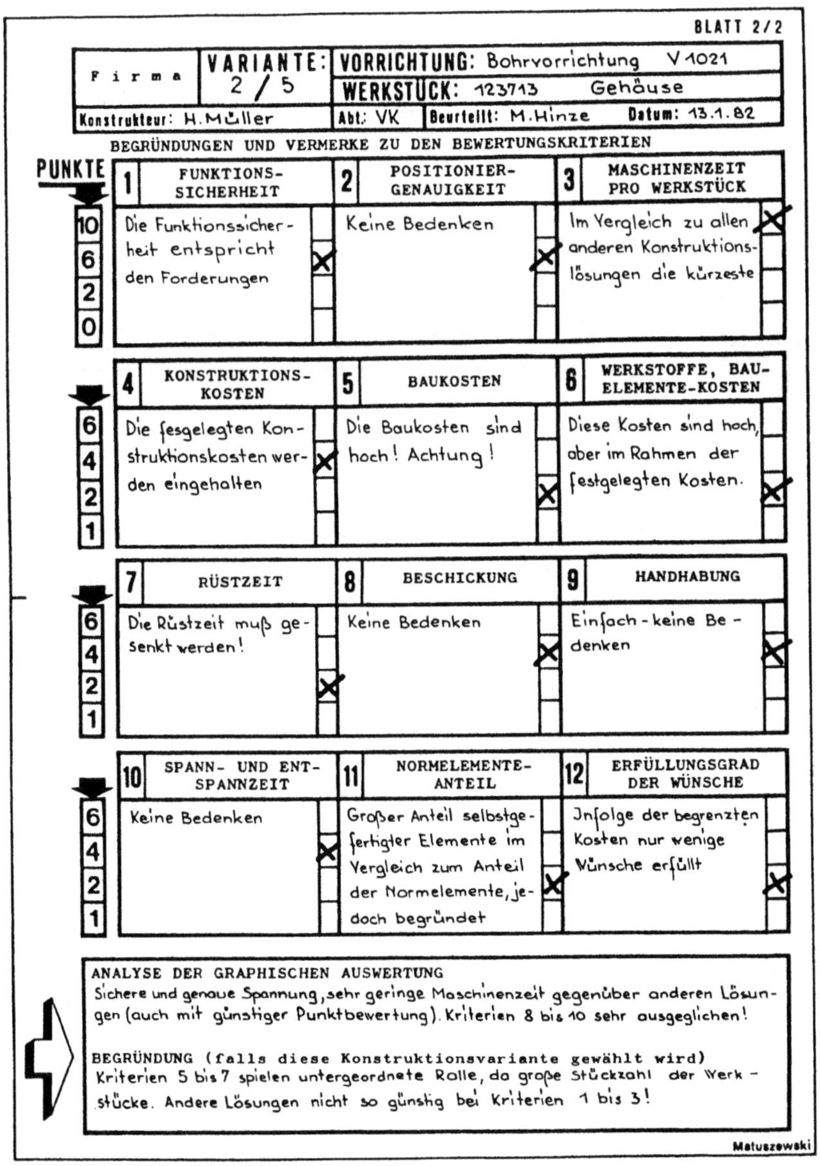
BLATT 2/2
Firma | VARIANTE: 2 / 5 | VORRICHTUNG: Bohrvorrichtung V 1021 | WERKSTÜCK: 123713 Gehäuse
Konstrukteur: H. Müller | Abt.: VK | Beurteilt: M. Hinze | Datum: 13.1.82
BEGRÜNDUNGEN UND VERMERKE ZU DEN BEWERTUNGSKRITERIEN
PUNKTE
10 6 2 0
1 FUNKTIONSSICHERHEIT: Die Funktionssicherheit entspricht den Forderungen
2 POSITIONIERGENAUIGKEIT: Keine Bedenken
3 MASCHINENZEIT PRO WERKSTÜCK: Im Vergleich zu allen anderen Konstruktionslösungen die kürzeste
6 4 2 1
4 KONSTRUKTIONSKOSTEN: Die festgelegten Konstruktionskosten werden eingehalten
5 BAUKOSTEN: Die Baukosten sind hoch! Achtung!
6 WERKSTOFFE, BAUELEMENTE-KOSTEN: Diese Kosten sind hoch, aber im Rahmen der festgelegten Kosten.
6 4 2 1
7 RÜSTZEIT: Die Rüstzeit muß gesenkt werden!
8 BESCHICKUNG: Keine Bedenken
9 HANDHABUNG: Einfach - keine Bedenken
6 4 2 1
10 SPANN- UND ENTSPANNZEIT: Keine Bedenken
11 NORMELEMENTEANTEIL: Großer Anteil selbstgefertigter Elemente im Vergleich zum Anteil der Normelemente, jedoch begründet
12 ERFÜLLUNGSGRAD DER WÜNSCHE: Infolge der begrenzten Kosten nur wenige Wünsche erfüllt
ANALYSE DER GRAPHISCHEN AUSWERTUNG
Sichere und genaue Spannung, sehr geringe Maschinenzeit gegenüber anderen Lösungen (auch mit günstiger Punktbewertung). Kriterien 8 bis 10 sehr ausgeglichen!
BEGRÜNDUNG (falls diese Konstruktionsvariante gewählt wird)
Kriterien 5 bis 7 spielen untergeordnete Rolle, da große Stückzahl der Werkstücke. Andere Lösungen nicht so günstig bei Kriterien 1 bis 3!
Matuszewski

Bild 60-2
Bewertungsbegründungs-Formular (rechte Seite eines DIN-A3-Blattes). Unteres Feld für die Begründung, falls die betroffene Konstruktionslösung gewählt wird; 1–12 Bewertungskriterien (Felder für die Bewertungsbegründung), die denselben Feldern des Bewertungs-Formulars – Bild 60-1 – entsprechen. Unten: Analyse der graphischen Bewertung, da es vorkommen kann, daß verschiedene Lösungen gleiche Punktzahl erhalten (s. Bilder 60-3/a bis h)

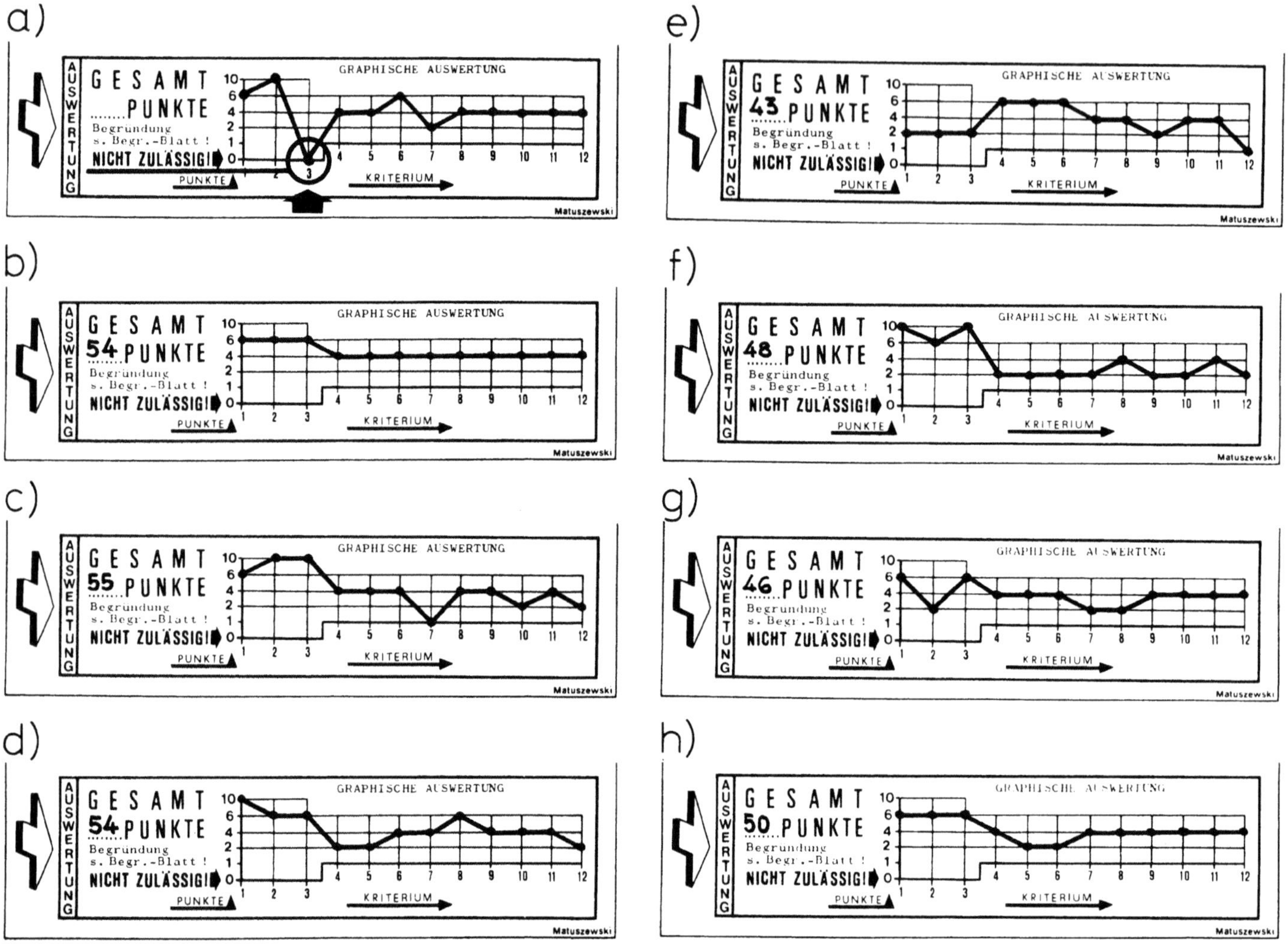

Bild 60-3 Beispiele graphischer Auswertungen (s. Bild 60-1, unten).

a) Diese Konstruktionslösung wird infolge der vorliegenden Null-Bewertung eines der drei Kriterien des Gestaltungsblockes disqualifiziert, da *nicht zulässig!*

b) Bei mittleren Kosten und Zeiten sowie einfacher Handhabung und vielen erfüllten Wünschen gute Funktionssicherheit und fertigungsgerechte Gestaltung sowie genaue Positionierung des Werkstücks. Eine Vorrichtungslösung, die um 20 % billiger ist als vorgesehen. Wird jedoch nicht gewählt, obwohl sie eine „ausgewogenen" Lösung darstellt. Bewertungs-Punktzahl: 54.

c) Bei mittleren Kosten ein sehr genaues Positionieren des Werkstücks, lange Rüstzeit und etwas komplizierte Handhabung. Bei größeren Serien kann die Rüstzeit eventuell eine sehr wichtige Rolle spielen; wegen der komplizierten Handhabung stellt diese Lösung jedoch eine nicht brauchbare Vorrichtung dar (trotz hoher Punktbewertung: 55 Punkte). Dieses Beispiel zeigt die Nachteile einer „Nur-Punktbewertung".

d) Sehr sicher in der Funktion, hohe Positioniergenauigkeit und fertigungsgerecht gestaltet, bei niedrigen Konstruktions- und Baukosten. Typische Lösung für Werkstücke mit einer verlangten hohen Positioniergenauigkeit und uneingeschränkter Funktionssicherheit. Bei gleicher Bewertungspunktzahl von 54 Punkten (gegenüber der Lösung b)) technisch und wirtschaftlich besser. Niedrige Konstruktions- und Baukosten sowie mittlere Werkstoffkosten erlauben die Anwendung dieser Lösung auch für mittlere Serien von Werkstücken. Diese Lösung *wird gewählt.*

e) Bei noch tragbarer Funktionssicherheit und Positioniergenauigkeit, werden die maximalen Kosten um 30 % unterschritten. Bei einer insgesamt teuren Vorrichtung für geringe zu fertigende Werkstückzahl mit groben Toleranzen können die geringen Gesamtkosten für die Wahl dieser Lösung von entscheidender Bedeutung sein.

f) Positioniergenauigkeit nur „ausreichend", deshalb nicht geeignet.

g) Trotz etwas komplizierter Handhabung und niedriger Bewertungspunktzahl von 48 brauchbare Lösung, da niedrige Gesamtkosten. Besonders geeignet für geringe Werkstückzahlen.

h) Ebenfalls eine gute Lösung. Bei der Bevorzugung der Lösung d) hat die Funktionssicherheit „sehr gut" eine entscheidende Rolle gespielt. Der Gestaltungsblock (1 bis 3 – Bild 60-1) mit „sicher, genau, gut" bewertet, bietet eine „ausgewogene" Lösung bei niedrigen Bau- und Werkstoffkosten (um 10 % unterschritten) und ebenfalls guten Leistungen anderer Kriterien dar. Eine gute Lösung für große Stückzahlen von durchschnittlich genauen Werkstücken. Die Bewertung von 50 Punkten spiegelt die Nachteile dieser Lösung gegenüber der Lösung b) (54 Punkte) wider, die sich in höheren Bau- und Werkstoffkosten niederschlagen. In diesem Fall entspricht die Punktbewertung den Tatsachen

61 Zeitaufwand für die Vorrichtungskonstruktion – Allgemein

Der Zeitaufwand, der notwendig ist um eine Vorrichtung methodisch (Kap. 59) zu konstruieren, wird grundsätzlich davon abhängen:

1. ob die Vorrichtung vollkommen neu (ohne Vorbilder) oder
2. aufgrund vorliegender Erfahrungen mit einer ähnlichen Vorrichtung konstruiert wird.

Im zweiten Fall erübrigen sich die Funktionssynthese und das Entwerfen (Kap. 59). Die Ermittlung des Zeitaufwands für die konstruktiven Tätigkeiten bereitet dabei keine Schwierigkeiten.

Der Zeitaufwand für eine Neukonstruktion wird hauptsächlich vom Kompliziertheitsgrad und somit von der Anzahl der Bauelemente und der Größe der Vorrichtung abhängen. Im Bild 61-1 sind sechs Kompliziertheitsgruppen von Vorrichtungen aufgestellt. Von der Vorrichtungskörperart, den Funktionsmerkmalen, der Größe der Vorrichtung und der Positionierart sowie Spannart des Werkstücks ausgehend, wird die Kompliziertheitsgruppe ermittelt. Dabei wird besonders die Anzahl der Bauelemente berücksichtigt. In diesem Zusammenhang sind die Bemerkungen weiter unten zu beachten.

Ist die Kompliziertheitsgruppe ermittelt, so kann man anhand des Diagrammes (Bild 61-2) die Gesamtstundenzahl für die Konstruktion ermitteln. Bei diesen Werten handelt es sich um die Gesamtzeit für alle Konstruktionsschritte (Kap. 59). Diese kann erfahrungsgemäß für den Vorrichtungsbau allgemein und durchschnittlich aufgeschlüsselt werden in (Bild 61-3):

Konstruktionsschritt	%	Faktor
1. Konzipieren	16,7	1,0
2. Entwerfen	25,0	1,5
3. Zeichnen	50,0	3,0
4. Kontrollieren	8,3	0,5
	100,0	

Kompliziertheitsgruppe	Beispiel	Baumaße	Vorrichtungskörperart	Funktionsmerkmale	Positionier- und Spannart	Bauelementezahl
1	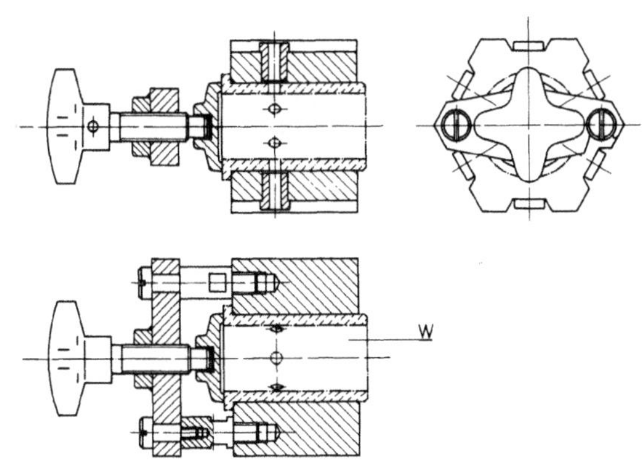	ab ca. 250 mm × 250 mm × 250 mm	Einfache Vorrichtungen bestehend aus einer Grundplatte sowie andere wie z.B. Spanndorne und Spannfutter, Bohrschablonen u.ä.	Auf dem Werkzeugmaschinentisch fest gespannte oder auch bewegliche Vorrichtungen, z.B. Bohrvorrichtungen, mit der Werkzeugmaschine verbundene Spanndorne sowie Spannfutter	Positionierelemente mit dem Werkstückspannelement verbunden und einfache Positionier- und Spannelemente z.B. Spannschrauben und Spannmuttern	bis 10
2	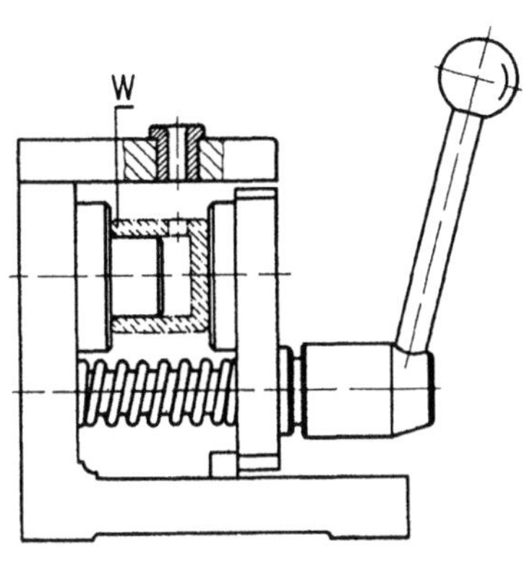	ab ca. 250 mm × 250 mm × 250 mm	Vorrichtungskörper in L- bzw. C-Form oder in Kastenform mit mindestens drei Platten-Bauelementen	Vorrichtungen mit dem Werkzeugmaschinentisch fest verbunden bzw. bewegliche Vorrichtungen.	Einfache Positionierelemente; das Spannen wird mit Hilfe einfacher und einzelbetätigter Spannelemente durchgeführt	6 bis 20
		bis 600 mm × 600 mm × 600 mm	Vorrichtungskörper einfacher Bauart mit wenigen Positionier- und Spannelementen			

Bild 61-1

Fortsetzung →

Kompliziertheitsgruppe	Beispiel	Baumaße	Vorrichtungskörperart	Funktionsmerkmale	Positionier- und Spannart	Bauelementezahl
3	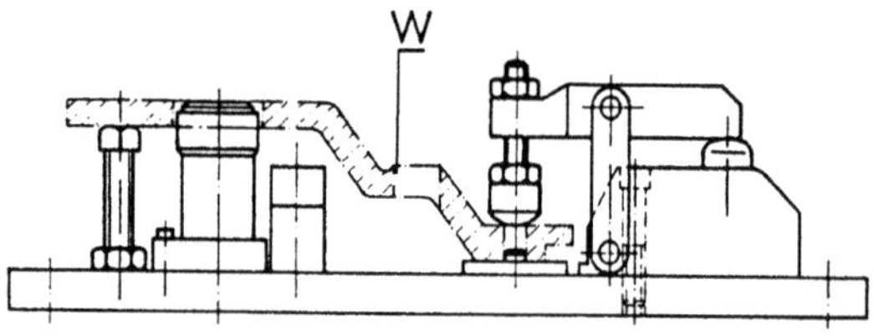	250 mm × 250 mm × 250 mm	Vorrichtungskörper in L- bzw. C-Form oder Kastenform	Bewegliche Vorrichtungen mit einfachen Einrichtungen z. B. Teileinrichtungen und Funktionen	Positionier- und Spannelemente sowie Teilelemente handbedient, einfach ausgebildet, jedoch miteinander funktionell verbunden	10 bis 30
		400 mm × 400 mm × 400 mm	Vorrichtungskörper wie oben, jedoch mittleren Kompliziertheitsgrades			
		600 mm × 600 mm × 600 mm	Einfache Vorrichtungskörper nur aus einfachen Platten bestehend	Vorrichtungen nur zum Positionieren und einfachen Spannen. Mit der Werkzeugmaschine fest verbunden.		
4	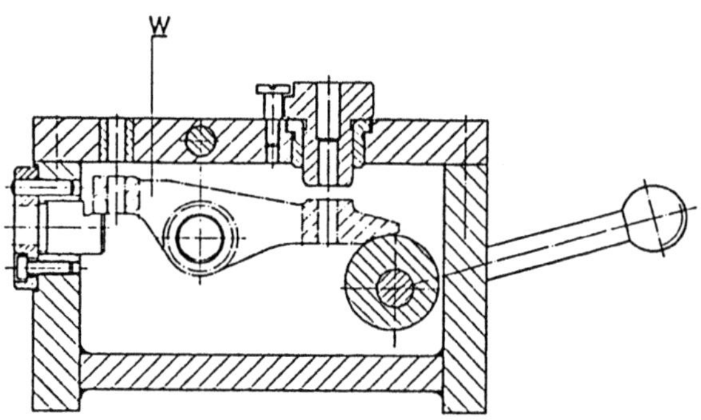	250 mm × 250 mm × 250 mm	Kastenartige Vorrichtungen mittleren Kompliziertheitsgrades	Bewegliche Vorrichtungen mit z. B. Einrichtungen für Teilung	Komplizierte Positionier- und Spannelemente mit kraftbetätigten Spannelementen	15 bis 40
		bis 600 mm × 600 mm × 600 mm	L- bzw. C- oder Kastenförm. Vorr.-Körper mit mehr als 3 Wänden	Mit der Werkzeugmaschine fest verbunden		
		über 600 mm × 600 mm × 600 mm	Vorrichtungskörper mittleren Kompliziertheitsgrades	Vorrichtungen nur zum Positionieren und einfachen Spannen		
5	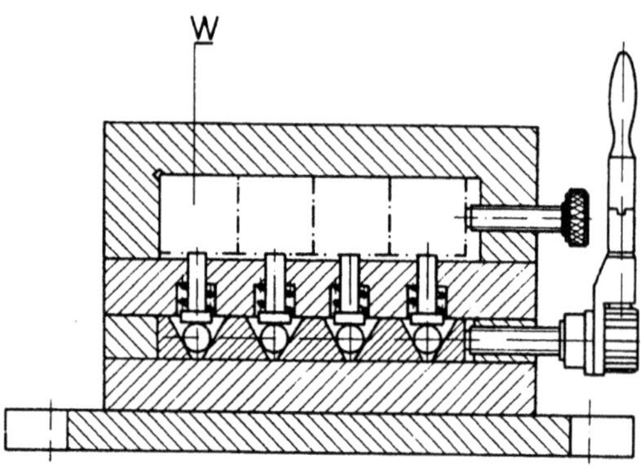	ab ca. 600 mm × 600 mm × 600 mm	Kastenförmige Vorrichtungen mittleren Kompliziertheitsgrades	Bewegliche Vorrichtungen mit z. B. Teileinrichtungen	Vereinfachtes Spannen mehrerer Spannstellen von einer zentralen Stelle aus	25 bis 60
		über 600 mm × 600 mm × 800 mm	Wie oben, jedoch auch in L- und C-Form mittleren Kompliziertheitsgrades	Mit der Werkzeugmaschine fest verbunden	Positionieren und Spannen mit mehreren einfachen Elementen	

Bild 61-1

Fortsetzung →

Kompliziertheitsgruppe / Beispiel		Baumaße	Vorrichtungskörperart	Funktionsmerkmale	Positionier- und Spannart	Bauelementezahl
6	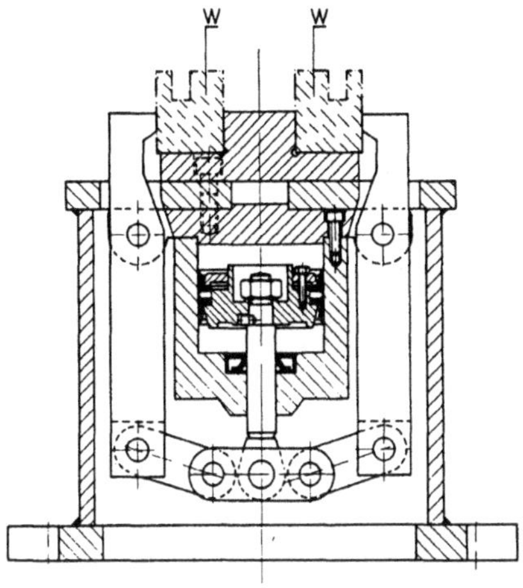	über 600 mm × 600 mm × 600 mm	Komplizierter kastenartiger Vorrichtungskörper mit mehr als drei Wandungen	Bewegliche Vorrichtungen mit z.B. Teileinrichtungen mit anderen Bau- bzw. Steuerelementen	Spannen mehrerer Spannstellen von einer Stelle aus	mehr als 60
		600 mm × 600 mm × 800 mm	Einfachere Vorrichtungen mit einfachen Bauelementen	Mit der Werkzeugmaschine fest verbunden	Positionieren und Spannen einfach bzw. mit einfachen Elementen	

Bemerkungen: Wenn die Gesamtzahl der Bauelemente die Zahl, die in der Rubrik „Bauelementezahl" aufgeführt ist, um 50 % übersteigt, wird die betreffende Vorrichtung in die nächste Kompliziertheitsgruppe eingestuft. Anhand des Diagramms (Bild 61-2) kann der Konstruktionsstundenaufwand ermittelt werden. Konstruktionsstunden multipliziert durch Konstruktionsstundensatz ergeben die Gesamtkonstruktionskosten der Vorrichtung.

Mit Hilfe eines Faktors, der das Verhältnis der Konstruktionsstunden zu den Fertigungsstunden berücksichtigt, können die Fertigungsstunden ermittelt werden (Erfahrungswerte für den Faktor notwendig!).

Bild 61-1 Tabelle zur Festlegung des Kompliziertheitsgrades einer Vorrichtung als Funktion der Baumaße, Vorrichtungskörperart, Funktionsmerkmale, Positionier- und Spannart sowie Anzahl der Bauelemente

Die Ermittlung des Gesamtzeitaufwandes (Bild 61-4) resultiert aus der Ermittlung des Zeitaufwandes der einzelnen Schritte. Wenn z.B. aus Erfahrung (eine ähnliche Vorrichtung, gleicher oder annähernd gleicher Kompliziertheitsgrad) der Zeitaufwand für das Konzipieren bekannt ist, gilt lt. obiger Tabelle:

1. Konzipieren (geschätzt)		20,0 Stunden
2. Entwerfen:	20 × 1,5 =	30,0 Stunden
3. Zeichnen:	20 × 3,0 =	60,0 Stunden
4. Kontrolle:	20 × 0,5 =	10,0 Stunden
		120,0 Stunden

Mit Hilfe statistischer Methoden kann auch das Verhältnis: „Zeitaufwand für die Konstruktion/Zeitaufwand für den Bau" ermittelt werden. Dieses Verhältnis bewegt sich zwischen 1 : 3 bis 1 : 5. Alle diese Angaben können nur als Anhaltswerte betrachtet werden. Für jeden Betrieb müssen sie ermittelt werden, wobei jeweils die Art der Fertigung hinsichtlich der Methoden und der Stückzahl der zu fertigenden Werkstücke sowie der daraus resultierenden Vorrichtungen und deren Automatisierungs- und Kompliziertheitsgrad eine wichtige Rolle spielen wird. Erst nach Vorliegen eines bestätigten Wertes können diese Werte als eine Kalkulationshilfe für die Ermittlung des Zeitaufwandes gelten. Weiteres s. Lit. [207], [220], [225].

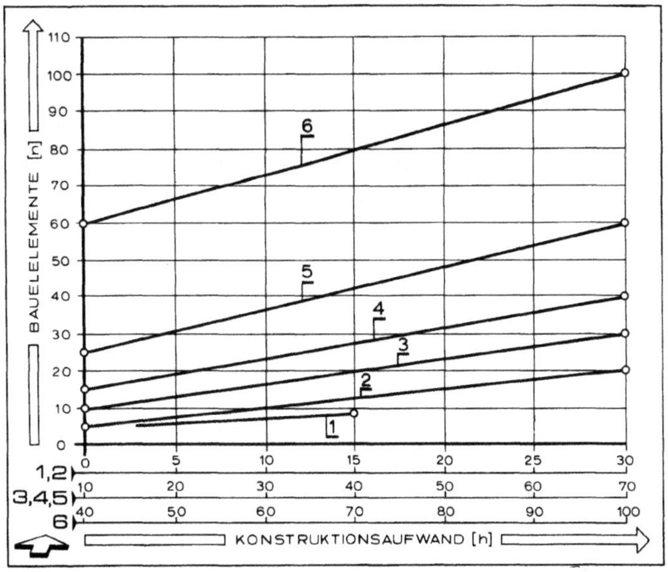

Bild 61-2 Konstruktionsstundenaufwand für eine Vorrichtung als Funktion des Kompliziertheitsgrades (s. Bild 61-1) und der Bauelementzahl

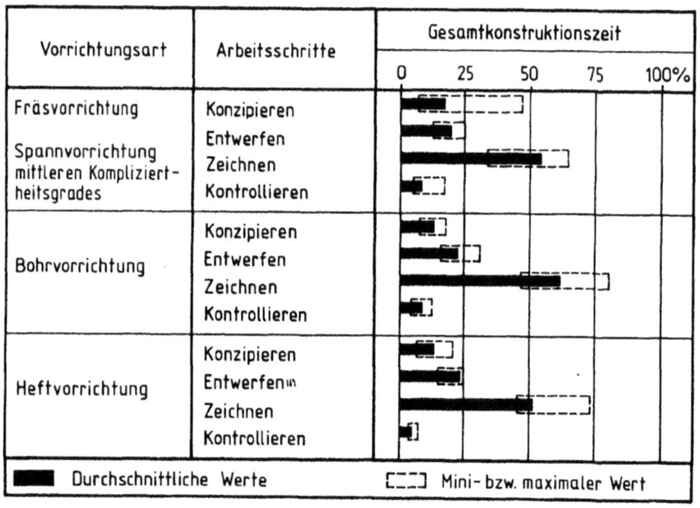

Bild 61-3

Anteil der Konstruktionsschritte in der Gesamtkonstruktionszeit einer Vorrichtung bei verschiedenen Arten der Vorrichtungen

Arbeitsschritte		
Klären der Aufgabenstellung		10 %
Abstrahieren zum Erkennen der wesentlichen Probleme		1 %
Aufstellen von Funktionsstrukturen		4 %
Lösungssuche	intuitiv, z.B. Brainstroming	4 %
	diskursiv	15 %
Kombinieren von Lösungsprinzipien und qualitative Auswahl		3 %
Konkretisieren zu Konzeptvarianten	Orientierende Rechnungen	25 %
	Studieren von Anordnungen	35 %
Bewerten von Konzeptvarianten		3 %
Summe		100 %

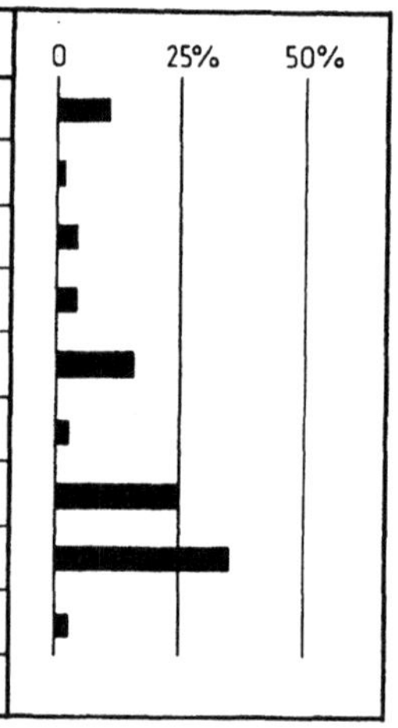

Bild 61-4

Arbeitsanteile der einzelnen Arbeitsschritte innerhalb der Gesamt-Konstruktionszeit

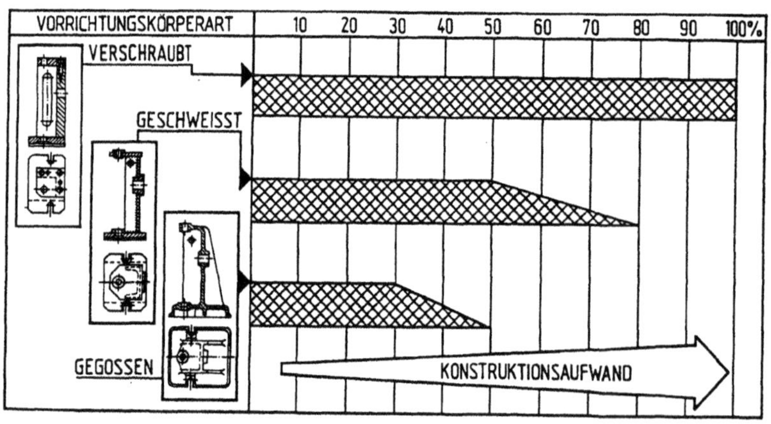

Bild 61-5

Konstruktionsaufwand als Funktion der Vorrichtungskörperart (Kap. 19).

Von der verschraubten Vorrichtungskörperart (Abschnitt 19.1.1) mit 100 % Konstruktionsaufwand ausgehend, sind Verhältniswerte für geschweißte (Abschnitt 19.1.3) und gegossene (Abschnitt 19.1.4) Vorrichtungskörper in Form von Balken graphisch dargestellt. Die keilförmigen Balkenenden stellen Verhältniswertgrenzen dar, innerhalb welcher sich der Konstruktionsaufwand der geschweißten und gegossenen Vorrichtungskörper (je nach Größe, Kompliziertheitsgrad usw.) bewegen kann. Für diese Darstellung wurden Werte, die eine mittelgroße Bohrvorrichtung in C-Form (Bild 19-7) betreffen, gewählt. Diese Darstellung darf nicht nur aufgrund dieser Werte zu einer Entscheidung hinsichtlich der Vorrichtungskörperart verleiten, da die im Kap. 19 aufgeführten Vor- und Nachteile der einzelnen Ausführungen für die Wahl der Vorrichtungskörper ausschlaggebend sein werden.

Die Aufstellung Bild 61-1 kann auch für die Ermittlung des Kompliziertheitsgrades von geschweißten und gegossenen Vorrichtungen angewendet werden. Der Konstruktionsaufwand, im Bild 61-2 dargestellt, gilt ausschließlich für Vorrichtungen mit einem verschraubten Vorrichtungskörper (s. Abbildungen).

Für die Ermittlung von Schätzwerten der geschweißten und gegossenen Vorrichtungen kann das Bild 61-5 herangezogen werden, wobei jedoch die Größe der Vorrichtung besonders zu berücksichtigen ist.

62 Vorgehensweise bei der Erstellung der Vorrichtungs-Konstruktionszeichnung

Nach der Beurteilung der verschiedenen Konstruktionslösungen und Finden der wirtschaftlich und technisch optimalen Konstruktionslösung (Kap. 60) wird der Vorrichtungskonstrukteur folgende Konstruktionsschritte vornehmen:

1. Die Werkstückkonturen, die Außenkontur und die Konturen der Werkstückelemente, die für die Gestaltung der betreffenden Vorrichtung von Bedeutung sind, werden aufgezeichnet (am besten farbig, da sie dann auf der Pause heller als die Vorrichtung erscheinen), so daß alle Ansichten und Bauelemente, die zur Darstellung der Vorrichtung notwendig sind, vorhanden sind. Dabei wird das Werkstück als durchsichtiges Gebilde betrachtet.
2. Anhand der vorliegenden Aufzeichnungen, die für die Beurteilung der Konstruktionslösungen (mit Bildzeichen, Kap. 9) erstellt wurden, werden an den entsprechenden Stellen die Auf- und Anlageelemente sowie andere Positionierelemente (Kap. 13) eingezeichnet (Bild 9-5).
3. Es werden alle Werkzeugführungselemente (Abschnitt 30.9) sowie die Werkzeugeinstellelemente (Abschnitt 6.1) an den Stellen, an denen sie wirken sollen, eingezeichnet.
4. Die Spannelemente (Kap. 16) werden in die Zeichnung nach den Bildzeichenaufzeichnungen eingezeichnet, wobei alle notwendigen Berechnungen durchzuführen sind.
5. Alle anderen Bauelemente wie: Verschlüsse (Kap. 18), Feststellelemente (Abschnitt 13.8) u.a. werden in die Zeichnung eingefügt, wobei auch entsprechende Berechnungen, z.B. Positionierfehler (Abschnitte 13.5.5 und 13.10.1), Teilungsfehler (Abschnitt 13.11.3) usw., durchzuführen sind.
6. Der Vorrichtungskörper (Kap. 19) wird so eingezeichnet, daß alle bereits aufgezeichneten Bauelemente erfaßt und miteinander verbunden werden. Die Art des Vorrichtungskörpers muß bereits vorher festgelegt worden sein (Abschnitt 19.1), da sie in der Wirtschaftlichkeitsrechnung (Abschnitt 2.2) und in der Beurteilung der Konstruktionslösungen (Kap. 60) berücksichtigt worden ist.
7. Als nächster Schritt folgt das Einzeichnen anderer Bauelemente wie: Füße (Kap. 17), Bewegungshilfen (Kap. 10), Transportelemente (Kap. 21) und andere, wie Schrauben, Stifte usw.
8. Falls keine Detailzeichnungen angefertigt werden, was bei einfachen Vorrichtungen durchaus oft der Fall ist, sind die Maße, Toleranzen, Oberflächenqualität sowie Maßzusammenhänge in der Zusammenstellungszeichnung einzutragen.
9. Falls Detailzeichnungen angefertigt werden, sind diese so auszuführen, daß eine Vergabe der Arbeiten auch an andere Betriebe als den Vorrichtungsbau (z.B. Schneidebetrieb, Schweißerei, Dreherei usw.) ohne zusätzliche Angaben möglich ist.
10. Ausfüllen der Stückliste mit Angaben über Werkstoffe und Wärmebehandlung (Kap. 77) usw.
11. Überprüfung der Konstruktionszeichnung auf
    - 11.1 maßliche Zusammenhänge, Toleranzen, Passungen, Formtoleranzen usw.,
    - 11.2 funktionelle Zusammenhänge sowie Funktionssicherheit,
    - 11.3 fertigungsgerechte Konstruktion aller Bauelemente (Kap. 64 und 66),
    - 11.4 verschleißfeste Konstruktion, insbesondere der Bauelemente, die dem Verschleiß besonders unterworfen sind (z.B. Füße – Kap. 17),
    - 11.5 Anwendung der DIN- und werksgenormten Bauelemente (Kap. 22 und 23),
    - 11.6 Unfallverhütung (Abschnitt 7.2).
12. In eine Vorrichtungs-Abnahmekarte (Bild 68-1) werden alle Maße eingetragen, die bei der Abnahme der fertigen Vorrichtung zu überprüfen sind und, falls notwendig, auch alle angefertigten Sonder-Abnahmezeuge, wie z.B. Sonderdorne und -lehren usw., die für die Abnahme und Zwischenkontrollen vorgesehen und angefertigt worden sind.
13. In Sonderfällen muß vorgeschrieben werden, wie die Vorrichtungs-Abnahme durchzuführen ist (Kap. 68), z.B. die Reihenfolge der Abnahmetätigkeiten.
14. Bei einer rechnerunterstützten Vorrichtungskonstruktion (Kap. 63) werden die aufgeführten Schritte dieser Methode sinngemäß angepaßt.
15. Die eigentliche Normprüfung unter Einschluß der Prüfung auf die Übereinstimmung mit betriebsorganisatorischen Vorschriften, insbesondere durch die EDVA gegeben, erstreckt sich außer den o. a. auf:
    - 15.1 die Einhaltung aller Zeichnungsnormen der Darstellung, Anordnung und Kennzeichnung der Ansichten und Schnitte,
    - 15.2 mikrofilmgerechte Linienbreiten, Buchstaben- und Zahlengrößen bei Texten, Maßen, Toleranzen usw.
    - 15.3 prüfgerechte Bemaßung unter Vermeidung geschlossener Maßketten (gegebenenfalls Toleranzrechnungen durchführen),
    - 15.4 richtige Anwendung der ISO-Sinnbilder für Form- und Lagetoleranzen,
    - 15.5 Vollständigkeit der Oberflächenbezeichnungen mit gleichzeitiger Überprüfung der Notwendigkeit hoher Oberflächenqualität (Bild 64-7),
    - 15.6 Übereinstimmung der Rauhtiefe R_t als Funktion der ISO-Qualitäten (Bilder 64-5 und 64-6),
    - 15.7 Einhaltung der betriebsorganisatorischen Richtlinien.

63 Rechnerunterstützte Vorrichtungskonstruktion

Je nach der Vorrichtungsart wird der Aufwand

für schöpferische Tätigkeiten	ca. 20 ... 30 %,
für Detailkonstruktion	ca. 40 ... 50 % und
für Zeichenarbeiten	ca. 30 %

des Gesamtaufwandes betragen. Multimoment- und Gruppenzeitaufnahmen haben ergeben, daß der Anteil geistiger Arbeit rd. 30 ... 35 % und der Anteil manueller Arbeit rd. 65 ... 75 % betragen. Nach Tätigkeiten aufgelistet ergibt sich folgendes Bild:

	Geistig (%)	Manuell (%)
1. schöpferisch Tätige	80	20
2. Detailkonstrukteure	30	70
3. technische Zeichner	10	90

Diese Verteilung entspricht einer guten Arbeitsteilung und sollte angestrebt werden. Diese Zahlen zeigen jedoch auch, daß bei einem so großen Anteil manueller Arbeit, diese Arbeiten zum größten Teil mit Hilfe eines Rechners (Rechnerprogramm, Bildschirm, Plotter) ausgeführt werden können.

Unter der Bezeichnung VOKON[1]) besteht ein CAD[2])-System, das speziell für die Vorrichtungskonstruktion entwickelt worden ist. Dieses Programmsystem führt die Konstruktionstätigkeiten vom Erstentwurf einer Vorrichtung bis zur Erstellung von Konstruktionsunterlagen durch. Von der Zeichnung des Werkstücks, den technologischen und betriebsorganisatorischen Daten ausgehend, legt der Konstrukteur die Art und Lage der Wirkstellen, z.B. der Positionier-, Stütz-, Spannstellen usw. fest und gibt die Daten in ein vorgeschriebenes Datenschema ein. Ohne weiteren Eingriff erstellt der Rechner unter Verarbeitung von Konstruktionsalgorithmen ein räumliches Modell der Vorrichtung. Im ersten Schritt wird der maßstäbliche Entwurf mit den Funktionsträgern, Verbindungselementen und der Grundplatte erstellt, im zweiten alle Bauelemente dimensioniert, strukturiert und endgültig angeordnet, die Schnittstellen generiert und eine visuelle Kollisionskontrolle durchgeführt. Danach erfolgt die Ausgabe der Konstruktionsunterlagen der Vorrichtung in Form:

- einer Zusammenstellungszeichnung in drei Ansichten,
- einer Stückliste aller Bauelemente und
- eines Steuerlochstreifens für die NC-Bearbeitung.

Angesichts der möglichen Vorteile beim Einsatz von elektronischen Datenverarbeitungsanlagen (EDVA) ist es naheliegend, diese auch beim Konstruieren von Vorrichtungen zu nutzen. Der Rechnereinsatz in dieser Hinsicht leidet jedoch darunter, daß sich die Kosten und ihre Amortisation schlecht im voraus abschätzen lassen, wenn auch bereits Ergebnisse veröffentlicht wurden, die die Kosten bei der Übernahme von Konstruktionsproblemen auf den Rechner mit etwa 50% der Kosten bei konventioneller Konstruktion angeben. Das immer noch absinkende Preis/Leistungs-Verhältnis moderner Rechenanlagen und stark steigende Personalkosten verbessern ständig die wirtschaftlichen Aspekte des Rechnereinsatzes in der Vorrichtungskonstruktion. Weiteres s. Lit. [37], [57], [79], [80], [81], [127].

[1]) Bezeichnung des Programmsystems für die Vorrichtungskonstruktion, entwickelt im Institut für allgemeine Konstruktionstechnik des Maschinenbaus der RWTH Aachen – Prof. Dr.-Ing. R. Koller.

[2]) CAD-Computer Aided Design.

64 Fertigungsgerechte Gestaltung von Vorrichtungen

Die Kosten einer Vorrichtung hängen in großem Maße von der fertigungsgerechten Gestaltung der einzelnen Bauelemente sowie der ganzen Vorrichtung ab. Der Vorrichtungskonstrukteur muß fertigungsgerecht, unter Berücksichtigung der Möglichkeiten des eigenen Vorrichtungsbaus bzw. auch Betriebs (Schweißerei, Gießerei, mechanische Bearbeitung), konstruieren können (Kap. 72). Für jede Fertigungsart gelten bestimmte Grundsätze, die, wenn sie nicht eingehalten werden, dazu führen können, daß das Vorrichtungselement bzw. die Vorrichtung sich überhaupt nicht bzw. nur unter großem Aufwand herstellen lassen. Außerdem gelten im Vorrichtungsbau besondere Gestaltungskriterien, die in den Bildern 64-1 bis 64-3 zusammengefaßt sind. Im Bild 64-4 sind Beispiele fertigungsgerechter Gestaltung von Aufnahmebolzen (Abschnitt 13.9) dargestellt. Hinzu kommen noch die richtige Vermaßung und Anwendung von Passungen und Toleranzen (Bild 64-5 bis 64-9).

Die Prüfung der Vorrichtungszeichnung auf fertigungsgerechte Konstruktion der Vorrichtung beinhaltet Kap. 66.

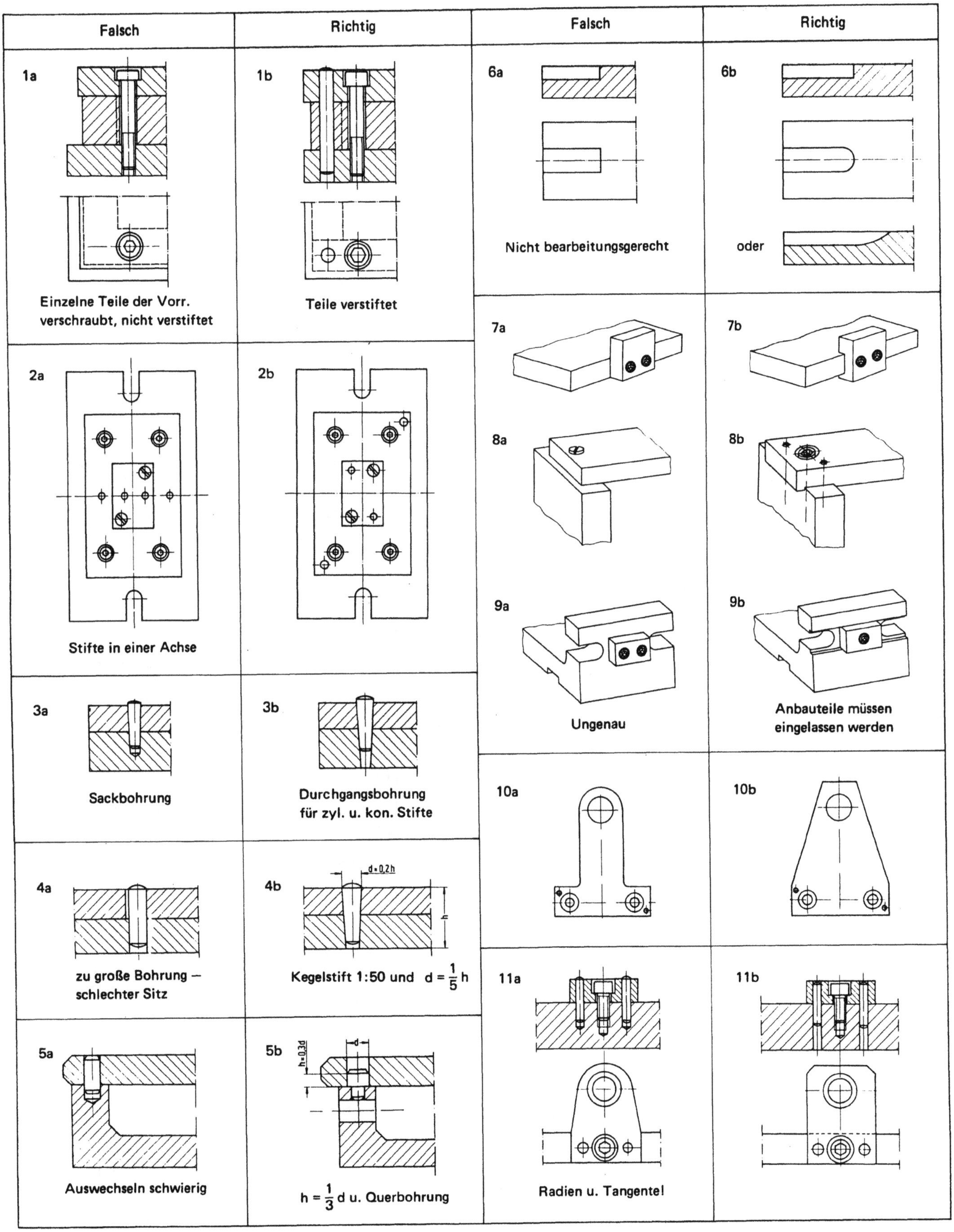

Bild 64-1 Beispiele für die fertigungsgerechte Gestaltung von Bauelementen und Verbindungen verschraubter Vorrichtungen

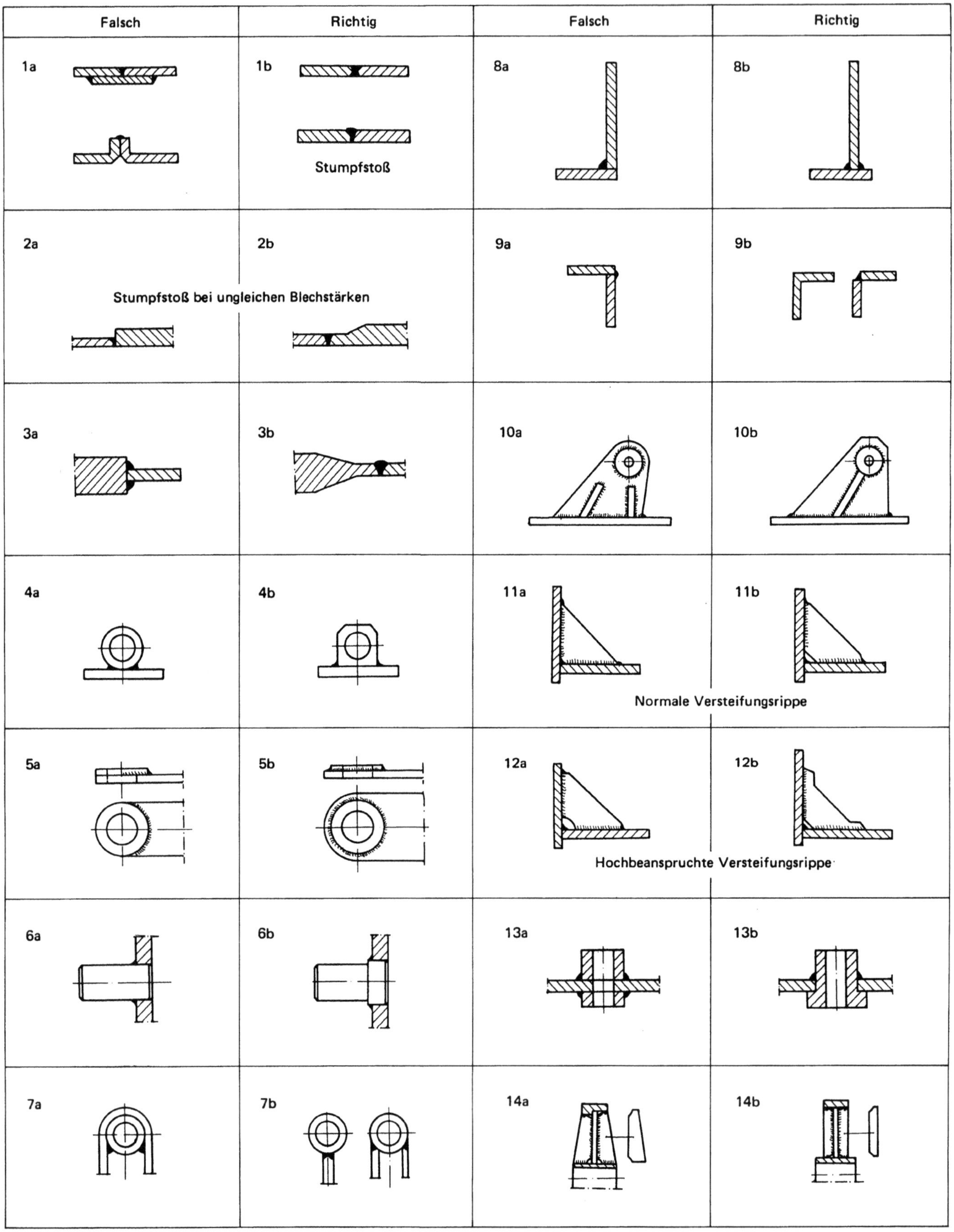

Bild 64-2 Beispiele für die fertigungsgerechte Gestaltung von geschweißten Vorrichtungen bzw. Vorrichtungselementen

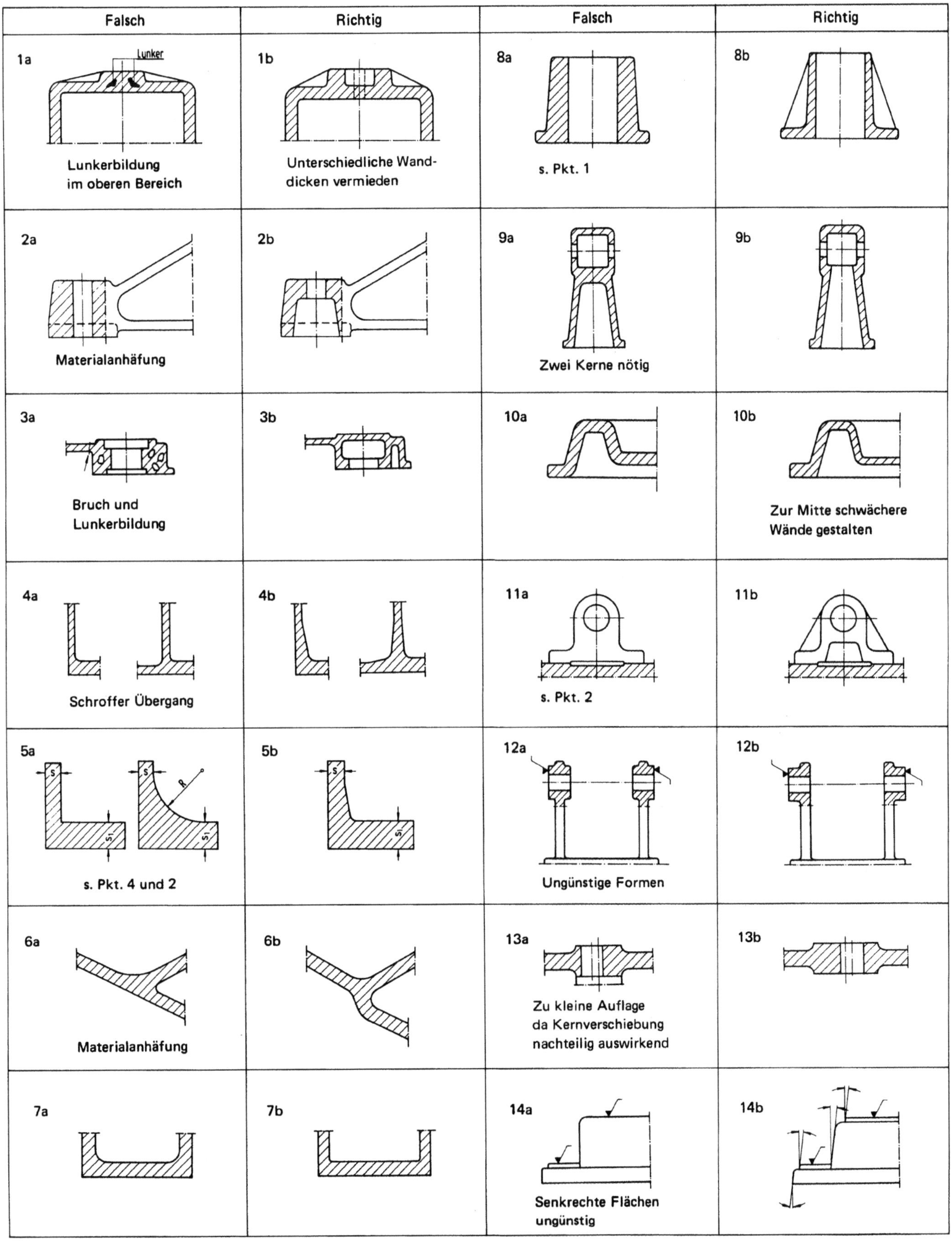

Bild 64-3 Beispiele für die fertigungsgerechte Gestaltung von gegossenen Vorrichtungskörpern bzw. Vorrichtungselementen

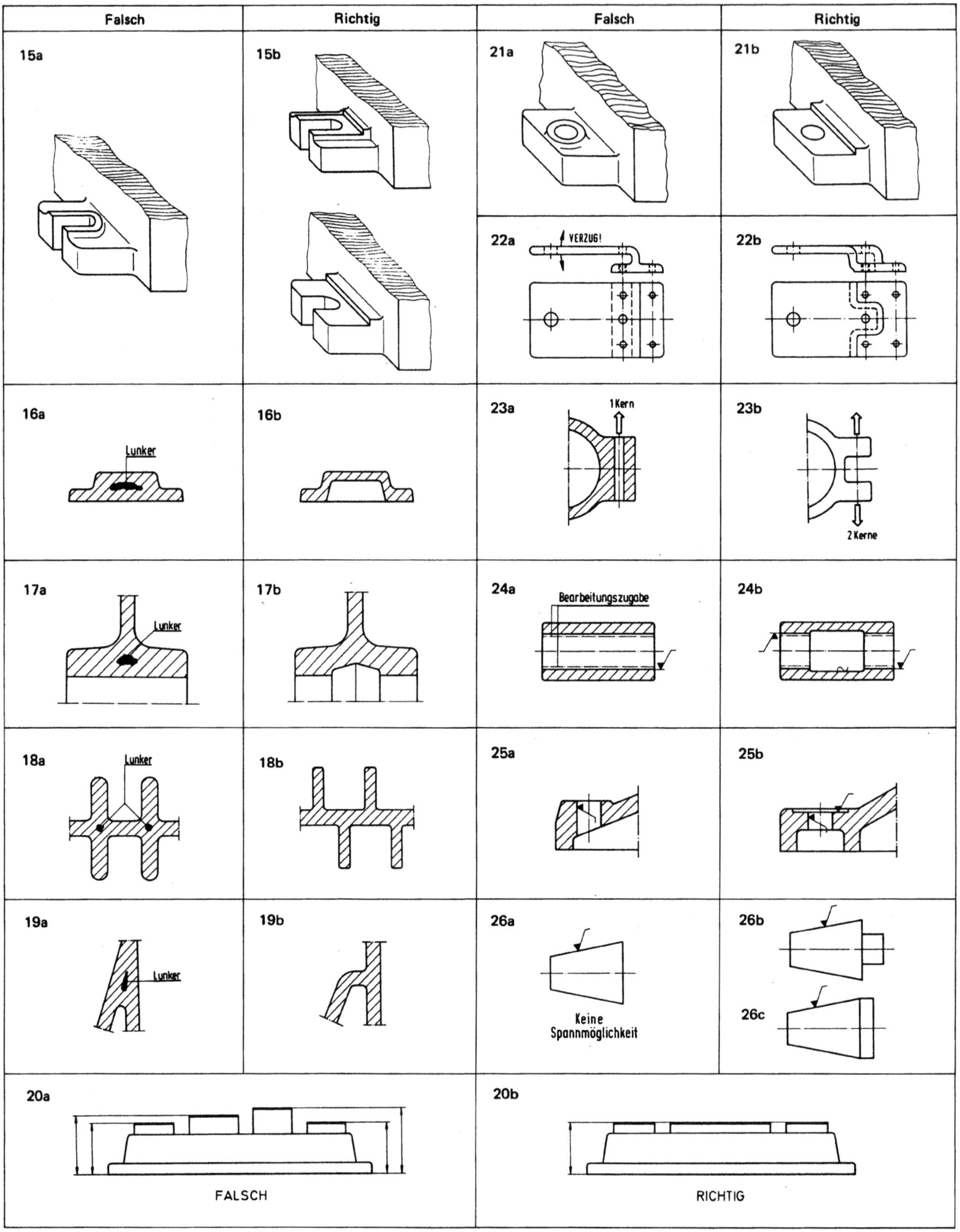

Bild 64-3 Fortsetzung

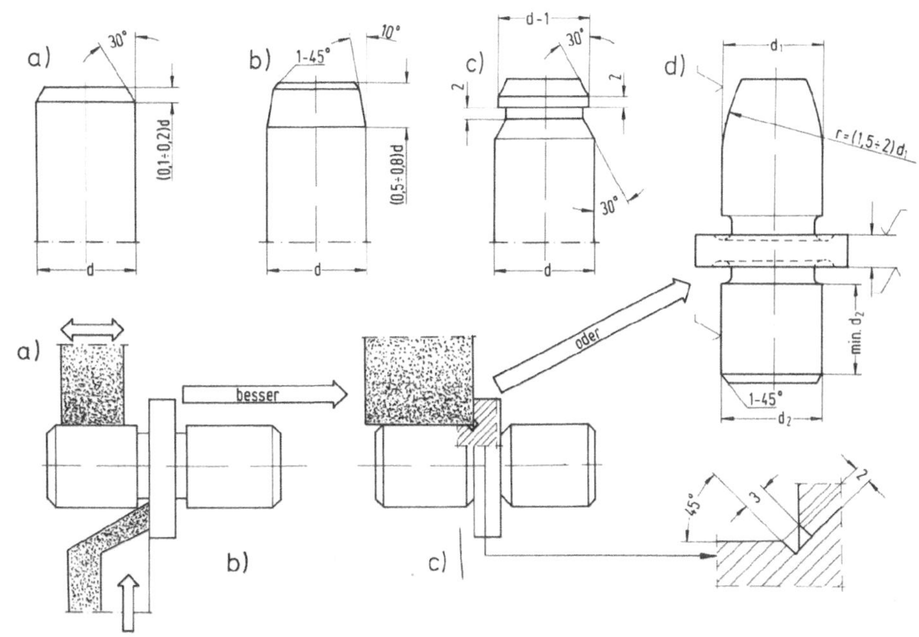

Bild 64-4 Beispiele fertigungsgerechter Gestaltung der runden Aufnahmebolzen (s.a. Abschnitte 13.9.3 und 13.10.3).

a) bis d) – oben im Bild – verschiedene Ausführungen der runden Aufnahmebolzen. Alle zylindrischen Flächen müssen in einer Spannung geschliffen werden. Bei Aufnahmebolzen mit Werkstückanlagefläche – Ausführung d) – müssen auch die beiden Stirnflächen mit den Zylinderflächen in einer Spannung geschliffen werden.

a) bis c) – unten im Bild – zwei Bearbeitungsmöglichkeiten des runden Aufnahmebolzens. a) Aufnahmebolzen nur mit zwei senkrecht zur Achse liegenden Einstichen versehen. Die Zylinderflächen und die Stirnflächen müssen mit jeweils anderen Schleifscheiben geschliffen werden. b) der schräge Einstich erlaubt die Bearbeitung des Aufnahmebolzens mit nur einer Schleifscheibe, da der Schleifscheibenradius durch die Fase – Bild c) – keinen Einfluß auf die Zylinder- und Stirnform haben wird – Bild b).

Bild 64-5

Wirtschaftliche ISO-Qualität und Rauhtiefe R_t als Funktion des Bearbeitungsverfahrens der spanenden Bearbeitung (nach Korsakow)

Bearbeitungs-verfahren	ISO-Qualität	Rauhtiefe R_t (µm)	Bearbeitungs-verfahren	ISO-Qualität	Rauhtiefe R_t (µm)
Drehen:			*Reiben:*		
Schruppen	IT 13	40	Vorreiben	IT 8	10
Fertigdrehen	IT 8	10..6,3	Fertigreiben	IT 7	6,3..3,2
Feindrehen	IT 7..6	1,6	Glätten	IT 7..6	1,6
Fräsen:			*Räumen:*		
Vorfräsen	IT 13	40	von Bohrungen	IT 8..7	6,3..3,2
Fertigfräsen	IT 8	10..6,3	*Schleifen:*		
Feinfräsen	IT 7	3,2..1,6	Fertigschleifen	IT 8..7	3,2..1,6
Bohren	IT 13..11	80..20	Feinschleifen	IT 7	1,6..0,4
Senken	IT 11	20..10	*Läppen*	IT 6	0,8..0,2

Nennmaßbereich in mm von	1	3	6	10	18	30	50	80	120	180	250	315	400
bis	3	6	10	18	30	50	80	120	180	250	315	400	500
ISO-Qualität	Rauhtiefe R_t in μm												
5	2,5	2,5	2,5	4	4	4	4	4	4	4	4	4	4
6	2,5	4	4	4	4	8	8	8	8	8	8	8	8
7	4	4	4	8	8	8	8	16	16	16	16	16	16
8	4	8	8	8	16	16	16	16	16	32	32	32	32
9	8	8	16	16	16	16	32	32	32	32	63	63	63
10	16	16	16	32	32	32	32	63	63	63	63	63	63
11	16	32	32	32	63	63	63	63	63	63	63	63	63

Bild 64-6
Größtwerte der Rauhtiefe R_t, mit denen die ISO-Qualitäten 5 bis 11 im Maßbereich bis 500 mm eingehalten werden können [224]

Aufwandsstufen (I) bis (III)*)	Rauheitsmeßgrößen	Verfahrensgruppe			
		geometrisch undefinierte Schneiden (Schleifen, Honnen)	geometrisch definierte Schneiden (Drehen, Fräsen, Bohren, Räumen)		
		Stahl, Grauguß NE-Metalle	Stahl	Grauguß	NE-Metalle
		μm	μm	μm	μm
hoher Aufwand (I)	R_a	0,25	2	3	1,4
	$\bar{R}_t$	1,6	9	13	6,0
	R_p	0,5	4	4	2,8
üblicher Aufwand (II)	R_a	1,0	5	8	3
	$\bar{R}_t$	5,0	22	32	13
	R_p	2,0	10	16	6
geringer Aufwand (III)	R_a	2,0	11	13	7,5
	$\bar{R}_t$	8,0	45	52	30
	R_p	4,0	22	26	15

*) (I) Diese Rauheitswerte lassen sich mit besonderem Aufwand über längere Fertigungszeiten mit Sicherheit unterschreiten.

(II) Diese Rauheitswerte lassen sich unter üblichen Fertigungsbedingungen ohne Schwierigkeiten einhalten.

(III) Diese Rauheitswerte werden bei der Fertigung selbst als Einzelwerte selten überschritten.

Bild 64-7 Wirtschaftliche Werte der Oberflächenqualität in der spanenden Fertigung bei hohem, üblichem und geringem Aufwand [224]

Nennmaß-Bereich	überwiegend erzeugt durch geometrisch undefinierte Schneiden		überwiegend erzeugt durch geometrisch definierte Schneiden		
mm	R_a = 0,5 µm R_t = 3,0 µm	R_a = 1 µm R_t = 5 µm	R_a = 2 µm R_t = 9 µm	R_a = 4 µm R_t = 17 µm	R_a = 8 µm R_t = 32 µm
	ISO-Qualität	ISO-Qualität	ISO-Qualität	ISO-Qualität	ISO-Qualität
1 bis 3	IT 5	IT 7	IT 9	IT 10	IT 11
3 bis 6	5	6	8	9	11
6 bis 10	5	6	8	9	10
10 bis 18	5	6	7	9	10
18 bis 30	5	6	7	8	9
30 bis 50	5	6	7	8	9
50 bis 80	5	6	6	8	9
80 bis 120	5	6	6	7	9
120 bis 180	5	6	6	7	8
180 bis 250	5	6	6	7	8
250 bis 315	5	6	6	7	8
315 bis 400	5	6	6	7	8
400 bis 500	5	6	6	7	8

*) Durch besondere Maßnahmen können die angegebenen ISO-Maßqualitäten verbessert werden.

Bild 64-8 Erreichbare ISO-Qualität in der spanenden Bearbeitung bei günstigen Fertigungsverhältnissen [224]

Art der Bearbeitung	Genauigkeit der Bearbeitung	Bearbeitung von Flächen							Bearbeitung von Nuten für Keile und Federn		
		Länge der bearbeiteten Fläche in mm									
		bis 120	120...360		360...500		500...1000				
		Breite der bearbeiteten Fläche in mm							Breite der Nut		
		bis 120	bis 120	120...360	bis 120	120...360	bis 120	120...360	6...10	12...18	20...30
Hobeln	grob	0,20	0,30	0,35	0,40	0,45	0,50	0,50	0,10	0,15	0,20
	genau	0,10	0,15	0,18	0,20	0,20	0,20	0,20	0,03	0,04	0,05
	sehr genau	0,05	0,08	0,09	0,10	0,10	0,10	0,10	—	—	—
Stoßen	grob	0,25	0,35	—	—	—	—	—	0,12	0,12	0,18
	genau	0,15	0,18	—	—	—	—	—	0,06	0,06	0,07
Stirndrehen (Planen)	grob	0,25	0,35	0,40	—	—	—	—	—	—	—
	genau	0,15	0,18	0,20	—	—	—	—	—	—	—
Stirnfräsen	grob	0,15	0,20	0,25	0,30	0,35	0,40	0,45	0,10	0,15	0,20
	genau	0,08	0,12	0,15	0,15	0,18	0,18	0,20	0,03	0,04	0,05
	sehr genau	0,04	0,06	0,08	0,08	0,09	0,09	0,10	—	—	—
Walzenfräsen	grob	0,20	0,30	0,35	0,40	0,45	0,50	0,50	0,10	0,12	0,13
	genau	0,10	0,15	0,18	0,18	0,20	0,20	0,25	0,05	0,06	0,065
Schleifen	grob	0,04	0,06	0,08	0,08	0,09	0,09	0,12	—	—	—
	genau	0,03	0,05	0,07	0,07	0,08	0,08	0,10	0,01	0,015	0,02
	sehr genau	0,025	0,025	0,035	0,035	0,04	0,04	0,05	—	—	—

Bild 64-9 Wirtschaftliche Genauigkeit der spanenden Bearbeitung verschiedener Bearbeitungsverfahren bei der Bearbeitung von Flächen sowie Nuten für Keile und Paßfedern (nach Melamed)

65 Sicherung der Lage der Vorrichtungsbauelemente

Alle Bauelemente einer Vorrichtung, die miteinander verschraubt bzw. mit Hilfe einer Passung verbunden sind, müssen gesichert werden, damit sich ihre festgelegte Lage nicht verändern kann. Verschraubte Bauelemente müssen auch nach notwendigem Auseinanderbau der Vorrichtung wieder in derselben Weise zusammengefügt werden können.

Als Sicherungselemente können dienen:

1. Zylinderstifte DIN 7 und DIN 6325,
2. Zylinderstrifte mit Innengewinde DIN 7979,
3. Gewindestifte mit Innensechskant und Spitze DIN 914,
4. Gewindestifte mit Innensechskant und Zapfen DIN 915.

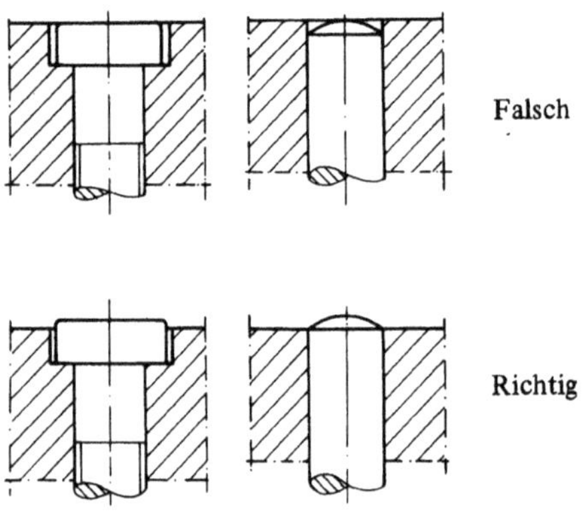

Bild 65-1 Sicherung verschraubter Vorrichtungselemente durch Zylinderstifte DIN 6325. Oben: *falsch,* unten: *richtig*

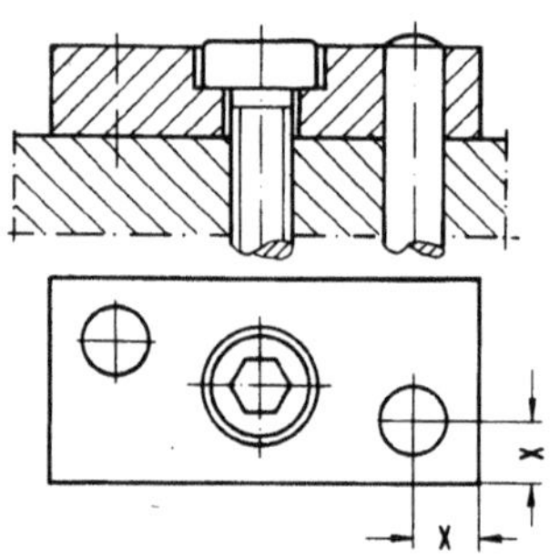

Bild 65-2 Mindestabstand des sichernden Zylinderstiftes DIN 6325 zum Rand des verstifteten Bauelementes der Vorrichtung. Wichtig: x > d, wobei d Durchmesser des Zylinderstiftes

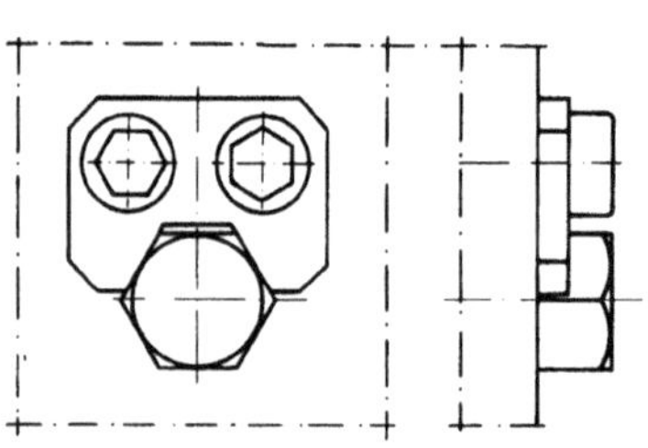

Bild 65-3 Sicherung einer Sechskantschraube DIN 933 mit Hilfe eines auf das gesicherte Bauelement der Vorrichtung aufgeschraubten Formbleches. Sechskantschrauben DIN 933 sind im Vorrichtungsbau nicht üblich (Abschnitt 20.1)

Von der Sicherung mit Hilfe von Klebstoffen, die anderweitig gute Dienste leisten, ist abzusehen, da die damit gesicherten Verbindungen sich nur schwer lösen lassen; ein Wiederherstellen der Verbindung ist auch erschwert.

In den Bildern 65-1 bis 65-16 sind Beispiele der Sicherung von Verbindungen im Vorrichtungsbau dargestellt.

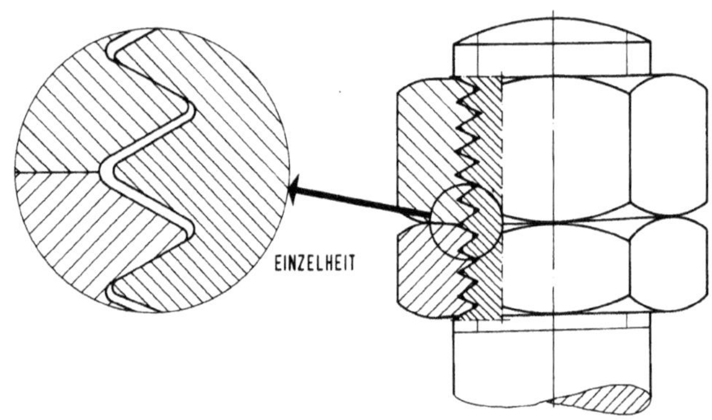

Bild 65-4 Sicherung einer Sechskantmutter DIN 439 durch eine zweite Sechskantmutter DIN 934 bzw. DIN 439 (Feststellmutter, Gegenmutter) (s.a. Bildtext Bild 65-3 sowie Bild 65-5)

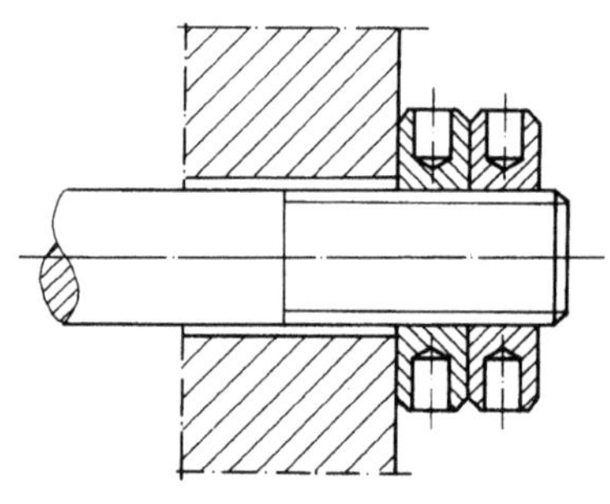

Bild 65-5 Sicherung einer Kreuzlochmutter DIN 1816 durch eine zweite Kreuzlochmutter (analog zum Bild 65-4, jedoch kürzer)

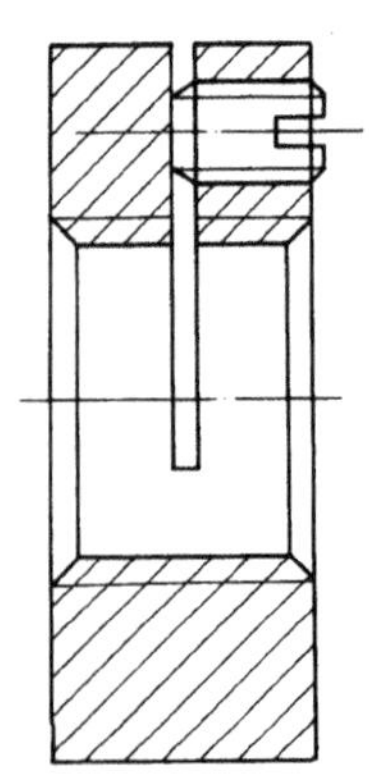

Bild 65-6

Sicherung einer selbstgefertigten runden Mutter mit Hilfe einer quer zur Gewindeachse eingefrästen Nut und eines Gewindestiftes DIN 913 bzw. DIN 551. Diese Art der Sicherung eignet sich besonders für versteckte und von der Stirnseite zu sichernde Muttern. Die Sicherung erfolgt durch Auseinanderspreizen des Schlitzes der Mutter durch den Gewindestift. Die Mutter wird mit zwei Bohrungen (analog zu der Zweilochmutter DIN 547) versehen (fester Stirnlochschlüssel bzw. Gelenk-Stirnlochschlüssel)

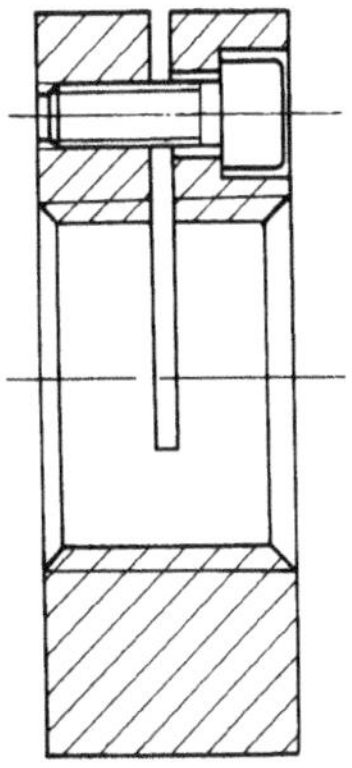

Bild 65-7
Sicherung einer selbstgefertigten runden Mutter mit Hilfe einer quer zur Gewindeachse eingefrästen Nut und einer Innensechskantschraube DIN 912. Die Sicherung erfolgt durch Zusammenziehen des Schlitzes der Mutter durch die Innensechskantschraube. Die Mutter wird mit zwei Bohrungen (analog zu der Zweilochmutter DIN 547) versehen (fester Stirnlochschlüssel bzw. Gelenk-Stirnlochschlüssel)

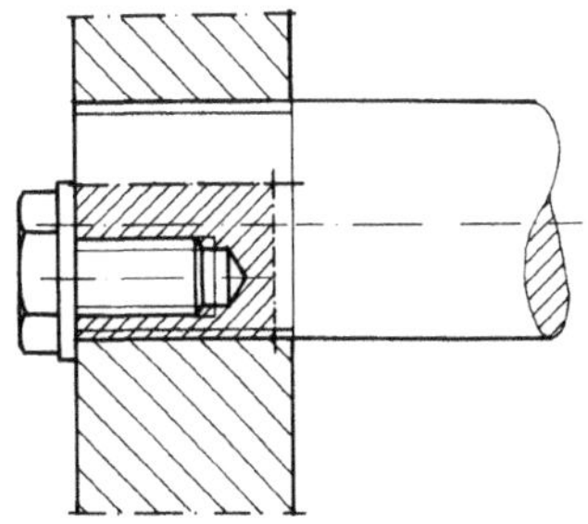

Bild 65-10 Sicherung eines eingeschraubten Bauelementes mit Hilfe einer exzentrisch eingeschraubten Schraube.

Voraussetzung einer einwandfreien Sicherung ist jedoch, daß die Unterlegscheibe die beiden zu sichernden Elemente überdeckt. Dabei müssen die beiden Flächen einwandfrei in einer Ebene liegen (überschleifen)

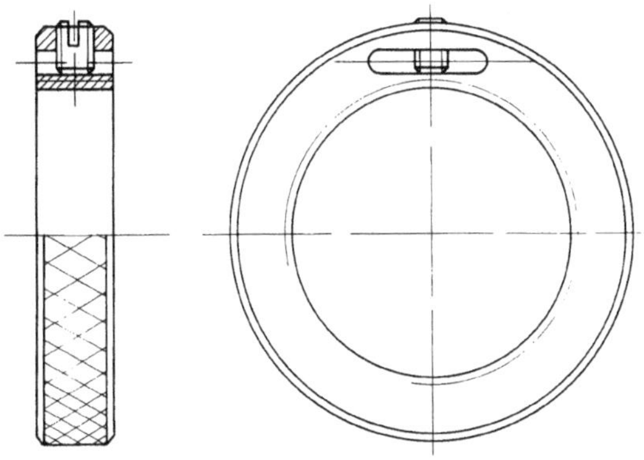

Bild 65-8 Sicherung einer selbstgefertigten runden schmalen Mutter mit Hilfe eines ausgefrästen Langlochs und eines radial eingeschraubten Gewindestiftes DIN 551 bzw. DIN 913 (mit Innensechskant). Die Sicherung erfolgt durch Eindrücken der Gewindegänge der Mutter in die des Außengewindes des zu sichernden Elementes. Voraussetzung ist jedoch dabei, daß der Querschnitt der Mutter an den beiden Enden des Langlochs bedeutend stärker ausgebildet ist als der minimale Querschnitt des durch die Schraube einzudrückenden Teiles der Mutter (unter der Schraubenstirn). Anderenfalls wird keine Sicherung erzeugt und die Mutter beschädigt

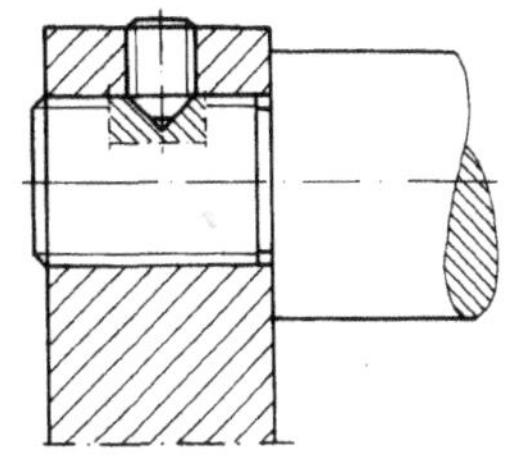

Bild 65-11
Sicherung eines eingeschraubten Bauelementes durch Anbohren und Einschrauben eines Gewindestiftes DIN 914

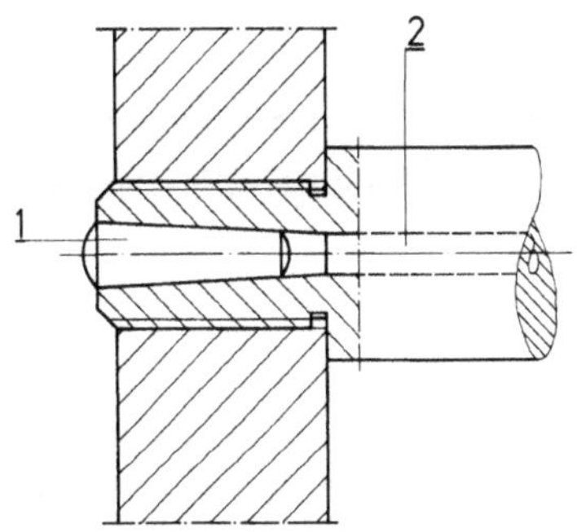

Bild 65-12 Sicherung eines eingeschraubten Bauelementes durch Aufweiten einer Kegelbohrung mit Hilfe eines Kegelstiftes DIN 1. Voraussetzung ist dabei, daß das zu sichernde Bauelement eine durchgehende Bohrung aufweist, um den Kegelstift ausschlagen zu können, falls diese Verbindung gelöst werden sollte.

1 Kegelstift, 2 Durchgangsbohrung

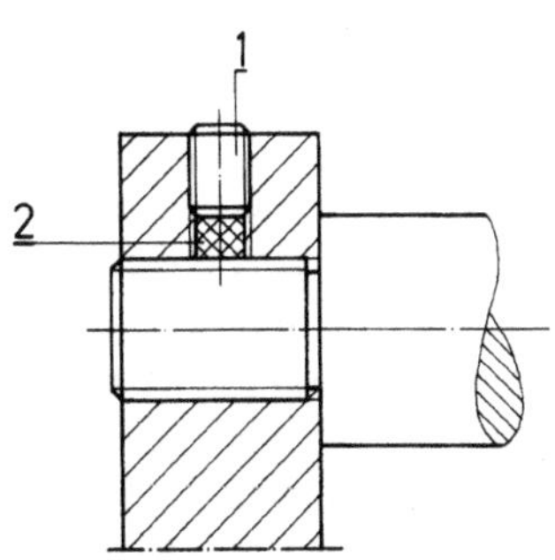

Bild 65-9
Sicherung eines eingeschraubten Bauelementes mit Hilfe einer Schraube DIN 913 und einer Kupfereinlage, die sich in die Gewindegänge eindrückt.

1 Sicherungsschraube, 2 Kupfereinlage

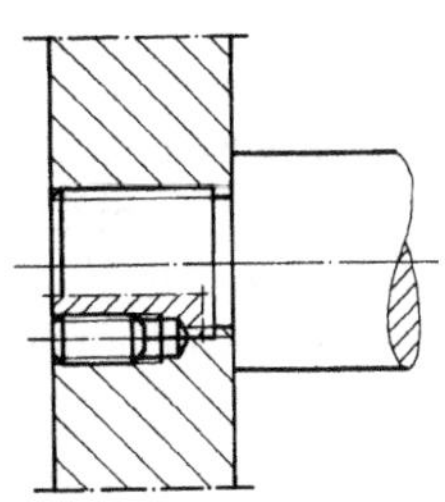

Bild 65-13
Sicherung der Lage eines eingeschraubten Bauelementes durch Einschrauben eines Gewindestiftes DIN 913 stirnseitig in die Gewindegänge. Diese Art der Sicherung eignet sich nur für Gewindeverbindungen, deren Demontage und erneute Montage nicht vorgesehen sind

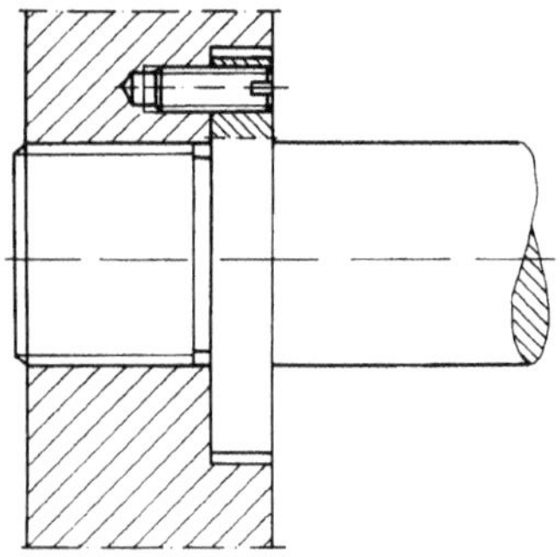

Bild 65-14
Sicherung eines eingeschraubten Bauelementes durch Einschrauben einer Stiftschraube DIN 551 (bzw. DIN 913 – mit Innensechskant) in einem flanschartigen Ansatz

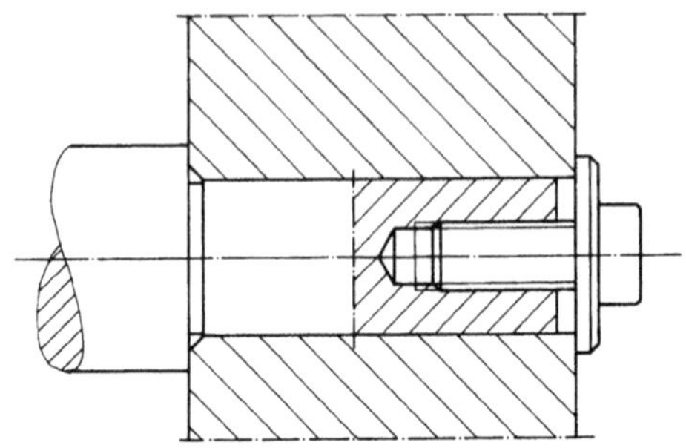

Bild 65-16 Sicherung der Lage eines Bauelementes durch stirnseitiges Einschrauben einer Schraube DIN 912 mit einer Unterlegscheibe. Zwischen der Stirn des zu sichernden Zapfens und der Unterlegscheibe muß stets ein genügendes Spiel vorhanden sein

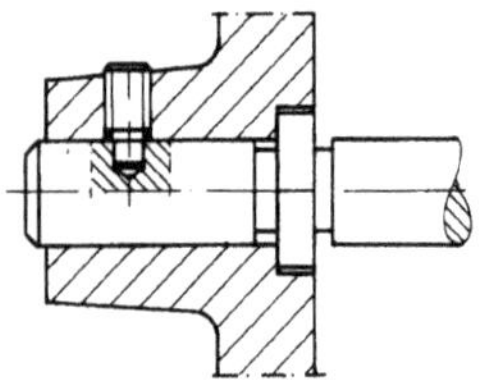

Bild 65-15
Sicherung der Lage eines Bauelementes durch Anbohren und Einschrauben eines Gewindestiftes mit Zapfen DIN 915

66 Prüfung der Vorrichtungszeichnung auf fertigungsgerechte Konstruktion der Vorrichtung

Die Bedeutung des Begriffs „fertigungsgerecht" ist sehr umfangreich und er läßt sich nicht immer eindeutig definieren. Die Ausstattung des Vorrichtungsbaues (Kap. 72 und 73) sowie die Ausbildung und Qualifikation der Vorrichtungsschlosser werden in jedem Betrieb verschieden sein. Das, was für den einen Betrieb „fertigungsgerecht" konstruiert ist, muß nicht unbedingt auch für einen anderen Betrieb gelten. Selbstverständlich gibt es bestimmte Grundlagen und Regeln der fertigungsgerechten Gestaltung (Kap. 64), die für jeden Betrieb zutreffen. Bei der Vorrichtungskonstruktion muß unbedingt der eigene Vorrichtungsbau (Kap. 72), seine Möglichkeiten hinsichtlich der zur Verfügung stehenden Maschinen, Einrichtungen, Methoden und Verfahren, sowie das Personal berücksichtigt werden. Es wird auch vorkommen, daß Vorrichtungsteile oder sogar ganze Vorrichtungen im eigenen Fertigungsbetrieb (z.B. auf großen Bohrwerken über die der Vorrichtungsbau nicht verfügt) bzw. auch außerhalb in Auftrag gegeben werden. Von diesem Standpunkt aus müssen die Vorrichtungs-Konstruktionszeichnungen auf die fertigungsgerechte Gestaltung geprüft werden (Kap. 64).

Die Überprüfung der Konstruktionszeichnungen sollte nicht erst nach Fertigstellung der Konstruktion vorgenommen werden, sondern bereits während der Konstruktionsarbeit. Der Vorrichtungskonstrukteur sollte den Fertigungsmeister und den Betriebsleiter der Fertigungsabteilung, für die die Vorrichtung vorgesehen ist, konsultieren. Auch der Meister des Vorrichtungsbaues sollte ein Mitspracherecht haben, um später Änderungen und somit Zeitverluste und die damit zusammenhängenden Kosten zu vermeiden. Außerdem ist die Qualitätskontrolle eine Stelle, die über alle Fälle informiert ist, in denen eine Vorrichtung Ausschuß bzw. Schwierigkeiten verursachte.

Alle Einzelteile der Vorrichtung werden auf ihre fertigungsgerechte Gestaltung (Kap. 64) und Funktionsfähigkeit geprüft. Die Maße der einzelnen Elemente spielen eine wesentliche Rolle, da es vorkommen kann, daß ein Teil, z.B. der Vorrichtungskörper, nur deshalb nicht bearbeitet werden kann, weil die Maße die maximalen Bearbeitungsmaße einer Werkzeugmaschine überschreiten. In solchen Fällen müssen z.B. geteilte Vorrichtungen (vor dem Einsatz zusammengeschraubt) bzw. Bauelemente vorgesehen werden.

Eine nicht unbedeutende Rolle hinsichtlich der fertigungsgerechten Gestaltung spielen: Zugang zu den bearbeiteten Flächen, Werkzeugauslauf (vor allem beim Schleifen), schräge Flächen bzw. schräg verlaufende Bohrungen, für die Sonderwerkzeuge benötigt werden, anormale Maße von Bohrungen, Nuten usw. Selbstverständlich wird auch der Werkstoff, aus dem die Vorrichtungselemente gefertigt werden, besondere Forderungen hinsichtlich der Fertigung stellen. Diese Fragen sind im Abschnitt 56.5 ausführlich besprochen.

Die endgültige Prüfung der Konstruktionszeichnung erfolgt in der Fertigungsvorbereitung, wo auch die Vorgabezeiten für die Fertigung der Einzelteile bzw. der ganzen Vorrichtung ermittelt werden. Bei der Zeitermittlung können eventuell auch Einsparungen, z.B. durch Änderung der geometrischen Form der Bauelemente bzw. durch Anwendung eines anderen Bearbeitungsverfahrens usw., entstehen.

67 Konstruktionshilfen

Um die Konstruktionsarbeit wirtschaftlicher und rationell zu gestalten, sollten dem Konstrukteur Hilfen zur Verfügung gestellt werden, die zeitraubendes Rechnen oder Zeichnen vermeiden. Es gibt folgende Möglichkeiten:

1. Eine Karteikarten-Sammlung von Maßen und Zeichnungen DIN-genormter Vorrichtungsbauelemente sowie der am meisten im Vorrichtungsbau verwendeten DIN-Normelemente. Eine Karteikarte kann schneller gefunden und gezogen werden als ein Normblatt in einem Ordner.
2. Durchzeichnungsunterlagen von werksgenormten Vorrichtungsbauelementen (Bilder 67-1 bis 67-3) im Maßstab 1 : 1 und anderen.
3. Zeichnungsschablonen
   - 3.1 Schraubenkopf- und Mutternschablonen[1] (Best.-Nr. 4 320, 321, 322, 323 und 4 457),
   - 3.2 Bemaßungsschablone (4 362),
   - 3.3 Ölhydraulik- und Pneumatikschablone (4 367),
   - 3.4 Oberflächenzeichen-Schablonen (4 353 und 354),
   - 3.5 Schweißzeichen-Schablone (4 356).
4. Rechen- und Umrechnungsschieber
   - 4.1 Passungswähler (IWA 05133),[2]
   - 4.2 Schraubenwähler (IWA 051148),
   - 4.3 Schraubenrechner (RIEBE), [3]
   - 4.4 Federnrechner (RIEBE),
   - 4.5 Federnrechner (IWA 05170).

[1] STANDARDGRAPH, Filler & Fiebig GmbH, 8192 Geretsried 2.

[2] IWA-Rechenschieberfabrik F. Riehle KG, Postfach 803, 7300 Esslingen.

[3] Bayrische Schrauben- und Federnfabriken Richard Bergner, Postfach, 8540 Schwabach.

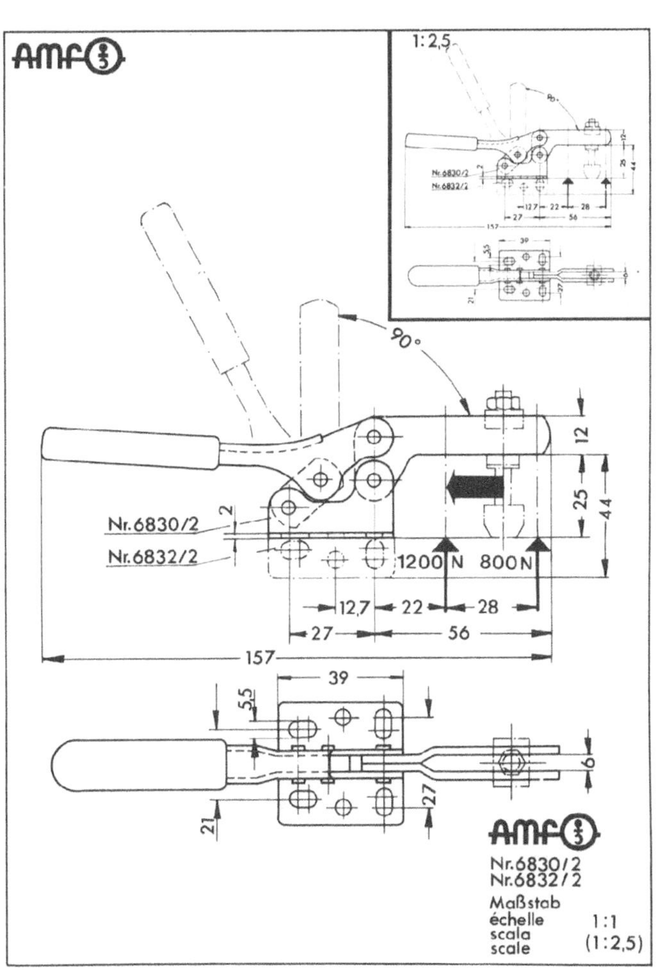

Bild 67-1 Maßstäbliche Durchzeichnungsunterlage (1:1) – Kniehebel-Schnellspanner (Abschnitt 16.11)

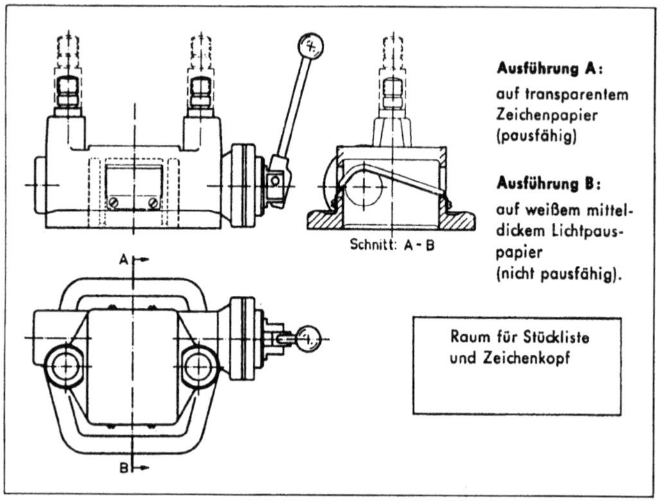

Bild 67-2 Maßstäbliche Durchzeichnungsunterlage (1:2) – Universal-Schnellspann-Säulengestell (Abschnitt 13.4)

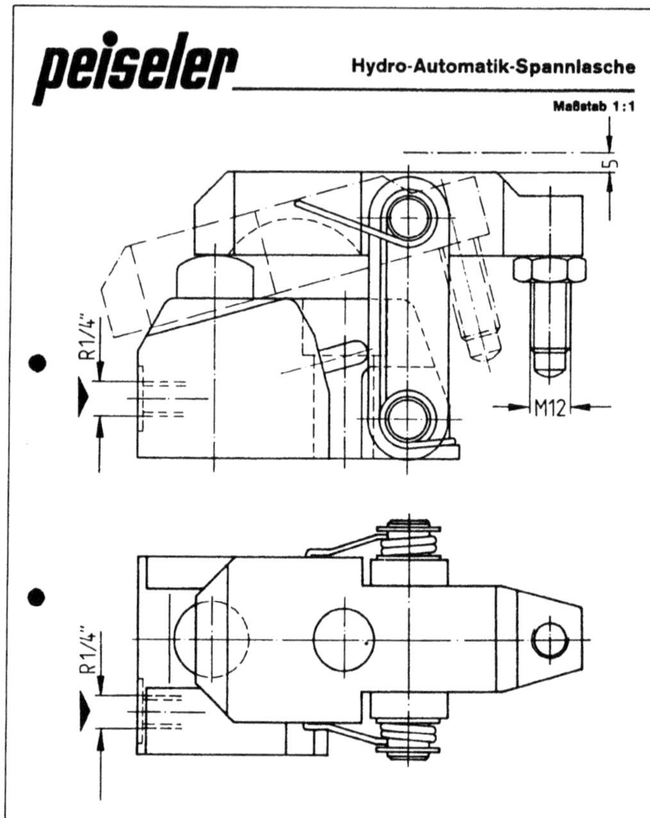

Hydro-Spannlasche

Type	Bestell-Nr.	Spannbereich mm	Spannhub mm	Spannkraft in N bei 250 bar	Rückhub S mm
HAL 1500	42102	20÷58	8	15 000	30

Bild 67-3 Maßstäbliche Durchzeichnungsunterlage (1:1) – Spannlasche, hydraulisch betätigt (Abschnitt 27.3)

5. Diagramme für Schrauben-, Federn-, Hydraulik- und Pneumatikberechnungen:[4]
6. Schaltplansammlung für Hydraulik und Pneumatik, verschiedene Firmendruckschriften als Sammlung zusammengetragen und geordnet (s. a. Literaturverzeichnis).

[4] AWF Ausschuß für wirtschaftliche Fertigung e.V., 1000 Berlin-Schmargendorf und 6000 Frankfurt – Beuth-Vertrieb, 1000 Berlin und 5000 Köln.
auch: VDI-Richtlinien – VDI-Verlag, 4000 Düsseldorf, Werkstattblätter – Carl Hanser Verlag, 8000 München 86.

68 Kontrolle und Einsatz der Vorrichtung in der Fertigung

68.1 Abnahme der Vorrichtung nach Fertigstellung

Nach der Fertigstellung und vor der Übergabe der Vorrichtung an das Vorrichtungslager (Kap. 76) muß die Vorrichtung von einem Kontrolleur abgenommen werden. Diese Aufgabe kann die Fertigungskontrolle bzw. ein von der Fertigungskontrolle ausgebildeter und anerkannter Vorarbeiter des Vorrichtungsbaus übernehmen. Beide Lösungen haben ihre Vor- und Nachteile. Der Fertigungskontrolleur muß sich in die Werkstückzeichnung und die Vorrichtung „hineindenken", was Zeit und somit Kosten verursacht. Der Vorarbeiter des Vorrichtungsbaus kennt den Werdegang der Vorrichtung und die damit verbundenen Probleme. Seine Objektivität vorausgesetzt kann die Abnahme geringere Kosten verursachen. Die Abnahmeergebnisse werden auf der Vorrichtungs-Kontroll- und Einsatzkarte (Bild 68-1) vermerkt.

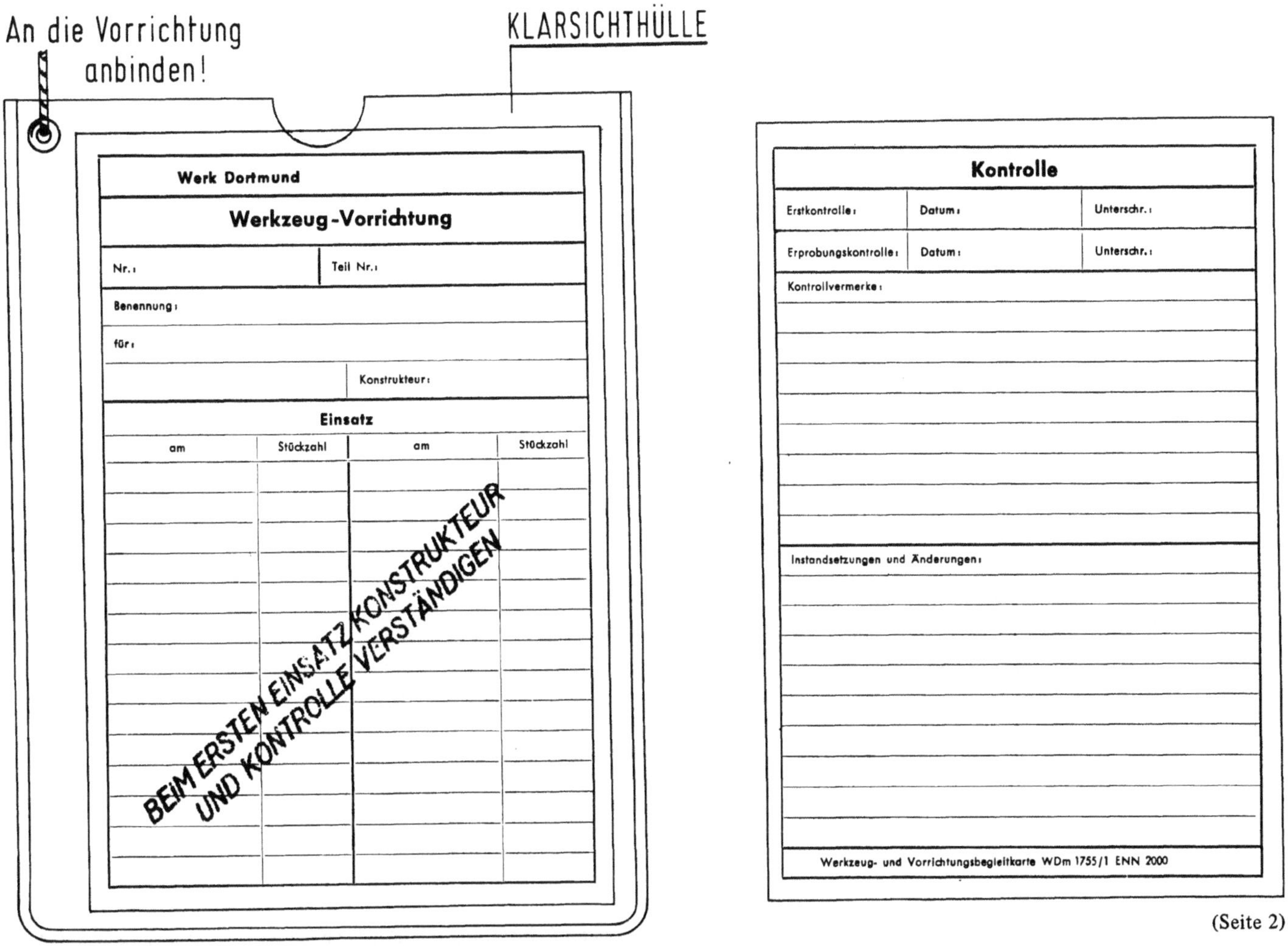

Bild 68-1 Vorrichtungs-Abnahme, Kontroll- und Einsatzkarte.
Diese Karte wird in einer Klarsichthülle nach Fertigstellung der Vorrichtung an sie angebunden. Die Abnahmevermerke werden in die Karte eingetragen. Der Meister der die Vorrichtung einsetzenden Abteilung entfernt vor dem Einsatz der Vorrichtung die Klarsichthülle. Während des Einsatzes anfallende Reparaturen sowie nach beendetem Einsatz die gefertigte Stückzahl der Werkstücke werden ebenfalls eingetragen, so daß die laufenden Angaben übernommen werden können. Dieses betrifft besonders die Reparaturen und ganz besonders die Grenzstückzahl (Abschnitt 2.2) und wann sie erreicht wurde (s. Bild 2-2 unten, rechts). Der Text: „Beim ersten Einsatz ...“ ist aufgestempelt, so daß er transparent ist, z. B. grün, und leserlich beschrieben werden kann.

68.2 Messen der Vorrichtung nach Fertigstellung

Messen bedeutet Vergleichen von Meßgrößen der Vorrichtung mit den vom Vorrichtungskonstrukteur angegebenen Zeichnungsmaßen. Wie in der Meßtechnik gilt auch hierbei die Regel, daß der Kontrolleur mit abgenutzteren Meßzeugen arbeitet als der Vorrichtungsschlosser.

Es wird nicht immer möglich sein alle Maße mit üblichen und normalen Meßzeugen zu messen. Z.B. für Achsabstandsmessungen, Messungen der Winkellage von Bohrungen, Lage der Bohrungen zu ihren Bezugsflächen usw. werden in den meisten Fällen besondere Hilfsmittel benötigt. Sonderdorne z.B. müssen angefertigt und mit der Vorrichtung angeliefert werden. Mit ihrer Hilfe werden die Messungen an der Vorrichtung vorgenommen. Der Kontrolleur fertigt ein Abnahmeprotokoll an, in dem sämtliche festgestellten Unstimmigkeiten und später das Ergebnis einer erneuten Abnahme vermerkt werden. Am besten ist es, in den Vorrichtungs-Karteikarten (Abschnitt 76.2), die im Vorrichtungsbau und ihre Duplikate als Belege in der Kontrolle verbleiben, entsprechende Vermerke festzuhalten. Auch die Meßhilfsmittel und ihre Bezeichnung müssen erfaßt werden. Die Vorrichtungs-Kontroll- und Einsatzkarte (Bild 68-1) wird ebenfalls vom Kontrolleur ausgefüllt und unterschrieben.

Die meist teuren Meßhilfsmittel erübrigen sich, wenn im Betrieb ein Universal-Höhenmeß-Tast- und Anreißgerät (Bild 68-2) bzw. eine Inspektionsmaschine (Bilder 68-3 und 68-4), die alle linearen Maße in drei Ebenen messen, vorhanden sind. Durch einen längsverfahrbaren und drehbaren Rundtisch ist die Vorrichtung und alle an ihr zu messenden Stellen für den Meßarm von allen Seiten zugänglich, so daß exakte Messungen, die sogar automatisch registriert und digital angezeigt werden, vorgenommen werden können.

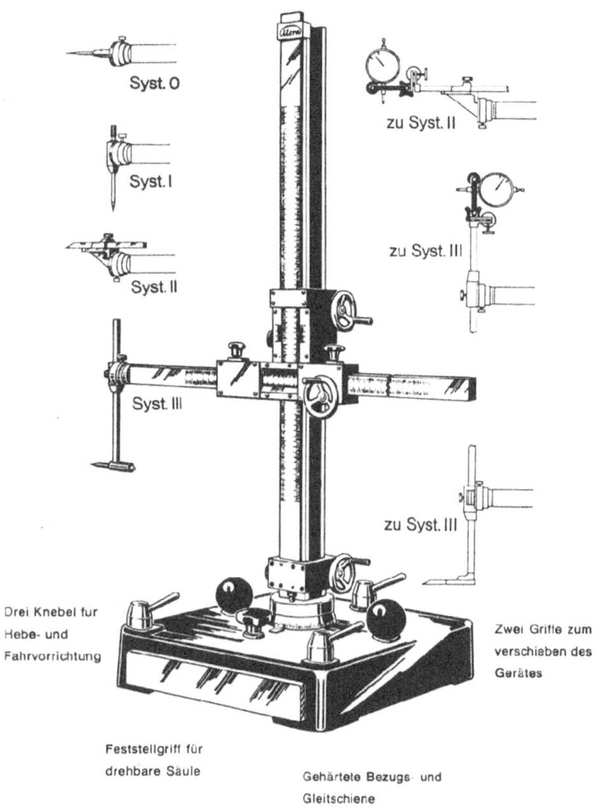

Bild 68-2 Höhenmeß-, Anreiß- und Tastgerät einfacher Ausführung

Bild 68-3 Drei-Koordinaten-Meßmaschine

Bild 68-4 Inspektionsmaschine im Einsatz – Abnahme einer Vorrichtung.

68.3 Prüfung der Vorrichtung durch Werkstückmuster

In der Vorrichtung wird ein bereits fertig bearbeitetes Werkstück (oft insbesondere bei großen Serien aus durchsichtigem Kunststoff) gespannt und mit seiner Hilfe die Lage der Vorrichtungselemente, z.B. die Achslage der Bohrbuchsen (Durchstekken eines Dornes durch Bohrbuchse in die Bohrung), ihr Abstand zum Werkstück, die Höhe der Werkzeugeinstellelemente (Abschnitt 6.1) usw., geprüft. Das Musterwerkstück wird auch für Zwischenkontrollen der Vorrichtung benutzt.

68.4 Funktionskontrolle der Vorrichtung

Die Funktionskontrolle der Vorrichtung durch die Bearbeitung eines Werkstücks sollte möglichst unter strengen Betriebsbedingungen, unter denen die Vorrichtung auch später eingesetzt wird, vorgenommen werden. Nach der Bearbeitung wird das Werkstück gemessen und seine Genauigkeit, also auch die Brauchbarkeit der Vorrichtung, festgestellt. Dabei müssen die verlangte Qualität der Bearbeitung und die vorgesehene Produktivität der Vorrichtung eindeutig erreicht werden. Über die erfolgte Abnahme wird ein Protokoll angefertigt, in dem die Prüf- und Meßergebnisse und eventuell notwendige Änderungen enthalten sind. Werden bestimmte Elemente der Vorrichtung eingestellt, so wird auch dieses vermerkt. Das Werkstück wird, soweit es möglich ist, bis zur Beendigung der Serie in der Kontrolle aufbewahrt.

Falls Änderungen der Vorrichtung notwendig sind, werden diese im Abnahmeprotokoll erfaßt. Daraufhin tragen die Vorrichtungskonstrukteure die notwendigen Änderungen in die Zeichnungen ein und der Vorrichtungsbau beseitigt die Mängel. Bei der Prüfung der Vorrichtung können sich auch notwendige Änderungen am Werkstück (Abschnitt 4.2.1) bzw. Änderungen des Arbeitsablaufs ergeben. Diese Vorschläge müssen der Werkstückkonstruktion und der Fertigungsvorbereitung gemeldet werden. Eine erneute Abnahmeprüfung und die Freigabe der Vorrichtung werden ebenfalls im Abnahmeprotokoll vermerkt.

Bei komplizierten Vorrichtungen und Vorrichtungen, die für größere Stückzahlen vorgesehen sind, sowie bei Vorrichtungen, die zum ersten Mal konzipiert, konstruiert und gebaut worden sind, sollte man den Vorrichtungskonstrukteur (s. Aufschrift auf der Vorrichtungs-Kontroll- und Einsatzkarte, Bild 68-1) und den Meister des Vorrichtungsbaus zu der Vorrichtungsabnahme hinzuziehen. Dadurch wird die Arbeit des Kontrolleurs erleichtert und wertvolle Erfahrungen werden gesammelt, bzw. auftretende Mängel und Ungenauigkeiten schneller beseitigt, da sich langwierige Erläuterungen erübrigen.

69 Einflußfaktoren auf die Bearbeitungsgenauigkeit des Werkstücks in der Vorrichtung

69.1 Einflußfaktoren seitens des Werkstücks

1. Geometrische Form des Werkstücks,
2. Werkstückwerkstoff und seine Eigenschaften,
3. Maßzusammenhänge zwischen den einzelnen Elementen des Werkstücks,
4. am Werkstück vorhandene bzw. vorgesehene Positionierflächen:
   - 4.1 für das Positionieren des Werkstücks im Rohzustand,
   - 4.2 bereits im vorhergehenden Arbeitsgang bearbeitete Positionierflächen,
   - 4.3 Genauigkeit der Lage und die Oberflächenqualität der Positionierflächen am Werkstück,
5. Lagerung und Transport der Werkstück-Ausgangsrohlinge (Beschädigungsmöglichkeit usw.).

69.2 Einflußfaktoren seitens der Vorrichtung

1. Fertigungseinrichtungen und -methoden des Vorrichtungsbaus (Kap. 73) sowie die Qualifikation des Personals. Aus diesen Faktoren resultieren:
   - 1. 1 Genauigkeit der Ausführung der einzelnen Bauelemente und der ganzen Vorrichtung,
   - 1. 2 Genauigkeit der Montage der Vorrichtung und somit die Lage der Bauelemente zueinander.
2. Allgemeine Eigenschaften der Vorrichtung.
   - 2. 1 Werkstoff(e) aus dem (denen) die Vorrichtung besteht, seine (ihre) Eigenschaften usw.,
   - 2. 2 Art, Ausführung und Steifigkeit des Vorrichtungskörpers (Kap. 19) oder der Grundplatte sowie der Aufnahmeelemente,
   - 2. 3 Werkstückverformung durch Einfluß der Spannkräfte (Abschnitt 15.8.2),
   - 2. 4 Verformung der Vorrichtung und der Vorrichtungselemente infolge der Einwirkung der Spann- und Zerspankräfte (Abschnitt 15.8.1),
   - 2. 5 Art und Genauigkeit der Positionierelemente und ihrer Lage in der Vorrichtung sowie Maßzusammenhänge der Positionierelemente untereinander,
   - 2. 6 Verschleiß der Vorrichtungselemente, insbesondere der Positionierelemente,
   - 2. 7 Art der Positionierung der Vorrichtung auf dem Werkzeugmaschinentisch (Abschnitt 5.2),
   - 2. 8 Art und Genauigkeit der Werkzeugeinstellelemente (Abschnitt 6.1),
   - 2. 9 Abnahme- und Kontrollbedingungen sowie deren Durchführung nach Fertigstellung der Vorrichtung (Abschnitt 68.1) und zwischen den Einsätzen,
   - 2.10 Handhabung und Bedienung der Vorrichtung (Abschnitt 5.1),
   - 2.11 Transportelemente (Kap. 21), Transport und Lagerung (Kap. 76) sowie Instandhaltung der Vorrichtung.

69.3 Einflußfaktoren seitens des Werkzeugs

1. Einstellgenauigkeit des Werkzeugs (Abschnitt 6.1),
2. Werkzeuggeometrie und -genauigkeit,
3. Werkzeugverschleiß (Standzeit),
4. Größe und Richtung der Zerspannkraft Fz (Abschnitt 15.7),
5. Temperaturverhalten des Werkzeugs.

69.4 Einflußfaktoren seitens der Werkzeugmaschine

1. Statisches und dynamisches Verhalten,
2. Steifigkeit,
3. Temperaturverhalten (Thermosymetrie usw.),
4. Genauigkeit.

69.5 Einflußfaktoren seitens der Bedienperson

1. Fachkenntnisse und Arbeitsqualität,
2. Eingabe des Werkstücks (Beschädigung usw.),
3. Positionieren des Werkstücks (Kap. 11),
4. Spannen des Werkstücks (besonders bei Muskelkraftspannung, Abschnitte 25.1 und 25.1.1),
5. Häufigkeit der Beschickungs- und Spannvorgänge pro Zeiteinheit (Ermüdung u.a., Abschnitt 7.1.1),
6. Herausnehmen des Werkstücks (Beschädigung usw.).

69.6 Andere Einflußfaktoren

1. Elastische Verformung und Schwingungen des Wirksystems: Vorrichtung – Werkstück – Werkzeug – Werkzeugmaschine (Kap. 4) als Folge der zu geringen Steifigkeit, Temperatur, des Schwingungsverhaltens usw. der einzelnen Wirksystemglieder,
2. Einfluß der Kühl- und Schmierflüssigkeit usw.,
3. andere beeinflußbare und nicht beeinflußbare Faktoren, z.B. Temperatur im Lager, wo die Werkstücke oder Rohlinge gelagert werden usw.

Beim Auftreten von Störungen oder Ausschuß, sollten die aufgeführten Einflußfaktoren untersucht werden, um die Quelle für Störungen auszuschalten.

70 Vorrichtungskartei und Testkartei

Die Vorrichtungskonstruktion kann nur dann ausgereifte und wirtschaftlich optimale Konstruktionen erstellen, wenn Erfahrungen dokumentiert vorliegen, die mit gleichen oder ähnlichen Vorrichtungen gemacht wurden. Dieses setzt voraus, daß:

a) das Ergebnis der Abnahmekontrolle nach Fertigstellung und vor dem Einsatz der Vorrichtung,
b) die Ergebnisse der laufenden Kontrollen der Vorrichtung während des Einsatzes in der Fertigung,
c) das Untersuchungsergebnis der Vorrichtung vor der Ablieferung in das Vorrichtungslager,
d) die Qualität und Genauigkeit der in der Vorrichtung bearbeiteten Elemente der Werkstücke,
e) Beanstandungen der Fertigung hinsichtlich der Handhabung, Schwierigkeiten, Genauigkeit usw. und
f) Vorschläge der Fertigung

exakt dokumentiert vorliegen und jederzeit dem Vorrichtungskonstrukteur zur Einsicht zur Verfügung stehen. Diese Ergebnisse und Erfahrungen müssen also laufend und gewissenhaft registriert werden. Je weiter diese Aufzeichnungen zurückreichen um so eindringlicher kristallisieren sich die zweckmäßigsten Formen einer neuen Vorrichtung heraus.

Eine Vorrichtungskarteikarte wird vom Beuth-Vertrieb Berlin (Best.-Nr. AWF 3021, Bild 70-1) vertrieben. Sie beinhaltet zwar Daten über die Vorrichtung und das Werkstück sowie über Einzelteile, sie sagt jedoch nichts über die unter a) bis f) genannten Eigenschaften aus. Sie enthält auch keine Angaben über Ausgabe- und Rücknahmetermine, also über die Einsatzzeit, sowie über die Anzahl der in dieser Vorrichtung gefertigten Werkstücke. Diese Angaben sind von großer Bedeutung für die Nachprüfung der Wirtschaftlichkeit des Einsatzes der Vorrichtung (Bild 2-2, rechts unten).

Neben der Vorrichtungskartei muß also auch eine Testkartei angelegt werden. Eine solche Testkartei schützt vor Wiederholung von Fehlern und ermöglicht die Berücksichtigung von Erfahrungen, Wünschen und Vorschlägen der Fertigung. Eine Testkartei erspart dem Vorrichtungskonstrukteur Gedankenarbeit, die andere Konstrukteure vor ihm geleistet haben, und er kann seine Aufmerksamkeit auf bewährte Ausführungen lenken.

Bild 70-1 auf S. 403

Im Bild 70-2 ist eine Karteikarte dargestellt, in der alle Vorrichtungen für 1 Werkstück aufgeführt sind.

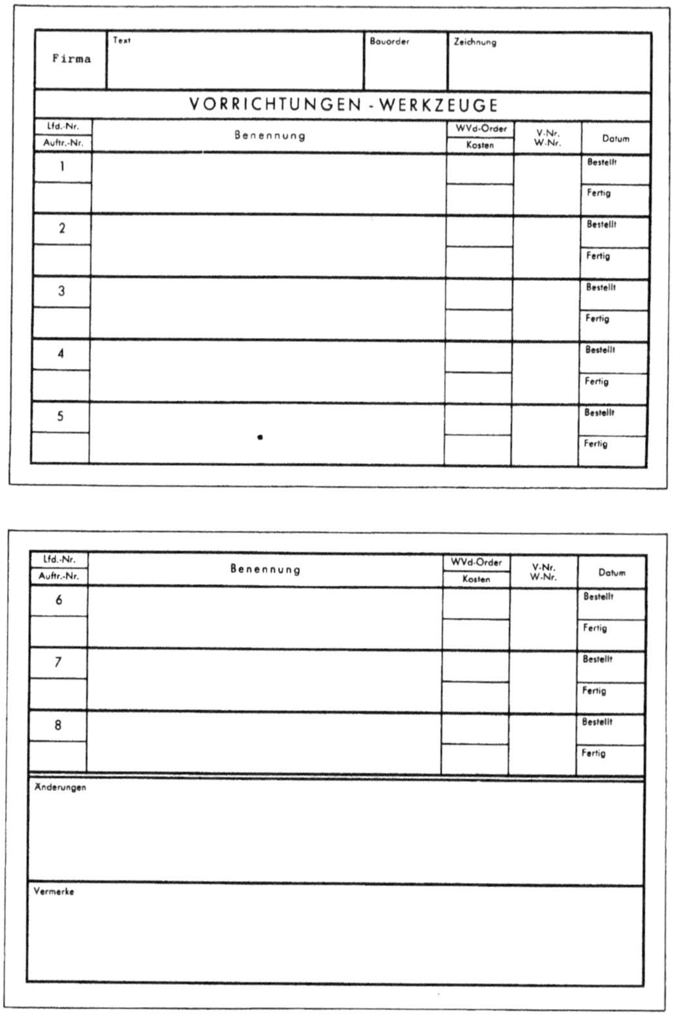

Bild 70-2 Vorrichtungs-Karteikarte für ein Werkstück. In diese Karte werden alle Vorrichtungen und Werkzeuge, die für die Bearbeitung des betreffenden Werkstücks konstruiert und angefertigt worden sind, eingetragen. Diese Kartei befindet sich in der Vorrichtungskonstruktion und in der Fertigungsvorbereitung sowie Fertigungsmittelplanung

Seite 1

1	2	3	4	5	6	7	8	9	10	11	12	13	14	15	16	17	18	19	20	21	22	23	24	25	26	27	28	29	30	31

00 Grunddaten

00 Kurzzeichen nach AWF 310 — **AWF® Vorrichtungskarte** — 18 Inventar-Nr.

01 Benennung		06 Baujahr	11 Maschinen-Gruppe	19 Kostenstelle
		07 Liefer-Tag	13 Bestell-Nr.	
02 Typ	03 Fabrik-Nr.	08 Liefer-Nr.		20 Internes Kennzeichen
04 Hersteller		09 Inbetriebnahme		
05 Lieferer		10 Standort	17 Anschaffungskosten DM	

Technische Daten	Zubehör / Sondereinrichtungen	Besonders geeignet für
Werkstück		
Zeichnung-Nr.		
gehört zu		
Zeichnung-Nr.		
Arbeitsgang	Skizze oder Bild	
Lager		
Reihe		
Regal		
Fach		
Zeichnungs-Nr.		

Lose Teile		Auswechselbare Buchsen			
Stück	Benennung	Stück	Außen-∅	Bohr.-∅	Länge

Best.-Nr. **AWF 3021** Nachdruck verboten (10.80) © 1980 by Ausschuß für Wirtschaftliche Fertigung e.V., Eschborn Beuth-Verlag GmbH, Berlin 30

Seite 2

Gewicht: N	Ausgestellt: Tag	Name:

Instandhaltung und Änderungen

Tag	Art	Auftrag-Nr.	fertig am	Kosten	Bemerkung

Ersatz für	Außerbetriebnahme	Ersetzt durch	

Bedienen Sie sich der Arbeitsergebnisse des AWF (Schriftenverzeichnis kostenlos). Anleitung für den Gebrauch der AWF-Betriebsmittelkarten Best.-Nr. AWF 315
Ausschuß für Wirtschaftliche Fertigung e. V. (AWF), Düsseldorfer Straße 40, 6236 Eschborn/Ts., Telefon (0 61 96) 4 86 41.

Bild 70-1 AWF-Vorrichtungskarte (AWF 3021) (s. Verzeichnis der Ausschüsse)

71 Rücklieferungskontrolle der Vorrichtung

Nach beendetem Einsatz und *vor* Ablieferung der Vorrichtung in das Vorrichtungslager findet eine Rücklieferungskontrolle statt. Der Meister des Vorrichtungsbaus entscheidet in Verbindung mit der Fertigungskontrolle, welche Instandsetzungsarbeiten an der Vorrichtung auszuführen sind. Aus der Einsatzkarte (Bild 68-1) (mit Angaben über gefertigte Stückzahlen der Werkstücke, Vermerke über Reparaturen, Ausschuß usw.) ist ersichtlich, welche Reparatur- bzw. Umbauarbeiten, die in Zusammenarbeit mit der Vorrichtungskonstruktion abgestimmt werden, durchgeführt werden müssen. Besondere Beachtung verdient die Rubrik „Lose Teile" in der Vorrichtungskarte. Es wird überprüft, ob alle losen Teile tatsächlich vorhanden sind und ob sie sich im entsprechenden Zustand befinden. Nach Durchführung dieser Maßnahmen wird die Vorrichtung von der Kontrolle abgenommen, gegen Rost (besonders Gewindeteile) geschützt und in das Vorrichtungslager in einsatzbereitem Zustand abgeliefert.

72 Betriebsabteilung „Vorrichtungsbau"

Grundsätzlich wird diese Abteilung „Werkzeug- und Vorrichtungsbau" heißen, da diese beiden Bereiche ineinander greifen und somit als eine Einheit aufgebaut werden. Der Vorrichtungsbau hat folgende Aufgaben wahrzunehmen:

1. Bau von Vorrichtungen,
2. Instandhaltung von Vorrichtungen,
3. Verwaltung, Herausgabe und Einnahme der Vorrichtungen in das Vorrichtungslager,
4. Montage und Demontage von Baukastenvorrichtungen (Kap. 40) falls ein Vorrichtungs-Baukasten im Betrieb vorhanden ist.

Je nach Art der Fertigung und des zu fertigenden Produktes werden pro Facharbeiter und Jahr ca. 0,3 bis 4 Vorrichtungen gefertigt. Untersuchungen zeigen, daß durchschnittlich bis zu 60 Vorrichtungen je Arbeitsplatz in der Fertigung vorhanden sind. Bei Zugrundelegung der Kosten einer Vorrichtung von nur 1500 DM (Gesamtkosten der Vorrichtung), so ergibt sich je Arbeitsplatz ein durch Vorrichtungen vorhandener Gesamtwert von ca. 90000,00 DM. Durchschnittlich werden im Vorrichtungslager ca. 24000 Vorrichtungen (Gesamtwert ca. 40 Millionen DM) gelagert. Der Wert dürfte in vielen Unternehmen sicher höher liegen. Diese Zahlen deuten sehr darauf hin, wie wichtig die Organisation und der Arbeitsablauf im Vorrichtungsbau sind.

Der Fertigungs-Gemeinkostenzuschlag im Vorrichtungsbau wird zwischen 240% und 300% liegen. Dieses ist auf die besonderen Aufgaben, Größe des Vorrichtungsbaus (Abteilungsleiter, Meister, Vorarbeiter usw.) sowie auf die besondere und kostenaufwendige (Kap. 73) Ausstattung zurückzuführen.

Entlohnungssysteme im Vorrichtungsbau s. Kap. 74. Das Vorrichtungslager und die damit zusammenhängenden Probleme sind im Kap. 76 besprochen.

Die Zahl der Werkzeugmaschinen im Vorrichtungsbau (Kap. 73) hängt von der Produktpalette des Unternehmens, den zu fertigenden Stückzahlen der Produkte und somit auch von der Art, Größe, Genauigkeit und dem Kompliziertheitsgrad der notwendigen Vorrichtungen sowie von der maschinellen Betriebsausstattung ab. In 84 untersuchten metallbearbeitenden Unternehmen (Unternehmensgröße s. u.), in denen die Gesamtzahl der im Einsatz befindlichen Werkzeugmaschinen 66 bis 805 (durchschnittlich 140 bis 360) betrug, befanden sich 6,6 ... 24% der Werkzeugmaschinen im Einsatz im Vorrichtungsbau. Zahlenmäßig befinden sich 12 bis 132 Werkzeugmaschinen im Vorrichtungsbau, durchschnittlich jedoch 18 bis 40.

In den untersuchten Unternehmen befanden sich 7 ... 18% der Gesamtbelegschaft im Vorrichtungsbau (durchschnittlich 11%). Die Anzahl der im Vorrichtungsbau Beschäftigten bewegte sich zwischen 20 und 170, wobei die Gesamtzahl der Beschäftigten sich zwischen 240 und 1660 bewegte. Durchschnittlich sind im Vorrichtungsbau 20 bis 60 Vorrichtungsschlosser tätig.

Die Eingliederungsform des „Vorrichtungsbaus" in die organisatorische Struktur des Unternehmens kann sehr unterschiedlich sein. Der „Vorrichtungsbau", der grundsätzlich mit dem „Werkzeugbau" verbunden ist und eine Einheit darstellt, kann (mit oder ohne der Konstruktion) der Technischen Leitung des Unternehmens unmittelbar bzw. mittelbar (über die Arbeitsvorbereitung) unterstellt sein. Auch andere Organisationsformen sind möglich.

73 Besondere Werkzeug-, Ausrüstungs-, Geräte- und Werkzeugmaschinen-Ausstattung des Vorrichtungsbaus

Sehr oft stellt der Werkzeug- und Vorrichtungsbau eine gemeinsame, unter einer Leitung stehende Abteilung dar. Dieses ist besonders dann der Fall, wenn die Fertigungsbetriebe des Werkes viele Sonderwerkzeuge für die spanende und/oder für die spanlose Bearbeitung benötigen. In diesem Fall profitiert der Vorrichtungsbau von der Ausstattung des Werkzeugbaus. Anderenfalls wird der Vorrichtungsbau, neben der üblichen Werkstattausstattung, besondere Werkzeuge, Ausrüstung, Geräte und Werkzeugmaschinen benötigen. Es sind dies:

1. *Werkzeuge*
   1. 1 Feste Reibahlen für verschiedene Bohrbuchsendurchmesser und Bohrungstoleranz F 7,
   1. 2 Verstellbare Reibahlen für Bohrungsdurchmesser von 10 … 50 mm,
   1. 3 Ausdreh- und Einstechstähle verschiedener Art und Größe für Ausdrehköpfe (Pkt. 4.2),
   1. 4 Maschinenfeilen für Feilmaschinen (Pkte. 5.5.1 und 5.7.1), falls notwendig diamantbestückt,
   1. 5 Bandfeilen für Feilmaschinen (Pkte. 5.5.2 und 5.7.2),
   1. 6 Profilierdiamanten für Profiliereinrichtungen (Pkt. 4.7),
   1. 7 Schleifstifte für Schleifzusatzgeräte (Pkt. 4.9),
   1. 8 Verschiedene Winkelfräser,
   1. 9 Bandsägen für Bandsägemaschinen (Pkte. 5.6 und 5.7).

2. *Meßzeuge und Meß- sowie -Prüf-Hilfsmittel*
   2. 1 Parallel-Endmaß-Satz, Genauigkeitsgrad I,
   2. 2 Parallel-Endmaß-Hilfsgeräte-Satz,
   2. 3 Winkel-Endmaß-Satz,
   2. 4 Meßuhren, Skalenwert 1/1000 mm,
   2. 5 Bohrungsachsenabstands-Spezialschieblehre, [1]
   2. 6 Verstellbare Parallelunterlagen,
   2. 7 Prismen mit Spannbügel und 90°-Einschnitt,
   2. 8 Spezial-Prismen mit Spannbügel und 90°-Einschnitt, paarweise feingeschliffen,
   2. 9 Magnet-Meß- und Spannprisma, 90°-Einschnitt, feingeschliffen, Genauigkeit 0,005 mm,[2] [11]
   2.10 Parallelstücke, 90°-Einschnitt,
   2.11 Parallel-Unterlagen-Satz, geschliffen und geläppt, Genauigkeit ± 0,004 mm,
   2.12 Präzisions-Meßsäule zum Prüfen rechter Winkel nach dem Lichtspaltverfahren,[2] [11]
   2.13 Sinuslineal,
   2.14 Anreiß-Winkelplatten.

3. *Meßgeräte*
   3. 1 Universal-Werkstatt-Meßmikroskop,
   3. 2 Profilprojektor (falls viele Profillehren gefertigt werden).

4. *Allgemeine Ausrüstung*
   4. 1 Präzisions-Zentriermeß- und Prüfgerät mit umlaufendem Taster und stillstehender Meßuhr,[2] [8] [9]
   4. 2 Plan- und Ausdrehköpfe mit Zubehör,[3]
   4. 3 Präzisions-Sinus-Schraubstock,
   4. 4 Sinus-Plattenträger in waagerechter Ebene drehbar und in senkrechter Ebene schwenkbar,[4]
   4. 5 Allseitig geschliffener Präzisionsschraubstock,
   4. 6 Universal-Radien- und Winkel-Schleifscheiben-Abrichtapparat,[4]
   4. 7 DIAFORM-Schleifscheiben-Profiliergerät,[5] bzw. anderes[4] [9] [10]
   4. 8 Entmagnetisierungsgerät,
   4. 9 Schleifzusatzgerät für Universal-Werkzeugfräs- und Bohrmaschine (Pkt. 5.3).

5. *Werkzeugmaschinen*
   5. 1 Koordinaten-Fräs- und Bohrwerk, Garantierte Positioniergenauigkeit 0,002 mm, kleinste Ablesegenauigkeit 0,001 mm.
   5. 2 Koordinaten-Schleifmaschine, Genauigkeit wie unter Pkt. 5.1 aufgeführt,
   5. 3 Universal-Werkzeugfräs- und Bohrmaschine,[6] (Bild 73-1) mit Zusatzgeräten wie: Senkrechtfräskopf (Bild 73-2), schnellaufender Senkrechtfräskopf, Winkel- und Eckenfräskopf, Stoßapparat, Feinbohrkopf, Schleifkopf und verschiedenen Aufspann- und Teil-

Lieferfirmen bzw. Hersteller:

[1] Carl Mahr, Postfach 147, 7300 Esslingen a. N.

[2] Hahn & Kolb, Postfach 333, 7000 Stuttgart.

[3] Hahn & Kolb, Postfach 333, 7000 Stuttgart.
Joisten & Kettenbaum GmbH, 5060 Bensberg-Herkenrath;
Ernst Schmid Werkzeugbau, Hegensberger Str. 7, 7300 Esslingen;
E. Wohlhaupter & Co. 7343 Frickenhausen (Württ.).

[4] ELB-SCHLIFF Edmund Lang, 6113 Babenhausen/Hessen.
K. Jung GmbH – Flach- und Profilschleifmaschinen, Postfach 640, 7320 Göppingen.

[5] Industriediamanten GmbH, 2072 Bartenheide bei Hamburg.

[6] s. Abschnitt 80.16.

[7] Gebr. Thiel GmbH, 3501 Emstal 1.

[8] Erdmann & Grün-Feinmechanik und Optik, Postfach 1480, 6330 Wetzlar.

[9] Hommel-Handel GmbH, Postfach 1206, 6806 Viernheim/Mannheim.

[10] Alfred H. Schütte Werkzeugmaschinenfabrik, Alfred-Schütte-Allee 76, 5000 Köln 91.

[11] Meßwelk GmbH, Postfach 1260, 8752 Kleinostheim.

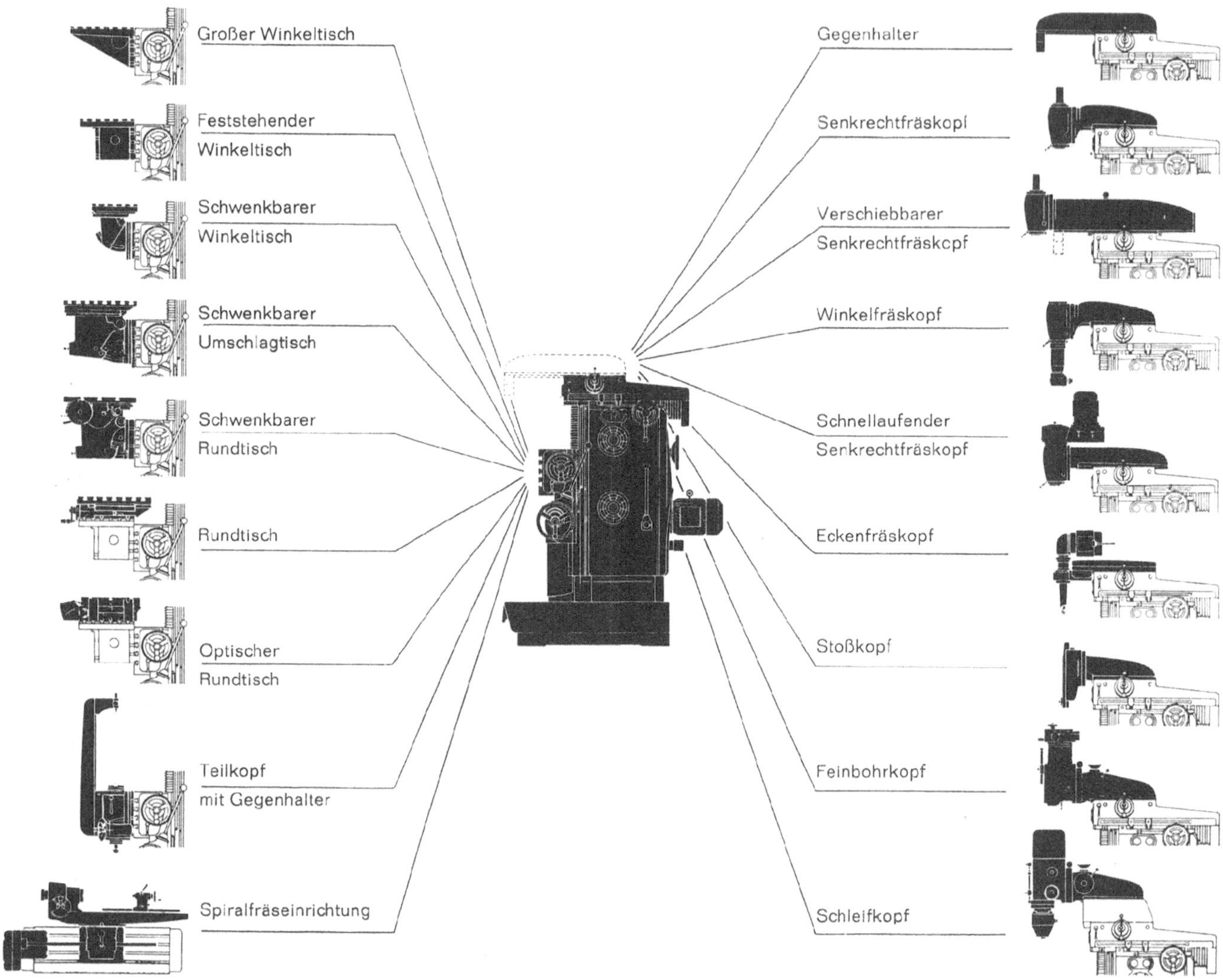

Bild 73-1 Universal-Werkzeugfras- und Bohrmaschine mit Normalzubehör. Diese Werkzeugmaschine ist speziell für den Werkzeug- und Vorrichtungsbau konzipiert (s.a. Bild 73-1)

einrichtungen. Diese Maschinen werden in verschiedenen Größen und mit verschiedenen Steuerungen (Handeingabe oder NC) geliefert. Es handelt sich um eine besonders für den Werkzeug- und Vorrichtungsbau konzipierte, universell einsetzbare Werkzeugmaschine. Diese wird auch am meisten im Vorrichtungsbau eingesetzt.

Positioniergenauigkeit ± 0,005 mm, kleinster Ablesewert 0,005 mm.

5. 4 Universal-Werkzeugfräs- und Bohrwerk,[7]
Es handelt sich hierbei um eine für den Werkzeug- und Vorrichtungsbau (Bild 73-3) konzipierte Maschine, die jedoch für größere Vorrichtungen vorgesehen ist.

5. 5 Feilmaschinen
 5.5.1 Feilmaschinen mit Maschinenfeilen als Werkzeug,[2] [7]
 5.5.2 Feilmaschinen mit Bandfeilen als Werkzeug,

5. 6 Bandsägemaschinen

5. 7 Kombinierte Bandsäge- und Feilmaschinen,
 5.7.1 Bandsäge-Feilmaschine bestehend aus unter Pkt. 5.6 und 5.5.1 aufgeführten Maschinen,[2]
 5.7.2 Bandsäge-Feilmaschine bestehend aus unter Pkt. 5.6 und 5.5.2 aufgeführten Maschinen,[2].

5. 8 Flächen-Schleifenmaschine (nach Möglichkeit mit einem Profiliergerät – Pkt. 4.6 und 4.7).

5. 9 Rund-Schleifmaschine.

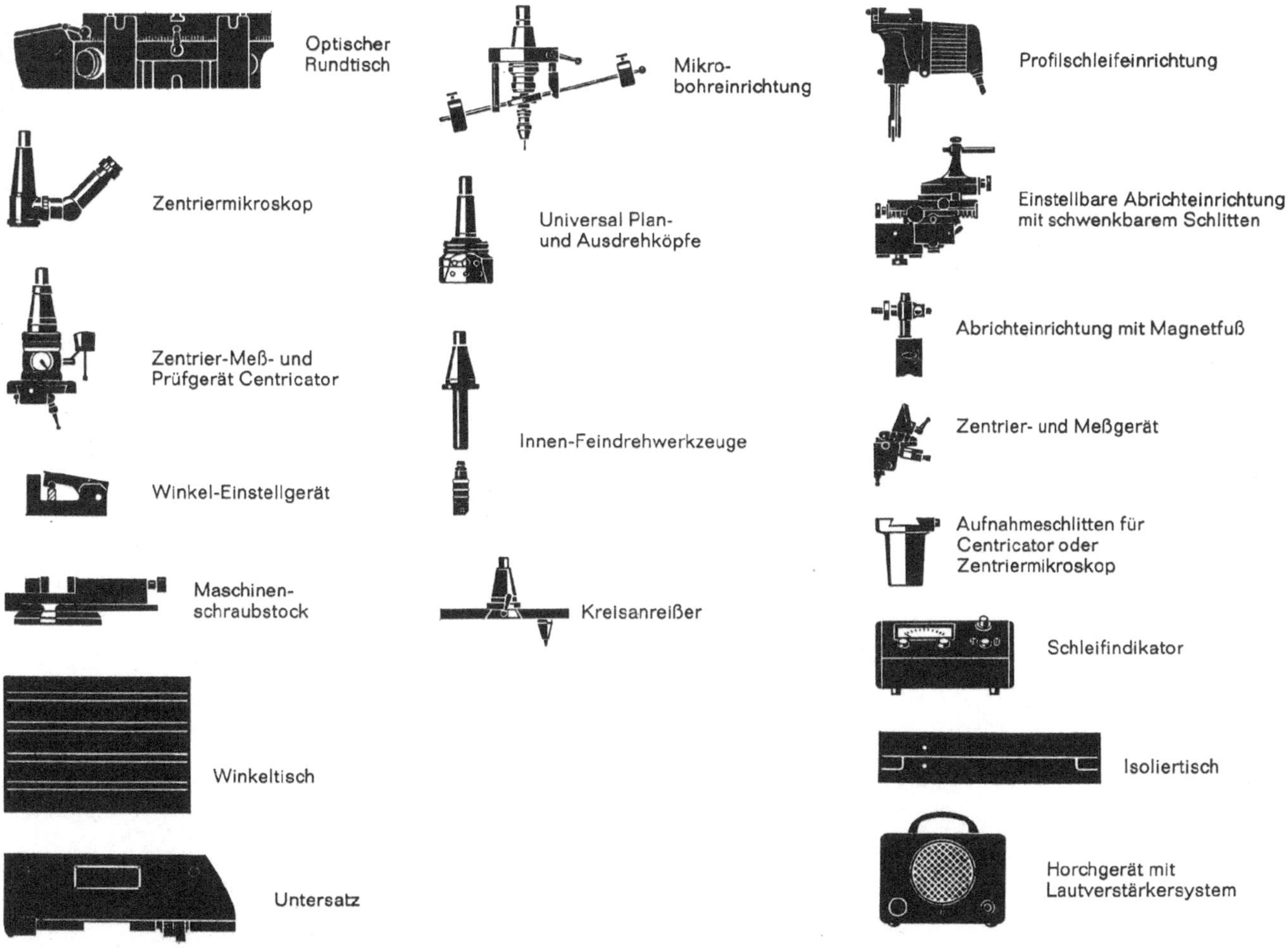

Bild 73-2 Zusatzgeräte zu der im Bild 73-1 dargestellten Universal-Werkzeugfras- und Bohrmaschine

Bild 73-3 Universal-Werkzeugfras- und Bohrwerk mit neigbarem Drehtisch. Dieses Bohrwerk wurde speziell für den Vorrichtungsbau konzipiert.

6. *Andere Einrichtungen*
   - 6. 1 Hand- oder Fußhebelbetätigte Hydraulikpresse 100 ... 200 kN zum Einpressen von Bohrbuchsen, zum Richten usw.,
   - 6. 2 Einrichtungen für die Wärmebehandlung, soweit diese im Werk anderweitig nicht vorhanden sind,
   - 6. 3 Werkzeugausgabe,
   - 6. 4 DIN- und Werksnorm-Vorrichtungselemente-Lager,
   - 6. 5 Werkstofflager (Werkstoffe, die ausschließlich im Vorrichtungsbau verarbeitet werden),
   - 6. 6 Raum für die Verarbeitung der Gießkunstharze,
   - 6. 7 Raum für die Unterbringung des Vorrichtungs-Baukastens (Kap. 40) und für die Montage,
   - 6. 8 Fotografische Einrichtung zu Pkt. 6.9 (Kap. 40).

74 Entlohnungssysteme im Vorrichtungsbau

Folgende Entlohnungssysteme finden im Vorrichtungsbau Anwendung:

1. reiner Zeitlohn,
2. Zeitlohn mit Richtzeiten,
3. Prämienlohn,
4. Akkordlohn.

Der reine Zeitlohn bietet keinen Anreiz zu einer Mehrleistung. Dieses bedeutet jedoch nicht, daß bei diesem System Höchstleistungen nicht möglich sind. Für Schnellreparaturen ist dieses System durchaus brauchbar. Den Zeitlohn mit Richtzeiten wird man besonders bei Arbeiten, die in ihrer Leistung vorbestimmt werden können, anwenden. Dabei werden von der Fertigungsvorbereitung Arbeitspläne mit Richtzeiten erstellt, die dem einzelnen Arbeiter einen Anhalt für die von ihm zu benötigende Zeit geben. Mit dieser Methode kann auch die Belegungsplanung des Vorrichtungsbaus aufgestellt werden.

Besteht eine unmittelbare Verbindung zwischen der in Zahlen meßbaren Mehrleistung und der zugehörigen Entlohnung, so spricht man vom Prämienlohn. Das letzte System, der Akkordlohn, garantiert keineswegs die mögliche individuelle Höchstleistung. Soweit eine mehr oder weniger begründete Angst vor der Akkord-„Schere" bei Überschreitungen eines gewissen Leistungsgrades besteht, kann der Akkordlohn sogar die Entfaltung einer sonst möglichen Höchstleistung verhindern. Die Aufgabe der Leitung des Vorrichtungsbaus wird es sein, in Zusammenarbeit mit der Fertigungsvorbereitung, ein Lohnsystem bzw. Systeme zu finden, die den Arbeitsablauf im Vorrichtungsbau am besten fördern.

75 Einsatz der Vorrichtung in der Fertigung – Bildung von Richtzeitwerten für Tätigkeiten an Vorrichtungen

75.1 Work-Factor-Schnellverfahren – Allgemein

Eine sinnvolle Untergliederung des Bewegungsablaufs in Elemente erlaubt jede beliebige Zusammenstellung von Einzelzeiten zu Richtwerten. Das Work-Factor-Schnellverfahren hat eine starke Aussagefähigkeit und liefert, trotz Zusammenfassung der Zeitwerte, eine hohe Genauigkeit. Betrachtet man den Bewegungsvollzug zum Bedienen von Vorrichtungen, so ergibt sich fast immer folgender Ablauf:

Hinlangen zum unbearbeiteten Teil,
Greifen, gegebenenfalls Vorrichten,
Transportieren zur Vorrichtung,
Einlegen und spannen,
Maschine einschalten,
Bearbeiten,
Vorrichtung entspannen und Teil aus Aufnahme nehmen,
Teil ablegen.

Berücksichtigt man die Standardwerte des Work-Factor-Verfahrens als Standardelemente, so lassen sich die zu einem Element gehörenden Verrichtungen zusammenfassen:

Teil hinbringen,
Teil greifen,
Teil vorrichten,
Teil in Aufnahme legen,
Teil spannen und entspannen.

Diese Unterteilung genügt, um etwa 90 % aller mit der Anwendung von Vorrichtungen verbundenen Maschinenarbeiten in ihrer zeitlichen Dauer zu bestimmen. Gegebenenfalls lassen sich für spezielle Bewegungen wie:

Lageveränderung der Vorrichtung,
Klappe öffnen und schließen,
Teil arretieren und spannen,
Vorrichtung reinigen,
Bohrbuchse wechseln usw.

Ergänzungen (Bilder 75-4 und 75-5) schaffen.

WK Arbeitsgestaltung	Handzeiten für Teile ≤ 5 kg Gewicht			2.62 WF-S			
1. Teil aufnehmen, zur Arbeitsstelle hinbringen und nach der Bearbeitung ablegen.							
	Zeile	Spalte		1	2	3	4
1.1 Teil hinbringen		Merkmale / Entfernung in cm		> 10 ≤ 25	> 25 ≤ 50	> 50 ≤ 75	> 75 ≤ 100
	1	≤ 1 kg		0,011	0,016	0,020	0,024
	2	> 1 kg ≤ 2 kg		0,012	0,018	0,022	0,026
	3	> 2 kg ≤ 3 kg		0,013	0,020	0,024	0,028
	4	> 3 kg ≤ 5 kg		0,014	0,022	0,026	0,030
1.2 Teil greifen		Greifart		GrZ	Gr	Gr/GrA	Gr/GrT
		Teilgröße in mm			≤ 6	> 6	
		Teilstärke in mm				ø > 6 D > 1,2	ø ≤ 6 D ≤ 1,2
	1	≤ 1 kg		0,001	0,010	0,005	0,008
	2	> 1 kg		0,003	–	0,010	0,016
1.3 Teil vorrichten		Größe in mm	h	25 %	50 %	75 %	100 %
	1	> 10 ≤ 100	.1	0,001	0,003	0,004	0,005
	2	> 100 ≤ 250	1	0,001	0,004	0,005	0,007
	3	> 100 ≤ 250	2	0,003	0,005	0,007	0,009
	4	> 250	2	0,003	0,005	0,008	0,010
	5	≤ 10	1	0,003	0,004	0,007	0,008
1.4 Teil ablegen (Hn während Af)	1	≤ 1 kg		0,010	0,013	0,016	0,018
	2	> 1 kg ≤ 2 kg		0,013	0,017	0,020	0,022
	3	> 2 kg ≤ 3 kg		0,016	0,021	0,023	0,026
	4	> 3 kg ≤ 5 kg		0,018	0,025	0,027	0,030
1.5 Teil ablegen (Lz vor Af)	1	≤ 1 kg		0,020	0,025	0,030	0,035
	2	> 1 kg ≤ 2 kg		0,023	0,030	0,035	0,040
	3	> 2 kg ≤ 3 kg		0,026	0,034	0,039	0,044
	4	> 3 kg ≤ 5 kg		0,029	0,038	0,043	0,048
1.6 Zuschläge	1	1.1	U oder P	0,001	0,003	0,003	0,003
	2		U und P	0,003	0,005	0,005	0,005
	3	1.1 und	U oder P	0,003	0,005	0,005	0,005
	4	1.4 o. 1.5	U und P	0,005	0,010	0,010	0,010
	5	1.2	simu	–	0,003	0,003	0,003
	6	1.3	simu	50 %			
	7		visuell	0,016			

Tafel 2 Teil aufnehmen, zur Arbeitsstelle hinbringen und nach der Bearbeitung ablegen

Bild 75-1 Handzeiten für Werkstücke bis 5 kg

WK Arbeitsgestaltung				2.62 WF-S		
2. Teil in Aufnahme legen						
Art der Aufnahme		Zeile	Spalte	1	2	3
			Abstand in cm	Maß der Aufnahme in mm ≤ 3	> 3 ≤ 10	> 10
2.1 Winkel		1		0,004	0,004	0,004
2.2 Schlitz		1		0,018	0,016	0,014
2.3 Kontur		1		0,022	0,018	0,014
2.4 Futter oder Dorn		1		0,018	0,014	0,010
2.5 2 Dorne verschieden hoch	1. Dorn	1		0,018	0,014	0,010
	2. Dorn	2		0,009	0,007	0,005
2.6 Zuschlag Lochabstand	2.21	1	> 4 ≤ 8	0,001	0,001	—
		2	> 8 ≤ 12	0,003	0,001	0,001
		3	> 12 ≤ 16	0,004	0,001	0,001
	2.31	4	> 4 ≤ 8	0,003	0,001	—
	2.41	5	> 8 ≤ 12	0,005	0,003	0,001
		6	> 12 ≤ 16	0,007	0,004	0,001
	alle anderen	7	> 16 ≤ 32	2. Einlegen		
		8	> 32	2. Einlegen + 0,007		
2.7 Zuschlag Griffabstand	2.21	1	> 12 ≤ 16	0,001	0,001	—
		2	> 16 ≤ 32	0,003	0,001	0,001
		3	> 32	0,004	0,001	0,001
	alle anderen	4	> 12 ≤ 16	0,003	0,001	—
		5	> 16 ≤ 32	0,005	0,003	0,001
		6	> 32	0,007	0,004	0,001
2.8 Zuschlag Simu	2.21	1	≤ 8	0,003	0,001	0,001
		2	> 8 ≤ 16	0,005	0,003	0,003
	alle anderen	3	≤ 8	0,005	0,003	0,001
		4	> 8 ≤ 16	0,009	0,005	0,003
2.9 Zuschlag Gewicht	> 1 ≤ 2 kg	1		30 %		
	> 2 ≤ 3 kg	2		50 %		
	> 3 ≤ 5 kg	3		70 %		

Tafel 3 Teil in Aufnahme legen

Bild 75-2 Zeiten: „Teil in Aufnahme legen"

Zusammenstellen der Zeitwerte

Nach Festlegung der groben Unterteilung werden die Zeitwerte zusammengestellt, z. B. für „Teil hinbringen":

Hinlangen zum unbearbeiteten Teil	5 SE[1]
Transportieren zur Vorrichtung	6 SE
Zusammen	11 SE

wobei die Einzelzeiten vom Gewicht des Teils und dem zurückzulegenden Weg (Bild 75-1) abhängen.

75.2 Richtwerttabellenaufbau

Der Aufbau der Richtwerttabellen hängt von den Einflußgrößen ab, die bei den einzelnen Arbeitsverrichtungen vorliegen. Dieses ist in den Bildern 75-1 bis 75-6 gezeigt. Die Tabellen sind so aufgebaut, daß anhand von Kennzahlen die Herkunft eines aufgeführten Zeitwertes jederzeit rekonstruiert werden kann. So bedeutet z. B. im Bild 75-3 „Teil spannen und entspannen" die Kennzahl:

3 1 2 3

- 3 — Kraftbedarf beim Spannen
- 2 — Hebelweg
- 1 — Hebelspannung
- 3 — Teil spannen und entspannen

In den Bildern 75-4 und 75-5 sind Werte für Tätigkeiten an Vorrichtungen und Werkzeugen aufgeführt.

Die in den Bildern 75-1 bis 75-6 aufgeführten Richtwerte dürfen keinesfalls ohne Überprüfung der tarif-vertraglichen Bestimmungen und ohne Kenntnis des genauen Inhalts für die Bestimmung von Vorgabezeiten für die Leistungsentlohnung verwendet werden. Offen ist auch die Frage, welchem Leistungsniveau die Work-Factor-Zeiten entsprechen und wie das Verhältnis zwischen Tätigkeitszeiten nach Work-Factor und Tätigkeitszeiten bei Normleistung nach REFA ist. Die aufge-

[1] SE = 0,001 Min.

WK Arbeitsgestaltung		2.62 WF-S

3. Teil spannen und entspannen ①

	Zeile	Spalte / Kraftbedarf in kg② / Weg in cm	1: ≤ 1	2: > 1 ≤ 2	3: > 2 ≤ 3	4: > 3 ≤ 5
3.1 Hebel	1	≤ 10	0,034	0,044	0,047	0,049
	2	> 10 ≤ 25	0,039	0,049	0,052	0,055
	3	> 25 ≤ 50	0,042	0,055	0,060	0,065
	4	> 50 ≤ 75	0,047	0,060	0,065	0,070
	5	> 75 ≤ 100	0,052	0,065	0,070	0,075
3.2 Schraube	1	1. Turn	0,029	0,044	0,047	0,049
	2	jeder weitere	0,021			
3.3 Zuschlag	1	Abschwenken	0,013			

① Nur spannen bzw. entspannen = Zeit × 0,5 (aufrunden)

② Der Kraftaufwand für Schraubspannung in cmkg ergibt sich aus: Kraftbedarf für Hebel × 10

Tafel 4 Teil spannen und entspannen

Bild 75-3 Zeiten: „Teil spannen und entspannen"

WK Arbeitsgestaltung	4 Sonstige Verrichtungen	2.62 WF-S

4.3 Tätigkeiten an Vorrichtungen

4.31	Lageveränderung der Vorrichtung		
	1	Unter Spindel, von Spindel weg 1. Spindel	0,039
	2	jede weitere	0,027
	3	Kippen 1×	0,021
	4	2×	0,036
4.32	Klappen öffnen und schließen		
	1	Ohne Verschluß	0,036
	2	Schnappverschluß	0,046
	3	Riegelverschluß	0,062
	4	Dornverschluß	0,109
4.33	Teil arretieren und spannen		
	1	Mit Dorn 1× Dorn ø < 10 mm	0,066
	2	≥ 10 mm	0,064
	3	2× < 10 mm	0,079
	4	≥ 10 mm	0,073
	5	Mutter auf und zu Maulschlüssel 1. Turn	0,117
	6	jeder weitere	0,044
4.34	Vorrichtung reinigen		
	1	säubern mit Pinsel	0,082
	2	Preßluft	0,064

Tafel 5 Tätigkeiten an Vorrichtungen

Bild 75-4 Zeiten: „Sonstige Verrichtungen"

WK Arbeitsgestaltung	4 Sonstige Verrichtungen	2.62 WF-S

4.4 Tätigkeiten mit Werkzeugen

4.41	Werkzeugwechsel und anstellen		
	1	Bohrfutter wechseln (Steckfutter)	0,078
	2	Bohrbuchse wechseln (Steckbuchse)	0,065
	3	Bohrer anstellen Vorrichtung fest unter Spindel	0,038
	4	lose unter Spindel	0,030
	5		
	6		
	7		
	8		
	9	Öl angeben mit Pinsel	0,030
4.42	Werkzeug aufnehmen und ablegen		
	1	Gewicht < 1 kg	0,035
	2	≥ 1 kg < 2 kg	0,043
	3	≥ 2 kg < 3 kg	0,048
	4	≥ 3 kg < 5 kg	0,053

Tafel 6 Tätigkeiten mit Werkzeugen

Bild 75-5 Zeiten: „Sonstige Verrichtungen, Tätigkeiten an Vorrichtungen"

WK Arbeitsgestaltung	2. Richtwerte 2.2032 Teile ansenken	

	Gruppe	Spalte	Zeile	1 Winkel	2 Schlitz	3 Rachen	4 Auflage
Mit Auflage	1	Teil aufnehmen, auflegen	1	0,029	0,049	0,039	0,042
		jede weitere Senk. gleiche Seite	2	—	0,021	—	0,026
		Teil auf Unterseite, auflegen	3	0,017	0,038	0,027	0,030
		anderes Ende drehen, aufleg.	4	0,018	0,039	0,029	0,031

	Gruppe		Zeile		Zeile	
Ohne Auflage	2	freihändig	1	Teil aufnehmen an Werkzeug	1	0,038
				jede weitere Senkung	2	0,022
Zuschläge	3	Weg	1	≥ 25 cm < 50 cm	1	0,007
				≥ 50 cm < 75 cm	2	0,012
				≥ 75 cm < 100 cm	3	0,017
		Greifen	2	H ≥ 6 mm D < 1,2 mm	1	0,003
				H < 6 mm	2	0,005
		Vorrichten	3	H ≥ 10 mm 1 Hand	1	0,004
				H ≥ 100 mm 1 Hand	2	0,005
				H ≥ 100 mm 2 Hände	3	0,008
		Einlegen (Spalte 2 + 3)	4	Aufnahme < 10 mm	1	0,001
				Aufnahme < 3 mm	2	0,004
		Ablegen	5	Teil in Behälter	1	0,009
		Sichtkontrolle	6	Ein Punkt	1	0,007
				jeder weitere	2	0,004
Ansenken	4	beeinflußbar	1	0,3 mm tief	1	0,002
				0,5 mm tief	2	0,003
				0,7 mm tief	3	0,004
				0,8 mm tief	4	0,005
				1,0 mm tief	5	0,006
				1,5 mm tief	6	0,009

Tafel 7 Teile ansenken

Bild 75-6 Richtwerte: „Teile ansenken"

Beschreibung	Kennzahl	Grundzeit
Teil hinbringen	1112	0,016
Teil greifen	1213	0,005
Teil vorrichten	1312	0,003
Teil in Aufnahme legen	2413	0,010
Teil spannen und entspannen	3212	0,044
Abschwenken Knebelschraube	3311	0,013
Vorrichten unter erster Spindel	4311	0,039
Erster Bohrer anstellen	4414	0,030
Bohren 8 ϕ		0,021
Vorrichten unter zweiter Spindel	4312	0,027
Zweiter Bohrer anstellen	4414	0,030
Bohren 4 ϕ		0,035
Teil abspannen	1512	0,025
	Grundwert: 0,298	Min./Stück

Bild 75-7 Beispiel der Grundwertermittlung

Textfortsetzung von S. 409

führten Werte können ausschließlich für Zeitüberschlagsrechnungen, in der Wirtschaftlichkeitsrechnung sowie in der Fertigungs- und Terminplanung angewendet werden.

Beispiel: Berechnung der Grundzeit (Bild 25-7):

In einer Buchse wird eine Ölbohrung auf 8 mm ϕ angebohrt und danach mit 4 mm ϕ durchgebohrt. Werkzeugmaschine: zweipindlige Bohrmaschine.

Die Ermittlung der Richtwerte ermöglicht nicht nur die Bildung von Grundzeiten, Wirtschaftlichkeitsvergleiche, sondern auch Möglichkeiten für Rationalisierungsmaßnahmen. Weiteres s. Lit. [54].

76 Das Vorrichtungslager

Das Vorrichtungslager erfüllt eine wichtige Funktion hinsichtlich der Lagerung und der Pflege sowie Instandhaltung von Vorrichtungen. Es hat in dieser Hinsicht viele wichtige Aufgaben zu erfüllen.

76.1 Forderungen an das Vorrichtungslager

Die sehr kostenintensiven Vorrichtungen (Abschnitt 2.1) können nur dann wirtschaftlich eingesetzt werden, wenn sie ständig kurzfristig auffindbar und einsetzbar sind. Um diesen Forderungen zu genügen, muß das Vorrichtungslager folgendes erfüllen:

1. Eine genügend große Fläche und ein entsprechender Raum müssen zur Verfügung stehen.
2. Das Vorrichtungslager muß zentral und in der Nähe der die Vorrichtungen einsetzenden Betriebe sowie in der Nähe des Vorrichtungsbaubetriebs liegen.
3. Das Vorrichtungslager muß auf kürzestem Wege mit den üblichen Transportfahrzeugen erreichbar sein. Besteht im Betrieb ein Kreisverkehr, so muß das Vorrichtungslager einbezogen werden.
4. Der Fußboden muß den Transportmöglichkeiten entsprechend ausgelegt sein.
5. Entsprechende Heizung und Belüftung müssen für richtige Temperatur und Luftfeuchtigkeit sorgen.
6. Eine Regalanlage (Bild 76-1) garantiert beste Raumnutzung und richtige Lagerung der Vorrichtungen.
7. Transportpaletten ermöglichen schnelle Beschickung der Regale und schnelle Entnahme der Vorrichtungen.
8. Ein sachkundiger Vorrichtungsausgeber (z.B. ein behinderter Facharbeiter) betreut das Vorrichtungslager, gibt Vorrichtungen aus, verwaltet die Vorrichtungskartei und nimmt

Bild 76-1 Vorrichtungslager-Regalanlage

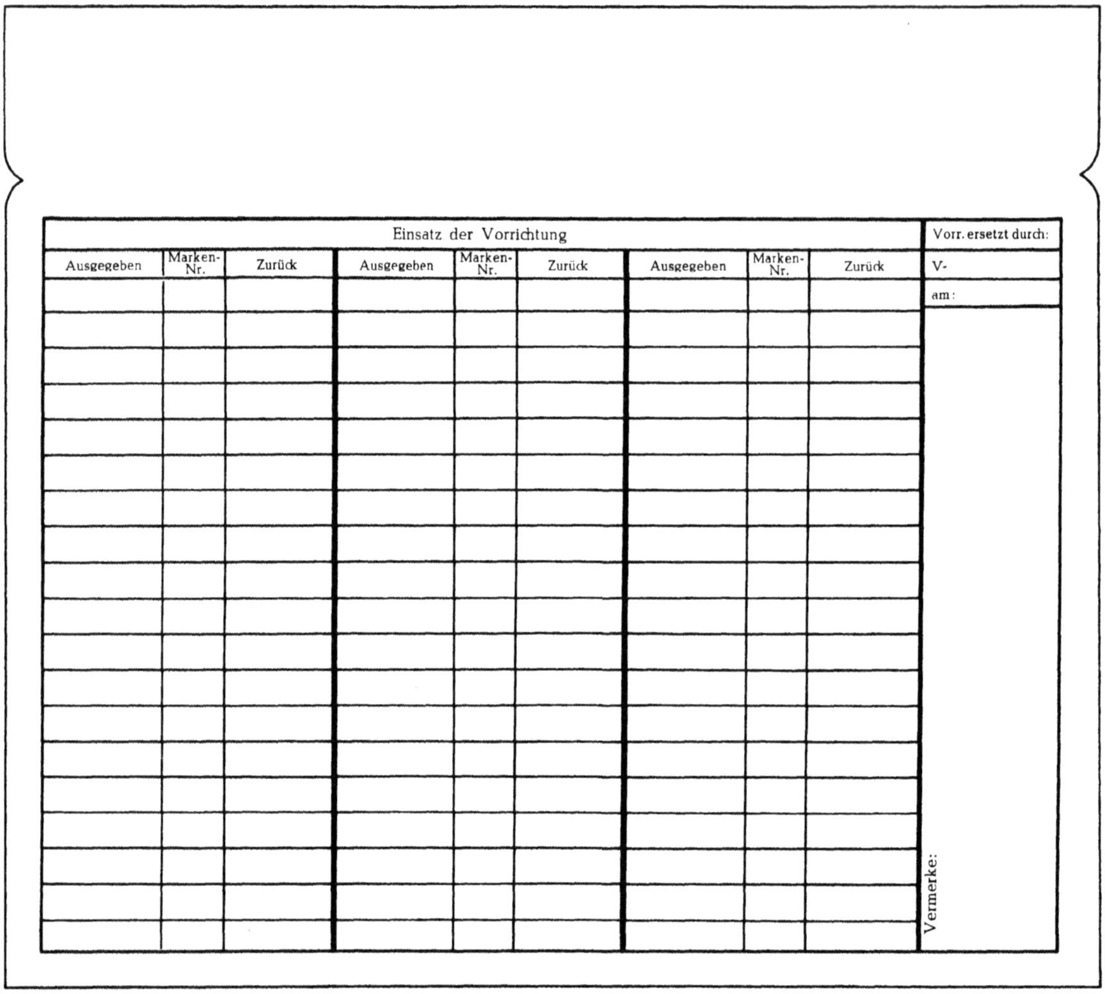

Bild 76-2 Vorrichtungslager-Karteikarte aus der Festkartenkartei – Bild 76-3 (Seite 2).
Die erste Seite dieser Karteikarte kann wie die der im Bild 70-1 dargestellten gestaltet werden

die Vorrichtungen an. Auch die Pflege (einfetten, Rostschutz usw.) wird von ihm durchgeführt.

76.2 Die Vorrichtungslagerkartei

Eine Vorrichtungskartei gibt Auskunft über:

1. die Suchnummer, unter der die Vorrichtung im Vorrichtungslager (Regalreihe, Regalnummer in der Regalreihe sowie Fachnummer, z.B. 3/5/7) zu finden ist, gibt Auskunft über den Lagerort der Vorrichtung.
2. Aus der Vorrichtungslagerkarte (Bild 76-2) geht weiter hervor, wo sich die Vorrichtung augenblicklich befindet und auf welche Markennummer sie ausgegeben worden ist.
3. Außerdem sind Zeitspannen der Einsätze der Vorrichtung in der Fertigung und die Anzahl der mit ihrer Hilfe gefertigten Werkstücke auf der Karteikarte vermerkt. Letztere kann auch auf der Vorrichtungs-Abnahme- und Einsatzkarte (Bild 68-1) vermerkt werden. So erübrigt sich die Eintragung in der Vorrichtungs-Karteikarte.
4. Anhand der unter Pkt. 3 genannten Angaben kann die Grenzstückzahl der Werkstücke (Abschnitt 2.2.3) überprüft und der Zeitpunkt, wann diese Grenzstückzahl erreicht wurde, festgestellt werden (Abschnitt 2.2).
5. Alle Reparaturen werden entweder auf der Vorrichtungs-Karteikarte bzw. auf der Abnahme- und Einsatzkarte sowie auch die damit angefallenen Kosten und die Gründe der Schäden, die die Reparaturen verursacht haben, festgehalten.
6. Alle anderen Kosten, die mit der Vorrichtung und ihrem Einsatz zusammenhängen (Ausschuß, Nacharbeit usw.) werden ebenfalls festgehalten.
7. Auf einfache Art wird festgestellt, ob und wann die betreffende Vorrichtung erneuert, ersetzt bzw. verschrottet wurde.
8. Die Vorrichtungslagerkartei sollte eine „Festkartenkartei“ (Bild 76-3) sein, aus der die einzelnen Karteikarten nicht entnommen werden und somit nicht abhanden kommen können.

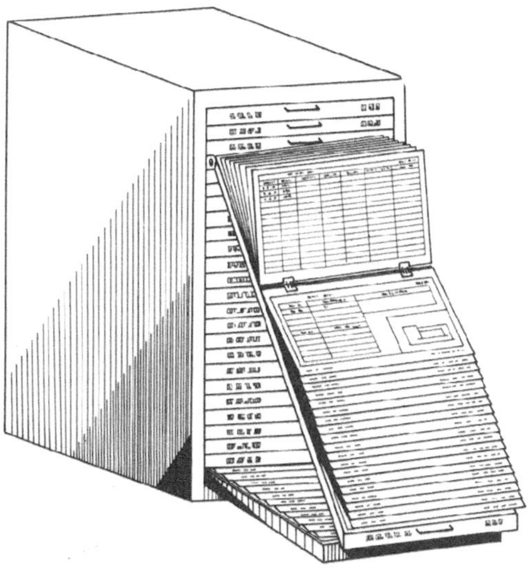

Bild 76-3 Festkartenkartei. Besonders für das Vorrichtungslager geeignet, da die Karteikarten einerseits sehr gut zugänglich sind (lesen, notieren, stempeln) und andererseits nicht aus der Kartei entfernt und somit auch nicht verlegt werden können

9. In der Vorrichtungslager-Karteikarte werden alle losen Teile der Vorrichtung aufgeführt, damit bei der Ausgabe bzw. Rücknahme jeweils überprüft werden kann, ob diese Teile (lose Bohrbuchsen usw.) ausgegeben und zurückgebracht worden sind.
10. Sonderwerkzeuge, die mit der Vorrichtung zusammenhängen, werden ebenfalls auf der Karteikarte vermerkt.
11. Auf der ersten Seite der Vorrichtungslager-Karteikarte (s. a. Bild 70-1) wird die Kennzahl des Vorrichtungsklassifizierungssystems (Abschnitt 1.6) eingetragen.
12. Ein eingeklebtes Foto oder Zeichnung der Vorrichtung erlaubt eine leichte Identifikation der Vorrichtung auch durch nicht qualifizierte Vorrichtungsausgeber.
13. Besonders bei Gruppenvorrichtungen (Kap. 39) sind alle Bauelemente, die für die einzelnen Werkstücke jeweils auszugeben sind, genau bezeichnet in die Karteikarte einzutragen. Falls vorhanden, wird auch das „Rüst-Musterwerkstück" aufgeführt.
14. Alle Sondertransportelemente und für die Abnahme der Vorrichtung angefertigten Abnahmehilfen müssen eingetragen werden (Prüfdorne, Einstellhilfen usw.).

77 Werkstoffe für Vorrichtungselemente

77.1 Richtlinien für die Werkstoffauswahl

Die Wahl der Werkstoffe für Vorrichtungselemente ist abhängig von:

1. der erforderlichen Härte und Verschleißfestigkeit,
2. dem Werkstoff des Werkstücks,
3. der Anzahl der mit Hilfe der Vorrichtung zu fertigenden Werkstücke,
4. der Größe der Vorrichtung,
5. dem vorgesehenen maximalen Gewicht der Vorrichtung,
6. den Werkstoffkosten,
7. der Werkstofflagerhaltung und Werkstofflieferzeit,
8. den auftretenden Kräften und dem Druck je Flächeneinheit,
9. den zur Verfügung stehenden Maschinen und Verfahren,
10. dem Liefertermin der Vorrichtung.

77.2 Vorschläge für die Werkstoffauswahl

Vorrichtungselement	Werkstoff und Behandlung
Anreißschablonen:	kleine Schablonen: für geringe Stückzahl: Kunstharz mit Stahleinlagen oder Werkzeugstahl ungehärtet, gehärtete Ausführung – Werkzeugstahl oder Einsatzstahl, große Schablonen: ungehärteter Grundkörper oder Leichtmetall, Hartgewebe, Hartpreßholz usw. (Bild 77-1) und ungehärtetes Schablonenteil.
Auswerfer:	kleine Elemente, einfache Form: Werkzeugstahl gehärtet (60 HRC) größere Elemente, schwierige

Kunststoffe für Vorrichtungen – Platten-Lieferdicke und physikalische Werte						
Bezeichnung	Kurzbezeichnung nach DIN 7728	Platten-dicke von bis	E-Modul N/cm²	Druckfestigkeit N/cm²	Zugfestigkeit N/cm²	Beständig gegen Öle/Fette
1. Kunstharz-Hartpapier DIN 7735, DIN 406605, Kl. I, II und III	Hp	0,2 – 30 mm	700 000	12 000	10 000	ja
2. Kunstharz-Hartgewebe DIN 7735 DIN 406606, Kl. F, G und FF.	HGW	0,3 – 300 mm	900 000	20 000	8 000	ja
3. Preßschichtholz DIN 7707	–	8 – 80 mm	13 000	12 000	11 500	ja
4. Polyamid, Typ 6, 6.6, 6.10, 11.	PA	0,5 – 100 mm	200 000	9 000	7 000	ja
5. Delrin/Hostaform C	POM	1,0 – 100 mm	32 000	11 000	7 000	ja
6. Polypropylen	PP	10 – 300 mm	104 000	10 800	3 200	bedingt
7. Hart-PVC	–	1,0 – 300 mm	280 000	8 000	5 500	ja
8. Polycarbonat	PC	1,0 – 13 mm	41 000	8 000	6 000	ja
9. Vulkanfiber	–	0,1 – 31 mm	–	30 000	8 000	ja
10. Plexiglas®	–	2,0 – 100 mm	330 000	14 000	8 000	ja

Bild 77-1 Kunststoffe für Vorrichtungselemente und Vorrichtungen, lieferbare Plattendicken und physikalische Werte. Gießkunstharze sind in Bild 77-13 aufgeführt.

Form: Einsatzstahl, eingesetzt und gehärtet. Ausstoßfläche bei zu schonender Werkstückfläche: Messing, Kupfer, Aluminium.

Positionierelemente: (An- u. Auflage-Leisten, Bolzen, Platten, sonstige An- u. Auflageelemente) — kleinere Elemente: Werkzeugstahl gehärtet. mittlere und große Elemente: Einsatzstahl eingesetzt und gehärtet ggf. hartverchromt oder mit Hartmetall bestückt.

Bedienelemente: (Griffe, Handräder) — St 34, GG 18, Kunststoffe.

Bohrbuchsen: — bis 30 mm Außendurchmesser: Werkzeugstahl gehärtet. über 30 mm Außendurchmesser: C 45 vergütet.

Bohrstangen: — geführt: Einsatzstahl eingesetzt und gehärtet.

Drehdorne: — bis 30 mm Durchmesser: St 60 oder Werkzeugstahl gehärtet auf 62 bis 64 HRC. über 30 mm Durchmesser: C 45 vergütet.

Druckbolzen: — kleine: Werkzeugstahl gehärtet. große: Einsatzstahl eingesetzt und gehärtet.

Druckstücke: — kleine: Werkzeugstahl. größere: Einsatzstahl eingesetzt und gehärtet. bei Werkstücken deren Oberfläche nicht beschädigt werden darf: Druckfläche mit Einsatz aus Messing, Kupfer, Aluminium oder Kunststoff vorsehen.

Einstellelemente: (Einstellelemente, Einstelldorne usw.) — bis 30 mm Durchmesser: Werkzeugstahl gehärtet. über 30 mm Durchmesser: C 45 vergütet.

Federn: — Silicium- und manganlegierter Kohlenstoffstahl gehärtet und angelassen.

Feststeller: — kleinere Elemente: Werkzeugstahl gehärtet. größere Elemente: Einsatzstahl eingesetzt und gehärtet.

Futterbacken: — weiche Backen: St 70 ungehärtet, harte Backen: Werkzeugstahl, gehärtet.

Füße: — bis 20 mm Durchmesser bzw. Sechskant: Werkzeugstahl, gehärtet, über 20 mm: Einsatzstahl, eingesetzt und gehärtet.

Gewindespindeln: — St 60 oder St 70, ungehärtet.

Grundkörper: — gegossen: GG-20, Leichtmetalle, geschweißt: Baustahl St 34-2, St 37-2, St 37-3, St 46-2 und St 52-3, Flußstahl: bis etwa 500 N/mm² Zugfestigkeit, Einsatzstahl: C 10 und C 15, Vergütungsstahl: C 22, Ck 22, 25 CrMo4 und 28Mn6, verschraubt: Baustahl: St 37, St 42 und St 50. Vergütungsstahl: C 22, C 35 und C 45, Kunststoffe: s. Bild 77-1, Epoxydharz: s. Abschnitt 77.3

Keilleisten:	Flußstahl von etwa 600 N/mm² Zugfestigkeit.
Klemmbolzen:	St 60.
Klemmbuchsen:	St 60.
Klemmringe:	St 60.
Kordelschrauben:	St 50.
Kordelmuttern:	St 50.
Körnerspitzen:	63 ± 1 HRC Werkzeugstahl, gehärtet, bei schnellaufenden Werkstükken: Grundkörper St 70, Spitze: Hartmetall.
Kurvenscheiben:	St 60, gehärtet oder C 15, eingesetzt und gehärtet.
Lagerbuchsen:	GG-22, Bronze, St 50, St 60, C 15. Epoxydharz mit Molybdänsulfit (s. Abschnitt 77.2).
Laufringe:	Werkzeugstahl, gehärtet. 63 HRC.
Meßstücke:	kleinere: Werkzeugstahl, gehärtet, größere: Einsatzstahl gehärtet, Sonderausführung: Hartmetall.
Muttern:	Automatenstahl von etwa 500 N/mm² Zugfestigkeit. Schlüsselflächen im Salzbad eingesetzt und gehärtet, Muttern in Vorrichtungen in Verbindung mit Spindeln: Bronze.
Nutensteine:	kleinere: 60 ± 2 HRC Werkzeugstahl gehärtet, größere: Einsatzstahl C 15 gehärtet HV 7150 N/mm² ± 50 N/mm².
Paßfedern:	Flußstahl von mindestens 700 N/mm² Zugfestigkeit ungehärtet oder gehärtet 60 ± 2 HRC.
Pinolen:	St 70 gehärtet – 60 ± 2 HRC.
Riegel:	als Spanneisenträger: Flußstahl ungehärtet. als Übertragelement: kleine aus Werkzeugstahl, größere aus Einsatzstahl ganz oder einsatzteilweise gehärtet.
Schieber:	als Träger eines Spanneisens: Flußstahl ungehärtet, als Spann- oder Übertragelement: kleine aus Werkzeugstahl, größere aus Einsatzstahl.
Schrauben: (zum Verschrauben)	Insechsschrauben der Festigkeitsklasse (DIN 267) 8.8 für normale Beanspruchung, 10.9 für höhere Beanspruchung.
Spanneisen:	kleinere und mittlere: Einsatzstahl eingesetzt und gehärtet, größere: Baustahl von mindestens 600 N/mm² Zugfestigkeit, ungehärtet
Spannexzenter:	Einsatzstahl gehärtet 56-60 HRC
Spannkeile:	große Flächendrücke (Radius): Werkzeugstahl gehärtet, sonst: Einsatzstahl eingesetzt und gehärtet.
Spannschrauben:	Normale Belastung: Vergütungsstahl auf 1200 bis 1400 N/mm² Festigkeit vergütet.
Spannzangen:	Mangan-Silicium-Stahl.
Spindelflansche:	für Spindelköpfe mit Gewinde (DIN 800): GG-20, für Spindelköpfe mit Kegel (DIN 812, DIN 55021 und DIN 55022): GG-20 oder Baustahl St 50 ungehärtet.
Spreizdorne und Spreizhülsen:	Werkzeugstahl, siliciumlegiert, gehärtet und federhart angelassen, größere Dorne: GG-20.
Stellmuttern:	Automatenstahl, ungehärtet.
Stiftschrauben:	Automatenstahl, ≧ 500 N/mm² Zugfestigkeit, ungehärtet.
Stellringe:	Flußstahl von etwa 500 N/mm² Zugfestigkeit, ungehärtet.
Spanndorne: (Werkstückaufnahme)	Einsatzstahl (C 15), eingesetzt und gehärtet.
Spannunterlagen:	Baustahl von ≧ 600 N/mm² Zugfestigkeit.
Schutzwände:	Stahlblech nach DIN 1541, Plexiglas, Drahtgitter.
Teilbolzen, Teilbuchsen, Teilscheiben:	kleinere Durchmesser: Werkzeugstahl gehärtet, 62 ± 1 HRC kleinere Teilscheiben (Teilbohrungen nicht schleifbar): legierter Werkzeugstahl, größere Teilscheiben: Flußstahl ungehärtet, mit eingesetzten Buchsen aus Werkzeugstahl, gehärtet.
Teilskalenringe:	St 50, ungehärtet.
Werkzeugeinstellelemente	Werkzeugstahl, gehärtet und auf Säule oder Block aufgeschraubt.
Zahnstangen:	St 60 oder C 45.
Zentrierspitzen:	s. Körnerspitzen.

77.3 Gießkunstharze im Vorrichtungsbau

77.3.1 Vorteile durch den Einsatz der Gießkunstharze im Vorrichtungsbau

In der Regel werden Epoxydharze als Gießharze verwendet. Durch den Einsatz von Gießharzen ergeben sich Vorteile:

1. Niedrige Herstellkosten der Vorrichtung da:
   - 1.1 geringer Arbeits- und Bearbeitungsaufwand als bei metallischen Werkstoffen,
   - 1.2 billige Modelle aus Gips, Holz, Kunststoff oder das Werkstück, werden natur- und maßgetreu abgeformt.

1.3 Epoxydharze haften sehr gut auf metallischen Werkstoffen, sie lassen sich mit anderen Vorrichtungselementen kombinieren,

1.4 sie lassen sich mit handelsüblichen Werkzeugen mechanisch leicht bearbeiten.

2. Die flüssigen oder pastösen Harze lassen sich bei Raumtemperatur leicht vergießen und härten fast schwundfrei.
3. Ausgehärtete Kunstharze haben gute mechanische Festigkeitswerte, sind sehr gut beständig gegen Abriebbeanspruchung und Einwirkung von Kühl- und Schmiermitteln.
4. Falls notwendig, z.B. bei Führungen, können den Gießharzen Stoffe beigemischt werden, die ihnen selbstschmierende Eigenschaften (Trockenschmierung) verleihen (Graphit, Molybdänsulfit).
5. Zugabe von Füllstoffen wie: Eisenpulver, Aluminiumpulver, Porzellanmehl usw. mindert den Schwund und verbessert die Festigkeit der Gießharze.
6. Verarbeitungsfertige (mit Füllstoff) Gießharze sind handelsüblich (Aufstellung, Abschnitt 77.3.4).

77.3.2 Nachteile der Anwendung der Gießkunstharze im Vorrichtungsbau

Bei der Anwendung der Kunstharze sind folgende Nachteile zu berücksichtigen:

1. Wegen der gesundheitsschädigenden Gasentwicklung müssen Kunstharze in speziell dafür eingerichteten und entsprechend belüfteten Räumen verarbeitet werden (Kap. 73, Pkt. 6.8).
2. Berührung mit der Haut kann Hauterkrankungen verursachen.
3. Die Lagerungszeit ist (meist auf 1/2 bis 1 Jahr) begrenzt.

Bild 77-2 Beispiel der Anwendung des Gießkunstharzes als Positionier- und Spannelementewerkstoff.

Die Backen eines Zweibackenspannfutters (Abschnitt 38.3) sind mit zwei gegossenen Blöcken aus Gießkunstharz ausgestattet und erlauben das Positionieren und Spannen eines geometrisch komplizierten Werkstücks. Das Werkstück diente dabei als Modell zur Herstellung der Blöcke mit der Werkstückform (s.a. Bilder 77-2 und 77-4)

77.3.3 Beispiele der Anwendung der Gießkunstharze im Vorrichtungsbau

Neben den Formbacken (Bild 77-2) und der Bohrvorrichtung (Bild 77-3) ist im Bild 77-4 eine Formschablone gezeigt, die aus zwei Teilen, einer Lehre und einer Gegenlehre besteht. Die

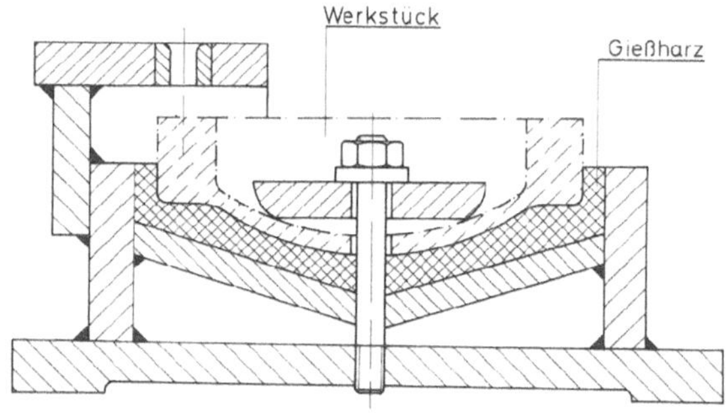

Bild 77-3 Beispiel einer mit Gießkunstharz ausgegossenen Vorrichtung.

Das Werkstück diente hierbei als Modell. Es muß vor dem Vergießen mit einem Trennmittel benetzt werden (s. Bild 77-14), um eine feste Verbindung des Gießkunstharzes mit dem Werkstück zu verhindern (s.a. Bildtext von Bild 77-4)

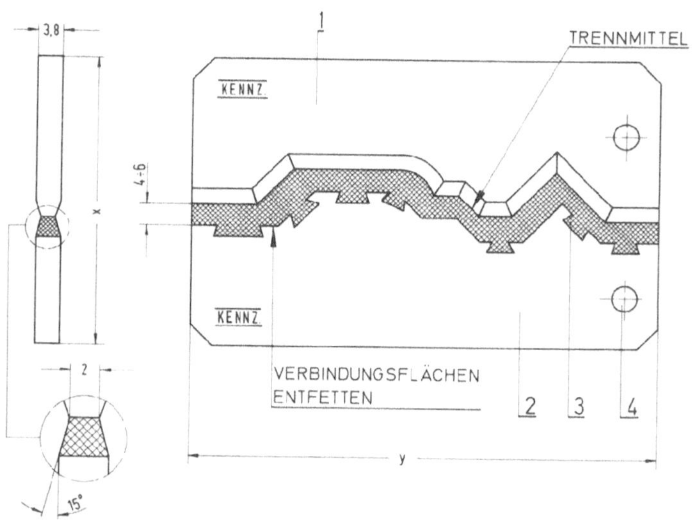

Bild 77-4 Mit Hilfe des Gießkunstharzes hergestellte Gegenlehre.

Diese Lehre wird in der Abteilung „Kontrolle" aufbewahrt und dient als Prüflehre der in der Fertigung befindlichen Lehre. Sie wird auch als Musterlehre für die Anfertigung einer neuen Lehre (als Ersatz für eine verschlissene Lehre) benutzt. Nach Fertigstellung der eigentlichen Lehre in Stahlausführung (im Bild oben) werden beide Lehren, die angefertigte und die zu fertigende Gegenlehre, die jedoch mit entsprechendem Raum (3 ... 6 mm) für Gießkunstharz und schwalbenschwanzartigen Ausnehmungen versehen ist, mit Schraubzwingen auf einer glatten Platte (Bild 77-5) aufgespannt. Die Auflageplatte muß vorher mit Trennmittel (Bild 77-14) besprüht werden. Danach wird der Zwischenraum vergossen. Um ein Auslaufen der Gießmasse zu verhindern werden beide Enden des Zwischenraumes mit Plastilin (Bild 77-5) abgedichtet. Nach dem Aushärten der Gießmasse wird die Gegenlehre nachbearbeitet (s.a. Bild 49-6).

1 Formlehre (Stahl), 2 Gegenlehre, 3 Gießkunstharz, 4 Aufhängebohrung (Werkzeugausgabe bzw. Kontrolle)

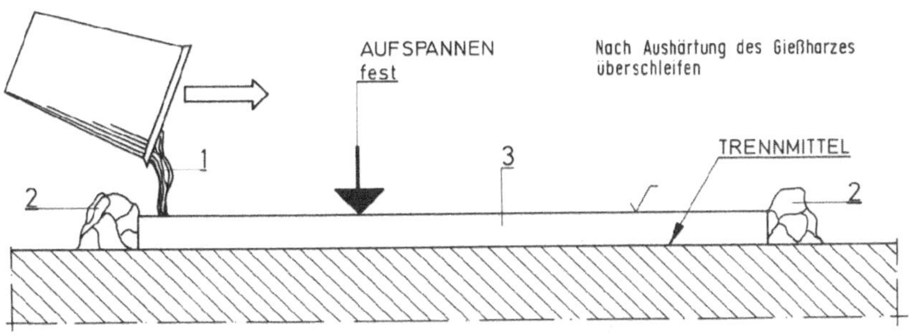

Bild 77-5 Aufspannen der mit Hilfe von Gießkunstharz zu vergießenden Teile und der Gießvorgang.

Der Gießvorgang ist im Bildtext von Bild 77-4 beschrieben. Als Auflage für die zu vergießenden Teile kann auch eine Magnetspannplatte angewendet werden. In diesem Fall erübrigt sich das Festspannen mit Schraubzwingen. Dafür müssen jedoch Gießharze, die als Füller Eisenpulver beeinhalten, ausgeschlossen werden, da das Eisenpulver je nach Magnetlinienverlauf „geordnet" wird. Die sonst verhältnismäßig gleiche Verteilung des Pulvers im Gießharz wird zerstört. Zwischen die Platte und die zu vergießenden Teile wird Ölpapier (dient auch zum Verpacken leicht rostender Teile) gelegt und so ein Verschmutzen der Platte verhindert. Die mit Gießharz zu verbindenden Flächen müssen sehr sorgfältig entfettet werden (s. Bild 77-14)

1 Gießkunstharz (Papierbecher s. Bild 77-14), 2 Plastilin, 3 Gegenlehre (s. Bild 77-4)

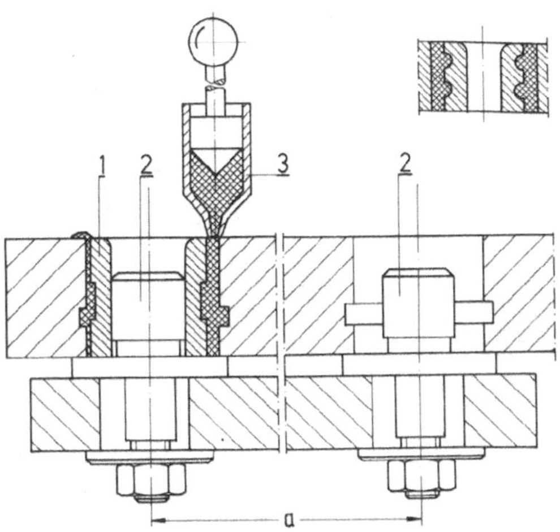

Bild 77-6 Vergießen eines Bohrbuchsenträgers (Bohrschablone – Abschnitt 30.2) und Bohrbuchsen mit Hilfe von Gießkunstharz.

Die Bohrbuchsen werden mit entsprechenden Bolzen (der Durchmesser entspricht dem Innendurchmesser der Bohrbuchse), die eine Auflageflächen haben, in die Sollage, durch Verschrauben auf einer Platte, gebracht. Nach dem Festschrauben werden die Abstandmaße der Bohrbuchsen geprüft. Die Aufnahmebohrungen für die Bohrbuchsen im Vorrichtungskörper bzw. Bohrschablone sollten mit Nuten versehen werden, um eine gute Verbindung mit der ebenfalls mit Nuten versehenen Bohrbuchse (s. Bild oben) zu erreichen. Für diesen Gießvorgang eignen sich handelsübliche Nylon-Spritzen (Lieferant: s. Bild 77-14). Vor dem Vergießen müssen alle zu verbindenden Teile entfettet werden (s. Bild 77-14)

1 Bohrbuchse, 2 Ausrichtbolzen mit der Platte verschraubt, 3 Nylon-Spritze, a Bohrbuchensabstand (Sollmaß)

Bild 77-7 Schweißvorrichtung (Kap. 52) aus glasfaserverstärkten „Primatube"-Epoxydharz-Rohren zum Heften eines aus Profilstahl bestehenden Gartentores. Die Art der Verbindung der Epoxydharzrohre ist im Bild 77-12 gezeigt und im Bildtext von Bild 77-11 beschrieben. Mit einem Gewicht von insgesamt 27 kg ist diese Vorrichtung um ca. 90 % leichter als eine Vorrichtung aus Stahl

Gegenlehre kann ausgegossen werden, so daß diese aufwendige Arbeit eingespart wird. Um das Auslaufen des Kunstharzes zu verhindern kann Plastilin (Bild 77-5) verwendet werden. Ein Trennmittel (Silikon, Abschnitt 77.3.5) verhindert, daß beide Teile miteinander verbunden werden.

Besonders bei der Erstellung großer Vorrichtungen mit geringem Gewicht (Bilder 77-7 bis 77-12) sind Kunstharze sehr geeignet. Ein weiteres Beispiel der Anwendung von Kunstgießharz ist im Abschnitt 52.1.1 besprochen (Bild 52-7).

77.3.4 Gießkunstharze und Hersteller

Im Bild 77-13 werden nur „fertige" Gieß-Kunstharze, d.h. Gießharze, die bereits mit entsprechenden Füllstoffen und entsprechender Menge Härter geliefert werden, aufgeführt. Die beiden Komponenten werden nur miteinander vermischt und der Gießharz ist gebrauchsfertig. Die Aushärtezeit beträgt maximal 24 Stunden.

Bild 77-8 Kontrollehre (Abschnitt 49.1) für Karosserieteile (s.a. Kap. 53 Vorrichtungen für Karosserie-, Flugzeugschrumpft- und Raketenindustrie).

Diese Kontrollehre ist aus Araldit* – Glasfaserlaminat-Rohren (Laminieren = Auflegen von Glasfasergeweben auf leicht klebrigem Oberflächenharz). Die Epoxydharzrohre werden durch punktweisen Auftrag einer Paste aus Araldit AW 120 (s. Lit. [242] und [243]) und Baumwollflocken verkittet. Sobald diese Verbindung hart geworden ist werden Laminatrohre (s. Bild 77-11(mit einer Paste aus Araldit LW 559 und Baumwollflocken untereinander verbunden. Nach dem Aushärten der Paste können Glasgewebebänder mit Araldit LW 559 (s. Bild 77-12) auflaminiert werden, was den Verbindungsstellen noch mehr Festigkeit verleiht. Diese Vorrichtung ist besonders leicht und bedeutend weniger kostenaufwendig als eine gleichwertige Vorrichtung aus Stahl.

* Hersteller und Vertrieb in der Bundesrepublik Deutschland:
Ciba AG, 7867 Wehr/Baden,
In der Schweiz: Ciba-Geigy AG, CH-4002 Basel

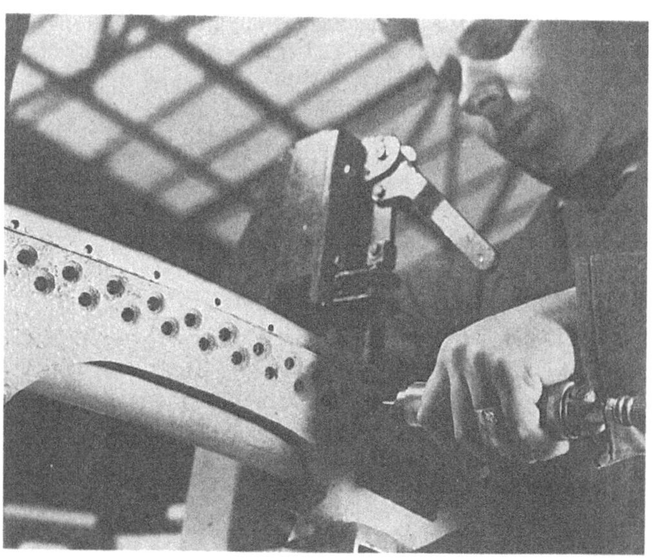

Bild 77-9 Bohrvorrichtung (Kap. 30) zum Bohren eines Verschalungsteils eines Triebwerks (s.a. Kap. 53) aus Glasfaser und Laminatrohren und mit Kunstharz gefertigt. Die Herstellung dieser Art von Vorrichtungen ist im Bildtext von Bild 77-8 beschrieben

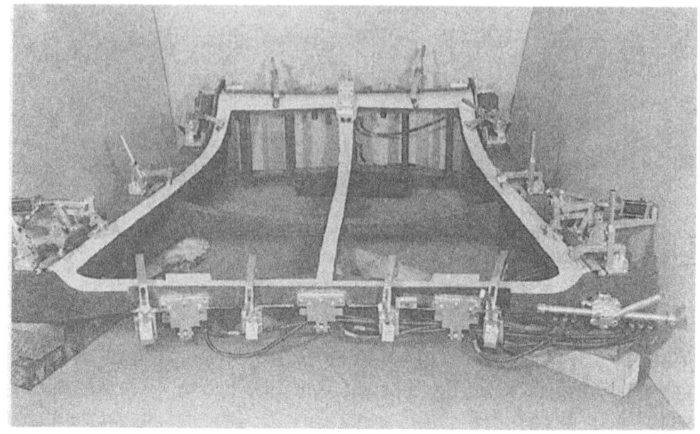

Bild 77-10 Schweißvorrichtung (Kap. 52).

Laminataufbau analog zum Bild 77-8 mit Unterbau aus Profilstahl. Auf der Vorrichtung sind viele druckluftbetätigte Kniehebel-Schnellspanner (Abschnitt 16.11). Die Herstellung dieser Art von Vorrichtungen ist im Bildtext von Bild 77-8 beschrieben

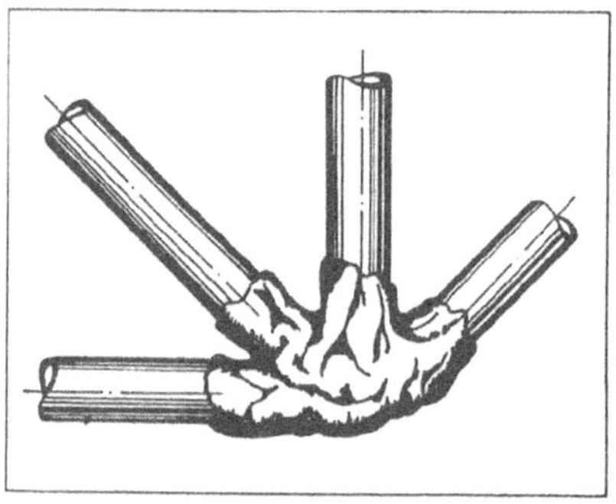

Bild 77-11 Mit einer Kunstharzpaste und Baumwollflocken verkittete Laminatrohre (s. Bild 77-8).

Zur rückseitigen Verstärkung von Laminaten (Vorrichtungsgestellen) eignen sich ganz besonders Rohre aus Glasfaserlaminat mit rundem oder quadratischem Querschnitt. Die Vorgehensweise beim Verbinden der Rohre untereinander ist im Bildtext von Bild 77-8 beschrieben

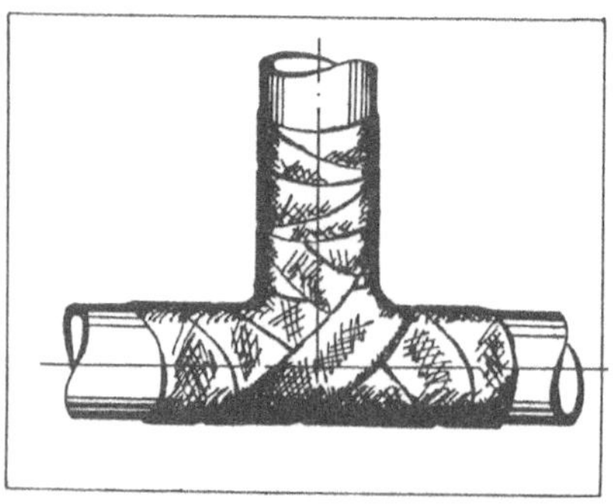

Bild 77-12 Mit Glasfaserbändern verstärkte Verbindungsstelle der Laminatrohre (s. Beschreibung Bildtext von Bild 77-8)

Bild 77-13
Aufstellung der verarbeitungsfertigen Gießkunstharze (mit Füllstoff), die sich besonders für den Vorrichtungsbau eignen. Die aufgeführten Herstell- bzw. Lieferfirmen geben Auskünfte über die Verarbeitung und Anwendungsmöglichkeiten

GIESS-KUNSTHARZE		
HARZ	HÄRTER	LIEFERFIRMA
Araldit CW 214 Araldit XB 2717 Araldit XB 2655	HY 214 XB 2718 XB 2695	Ciba AG 7867 Wehr/Baden
Devcon B Devcon F-2 Devcon WR	ohne Bez. ohne Bez. ohne Bez.	Devcon Div. ITW-Ateco GmbH 4030 Ratingen 4 (Lintorf)
Fibrolit Zwo	ohne Bez.	Fischer-Brodbeck GmbH 6954 Haßmersheim/Baden
Metalix S	ohne Bez.	Delo GmbH 8000 München 19
Omniplus Fluid	ohne Bez.	Omnitechnic GmbH 8000 München 50
Rezolin EPO 33 A	ohne Bez.	Lechler-Chemie GmbH 7000 Stuttgart
Rütapox WD 10	ohne Bez.	Rütgerswerke und Teerverwertung AG. 6000 Frankfurt/M.
Weicon Typ B	ohne Bez.	P.W.Weidling & Sohn 4400 Münster

77.3.5 Hilfsstoffe für die Anwendung der Gießkunstharze

Unter dem Begriff „Hilfsstoffe" werden chemische Mittel und andere Mittel verstanden, die notwendig und behilflich sind, um die Gießkunstharze am besten verarbeiten zu können. Im Bild 77-14 sind diese Hilfsmittel und Hersteller bzw. Lieferanten aufgeführt.

Als Hilfsstoffe gelten auch Füllstoffe (Abschnitt 77.3.1, Pkt. 5), die den „reinen" Gießharzen (ohne Füllstoff) beigemischt werden. Ihre Aufgabe ist es, die Festigkeit der Gießharzverbindung (Bild 77-6) bzw. die Verschleißfestigkeit (z.B. der Gegenlehre – Bild 77-4) zu steigern. Bei großen Volumina (Bild 77-3) wird die Gießharzmenge geringer, was zur Verbilligung der Anwendung der Gießkunstharze führt. Auch der Schwund wird wesentlich gemindert.

HILFSMITTEL			
ARTIKEL	LIEFERFIRMA	ARTIKEL	LIEFERFIRMA
Aceton für die Reinigung	Herkommer & Banerter 7000 Stuttgart - S	Nylon-Spritzen	E. Klingenfuß Nachf. Holzmarkt 10 7800 Freiburg
	Dr. Reininghaus Chemische Fabrik 4330 Mülheim	Papierbecher	Duro-Papierverarbeitung Huxhol & Co. 5250 Engelskirchen/Köln
Becher, Dosen und Injektoren aus thermopl. Kunstst.	H. & K. Müller GmbH-KG 5250 Engelskirchen/Köln		Fränkische Hartpapierwaren 8311 Velden/Vils
Hautschutzmittel Arretil-Qu, Fulguran, Industrie-Präcutan, Verapol-X	Chemische Fabrik Stockhausen & Cie. 4150 Krefeld		Horst u. Carla Stoltenberg 4040 Neuss
Kerodex, Kerocleanse	H. von Baatcz 7750 Konstanz	Trennmittel Silicon-Trennmittel DC 20	Wacker-Chemie 8000 München
Contra SLW	Dr. med. J. Ellendorf & Co. 5600 Wuppertal-Barmen	Trennmittel für enge Spiele Trennmittel für weite Spiele	Fischer-Brodbeck GmbH 6954 Haßmersheim/Baden
Holzspachtel	Isidor Thoma 7821 Bernau	Spritzpistolen	wie oben
Modeliermasse Nakiplast	Günther Wagner Postfach 177 3000 Hannover	Entfettungsmittel Fibrolit EF	wie oben

Bild 77-14 Aufstellung der Hilfsmittel, die für die Verarbeitung der Gießkunstharze benötigt werden (auch Lieferfirmen)

78 Schlußbetrachtungen und Prognosen hinsichtlich des Vorrichtungseinsatzes und Vorrichtungsbaus

Aufgrund des jetzigen Standes und der Tendenzen der Fertigungstechnik sowie der allgemeinen Marktentwicklung lassen sich folgende Rückschlüsse und Prognosen, die den Einsatz der Vorrichtungen in der Fertigung sowie die Vorrichtungskonstruktion und den Vorrichtungsbau betreffen, ziehen:

1. *Einsatz der Vorrichtung der Fertigung*

1. 1 Die Fertigungsstückzahlen der Erzeugnisse werden infolge der immer kürzer werdenden Innovationszeiten wesentlich geringer. Das bedeutet, daß in immer kürzer werdenden Zeitabständen neue Vorrichtungen benötigt werden.

1. 2 Infolge des immer stärker werdenden Konkurrenzkampfes auf den aus- und inländischen Märkten, muß ein Erzeugnis schneller und billiger, unter Beibehaltung oder sogar Steigerung der Qualität, hergestellt werden. Dafür werden kompliziertere, genauere und somit kostenaufwendigere Vorrichtungen benötigt.

1. 3 Die Arbeitslöhne und die damit zusammenhängenden Kosten steigen ständig, so daß die menschliche Arbeitskraft ersetzt bzw. ihr Anteil beachtlich gesenkt werden muß. Dafür werden ebenfalls kompliziertere und kostenaufwendigere Vorrichtungen zur Verfügung stehen müssen.

1. 4 Die Amortisationsstückzahlen bzw. Amortisationszeiten, nach welchen sich die Vorrichtungen amortisieren, werden sich erhöhen bzw. verlängern. Der Vorrichtungs-Kostenaufwand pro Erzeugnis wird beachtlich steigen, wobei jedoch andere Kosten gesenkt werden können.

1. 5 Geringere Stückzahlen von Werkstücken werden mit Hilfe flexibler Fertigungssysteme gefertigt (Kap. 42). Für geometrisch, größenmäßig und fertigungstechnisch ähnliche Werkstücke werden in zunehmendem Maße Baukastenvorrichtungen (Kap. 40 und Abschnitt 42.6) angewendet.

1. 6 Im Zusammenhang mit dem Einsatz der Baukastenvorrichtungen sollte versucht werden die Baukastensätze, also das investierte Kapital, besser zu nutzen. Dieses ist mit Hilfe von Ausleihstationen z.B. innerhalb eines Konzerns, möglich (Kap. 40).

1. 7 Geometrisch und fertigungstechnisch komplizierte Werkstücke, die z.B. von vielen bzw. allen Seiten in einer Spannung bearbeitet werden müssen, werden wie bisher mit Hilfe von Sondervorrichtungen und auch innerhalb flexibler Fertigungssysteme (Kap. 42) bearbeitet werden müssen.

1. 8 Durch Zusammenfassen geometrisch und größenmäßig ähnlicher Werkstücke, also Gruppentechnologie, ist es möglich, kostenaufwendigere Gruppenvorrichtungen (Kap. 39) wirtschaftlich anzuwenden.

1. 9 Um die Gruppentechnologie und auch die Gruppenvorrichtungen wirtschaftlich anzuwenden, müssen Werkstück-Klassifizierungssysteme sowie entsprechende Vorrichtungs-Kodiersysteme (Abschnitt 1.6) entwickelt bzw. verbessert und eingeführt werden.

1.10 Infolge der hohen Zinsen muß mit Hilfe der Vorrichtungen die Kapitalbindung, die mit dem Erzeugnis zusammenhängt, durch kürzere Durchlaufzeiten (Abschnitt 1.3) der Werkstücke wesentlich gesenkt werden.

1.11 Durch Vorrichtungen muß die Lagerhaltung der Ersatzteile, also ebenfalls die Kapitalbindung, gesenkt werden.

1.12 Durch umfangreichen Einsatz des kraftbetätigten Spannens müssen die Spannzeiten wesentlich gesenkt werden.

1.13 Durch Anwendung von Mehrstückvorrichtungen (Abschnitt 15.9) lassen sich die Nebenzeiten wesentlich senken bzw. abschaffen und Mehrmaschinenbedienung einführen.

1.14 Hochdruckhydraulik (700 bar Arbeitsdruck) erlaubt den Bau sehr kompakter Vorrichtungen.

1.15 Der Einsatz der Industrieroboter in Verbindung mit automatischen Zubringe- und Handhabungseinrichtungen (Kap. 46) verkürzt die Nebenzeiten und ersetzt menschliche Arbeitskräfte: (s. Pkt. 1.25).

1.16 Durch umfangreiche Anwendung der Schwenkspanner, die schnell aus der Spannposition in die Werkstückentnahmeposition übergehen, wird die automatische Beschickung der Vorrichtung ermöglicht.

1.17 Das Problem der Spänebeseitigung wird durch das Anbringen von Luftdüsen in den Vorrichtungen gelöst.

1.18 Die genaue Überwachung des Spanndrucks (Spannkraft) in den einzelnen Vorrichtungen wird durch zusätzliche Druckschalter am Pumpenaggregat ermöglicht (s. Pkt. 1.24).

1.19 Die Lage der positionierten Werkstücke wird mit pneumatischen Staudrucksensoren kontrolliert (s. Pkt. 1.24).

1.20 Das Spannen muß kraftbetätigt erfolgen und die Betätigung mit dem Gesamtablauf verkettet sein.

1.21 Vorrichtungen, die mit automatischen Beschickungseinrichtungen be- und entladen werden, werden die unter Pkte. 1.16 bis 1.20 aufgeführten Forderungen besonders abverlangt.

1.22 Durch den Einsatz flexibler Vorrichtungssysteme mit automatischer Werkstückerkennung, Positionierung und Spannung (Kap. 45) kann man teilweise auf Sondervorrichtungen verzichten.

1.23 Die Wirtschaftlichkeit des Einsatzes von Vorrichtungen wird noch strenger durchgeführt und überwacht werden müssen, um die Vorrichtungen wirtschaftlich und technisch optimal einsetzen zu können.

1.24 Bei Vorrichtungen, die nach erfolgtem Spannen des Werkstücks vom Druckerzeuger abgekoppelt werden,

z. B. Vorrichtungen auf Palette bei flexiblen Fertigungssystemen (Abschnitt 42.3), werden im zunehmenden Maße Druckabfallsensoren eingebaut, die mit Hilfe von Infrarotsignalen oder Funk Alarm und/oder Maschinenabschaltung bei Druckabfall im Vorrichtungssystem automatisch auslösen.

1.25 Der Einsatz der Industrieroboter für die Handhabung von Werkstücken (Beschickung der Vorrichtung – s. Pkt. 1.15) sowie für die Handhabung von Vorrichtungen wird die Forderung, die an die Vorrichtung gestellt werden (Kap. 56) wesentlich beeinflussen. Die Vorrichtungen werden „robotergerecht" gestaltet werden müssen und ihre Teilfunktionen (öffnen und schließen der Vorrichtung, positionieren und spannen des Werkstücks bzw. bei der Handhabung der Vorrichtung: positionieren der Vorrichtung u. a.), werden automatisiert und ihre Steuerung in das Steuersystem des Industrieroboters bzw. der Werkzeugmaschine integriert.

Handhabungsgeräte, die meist über Abschaltkreise gesteuert werden und auf Befehle von der jeweiligen Werkzeugmaschinensteuerung reagieren, sind bereits heute handelsüblich. Der Übergang vom Werkzeug- bzw. Werkstückwechsel an Werkzeugmaschinen (meist jedoch nur drei Achsen), der bereits üblich ist, läßt sich auf einfache Art auf Vorrichtungen übertragen.

Bei der bereits üblichen Positioniergenauigkeit der Industrieroboter von ± 0,005 mm (Maximallast 0,2 kg) oder ± 0,075 mm (Maximallast 4,5 kg) bzw. 0,025 mm (Maximallast 82 kg) und einer Geschwindigkeit von 2 m/s lassen sich die Werkstücke (und auch Vorrichtungen) sehr genau und schnell handhaben und positionieren. Dabei werden die Zubringe-, Positionier-, Spann- und Entnahmezeiten wesentlich verkürzt und der Lohnanteil drastisch reduziert, da dieser nur auf Überwachungstätigkeiten beschränkt wird.

Hinzu kommen noch die Programmiereigenschaften moderner Industrieroboter (Teach-in-Verfahren und Off-line-Programmierung mit einer höheren Sprache), also die Anwendung der Multiprocessorsteuerungen, die wiederum ihrerseits die Vorrichtungen stark beeinflussen werden.

1.26 Optische Sensorsysteme mit Videokameras ermöglichen eine komplexe Lagererkennungskontrolle des Werkstücks in der Vorrichtung (bzw. der Vorrichtung). Kraftsensoren, die in die Vorrichtung integriert werden können, ermöglichen eine In-process-Überwachung des Werkstücks in der Vorrichtung (s. Pkt. 1.24). Automatische Fernsehbild-Auswertsysteme stellen optische Sensorsysteme dar. Sie eignen sich besonders für die Fertigungsautomatisierung im Zusammenhang mit Handhabungssystemen oder Industrierobotern. Diese übernehmen z. B. die Selektion beliebiger Werkstücke nach vorwählbaren Grenzkriterien (z. B. die Positionierelemente des Werkstücks) und lassen dabei auch die visuelle Beobachtung des überwachten Funktionsablaufs der Vorrichtung zu. Durch Einblendung einer Text- oder Zahlenreihe in das Monitorbild werden die Ergebnisse (z. B. Größe der Spannkraft der einzelnen Spannelemente, Positionierfehler u. a.) angezeigt. Darüber hinaus läßt sich das System über seine Schnittstelle auch an einen Prozeßrechner und weitere Komponenten (z. B. Industrieroboter) anschließen.

Mit einem Stereometrie-Sichtgerät können auf einfache Art Werkstücke in der Vorrichtung positioniert werden. Abweichungen der Glieder von Industrierobotern von den programmierten Positionen sind mit dem Selspin Robot Check stereometrisch erfaßbar. Die Meßergebnisse kommen ohne mechanische Taster zustande, so daß sie sofort vom Computer verarbeitet und korrigiert werden.

1.27 Sinkende Seriengrößen, zunehmender Kostendruck und steigende Qualitätsanforderungen an das Produkt beschleunigen den Trend zur Vorrichtungsflexibilität. Diese kann man z. B. durch den Einsatz flexibler Gruppenvorrichtungen (Kap. 39, jedoch flexibler) und den Bau von Vorrichtungen mit automatischen Funktionsabläufen (Vorrichtung öffnen, Werkstück positionieren, Werkstück spannen, Vorrichtung schließen) mit der Möglichkeit der Koppelung dieser Abläufe mit Industrierobotern (s. Pkt. 1.25) in der Klein- und Mittelserienfertigung verwirklichen. Aber auch in der Großserienfertigung machen schnellere Produktveränderungen eine Anpassung der Vorrichtungen durch höhere Flexibilität (Technologieprognose) notwendig.

1.28 Umfangreicher und lückenloser Einsatz der elektronischen Datenverarbeitung auf allen Gebieten, die die Vorrichtungen und ihren Einsatz in der Fertigung betrffen, erlaubt die Vorteile, die der Einsatz von Vorrichtungen bietet (Abschnitt 1.3) noch besser, also wirtschaftlicher zu nutzen.

2. Vorrichtungskonstruktion

2. 1 Durch die immer größer werdende Palette der handelsüblichen Vorrichtungsbauelemente ist es möglich, ganze Vorrichtungen bzw. wesentliche Teile hauptsächlich aus DIN- und werksgenormten Vorrichtungsbauelementen zu bauen (Kap. 22).

2.2 Bei der Verwendung von DIN- und werksgenormten Vorrichtungsbauelementen besteht die Möglichkeit der Verwendung von maßstabgerechten Zeichnungsunterlagen (Kap. 67).

2.3 Die unter Pkt. 2.2 genannte Möglichkeit muß in Zukunft auf die Hinterbildprojektions-Konstruktion erweitert werden.

2.4 Durch Anwendung eines CAD-Systems (Kap. 63) und somit der rechnerunterstützten Vorrichtungskonstruktion werden die Konstruktionskosten auf ein Minimum gesenkt.

2.5 Durch Verwendung bereits bestehender Vorrichtungen (Anpassung, Umbau) wird man in Zukunft in noch stärkerem Maße versuchen, die Vorrichtungskosten zu senken. Dieses bedeutet einerseits kompliziertere Vorrichtungen und andererseits eine „Voraussicht-Konstruktion", die die Erzeugnisentwicklung weitsichtig berücksichtigt (Technologieprognose).

2.6 Die Verwendung vorhandener Vorrichtungen ist nur durch eine einwandfreie Werkstück- und Vorrichtungsklassifizierung (Abschnitt 1.6) möglich. Auch der Rückgriff auf die Zeichnungen ähnlicher Vorrichtungen und die dadurch mögliche teilweise Übernahme von bewährten Vorrichtungskonstruktionen verursacht bedeutende Einsparungen.

2.7 Der Vorrichtungskonstrukteur muß in Zukunft einerseits ein hochqualifizierter Konstrukteur und andererseits ebenfalls ein hochqualifizierter Technologe und Fertigungsbetriebskenner sein, der genaustens über die Möglichkeiten, Einrichtungen, Qualifikation des Personals und den Fertigungsbetrieb informiert ist.

2.8 Die Vorrichtungen werden immer komplizierter, was sich unweigerlich auf die Kosten niederschlägt und vom Konstrukteur die unter Pkt. 2.7 genannten Qualifikationen und außerdem auch hohe Qualifikationen der im Vorrichtungsbau beschäftigten Vorrichtungsschlosser abverlangt.

2.9 Noch mehr als bisher wird der Vorrichtungskonstrukteur die Ergonomie (Abschnitt 7.1) bei der Konstruktion berücksichtigen müssen, insbesondere die modernen Erkenntnisse in dieser Hinsicht.

2.10 Die Zusammenarbeit der Vorrichtungskonstruktion mit dem Fertigungsbetrieb muß enger als bisher werden, um den Erfordernissen noch besser entsprechende Vorrichtungen konstruieren zu können (Kap. 55).

2.11 Technisch und wirtschaftlich optimale Vorrichtungen können nur unter Anwendung der der Vorrichtungskonstruktion angepaßten Konstruktionsmethodik (Kap. 59) und in Verbindung mit der methodischen Bewertung von Konstruktionslösungen (Kap. 60) entstehen.

3. *Produktkonstruktion*

3.1 Der Produktkonstrukteur wird noch mehr als bisher Rücksicht auf bereits vorhandene und bewährte Vorrichtungen nehmen müssen, um in enger Zusammenarbeit mit allen Betriebsstellen, die mit Planung, Konstruktion, Bau und Einsatz von Vorrichtungen in Frage kommen, um Vorrichtungen überhaupt einzusparen bzw. bei Neukonstruktionen von Vorrichtungen vorliegende Erfahrungen zu verwerten und Kosten zu senken.

3.2 Der Erzeugniskonstrukteur muß verpflichtet werden, durch enge Zusammenarbeit mit allen beteiligten Abteilungen, die Werkstücke nicht nur fertigungsgerecht sondern auch vorrichtungsgerecht (Abschnitt 4.2.1) zu konstruieren.

3.3 Der Erzeugniskonstrukteur muß bereits während der Konstruktion des Erzeugnisses enge Kontakte mit allen Stellen, die mit Vorrichtungen und ihrem Einsatz in Frage kommen, unterhalten und verpflichtet werden, die Forderungen dieser Stellen zu erfüllen.

3.4 Rationell gestaltete enge Zusammenarbeit aller Betriebsstellen mit der Erzeugniskonstruktion ist nur durch den Einsatz moderner Kommunikationsmittel wie Bildschirmanlagen mit Konferenzschaltung und automatischer Mikrofilm-Zeichnungsarchivierung möglich.

3.5 Vor der Freigabe der Erzeugnis-Konstruktionszeichnungen sollte auch eine Freigabe hinsichtlich der vorrichtungsgerechten Gestaltung der in Vorrichtungen bearbeiteten Werkstücke erfolgen.

4. *Vorrichtungsbau*

4.1 Hohe Qualifikation der Vorrichtungsschlosser sollte als Voraussetzung für die Qualität der Vorrichtungen gelten.

4.2 Moderne Fertigungseinrichtungen und Werkzeugmaschinen, z.B. NC-gesteuerte (mit Handeingabe) Fräs- und Bohrmaschinen (Kap. 73) garantieren hohe Genauigkeit der Vorrichtungen bei geringem Lohnanteil.

4.3 Mit Digitalanzeigen ausgestattete Meßmaschinen (Abschnitt 68.2) erleichtern die Abnahme der Vorrichtung bei ebenfalls geringen Kontroll-Lohnkosten.

4.4 Arbeiten für die keine qualifizierten Handwerker zur Verfügung stehen, z.B. Schweißarbeiten, müssen an andere Betriebsteile (Schweißerei) bzw. an fremde Betriebe übertragen werden.

4.5 Nur bei genauer Planung der Termine im Vorrichtungsbau lassen sich Terminverzögerungen und die damit verbundenen Kosten vermeiden. Die Datenverarbeitung muß in dieser Hinsicht herangezogen werden (Kap. 3).

4.6 Der Vorrichtungsbau muß mit Werkzeugen und Meßzeugen bester Qualität ausgestattet sein.

4.7 Ein entsprechendes Entlohnungssystem sollte einerseits Anreiz und andererseits keine extremen Akkordbedingungen im Vorrichtungsbau schaffen (Abschnitt 75.1).

4.8 Eine enge Zusammenarbeit des Vorrichtungsbaus mit der Vorrichtungskonstruktion ist Voraussetzung für optimale Konstruktion und Ausführung der Vorrichtungen.

5. *Fertigungsbetrieb (Vorrichtungsanwender)*

5.1 Im Fertigungsbetrieb, der die Vorrichtungen in der Fertigung einsetzt, muß eine besondere „Vorrichtungs-Pflegekultur" eingeführt werden, d.h., daß der Belegschaft bewußt wird welcher Kostenaufwand in den Betriebsmitteln insgesamt und insbesondere in den Vorrichtungen steckt und wie diese aus diesem Grunde behandelt werden müssen.

5.2 Dem die Vorrichtungen bedienenden Personal muß bewußt werden, welche Ausschuß- bzw. Reparaturkosten durch falsche oder rauhe Behandlung (Hammer) der Vorrichtungen verursacht werden.

5.3 In noch stärkerem Maße als bisher muß der Fertigungsbetrieb in den Informationsfluß, der mit dem Einsatz der Vorrichtungen zusammenhängt (Kap. 55) einbezogen werden. Dadurch soll erreicht werden, daß Erfahrungen die mit bereits im Einsatz befindlichen Vorrichtungen gemacht worden sind, weiter an die Vorrichtungskonstruktion vermittelt und somit bei Neukonstruktionen verwertet werden.

5.4 Es kommt vor, daß während des Einsatzes der Vorrichtung vom Bedienungspersonal eigenmächtig (und unerlaubt – s. Pkt. 5.6) Änderungen oder Ergänzungen an der Vorrichtung gemacht werden. Diese müssen vom Meister des Fertigungsbetriebes aufgedeckt und erfaßt werden, falls sie nützlich sind (s. a. Pkt. 5.5).

5.5 Neben den unter Pkt. 5.4 genannten Möglichkeiten kann es vorkommen, daß das Fertigungspersonal aus eigener Initiative, um z.B. die Arbeit zu erleichtern oder die Akkordzeiten zu beeinflussen, Vorrichtungen oder andere Hilfsmittel baut und einsetzt. Dieses betrifft besonders die Montage des Produktes. Auch diese Fälle müssen aufgedeckt und entsprechend dokumentiert werden, um gleichbleibende Qualität der Werkstücke oder des Produktes, auch mit anderem Personal und zu einem späteren Zeitpunkt zu gewährleisten.

5.6 Dem die Vorrichtungen bedienenden Personal muß untersagt werden irgendwelche Änderungen an Vorrichtungen vorzunehmen (Pkte. 5.4 und 5.6) bzw. die Vorrichtungen anders als vorgesehen einzusetzen. Änderungen an Vorrichtungen bzw. neue Vorrichtungen können über das Vorschlagwesen vorgeschlagen werden.

5.7 Speziell für Vorrichtungen vorgesehene Ablage- und Lagerstellen im Fertigungsbetrieb sollen die dort zwischengelagerten Vorrichtungen, die dort auf den Einsatz bzw. Abtransport warten, genügenden Schutz vor Beschädigung garantieren. Diese Stellen sollten speziell markiert werden und dürfen, außer mit Vorrichtungen, nicht belegt werden.

5.8 Die Fertigungskontrolle ist über den Vorrichtungseinsatz und die Schwierigkeiten sowie dadurch entstandene Kosten am besten informiert. Sie muß in den Informationsfluß einbezogen werden, damit ein optimaler Einsatz der Vorrichtungen gewährleistet und Erfahrungen mit im Einsatz befindlichen Vorrichtungen bei Neukonstruktionen verwertet werden können.

79 DIN-genormte Elemente, Vorrichtungsbauelemente und Vorrichtungen

Nachstehend werden nicht nur DIN-genormte Vorrichtungsbauelemente und Vorrichtungen aufgeführt, sondern auch Maschinenbauelemente, die im Vorrichtungsbau Anwendung finden.

79.1 DIN-genormte Elemente (Allgemeiner Maschinenbau)

Allgemeine Bezeichnung	Elementeart	DIN-Norm
Form- und Lagetoleranzen	–	7184
Freimaßtoleranzen	–	7168
Gewinde	Gewindeauslauf, Gewinderillen, Metrisches Gewinde	76
	Gewindeenden, Schraubenüberstände	78
Druckzapfen		6332

Allgemeine Bezeichnung	Elementart	DIN-Norm
Gewindestifte	Gewindestifte mit Druckzapfen, Anwendungsbeispiele	6332
Federn	Gewundene Biegefedern – Berechnung	2088
	Zylindrische Druckfedern aus Rundstahl	2095
	Zylindrische Schraubenfedern aus Vierkantstahl	2090
	Zylindrische Schraubenfedern – Berechnung von Druckfedern	2089 Bl. 1
	Zylindrische Schraubenfedern – Berechnung von Zugfedern	2089 Bl. 2
	Zugfedern aus Runddraht – Ausführung	2097

Allgemeine Bezeichnung	Elementart	DIN-Norm
Keile	Paßfedern	6885
	Scheibenfedern	6888
Muttern	Flügelmuttern	315
	Knebelmuttern mit festem Knebel	6305
	Knebelmuttern mit losem Knebel	6307
	Flache Rändelmuttern	467
	Hohe Rändelmuttern	466
	Rändelmuttern	6303
	Ringmuttern	582
	Kreuzlochmuttern	1816
	Sechskantmuttern	
	Flache Sechskantmuttern M 1,6 ... M 10	439
	Flache Sechskantmuttern M 12 ... M 30 Metrisches Feingewinde	936
	Sechskantmuttern 1,5 d hoch	6330
	Sechskantmuttern mit Bund	
	Sechskantmuttern mit Bund 1,5 d hoch	6331
Parallelstücke	Parallelstück-Paar	6346
Scheiben und Ringe	Scheiben für Sechskantschrauben und -muttern	125
	Scheiben für Zylinder- und Halbrundschrauben	433
	Scheiben für Zylinder- und Halbrundschrauben gehärtet	6340
	Laufringe mit gerader Nut	2209
	Laufringe mit Stiflöchern	2208
	Laufringe mit V-Nut	2210
	Federringe	127
	Federscheiben	137
	Sicherungsringe für Bohrungen, Regelausführung	472
	Sicherungsringe für Wellen, Regelausführung	471
	Stellringe, blank, schwere Reihe	703
	Stellringe, blank, leichte Reihe	705
Schrauben, Gewindestifte und andere	Senkungen für Senk- und Zylinderschrauben	75
	Augenschrauben	444
	Ringschrauben mit Bund und Rille	580
	Ringschrauben mit Bund und Auslauf	581
	T-Nutenschrauben	787
	Zylinderschrauben mit Innensechskant	912
	Zylinderschrauben mit Innensechskant	6912
	Gewindestifte mit Innensechskant und Kegelansatz	913
	Gewindestifte mit Innensechskant und Spitze	914
	Gewindestifte mit Kegelkuppe	551
	Gewindestifte mit Sechskant und Zapfen	915
	Gewindestifte mit Spitze	553
	Gewindestifte mit Zapfen M1...M10	926
	Gewindestifte mit Zapfen M2...M20	417
	Sechskantschrauben	931
	Sechskantschrauben, Gewinde annährend bis zum Kopf	933
	Rändelschrauben	6302
	Knebelschrauben mit festem Knebel	6304
	Knebelschrauben mit losem Knebel	6306
	Knebelschrauben mit festem Blatt	6309
	Flügelschrauben mit Druckzapfen	6301
	Gewindestifte mit Druckzapfen	6332
	Kegelgriffschrauben	6308
	Vierkantschrauben mit Kernansatz	479
	Vierkantschrauben mit Bund und Ansatzkuppe	480
	Vierkantschrauben mit Bund	478
Stifte	Kegelstifte	1
	Zylinderstifte	7
	Kegelstifte mit Gewindezapfen	258
	Kegelstifte mit Innengewinde	7978
	Zylinderstifte gehärtet	6325
	Zylinderstifte mit Innengewinde	7979
Bedien- und Spannelem. Spannhebel, Schalthebel	Knebelschrauben mit festem Knebel	6304
	Knebelschrauben mit losem Knebel	6306
	Knebelmuttern mit festem Knebel	6305
	Knebelmuttern mit losem Knebel	6307
Kurbeln	Handkurbeln gekröpft	468
	Handkurbeln gerade	469
	Kugelkurbeln	959
	Kreuzgriffe	6335
	Sterngriffe	6336

Allgemeine Bezeichnung	Elementeart	DIN-Norm
Bedienungs-griffe	Feste Ballengriffe	39
	Drehbare Ballengriffe	98
	Kugelknöpfe	319
	Keulengriffe	830
Handräder	Handräder	388
	Handräder mit Wellenkranz und geraden Armen	389
	Handräder mit Wellenkranz und schrägen Armen	390
	Handräder, gekröpft, Nabenloch rund	950
	Handräder mit vollem Kranz und geradem Vierkantloch	951
Schlüsselweiten	Vierkante und Vierkantlöcher für Spindeln, Handräder und Kurbeln	79
	Schlüsselweiten und Maulweiten	475
Schmier-elemente	Kugelschmierköpfe	3402
	Öler	3410

79.2 DIN-genormte Vorrichtungselemente (auch andere Gebiete)

Bohrbuchsen, Schrauben und Stifte für Bohrbuchsen	Bundbohrbuchsen	172
	Steckbohrbuchsen Form A	173 Bl. 1
	Steckbohrbuchsen Form ER	173 Bl. 2
	Bundschrauben für Steckbohrbuchsen	173 Bl. 1
	Zylinderschrauben mit Ansatz	173 Bl. 2
	Zylinderstifte für Steckbohrbuchsen Form A	7
	Haltestifte für Steckbohrbuchsen Form ER	7
	Grundbuchsen Form G und H	173 Bl. 2
	Zylindrische Bohrbuchsen	179
	Kegelige Bohrbuchsen	180
Positionierelemente zwischen Werkzeugmaschine und Vorrichtung	T-Nutensteine	508
	Feste Nutensteine	6322
	Lose Nutensteine	6323
	Bearbeitete T-Nuten	650
	Unbearbeitete T-Nuten	651
	T-Nutenschrauben	787
Positionierelemente der Vorrichtung	Auflagebolzen	6321
	Anlagebolzen	6321
	Abgeflachte Aufnahmebolzen	6321
Füße	Füße mit Gewindezapfen	6320
	Auflagebolzen	6321
Futterflansche	Futterflansche mit Zentrierkegel 1 : 4, Grundflansche	6352

Allgemeine Bezeichnung	Elementart	DIN-Norm
Spannelemente	Schnappverschluß	6310
	Druckstücke	6311
	Druckscheiben	6312
	Befestigungsarten und Anschlußmaße für Druckscheiben nach DIN 6312	6313
	Spanneisen einfach	6314
	Spanneisen U-förmig	6315
	Spanneisen gekröpft	6316
	Spanneisen doppelt gekröpft	6317
	Treppenböcke für Spanneisen	6318
	Kugelscheiben und Kegelpfannen, Spannbolzenköpfe, Kegelsenkungen	6319
	Spannunterlagen verstellbar	6326
	Sechskantmuttern mit Bund, Metrisches Gewinde M8 bis M 48	6331
	Sechskantmuttern 1,5 d hoch	6330
	Scheiben gehärtet	6340
Werkzeugmaschinenaufnahmen Werkzeuge und Bedienelemente	Spindelköpfe mit Gewinde	800
	Spindelflansche	812
	Vorrichtungszwischenflansche	816
	Vierkante und Vierkantlöcher für Spindeln, Handräder und Kurbeln	79
	Werkzeugkegel, MK und metrischer Kegel, Kegelschäfte	228 /1
	Werkzeugkegel, MK und metrischer Kegel; Kegelhülsen	218 /2

79.3 DIN-genormte Vorrichtungen (auch andere Gebiete)

Art	DIN-Norm
Drehdorne	523
Körnerspitzen	806
Bohrvorrichtungen mit Bohrklappe	6347
Bohrvorrichtungen, schnellspannend	6348
Drehfutter, handbetätigt; Spannbacken auch einzelverstellbar	6351
Drehfutter, handbetätigt; Spannbacken nicht einzelverstellbar	6350
Druckspannzangen	6343
Zug-Spannzangen und Kegelhülsen für Spannzangen	6341 /1
Schleifdorne; Werkstück-Aufnahmedorne	6374
Maschinenschraubstöcke; Spannbereich, Spannbacken	6370

80 Verzeichnis der Lieferanten

(Hersteller und Lieferfirmen) von Vorrichtungs-Baukastensystemen, DIN- und werksgenormten Vorrichtungsbauelementen und Vorrichtungen, pneumatischen und hydraulischen Bauelementen, Geräten und Spannelementen sowie Lieferanten von Universal-Werkzeugfräs- und Bohrmaschinen für den Werkzeug- und Vorrichtungsbau

Die Lieferanten sind in zwangloser, alphabetischer Reihenfolge im Rahmen der einzelnen Abschnitte aufgeführt.

80.1 Lieferanten von Vorrichtungs-Baukastensystemen

1. Beien & Co. Spanntechnik
   (Hersteller: VEB Hohenstein – DDR)
   Postfach 10 07 32, 5650 Solingen
2. Blümle KG (blüco-technik)
   Schwarzbachstr. 52, 7000 Stuttgart 80
3. De-Sta-Co Metallerzeugnisse GmbH
   (Hersteller: Niedecker GmbH Frankfurt – „Spannsystem")
   Neue Mainzer Str. 14–16, 6000 Frankfurt/M. 1
4. Paul Forkardt GmbH & Co. KG
   Postfach 3233, 4000 Düsseldorf 1
5. Hahn & Kolb Werkzeugmaschinen und Werkzeuge
   (Hersteller: Mauser-Werke Oberstdorf)
   Postfach 333, 7000 Stuttgart 1
6. Erwin Halder Maschinen- und Werkzeugfabrik
   Postfach 209, 7959 Achstetten 3 (Bronnen)
7. Hans Lenze & Co. KG
   (Hersteller: Wharton & Wilcocks Ltd, England)
   Postfach 425, 3250 Hameln 1
8. Andreas Maier, Schloß- und Werkzeugfabrik
   Postfach 1760, 7012 Fellbach
9. A. Römheld GmbH Friedrichshütte
   Postfach 1253, 6312 Laubach 1
10. Alfred Zoller & Co. Maschinen- und Vorrichtungsbau
    Postfach 1163, 7140 Ludwigsburg 10

80.2 Lieferanten von Baukasten-Prüfvorrichtungen

1. Alfredeen Production AB,
   Götlundagatan 4, S–124 46 Bandhagen/Schweden
2. Controle et decolletage
   BP 8, F-74 Annemasse/Frankreich
3. Hahn & Kolb Werkzeugmaschinen und Werkzeuge
   Postfach 333, 7000 Stuttgart 1
4. Friedrich Rambold KG
   7730 Villingen

80.3 Lieferanten von DIN- und werksgenormten Vorrichtungs-Bauelementen

1. Edmund Albert – alba – GmbH
   Postfach 407, 8750 Aschaffenburg
2. Beien & Co. Spanntechnik
   Postfach 10 07 32, 5650 Solingen
3. De-Sta-Co Metallerzeugnisse GmbH
   Neue Mainzer Straße 14–16, 6000 Frankfurt/M 1
4. Otto Ganter & Co. KG Normteilefabrik
   Triberger Str. 1, 7743 Furtwangen (Schwarzwald)
5. Erwin Halder Maschinen- und Werkzeugfabrik
   Postfach 209, 7959 Achstetten 3 (Bronnen)
6. Hasco-Normalien Hasenclever & Co.
   Postfach 1720, 5880 Lüdenscheid
7. Heinrich Kipp Werk Spanntechnik + Normelemente
   Postfach 1160, 7247 Sulz-Holzhausen
8. Hans Lenze & Co. KG
   Postfach 425, 3250 Hameln 1
9. Wilhelm Leschhorn Messwerkzeuggesellschaft mbH
   Bleichstraße 8–10, 6000 Frankfurt/M
10. Andreas Maier Schloß- und Werkzeugfabrik
    Postfach 1760, 7012 Fellbach
11. Niedecker GmbH Präzision und System
    Postfach 94 01 90, 6000 Frankfurt/M 94 (Rödelheim)
12. norelem – Normelemente Bau- und Vertrieb GmbH
    Postfach 1205, 7145 Markgröningen
13. Normteilwerk Robert Blohm
    Postfach 1240, 2059 Büchen (Lauenb.)
14. A. Römheld GmbH Friedrichshütte
    Postfach 1253, 6312 Laubach 1
15. Sandvik-Kosta GmbH
    Postfach 1209, 7253 Renningen 2 (Malmsheim)
16. Bernhard Steinel Werkzeugmaschinenfabrik GmbH & Co.
    Postfach 3540, 7730 Villingen
17. SSV H. Gühring, Schraubstock- und Spannwerkzeug-Vertrieb
    Ebertstr. 96, 7014 Kornwestheim
18. Alfred Konrad Veith GmbH & Co. Werkzeug- und Maschinenfabrik
    Postfach 1340, 7110 Öhringen (Württ.)

80.4 Lieferanten von Bedienelementen wie Handgriffe, Kreuzgriffe, Sterngriffe, Ballengriffe, Handräder usw.

1. Christophery GmbH
   Postfach 190, 5860 Iserlohn
2. Cordt & Herzog
   5974 Herscheid-Vogelsang
3. Deutsche Star Kugelhalter GmbH
   Postfach 1160, 8720 Schweinfurt 1
4. Otto Ganter & Co. KG Normteilefabrik
   Triberger Str. 1, 7743 Furtwangen (Schwarzw.)
5. Erwin Halder Maschinen- und Werkzeugfabrik
   Postfach 209, 7959 Achstetten (Bronnen)
6. Helmut Kassner, Eich 1
   Postfach 12 02 63, Wuppertal 12
7. Heinrich Kipp Werk Spanntechnik + Normelemente
   Postfach 1160, 7247 Sulz-Holzhausen
8. Hans Lenze & Co. KG
   Postfach 425, 3250 Hameln 1
9. Gebrüder Lohmann KG
   Postfach 4147, Verdol 4
10. Magura – Gustaw Magenwirt GmbH & Co.
    Postfach 1180, 7417 Urach (Württ.)
11. norelem – Normelemente Bau- und Vertrieb GmbH
    Postfach 1205, 7145 Markgröningen
12. Normteilewerk Robert Blohm
    Postfach 1240, 2459 Büchen (Lauenb.)
13. Heinrich Repp Metallwarenfabrik
    Postfach 1468, 5608 Radeformwald 1
14. Otto Sturm GmbH & Co. KG Präzisionswerk
    Postfach 40, 8371 Frauenau

15. Dr. C. Hanser AG Spezialhaus für Normteile und Gelenke
Mühlbachstr. 84, CH-8032 Zürich
16. Gebr. Wittler GmbH & Co. KG
Bleichstr. 77, 4800 Bielefeld 1

80.5 Lieferanten von handbetätigten Schnellspannelementen wie Kniehebel-Schnellspanner, Schubstangen-Schnellspanner, Exzenter-Spanner usw.

1. Beien & Co. Spanntechnik
Postfach 10 07 32, 5650 Solingen
2. Börkey-Import KG
Postfach 447, 5800 Hagen 1
3. De-Sta-Co Metallerzeugnisse GmbH
Neue Mainzer Str. 14–16, 6000 Frankfurt/M 1
4. Fibro GmbH
Postfach 20, 6954 Hassmersheim
5. Otto Ganter & Co. Normteilefabrik
Triberger Straße 1, 7743 Furtwangen (Schwarzw.)
6. H. Gühring, Schraubstock- und Spannwerkzeug-Vertrieb
Ebertstr. 96, 7014 Kornwestheim
7. Hahn & Kolb Werkzeugmaschinen und Werkzeuge
Postfach 333, 7000 Stuttgart 1
8. Erwin Halder Maschinen- und Werkzeugfabrik
Postfach 209, 7959 Achstetten 3 (Bronnen)
9. Gebrüder Heller GmbH Werkzeugfabrik
Postfach 44 83 49, 2800 Bremen 44
10. Georg Kessel GmbH & Co. KG
Postfach 1124, 8960 Kempten (Allgäu)
11. Heinrich Kipp Werk Spanntechnik + Normelemente
Postfach 1160, 7247 Sulz-Holzhausen
12. Kostryka –pk– Spannverfahren Ing. Peter Kostryka KG
Postfach 31 04 28, 7000 Stuttgart 31 (Weilimdorf)
13. Hans Lenze & Co. KG
Postfach 425, 3250 Hameln 1
14. Andreas Maier Schloß- und Werkzeugfabrik
Postfach 1760, 7012 Fellbach
15. Niedecker GmbH Präzision und System
Postfach 94 01 90, 6000 Frankfurt/M 94 (Rödelheim)
16. norelem – Normelemente Bau- und Vertrieb GmbH
Postfach 1205, 7145 Markgröningen
17. Optima Spanntechnik GmbH
Postfach 31 02 40, 5900 Siegen 1
18. Sevotron Tabert GmbH & Co. KG
Igelweg 16, 2351 Trappenkamp
19. A. Römheld GmbH Friedrichshütte
Postfach 1253, 6312 Laubach 1
20. SMW-Spanneinrichtungen Schneider & Weißhaupt
Postfach 100, 7996 Meckenbeuren
21. Weber Werkzeuge KG
Theodor Heuss Str. 3, 7141 Kleinbottwar (Württ.)

80.6 Lieferanten von Schnellspann-Säulengestellen DIN 6348 – hand- und kraftbetätigt

1. Beien & Co. Spanntechnik
Postfach 10 07 32, 5650 Solingen
2. Wilhelm Breusicke & Co. KG Abt. Rückert-Vorrichtungsbau
Paul-Lincke-Ufer 39/40, 1000 Berlin 36
3. C. & E. Fein GmbH & Co.
Postfach 172, 7000 Stuttgart 1
4. Hans Fickert oHG
Bettinastr. 30, 6000 Frankfurt/M.
5. Suevia Haiges KG Maschinenfabrik
Postfach 8, 7125 Krichheim/Neckar
6. Hahn & Kolb Werkzeugmaschinen und Werkzeuge
Postfach 333, 7000 Stuttgart 1
7. Hans Joachim Hammer Werkzeugbau
8070 Ingolstadt
8. MWT Maschinen- und Werkzeugfabrik GmbH
Schafgasse 8, 7106 Neustadt
9. norelem – Normelemente Bau- und Vertrieb GmbH
Postfach 1205, 7145 Markgröningen
10. J. Gottlieb Preiseler GmbH & Co. KG
Postfach 15 01 57, 5630 Remscheid 1
11. A. Römheld GmbH Friedrichshütte
Postfach 1253, 6312 Laubach 1
12. Sauter-KG Spezialwerkzeug- und Maschinenbau
Postfach 1280, 7145 Markgröningen
13. SBW Spann- und Biegewerkzeuge GmbH
Voltastr., 6806 Viernheim
14. Suevia-Haiges KG Maschinenfabrik
Postfach 8, 7125 Kirchheim (Neckar)

80.7 Lieferanten von Universal-Bohrvorrichtungen zum radialen Bohren von wellenartigen Werkstücken

1. Wilhelm Brausicke & Co. KG Abt. Rückert-Vorrichtungsbau
Paul-Lincke-Ufer 39/40, 1000 Berlin 36
2. Werner Fezer
In langen Bergen 3, 7760 Radolfzell 15
3. Hahn & Kolb Werkzeugmaschinen und Werkzeuge
Postfach 333, 7000 Stuttgart 1
4. Holzegger AG Präzisionsmaschinenfabrik
CH-8640 Rapperswil am Zürichsee
5. Andreas Maier Schloß- und Werkzeugfabrik
Postfach 1760, 7012 Fellbach
6. norelem Normelemente Bau- und Vertrieb GmbH
Postfach 1205, 7145 Markgröningen
7. Hermann Rückle KG Werkzeugfabrik
Postfach 408, 7300 Esslingen/N.
8. WEKA-HANDEL
Ahornweg 2, 8961 Heising
9. Sandvik-Kosta GmbH
Postfach 1209, 7253 Renningen 2 (Malmsheim)

80.8 Lieferanten von Universal-Bohrvorrichtungen mit Kreisteileinrichtung zum Bohren von scheiben- und flanschartigen Werkstücken

1. Beien & Co. Spanntechnik
Postfach 10 07 32, 5650 Solingen
2. Hahn & Kolb Werkzeugmaschinen und Werkzeuge
Postfach 333, 7000 Stuttgart 1
3. Editions Techniques Paul Huet
85 Rue du Vieux-Pont-de-Sévres, F-92100 Boulogne
4. Holzegger AG Präzisionsmaschinenfabrik
CH-8640 Rapperswil am Zürichsee
5. Sandvik-Kosta GmbH
Postfach 1209, 7253 Renningen 2 (Malmsheim)

6. Heinz Teiwes Erka-Universal-Vorrichtungen
6581 Hottenbach
7. WEKA-HANDEL
Ahornweg 2, 8961 Heising

80.9 Lieferanten von pneumatischen Bauelementen, Geräten und Spannelementen

1. Atlas Copco Deutschland GmbH
Postfach 10 02 51, 4300 Essen 1
2. AXA-Maschinen- und Armaturen GmbH & Co. KG
Postfach 24, 4431 Schöppingen
3. Beien & Co. Spanntechnik
Postfach 10 07 32, 5650 Solingen
4. Berg & Co. GmbH Spanntechnik
Postfach 11 01 44, 4800 Bielefeld 11
5. Kompressoren Berndt, I. Berndt
Postfach 1125, 7302 Ostfildern 2 – Nellingen
6. Robert Bosch GmbH, Geschäftsbereich K6
Postfach 30 20 40, 7000 Stuttgart 30
7. De-Sta-Co Metallerzeugnisse GmbH
Neue Mainzer Str. 14–16, 6000 Frankfurt/M. 1
8. Drumag GmbH Automation
Postfach 42, 7880 Bad Säckingen/Rh.
9. Eugen Fahrion
Postfach 388, 7300 Esslingen
10. Festo KG Produktgruppe Festo Pneumatik
Postfach 6040, 7300 Esslingen 1 (Bergheim)
11. Fibro GmbH
Postfach 1120, 6954 Hassmersheim
12. Paul Forkardt GmbH & Co. KG
Postfach 10116, 4000 Düsseldorf 10
13. Helmut Frey, Werkzeug- und Apparatefabrik
7741 Tennenbronn
14. Frielingsdorf Werkzeugmaschinen GmbH
Am Meisenhorst 2, 5630 Remscheid 11 – Lennep
15. Grasso-Druckluft GmbH
Postfach 13 01 30, 4330 Mühlheim-Ruhr 13
16. Hahn & Kolb Werkzeugmaschinen und Werkzeuge
Postfach 333, 7000 Stuttgart 1
17. Hoerbiger Pneumatik GmbH
Postfach 20, 8920 Schongau (Lech)
18. W. Hofmann & Co. KG
Postfach 1284, 5657 Haan/Rhld.
19. Hydair GmbH
Postfach 746, 7800 Freiburg i. Br.
20. Kolben-Seeger
Frankfurter Allee 39–43, 6236 Eschborn–Süd
21. Leibfried Maschinen GmbH
Schwarzwaldstr. 63, 7033 Herrenberg
22. Andreas Maier Schloß- und Werkzeugfabrik
Postfach 1760, 7012 Fellbach
23. Martonair Druckluftsteuerungen GmbH
Bruckstr. 93, 4743 Alpen (Ndrh.)
24. Miniair GmbH
Güntersburgallee 19, 6000 Frankfurt/M. 1
25. Simon Nann KG Fabrik für Spannwerkzeuge
7205 Böttingen
26. Röhm GmbH
Postfach 60, 7927 Sontheim (Brenz)
27. Röthe-Druckluft
Hardtstr. 9, 3437 Sooden-Allendorf
28. SMW-Spanneinrichtungen Schneider & Weißhaupt
Postfach 100, 7996 Meckenbeuren
29. Sperry Vickers Automation + Pneumatik
Postfach 40 13 27, 6072 Dreiteich
30. Tünkers GmbH
Voisweg 2, 4030 Ratingen
31. VH Automation Vertrieb GmbH
Postfach 2, 6715 Lambsheim/Pfalz

80.10 Lieferanten von pneumo-hydraulischen Druckübersetzern

1. Börkey-Import KG
Postfach 10 07 32, 5800 Hagen 1
2. De-Sta-Co Metallerzeugnisse
Neue Mainzer Str. 14–16, 6000 Frankfurt/M.
3. Drumag GmbH – Automation
Postfach 72, 7880 Bad Säckingen/Rh.
4. Hahn & Kolb Werkzeugmaschinen und Werkzeuge
Postfach 333, 7000 Stuttgart 1
5. Hydair GmbH
Postfach 746, 7800 Freiburg/Br.
6. Hydraulik-Aggregate GmbH / Co. KG
Feldbergstr. 28, 6101 Braunshardt
7. Kostyrka –pk– Spannverfahren, Ing. Peter Kostyrka KG
Alte Stuttgarter Str. 59, 7000 Stuttgart 1 (Botnang)
8. Lupra – S. Löwa KG
Postfach 436, 7640 Kehl/Rhein
9. Andreas Maier Schloß- und Werkzeugfabrik
Postfach 1760, 7012 Fellbach/Württ.
10. Martonair Druckluftsteuerungen GmbH
Bruckstr. 93, 4734 Alpen (Ndrh.)
11. Maschinenfabrik Hilma GmbH
Postfach 1220, 5912 Hilchenbach
12. Metallwerk Karl Leibfried GmbH
Schwarzwaldstr. 63, 7033 Herrenberg
13. Hans Wilhelm Pfeiffer
Klinkestr. 4, 4300 Essen
14. J. Gottlieb Peiseler GmbH & Co. KG
Postfach 1205, 5630 Remscheid 1
15. A. Römheld GmbH Friedrichshütte
Postfach 1253, 6312 Laubach 1
16. Sandvik-Kosta GmbH
Postfach 1209, 7253 Renningen 2 (Malmsheim)
17. SSV H. Güring, Schraubstock- und Spannwerkzeug-Vertrieb
Ebertstr. 96, 7014 Kornwestheim

80.11 Lieferanten von muskelkraftbetätigten hydraulischen Spannpumpen (auch Schraubpumpen)

1. Amman-Technik GmbH
Postfach 81 03 50, 7000 Stuttgart 81
2. Aros-Hydraulik GmbH
Postfach 2229, 8940 Memmingen
3. Bahco Druckluft-Hydraulik Werkzeuge GmbH & Co.
Bockenfelder Str., 4600 Dortmund-Böwinghausen
4. Beien & Co.
Postfach 10 07 32, 5650 Solingen
5. Börkey-Import KG
Postfach 447, 5800 Hagen 1

6. Bucher KG Maschinenfabrik
   7895 Klettgau 2/Griessen
7. Buchholz-Hydraulik
   2301 Klausdorf (Schwarzw.)
8. Dahlke-Hydroma
   Niederröder Weg 30, 6056 Heusenstamm
9. De-Sta-Co Metallerzeugnisse GmbH
   Neu Mainzer Str. 14–16, 6000 Frankfurt/M.
10. Duplomatik Hydraulik GmbH
    Mühlheimer Str. 107, 6050 Offenbach/Main
11. Eberspächter GmbH Maschinenfabrik
    Im Auchtert 27, 7312 Kirchheim-Nabern
12. Hahn & Kolb Werkzeugmaschinen und Werkzeuge
    Postfach 333, 7000 Stuttgart 1
13. Heilmeier & Weinlein, Fabrik für Ölhydraulik
    Beumarkter Str. 26, 8000 München 80
14. Andreas Maier Schloß- und Werkzeugfabrik
    Postfach 1760, 7012 Fellbach
15. Maschinenfabrik Hilma GmbH
    Postfach 1220, 5912 Hilchenbach
16. Rich & Kober KG Hydraulik
    Esslinger Str. 18–22, 7302 Ostfildern 1 (Ruit)
17. A. Römheld GmbH Friedrichshütte
    Postfach 1253, 6312 Laubach 1
18. SSV H. Güring, Schraubenstock- und Spannwerkzeug-Vertrieb
    Ebertstr. 96, 7014 Kornwestheim
19. Werkzeugmaschinenfabrik Georg Kessel
    Postfach 1924, 8960 Kempten/Allgäu 2

80.12 Lieferanten von hydraulischen Bauelementen, Geräten und Spannelementen

1. Allweiler AG
   Postfach 1140, 7760 Radolfzell (Bodensee)
2. Beien & Co. Spanntechnik
   Postfach 10 07 32, 5650 Solingen
3. Berg & Co. GmbH Spanntechnik
   Postfach 11 01 44 und 11 01 49, 4800 Bielefeld 11
4. Robert Bosch GmbH, Geschäftsbereich K6
   Postfach 30 02 40, 7000 Stuttgart 30
5. De-Sta-Co Metallerzeugnisse GmbH
   Neue Mainzer Str. 14–16, 6000 Frankfurt/M. 1
6. Drumag GmbH Automation
   Postfach 42, 4880 Bad Säckingen (Rhein)
7. FAG Kugellager Georg Schäfer & Co. Erzeugnisbereich Hydraulik und Regeltechnik System Frieseke & Hoepfner
   Postfach 1660, 8520 Erlangen
8. Fibro GmbH
   Postfach 1120, 6954 Hassmersheim
9. Paul Forkardt GmbH & Co. KG
   Postfach 3233, 4000 Düsseldorf 1
10. Hahn & Kolb Werkzeugmaschinen und Werkzeuge
    Postfach 333, 7000 Stuttgart 1
11. Heilmeier & Weinlein Fabrik für Ölhydraulik GmbH & Co. KG
    Neumarkterstr. 26, 8000 München 80
12. Herion-Werke KG Regel- und Steuertechnik
    Postfach 1560, 7012 Fellbach
13. Hoerbiger Hydraulik GmbH
    Postfach 167, 8920 Schongau (Lech)
14. Andreas Meier Schloß- und Werkzeugfabrik
    Postfach 1760, 7012 Fellbach
15. Maschinenfabrik Hilma GmbH
    Postfach 1220, 5912 Hilchenbach (Kr. Siegen)
16. J. Gottlieb Peiseler GmbH & Co. KG
    Postfach 15 01 57, 5630 Remscheid 1
17. Röhm GmbH
    Postfach 60, 7927 Sontheim (Brenz)
18. A. Römheld GmbH Friedrichshütte
    Postfach 1253, 6312 Laubach 1
19. Sperry Vickers Zweigniederl. der Sperry GmbH
    Postfach 2327, 6380 Bad Homburg v.d.H.
20. SSV H. Gühring Schraubstock- und Spannwerkzeug-Vertrieb
    Ebertstr. 96, 7014 Kornwestheim
21. Alfred Teves GmbH Geschäftsbereich Hydraulik
    Postfach 10 04 66, 6000 Frankfurt/M. 9

80.13 Lieferanten von Rohrverschraubungen für Hydraulikleitungen

Allgemein üblich sind Verschraubungen mit Schneidring (DIN 2353 und DIN 3930) für Rohrdurchmesser bis etwa 42 mm oder Doppelkegelring (DIN 2367, selten angewandt bis etwa 15 mm), darüber hinaus werden in der Regel Flanschverbindungen eingesetzt. Auf spannungsfreie Montage ist sehr zu achten. Die Verschraubungen dürfen nicht bei unter Druck stehender Anlage nachgezogen werden!

Schneidring-Verschraubungen (DIN 2353 und DIN 3930)

1. Arco Armaturenfabrik Obrigheim
   6951 Obrigheim/Neckar
2. Karl W. Bell KG
   3509 Spangenberg Bez. Kassel
3. Eifeler Maschinenbau
   Richard Wagner Str. 39, 5000 Köln 10
4. Ermeto Armaturen GmbH
   4814 Windelbleiche-Bielefeld
5. Rudolf Majret & Co. KG
   Simon-Arzt-Str. 4, 5303 Bornheim-Hersel
6. Peter Burisch
   Gütersloher Str. 375a, 4812 Brackwede
7. Johannes Schäfer
   6303 Hungen/Oberhessen
8. Voss Armaturenfabrik
   Lüdenscheider Str. 8, 5290 Wüpperfürth/Rhld.
9. Zako-Rohrverbindungen
   Scheurstr. 5, 4000 Düsseldorf 1

Keil- und Klemmring-Verschraubungen

10. Georg Fischer GmbH
    4020 Mettmann
11. Jean Walterscheid KG
    Bachstr. 14–18, 5200 Siegburg

80.14 Lieferanten von Sondervorrichtungen

1. Abawerk GmbH,
   Postfach 21, 8750 Aschaffenburg
2. Edmund Albert Lehren-Vorrichtungsbau – alba – GmbH
   Postfach 407, 8750 Aschaffenburg
3. Allgaier-Werke GmbH
   Postfach 40, 7336 Uhingen
4. Paul Beier KG Werkzeug- und Maschinenbau
   Postfach 10 04 69, 3500 Kassel
5. Wilhelm Blessing Ing. – Spannzeuge
   Hermann-Löns-Str. 17, 7302 Ostfildern 2 (Nellingen)
6. Theo Bodensohn Maschinenfabrik-Werkzeugbau
   Liebeigstr. 2, 6453 Selingenstadt-Klein-Wetzheim

7. Ernst Bremer
Klingehofstr. 11, 8500 Nürnberg
8. Broderius & Co. Präzisionswerkzeug- und Maschinenfabrik
Hamburger Str. 28, 2359 Henstedt-Ulzburg
9. Rudolf Buschmann Spannwerkzeugfabrik
Postfach 70 01 05, 5620 Velbert 15
10. Claas oHG Sparte Fertigungstechnik
Postfach 1140, 4834 Harsewinkel
11. Wilhelm Dreusicke & Co. KG Abt. Rückert Vorrichtungen
Paul-Lincke-Ufer 39/40, 1000 Berlin 36
12. Wilhelm Fette GmbH Präzisionswerkzeug und Maschinenfabrik
Postfach 1180, 2053 Schwarzenbek/Hamburg
13. O. & K. Geissler GmbH Präzisionswerkzeuge, Vorrichtungen und Sondermaschinen
Reutterstr. 66, 8000 München 21
14. Gildemeister & Knoll GmbH Tiefbohr-Systeme, Werkzeugbau
Postfach 1280, 7903 Laichingen
15. Heinrich Graff Norddeutsche Werkzeugfabrik
Kabelkamp 7, 3000 Hannover 1
16. Erwin Halder Maschinen und Werkzeugfabrik
Postfach 209, 7959 Achstetten 3 (Bronnen)
17. Adam Hauk Lehren- und Vorrichtungsbau
Postfach 14, 8752 Mainaschaff/Aschaffenburg
18. Heckler & Koch Maschinen- und Anlagenbau GmbH
Seedorfer Str. 91, 7230 Schamberg-Waldmossingen
19. Max Holzwarth KG Maschinenbau
Postfach 5010, 7300 Esslingen 1/Zell
20. Theodor Kekeisen GmbH & Co. KG Werkzeug- und Maschinenfabrik
Schmiedstr. 27, 7958 Laupenheim 1 (Württ.)
21. Friedrich Kessler Werkzeug- und Maschinenbau
Postfach 1126, 8032 München-Gräfelfing
22. Hermann Kneiseler KG Maschinenfabrik – Vorrichtungsbau
Postfach 229, 7230 Schramberg-Sulgen (Württ.)
23. Kostryka –pk– Spannverfahren Ing. Peter Kostryka KG
Postfach 31 04 28, 7000 Stuttgart 31 (Weilimdorf)
24. Gebr. Kreis GmbH & Co. KG Werkzeug- und Maschinenfabrik Abt. WbM
Postfach 10 16 40, 6620 Völklingen-Saar
25. Arnold Laschet sen. und Söhne Maschinenfabrik
Postfach 1004, 4300 Essen 1
26. Maschinenfabrik Rausch KG
Postfach 1551, 5657 Haan (Rheinland)
27. Mittnacht & Schäfer GmbH & Co. Meßzeugfabrik
Postfach 244, 8750 Aschaffenburg
28. Optima Spanntechnik GmbH
Postfach 31 02 40, 5900 Siegen 31
29. Piltz Präzisionswerkzeuge
Postfach 60, Daimlerstr. 1, 7921 Nattheim
30. Martin Pehl GmbH Sondermaschinen- und Vorrichtungsbau
Taitinger Str. 41, 8901 Dasing/Augsburg
31. Rohwedder GmbH & Co. KG Präzisionswerkzeug und Maschinenbau
Postfach 1340, 7778 Markdorf (Baden)
32. Sandvik-Kosta GmbH
Postfach 1209, 7253 Renningen 2 (Malmsheim)
33. Schenk Werkzeug- und Maschinenbau GmbH
Postfach 1810, 7070 Schwäbisch Gmünd (Württ.)
34. Ingenieur Hein Schmoll Maschinen- und Apparatebau
Postfach 174, 6242 Kronenberg/Ts.
35. Servotron Tabert GmbH & Co. KG
Igelweg 16, 2351 Trappenkamp
36. SPW Süddeutsches Präzisionswerk GmbH & Co.
Postfach 40, 7340 Geislingen/M.
37. Albert Stech KG
Berner Chaussee 10a, 2000 Hamburg 71
38. Ingolf Steinicke Vorrichtungs- und Werkzeugbau
Im Pfeifersaal 8, 6477 Limesheim 3
39. C. Stiefelmayer KG
Postfach 187, 7300 Esslingen
40. Thyssen Plastik Maschinen GmbH
Postfach 80 19 20, 8000 München 80
41. Ultra-Präzisionswerk GmbH
Postfach 54, 8750 Aschaffenburg
42. Vereinigte Flugtechnische Werke GmbH
Postfach 10 78 45, 2800 Bremen 1
43. Hermann Ziegler KG Vorrichtungs- und Werkzeugbau
Maulbronner Str. 2, 7140 Ludwigsburg-Egolsheim

80.15 Lieferanten von Montagevorrichtungen

1. BMA Braunschweigische Maschinenbauanstalt AG
Postfach 3225, 3300 Braunschweig
2. Claas oHG Sparte Fertigungstechnik
Postfach 1140, 4834 Harsewinkel
3. FAG Kugelfischer Georg Schäfer & Co.
Erzeugnisbereich Wälzlager
Postfach 1260, 8720 Schweinfurt 1
4. Erwin Halder Maschinen- und Werkzeugfabrik
Postfach 209, 7959 Achstetten 3 (Bronnen)
5. Gebr. Kreis GmbH & Co. KG Werkzeug- und Maschinenfabrik Abt. WbM
Postfach 10 16 40, 6620 Völklingen-Saar
6. August Läpple GmbH & Co.
Werkzeuge-Formen-Preßwerk-Vorrichtungen-Anlagen
Postfach 2520, 7100 Heilbronn
7. Vereinigte Flugtechnische Werke GmbH
Postfach 10 78 45, 2800 Bremen 1

80.16 Lieferanten von Universal-Werkzeugfräs- und Bohrmaschinen für den Werkzeug- und Vorrichtungsbau

1. Aciera SA, Maschinenfabrik
CH–2400 Le Locle/Schweiz
2. Bohner & Köhle GmbH & Co. Maschinenfabrik
Postfach 67, 7300 Esslingen (Neckar)
3. Fridrich Deckel AG
Postfach 70 04 28, 8000 München 70
4. Gertner, Fuhrneister & Co. Maschinenhandelsges. mbH
Kalscheurener Str. 83, 5030 Hürth/Köln
5. Hahn & Kolb Werkzeugmaschinen und Werkzeuge
Postfach 333, 7000 Stuttgart 1
6. Heckler & Koch, Maschinen- und Anlagenbau
Seedorfer Str. 91, 7230 Schramberg-Waldmossingen
7. Berthold Hermle KG Werkzeugmaschinen
Postfach 1240, 7209 Gosheim (Württ.)
8. Hommel-Handel GmbH
Postfach 1206, 6806 Viernheim/Mannheim
9. Huron Fräsmaschinen GmbH
Bebelstr. 47, 7000 Stuttgart-W.
10. Carl Hurth Maschinen- und Zahnradfabrik GmbH & Co.
Moosbacher Str. 36, 8000 München 40

11. Klopp-Werke KG Werkzeugmaschinenfabriken
Postfach 19 04 40, 5650 Solingen 19
12. Friedrich Korradi KG Werkzeugmaschinenfabrik
Postfach 1928, 8960 Kempten (Allgäu)
13. Kunzmann Werkzeugmaschinenfabrik GmbH
Tullastr. 29–31, 7537 Remchingen-Nöttingen
14. Macmon GmbH Werkzeugmaschinen
Siemensstr. 3, 6074 Rödermark (Urberach)
15. MAHO Werkzeugmaschinenbau Babel & Co.
Postfach 1280, 8962 Pfronten-Steinach
16. Mexpol Außenhandelsges. mbH
Niedenstr. 69, 4010 Hilden
17. Maschinenfabrik Mikron AG
Alleestr. 11, CH–2501 Biel/Schweiz
18. Precima-Import-Export
Langestr. 20, 6000 Frankfurt/M.
19. Schaublin S.A.
CH–2735 Bévilard/Schweiz
20. E. Schaffner AG
Bahnstraße 77–79, CH–5012 Schönwerd/Schweiz
21. Gebr. Scheller GmbH Maschinenfabrik
Postfach 1260, 7332 Eislingen (Fils)
22. SHW-GmbH
Postfach 3280, 7080 Aalen-Wasseralfingen
23. Bernard Steinel Werkzeugmaschinenfabrik
Postfach 3540, 7730 Villingen-Schwenningen
24. Gebr. Thiel GmbH
3501 Emstal 1
25. Union Werkzeugmaschinenfabrik M. Reuter GmbH & Co. KG
Postfach 17 03 69, 4800 Bielefeld (Oldentrup)
26. WMW Werkzeugmaschinen GmbH Handelsges.
Höherweg 234–236, 4000 Düsseldorf 1

80.17 Im Text und in den Bildern, Tabellen bzw. in Bildunterschriften aufgeführte Firmen

1. H. von Baatcz
7750 Konstanz
2. G. Balluff KG
Gartenstraße 21, 7303 Neuhausen
3. Bauer & Schaurte, Karcher GmbH
Postfach 546, 4040 Neuss 1
4. Bayrische Schrauben und Federnfabriken Richard Bergner
Postfach, 8540 Schwabach
5. Beuth-Vertrieb
1000 Berlin und 5000 Köln
6. Normteilwerk Robert Blohm
Postfach 1140, 2059 Büchen
7. Ciba AG
7867 Wehr/Baden
8. Ciba-Geigy AG
CH-4002 Basel/Schweiz
9. Chemische Fabrik Stockhausen & Cie
4150 Krefeld
10. Delo Kunststoffchemie GmbH München
Lohenstraße 11, 8032 München-Gräfelfing
11. Devcon Div. ITW – Ateco GmbH
4030 Ratingen 4 Lintorf
12. Duro-Papierverarbeitung Huxhol & Co.
5250 Engelskirchen/Köln
13. Dynamit-Nobel AG
5210 Troisdorf
14. ELB-SCHLIFF Edmund Lang
6113 Babenhausen/Hessen
15. Dr. med. J. Ellendorf & Co.
5600 Wuppertal-Barmen
16. Erdmann/Grün – Feinmechanik und Optik
Postfach 1480, 6330 Wetzlar
17. Albert Fetzer – Maschinenfabrik GmbH
7300 Esslingen
18. Fischer-Brodbeck GmbH
6954 Haßmersheim/Baden
19. Paul Forkardt & Co. KG
Postfach 10116, 4000 Düsseldorf 10
20. Fränkische Hartpapierwaren
8311 Velden/Fils
21. Otto Ganter & Co. KG Normteilefabrik
Triberger Str. 1, 7743 Furtwangen (Schwarzwald)
22. Hahn & Kolb Werkzeugmaschinen und Werkzeuge
Postfach 333, 7000 Stuttgart 1
23. Herion-Werke KG Regel- und Steuertechnik
Postfach 1560, 7012 Fellbach
24. Herkommer & Bangertner GmbH & Co.
Chemikaliengroßhandlung
Rümelinstr. 30, 7000 Stuttgart 1
25. Hommel Handel GmbH Niederlassung Köln,
Fachbereich Maschinen
Donatusstraße 24, 5000 Köln 71 – Pesch
26. Industriediamanten GmbH
2072 Bartenheide bei Hamburg
27. IWA-Rechenschieberfabrik F. Riehle KG
Postfach 803, 7300 Esslingen
28. Joisten/Kettenbaum GmbH
5060 Bensberg-Herkenrath
29. K. Jung GmbH – Flach- und Profilschleifmaschinen
Postfach 640, 7320 Göppingen
30. Heinrich Kipp Werk, Spanntechnik – Normelemente
Postfach 1160, 7247 Sulz-Holzhausen
31. E. Klingenfuß Nachf.
Hilzmarkt 10, 7800 Flensburg
32. Lechler-Chemie GmbH Hauptabteilung Chemiewerkstoffe
Postfach 232, 7000 Stuttgart 1
33. Carl Mahr Spezialfabrik für Feinmeßgeräte und Lehren
Postfach 147, 7300 Esslingen a. N.
34. Ringspann Albrecht Maurer KG
Postfach 2060, 6380 Bad Homburg v.d.H.
35. Meßwelk GmbH
Postfach 1260, 8752 Kleinostheim
36. H. & K. Müller GmbH-KG Kunststoff Spritzgießwerk
Steegerstraße 30, 5250 Engelkirchen/Köln
37. Dr. Reininghaus Chemische Fabrik
4330 Mülheim/Ruhr
38. Rütgerswerke AG
Mainzer Landstr. 217, 6000 Frankfurt/M. 1
39. Ernst Schmid Werkzeugbau
Hagenbergerstr. 7, 7300 Esslingen
40. Alfred Schütte Werkzeugmaschinenfabrik
Alfred-Schütte-Allee 76, 5000 Köln 91
41. Spieth-Maschinenelemente GmbH + Co. KG
Alleenstraße 41, 7300 Esslingen 11 – Zell
42. STANDARTGRAPH, Filler/Fiebig GmbH
8192 Geretsried 2
43. Stieber Division der Borg-Warner GmbH
Postfach 10 13 60, 6900 Heidelberg – Kurzpfalzring

44. Horst und Karla Stoltenberg
4040 Neuss
45. Gebr. Thiel GmbH
3501 Emstal 1
46. Isidor Thoma
7821 Bernau
47. Thyssen-Schulte GmbH
Postfach 201/202, 4600 Dortmund 1
48. Tobler-Spannwerkzeuge
Windschläger Str. 5, 7601 Durbach/Baden
49. Wacker-Chemie
Prinzregentenstr. 22, 8000 München 22
50. Günter Wagner
Postfach 177, 3000 Hannover
51. P. W. Weidling GmbH
An der Kleimannbrücke 17, 4400 Münster (Westf.)
52. E. Wohlhaupter & Co. Werkzeugfabrik
Postfach 20, 7443 Frickenhausen (Württ.)
53. VDI-Verlag GmbH
Postfach 1139, 4000 Düsseldorf 1
54. Carl Hanser Verlag
Postfach 86 04 20, 8000 München 86

Literaturverzeichnis

1 Bücher über Vorrichtungen und damit zusammenhängende Probleme

[1] *Bardeleben, v. W.*, Methode zur Klassifizierung von Vorrichtungen. Betriebstechnische Reihe RKW REFA, Beuth-Vertrieb Berlin 1973.
[2] *Brüninghaus, G.*, Rationalisierung der Vorrichtungskonstruktion. VDI-Verlag Düsseldorf 1979.
[3] *Cornely, W. Ph.*, Werkzeug- und Fertigungsmitteleinsatz. verlag moderne industrie München 1967.
[4] *Ferling, Th.*, Hydraulische Werkstückspanner. Werkstattbücher, Heft 12. Springer Verlag Berlin, Heidelberg, New York 1969.
[5] *Krist, Th.*, Automatisierung und Vorrichtungen. Technik-Tabellen-Verlag Finkentscher & Co. Darmstadt 1981.
[6] *Lemke, E.*, Vorrichtungsbau. B. G. Teubner Stuttgart 1981.
[7] *Lukowski, J.*, Kraftbetätigte Spannzeuge. Carl Hanser Verlag München 1965.
[8] *Mauri, H.*, Vorrichtungen I. Einleitung, Aufgaben und Elemente der Vorrichtungen. Springer Verlag Berlin, Heidelberg, New York 1976.
[9] *Mauri, H.*, Vorrichtungen II. Reine Spannvorrichtungen, Bohrvorrichtungen, Arbeitsvorrichtungen, Prüfvorrichtungen, Fehler, Fertigung und Betrieb. Springer Verlag Berlin Heidelberg, New York 1981.
[10] *Mauri, H.*, Vorrichtungsbau III. Wirtschaftliche Herstellung und Ausnutzung der Vorrichtungen. Springer Verlag Berlin, Heidelberg, New York 1972.
[11] *Mauri, H.*, Vorrichtungsbau VI. Vollständige Verarbeitungsvorgänge mit Vorrichtungen und Sonderwerkzeugen in Beispielen. Springer Verlag Berlin, Heidelberg, New York 1972.
[12] *N. N.*, Rationelle Vorrichtungskonstruktion VDI-Verlag Düsseldorf 1983.
[13] *N. N.*, Spannzeuge – DIN-Taschenbuch 14 – T. 1 Normen über Werkzeugspanner, T. 2 Normen über Werkstückspanner und Vorrichtungen. Beuth-Vertrieb GmbH Berlin 30, 6. Aufl. 1981.
[14] *Scheibe, H., Waschinger, A.*, Hilfsbuch für Vorrichtungskonstrukteure und Werkzeugmacher. R. C. Schmidt & Co. Verlag Braunschweig, Berlin 1977.
[15] *Schleiffer, C. J.*, Vorrichtungsbau – Beispielsammlung. Carl Hanser Verlag München 1979.
[16] *Schreyer, K.*, Werkstückspanner (Vorrichtungen). Springer Verlag Berlin, Heidelberg, New York 1969.
[17] *Thiel, H.*, Vorrichtungen. Gestalten, Bemessen, Bewerten. Reihe: Fachwissen des Ingenieurs. Carl Hanser Verlag München 1971.
[18] *VDI-Richtlinie 2027*, Vorrichtungen. VDI-Verlag Düsseldorf 1959, 1970.
[19] *Ziegener, E.*, Berechnung und Konstruktion von Vorrichtungen. VEB Verlag Technik Berlin 1962.

2 Beiträge in Fachzeitschriften, Dissertationen und andere Veröffentlichungen über den Vorrichtungsbau und damit zusammenhängende Probleme

[20] *Andresen, U.*, Wie kann man im Konstruktionsbereich des Betriebsmittelbaus rationalisieren? Werkstattstechnik 1976/H. 1, S. 13–18.
[21] *Antoni, H.*, Einfluß des Futters auf die Verspannung verformungsempfindlicher Werkstücke. Werkstatt und Betrieb 1976/H. 12, S. 699–701.
[22] *Bardeleben, v. W.*, Systematische Betriebsmittelplanung – Methodik und Hilfsmittel, gezeigt am Beispiel der Vorrichtungskonstruktion. Diss. TH Aachen 1972.
[23] *Barßelis, G.*, Sonderspannzeuge für die spanende Bearbeitung von Konstruktionsteilen für Kraftfahrzeuge. Automobil-Industrie 1969/H. 4.
[24] *Becker, W.*, Aufgaben der Spanneinrichtungen bei unterschiedlichen Zerspanungen. Maschinenmarkt 1974/H. 103, S. 2120–2121.
[25] *Beddigs, W., Ramma, M.*, Erfahrungen mit Vorrichtungsbaukästen und Spannelementen. Werkstatt und Betrieb 1977/H. 1, S. 1–7.
[26] *Behnisch, H.*, Rationelle und gütegesicherte Schweißarbeiten mit Hilfe von Schweißvorrichtungen. Werkstatt und Betrieb 1982/H. 9, S. 639–642.
[27] *Beitler, G.*, Automatisierung von Vorrichtungen mit herkömmlichen Bauelementen der Ölhydraulik. UND-ODER-NOR 1972/H. 2, S. 42–49.
[28] *Bernard, P., Lenk W.*, Arbeitshilfen und Hilfsvorrichtungen beim Handschweißen. In: Fachbuchreihe Schweißtechnik Band 36. Schweißen und Schneiden, Fortschritte in den Grundlagen und in der Anwendung. Deutscher Verlag für Schweißtechnik Düsseldorf 1965.

[29] *Blättry, H.*, Spannzeuge in der Feinbearbeitung. sf Schriftenreihe Feinbearbeitung. Deutsche Verlags-Anstalt Abt. Fachverlag Stuttgart.

[30] *Blättry, H.*, Spannzeuge für Drehmaschinen. Werkstatt und Betrieb 1973/H. 2, S. 88–92.

[31] *Blättry, H.*, Spannvorrichtungen für Wälzlagerringe. Werkstatt und Betrieb 1981/H. 4, S. 278–280.

[32] *Brandt, H., Nicolai, M.*, Rationalisierung durch Vorrichtungsbaukästen. Werkstatt und Betrieb 1978/H. 12, S. 781.

[33] *Brankamp, K.*, Werkzeuge und Vorrichtungen. In: Handbuch der neuen Techniken des Industrial Engineering, 2. Aufl. verlag moderne industrie München 1972 (K. H. Engel, Hrsg.).

[34] *Brankamp, K.*, Vorrichtungen. In: Handbuch der modernen Fertigung und Montage. verlag moderne industrie München 1975.

[35] *Brankamp, K., Bardeleben, V. W.*, Die Vorrichtungsklassifizierung eine Rationalisierungsmethode im Betriebsmittelbereich. Industrie-Anzeiger 1970/H. 11, S. 206–211.

[36] *Bronner, A.*, Vereinfachte Wirtschaftlichkeitsrechnung. Beuth-Vertrieb GmbH Berlin 30, Köln, Frankfurt/M. 1964.

[37] *Brüningshaus, G.*, Rechnerunterstützte Konstruktion von Baukastenvorrichtungen. Diss. RWTH Aachen 1979.

[38] *Cronjäger, L.*, Werkzeuge, Vorrichtungen und Spannmittel. Begleittexte zur Vorlesung – Universität Dortmund.

[39] *Demmler, E.*, Baukasten günstiger als Einzweckvorrichtung. NC-Praxis Sonderdruck. 2. Sonderausgabe der Zeitschrift „moderne fertigung" (Firma Beien & Co. – Spanntechnik).

[40] *Diedrich, K. G.*, Der Einsatz von Vorrichtungen beim UP-Schweissen, besonders im Behälter- und Rohrleitungsbau. Fachbuchreihe Schweißtechnik, Band 63 – Handbuch des Unterpulverschweissens S. 135–149.

[41] *Dolezalek, C. M.*, Grundsatzprobleme der Werkstückhandhabung bei Fertigung und Montage. In: Automatisierung der Fertigungstechnik. Vorträge der VDI-Tagung Stuttgart 1964, VDI-Berichte Nr. 89. VDI-Verlag Düsseldorf 1965, S. 103–108.

[42] *Dolezalek, C. M., Sittel, P.*, Automatisierung der Werkstückhandbung, Werkstattstechnik wt-Zeitschrift für industrielle Fertigung 1970/H. 3, S. 138–140.

[43] *Diziôglu*, Kinematische und statische Grundlagen des Spannens und Positionierens im Maschinenbau, insbesondere bei Werkzeugmaschinen. VDI-Berichte Nr. 281, VDI-Verlag Düsseldorf 1977, S. 25–35.

[44] *Engelberger, J.*, Industrieroboter in der praktischen Anwendung. Carl Hanser Verlag München 1981.

[45] *Eversheim, W.*, Vorrichtungen und Werkzeuge. Beleittexte zur Vorlesung – WZL, TH Aachen.

[46] *Eversheim, W., Brüninghaus, G.*, Einsatz von Vorrichtungsbaukästen. Industrie-Anzeiger 1979/Nr. 37, S. 33–38.

[47] *Feldmann, K.*, Kostenoptimierung als Ziel der Konzipierung von Handhabungssystemen. Industrie-Anzeiger 1974/Nr. 102, S. 2296–2297.

[48] *Fendl, E.*, Mit Druckluft-Bohrvorschubeinheiten automatisch Bohren. technica 1974/Nr. 22, S. 1928–1932.

[49] *Feulner, J.*, Wirtschaftlich Spannen – mit Hydraulik. fluid 1972/H. 5.

[50] *Finkelnburg, H.*, Werkstückspanner. Bauarten – Spanngenauigkeit – Anwendungsgebiete. Maschinenmarkt 1970/Nr. 33, S. 699–703.

[51] *Fischer, H.*, Bearbeitungsmöglichkeiten mit Sondermaschinen im Ein- oder Mehrtaktverfahren. Maschinenmarkt 1973/Nr. 102.

[52] *Fischer, H.*, Kostensenkende kombinierte Bohr- und Gewindebohr-Einheiten. Werkstatt und Betrieb 1975/H. 4, S. 205–206.

[53] *Frank, H.-E.*, Handhabungseinrichtungen. Grundlagen. Krausskopf-Verlag Mainz 1975.

[54] *Frank, H., Willenbacher, K.*, Die Bildung von Richtwerten für Tätigkeitszeiten an Betriebsmitteln und für bestimmte Arbeitsverfahren mit dem Work-Factor-Schnellverfahren. Draht 1967/Nr. 8, S. 672–679.

[55] *Gehring, R., Nußbaum, W.*, Bauelemente des Vorrichtungsbaus und ihre Berechnung. Arbeitsunterlagen zum Seminar Nr. S-3-912-05-8, Haus der Technik e.V. Essen 15.11.1978.

[56] *Geitner, U. W.*, Steuerung von Betriebsmittelaufträgen in der Fertigung. Zeitschr. für wirtsch. Fertigung 1979/H. 4, S. 166–169.

[57] *Gerber, H.*, Graphische Datenverarbeitung in der Fertigungsmittelkonstruktion. technica, 1981/Nr. 20, S. 1785–1790 und 1797–1798.

[58] *Götz, E.*, Die Wirtschaftlichkeit numerisch einstellbarer Spannmaschinen. Techn. Zentralblatt für prakt. Metallbearb. 1981/H. 3, S. 31–34.

[59] *Götz, E.*, Flexible Spannvorrichtungen – Das Werkstück-Spannproblem in flexiblen Fertigungssystemen. Berichte aus dem Institut für Werkzeugmaschinen der Universität Stuttgart – Band 19 (Nachdruck der Dissertation des Verfassers). Technischer Verlag G. Grossmann, Stuttgart 1981.

[60] *Grabowski, H.*, Einsatz von CAD-Arbeitsplätzen für das Konstruieren mit Baukästen. Zeitschr. für wirtsch. Fertigung 1978/H. 6, S. 311–319.

[61] *Guttropf, W.*, RES-Technik – Graphische Hilfsmittel zur rationellen Bearbeitung von Problemen des Industrial-Handling. VDI-Zeitschrift 1980/Nr. 12, S. 483.

[62] *Halder, E.*, Vorrichtungen aus dem Vorrichtungsbaukasten parallel zur NC-Maschine. Maschinen + Werkzeuge 1980/Nr. 6.

[63] *Herrmann, J., Junghanns, W., Goldhausen, H.*, Simulation als Hilfsmittel bei der Planung flexibler Fertigungssysteme. Techn. Zentralblatt für prakt. Metallbearb. 1970/H. 8, S. 380–386.

[64] *Hesse, S., Zapf, H.*, Verkettungseinrichtungen in der Fertigungstechnik. Carl Hanser Verlag München 1971.

[65] *Heyn, W.*, Aufgaben und Systematik einer Vorrichtungsklassifizierung. Industrie-Anzeiger 1968/Nr. 31, S. 613–614.

[66] *Horn, K.*, Sonderheiten in der Anwendung hydraulischer Spannelemente. Schweizer Maschinenmarkt 1977/Nr. 6.

[67] *Hübl., W.*, Programmierbare elektronische Steuerungen für den Pneumatikanwender. bar – Zeitschr. für angew. Pneumatik H. 1978 – Martonair.

[68] *Hübl., W.*, Steuerungstechnische Konzepte und deren Realisierung durch „Software-Steuerungen". Vortrag auf dem Kolloquium „Entwurf digitaler Steuerungen" 27/28.2.1978 an der Ruhr-Universität Bochum.

[69] *Hufnagel, W.*, Aluminium für den Werkzeug-, Vorrichtungs- und Formenbau. Werkstatt und Betrieb 1980/H. 4, S. 269–272.

[70] *Jan, v. K.*, Vorrichtungen für Fräsmaschinen wirtschaftlich fertigen mit geeigneten Spannelementen. Maschinenmarkt 1981/Nr. 40, S. 796–799.

[71] *Jan, v. K.*, Vorrichtungen – Beitragsreihe im Rahmen der wt-Weiterbildung Technik. Werkstattstechnik 1979/H. 11 – Teil 1, weitere Forts. 1980 und 1981.

[72] *Jordan, W., Weinberg, H.*, Systematische Entwicklung einer Baureihe von Spreizbüchsen-Spanndornen. Konstruktion 1977/H. 2, S. 55–61.

[73] *Jung, A.*, Objekterkennung und automatisches Spannen empfindlicher Werkstücke. Techn. Zentralblatt für prakt. Metallbearb. 1981/H. 3, S. 25–26.

[74] *Kaiser, H.*, Anwendungsbereich von Baukastenvorrichtungen. Fertigungst. und Betrieb 1978/H. 6, S. 357–360.

[75] *Kaiser, H.*, Stand und Entwicklung der Baukastensysteme im Vorrichtungsbau. Fertigungst. und Betrieb 1978/H. 3, S. 155–158.

[76] *Kielkopf, K.-H.*, Vorteile im Vorrichtungsbau durch Verwendung von Normelementen und Anwendung des Baukastenprinzips. Techn. Zentralblatt für prakt. Metallbearb. 1968/H. 4.

[77] *Kiener, W.*, Systematische Auswahl von technischen Lösungen für Handhabungsaufgaben. Fachtagung Montage- und Handhabungstechnik Hannover 1974.

[78] *Knecht, H.*, Bohrvorschubspindeln – Elemente mit vielseitigen Einsatzmöglichkeiten. Techn. Zentralblatt für prakt. Metallbearb. 1976/H. 2, S. 32–33.

[79] *Koller, R., Pieperhof, H. J.*, Rationalisierung und Automatisierung der Vorrichtungskonstruktion mit Hilfe elektronischer Rechenanlagen. Konstruktion 1978/H. 8, S. 319–325.

[80] *Koller, R.*, CAD Programmsystem zur rechnerunterstützten Konstruktion von Vorrichtungen VOKON. Schrift: Institut für Allgemeine Konstruktionstechnik des Maschinenbaus RWTH Aachen 1978.

[81] *Koller, R.*, Konstruktionsalhorithmus für standardisierte und nichtstandardisierte Vorrichtungsbauteile – Versuch 4 – Labor Rechnerunterstütztes Konstruieren – IKT RWTH Aachen.

[82] *Kraft, A.*, Rationelle Serienfertigung durch Vorrichtungen mit dem Raster-Spannsystem, Techn. Zentralblatt für prakt. Metallbearb. 1982/H. 2.

[83] *Kromberg, J.*, Paletten wechseln schneller. moderne fertigung 1972/Nr. 11.

[84] *Laukötter, H.*, Werkzeuge und Vorrichtungen zum Mechanisieren beim Schweißen. Schweizer Maschinenmarkt 1975/Nr. 91, S. 1819–1822.

[85] *Lueg, H., Moll, W. P.*, Fertigungsbeschreibendes Klassifizierungssystem. werkzeugmaschine internat. 1972/H. 5, S. 17–22.

[86] *Lueg, H., Moll, W. P.*, Fertigungsbeschreibendes Klassifizierungssystem. Technischer Verlag G. Grossmann Stuttgart 1973.

[87] *Lueg, H.*, Lagebeschreibung von Bearbeitungsflächen durch Nummern. Industrie-Anzeiger 1974/Nr. 107/108, S. 2411–2412.

[88] *Lukowski, J.*, Kraftbetätigte Spanndorne. Techn. Zentralblatt für prakt. Metallbearb. 1969/H. 2, S. 70.

[89] *Matuszewski, H.*, Eine komplizierte oder mehrere einfache Vorrichtungen bei der Kleinserienfertigung? Techn. Zentralblatt für prakt. Metallbearb. 1966/H. 6, S. 374–380.

[90] *Matuszewski, H.*, Werkstückspanner mit plastischer Masse als Druckübertragungsmittel – Teil 1. Techn. Zentralblatt für prakt. Metallbearb. 1969/H. 11, S. 608–613.

[91] *Matuszewski, H.*, Werkstückspanner mit plastischer Masse als Druckübertragungsmittel – Teil 2. Techn. Zentralblatt für prakt. Metrallbearb. 1969/H. 12, S. 662–666.

[92] *Matuszewski, H.*, Konstruktion von Werkstückspannern mit plastischer Masse als Druckübertragungsmittel – Teil 1. Techn. Zentralblatt für prakt. Metallbearb. 1970/H. 3, S. 113–119.

[93] *Matuszewski, H.*, Konstruktion von Werkstückspannern mit plastischer Masse als Druckübertragungsmittel – Teil 2. Techn. Zentralblatt für prakt. Metallbearb. 1970/H. 4, S. 174–178.

[94] *Matuszewski, H.*, Einrichtung zum Füllen von Vorrichtungen mit plastischer Masse als Druckübertragungsmittel. technica 1975/Nr. 7, S. 475–478.

[95] *Matuszewski, H.*, Bildzeichen für Bestimm- und Spannprinzipien im Vorrichtungsbau. Techn. Zentralblatt für prakt. Metallbearb. 1975/H. 12, S. 394–397.

[96] *Matuszewski, H.*, Methodische Bewertung von Vorrichtungskonstruktionslösungen. technica 1977/Nr. 20, S. 1571–1576.

[97] *Matuszewski, H.*, Informationsfluß zwischen der Fertigungsvorbereitung und der Vorrichtungskonstruktion, technica 1979/Nr. 13, S. 1031–1035.

[98] *Matuszewski, H.*, Werkzeugeinstellelemente an Vorrichtungen – ihre Ausführung und Berechnung. technica 1980/Nr. 11, S. 676–978.

[99] *Matuszewski, H.*, Vorrichtungs-Baukastensysteme für zeitgemäße Fertigung. technica 1982/Nr. 23, S. 2025–2030 und 2123–2126.

[100] *Maul, H.*, Der Weg zum richtigen Griff. Sonderheft: REFA-Nachrichten, REFA-Verlag Darmstadt. Beuth-Verlag GmbH Berlin, Köln, Frankfurt/M.

[101] *Mayer, E.*, Fertigungseinheit für Fertigungssysteme mit wandelbarer Flexibilität. Techn. Zentralblatt für prakt. Metallbearb. 1980/H. 1, S. 1–7.

[102] *Meese, H.-G.*, Grundlagen und Anwendung von Dauermagneten im Vorrichtungsbau. Techn. Zentralblatt für prakt. Metallbearb. 1968/H. 6, S. 289–293.

[103] *Mengemann, D.*, Vorrichtungssystem zum verzugsfreien Spannen. Werkstattstechnik 1981/H. 9, S. 581–582.

[104] *Mombauer, N.*, Programmierbare Steuerungen (PC) – Stand der Technik. VDI-Berichte N. 263, S. 9–19, VDI-Verlag Düsseldorf 1976.

[105] *Namislo, A.*, Baukastensysteme im Vorrichtungsbau bei spanender Fertigung. KEM 1971/Nr. 7, S. 66–70.

[106] *Neudörfer, A.*, Systematischer Katalog für Bedienteile. Werkstatt und Betrieb 1977/H. 4, S. 225–236.

[107] *Neudörfer, A.*, Anzeiger und Bedienteile; Gesetzmäßigkeiten und systematische Lösungssammlungen. VDI-Verlag Düsseldorf 1981.

[108] *Neudörfer, A.*, Systematischer Katalog zum Vermeiden unerwünschter Betätigungen von Bedienteilen. Werkstatt und Betrieb 1982/H. 12, S. 799–805.

[109] *N. N.*, Werkstückhandhabung in der automatisierten Fertigung – Ein Leitfaden zur Lehrschau. Württ. Ingenieurverein Stuttgart 1968.

[110] *N. N.*, Fachwissen des Ingenieurs Bd. 3: Fertigungstechnik – Fertigungsmittel – 3. Aufl. VEB Fachbuchverlag Leipzig 1973.

[111] *N. N.*, Anwendungsrichtlinien für Vorrichtungen. VEB Vorrichtungsbau Hohenstein 1969.

[112] *N. N.*, Spannzeuge für Werkstücke und Werkzeuge. Werkstatt und Betrieb 1979/H. 12, S. 907–908.

[113] *N. N.*, Heben und Spannen mit flexiblen Druckluftkissen. Industrie-Anzeiger 1980/Nr. 102, S. 18–19.

[114] *N. N.*, Wirtschaftlicher fertigen mit pneumatischen Bohrvorschubspindeln. Druckluftpraxis 1972/Nr. 6.

[115] *N. N.*, Die Technik der visuellen Sensoren. Konstruktion und Design 1980/Nr. 10, S. 23–26.

[116] *N. N.*, Werkstückhandhabung heute. Technische Rundschau 1979/Nr. 35, S. 13–15.

[117] *N. N.*, Automatisieren mit pneumatischen Spindeln. Technische Rundschau 1979/Nr. 35, S. 9.

[118] *N. N.*, Flexibilität aus dem Baukasten – Fixieren und Spannen von Werkstücken auf Bearbeitungszentren. moderne fertigung 1981/Nr. 8, S. 62–67.

[119] *N. N.*, An unterschiedliche Werkstücke anpaßbare Spannbacken. Werkstatt und Betrieb 1982/H. 12, S. 825.

[120] *N. N.*, Vakuum-Werkstückhalter. Deutsche Patentschrift 2848 684, Veröffentlichungstag: 9.7.1981.

[121] *N. N.*, Handhabungssysteme – Entscheidungshilfen und Einsatzerfahrungen aus technischer Sicht. Hrsg. Bundesminister für Forschung und Technologie (BMFT) – VDI-Verlag Düsseldorf 1981.

[122] *N. N.*, Nur mit zwei Fingern gespannt. Forkardt-Report 1978/Nr. 3, Paul Forkardt Düsseldorf.

[123] *Ostendorf, V.*, Diversifikation im Vorrichtungs- und Sondermaschinenbau. Werkstatt und Betrieb 1978/H. 1, S. 3–6.

[124] *Pegels, H.*, Die Spanntechnik stellt sich auf die Entwicklung numerisch gesteuerter Drehmaschinen ein. Techn. Zentralblatt für prakt. Metallbearb., 1973/H. 9, S. 393–396.

[125] *Pegels, H.*, Spannbacken – Funktionselemente mit vielseitigen Problemen. ingenieur digest 1972/H. 9.

[126] *Pfisterer, H.*, Ausbaufähiges Vorrichtungssystem vereinfacht die Klein- und Mittelserienfertigung. Maschinenmarkt 1976/Nr. 86.

[127] *Pieperhoff, H. J.*, Rechnergestützte Konstruktion von Baukastenvorrichtungen. Diss. RWTH Aachen 1979.

[128] *Pomska, H.-U.*, MAG-Schweißen von Personen- und Nutzfahrzeugen. Schweißen und Schneiden 1979, S. 167–175.

[129] *Schäfer, H.*, Elektromagnetisches Spannen auf Hobelmaschinen. Werkstatt und Betrieb 1977/H. 2, S. 121–135.

[130] *Schäfer, H.*, Elektromagnetisches Spannen auf Fräsmaschinen. Werkstatt und Betrieb 1980/H. 4, S. 253–257.

[131] *Scheck, H.*, Vorrichtungsbaukasten für Hebel. werkzeugmaschine international 1972/Nr. 4, S. 13–22.

[132] *Schraps, S.*, Was ist ein Vorrichtungsbaukasten? Industrie-Anzeiger 1977/Nr. 11, S. 185–186.

[133] *Siemens, K.-J.*, Flexible Halteeinrichtungen für Werkstücke. VDI-Zeitschrift 1980/Nr. 19, S. 817–820.

[134] *Spur, G., Stöferle, Th.*, Handbuch der Fertigungstechnik Band III/1, insbes. Kap. 7.5.2. – Anwendungsbeispiele für Werkstückaufnahmen und deren Elemente (S. 456–463).

[135] *Stahlschmidt, R.*, Einsatz standardisierter hydralischer Spanneinrichtungen. Werkstatt und Betrieb 1971/H. 11, S. 843–844.

[136] *Stapel, A. G.*, Niedrigkosten-Automation zeigt die Vorteile von Druckluft-Vorschubeinheiten. Maschinenmarkt 1973/Nr. 16, S. 320–324.

[137] *Steinberger, J.*, Spannkräfte und Spannzeuge zum Hochgeschwindigkeitsdrehen. Werkstatt und Betrieb 1982/H. 7, S. 449–454.

[138] *Stoll, K.*, Luft holen zum Verketten. Maschinenmarkt 1972/Nr. 7, S. 123.

[139] *Stumpp, B.*, Vorrichtungen aus dem Baukasten. Werkstatt und Betrieb 1974/H. 12, S. 765–767.

[140] *Syrbe, M., Thoma, M.*, Wege zu fortgeschrittenen Handhabungssystemen. Springer-Verlag Berlin, Heidelberg, New York 1980.

[141] *Tuffentsammer, K.*, Frei positionierbare Werkstückspannvorrichtungssysteme – eine mögliche Alternative zu umbaubaren Spannvorrichtungen. Vortrag des Sonderforschungsbereiches 155, Fertigungstechnik, Universität Stuttgart.

[142] *Tuffentsammer, K., Meerkamm, H.*, Spannvorrichtungssysteme für das Bearbeiten von Werkstücken in flexiblen Fertigungssystemen. Werkstattstechnik 1975/H. 1, S. 1–7.

[143] *Tuffentsammer, K., Oevenscheidt, W., Reibenwein, V.*, Automatisches Beschicken und Spannen. Techn. Zentralblatt für prakt. Metallbearb. 1982/H. 1, S. 13–26.

[144] *VDI–3244*, VDI-Richtlinie – Zubringe-Einrichtungen in der Fertigungskette. VDI-Verlag Düsseldorf 1959.

[145] *VDI–3240*, VDI-Richtlinie – Zubringeeinrichtungen. Begriffe, Kennzeichnung, Anforderungen. VDI-Verlag Düsseldorf 1971.

[146] *VDI–2860*, VDI-Richtlinie Bl. 1 (Entwurf) Handhabungsfunktionen – Begriffe, Definitionen, Symbole. VDI-Verlag Düsseldorf 1980.
[147] *Vedder, M.*, Automatisierung mit freiprogrammierbaren Steuerungen – Heutiger Stand und zukünftige Entwicklungen. Techn. Zentralblatt für prakt. Metallbearb. 1982/H. 5, S. 68–74.
[148] *Volk, P.* (Hrsg.), Betriebsleiter-Handbuch – insbes. S. 500–521. verlag moderne industrie München 1974.
[149] *Warnecke, H.-J., Schraft, R. D.*, Einlegegeräte zur automatischen Werkstückhandhabung. Band 5 der Buchreihe Produktionstechnik, heute – Krausskopf-Verlag Mainz 1973.
[150] *Warnecke, H.-J., Weiss, K.*, Katalog – Zubringe-Einrichtungen – Hilfsmittel zur Planung von Handhabungssystemen. Krausskopf-Verlag Mainz 1978.
[151] *Weinberg, H.*, Das Gleitbuchsen-System bei der Werkstückaufnahme. Maschinenmarkt 1976/Nr. 95, S. 1841–1843.
[152] *Weinberg, H.*, Spielausgleichende Spanndorne – Systeme zur Werkstückaufnahme. Maschinenmarkt 1976/Nr. 86, S. 1580–1583.
[153] *Weisser, W.*, Beitrag zur Steigerung der Flexibilität von Greif- und Spanneinrichtungen für rotationssymetrische Werkstücke. Diss. TU Berlin 1978.
[154] *Westerteicher, W.*, Voreinstellung von Werkzeugen durch optische Schneidenabtastung. Schweizer Maschinenmarkt 1974/Nr. 34.
[155] *Winnewisser, Th.*, Terminplanung und Auftragsverfolgung im Fertigungsmittelbau. Techn. Zentralblatt für prakt. Metallbearb. 1971/H. 9, S. 465–472.
[156] *Wolf, H.*, Optisches Abtastsystem zur Identifizierung und Lageerkennung dreidimensionaler Objekte. Feinwerktechnik und Meßtechnik 1979/H. 2, S. 86–88.
[157] *Wrigley, H.*, Die hydraulische Werkstückspannung. technica 1974/Nr. 5, S. 359–362.

3 Bücher, Beiträge und andere Veröffentlichungen über Fachgebiete, die mit Vorrichtungen zusammenhängen

[158] *Bahrmann, H.*, Einführung in das methodische Konstruieren. Vieweg Braunschweig, Wiesbaden 1977.
[159] *Bartelt, B.*, Selbsttätig nachfüllender Druckübersetzer. Werkstatt und Betrieb 2975/H. 2, S. 119.
[160] *Bauer, G.*, Ölhydraulik, B. G. Teubner Stuttgart 1982.
[161] *Beitz, W., Pahl, G.*, Konstruktionslehre. Springer Verlag Berlin, Heidelberg, New York 1976.
[162] *Brankamp, K.* (Hrsg.), Handbuch der modernen Fertigung und Montage. verlag moderne industrie München 1975.
[163] *Charchut, W.*, Druckluft-Handbuch. Vulkan-Verlag Essen 1979.
[164] *Decker, K.-H.*, Maschinenelemente – Gestaltung und Berechnung 8. Aufl. Das Fachwissen der Technik, Carl Hanser Verlag München 1982.
[165] *Degener, W., Lutze, H., Smeikal, E.*, Spanende Formung. Theorie, Berechnung, Richtwerte 9. Aufl. VEB Verlag Technik Berlin 1979.
[166] *Deppert, W., Stoll, K.*, Pneumatik in der Anwendung. Kamprath-Reihe kurz und bündig, Vogel-Verlag Würzburg 1976.
[167] *Deppert, W., Stoll, K.*, Pneumatische Steuerungen. Kamprath-Reihe kurz und bündig, Vogel-Verlag Würzburg 1975.
[168] *Ebertshäuser, H.*, Anwendungen der Ölhydraulik Teil I und II. Krausskopf-Verlag Mainz 1972.
[169] *Ebertshäuser, H.*, Bauelemente der Ölhydraulik Bd. 1 und 2. Krausskopf-Verlag 1973.
[170] *Eversheim, W., Wiendahl, H.-P.*, Rationelle Auftragsabwicklung im Konstruktionsbereich. Girardet Essen 1971.
[171] *Ewald, O.*, Tabellarische Lösungssammlungen als Hilfsmittel für das methodische Konstruieren. Diss. TH Darmstadt 1974.
[172] *Fichtner, M. E.*, Einsatz und Wirtschaftlichkeit von Elektrospannern in Sonder- und Transferstraßen. Techn. Zentralblatt für prakt. Metallbearb. 1966/H. 6, S. 364–366.
[173] *Findeisen, D., Findeisen, F.*, Ölhydraulik. Springer-Verlag Berlin, Heidelberg, New York 1978.
[174] *Findeisen, F., Findeisen, D.*, Ölhydraulik in der Anwendung. Springer-Verlag Berlin, Heidelberg, New York 1978.
[175] *Gross, G.*, Berechnung und Gestaltung von Metallfedern. Springer-Verlag Berlin, Heidelberg, New York 1960.
[176] *Großer, D.*, Hydraulik-Handbuch – Einkaufsführer + Tabellenwerk 80/81. ingenieur digest Frankfurt/M., London, Paris 1976.
[177] *Großer, D.*, Pneumatik-Handbuch – Einkaufsführer 3 Tabellenwerk 80/81. ingenieur digest Frankfurt/M., London, Paris 1976.
[178] *Gueng, W.*, Pneumatische und hydropneumatische Steuerungstechnik. Blaue TR-Reihe Heft 26 – Verlag Technische Rundschau im Hallwag Verlag Bern.
[179] *Haug, R.*, Pneumatik. B. G. Teubner Stuttgart 1980.
[180] *Hemming, W.*, Steuern mit Pneumatik. Archimedes Verlag 1970.
[181] *Hesse, H.*, Verknüpfung von Elektronik und Hydraulik in der Steuerungstechnik. asr digest für angewandte Antriebstechnik 1980/Nr. 4, S. 41–44.
[182] *Hoffmann, W.*, Richtlinien für funktions- und fertigungsgerechte Gestaltung. Verlag Zeichentechnik Ulrich Lange Schwickershausen 1977.
[183] *Hutarew, G.*, Einführung in die technische Hydraulik. Springer-Verlag Berlin, Heidelberg, New York 1973.
[184] *Hütte*, Taschenbuch für Betriebsingenieure Bd. 2. Verlag von Wilhelm Ernst & Sohn Berlin, München 1964.
[185] *Jakubaschke, O.*, Grundlagen der Pneumatik. Krausskopf-Verlag Mainz 1978.
[186] *Klingenberg*, Technisches Hilfsbuch. Springer-Verlag Berlin, Heidelberg, New York 1975.
[187] *König, W.*, Fertigungsverfahren Band 1–3. VDI-Verlag Düsseldorf 1979/80.
[188] *König, W., Essel, K.*, Spezifische Schnittkraftwerte für die Zerspanung metallischer Werkstoffe. Verlag Stahl Eisen GmbH Düsseldorf 1973.
[189] *Koller, R.*, Konstruktionsmethode für den Maschinen-, Geräte- und Apparatebau. Springer-Verlag Berlin Heidelberg, New York 1976.
[190] *Kotthaus, H.*, Betriebstechnisches Taschenbuch. Carl Hanser Verlag München 1967.
[191] *Kriechbaum, G.*, Pneumatische Steuerungen. Vieweg Verlag Braunschweig, Wiesbaden 1981.
[192] *Krist, Th.*, Pneumatik. Kamprath-Reihe kurz und bündig, Vogel-Verlag Würzburg 1973.
[193] *Krist, Th.*, Hydraulik. Kamprath-Reihe kurz und bündig, Vogel-Verlag Würzburg 1976.
[194] *Lange, W., Schnauber, H., Kroemer, K. H. E.*, Kleine ergonomische Datensammlung. Bundesanstalt für Arbeitsschutz und Unfallforschung Dortmund 1976.
[195] *Langenberg, H.*, Schraubenberechnungs- und Maßtabellen. Schulz-Tabellenbücher – Band 12, Michael Trilitsch Verlag Düsseldorf 1965.
[196] *Marggraf, D.*, Taschenbuch für Druckluftbetrieb. Springer-Verlag Berlin, Heidelberg, New York 1970.
[197] *N. N.*, Die Technik der visuellen Sensoren. Konstruktion und Design 1980/Nr. 10, S. 23–26.
[198] *N. N.*, Industrieroboter-Einsatz. Hrsg.: Bundesminister für Forschung und Technologie, VDI-Verlag Düsseldorf 1981.
[199] *N. N.*, Anwendung der Ölhydraulik. Krausskopf-Verlag Mainz 1972.
[200] *N. N.*, o+p-Kombinations-Handbuch 80/81. Grundlagen hydraulischer und pneumatischer Komponenten für den Ingenieur in Planung, Konstruktion und Betrieb. Krausskopf-Verlag Mainz 1980.
[202] *N. N.*, Bauelemente der Hydraulik. Krausskopf-Verlag Mainz 1973.
[202] *N. N.*, Bauelemente der Pneumatik. Krausskopf-Verlag Mainz 1972.
[203] *Pahl, G., Beitz, W.*, Für die Konstruktionspraxis. Artikelserie in 36 Folgen. Konstruktion 1972/H. 1 bis 1974/H. 12.
[204] *Pahl, G., Beitz, W.*, Konstruktionslehre – Handbuch für Studium und Praxis. Springer-Verlag Berlin, Heidelberg, New York 1977.
[205] *Pahl, G.*, Die Arbeitsschritte beim Konstruieren. Konstruktion 1972/H. 4, S. 149–153.
[206] *Preger, K.-T., Paucksch, E.*, Zerspantechnik. Vieweg Verlag Braunschweig, Wiesbaden 1982.
[207] *Rauschenbach, Th.*, Kostenoptimierung konstruktiver Lösungen. VDI-Taschenbücher T 31, VDI-Verlag Düsseldorf 1978.
[208] *Reichard, A.*, Fertigungstechnik 1. Verlag Handwerk und Technik Hamburg 1972.

[209] *Rodenacker, W. G., Kollmann, W.*, Methodisches Konstruieren. Schriftenreihe Konstruktionsbücher Bd. 27. Springer-Verlag Berlin, Heidelberg, New York 1976.
[210] *Roediger, H.*, Die zeichnerisch konstruktive Durchbildung von Maschinenteilen Teil 1 und 2. Verlag Zeichentechnik, Ulrich Lange Schwieckershausen 1968.
[211] *Roloff, H., Matek, W.*, Maschinenelemente – Normung, Berechnung, Gestaltung. Vieweg Verlag Braunschweig, Wiesbaden 1976.
[212] *Roth, K.*, Konstruieren mit Konstruktionskatalogen – Systematisierung und zweckmäßige Aufbereitung technische Sachverhalte für das methodische Konstruieren. Springer-Verlag Berlin, Heidelberg, New York 1982.
[213] *Roth, K., Franke, H.-J., Simonek, R.*, Aufbau und Verwendung von Katalogen für das methodische Konstruieren. Konstruktion 1972/H. 11, S. 449–458.
[214] *Rögnitz, H., Köhler, G.*, Fertigungsgerechtes Gestalten im Maschinen- und Gerätebau. B. G. Teubner Stuttgart 1965.
[215] *Sass, F., Bouche, Ch.*, Dubbels Taschenbuch für den Maschinenbau. Springer-Verlag Berlin, Heidelberg, New York 1977.
[216] *Schamschula, R.*, Spanende Fertigung. Verfahren, Werkzeuge und Maschinen der spanenden Bearbeitung. Springer-Verlag Wien, New York 1976.
[217] *Schnicker, G.*, Pneumatik im Maschinenbau. VEB Verlag Technik Berlin 1978.
[218] *Schmiedtke, H.*, Lehrbuch der Ergonomie Teil 1–3. Carl Hanser Verlag München 1981.
[219] *Spur, G., Stöferle, Th.*, Handbuch der Fertigungstechnik Bd. 3, Teil 1 und 2. Carl Hanser Verlag München 1979.
[220] *Stier, G.*, Anwendung des Work-Factor-Systems zur Konstruktion von Betriebsmitteln. REFA-Nachrichten 1961/H. 4.
[221] *Tschätzsch, H.*, Taschenbuch spanende Formgebung – Verfahren, Werkzeuge, Berechnung und Richtwerte. Carl Hanser Verlag München 1980.
[222] *VDI 2225*, VDI-Richtlinie – Technisch-wirtschaftliches Konstruieren. VDI-Verlag Düsseldorf 1977.
[223] *VDI 2222*, VDI-Richtlinie – Konzipieren technischer Produkte. VDI-Verlag Düsseldorf 1973.
[224] *VDI 3219*, VDI-Richtlinie – Oberflächenrauheit und Maßtoleranz in der spanenden Fertigung. VDI-Verlag Düsseldorf 1965.
[225] *VDI-GKE*, Kosten- und Wirtschaftlichkeitsdenken während der Konstruktion. Bericht: VDI-Gesellschaft Konstruktion und Entwicklung. VDI-Verlag Düsseldorf.
[226] *Victor, H.*, Zerspankennwerte. Industrie-Anzeiger 1976/Nr. 102, S. 1825–1830.
[227] *Vieregge, G.*, Zerspanung der Eisenwerkstoffe. Verlag Stahleisen Düsseldorf 1970.
[228] *Warnecke, H. J.*, Industrie-Roboter. Krausskopf-Verlag Mainz 1973.
[229] *Wiesner, H.*, Bauelemente der Pneumatik (TB 4). Krausskopf-Verlag Mainz 1972.
[230] *Wittoch, Fr.-J.*, Pneumatische und elektropneumatische Schaltungen. KEM 1981 Nr. 11., S. 100–102.
[231] *Ziesling, K.*, Kombinationsbuch für pneumatische Steuerungen. Krausskopf-Verlag Mainz 1968.

4 Firmenschriften und Firmenveröffentlichungen über Vorrichtungen, Vorrichtungselemente und damit zusammenhängende Probleme

[232] „Pneumatik-Kompendium" Hrsg.: Atlas Copco Deutschland GmbH, Postfach 10 02 51, 4300 Essen, Vertrieb: VDI-Verlag Düsseldorf 1977.
[233] Atlas Copco Handbuch „Druckluft-Technik" – Atlas Copco Deutschland 1977 (Anschr. s. [232]).
[234] „Schrauben-Vademecum" (2. Aufl.) Bauer & Schaurte, Karcher GmbH, Postfach 546, 4040 Neuss 1.
[235] „Ermüdungsbruch – Eine Einführung in die neuzeitliche Schraubenberechnung" – Bauer & Schaurte, Karcher GmbH (Anschr. s. [234]).
[236] „Bohrbuchsen, Vorrichtungs-Normteile" – Katalog der Firma Robert Blohm – Normteilwerk, 2059 Büchen.
[237] „Bosch-Baueinheiten – Montage- und Zubringetechnik" (4. Ausgabe) Robert Bosch GmbH, Geschäftsbereich Industrieausrüstung, Postfach 30 02 20, 7000 Stuttgart 30.
[238] „Bosch-Arbeitshilfen für die ergonomische Arbeitsplatzgestaltung" – Best.-Nr. 3 832 146 400 (Anschr. s. [237]).
[239] „Bosch-FMS: Das Flexible Montage-System" (2. Ausg.) (Anschr. s. [237]).
[240] „Bosch-Hydraulikseminar" (Anschr. s. [237]).
[241] „Pneumatische Taktkette – 2 bis 8 bar – Technische Grundlagen und Anwendungsbeispiele" – Crouzet GmbH, 4006 Erkrath-Unterfeldhaus.
[242] „Epoxydharze für den Werkzeugbau" – Ciba-Geigy, CH–4000 Basel.
[243] „Der Bau von Werkzeugen, Hilfswerkzeugen und Gießerei-Einrichtungen aus Araldit-Gießharzen" Ciba-Geigy, CH–Basel.
[244] „Spanner – manuell – hydraulisch – pneumatisch" – De-Sta-Co Metallerzeugnisse, Neue Mainzer Str. 14–16, 6000 Frankfurt.
[245] „Elektro- und Lufthydraulisches Kraftspann-System" – De-Sta-Co Metallerzeugnisse (Anschr. s. [244]).
[246] „Druckluft- Bohrvorschub- Gewindeschneideinheiten" (5. Aufl.), Deutsche Gardner-Denver GmbH, Postfach 30, 7081 Westhausen.
[247] „Spannhydraulik – Die moderne kompakte Spannmethode für wirtschaftlichen Einsatz bei allen Werkzeugmaschinen und Vorrichtungen" – Enerpac, Im Teelbruch 60–62, 4300 Essen 18.
[248] „Enerpac – Hydraulik für Fertigungstechnik" Katalog E-204 – Enerpac (Anschr. s. [247]).
[249] „Anwendungs-Handbuch für hydraulische Fertigungswerkzeuge" Enerpac (Anschr. s. [247]).
[250] „Pneumatik-Tips – Beratungsdienst für die rationelle Anwendung der Druckluft" – Festo KG Produktgruppe Festo-Pneumatik, Postfach 6040, 7300 Esslingen 1
[251] „Einführung in die Pneumatik" (R. Kobler, U. Heinkel) – Arbeitsmappe für das Kundenseminar – Festo KG (Anschr. s. [250]).
[252] „Hydraulik-Lehrgang für berufliche Bildung" – Festo-Dydactic – Festo KG (Aschr. s. [250]).
[253] „Grundlagen der pneumatischen Sterungstechnik" Festo-Dydactic, Festo KG (Anschr. s. [250]).
[254] „Wartung pneumatischer Geräte und Anlagen" – Festo-Dydactic – Festo KG (Anschr. s. [250]).
[255] „Pneumatik/Elektronik – Theorie der kombinatorischen Schaltungen und Speicher" – Festo KG (Anschr. s. [250]).
[256] „Pneumatik/Elektronik – Einfache Speicher- und Verknüpfungsschaltungen" – Festo-Dydactic – Festo KG (Anschr. s. [250]).
[257] „Die Kurzhubigen Spannprofis stellen sich vor" – Festo KG (Anschr. s. [250]).
[258] „Pneumatik-Lehrgang für die berufliche Bildung" – Festo-Dydactic – Festo KG (Anschr. s. [250]).
[259] „Einführung in die Pneumatik" – Festo-Dydactic – Festo KG (Anschr. s. [250]).
[260] „Pneumatik-Elemente für die Rationalisierung" – Festo KG (Anschr. s. [250]).
[261] „Sinnbilder für pneumatische Schaltpläne" – Festo KG (Anschr. s. [250]).
[262] „Pneumatisch steuern aber wie? – Grundlagen für Druckluft-Steuerungen" – Festo KG (Anschr. s. [250]).
[263] „Pneumatisch steuern aber wie? – Für Fortgeschrittene" – Festo KG (Anschr. s. [250]).
[264] „Beispiele pneumatischer Steuerungen" – Festo KG (Anschr. s. [250]).
[265] „ABC der Spanntechnik" – Paul Forkardt GmbH, Postfach 3233, 4000 Düsseldorf 1.
[266] „Handspannfutter – Kraftspannfutter" – Forkardt-Mitteilungen (Pegels, H.) – Paul Forkardt GmbH (Anschr. s. [265]).
[267] „Forkardt-Report" – Paul Forkardt GmbH (Anschr. s. [265]).
[268] „Forkardt-Spannzeuge – Programm Produkte Spanntechnik" (K/02) – Paul Forkardt GmbH (Anschr. s. [265]).
[269] „Das Buch vom Spannen" (2. Aufl.) – Paul Forkardt GmbH (Anschr. s. [265]).
[270] „Bedienen, Spannen – Ganter Normteile und desa-Modelle" (Katalog) – Otto Ganter & Co., KG Normteilefabrik, 7743 Furtwangen (Schwarzw.).
[271] „Hydraulische Werkzeuge und Geräte" – Hahn & Kolb, Postfach 333, 7000 Stuttgart 1.
[272] „Hydro-Dehnspanndorne und Hydro-Dehnfutter – das überlegene Spannsystem für mehr Produktivität, mehr Präzision und mehr Wirtschaftlichkeit beim Prüfen und Messen in der spanenden Fertigung" – Hahn & Kolb (Anschr. s. [271]).

[273] „HAWE-Seminar" – Druckschrift 6838 – Heilmeier & Weinlein, Postfach 80 08 04, 8000 München 80.
[274] „Spannhydraulik – Hochdruck ist wirtschaftlicher und baut kleiner" – Heilmeier & Weinlein (Anschr. s. [273]).
[275] „Spannen '75" – Heilmeier & Weinlein (Anschr. s. [273]).
[276] „HAWE-Spannhydraulik" – Heilmeier & Weinlein (Anschr. s. [273]).
[277] „Spannsysteme" Hilma GmbH, Schützenstr. 74, 5912 Hilchenbach.
[278] „Hydraulische Bauelemente für den Vorrichtungsbau" – Hilma GmbH (Anschr. s. [277]).
[279] „Kipp-Spannwerkzeuge zum Spannen und Lösen auf kleinstem Raum" – Heinrich Kipp Maschinenfabrik, 7247 Sulz (Neckar).
[280] „VDS-Vorrichtungselemente und Normteile" (Katalog) – Hans Lenze & Co. KG, 3250 Hameln 1.
[281] „AMF-Spannelemente (Gesamtliste) – Andreas Maier Werkzeugfabrik, Postfach 1760, 7012 Fellbach.
[282] „AMF-Spanntechnik hydraulisch" – Andreas Maier Werkzeugfabrik (Anschr. s. [281]).
[283] „AMF-Spanntechnik 82/9" – Andreas Maier Werkzeugfabrik (Anschr. s. [281]).
[284] „Martonair-Pneumatikschule" – Martonair Druckluftsteuerungen GmbH, 4234 Alpen/Niederrhein.
[285] „bar – Zeitschrift für angewandte Pneumatik" – Martonair Druckluftsteuerungen GmbH (Anschr. s. [284]).
[286] „Handling einfach gemacht" – Martonair Druckluftsteuerungen GmbH (Anschr. s. [284]).
[287] „Spanndorne – Spannfutter" – Ringspann Albrecht Maurer KG, Postfach 257, 6380 Bad Homburg.
[288] „Mitlaufende Führungsbuchsen System Schell" – Eugen Niederberger Präzisionswerkzeugfabrik, Postfach 43, 7340 Geislingen.
[289] „norelem – Normelemente für Vorrichtungen" (Katalog) – norelem Normelemente Bau- und Vertrieb GmbH, Postfach 1205, 7145 Markgröningen.
[290] „Moderne Betriebsmittel für die rationelle Fertigung" – J. Gottlieb Peiseler GmbH & Co. KG, Postfach 15 01 57, 5630 Remscheid 1.
[291] „Aus der Praxis – für die Praxis" – Römheld GmbH Friedrichshütte, Postfach 1253, 6312 Laubach.
[292] „Werkstücke schnell, sicher und wirtschaftlich spannen" – Römheld GmbH Friedrichshütte (Anschr. s. [291]).
[293] „Spannen, Bewegen, Steuern" – Römheld GmbH Friedrichshütte (Anschr. s. [291]).
[294] „Römheld-Information – Werkstücke Spannen. Werkstücke handhaben" – Römheld GmbH Friedrichshütte (Anschr. s. [291]).
[295] „Hydraulische Vorrichtungen und Spannsysteme" – Sandvik-Kosta GmbH, Postfach 1209, 7253 Renningen 2 (Malmsheim).
[296] „Tobler-Sonderspannwerkzeuge" – Sandvik-Kosta GmbH (Anschr. s. [295]).
[297] „Das Hydrobloc-Spannsystem" – Sandvik-Kosta GmbH (Anschr. s. [295]).
[298] „Handbuch der Hydraulik" (Ulmer, D.) (1971) – Vickers GmbH, Frölingstr. 41, 6380 Bad Homburg v.d.H. – Vertrieb: Druckerei und Verlag Rolf Sänger, Siemensstr. 4, 6380 Bad Homburg v.d.H.
[299] „Bohrvorschubspindeln" – Otto Suhner GmbH, 7880 Bad Säkkingen/Rh.
[300] „Bohrvorschubeinheiten" – Otto Suhner GmbH (Anschr. s. [299]).
[301] „Praktische Tips für Sondermaschinen mit Bohrvorschubspindeln" – Otto Suhner GmbH (Anschr. s. [299]).

5 Literatur aus dem Literaturverzeichnis nach Fachgebieten geordnet

Diese Aufstellung soll einen schnellen Literaturzugriff hinsichtlich bestimmter Probleme des Vorrichtungsbaus, die sonst nur begrenzt umrissen werden, ermöglichen. Unter den Fachgebieten der einzelnen Kapitel werden nur Werke bzw. Beiträge aus Fachzeitschriften aufgeführt, die sich speziell mit einem bestimmten Problem des betreffenden Kapitels befassen, so daß dieses Gebiet vertieft werden kann. Außerdem werden unter Pkt. 5.1 und 5.2 Werke aufgeführt, die Randgebiete, die mit dem Vorrichtungsbau und dem Einsatz der Vorrichtungen in der Fertigung zusammenhängen, beinhalten. Auch Werke, die notwendig sind um an z.B. Daten und Werte, die mit den Berechnungen im Vorrichtungsbau zusammenhängen, heranzukommen, werden nachstehend aufgeführt, so daß sie schnell gefunden werden können. Die Angaben entsprechen der Literatur-Reihenfolge-Nummer des Literaturverzeichnisses.

5.1 Betrifft alle Kapitel – Vorrichtungsbau allgemein:

[5], [6], [9], [10], [11], [12], [14], [15], [16], [17], [18], [19], [24], [33], [38], [43], [45], [50], [55], [70], [71], [110], [111], [134], [148], [162].

5.2 Betrifft spanende Bearbeitung – Allgemein:

[65], [184], [187], [190], [208], [216], [219], [221].

5.3 Zu Kapitel 1:

Vorrichtungsklassifizierung: [1], [35], [65].

5.4 Zu Kapitel 2:

Wirtschaftlichkeit des Einsatzes von Vorrichtungen: [10], [18], [36], [70], [89].

5.5 Zu Kapitel 3:

Betriebsmittelplanung, Terminplanung, Auftragsverfolgung und Steuerung von Betriebsmittelaufträgen: [22], [56], [155].
Organisation des Vorrichtungsbaus: [3], [155].

5.6 Zu Kapitel 4:

Werkstückbeschreibendes Klassifizierungssystem: [85], [86], [87].

5.7 Zu Kapitel 6:

Werkzeugeinstellung an Vorrichtungen: [98], [154].

5.8 Zu Kapitel 7:

Ergonomie: [106], [108], [194], [218], [238].

5.9 Zu Kapitel 9:

Bildzeichen für Positionier- und Spannprinzipien: [95].

5.10 Zu Kapitel 15:

Spannen des Werkstücks: [43], [49], [50], [66], [113], [124], [153], [265], [283].
Zerspanwerte, Spezifische Schnittkraft usw.: [188], [206], [216], [221], [226], [227].
Bedienelemente: [106], [107], [108], [270], [279], [289].
Verformung des Werkstücks (Futter): [21]

5.11 Zu Kapitel 16:

Spannelemente: [50], [103], [112], [244], [270], [280], [281], [289].

5.12 Zu Kapitel 20:

Schraubenberechnung – Spannelemente: [195], [234], [235].

5.13 Zu Kapitel 22:

Vorrichtungs-Normelemente: [13], [76], [236], [270], [279], [280], [281], [283], [288], [289].
Vorrichtungs-Bauelemente: [55], [236], [244], [270], [279], [280], [281].

5.14 Zu Kapitel 25:

Kraftbetätigtes Spannen: [7], [88], [172], [266], [267], [268], [269], [271], [273], [275], [278], [282], [290], [291], [292], [295], [298].
Magnetisches und elektromagnetisches Spannen: [102], [129], [130].
Elektrospanner: [172].

5.15 Zu Kapitel 26:

Pneumatik allgemein: [159], [163], [166], [167], [177], [178], [179], [180], [185], [191], [192], [196], [200], [202], [217], [229], [230], [231], [232], [233], [251], [253], [258], [259], [261], [262], [264], [284], [285].
Pneumatische Bauelemente: [202], [232], [233], [244], [250], [254], [257], [260].
Pneumatisches Spannen: [67], [245], [250], [257].

5.16 Zu Kapitel 27:

Ölhydraulik allgemein: [27], [49], [160], [168], [169], [173], [174], [176], [183], [193], [199], [200], [201], [240], [252], [288].
Ölhydraulische Bauelemente: [169], [201], [244], [247], [248], [249], [271], [273], [274], [275], [277], [278], [282], [290], [291], [292], [293], [294], [295], [297], [298].
Ölhydraulisches Spannen: [4], [12], [27], [49], [66], [157], [244], [247], [248], [249], [273], [274], [275], [277], [282], [290], [291], [292], [293], [294], [295], [297].
Ölhydraulische Spannelemente: [135], [244], [247], [248], [249], [257], [271], [273], [274], [275], [276], [277], [278], [282], [292], [293], [294], [295], [297].

5.17 Zu Kapitel 26 und 28:

Pneumatische und ölhydraulische Steuerungen: [178], [180], [191], [253], [262], [263], [264], [282], [286].

5.18 Zu Kapitel 28:

Programmierbare elektronische Steuerungen (PC, PLC): [67], [68], [104], [147], [255], [256].

5.18 Zu Kapitel 29:

Plastische Masse als Druckübertragungsmittel: [4], [90], [91], [92], [93], [94].

5.19 Zu Kapitel 36 bis 38:

Drehfutter und Spannzeuge für Drehmaschinen: [21], [30], [31], [72], [88], [119], [122], [125], [137], [265], [266], [267], [268], [269], [272], [287], [296].
Hand- und kraftbetätigte Drehfutter: [30], [31], [152], [265], [266], [267], [268], [269].
Spanndorne: [4], [88], [91], [92], [93], [94], [152], [273], [296].

5.20 Zu Kapitel 40:

Baukasten-Vorrichtungen: [25], [32], [37], [39], [46], [60], [62], [74], [75], [76], [82], [99], [103], [105], [118], [126], [127], [131], [132], [139].
Rechnerunterstützte Konstruktion von Baukasten-Vorrichtungen: [127].

5.21 Zu Kapitel 41:

Vorrichtungen und Spanntechnik an NC-gesteuerten Werkzeugmaschinen: [62], [124].
Verkettungseinrichtungen: [64], [138].

5.22 Zu Kapitel 42:

Flexible Fertigungssysteme – allgemein: [63], [101], [140].
Vorrichtungen für flexible Fertigungssysteme: [59], [62], [101], [142], [143].
Paletten: [83], [293], [294].

5.23 Zu Kapitel 43:

Automatisierung von Vorrichtungen: [5], [27], [59], [133], [141], [172].

5.24 Zu Kapitel 44:

Flexible Spannvorrichtungen: [59], [133], [141].
Numerisch gesteuerte Spannmaschinen: [58], [59], [141].
Automatisches Beschicken und Spannen: [73], [143], [156], [197].
Wirtschaftlichkeit numerisch einstellbarer Spannmaschinen: [58].
Freipositionierbare Vorrichtungssysteme: [141].
Automatisches Spannen: [73], [143].

5.25 Zu Kapitel 45:

Automatische Objekterkennung, visuelle Sensoren, optische Abtastsysteme usw.: [73], [115], [156], [194], [197].
Einsatz der Industrieroboter für Werkstückhandhabung an Vorrichtungen: [44], [198], [228].

5.26 Zu Kapitel 46:

Werkstückhandhabung: [41], [42], [44], [47], [53], [61], [77], [109], [116], [121], [138], [140], [144], [145], [146], [149], [150], [153], [198], [208], [228], [237], [239].

5.27 Zu Kapitel 47:

Bohrvorschubeinheiten: [48], [51], [52], [78], [114], [117], [136], [146], [246], [299], [300], [301].

5.28 Zu Kapitel 52:

Schweißvorrichtungen: [26], [28], [40], [84], [128].

5.29 Zu Kapitel 54:

Rationalisierung der Vorrichtungskonstruktion: [2], [20].
Informationsfluß: [97].
Konstruktions-Auftragsabwicklung: [170].
Graphische Datenverarbeitung in der Fertigungsmittelkonstruktion: [57].

5.30 Zu Kapitel 59:

Konstruktion – Allgemein: [161], [189], [203], [204], [207], [210], [211], [212], [222], [223], [225].
Konstruktionsmethodik: [96], [158], [161], [170], [171], [189], [203], [204], [205], [207], [209], [212], [213], [222], [223].

5.31 Zu Kapitel 60:

Methodische Bewertung von Vorrichtungs-Konstruktionslösungen: [96].

5.32 Zu Kapitel 61:

Kalkulation der Vorrichtungs-Konstruktionskosten: [220].
Optimierung der Konstruktionskosten: [207], [225].

5.33 Zu Kapitel 63:

Rechnerunterstützte Konstruktion: [37], [57], [60], [79], [80], [81], [127].
Rechnerunterstützte Vorrichtungskonstruktion: [37], [79], [80], [81].

5.34 Zu Kapitel 64:

Fertigungsgerechte Gestaltung allgemein: [182], [210], [214], [224].

5.35 Zu Kapitel 75:

Richtwerte für Tätigkeiten an Vorrichtungen: [54].

5.36 Zu Kapitel 77:

Werkstoffe: [69], [242], [243], [289].
Epoxydharze im Vorrichtungsbau: [242], [243].

5.37 Zu Kapitel 79:

DIN-Normen-Spannzeuge: [13].

5.38 Maschinenbau – Allgemein:

Hilfsbücher: [164], [175], [186], [195], [211], [215], [234], [235].

Bildquellennachweis

Ausschuß für wirtschaftliche Fertigung (AWF), e.V., 6236 Eschborn/Ts. – Bild: 70-1

Bauer & Schaurte, Karcher GmbH, 4040 Neuss 1 – Bild: 20-1, 20-2

Beien & Co., 5650 Solingen – Bild: 23-17, 23-28, 23-29, 23-30, 23-35, 25-9, 27-34, 30-18, 30-19, 40-20, 40-22, 40-27, 52-8

Binder Magnete GmbH, 7730 Villingen-Schwenningen – Bild: 25-11, 25-18 bis 25-20, 30-15, 40-6, 40-10, 40-16

Robert Blohm Normteilewerk, 2059 Büchen – Bild: 15-50

Blümle KG 7000 Stuttgart 80 – Bild: 40-3

Robert Bosch GmbH Geschäftsbereich Industrieausrüstung, 7000 Stuttgart 30 – Bild: 47-19

Wilhelm Breusicke & Co. KG Abt. Rückert-Vorrichtungsbau, 1000 Berlin 36 – Bild: 23-2, 30-20

Ernst Büche Präzisions-Werkzeugfabrik, 7760 Radolfzell/Bodensee – Bild: 23-8, 30-16, 30-17, 36-10

Ciba-Geigy AG, CH–4002 Basel/Schweiz – Bild: 52-7, 77-7 bis 77-12

Friedrich Deckel AG, 8000 München 70 – Bild: 16-32, 16-33

De-Sta-Co, 6000 Frankfurt/M. – Bild: 16-26, 16-27, 16-30, 16-111, 16-112 bis 16-118, 16-121, 16-122, 16-124, 26-16, 26-18, 26-19, 27-8, 27-40 bis 27-42, 28-9, 51-4, 52-1 bis 52-3, 52-7, 53-1

Deutsche Gardner Denver GmbH, 7081 Westhausen – Bild: 47-2, 47-12 bis 47-18.

Deutscher Normenausschuß (DNA), 1000 Berlin 30 – Bild: 1-4

Dikker's Instrumenten- en Gereedschappenfabriek DIF N.V. (DIF-Spanntechnik), Purmerend/Holland – Bild: 14-2 bis14-4

EFBE – Werk Fritz Brumme KG, 6096 Raunheim – Bild: 26-5

FESTO KG Produktgruppe Festo Pneumatik, 7300 Esslingen 1, (Bergheim) – Bild: 5-5, 14-8, 15-46, 16-21, 23-41, 26-17, 26-20, 46-3, 46-5, 46-6, 48-1 bis 48-3, 52-6

Albert Fezer Maschinenfabrik GmbH, 7300 Esslingen 11 – Bild: 23-3, 25-4

Paul Forkardt GmbH & Co. KG, 4000 Düsseldorf 10 – Bild: 26-7, 36-46, 36-47, 38-1 bis 38-3, 38-17 bis 38-26

Ludwig Gack Werkzeug- und Maschinenfabrik, 7130 Mühlacker – Bild: 43-3, 43-4

Otto Ganter & Co. KG Normteilefabrik, 7743 Furtwangen (Schwarzw.) – Bild: 16-84, 16-85, 16-92 bis 16-94, 16-101, 16-102

Gildemeister AG Geschäftsbereich Automatische Drehmaschinen, 4800 Bilefeld 11 – Bild: 6-19, 6-20

Hahn & Kolb Werkzeugmaschinen und Werkzeuge, 7000 Stuttgart 1 – Bild: 23-29, 25-23, 26-6, 26-6, 27-22, 27-36, 36-25, 36-26

Holzegger AG Präzisionsmaschinenfabrik, CH-6640 Rapperswill – Bild 23-42

Erwin Halder Maschinen- und Werkzeugfabrik, 7959 Achstetten (Bronnen) – Bild: 40-5, 40-15

Enerpac Hydraulische Werkzeuge, 4300 Essen-Kettwig – Bild: 27-33, 28-3, 28-8

HEWA Hessischer Werkzeug- und Apparatebau Alfred Vogler, 6391 Pfaffenwiesbach/Ts. – Bild: 38-16

Maschinenfabrik HILMA GmbH, 5912 Hilchenbach – Bild: 16-22, 27-13, 27-30, 31-12, 31-13

Holzegger AG Präzisionsmaschinenfabrik, CH–8640 Rapperswil am Zürichsee – Bild: 23-2

Hüller Hülle GmbH Werkzeugmaschinen, 7140 Ludwigsburg (Württ.) – Bild: 23-36, 41-5, 41-6, 43-6

Lupra – S. Löwa KG, Postfach 436, 7640 Kehl/Rhein – Bild: 26-19

Maschinenfabrik Fritz Hürxthal, 5630 Remscheid – Bild: 23-43

Hydair GmbH, 7800 Freiburg im Breisgau – Bild: 27-23, 27-24

Erich Karges ERKA-Universalvorrichtungen, 6056 Heusenstamm – Bild: 23-6, 27-32

Heinrich Kipp Werk Spanntechnik + Normelemente, 7247 Sulz-Holzhausen – Bild: 16-88, 16-89, 16-91, 16-118 bis 16-120, 16-123, 19-3, 30-7, 30-8

Ernst Krause & Co., A–1220 Wien – Bild: 43-7, 43-8

Hans Lenze & Co. KG, 3250 Hameln 1 – Bild: 40-17

Emil Lux, 5678 Wermelskirchen – Bild: 25-14, 25-15

Carl Mahr Spezialfabrik für Feinmeßgeräte und Lehren, 7300 Esslingen (Neckar) – Bild: 36-27

Andreas Maier Werkzeugfabrik, 7012 Fellbach – Bild: 5-15, 5-23, 5-24, 14-1, 16-28, 16-58, 16-59, 27-3, 27-5, 27-9, 27-10, 27-11, 27-17, 17-18, 27-20, 27-25, 27-18, 27-29, 41-2, 67-1

Otto Manderbach Spezial-Maschinenfabrik, 5650 Solingen-Wald – Bild: 37-1

Rheinstahl Maschinenbau, 5810 Witten-Annen – Bild: 43-5

Ringspann Albrecht Maurer KG, 6380 Bad Homburg – Bild: 30-2, 36-33 bis 36-37, 36-39 bis 36-42, 36-59, 36-62, 36-64, 37-7

Mauser-Werke Oberndorf GmbH, Geschäftsbereich Meß- und Präzisionstechnik, 7238 Oberndorf/Neckar – Bild: 6-22, 40-18, 40-26, 49-16, 49-17, 63-8, 68-4

Mora-Fabrik für Meßgeräte, 8750 Aschaffenburg – Bild: 68-2

Niedecker GmbH Präzision und System, 6000 Frankfurt/M. 94 (Rödelheim) – Bild: 40-23 bis 40-25

Eugen Niederberger Präzisionswerkzeugfabrik, 7340 Geislingen /Steige – Bild: 30-49, 30-51

norelem – Normelemente Bau- und Vertrieb GmbH, 7145 Markgröningen – Bild: 5-3, 5-26, 5-33, 14-5, 16-31, 16-51, 16-71, 16-95, 15-108 bis 16-110, 18-3, 22-1 bis 22-10

J. Gottlieb Peiseler GmbH & Co. KG, 5630 Remscheid 1 – Bild: 5-8, 10-2, 16-126 bis 16-128, 13-34, 23-40, 27-15, 27-21, 27-43 bis 27-27-48, 67-3

Hermann Pfauter GmbH & Co. Werkzeugmaschinenfabrik, 7140 Ludwigsburg (Württ.) – Bild: 37-3, 37-4, 37-15

Philips Elektronik Industrie GmbH, 3000 Hamburg 63 – Bild: 27-31

Pittler Maschinenfabrik AG, 6070 Langen – Bild: 38-12 bis 38-15

A. Römheld GmbH Friedrichshütte, 6312 Laubach – Bild: 5-1, 15-51, 16-72, 27-1, 27-2, 27-4, 27-6, 27-7, 27-12, 27-16, 27-19, 27-27, 27-35, 40-19, 41-1, 41-3, 41-4

Sandvik-Kosta GmbH, 7253 Renningen 2 (Malmsheim) – Bild: 15-47 bis 15-49, 27-14, 27-38, 27-39, 29-4, 28-5, 36-33, 36-34, 36-48, 36-49, 35-65, 36-68, 37-5

Sauter-KG Spezialwerkzeug- und Maschinenbau, 7145 Markgröningen – Bild: 23-16

Schlatter GmbH Elektro-Maschinenbau, 8729 Rülzheim – Bild: 23-18, 43-1, 43-2

Ernst Schüder KG Werkzeug- und Maschinenbau, 7016 Gerlingen – Bild: 36-45, 36-66, 36-67

sbw Spann- und Biegewerkzeuge GmbH, 6806 Viernheim – Bild: 16-25, 23-11 bis 23-15, 23-19

Seibert-Stinnes GmbH, 7000 Stuttgart 1 – Bild: 76-1

Smid – Maschines autillages mécanique précision, F–68 Mulhouse – Bild: 24-3

Stieber Division der Borg-Warner GmbH, 6900 Heidelberg-Kurpfalzring – Bild: 36-16 bis 36-20, 36-29, 36-53, 37-14

Otto Suhner GmbH, 7880 Bad Säckingen – Bild: 47-1, 47-6, 47-7

Gebr. Thiel GmbH, 3501 Emstal 1 – Bild: 73-3

Thyssen Edelstahlwerke AG Magnetfabrik Dortmund, 4600 Dortmund-Aplerbeck – Bild: 25-13, 25-17

VFW – Fokker Vereinigte Flugtechnische Werke – Fokker GmbH, 2930 Varel – Bild: 53-2 bis 53-4

Wabco Westinghouse Bremsen- und Apparatebau GmbH, 3000 Hannover-Linden – Bild: 26-16

Gotthilf Walter & Co. Spezialfabrik für Teilapparate, 7130 Mühlacker-Erlenbach – Bild: 23-7, 25-12, 25-16

P. W. Weidling & Sohn, 4400 Münster – Bild: 77-2

Ernst Weisberg KG Hochleistungs-Werkzeuge, 5630 Remscheid-Lennep – Bild: 25-8

Wyler AG Wasserwaagen und Meßwerkzeuge, CH–8401 Winterthur/Schweiz – Bild: 23-5

Alfred Zoller & Co. Maschinen- und Vorrichtungsbau, 7140 Ludwigsbug 10 – Bild: 40-2, 40-4, 40-14

Alle anderen Bilder stammen aus dem Bildarchiv des Autors.

Sachwortverzeichnis

B

C

D

E

F

G

H

I

K

N

O

P

Q

R

S

T

U

V

W

Z

GPSR Compliance

The European Union's (EU) General Product Safety Regulation (GPSR) is a set of rules that requires consumer products to be safe and our obligations to ensure this.

If you have any concerns about our products, you can contact us on ProductSafety@springernature.com

In case Publisher is established outside the EU, the EU authorized representative is:

Springer Nature Customer Service Center GmbH
Europaplatz 3
69115 Heidelberg, Germany

Batch number: 10578435

Printed by Printforce, the Netherlands